刺激応答性高分子

ハンドブック

Stimuli-Responsive Polymers Handbook

監修 宮田 隆志

NTS

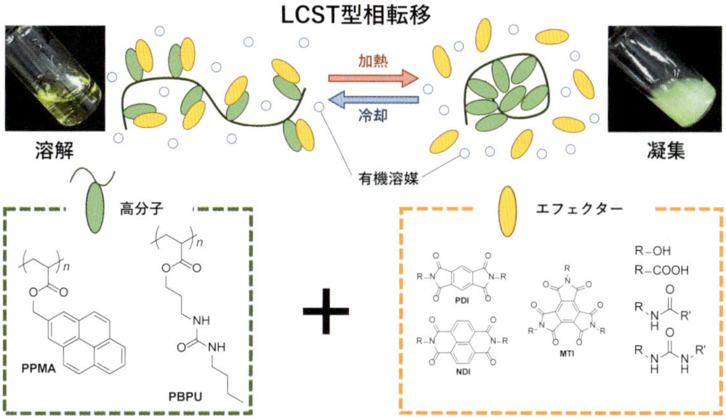

図 3　有機溶媒中にて LCST 型相転移を示す 3 成分系高分子溶液の概念図および分子設計(p.22)

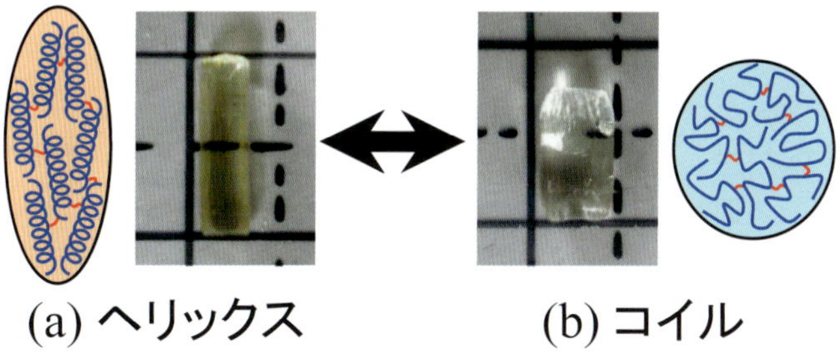

図 9　PHEG ゲルのヘリックス-コイル転移とマクロスコピックな形状変化(p.40)

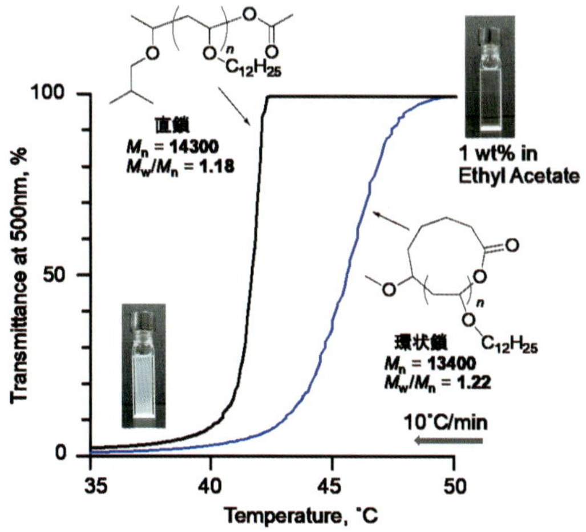

図 6　環状開始剤 2 から得られた環状 poly(DDVE)と直鎖 poly(DDVE)の酢酸エチル溶液(1 wt%)の温度可変透過度測定(降温速度：10℃/ 分)(p.54)

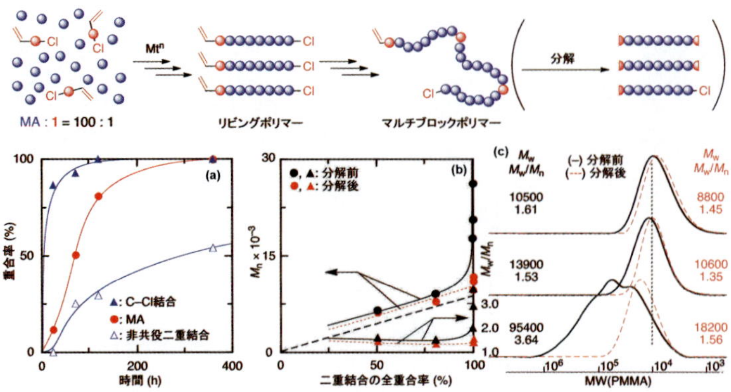

図 5　アクリル酸メチルと重付加型モノマー1 の連鎖・逐次同時ラジカル重合および得られるマルチブロックポリマーと主鎖エステル結合の分解により生成したポリマーの分子量変化(p.73)

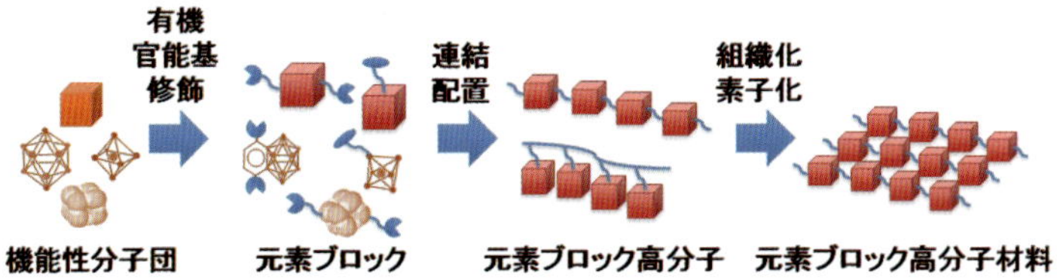

図 1　元素ブロック高分子材料創出の模式図(p.79)

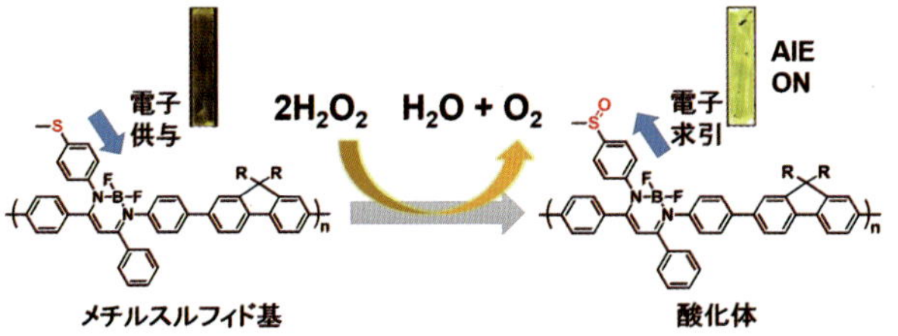

図 6　AIE 性高分子を用いた過酸化水素検出のためのプラスチックセンサーの作動機構の模式図(p.85)
Reproduced from Ref. 24 with permission from The Royal Society of Chemistry.

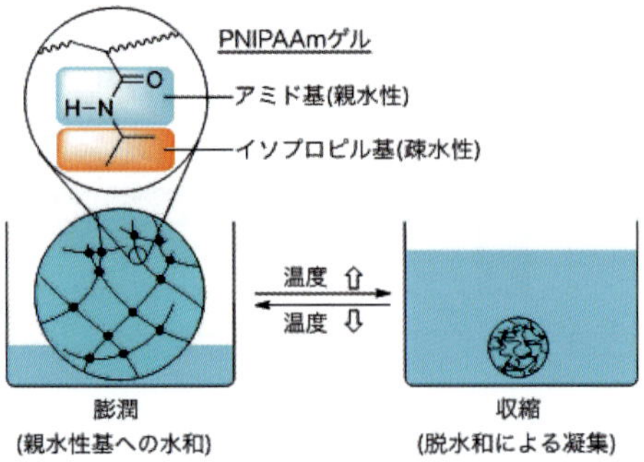

図 1　PNIPAAm ゲルの化学構造と温度応答性(p.96)

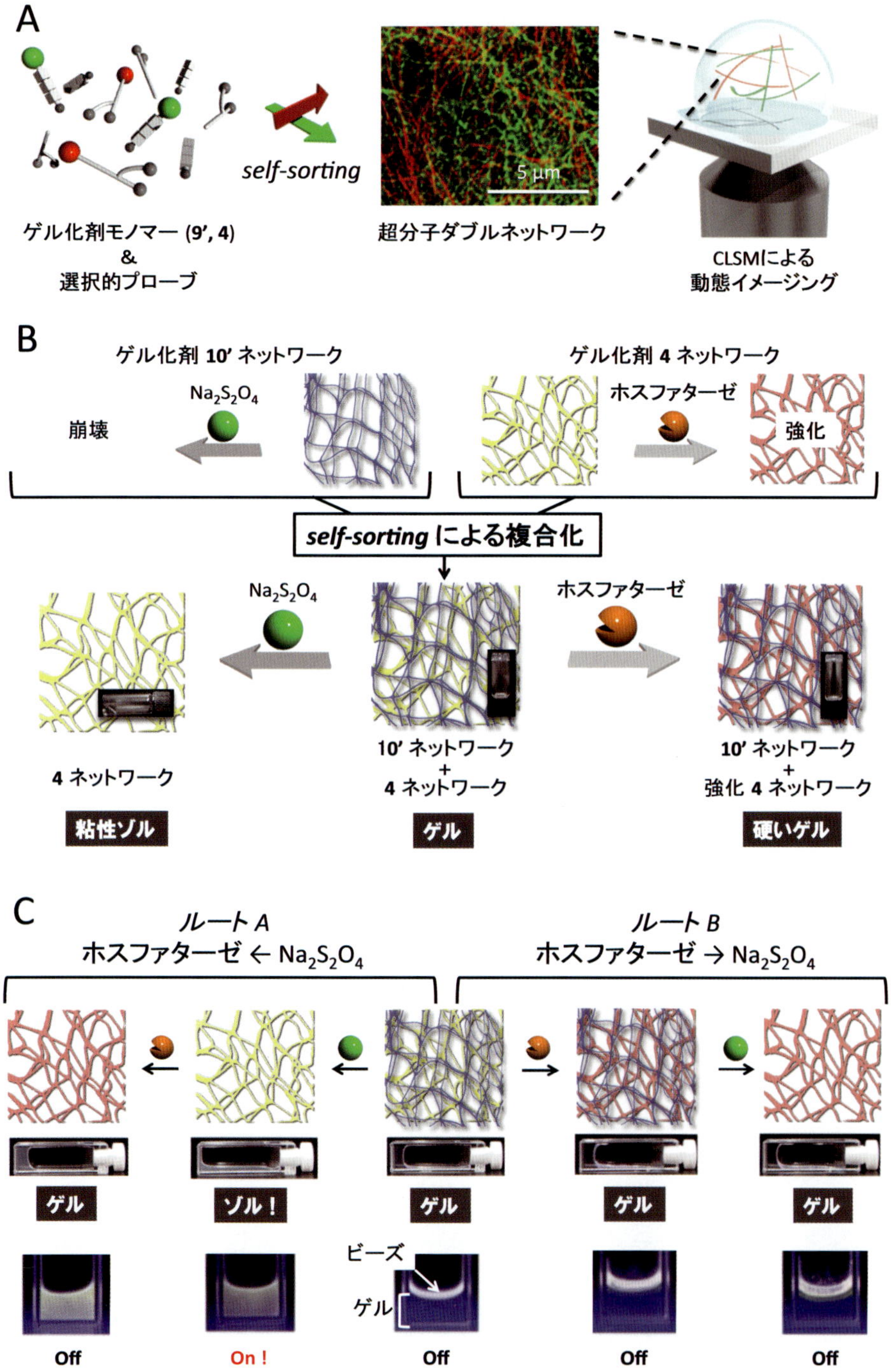

図 6（p.130）
A：9' と 4 による self-sorting の CLSM 動態イメージング
B：10' と 4 から形成されるダブルネットワーク超分子ヒドロゲルの刺激応答挙動
C：10' と 4 から形成されるダブルネットワーク超分子ヒドロゲルの刺激順序認識とナノビーズ取り込み

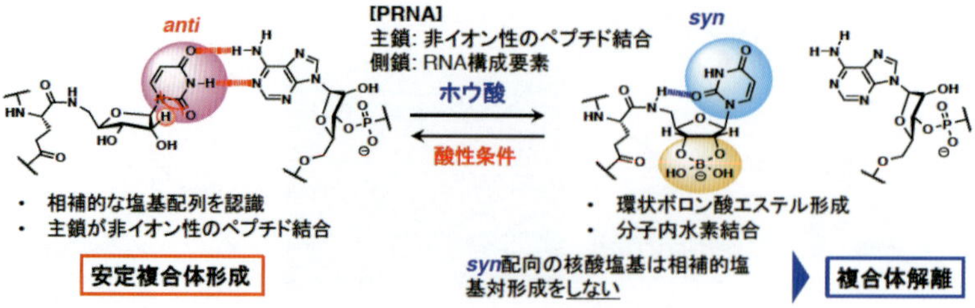

図２　核酸認識の *on-off* 制御法の概要（p.148）

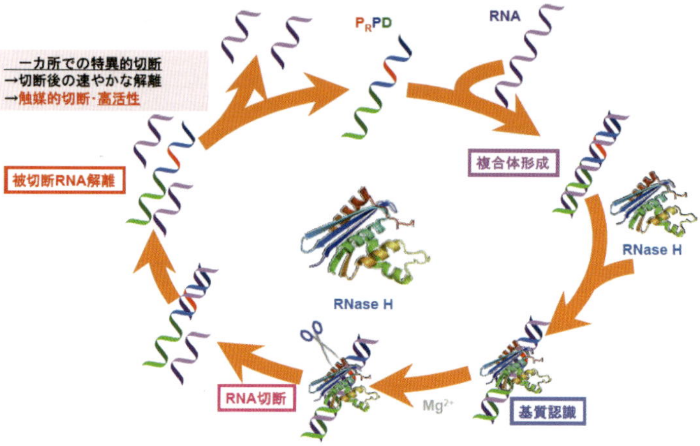

図４　RNaseHを活用した触媒的核酸医薬の概念図（p.150）

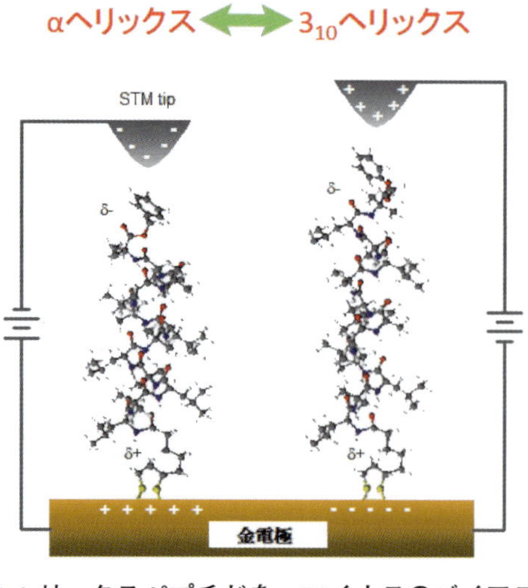

図７　N端で金基板に固定化したヘリックスペプチドを、マイナスのバイアス電圧でSTMチップを掃引するとαヘリックス構造が観察される。プラスのSTMチップで掃引すると 3_{10} ヘリックス構造が観察され、ヘリックスペプチドは逆ピエゾ効果を示す[20]。（p.165）

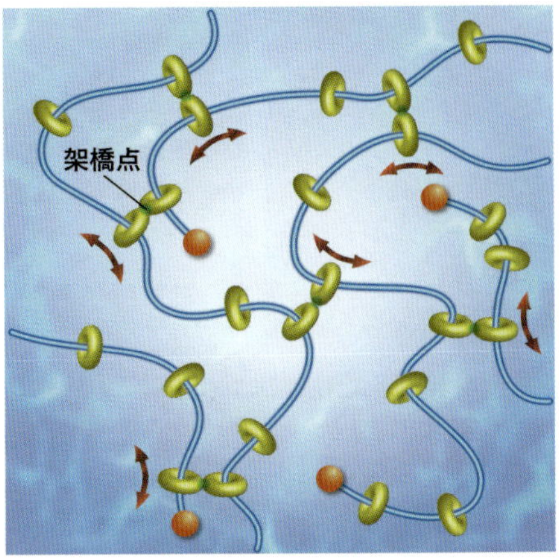

図１　環動高分子材料の模式図（p.176）

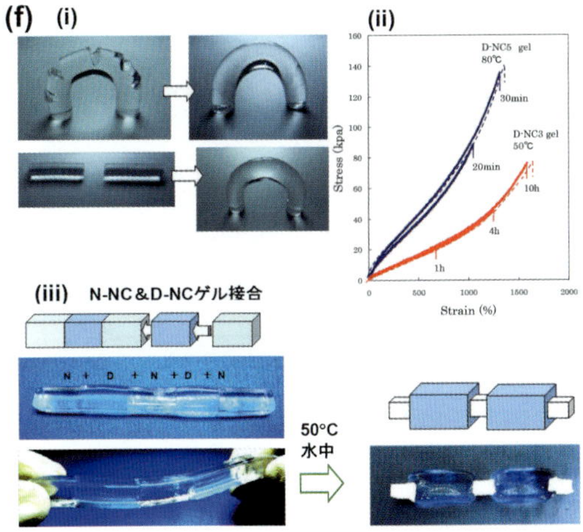

図９　(f)(i)NC ゲルの自己修復性。(ii)NC3 ゲルおよび NC5 ゲルの 50℃および 80℃での密着保持による自己修復（応力-歪曲線の回復）。(iii)温度応答性の異なる NC ゲルの接合後の 50℃水中での膨潤／収縮挙動（p.191）

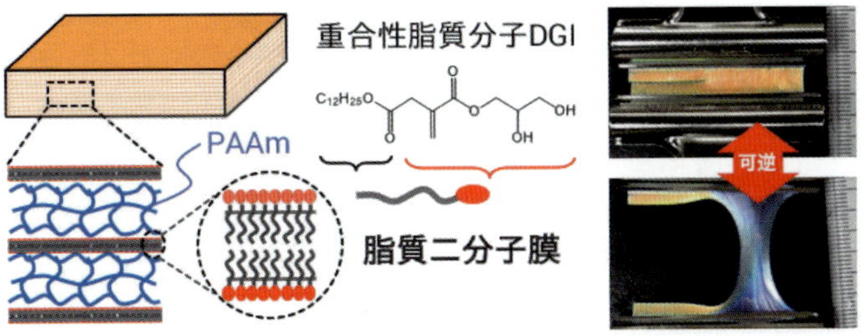

図６　１次元配向している２分子膜を導入した PAAm ゲル。写真はゲル内の２分子膜が亀裂進展を妨げ、引裂くことができない様子を示す。写真の色は規則的な２分子膜由来の構造色[25]（p.200）
Adapted with permission from [25]. Copyright (2011) American Chemical Society.

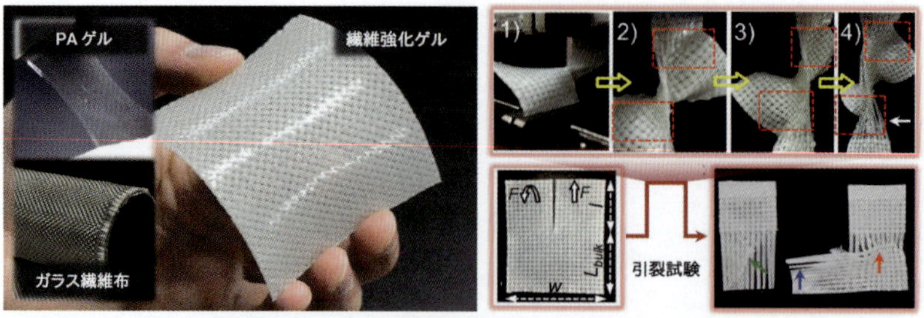

図7　PAゲルとガラス繊維布からなる繊維強化ゲル(左)と引裂試験時の様子(右)[17] (p.201)
[17]-Reproduced by permission of The Wiley.

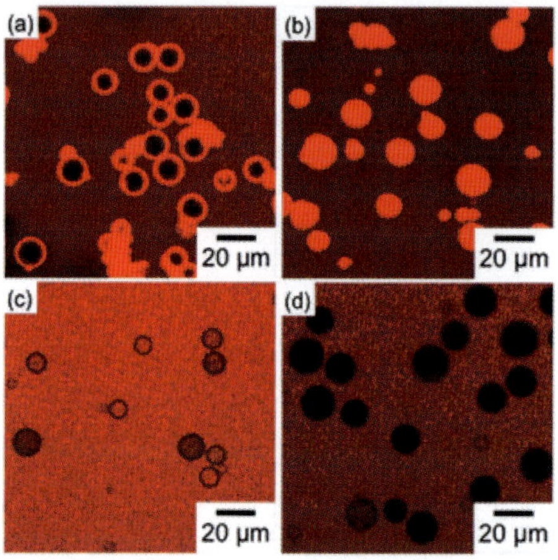

図12　ポリ([MTMA][TFSA]-EGDM)/PBMA(a)、(c)およびポリ([MTMA] Br-EGDM)/PBMA(b)、(d)中空粒子のRhodamine B分散(a)、(b)およびNile red/DMSO(c)、(d)分散状態の共焦点顕微鏡写真 (p.225)

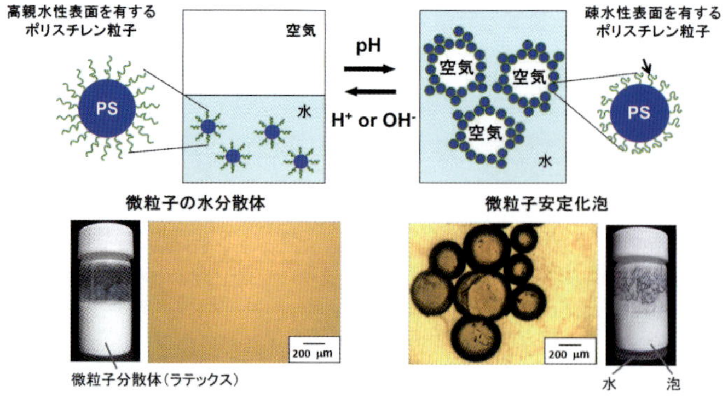

図2　pH応答性微粒子安定化泡。pH変化により表面の親水性疎水性バランスがコントロール可能な高分子微粒子を泡安定化剤として利用することで、起泡・消泡の制御が可能な泡が創り出される。(p.247)
Reproduced with permission.[10(a)] Copyright 2011, American Chemical Society.

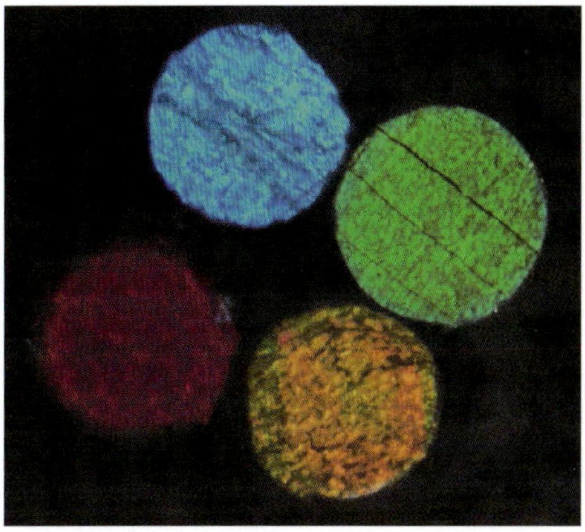

図２　コロイド結晶を鋳型にして調製した構造色を示すポーラスゲル（p.256）

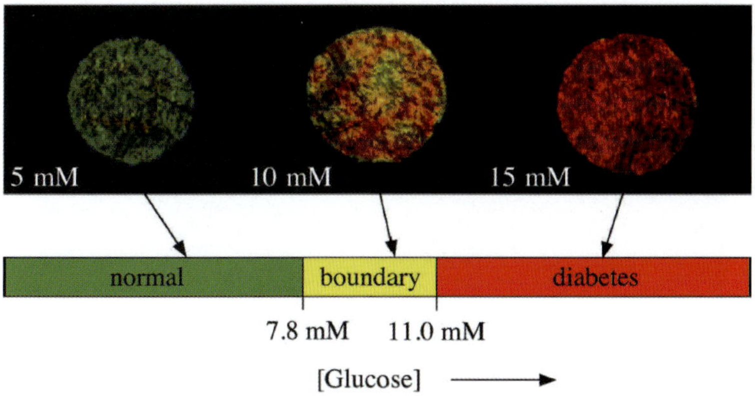

図４　グルコースの濃度に応じて信号の様に色を変える構造発色性ゲル（p.257）

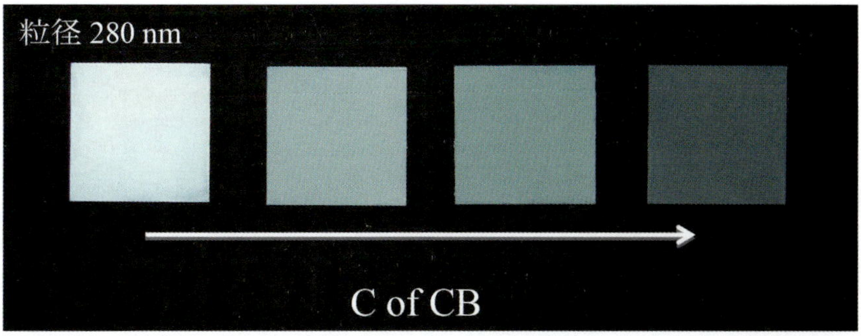

図６　コロイドアモルファス集合体にカーボンブラック（CB）を添加することによる構造発色性の変化（p.258）

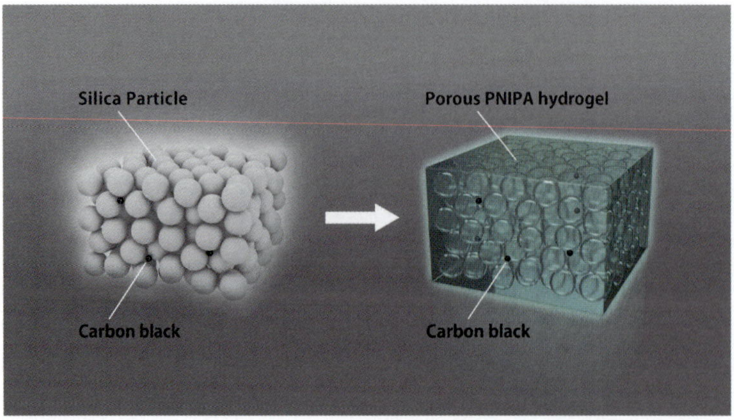

図 7　少量の CB を入れたコロイドアモルファス集合体を鋳型にして合成するポーラスなゲル（p.258）

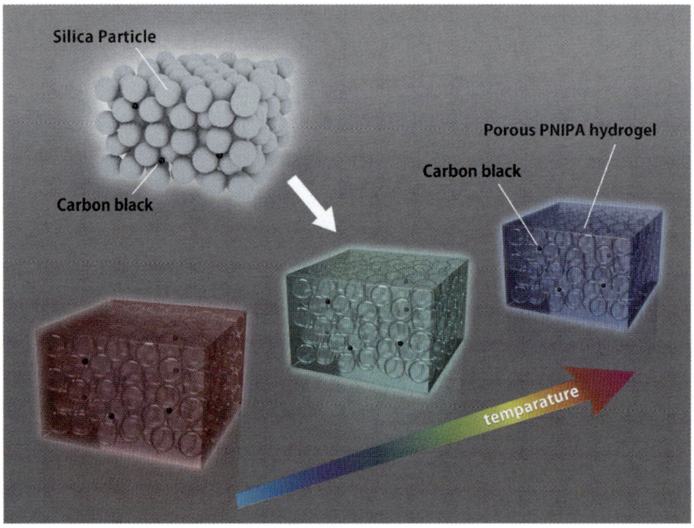

図 8　少量の CB を入れたコロイドアモルファス集合体を鋳型にして合成するポーラスなゲルの体積変化に伴う色の変化：このゲルは、温度に応じて色が変わる（p.259）

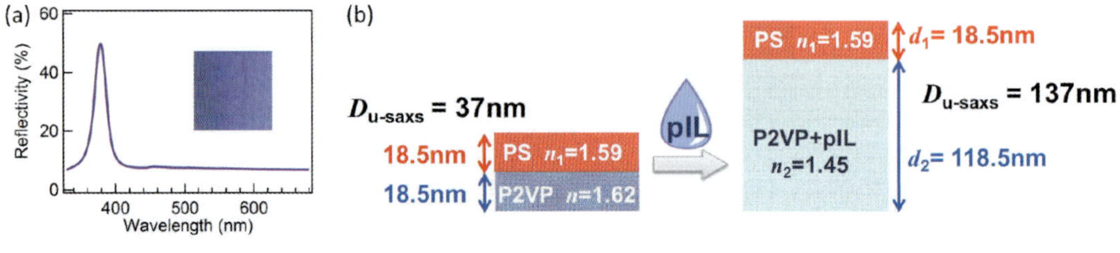

図 4　(a)PS-P2VP/pIL フォトニック膜の反射率スペクトル。挿入図は PS-P2VP/pIL フォトニック膜の外観写真。(b)pIL 添加前後のナノ構造の模式図（p.262）

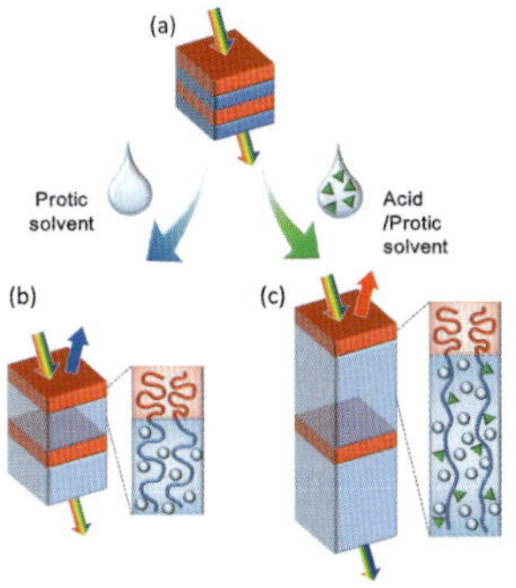

図 5　(a)膨潤させる前のブロック共重合体膜のナノ構造模式図(b)不揮発なプロトン性溶媒で膨潤させたブロック共重合体ソフトフォトニック膜、および(c)不揮発性酸を含有した不揮発なプロトン性液体で膨潤させたソフトフォトニック膜の分子模式図・ナノ構造模式図。(p.263)

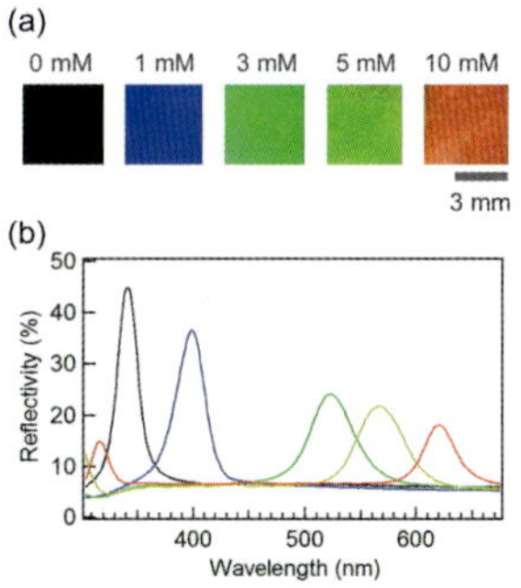

図 7　PS-P2VP/TEG、PS-P2VP/(SA/TEG)フォトニック膜の(a)外観写真と(b)反射率スペクトル。左から順にPS-P2VP/TEG (0 mM)、PS-P2VP/(SA/TEG)1 mM、3 mM、5 mM、10 mM。(p.264)

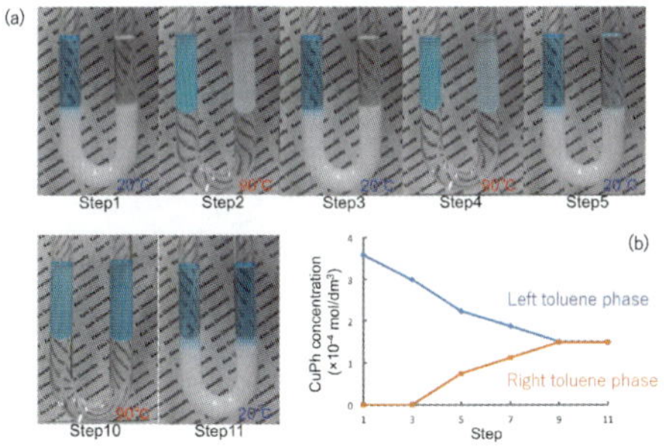

図 6　トルエン-水-トルエン三相の U 字管における温度スイングにともなう CuPh の移送現象。
(a)左のトルエン相中の CuPh が温度スイングを繰り返すと右のトルエン相に水相を経由して移動している(b)スイングの繰り返しにともなう左右のトルエン相の CuPh 濃度の変化[32] (p.270)

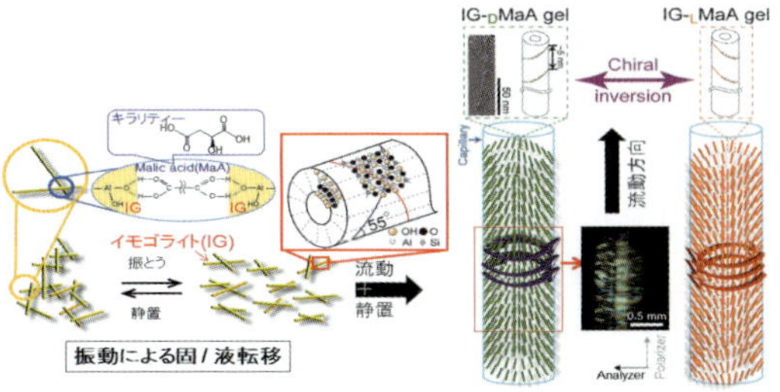

図 10　キラルなジカルボン酸とイモゴライトによる巨視的らせん秩序を持つゲル。イモゴライトの架橋点としてキラリティーをもつジカルボン酸(図ではリンゴ酸)を用いると、超分子キラリティーが発現する。このゲルを図 8 同様に振とう刺激による液化後のずりにより配向させ静置することでイモゴライト表面のらせん秩序に従った巨視的分子秩序が生まれる。これらの構造を証明する詳細な実験データは原著論文[24]を参照のこと。(p.279)

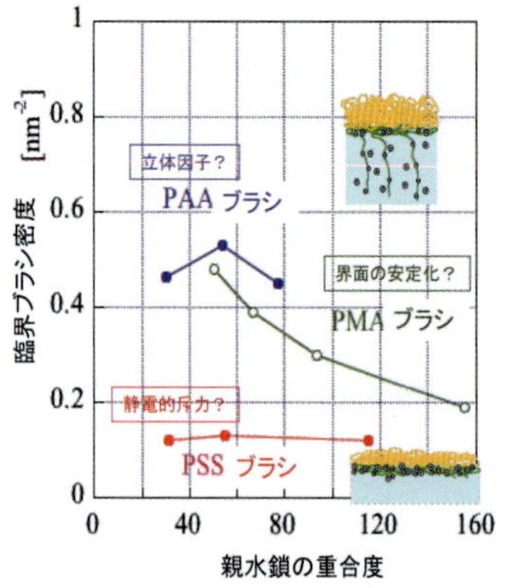

図6　各種水面単分子膜ブラシの臨界ブラシ密度の親水鎖長依存性[7]（p.310）

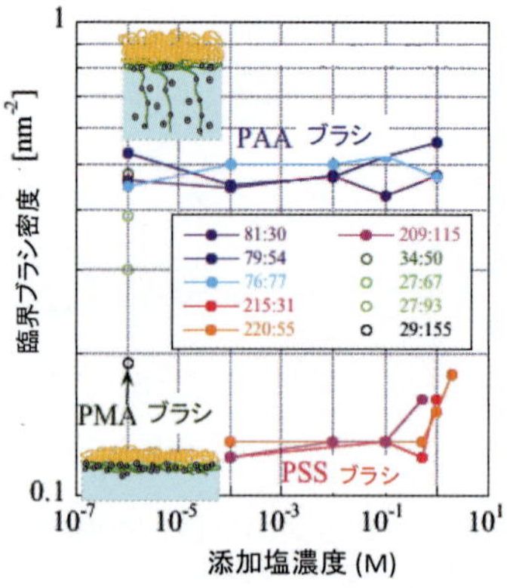

図7　各種水面単分子膜ブラシの臨界ブラシ密度の添加塩濃度依存性[7]（p.310）

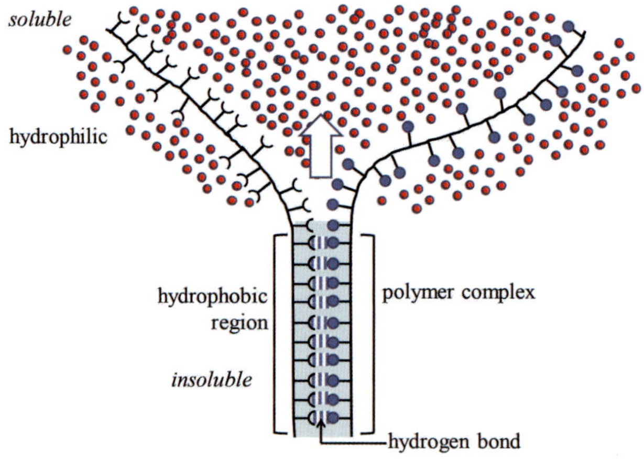

図3　Zipper effect in a polymer complex.（p.360）

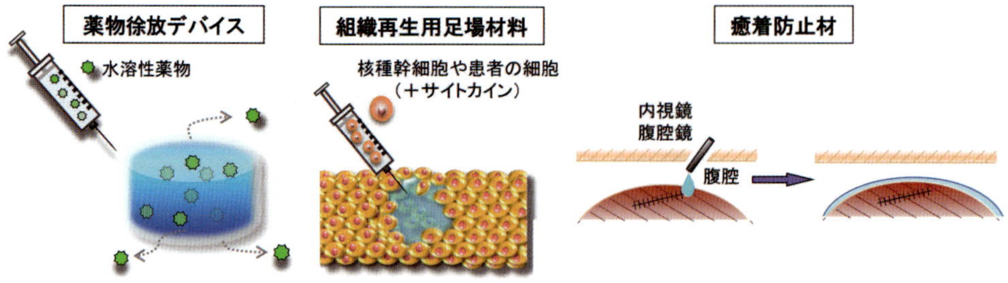

図1　期待される生分解性インジェクタブルポリマーの用途（p.384）

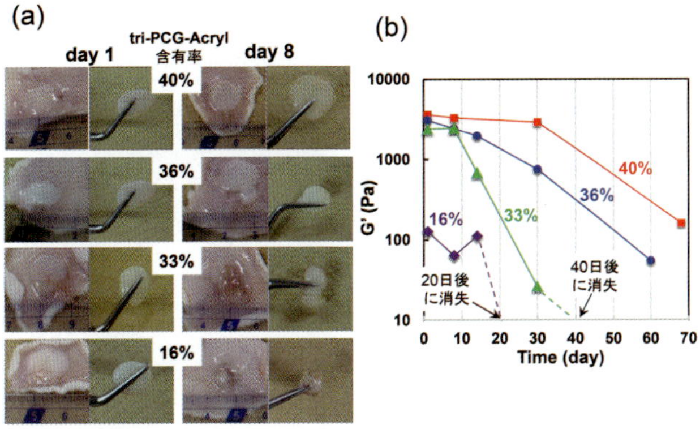

図 6　tri-PCG-Acryl の含有率の異なる［tri-PCG/DPMP ＋ tri-PCG-Acryl］ゲルをラット皮下に埋入した後の経過。(a) 1 日および 8 日のゲルの写真　(b) ゲルの弾性率変化[29] (p.391)

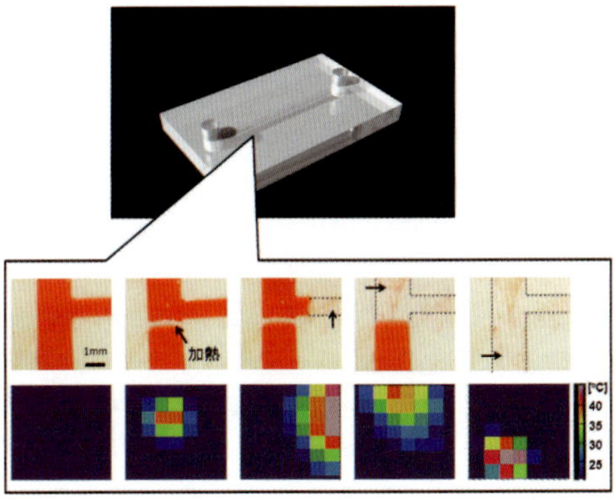

図 5　(a) 形状記憶マイクロ流路。局所加熱により流路構造の open-close を制御することができる。(p.398)

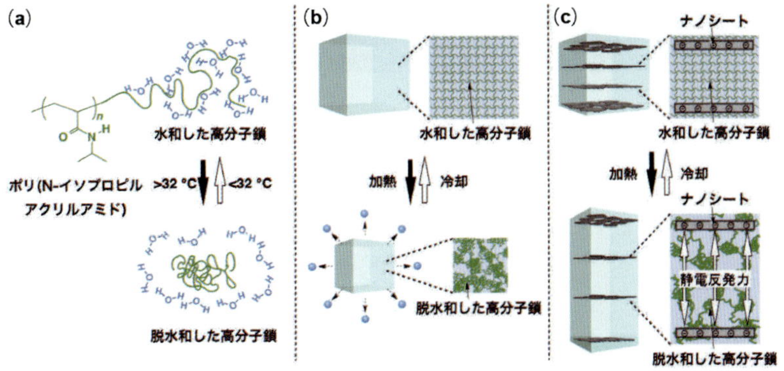

図 1　刺激応答性高分子に基づくヒドロゲルアクチュエータ
(a) 典型的な感温性高分子であるポリ (*N*-イソプロピルアクリルアミド) (b) 収縮・膨潤に伴う体積変化を利用した従来のヒドロゲルアクチュエータ (c) 内在する静電反発力の増減を利用した今回のヒドロゲルアクチュエータ (p.400)

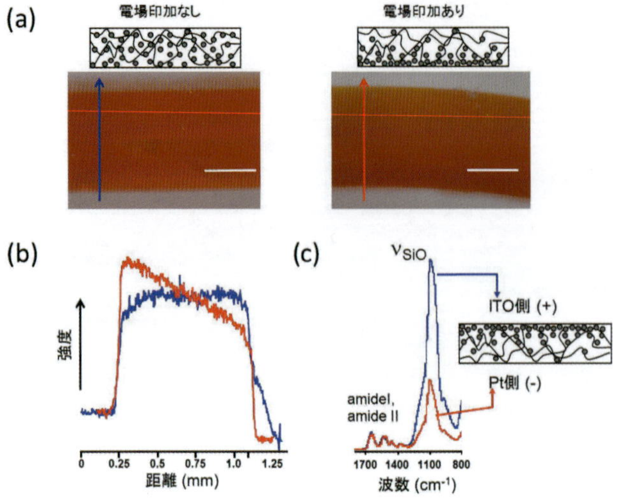

図２　(a) シリカ微粒子内包ゲルの染色試験。(左) 電場印加なし、(右) 電場印加あり。(b) (a,b) の染色強度。(c) ITO 側、Pt 側からの FT-IR/ATR スペクトル。スケールバーは 500 μm。文献 8) から一部改編して転載。(p.409)

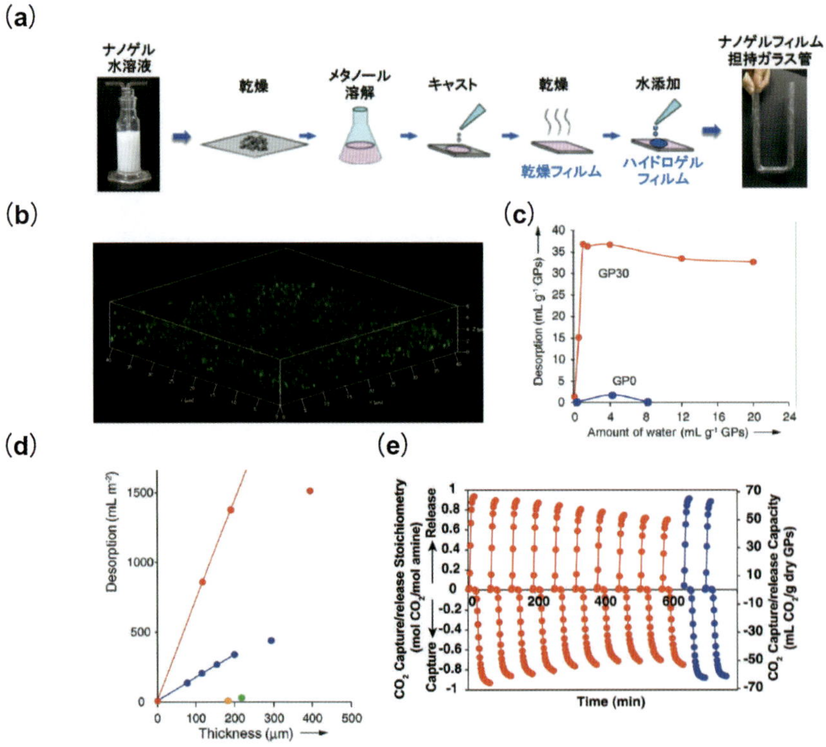

図４　(a) キャスト法によるナノゲルフィルムの作成スキーム (b) 鏡焦点顕微鏡により観察したナノゲルフィルムの内部構造 (c) ナノゲルフィルムの CO_2 吸収量に与える水含量の影響 (d) ナノゲルフィルムの CO_2 吸収量に及ぼす膜厚の効果 (e) 60℃の水蒸気飽和ガス中からの可逆的 CO_2 吸収挙動[4)5)] (p.424)

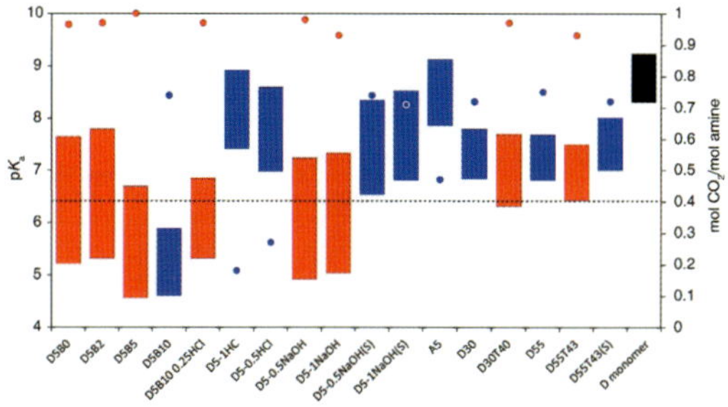

図 5　ナノゲル粒子の pK_a 変化幅と可逆的な二酸化炭素吸収効率。棒グラフの上端、下端がそれぞれ 30℃、75℃におけるナノゲル内のアミンの pK_a 値（左軸）。プロットは化学量論的な可逆吸収効率を示す（右軸）。ナノゲルの組成および重合条件を下の軸に示す。赤は可逆吸収量のアミンあたりの量論効率が 90％以上、青は 90％以下。D は DMAPM、T は TBAm の共重合比を示す。重合時に NaOH や HCl により pH を制御したものは、加えた物質の種類と量論比を示してある。粒子径を小さく調節したものは S で示す。(p.425)

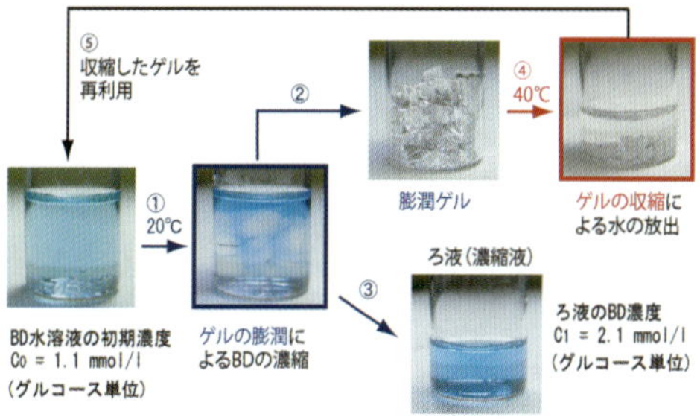

図 3　PNIPA ゲルを用いたブルーデキストラン（BD）水溶液の濃縮
（BD 濃度が約 2 倍になる量の PNIPA ゲルを投入）(p.433)

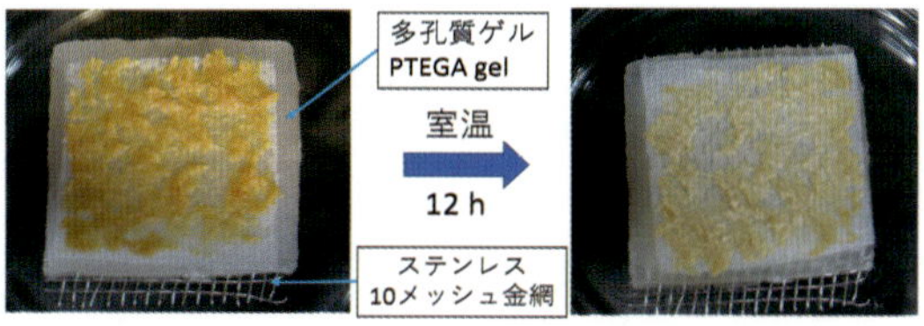

図 7　PTEGA-金網複合ゲルによる味噌の脱水 (p.436)

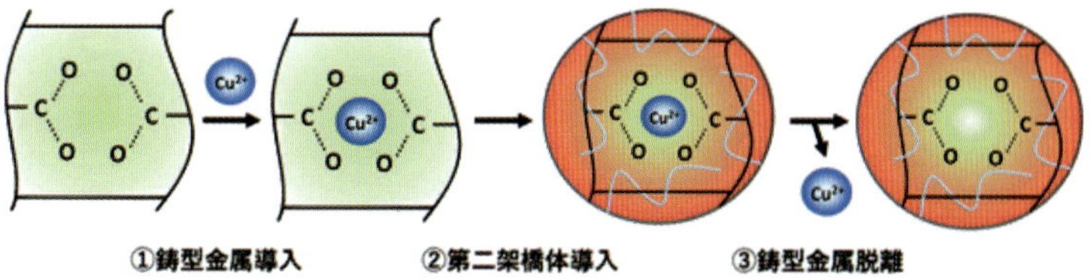

図 6　IPN 型温度応答性インプリントゲル (p.448)

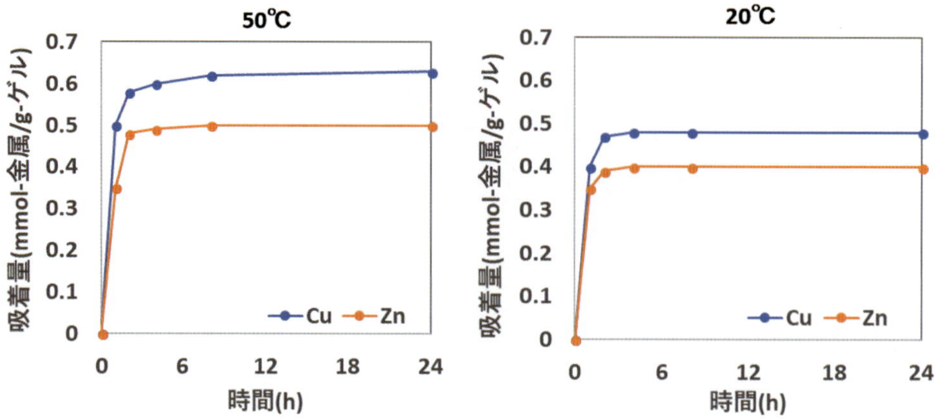

図７　Cu インプリントゲルの Cu^{2+}、Zn^{2+}吸着量、(左) 50℃、(右) 20℃ (p.448)

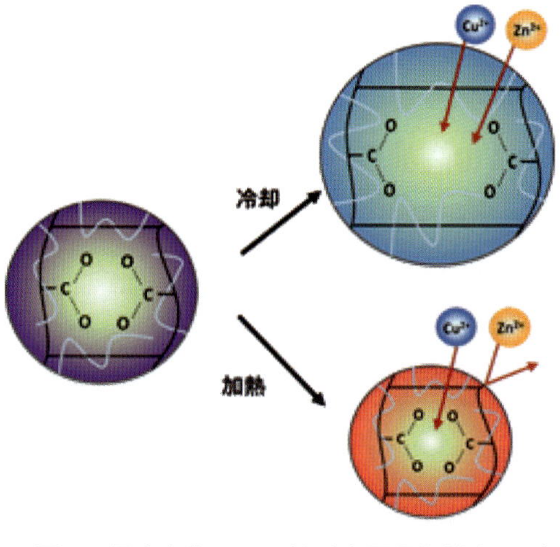

図８　温度変化による鋳型金属選択性 (p.449)

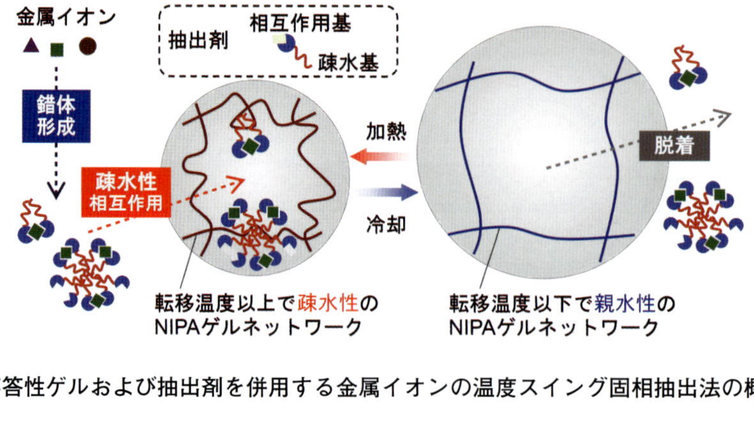

図５　温度応答性ゲルおよび抽出剤を併用する金属イオンの温度スイング固相抽出法の概念図 (p.455)

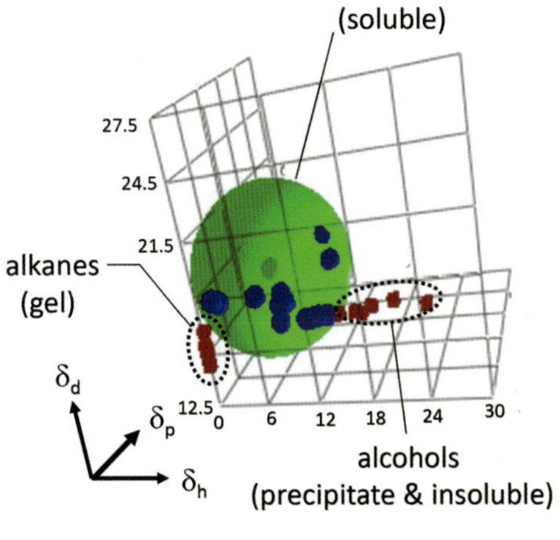

図 2　低分子ゲル化剤(1)の Hansen 球(p.459)

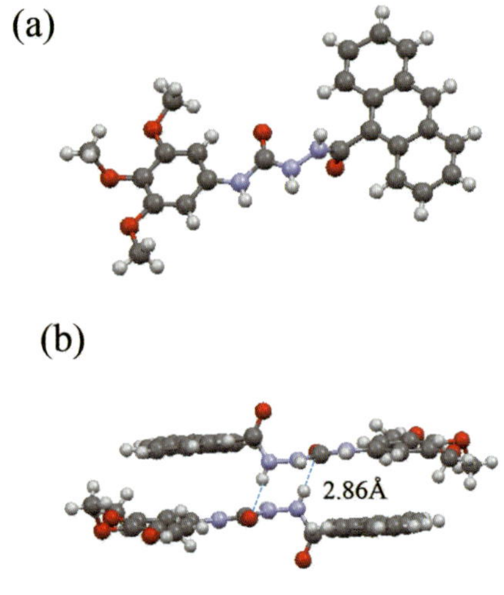

図 13　参照化合物の単結晶 X 線解析((a)アントラセン面とアミド基の直交(b)分子間水素結合)(p.463)

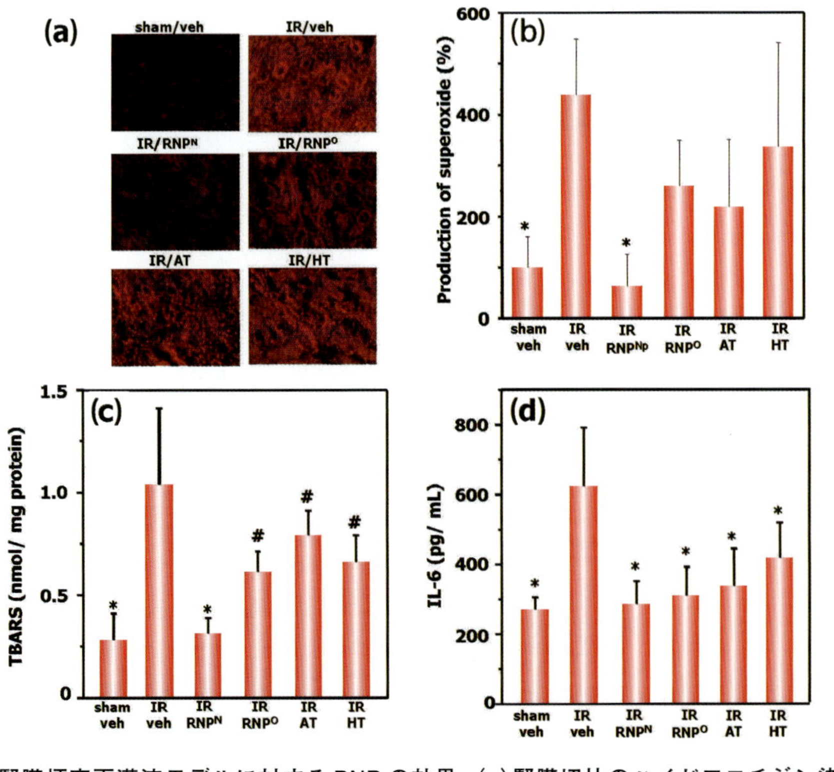

図 7　マウス腎臓梗塞再灌流モデルに対する RNP の効果。(a)腎臓切片のハイドロエチジン染色、(b)スーパーオキシド産生量、(c)脂質過酸化量、(d)IL-6 産生量。(IR：脳動脈虚血再灌流；AT：アミノ TEMPO；HT：ヒドロキシ TEMPO)。(p.470)
Elsevier より許可を得て、2)より改変して転載

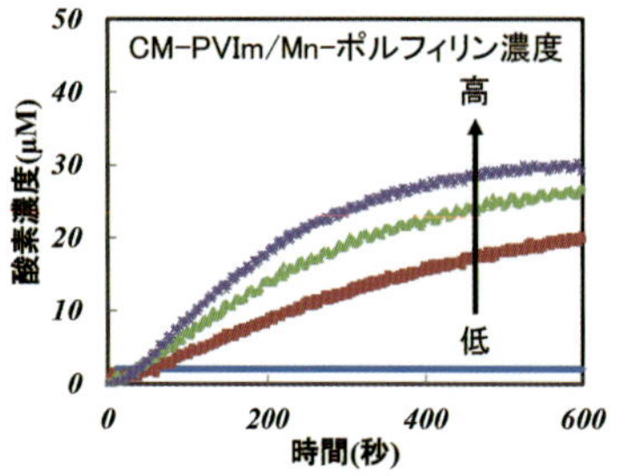

図 8　CM-PVIm/Mn-ポルフィリン複合体に H_2O_2 を添加した後の酸素発生量（p.487）

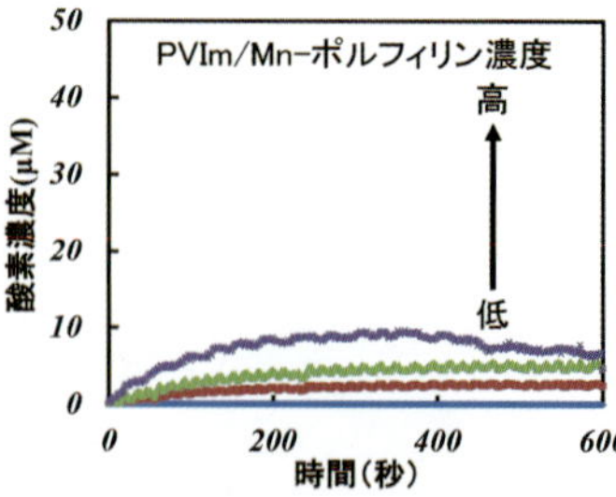

図 9　PVIm/Mn-ポルフィリン複合体に H_2O_2 を添加した後の酸素発生量（p.487）

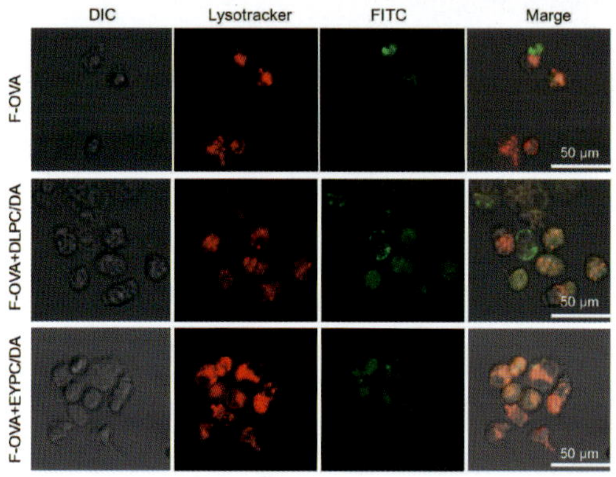

図 5　共焦点レーザー顕微鏡によるたんぱくの細胞質デリバリー観察、FITC 修飾オボアルブミン（F-OVA）（緑色）、ライソラッカー（赤色）（p.494）

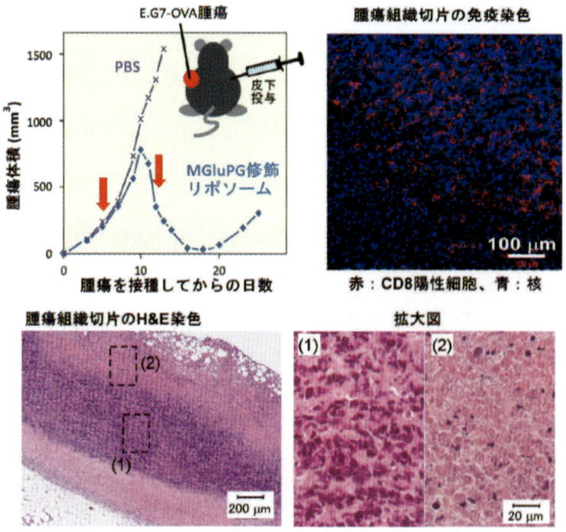

図 4　pH 応答性高分子修飾リポソームによる抗腫瘍免疫の誘導。E.G7-OVA 細胞を接種して腫瘍を形成させたマウスに、OVA を封入した MGluPG 修飾リポソームを 2 回（5, 12 日目）皮下投与した。13 日目に腫瘍組織を回収し、切片の免疫染色と H&E 染色を行った。腫瘍組織への CD8 陽性細胞の浸潤が確認され、核が損傷を受けた細胞（1）・アポトーシスして核を失った細胞（2）が確認された。（p.503）
25）より許可を得て転載

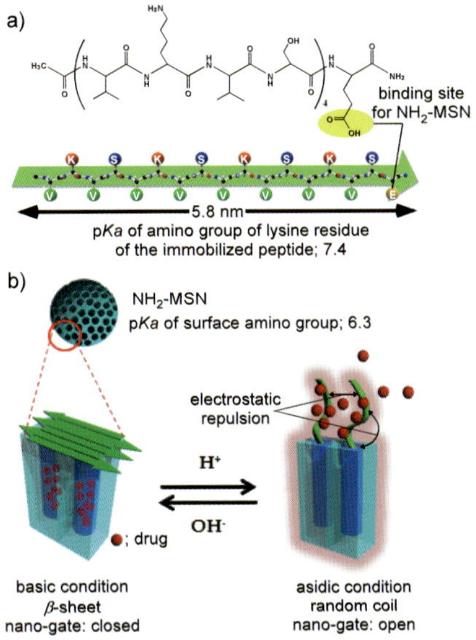

図８　a)ナノゲートペプチド,Ac-(VKVS)$_4$E-NH$_2$(V；バリン，K- リジン，S- セリン，E- グルタミン酸)の分子構造と、b)NH$_2$-MSN 表面での pH に伴う二次構造変化を利用した、メソ細孔開閉機構の模式図。NH$_2$-MSN 表面へのペプチドの固定化は、ペプチドの *C* 末端グルタミン酸側鎖カルボキシル基と NH$_2$-MSN 表面アミノ基の縮合反応により行った。塩基性条件で β-シート構造をとることで、メソ細孔を塞ぎ、酸性条件下で、ランダムコイル構造をとることで、メソ細孔を開放する。表面固定化 Ac-(VKVS)$_4$E-NH$_2$ のリジン側鎖アミノ基、および MSN 表面固定化アミノ基の p*K*a はそれぞれ、Pep-MSN 及び NH2-MSN 分散液の pH 滴定より求めた。水溶液中での Ac-(VKVS)$_4$E-NH$_2$ のリジン側鎖アミノ基の p*K*a は同様に、8.3 と求めた。(p.515)

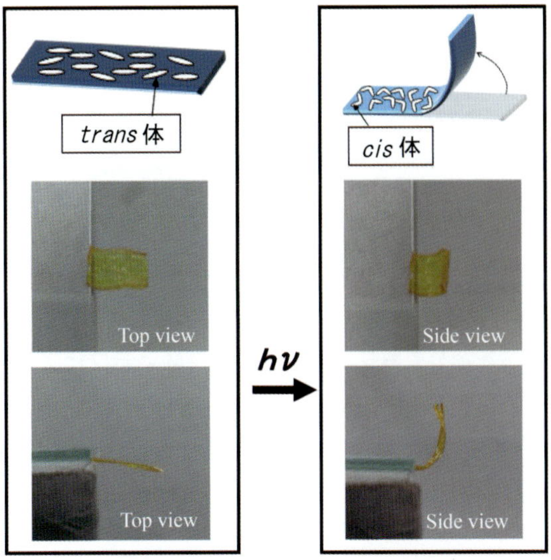

紫外線照射前　　**紫外線照射後**

図７　試料の上方から光照射。光源方向にフィルム試料は湾曲。(p.545)

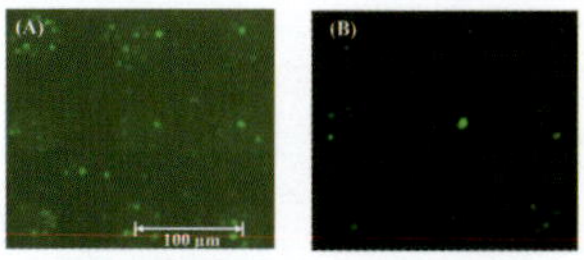

図 5　未処理 μAy と Poly(macPEG$_{1100}$)-g-μAy) 上での MC および U937 播種 1 day 後の蛍光顕微鏡像；(A)未処理 μAy, (B) Poly(macPEG$_{1100}$-g-μAy)：MC；1.0 × 10^5 cells/well(ハム F-12 培地, 500 μL)；U937 細胞 2.0 × 10^5 cells/well(RPMI1640 培地 , 500 μL)(p.569)

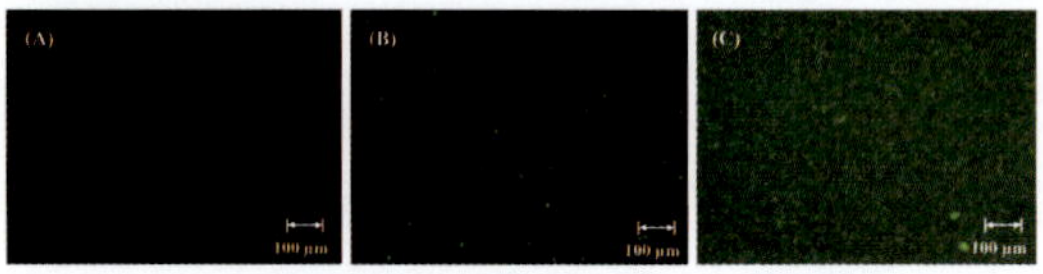

図 6　Poly(macPEG)-g-μAy) 上 MC および U937 融合後、BS 添加 RPMI1640 培地中選択培養後の蛍光顕微鏡像；(A) レーザー未照射 (B) パルスレーザー出力 (1.5 A、5 pulses、500 Hz) (C) パルスレーザー出力 (1.8 A、5 pulses、500 Hz) U937 細胞；：MC；1.5 × 10^5 cells/well(ハ　ム F-12 培地、500 μL)；U937 細胞 4.0 × 10^5 cells/well(RPMI1640 培地、500 μL) 18days.(p.571)

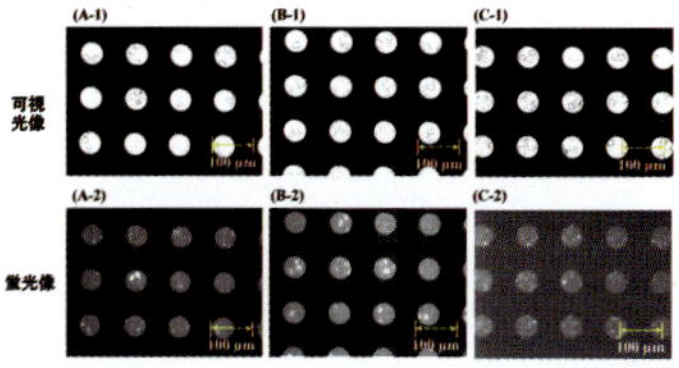

図 7　Poly(macPEG)-g-μAy) 上 U937 細胞への siRNA 導入後の可視光 (A-1、A-2、A-3) および蛍光顕微鏡像 (B-1、B-2、B-3)：[siRNA] = 100 nM；(A)，U937 細胞；5.0 × 10^5 cells/well(RPMI1640 培地)(1 mL/well)；(A) [Lipofectamine2000] = 5 μg/mL (B) パルスレーザー照射 (1.5 A、5 pulses、500 Hz) (C) [Lipofectamine2000] = 5 μg/mL、パルスレーザー照射 (1.5 A、5 pulses、500 Hz)
(p.572)

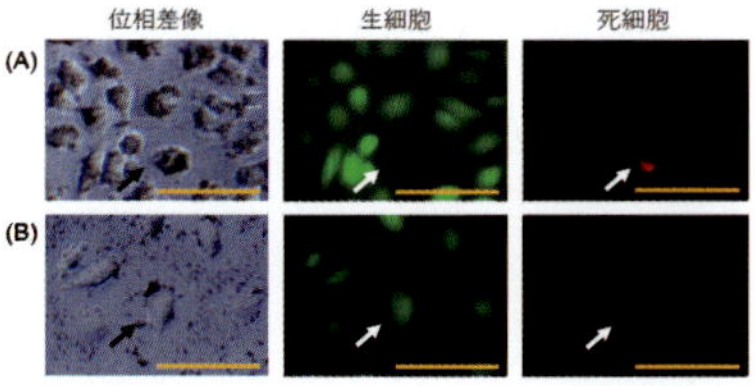

図 4　金ナノ粒子を担持したエラスチンデンドリマー (37℃ (A) と 25℃ (B)) の細胞への取り込みと光細胞毒性。矢印は光照射した細胞を示しており、カルセイン-AM とヨウ化プロピジウムを用いて、生細胞を緑色に、死細胞を赤色に染色した。(p.576)

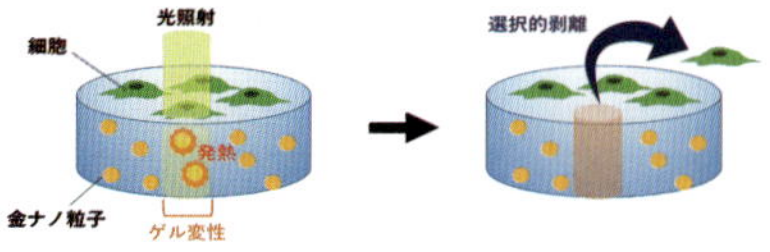

図 5　可視光応答性細胞基材における選択的細胞剥離 (p.577)

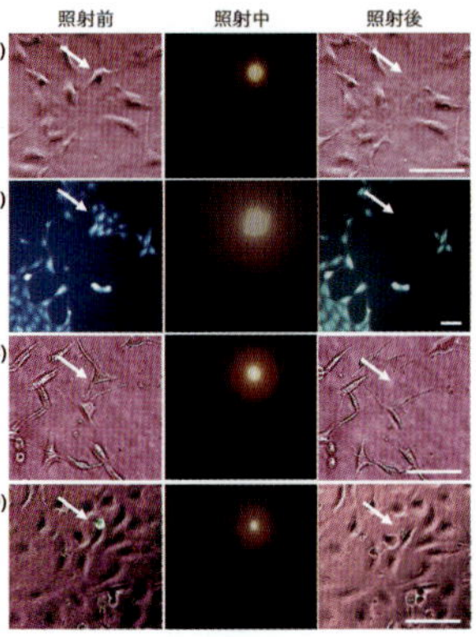

図 6　(A) HeLa 細胞、(B) MDCK 細胞 (CellTracker で染色)、(C) SH-SY5Y 細胞、(D) colon26-GFP 細胞 (緑に光っている細胞) と HeLa 細胞の共培養からの光照射による選択的細胞剥離。スケールバーは 100 μm。矢印は光照射した細胞を示している。(p.578)

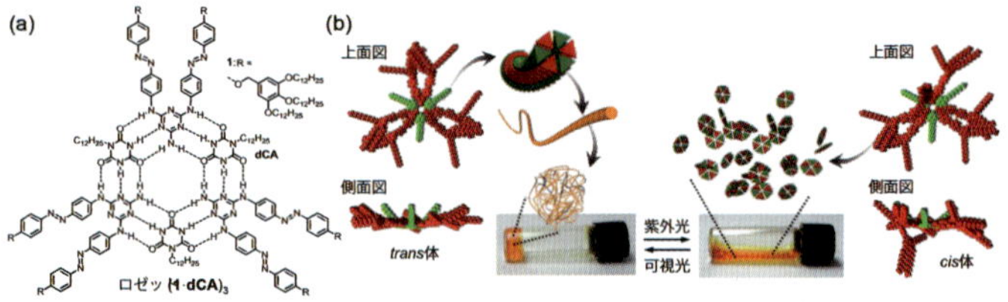

図 1　アゾベンゼンロゼットによる光応答性超分子ポリマー。(a) アゾベンゼンを有するメラミンとアルキルシアヌル酸によるロゼット $(1\cdot dCA)_3$ の分子構造。(b) 光照射による $(1\cdot dCA)_3$ の超分子ポリマーの可逆的光脱重合・再重合。(p.589)

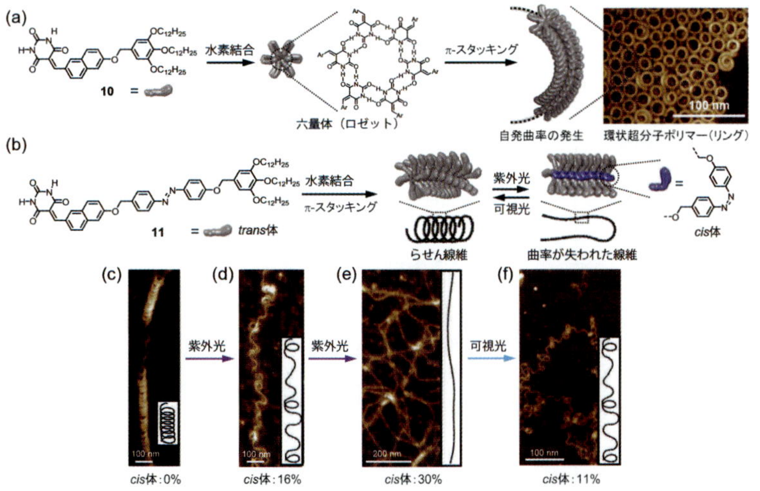

図 6　光によりトポロジーの制御が可能な超分子ポリマー。(a) バルビツール酸を置換したナフタレン誘導体 10 の集合体形成。(b) アゾベンゼン部位を導入した分子 11 の集合体の光応答性。(c-f) 紫外光照射によりらせん構造がほどける様子と可視光照射によりランダムに曲率が回復する様子を示した AFM 像。(p.593)

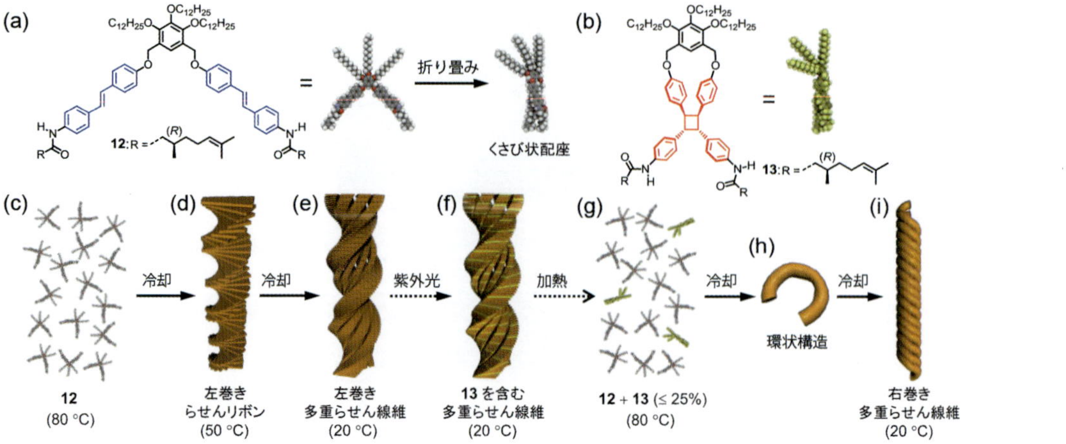

図7　光により超分子キラリティが反転する集合体。(a),(b) 12 と 12 の分子内光二量化により生成する 13 の分子構造。(c)～(i) 光と熱によるらせん状集合体の超分子キラリティの反転の模式図。(p.595)

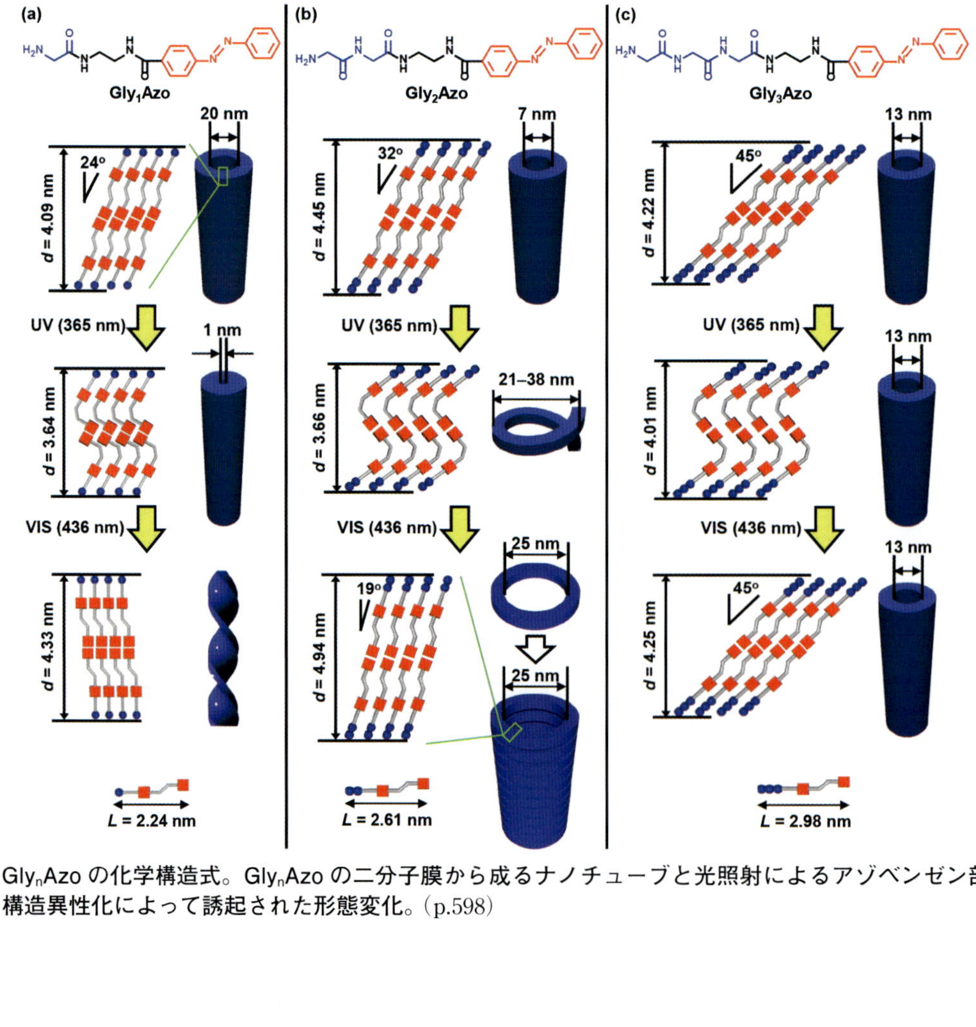

図1　Gly$_n$Azo の化学構造式。Gly$_n$Azo の二分子膜から成るナノチューブと光照射によるアゾベンゼン部位の構造異性化によって誘起された形態変化。(p.598)

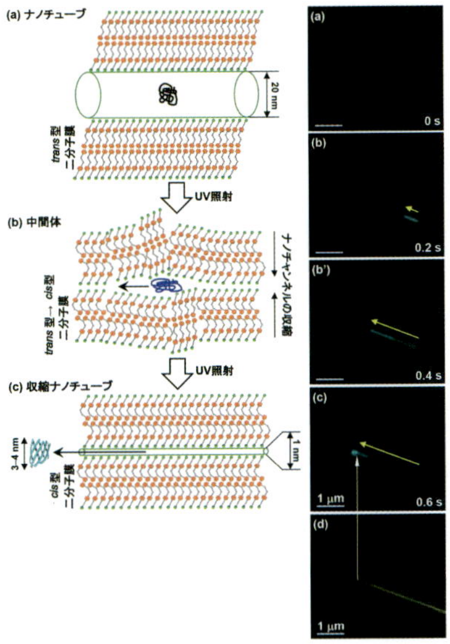

図 4　(a), (b), (b'), (c) 紫外光照射による Gly_1Azo から成るナノチューブの収縮に伴う変性 BFP のナノチャンネル内輸送→リフォールディング及び蛍光回復→ナノチャンネルからの放出を捉えた時間分解蛍光顕微鏡像とそれを表した模式図 (d) 蛍光ラベル化したナノチューブの片末端付近を捉えた蛍光顕微鏡像（p.602）

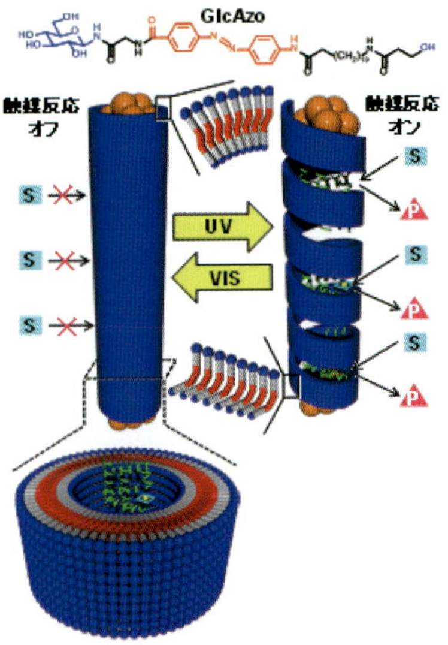

図 5　GlcAzo の化学構造式と GlcAzo の単層単分子膜から成るナノチューブの模式図。磁性ナノ粒子でエンドキャッピングした酵素包接化ナノチューブ-ナノコイルをベースにしたバイオリアクターと光刺激による触媒反応のオン・オフ制御を表した模式図。（p.603）

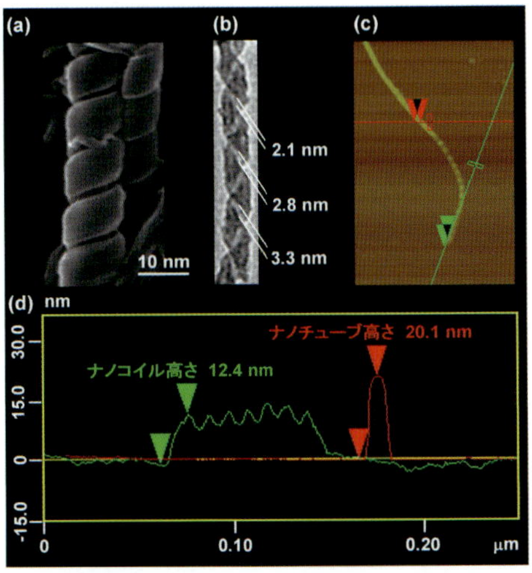

図 6　(a), (b) GlcAzo から成るナノチューブの紫外光照射により得られたナノコイルの電子顕微鏡像 (c), (d) 紫外光照射によりナノチューブの末端がナノコイルとなった中間体の原子間力顕微鏡像とその高さプロファイル（p.604）

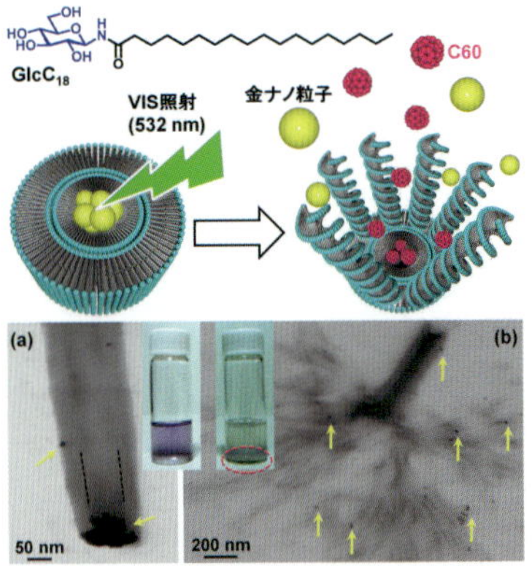

図 7　$GlcC_{18}$ の化学構造式。$GlcC_{18}$ の二分子膜から成るナノチューブへの金ナノ粒子の複合化と光温熱機能を利用したナノチューブの崩壊及び包接化フラーレンの放出を表した模式図。(a) 金ナノ粒子複合化ナノチューブの電子顕微鏡像。(b) 光照射により崩壊したナノチューブの電子顕微鏡像。（写真左）フラーレンを包接したナノチューブの水分散溶液。（写真右）フラーレンが沈殿した水溶液。（p.605）

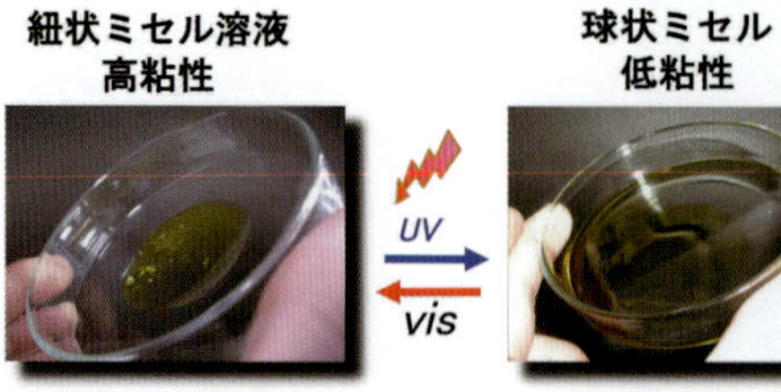

図 8　光応答性界面活性剤 AZTMA を添加した紐状ミセルへの光照射に伴う粘弾性変化（p.611）

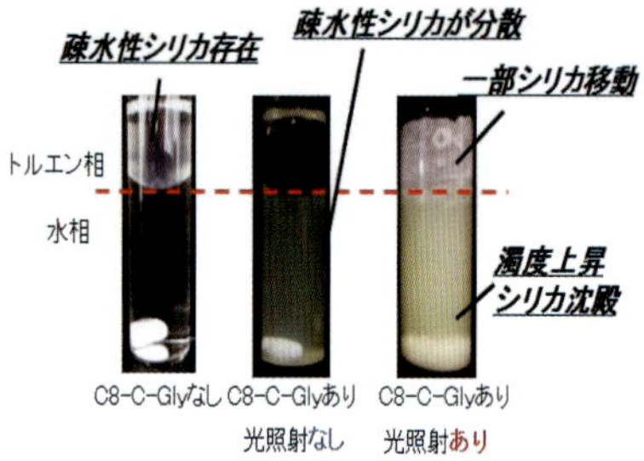

図 13　シリカ粒子の分散状態に及ぼす光開裂性界面活性剤 C8-C-Gly の影響（p.614）

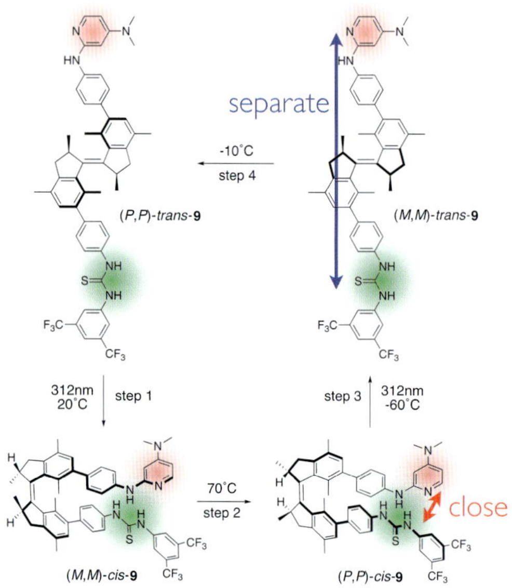

図 5　触媒活性と立体選択性を切り替える光応答性動的酸-塩基複合触媒（p.621）

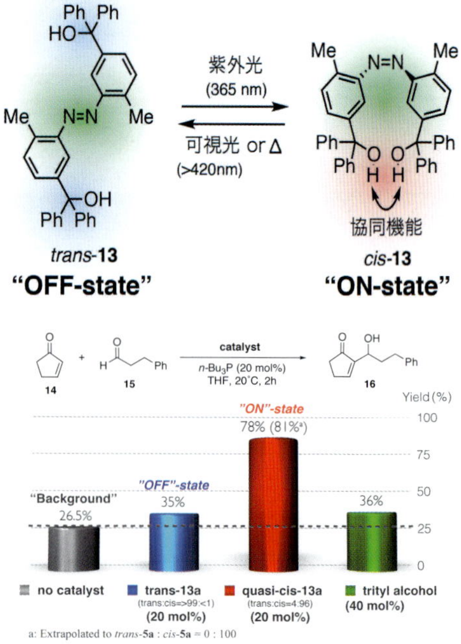

図 6　光応答性ビストリチルアルコール触媒による Morita-Baylis-Hillman 反応の触媒活性制御（p.622）

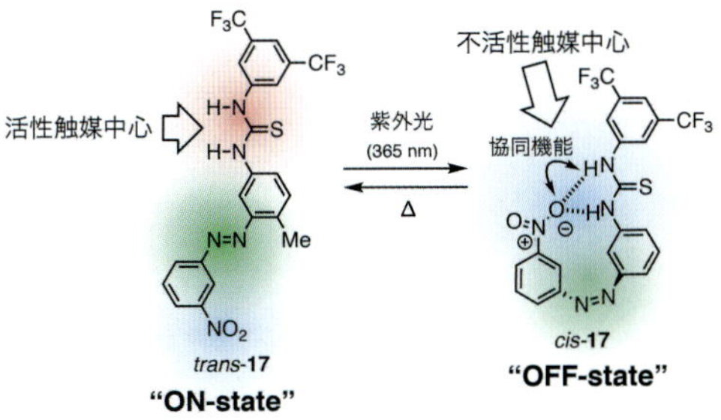

図７　協同機能によって不活性化する光応答性触媒（p.623）

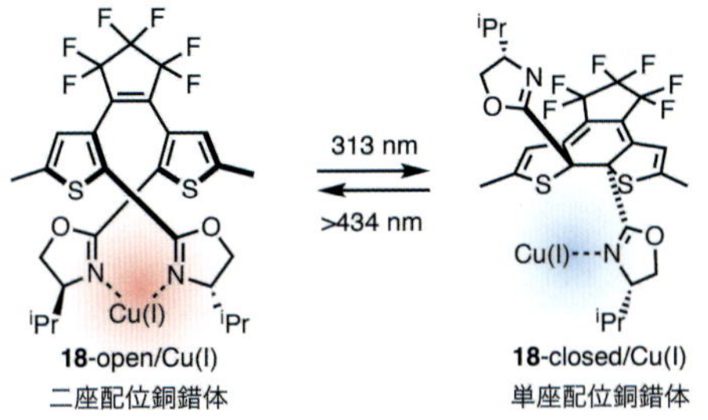

図８　立体選択性を切り替える光応答性動的協同機能触媒（p.624）

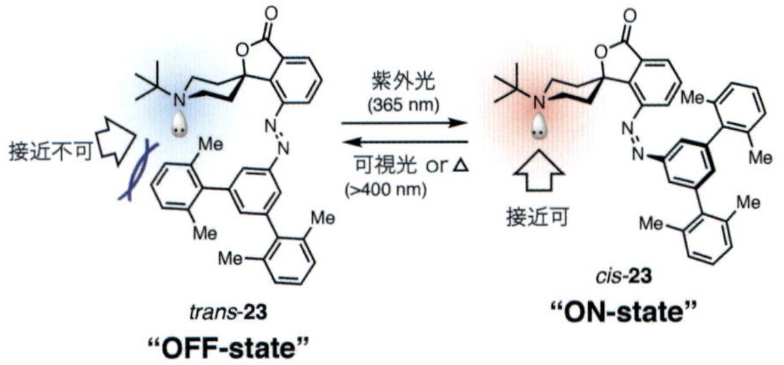

図 10　遮蔽環境制御による光応答性動的アミン触媒（p.625）

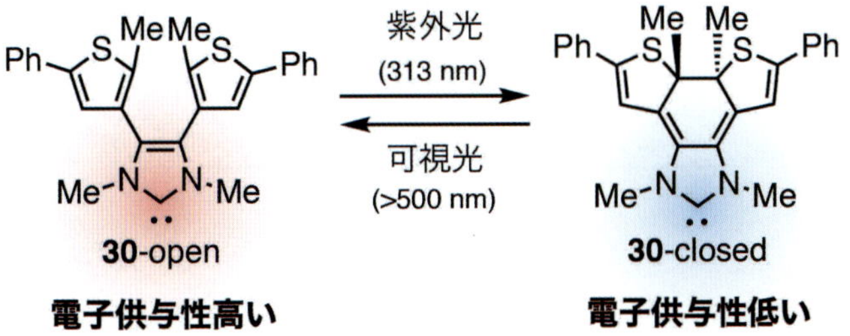

図 12　触媒活性中心の電子状態制御による光応答性触媒　*cis* 体の異性か比率は考慮されている？（p.627）

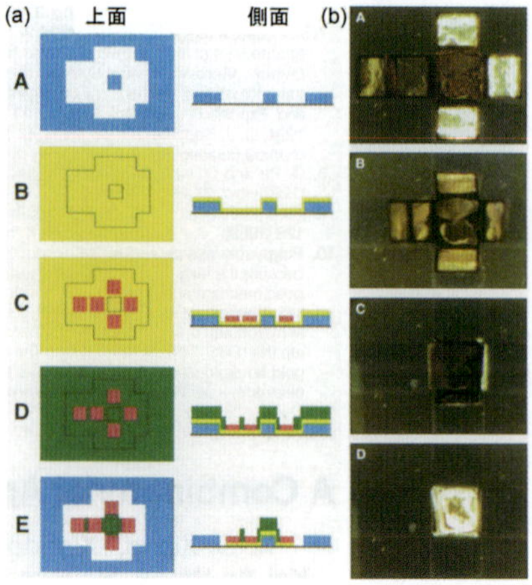

図 4　(a) MEMS 技術による PPy マイクロアクチュエータの作製プロセス（A～E）と (b) 立方体が閉じる様子（A～D）（p.641）

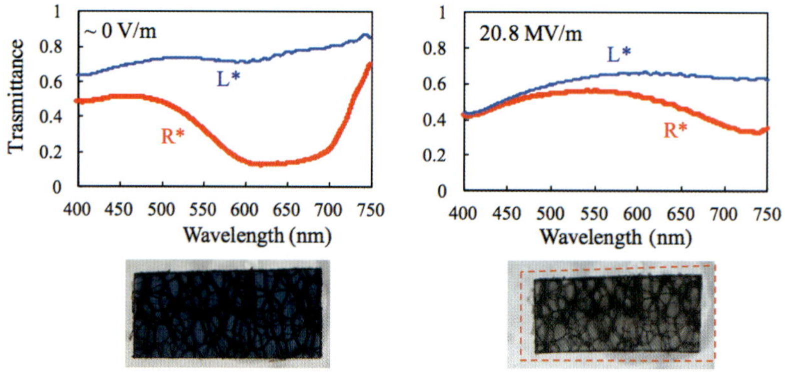

図 10　電場印加前後のコレステリックゲルの外観と右および左円偏光の入射光に対する透過スペクトル （p.653）

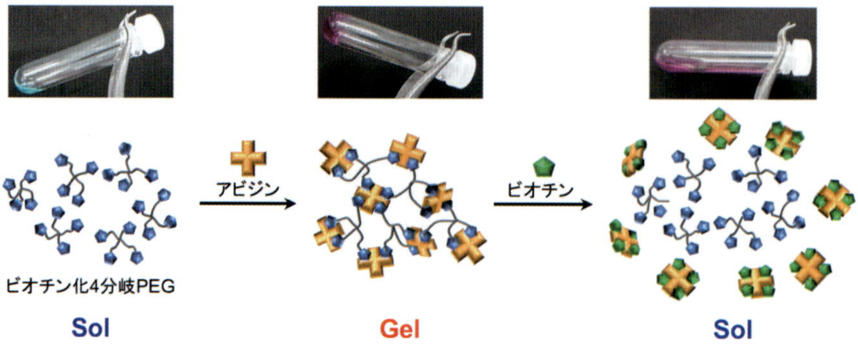

図 7　ビオチン化 4 分岐 PEG のアビジンに応答したゾル-ゲル相転移（p.672）

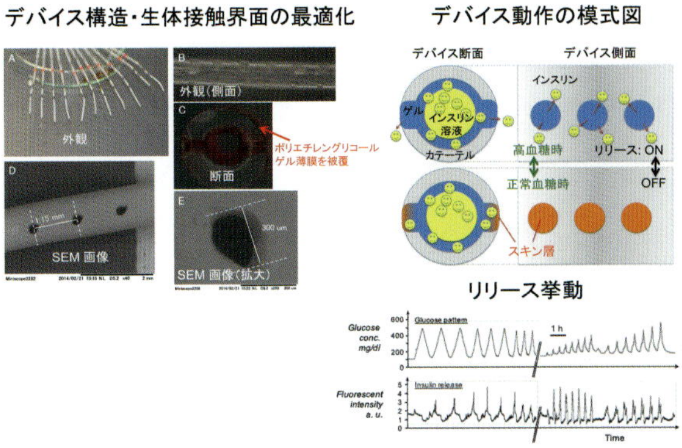

図４　カテーテル融合型「人工膵臓デバイス」の概略（p.681）

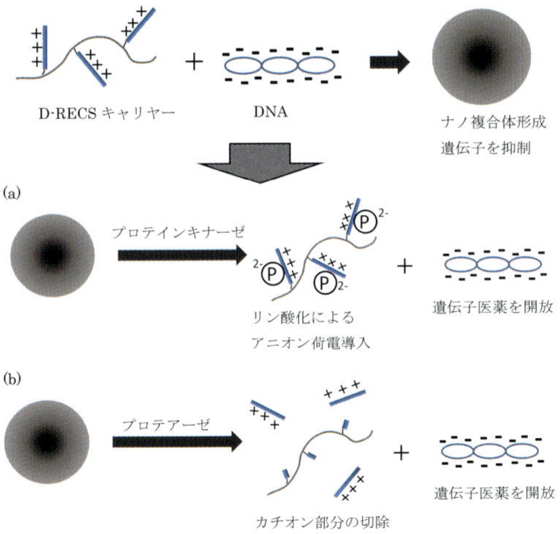

図１　細胞内プロテインキナーゼおよびプロテアーゼに応答する DDS 概念（p.707）

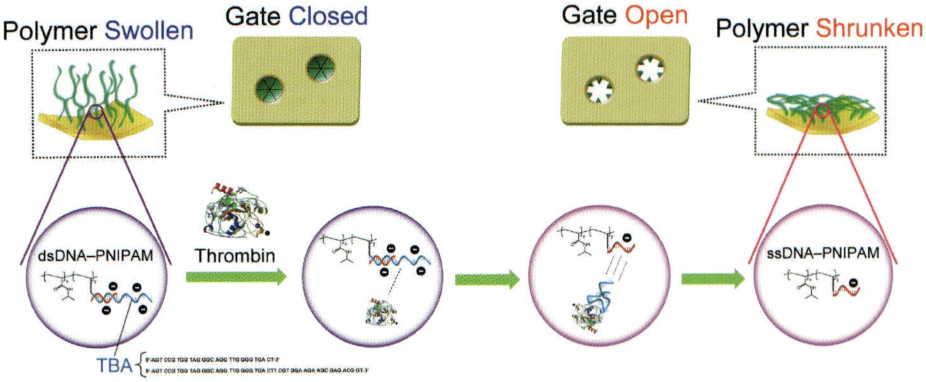

図７　DNA アプタマー機能化ゲート膜の概念図[38] Reproduced with pemission from Y. Sugawara, T. Tamaki and T. Yamaghchi, *Polymer*, 2015, 62, 86–93. Copyright 2015, Elsevier.（p.720）

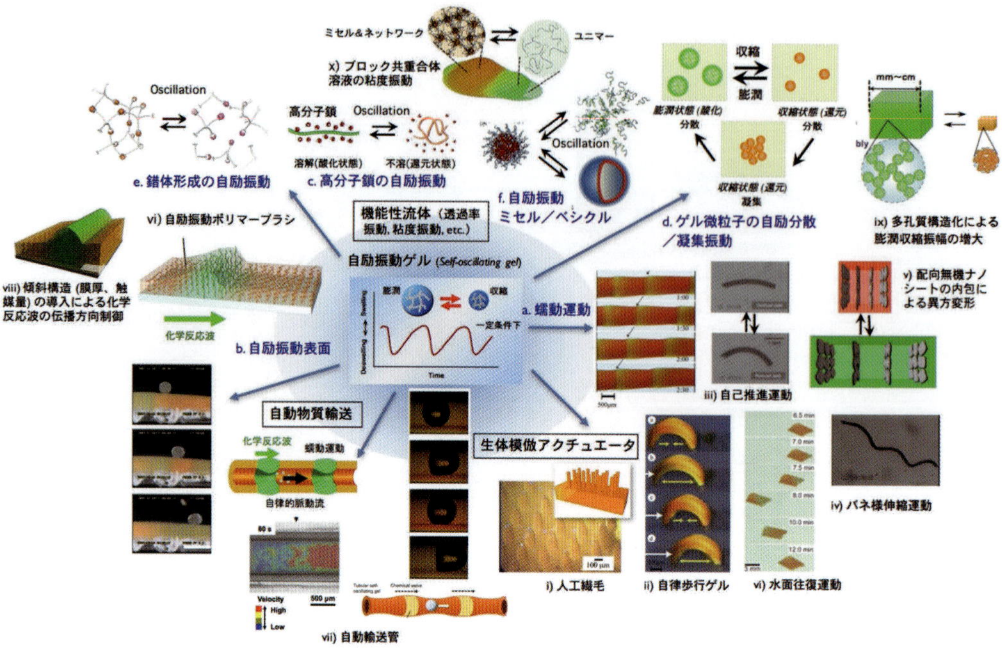

図２　自励振動高分子ゲルの自律機能材料への展開（p.725）

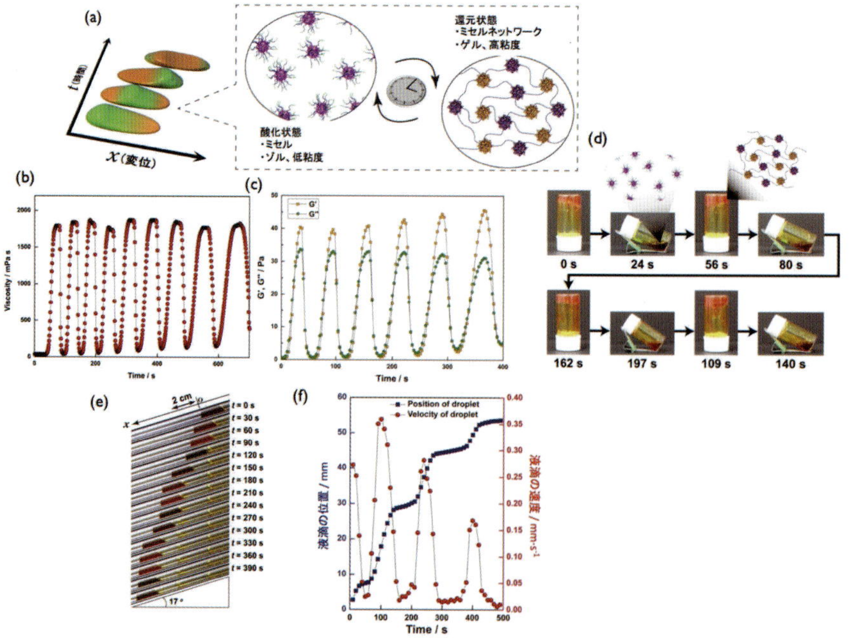

図４　自律的にゾル-ゲル転移する自励振動高分子溶液（ABC 型 BCP）：(a)巨視的運動および微視的構造変化の概念図(b)溶液の粘度振動挙動(c)貯蔵弾性率（G'）と損失弾性率（G''）の周期的変化(d)周期的なゾル-ゲル変化の観察(e)傾斜したガラスキャピラリー中における高分子液滴の間歇的な前進運動の様子(f)(e)における液滴の位置および速度変化（p.729）

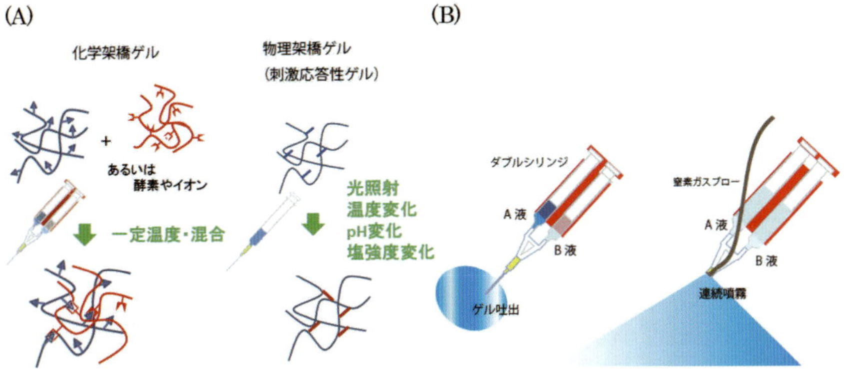

図 3　Injectable ゲル：(A) 化学架橋ゲルと物理架橋ゲル　(B) ゲルの利用法
文献 13) を改変引用。(p.740)

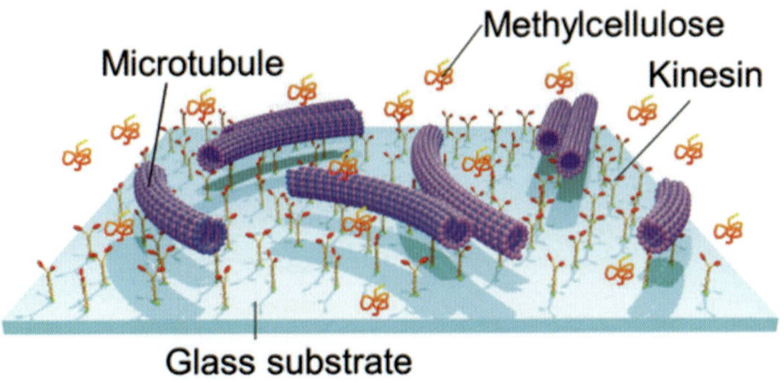

図 6　メチルセルロース (MC) 存在下での *In vitro* Motility Assay の模式図 (p.749)

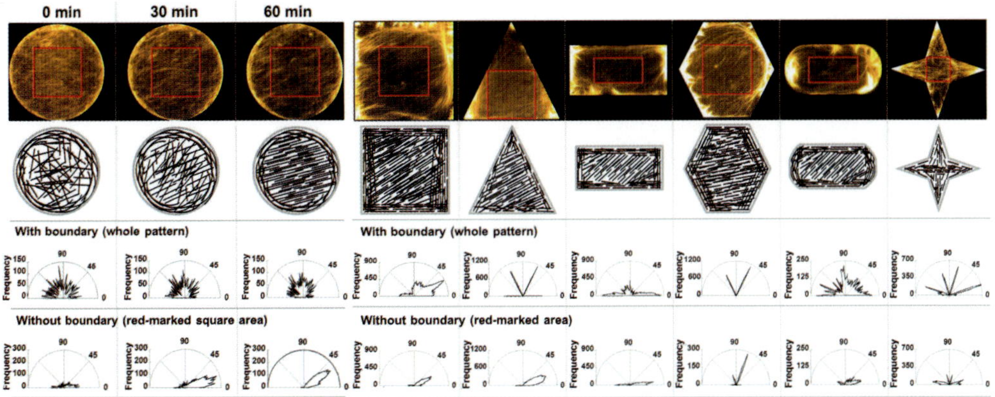

図 11　7 種類のパターニング基板内における微小管の配向性および自己組織化の観察結果 (p.751)

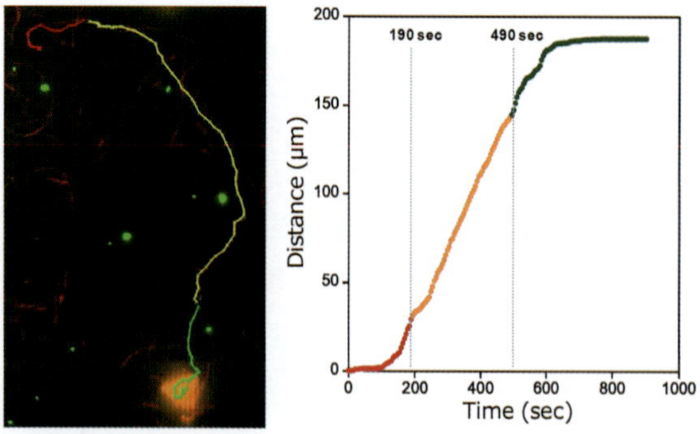

図 12　微小管の並進運動に伴う MOF の並進運動の軌跡と運動速度の推移（p.752）

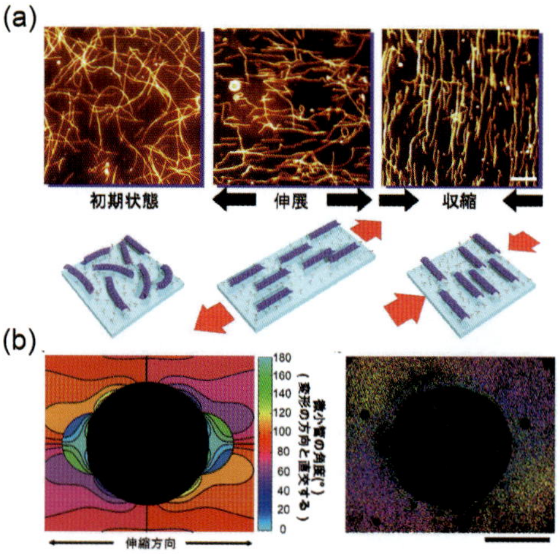

図 13　(a)シリコーンゴム基板の変形方向を示す微小管の顕微鏡写真とその模式図（scale bar：10 μm）
(b)中心に穴の空いた基板を伸縮させた条件における微小管の向きをシミュレーションした結果と実際に行った実験の結果（scale bar：500 μm）（p.752）

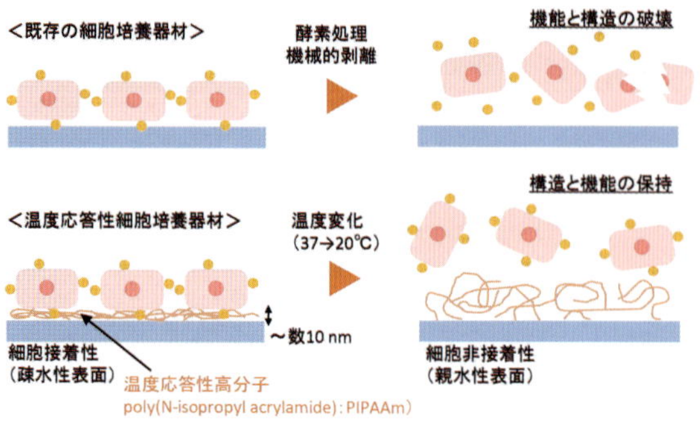

図 2　温度応答性表面による細胞剥離の概念図（p.766）

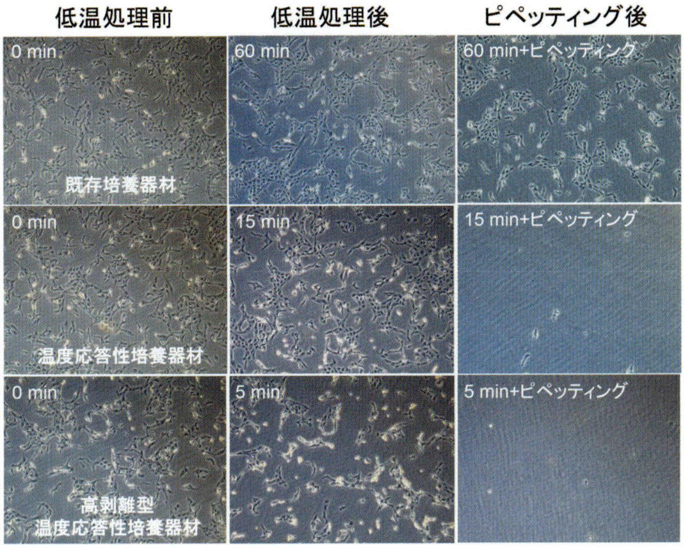

図 4　温度応答性培養器材を用いた Vero 細胞の剥離(p.767)

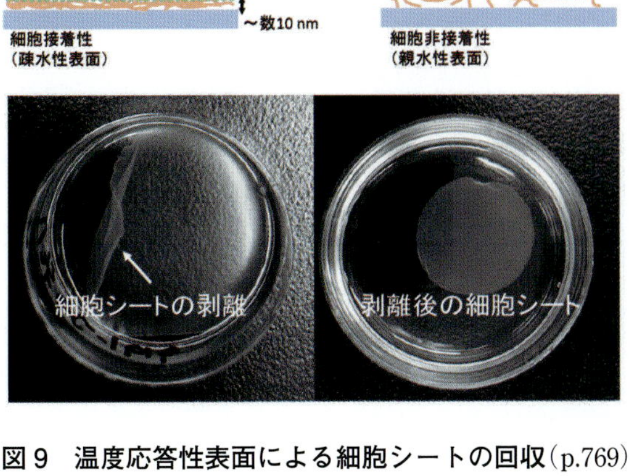

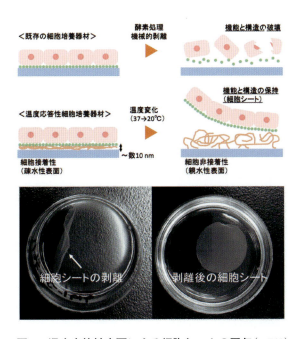

図 9　温度応答性表面による細胞シートの回収(p.769)

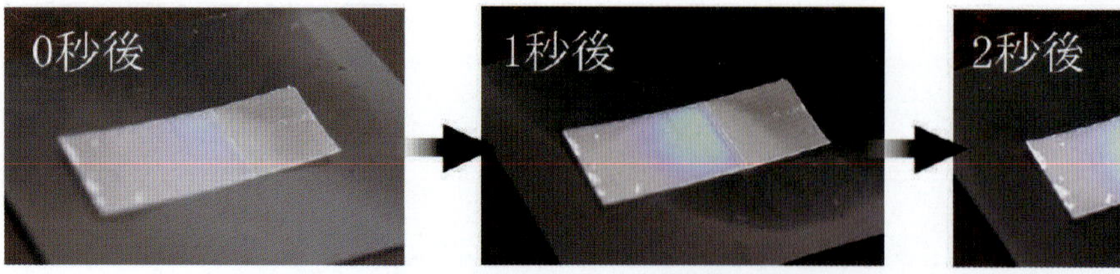

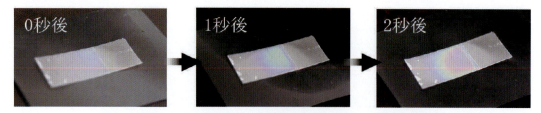

図3　ゲル導入多層フィルムへの呼気吹きつけによる発色変化(p.786)

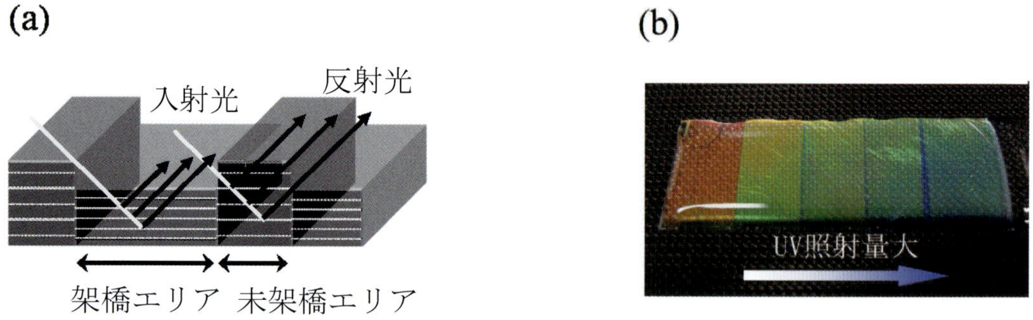

図6　(a)光架橋による膨潤率制御の模式図 (b)紫外線照射量違いにおける発色変化(p.788)

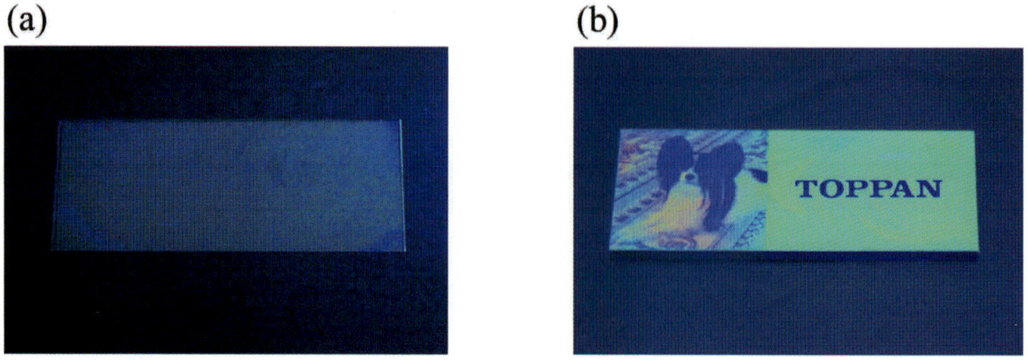

図7　パターニングした湿度応答性カラーフィルム(a)25%RH雰囲気下(b)90%RH雰囲気下(p.788)

発刊のことば

刺激応答性高分子に魅せられて約30年が過ぎた。筆者が研究というものに少し足を踏み入れた学生時代には、ゲルの体積相転移の発見から約10年が経ち、その普遍性が一般的に知られるようになっていた。学術的な研究は少し落ち着いていたが、刺激応答性ゲルとしてドラッグデリバリーシステムやセンサーなどへの応用の可能性が示され、医療分野を中心として応用研究も始められた時期であった。刺激応答性高分子というキーワードがトレンドとなり、研究を始めたばかりの筆者にはとても魅力的な研究対象であった。一方で、刺激応答性高分子の代表である温度応答性高分子としてはポリ(*N*-イソプロピルアクリルアミド)が中心であり、当時は刺激応答性高分子の種類もまだ限られていた。そこで、PNIPAAm以外で温度応答性高分子を設計したいと考え、親水性の異なるモノマーから共重合体ゲルを合成し、その組み合わせによって温度応答性が示されることを報告した。残念ながら、その論文の引用数は多くはないが、刺激応答性高分子に関する筆者の研究の始まりであった。

それから約30年が経過し、当時では予想もできなかったような多彩な刺激応答性高分子が報告されている。温度刺激1つをとっても、今では分子設計によってさまざまな温度応答性高分子を合成することができる。さらに刺激応答性高分子の応用研究も急激に広がり、医療、環境、エネルギー、ナノテクなど枚挙に暇がない。刺激応答性高分子を利用した細胞制御や高分子ミセルなどは、その特徴を活かせたもっとも成功した例であろう。このような刺激応答性高分子の発展には、精密重合や分析機器の進歩も大きく貢献してきた。最近のトレンドとして自己修復材料に関する研究が世界中で活発化しているが、自ら傷を修復する人工材料の出現は誰も想像できなかったであろう。刺激応答性高分子を利用した分子ロボティクスやマイクロデバイスなど、化学とはまったく異なる他分野の研究者も刺激応答性高分子に魅せられて参入している。刺激応答性を示す低分子や材料システムも多数報告されており、これらも刺激応答性高分子として広く解釈して、本書では可能な限り網羅するように努めた。刺激応答性高分子は、身近な材料やシステムへの応用はもちろん、医療や環境、エネルギー、ナノテク、情報などの幅広い領域での最先端技術材料としても力を発揮し、新しい科学と技術の誕生に大きな役割を果たすはずである。

本書では、刺激応答性高分子の研究において第一線で活躍されている研究者に関連分野の背景から最新の研究動向まで執筆して頂いている。執筆項目は12章(序論含)、95項目に及び、執筆者は158名に達している。刺激応答性高分子に関する書籍では最大規模となっている。本書に目を通して頂ければ、刺激応答性高分子の魅力を堪能でき、そのポテンシャルの高さに今後の発展を期待して頂けると確信している。日本には刺激応答性高分子研究のパイオニアである研究者が揃っており、今なおこの分野を牽引している。本書は、そのような研究者が一斉に顔を揃えているハンドブックであり、この分野の研究者一覧としての重要な役割も果たしている。すでに刺激応答性高分子の研究に携わっている研究者だけではなく、他分野から新たに参入しようとする研究者にもお役に立つはずである。本書が、刺激応答性高分子の科学と技術の発展に貢献することを期待したい。

本書は、多数の著者のご協力によって完成に至ることができた。各執筆者はきわめて多忙であったにもかかわらず、快く執筆していただいたことに対して、監修者として心から御礼申し上げたい。また、本書の企画提案から出版に至るまで終始、熱意を持ってご協力下さった(株)エヌ・ティー・エスの吉田隆代表取締役と関博実氏、そして企画グループの方々に深謝したい。

2018年12月

宮田　隆志

監修・執筆者一覧（敬称略）

【監修者】

宮田　隆志	関西大学化学生命工学部　教授

【執筆者】（掲載順）

納谷　昌実	北海道大学大学院総合化学院
小門　憲太	北海道大学大学院理学研究院　助教
佐田　和己	北海道大学大学院理学研究院　教授
清水　秀信	神奈川工科大学応用バイオ科学部　教授
岡部　勝	神奈川工科大学応用バイオ科学部　教授 / 学部長
猪股　克弘	名古屋工業大学大学院工学研究科　教授
則包　恭央	国立研究開発法人産業技術総合研究所電子光技術研究部門　研究グループ長
大内　誠	京都大学大学院工学研究科　教授
遊佐　真一	兵庫県立大学大学院工学研究科　准教授
青島　貞人	大阪大学大学院理学研究科　教授
金澤　有紘	大阪大学大学院理学研究科　講師
上垣外正己	名古屋大学大学院工学研究科　教授
佐藤浩太郎	名古屋大学大学院工学研究科　准教授
田中　一生	京都大学大学院工学研究科　教授
権　正行	京都大学大学院工学研究科　助教
中條　善樹	京都大学名誉教授
網代　広治	奈良先端科学技術大学院大学研究推進機構　特任准教授
川谷　諒	奈良先端科学技術大学院大学物質創成科学研究科
伊田　翔平	滋賀県立大学工学部　助教
廣川　能嗣	滋賀県立大学　理事長 / 学長
大塚　英幸	東京工業大学物質理工学院応用化学系　教授
青木　大輔	東京工業大学物質理工学院応用化学系　助教
高島　義徳	大阪大学高等共創研究院 / 大阪大学大学院理学研究科　教授
大﨑　基史	大阪大学大学院理学研究科　特任助教
原田　明	大阪大学大学院理学研究科　特任教授 /JST-ImPACT
田中　航	京都大学大学院工学研究科
浜地　格	京都大学大学院工学研究科　教授
山中　正道	静岡大学理学部　准教授

向井　貞篤	京都大学大学院工学研究科　特定准教授
秋吉　一成	京都大学大学院工学研究科　教授
和田　健彦	東北大学多元物質科学研究所　教授
西村慎之介	同志社大学大学院理工学研究科
古賀　智之	同志社大学理工学部　教授
東　　信行	同志社大学理工学部　教授
木村　俊作	京都大学大学院工学研究科　教授
有賀　克彦	国立研究開発法人物質・材料研究機構 WPI-MANA　主任研究者 / 東京大学大学院新領域創成科学研究科　教授
伊藤　耕三	東京大学大学院新領域創成科学研究科　教授
原口　和敏	日本大学生産工学部　教授(研究所)
高橋　　陸	北海道大学大学院生命科学院
龔　　剣萍	北海道大学大学院先端生命科学研究院 / 国際連携研究教育局(GI-CoRE)　教授
酒井　崇匡	東京大学大学院工学系研究科　准教授
Li Xiang	東京大学物性研究所　助教
榊原　圭太	京都大学化学研究所　助教
辻井　敬亘	京都大学化学研究所　教授
南　　秀人	神戸大学大学院工学研究科　准教授
森　　秀晴	山形大学大学院有機材料システム研究科　教授
西澤佑一朗	信州大学繊維学部
鈴木　大介	信州大学繊維学部　准教授
呉羽　拓真	信州大学繊維学部
松井　秀介	信州大学繊維学部
渡邊　拓巳	信州大学繊維学部
藤井　秀司	大阪工業大学工学部　教授
中村　吉伸	大阪工業大学工学部　教授
竹岡　敬和	名古屋大学大学院工学研究科　准教授
野呂　篤史	名古屋大学大学院工学研究科　講師
松下　裕秀	名古屋大学　理事 / 名古屋大学大学院工学科　教授
今井　宏明	慶應義塾大学理工学部　教授
敷中　一洋	国立研究開発法人産業技術総合研究所化学プロセス研究部門　主任研究員
高松久一郎	山形大学大学院理工学研究科　研究支援者
川上　　勝	山形大学大学院理工学研究科　准教授
古川　英光	山形大学大学院理工学研究科　教授

佐藤　尚弘　　大阪大学大学院理学研究科　教授

柴山　充弘　　東京大学物性研究所　教授

松岡　秀樹　　京都大学大学院工学研究科　准教授

岩井　　薫　　奈良女子大学名誉教授

春藤　淳臣　　九州大学大学院統合新領域学府　准教授

田中　敬二　　九州大学大学院工学研究院　教授

青柳　隆夫　　日本大学理工学部　教授

橋本　　慧　　横浜国立大学大学院工学研究院　特任教員(助教)

玉手　亮多　　横浜国立大学大学院工学研究院　日本学術振興会特別研究員

渡邉　正義　　横浜国立大学大学院工学研究院　教授

藤田　雅弘　　国立研究開発法人理化学研究所開拓研究本部　専任研究員

前田　瑞夫　　国立研究開発法人理化学研究所開拓研究本部　主任研究員

青木　隆史　　京都工芸繊維大学大学院工芸科学研究科　准教授

岩﨑　泰彦　　関西大学化学生命工学部　教授

嶋田　直彦　　東京工業大学生命理工学院　助教

丸山　　厚　　東京工業大学生命理工学院　教授

大矢　裕一　　関西大学化学生命工学部　教授

荏原　充宏　　国立研究開発法人物質・材料研究機構国際ナノアーキテクトニクス研究拠点 MANA 准主任研究者

石田　康博　　国立研究開発法人理化学研究所創発物性科学研究センター　チームリーダー

麻生　隆彬　　大阪大学大学院工学研究科　准教授

菊池　明彦　　東京理科大学基礎工学部　教授

星野　　友　　九州大学大学院工学研究院　准教授

三浦　佳子　　九州大学大学院工学研究院　教授

長瀬　健一　　慶應義塾大学薬学部　准教授

金澤　秀子　　慶應義塾大学薬学部　教授 / 薬学部長

飯澤　孝司　　広島大学大学院工学研究科　准教授

後藤　健彦　　広島大学大学院工学研究科　助教

Eva Oktavia Ningrum
国立スラバヤ工科大学化学工学科(Institut Teknologi Sepuluh Nopember, Departmen Teknik Kimia Industri)　講師

山下　啓司　　名古屋工業大学大学院工学研究科　教授

徳山　英昭　　東京農工大学大学院工学研究院　准教授

田島　　瑛　　山形大学大学院理工学研究科

安藤　倫朗　　山形大学大学院理工学研究科

伊藤　和明	山形大学大学院理工学研究科　教授
長崎　幸夫	筑波大学数理物質系　教授
田村　篤志	東京医科歯科大学生体材料工学研究所　准教授
由井　伸彦	東京医科歯科大学生体材料工学研究所　教授
朝山章一郎	首都大学東京大学院都市環境科学研究科　准教授
川上　浩良	首都大学東京大学院都市環境科学研究科　教授
宮本　寛子	愛知工業大学工学部　助教
藤井　翔太	北九州市立大学国際環境工学部　博士研究員
望月　慎一	北九州市立大学国際環境工学部　准教授
櫻井　和朗	北九州市立大学国際環境工学部　教授
坂口奈央樹	テルモ株式会社
小岩井一倫	テルモ株式会社
弓場　英司	大阪府立大学大学院工学研究科　准教授
樋口　真弘	名古屋工業大学大学院工学研究科　教授
関　　隆広	名古屋大学大学院工学研究科　教授
生方　　俊	横浜国立大学大学院工学研究院　准教授
氏家　誠司	大分大学理工学部　教授
嶋田源一郎	大分大学理工学部　助教
吉見　剛司	大分大学理工学部　助教
大山　俊幸	横浜国立大学大学院工学研究院　教授
須丸　公雄	国立研究開発法人産業技術総合研究所創薬基盤研究部門　上級主任研究員
高木　俊之	国立研究開発法人産業技術総合研究所創薬基盤研究部門　主任研究員
金森　敏幸	国立研究開発法人産業技術総合研究所創薬基盤研究部門　研究グループ長
白石　浩平	近畿大学工学部　教授
児島　千恵	大阪府立大学大学院工学研究科　准教授
浅沼　浩之	名古屋大学大学院工学研究科　教授
神谷由紀子	名古屋大学大学院工学研究科　准教授
北本　雄一	千葉大学グローバルプロミネント研究基幹（IGPR）　博士研究員
矢貝　史樹	千葉大学グローバルプロミネント研究基幹（IGPR）　教授
亀田　直弘	国立研究開発法人産業技術総合研究所ナノ材料研究部門　主任研究員
酒井　秀樹	東京理科大学理工学部／東京理科大学総合研究院界面化学研究部門　教授
赤松　允顕	東京理科大学理工学部　助教
酒井　健一	東京理科大学理工学部／東京理科大学総合研究院界面化学研究部門　講師
今堀　龍志	東京理科大学工学部　准教授

安積　欣志	国立研究開発法人産業技術総合研究所無機機能材料研究部門ハイブリッドアクチュエータグループ　研究グループ長
奥崎　秀典	山梨大学大学院総合研究部　教授
浦山　健治	京都工芸繊維大学材料化学系　教授
三俣　　哲	新潟大学工学部　准教授 / 研究教授
河村　暁文	関西大学化学生命工学部　准教授
宮田　隆志	関西大学化学生命工学部　教授
松元　　亮	東京医科歯科大学生体材料工学研究所　准教授
菅波　孝祥	名古屋大学環境医学研究所　教授
宮原　裕二	東京医科歯科大学生体材料工学研究所　教授 / 所長
石原　一彦	東京大学大学院工学系研究科　教授
小田　悠加	東京大学生産技術研究所　博士研究員
金野　智浩	東京大学大学院工学系研究科　特任准教授
内藤　　瑞	東京大学大学院医学系研究科　特任研究員
吉永　直人	東京大学大学院工学系研究科
宮田完二郎	東京大学大学院工学系研究科　准教授
片岡　一則	東京大学大学院工学研究科　特任教授 / 公益財団法人川崎市産業振興財団ナノ医療イノベーションセンター　センター長
片山　佳樹	九州大学大学院工学研究院応用化学部門　教授
菅原　勇貴	東京工業大学科学技術創成研究院　助教
山口　猛央	東京工業大学科学技術創成研究院　教授
吉田　　亮	東京大学大学院工学系研究科　教授
直田　　健	大阪大学大学院基礎工学研究科　教授
川守田創一郎	大阪大学大学院基礎工学研究科　助教
池下　雅広	大阪大学大学院基礎工学研究科
伊藤　大知	東京大学大学院医学系研究科疾患生命センター　准教授
西川　聖二	北海道大学大学院総合化学院
角五　　彰	北海道大学大学院理学研究院　准教授
野村 M. 慎一郎	東北大学大学院工学研究科　准教授
粕谷　有造	株式会社セルシード開発部門器材開発部
吉岡　　浩	メビオール株式会社　代表取締役
大澤　　友	株式会社資生堂グローバルイノベーションセンター
合田　丈範	凸版印刷株式会社総合研究所　リーダー研究員

目　次

序論　刺激応答性高分子の魅力と可能性

第 1 編　基礎編

第2編　応用編

序論

刺激応答性高分子の魅力と可能性

関西大学　宮田隆志

1　刺激応答性高分子とは

刺激とは生体に作用して特有の働きを誘発する外的原因であり、その刺激によって誘発された働きを応答とよぶ。一般に、生体は外部の刺激に対して応答することにより、生命活動を維持している。このような生体と同様に、外界の変化を刺激として受け取り、その情報に基づいて構造や物性を変化させることができる高分子は、刺激応答性高分子や環境応答性高分子、インテリジェントポリマー、スマートポリマーとよばれている。刺激応答性高分子は、センサー機能・プロセッサー機能・エフェクター機能を併せ持ったユニークな分子あるいは材料であり、学術的および実用的に幅広く研究展開されている。刺激応答性高分子が注目される転機は、1978年に田中豊一らによって発見されたゲルの体積相転移である[1)]。高分子ゲルが、pHや温度、溶媒組成などの変化によって不連続に体積を変化させることが見出され、低分子と同様に高分子も体積相転移することが観測された。この発見以降、高分子ゲルの体積相転移は、高分子科学の基礎として学術的研究が精力的に進められた。さらに、pHや温度、電場などの外部刺激により膨潤収縮する刺激応答性ゲルが薬物放出やセンサー、アクチュエータなどへの幅広い応用の可能性を有することが示され、その後の刺激応答性高分子としての応用研究へと広がった。最近では、水素結合や疎水性相互作用などの分子間相互作用によってさまざまな超分子が設計されるようになり、低分子化合物が相互作用によって集合体を形成し、高分子的な挙動を示すことも報告されている。このような超分子も刺激によって分子間相互作用が変化するため、広義の刺激応答性高分子として捉えることができる。

図1には、「刺激応答性」をキーワードとして検索した論文数を年代別に示している。高分子ゲルの体積相転移の発見後、10年間は体積相転移に関する学術研究が活発であったため、「刺激応答性」のキーワードでヒットする論文はほとんど見当たらない。しかし、体積相転移に関する研究が一段落した約10年後に上記のような応用への可能性が見出され、「刺激応答性」をキーワードとした基礎研究と応用研究が活発になった結果、1990年に急激な論文数の増加が認められる。さらに、2005年頃から再び刺激応答性高分子に関する論文数が急激に増加しており、刺激応答性高分子の応用範囲が飛躍的に広がったことを示していると推察できる。

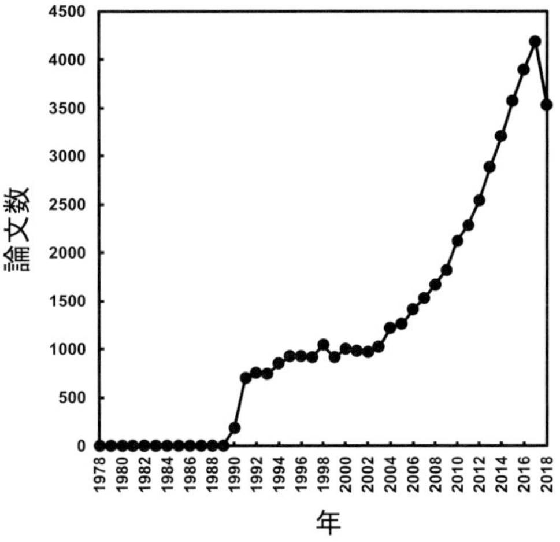

図1　刺激応答性高分子に関する年度別論文数

刺激応答性高分子は、ソフトマテリアルの分野においてこの数十年間でもっとも発展した材料の1つである。このソフトマテリアルとは、高分子やコロイド、エラストマー、ゲル、膜、ミセル、液晶、超分子、生体分子などの“やわらかい物質”の総称で、金属やセラミックスなどのハードマテリアルに対する呼び名である[2)]。1991年にノーベル物理学賞を受賞したPierre-Gilles de Gennesは、受賞講演でソフトマテリアルについて「What do we mean by soft matter? Americans prefer to call it “complex fluids,” and this does indeed bring in two of the major features：」と述べている[3]。この2つの主な特徴(Major Feature)とは“Complexity”と“Flexibility”であり、この特徴によって従来の材料では想像もつかないような物性や機能を示すことができる。刺激応答性高分子はこの好適な例であり、材料の究極的な目標である生体のように動的な構造や物性、機能を示す刺激応答性高分子が設計されてきた。

刺激応答性高分子のようなソフトマテリアルでは、その構成成分の内部自由度が大きいためにやわらかいという特徴を示す。この「やわらかい」という表現は感覚的であるが、科学的には構成成分の運動エネルギーがk_BT(k_B：ボルツマン定数、T：温度)に近い材料がやわらかく、k_BTよりもかなり小さい材料がかたいと捉えることができる。したがって、ソフトマテリアルは、その構成成分の運動性が高いために、応力などの外部刺激に対して大きな内部自由度に基づいてさまざまな応答性を示す。このように内部自由度の大きなソフトマテリアルではエントロピーがその挙動を左右する重要な因子となり、分子間相互作用などのエネルギーとのバランスによってその構造や物性、機能が決まる。これらの結果として、一部のソフトマテリアルはpHや温度などの外部刺激に応答して構造や物性、機能を変化させることができ、刺激応答性高分子としてユニークな振る舞いを示す。

刺激応答性高分子における刺激としては、pHや温度、光、電場、磁場、力場、分子などを挙げることができる。これらの刺激に対する応答挙動として分子構造や集合構造などの物理的・化学的構造が変化し、それに伴って力学的性質や熱的性質、光的性質、電気的性質、透過機能、分離機能などの物性や機能などが変化する。**図2**には、センサー機能・プロセッサー機能・エフェクター機能の観点から、温度刺激

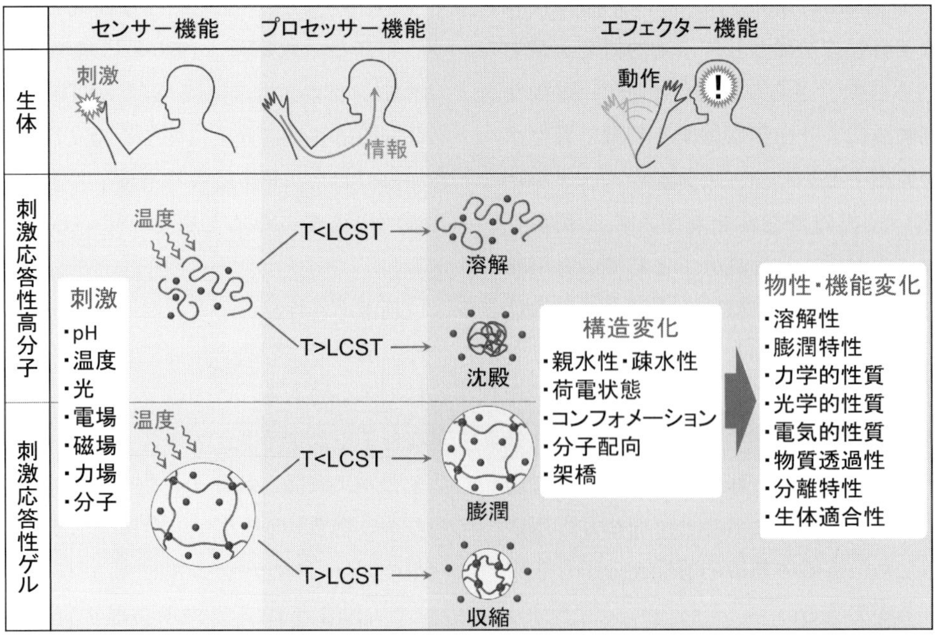

図2　生体と刺激応答性高分子のセンサー機能・プロセッサー機能・エフェクター機能

を例として刺激に対する応答挙動を示している。刺激応答性高分子は生体のような自律性を有するため、バイオミメティックス材料やバイオインスパイアード材料としての展開も期待されている。本序論では、刺激応答性高分子の設計から構造、物性、機能に関して簡単にまとめる。各論については次章以降を参照していただきたい。

2 刺激応答性高分子の設計

刺激応答性高分子の設計には、分子あるいは材料内にセンサー機能・プロセッサー機能・エフェクター機能を同時に組み込む必要があり、さまざまな設計戦略に基づいて刺激応答性高分子が合成されてきた。その設計戦略を、高分子科学の基礎に基づいて整理してみた。一般に高分子の状態は、高分子同士や高分子と溶媒との相互作用(因子①)、高分子鎖の荷電状態(因子②)、そして架橋点の数(因子③)によって決定される。**図3**には、刺激応答性ゲルを例として、その刺激応答挙動に及ぼす因子①～③を示している。因子①の例としては、代表的な温度応答性高分子であるポリ(*N*-イソプロピルアクリルアミド)(PNIPAAm)の温度応答挙動を挙げることができる。PNIPAAmは32℃付近に下限臨界溶液温度(LCST)をもち、LCST以下では水に溶解するが、LCST以上になるとPNIPAAm鎖が疎水性となって水に不溶となる。このような温度応答挙動は、LCST以上でPNIPAAm鎖同士が疎水性相互作用によって凝集することに基づいている。因子②の例としては、カルボキシ基やアミノ基などの解離基を有する高分子ゲルのpH応答性を挙げることができる。解離基を有する高分子ゲルの場合には、pHに依存して高分子鎖が電荷をもつようになり、ゲルネットワーク内外の浸透圧が変化するためにpHに応答して膨潤する。因子③の例としては、アルギン酸ナトリウム水溶液を$CaCl_2$水溶液に滴下すると，ゲル化する現象を挙げることができる。このゲル化は、アルギン酸の－COO^-とCa^{2+}とのイオン結合によりEgg Box型の架橋構造が形成されることに起因している。このように、外部刺激によって構造や性質

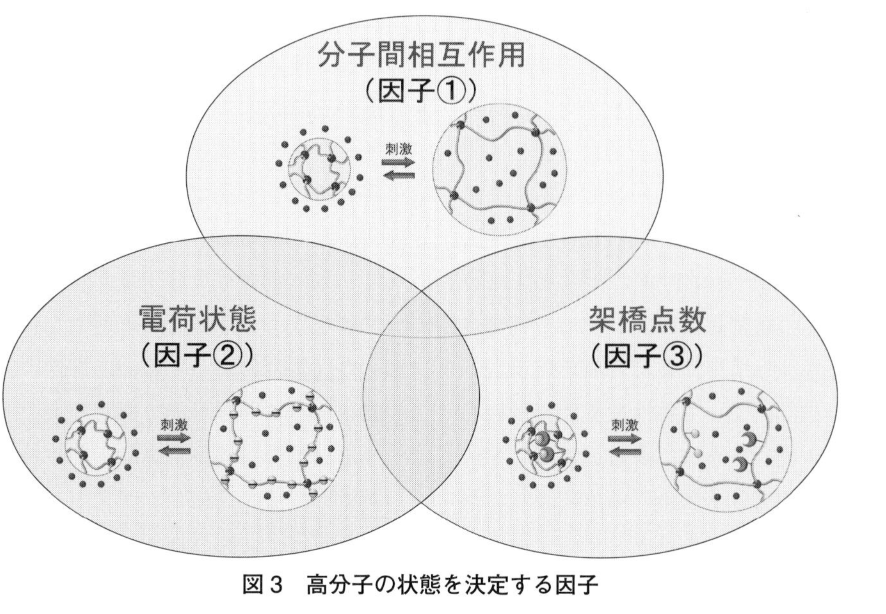

図3 高分子の状態を決定する因子

を変化させる因子①～③のなかで、1つ以上を高分子鎖に導入することによって刺激応答性高分子を合成することができる。

同様に、低分子化合物でも刺激に応答して因子①～③が変化するように分子設計すると、集合体形成して刺激応答性高分子のように振る舞うことができる。たとえば、因子①に基づいて、低分子化合物同士が分子間相互作用するように複数の相互作用部位を導入すると、特定の条件下で自己集合体が形成される。しかし、外部刺激によって相互作用が阻害されると、この自己集合体は解離して独立した低分子化合物として振る舞うようになる。さらに、自己集合体形成により3次元網目構造を形成するように分子構造を最適に設計すると、ゾル－ゲル相転移現象などのマクロな状態変化も観測される。以上のように、3種類の因子を利用した分子設計によって刺激応答性高分子を合成することができる。

次に、さまざまな刺激応答性高分子の具体的な合成方法について簡単にまとめる。刺激応答性高分子は、フリーラジカル重合のような一般的な重合によって合成することができる。たとえば、pH応答性高分子や温度応答性高分子は、それぞれアクリル酸や*N*-イソプロピルアクリルアミド(NIPAAm)などをモノマーとして用い、単独の重合あるいは他モノマーとの共重合によって簡便に合成することができる。最近では、原子移動ラジカル重合(ATRP)や可逆的付加開裂型連鎖移動(RAFT)重合、リビングカチオン重合などの精密重合によって構造制御された刺激応答性高分子を簡便に合成できるようになり、分子設計によって物性や機能を制御しやすくなってきた。さらに、多官能性モノマーを使用した重合や高分子同士の架橋により、溶媒に不溶となる高分子のネットワークを形成させて刺激応答性高分子ゲルを合成することも可能である。

上記のような均一系での重合だけではなく、不均一系の乳化重合や懸濁重合、分散重合などを利用すると、ナノスケールからマイクロスケールの刺激応答性高分子微粒子を合成することができる。たとえば、PNIPAAmのLCST以上の温度で架橋剤とともにNIPAAmを沈殿重合することにより、簡便に温度応答性高分子粒子を合成できる。また、基板やフィルム、粒子などの材料表面に刺激応答性高分子を導入し、刺激応答性の表面を形成させることも可能である。材料表面からの重合による薄膜形成は「grafting from」法、末端官能基含有高分子と基材表面との高分子反応に基づく薄膜形成は「grafting to」法とよばれており、材料表面の改質や薄膜形成に利用されている。前者では、基板やフィルム、粒子の表面に重合開始基を導入し、そこから重合を開始させることによって均一な膜厚を有する刺激応答性高分子ブラシを形成させることが可能である。後者では、末端官能基を有する刺激応答性高分子を合成し、それと材料表面とを反応させることにより材料表面に刺激応答性高分子層を形成させることができる。このように重合技術の進歩に伴って、多様な分子構造や材料構造を有する刺激応答性高分子が設計されるようになってきた。最近では、さまざまな有機化学的手法も活用され、簡便に共有結合を形成できるクリック反応は頻繁に用いられている。

一方、重合や高分子反応などの合成技術だけではなく、分子同士の可逆的な相互作用に基づく自己集合によって刺激応答性自己集合体を形成させることも可能である。ミセルや液晶、超分子などの自己集合体は、疎水性相互作用や水素結合、イオン結合、ホスト－ゲスト相互作用などの分子間相互作用によって動的構造を形成している。可逆的な分子間相互作用に基づいて形成される自己集合体は、pHや温度などの外部環境変化に対して鋭敏であり、可逆的に構造を変化させるために、明確な刺激応答性を示す。たとえば、pH応答性ブロックや温度応答性ブロックと疎水性ブロックとからなる両親媒性ブロック共重合体は、疎水性相互作用によって水中で刺激応答性高分子ミセルを形成し、ドラッグデリバリーシステム(DDS)などの薬物キャリアとして精力的に研究されている。また、低分子化合物の分子設計により、特定の条件下で分子間相互作用が働いて自己集合体を形成し、超分子構造を有するファイバーやネットワークを形成させることも可能である。このようなボトムアップ型ナノテクノロジーに基づく刺激応答性自己集合体の形成は、さらにマクロスケールのゲル化を引き起こす超分子ゲル化剤などにも利用されている。

刺激応答性高分子の弱点を克服するために無機材料との複合化も古くから行われてきた。たとえば、刺激応答性高分子ゲルに無機材料を分散させた刺激応答性有機-無機ナノコンポジットゲルは優れた力学特性を示すことが報告されている。このような刺激応答性高分子と無機材料とからなる有機-無機ハイブリッドは、刺激応答性高分子の応答機能を示し、その弱点である力学強度や耐久性などをハードマテリアルで補完している。逆に、金属ナノ粒子などの表面を刺激応答性高分子で修飾することにより、外部環境変化によって光学特性などを変化させる刺激応答性ナノ材料も設計され、センサーやイメージングへの応用が検討されている。さらに、生体分子の優れた機能を活用するために、タンパク質やDNAなどの生体分子と刺激応答性高分子との複合化も試みられており、刺激応答性バイオコンジュゲートの設計や医療応用も報告されている。

上述のように刺激応答性高分子の設計は、有機化学的手法だけではなく、分子間相互作用による自己集合も利用され、その形成場も均一系だけではなく、固液や液液の不均一系など多彩な環境で行われている。幅広い刺激応答性高分子の設計には、分子合成技術などの有機化学、分子間相互作用に基づく自己集合では物理化学、さらに有機-無機ハイブリッドやバイオコンジュゲートでは無機化学や生化学などに基づく多彩な基礎科学の知識と技術が利用されている。

3　刺激応答性高分子の構造

刺激応答性高分子の構造としては、その分子構造とともにナノスケールからマイクロスケール、マクロスケールでの材料構造が重要である。分子構造は刺激応答性高分子の構成要素であり、その分子構造によって基本的な刺激応答挙動が決定される。たとえば、温度応答性高分子を設計する際に、NIPAAmと親水性モノマーとを共重合すると、その共重合組成や配列に依存してLCSTが高温側にシフトし、一般的に温度応答挙動の鋭敏さは低下する。また、NIPAAmとpH応答性成分のアクリル酸との共重合体の場合には、温度とpHに応答する二重刺激応答性を示し、さらに温度応答性をpHで、pH応答性を温度で制御することも可能になる。刺激応答性の自己集合体の場合には、分子形態や相互作用部位などの分子構造によって自己集合挙動が強く影響され、形成されるナノスケールからマイクロスケール、マクロスケールの構造が決まる。たとえば、ナノスケールの球状構造を有する高分子ミセルや異方構造を有する棒状ミセル、さらには自己集合体からなるファイバー構造がマクロなネットワーク構造を形成した超分子ゲルなど、さまざまなスケールでの自己集合体構造が形成されている。

刺激応答性を示すナノ粒子やナノ薄膜、自己集合体、超分子などはナノスケールの構造をもち、そのナノ構造に基づく物性や機能を発現する。たとえば、金ナノ粒子表面に温度応答性高分子を導入すると、温度によって金ナノ粒子の分散状態が変化し、金ナノ粒子のナノ構造に基づく表面プラズモン共鳴が変化することによってその分散液の色彩が変化する。また、液晶高分子は剛直なメソゲンが配向した構造を有するが、電場印加などによってその配向構造を変化させることが可能である。さらに、マクロな刺激応答性高分子ゲル内にサブマイクロスケールの粒径が揃った高分子微粒子を配列させると構造色が観測される。このゲルが刺激によって膨潤収縮すると、粒子間距離が変化し、構造色の波長がシフトする。また、多孔構造を有する分離膜の表面を刺激応答性高分子で修飾すると、刺激により多孔構造を変化させることができ、その透過分離特性を制御することが可能になる。このように刺激応答性高分子のナノスケールからマイクロスケールの構造は、その物性や機能を大きく左右する。そのため、刺激応答性高分子の設計では、その用途や目的に応じた物性や機能を発現するための分子設計やナノ・マイクロ・マクロスケールでの構造設計が不可欠である。

さらに、刺激応答性高分子の形態を次元で表現し、そのサイズとの関係の例を**図 4** に示す。ここでの形態の次元としては、0 次元が球状、1 次元がファイバー状、2 次元がフィルム状、3 次元がネットワーク状やバルク状として定義した。球状の刺激応答性高分子としては、ナノスケールの構造をもつ高分子ミセルやマイクロスケールのマイクロカプセルなどを挙げることができる。また、1 次元のファイバーとしてはナノスケールの DNA からサブマイクロスケールの棒状ミセルなどを挙げることができる。また、2 次元のフィルム状としてはマイクロス

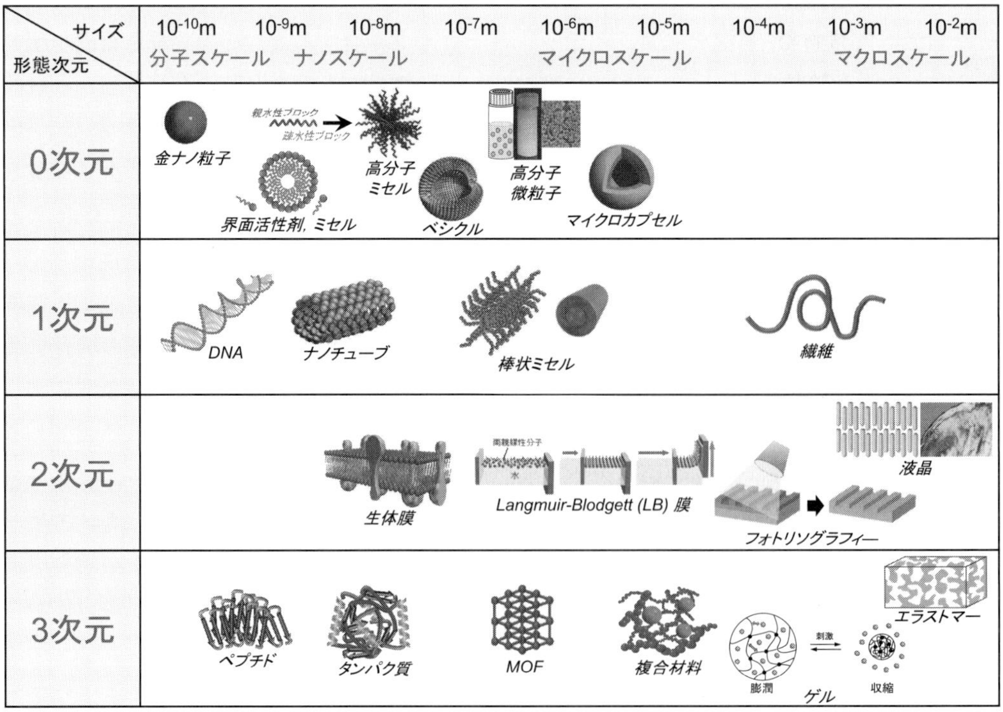

図 4　広義の刺激応答性高分子の形態次元とサイズ

ケールの生体膜やマイクロ・マクロスケールのLangmuir-Blodgett(LB)膜、フォトレジストなどを挙げることができる。さらに、3次元構造としては、ナノスケールのタンパク質の高次構造からマクロスケールの3次元網目構造からなる高分子ゲルなどが典型例である。若干強引ではあるが、このように材料の形態を次元で表すことができる。刺激応答性高分子は特定のタイミングで刺激を与えると構造変化するので、さらに時間軸の次元をもつ動的構造を有すると考えることができる。すなわち、刺激応答性高分子は上記のような形態次元にプラスアルファとして時間次元をもつ材料であり、4次元材料として機能させることも可能である。このように刺激応答性高分子は、生体と類似した自律性を示すためにバイオミメティックス材料やバイオインスパイアード材料としての展開も期待されており、生体のように分子スケールからナノ、マイクロ、マクロスケールに至るまでの階層構造の導入により、新規な刺激応答性高分子および材料システムの開発や機能発現につながると期待できる。

4　刺激応答性高分子の物性・機能と応用

外界の変化を自ら感知して応答する刺激応答性高分子は、生体のように自律的に応答できるために、想像もできないような物性や機能を発現する可能性を秘めている。刺激応答性高分子は、外部刺激によってその分子構造や材料構造が変化する結果として、物性や機能が動的に変化する(図2)。

まず、刺激に対する構造変化としては、親水性・疎水性や荷電状態、高分子鎖のコンフォメーション、分子配向、架橋構造の変化などを挙げることができる。このような刺激に対する化学的・物理的構造の変化により、さらに溶解性や膨潤特性、力学的性質や光学的性質、電気的性質、物質透過性、分離特性、生体適合性などの物性や機能が変化する。その結果として、刺激応答性高分子の物性や機能を刺激によって制御できるため、その応用が医療や環境、エネルギー、光学、電気、機械、マイクロデバイスなどの幅広い分野で検討されている。

医療分野としては、ドラッグデリバリーシステム(DDS)や診断センサー、細胞培養、再生医療などへの応用を目指して、さまざまな刺激応答性高分子が設計されてきた。たとえば、刺激応答性高分子ゲルは刺激に応答した膨潤収縮によって物質の透過性が著しく変化するので、刺激応答性ナノゲルなどのように自律応答型の薬物放出への応用が検討されている。刺激応答性部位を導入した両親媒性ブロック共重合体からなる高分子ミセルも、刺激応答性薬物キャリアとしての応用が期待されている。温度応答性のPNIPAAm修飾表面上で細胞培養すると、温度変化によって細胞の接着・脱着をコントロールでき、細胞シートの作製技術として再生医療への応用が進められている。温度変化によってゾル状態からゲル状態へと変化するゾル–ゲル相転移高分子は、インジェクタブルゲルとして薬物リザーバーや細胞足場材料などへの応用研究が進んでいる。形状記憶高分子は、結晶形成を利用することによって一時的な形状を維持させ、温度変化で結晶を融解させると元の形状へと変化するため、アクチュエータや温度応答性縫合糸などの医療分野への応用が検討されている。

環境・エネルギー分野での応用としては、温度応答性ゲルの親水性・疎水性変化を利用した物質分離システムなどが報告されている。たとえば、温度変化に応答したPNIPAAmの親水・疎水性変化によって温度応答性ゲルへの疎水性物質の吸着・脱着を温度制御することが可能であり、高効率な物質分離システムが提案されている。さらに、分離膜の細孔に刺激応答性高分子をグラフト重合すると、外部刺激によって分離膜の透過分離特性を制御できることも報告されている。

光機能分野では、光応答性高分子がフォトレジストとしてすでに実用化されており、ネガ型フォトレジストの場合には光照射によって架橋構造が形成され、現像液に対する溶解性が変化するため、フォトマスクを通した光照射によって微細加工が可能になる。また、光照射により電荷状態が変化するスピロピランなどのフォトクロミック分子を有する光応答性高分子は、PNIPAAmの温度応答性と組み合わせると、光によって親水性・疎水性が変化する光応答性システムを構築することができる。刺激応答性高分子微粒子の配列によって構造色を示す材料は、刺激に応答した粒径変化によって構造色の波長や強度などの光学的性質を変化させる。サーモトロピック液晶高分子などでは、温度変化によって液晶相から等方相へと分子の配向状態が変化し、光学的性質が顕著に変化する。

機械分野では、刺激応答性ゲルの膨潤収縮や高分子鎖のコンフォメーション変化を利用することにより、人工筋肉やマイクロデバイス制御などの機械システムへの応用も広がってきた。たとえば、微小電気機械システム(MEMS)やマイクロ流路などの自律制御型デバイスとして、さまざまな刺激応答性高分子が利用されるようになってきた。さらに、刺激応答性高分子を利用した分子ロボティクスなどが提案され、システムの設計にも大きく貢献することが期待できる。

一方、刺激応答性高分子の実用化においては、繰り返し使用などに耐える優れた力学強度が要求される。とくに代表的な刺激応答性ゲルでは弱い力学強度が実用化の障壁となっているが、最近では環動ゲルやナノコンポジットゲル、ダブルネットワークゲルなどタフな材料も報告されている。また、破断された部分を接触させるだけで力学物性が元の状態へと回復する自己修復材料が注目され、光刺激などによってクラックが消える自己修復材料なども報告されている。このように刺激応答性高分子の機能は多様であり、その応用範囲も医療・環境・エネルギー・機械・ナノテクなど急激に広がっている。

5　刺激応答性高分子の展望

刺激応答性高分子は、生体のようにセンサー機能・プロセッサー機能・エフェクター機能を併せ持ったバイオインスパイアード材料である。刺激応答性高分子の構造と機能との相関は、生体や生命現象の仕組みの解明につながる可能性があり、刺激応答性高分子は学術的に重要な研究対象である。さらに、さまざまな設計戦略に基づいて多彩な刺激応答性高分子が合成され、その応用は医療から環境、エネルギー、ナノテクなどの幅広い分野に広がっている。本書では刺激応答性高分子を広義に捉え、高分子だけではなく、コロイドや液晶、超分子、生体分子などの幅広いソフトマテリアルを中心として、最先端の研究成果を紹介している。一方で、刺激応答性高分子の研究分野の裾野は広く、また最近の進歩もめざましいため、そのすべての研究を取り上げることは不可能である。重要な著書や総説などを参考文献として挙げたので、詳しくはそれらを参照されたい[4-29]。

従来の刺激応答性高分子の多くは、液体中やウェットな条件下での使用に限られていたが、最近では温度応答性高分子の使用において水中だけではなく、空気中での刺激応答性を利用した応用研究も報告されている[30]。このように刺激応答性高分子の使用環境も広がり、応用分野も多岐にわたるようになってきた。今後、多彩な刺激応答性高分子が設計されるようになり、想像もできないような物性や機能を発現し、次世代の材料システムの開発に利用されると期待できる。生体のように自律性をもった刺激応答性高分子は夢のような材料であり、その高いポテンシャルに魅了されてさまざまな研究分野の専門家がこの分野に参入している。刺激応答性高分子研究では日本の研究者がパイオニアとして揃っており、今なおこの分野を牽引している。次編以降では、日本を代表とする刺激応答性高分子の研究者が、それぞれの研究について基礎となる背景から設計指針、研究成果やその応用などをまとめている。刺激応答性高分子の魅力と可能性に触れることができ、新しい刺激応答性高分子のアイデアがちりばめられている。

文　献

1) T. Tanaka：*Phys. Rev. Lett.*, **40**, 820-823(1978).
2) 高原淳，栗原和枝，前田瑞夫：ソフトマター，丸善(2009).
3) P.-G. de Gennes and Soft Matter(Nobel Lecture)：*Angew. Chem. Int. Ed.*, **31**, 842-845(1992).
4) 吉田　亮：高分子先端材料 One Point 第2巻 高分子ゲル，共立出版(2004).
5) 高田十志和，吉田亮，宮田隆志：CSJ カレントレビュー01　驚異のソフトマテリアル－最新の機能性ゲル研究(日本化学会編)，化学同人(2010).
6) 中野義夫：ゲルテクノロジーハンドブック，エヌ・ティー・エス(2014).
7) 宮田隆志：高分子基礎科学 One Point 第6巻 高分子ゲル，共立出版(2017).
8) K. Dusek(ed)：Responsive Gels：Volume Transition I & II, Adv. Polym. Sci., Springer-Verlag, (1993).
9) N. Yui(ed)：Supramolecular Design for Biological Applications, CRC Press(2002).
R. M. Ottenbrite, K. Park, T. Okano(eds)：Biomedical Applications of Hydrogels Handbook, Springer(2010).
10) Q. Li(ed)：Intelligent Stimuli-Responsive Materials：From Well-Defined Nanostructures to Applications, Wiley(2013).
11) C. Alvarez-Lorenzo, A. Concheiro(eds)：Smart Materials for Drug Delivery, RSC Publishing(2013).
12) H.-J. Schneider(ed)：Chemoresponsive Materials：Stimulation by Chemical and Biological Signals, RSC Publishing(2015).
13) A. S. Hoffman：*Adv. Drug Delivery Rev.*, **54**, 3-12(2002).
14) A. Kikuchi and T. Okano：*Adv. Drug Delivery Rev.*, **54**, 53-77(2002).
15) T. Miyata, T. Uragami and K. Nakamae：*Adv. Drug Delivery Rev.*, **54**, 79-98(2002).
16) E. S. Gil and S. M. Hudson：*Prog. Polym. Sci.*, **29**, 1173-1222(2004).
17) N. A. Peppas and J. Z. Hilt：A. Khademhosseini, R. Langer, *Adv. Mater.*, **18**, 1345-1360(2006).
18) A. Kumar, A. Srivastava, I. Y. Galaev and B. Mattiasson：*Prog. Polym. Sci.*, **32**, 1205-1237(2007).
19) C. He, S. W. Kim and D. S. Lee：*J. Controlled Rel.*, **127**, 189-207(2008).
20) F. Meng, Z and Zhong and J. Feijen：*Biomacromolecules*, **10**, 197-209(2009).
21) D. Roy, J. N. Cambre and B. S. Sumerlin：*Prog. Polym. Sci.*, **35**, 278-301(2010).
22) A. Lendlein and V. P. Shastri：*Adv. Mater.*, **22**, 3344-3347(2010).
23) M. A. C. Stuart, W. T. S. Huck, J. Genzer, M. Muller, C. Ober, M. Stamm, G. B. Sukhorukov, I. Szleifer, V. V. Tsukruk, M. Urban, F. Winnik, S. Zauscher, I. Luzinov and S. Minko：*Nature Mater.*, **9**, 101-113(2010).
24) R. J. Wojtecki, M. A. Meador and S. J. Rowan：*Nature Mater.*, **10**, 14-27(2011).
25) X. Yan, F. Wang, B. Zheng and F. Huang：*Chem. Soc. Rev.*, **41**, 6042-6065(2012).
26) A. S. Hoffman：*Adv. Drug Delivery Rev.*, **65**, 10(2013).
27) V. R. de la Rosa, P. Woisel and R. Hoogenboom：*Materials Today*, **19**, 44-55(2016)
28) A. J. R. Amaral and G. Pasparakis：*Polym. Chem.*, **8**, 6464-6484(2017).
29) H. Cabral, K. Miyata, K. Osada and K. Kataoka：*Chem. Rev.*, **118**, 6844-6892(2018).
30) K. Matsumoto, N. Sakikawa and T. Miyata：*Nature Commun.*, **9**, 2315(2018).

第 1 編

基礎編

基礎編

第1章　相転移

第1節　高分子水溶液でのLCST型相転移

北海道大学　納谷 昌実/小門 憲太/佐田 和己

1　はじめに

物質を溶媒に溶解させる際に加熱すると、より溶解しやすくなることは生活の知恵としてよく知られているが、加熱により溶解し難くなる現象はあまり日常的に体験できるものではない。このような現象は下限臨界共溶温度（LCST：Lower Critical Solution Temperature）型の相転移と呼ばれ、低分子の溶液では均一溶液が加熱により2つの液体に分離することが知られている。しかしながら、溶液から固体が析出・沈殿する系は高分子の溶液に限られており、両親媒性高分子の水溶液においてしばしば観察される。このLCST型相転移を示す高分子は、その特異な温度応答性から興味深い機能性材料の1つとして幅広い応用が検討されている。そこで本項目では高分子水溶液がLCST型相転移を起こす原因とそのメカニズムを議論し、さらにLCST型相転移を起こす高分子の実例を紹介し、その分子デザインについて解説する。

2　LCST型相転移とは

加熱、すなわち温度の上昇は分子運動を加速し、結合・会合の切断を促すことになる。熱力学関数であるGibbs自由エネルギーとしては、系のエントロピー変化に由来する項の寄与の増大を意味し、多くの場合、より散逸的な状態への変化を促すものである。しかしLCST型相転移は溶媒に溶けている溶質が加熱により、ある一定温度（相転移温度）を超えると相分離する現象であり、散逸的な状態への変化ではないと思われる。ではなぜこのような現象が起こるのであろうか。

まずはLCST型相転移の物理的な側面から説明したい。はじめに、ある2つの成分（溶媒と溶質）を混合した場合、2つの成分が均一に混ざり合った一相の状態と溶けていない不均一な二相を共存させている状態の2つの状態が考えられ、2つの状態間の変化は系の温度、圧力、組成により決定される。多くの場合、圧力は一定であり、横軸に組成、縦軸に温度を配置した相図を考えることができる。たとえば低温領域では一相であるが高温領域では相分離し二相となる場合、相図は下に凸の曲線を描く（**図1**（a））。この相図の極小点は相分離が起こる最も低い温度を示しており、これがLCSTである。また逆に高温領域では一相であり低温領域において二相に分離する系では上に凸の曲線を描き（図1（b））、その極大点は上限臨界共溶温度（UCST：Upper Critical Solution Temperature）と呼ばれる。LCST型相転移を示す場合、縦軸にGibbs自由エネルギーを、横軸に温度をとると、温度上昇に伴い二相と一相の状態のGibbs自由エネルギーが逆転することになり、その交点である相転移温度では、それぞれの状態のGibbs自由エネルギーが等しくなる（図1（c））。

一般的にUCST型の相転移は多数知られており、とくに有機化合物を精製する際の再結晶はこの現象そのものである。つまり低温領域で

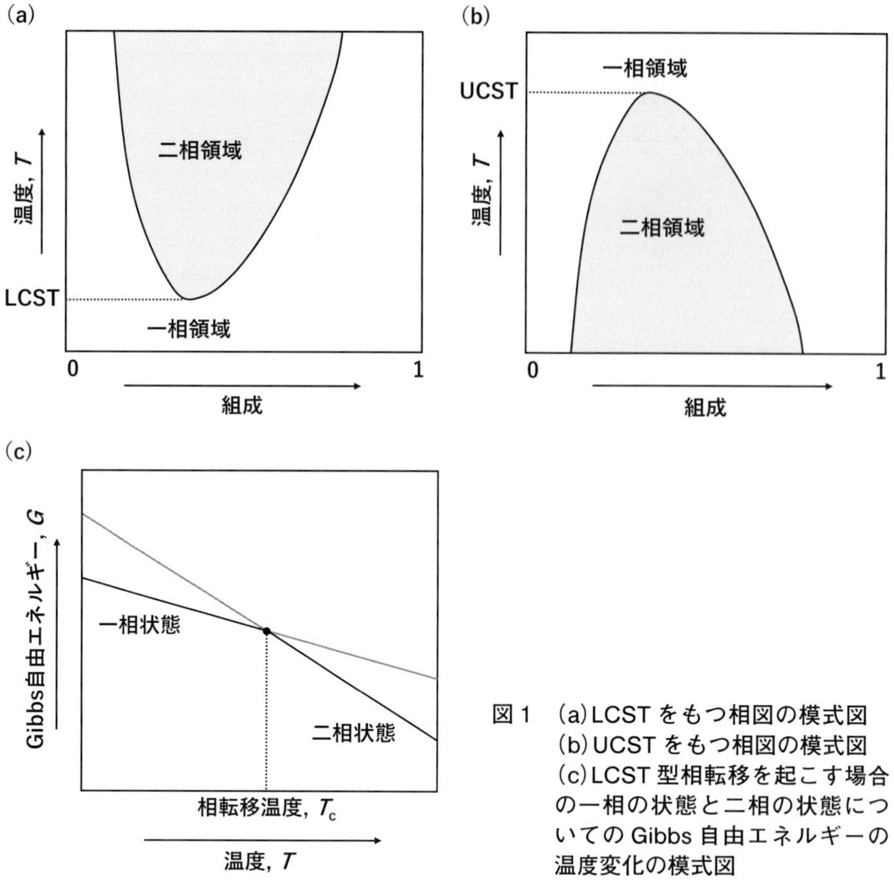

図１　(a)LCST をもつ相図の模式図
(b)UCST をもつ相図の模式図
(c)LCST 型相転移を起こす場合の一相の状態と二相の状態についての Gibbs 自由エネルギーの温度変化の模式図

は二相に分離しているが、高温領域ではエントロピーの寄与が増大するため、よりエントロピーの大きな均一相へと混ざり合う。一方、LCST 型相転移は低分子の混合系では意外と例が少なく、水とトリエチルアミンまたはニコチンの２成分系やイオン液体と水の２成分系などが知られている[1)]。低温領域において両成分が水素結合などにより特異的に会合しており、比較的高い秩序をもつと考えられ、加熱により成分同士の相互作用は切断されることで相分離が生じると考えられる。つまり水素結合などの強い相互作用により２成分が混和しており、高い秩序を保つことが LCST 型相転移を示すために必要と思われる。

3　高分子溶液における LCST 型相転移

次に高分子溶液ではどうであろうか。高分子は数十から数万個の単一の構造が数珠のように連なった分子構造を有している。この特殊な構造によって低分子にはみられない性質が誘起され、熱力学的に低分子と同系列に取り扱うことはできない。そこで高分子溶液のエントロピーおよびエンタルピーを統計的に評価するために、低分子である溶媒分子と高分子を構成する構造がほぼ同程度の体積とした格子モデルを用いた Flory-Huggins 理論が用いられる[2)-4)]。N_0 個の溶媒分子および N_1 本の高分子の混合エントロピー変化 $\Delta S_{mix}{}^{P}$ は次式で与えられる。

$$\Delta S_{mix}{}^{P} = -k_B(N_0 \ln \phi_0 + N_1 \ln \phi_1) \quad (1)$$

ここで k_B はボルツマン定数であり、ϕ_0 および ϕ_1 はそれぞれ溶媒および高分子の体積分率である。これに対し、高分子 1 本あたりのユニットの数(重合度に相当)を n 個とし、高分子を切断して nN_1 個の低分子相当とした際の、混合エントロピー変化 $\Delta S_{mix}{}^{M}$ は

$$\Delta S_{mix}{}^{M} = -k_B(N_0 \ln \phi_0 + n N_1 \ln \phi_1) \quad (2)$$

となり、両者を比較すると、高分子化することで混合エントロピー変化は

$$k_B N_1(n - 1) \left| \ln \phi_1 \right| \quad (3)$$

だけ減少することがわかる。低分子と比べ高分子は混合エントロピー変化が極端に小さくなる。

また、混合エンタルピーの項と合わせることで、N_0 個の溶媒分子および N_1 本の高分子の混合 Gibbs 自由エネルギー変化は次式となる。

$$\Delta G_{mix} = k_B T(N_0 \ln \phi_0 + N_1 \ln \phi_1) + \Omega z \Delta\varepsilon \phi_0 \phi_1 \quad (4)$$

このとき Ω は格子点の総数、z はある格子点の最近接格子点の数(配位数)、$\Delta\varepsilon$ は溶媒分子と高分子セグメントにおける接触エネルギーの差として定義され、混合時の体積の変化はないという条件が付加される。

高分子の相転移点では、混合 Gibbs 自由エネルギーは変化せず、$\Delta G_{mix} = 0$ を満たす。このことから高分子溶液の相図を導出することが可能であり、Flory はポリスチレンとシクロヘキサンの系における UCST 型相転移の相図を示すことに成功した[5]。しかしながら LCST の相図については単純な Flory-Huggins 理論から導き出すことは不可能である。そこで Flory-Huggins 理論に対して高分子と溶媒間の会合および配向の効果の補正を行うアプローチがこれまでになされてきた。たとえば Tanaka らは高分子の親水基と水がクラスターを形成することによる Gibbs 自由エネルギー変化の項を Flory-Huggins 理論に対し追加することで、LCST をもった相図のモデルの構築に成功している[6]。LCST 型相転移において高分子のエントロピー変化は小さく、周囲の水分子についてのエンタルピーおよびエントロピーが支配的となることで LCST 型相転移が誘起されると考えることができる。実際に水溶液における LCST を示すポリ(エチレンオキシド)(PEO)やポリ(*N*-イソプロピルアクリルアミド)(PNIPAM)についての適切なモデルが考察されている[7,8]。とくに PNIPAM においては、高分子に水和する水分子同士の協同性により、分子量依存性の少ない平坦な LCST 型相転移が現れることが説明されている。以上のように高分子水溶液における LCST 型相転移は、高分子自身の混合エントロピーの低さとともに溶媒としての水のもつ会合性や秩序形成などの影響を受け、高分子と水分子の水素結合に起因する水和、脱水和により生じると考えられる。したがって、水中で会合しやすくかつ疎水性が比較的低い両親媒性高分子がこの LCST 型相転移を発現しやすいことが理解できる。

4　水中にて LCST 型相転移を示す高分子の分子構造および相転移温度

ここからは化学的な側面からみた LCST 型相転移を示す高分子の設計について解説する。高分子水溶液における LCST 型相転移に必要な高分子の条件は、第一に親水基をもつことであり、第二に疎水基をもつことである。この疎水基は水中で会合し高分子が相分離を起こすために必要であり、また水和する水分子の配向や脱

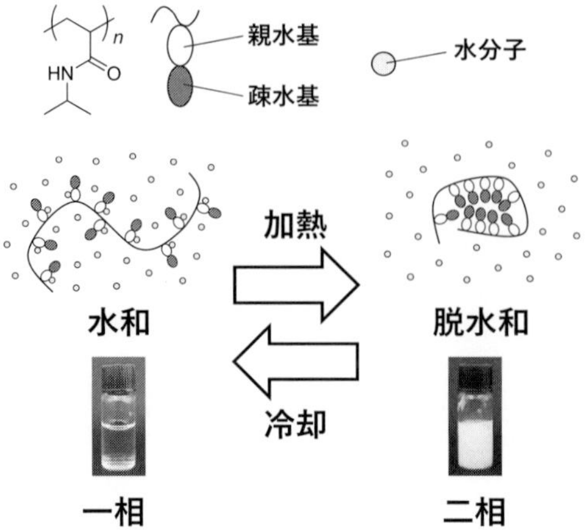

図2　LCST型相転移を示す高分子水溶液の概念図（PNIPAMの例）

離を制御していると理解できる。つまり両親媒性のユニット構造をもつ高分子であれば、その水溶液はLCST型相転移を示す(**図2**)。高分子水溶液のLCST型相転移の研究はPNIPAMなどに限られており、LCST型相転移は特殊な現象であると捉えられやすい。しかしながら原理的には両親媒性の分子構造をもつ高分子水溶液はLCST型相転移を示しやすく、実際に多くの両親媒性高分子について水溶液中のLCST型相転移が報告されている。代表的なものを**表1**にまとめる。相転移温度(曇点)とはある条件下で高分子溶液が一相から二相へ分離する相転移の温度のことであり、LCSTは相図を描いた際に最も相転移温度が低くなった条件での温度であり、区別して用いる必要がある。PNIPAMはLCSTをもつことが古くから知られている高分子の1つであり、1967年の報告[9]以来、多岐にわたる研究が展開されてきた。詳細については最近の総論を参照してほしい[10]。このPNIPAMは親水基であるアミド基と疎水基であるイソプロピル基からなり、両親媒的な分子構造をもつ。特色としてLCSTが32℃と人間の体温に近いことからバイオメディカルな応用も期待されている[11]。また疎水基の効果についての考察もされており、疎水基を*n*-プロピル基やシクロプロピル基等に変更することで相転移温度が大きく変化することが知られている[12)-14]。さらにPNIPAMの親水基であるアミド基を入れ替えて逆さにしたような構造をもつポリ(*N*-ビニルイソブチルアミド)(PNVIBM)はLCST型相転移を示し、PNIPAMと比べてその相転移温度は上昇する[15,16]。これらの例から、ユニットのわずかな分子構造の違いが相転移温度の変化を効果的に引き起こすことがわかる。

またPEOも水中にてLCST型相転移を示すことが古くから知られているが[17]、その相転移温度は分子量依存性が強く沸点以上の加熱を必要とするものが主であることから、PEOそのものを温度応答性材料とした検討はあまりなされていない。一方でポリ(プロピレンオキシド)(PPO)はPEOと比較して疎水性が強く、分子量依存性は強いものの水中にて沸点以下の相転移温度を示す[18]。また近年、側鎖にオリゴオキシエチレン鎖(PEOと同じ骨格)を付与することで、ポリメタクリレート[19]、ポリスチレン[20]、ポリホスファゼン[21]、ポリノルボルネン[22]、ポリ乳酸[23]などの主鎖においても水溶液

表 1　水溶液中において LCST 型相転移を示す高分子

高分子		LCSTまたは曇点（℃）	参考文献
ポリ（*N*-イソプロピルアクリルアミド）（PNIPAM）	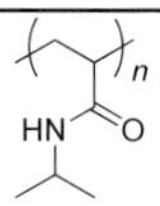	32	9)
ポリ（*N*-*n*-プロピルアクリルアミド）（PNNPAM）	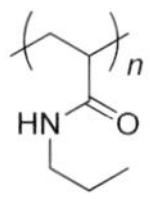	23	12) 13)
ポリ（*N*-シクロプロピルアクリルアミド）（PNCPAM）	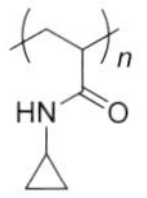	49	13)
ポリ（*N*,*N*-ジエチルアクリルアミド）（PDEAM）	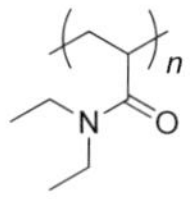	32	14)
ポリ（*N*-ビニルイソブチルアミド）（PNVIBM）	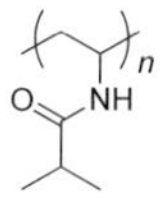	39	15) 16)
ポリ（エチレンオキシド）（PEO）	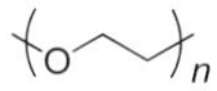	99–176	17)
ポリ（プロピレンオキシド）（PPO）	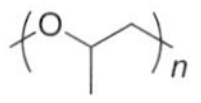	0–50	18)
ポリ（オリゴエチレングリコールメタクリレート）（POEGMA）	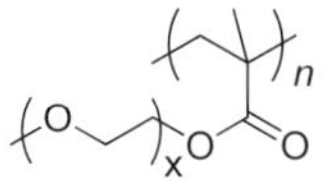	26 (x=2) 52 (x=3)	19)
オリゴオキシエチレン鎖含有ポリスチレン誘導体	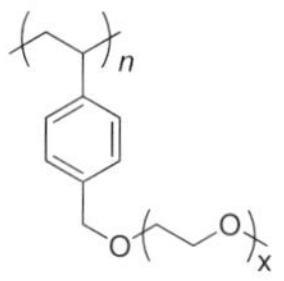	13 (x=3) 39 (x=4) 55 (x=5)	20)
オリゴオキシエチレン鎖含有ポリホスファゼン誘導体	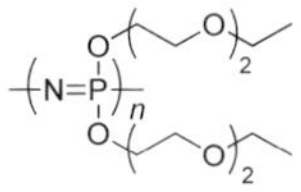	65	21)
オリゴオキシエチレン鎖含有ポリノルボルネン誘導体	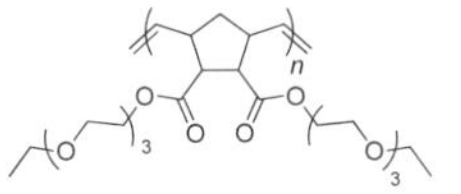	26	22)
オリゴオキシエチレン鎖含有ポリ乳酸誘導体	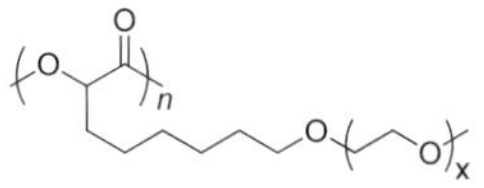	17 (x=3) 37 (x=4)	23)

中での LCST 型相転移を示すことが報告されている。またオリゴオキシエチレン鎖の伸長とともに LCST が上昇する挙動も共通してみられる。これらの高分子はオリゴオキシエチレン鎖を親水基、主鎖を疎水基とした両親媒性高分子として LCST 型相転移を示すと考えられる。

さらに、他の主鎖を用いた高分子で LCST 型相転移を水中にて示すものも多数報告されてい

表1 （つづき）

高分子		LCSTまたは曇点（℃）	参考文献
ポリ（*N*-ビニルピロリドン）（PVP）	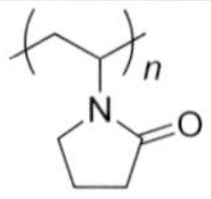	30	24)
ポリ（*N*-ビニルカプロラクタム）（PVCL）	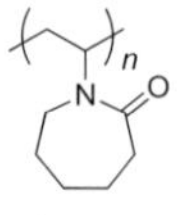	31	24) 25)
ポリ（2-エチル-2-オキサゾリン）（PEtOx）	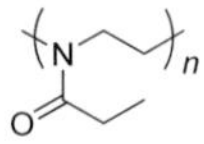	62–65	26)
ポリ（2-エチル-2-オキサジン）（PEtOZI）	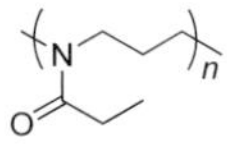	56	27)
ポリ（メチルビニルエーテル）（PMVE）	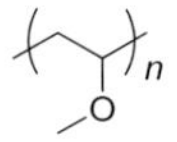	35	28)
ポリ（2-メトキシエチルビニルエーテル）（PMOVE）	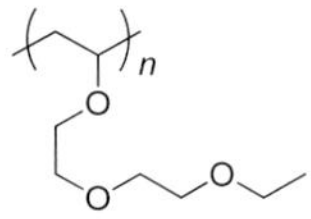	41	29)
ポリ（ジメチルアミノエチルメタクリレート）（PDMAEMA）	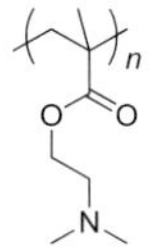	78	30)
ポリ（2-ヒドロキシプロピルアクリレート）（PHPA）	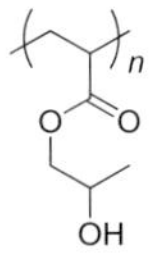	37	31)
ポリ（ビニルアルコール-*co*-ビニルアセタール）	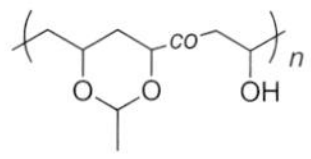	17–41	32)
ポリ（2-エトキシ-2-オキソ-1,3,2-ジオキサホスホラン）（PEP）	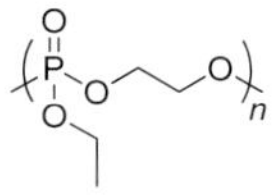	38	33)
エラスチン類似ポリペプチド（ELP）	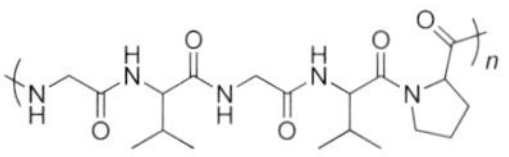	27–40	34)
2-ヒドロキシ-3-ブトキシプロピル化デンプン（HBPS）	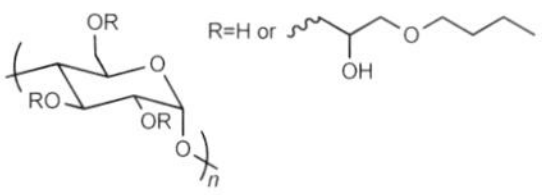	4.5–32.5	36)

る。たとえばポリ(*N*-ビニルピロリドン)(PVP)[24]やポリ(*N*-カプロラクタム)(PVCL)[24,25]のLCSTは30℃前後である。ポリ(オキサゾリン)[26]やポリ(オキサジン)[27]もLCST型相転移を示し、相転移温度は60℃前後である。これらの高分子は、主鎖は違えどもPNIPAMと同様にアミド基を親水基としている。一方でポリビニルエーテルを主鎖としたLCST型相転移を

示す高分子水溶液も報告されている。たとえばポリ(メチルビニルエーテル)(PMVE)[28]およびポリ(2-メトキシエチルビニルエーテル)(PMOVE)[29]のLCSTはそれぞれ35℃および41℃である。これらはPEOと同様にエーテル部位を親水基としている。

そのほかにも、アミノ基を親水基としたポリメタクリレート(PDMAEMA)は78℃にてLCST型相転移を示し[30]、ヒドロキシ基を側鎖に有するポリアクリレート(PHPA)は重合度が100程度のもので37℃の相転移温度を示す[31]。また純粋なポリ(ビニルアルコール)(PVA)はLCSTを示さないが、部分的にアセタール化を施すことによってLCST型相転移を示すことが報告されている[32]。この共重合体はアセタール化率の上昇によって相転移温度が降下し、たとえば分子量が72,000のPVAを用いるとアセタール化によって28〜41℃の範囲における相転移温度の調節が可能である。さらに近年では生体親和性の高いLCST型相転移を示す温度応答性高分子も報告されている。たとえばポリホスホエステルを主鎖とした高分子(PEP)は温和な条件での生分解性をもちながらLCSTを示す非常にユニークな温度応答性材料である[33]。また生体高分子の1つであるエラスチンの主構造を人工的に模倣したエラスチン類似ポリペプチド(ELP)は27℃の相転移温度を示し、アミノ酸残基を一部変更し疎水性を低下させることにより相転移温度を40℃以上へと上昇させることも可能である[34]。さらにメチルセルロースの水溶液はLCST様のゾル-ゲル転移を示すことが古くから知られているが[35]、デンプンのアミロースに対し部分的に2-ヒドロキシ-3-ブトキシプロピル化したもの(HBPS)も水中においてLCST型相転移を示す。さらに2-ヒドロキシ-3-ブトキシプロピル基の導入率の上昇とともに相転移温度が下降することが報告されている[36]。

以上のように、水中にてLCST型相転移を示す高分子はPNIPAMに限らず多数報告されており、それらの相転移温度も高分子ごとに異なる。そしてこれらの高分子にLCSTを特徴づけているものは、水分子と強く会合する親水基とアルキル基などの水中で会合しやすい疎水基を併せもった両親媒的な分子構造である。またこれらの分子構造において親水基の量を増やすことで相転移温度は上昇し、逆に疎水基の量を増やすことで相転移温度は下降するといった特徴がみられる。これは、水との親和性が大きくなるとより溶解性が上昇し、相転移温度が高くなることを示しており、共重合などでの相転移温度の調節が可能であることを示している。

5　有機溶媒中におけるLCST型相転移

前項までに高分子水溶液での議論を続けてきたが、水溶液での理論を拡張することで有機溶媒中においてもLCST型相転移を見出だすことが可能である。そこで本項では筆者らの研究のなかから有機溶媒中でのLCST型相転移を示す高分子系の解説を行う。

水系と有機溶媒系の大きな違いは何といっても溶媒分子の相互作用の強さである。水分子同士は水素結合による強力な相互作用を示し、この相互作用が高分子水溶液におけるLCST型相転移を誘起していることは前述のとおりである。一方で有機溶媒分子間では水分子と比べて相互作用が弱く、単純に溶媒と高分子を混合するだけではLCST型相転移の発現は困難である。そこで筆者らは、高分子および有機溶媒のほかに高分子と相互作用が可能な低分子(エフェクター)を加えることで、有機溶媒中におけるLCST型相転移を室温付近まで下げることに成功した(**図3**)。これまでに相互作用として電荷移動(CT)相互作用および水素結合を用い

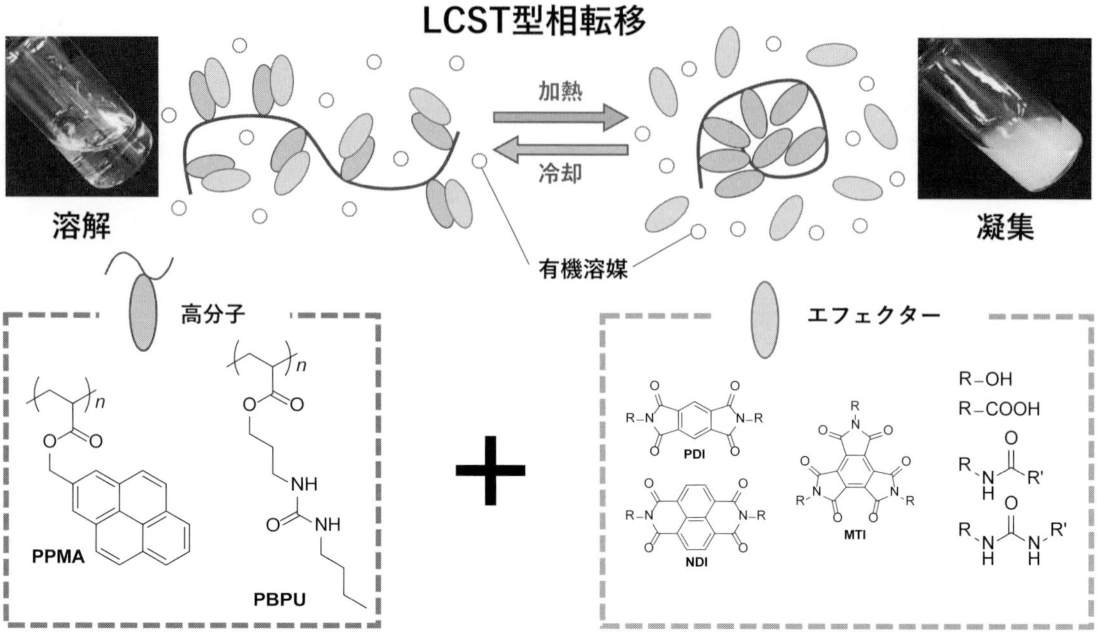

図3　有機溶媒中にてLCST型相転移を示す3成分系高分子溶液の概念図および分子設計
※口絵参照

た系の2つを報告している。

はじめにCT相互作用を用いた系を例に筆者らの分子デザインを説明する。CT相互作用はドナーと呼ばれる電子豊富な分子とアクセプターと呼ばれる電子不足な分子の間に電荷の移動を伴って形成される相互作用であり、筆者らはドナー分子としてピレン骨格を側鎖に有するポリアクリレート(PPMA)を設計し、アクセプター分子(＝エフェクター)としてアルキル基を付与したピロメリット酸ジイミド(PDI)やナフタレンジイミド(NDI)、メリット酸トリイミド(MTI)などを用いることでCT相互作用を形成させた。PPMAは広いπ平面をもつ芳香環(ピレン)の会合により1,2-ジクロロエタンや酢酸エチル、トルエンなどといった有機溶媒に不溶であるが、エフェクターを加えることによりLCST型相転移を示した[37]。これは高分子側鎖のピレンユニットとエフェクターが電荷移動(CT)錯体を形成することで溶解し一相(溶液)となり、加熱によりそのCT錯体が解離することで二相に分離すると考えられる。この系は水素結合ではなくCT相互作用を用いているという点においてユニークであり、水素結合以外の相互作用もLCST型相転移を誘起することが可能である。またこの系では相転移温度に対してエフェクターの濃度(組成)が高分子の組成よりも強力に影響を及ぼす。さらにこのCT相互作用はPPMA分子内のピレンユニットとエフェクターの錯形成によるものであるため、紫外可視吸収スペクトルによる滴定実験において相転移温度付近の会合定数を求めることができ、PPMAとの高い会合定数を有するエフェクターを用いた場合、より低いエフェクター濃度でLCST型相転移を誘導することが可能であった。さらに会合率としてCT錯体とPPMAの比をとった場合、相転移温度付近の会合率はエフェクターの種類によらず10％弱に収束した。このように筆者らは水溶液でのLCST型相転移では設計することが困難であった高分子および低分子間の会合を制御することでLCST型相転移の実現が可能であることを明らかにした。

またCT相互作用と同様に水素結合を用いることによっても有機溶媒中のLCST型相転移の誘起が可能であった。側鎖に尿素官能基を有するポリアクリレート（PBPU）は側鎖の尿素官能基同士の強固な水素結合のため、アルコール系やアミド系以外の有機溶媒に不溶であるが、エフェクターとしてアルコールなどの水素結合性官能基をもつ低分子を高分子の尿素ユニットに対して数倍添加することにより1,2-ジクロロエタンなどの有機溶媒中でLCST型相転移を示した[38]。これは高分子側鎖の尿素官能基とエフェクターが水素結合を形成することで高分子が溶解し、加熱によりその水素結合が解離することで溶液は二相に分離すると考えられる。

以上の2つの系に共通している点として、相転移温度がエフェクターの組成によって強い影響を受け、高分子の組成や分子量だけでなくエフェクターの濃度によって相転移を容易に調節することが可能となったことである。またこれらの系はPNIPAMなどの水系での水分子をそのままエフェクターに置き換えることで、有機溶媒中におけるLCST型相転移を起こすことができたと考えられる。このことは実用面でも現象の理解という点でも重要な結果であり、LCST型相転移に対する分子設計の自由度の向上に期待がもたれる。

6　おわりに

高分子を利用したLCST型相転移では固体の凝集を加熱により誘起でき、透明な溶液を白濁させることができるだけでなく、高分子鎖の収縮が起きているため大きな体積変化が誘起可能である。これは水溶液中での温度応答材料の開発につながっており、今後もさまざまな高分子デザインによるLCST型相転移高分子の創出と用途に応じた設計が進んでいくものと期待できる。さらにこれらの温度応答性高分子を基礎として、刺激応答性部位の導入による多数の刺激応答性高分子が構築されており、その中心としてLCST型相転移高分子のメカニズムの解明および分子設計が重要であると考えられる。

文　献

1) Y. Kohno, S. Saita, Y. Men, J. Yuan and H. Ohno：*Polym. Chem.*, **6**, 2163（2015）.
2) 田中文彦：高分子の物理学、pp.30–90、裳華房（1994）.
3) 斎藤信彦：物理学選書2 高分子物理学（改訂版）、pp.119–176、裳華房（1967）.
4) 倉田道夫：近代工業化学18 高分子工業化学Ⅲ、pp.1–114、朝倉書店（1975）.
5) A. R. Shultz and P. J. Flory：*J. Am. Chem. Soc.*, **74**, 4760（1952）.
6) A. Matsuyama and F. Tanaka：*Phys. Rev. Lett.*, **65**, 341（1990）.
7) S. Bekiranov, R. Bruinsma and P. Pincus：*Phys. Rev. E*, **55**, 577（1997）.
8) Y. Okada and F. Tanaka：*Macromolecules*, **38**, 4465（2005）.
9) J. S. Scarpa, D. D. Mueller and I. M. Klotz：*J. Am. Chem. Soc.*, **89**, 6024（1967）.
10) A. Halperin, M. Kröger and F. M. Winnik：*Angew. Chem. Int. Ed.*, **54**, 15342（2015）.
11) E. S. Gil and S. M. Hudson：*Prog. Polym. Sci.*, **29**, 1173（2004）.
12) D. Ito and K. Kubota：*Macromolecules*, **30**, 7828（1997）.
13) Y. Maeda, T. Nakamura and I. Ikeda：*Macromolecules*, **34**, 8246（2001）.

14) I. Idziak, D. Avoce, D. Lessard, D. Gravel and X. X. Zhu：*Macromolecules*, **32**, 1260(1999).
15) K. Suwa, Y. Wada, Y. Kikunaga, K. Morishita, A. Kishida and M. Akashi：*J. Polym. Sci. Part A Polym. Chem.*, **35**, 1763(1997).
16) K. Suwa, K. Morishita, A. Kishida and M. Akashi：*J. Polym. Sci. Part A Polym. Chem.*, **35**, 3087(1997).
17) S. Saeki, N. Kuwahara, M. Nakata and M. Kaneko：*Polymer*, **17**, 685(1976).
18) P. Firman and M. Kahlweit：*Colloid Polym. Sci.*, **264**, 936(1986).
19) S. Han, M. Hagiwara and T. Ishizone：*Macromolecules*, **36**, 8312(2003).
20) B. Zhao, D. Li, F. Hua and D. R. Green：*Macromolecules*, **38**, 9509(2005).
21) H. R. Allcock and G. K. Dudley：*Macromolecules*, **29**, 1313(1996).
22) T. Bauer and C. Slugovc：*J. Polym. Sci. Part A Polym. Chem.*, **48**, 2098(2010).
23) X. Jiang, M. R. Smith and G. L. Baker：*Macromolecules*, **41**, 318(2008).
24) Y. Maeda, T. Nakamura and I. Ikeda：*Macromolecules*, **32**, 217(2002).
25) A. C. W. Lau and C. Wu：*Macromolecules*, **32**, 581(1999).
26) D. Christova, R. Velichkova, W. Loos, E. J. Goethals and F. Du Prez：*Polymer*, **44**, 2255(2003).
27) M. M. Bloksma, R. M. Paulus, H. P. C. Van Kuringen, F. Van Der Woerdt, H. M. L. Lambermont-Thijs, U. S. Schubert and R. Hoogenboom：*Macromol. Rapid Commun.*, **33**, 92(2012).
28) Y. Maeda：*Langmuir*, **17**, 1737(2001).
29) Y. Matsuda, Y. Miyazaki, S. Sugihara, S. Aoshima, K. Saito and T. Sato：*J. Polym. Sci. Part B Polym. Phys.*, **43**, 2937(2005).
30) F. A. Plamper, M. Ruppel, A. Schmalz, O. Borisov, M. Ballauff and A. H. E. Müller：*Macromolecules*, **40**, 8361(2007).
31) C. D. Vo, J. Rosselgong, S. P. Armes and N. Tirelli：*J. Polym. Sci. Part A Polym. Chem.*, **48**, 2032(2010).
32) D. Christova, S. Ivanova and G. Ivanova：*Polym. Bull.*, **50**, 367(2003).
33) Y. Iwasaki, C. Wachiralarpphaithoon and K. Akiyoshi：*Macromolecules*, **40**, 8136(2007).
34) D. E. Meyer, B. C. Shin, G. A. Kong, M. W. Dewhirst and A. Chilkoti：*J. Control. Release*, **74**, 213(2001).
35) E. Heymann：*Trans. Faraday Soc.*, **31**, 846(1935).
36) B. Ju, D. Yan and S. Zhang：*Carbohydr. Polym.*, **87**, 1404(2012).
37) S. Amemori, K. Kokado and K. Sada：*Angew. Chem. Int. Ed.*, **52**, 4174(2013).
38) S. Amemori, K. Kokado and K. Sada：*J. Am. Chem. Soc.*, **134**, 8344(2012).

基礎編

第１章　相転移

第２節　温度応答性高分子の相転移挙動制御

神奈川工科大学　清水 秀信/岡部 勝

1　はじめに

温度応答性高分子の水溶液は、下限臨界共溶温　度（Lower Critical Solution Temperature：LCST）を境に、水に対する高分子の溶解性が不連続に変化する可溶不溶転移を示す。水溶液をLCST（相転移温度とも呼ばれる）以上の温度に加熱すると、高分子鎖は水に不溶となり溶液は白濁する。一方、相転移温度以下の温度に溶液を冷却すると、再び鎖は水に溶解して溶液は透明になる。ここで相転移温度は、高分子の化学構造に依存して固有の値をとる。**表１**に、温度応答性を示す代表的なホモポリマーに関して、繰り返し単位の構造式とその相転移温度をまとめた[1)2)]。

表１から、温度応答性ホモポリマーの繰り返し単位には、必ず疎水部と親水部が含まれていることがわかる。ポリ*N*-イソプロピルアクリルアミドを例にとると、アミド部位が親水部に、イソプロピル部位が疎水部に該当する。相転移温度は、高分子鎖を構成している原子団の親疎水性バランスにより規定されており、親水部の割合が高くなると相転移温度は上昇し、逆に疎水部の割合が高くなると相転移温度は低下する。たとえば、ポリ*N*-3-メトキシプロピルアクリルアミドの相転移温度が45℃であるのに対して、メトキシ基をエトキシ基に置き換えたポリ*N*-3-エトキシプロピルアクリルアミド

表１　温度応答性ホモポリマーにおける繰り返し単位の構造式と相転移温度

ポリビニルメチルエーテル	ポリ***N***-アクリロイルピロリジン	ポリ***N***-アクリロイルピペリジン	ポリ***N***-イソプロピルアクリルアミド
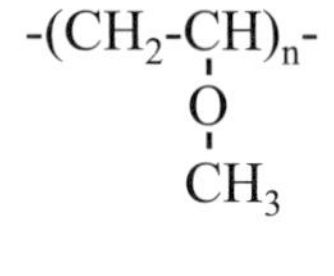	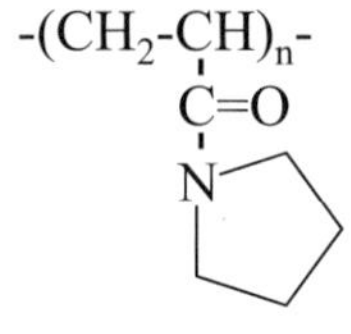	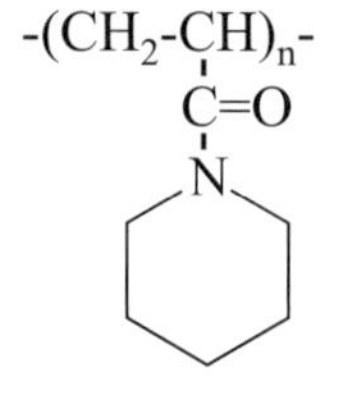	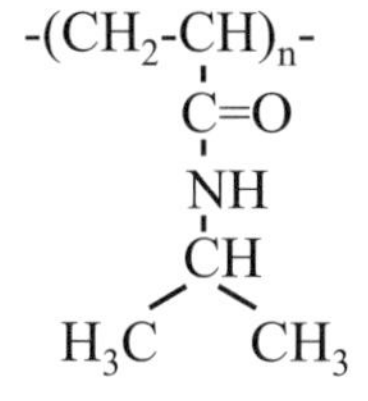
37 °C	50 °C	5 °C	31 °C
ポリ*N*-3-メトキシプロピルアクリルアミド	**ポリ*N*-3-エトキシプロピルアクリルアミド**	**ヒドロキシプロピルセルロース**	
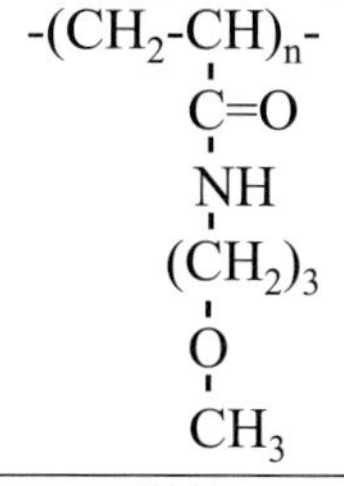	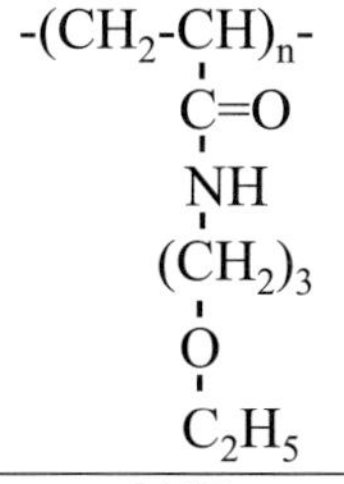	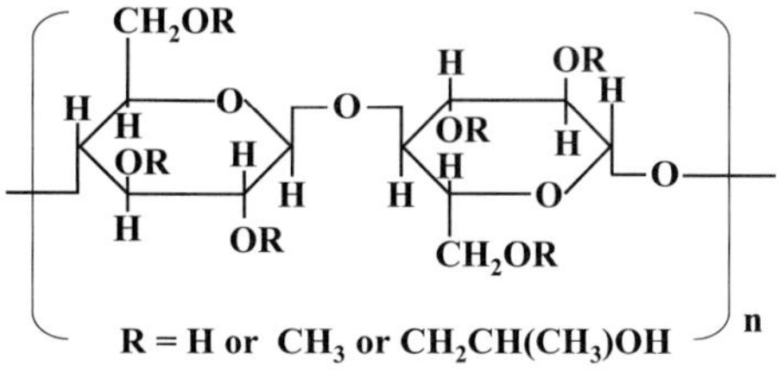	
45 °C	24 °C	41 °C	

の相転移温度は、20℃ほど低下する。転移温度の低下は、エトキシ基への置換により炭素数が増えた結果、高分子鎖全体に占める疎水部の割合が増えたことに起因する。

相転移温度は、温度応答性高分子のもっとも重要な特性であることから、望みの温度で相転移するように自由自在に調節できれば、温度応答性高分子の応用範囲がより広がることが期待できる。そこで本稿では、温度応答性高分子の相転移温度を広い温度域で調節できる方法として、筆者らが取り組んだ2つの試み(pHを変化させる方法と第3成分を添加する方法)を中心に紹介する。

2　温度応答性が発現する機構

相転移温度より低い温度では、温度応答性高分子鎖を構成している親水部と疎水部が、それぞれ異なる方式で水分子と相互作用することにより、水に溶解している[3)4)]。アミド基のような親水部は、水素結合を介して比較的強く水分子と相互作用しているのに対して、アルキル基のような疎水部は、水分子とは水素結合を形成できない。そのため、疎水部との接触をできるだけ減らそうとして、疎水部の周りで水分子同士がネットワーク構造を形成することにより、溶解状態を維持している。このような水和の形態を疎水性水和という。

温度応答性高分子鎖全体と水分子との相互作用に関しては、高分子を構成しているすべての疎水部・親水部と水分子の間の相互作用を足し合わせればよい。ここで相互作用は、高分子鎖の化学構造だけでなく、高分子鎖のとりうるコンフォメーションによっても大きく影響を受ける。このため、温度応答性高分子の水和挙動はきわめて複雑であり、水和状態を正確に把握することは難しい。しかし、温度応答性高分子の相転移現象は、疎水性水和の温度による状態変化からある程度推測できる。

疎水性水和している水分子は、分子運動が抑えられているため、エントロピーは低い状態にある。一方、水分子同士はお互いに水素結合しているため、エンタルピーとしては好ましい状態である。結果として、エントロピー減少にともなう自由エネルギーの増加が抑えられるため、相転移温度より低い温度では、疎水性水和の状態はエネルギー的に安定である。しかし温度上昇にともない水分子の運動性が激しくなると、水素結合は切断されやすくなる。そのため、水分子間の水素結合により安定化されていた疎水性水和は、エンタルピー的にもエントロピー的にも不利な状態となり、疎水部の周りで構造化していた水分子は協同的に脱水和して疎水部から離れ、疎水部同士の会合が起こる。すなわち、高分子鎖間に疎水性相互作用がはたらき、高分子鎖は水に不溶となる。このように、疎水性水和している水分子は、温度応答性の発現に重要な役割を果たしている[5)6)]。

3　相転移温度を調節する方法

前項で述べたように、温度応答性高分子鎖の構造転移が不連続に起こるのは、相転移温度において疎水性水和している水分子の水和-脱水和が協同的に進行して、高分子鎖の周りに存在している水分子の構造が劇的に変化するためである。このことは、温度応答性高分子鎖の周りに存在している水分子の水和状態(親水性水和している水分子と疎水性水和している水分子の割合)、すなわち、高分子鎖を構成している親水部と疎水部の割合を変化させることにより、相転移温度の制御が可能であることを示唆している。

高分子に温度応答性を付与するための方法

は、以下の3つに分類できる。

① 親水部と疎水部を有する1種類のモノマーを単独重合させる方法(温度応答性ホモポリマー)

② ポリマーになると温度応答性を示すモノマーを、親水性または疎水性モノマーと共重合させる方法(温度応答性コポリマー)

③ 既存の高分子鎖を化学修飾して、親水部と疎水部のバランスを調節する方法

これらの方法に基づき、実際に高分子鎖を構成している原子団の親疎水性バランスを変化させ、温度応答性高分子の相転移温度を調節した研究例をいくつか挙げる。

伊藤は、①の方法により得られる温度応答性ホモポリマーの分子構造と相転移温度の関係について網羅的に検討を行っている。その結果、*N*置換アクリルアミドまたは*N*置換メタクリルアミドのアルキル基の炭素数や形状を変えると、転移温度は5℃から72℃の広範囲で調節できることを明らかにしている[1]。これらの温度応答性ホモポリマーは、②や③の方法で得られる温度応答性高分子と比べて、分子構造のレベルでは、高分子鎖全体の親水部と疎水部の分布を均一にできることから、温度に対してシャープに応答する高分子が得られる可能性を提唱している[7]。*N*置換アクリルアミド系の骨格だけでなく、さまざまな分子構造を有するホモポリマーが温度応答性を示すことも報告されている[8]。

また、②の方法のように、コモノマーの親疎水性と割合を変化させて、相転移温度を調節している研究も多数報告されている[9)-13]。たとえば、*N*-イソプロピルアクリルアミド(NIPAM)と親水性モノマーであるジメチルアクリルアミド(DMAAm)を共重合させた高分子の相転移温度は、DMAAm組成が増えるにつれ高温側にシフトする。一方、疎水性モノマーであるブチルメタクリレート(BMA)を共重合させると、BMA組成の増加にともない低温側への相転移温度のシフトが認められる[10]。このように、温度応答性高分子の親疎水性バランスを考慮して一次構造の分子設計を行うことにより、望みの相転移温度を有する温度応答性高分子を得ることが可能になる。

セルロース、デンプン、キトサンなどの天然高分子は、もともと温度応答性を示さない高分子である。これらの構成成分である糖の官能基(ヒドロキシ基やアミノ基)を、メチル基やヒドロキシプロピル基などに変換すると、化学修飾された天然高分子は温度応答性を示し、相転移温度は置換基の程度に応じて変化することが報告されている[14)-16]。温度応答性を有する天然高分子は、生体適合性や生分解性に優れていることから、食品、医薬品、化粧品などへの応用展開が期待されている。③のその他の例として、あらかじめ置換基にヒドロキシ基を有するポリ*N*置換アクリルアミドを合成し、その後ヒドロキシ基を化学修飾してアセチル基、ベンゾイル基、シンナモイル基を適切な割合で導入することにより、温度応答性を有するポリマーが得られることも報告されている[17]。

以上のように、温度応答性高分子の骨格を適切に設計すれば、目的とする相転移温度を有するポリマーを合成できるようになってきた。しかし、温度応答性高分子の骨格を変えることは、新たな高分子を合成し直す必要があるため、調節工程が増える。骨格を変えずに、周りの環境を変えるだけで相転移温度を調節できれば、より有用な方法であるといえる。

4項では、温度以外の条件(ここではpH)を変更することにより、骨格が同じ温度応答性高分子の相転移温度を調節した試みについて述べる。

4 pH応答性を利用した相転移温度の調節

カルボン酸やアミンなどのpH応答性ポリマー部位を温度応答性高分子鎖の中に組み込むと、得られた高分子の相転移挙動もpHに応答して変化することはよく知られている[18)19)]。**図1**に、少量のカルボン酸を導入した温度応答性高分子水溶液の透過率–温度曲線がpHにより変化する様子を模式的に示す。1%程度のカルボン酸を導入した温度応答性高分子は、pHが十分低く、すべてのカルボン酸がプロトン化している状態において、カルボン酸が導入されていない高分子とほぼ同じ相転移挙動を示す。このときの曲線を(b)とする。ここから水溶液のpHを上げていくと、カルボン酸のプロトンが解離するため、高分子鎖はマイナス電荷を帯び、プロトン化している状態に比べて鎖は親水化する。そのため曲線は、(c)のように高温側にシフトする傾向が認められる。シフト幅は、カルボン酸の解離度に依存する。転移温度をより高温側にシフトさせるためには、カルボン酸モノマーに含まれるマイナスの電荷量を増やす必要がある(曲線(d))。一方、相転移温度を曲線(b)より低温側にシフトさせ、曲線(a)のような挙動を示す温度応答性高分子を合成するためには、アルキル基やベンゼン環などを有する疎水的なカルボン酸モノマーと共重合させる必要がある[20)]。

筆者らは、安息香酸部位をアクリルアミド骨格の側鎖に有するモノマー(*N*-パラカルボキシフェニルアクリルアミド)(NCPAM)を合成し、機能性高分子の作製を行っている。NCPAMを、アクリルアミド、*N,N'*-メチレンビスアクリルアミドとエタノール中で沈殿共重合させせると、pHに対する粒子径の変化がシャープであるヒドロゲル粒子を作製できる[21)]。NCPAMは、汎用性カルボン酸モノマーであるメタクリル酸に比べてより疎水性であり、モノマーの状態で酸不溶性/塩基可溶性の特性を有する。

NCPAMを*N*-イソプロピルアクリルアミド(NIPAM)と共重合させ、得られた高分子の相転移挙動を評価した。系内のpHを塩酸と水酸化ナトリウムで調節し、透過率の温度変化を測定した結果を**図2**に示す。ここで高分子としては、NCPAM導入量が約2 wt%のサンプルを用いた。

曲線は、pHが高いほど高温側にシフトする傾向を示した。透過率が50%となるときの温度を相転移温度と定義すると、pHが8のときには相転移温度が36℃付近であったのに対して、pHを4まで下げると26℃まで低下した。これは、pHが高いときにはNCPAMが解離し

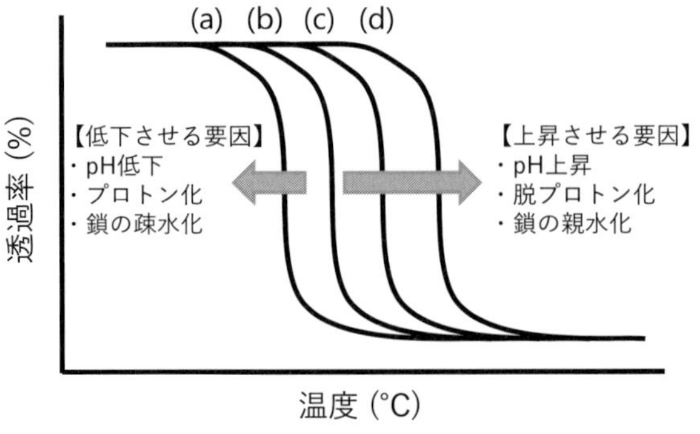

図1 カルボン酸モノマーの設計により相転移温度がシフトする様子の概念図

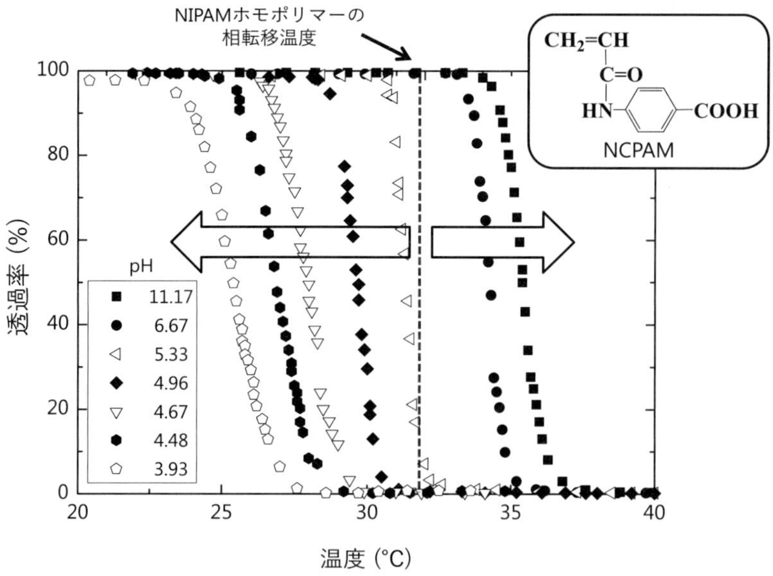

図2　各pHにおけるポリ(NIPAM-*co*-NCPAM)の透過率-温度曲線

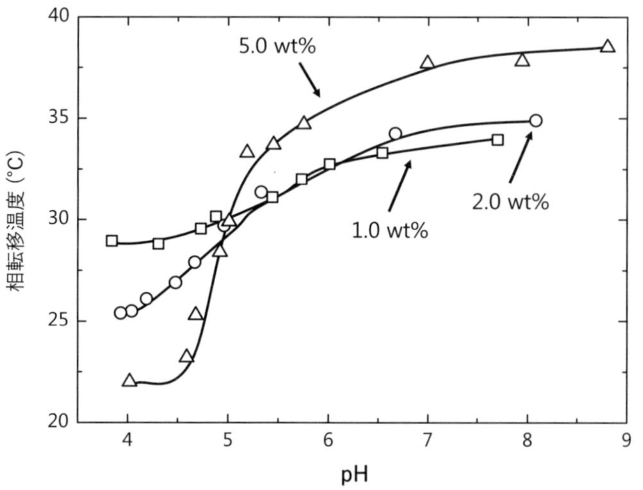

図3　NCPAM含量が異なるポリ(NIPAM-*co*-NCPAM)の相転移温度とpHの関係
(図中の数字は、ポリマーに含まれるNCPAMの重量パーセント濃度)

て親水性の性質を示したため、汎用性カルボン酸モノマーと同様に高分子鎖の相転移が起こりにくくなったからである。一方pHが低い状態では、NCPAM分子間に強い疎水性相互作用がはたらきポリマー鎖が疎水化したため、相転移温度が低下したものと考えられる。

図3に、NCPAM含量を1、2、5 wt%と変化させた共重合体の各pHにおける相転移温度の結果をまとめた。pHにより相転移温度を調節できる範囲は、NCPAM含量が高いほど広くなることが見てとれる。このように、適切なコモノマーを選択して、温度応答性高分子の設計を行うことにより、同じ骨格の高分子であっても約20℃にわたって相転移温度を変化させることができる。

5　食品添加物による相転移温度の調節

前節で示したコモノマーによる相転移温度の調節は、あらかじめ合成されている温度応答性高分子に対しては適用することが困難である。そこで筆者らは、温度応答性高分子と定量的に、かつ、比較的弱く相互作用できる添加物が、高分子鎖の物理化学的特性を変化させるのに有効にはたらくのではないかと考え、該当する化合物の探索を進めている。これまでの検討により、カテキンや没食子酸のような食品添加物が、天然高分子であるヒドロキシプロピルセルロース（HPC）や合成高分子であるポリ *N*-イソプロピルアクリルアミド（PNIPAM）の温度応答性挙動に顕著な影響を及ぼすことを明らかにしている[22]。本節では、添加物の分子構造が、HPC の温度応答性挙動に及ぼす影響について研究した例について紹介する。

図 4 に、pH の異なる HPC 水溶液中に 0.30 wt%の没食子酸（GA）を添加し、温度を変えて透過率を測定した結果を示す。HPC の濃度は 1.0 wt%とした。図 4 には、何も添加物を加えてない HPC 水溶液の転移挙動の結果もあわせて示した。溶液の pH に関わらず、没食子酸の添加により曲線が低温側にシフトしている傾向が観察できる。シフト幅は、pH が低下するにつれ大きくなっていることがわかる。

図 5 に、図 4 の透過率–温度曲線から算出した相転移温度の pH 依存性についてまとめた結果を示す。HPC の相転移温度は、pH が下がるにつれ、ほぼ直線的に低下する傾向を示した。pH の低下は、GA の分子構造の変化（解離度）をもたらす。pH が低いほど相転移温度が低くなるのは、おそらく疎水化した GA が、温度応答性高分子内の疎水部と疎水性相互作用を介して弱く結合することにより、高分子鎖の疎水化を引き起こしたためと考えられる。

図 5 において、最も相転移温度が低いのは、pH 2.97 のときであり、その値は約 27℃であった。この結果は、わずか 0.30 wt%の没食子酸を添加するだけで、相転移温度を約 16℃下げることができることを表している。また、GA が水に溶解している 0.30 wt%という濃度は、モル濃度に換算すると約 18 mmol/L となる。一方、1.0 wt%の HPC を繰り返し単位のモル濃度で表すと約 41 mmol/L となる。この結果

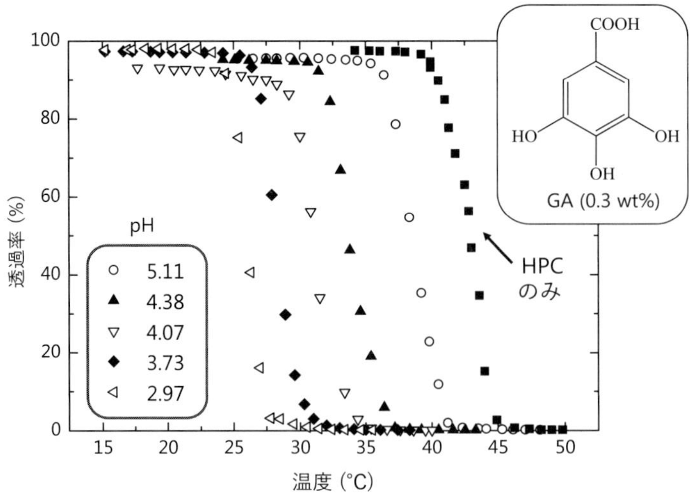

図 4　pH を変化させた HPC 水溶液の透過率–温度曲線
（0.3 wt% GA を含む 1.0 wt% HPC 水溶液）

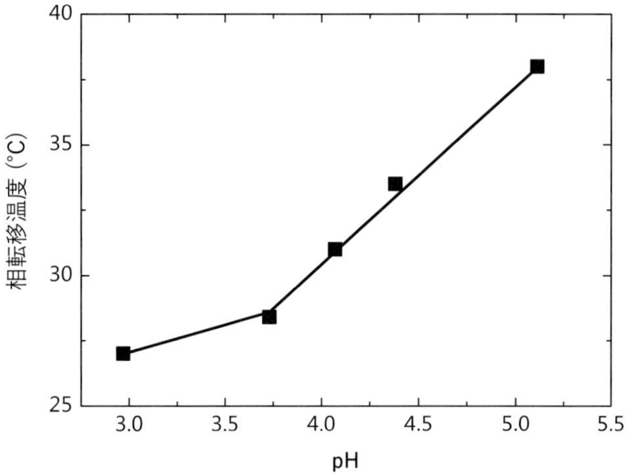

図5　没食子酸の分子構造がHPCの相転移温度に及ぼす影響

から、系内には、HPCの繰り返し単位2あるいは3個に対して、GAが1個存在している計算となる。現在までのところ、GAとHPCがどれくらい結合しているかはわかっていない。今後、GAとHPCがどれくらいの強さでどの程度相互作用しているのか、またさまざまな物理化学的特性を有する食品添加物が温度応答性高分子の相転移挙動にどのような影響を及ぼすのかという点について調べることにより、どのような官能基を有する食品添加物が相転移温度を調節するのに有効であるかが明らかになっていくであろう。

これまでに、塩、界面活性剤、糖、疎水性化合物、アルコールなどのさまざまな物質を、温度応答性高分子が溶解している水の中に添加すると、相転移温度がシフトする現象が報告されている[23)-26)]。しかし、相転移温度を10℃以上変化させるためには、通常0.2 mol/L以上という比較的高濃度の添加物を高分子水溶液中に加える必要がある。できるだけ少ない添加量で相転移温度を広範囲に調節できる可能性を提示した本系は、今後の発展が期待できる。

6　おわりに

本稿では、温度応答性高分子の相転移温度を調節するさまざまな方法について概説した。親疎水性バランスを考慮に入れ、高分子の化学構造を設計すれば、望みの相転移温度を有する高分子を得ることはできるようになってきた。今後は、周囲の環境変化を利用して鎖の構造を制御する試みがますます盛んになってくるであろう。これまでに、界面活性剤[27)]や水分子と弱く相互作用するアニオン[26)28)]などの第3成分が、温度応答性高分子に直接相互作用して、相転移温度がシフトする例は報告されているものの、まだ十分に研究が進んでいないのが現状である。今後、どのような分子構造を有する化合物が温度応答性高分子の相転移挙動に影響を及ぼすのか、また、どのような機構で相転移温度が変化するのかについて明らかにすることにより、温度応答性高分子の骨格は変えずに相転移温度のみを調節する技術は、さらに広がりをみせてくるであろう。

温度応答性高分子が相転移する現象は、タンパク質の相転移現象と類似しているという報告もなされている[29)]。このように、温度応答性高分子の相転移現象は生命現象と深く関わっていることから、転移挙動の調節機構に関する分子レベルの研究がさらに進展することにより、温度応答性高分子材料としての利用範囲が広がるだけでなく、生命現象の解明にもつながることが期待できる。

文　献

1）伊藤昭二：高分子論文集、**46**(7), 437(1989).
2）伊藤昭二：高分子論文集、**47**(6), 467(1990).
3）上平 恒：生体系の水、pp.52-60、講談社サイエンティフィック(1989).
4）上平 恒：水の分子工学、pp.120-166、講談社サイエンティフィック(1998).
5）斎藤正三郎：高分子加工、**39**(12), 580(1990).
6）前田 寧：高分子、**51**(11), 889(2002).
7）伊藤昭二：熱測定、**19**(2), 91(1992).
8）D. Roy, W. L. A. Brooks and B. S. Sumerlin：*Chem. Soc. Rev.*, **42**(17), 7214(2013).
9）H. Feil, Y. H. Bae, J. Feijen and S. W. Kim：*Macromolecules,* **26**(10), 2496(1993).
10）Y. G. Takei, T. Aoki, K. Sanui, N. Ogata, T. Okano and Y. Sakurai：*Bioconjugate Chem.*, **4**(5), 341(1993).
11）H. Y. Liu and X. X. Zhu：*Polymer,* **40**(25), 6985(1999).
12）X. Yin, A. S Hoffman and P. S. Stayton：*Biomacromolecules,* **7**(5), 1381(2006).
13）R. Liu, M. Fraylich and B. R. Saunders：*Colloid Polym. Sci.*, **287**(6), 627(2009).
14）B. Ju, S. Cao and S. Zhang：*J. Phys. Chem. B,* **117**(39), 11830(2013).
15）R. L. G. Lecaros, Z.-C. Syu, Y.-H. Chiao, S. R. Wickramasinghe, Y.-L. Ji, Q.-F. An, W.-S. Hung, C.-C. Hu, K.-R. Lee and J.-Y. Lai：*Environ. Sci. Technol.*, **50**(21), 11935(2016).
16）K. Jong and B. Ju：*Colloid Polym. Sci.*, **295**(2), 307(2017).
17）A. Laschewsky, E. D. Rekai and E. Wischerhoff：*Macromol. Chem. Phys.*, **202**(2), 276(2001).
18）G. Chen and A. S. Hoffman：*Nature,* **373**(2), 49(1995).
19）Y. Liu, A. Zhuk, L. Xu, X. Liang, E. Kharlampieva and S. A. Sukhishvili：*Soft Matter,* **9**(22), 5464(2013).
20）H. Zhang, T. Marmin, É. Cuierrier, A. Soldera, Y. Dory and Y. Zhao：*Polym. Chem.*, **6**(37), 6644(2015).
21）清水秀信、長岡洋樹、和田理征、岡部 勝：高分子論文集、**72**(10), 642(2015).
22）清水秀信、和田理征、岡部 勝：高分子論文集、**74**(4), 293(2017).
23）H. Inomata, S. Goto, K. Otake and S. Saito：*Langmuir,* **8**(2), 687(1992).
24）Y.-H. Kim, I. C. Kwon. Y. H. Bae and S. W. Kim：*Macromolecules,* **28**(4), 939(1995).
25）D. Dhara and P. R. Chatterji：J. Macromol. Sci.；*Rev. Macromol. Chem. Phys.*, **C40**(1), 51(2000).
26）Y. Zhang, S. Furyk, D. E. Bergbreiter and P. S. Cremer：*J. Am. Chem. Soc.*, **127**(41), 14505(2005).
27）K. Van Durme, H. Rahier and B. Van Mele：*Macromolecules,* **38**(24), 10155(2005).
28）Y. Zhang, S. Furyk, L. B. Sagle, Y. Cho, D. E. Bergbreiter and P. S. Cremer：*J. Phys. Chem. C,* **111**(25), 8916(2007).
29）G. Graziano：*Int. J. Biol. Macromol.*, **27**(1), 89(2000).

基礎編

第1章　相転移
第3節　ポリペプチドのヘリックス-コイル転移と刺激応答挙動

名古屋工業大学　猪股 克弘

1　はじめに

化学式 $H_2N-C^{\alpha}H(R)-COOH$ で一般的に表されるα-アミノ酸の重縮合体であるポリペプチド-$(NH-C^{\alpha}H(R)-CO)_n$-は、生体高分子であるタンパク質のモデル物質として古くから数多くの研究がなされている[1)]。天然のタンパク質が発現する多くの機能が、複雑な階層構造によって構成される立体構造と密接な関係があるが、それらを考えるうえで最も基本的なものは、アミノ酸の種類(具体的には側鎖R)とその結合順序に相当する一次構造、ならびに階層構造を構成する際の基本構造単位となるα-ヘリックスやβ-シートなどの二次構造である。

高分子鎖の形態を決めるのは、主鎖骨格の共有結合周りの内部回転角であるが、ポリペプチドでは、分子内あるいは分子間に働く水素結合が二次構造を強固に安定化させている。代表的な二次構造であるα-ヘリックスでは、分子内水素結合により内部回転角が狭い範囲に固定化され、規則的ならせん構造を形成し、全体としては剛直な棒状の形態となる。しかし、溶媒や温度が変化し水素結合が切断されるような条件下になると、α-ヘリックスが不安定化し、統計的に乱雑な糸まり状のランダムコイルとなる。このような現象は1950年代に見出され、ヘリックス-コイル転移と呼ばれている[1)-4)]。

ヘリックス-コイル転移は、ポリペプチドをタンパク質のモデル物質として捉えると、タンパク質の高次構造が崩壊する変性との関連という意味合いをもつ。一方、ポリペプチドを高分子材料の構成単位として捉えると、溶液条件に応じて分子鎖形態が棒状⇔糸まり状の変化を転移的に示す、刺激応答性高分子と見なすことができる。筆者らは、後者の立場からポリペプチド鎖を含む高分子を研究対象とし、分子間会合が起きるような系や架橋構造を有する高分子ゲルにポリペプチド鎖を利用してきた。本稿では、これらの会合挙動やゲルの性状がポリペプチドのヘリックス-コイル転移によりどのような影響を受けるのかについて、筆者らの研究例を紹介する。なおポリペプチドでは、その分子構造内に極性基やイオン性基をもつことが多いため、他章で取り上げられているポリ(*N*-イソプロピルアクリルアミド)(PNIPAM)が示すような相分離型の刺激応答挙動もみられる[5)]が、本稿ではヘリックス-コイル転移が関係する挙動に焦点を当てて説明する。

2　ポリペプチド鎖の二次構造[1)-4)]

天然のタンパク質は、α炭素に結合した側鎖Rが異なる約20種類のアミノ酸からなる。R＝HのグリシンをのぞいてC$^{\alpha}$原子は不斉炭素となるが、そのうちのL体のみが存在する。伸び切り鎖状態のポリペプチド鎖の化学構造を**図1**に示す。主鎖骨格を構成するアミノ酸残基の3種類の結合のうち、ペプチド結合に相当するCO-NH結合は、点線で示すように二重結合性をもつためにその結合周りの内部回転は困

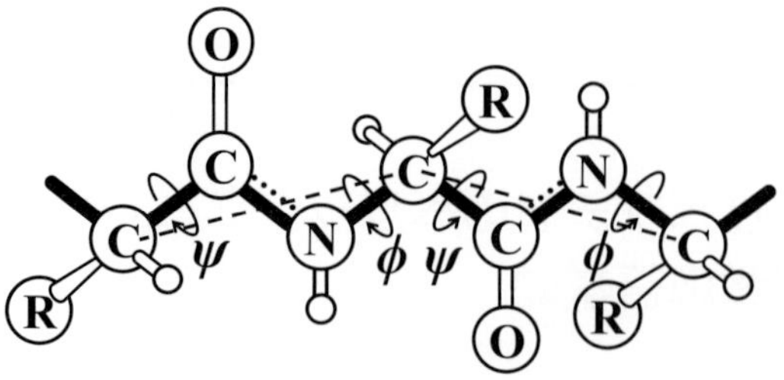

図１　ポリペプチド鎖の化学構造

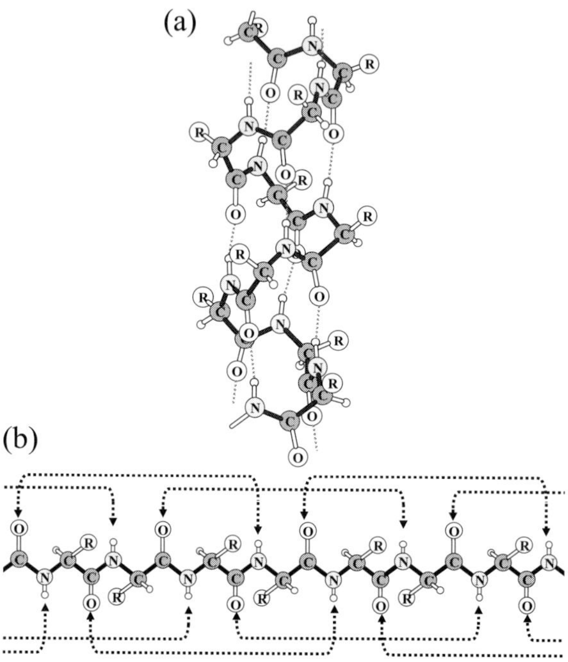

図２　(a)ポリペプチド鎖の α-ヘリックス　(b)α-ヘリックスにおける分子内水素結合

難で、C^{α}-CO-NH-C^{α} の原子団は平面上に存在することになる。この結合は、プロリン残基以外はトランス配座をほぼ優先的にとるため、ポリペプチドの二次構造は、それ以外の NH-C^{α}H(R)結合および C^{α}H(R)-CO 結合に関する内部回転角、ϕ および ψ により決定される。ポリペプチド鎖中のすべてのアミノ酸残基において、短距離相互作用が過度にならないような内部回転角を規則正しくとると、分子鎖全体としてらせん状の構造となる。その代表的な例である α-ヘリックスを図２(a)に示す。この構造は Pauling らによって提案されたものであり、多くのタンパク質においてみられる二次構造である。L-アミノ酸からなるポリペプチドでは、$\phi = -57°$ および $\psi = -47°$ の内部回転角をとることで、18 個のアミノ酸残基で 5 回転して 1 周期する、右巻きの α-ヘリックスを形成する。すなわち 1 回転当たり 3.6 個のアミノ酸残基を含み、その際のヘリックス軸に沿う並進距離は 0.54 nm で、1 残基当たりの並進距離は 0.15 nm である。すべての側鎖 R は、円筒状のヘリックスの外側に配置された状態になる。このヘ

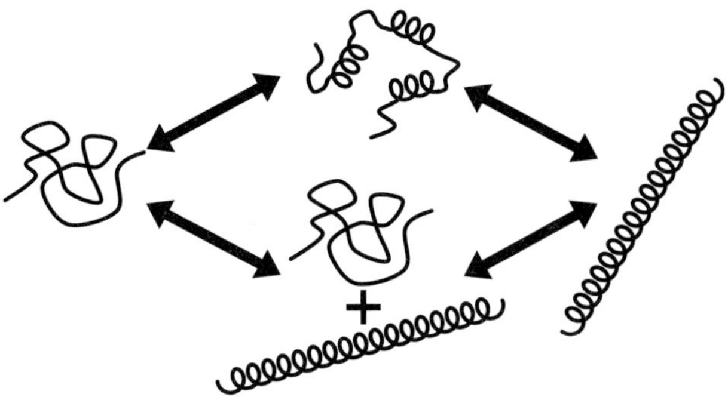

図3　ポリペプチドのヘリックス-コイル転移

リックス構造の特徴は図2(b)に示すように、すべてのペプチド結合のC=O基が、その4残基先のN-H基との間で分子内水素結合を形成している点にある。この水素結合により、内部回転角ϕおよびψは狭い範囲で固定化するためヘリックス構造は安定化し、高分子量ポリペプチドでは分子鎖全体が剛直な棒状の形態をとることが可能になる。

ポリペプチド溶液のpHや温度、溶媒などの環境が変わり、分子内水素結合の形成能が低下すると、主鎖骨格のϕおよびψの自由度が増し、α-ヘリックスは不安定化する。各残基の内部回転角が固定されず不規則になると、分子鎖全体の形も、通常の鎖状高分子と同様の統計的に乱雑なランダムコイルとなる。上述のとおり、CO-NH結合はトランス配座をとるため、図1に破線で示す仮想結合ベクトルを用いてランダムコイルの統計的な広がりが記述できる。

溶液の特性が変化することでポリペプチドの二次構造がα-ヘリックスとランダムコイルの間で可逆的に変化するヘリックス-コイル転移は、アミノ酸残基のレベルでみると内部回転角の不規則化であるが、数個のアミノ酸残基でみると分子内水素結合の有無であり、分子鎖全体でみると剛直な棒状鎖と柔軟な糸まり鎖との間の変化として捉えることができる。実際、これらスケールの異なる構造の変化は、核磁気共鳴、赤外吸収、紫外吸収、旋光分散、円二色性などの分光法に加え、光散乱や固有粘度などの分子鎖形態に依存する物性値からも観測されている。これらの実験結果を総合すると、ヘリックス-コイル転移の中間段階では、完全ヘリックス鎖と完全ランダムコイル鎖が共存するall-or-none型ではなく、1分子内にヘリックス連鎖とコイル連鎖が共存する不完全らせん状態を経ると考えられている(**図3** 上の経路)。

ポリペプチド鎖のヘリックス-コイル転移は、アミノ酸残基当たりの局所コンホメーションの変化だけではなく、連続する残基間の水素結合が形成あるいは消滅することで達成される。たとえばヘリックスからコイルへの転移では、ある1つの残基のコンホメーションの変化により3つの水素結合が切断される。一方、ランダムコイルからヘリックスを形成する場合、4つの連続する残基がヘリックスコンホメーションをとることで1つの水素結合が形成される。その意味で、ヘリックス-コイル転移は協同的な現象と見なすことができる。このような観点から、ヘリックス-コイル転移を統計力学的に説明するモデルが各種提案されてきた。ZimmとBraggの理論では、分子内でランダムコイル連鎖とヘリックス連鎖が共存するとき、コイル連鎖の次にヘリックス状態が現れる際の統計重率として、協同因子σを導入した。σが小さいほど協同性が強く現れ、ヘリックス–コイル転移のシャープさが説明されている。

3 各種ポリペプチドのヘリックス–コイル転移

これまでに多くの合成ポリペプチドに関して、刺激応答性ヘリックス–コイル転移が報告されている。ポリ(γ–ベンジル L–グルタメート)(PBLG、R＝–$CH_2CH_2C(O)$–$OCH_2C_6H_5$)は、ジメチルホルムアミド(DMF)やジクロロエタンなどの溶媒中ではα–ヘリックス、ジクロロ酢酸やトリフルオロ酢酸などの溶媒中ではランダムコイルとなる。前項で述べたように、α–ヘリックスを安定化させている要因はアミド基間の分子内水素結合＞N–H…O＝C＜である。後者の溶媒中では前者と比べ、アミド基は溶媒との間で優先的に水素結合を形成するため、ランダムコイル状態をとりやすいと考えられる。すなわちPBLGでは、溶媒の変化を刺激としてヘリックス–コイル転移が起きる。

ポリ(L–グルタミン酸)(PGA、R＝–CH_2CH_2COOH)では、側鎖にカルボキシル基が存在するため、水溶液中で高分子電解質として振る舞う。pHが低いとα–ヘリックスを形成するが、pHが6以上では側鎖カルボキシル基が解離し負の電荷を帯び、それらが静電反発するため、負電荷がより密集したα–ヘリックスが不安定化する。この作用により、PGAではpHの変化に応答してヘリックス–コイル転移を示す。

ポリ(ω–ヒドロキシアルキル L–グルタミン)(PHAG、R＝–$CH_2CH_2C(O)$–$NH(CH_2)_nOH$)は、側鎖末端のアルキル基の鎖長nに依存して、特異的なヘリックス–コイル転移を示す。n＝2のポリ(2–ヒドロキシエチル L–グルタミン)(PHEG)は、アルコール系溶媒中ではα–ヘリックス、水中ではランダムコイルをとる、溶媒応答型のヘリックス–コイル転移を示す。**図4**(a)には、溶媒を水/エチレングリコールの混合溶媒とし、溶媒組成を変えた場合の円二色性(CD)スペクトルの変化を示している。エチレングリコールの組成(W_{EG})が増えると、α–ヘリックスに特有の波長222 nmの負の吸収が増大している様子がわかる。モル楕円率の値を用いてヘリックス含率f^Hを算出し、エチレングリコール組成に対してプロットした結果を図4(b)に示す。PHEGの溶媒応答性のヘリックス–

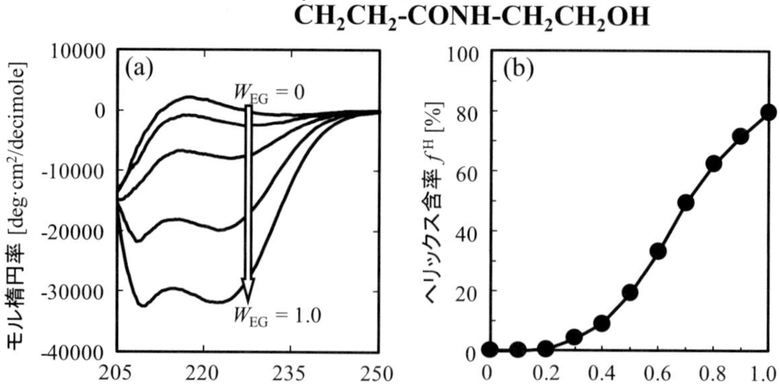

図4 PHEGの水/エチレングリコール混合溶媒中におけるヘリックス–コイル転移(a)エチレングリコール組成(W_{EG})を変えた時のCDスペクトル(b)ヘリックス含率のW_{EG}依存性

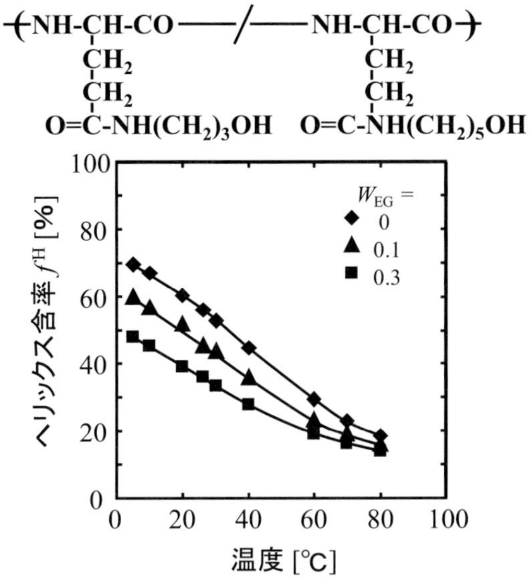

図５　PHPePG の化学構造と温度応答性ヘリックス-コイル転移

コイル転移は、水中では側鎖末端のヒドロキシ基に配位した水クラスターの存在が α-ヘリックスを不安定化させているのに対し、添加したアルコール系溶媒が配位水から置き換わることで、ヘリックスの安定化をもたらすためと考えられている。側鎖アルキル鎖長 n が増大すると、α-ヘリックスが安定化する傾向がある。

温度変化もまた、分子内水素結合の有無に影響を及ぼすため、ヘリックス-コイル転移を誘発する要因となる。上述の PBLG は適当な組成のジクロロエタン/ジクロロ酢酸混合溶媒中において、低温でランダムコイル、高温で α-ヘリックスとなる。この現象は、低温では PBLG のアミド基とジクロロ酢酸との水素結合により分子内水素結合が阻害されランダムコイルとなるのに対し、高温では溶媒が脱離し分子内水素結合に置き換わることで α-ヘリックスが安定化されるためと考えられている。

一方、上述の PHAG の一種で、側鎖アルキル基の n が３のヒドロキシプロピル L-グルタミン（HPG）と n ＝５のヒドロキシペンチル L-グルタミン（HPeG）とのランダム共重合体である PHPePG は、HPG と HPeG の組成が１：１の場合、水中では室温で α-ヘリックスが優勢であるが、高温になるとランダムコイルが優勢となる、温度応答型のヘリックス-コイル転移を示す（**図５**）。この挙動は、アミド基間の分子内水素結合が高温ほど不安定化することで説明できる。

以上述べた溶媒、pH、温度に加えて、最近では、イオン性ポリペプチドへの金属塩添加、ポリ（*S*-アルキル L-システイン）（R ＝$-CH_2CH_2S-R'$）の酸化還元反応を刺激とするヘリックス-コイル転移が報告されている[6)7)]。

4　PHEG 鎖含有高分子のヘリックス-コイル転移と会合挙動

筆者らは、溶媒組成に応答してヘリックス-コイル転移を示す PHEG を成分鎖とする各種高分子を調製し、その会合挙動がヘリックス-コイル転移によりどのような影響を受けるかについて検討してきた。本項ではそれらの一部を紹介する。

4.1　ポリエチレングリコール-PHEGジブロック共重合体の会合挙動

PHEGとポリエチレングリコール(PEG)のジブロック共重合体、PEG-*b*-PHEGを用い、シクロヘキサノール/水の混合溶媒中での会合挙動について検討した例を紹介する[8]。PHEGはシクロヘキサノールには不溶で水に可溶、PEGは両溶媒に可溶である。水の組成が10 wt%以下では、PHEGが凝集して会合体が形成し、さらに、水組成の増加とともにPHEGは*α*-ヘリックスからランダムコイルへと転移した。それに伴う会合体構造の変化を光散乱測定により検討した。

水の組成が低くヘリックス含率が高いときは、棒状のPHEGは互いが平行に配列することでしか凝集ドメインを形成することができないため、**図6**に示すように二次元の膜状のPHEG会合部位が形成され、それを殻とするベシクル状の中空シリンダー会合体が推定された。水の組成が増加しヘリックス含率が低下すると、分子鎖全体の剛直性が低下し、PHEGが曲率の大きなドメイン中にパッキングすることが可能になることで、シリンダー状の会合体を形成することが示唆された。さらに水組成が増し、シクロヘキサノールと水がマクロに相分離する領域では、シクロヘキサノールに不溶なPHEGは相分離した水相中に存在し、PEG-*b*-PHEGは界面活性剤として働くため、PHEGのコンホメーションは完全にランダムコイルへと転移した。

これらの実験結果は、PHEGのヘリックス-コイル転移は、分子鎖全体の形状を変化させ、貧溶媒中における分子鎖凝集構造に影響を及ぼすことで、会合体の形態が変化したためと説明することができる。

4.2　両末端疎水化PHEGの会合挙動

PHEGの両末端に疎水性のドデシル基(C12)を導入した、両末端疎水化PHEG(C12-PHEG-C12)を用いて、水/エチレングリコール混合溶媒系での会合挙動を検討した[9]。この試料では、[**4.1**]とは逆に、PHEG鎖は溶媒中に可溶で、両末端C12が会合する。

エチレングリコール組成W_{EG}が小さい、すなわち水の組成が高くPHEG鎖がランダムコイルの場合は、PHEGが柔軟なので1分子中の両末端疎水鎖が同一の会合部位に含まれることが可能である。そのため、C12会合ドメインの周りをループ形態のPHEG鎖が花びら状に覆うことで、**図7**に示す花型ミセルを形成する。

W_{EG}が増加してPHEG鎖のヘリックス含率が増し剛直性が増すと、両端のC12は同一の会合部位に存在することができなくなる。そのため図7のように、PHEGは異なる会合部位をブリッジ状につなぐことで、C12会合部位を架

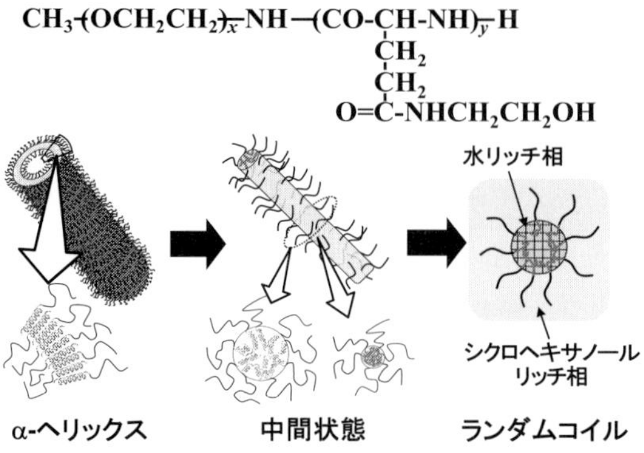

図6　PEG-*b*-PHEGのヘリックス-コイル転移と会合挙動

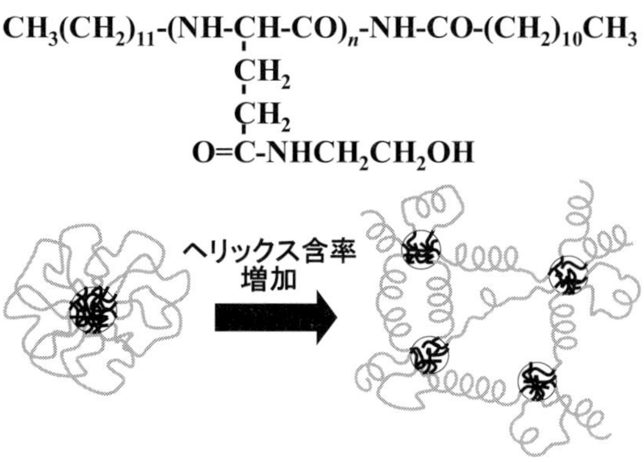

図7　C12-PHEG-C12のヘリックス-コイル転移と会合挙動

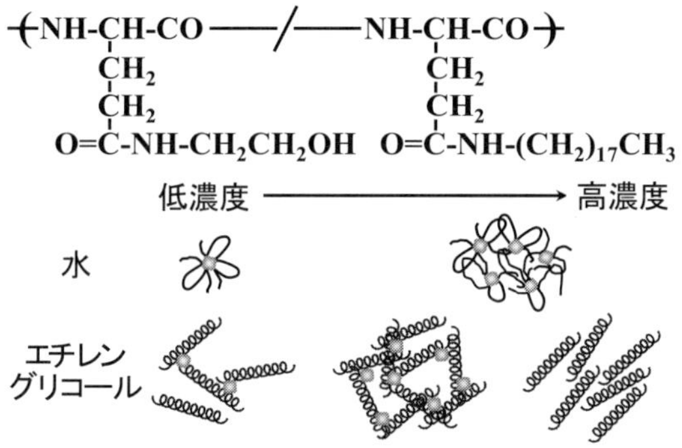

図8　PHEG-*g*-C18のヘリックス-コイル転移と会合挙動

橋点、PHEG鎖を架橋鎖とするようなミクロゲル状の会合体が形成される。

このようにC12-PHEG-C12では、PHEG鎖のヘリックス-コイル転移により分子鎖の剛直性が増すことで分子鎖両末端の空間的配置が異なり、それにより会合体の構造に影響を及ぼす。

4.3　グラフト型疎水化修飾PHEGの会合挙動

PHEGの側鎖の一部分を、疎水的なアルキル鎖で修飾したグラフト型のポリペプチド鎖についても、[**4.2**]と同様、水/エチレングリコール混合溶媒中での会合挙動を検討した[10]。オクタデシル基を修飾したPHEG-*g*-C18の希薄溶液では、ランダムコイルの水中では小さな会合体が形成され、W_{EG}が増加すると巨大な会合体が形成される傾向がみられた。より高濃度の溶液に関して、定常せん断粘度の測定を行ったところ、水溶液中でも高分子濃度の増加とともに急激に粘度が増加することから、分子鎖に沿って多数の会合点を有するPHEG-*g*-C18同士の分子間会合により巨大な会合体が形成されることが示唆された。エチレングリコールを用いた高濃度溶液のレオロジー測定からも、α-ヘリックスのPHEG鎖による網目構造の形成が示唆されたが、さらに高濃度な溶液(20 wt%)ではむしろ低せん断速度域の粘度が低下するなど、濃度依存性が逆転する現象がみられた。この現象は、棒状分子溶液におけるリオトロピック液晶相の発現が影響していると考えられ、実際、偏光顕微鏡観察では複屈折性の発現がみられた。この結果は、PHEGのヘリックス含率が増加することで分子鎖全体の剛直性と形態異方性が増すことで、高濃度溶液では分子配向の規則性が存在する秩序相（液晶相）が出現することが要因であると考えられる。会合の模式図を**図8**に示した。このようにPHEGのヘリックス-コイル転移は、分子鎖形態の剛直性の変化により、濃厚溶液における相挙動に影響を及ぼすことがわかった。

5　PHEG架橋ゲルの形状変化

高分子鎖が互いに架橋され網目構造が形成された高分子ゲルでは、分子鎖のコンホメーション変化がゲル全体のマクロな形状の変化に反映することが知られている。そこで、PHEGを化学架橋したPHEGゲルを調製し、膨潤溶媒を変えてヘリックス-コイル転移を誘起させた際のゲルの形状変化について検討した[11]。具体的には、PHEGの前駆体であるPBLGを用い、α-ヘリックスを形成する溶媒に溶解してリオトロピック液晶溶液を調製した。磁場中で一軸配向させた後、PBLG側鎖と架橋剤との反応によりPBLGを架橋し、一軸配向PBLG液晶ゲルを調製する。PBLGの側鎖ベンジル基を2-ヒドロキシエチル基に変換した後、水あるいはエチレングリコールを膨潤溶媒としたPHEGゲルを得た。

図9には、膨潤溶媒を変えたときのPHEGゲルの画像を示している。ヘリックス鎖を一軸配向させる際の磁場の方向は、図の上下方向に相当する。ヘリックス溶媒であるエチレングリコール中では細長い円柱状の形状をしたゲルが、コイル溶媒である水中では、円柱軸方向には短くなり直径方向にはサイズが増大する異方的な膨潤-収縮挙動を示し、最終的にはより等方的な球に近い形状へと変化した。この挙動は図9に模式的に示すように、網目構造を形成しているPHEG鎖がヘリックスあるいはランダムコイルをとるときの分子鎖形態が、架橋により試料全体のマクロスコピックな形状に影響を及ぼしていることで説明できる。

6　おわりに

以上、ポリペプチドの刺激応答性ヘリックス-コイル転移の概略と、転移に由来する分子鎖形態の変化が及ぼす高分子の会合挙動や形状変化への影響について、筆者らの研究を中心に紹介した。本稿では触れなかったが、PNIPAM水溶液における温度応答性コイル-グロビュール転移と同様な溶解性の変化を示すポリペプチドについても、近年では広く研究されている。一方でポリペプチド鎖のヘリックス-コイル転移は、分子内水素結合の形成に基づく秩序的なヘリックスと無秩序なランダムコイルとが1本の分子内で起こる転移現象であり、コイル-グロビュール転移とは異なり分子鎖形態にも影響を与え得るため、高分子材料の分子設計の観点からも大変興味深い現象である。ポリペプチドの合成手法に関する研究の進展に伴い、大量合

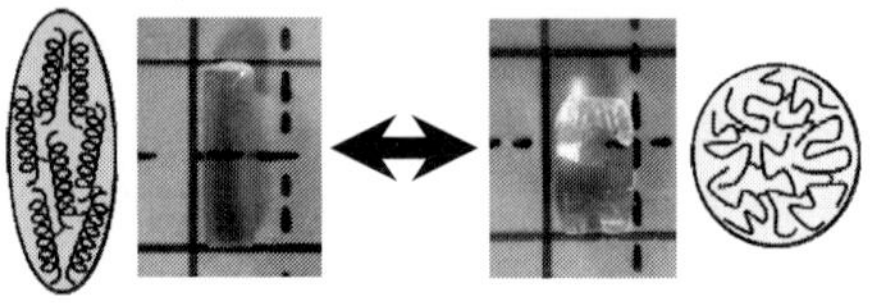

(a) ヘリックス　　　(b) コイル

図9　PHEGゲルのヘリックス-コイル転移とマクロスコピックな形状変化

※口絵参照

成から材料開発への道が開かれていくことを期待している。

文　献

1) G. D. Fasman Ed.：Poly-α-Amino Acids, Decker, New York (1967).
2) 神原周編：生体高分子、pp. 105-153、共立出版、東京 (1985).
3) P. J. Flory 著、安部明廣訳：鎖状分子の統計力学、pp. 237-294、培風館、東京 (1971).
4) 斎藤信彦：高分子物理学［改訂版］、pp. 387-416、裳華房、東京 (2007).
5) J. Huang and A. Heise, *Chem. Soc. Rev.*, **42**, 7373 (2013).
6) C. Bonduelle, F. Makni, L. Severac, E. Piedra-Arroni, C.-L Serpentini and S. Locommandoux, *RSC Adv.*, **6**, 84694 (2016).
7) J. R. Kramer and T. J. Deming, *J. Am. Chem. Soc.*, **136**, 5547 (2014).
8) K. Inomata, M. Itoh and E. Nakanishi, *Polym. J.*, **37**, 404 (2005).
9) K. Inomata, M. Kasuya, H. Sugimoto and E. Nakanishi, *Polymer*, 46, 10035 (2005).
10) K. Inomata, T. Takai, N. Ohno, Y. Yamaji, E. Yamada, H. Sugimoto and E. Nakanishi, *Prog. Colloid Polym. Sci.*, **136**, 15 (2009).
11) K. Inomata, Y. Iguchi, K. Mizutani, H. Sugimoto and E. Nakanishi, *ACS Macro Lett.*, **1**, 807 (2012).

基礎編

第1章　相転移

第4節　光による固体・液体相変化材料

国立研究開発法人　産業技術総合研究所　則包 恭央

1　はじめに

1.1　フォトクロミズム―可逆的な光刺激応答有機材料―

光刺激に応答する現象として、古くからフォトクロミズムが知られている。フォトクロミズムは、光刺激によって吸収帯の異なる2つの化学種間で可逆的な変化が起こる現象である[1]。とくに、アゾベンゼン、ジアリールエテン、スピロピラン、フルギド等の有機フォトクロミック化合物は、目的に合わせた分子設計が可能であることから盛んに研究が行われている。ここでは、アゾベンゼンのフォトクロミック反応(光異性化反応)を活用し、固体と液体の間で可逆的に相変化する材料について述べる。本材料の特徴は、光刺激を利点していることから、非接触で任意のタイミングで材料物性のコントロールが可能である。さらに、材料物性の可逆的変化が原理的に可能であることから、繰り返し使用可能な材料への発展によって、リサイクルや省資源化の観点での持続可能な社会への貢献が期待される。これは、従来の一度光照射すると元の状態に戻すことが困難な従来型の感光性材料と対照的である。

1.2　アゾベンゼンの光異性化

アゾベンゼンは、*trans* 体と *cis* 体の間で可逆的な光異性化を起こす(図1(a))[2]。その吸収波長は置換基等の効果によって化合物によって異なるが、一般的なアゾベンゼン(無置換体)の場合、*trans* 体は紫外光領域に大きな吸収帯をもつため紫外光の照射によって *cis* 体が優勢になる。一方で、*cis* 体は可視光(青色光)領域に吸収帯をもち可視光の照射によって *trans* 体が優勢になる。また、アゾベンゼンの *cis* 体は熱的に準安定であり、暗所に放置することによって徐々に *trans* 体へと戻る。

アゾベンゼンは光異性化に伴い、分子の形状、極性、分光特性などが大きく変化することから、さまざまな光スイッチへの利用が提案されており、光刺激応答材料の代表と位置づけることができる。一方で、下記に述べる理由から、良好な応答性の光刺激応答材料を構築するためには、分子設計と光反応場の設計が重要になる。アゾベンゼンの光異性化は、溶液など分子の運動が比較的許容される媒体中においては効率良く起こる。しかし、光異性化に伴う分子構造の変化が大きいため、そもそもの分子自身の構造や媒体など場の影響を大きく受けることが知られている。たとえば、嵩高い置換基の立

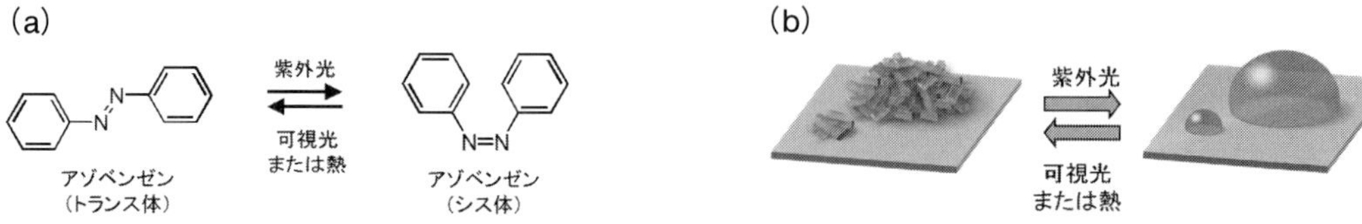

図1　(a)アゾベンゼンの光異性化の反応スキーム(b)光による固体・液体相変化の模式図

体効果[3)4)]や、環状構造による束縛によって異性化の効率(量子収率)や熱異性化速度が変化する[5)]。無置換のアゾベンゼンにおいても、*trans*体の結晶中では、結晶のパッキングのため*cis*体への光異性化が起こらないと考えられていた[6)]が、近年の研究で結晶表面では起こることが示唆されている[7)8)]。一方、ポリマー中に分散した場合、異性化効率は自由体積の影響を受ける[9)10)]。

1.3　光刺激固体・液体相変化材料

ここで述べる固体・液体相変化材料は、通常では起こりにくい固体状態での光異性化を利用している点が特徴的である。物質の状態変化(固体・液体・気体)は、通常は温度変化によって生じる現象であるが、これを光照射によって起こすことが可能になれば、さまざまな用途への展開の可能性がある。本現象の概念図を図1(b)に示す。詳細は下記に述べるが、実際にこれまで、フォトレジスト材料、機能性接着材料、ガス貯蔵材料、蓄熱材料、自己修復材料、およびフォトメカニカル材料等への応用デモンストレーションが報告されており、応用可能性は広がっている。一方で、光刺激固体・液体相変化現象を効率的に引き起こす分子デザインについては未解明であり、学術的に取り組むべき課題は多い。本稿では、まず低分子化合物における光応答固体・液体相変化化合物について、その後に高分子化合物について述べ、そのなかでそれぞれの材料としての応用例についても紹介する。

2　低分子化合物

2.1　環状化合物

筆者らはアゾベンゼンを環状に連結した化合物(大環状アゾベンゼン、**図2**)において、紫外光照射によって結晶が液体へと相転移する(溶

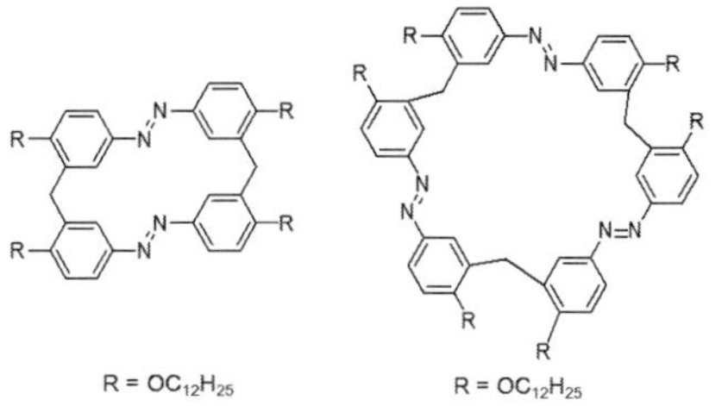

図2　大環状アゾベンゼンの構造式。室温での光照射で結晶が液体に相変化する。

ける)現象を見出した[11)-13)]。大環状アゾベンゼンは、その特異的な分子構造に由来して興味深い結晶構造と溶液中での光反応性を示す[5)]。この構造を材料物性の光制御へと用いる目的から、当初は液晶相の光制御を想定して、大環状アゾベンゼンに長鎖アルコキシル基を導入した化合物をデザインした。この化合物は、120℃前後において液晶相を示し、紫外光の照射によって液晶相から等方相(液体)への相転移が観測された。さらに、興味深いことに、この化合物は融点が100℃付近にあるにもかかわらず、室温下で結晶に紫外光を照射すると結晶相から等方相への相転移が観測された。通常のアゾベンゼンでは、前述したように結晶ではそもそも光異性化自体が起こるとしても結晶の際表面に限定されると考えられていることときわめて対照的である。また、この光で固体が液体に相転移する現象は、光照射によって生じる熱で融解している訳ではない。実際、光照射に伴い光異性化が起きていることは吸収スペクトル変化からも明らかであり、かつ光照射による温度上昇は数度程度であった。また、単結晶構造解析によって、結晶でありながらも、アルキル鎖の分子運動によって分子の自由度が高いことが示された[13)]。一方で、この大環状アゾベンゼンは合成が困難で収率が低いため応用に適さないという課題がある。

2.2 直鎖化合物

上記の大環状アゾベンゼンに関する研究によって、光刺激で固体(結晶)と液体の間で温度を変化させずに相転移を起こすことが可能であることが示された。では、どのような分子構造をもつアゾベンゼンであれば光相転移が可能になるのであろうか。応用を可能にするためには、どのような分子設計が適しているのであろうか。そこで、分子構造を単純化した直鎖型のアゾベンゼン誘導体について検討を行った(**図3**)[14)15)]。この分子設計では、市販原料から2段階の反応で高収率にて合成可能である。この分子設計にて検討した結果、興味深い指針が得られた。すなわち、アゾベンゼン骨格のメチル基の有無によって光応答性が大きく異なった。たとえば、3-位と3′-位の両方にメチル基を導入した化合物や、両方とも水素で置換した化合物においては、室温での光相転移が観測されなかった。一方で、3-位にのみメチル基を置換した非対称化合物において光相転移が観測された[14)]。単結晶構造が類似しているにもかかわらず、結晶の光応答性が大きく異なる点が非常に興味深い。

さらに、3-位にのみメチル基を置換した基本骨格を固定したまま、4-位と4′-位のアルコキシル基の炭素鎖長の効果(炭素数1〜18)について詳細に検討したところ、図3の化合物の炭素数が8の際にもっとも光応答性が高く、それを中心に鎖長が長くても短くても徐々に光応答性が低下することがわかった[15)]。これらの化合物を用いて、光相転移の照射光強度依存性を調べたところ、照射光の強度に依らず、光相転移に要する光の合計フォトン数はほぼ一定であり、このことは光相転移現象が光による加熱ではなく、光異性化反応によって起こっていることを示している。

上記化合物を用いた応用デモンストレーションとして、アゾベンゼン誘導体をフォトレジストとして用いることにより銅基板[14)]や生分解性高分子のパターニング[16)]、また、接着剤として用いることにより光で接着性が変化する機能性接着剤[15)]が試みられている。

上記化合物の薄膜にパターン光を照射すると、固体と液体のパターン形成が可能である。この液化した部分は、洗浄、吹き飛ばし、ふき取り、または吸い取りによって除去可能である(**図4**)。これをレジストとして用いて、実際に銅プリント基板のウェットエッチングによるパターン形成を行った[14)]。良好な薄膜形成を示した図3の炭素数10のアゾベンゼン誘導体の薄膜にマスクを通して紫外光照射を行うと、照射された部分は液化した。ちなみに、液化した部分の粘度は425 mPa·sであった。2-プロパノール水溶液で洗浄することにより、液化した部分のみを再現性良く除去することができる。市販の銅基板(銅張積層板)上にアゾベンゼン誘導体のクロロホルム溶液をスピンコートし、約

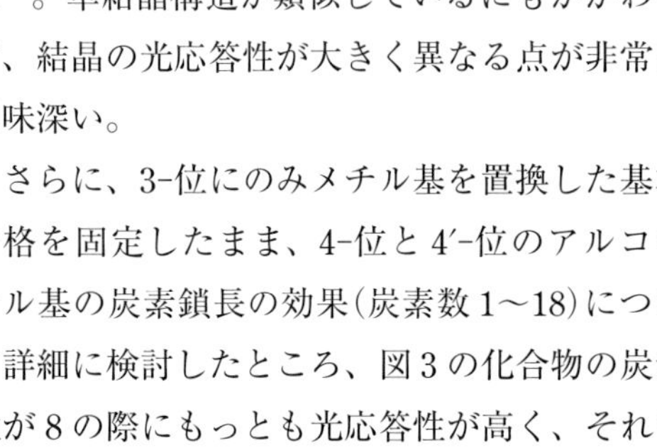

$R = C_nH_{2n+1}$, n = 1-18

図3 直鎖状アゾベンゼンの構造式。n = 8の化合物が最も光応答性が高い。

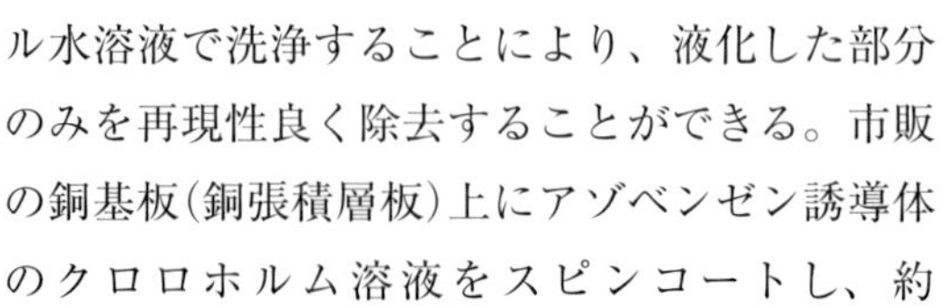

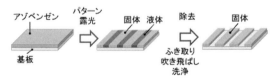

図4 アゾベンゼン誘導体の薄膜を用いた固液パターン形成の模式図。マスクを通した紫外光を照射することにより、照射された部分が液化し、液化した部分は簡便な方法での除去が可能。図3のn = 10の化合物が成膜性が高い。

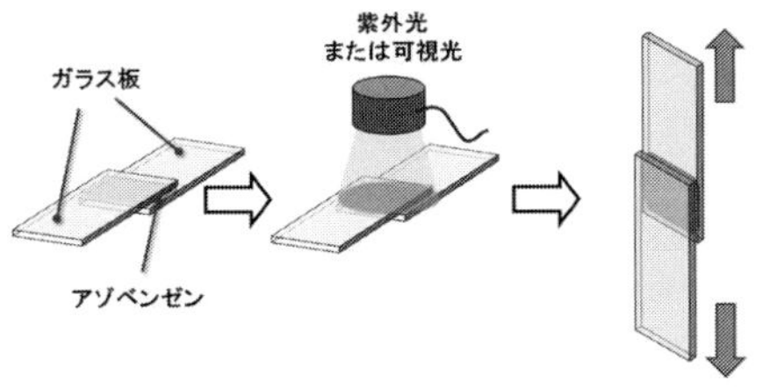

図5　アゾベンゼン誘導体を接着剤として用いた引っ張り剪断試験の模式図。光照射によって接着性が劇的に変化する。

1 μmの薄膜を形成した。これにメタルマスクを乗せ、365 nmの紫外光を照射後、2-プロパノール水溶液で液化した部分を除去した。この基板を、塩化鉄(III)水溶液に浸漬すると、アゾベンゼンの固体がある部分はエッチングを受けず、除去した部分はエッチングされ、銅基板のパターン形成に成功した。一方で、液化したアゾベンゼンの除去とエッチングを同時に行うことも可能である。エッチング溶液に2-プロパノールを混合するだけで、液化したアゾベンゼンが除去されながら、銅基板のエッチングも同時に起こる。

上記の一連の化合物について、接着試験の検討を行った[15]。実験は、2枚のガラス板で化合物を挟み、ずり方向の引っ張り剪断強度を評価した(**図5**)。その結果、光照射前(熱溶融による接着)では、破断強度が数十 N cm^{-2} であったが、紫外光照射によってアゾベンゼンが液化することにより、ほぼゼロの値(< 1 N cm^{-2})となった。さらに、液化した状態で再度ガラス板を張り合わせ、これに可視光を照射することによって接着力の回復がみられた。接着力は炭素数が12の際に最大であった。

2.3　分岐構造

上記化合物は直鎖状のアゾベンゼンであったが、分岐構造をもつ化合部についても光照射による固体から液体への相転移が報告されている。**図6**に示す化合物は、糖アルコール骨格をもち、水酸基にアゾベンゼンを含む側鎖を導入した化合物である[17)18)]。この化合物は、室温において液晶ガラス(液晶状態から冷却によって分子運動が凍結された)状態をとる。本材料は80～110℃付近でスメクチック相(液晶相)を示すが、冷却によってガラス転移を示し室温では液晶ガラス状態を示す。この固体に紫外光を照射すると液化が観測され、可視光の照射によって再度固化する。また、生じた液体状態は暗所であれば2日程度保持可能である。

この化合物を用いたガラス板2枚を用いた引っ張り剪断試験では、光照射前には数十 N cm^{-2} であったが、紫外光照射によってほぼゼロの値(< 1 N cm^{-2})となった。液化した試料

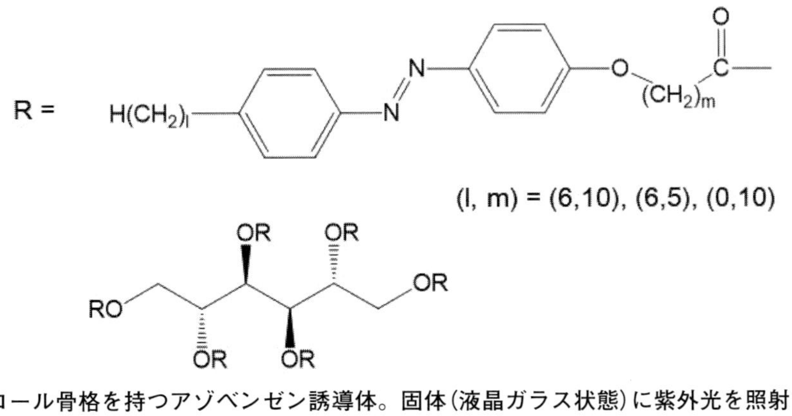

図6　糖アルコール骨格を持つアゾベンゼン誘導体。固体(液晶ガラス状態)に紫外光を照射すると液体に変化する。

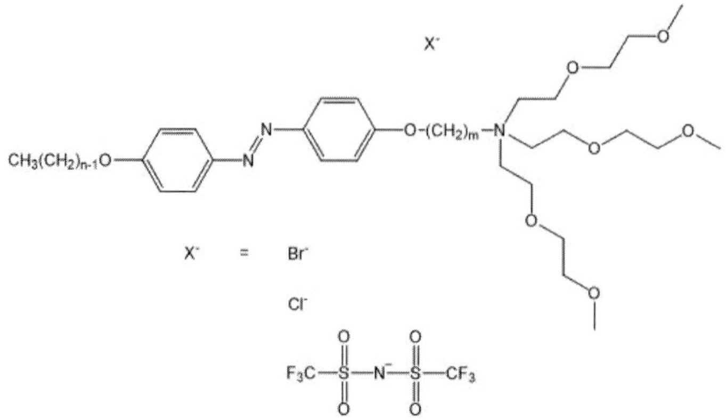

図7　イオン性をもつアゾベンゼン誘導体。相転移熱を蓄熱材料として利用。

に可視光を照射すると、再度固化により接着力の回復がみられた。たとえば、図Xの化合物(l, m = 6, 10)を用いて測定したところ、光照射前(熱溶融による接着)においては42.4 N cm^{-2}であったのに対して、紫外光(365 nm)を照射して液化させた後には、約0にまで低下した。さらにこの液化した状態に可視光(525 nm)を照射したところ、再度固化が起こり、初期の接着力を超えた100.4 N cm^{-2}にまで接着力が増した。この光による接着・脱着プロセスは少なくとも20回繰り返し可能である。

アゾベンゼンを含むイオン性結晶においても、紫外光照射による結晶から液体の光相転移が報告されており、相転移熱を蓄熱材料として利用するデモンストレーションがなされている[19]。**図7**に示す化合物は、アゾベンゼンの片末端に4級アンモニウム塩をもつ分岐構造をもっているが、この化合物は光照射前の*trans*体では結晶状態であるが、紫外光照射によって液化する。この液体状態を加熱することにより、*cis*体から*trans*体への熱異性化と同時に結晶化が起こる。その際に放出されるエネルギーは97.1 kJ mol^{-1}であり、これは異性体間のエンタルピー差に凝固熱を足した和として観測される。

図8に示す化合物も紫外光照射によって結晶から液体への相転移を起こすことが報告されている[20]。この化合物は、1つの4級炭素から放射状にアゾベンゼンが伸びている化合物であり、結晶に空隙が存在する。この空隙内には二酸化炭素分子を捕捉され、光照射による結晶から液体への相転移によって、二酸化炭素のガスが放出される。ガスの吸着・放出は光照射によって可逆的に制御可能である。

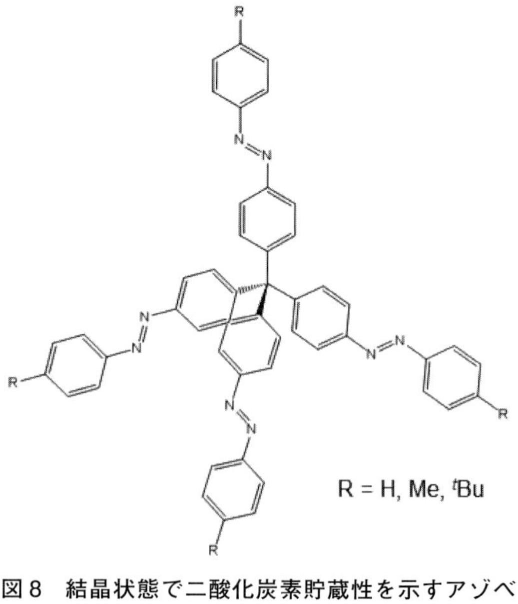

図8　結晶状態で二酸化炭素貯蔵性を示すアゾベンゼン誘導体。光照射によって可逆的にガスを吸脱着する。

3　高分子化合物

3.1　アクリル系高分子

上記で述べた化合物は、比較的低分子量の化合物の光相転移に関してであったが、高分子化合物においても、固体から液体への光相転移の報告がされている。とくに接着への応用を考慮した際には、材料の機械的な強度が重要な課題になると予想されるため、低分子量化合物に比べ一般的に機械的強度に優れる高分子化合物に対する期待は大きい一方で化合物の報告例は少ない。側鎖にアゾベンゼンを導入したアクリル系高分子(**図９**(a))は、光照射によって可逆的に相転移を起こす[21]。なお、液体状態での粘度を調整するために分子量は20,000 g mol^{-1} 以下について検討された。光照射に対して、側鎖のアルキル鎖が短い際には光応答性は低い一方で、側鎖長を炭素数が６以上にすると光相転移が観測された。これらの化合物において、接着試験を行ったところ、低分子量化合物と比較して、接着力が３倍程度(200～300 N cm^{-2})に増大した。可逆的な接着を実現するためにはアルキル鎖の炭素数が８以上であることが必要であった。加えて、熱溶融による接着よりも、光によって接着した方が強度が２倍程度高いという結果も得られた。また、光による脱着速度(光で溶ける速度)を評価したところ、化合物や接着方法(熱接着 or 光接着)によって、必要とする紫外光の照射時間が異なった(20～170秒)が、分子構造や接着強度との相関はみられなかった。また、上述の糖アルコール化合物の方が比較的脱着速度が速かった。以上のことから、高分子系の光相転移材料においては、光応答性の向上が課題であり、そのための分子設計指針を得るための検討が引き続き必要である。

上記と類似のアクリル系高分子化合物が別グループによって報告されており、自己修復材料としてのデモンストレーションが行われている[22]。図９(b)に示す化合物は、光照射前の*trans*体では、黄色の粉末であるが、紫外光照射によって生じる*cis*体が優勢の状態では、赤色のペースト状をしており、粘度は約4000 mPa·sであった。この化合物を用いて薄膜を用いて、表面の傷やパターンの欠陥に対して紫外光を照射して一度液化させ、そこに可視光を照射することにより修復を行っている。また、固体と液体の物性の差を利用した転写実験を行っている。テフロン基板上に化合物をスポット状に複数配置し、そのうちの１つだけに紫外光照射することにより液化させる。配置したすべてのスポットの上からテープを押し付けると、液化したスポットだけがテープに転写される。

(a)

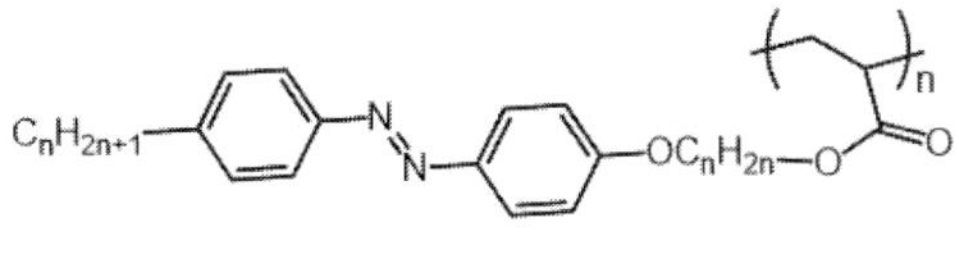

n = 4, 6, 8, 10, 12

(b)

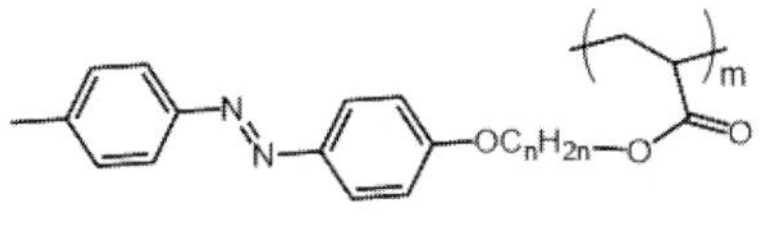

n = 6

図９　アゾベンゼンを側鎖にもつアクリル系高分子。接着や自己修復材料としての特性を示す。

4 結論と今後の展開

アゾベンゼンの光異性化を活用した固体と液体の間の相転移は、多様な分子系で観測され、またさまざまな応用デモンストレーションが実施されており、実用化に資する光刺激に応答する固体・液体相変化材料の実現も現実味を帯びつつある。加えて、これまでにほとんど検討されてこなかった現象であるため、新しい現象が見出される可能性があり、筆者らは実際に結晶がガラス基板上や水面上を移動する現象を見出している。今後も学術的および産業的側面から発展が期待される。一方で、光に対する感度の向上のための分子・材料設計が重要な課題である。そのための基礎的な知見の積み重ねと、それを材料設計への適切な反映への取り組みによって、イノベーションに貢献することが可能になると期待している。

文　献

1) M. Irie：*Chem. Rev.*, **100**, 1683-4(2000).
2) H. M. D. Bandara and S. C. Burdette：*Chem. Soc. Rev.*, **41**, 1809-25,(2012).
3) H. Rau and S. Yu-Quan：*J. Photochem. Photobiol. A Chem.*, **42**, 321-327,(1988).
4) N. Bunce, G. Ferguson, C. L. Forber and G. J. Stachnyk：*J. Org. Chem.*, **52**, 394-398,(1987).
5) Y. Norikane：*J. Photopolym. Sci. Technol.*, **25**, 153-158,(2012).
6) M. Tsuda and K. Kuratani：*Bull. Chem. Soc. Jpn.*, **37**, 1284-1288,(1964).
7) K. Nakayama, L. Jiang, T. Iyoda, K. Hashimoto and A. Fujishima：*Jpn. J. Appl. Phys.*, **36**, 3898-3902,(1997).
8) K. Ichimura：*Chem. Commun.*, 1496-8,(2009).
9) J. G. Victor and J. M. Torkelson：*Macromolecules*, **20**, 2241-2250,(1987).
10) I. Mita, K. Horie and K. Hirao：*Macromolecules*, **22**, 558-563,(1989).
11) Y. Norikane, Y. Hirai and M. Yoshida：*Chem. Commun.*, **47**, 1770-2,(2011).
12) E. Uchida, K. Sakaki, Y. Nakamura, R. Azumi, Y. Hirai, H. Akiyama, M. Yoshida and Y. Norikane：*Chem.-A Eur. J.*, **19**, 17391-17397,(2013).
13) M. Hoshino, E. Uchida, Y. Norikane, R. Azumi, S. Nozawa, A. Tomita, T. Sato, S. Adachi and S. Koshihara：*J. Am. Chem. Soc.*, **136**, 9158-9164(2014).
14) Y. Norikane, E. Uchida, S. Tanaka, K. Fujiwara, E. Koyama, R. Azumi, H. Akiyama, H. Kihara and M. Yoshida：*Org. Lett.* **16**, 5012-5015(2014).
15) Y. Norikane, E. Uchida, S. Tanaka, K. Fujiwara, H. Nagai and H. Akiyama：*J. Photopolym. Sci. Tech.* **29**, 149-157(2016).
16) Y. Kikkawa, S. Tanaka and Y. Norikane, *RSC Adv.* **7**, 55720-55724(2017).
17) H. Akiyama and M. Yoshida：*Adv. Mater.*, **24**, 2353-6,(2012).
18) H. Akiyama, S. Kanazawa, Y. Okukyama, M. Yoshida, H. Kihara, H. Nagai, Y. Norikane and R. Azumi：*ACS Appl. Mater. Interfaces*, **6**, 7933-7941,(2014).
19) K. Ishiba, M. Morikawa, C. Chikara, T. Yamada, K. Iwase, M. Kawakita and N. Kimizuka：*Angew. Chem. Int. Ed.*, **54**, 1532-1536(2015).
20) M. Baroncini, S. D'Agostino, G. Bergamini, P. Ceroni, A. Comotti, P. Sozzani, I. Bassanetti, F. Grepioni, T. M. Hernandez, S. Silvi, Serena M. Venturi and A. Credi：*Nat. Chem.* **7**. 634-640(2015).
21) H. Akiyama, T. Fukata, A. Yamashita, M. Yoshida and H. Kihara：*J. Adhes.*, **93**, 823-830(2017).
22) H. Zhou, C. Xue, P. Weis, Y. Suzuki, S. Huang, K. Koynov, G. K. Auernhammer, R. Berger, H.-J. Butt and S. Wu：*Nat. Chem.*, **9**, 145-151(2017).

第2章　分子設計

第1節　配列制御ポリマーと環状ポリマーの精密合成：配列とトポロジーが温度応答性に与える影響

京都大学　大内 誠

1　緒　言

ジエチルエーテルは有機化合物の抽出に用いられる疎水性が高い溶媒だが、類似構造の繰り返し単位を有するポリエチレングリコール(PEG)は水に可溶な高分子である。また、ポリアルキルビニルエーテルの多くはヘキサンなどの無極性炭化水素溶媒に可溶であるが、ポリメチルビニルエーテル(PMVE)はヘキサンに不溶で、親水性を示す。また、分子量に依存するが、ポリマーの末端基構造は溶解性や集合挙動に大きく影響する。このように高分子の溶解性は複雑で、繰り返し単位のモノマー構造から予測するのは難しく、さらに側鎖の構造が少し違うだけで、溶解性が劇的に変化する。これら現象は、繰り返し構造の親和性や極性のみならず、高分子鎖全体で生じる双極子、隣接基間相互作用、末端基などが溶解性に深く関わっていることを示唆している。

また、疎水性と親水性の両方の官能基を併せもつ一部の高分子は、低温の水に溶解し、昇温過程のある温度以上で相分離する挙動を示す。この温度は下限臨界溶液温度(LCST)と呼ばれ、LCST型相分離現象を示す高分子は温度応答性高分子として関心が高い。また、高温の水に溶解し、降温過程で相分離する上限臨界溶液温度(UCST)を示す温度応答性高分子も知られている。このような温度に応答して相分離する挙動は、溶媒和していた高分子鎖から溶媒分子が離れ、高分子鎖間で凝集することで起こると考えられている。高分子の種類のみならず、高分子鎖の一次構造は、このような溶媒和や鎖間相互作用に影響を及ぼすと考えられ、実際に数多くの研究で、分子量、分子量分布、末端基、コモノマー平均組成、立体規則性などの構造因子が温度応答性挙動に与える影響が調べられてきた(**図1**)[1]。たとえば、LCST型相分離現象を示す高分子としては、前述したPEG、PMVEに加えて、ポリ*N*-イソプロピルアクリルアミド(PNIPAM)が知られており、PNIPAMは人間の体温付近で親水性から疎水性に変化することから、生体材料用途で広く研究されている[2]。また、PNIPAMはラジカル重合で合成できるために、共重合や精密重合によって、一次構造の変化のみならず、親水性や疎水性のバランス制御や自己組織化設計が可能である。側鎖にオリゴエチレングリコール鎖を有するポリ(メタ)アクリレート(POEGMA)やその共重合体[3)4)]、側鎖にオキシエチレン鎖を有するポリビニルエーテル[5]もLCST型相分離現象を示し、精密重合や共重合によってこれらの構造因子を変化させ温度応答性挙動に与える影響を調べる研究は枚挙に暇がない。

一方で、高分子鎖に対する構造因子のなかで、モノマー配列と主鎖形態は制御するのが難しく、これら構造因子が温度応答性に与える影響を調べた研究例は少ない(**図2**)。たとえば周期的な配列が制御されれば、隣接する置換基と

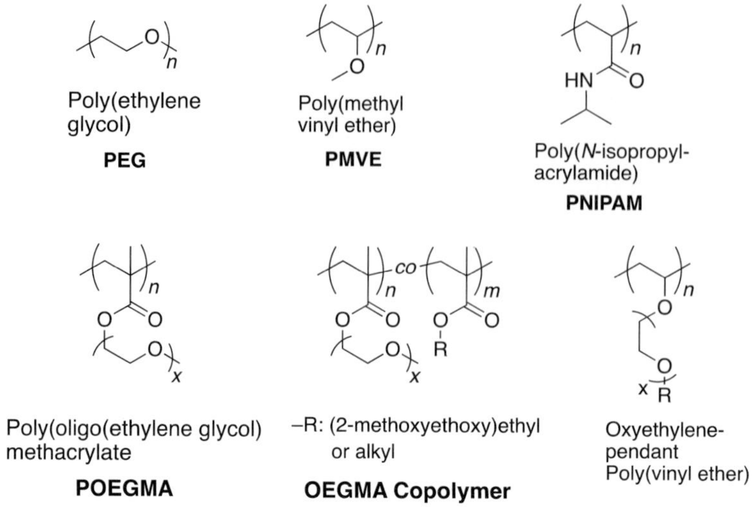

図１　LCST 型相分離現象を示す代表的な温度応答性高分子

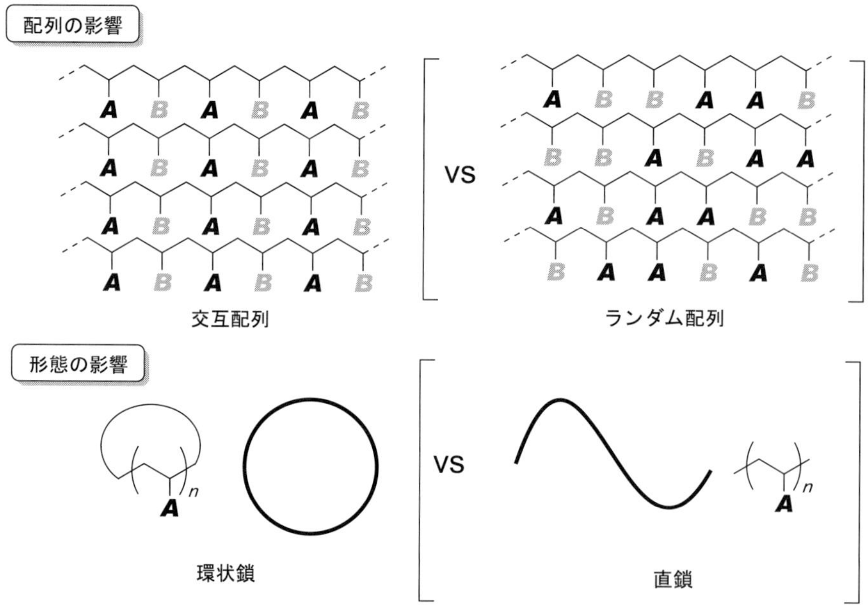

図２　交互配列制御高分子と環状高分子

の協調効果で新しい温度応答性が発現する可能性がある。また、主鎖形態の影響に関しては、直鎖のテレケリック PNIPAM の両末端を希釈条件で反応させて合成した環状 PNIPAM が、直鎖と異なる LCST 挙動を示すことが報告されている[6)]。しかし直鎖高分子から環状高分子を合成する手法は分子量の制約や効率で課題があり、後に述べる環拡大重合による環状鎖の精密合成技術、さらにそれによる温度応答性高分子の合成には興味がもたれる。

我々はこれまでにモノマー配列の制御[7)]、環拡大重合の制御[8)]について研究し、新しい制御手法を開発してきた。ここでは、配列や形態が温度応答性に与える影響について述べる。

2　環化重合による交互配列制御と配列制御による温度応答

いくつかの方法が提案されているものの、連鎖重合で合成されるビニルポリマー型の共重合に対し、モノマー単位のつながり方（配列）を制御するのは難しい[7)]。我々は、後に切断可能なスペーサーで複数のビニル基をつないだマルチビニルモノマーを設計し、この環化重合を制御して環化ポリマーを合成した後にスペーサーを切断することで、交互配列制御を実現してきた[9)-12)]。ここでは、メタクリレートとアクリレートをヘミアセタールエステル結合（HAE 結合）で連結したジビニルモノマー 1 を用いた交互配列制御について述べる（図 3）[11)]。HAE 結合は酸性加水分解によってカルボン酸基と水酸基に分解するため、ジビニルモノマー 1 の環化重合で得られる環化ポリマーの側鎖に対して酸性加水分解を行うと、メタクリル酸と 2-ヒドロキシエチルアクリレートの共重合体に変換できる。ここで、交互配列の精度は環化重合の選択性（どちらのビニル基が最初に反応するか）と関連し、メタクリレートとアクリレートの反応性の違いを利用し、選択性が発現するように設計している。

ルテニウム触媒によるリビングラジカル重合を検討したところ、2 mM のヨウ素型開始剤にペンタメチルシクロペンタジエニルルテニウム

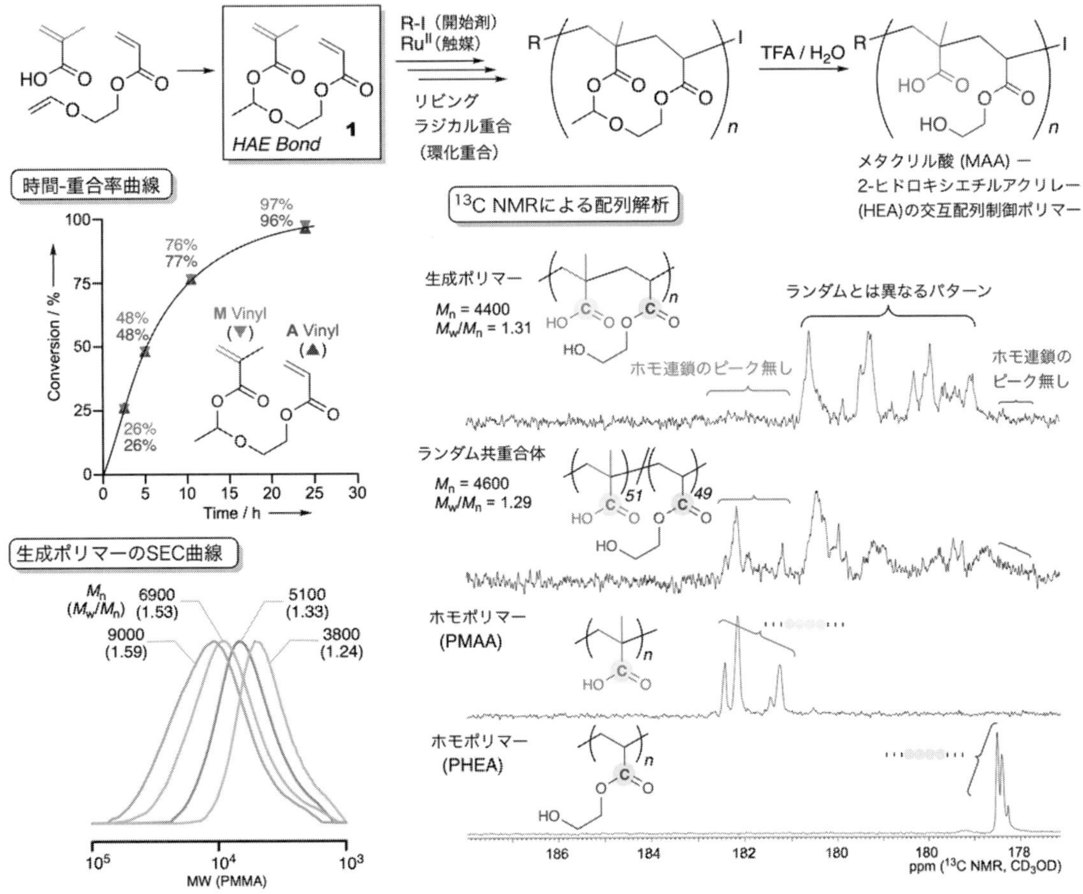

図 3　ジビニルモノマー1 の環化重合と HAE 結合の切断によるメタクリル酸ユニットと 2-ヒドロキシエチルアクリレートユニットが交互に配列した共重合体の合成

錯体を組み合わせ、モノマー濃度mMで重合すると、ゲル化することなく重合は進行した。また、メタクリレートビニル基とアクリレートビニル基は同速度で消費されたことから、環化重合の進行が示唆された。生成ポリマーのSEC曲線は単峰性であり、重合の進行とともにSEC曲線は単峰性を保ったまま高分子量側にシフトしたことから、不可逆な停止反応や連鎖移動反応は起こっていないと考えられた。また、生成ポリマーのMALDI-TOF-MSスペクトルは開始剤セグメントを有する環化ポリマーの生成を示唆していた。

生成ポリマーの側鎖のHAE結合を切断するために、トリフルオロ酢酸(TFA)で処理したところ、^{1}H NMRスペクトルが大きく変化した。処理前は環化ポリマー特有のブロードなピークが観測されたが、TFA処理後はメタクリル酸と2-ヒドロキシエチルアクリレートの1：1共重合体と考えられるスペクトルが得られた。また、配列を評価するために、*tert*-ブチルメタクリレートと2-ヒドロキシエチルアクリレートのランダム共重合、*tert*-ブチルエステルの酸性分解を経て、メタクリル酸と2-ヒドロキシエチルアクリレートの両モノマー平均組成比が1：1のランダム共重合体を合成した。^{13}C NMRでカルボニル炭素に基づくピークを観測し、このランダム共重合体、それぞれの単独重合体と比較したところ、連続ユニットに基づくピークが観測されず、ランダム共重合体とは異なるピークパターンが観測されたことから、狙いとする交互性の高い共重合体が生成していると考えられた。アクリレートラジカルに対して、アクリレート二重結合よりもメタクリレート二重結合への反応が高いために、選択的な環化重合が起こりやすく、高い交互性が実現していると考えられる。

興味深いことに、環化重合から得られた交互性の高い共重合体は、平均組成や分子量がほぼ同じランダム共重合体と異なる溶解性を示した。とくに環化重合から得られた交互性の高い共重合体は1,2-ジメトキシエタン(DME)に対し、低温で溶解し、温度を上げると溶液が濁る挙動を示した(**図4**)。一方、ランダム共重合体は同じ濃度で溶解しなかった。有機溶媒中でLCST挙動を示す例は報告が少なく、カルボン酸側鎖と水酸基側鎖の隣接置換基が協働し、溶媒和や鎖間相互作用(カルボン酸二量化など)に影響を及ぼしていると考えられる。また、水に対する溶解性でも興味深い違いがみられており、今後の研究進展が期待される。

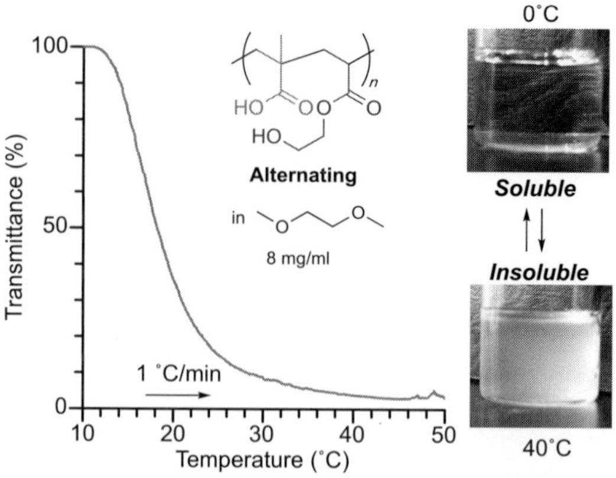

図4　ジビニルモノマー1から得られた交互共重合体のDME溶液(8 mg/ml)の温度可変透過度測定(昇温速度：1℃ / 分)

3　環拡大カチオン重合による分子量・分子量分布の制御された環状ポリマーの精密合成とその感温性挙動

環状高分子は直鎖高分子と異なり、末端基が存在せず、直鎖に比べてコンパクトである、絡み合いが少ないなどの特徴を有する。環状高分子を合成する方法として、直鎖の末端基同士を反応させる方法があるが、この方法は高度に希釈した条件が必要であり、効率の観点で問題がある。一方、環拡大重合は環状開始剤を用いて環状構造を拡大させる重合で、環状高分子の効率的な合成が可能である[13]。

最近、我々はHAE結合が組み込まれた7員環環状化合物(**2**)を開始剤とし、$SnBr_4$をルイス酸触媒として組み合わせることで、ビニルエーテルの環拡大カチオン重合を実現した(**図5**)[14]。ビニルエーテルと酢酸を混合して生成する付加体を開始剤としたリビングカチオン重合が報告されているが[15]、環拡大カチオン重合では通常のリビング重合で重要な可逆的な解離基リビング重合の制御に重要な成長種の不可逆な停止反応や連鎖移動反応の抑制に加えて、アセテート対アニオンとルイス酸ハロゲンとの交換反応を抑制する必要がある。たとえば、HAE結合開始剤を用いたリビングカチオン重合に用いられる$EtAlCl_2$[15]をルイス酸として組み合わせると、ハロゲンとの交換反応が起こるために、直鎖高分子が得られるが、$SnBr_4$を用いた場合は環状ポリビニルエーテルがほぼ定量的に生成する。不可逆な副反応は抑制されるが、環状鎖同士で解離基交換が起こるために、環状鎖同士が融合し、分子量分布は高分子量側に広くなる。しかし、重合が完了した後に、$SnBr_4$を失活させずに重合系を希釈してしばらく放置すると、融合した環状鎖内での解離基交換が促進され、単分散の環状鎖を合成できる[16]。この環拡大重合では不可逆な副反応は抑制されるためにブロック共重合も可能であり、この「後希釈」によって単分散の環状ジブロックコポリマーも合成可能である。

側鎖にドデシル基を有するポリビニルエーテルは酢酸エチル中でUCST挙動を示すことが知られている[17]。我々はドデシルビニルエーテル(DDVE)の環拡大重合と後希釈によって、単分散の環状ポリマー(M_n = 13400, M_w/M_n = 1.22、PStキャリブレーション)を合成し、環状鎖形態がUCST挙動に及ぼす影響を調べた[18]。比較として、HAE結合を有する非環状開始剤(IBVE-CH_3COOH)を用いてDDVEのリビングカチオン重合を行い、ほぼ同じ分子量の単分散直鎖状ポリマー(M_n = 14300, M_w/M_n = 1.18)も合成した。環拡大重合が制御されているために、このように同じ分子量の環状鎖と直鎖の比較が可能となる。

60℃に加熱して直鎖ポリマーを酢酸エチルに

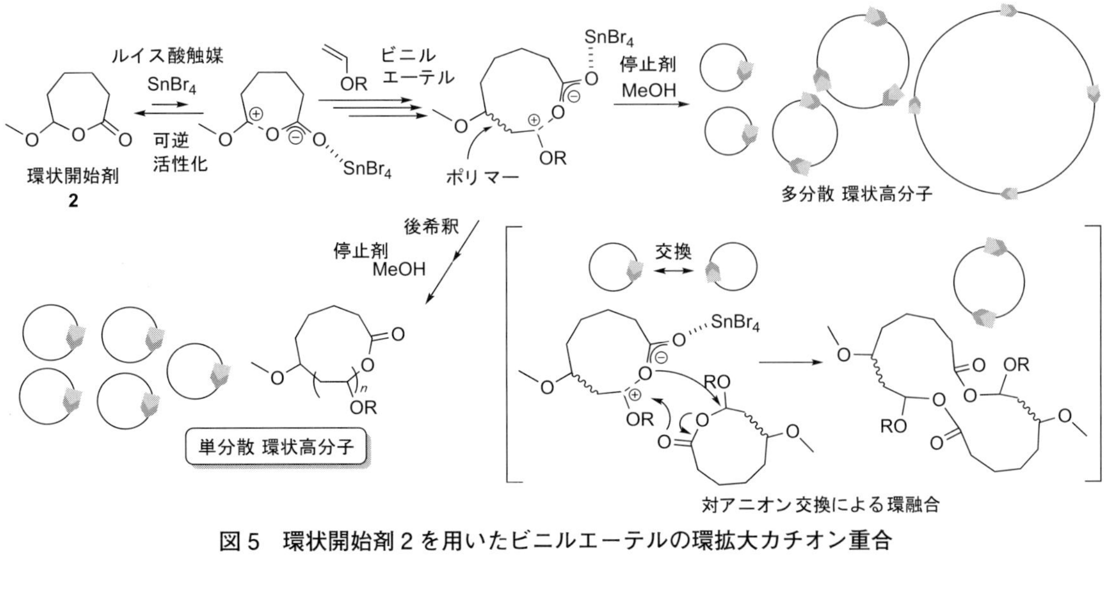

図5　環状開始剤2を用いたビニルエーテルの環拡大カチオン重合

溶解させた透明溶液を準備し、1℃/分で冷却し、UVで透明度を測定したところ、42℃あたりで急激に透明度が低下し、40℃あたりで透明性をほぼ完全に失った(**図6**)。環状鎖ポリマーを用いて同じ測定を行うと、直鎖高分子よりも高い温度(50℃)で透明性が低下し、最終的に透明度が失われる温度は直鎖とほぼ同じであった。すなわち、環状鎖は直鎖に比べて、鈍感な温度応答性を示した。おそらく、環状鎖は直鎖に比べてコンパクトで集まりやすいために、高温で濁りはじめたが、集まって凝集するまでの分子鎖の絡み合いは直鎖に比べて起こりづらいために、凝集するのに時間がかかり、このような結果になったと考えられる。環状鎖のコンパクトで絡み合いづらい特徴が、温度応答性挙動にあらわれた結果として興味がもたれる。

以上のように、これまでは困難とされた合成

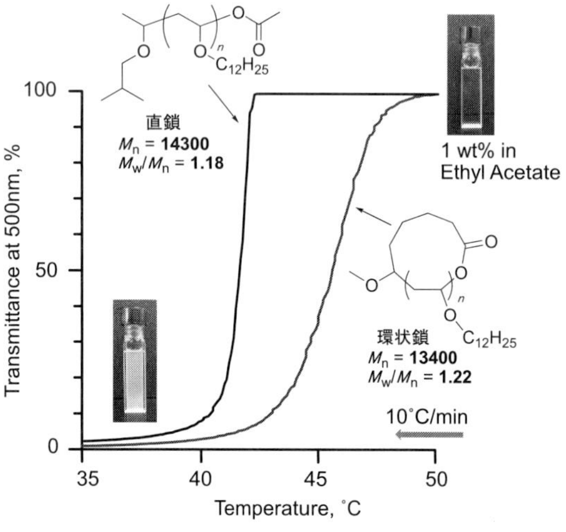

図6　環状開始剤2から得られた環状poly(DDVE)と直鎖poly(DDVE)の酢酸エチル溶液(1 wt%)の温度可変透過度測定(降温速度：10℃/分)　※口絵参照

高分子に対する配列と形態の制御を実現し、その構造因子が温度応答性に与える影響を調べた。今後、機能を付与することで、機能を有する刺激応答性高分子の開発が期待される。

文　献

1) Roy D., Brooks W. L. A. and Sumerlin B. S.：*Chem. Soc. Rev.*, **42**, 7214-7243(2013).
2) Schild H. G.：*Prog. Polym. Sci.*, **17**, 163-249(1992).
3) Lutz J. F., Akdemir O. and Hoth A.：*J. Am. Chem. Soc.*, **128**, 13046-13047(2006).
4) Imai S., Hirai Y., Nagao C., Sawamoto M. and Terashima T.：*Macromolecules*, **51**, 398-409(2018).
5) Aoshima S. and Kanaoka S.：*Nanocomposites, Stimuli-Responsive Polymers*, **210**, 169-208(2008).
6) Xu J., Ye J. and Liu S. Y.：*Macromolecules*, **40**, 9103-9110(2007).
7) Ouchi M. and Sawamoto M.：*Polym. J.*, **50**, 83-94(2018).
8) Ouchi M., Kammiyada H. and Sawamoto, M.：*Polym. Chem.*, **8**, 4970-4977(2017).
9) Hibi Y., Ouchi M. and Sawamoto, M.：*Angew. Chem. Int. Ed.*, **50**, 7434-7437(2011).
10) Hibi Y., Tokuoka S., Terashima T. Ouchi M. and Sawamoto M.：*Polym. Chem.*, **2**, 341-347(2011).
11) Ouchi M., Nakano M., Nakanishi T. and Sawamoto M.：*Angew. Chem. Int. Ed.*, **55**, 14584-14589(2016).
12) Kametani Y., Nakano M., Yamamoto T., Ouchi M. and Sawamoto M.：*ACS Macro Lett.*, **6**, 754-757(2017).
13) Bielawski C. W., Benitez D. and Grubbs R. H.：*Science*, **297**, 2041-2044(2002).
14) Kammiyada H., Konishi A., Ouchi M. and Sawamoto M.：*ACS Macro Lett.*, **2**, 531-534(2013).
15) Higashimura T., Kishimoto, Y. and Aoshima S.：*Polym. Bull.*, **18**, 111-115(1987).
16) Kammiyada H., Ouchi M. and Sawamoto M.：*Polym. Chem.*, **7**, 6911-6917(2016).
17) Seno K. I., Date A., Kanaoka S. and Aoshima S.：*J. Polym. Sci. Polym. Chem.*, **46**, 4392-4406(2008).
18) Kammiyada H., Ouchi M. and Sawamoto M.：*Macromolecules*, **50**, 841-848(2017).

基礎編

第2章　分子設計
第2節　RAFT重合による刺激応答性高分子の精密設計

兵庫県立大学　遊佐 真一

1　序

これまでに、さまざまな制御ラジカル重合法が報告されているが、そのなかで可逆的付加-開裂連鎖移動(RAFT)型の制御ラジカル重合法にはいくつかの利点がある[1]。安定ニトロキシドラジカルを用いた重合法(SFRP)に比べると[2]、かなり低い温度で重合可能である。有機テルル化合物を用いた制御ラジカル重合法(TERP)とRAFTを比較した場合、有機テルル化合物は空気に対して不安定なため保存性が悪いが[3]、RAFT重合用の連鎖移動剤(CTA)は安定に長期間保存できる。原子移動ラジカル重合(ATRP)に比べると[4]、RAFTは金属を使用しないことと、カルボン酸を含む機能性モノマーを保護せずに重合できるという利点がある[5]。つまりATRPでメタクリル酸などカルボン酸を含むモノマーを重合しようとすると、酸性条件になるため銅などの配位子がプロトン化されることで配位能が低下したり[6]、カルボン酸自体が銅に配位するため[7]、重合制御は難しいことが知られている。本稿ではRAFT重合により、カルボン酸を含むpH応答性ポリマーを合成した例を主に紹介する。

2　可逆的付加-開裂連鎖移動(RAFT)型制御ラジカル重合法

現在のRAFT法の欠点は、一種類のCTAで全てのモノマーの重合制御を行えない点があげられる。つまりスチレンやメチルメタクリレートなどの共役モノマーは、ジチオエステル型やトリチオカルボネート型CTAを用いると重合を制御できる。一方酢酸ビニルなどの非共役モノマーの重合制御には、ジチオカルバメート型CTAが適している。このように目的のモノマーに応じてCTAを使い分ける必要がある。TERPの場合は、1種類の有機テルル化合物で共役・非共役モノマーの両方を同時に制御可能である[8]。近年RAFT重合におけるモノマーとCTAの組み合わせについては、大まかな指標がさまざまな文献で示されている[9]。また現在、さまざまなタイプのCTAを試薬メーカーが販売しているので、モノマーの種類に合わせた適切なCTAを購入できる。

3　pH応答性ポリマー

カルボン酸やアミンを含むタンパク質、およびポリリン酸で構成されるデオキシリボ核酸(DNA)などは、水中でpHの影響を受けてポリマー鎖のコンホメーションが変化する[10]。非常に単純なポリアクリル酸(PAA)やポリメタクリル酸(PMA)のようなカルボキシ基を側鎖結合したポリマーは、水溶液が酸性のとき側鎖がプロトン化され、塩基性で脱プロトン化されてイオン化する[11]。酸性の水中では、静電反発がないので通常のランダムコイルとして溶解するが、塩基性で高分子電解質となるため、側鎖間の静電反発により主鎖は伸びる。PAAやPMA

のような比較的親水性の高いポリマーは、酸性の水中で側鎖が完全にプロトン化しても沈殿せずに水溶性を保つ。

一般的な低分子のセッケンは、油脂中のエステル結合をアルカリで加水分解することで作製される。したがってセッケン分子中には、長鎖アルキル基の片末端にカルボキシレートイオンが結合した構造で、脂肪酸ナトリウムと呼ばれる。セッケン分子は中性で水に溶解して洗浄能力を発揮するが、酸性になるとカルボシキ基のプロトン化により水への溶解性が著しく低下する[12]。脂肪酸を側鎖結合したポリマーが報告されているが[13]、このようなポリマーは塩基性の水に溶解するが、酸性で沈殿を生じる。

これまでにRAFT法により、アクリル酸[14]、6-アクリルアミドヘキサン酸(AaH)[15]、11-アクリルアミドウンデカン酸[16]、安息香酸[17]などのカルボン酸を含むモノマーを重合することで、pH応答性ポリマーが合成されている。これらのカルボン酸を含むポリマーは、酸性で水に溶解し難くなり、塩基性で溶解する。これとは逆に3級アミンを側鎖結合したポリマーは、酸性でアミンがプロトン化してイオン性になるために溶解して、塩基性で脱プロトン化して水への溶解性が低下する。たとえば、ポリ(*N,N*-ジエチルアミノエチルメタクリレート):PDEAは、酸性で水に溶解するが、塩基性では沈殿を生じる。

4　pH応答性シゾフレニックミセル

図1に示すPDEAとポリ(6-アクリルアミドヘキサン酸):PAaHからなるジブロック共重合体(PDEA-PAaH)がRAFT型ラジカル重合で合成されている[18]。このような構造のジブロック共重合体は、酸性の水中でPAaH側鎖の脂肪酸がプロトン化されるために水に不溶で、PDEA側鎖の3級アミノ基はプロトン化されて親水性になる。したがってPAaHが疎水性のコアで、プロトン化したPDEAがシェルのコア-シェル型の高分子ミセルを形成する。一方、塩基性の水中では、PAaH側鎖の脂肪酸はイオン化して親水性になり、PDEAは脱プロトン化して疎水性になるため、PDEAがコアでイオン化したPAaHがシェルのコア-シェル型の高分子ミセルを形成する。つまり酸性と塩基性の水中では、コアとシェルが入れ替わった高分子ミセルを形成する。さらに中性付近では、PAaHおよびPDEAの両方がイオン化するため、分子内および分子間でポリイオンコンプレックス(PIC)を形成して沈殿を生じる。塩基性でPAaHがシェル、酸性でPDEAがシェルの高分子ミセルを形成し、中性付近でポリイオンコンプレックス(PIC)を形成して沈殿する。

PDEA-PAaHの合成方法は、まず最初にジチオベンゾエート型のCTAを用いて、水中で*N,N*-ジエチルアミノエチルメタクリレート

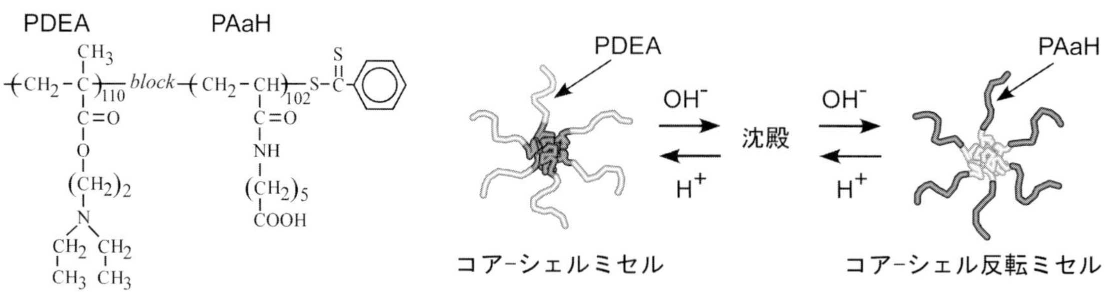

図1　pH応答性ジブロック共重合体(PDEA-PAaH)の化学構造と、塩を含まない水中でのpHに応答したPDEA-PAaHの会合挙動の概念図

(DEA)のRAFT重合を行うことでPDEAを合成する。NMR測定により、末端に含まれるCTA由来のフェニル基と、PDEA側鎖のプロトンの積分強度を比較することで、重合度は110量体と決定された。排除体積クロマトグラフィー(SEC)から求めた分子量分布(M_w/M_n)は1.14と比較的狭い値だったので、PDEAの構造は制御されている。次に、得られたPDEAを高分子型のCTAとして用いて、AaHのRAFT重合を行うことで、目的のジブロック共重合体(PDEA-PAaH)を合成できる。ジブロック共重合体の合成の際、重合溶媒として水を用いると重合反応の進行に伴いPDEAとPAaHの静電相互作用によりPICを形成して沈殿を生じるため、重合溶媒には1.1 Mの食塩水を用いる。この溶媒中では重合前から後まで沈殿を生じることなく、均一系で重合反応が進行する。PDEA-PAaHは、高い塩濃度の水に溶解するが、純水や低い塩濃度の中性の水には溶解しないため、SECの測定を行うことができない。しかし1.1 Mの食塩を含む重水中でのNMR測定からPDEAおよびPAaHの両方のピークが観測されたので、ジブロック共重合体の合成を確認できる。またNMRの積分強度比からPAaHの重合度は102量体と決定された。

PDEA-PAaHを1.1 Mの食塩を含む重水中に溶解して、pHを3、6、12に調製してNMR測定を行った。pH 3ではPAaH由来のピークが完全に消失して、PDEA由来のピークのみが観測された。これはPAaHがプロトン化されて疎水性になり、PDEAはイオン化するため、PAaHがコアで、PDEAがシェルの高分子ミセルを形成したためである。NMRのピークは、プロトンの運動性が低下すると、ピーク幅の増大と強度の減少が起こる[19]。運動性が著しく抑制されるとNMRでピークを検出できなくなる。つまりpH 3の水溶液中でPAaHはコアを形成するため、かなり運動性が低下したことがわかる。PDEAはシェルを形成するので、その運動性は低下しないためNMRシグナルを検出できる。pH 12ではPDEA由来のピークが完全に消失して、PAaH由来のピークのみが観測された。これはPDEAが脱プロトン化されて疎水性になり、PAaHはイオン化して親水性になるため、PDEAがコアで、PAaHがシェルの高分子ミセルを形成したためである。またpH 6ではPDEAおよびPAaHの両方がイオン化するが、1.1 Mの食塩を溶解しているために、静電相互作用が遮蔽されてユニマー状態で重水に溶解する。そのためpH 6ではPDEAおよびPAaHの両方のNMRシグナルが観測される。

PDEA-PAaHはpH 6の塩を含まない水には溶解しない。これはPDEAおよびPAaHの両方がイオン化して、PICを形成するためである。食塩を添加することで静電相互作用を遮蔽できるので、ある食塩濃度以上でPDEA-PAaHは水に溶解する。透過率を用いて、食塩を添加したときのPDEA-PAaHのpH 6の水への溶解性の変化を調べた。1.0 M以上の食塩を添加すると透過率は100%となり、PDEA-PAaHは水に溶解した。

食塩を添加していない水へのPDEA-PAaHの溶解性のpH依存性を調べたところ、pH 12で透過率は100%で水に溶解したが、pH 9以下で透過率の減少が観測された(**図2**)。さらにpHを低下すると、pH 6付近まで減少した透過率が、pH 6以下で再び増加した。pH 4より低い酸性領域で透過率は100%となり、PDEA-PAaHは水に溶解した。pH 9以上の水中で、PaAHがシェルでPDEAがコアの高分子ミセルを形成し、pH 4以下でPDEAがシェルでPAaHがコアの高分子ミセルを形成して水に溶解するために透過率は100%になった。しかしpH 9から4の間で、PAaHおよびPDEAの両

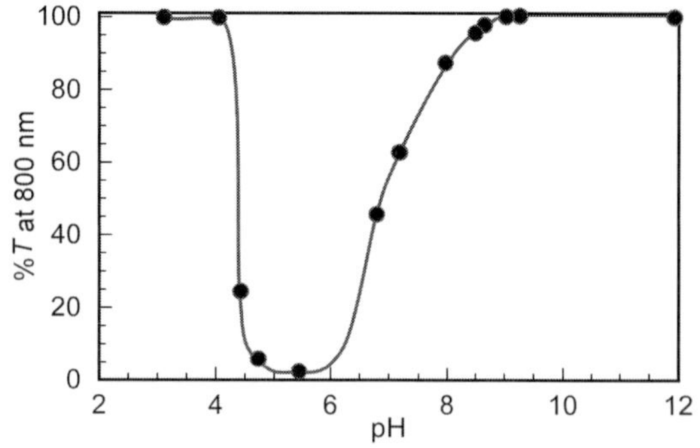

図2　食塩を含まない水中での PDEA-PAaH の 800 nm の光の透過率（%T）と pH の関係
［Elsevier Science の許可により掲載[18]］

方がイオン化するため、水に不溶な PIC を形成して透過率は減少した。

1.1 M の食塩を含む水中での PDEA-PAaH の流体力学的半径（R_h）の pH 依存性を調べたところ、pH 12 および 3 で R_h は、それぞれ 45 nm と 29 nm となった（**図3**）。これは pH 12 で PaAH がシェルで PDEA がコアの高分子ミセルを形成し、pH 3 で PDEA がシェルで PAaH がコアの高分子ミセルを形成したためである。pH 12 および 3 で R_h が異なるのは、コアとシェルが入れ替わったため、異なるサイズのミセルを形成したことを示す。一方 pH 8 から 5 の間、R_h は 5 nm で PDEA-PAaH がユニマー状態で溶解していることがわかる。1.1 M の食塩を含んでいるため、静電相互作用が遮蔽されるのでユニマー状態で溶解する。

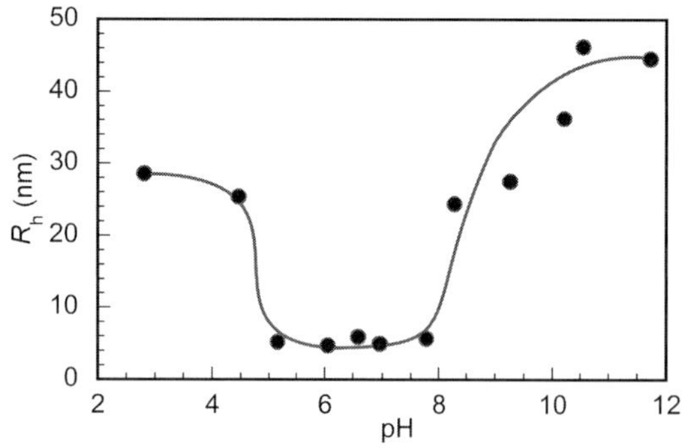

図3　1.1 M 食塩水中での PDEA-PAaH の流体力学的半径（R_h）と pH の関係
［Elsevier Science の許可により掲載[18]］

1.1 M の食塩を含む pH 10 および 3 の水中で、疎水性相互作用で形成される高分子ミセルの構造の違いを、疎水性蛍光プローブである N-フェニル-1-ナフチルアミン（PNA）を用いて調べた。PNA の蛍光極大波長は、その周辺環境が疎水性になると短波長側にシフトすることが知られている[20]。そこで 1.1 M の食塩を含む水の pH を 10 と 3 に調製して、PNA の濃度を一定に保ちながら PDEA-PAaH の濃度を変化させ、臨界会合濃度（CAC）を求めた。ポリマー濃度が低いとき、疎水性のコアをもつミセルは形成されない。したがって PNA は水相に存在するので、蛍光極大波長は長波長側に観測される。ポリマー濃度を増加していくと、PDEA-PAaH が会合しはじめて、高分子ミセルの疎水性コアが形成される。すると PNA は疎水性コア中に移動するため、蛍光極大波長は短波長側にシフトする。この短波長シフトが観測されはじめるポリマー濃度を CAC と定義した。pH 10 と 3 のときの 1.1 M の食塩水中での PDEA-PAaH の CAC は、それぞれ 0.0008 g/L と 0.005 g/L だった。この CAC の違いは、pH 10 のときは PDEA がコアで、pH 3 のときは PAaH がコアのミセルを形成するためである。さらに PNA の蛍光波長から PDEA-PAaH が形成するミセルのコアの疎水性は、pH 10 で形成されるコアの方が、pH 3 で形成されるコアよりも疎水的であることがわかった。これは PDEA または PAaH により形成されたコア中の疎水環境が異なることを示している。

このように pH などの外部刺激でコアとシェルが入れ替わるミセルは、シゾフレニックミセルと呼ばれる[21]。

5　ベシクル形成

PDEA-PAaHはpH未調製の純水(pH＝6)には溶解しないが、1.0 M以上の食塩を添加すると溶解する。そこでまずPDEA-PAaHを1.1 Mの食塩を含む水に、ユニマー状態で溶解して、透析膜を用いて純水に対して透析を行うことで食塩を除いて、PDEA-PAaHの純水溶液を作製した。透析後はPDEAブロックおよびPAaHブロックの両方がイオン化するためPICを形成するので、溶液は白濁したが、沈殿を生じなかった。この溶液の透過型電子顕微鏡(TEM)観察を行ったところ、直径が約1 μmのユニラメラベシクル状の構造体が観測された(図4)。

この構造がベシクルであること確認するために、透析を行って食塩を除く前に、蛍光ラベル化した多糖のデキストランをPDEA-PAaHの溶液に溶解して、ベシクルを調製した。デキストランは電荷をもたない水溶性高分子である。ベシクル内に取り込まれなかったデキストランは、透析により食塩とともに取り除かれる。透析終了後に透析膜中の溶液の蛍光スペクトルを測定したところ、蛍光ラベル化デキストラン由来の蛍光が観測された。したがってデキストランは、PDEA-PAaHの形成したベシクルの空孔内に取り込まれている。水溶性のデキストランを取り込めるということは、透析でPDEA-PAaHが形成した会合体が空孔をもつベシクル構造であることを示す。またこのベシクルは直径が1 μmと大きなため、蛍光ラベル化デキストランを取り込ませると、蛍光顕微鏡でも観測可能である。単にPDEA-PAaHを純水に溶解しただけでは、ベシクルは形成されないが、高塩濃度の状態から透析法により逐次的に塩濃度を低下することでベシクルが形成される。

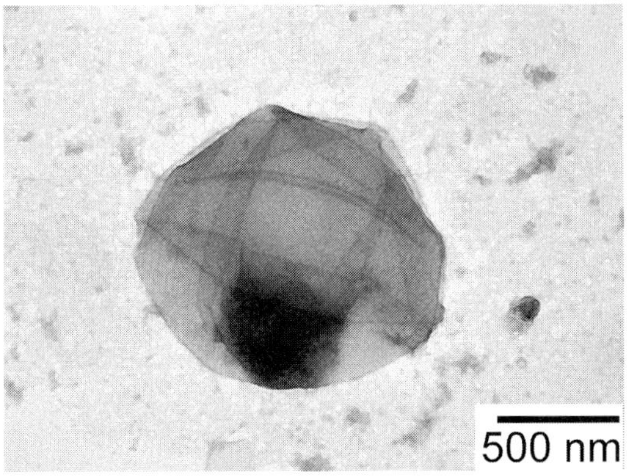

図4　透析法で作製したPDEA-PAaHによるユニラメラベシクルの透過電子顕微鏡(TEM)像
[Elsevier Scienceの許可により掲載[18]]

6　まとめと展望

RAFT重合を用いることでカルボン酸を側鎖結合したpH応答性モノマーを、保護することなく簡単に直接重合できる。さらに近年、市販のCTAを購入できるため、pH応答性以外にも、感温性、光、磁場、塩濃度、酸化・還元、特定化学物質、生体由来物質などに応答する刺激応答性ポリマーなども容易に合成できる。またジブロック共重合体だけでなく、マルチブロック共重合体の合成も可能である。さらに星形ポリマー、グラフトポリマー、ミクトアームやマルチアームポリマーの合成や、基材にCTAを固定してグラフトフロム法で基材表面に刺激応答性ポリマーをグラフトすることもできる。重合制御に金属を使用する必要がないため、RAFT重合はバイオや医用分野へ利用するための刺激応答性ポリマーと相性が良い。したがってRAFT重合は、今後この分野でさらなる発展が見込まれる。

文　献

1) M. R. Hill, R. N. Carmean and B. S. Sumerlin：*Macromolecules*, **48**, 5459(2015).

2) K. A. Payne, P. Nesvadba, J. Debling, M. F. Cunningham and R. A. Hutchinson：*ACS Macro Lett.*, **4**, 280(2015).

3) S. Yamago：*Chem. Rev.*, **109**, 5051(2009).

4) K. Matyjaszewski：*Macromolecules*, 45, 4015(2012).

5) I. Chaduc, M. Lansalot, F. D'Agosto and B. Charleux：*Macromolecules*, **45**, 1241(2012).

6) M. Fantin, A. A. Isse, A. Gennaro and K. Matyjaszewski：*Macromolecules*, **48**, 6862(2015).

7) H. Mori and A. H. E. Muller：*Prog. Polym. Sci.*, **28**, 1403(2003).

8) S. Yusa, S. Yamago, M. Sugahara, S. Morikawa, T. Yamamoto and Y. Morishima；*Macromolecules*, **40**, 5907(2007).

9) G. Moad, E. Rizzardo and S. H. Thang：*Chem. Asian J.*, **8**, 1634(2013).

10) T. Wada, N. Minamimoto, Y. Inaki and Y. Inoue：*J. Am. Chem. Soc.*, **122**, 6900(2000).

11) M. Nagasawa, T. Murase and K. Kondo, *J. Phys. Chem.*, **69**, 4005(1995).

12) M. A. Cook and E. L. Talbot：*J. Phys. Chem.*, **56**, 412(1952).

13) S. Yusa, A. Sakakibara, T. Yamamoto and Y. Morishima：*Macromolecules*, **35**, 5243(2002).

14) 島田善彦、遊佐真一、山本統平、森島洋太郎：高分子論文集、**64**, 922(2007).

15) S. Yusa, Y. Shimada, Y. Mitsukami, T. Yamamoto and Y. Morishima：*Macromolecules*, **36**, 4208(2003).

16) M. Mizusaki, Y. Shimada, Y. Morishima and S. Yusa：*Polymers*, **8**, 56(2016).

17) 土井美里、遊佐真一、島田善彦、上坂昌大：高分子論文集、**67**, 341(2010).

18) R. Enomoto, M. Khimani, P. Bahadur and S. Yusa：*J. Taiwan Inst. Chem. Eng.*, **45**, 3117(2014).

19) S. Yusa, K. Fukuda, T. Yamamoto, K. Ishihara and Y. Morishima：*Biomacromolecules*, **6**, 663(2005).

20) S. Yusa, Y. Konishi, Y. Mitsukami, T. Yamamoto and Y. Morishima：*Polym. J.*, **37**, 480(2005).

21) S. Liu and S. P. Armes：*Langmuir*, **19**, 4432(2003).

基礎編

第2章　分子設計

第3節　リビングカチオン重合による刺激応答性高分子の精密設計

大阪大学　青島 貞人/金澤 有紘

1　はじめに

ビニル化合物のカチオン重合[1)-8)]は、炭素カチオンを生長種として連鎖的に付加する重合で、歴史的には1940年前後にイソブテンの重合でその概念が確立された。当初から、カチオン重合でしか得られないポリマーが多いなどの長所があったものの、生長炭素カチオンが不安定でさまざまな副反応を引き起こすため工業的には利用が限られてきた。しかし、1980年代のリビング重合の発明[9)]をきっかけに、官能基を有するポリマーやブロックコポリマーの選択的合成、そして最近では、さらに新しいモノマー、開始剤系、重合法が次々に開拓され、構造や分子量の制御された機能性材料が合成されるようになっている[6)-8)]。本稿では、そのような流れに沿い、リビングカチオン重合系の開拓、刺激応答性ポリマーの設計、配列制御を目指した新しい環状モノマーとの共重合系にフォーカスして概説する。

2　さまざまなリビングカチオン重合系の開拓

最近のカチオン重合の展開としては、新しい植物由来モノマーの制御重合、活性種の極性変換によるラジカル・カチオン逐次[10)]および同時共重合[11)]、テンプレート型ポリマー開始剤によるシークエンス制御重合の挑戦などがあり、工業的には熱可塑性エラストマーとしてポリ(スチレン-*b*-イソブテン-*b*-スチレン)型のトリブロックコポリマー(SIBSTAR®)や両末端に架橋性官能基を有する液状オリゴマーとして両末端反応性ポリ(イソブテン)(EPION®)などが使用されている[12)]。

筆者らはこれまでリビングカチオン重合を、弱いルイス塩基を添加することにより達成してきた[13)]。とくに、ルイス酸触媒としてAl、Sn、Fe、Ti、Ga、In、Zn、Zr、Hf、Bi、Si、Ge、Sbなどのさまざまな金属を有するハロゲン化物を用いてビニルエーテル(VE)のカチオン重合を行うと、いずれの触媒系でもリビング重合が進行することがわかった[14)]。さらに、それらのハロゲン化金属はそれぞれ活性や有効なモノマーが大きく異なることがわかり、それらの個性を活かすことにより、**図1**に示すように、1~2秒で重合が完結する超高速系[15)]、モノマー側鎖に極性官能基を有していても副反応しない系、アルコールやアセタールなどを開始剤にする重合系[16)]、イオン液体中での重合[17)]、モノマー選択重合系、酸化鉄を触媒にしたリユース可能な低環境負荷型の系[18)]、アルデヒドとの交互共重合系[19)]などが見出された。

特色ある触媒系の例としては、$GaCl_3$触媒を用いたアルデヒドとVEの共重合の系がある。使用したアルデヒド類は自然界に多く存在している化合物であり、最適条件下では制御された交互型共重合が進行し、ポリマー主鎖に酸分解可能なアセタール部位が多数導入されたポリマーが得られた[19)]。たとえば、植物由来の共役

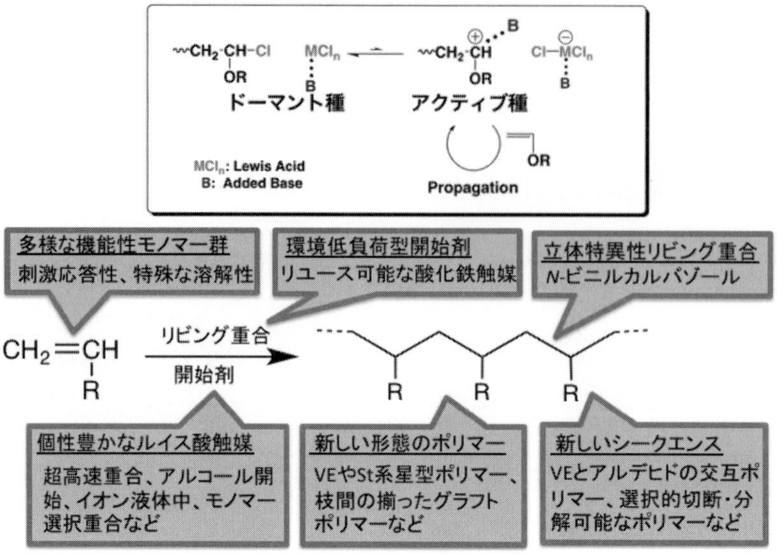

図1　添加塩基を用いたリビングカチオン重合の進展

アルデヒドとVEから得られたポリマーは、分子量分布が狭く副生成物がない交互型リビングポリマーで、比較的温和な酸加水分解により低分子化合物まで完全に分解された[20]。この交互共重合は制御重合で進行するので、刺激応答性モノマーのリビング重合と組み合わせることにより、生体のように、ポリマーの特定位置に分解性ユニットを選択的に導入し設計通りにポリマーを切断したり[21]、温度やpHなどの刺激応答性と選択的分解性を併せもつポリマーが合成された[22]。たとえば前者では、分解後に正確に分子量が半分や4分の1に切断されるポリマーや、ポリマーの一部が選択的に分解されるブロックや星型ポリマーが精密合成された。また、分解生成物のアルデヒドをモノマーに用いたリユース型交互共重合も可能であった。一方この共重合でDiels-Alder反応が可能なアルデヒドのフルフラールを用いると、フルフラールが生長末端になったときのみDiels-Alder反応が選択的に進行し、興味深いシークエンスのポリマーが得られた[23]。

リビング重合を用いることにより直鎖状ポリマーとは異なる性質、機能を示すさまざまな分岐型ポリマーも得られた。たとえば、ポリマー側鎖に周期的に導入された官能基からの再開始反応により、主鎖や枝鎖の長さだけでなく枝鎖間の距離も制御されたグラフトポリマーが合成された[24]。一方、星型ポリマーは、まずリビングポリマー鎖を合成し、その後二官能性架橋剤の添加により分子間/分子内架橋反応を進めることにより合成された。この方法には、一般に枝ポリマーが未反応のまま残存する、枝の数が統計的な分布をもつ欠点があったが、上記の添加塩基存在下のリビングカチオン重合系を用いることで、VE[25]やスチレン誘導体[26]の分子量分布の狭い星型ポリマーが、はじめて定量的に生成できるようになった。また、超高速合成、刺激応答性や選択的分解性を有する星型ポリマー合成、モノマー選択重合を用いた新規ワンショット合成法なども検討された。

立体規則性ポリマーはらせん構造や高い結晶性などの特異的な性質により興味がもたれているが、合成法は主に配位やアニオン重合に限られ、カチオン重合では困難であった。筆者らは、有機ELの正孔輸送層などに利用できる*N*-ビニルカルバゾールをモノマーに用い、リビングかつ立体特異性重合を検討した[27]。その際、ルイス酸$ZnCl_2$の選択やnBu_4NClの添加量がポイントであり、生長末端と対イオンの相互作用を調整することが重要であった。その結果、*mm* = 94%という高度な立体規則性リビングポリマーが生成し、ステレオブロックポリマーの合成も可能になった。

3　刺激応答性ポリマー

リビングカチオン重合の強みを活かして多くの高分子設計が可能になり、今までにない刺激応答性ポリマーも多数合成できるようになった[28]。たとえば、温度応答性ポリマーでは**図2**に示すように、水中、有機溶媒中で、LCST-、UCST-型の相分離がそれぞれ可能になり、それらを組み合わせたブロックコポリマー系などが合成され、新しい用途も開拓された。他の刺激としてpH、光、イオンなどの系もあるが、本報では温度に応答するポリマーを中心に概説する。

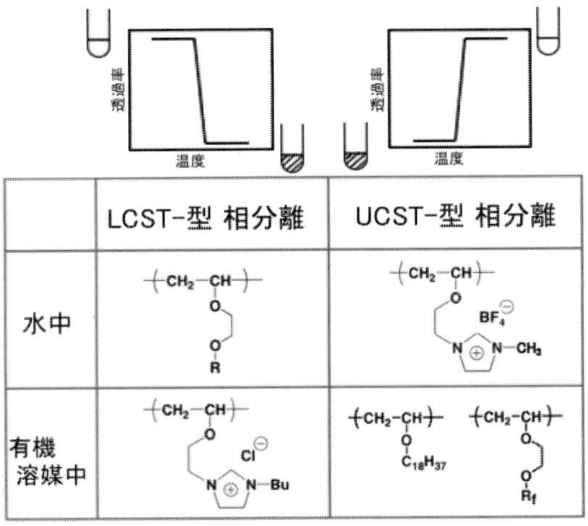

図2　種々の温度応答性ポリVEの例

3.1　LCST-型温度応答性リビングポリマー(図3)

これまで多くの研究者により、温度応答性ポリマーとして、水中で昇温により高感度に相分離(いわゆるLCST-型相分離)するポリマーが合成されてきた。筆者らは、それをリビング重合と組み合わせる展開を考え、まずカチオン重合性が高いビニロキシ基を有し、側鎖にオキシエチレン基やさまざまな官能基を導入できるVEのリビングカチオン重合を検討した[29]。とくに、オキシエチレン鎖を有するVEポリマーはリビング重合による精密合成が可能で、その多くがLCST-型相分離を示し、置換基(オキシエチレンの長さや末端基)により相分離温度が大きく変化した。また、分子量やその分布の影響を検討すると、相分離温度に分子量依存性があるため分子量分布を狭くすると高感度に応答するようになった。さらに、水中でLCST-型挙動を示すセグメントを有するブロックポリマーからは、ランダムコポリマーとはまったく異なる多段階の応答挙動がみられ、ポリマーのシークエンスや形によりさまざまなパターンのミセル化、物理ゲル化、自己組織化などを示すことがわかった。たとえば、温度応答性セグメントと親水性セグメントからなるブロックコポリマーは、低温では水溶性、ある温度以上で高分子ミセルを形成し、高濃度で昇温すると物理ゲル化(ミセルがbcc型にパッキング)が起こった[30]。またそれらの知見に基づき、ブロックや星型ポリマー、スマートゲル、フィルム等を創製し、刺激応答性を有するポリ乳酸、ドラッグデリバリー用の温度応答リポソーム、温度応答フィルム、刺激応答性と選択的分解性を併せもつポリマーの合成などを行った。たとえば、オキシエチレン側鎖VEセグメントを有する星型ポリマーは、温度に応答して相分離やゾル-ゲル転移などが高感度に起こり、大きさの

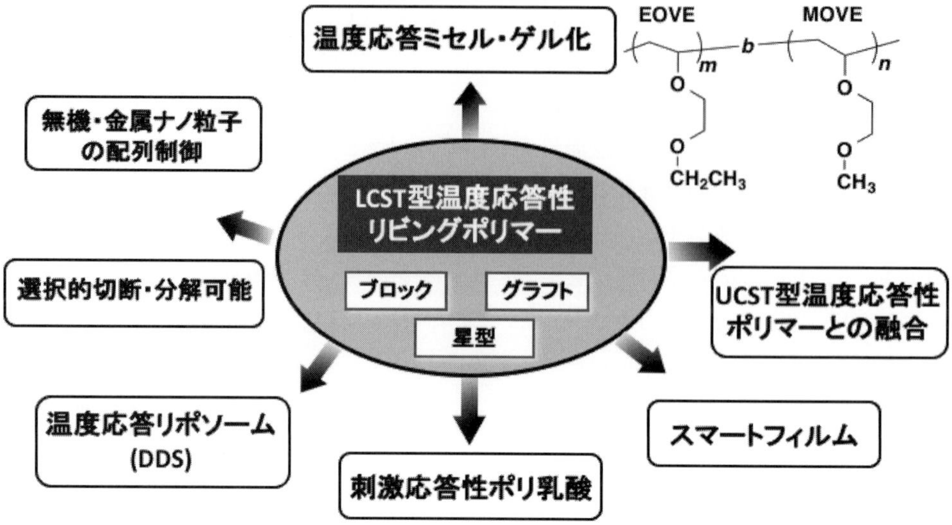

図3　LCST 型温度応答性リビングポリマーを用いた展開

揃った金ナノ微粒子をコアに担持させた星型ポリマーは安定で、温和な条件でも酸化触媒能を有していた[31]。また、コロナの温度応答性を利用した再使用が可能であった。一方スマートフィルムとしては、刺激応答性 VE ポリマーを T_g の高い脂環式側鎖 VE やスチレン誘導体とブロック共重合すると自立性のフィルムを形成するようになり、フィルム表面での刺激応答性を示した。たとえば、オキシエチレン側鎖の VE とスチレン誘導体とのブロックコポリマーでは、わずか数℃の昇温/降温により(たとえば、60℃と 63℃)、表面が可逆的に親水性と疎水性で入れ替わった[32]。トリブロックポリマーやヘテロ星型ポリマーを用いると、さらに複雑な変化をさせることも可能になっている(昇温により二段階で変化、ある温度範囲でのみ疎水性を示すフィルムなど)。次項からは、LCST-型相分離挙動をさらに利用した、温度応答性ポリ乳酸の合成［3.2］、無機・金属ナノ粒子の配列制御［3.3］、UCST-型相分離するポリマー［3.4］に関して述べる。またこれらを用いて、体内の標的組織において薬物や生理活性物質を選択的に放出させるいわゆる DDS の研究[33]や細胞培養用の温度応答性基材、バクテリア細胞に選択的に抗菌活性を示す材料なども検討された。

一方、詳細は省略するが、有機溶媒中で LCST- 型相分離するポリマーもリビングカチオン重合を用いて合成可能であった。側鎖にイオン液体型置換基(4 級化したイミダゾリウム塩やピリジニウム塩)を有する VE は、クロロホルム中などで鋭敏な LCST 型挙動を示した[34]。

3.2　温度応答性ポリ乳酸の合成

ポリ乳酸は疎水性、結晶性、生体適合性、生分解性、ステレオコンプレックス形成等の特徴を有するカーボンニュートラルなバイオプラスチックである。これまで、ドラッグデリバリー材料やインジェクタブルポリマーを目指し、ポリ乳酸を含むランダム共重合体と PEG との温度応答性ブロックポリマーやポリ NIPAM とのブロックポリマーの例も検討されている。筆者らは、オキシエチレンをはじめとするさまざまな側鎖を有する VE とポリ乳酸のブロックやグラフトコポリマーを合成し、VE セグメントの特徴を活かすことを検討した。まずブロックコポリマー合成では、オキシエチレン側鎖のVEポリマーの末端(片または両末端)にヒドロキシ基を導入する方法を確立し、そのマクロ開始剤からラクチドの開環重合を行い、分子量分布の非常に狭いブロックコポリマーを得た[35)]。このポリマーは水中でポリ乳酸セグメントをコアにしたミセルを形成し、各VEセグメントの応答温度付近で高感度かつ可逆的に相分離することがわかった。興味深いことに、ポリ乳酸セグメントの鎖長依存性も見出され、より長いポリ乳酸セグメントでは一度凝集すると降温しても再溶解しなかった。また、ブロックコポリマーのステレオコンプレックス形成、トリブロックコポリマーの物理ゲル化やフィルム表面の性質の制御も可能であった。さらにポリ乳酸を側鎖にしたVE型マクロマーを用いたグラフトコポリマー合成や、枝鎖間を等間隔にしたグラフトコポリマーの精密合成[24)]も行われた。

3.3　温度応答性ポリマーをテンプレートに用いた無機・金属ナノ粒子の配列制御

自然界において優れた性能や特異的な機能を有する材料の中には、無機材料と刺激応答性ポリマーとの組み合わせからなる複合体が多い。そのような材料を人工的に創成するために、一次構造や分子量などが制御されている有機ポリマーをテンプレートにして、無機や金属化合物の配列制御を試みた。一般に、無機や金属ナノ粒子は、粒子配列の形態により電子物性や光学特性などの特異的な性質を示す可能性がある。まず筆者らは、無機や金属ナノ粒子と弱い相互作用があり、かつ温度応答性のオキシエチレン鎖を有するVEポリマーを用いて検討をはじめた。シリカナノ粒子及びオキシエチレン鎖被覆の金ナノ粒子を用いて配列制御を検討すると、ブロックコポリマーと組み合わせたときに従来にはなかったリング状配列が可能なことを見出した[36)]。その際テンプレートとなる高分子の構造・分子量の影響が顕著で、最適の構造・シークエンス・ブロック鎖長では、4～7個からなるリングや鎖状の配列が可能となった。配列機構に関しては検討中であるが、温度による相互作用の変化が配列形成に大きな影響があることがわかった。

3.4　UCST-型温度応答性ポリマーの合成

これまで、水中で降温により相分離(UCST-型相分離)するポリマーの例としては、側鎖にスルホベタイン基を有するポリメタクリレートなどの側鎖間の静電相互作用、またはアクリル酸とアクリルアミドの共重合体やウラシル基などを有するポリマーのように可逆的な水素結合を利用するものがあるが、LCST-型ポリマーに比べその例は少なく、リビング重合によって合成できる系はさらに限られていた。筆者らは最近、リビング重合を使って合成できる側鎖にイミダゾリウム塩を有するポリマーが、水中でUCST-型相分離挙動を示すことを見出した[37)]。そこで新たな高分子設計として、上述のLCST-型ポリマーとこのUCST-型ポリマーをブロック型で連結したところ、さまざまな温度での異なる集合体の形成やゲル-ゾル-ゲル転移が可能になった[38)]。また疎水性セグメントとのブロックポリマーで1%以下の濃度での温度応答物理ゲル化やスチレン誘導体とのブロックコポリマーによる、フィルム表面の高感度な親水/疎水性変化がみられた。

一方、さまざまな有機溶媒中でUCST-型相分離するポリマーとして、側鎖にオキシエチレン基とパーフルオロ基を併せもつポリマー[39)]や、結晶性の長鎖アルキル基を有するVEポリマー[40)]を設計した。たとえば前者では、$-C_4F_9$、$-C_6F_{12}H$基を有するポリマーがさまざまな有機溶媒中でUCST型相分離を示し、そのブロックコポリマーは温度応答ゲル化した。これらを用いて、水・有機溶媒層間を温度変化に応じてシャトルのように移動する系も作成できた。

4　ビニルモノマーと環状モノマーの異種カチオン共重合

ビニルモノマーと環状モノマーなど異なる機構で重合するモノマーを用いた共重合は、新しい機能を示すポリマーの合成に有用と期待されるが、その例は限られていた。カチオン機構において交差生長反応を伴う共重合の進行を示した例は、環状ホルマールとスチレンあるいはVEの系[41)42)]などごく一部の共重合系のみであった。

筆者らは、適切な置換基をもつオキシランを用いると、$B(C_6F_5)_3$を触媒とする開始剤系によりVEとのカチオン共重合が進行することを見出した（**図4**(a)）[43)44)]。オキシランからVEへの交差生長反応のためには、オキシランから生

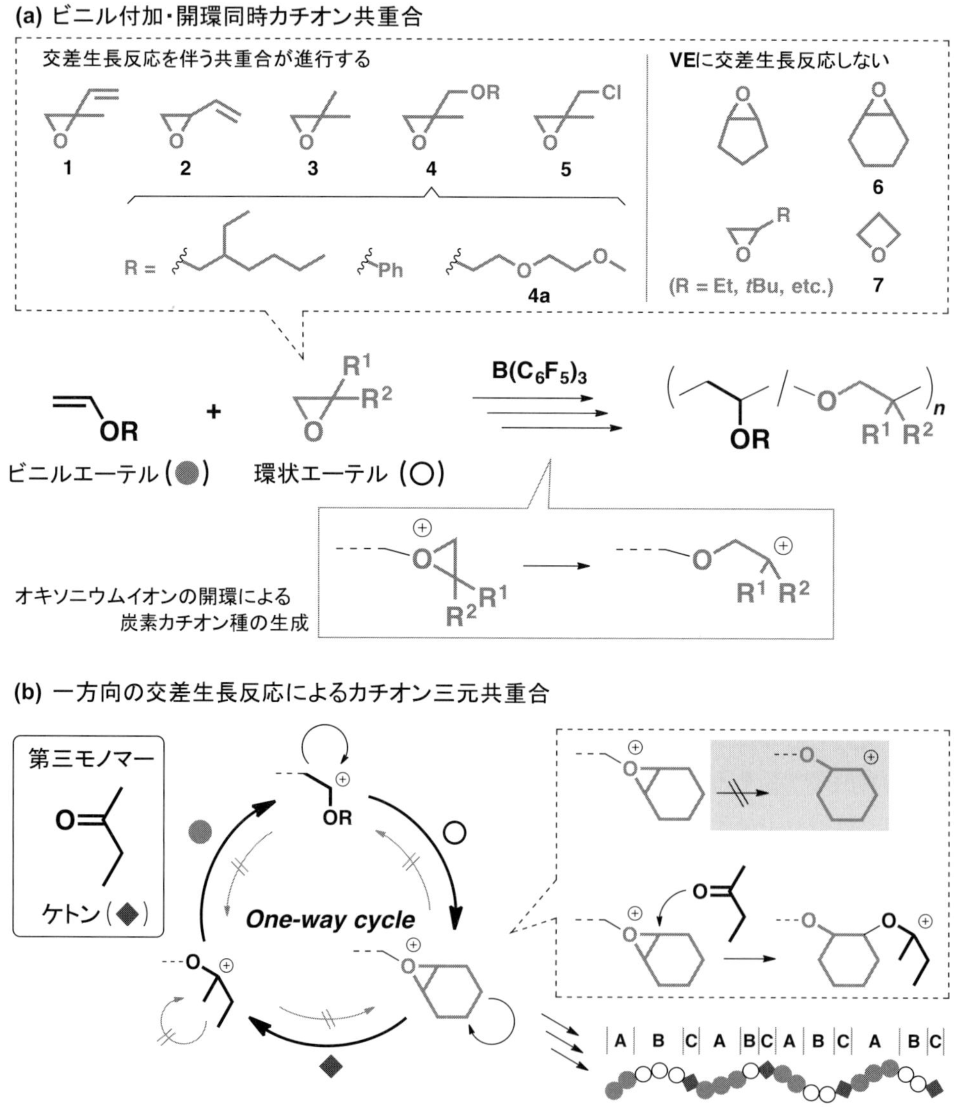

図4　(a)ビニル付加・開環同時カチオン共重合(b)一方向の交差生長反応からなるカチオン三元共重合

成するオキソニウムイオンの開環反応による炭素カチオン種の生成が必要であり、その生成の有無がオキシランの置換基に依存した。すなわち、共鳴安定型の炭素カチオンを生成する **1**、**2** や、第三級炭素カチオンを生成する **3**、**4**、**5** では共重合が進行した。さらに、交差生長反応の頻度は、そのような炭素カチオン種の生成能や両モノマーの反応性(求核性)、弱いルイス塩基の添加や重合溶媒の極性[45]などに依存することがわかった。また、**4** のモノマーは、塩素原子をもつ **5** とアルコールから合成されるため、原料のアルコールに由来する置換基を側鎖に導入可能であり種々の機能性ポリマーの合成に有効と考えられる。実際、オキシエチレン鎖を有する **4a** とエチル VE の共重合により合成した共重合体は、低温では水に溶解し昇温により不溶化する LCST- 型の温度応答挙動を示すことがわかった[46]。加えて、このような共重合体は VE からオキシランへの交差生長反応に由来するアセタール構造を主鎖中に複数もつため、酸分解性を元来有している。

上述の VE とオキシランのカチオン共重合には、オキシラン由来オキソニウムイオンの開環反応による炭素カチオン種の生成が必要であり、生成しうる構造が第一級や第二級などの不安定な炭素カチオンである場合にはオキシランから VE への交差生長反応は進行しない。たとえば **6** と VE との共重合では、VE からオキシランへの交差生長反応は進行するが逆方向へは進行せず、ジブロック型の共重合体が主に生成する。このような重合系にケトンを加えると、ケトンは一般に単独重合性を有さないが、オキシラン由来のオキソニウムイオンと反応して炭素カチオンを生成することでモノマーとして働き、三元共重合が進行することがわかった(図4(b))[47]。しかも、交差生長反応は VE →オキシラン、オキシラン→ケトン、ケトン→ VE の一方向にのみ進行し、$(A_xB_yC)_n$ 型の配列をもつポリマーが生成した。この系は今後、VE およびオキシランの単独生長反応を抑制することで、ABC 型交互三元共重合につながると期待される。また、四員環エーテルのオキセタン(**7**)も、ケトンを用いることで VE との三元共重合が進行してマルチブロック型のポリマーが生成することがわかった[48]。

ほかに、アルコキシ基の転位を伴う特異な機構で進行する VE とアルコキシオキシランのカチオン共重合系[49]や、種々の置換基・環員数の環状アセタールとビニルモノマーの制御カチオン共重合系[50]、VE のビニル付加カチオン重合と環状エステルの配位開環重合が同時に進行しつつ生長末端で組み合わさることでグラフト型のポリマーが生成する異種共重合系[51]などを最近見出してきた。これまでには不可能であった組み合わせの異種モノマーから多様な一次構造をもつ共重合体が得られるため、種々の置換基の導入による新しい機能性の付与に今後興味がもたれる。

文　献

1) 東村敏延：講座重合反応論3：カチオン重合、化学同人(1973).
2) J. P. Kennedy：*Cationic Polymerization of Olefins*：*A Critical Inventory*, John Wiley and Sons, New York (1975).
3) M. Sawamoto：*Prog. Polym. Sci.*, **16**, 111(1991).
4) K. Matyjaszewski ed.；*Cationic Polymerizations*：*Mechanism, Synthesis, and Applications*, Marcel Dekker, New York(1996).
5) J. E. Puskas and G. Kaszas：*Prog. Polym. Sci.*, **25**, 403(2000).
6) S. Aoshima and S. Kanaoka：*Chem. Rev.*, **109**, 5245 (2009).
7) 青島貞人、金岡鐘局(遠藤剛編、澤本光男監修)：高分子の合成(上)、第II編、pp. 147、講談社 (2010).
8) S. Kanaoka and S. Aoshima：*Polymer Science*：*A Comprehensive Reference*, Volume 3, pp. 527,

Elsevier, Amsterdam(2012).
9) M. Miyamoto, M. Sawamoto and T. Higashimura：*Macromolecules*, **17**, 265(1984).
10) S. Kumagai, K. Nagai, K. Satoh and M. Kamigaito：*Macromolecules*, **43**, 7523(2010).
11) H. Aoshima, M. Uchiyama, K. Satoh and M. Kamigaito：*Angew. Chem. Int. Ed.*, **53**, 10932(2014).
12) 山中祥道、木村勝彦：高分子、**62**, 244(2013).
13) S. Aoshima and T. Higashimura：*Macromolecules*, **22**, 1009(1989).
14) A. Kanazawa, S. Kanaoka and S. Aoshima：*Macromolecules*, **42**, 3965(2009).
15) T. Yoshida, A. Kanazawa, S. Kanaoka and S. Aoshima：*J. Polym. Sci., Part A*：*Polym. Chem.*, **43**, 4288(2005).
16) A. Kanazawa, S. Kanaoka and S. Aoshima：*Macromolecules*, **43**, 2739(2010).
17) H. Yoshimitsu, A. Kanazawa, S. Kanaoka and S. Aoshima：*J. Polym. Sci., Part A*：*Polym. Chem.*, **54**, 1774(2016).
18) A. Kanazawa, S. Kanaoka and S. Aoshima：*J. Am. Chem. Soc.*, **129**, 2420(2007).
19) Y. Ishido, R. Aburaki, S. Kanaoka and S. Aoshima：*Macromolecules*, **43**, 3141(2010).
20) Y. Ishido, A. Kanazawa, S. Kanaoka and S. Aoshima：*Macromolecules*, **45**, 4060(2012).
21) M. Kawamura, A. Kanazawa, S. Kanaoka and S. Aoshima：*Polym. Chem.*, **6**, 4102(2015).
22) S. Aoshima, Y. Oda, S. Matsumoto, Y. Shinke, A. Kanazawa and S. Kanaoka：*ACS Macro Lett.*, **3**, 80(2014).
23) S. Matsumoto, A. Kanazawa, S. Kanaoka and S. Aoshima：*J. Am. Chem. Soc.*, **139**, 7713(2017).
24) N. Yokoyama, A. Kanazawa, S. Kanaoka and S. Aoshima：*Macromolecules*, **51**, 884(2018).
25) T. Shibata, S. Kanaoka and S. Aoshima：*J. Am. Chem. Soc.*, **128**, 7497(2006).
26) T. Yoshizaki, A. Kanazawa, S. Kanaoka and S. Aoshima：*Macromolecules*, **49**, 71(2016).
27) H. Watanabe, A. Kanazawa and S. Aoshima：*ACS Macro Lett.*, **6**, 463(2017).
28) S. Aoshima and S. Kanaoka：*Adv. Polym. Sci.*, **210**, 169(2008).
29) S. Aoshima, H. Oda and E. Kobayashi：*J. Polym. Sci., Part A*：*Polym. Chem.*, **30**, 2407(1992).
30) S. Sugihara, K. Hashimoto, S. Okabe, M. Shibayama, S. Kanaoka and S. Aoshima：*Macromolecules*, **37**, 336(2004).
31) S. Kanaoka, N. Yagi, Y. Fukuyama, S. Aoshima, H. Tsunoyama, T. Tsukuda and H. Sakurai：*J. Am. Chem. Soc.*, **129**, 12060(2007).
32) 吉﨑友哉、金澤有紘、金岡鍾局、青島貞人：高分子論文集、**72**, 486(2015).
33) K. Kono, T. Ozawa, T. Yoshida, F. Ozaki, Y. Ishizaka, K. Maruyama, C. Kojima, A. Harada and S. Aoshima：*Biomaterials*, **31**, 7096-7105(2010).
34) K. Seno, S. Kanaoka and S. Aoshima：*J. Polym. Sci., Part A*：*Polym. Chem.*, **46**, 5724(2008).
35) Y. Seki, A. Kanazawa, S. Kanaoka, T. Fujiwara and S. Aoshima：*Macromolecules*, **51**, 825(2018).
36) S. Zhou, Y. Oda, A. Shimojima, T. Okubo, S. Aoshima and A. Sugawara-Narutaki：*Polym. J.*, **47**, 128(2015).
37) H. Yoshimitsu, A. Kanazawa, S. Kanaoka and S. Aoshima：*Macromolecules*, **45**, 9427(2012).
38) H. Yoshimitsu, E. Korchagiva, A. Kanazawa, S. Kanaoka F. Winnik and S. Aoshima：*Polym. Chem.*, **7**, 2062(2016).
39) H. Shimomoto, D. Fukami, S. Kanaoka and S. Aoshima：*J. Polym. Sci., Part A*：*Polym. Chem.*, **49**, 1174(2011).
40) K. Seno, A. Date, S. Kanaoka and S. Aoshima：*J. Polym. Sci., Part A*：*Polym. Chem.*, **46**, 4392(2008).
41) M. Okada, Y. Yamashita and Y. Ishii：*Makromol. Chem.*, **94**, 181(1966).
42) M. Okada and Y. Yamashita：*Makromol. Chem.*, **126**, 266(1969).
43) A. Kanazawa, S. Kanaoka and S. Aoshima：*J. Am. Chem. Soc.*, **135**, 9330(2013).
44) A. Kanazawa, S. Kanaoka and S. Aoshima：*Macromolecules*, **47**, 6635(2014).
45) A. Kanazawa and S. Aoshima：*Polym. Chem.*, **6**, 5675(2015).
46) Y. Miyamae, A. Kanazawa, K. Tamaso, K. Morino, R. Ogawa and S. Aoshima：*Polym. Chem.*, **9**, 404(2018).
47) A. Kanazawa and S. Aoshima：*ACS Macro Lett.*, **4**, 783(2015).
48) A. Kanazawa and S. Aoshima：*Macromolecules*, **50**, 6595(2017).
49) A. Kanazawa, S. Kanda, S. Kanaoka and S. Aoshima：*Macromolecules*, **47**, 8531(2014).
50) T. Shirouchi, A. Kanazawa, S. Kanaoka and S. Aoshima：*Macromolecules*, **49**, 7184(2016).
51) M. Higuchi, A. Kanazawa and S. Aoshima：*ACS Macro Lett.*, **6**, 365(2017).

基礎編

第2章　分子設計

第4節　連鎖・逐次同時ラジカル重合による刺激応答性高分子の設計

名古屋大学　上垣外 正己/佐藤 浩太郎

1　はじめに

近年、精密重合の発展はめざましく、さまざまな観点から構造の制御された高分子の合成が可能となり、その制御構造に基づき物性や機能などに優れた高分子の開発が行われている[1)2)]。なかでも、リビング重合は、ポリマーの分子量や末端構造の制御に加え、ブロックポリマー、星型ポリマー、グラフトポリマーなどさまざまな構造の制御されたポリマーの合成に非常に有用な重合法である。さらに、構造の制御されたポリマーに、刺激に応答する部位を制御して組み込むことで、刺激応答性を精密に設計可能な高分子の合成へと発展し、本書でもさまざまな例が取り上げられている。

本節では、広範囲のビニルモノマーの重合制御に有効な遷移金属触媒を用いたリビングラジカル重合に、同様な触媒によりラジカル重付加機構で重合するモノマーを設計して加えることで、ビニルポリマーの主鎖にさまざまな官能基を組み込み、その官能基に基づき刺激応答性を制御可能な高分子の設計と合成について、我々の研究例を紹介する。

2　連鎖・逐次同時ラジカル重合による高分子設計

まず本項では、刺激応答部位の組み込みに先立ち、本ポリマー合成法の基となる、遷移金属触媒によるリビングラジカル重合、ラジカル重付加、その組み合わせである連鎖・逐次同時ラジカル重合を概説することで、本法によるポリマー設計の特徴を明確にする。

2.1　連鎖重合：遷移金属触媒を用いたリビングラジカル重合

遷移金属触媒を用いたリビングラジカル重合は、安定な炭素-ハロゲン結合を遷移金属触媒によって可逆的に活性化しラジカル種を制御して生成させることで、ラジカル重合をリビング的に進行させる(**図1**)[1)2)]。この重合は、一般に、炭素-ハロゲン結合を有する化合物を開始剤とし、ルテニウム、銅、鉄などの一電子酸化還元反応を可逆的に起こす遷移金属触媒を用いることで、アクリル酸エステル、メタクリル酸エステル、アクリルアミド、スチレンなど広範囲の主に共役ビニルモノマーのラジカル重合制御を可能とする。モノマーとハロゲン化合物開始剤の仕込み比により分子量が決まり、分子量分布が狭く、末端に炭素-ハロゲン結合を有するポリマーを与える。

この重合においては、開始剤の炭素-ハロゲン結合から金属触媒がハロゲンを引き抜くことで炭素ラジカル種が生成し、続いてビニルモノマーの二重結合への付加反応を繰り返すことで連鎖的な重合が進行するが、金属触媒からハロゲンが戻り生長ラジカル種が共有結合のドーマント種となることで、分子量の制御が可能となる。このリビングラジカル重合では、とくに共役モノマーから生じる炭素-ハロゲン結合が、適切な遷移金属触媒を用いることで、可逆的に

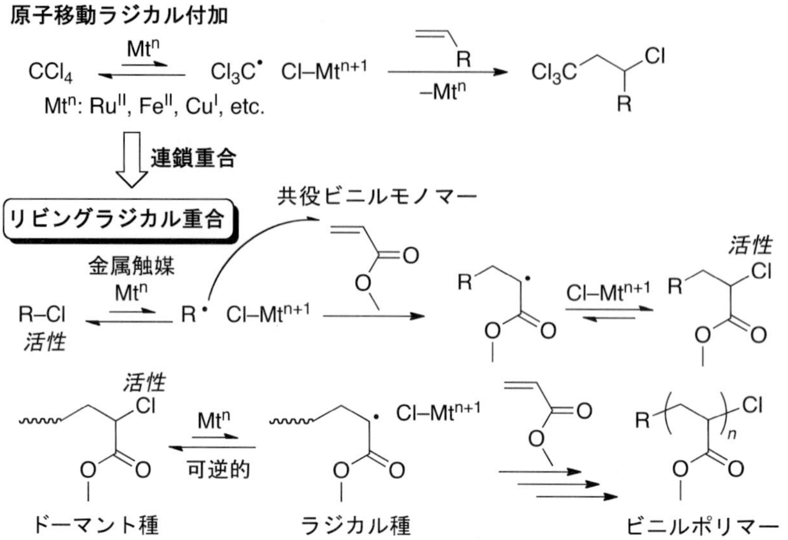

図1　遷移金属触媒によるリビングラジカル重合

活性化可能となることが重合制御の鍵である。この重合は、有機反応において知られていた、ハロゲン化合物とビニル化合物の1：1の付加反応であるカラッシュ付加反応あるいは原子移動ラジカル付加反応(Atom Transfer Radical Addition)を[3]、連鎖重合反応に展開した重合系であり、原子移動ラジカル重合(Atom Transfer Radical Polymerization)として広く知られている[1)2)]。

2.2　逐次重合：遷移金属触媒を用いたラジカル重付加

一方、我々は、同じ原子移動ラジカル付加反応を、逐次的な重合反応へと展開することで、新たなラジカル重付加反応を見出した(図2)[4)-10)]。この重合反応で用いるモノマーは通常のビニルモノマーとは異なるが、非共役二重結合と活性化可能な炭素-ハロゲン結合が連結されたモノマーを設計・合成することで、新たな重合反応に基づくポリマー合成が可能となる。

すなわち、同様な遷移金属触媒により、モノマーに存在する炭素-ハロゲン結合から炭素ラジカルが生成し、別のモノマー分子に存在する非共役二重結合へ付加し、生じたラジカルにハロゲンが戻ると、モノマー間での1：1付加反応となり二量体が生成する。このとき、新たに生じる炭素-ハロゲン結合は不活性となるようにモノマー設計されているが、末端には、モノマー由来の活性な炭素-ハロゲン結合と非共役二重結合が存在するため、同様な付加反応を、二量体さらにオリゴマーやポリマー間で起こすことで、逐次的なラジカル重付加反応によるポリマー合成が可能である。ビニルポリマーとは異なり、ポリマー主鎖中にさまざまな結合を組み込むことが可能であり、たとえば、モノマー中の非共役二重結合と活性化可能な炭素-ハロゲン結合部位を、エステル結合を介して連結すると、主鎖がエステル結合から成るポリマー、すなわちポリエステルが、ラジカル重付加反応で設計・合成可能となる。

2.3　連鎖・逐次同時ラジカル重合

以上のように、金属触媒を用いたラジカル付加反応は、ビニルモノマーの連鎖的な重合反応と、新たなモノマー設計により逐次的な重合反応の両方に展開可能である。これら2つの重合反応は、連鎖的と逐次的で重合機構は異なるが、同じ遷移金属触媒による同様な炭素-ハロ

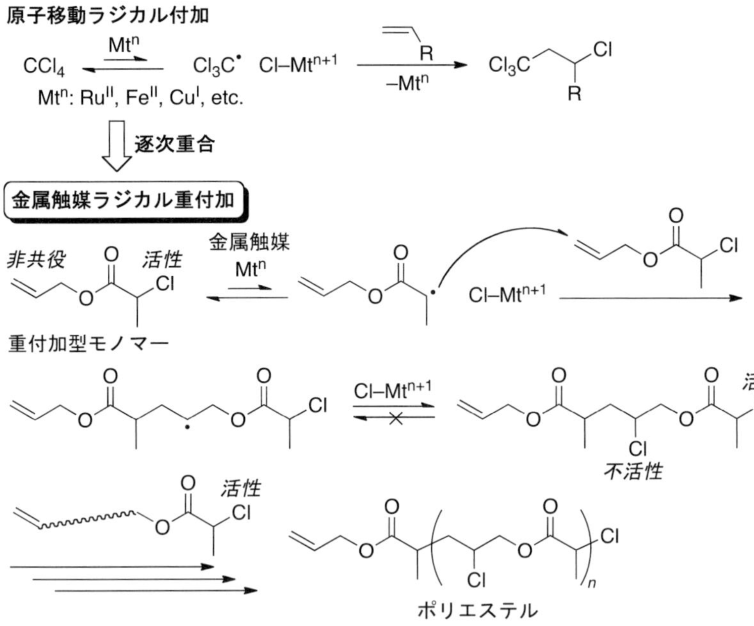

図 2　遷移金属触媒によるラジカル重付加

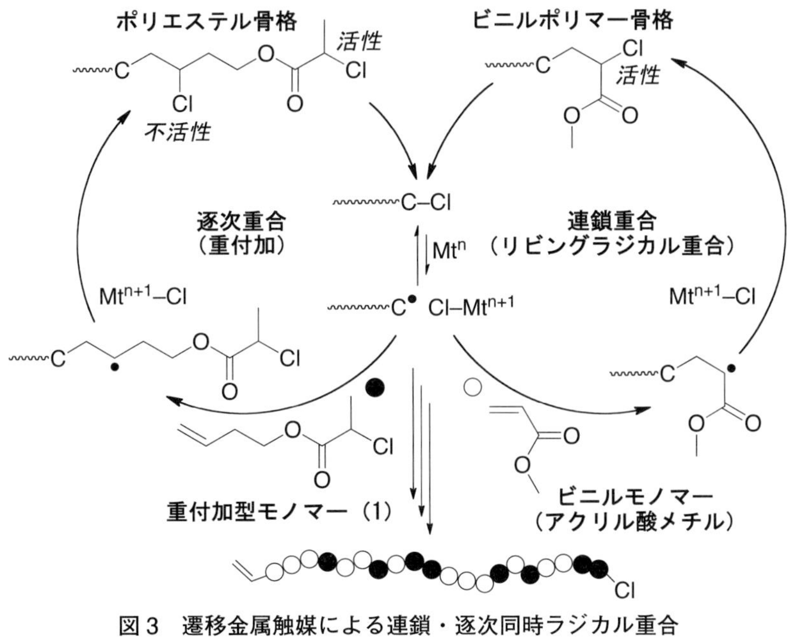

図 3　遷移金属触媒による連鎖・逐次同時ラジカル重合

ゲン結合の活性化を伴うラジカル付加反応の繰り返しで進行するため、この 2 つの重合反応を同時に行う連鎖・逐次同時ラジカル重合を開発することで、新たなポリマー設計が可能となる（**図 3**）[4)7)11)]。

実際に、アクリル酸エステルなどをビニルモノマーとして用い、非共役二重結合と活性化可能な炭素–塩素結合がエステル結合で連結された重付加型モノマー**1** を組み合わせ、適切な遷移金属触媒を用いて重合することで、連鎖重合と逐次重合が同時に進行し、主鎖がビニルポリマー骨格とポリエステル骨格で連結された新たな共重合体の合成が可能となる[11,12]。とくに、重付加型モノマーに対して過剰量のビニルモノマーを用いると、重付加型モノマーに存在する炭素–塩素結合がまずビニルモノマーのリビングラジカル重合開始点となり、分子量分布の狭いビニルポリマーが生成し、その後、末端に存在する重付加型モノマーに由来する反応性の低い非共役二重結合が逐次的にラジカル付加反応に組み込まれることで、ビニルポリマーが重付加型モノマーで連結されたマルチブロックポリマーが生成する。このポリマーのビニルポリマー部分はリビング重合により重合度が制御されているため、リビングポリマーの長さに応じた周期をもって、周期的に官能基が導入されたビニルポリマーとみなすことができる。

このように、連鎖・逐次ラジカル同時重合を用いて、重付加型モノマーにさまざまな官能基や刺激応答部位を周期的に組み込むことで、制御された構造を有する新たな刺激応答性ビニルポリマーの設計が可能になると考えられる。

3　ビニルポリマーの連結点への分解可能な刺激応答性基の導入

そこで、本項では、化学的な刺激などにより切断可能なエステル結合やジスルフィド結合を組み込んだ重付加型モノマーを設計・合成し、さまざまな共役ビニルモノマーの金属触媒によるリビングラジカル重合に加えることで、連鎖・逐次同時ラジカル重合を行い、ビニルポリマーが切断可能な連結点で結合されたマルチブロックポリマーの合成について述べる(**図 4**)。

3.1　エステル結合で連結されたマルチブロックビニルポリマー

たとえば、アクリル酸メチルとエステル結合

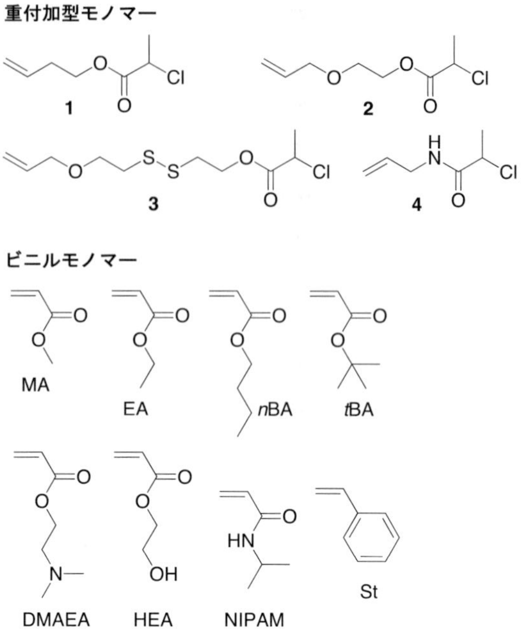

図 4　連鎖・逐次同時ラジカル重合に用いられるモノマーの例

で連結された重付加型モノマー**1** を、100：1 の比で仕込み、ルテニウム触媒($RuCp^*Cl(PPh_3)_2$)を用いて行った重合を**図 5** に示す[11]。**1** の炭素–塩素結合がまず速やかに消費され、次いでアクリル酸メチルの二重結合が消費される形で重合が進行し、生成ポリマーの分子量は重合率に比例して増加し、分子量分布の狭いアクリル酸メチルのリビングポリマーが得られる。その後、**1** に由来する反応性の低い非共役二重結合が徐々に消費されはじめ、それとともに生成ポリマーの分子量は急激に増加し、多峰性の分子量分布をもつポリマーへと変化する。このように、アクリル酸メチルのリビングポリマーが、重付加型モノマーで連結されたマルチブロックポリマーが生成することが示される。

生成ポリマーをメタノール中、アルカリ条件下で処理すると、ポリマーの分子量は低下し、分子量分布の狭い単峰性のポリマーとなる。これは、マルチブロックポリマーの連結部位にあった重付加型モノマーに基づく主鎖のエステ

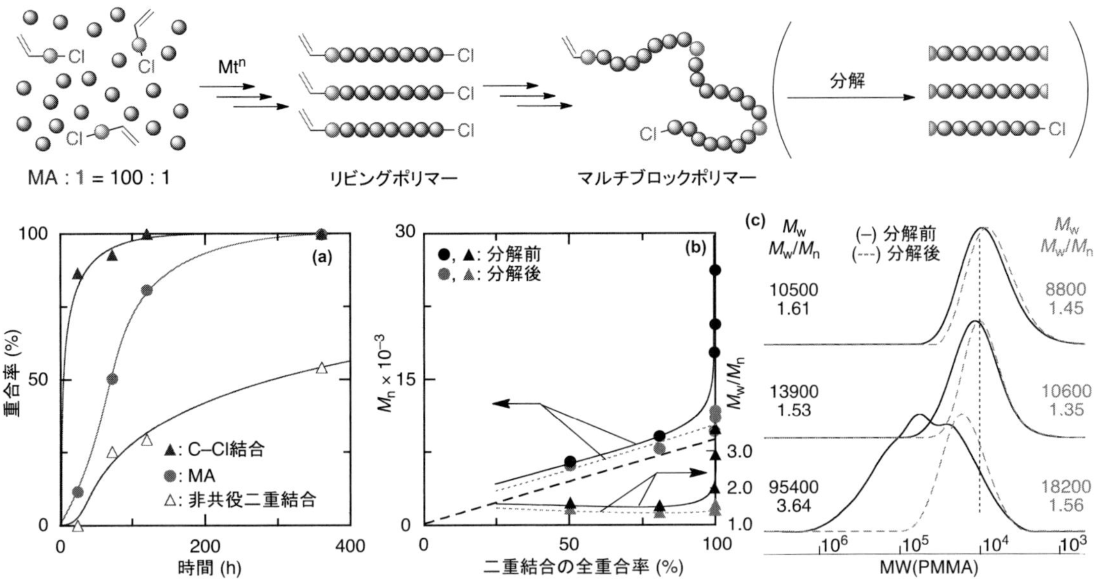

図５　アクリル酸メチルと重付加型モノマー１の連鎖・逐次同時ラジカル重合および得られるマルチブロックポリマーと主鎖エステル結合の分解により生成したポリマーの分子量変化　　※口絵参照

ル結合が切断され、末端にアルコールとメチルエステルを有するポリアクリル酸メチルへと変換されたことを示している。すなわち、この連鎖・逐次同時ラジカル重合で生成したマルチブロックポリマーは、分解性部位が周期的に導入されたポリアクリル酸メチルである。

同様なポリマーは、種々のアクリル酸エステル、アクリルアミド、スチレンなど広範囲の共役ビニルモノマーに対しても、**1**のような重付加型モノマーを加え、適切な遷移金属触媒を用いることで合成可能である[12]。

3.2　ジスルフィド結合で連結されたマルチブロックビニルポリマー

同様に、ジスルフィド結合を有する重付加型モノマー**3**とアクリル酸エステルを重合すると、ジスルフィド結合で連結されたマルチブロックポリマーが生成する。この場合は、トリブチルホスフィンなどの還元剤でジスルフィド結合を切断すると、両末端にチオールを有し、分子量分布の狭いポリアクリル酸エステルへと変換される[12]。このようなジスルフィド結合とチオール間の可逆的な酸化還元反応に基づく結合生成解離を利用すると、刺激に応答して可逆的に分子量が変化するポリマー設計も可能である。

3.3　自己分解型マルチブロックビニルポリマー

ビニルポリマーの側鎖に、連結点の結合の分解を促進する官能基を導入することで、自己分解性を有するマルチブロックポリマーの設計も可能である[13]。たとえば、アクリル酸 *t*-ブチルをビニルモノマーとして用い、同様に**1**との連鎖・逐次同時重合を行った後、側鎖の *t*-ブチル基を外して１級アミノ基を導入することで、**1**に由来する主鎖のエステル結合を、ビニルポリマーの側鎖に導入したアミノ基で自己分解可能なマルチブロックポリマーの合成が可能となる（**図６**）。この側鎖アミノ基をアンモニウム塩化したポリマーは抗菌性を示し、抗菌性と抗血栓性は、分子量、組成、側鎖置換基の状態に依存する。水溶液の pH が高くなると、側鎖１級アミノ基による自己分解が促進され分子量

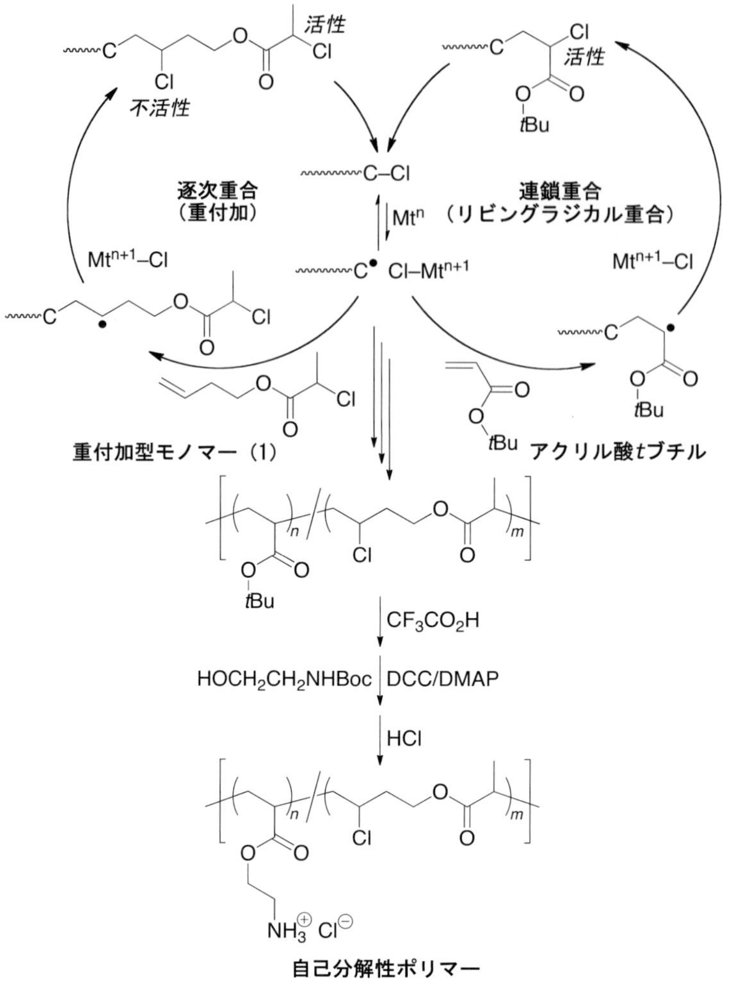

図６　連鎖・逐次同時ラジカル重合による自己分解性ポリマーの合成

が低下するため、pH に応じて、抗菌性や抗血栓性を制御可能なポリマー設計が可能である。

以上のように、連鎖・逐次同時ラジカル重合により、さまざまな共役ビニルモノマーから、刺激により分解可能な部位を周期的に有するマルチブロックポリマーの合成が可能であり、さらに、ビニルポリマーの側鎖に分解を引き起こす官能基を導入することで、条件に応じて自己分解を引き起こす刺激応答性高分子の合成が可能である。

4　温度応答性ポリマーの連結点への官能基および刺激応答性基の導入

ポリ *N*-イソプロピルアクリルアミドは低温で水に溶解し、ある温度で疎水性へと相転移を起こす温度応答性ポリマーとして、基礎から応用までさまざまな研究が行われており、とくに相転移温度がヒトの体温付近であることから医療への応用が検討されるなど、本書でも所々に登場するポリマーである。このポリマーは、一般に *N*-イソプロピルアクリルアミドのラジカル重合により合成されるが、近年のリビングラジカル重合の発展に伴い、分子量や末端基の制御が簡便に可能になるとともに、種々のブロックポリマーなども合成され、その温度応答挙動も含めたさまざまな研究展開が行われている。

N-イソプロピルアクリルアミドも、適切な遷移金属触媒を用いることで、重付加型モノマーとの同様な連鎖・逐次同時重合が進行する。すなわち、さまざまな官能基を周期的に有するポリ*N*-イソプロピルアクリルアミドの合成が可能である。

4.1　官能基が連結点に導入されたポリ*N*-イソプロピルアクリルアミド

アミド基で連結された重付加型モノマー**4**を用いて、*N*-イソプロピルアクリルアミドとの仕込み比を変えて連鎖・逐次同時ラジカル重合を行うと、さまざまな重合度を有するポリ*N*-イソプロピルアクリルアミドが、アミド基を有する重付加型モノマーユニットで連結されたマルチブロックポリマーが合成可能である[14]。この一連のポリマーも水溶性であり、その水溶液は、温度の上昇に伴い、ある温度で急に白濁する温度応答挙動を示す(**図7**(a))。重付加型モノマーの仕込み比が増えるほど、すなわち、*N*-イソプロピルアクリルアミドのブロック連鎖が短くなるほど、曇点は高くなる。これは、アミド基を有する重付加型モノマーユニットの水溶性が高いためと考えられる。

一方、アミド基の代わりにエステル基で連結された重付加型モノマー**1**を用い、同様に仕込み比を変えて得られたポリマーは、逆に重付加型モノマーの仕込み比が増えるほど、曇点は低下する(図7(b)、塗りつぶし記号)。これは、エステル基はアミド基に比べて親水性が低いためと考えられる。

このように、連鎖・逐次同時重合により、ポリ*N*-イソプロピルアクリルアミドに周期的に官能基を導入し、仕込み比により官能基の相対量やブロック連鎖長を変化させることで、温度応答性の制御が可能となる。

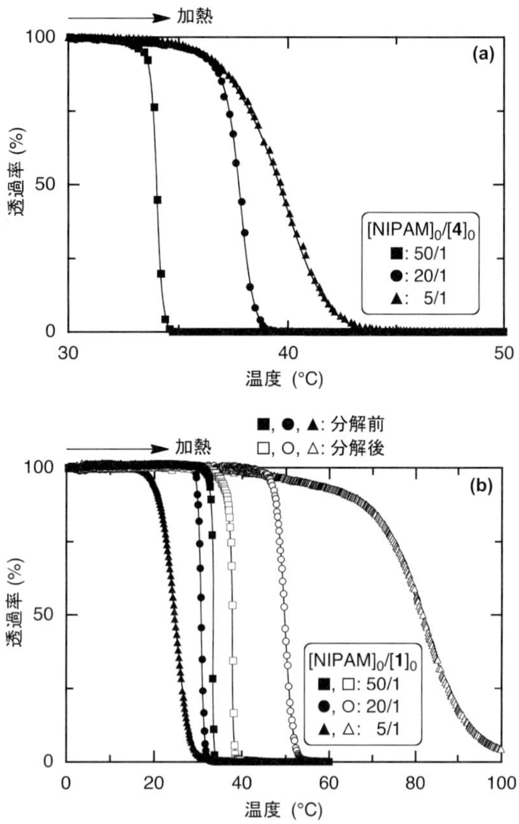

図7　ポリ*N*-イソプロピルアクリルアミドのマルチブロックポリマー水溶液の透過率の温度依存性(a)：アミド基で連結されたポリマー(b)：エステル基で連結されたポリマーと分解後のポリマー

4.2　分解可能な部位が連結点に導入されたポリ*N*-イソプロピルアクリルアミド

エステル基で連結されたポリ*N*-イソプロピルアクリルアミドは、上述のポリアクリル酸エステルと同様に連結点での分解が可能である。**1**から得られたポリマーを、メタノール中、塩基存在下で分解すると、分子量は低下し、分子量分布が狭く、末端にアルコールとメチルエステルを有するポリマーへと変換される。分解後のポリマーの曇点は上昇し、また重合度が低いほど高く、末端の水酸基の割合が高くなったことや分子量が低くなったことが原因と考えられる(図7(B)、白抜き丸記号)。

このように、連鎖・逐次同時重合を用いて、温度応答性ポリマーの連結部位に分解可能な結合を導入することで、温度と化学的な刺激に応答する二重刺激応答性高分子の設計・合成が可能である。

5 ビニルポリマーへの異なる2つの官能基の周期的な導入

金属触媒による逐次的なラジカル重付加反応は、前述のような、活性化可能な炭素-塩素結合と非共役二重結合をともに有するいわゆるAB型モノマーだけではなく、同様な炭素-塩素結合を分子内に2つ有するAA型モノマーと非共役二重結合を分子内に2つ有するBB型モノマー間でも進行する[4)9)]。このAA型とBB型モノマーを用いた逐次重合を、ビニルモノマーのリビングラジカル重合に組み合わせて、連鎖・逐次同時ラジカル重合を行うと、ビニルポリマーの主鎖に周期的に異なる官能基の導入が可能となる(**図8**)[15)]。

すなわち、この重合では、まず炭素-塩素結合を2つ有するAA型モノマーが、ビニルモノマーの二官能性開始剤として働き、リビングラジカル重合が進行し、両末端に炭素-塩素結合を有し、分子量が制御されたポリマーが生成する。その後、この両末端リビングポリマーが、反応性の低い非共役二重結合を2つ有するBB型モノマーとの重付加反応を起こすことで、マルチブロックビニルポリマーが生成する。上述のAB型モノマーを用いた場合と異なり、得られたポリマーは、二官能性開始剤として働いたAA型モノマーユニットと、二官能性連結剤として働いたBB型モノマーユニットが、リビングポリマーの半分の長さの周期で交互に導入されたポリマー設計が可能となる。

5.1 水酸基とアミド基が周期的に導入されたポリ*N*-イソプロピルアクリルアミド

この設計法を用いて、たとえば、二官能性開始剤として働くAA型モノマーに3つの水酸基を導入し、これに対してアミド基が導入されたBB型モノマーを当量用い、過剰量の*N*-イソプロピルアクリルアミドを加えて連鎖・逐次同時ラジカル重合を行うと、水酸基とアミド基が周期的に交互に導入されたポリマーの合成が可能となる(**図9**)。このポリマーも温度応答性を示し、ポリ*N*-イソプロピルアクリルアミドの重合度を下げ、親水性である連結部分の周期を短くすると水溶性は上昇する。興味深いことに、AA型モノマーの水酸基の数を2つ、さらに1つに減らしても、周期が同じであればほぼ同じ曇点を示すことがわかり、官能基の数より周期の方が温度応答性に影響を与えることを示している。

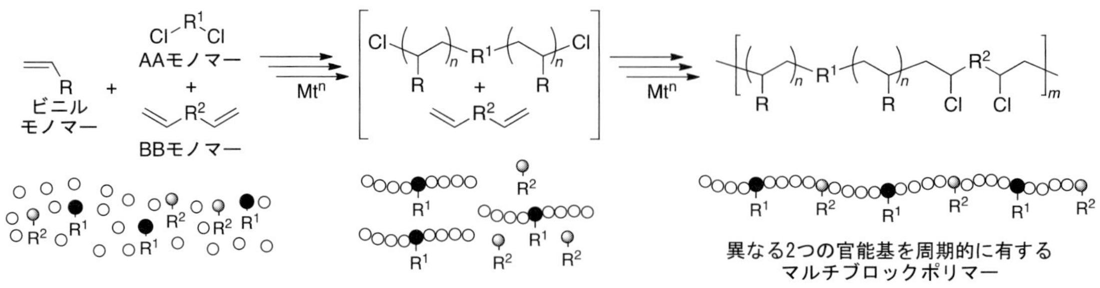

図8 ビニルモノマーと重付加型AAおよびBBモノマーの連鎖・逐次同時ラジカル重合によるビニルポリマーへの2つの官能基の周期的な導入

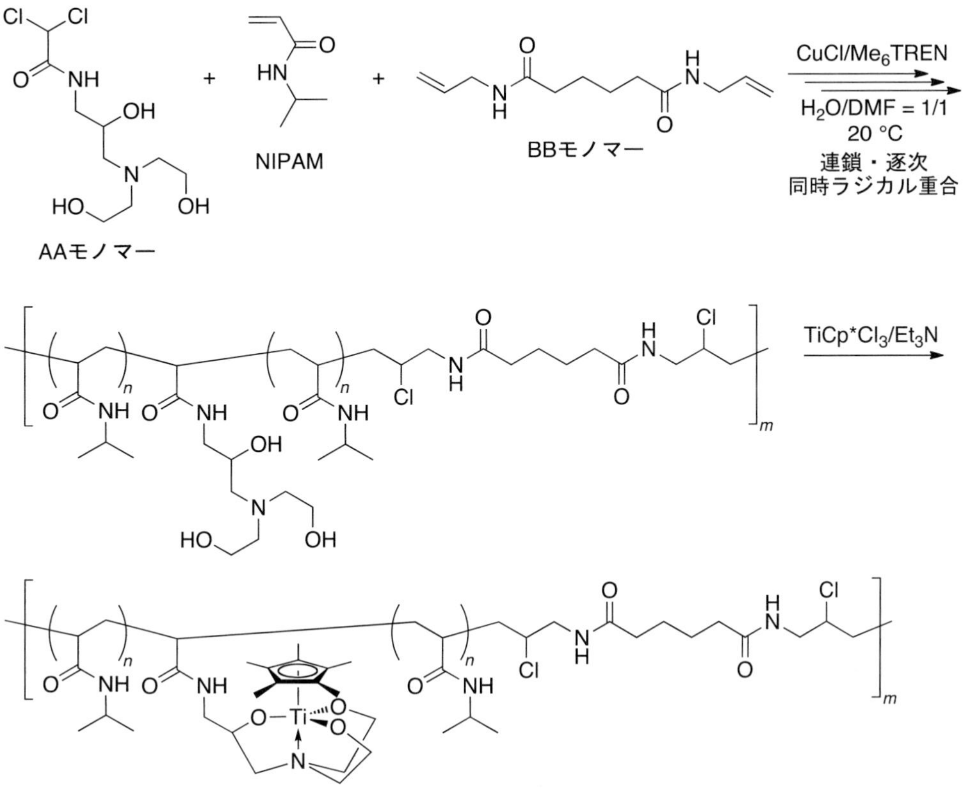

図9　ポリ *N*-イソプロピルアクリルアミドへの異なる2つの官能基の周期的な導入例

5.2　金属部位とアミド基が周期的に導入されたポリ *N*-イソプロピルアクリルアミド

水酸基を3つ有するトリエタノールアミン構造は、チタンなどの金属の配位子として働き、空気下でも安定なアトラン型の錯体を形成することが知られている。$TiCp^*Cl_3$ を反応させると、側鎖にチタンを定量的かつ安定に導入することが可能であり、周期的にチタン錯体を有するポリマーが得られる。このポリマーも温度応答性を示し、水酸基が反応して疎水的な Cp*Ti が導入されるため曇点は低下する。

また、重付加型モノマーユニットにトリエトキシシリル基を導入すると、ポリマーが形成するミセルの架橋反応が、周期的に導入されたシロキシ基により、制御されるため、大きさの制御された温度応答性ミクロゲルの設計も可能である。

6　おわりに

以上述べたように、遷移金属触媒を用いた連鎖型のリビングラジカル重合に、逐次型のラジカル重付加反応を組み込むことで、ビニルポリマーへさまざまな官能基を周期的に導入することが可能となる。今後、多様な刺激応答性と組み合わせることで、ビニルポリマーの新たな制御構造に基づく刺激応答性高分子へと展開されることを期待している。

文　献

1) 日本化学会編：CSJ カレントレビュー20 精密重合が拓く高分子合成-高度な制御と進む実用化，化学同人(2016).
2) 蒲池幹治，遠藤剛，岡本佳男，福田猛 監修：新訂版 ラジカル重合ハンドブック，エヌ・ティー・エス(2010).

3) J. Iqbal, B. Bhatia and N. K. Nayyar：*Chem. Rev.*, **94**, 519(1994).
4) 佐藤浩太郎，水谷将人，上垣外正己：高分子論文集，**68**, 436(2011).
5) K. Satoh, M. Mizutani and M. Kamigaito：*Chem. Commun.*, 1260(2007).
6) M. Mizutani, K. Satoh and M. Kamigaito：*Macromolecules*, **42**, 472(2009).
7) M. Mizutani, K. Satoh and M. Kamigaito：*J. Phys：Conf. Ser.*, **184**, 012025(2009).
8) K. Satoh, S. Ozawa, M. Mizutani, K. Nagai and M. Kamigaito：*Nat. Commun.*, **1**, 6(2010).
9) K. Satoh, T. Abe and M. Kamigatio：*ACS Symp. Ser.*, **1100**, 133(2012).
10) T. Soejima, K. Satoh and M. Kamigaito：*Tetrahedron*, **72**, 7657(2016).
11) M. Mizutani, K. Satoh and M. Kamigaito：*J. Am. Chem. Soc.*, **132**, 7498(2010).
12) M. Mizutani, K. Satoh and M. Kamigaito：*Aust. J. Chem.*, **67**, 544(2014).
13) M. Mizutani, E. F. Palermo, L. M. Thoma, K. Satoh, M. Kamigaito and K. Kuroda：*Biomacromolecules*, **13**, 1554(2012).
14) M. Mizutani, K. Satoh and M. Kamigaito：*Macromolecules*, **44**, 2382(2011).
15) K. Satoh, D. Ito and M. Kamigatio：*ACS Symp. Ser.*, **1188**, 1(2015).

基礎編

第2章　分子設計
第5節　刺激応答性元素ブロック高分子の設計と機能発現

京都大学　田中 一生/権 正行/中條 善樹

1　はじめに

無機元素を高分子に導入し機能性高分子材料を得るという研究戦略より、これまでコンポジット材料(複合材料)や有機-無機ハイブリッド材料と呼ばれる優れた機能を有する素材が数多く生まれてきた。ここで近年、有機官能基を有する無機クラスター化合物群や、従来の有機物あるいは無機物ではみられない特性を示す機能団が合成されるようになってきた。これらの新素材は、有機と無機というような既存の概念では分類できないが、高機能性高分子材料創出に向けて応用のポテンシャルはきわめて大きいと期待された。そこで、これらの機能団の特性を積極的に応用展開することで新奇材料開発につなげることを目的とし、これらのビルディングブロックを「元素ブロック」と呼び、さまざまに連結・組み合わせることで、「元素ブロック高分子材料」と呼べる先端材料の創出を行ってきた(**図1**)[1)2)]。本稿では、とくに外的刺激や環境変化に応答可能な元素ブロックと、それらを用いた刺激応答性材料の開発について述べる。元素ブロックとしては、シリカの立方体構造を有するかご型シルセスキオキサン(POSS)、13族元素であるホウ素を用いた機能性無機クラスター化合物であるカルボランやホウ素ジイミネート錯体を用い、それらを含む元素ブロック高分子材料の機能について筆者らの研究を中心に概説する。

2　POSS元素ブロックを基盤とした刺激応答材料

2.1　POSSの剛直性を利用した生体関連材料

かご型シルセスキオキサン(POSS)は、**図2**のように$(RSiO_{1.5})_8$で表され、一辺が0.3ナノメートルのシリカの立方体構造を中心に、各頂点に有機官能基をもつ物質の総称である。このシリカ核は剛直な性質を有していることから、これまでPOSSは材料の分野で主に樹脂材料の耐久性向上のために使われてきている[3)4)]。たとえば、樹脂にフィラーとして添加することで、材料の耐熱性、耐久性付与が可能であるこ

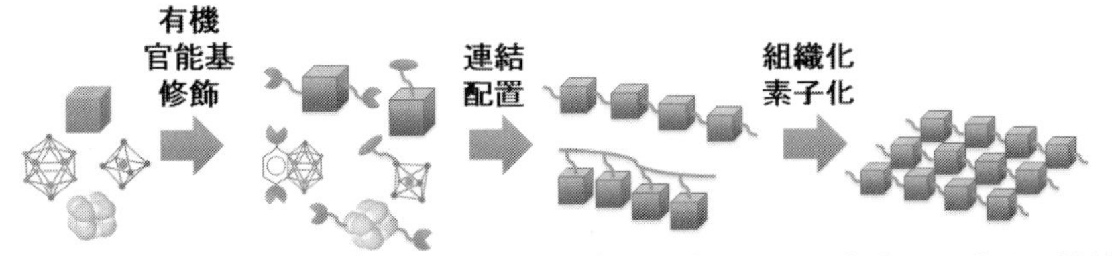

図1　元素ブロック高分子材料創出の模式図

※口絵参照

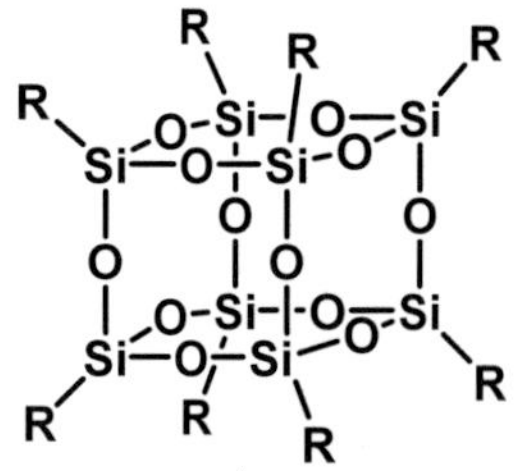

図2　POSSの構造

とが知られている[5)-12)]。一方、これらの材料応用に関する研究と比較すると、POSSの生体や医療への応用に関する研究例は少ない。ここで筆者らはPOSSの剛直性に着目することで、これまでにいくつかのユニークな動作機構を有する生体反応追跡のための、プローブ材料の開発を行ってきた[13)]。ここではこれらのプローブの材料設計指針と結果について述べる。

POSS自体は可視光領域に吸収も発光ももたないうえ、磁気的性質もない。一方、上述のようなPOSS元素ブロックの剛直性を利用することで、特異な光学・磁気材料を得ることができる。たとえばPOSSは、直接連結した機能団や相互作用している分子の運動性を低下させることができる。この特徴を利用することで、MRI造影剤の高感度化が可能である[14)]。常磁性金属錯体とPOSSを連結することで、金属イオンの運動性が低下した。その結果、周囲の水分子におけるNMRでの縦緩和を効率よく引き起こし、これらの磁気的影響のない水分子に対するNMR信号の強度差を作り出すことができた。そして、それらを検出することで、MR画像において臨床応用されているMR造影剤よりも100分の1の濃度でも同程度の像を得ることができた。また、励起状態で分子運動を凍結させるという、いわば「分子冷凍庫」としてPOSSが機能することを見出し、その特徴を活かして発光性色素から特異な光学特性を引き出した[15)]。励起状態で回転する色素分子をPOSS核デンドリマーに内包させた。この色素分子は光励起後にPOSSにより運動性が抑制されたため、励起直後の状態と回転後という2つの異なる構造をとるようになり、結果としてそれらに起因する2つの発光帯を同時に示すことが明らかとなった。さらに、デンドリマーのようなPOSS含有高分子内での、発光分子の性質変化を利用すると、通常、生理環境下ではみられない挙動も現出することができる。

2.2　水中アップコンバージョン材料の開発

光反応は照射のタイミングを調節することで時空間を制御しながら反応を進行させやすい。したがって、光駆動型薬剤は副反応を抑えた治療に有効であると考えられている。一方、薬剤活性化のための光反応では紫外光などの高いエネルギーの光照射を必要とするため、励起光による生体の損傷が引き起こされることや、生体組織の光の透過度の低さに起因した励起光の減衰など、光治療の実現には依然課題が多い。このような背景のもと、筆者らは、今まで光が届かなかった部位で光反応を進行させることを目標として研究を始めた。その解決策としてアップコンバージョン色素の利用を考えた。アップコンバージョンとは、長波長光が短波長化する現象である。もしアップコンバージョン色素を開発できれば、生体透過度の高い長波長光を照射し、近傍に存在する光駆動型薬剤を活性化できると想定される。そのため、励起光の減衰や副反応がなく、必要な点で物質の励起が可能となるのではないかと考えられる。このようなシナリオを実現するために、まず、アップコンバージョンを生理環境下で起こすことを目指した。

三重項-三重項消滅(TTA)は有機発光素子で、高電圧を印加した際に頻繁に発生する励起子の減衰過程として知られている。一方、TTAを利用すると、自然光でもアップコンバージョンを起こすことが可能である。そこで、三重項–三重項消滅を経由したアップコンバージョンを行い、可視光を紫外光に変換する物質の開発を行った[15]。まず、増感剤としてオクタエチルポルフィリンの白金錯体(PtOEP)、発光物質としてアントラセンを用い、これらをある等量比で含む溶液に光を照射すると、効率よくアップコンバージョンを起こすことがわかった(**図3**(a))。537 nmの緑色の光を照射すると380 nmから始まる近紫外領域にアントラセン由来の発光が得られた。

次に、これらの分子を用い、水中でアップコンバージョンを起こすことを試みた。まず、これらの分子はきわめて水溶性に乏しいことから、水中では速やかに凝集が起こる。また、アップコンバージョンを起こすためには連続的にエネルギー移動反応を起こす必要がある。水中で凝集を抑制することとエネルギー移動効率向上のために、POSS核デンドリマーの利用を図った。前述のように、POSS周囲では分子運動が阻害され、熱運動による励起状態の減衰を抑制できると考えられる。また、POSS核デンドリマー中のコンパクトな空間に分子が集積することで、距離依存性の高い電子移動反応でも効率的に進行させることが可能であると考えられる。実際、アントラセンとPtOEPを内包化したデンドリマー複合体は、水中においても可視光を紫外光にアップコンバージョンした(図3(b))。さらに、増感反応とTTAの割合はデンドリマー内包後に増大がみられた。これらはPOSS核の剛直性に起因して、励起状態が安定化され、効率的にエネルギー移動などが起こっ

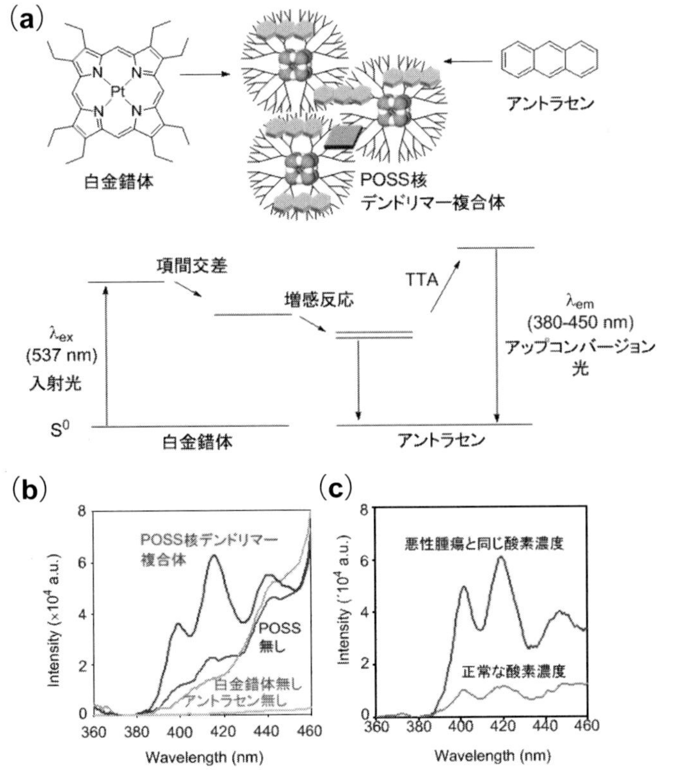

図3　アップコンバージョン色素の構成(a)と緩衝液中でのスペクトル(b,c)
Reproduced from Ref. 15 with permission from The Royal Society of Chemistry.

たことが示唆された。

さらに、得られた水溶性アップコンバージョン色素の環境応答性を評価した。溶液のpH変化に伴い、アントラセン分子の内包量が変わり、それによりアップコンバージョン光の生成効率も増減がみられた。さらに、溶存酸素量にも応答してアップコンバージョン効率が変わることも明らかとなった(図3(c))[16]。とくに、酸素濃度の低い条件でのみ高効率でアップコンバージョン光が得られることが光学測定の結果明らかとなった。悪性度の高い腫瘍領域では活発な代謝のため、酸素量が低下している。上記の結果は、たとえば正常細胞よりも酸性度や酸素濃度の低い腫瘍細胞領域でのみ光による薬剤活性化を引き起こすことにつながることから、副作用の大幅な軽減が可能な技術創出への展開が期待できる。

3 ホウ素元素ブロックを基盤とした刺激応答材料

3.1 環境応答性を示す発光性ホウ素元素ブロック

発光性高分子はディスプレイや照明など我々の身近な用途から、光通信や光医療など、さまざまな分野への応用が期待されている有用な物質である。さらに、外部刺激や環境変化に伴って発光特性を変化させる物質は、センシング材料への応用が想定されるため、とくに現在注目が集まっている。ここで、一般的な有機発光色素は、凝集状態で非特異的な分子間相互作用やエネルギー移動などによって消光作用(凝集誘起消光、Aggregation-caused quenching：ACQ)を受け、結果として発光特性の大部分を失うことが多い。とくに、一般的な電子素子内部では薄膜の様な固体状態で機能発現が求められ、溶液ではほとんど使用されないため、ACQにより輝度が低下すると、結果的に素子の効率低下が予想される。したがって、固体発光性の有機発光色素は有用性が高い。ACQによる発光効率低下を解決するための1つの戦略として、透明な高分子やマトリックスの利用が図られている。筆者らは高輝度発光を示すホウ素含有色素を有機-無機ハイブリッド材料に添加すると、溶液状態の発光特性が維持されることを示した[17]。さらに、赤・緑・青のそれぞれの発光色を示す色素を共存させることで、高効率の白色発光材料を得ることができた。これらはハイブリッド材料の耐久性の高さに起因して、光退色もほとんど示さなかった。一方、高い耐環境性のため、逆に刺激応答性は失われていた。したがって、固体発光特性と刺激応答性を両立するには、新しい戦略が必要であるといえる。

この問題の解決法の1つとして、筆者らは凝集誘起型発光(Aggregation-induced emission：AIE)という現象に着目した。AIEはTangらが2001年にペンタフェニルシロールで発現することを報告した現象である[18]。この分子は溶液中では発光がみられないが、凝集や固体状態においては発光強度が増大するという従来の有機色素とは逆の挙動が報告されている。この原因として、溶液中では分子運動により励起状態の減衰が促進されているが、凝集状態ではこれらの分子運動に伴う失活過程が阻害され、結果として発光を得ることができると説明されている。このようなAIE性を示す分子においては、固体発光性と環境応答性が両立していると考えられることから、筆者らもAIE性分子の探索を行った。その結果、汎用的な発光性有機ホウ素錯体として知られるホウ素ジケトネート錯体(**図4**)において、他の一般的な色素と同様にACQを起こす分子を、化学修飾によりAIE性分子へと変換することに成功し、高分子化とそ

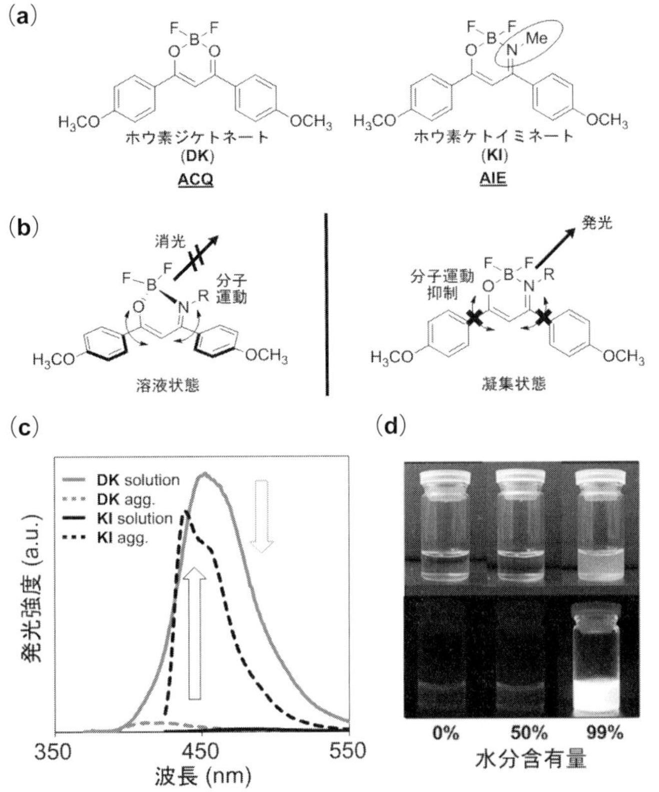

図4　(a)ホウ素ジケトネート(DK)とケトイミネート(KI)錯体の化学構造。(b)ホウ素ケトイミネート錯体におけるAIE性発現の分子機構。溶液中(左)では分子内運動により熱失活が起こり発光がみられない。固体状態(右)では分子運動が抑制され発光が得られている。(c)THF溶液中と貧溶媒であるTHF/水(＝1：9)混合溶液中(凝集状態)でのスペクトル変化。DKは溶液中でのみ発光がみられるが、KIは逆に貧溶媒中でのみ発光が得られている。(d)ケトイミン錯体のTHF溶液において水分含有量を上昇させた場合の見た目(上)と365 nm照射による発光挙動変化(下)。試料中の水分含有量の上昇に伴い、凝集形成が起こり、白濁する(右上)。それに伴い発光がみられている。

の応用について研究を展開することができた。以下、それらについて説明する。なお、これらの関連分野ではACQの代わりに「濃度消光(Concentration Quenching)」と呼ばれることがあるが、以下ACQの方を使用する。また、溶液状態でもある程度発光がみられるが、凝集形成により発光強度が大きく増加するものは凝集誘起型発光増強(Aggregation-Induced Emission Enhancement：AIEE)と呼ばれるが、ここではすべてAIEに含める。

3.2　発光色素のAIE性分子化

ホウ素ジケトネート錯体は安定かつさまざまな修飾体の合成が可能であり、高分子中などさまざまな用途に応用が可能である[19]。一方、他の一般的な有機発光色素と同様にACQを示すことから、固体状態では発光効率が大きく低下する場合が多い。したがって、ホウ素ジケトネート錯体を高分子化し薄膜を調製しても、効率のよい発光材料を得ることは困難である。そこで、このホウ素ジケトネート錯体において、化学修飾によりAIE性の分子に変換し、有機ホウ素錯体がもつ優れた発光特性を固体状態でも得ることを試みた[20]。錯体配位子において、ホウ素と配位結合を形成している酸素原子のうち片方を窒素原子に入れ替えたホウ素ケトイミネート錯体を設計した(図4(a))。ホウ素と酸素は安定な結合を形成するが、窒素とは結合力が低下する。したがって、錯体の柔軟性が上昇し、分子運動が起こりやすくなると予想される。そのため、溶液中では熱運動により失活が起こり、発光がみられないと考えられた(図4(b))。一方、固体状態では周囲の分子により束縛されるため、振動失活が抑制されると予想される。さらに、窒素上の置換基により凝集状態でACQの原因となりやすい分子間相互作用を阻害することが可能となるため、発光が回復すると期待した。そこで実際にケトイミネート錯体を合成し、光学特性の評価を行った。まず、従来の発光性ホウ素錯体であるジケトネート錯体(**DK**)は、良溶媒であるテトラヒドロフラン(THF)の希釈溶液中では発光の量子収率$\Phi = 0.91$と非常に高い効率を示したが、凝集状態では$\Phi = 0.36$と典型的なACQを示すことが明らかとなった(図4(c))。一方、片方の酸素を窒素に置き換えたホウ素ケトイミネート(**KI**)では、THFの希釈溶液状態では発光がみられなかった($\Phi < 0.01$)。一方、凝集状態では0.76に上昇することが示された。さらに、THF中に貧溶媒である水を添加し、凝集形成を促進したところ、試料に白濁がみられるにつれて発光強度の増強がみられ(図4(d))、典型的なAIE性分子としての挙動を示すことが明らかとなった。機構を調べるために、まず2-メチルTHF溶液中、液体窒素温度に冷却することで溶媒をガラス状態とし、溶質分子の運動性を凍結した条件下で発光特性を調べることや、溶媒の粘性を上げることでホウ素ケトイミネート錯体から顕著な発光効率の向上がみられた。これらの結果から、ホウ素ケトイミネートは分子の運動性に起因したAIE性を示す分子であることが示された。

3.3 AIE性共役系高分子の開発

ここで得られたホウ素ケトイミネート錯体を用い、共役系高分子を合成した。フルオレンとビチオフェンそれぞれをコモノマーとして、交互共重合体による共役系高分子**4a, 4b**を作製した(**図5**)[21]。モノマーであるホウ素ケトイミネート錯体では、450 nm付近に発光極大波長をもつ発光帯がみられた。一方、フルオレンとの交互共重合体は562 nm(黄色)、ビチオフェンでは646 nm(赤色)と発光極大波長の長波長領域への大幅なシフトに伴い、発光色の変化が

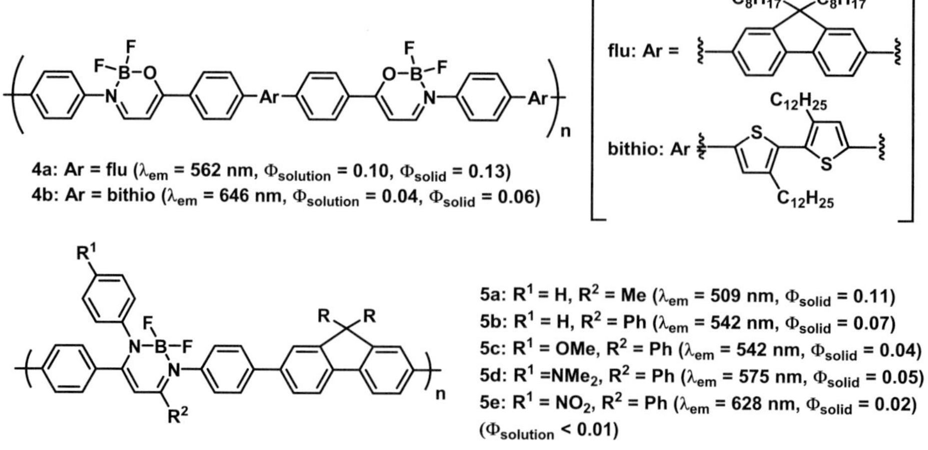

図5　ホウ素ケトイミネート・ジイミネート骨格を有する共役系高分子の構造と光学特性

観測された。この結果は、主鎖上に電子共役が伸長し、電子状態が変化したことを示している。さらに、溶液状態での量子収率は 0.10 と 0.04 であったが、固体状態では 0.13 と 0.06 と凝集形成により増加することが明らかとなり、このことから共役系高分子であるにもかかわらず AIE 性を示すことがわかった。AIE 性を有しつつ、ビチオフェンとの共重合体のように発光極大が 200 nm 以上も長波長シフトを示した共役系高分子はこれまでになく、高輝度高電荷輸送能を示す材料として有望であるといえる。

3.4　ホウ素ジイミネート錯体含有高分子とバイオセンサーへの応用

さらに、もう 1 つの酸素を窒素に換えたホウ素ジイミネート錯体を合成し、光学特性を調べた結果、これまでと同様に AIE 性がみられたことに加え、結晶化誘起型発光（Crystallization-induced emission：CIE）性もみられた[22)23)]。また、上記と同様の手法で高分子 **5a-e** を作成し、発光特性を調べた（図 5）。得られた高分子では小分子と同様に溶液中では発光がみられず（$\Phi < 0.01$）、固体状態で強い発光が観測されたことから、ホウ素ケトイミネート錯体の場合と同様、AIE 性の共役系高分子であることが明らかとなった。さらに、発光極大波長が 509 nm の緑色から、628 nm の赤色まで、共重合体と置換基の種類により発光色の調節も可能であった。以上のことから、ホウ素ケトイミネート・ジイミネート錯体含有共役系高分子は、主鎖共役が伸長しやすく、さまざまな化学修飾により発光特性の制御が可能であることが示された。これらの結果は、フロンティア軌道間のエネルギー準位を調節可能であることを意味しており、有機発光素子の効率向上に有用であると考えられる。

さらに刺激応答性の置換基を導入することで、固体状態での発光特性の制御を試みた。ホウ素ジイミネート錯体においてメチルスルフィド基を窒素上のフェニル基に導入した分子をモノマーとして、フルオレンとの共重合体を合成した（**図 6**）[24)]。前述で得られた共役系高分子は 550 nm に極大発光波長を有する AIE 性の物質であった。ここで、メチルスルフィド基は通常電子供与基として働くが、容易に酸化され、その状態では強力な電子求引基として働く。実際に、得られた高分子を薄膜化し、生体中で活性酸素種の 1 つである過酸化水素を作用させた。その結果、発光強度の増大が観測された。NMR 測定の結果より、実際にメチルスルフィド基の酸化が引き起こされており、電子構造の変化に起因した発光特性の増強が明らかとなった。この結果は、浸すだけで対象物を発光強度の増強により検出可能なプラスチックフィルム型のセンサーの開発に成功したことを意味している。このような材料は、樹脂材料に微量に添加しておき、それらの劣化を発光によって調べ

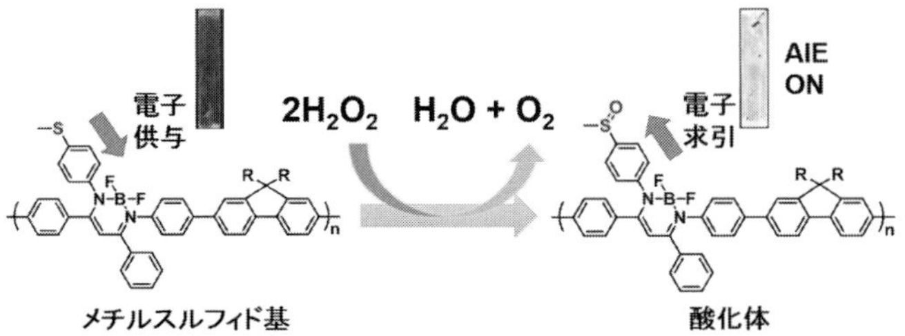

図 6　AIE 性高分子を用いた過酸化水素検出のためのプラスチックセンサーの作動機構の模式図
Reproduced from Ref. 24 with permission from The Royal Society of Chemistry.
※口絵参照

るなど、品質を管理するセンサーとして役立つと期待できる。

4 カルボラン元素ブロックを基盤とした刺激応答材料

4.1 カルボランのAIE発現機構

次に、近年固体発光性に加え、外部刺激に応答して発光色を変化させる(発光クロミズム)材料の合成に有用なカルボラン元素ブロックについて説明する。カルボラン(**図7**)は10個のホウ素と2個の炭素原子で構成される正二十面体型のホウ素クラスター化合物であり、炭素原子が隣り合っているものをとくに*o*-カルボランと呼ぶ。本稿では以後、オルト体を「カルボラン」と呼ぶ。カルボランは三中心二電子結合によって骨格電子がクラスター全体に非局在化している特異な電子構造をもつ。三次元芳香族性を有しているともいわれており、熱的・化学的に非常に安定な化合物である。これまでカルボランを高分子材料に導入し、耐熱性を上げることに利用されてきたことや、また、ホウ素含有量の多さからホウ素運搬材として中性子線捕捉療法など、発光材料以外の分野で使われてきた。このような状況において、筆者らはカルボランを主鎖に含む高分子を合成し、光学特性の評価を行った(図7)[25]。カルボランは炭素上に芳香族炭化水素などの電子供与性置換基が存在した場合、強力な電子求引性を示す。したがって、得られた高分子からは分子内電荷移動(CT)に基づく発光の発現が予想されたが、溶液状態ではほとんど発光がみられなかった。一方、興味深いことに、この高分子を薄膜化すると強い発光が得られた。THF等の汎用有機溶媒に溶解させておき、そこに貧溶媒である水を添加していくにつれてポリマーの凝集が始まり、水99%/THF 1%の混合溶媒中では橙色の強い発光が観測された。発光量子収率を算出すると、THF溶液中では0.02%以下であったが、水99%/THF 1%中では12%に上昇した。機構解明の結果、溶液中では炭素-炭素間での伸縮が起こることで消光が引き起こされていることと、固体中ではそれらの運動が抑えられ、結果としてCT性の発光が得られたことが明らかとなった。

4.2 刺激応答性固体発光ゲル材料の開発

このカルボラン含有高分子に外部刺激応答性を付与するために研究を進めた。具体的には、ゲルの膨潤収縮挙動により発光特性を制御することを試みた(**図8**)[26]。カルボラン骨格を含む分子を設計し、それを架橋剤として用いることで親水性のゲルを合成した。得られたゲルは乾

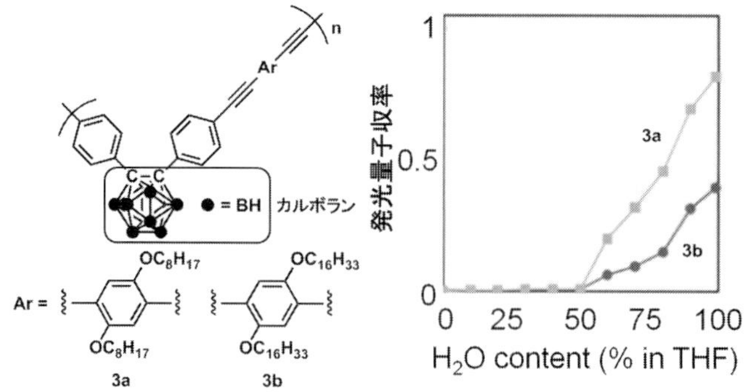

図7 カルボラン含有高分子の化学構造と溶液の組成と発光量子収率の関係

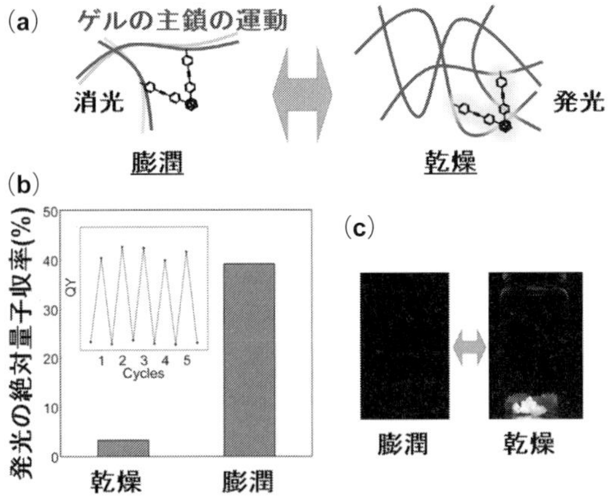

図8　(a)カルボラン含有ゲルの膨潤収縮挙動に伴うAIE特性変化の模式図と(b)発光強度変化(c)UV照射下における実際の変化

燥状態で強い発光を示したが、一方、水により膨潤させると発光強度が低下した。そして、この乾燥・膨潤に伴う発光強度変化は何度も繰り返すことができた。これは乾燥状態では架橋部位のカルボランにおける分子運動が抑制されたことから、AIE性の発光が得られたのに対し、膨潤状態では分子運動が激しくなったため、失活が引き起こされ、結果的に消光が起こったと考えられる。以上のように、*o*-カルボラン特有の分子内電荷移動に基づくAIE特性は、さまざまな刺激応答性を併せもつ固体発光材料の構築に非常に有用なツールであると考えられる。

5　おわりに

「元素ブロック」という考え方に基づくと、原子・分子レベルから無機成分の特性を引き出し材料化することが可能となる。また、連結方法や配置、組み合わせ次第で、同一の元素ブロックより多彩な機能発現も期待できる。とくに、無機素材に対して、これまで有機物や高分子材料開発で行われていた材料の精密設計の手法が適用できることから、より一層所望の機能が得られやすい。本稿では三種類の元素ブロックと、それらを基盤とした刺激応答性材料について概説したが、現在でも元素ブロックとみなせる機能団が存在し、新しい発見も続いている。さらなる高機能性材料の創出が「元素ブロック高分子材料」の分野においては存分に期待できる。

謝　辞

本研究の一部は、文部科学省科学研究費補助金新学術領域研究「元素ブロック高分子材料の創出」(領域番号2401)/課題番号24102013を受けて行われた。

文　献

1) Y. Chujo and K. Tanaka：*Bull. Chem. Soc. Jpn.*, **88**, 633 (2015).
2) M. Gon, K. Tanaka and Y. Chujo：*Polym. J.*, **50**, 109 (2018).
3) K. Tanaka and Y. Chujo：*J. Mater. Chem.*, **22**, 1733 (2012).
4) K. Tanaka and Y. Chujo：*Polym. J.*, **45**, 247 (2013).
5) K. Tanaka, H. Yamane, K. Mitamura, S. Watase, K. Matsukawa and Y. Chujo：*J. Polym. Sci. Part A：Polym. Chem.*, **52**, 2588 (2014).
6) J.-H. Jeon, K. Tanaka and Y. Chujo：*J. Mater. Chem. A*, **2**, 624 (2014).
7) J.-H. Jeon, K. Tanaka and Y. Chujo：*J. Polym. Sci. Part A：Polym. Chem.*, **51**, 3583 (2013).
8) J.-H. Jeon, K. Tanaka and Y. Chujo：*RSC Adv.*, **3**, 2422 (2013).
9) K. Tanaka, F. Ishiguro and Y. Chujo：*Polym. J.*, **43**, 708 (2011).
10) K. Tanaka, F. Ishiguro and Y. Chujo：*J. Am. Chem. Soc.*, **132**, 17649 (2010).
11) K. Tanaka, S. Adachi and Y. Chujo：*J. Polym. Sci. Part A：Polym. Chem.*, **47**, 5690 (2009).
12) K. Tanaka, S. Adachi and Y. Chujo：*J. Polym. Sci. Part A：Polym. Chem.*, **48**, 5712 (2010).
13) K. Tanaka and Y. Chujo：*Bull. Chem. Soc. Jpn.*, **86**, 1231 (2013).
K. Tanaka, N. Kitamura, K. Naka, M. Morita, T. Inubushi, M. Chujo, M. Nagao and Y. Chujo：*Polym. J.*, **41**, 287 (2009).

14) K. Tanaka, J.-H. Jeon, K. Inafuku and Y. Chujo : *Bioorg. Med. Chem.*, **20**, 915 (2012).
15) K. Tanaka, K. Inafuku and Y. Chujo : *Chem. Commun.*, **46**, 4378 (2010).
16) K. Tanaka, H. Okada, J.-H. Jeon, K. Inafuku, W. Ohashi and Y. Chujo : *Bioorg. Med. Chem.*, **21**, 2678 (2013).
17) Y. Kajiwara, A. Nagai, K. Tanaka and Y. Chujo : *J. Mater. Chem.*, **1**, 4437 (2013).
18) J. Luo, Z. Xie, J. W. Y. Lam, L. Cheng, B. Z. Tang, H. Chen, C. Qiu, H. S. Kwok, X. Zhan, Y. Liu and D. Zhu : *Chem. Commun.*, 1740 (2001).
19) K. Tanaka, K. Tamashima, A. Nagai, T. Okawa and Y. Chujo : *Macromolecules*, **46**, 2969 (2013).
20) R. Yoshii, A. Nagai, K. Tanaka and Y. Chujo : *Chem. Eur. J.*, **19**, 4506 (2013).
21) R. Yoshii, K. Tanaka and Y. Chujo : *Macromolecules*, **47**, 2268 (2014).
22) R. Yoshii, A. Hirose, K. Tanaka and Y. Chujo : *Chem. Eur. J.*, **20**, 8320 (2014).
23) R. Yoshii, A. Hirose, K. Tanaka and Y. Chujo : *J. Am. Chem. Soc.*, **136**, 18131 (2014).
24) A. Hirose, K. Tanaka, R. Yoshii and Y. Chujo : *Polym. Chem.*, **6**, 5590 (2015).
25) K. Kokado and Y. Chujo : *Macromolecules*, **42**, 1418 (2009).
26) K. Kokado, A. Nagai and Y. Chujo : *Macromolecules*, **43**, 6463 (2010).

第2章　分子設計

第6節　N-ビニルアミド誘導体ポリマーの刺激応答材料設計

奈良先端科学技術大学院大学　網代 広治/川谷 諒

1　緒　言

N-ビニルアミド誘導体は、N位に直接ビニル基が結合した非共役系ビニルモノマーであり、たとえば側鎖が環状構造であるN-ビニルピロリドン(NVP)やN-ビニルカプロラクタム(NVC)などのモノマーは両親媒性ポリマーを与えるモノマーとして利用されてきた(**図1**(a))。しかし、側鎖に環状構造を有さないN-ビニルホルムアミド(NVF)などのN-ビニルアミド誘導体では、そのモノマー合成の難しさから研究はあまり進んでいなかった。しかし、1990年に明石・八島らはN-ビニルアセトアミド(NVA)の工業的合成を可能とする新しい合成法を報告した(図1(b))[1]。また、2015年にはS. TuらがN-ビニルアミド誘導体モノマーの合成法を報告している[2](図1(c))。この報告により合成できる新規モノマーの幅が広がった。N-ビニルアミド系ポリマーとしての多様性に富む研究が進められてくるポリマー骨格となる[3)-5)]。また、単独でのラジカル重合が可能であり、両親媒性を活かした材料開発には有用なモノマーといえる[6)-15)]。そしてこうした材料への応用を検討する際、温度や光などの刺激に応答する材料が求められており、刺激応答性を付与するための分子設計が必要不可欠である。共重合によってポリマーの性質を制御することはもちろん、N-ビニルアミド誘導体のN位に置換基を導入し、モノマー単位での分子設計とその重合反応性に関する研究も行われている[16)17)]。

本章ではN-ビニルアミド誘導体に、感熱応答性、pH応答性、および光応答性など種々の刺激応答性を導入するための分子設計と、ここから得られた材料について紹介する。

2　実　験

N-ビニルアミド誘導体のモノマーとしてNVF、NVA、およびメチルN-ビニルアセトアミド(MNVA)の3種類は、市販品を蒸留または再結晶して使用した。また、これら3種類以外のモノマーはその都度文献[1)2)16)]を参照して合成した。典型的なモノマー合成としてN-ビニルイソブチルアミド(NVIBA)の合成を以下に記す。

NVIBAの合成はアセトアルデヒド、イソブチルアミドおよびメタノールを酸性条件下で混合し、縮合された後にアルカリを加え、pHを中性に戻した。その後、200℃で加熱することでNVIBAを得る。N-置換N-ビニルアミドの合成法はジメチルホルムアミド(DMF)中でナトリウムヒドリド(NaH)を用いてNVFまたはNVAのN位をアニオン化し、脱離基を有する化合物を求核置換反応によって導入することでN-置換N-ビニルアミド誘導体を得た。

以上のようにして得られたモノマーは、アゾビスイソブチロニトリル(AIBN)などのアゾ系ラジカル開始剤を用いて重合した。得られたポリマーを良溶媒に溶解させ、ジエチルエーテル

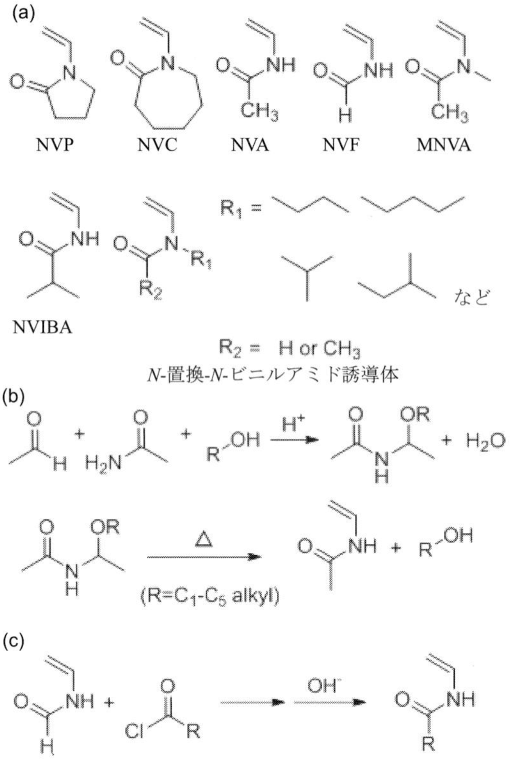

図1 *N*-ビニルアミドモノマーの化学構造および合成法
(a) *N*-ビニルアミドモノマーの化学構造（NVP、NVC、NVA、NVF および MNVA は市販品）
(b) *N*-ビニルアミドモノマーの合成スキーム 明石・八島らの方法 [1)]
(c) T. Su らの方法 [2)]

などの貧溶媒に滴下させ、再沈殿によって精製回収した。

2.1 感熱応答性材料

種々のポリマーについて 0.2 wt%の水溶液を調製し、温度を変化させながら光の透過率を観測することによって感熱応答性を測定した。昇温過程および降温過程において 10～95℃の範囲を 1～2℃/min の速度で変化させた。それぞれの温度において 500 nm の光の透過率を測定し、透過率が 50%になる温度を下限臨界溶液温 度（Lower Critical Solution Temperature：LCST）としてデータを回収した。

2.2 pH 応答材料

NVF および NVA を架橋剤とともにラジカル共重合するとハイドロゲルが得られる。このゲルを 5 wt%の水酸化カリウム水溶液に浸し、80℃などの高温状態にすると、ゲル全体で NVF のみが加水分解され、ポリビニルアミン（PVAm）へ変化したゲルが得られた。このゲルに対して、アクリル酸（AAc）をレドックス系開始剤を用いて重合すると、ゲル全体にポリイオンコンプレックス（PIC）が導入された相互侵入網目（Interpenetrating Polymer Network：IPN）ゲルが得られた。ここで、加水分解する際の溶媒として、水の代わりにイソプロパノール（IPA）を用いると、ポリマーは IPA に不溶で凝集するため、加水分解はゲル表面のみから始まるため、表面のみに PVAm が導入可能だった。このあとで IPA 中で AAc を重合させるとゲル表面のみでポリイオンコンプレックスを有するハイドロゲル、表面ポリイオンコンプレックスゲル（sPIC ゲル）が得られた。

2.3 光応答性材料

光応答性ポリ（*N*-ビニルアミド）誘導体は、モノマー構造に光応答性化合物を導入する方法と、ポリマーに対して高分子反応によって導入する方法の 2 種類で合成された。モノマーに光応答性化合物を導入する方法では、NVA の *N* 位にクマリン誘導体を導入し、NVA とラジカル共重合することで光応答性ポリ（*N*-ビニルアミド）誘導体を得た。得られたポリマーを水に溶かして UV を照射すると、クマリン部位が二量化してゲルが得られた。ポリマーに導入する方法では、NVF の *N* 位にメトキシエチルエーテルを導入したモノマーと NVF をラジカル共重合させ、親水性のポリ（*N*-ビニルアミド）誘導体を得た。得られたポリマーの NVF ユニットの *N* 位にアゾベンゼン誘導体を導入することで、光および感熱応答性ポリ（*N*-ビニルアミド)誘導体を得た。得られたポリマーをサイズ排除クロマトグラフィー(SEC)および動的光散乱(DLS)で分析した。

3　ポリ(*N*-ビニルアミド)誘導体の刺激応答性

3.1　感熱応答性材料

N-ビニルアミド誘導体は両親媒性であることが多く、LCST挙動を中心に評価することで感熱応答性材料としての研究が行われてきた[19)-23)]。ポリ(*N*-イソプロピルアクリルアミド)(PNIPAm)は33℃付近にLCSTをもつことが有名である[24)-26)]。一方でPNIPAMの構造異性体であるポリ(*N*-ビニルイソブチルアミド)(PNVIBA)は37℃付近にLCSTをもつことが報告された(**図2**(a))[27)]。ポリ(*N*-ビニルホルムアミド)(PNVF)およびポリ(*N*-ビニルアセトアミド)(PNVA)は親水性であり、それぞれのホモポリマーは水に溶解し感熱応答性を有さない。しかし、疎水性のモノマーや、ホモポリマーにおいて感熱応答性を有するモノマーと共重合させることによって感熱応答性を付与させ

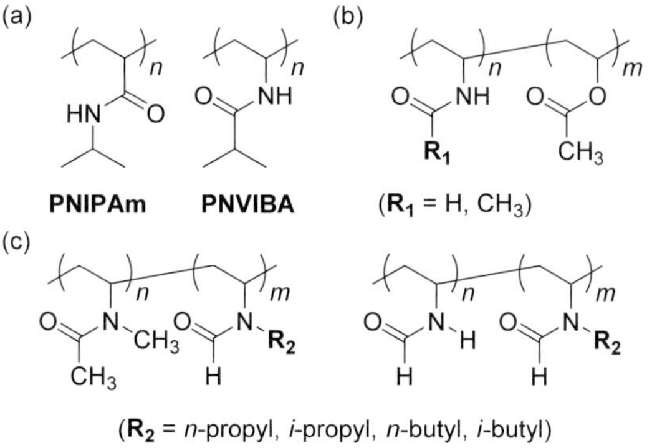

図2　感熱応答性を示すポリ(*N*-ビニルアミド)誘導体の代表例
(a) PNVIBAのホモポリマー[27)]
(b) VAcとNVFおよびNVAの共重合体[29)]
(c) *N*位にアルキル鎖が導入されたポリ(*N*-ビニルアミド)誘導体の共重合体[30)]

ることが可能である。たとえば、NVFとNVBIAをランダム共重合させると、それぞれのモノマーの導入率によってLCSTが制御可能であることが報告されている[28)]。また、NVFやNVAは酢酸ビニル(VAc)と共重合させると、ブロックライクのランダム共重合体となることが報告されており、VAcの導入率によってLCSTが制御可能であることが報告されている(図2(b))[29)]。また、疎水性モノマーとの共重合だけでなく、NVFやNVA自身に疎水性の化合物を導入することによってLCSTの制御を行った例も報告されている(図2(c))[30)]。NVFおよびNVAの*N*位にプロピル基やブチル基などのアルキル鎖を導入すると、モノマーの疎水性が向上し、感熱応答性を示すようになる。さらに、*N*位にアルキル鎖が導入されたモノマーと市販品の親水性モノマーであるNVF、NVA、および*N*-メチル-*N*-ビニルアセトアミド(MNVA)をさまざまな割合で共重合させると、LCSTが広い温度範囲で制御可能である(図2)[25)]。

これらのアルキル鎖が導入されたモノマーを含む感熱応答性のポリ(*N*-ビニルアミド)誘導体は、安全性の高い両親媒性ゲルとして、難水溶性薬剤の担持や、保水材、増粘剤など、さまざまな応用例が考えられている。

これらのなかで1つ紹介すると、ガスハイドレート生成防止剤(Kinetic Hydrate Inhibitor：KHI)としての応用がある[31)-33)]。ガス分子を水分子が囲むようにした結晶構造をもつガスハイドレートは、新たなエネルギーとして期待されている(**図3**(a))。しかし採掘や輸送の際に、ガスパイプラインのなかで生成してしまうとパイプ内部が閉塞し、事故が発生する可能性があるため危険である。とくに寒冷地帯や海底油田のパイプライン内部を通る天然ガスではその発生の可能性が高く、ガスハイドレート生成防止

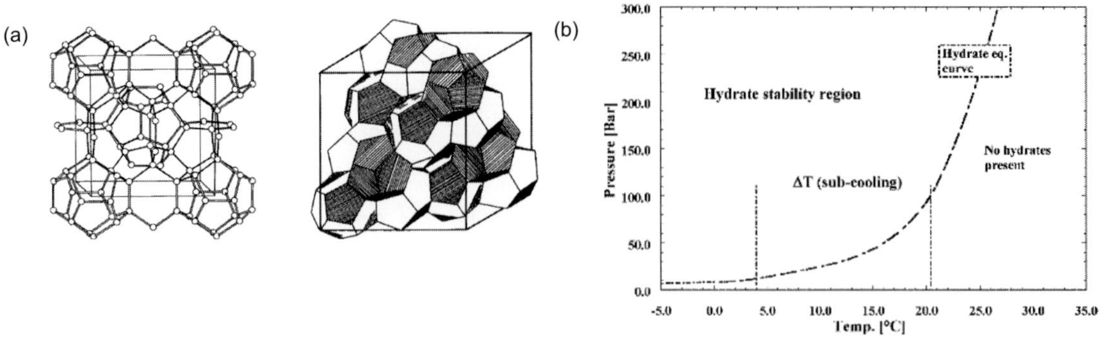

図3　ガスハイドレートおよび代表的なKIHの構造[34)]
(a)ガスハイドレートの結晶構造(b)ガスハイドレートの安定条件(Reprinted with permission from *Energ.& Fuels* **2006**, 20, 825. Copyright(2006) American Chemical Society.)

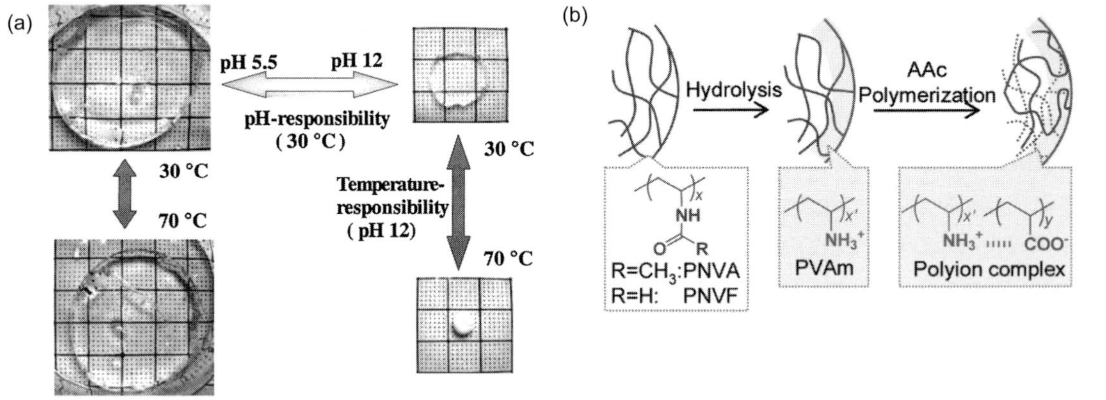

図4　pH応答性ポリ(*N*-ビニルアミド)誘導体の例
(a)pH応答性かつ感熱応答性ポリ(*N*-ビニルアミド)誘導体ゲル(Reprinted with permission from *Macromolecules* **2001**, 34, 8014. Copyright(2001) American Chemical Society.)[37)]
(b)表面のみにPICを導入したsPICゲル(Reprinted with permission from *Chem. Mater.* **2010**, 22, 2923. Copyright(2010) American Chemical Society.)[43)]

剤をインジェクトするシステムが必要である。ガスハイドレートは低温・高圧で生じる相図が知られており(図3(b))、生成防止剤は、結晶核形成や結晶化を遅らせる効果がある。このガスハイドレートの生成防止剤について、より少量で効果を示す高効率の材料の開発が必要といえる。一般的に、そのガスハイドレート生成防止剤は水にもガスにもなじむ両親媒性高分子が利用されており、非常に多くのポリマーが試されている[34)]。ポリ(*N*-ビニルアミド)誘導体であるポリ(*N*-ビニルピロリドン)(PNVP)やポリ(*N*-ビニルカプロラクタム)(PNVC)なども利用されている。広い温度範囲でLCSTを有するポリ(*N*-ビニルアミド)誘導体をKHIとしての評価を行ったところ、市販品と同程度の性能はすでに達成された[32)]。さらなる分子設計が可能な感熱応答性を有するポリ(*N*-ビニルアミド)誘導体は、KHIとしてのさらなる利用が期待される。

3.2　pH応答性材料

PNVF、PNVAおよびPNVIBAなどは、加水分解によってカチオン性のPVAmへ誘導できる。しかしその加水分解挙動は置換基の種類の影響を受ける。つまり、PNVFは酸条件（2N HCl水溶液）およびアルカリ条件（2N NaOH水溶液）のいずれにおいても80℃以上に加熱すればほぼ定量的にPVAmに加水分解されるが、PNVAおよびPNVIBAはアルカリ条件（2N NaOH水溶液）では分解されない。PNVAでは、酸条件（2N HCl水溶液）においては100℃以上の高温でのみ加水分解するなど、詳細な加水分解挙動が明らかにされている[28]。この知見を利用すれば、NVFと*N*-ビニルアミド誘導体との共重合反応の際に、仕込み比によって、共重合体へ導入しうるポリカチオンPVAmの量を制御可能である。したがって、カチオン性のゲル材料を中心にpH応答性材料の開発が行われてきた[35)36)]。

たとえば、NVFのNVIBAに対する割合を10 mol%、20 mol%、および30 mol%と変化させて得られるハイドロゲルは、20℃から65℃へ昇温させるときの感熱応答挙動が異なる。これは親水性成分が導入されたからであるが、NVFを加水分解して部分的にPVAmを導入したハイドロゲルでは感熱応答性に加えて、pH応答性も観測された[37]（**図4**（a））。

続いて、ゲルの表面に着目したsPIC材料について紹介する（図4（b））。これは、ポリアクリル酸誘導体とポリ（*N*-ビニルアミド）誘導体のIPNゲルを利用して表面のみにPIC層を形成させたハイドロゲル材料である[38)-42)]。まず、ポリ（*N*-ビニルアミド）誘導体のハイドロゲルを作製した後に、IPA中に浸すことで収縮させ固体状態にする。これをIPAの水酸化カリウム溶液で加水分解すると、PNVF成分のみがカチオン性を有するPVAmへ変化する。このとき、表面から加水分解が進行するため、ハイドロゲル表面にポリカチオン層が形成されることになる。ポリカチオン層の厚みは加水分解の温度や時間で容易に制御できる。その後再び、IPAを水溶液へ置き換えて膨潤させる。さらにアルカリ条件下でアクリル酸を重合すると、アクリル酸由来のカルボンがアニオン性のため、PVAmに絡みつきながら重合し、PICを形成する。このPIC由来のpH応答性を利用する。すなわち、酸性およびアルカリ性条件下では、高分子鎖は全体にそれぞれpH条件下で帯電するため、電荷反発により網目が広がる。

これに対して中性条件下では、アルカリ性と酸性のバランスが取れ、高分子網目は収縮し、膨潤度が大きく変化する。はじめの加水分解反応を表面のみに作用させることでPIC層を表面のみに形成させたのがsPICゲルである[43]。これはpHに応答してゲルの表面の網目のみが開いたり、閉じたりするため、内部に担時した薬剤の放出制御が達成された。このsPICゲルは薬物放出制御材料としての利用が期待される（図4（b））。

3.3　光応答性

光応答性材料の開発は、基本的にさまざまな光応答性分子を高分子に導入する手法が最も簡便である。ポリ（*N*-ビニルアミド）誘導体を用いた光応答性材料の開発についても同様に行われてきた。

たとえば、クマリンを導入したポリ（*N*-ビニルアミド）誘導体に対してUVを照射することでクマリンの二量化反応によりゲルを得た（**図5**（a））。ポリ（*N*-ビニルアミド）誘導体を用いたUV照射によって素早くゲル化する光応答性材料としての応用が期待される[44]。

一方、アゾベンゼンを導入したポリ（*N*-ビニルアミド）誘導体は感熱応答性を示した（図5）。さらに、アゾベンゼンに由来する凝集作用によって凝集体を形成し、その凝集体の大きさが温度および光の複数の刺激に応答して変化した[45]。ポリ（*N*-ビニルアミド）誘導体を用いた

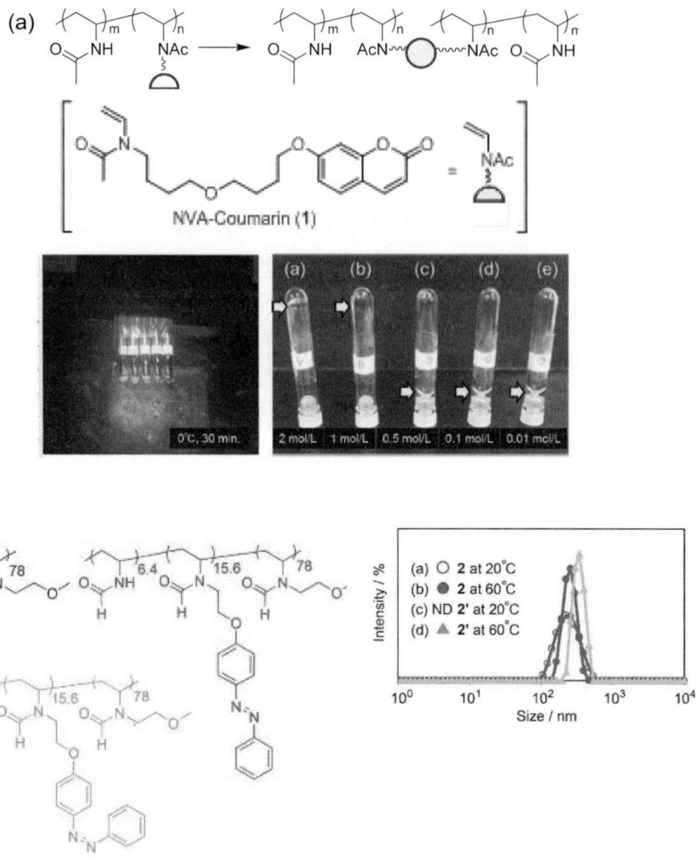

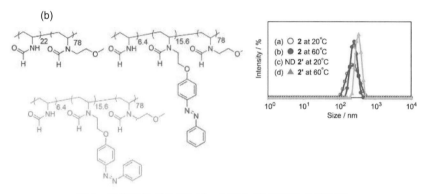

図5　光応答性ポリ(*N*-ビニルアミド)誘導体の代表例
(a)クマリンを用いた光架橋ゲル(Reprinted with permission from *Chem. Lett.* **2014**, *43*, 1613. Copyright (2014).)[44)]
(b)アゾベンゼンを用いた光と温度による凝集制御(Reprinted with permission from *Nanoscale Res. Lett.* **2017**, *12*, 461. Copyright (2017).)[45)]

複刺激応答性材料のうち、光に応答する材料では最初の例であり、ポリ(*N*-ビニルアミド)誘導体を用いた材料の開発が進行することが期待される。

4 結　言

N-ビニルアミド誘導体の特徴である両親媒性のビニルポリマーである点や、ポリアミン前駆体である点などを活かしてさまざまな刺激応答性材料を設計し合成してきた。*N*-ビニルアミド誘導体の特徴として、ほかにも非共役の反応性を有する点[46)]や、*N*位に機能性置換基を導入できるという点も材料応用への大きな可能性を秘めている。また、新たな合成法の開発[1)2)]により、新規*N*-ビニルアミド誘導体をモノマーとして利用できる幅が広がり、機能性の付与がより多彩かつ簡便となったため、*N*-ビニルアミド誘導体を用いた研究は今後加速することが期待される。

文　献

1) M. Akashi, E. Yashima, T. Yamashita and N. Miyauchi : *J. Polym. Sci. Part A : Polym. Chem.* **28**,

3487(1990).
2) S. Tu and C. Zhang : *Org. Process Res. Dev.* **19**, 2045 (2015).
3) 前田正彦：化学経済 **43**, 61(1996).
4) 平谷和也他稿：ポリマーフロンティア 21 シリーズ 高分子化学と有機化学とのキャッチボール、pp.18-51、エヌ・ティー・エス(2001).
5) 石岡信也：機能材料 **19**(12), 18(1999).
6) F. Seto, Y. Muraoka, T. Akagi, A. Kishida and M. Akashi : *J. Appl. Polym. Sci.* **72**, 1583(1999).
7) S. Sakuma, R. Sudo, N. Suzuki, H. Kikuchi, M. Akashi and M. Hayashi : *Int. J. Pharm.* **177**, 161 (1999).
8) T. Serizawa, Y. Nakashima and M. Akashi : *Macromolecules* **36**, 2072(2003).
9) J. T. Zhang, S. W. Huang, S. X. Cheng and R. X. Zhuo : *J. Polum. Sci PartA : Polym. Chem.* **42**, 1249 (2004).
10) T. Serizawa, D. Matsukuma and M. Akashi : *Langmuir* **21**, 7739(2005).
11) T. Serizawa, H. Sakaguchi, M. Matsusaki and M. Akashi : *J. Polm. Sci. PartA : Polym. Chem.* **43**, 1062 (2005).
12) H. Ajiro, J. Watanabe and M. Akashi : *Chem. Lett.* **36**, 1134(2007).
13) H. Ajiro and M. Akashi : *Macromolecules*, **42**, 489 (2009).
14) Y Takemoto, H Ajiro, M Akashi Macromol : *Chem. Phys.* **215**, 384(2014).
15) Y. Takemoto, H. Ajiro and M. Akashi : *Langmuir* **31**, 6863(2015).
16) H. Ajiro, M. Akashi : *Macromolecules* **42**, 489(2009).
17) H. Ajiro, C. Hongo, M. Akashi : *J. Mol. Struct.* **964**, 67(2010).
18) M. Akashi, S. Nakano and A. Kishida : *J. Polym. Sci. Part A : Polym. Chem.,* **34**, 301(1996).
19) K. Suwa, K. Morishita, A. Kishida and M. Akashi : *J. Polym. Sci. Part A : Polym. Chem.,* **35**, 3087(1997).
20) K. Suwa, K. Yamamoto, M. Akashi, K. Takano, N. Tanaka and S. Kunugi : *Colloid Polym. Sci.* **276**, 529 (1998).
21) T. Serizawa, K. Nanameki, K. Yamamoto and M. Akashi : *Macromolecules* **35**, 2184(2002).
22) T. Mori, Y. Fukuda, H. Okamura, K. Minagawa, S. Masuda and M. Tanaka : *J. Polym. Sci. PartA : Polym. Chem.* **42**, 2651(2004).
23) W. Tachaboonyakiat, H. Ajiro, M. Akashi : *Polym. J.* **45**, 971(2013).
24) M. Heskins and F. E. Guillet : *J. Macromol. Sci. Chem.* **A2**, 1441(1968).
25) S. Fujishige, K. Kubota and I. Ando : *J. Phys. Chem.* **93**, 3311(1989).
26) H. G. Schild : *Prog. Polym. Sci.* **17**, 163(1992).
27) K. Suwa, Y. Wada, Y. Kikunaga, K. Morishita, A. Kishida and M. Akashi : *J. Polym. Sci. Part A : Polym. Chem.*, **35**, 1763(1997).
28) K. Yamamoto, T. Serizawa, Y. Muraoka and M. Akashi : *J. Polym. Sci. Part A : Polym. Chem.*, **38**, 3674(2000).
29) K. Yamamoto, T. Serizawa and M Akashi : *Macromol. Chem. Phys.* **204**, 1027(2003).
30) R. Kawatani, K. Kan, M. A. Kelland, M. Akashi and H. Ajiro : *Chem. Lett.* **45**, 589(2016).
31) H. Ajiro, Y. Takemoto, M. Akashi, P. C. Chua and M. A. Kelland : *Energy Fuels,* **24**, 6400(2010).
32) P. C. Chua, M. A. Kelland, H. Ajiro, F. Sugihara and M. Akashi : *Energy Fuels* **27**, 183(2013).
33) M. A. Kelland, E. Abrahamsen, H. Ajiro and M. Akashi : *Energy Fuels,* **29**, 4941(2015).
34) M. A. Kelland : *Energy & Fuels,* **20**, 825(2006).
35) M. Akashi, S. Saihata, E. Yashima, S. Sugita and K. Marumo : *J. Polym. Sci., PartA : Polym. Chem.* **31**, 1153(1993).
36) K. Yamamoto, Y. Imamura, E. Nagatomo, T. Serizawa, Y. Muraoka, M. Akashi : *J. Appl. Polym. Sci.* **89**, 1277(2003).
37) K. Yamamoto, T. Serizawa, Y. Muraoka, and M. Akashi : *Macromolecules* **34**, 8014(2001).
38) E. Yoshinari, H. Furukawa, K. Horie : *Polymer*, **46**, 7741(2005).
39) H. Ajiro, J. Watanabe, M. Akashi : *Chem. Lett.* **36**, 1134(2007).
40) H. Ajiro, Y. Takemoto, M. Akashi : *Chem. Lett.* **38**, 368(2009).
41) H. Ajiro, Y. Takemoto, T. Asoh, M. Akashi : *Polymer* **50**, 3503(2009).
42) H. Ajiro, Y. Takemoto, M. Akashi : *J. Nanosci. Nanotechnol.* **11**, 7047(2011).
43) Y. Takemoto, H. Ajiro, T. Asoh and M. Akashi : *Chem. Mater.* **22**, 2923(2010).
44) H. Ajiro and M. Akashi : *Chem. Lett.*, **2014**, 43, 1613 (2014).
45) R. Kawatani, Y. Nishiyama, H. Kamikubo, K. Kakiuchi, H. Ajiro : *Nanoscale Res. Lett.* **12**, 461 (2017).
46) T. Iwamura T. Nakagawa, T. Endo : *J. Polym. Sci. PartA : Polym. Chem.* **44**, 2714(2006).

基礎編

第2章　分子設計

第7節　化学構造制御による温度応答性高分子ゲルの設計

滋賀県立大学　伊田 翔平/廣川 能嗣

1　はじめに

温度応答性高分子ゲルは、外部の温度変化を自律的に認識し、体積を可逆的に変化する。この特性により、センシング材料やアクチュエータなどのさまざまな応用が期待され、幅広く研究が進められている[1)2)]。とくに水を含むゲル(ヒドロゲル)は、環境や生体適合性の観点からも注目される。ヒドロゲルの温度応答性発現には、ゲルを構成する網目鎖の化学構造における親水性と疎水性のバランスが重要となる。たとえば、代表的な温度応答性高分子ゲルであるポリ(*N*-イソプロピルアクリルアミド)(PNIPAAm)ゲル[3)-5)]は、モノマーユニット中に親水性のアミド基と疎水性のイソプロピル基を併せもつ構造である(**図1**)。このため水中では、水分子とアミド基が水素結合を形成する水和の効果と、水分子の水素結合形成を阻害するイソプロピル基の疎水性の効果が競合することとなる。低温では水和の効果が上回ってゲルは膨潤しているが、温度が上昇すると脱水和して水和の効果が弱まり、疎水性の効果が支配的となるため、ゲルは収縮する。つまり、ゲルの温度応答性は網目鎖構造中の親水性および疎水性のバランスによって支配されると考えられる。

言い換えれば、ゲルに温度応答性を発現させ、またその応答温度を制御するためには、ゲル網目鎖中の化学構造における親水性/疎水性のバランスを適切に設計することが重要となる。NIPAAmのように単一のモノマーユニット内にバランスのとれた親水性基と疎水性基をもつモノマーとして、いくつかの例が知られているものの、新たに設計するにはモノマー構造が複雑となり煩雑な合成が必要となるため、実現することは実際上難しい。一方これに対して、複数種のモノマーを組み合わせて親水性/

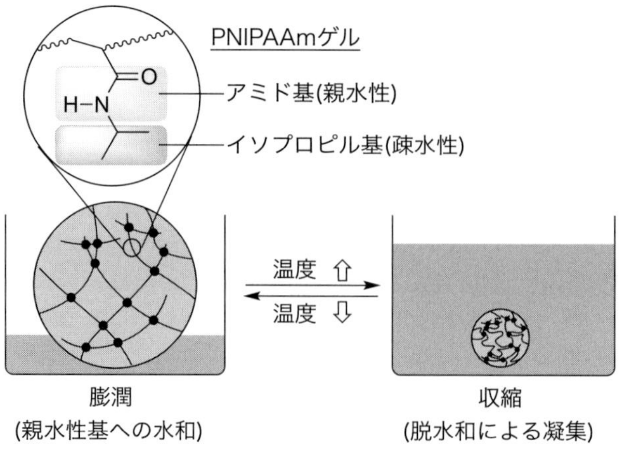

図1　PNIPAAm ゲルの化学構造と温度応答性
※口絵参照

疎水性のバランスを設計することは比較的容易である。一般的にもNIPAAmなどの温度応答性ポリマーを与えるモノマーに対して、親水性あるいは疎水性モノマーを組み込むことによって応答温度を変化させることはよく用いられる。しかし、この手法ではホモポリマーゲルが有する応答性のシャープさが失われることにつながることが多い。筆者らはゲルの温度応答挙動を自在に制御するため、モノマーの組み合わせおよび網目中における連鎖配列の効果に着目し、研究を進めている[6]。本稿では、ホモポリマーでは温度応答性を示さないモノマーを組み合わせることにより温度応答性を発現させることと、親水性ポリマー鎖が組み込まれた温度応答性ゲルの応答挙動について紹介する。

2　親水性モノマーと疎水性モノマーを組み合わせた温度応答性ゲル

PNIPAAmゲルの温度応答性はモノマーユニット内で親水性/疎水性のバランスが適切にとれていることによって発現している。このことに着想を得て、筆者らはホモポリマーでは温度応答性を示さない親水性モノマーと疎水性モノマーを組み合わせ、網目構造全体で親水性/疎水性のバランスをとることによってもゲルが温度応答性を示すのではないかと考えた(図2)[7]。同様の手法によって、直鎖状高分子に温度応答性を付与する試みはいくつか報告されているものの、重合の進行によって最終的にすべてのモノマーが同一の巨大分子(網目構造)に組み込まれるゲルに関する報告はほとんどない。

親水性モノマーとして*N,N*-ジメチルアクリルアミド(DMAAm)、疎水性モノマーとして*N*-*n*-ブチルアクリルアミド(NBAAm)を用い、架橋剤には*N,N'*-メチレンビスアクリルアミド(BIS)を組み合わせてラジカル共重合を行うことによりゲルを合成した。このとき、溶媒には両モノマーおよび架橋剤が可溶なメタノールを用い、アゾビスイソブチロニトリル(AIBN)を開始剤として55℃で重合を行った。また、DMAAmとNBAAmをさまざまな組成比で重合した。得られたゲル中のメタノールを水に置換し、5℃に冷却すると、NBAAm含有率が60％以下のゲルは透明なまま膨潤し、70％を超えるゲルは収縮した。5℃で膨潤したゲルについて、膨潤度の温度依存性を観察したところ図3のようになった。このとき膨潤度は、調製時の円柱状ゲルの直径(d_0)と、各温度での平衡膨潤時の直径(d)から求めた。NBAAm含有率の低いゲルは、温度の上昇に伴って膨潤度をわずかに減少させるのみであった。NBAAm含有率が増えるにしたがい、温度変化に対して膨潤度の変化量は大きくなり、とくに両モノマーの仕

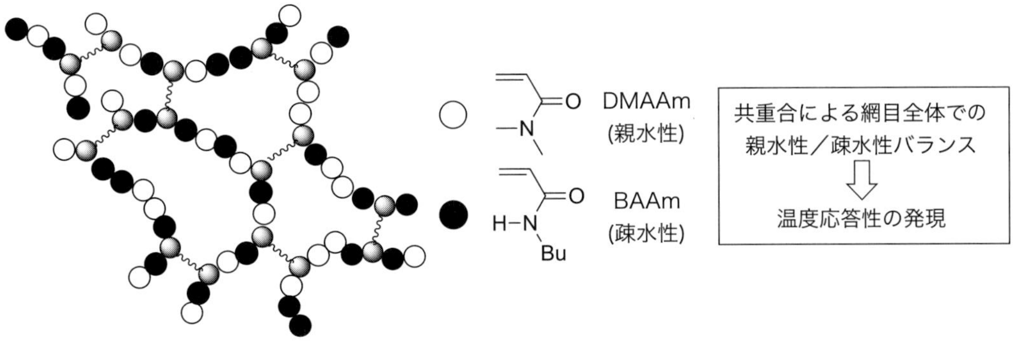

図2　親水性モノマーと疎水性モノマーの組み合わせによる温度応答性ゲル

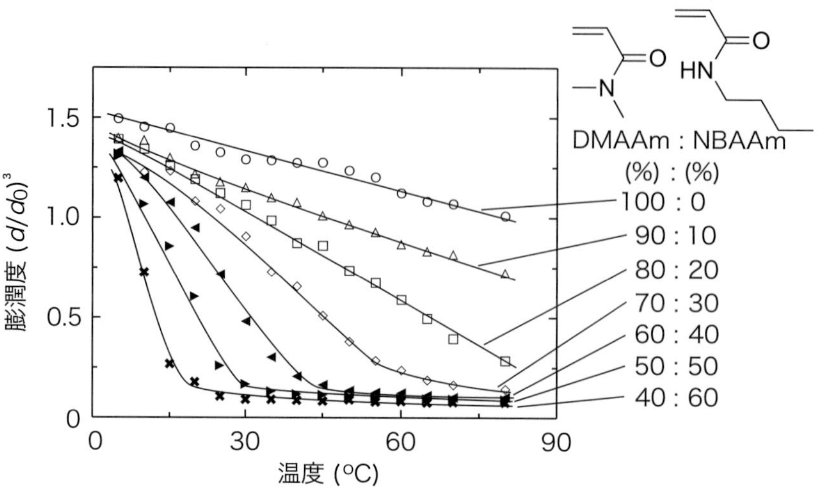

図 3　DMAAm/NBAAm 共重合ゲルの膨潤挙動

込み比が 1 に近いとき(DMAAm：NBAAm = 50：50、40：60)、わずかな温度変化で大きく膨潤度を変化させる温度応答挙動を示した。この温度応答挙動は、PNIPAAm ゲルと同様に網目構造中の親水性/疎水性のバランスが適切にとれているために発現していると考えられる。両モノマーの共重合反応性を算出すると、これらのモノマーはランダム的に網目に組み込まれていることがわかった[8]。すなわち、両モノマーの仕込み比が 1 に近いとき、網目鎖における交互配列の割合が高くなると予想され、この交互性によって親水性部位と疎水性部位がモノマーユニット内で隣接する PNIPAAm ゲルと似た温度応答挙動を示したものと考えられる。

また、疎水性モノマーの置換基を *n*-ブチル基からさまざまなブチル異性体に替えて同様に共重合ゲルを合成したところ、*N*-イソブチルアクリルアミド(IBAAm)、*N*-*sec*-ブチルアクリルアミド(SBAAm)、*N*-*t*-ブチルアクリルアミド(TBAAm)のいずれを用いたときにも得ら

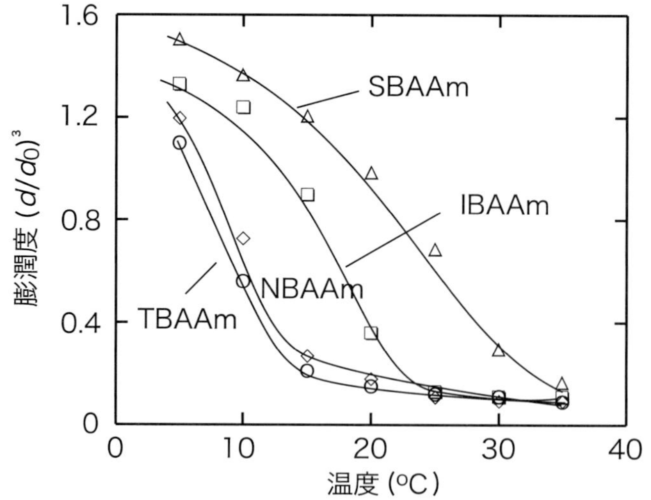

図 4　ブチルアクリルアミドと DMAAm との共重合ゲルにおけるブチル基構造の膨潤挙動への影響
(DMAAm：BAAm = 40：60)[7]

れたゲルは温度応答挙動を示した(**図4**)。応答挙動はブチル基の異性体構造の違いによって変化し、同一の仕込み比で比較すると、転移温度が10℃付近から40℃付近まで大きく変化した。これは、側鎖置換基の構造がわずかに変わるだけでゲルの水和の強さや水和構造が大きく変わり、親水性/疎水性のバランスが変化することに起因していると考えられる。すなわち、この共重合ゲル系は共重合モノマーの構造をわずかに変えるだけという簡便な操作で幅広い温度応答挙動を実現できる可能性を示している。

PNIPAAmゲルのように単一のモノマーから成るゲルの温度応答性を制御するためには、複雑なモノマー設計および合成を必要とし、実際上は困難である。それに対し、本系のようにシンプルな構造をもつ汎用モノマーを組み合わせるだけで鋭敏な温度応答挙動を得ることができれば、温度応答性ゲルの設計および機能化が容易となり、さまざまな材料に展開できると考えられ、さまざまなモノマーの組み合わせを用いたゲルの応答挙動について筆者らは検討を進めている。最近では、類似した構造のモノマーの組み合わせであっても、連鎖配列が異なるゲルを用いると大きく膨潤挙動が変化することもわかってきており[8]、親水性モノマーと疎水性モノマーの組成比だけでなく、網目中の連鎖配列というミクロな視点まで着目することがさまざまな温度応答性ゲルの設計に重要であることがわかりつつある。

3　親水性架橋剤を用いて得られる両親媒性構造を持つ温度応答性ゲル

先に述べた通り、ゲルの温度応答性には網目を構成するモノマーの親水性/疎水性のバランスおよび連鎖配列が重要となる。2つのモノマーを組み合わせ、共重合によって得られるゲルの連鎖配列は、両モノマーの共重合反応性比によって決まり、ラジカル機構の場合一般的にランダム性を有する。一方、直鎖状高分子においてランダムコポリマーとブロックコポリマーで大きく性質が異なるように、ランダムコポリマーから構成されるゲルと2種類の高分子鎖から構成されるゲルは大きく異なる性質を示す。このような両親媒性構造をもつゲルは、溶解性の大きく異なる2つの高分子鎖を組み合わせることにより、双方の性質を反映した特徴的な膨潤挙動を示すことが報告されている[9)10)]。筆者らは共重合ゲルの連鎖配列が温度応答性に及ぼす効果から派生し、より偏った連鎖配列を有する構造にも注目している。本稿ではその一例として、親水性ポリマーが組み込まれた架橋剤を用いて合成したPNIPAAmゲルの膨潤挙動について紹介する[11)]。

NIPAAmを主鎖モノマーとし、親水性のポリエチレングリコールが組み込まれたジアクリレート化合物(PEGDA)を架橋剤として用い、水中で過硫酸アンモニウム(APS)/テトラメチルエチレンジアミン(TMEDA)開始剤系により5℃で重合し、ゲルを得た。このとき、PEGDA中のエチレングリコール(EG)ユニット数(n)を1から13まで変化させるとともに、PEGDAの仕込み濃度を10〜100 mMと変化させてゲルを調製した。このとき、NIPAAmの仕込み濃度は変化させず700 mMとした。得られたゲルの水中における膨潤挙動を**図5**に示す。いずれのゲルも低温で膨潤し、昇温とともに収縮する温度応答挙動を示した。それぞれの架橋剤について、仕込み濃度が膨潤挙動に与える影響をみると、いずれの架橋剤を用いた場合にも架橋剤濃度が高いほど低温時の膨潤度が小さくなっていることがわかる。また、とくにEGユニット数の多い架橋剤(n = 10、13)を用いた場合、架橋剤濃度が高いほど収縮温度が高温側

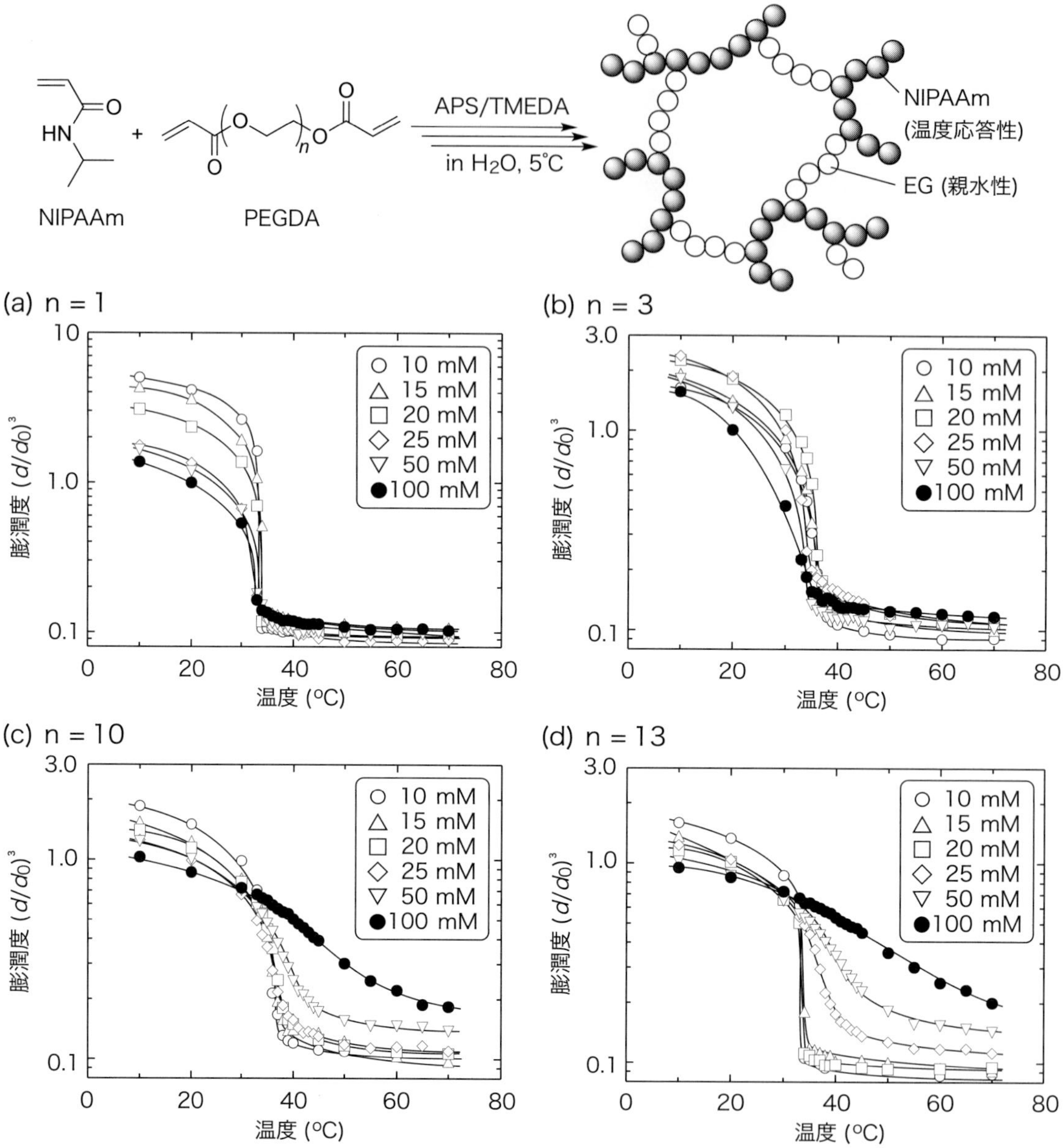

図 5　種々の EG ユニット数を有する PEGDA 架橋剤を用いた PNIPAAm ゲルの膨潤挙動[11)]

へシフトし、高温時には大きな膨潤度を示した。

この膨潤挙動を親水性部位と関連づけて整理するため、網目中における EG ユニットの含有率を NIPAAm および EG のモノマーユニット数に対するモル分率として算出し、求めた EG 含有率に対して膨潤状態に対応する 10℃における膨潤度、PNIPAAm の収縮状態に対応する 40℃における膨潤度、およびゲルの収縮温度をプロットした(**図 6**)。その結果、いずれの場合も 1 本のマスターカーブで表現できることが明らかとなった。

まず 10℃における膨潤度に注目すると、EG 含有率の低い領域で大きな膨潤度を示すことを

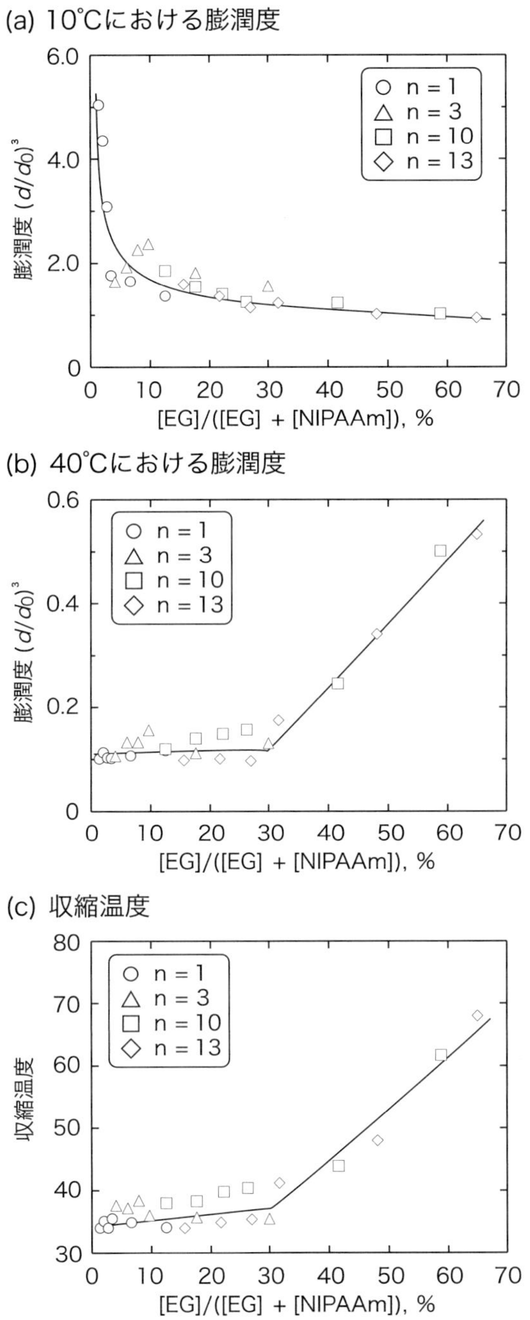

図6　EG含有率と膨潤度および収縮温度の関係[11)]

除けば、EG含有率の上昇にともなってわずかに減少している。この温度条件ではPNIPAAmも親水性基への水和が優勢となっているため、EGユニットの増加に伴う親水性の上昇よりも、架橋密度の増大による効果が現れていると考えられる。

一方40℃では、PNIPAAmは疎水的となるためゲルは収縮しようとする。そのため、EG含有率30%以下では収縮状態でほぼ一定の膨潤度を示すが、30%以上の領域では直線的に膨潤度が増加する。これは、PNIPAAmが収縮しようとするのに対し、高温でも親水性のPEG部位に水を保持し、その分率が増えることによると考えられる。すなわち、両者のバランスがEG含有率30%を境に変化し、30%以上の含有率ではPEGの親水性の効果がPNIPAAmの疎水性の効果を上回ったためと考えられる。同様の傾向は収縮温度にもみられ、2種類のポリマー鎖から構成される両親媒性構造を有する温度応答性ゲルの膨潤挙動について、親水性ユニットの含有率で予測できることを示している。すなわち、目的に応じたゲルの温度応答挙動を任意に設計できる手掛かりになると考えられる。

4　おわりに

本稿で述べたように、温度応答性ゲルの膨潤挙動は網目構造における親水性/疎水性のバランスによって決定される。単一のモノマーから成るゲルとは異なり、複数のモノマーユニットを組み合わせたゲルにおいては、複雑なモノマー設計を必要とすることなく、汎用のモノマーを組み合わせるだけで温度応答性を制御できる可能性をもつ。さらに、網目中のミクロなモノマー連鎖配列の効果に注目すると、より幅広く膨潤度の変化量や応答温度を変化させられると考えられる。筆者らはそのような考えのもと、本稿で紹介したゲルをはじめ、さまざまなモノマーの組み合わせおよび連鎖配列を制御したゲルの設計に取り組んでいる。また、架橋構造の設計も同時に重要である。このような分子設計においては、精密ラジカル重合や高効率有機反応の利用も不可欠と考えられ、今後合成技術の進歩とともにさまざまな網目構造の設計が期待される。

文　献

1) 廣川能嗣、伊田翔平：機能性ゲルとその応用、米田出版(2014).
2) 中野義夫監修：ゲルテクノロジーハンドブック　機能設計・評価・シミュレーションから製造プロセス・製品化まで、NTS(2014).
3) Y. Hirokawa, T. Tanaka and M. E. Sato：*J. Chem. Phys.*, **81**, 6379(1984).
4) H. G. Schild：*Prog. Polym. Sci.*, **17**, 163(1992).
5) A. Halperin, M. Kröger and F. M. Winnik：*Angew. Chem., Int. Ed.*, **54**, 15342(2015).
6) 伊田翔平：高分子論文集、**74**, 365(2017).
7) S. Ida, T. Kawahara, Y. Fujita, S. Tanimoto and Y. Hirokawa：*Macromol. Symp.*, **350**, 14(2015).
8) 西佐小大貴、伊田翔平、金岡鐘局、廣川能嗣：第66回高分子討論会予稿集、2Pa079(2017).
9) C. S. Patrickios and T. K. Georgiou：*Curr. Opin. Colloid Interface Sci.*, **8**, 76(2003).
10) G. Erdodi and J. P. Kennedy：*Prog. Polym. Sci.*, **31**, 1(2006).
11) 伊田翔平、冨永桂子、谷本智史、廣川能嗣：高分子論文集、**74**, 195(2017).

基礎編

第２章　分子設計
第８節　動的共有結合化学に基づく自己修復性高分子材料の設計

東京工業大学　大塚 英幸/青木 大輔

1　はじめに

高分子材料の長寿命化を実現するには大きく分けて２つの戦略がある。１つは材料の強度・耐熱性・耐疲労性といった耐久性能を向上させる方法であり、言うまでもなく既存の高分子材料設計の重要な指針となってきた。もう１つは、高分子材料に生じた損傷などを、材料自身が修復することで致命的な破壊につながることを抑制する方法である。後者は「自己修復」と呼ばれる革新的な手法であり、とくに今世紀に入ってから注目を集めている(**図１**)。自己修復性高分子材料は、宇宙・深海・地中・精密機器の内部・生体内など、人による修理や交換が容易ではない、あるいは望ましくない場所への応用展開が期待されている。本章では、自己修復性高分子に関して、本書の主題である刺激応答性高分子という視点をとくに意識して、平衡系の共有結合を用いる化学(動的共有結合化学)に基づいた筆者らの研究成果を中心に紹介する。

2　自己修復性高分子材料の分類

自己修復性をもつ高分子材料は、材料の長寿命化のみならず、安心・安全な社会の実現にも貢献でき、未来科学技術の一翼を担う新材料として注目されている[1)]。とくに今世紀に入ってから、いくつかの基礎的なアプローチが知られるようになってきた。自己修復性高分子材料の設計には、大きく分けると物理的なアプローチを利用する方法と化学的なアプローチを利用する方法がある(**図２**)。物理的なアプローチは、

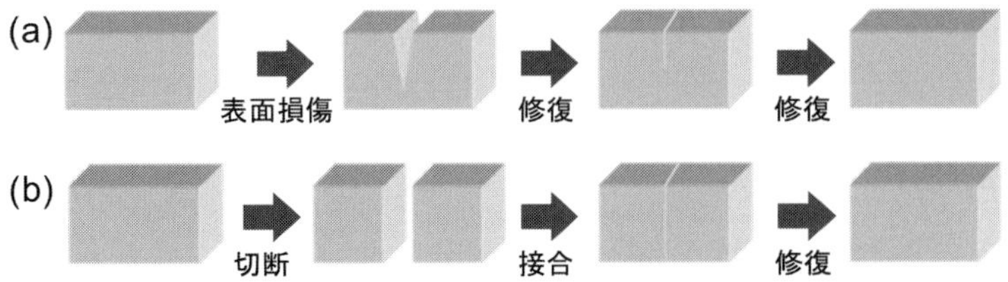

図１　自己修復性高分子の概念図：(a)表面損傷の自己修復(b)バルク材料の自己修復

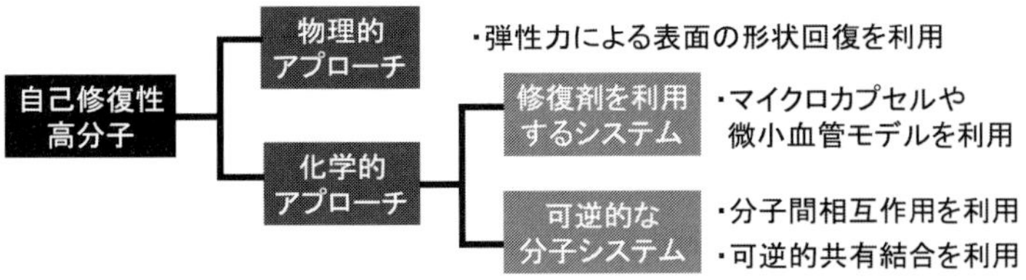

図２　自己修復性高分子材料へのアプローチの分類

高分子鎖ネットワークの弾性力を利用した修復であり、図1(a)のような表面の自己修復系を得意としている。すなわち、高分子表面に受けた凹み傷を弾性エネルギーに変換し、時間の経過とともに弾性力の復元により元の状態へと修復する[2]。自動車外装やモバイル機器などの自己修復性コーティング素材として市販化されているものがあるが、ほとんどはこの物理的なアプローチに基づいている。一方で、化学的なアプローチは、モノマー入りの修復剤を汎用高分子マトリクス中にマイクロカプセルや微小血管モデルなどを利用して事前に導入しておく方法[3]と、高分子の分子鎖骨格そのものに修復性を付与する方法に分類することができる。後者の修復を実現するための分子骨格に着目すると、水素結合に代表される分子間相互作用を利用するアプローチ[4]と、可逆的な共有結合を利用するアプローチ[5]へとさらに分類できる。このように修復性の分子骨格を高分子鎖中に導入すると、図1(b)に示したバルク材料の自己修復も可能となる。以下の項では、高分子の分子鎖骨格そのものに修復性を付与する方法のうち、特定の条件下で組み換わる共有結合を導入することで自己修復性が発現される高分子材料に焦点を絞って解説する。

3　動的共有結合化学

近年、可逆的な開裂と再結合を容易に実現できる特殊な共有結合に対する関心が高まっており、こうした平衡系の共有結合を活用する化学は、「動的共有結合化学」と呼ばれている[6]。平衡系の共有結合を利用する化学システムは古くより知られていたが、系統的に整理されて概念化された総説が2002年に発表されたことで、関連する多様な分野へと波及することとなった。動的共有結合化学に基づいて形成される分子構造体は、熱力学的に安定な構造を有する一方で、平衡を揺るがす外部刺激(温度変化、濃度変化、化学種の添加など)によって、その構造が劇的に変化する[7)8)]。こうした構造変化が大きな威力を発揮する分野の1つが、自己修復性高分子材料である。開裂した動的共有結合ユニットが再結合したり、動的共有結合ユニットが組み換わったりすることで、ゲルやバルク材料における自己修復が進行する(**図3**)[9]。

4　室温で組み換わる動的共有結合ユニットを利用する自己修復性高分子

ジアリールビベンゾフラノン(DABBF)誘導体はアリールベンゾフラノンの二量体であり、分子骨格中央に立体的に混み合った炭素-炭素結合を有している(**図4**)。その結合エネルギーは、直結する4つの芳香環の影響により通常の炭素-炭素結合と比較して非常に小さく、室温においてもラジカル的に開裂と再結合の平衡状態にあることが知られている[10]。さらに、

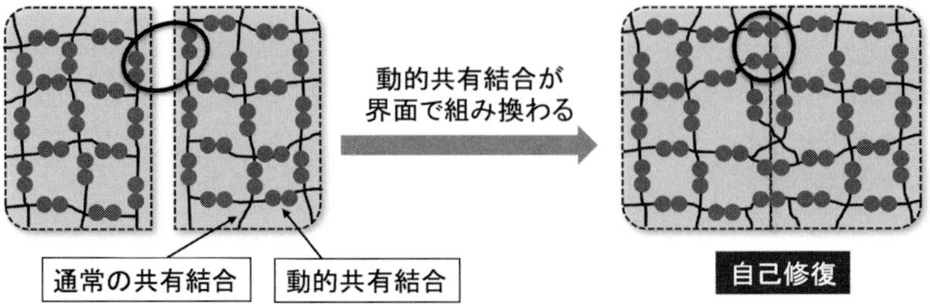

図3　動的共有結合化学ユニットの組み換え反応に基づく高分子の自己修復

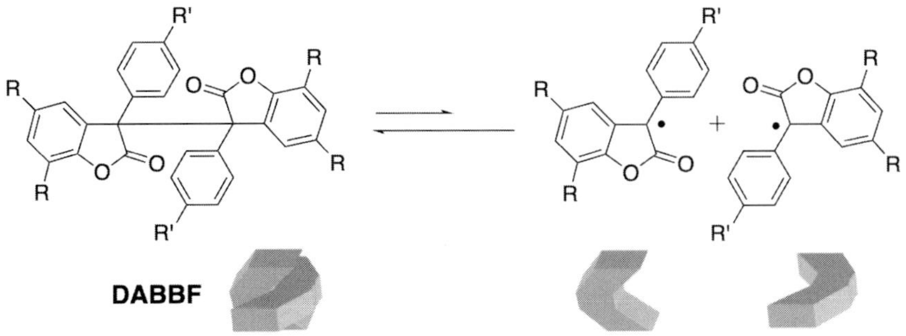

図4　ジアリールビベンゾフラノン(DABBF)の化学平衡

DABBFの開裂により生じるアリールベンゾフラノンラジカルは、酸素存在下においても失活しにくいという特徴を有する。

筆者らは、こうした特徴に起因してDABBF誘導体は室温・空気中という穏和な条件下でも組み換え反応が進行することを明らかにした[11)12)]。すなわち、DABBF骨格は外部刺激なしで、自発的に機能する動的共有結合ユニットである。**図5**に示すように、4つの水酸基をもつDABBFテトラオール誘導体と両末端にイソシアナート基を有するポリプロピレングリコールをスズ触媒存在下で重付加反応させると、DABBF骨格を有する架橋高分子が得られる[11)]。DABBF骨格に基づく架橋高分子の自己修復挙動を検証するために、低揮発性の有機溶媒で膨潤したDABBF含有架橋高分子(化学ゲル)の自己修復実験を行った。具体的には、**図6**のようにブロック状の化学ゲルを作製し二片に切断し、熱や力を加えることなく速やかに切断面どうしを合わせて室温、暗所で一定時間静置すると、顕著な自己修復挙動が観測された。DABBF骨格部分を、結合組み換え能を有していないビスフェノールA骨格に変えた対照実験ではまったく修復挙動が観測されなかったことから、DABBF骨格の結合組み換え能に起因した自己修復現象であることが示唆された。さらに、自己修復挙動を定量的に議論するために、ダンベル型の試験片を作製し、引張試験による力学物性の修復評価を行った。その結果、切断面を接合しただけで、力学物性は徐々に修復し、接合後24時間後には切断前の約98%まで力学物性の回復が観測された[11)]。数値以外の特筆すべき点として、24時間修復後の引張試験評価では、ほとんどの試験片が修復された接

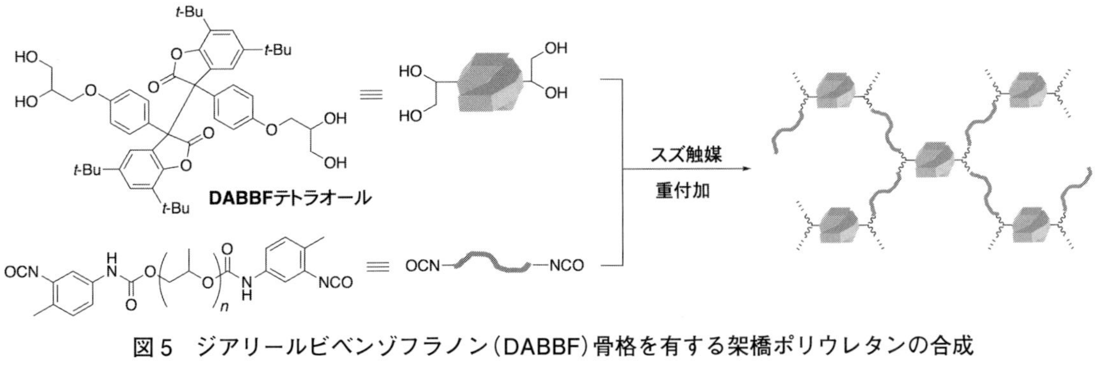

図5　ジアリールビベンゾフラノン(DABBF)骨格を有する架橋ポリウレタンの合成

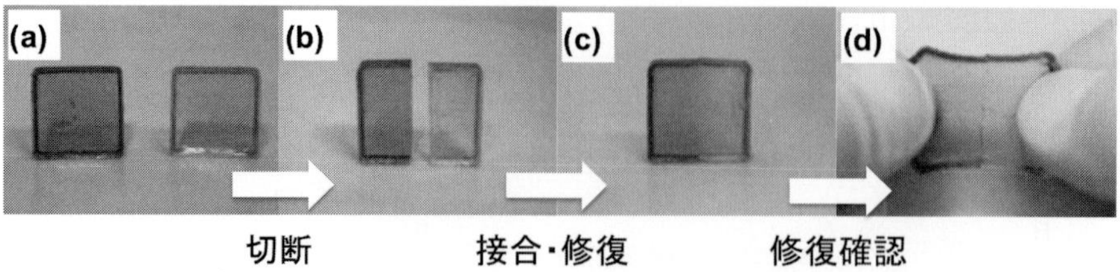

図6　ジアリールビベンゾフラノン(DABBF)骨格を含む化学ゲルの自己修復挙動：(a)区別するために色素で着色された化学ゲル(b)半分に切断直後(c)切断面を接合し24時間後(d)自己修復の確認(手で引っ張っても簡単には破断しない)

合界面からではなくランダムな位置で破断しており、修復界面の強度は遜色ないことが示された。以上のことから、DABBF骨格に基づく架橋高分子は、外部刺激をまったく与えていないにもかかわらず、自己修復挙動を示す化学ゲルであることが明らかとなった。

続いて、バルク状態(無溶媒系)における架橋高分子の修復実験を行った。別途、設計・合成したDABBF骨格を構造中に含む架橋高分子の自己修復性を検討した結果、バルク状態においても修復能を示すことが確認された[13]。一方で、ゲル系と比較すると修復速度はやや低下しており、分子鎖の拡散が遅くなっているためと考えられる。これを補うために、若干の加熱と修復時間の延長を行った結果、ゲル系と同様にほぼ定量的な力学物性の修復率を達成できた。バルク状態の自己修復性高分子においても、十分な条件のもとに修復させたサンプルの多くは、引張試験において修復界面ではなくランダムな位置での破断が観測された。したがって、界面近傍においてDABBF骨格の組み換えにより高分子鎖の絡み合いが回復したものと考えられる。さらに、同じ自己修復性高分子を用いて、セルロースナノクリスタルとのコンポジット化を行うことで、自己修復性を維持しながら力学物性を改善することにも成功した[14]。動的なDABBF骨格の炭素-炭素共有結合を使った自己修復性架橋高分子は、外部刺激がほとんどない状況下でも駆動することから、幅広い応用展開の可能性を秘めている。

5　加熱により組み換わる動的共有結合ユニットを利用する自己修復性高分子

もう1つの例として、加熱条件でのみ駆動する(2,2,6,6-テトラメチルピペリジン-1-イル)ジスルフィド(BiTEMPS)骨格(**図7**)を使った自己修復性高分子を紹介する。BiTEMPSが解離した2,2,6,6-テトラメチルピペリジン-1-チイル(TEMPS)ラジカルの類似骨格である2,2,6,6-テトラメチルピペリジン-1-オキシル(TEMPO)

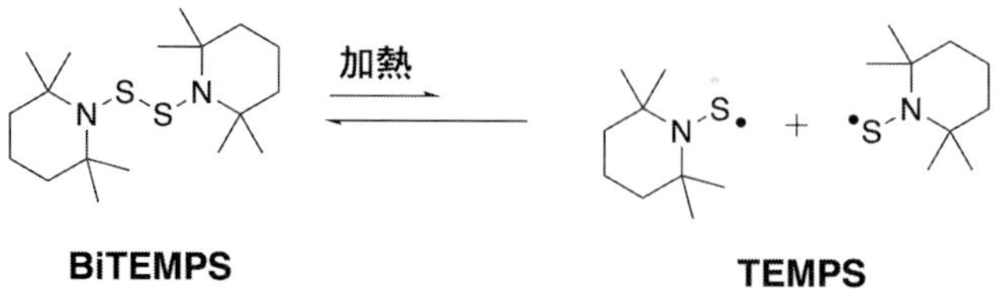

図7　(2,2,6,6-テトラメチルピペリジン-1-イル)ジスルフィド(BiTEMPS)の化学平衡

ラジカルは、二量化しない安定ラジカルであることが知られている。一方、酸素原子が硫黄原子で置き換わったTEMPS誘導体では、ラジカル状態よりも二量体の方が安定であり、アルキルジスルフィド結合の半分程度の結合エネルギーを有し、加熱によりTEMPSラジカルが発生することが古くより知られている[15]。

筆者らは、BiTEMPS骨格が加熱という外部刺激下でのみ駆動する動的共有結合骨格として機能するのではないかと着想した。BiTEMPS誘導体は、無置換体以外の合成例がなかったため、高分子骨格中への導入も考慮して、2つの水酸基を有するBiTEMPSジオールを設計・合成した。BiTEMPSジオールから合成した二種類の誘導体を*N*,*N*-ジメチルアセトアミド(DMAc)中で混合し、BiTEMPSの熱的な結合交換能を評価した。その結果、室温(25℃)において交換反応はほとんど観測されないが、100℃では15分程度で平衡に達することが明らかとなり、期待通り顕著な刺激応答性を確認した。また、不活性ガス雰囲気下と空気中での反応挙動はまったく同じとなり、ラジカル反応系であるにもかかわらず、酸素に対しても高い許容性を示した[16]。

BiTEMPSジオール、ポリプロピレングリコール、トリエタノールアミン、ヘキサメチレンジイソシアナートを原料として、スズ触媒下で重付加反応を行うことで、BiTEMPS骨格を有する架橋ポリウレタン(BTNPU)を合成した(**図8**)。BTNPUのバルクフィルムは、加熱条件(120℃)下で力学物性がほぼ回復し、顕著な自己修復性を示すことが明らかとなった[16]。さらに、汎用高分子への展開を視野に入れて、BiTEMPS骨格をスペーサーとする、二官能性ビニルモノマー(架橋剤)を設計・合成した。上述したように、BiTEMPS骨格は室温付近では高い安定性を有しているため、低温のアゾ開始剤を使ってビニルモノマーとの共重合を行うことで、対応する架橋高分子が得られた。架橋点にBiTEMPS骨格を有するポリ(メタクリル酸ヘキシル)は、加熱条件下で自己修復性を示し(**図9**)、さらに化学架橋高分子でありながら加熱条件下での再加工性をも示すことが明らかとなった[17]。

6　おわりに

本稿では、動的共有結合化学に基づく自己修

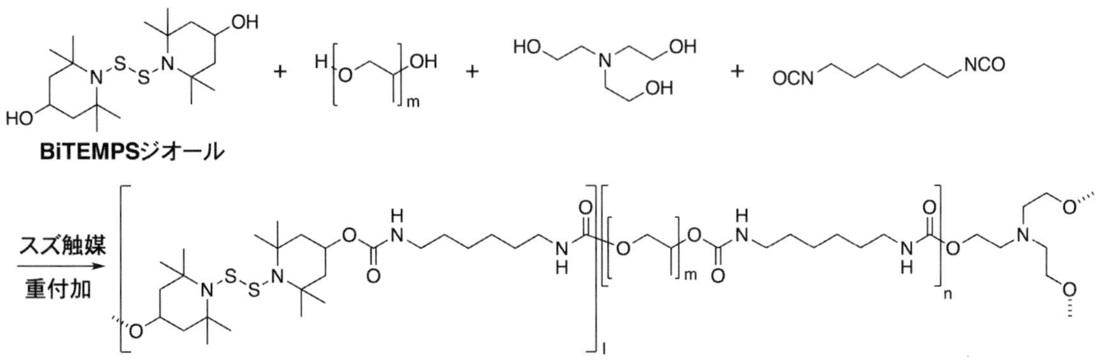

図8　(2,2,6,6-テトラメチルピペリジン-1-イル)ジスルフィド(BiTEMPS)骨格を有する架橋ポリウレタンの合成

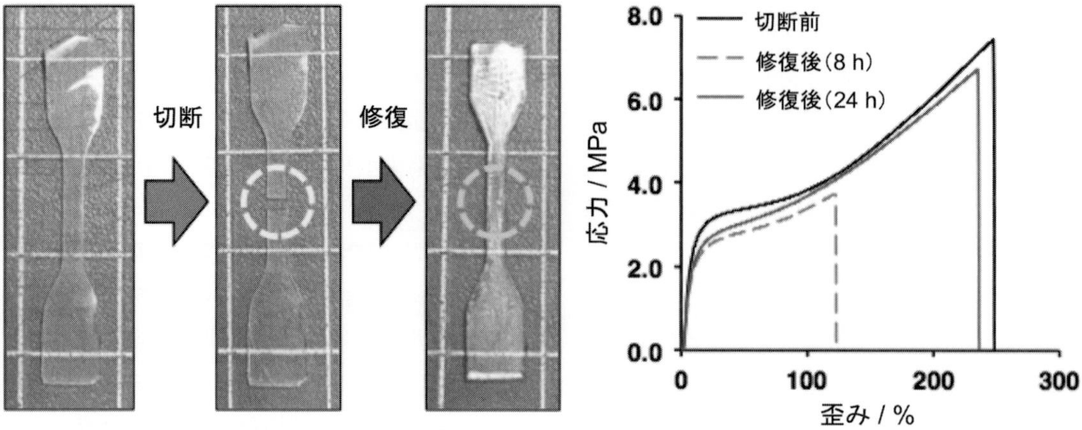

図9　架橋点に(2,2,6,6-テトラメチルピペリジン-1-イル)ジスルフィド(BiTEMPS)骨格を有するポリ(メタクリル酸ヘキシル)の加熱条件下における自己修復挙動：修復前後の写真および引張試験結果

復性高分子材料の設計について筆者らの最近の研究成果を中心に紹介した。DABBFを利用した系では外部刺激なしの条件で自己修復性が発現し、BiTEMPSを利用した系では加熱条件下で修復性が発現することを紹介した。動的共有結合骨格は多種多様であり、さまざまな外部刺激により駆動する分子骨格が知られている。さらに新しい分子骨格もつぎつぎと開発されているため、動的共有結合化学の広がりとともに、自己修復性高分子に関連する研究領域は、今後も大きな発展が期待される。

文　献

1) (a)J.-L. Wietor and R. P. Sijbesma：*Angew. Chem. Int. Ed.*, **47**, 8161(2008).
(b)S. Burattini, B. W. Greenland, D. Chappell, H. M. Colquhoun and W. Hayes：*Chem. Soc. Rev.*, **39**, 1973(2010).
(c)M. D. Hager, P. Greil, C. Leyens and S. van der Zwaag：*Adv. Mater.*, **22**, 5424(2010).
(d)J. A. Syrett, C. R. Becer and D. M. Haddleton：*Polym. Chem.*, **1**, 978(2010).
(e)大塚英幸：高分子、**65**, 624(2016).

2) Y. Noda, Y. Hayashi and K. Ito：*J. Appl. Polym. Sci.*, **131**, 40509(2014).

3) (a)S. R. White, N. R. Sottos, P. H. Geubelle, J. S. Moore, M. R. Kessler, S. R. Sriram, E. N. Brown and S. Viswanathan：*Nature*, **409**, 794(2001).
(b)K. S. Toohey, N. R. Sottos, J. A. Lewis, J. S. Moore and S. R. White：*Nature Mater.*, **6**, 581(2007).

4) (a)P. Cordier, F. Tournilhac, C. S. Ziakovic and L. Leibler：*Nature*, **451**, 977(2008).
(b)Q. Wang, J. L. Mynar, M. Yoshida, E. Lee, M. Lee, K. Okuro, K. Kinbara and T. Aida：*Nature*, **463**, 339(2010).
(c)M. Nakahata, Y. Takashima, H. Yamaguchi and A. Harada：*Nature Commun.*, **2**, 511(2011).
(d)K. Haraguchi, K. Uyama and H. Tanimoto：*Macromol. Rapid Commun.*, **32**, 1253(2011).
(e)Y. Chen, A. M. Kushner, G. A. Williams and Z. Guan：*Nature Chem.*, **4**, 767(2012).
(f)T. L. Sun, T. Kurokawa, S. Kuroda, A. B. Ihsan, T. Akasaki, K. Sato, M. A. Haque, T. Nakajima and J. P. Gong：*Nature Materials* **12**, 932 (2013).

5) (a)X. Chen, M. A. Dam, K. Ono, A. Mal, H. Shen, S. R. Nutt, K. Sheran and F. Wudl：*Science*, **295**, 1698(2002).
(b)N. Yoshie, S. Saito and N. Oya：*Polymer*, **52**, 6074(2011).

6) S. J. Rowan, S. J. Cantrill, G. R. L. Cousins, J. K. M. Sanders and J. F. Stoddart：*Angew. Chem. Int. Ed.*, **41**, 898(2002).

7) (a)T. Maeda, H. Otsuka and A. Takahara：*Prog. Polym. Sci.*, **34**, 581(2009).
(b)H. Otsuka：*Polym. J.*, **45**, 879(2013).

(c) 佐藤知哉、赤嶺経太、高原　淳、大塚英幸：高分子論文集、**72**, 341 (2015).

8) (a) W. G. Skene and J.-M. Lehn：*Proc. Natl. Acad. Sci. USA*, **101**, 8270 (2004).
(b) T. Ono, T. Nobori and J.-M. Lehn：*Chem. Commun.*, **2005**, 1522.
(c) J. W. Kamplain and C. W. Bielawski：*Chem. Commun.*, **2006**, 1727.
(d) A. M. Belenguer, T. Friscic, G. M. Day and J. K. M. Sanders：*Chem. Sci.*, **2**, 696 (2011).

9) (a) G. Deng, C. Tang, F. Li, H. Jiang and Y. Chen：*Macromolecules*, **43**, 1191 (2010).
(b) Y. Amamoto, J. Kamada, H. Otsuka, A. Takahara and K. Matyjaszewski：*Angew. Chem. Int. Ed.*, **50**, 1660 (2011).
(c) D. Montarnal, M. Capelot, F. Tournilhac and L. Leibler：*Science*, **334**, 965 (2011).
(d) Y. Amamoto, H. Otsuka, A. Takahara and K. Matyjaszewski：*Adv. Mater.*, **24**, 3975 (2012).
(e) M. Capelot, D. Montarnal, F. Tournilhac and L. Leibler：*J. Am. Chem. Soc.*, **134**, 7664 (2012).
(f) Y.-X. Lu and Z. Guan：*J. Am. Chem. Soc.* **134**, 14226 (2012).

10) (a) J. C. Scaiano, A. Martin, G. P. A. Yap and K. U. Ingold：*Org. Lett.*, **2**, 899 (2000).
(b) E. F. Sanchis, C. Aliaga, R. Cornejo and J. C. Scaiano：*Org. Lett.*, **5**, 1515 (2003).
(c) M. Frenette, P. D. MacLean, L. R. C. Barclay and J. C. Scaiano：*J. Am. Chem. Soc.*, **128**, 16432 (2006).
(d) H. G. Korth：*Angew. Chem. Int. Ed.*, **46**, 5274 (2007).

11) K. Imato, M. Nishihara, T. Kanehara, Y. Amamoto, A. Takahara and H. Otsuka：*Angew. Chem. Int. Ed.*, **51**, 1138 (2012).

12) (a) M. Nishihara, K. Imato, A. Irie, T. Kanehara, A. Kano, A. Maruyama, A. Takahara and H. Otsuka：*Chem. Lett.*, **42**, 377 (2013).
(b) K. Imato, T. Ohishi, M. Nishihara, A. Takahara and H. Otsuka：*J. Am. Chem. Soc*, **136**, 11839 (2014).
(c) R. Yoneyama, T. Sato, K. Imato, T. Kosuge, T. Ohishi, Y. Higaki, A. Takahara and H. Otsuka：*Chem. Lett.* **45**, 36 (2016).

13) K. Imato, A. Takahara and H. Otsuka：*Macromolecules*, **48**, 5632 (2015).

14) K. Imato, J. C. Natterodt, J. Sapkota, R. Goseki, C. Weder, A. Takahara and H. Otsuka：*Polym. Chem.*, **8**, 2115 (2017).

15) J. E. Bennett and H. Sieper, P. Tavs：*Tetrahedron*, **23**, 1697 (1967).

16) A. Takahashi, R. Goseki and H. Otsuka：*Angew. Chem. Int. Ed.*, **56**, 2016 (2017).

17) A. Takahashi, R. Goseki, K. Ito and H. Otsuka：*ACS Macro Lett.*, **6**, 1280 (2017).

基礎編

第2章　分子設計
第9節　ホストゲスト相互作用を利用した刺激応答性超分子材料

大阪大学　高島 義徳/大﨑 基史/原田 明

はじめに

入力エネルギーを力学的な仕事に変換する駆動素子(アクチュエーター)の開発において、軽量・柔軟で大きな変形・駆動が期待できる高分子材料はとくに注目を集めている。高分子アクチュエーターの制御には、内部流体の圧力変化[1)]、ゲル分散媒のイオン分極[2)]といった力学的・電気的な外部刺激が利用されてきた。近年では、分子を部品に見立てて構築した機械(分子マシン)を高分子に組み込み、分子マシンのミクロな分子運動をマクロスケールでの変形・動作としてアウトプットする超分子アクチュエーターが大きな発展を遂げつつある。本項では、ホストゲスト相互作用を用いたものを中心に刺激応答性超分子材料について概説する。

ホストゲスト化学に基づく高分子材料の設計には次の3つのアプローチがある(図1)。1つは、ホスト基とゲスト基を高分子側鎖に修飾し、高分子鎖間でホストゲスト包接錯体を形成させ、可逆的な結合を導入する方法である。高分子鎖同士は動的な架橋でネットワークを形成しているために、外部からの応力に対して柔軟かつ強靭な応答を示すことになる。さらに、自己修復性などの新たな機能も実現可能である[1)-3)]。

ロタキサン構造(インターロックされた環と軸)による可動性の架橋は、架橋点の自由度を上げることで優れた応力緩和特性を発現させており、高分子材料の高強度化・高靭性化を達成している[4)5)]。

もう1つの手法として、刺し違い二量体([c2]Daisy chain)による高分子架橋がある。スライド運動で全長を変化できる分子マシンの[c2]Daisy chainは、高分子材料の分子鎖長を変化させることで、力学特性の直接制御を可能

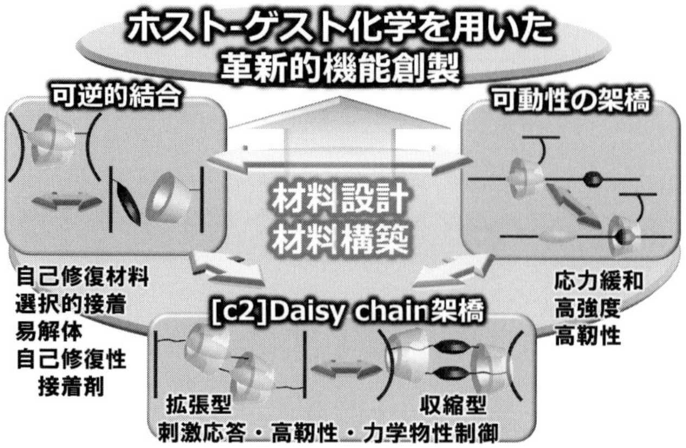

図1　ホストゲスト化学を用いた革新的機能創製

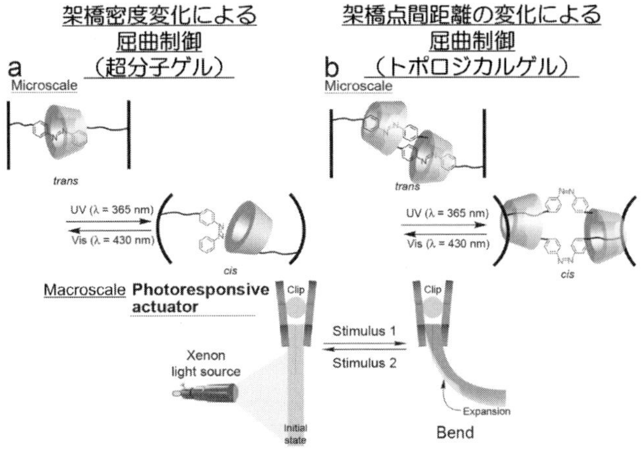

図2　光刺激応答性超分子材料の分子設計アプローチ

とする。

図2に光刺激応答性超分子材料の分子設計例を示した。1つは、ホストゲストの可逆的架橋部に光刺激応答性を付与することである。光刺激によりホストゲスト錯体の形成・解離を起こすことができれば、ホストゲスト架橋点の生成・消滅を外部刺激で制御できる材料となる。高分子材料の弾性率は架橋密度に比例するため、これにより材料の収縮・膨潤を引き起こされる。

光刺激応答性の［c2］Daisy chainを高分子鎖間に導入する手法も有用である。ここでは、光刺激によるホストゲスト錯体の形成・乖離は、［c2］Daisy chainのスライド運動を誘起する。このスライド運動によって、ポリマー鎖長すなわち架橋点間距離が変化し、その結果、材料の変形を起こすことができる。

以下では、これらの分子設計に主眼をおき、超分子を用いた刺激応答性の材料、アクチュエーターの研究開発の動向を紹介する。

1　分子モーターの回転を利用した光刺激応答性ゲル

ナノテクノロジーの主要な課題のひとつとして、分子マシンのミクロな運動をいかにしてマクロな材料変形・運動へとボトムアップするかという問題がある。

分子マシンの動きを直接に高分子鎖に伝えて、巨視的な材料変形を起こした例としてGiusseponeらの報告は興味深い。彼らは、分子モーターをポリマーネットワークの架橋点として導入した(**図3**)[6]。この架橋高分子が紫外光の照射を受けると、図中の分子モーター部が定められた方向に回転し、架橋部からポリマー鎖を縒り合わせていき、ついにはポリマー鎖を巻き取ってしまう。この分子モーターの回転運動のポリマー鎖への伝播によって、巨視的なゲル状物質の収縮が起こることが見出したのである。

2　刺激に応答して集合・離散するホストゲストゲル

筆者らは、分子間相互作用を巨視的な現象に

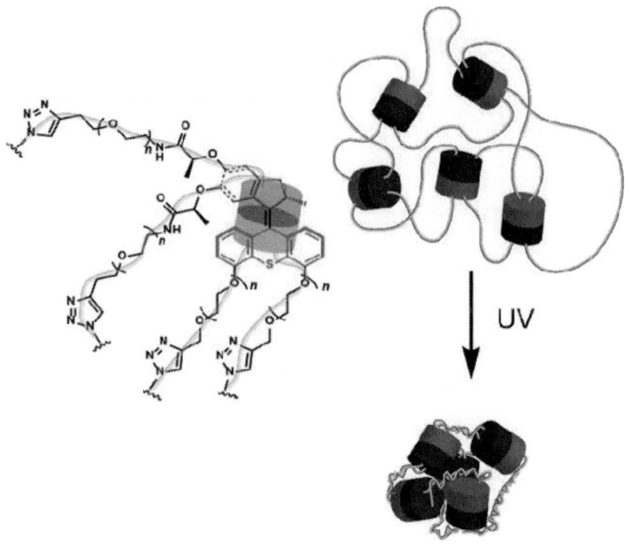

図3　分子モーターの回転運動によって収縮する架橋高分子

増幅する例の1つとして接着に着目した。2種類の材料を用意し、一方の表面に接着因子を化学修飾し、もう一方の材料の表面に対応した相補的接着因子を修飾して、これにより両材料間の分子間相互作用で材料同士の接着を行うのである。筆者を含む多くの研究者によって、ゲル片などのマクロな物体同士の接着が報告されており、動的共有結合[7]やイオン対の相互作用[8]、水素結合[9)10]、核酸[11)12]、金属錯体[13]、ボロン酸エステル[14]などを利用した材料接着が報告されている。筆者らはまた、アポ酵素を修飾したゲルと補因子を修飾したゲルの接着例にて、両者の接着面でのみ酵素機能が発現するという興味深い現象も見出している[15]。

筆者らは、選択的接着や外部刺激によるそれらの制御を志向して、ホストゲスト相互作用を利用したゲルの接着制御を報告している。ポリアクリルアミドを*N,N'*-メチレンビスアクリルアミドにて化学架橋した化学ゲルを基本骨格とし、このゲルネットワーク鎖の側鎖にホスト分子であるシクロデキストリン(CD)を導入したホストゲルを作製した。あわせて、種々のゲスト分子を修飾したガラス基板(ゲスト基板)も作製した。このホストゲルをゲスト基板上に載せるのみで、ホストゲスト相互作用によって両者が接着することが見出された(**図4**)。

この接合面に競争阻害剤として低分子のゲスト化合物溶液を加えると、ホストゲル-ゲスト基板間の錯体形成が阻害され、接着挙動を示さなくなる。両者がホストゲスト相互作用で接合していることを支持する結果である。

ゲスト分子としてフェロセンを修飾した基板では、酸化剤・還元剤の添加でフェロセンの酸化状態を可逆的に変化させることができる。電気的に中性な還元状態のフェロセンは疎水性分子であるためβ-シクロデキストリン(βCD)と包接錯体を形成するが、酸化されたフェロセニウムカチオンは電荷に由来する静電的不安定性からβCDとは包接錯体を形成しない。そのため、ゲスト基板が還元状態のときのみβCDホストゲルと接着させることができるといった、接着能力の制御が可能である。

また、フォトクロミック分子のアゾベンゼンは紫外光(λ = 365 nm)の照射により*trans*体か

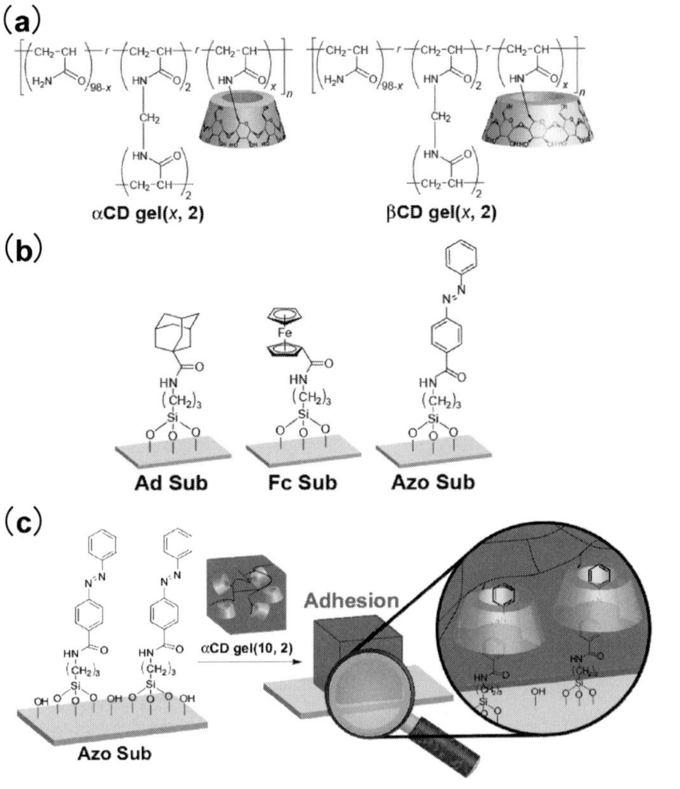

図4　ホストゲスト相互作用を利用した材料間接着
(a)ホストゲル、(b)ゲストゲルと(c)ゲルと基板の接着の様子。競争阻害剤、酸化還元剤などの化学種の添加や光照射などの外部刺激によって、接着性を制御できる

ら *cis* 体へと異性化し、可視光(λ = 430 nm)の照射ないし加熱によって元の *trans* 体へと戻る。水溶液中において、*trans*-アゾベンゼンは α-シクロデキストリン(αCD)と包接錯体を形成する一方で、*cis*-アゾベンゼンは αCD とほとんど相互作用をしない。この性質を利用して、アゾベンゼンを修飾したゲスト基板に光刺激を与えることで、ホストゲルとの接着性を制御することができる。ゲスト基板に紫外光を照射すると、アゾベンゼンが *cis* 化してホストゲルとの接着性は示さなくなり、可視光を照射してアゾベンゼンを *trans* 体に戻すことで元の接着能を取り戻すことがわかった[16)]。

このホストゲストゲル系は巨視的なゲルの自己組織化を行うことが可能である。βCD、フェロセン、アニオン(*p*-スチレンスルホン酸ナトリウム)をそれぞれ修飾したゲルを調整した(図5(a))。

この3種のゲルを水中で振盪すると、分子間相互作用に基づく選択的接着挙動を示す。フェロセンが還元された状態では、βCD ゲルとフェロセンゲルの組み合わせでのみゲル同士が接着して会合する。一方で、酸化剤を水中に添加してフェロセンをフェロセニウムカチオンとすると、フェロセンゲルは βCD ゲルから離れ、今度は静電相互作用によってフェロセンゲルとアニオンゲルとが接着・会合する。

1つのフェロセンゲルの半分の面のみを酸化状態にして残りの面を還元状態とした場合、このゲルを βCD ゲル、アニオンゲルとともに振

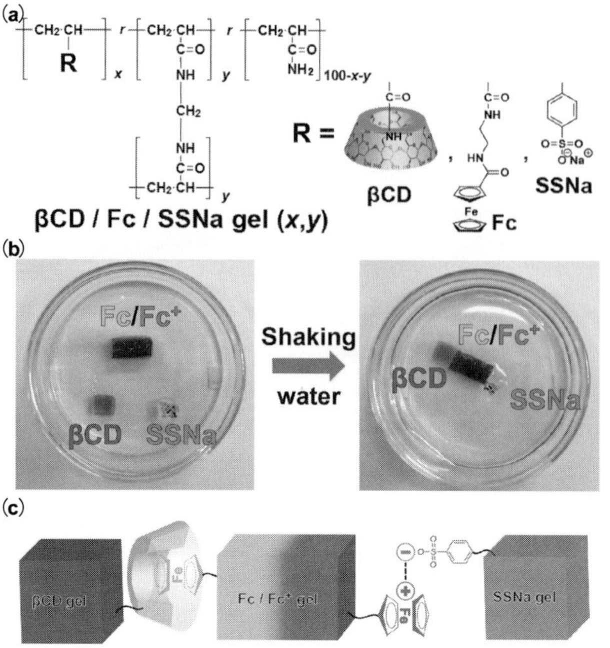

図5　ホストゲスト相互作用、静電相互作用によって自己組織化するゲル

盪すると、相互作用可能な面同士でのみ接着が起こるために、水中にてβCDゲル/フェロセンゲル/アニオンゲルの順に並んだ会合体が得られる(図5(b)(c))。このように、外部刺激による複数の相互作用の制御によって、ゲルの秩序をもった会合・離散といった動的挙動の制御が可能である[17]。

3　ホストポリマーとゲストポリマーの光刺激によるゾル-ゲル転移

以上のように、ホスト分子とゲスト分子をそれぞれ側鎖に修飾したポリマーを用いることで、ホストゲスト相互作用が材料間接着というマクロな現象として見出された。本節では、ホストゲスト相互作用にて素材そのもの(内部)の変化を誘起した例を紹介する。

高分子材料の作製にあたり、ポリマー鎖間の架橋は非常に重要な手段である。**図6**に示したように、筆者らは、ポリマー側鎖間にてホストゲスト相互作用からなる可逆的な架橋をデザインし、包接錯体の形成・解離を利用して、高分子材料のゾル-ゲル転移や自己修復、アクチュエーションといったマクロな物性の発現を目指してきた。

ここでは、材料に刺激応答性を付与するべく、フォトクロミック分子のアゾベンゼンをゲスト分子として用いた。水溶性ポリマー側鎖にアゾベンゼンを修飾したゲストポリマーと、*α*CDを修飾したホストポリマーを合成した。これらのポリマーの水溶液を混合すると、側鎖間での包接錯体形成によって架橋点が形成され、ヒドロゲルが得られた。このヒドロゲルに対して紫外光を照射し、アゾベンゼンを*cis*化させたところ、ゲルはゾル状態へと変化していき、照射の時間経過とともに粘度が減少していった。その後、このゾルに可視光を照射し、アゾベンゼンを*trans*体に戻すと、再び粘度が回復し、ゲルが再形成された(**図7**)。このゾル-ゲル転移は、包接錯体形成・解離による高

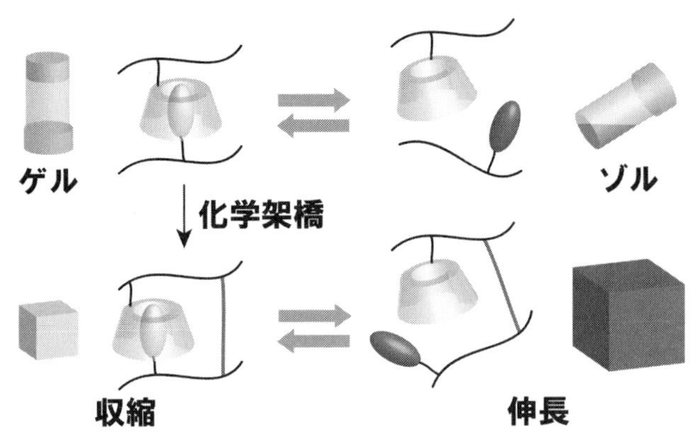

図 6　CD とゲスト分子をそれぞれ側鎖に修飾したポリマーからなる超分子ヒドロゲル、ならびに、そのゾル–ゲルスイッチング挙動(上段)。ここに化学架橋を導入したゲル(下段)は伸縮挙動を示す。

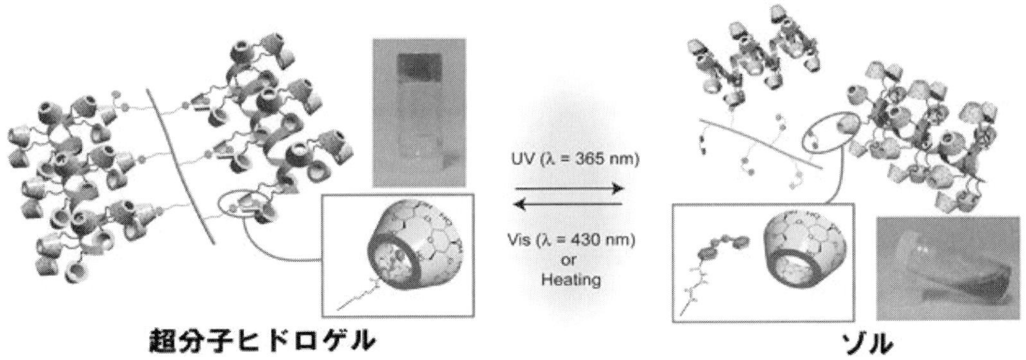

図 7　CD とゲスト分子とを側鎖に修飾したポリマーからなる超分子ヒドロゲルのゾル–ゲルスイッチング

分子ネットワーク架橋点の生成・消滅によって起こっていることがわかった[18]。

4　ホストゲスト修飾ポリマーゲルによる光刺激応答性超分子アクチュエーター

前節の光刺激応答性の超分子ヒドロゲルを得たことで、外部刺激による包接錯体の形成・解離の制御、ひいては、ゾル–ゲル状態の可逆的スイッチングが可能であることが明らかとなった。このとき、ゾル状態では、ポリマー間の架橋としての包接錯体は解離しており、個々のポリマー鎖は完全に独立した状態となっている。先に示したように、ポリマー鎖間に対して化学架橋(共有結合による架橋)を施すと自立したゲルとなる。この化学架橋をホストゲストポリマーに対して部分的に施すことで、ホストゲスト錯体による架橋がすべて解離している状態でもポリマー鎖同士は完全に孤立(溶解)せず、ゾル化ではなく架橋点数の減少に伴う膨潤挙動として応答が現れると考えた(図 6)。

この考えに基づいて、光刺激に応答して高分子ネットワークが膨潤収縮し、その変化がマクロなスケールのゲル伸縮として発現するアクチュエーターの作製を試みた。ポリアクリルアミドを *N,N'*–メチレンビスアクリルアミドにて化学架橋したゲルに対して、その高分子の側鎖にホスト(*α*CD)及び光刺激応答性ゲスト(アゾベンゼン)を導入し、ホストゲスト架橋を組み

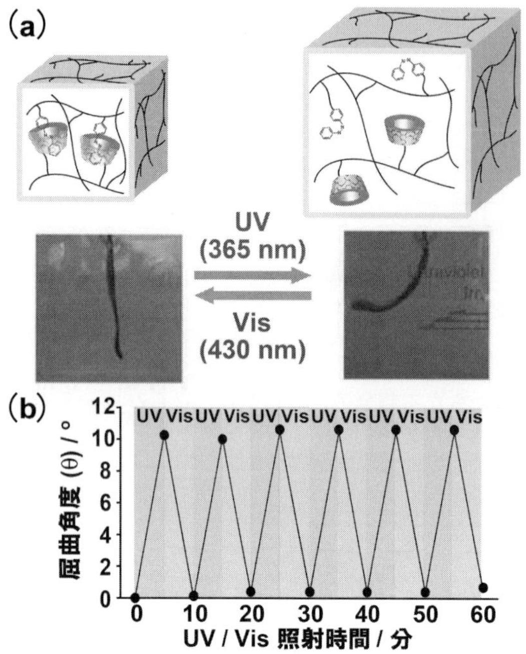

図8　(a) αCD とアゾベンゼンを用いた光刺激応答性の超分子アクチュエーターの模式図と短冊状ゲルが屈曲する様子。(b) 紫外光・可視光を交互に照射した際のゲルアクチュエーターの屈曲角度 θ の変化。

込んだゲルを合成した(図8(a))。

得られたヒドロゲルを、ホストゲスト相互作用が発現する溶媒(水)と発現しない溶媒(ジメチルスルホキシド(DMSO))に浸して最大膨潤させた。その結果、DMSO中でのゲルのサイズと比較して、水中ではゲルが大きく収縮していた。さらに、包接錯体形成を阻害する遊離の競争分子の水溶液中にこのヒドロゲルを浸漬したところ、ゲルが大きく膨潤した。これらの結果から、このゲルでは、化学的な架橋に加えて、αCDとアゾベンゼン間のホストゲスト相互作用による超分子架橋が形成され機能していることが明らかとなった。超分子架橋がDMSOや競争分子によって阻害されると、ゲルの架橋密度が減少し、その結果、ゲルが膨潤するのである。

得られたヒドロゲルに対して水中で紫外光を照射したところ、ゲルの膨潤する様子が観察された。続けて、このゲルに対して可視光を照射したところ、ゲルのサイズは紫外光照射前の状態に戻った。このサイズの変化は、アゾベンゼンの光異性化に伴ってαCDとの包接錯体が解離・再形成することで、超分子架橋点の数が変化したことに由来する。以上のように、ポリマー鎖同士を部分的に化学架橋することで、ゾル-ゲル転移をゲルの膨潤-収縮挙動に発展させ、光刺激に対する応答をゲルの動きとしてアウトプットできることが示された。

アクチュエーター機能の演示として、このヒドロゲルを短冊状に成型し、水中でクリップに吊るし、片方から紫外光を照射した。その結果、ヒドロゲルは光源と反対方向に大きく屈曲した。続けて、可視光を照射すると元の形状に戻った。ゲルの初期状態からの屈曲角度 θ を計測すると、紫外光・可視光を交互に照射することで何サイクルにも渡って可逆的な屈曲が可能であることが明らかとなった(図8(b))。光エネルギーを駆動力として、人間の腕のような曲げ伸ばし運動を人工の超分子材料において実現できたのである[19]。

5　CD-フェロセン修飾ポリマーゲルを用いた酸化還元応答性超分子アクチュエーター

部分的に化学架橋を施したゲルに刺激応答性ホストゲスト錯体を組み込んだ材料は、広く一般に適用可能なアクチュエーターの設計概念である。すなわち、光刺激だけでなくさまざまな外部刺激に応答する包接錯体を用いて、同様の方法論にてゲルアクチュエーターを作製することが可能である。

本節では、その1つとして酸化還元応答性の超分子アクチュエーターを紹介する。筆者らは酸化還元応答性を有する錯体としてβCDとフェロセンが形成する包接錯体を選択した。前述したように、還元状態のフェロセンはβCDと包接錯体を形成するが、酸化したフェロセニウムカチオンはβCDと錯体を形成しない。ここでは、ポリアクリルアミドゲルを主骨格としβCD、フェロセンを導入したヒドロゲルを作製した(**図9(a)**)。このヒドロゲルは包接錯体形成を阻害する競争分子の溶液中においてそのサイズが増大することがわかっており、βCDとフェロセンの包接錯体がゲルの構造形成に寄与していることがわかる。

このヒドロゲルを酸化剤の水溶液に浸漬したところ、ゲルは中性のフェロセン由来の橙色からフェロセニウムカチオン由来の緑色へと顕著に変色し、同時にゲルの膨潤が観測された。続けて、還元剤を加えてフェロセニウムカチオンをフェロセンへと還元すると、ゲルの色とサイズが元の状態まで戻った。このサイズ変化は、フェロセンの酸化・還元に伴ってβCDとの包接錯体が解離・再形成するために、超分子架橋点数が増減した結果である。このように、架橋点数の増減に伴う膨潤収縮は、刺激応答性錯体の架橋を組み込んだゲルに一般的な特徴であるといえる。

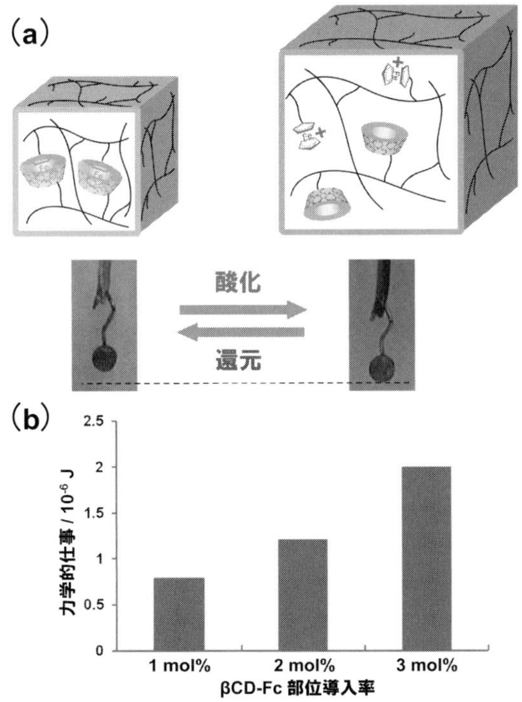

図9　(a)βCDとフェロセンを用いた酸化還元応答性の超分子アクチュエーターの模式図と作製したゲルの様子。(b)βCD、フェロセンの導入率の増加に従ってゲルがおもりに成した力学的仕事が増加した。

このヒドロゲルを短冊状に成型し、ゲルの重量以上のおもりを取り付け、ゲルの酸化・還元を繰り返したところ、ゲルは伸長・収縮を繰り返し、収縮過程では自重よりも重いおもりを持ち上げることができるとわかった(図9(b))。おもりはゲルから力学的な仕事を受けており、酸化・還元の化学反応のエネルギーを力学的エネルギーへと変換するアクチュエーターとしてゲルが機能していることが示された[20]。この酸化還元反応は、ゲルへの電圧の印加でも引き起こすことができ、外部からの電気信号に応答して機能する材料としても期待される。

6　分子マシンのスライドにより伸縮するアクチュエーター

前節までの架橋密度の変化を駆動力とするアクチュエーターとは異なったアプローチとして、筆者らはポリマー鎖の機械的な伸縮挙動で駆動するアクチュエーターも作製している。ここでは、分子マシンとして光感応性のアゾベンゼンとαCDの[c2]Daisy chainに着目した。末端にアミノ基をもつアゾベンゼンとαCDの[c2]Daisy chain、および、4官能性の星型分岐ポリマーの活性エステルとを縮合反応させることで、[c2]Daisy chainを架橋部位にもつポリマーネットワークを形成させた(**図10**)。ポリマーネットワークでは、ポリマー鎖同士は共有

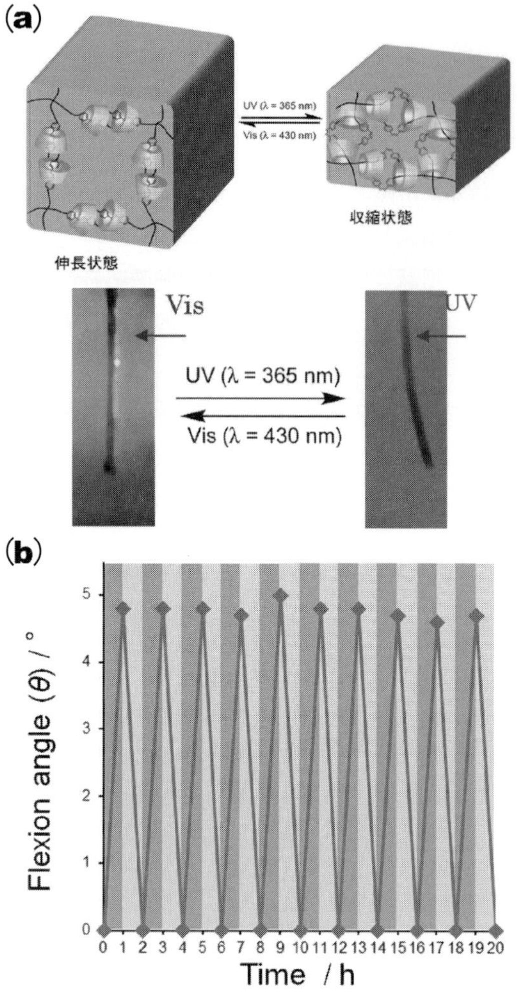

図 10　(a) [c2] Daisy chain を架橋点とした光刺激応答性超分子アクチュエーターの模式図と屈曲するゲルの様子(b)紫外光・可視光を交互に照射した際のゲルアクチュエーターの屈曲角度 θ の変化

結合で直接結合していない。[c2]Daisy chain のトポロジー構造による機械的な絡み合いで互いに結びついているのみである。ここでは、主鎖ポリマーとしてポリエチレングリコール(PEG)を用いている。4 本鎖の星型 PEG は [c2]Daisy chain の CD ユニットがスライド運動をするレールのような役割を果たし、分子マシンの動きを有効に増幅することを目的とする。また、PEG は比較的ガラス転移点が低いことから、ヒドロゲルのみならずバルクのポリマー材料としても伸縮性が期待される。

作製した [c2]Daisy chain で架橋されたポリマーに対して、水中で紫外光(λ = 365 nm)を照射したところ、ヒドロゲルは収縮した。また、収縮したヒドロゲルに可視光(λ = 430 nm)を照射することで、ヒドロゲルは膨潤し、元の大きさに戻った。この挙動は、前節までの架橋密度の増減を駆動力とするゲルアクチュエーターとは対照的な挙動である。[c2]Daisy chain によって架橋されたゲルは、紫外光刺激を受けると [c2]Daisy chain の CD がアゾベンゼンから抜け出し、PEG 鎖へと滑りだす。このスライド運動によってポリマー鎖の全体の長さが短くなったために収縮したものと考えられる。これは、外部刺激によるホストゲスト相互作用の変化を分子マシンを介してポリマー鎖の構造変化に結び付ける、新しい駆動原理のアクチュエーターであるといえる。

[c2]Daisy chain により架橋されたゲルの伸縮挙動は、ヒドロゲルの状態だけではなく、乾燥したキセロゲルの状態でも観察された(**図 11**)。架橋密度変化を利用したゲルアクチュエーターは、膨潤・収縮に溶媒の出入りが必要なため乾燥状態では応答しないが、[c2]Daisy chain で架橋されたキセロゲルは溶媒の出入りが駆動機構にほとんど影響しないため、空気中でも伸縮挙動を示したと考えられる。また、駆動に溶媒の出入りが無用であるということは、アクチュエーターの運動が時間のかかる溶媒分子の拡散過程にほとんど依存しないことを示唆する。実際、このキセロゲルの駆動においては、光照射により秒単位の非常に早い応答を示す。筋繊維のサルコメア中ではアクチンフィラメントとミオシンフィラメントのスライド運動が筋伸縮の原動力となっている。本項のゲルアクチュエーターはより生体系を指向した材料で

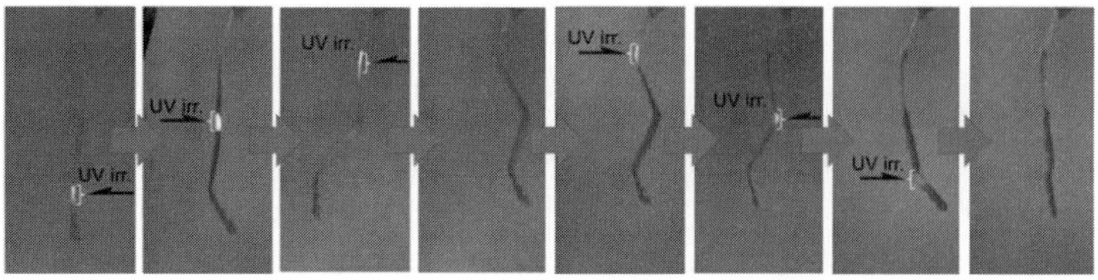

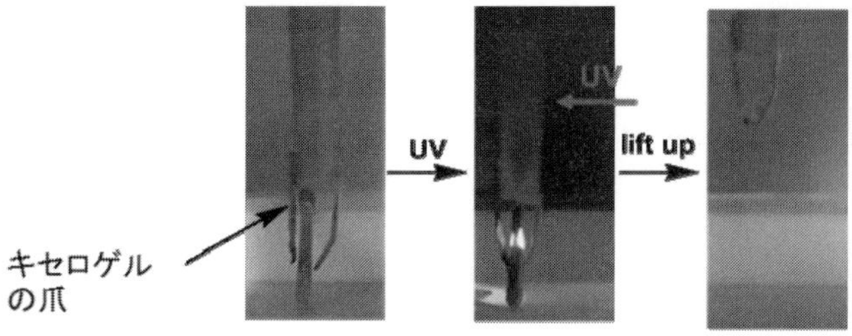

図11　機械的に架橋されたポリマーからなるキセロゲルの紫外光に対する収縮挙動(上段)とアクチュエーターの伸縮運動を利用して物体をつかんで持ち上げるデモンストレーション(下段)

あるといえる[21]。

光刺激に対するさらに早い応答を得るため、筆者らは、分子マシンの［c2］Daisy chain の光異性化速度がアゾベンゼンの60倍となるスチルベンを利用して、［c2］Daisy chain 架橋点型の光刺激応答性超分子アクチュエーターを作製した。*trans*-スチルベンの異性化を誘起する紫外光(λ = 360 nm)を照射したところ、スチルベン部位は *cis* 体に異性化し、このゲルアクチュエーターは2.6°/s もの屈曲速度を示した。これはアゾベンゼンのものと比べて1600倍速く、材料の変形速度が分子マシンの駆動速度に依存していることがわかった。さらに、別の紫外光(λ = 280 nm)の照射でスチルベンを *trans* 体に戻すことで、この屈曲変形を元に戻すことも可能であり、これらの過程は可逆的である。

スチルベンを用いた場合でも、乾燥したキセロゲルの状態では7.0°/s とさらに早い屈曲速度を示しており、［c2］Daisy chain 型のゲルアクチュエーターの優位性がうかがえる。

7　［2］Rotaxane からなる超分子アクチュエーター

［2］Rotaxane(2つの構成要素からなるロタキサン)を架橋点とする高分子ネットワークは、柔軟で強靭な材料の作製に非常に有用である。また、前項の［c2］Daisy chain と比べて合成が比較的容易でもある。筆者らは、［2］Rotaxane 構造を骨格とした新しいタイプの刺激応答性高分子アクチュエーターを作製した。それぞれの末端に縮合基をもつ PEG とアゾベンゼン、二官能性の αCD 誘導体の3種を縮合反応することで、**図12**(a)のポリマー架橋体を得た。ポリマー鎖同士は直接共有結合しておらず、［2］Rotaxane 構造を介してのみつながっている。興味深いことに、このヒドロゲルは化学架橋ゲルの50倍の2800％もの高い破断強度値を示す。［2］Rotaxane 架橋の環動効果がはたらき、応力がゲルネットワーク全体に分散され高い強靭性につながったものと考えられる。

このゲルは一軸伸長させた状態で乾燥させてキセロゲルとすることで、非常に速い光刺激に

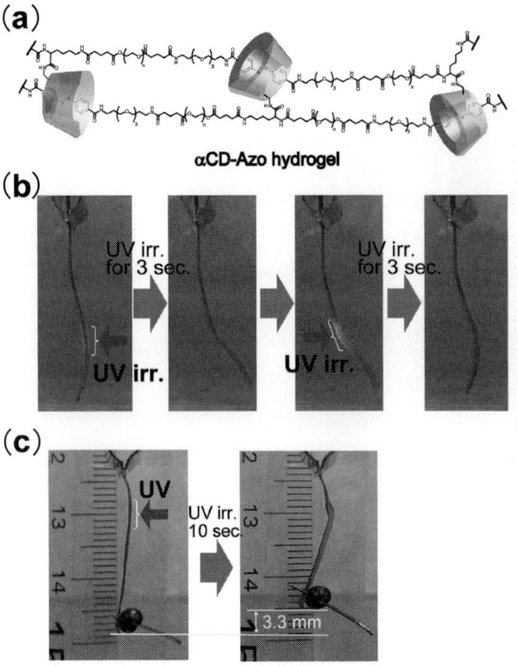

図 12　(a) [2] ロタキサン型の超分子アクチュエーター (b) 紫外光に対する屈曲挙動 (c) アクチュエーターの収縮によりおもりを持ち上げ、光エネルギーを力学的仕事に変換するデモンストレーション

対する応答を示すようになることがわかった(図 12(b))。紫外光(λ = 365 nm)の照射に対して、引き伸ばしたキセロゲルは 6.0°/s と速い屈曲速度を示した一方で、アゾベンゼンと PEG を化学架橋したゲルではこのような伸長に対する応答性の向上は一切みられなかった。この結果から、[2]Rotaxane 構造が応答・変形に大きく寄与しているといえる。

また、この [2]Rotaxane 架橋キセロゲルの短冊片におもりを取り付け、キセロゲルに紫外光と可視光(λ = 430 nm)を交互に照射すると、ゲルは伸長・収縮を繰り返し、おもりに力学的仕事がなされた。この系では、光エネルギーの力学的エネルギーへの変換がアクチュエーターによって実現されたといえる(図 12(c))[22]。

このように、[c2]Daisy chain 型のみならず [2]Rotaxane 型でも、乾燥材料として光刺激に対する大きく速いアクチュエーションが実現可能であることがわかった。

結　言

以上のように、分子を部品としてホストゲスト相互作用などの非共有結合で組み合わせることで、分子レベルでの駆動機械(分子マシン)が得られ、近年では、分子マシンを巧みに利用することで、ミクロな分子運動をマクロな材料の変形・運動として取り出すことが可能になりつつある。とくに、[c2]Daisy chain や [2] Rotaxane を利用した高分子アクチュエーターは変形量・応答速度で優れた結果を示してきている。生体系では酵素や抗体、細胞内輸送、筋肉などの多様な天然の分子マシンが機能しており、ときにそれらは我々の想像も及ばない分子運動をみせることがある。人工的な分子マシンはまだ多くの可能性を秘めているといえよう。分子マシンをより発展させて、巨視的なスケールで動作する機械が現実のものとなるのも遠い将来のことではないと思われる。

文　献

1) M. Nakahata, Y. Takashima, H. Yamaguchi and A. Harada：*Nat. Commun.* **2**, 511 (2011).
2) T. Kakuta, Y. Takashima, M. Nakahata, M. Otsubo, H. Yamaguchi and A. Harada：*Adv. Mater.* **25**, 2849-2853 (2013).
3) M. Nakahata, Y. Takashima and A. Harada：*Macromol. Rapid Commun.* **37**, 86-92 (2016).
4) Y. Okumura and K. Ito：*Adv. Mater.*, **13,** 485-487 (2001).
5) K. Mayumi, K. Ito and K. Kato：Polyrotaxane and Slide-Ring Materials. RSC Publishing, London (2015).
6) Q. Li, G. Fuks, E. Moulin, M. Maaloum, M. Rawiso, I. Kulic and N. Giuseppone：*Nat. Nanotechnol.* **10,** 161-165 (2015).
7) E. Liang, H. Zhou, X. Ding, Z. Zheng and Y. Penga：

Chem. Commun. **49**, 5384-5386(2013).
8) T. Asoh and A. Kikuchi：*Chem. Commun.* **46**, 7793-7795(2010).
9) C. A. Anderson, A. R. Jones, E. M. Briggs, E. J. Novitsky, D. W. Kuykendall, N. R. Sottos and S. C. Zimmerman：*J. Am. Chem. Soc.* **135**, 7288-7295(2013).
10) Y. Ahn, Y. Jang, N. Selvapalam, G. Yun and K. Kim：*Angew. Chem. Int. Ed.* **52**, 3140-3144(2013).
11) H. Qi, M. Ghodousi, Y. Du, C. Grun, H. Bae, P. Yin and A. Khademhosseini：*Nat. Commun.* **4**, 2275(2013).
12) M. Nakahata, Y. Takashima, A. Hashidzume and A. Harada：*Chem. Eur. J.* **21**, 2770-2774(2015).
13) Y. Kobayashi, Y. Takashima, A. Hashidzume, H. Yamaguchi and A. Harada：*Sci. Rep.* **3**, 1243(2013).
14) M. Nakahata, S. Mori, Y. Takashima, A. Hashidzume, H. Yamaguchi and A. Harada：*ACS Macro Lett.* **3**, 337-340(2014).
15) Y. Kobayashi, Y. Takashima, A. Hashidzume, H. Yamaguchi and A. Harada：*Sci. Rep.* **5**, 16254(2015).
16) Y. Takashima, T. Sahara, T. Sekine, T. Kakuta, M. Nakahata, M. Otsubo, Y. Kobayashi and A. Harada：*Macromol. Rapid Commun.* **35**, 1646-1652(2014).
17) M. Nakahata, Y. Takashima and A. Harada：*Angew. Chem. Int. Ed.* **53**, 3617-3621(2014).
18) S. Tamesue, Y. Takashima, H. Yamaguchi, S. Shinkai and A. Harada：*Angew. Chem. Int. Ed.* **122**, 7623-7626(2010).
19) Y. Takashima, S. Hatanaka, M. Otsubo, M. Nakahata, T. Kakuta, A. Hashidzume, H. Yamaguchi and A. Harada：*Nat. Commun.* **3**, 1270(2012).
20) M. Nakahata, Y. Takashima, A. Hashidzume and A. Harada：*Angew. Chem. Int. Ed.* **52**, 5731-5735(2013).
21) K. Iwaso, Y. Takahsima and A. Harada：*Nat. Chem.* **8**, 625-632(2016).
22) Y. Takashima, Y. Hayashi, M. Osaki, F. Kaneko, H. Yamaguchi and A. Harada：*Macromolecules*, **51** (2018) in press.

第2章　分子設計

第10節　バイオ応用を指向した刺激応答性超分子ヒドロゲルの設計

京都大学　田中 航/浜地 格

1　はじめに

特定の環境や分子に応答して、巨視的性質を変化させる刺激応答性ヒドロゲルは、ドラッグデリバリー、疾病診断、再生医療などバイオロジー分野での応用が期待され、活発に研究が進められている。そのなかでも、我々は、従来の高分子ヒドロゲルとは異なり、ゲル化剤と呼ばれる小分子が自己集合することによって形成される超分子ヒドロゲルに注目し、研究を行ってきた[1)]。超分子ヒドロゲルは、ゲル化剤が水中で非共有結合(水素結合、ファンデルワールス相互作用、π/π 相互作用等)を介して規則的に並び繊維状の自己集合体を形成し、物理架橋によって三次元ネットワーク化することで得られる(**図1**)。この繊維状の自己集合体を形成することがゲル化に重要であり、非共有結合の緻密なバランスによって制御されているため、1分子レベルのゲル化剤分子設計で、簡単にヒドロゲルに巨視的な刺激応答性を付与することが可能である。また、超分子ヒドロゲル内部には、繊維状自己集合体からなる疎水性ドメインと、それらによって閉じ込められた水分子から成る親水性ドメインが存在している。疎水性ドメインに、疎水性プローブなどの小分子を吸着させることができることや、親水性ドメインにタンパク質・酵素等の生体分子をその機能を損なうことなく固定化可能であることも魅力的な特徴である。

本稿では、「脂質型」と「ペプチド型」のゲル化剤から成る超分子ヒドロゲルに刺激応答性を付与するための分子設計戦略や、それらと機能分子・材料との複合化による機能開拓について紹介する。また、「脂質型」と「ペプチド型」それぞれのゲル化剤から成る超分子ネットワークを1つのヒドロゲル中でお互いを干渉させずに存在させる(orthogonal)ことで、ユニークな機能を設計した例についても紹介する。さらに、ここで紹介するさまざまな超分子ヒドロゲルがバイオ応用を指向するうえでどのような機能を発揮するか、その可能性についても適宜言及する。

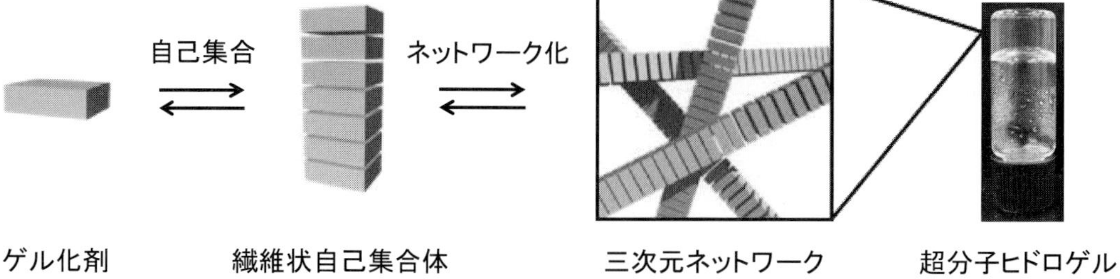

図1　超分子ヒドロゲルの形成メカニズム

2　脂質型超分子ヒドロゲル

2.1　刺激応答性脂質型超分子ヒドロゲルの設計

低分子有機化合物の中に、ヒドロゲル化剤として機能するものがあることは古くから知られていたが、その大部分は偶然によって発見されてきた。ここ数十年で、ナノ構造を解析する手法が大きく発展したことによってヒドロゲル化に重要な要素がわかってきたが、未だにヒドロゲル化剤を合理的に設計するのは困難である。これは、水和や水分子の構造化を含むヒドロゲル化に不可欠な複数の非共有結合の緻密なバランスが完全には予測できないためである。そこで、我々はコンビナトリアル化学を用いて数十種類の糖脂質型の小分子を合成することによって、ヒドロゲル化剤を探索することにした。その結果、**1**が水中でゲル化剤として機能することを見出した[2)]（**図2A**）。IRやX線構造解析によってこの分子の会合駆動力・配列様式を明らかにしたところ、ヘッド部位の糖による水分子を介した水素結合、リンカー部位のアミドによる水素結合、テール部位のメチルシクロヘキサンによる疎水性相互作用が分子間の会合駆動力として働き、規則的な分子配列を構築して繊維状集合体を形成していることが明らかになった[3)]。この知見から、**1**に適切な化学置換を施し、非共有結合の調整を行うことによってさまざまな脂質型の刺激応答性超分子ヒドロゲルの設計が可能となった。

はじめに、リンカー部位に炭素-炭素2重結合を導入することによって、光応答性の**2**を合成した[4)]（図2B）。リンカー部位がトランス体の場合、繊維状の自己集合体は安定であり巨視的にはヒドロゲルを形成したが、紫外光照射によってシス体へと異性化することで、繊維状の自己集合体が崩壊し巨視的にはゾルへと転移した。さらに、Br_2共存下で可視光を照射することによってシス体をトランス体へ変換すると可逆的にゲルへと転移した。この光応答性を利用することで、ビタミンB_{12}やコンカナバリンA等の内包物の放出を制御することにも成功した。続いて、ヘッド部位にリジンを導入した**3**を合成した[5)]（図2C）。このヒドロゲルのヘッド部位は、中性条件では双性イオンになっているのに対し、酸性、塩基性条件ではそれぞれカチオン性、アニオン性となる。これは、中性条件ではイオン結合によってゲル化剤分子間の相互作用が強まるのに対して、それ以外ではイオン反発によって分子間相互作用が弱まることを意味する。したがって、**3**は中性条件において硬い超分子ヒドロゲルを形成する一方で、酸性あるいは塩基性へと変化させることでゾル化するpH応答性ヒドロゲルとなった。また、このヒドロゲルはヒドロゲル**2**同様光応答性も有しており、これを利用した異種細胞の空間選択的な三次元培養にも成功している。具体的には、紫外光照射によってヒドロゲル**3**内に流動性の高い格子状のスペースを2つ作成し、HeLa細胞とCHO細胞を各スペースに流し込むことによって、同じ培地上でこれら2種類の細胞をコンタミネーションさせることなく三次元培養した。このように、光などによって簡便に加工可能な超分子ヒドロゲルは、細胞外マトリックスとしての応用も期待できる。また、ヘッド部位にリン酸基を導入した**4**からなるヒドロゲル[6)]（図2D）は、3種類の異なる刺激（光、pH、Ca^{2+}イオン）に応答してゲル-ゾル転移を起こすことが明らかになった。これらの刺激応答を組み合わせることによって、ゲル-ゾル転移の論理応答システムの構築に成功している。たとえば、酸性条件でCa^{2+}を添加したヒドロゲル4はNaOHとEDTAを両方添加した場合のみゾル化するAND型の論理応答を示した。ま

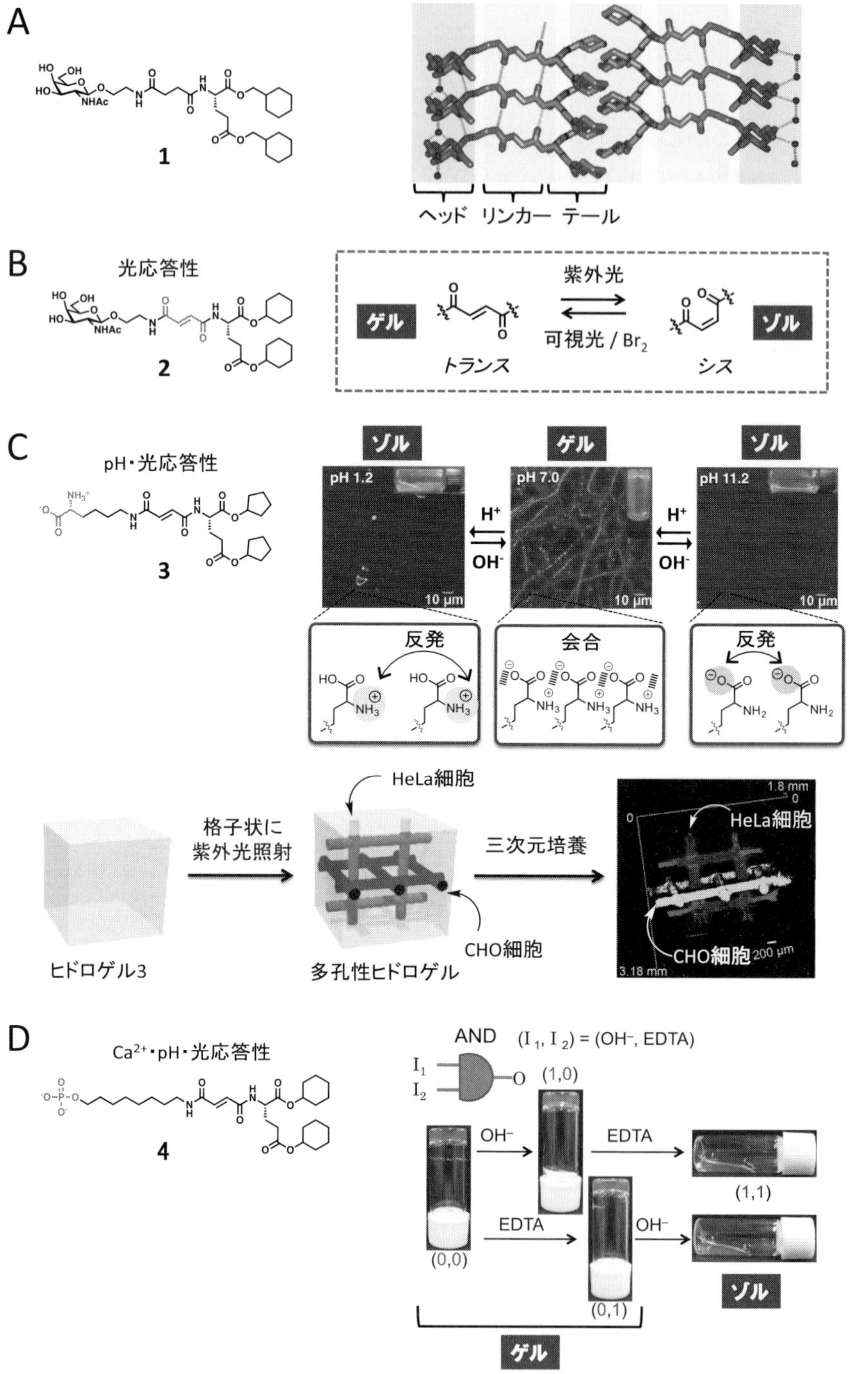

図 2

A：ゲル化剤 1 の X 線結晶構造解析
B：ヒドロゲル 2 の光応答性
C：ヒドロゲル 3 の pH 応答性、ヒドロゲル 3 の光応答性を利用した異種細胞の三次元培養
D：ヒドロゲル 4 の AND 型論理応答

た、論理応答を利用して、ヒドロゲルに内包した生理活性物質の放出制御にも成功した。このような論理応答物質放出マトリックスとしての超分子ヒドロゲルは、癌腫瘍などの特異的な環境でのみ薬剤を放出するドラッグデリバリーシステムへの応用が期待される。

2.2　機能分子・材料の複合化によるバイオマーカー検出

機能分子・材料との複合化によって、単一のゲル化剤から形成される超分子ヒドロゲルでは達成困難な機能を設計することができる。実際に、脂質型の超分子ヒドロゲルと小分子蛍光プローブや酵素、多孔質無機材料等を複合化することで、さまざまなバイオマーカーの蛍光検出に成功したので数例紹介する。

疎水的な環境下において蛍光強度の増加や蛍光波長の短波長シフトがみられるDANSenプローブと親水的なペプチドを結合させた5をヒドロゲル1に内包し、リジンエンドペプチダーゼ(LEP)を添加すると基質選択的な酵素反応によって疎水的なDANSenが生成する[3)]。これが、ゲル中の水分子豊富な親水性空間から繊維状自己集合体ネットワークの疎水部へと移動することによってヒドロゲル全体の蛍光特性が変化する(図3A)。一方で、LEP以外の酵素・タンパク質を添加した場合は、DANSenが生成せず5が親水性空間に留まるため蛍光特性の変化はみられない。このようなLEP選択的な検出は、5のペプチド配列を変更することで他の酵素へと選択性を変更することも可能であった。

多孔質無機ナノ材料との複合化によってより複雑なバイオマーカー検出システムの構築も可能である。ヒドロゲル中には、疎水性ドメインと親水性ドメインがそれぞれ独立に存在しているが、多孔質無機ナノ材料は、それらに次ぐ第3のorthogonalドメインとして機能する。メソポーラスシリカの内部にアミンを修飾した

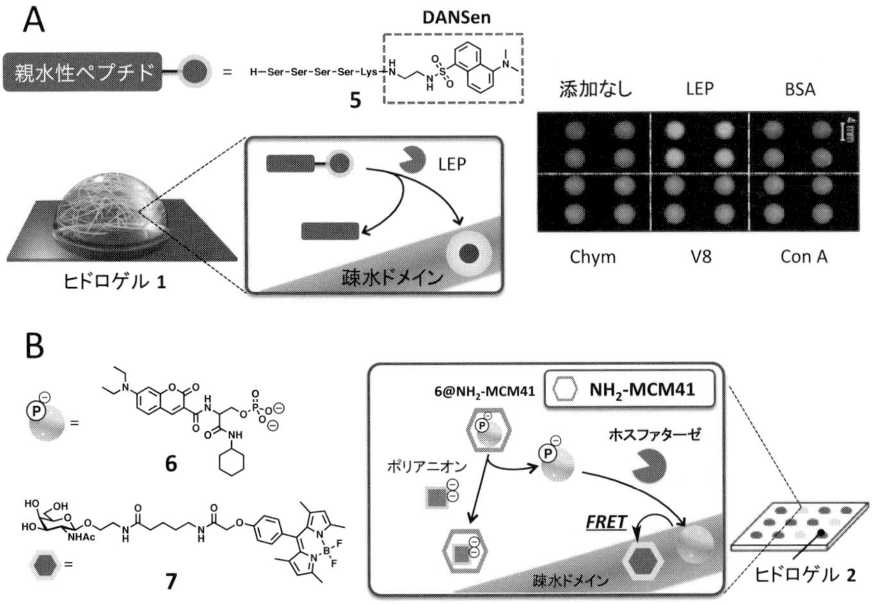

図3
A：蛍光プローブ修飾ペプチド5を利用したLEP酵素活性の蛍光検出
B：無機ナノ材料と超分子ヒドロゲルの複合化を利用した生理活性ポリアニオン検出

H_2N-MCM41は酸性条件下でカチオン性の表面をもつため、アニオン性の分子を内部に閉じ込めることができる。アニオン性のリン酸基をもつ蛍光プローブ6を内包したH_2N-MCM41、疎水ドメインに吸着する色素である7、ホスファターゼ(酵素)をヒドロゲル2と複合化することによって、ポリアニオンを選択的に蛍光検出することに成功した[7](図3B)。このハイブリッドヒドロゲルにポリアニオンを添加すると、H_2N-MCM41内の6がイオン交換によって押し出され、親水空間へと放出される。その後、ホスファターゼによって6が脱リン酸化され疎水的になりゲル繊維から成る疎水ドメインへと移動する。局所での濃縮効果によって、脱リン酸化6から7への蛍光共鳴エネルギー移動(FRET)が起こり、ヒドロゲルの蛍光色の変化が誘起される。これを利用することで、コンドロイチン硫酸のような生理活性ポリアニオンの簡便な検出が実現した。同様に、アニオン性の多孔性材料であるモントモリオナイト(MMT)をヒドロゲル3と複合化することでポリアミンの検出にも成功した[8]。スペルミンやスペルミジン等のポリアミンは、細胞増殖において重要な役割を担っていることが知られており、増殖の速いがん細胞のバイオマーカーと考えられている。このように、ヒドロゲル内において多孔質無機ナノ材料は第3のorthogonalドメインとなり、バイオマーカーの認識や疎水ドメインへの蛍光シグナル伝達を担い、細胞内におけるオルガネラのような機能を発揮することが明らかとなった。

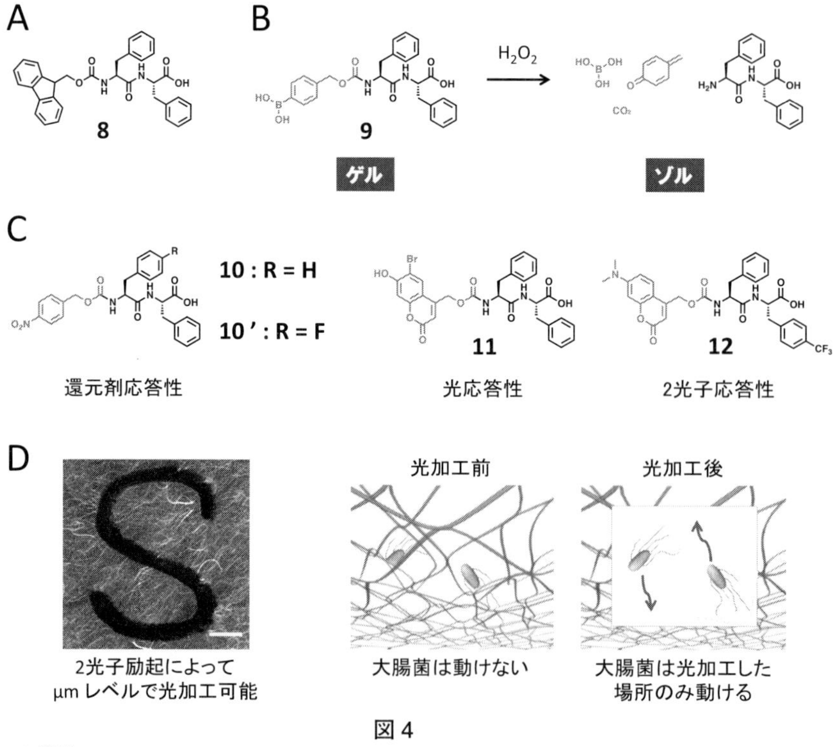

図4

A：ゲル化剤8の構造
B：ヒドロゲル9のH_2O_2応答
C：還元剤応答性ゲル化剤10(10')、光応答性ゲル化剤11、2光子応答性ゲル化剤12の構造
D：ヒドロゲル12の光加工(スケールバー：20 μm)、ヒドロゲル12の光加工を利用した大腸菌運動制御

3　ペプチド型超分子ヒドロゲル

3.1　刺激応答性ペプチド型超分子ヒドロゲルの設計

近年、数残基のアミノ酸から成るペプチドを基盤としたさまざまなゲル化剤が報告されている。たとえば、Gazitらは、**8**が水中で繊維状の集合体を形成し、ヒドロゲルとなることを見出した[9)10)](**図4A**)。彼らの報告から、ジフェニルアラニン(FF)のペプチド間水素結合とπ/π相互作用、およびFFのN末端に導入したfluorenyl-9-methoxycarbonyl(Fmoc)基などの疎水的な芳香族によるπ/π相互作用が超分子繊維構造の形成・安定化に重要であることが示唆された。この知見から、我々はFFのN末端に特定の刺激によって脱離する疎水的な芳香族を修飾することで、刺激に応答してゾル化するヒドロゲルを設計できるとの着想を得た。はじめに、H_2O_2応答性のヒドロゲルとしてFFのN末端に*p*-borono-phenylmethoxycarbonyl(BPmoc)基を修飾した**9**を合成した[11)]。この分子から形成されるヒドロゲルは、H_2O_2を添加するとBPmoc基が*p*-quinonemethideとCO_2を生成しながら脱離することによってゾル化応答を示した(図4B)。同様の戦略を用いて$Na_2S_2O_4$等の還元剤によってゾル化する**10**、光によってゾル化する**11**といった刺激応答性超分子ヒドロゲルの開発にも成功した。また、1光子励起だけでなく、2光子励起によってもゾル化する**12**を開発した[12)](図4C)。2光子励起は、1光子励起と比較して2倍長波長の光を用いることができるため生物への毒性が少なく、空間分解能も向上するという2つの利点がある。これらの利点を活かして、大腸菌を内包したヒドロゲル**12**内に近赤外光(740 nm)照射によってμmオーダーのゾル化部位を作成し、空間選択的に大腸菌の運動を生きたまま制御することに成功した(図4D)。

3.2　酵素複合によるバイオマーカー検出への応用と高感度化

9のFFをトリフェニルアラニン(FFF)へと変え、ゲル化能を向上させた**9'**によって形成されるヒドロゲルに種々の酸化酵素を内包することで、刺激応答をH_2O_2からさまざまな疾病バイオマーカーへと拡張することができる[13)](**図5A**)。たとえば、グルコースオキシダーゼ(GOx)を内包したヒドロゲル**9'**は、糖尿病のバイオマーカーであるグルコースを添加すると、GOxの触媒反応によってH_2O_2が発生してゲル化剤が分解し、ゾル化が進行する。このようなヒドロゲルのゲルチップアレイを用いてゲルからゾルへの転移を目視観察することで、安価で簡便に網羅的な疾病診断ができるようになる可能性がある。

さらに、最近、検出感度を向上させるために、ヒドロゲル**9'**にシグナル増幅システムを組み込んだヒドロゲルを開発した[14)](図5B)。シグナル増幅システムには、Shabatらの報告[15)]を参考に合成した増幅分子**13**とサルコシンオキシダーゼ(SOx)を用いた。このシステムでは、1分子のH_2O_2分子を認識して、1サイクルあたり2分子のH_2O_2を発生させる。これが繰り返し起こることで、H_2O_2シグナルが大きく増幅される。1サイクルを詳しくみると、はじめに**13**のボロン酸部位が過酸化水素と反応し、1,6脱離、1,4脱離を伴って2分子のサルコシンが生成される。その後、2分子のサルコシンがSOxに触媒されて2分子のH_2O_2を発生させる。この増幅システムをヒドロゲル**9'**に内包することで、H_2O_2に対するゾル化応答感度を5倍にすることに成功した。また、このシグナル増幅ゲルに第2の酸化酵素としてGOxを同時に内包することで、GOxのみをヒドロゲル**9'**に内包した場合と比較してグルコース

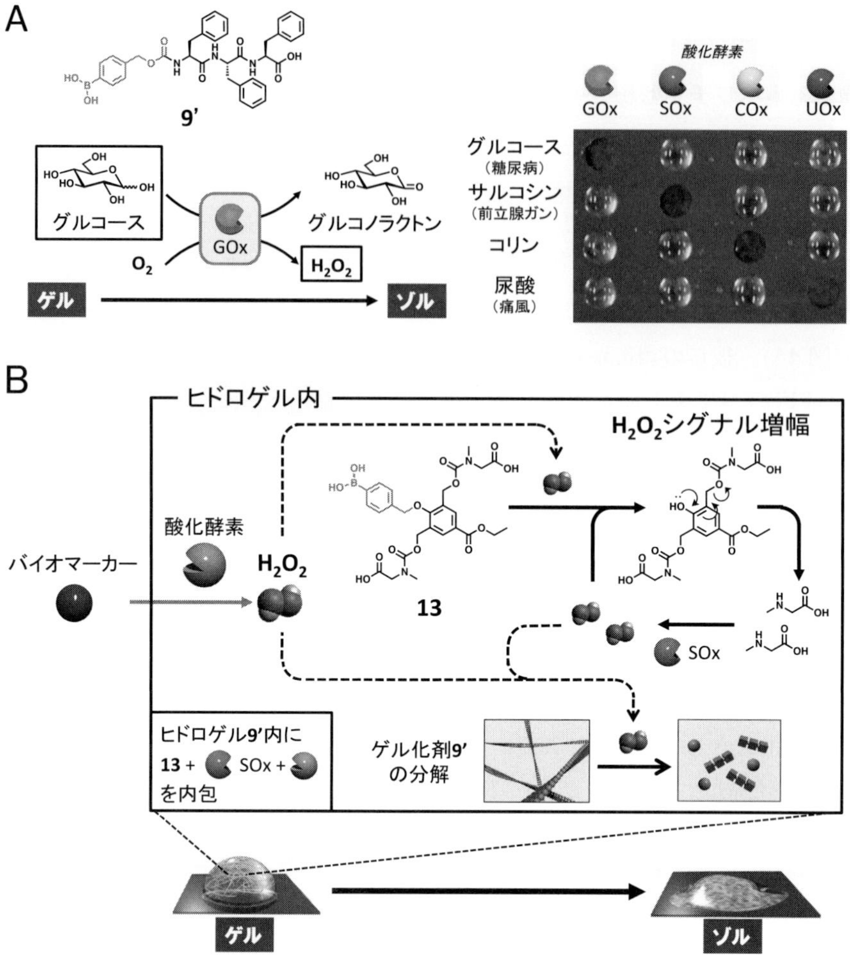

図 5
A：酸化酵素内包によるヒドロゲル 9' のバイオマーカー応答
B：シグナル増幅システムを利用した高感度バイオマーカー応答ヒドロゲル

に対する感度は 8 倍向上した。同様に、シグナル増幅ゲルに尿酸オキシダーゼ（UOx）を内包することで、痛風患者の血液に含まれる尿酸濃度と同濃度以上の尿酸溶液に特異的に応答してゾル化するヒドロゲルを作成することも可能であった。

4　ダブルネットワーク超分子ヒドロゲル

細胞内では、アクチンやチューブリン等のタンパク質が正確に自己認識・自己集合（self-sorting）し独立した繊維状の超分子集合体を形成している。これらの繊維状超分子集合体が外部刺激や環境変化に対してそれぞれ異なる動的な応答（重合や脱重合）を示すことで細胞遊走・細胞分裂等の生物現象が可能となっている。このような事実から、人工系においても刺激応答性の繊維状超分子集合体をself-sorting型で複合することができれば、それぞれの刺激応答挙動を干渉させずに１つのマテリアル内へ合理的に複数導入できるため、多機能性材料の創出につながると期待される。たとえば、Adamsらは、２種類のゲル化剤分子のpKaの違いを利用して、水溶液のpHを徐々に下げることでself-sorting型のダブルネットワーク超分子ヒドロゲルの作成に成功した[16]。また、一方のネットワークが光に応答して崩壊するようゲル化剤分子を設計することによって、力学的強度の空間制御を達成している[17]。

我々は、会合駆動力の異なるペプチド型ゲル化剤**9'**および脂質型ゲル化剤**4**が水中で加熱・冷却をするだけでself-sortingして２種類の繊維状超分子ネットワークを内包するヒドロゲルを形成することを発見した[18]（**図6A**）。また、各ゲル化剤を選択的に染色する蛍光プローブを用いて、共焦点レーザー顕微鏡（CLSM）によるself-sorting現象のそのまま（*in situ*）リアルタイムでの動態イメージングに成功した。さらに、最近、**10'**と**4**も同様に水中でself-sortingすることを見出した。得られたダブルネットワークヒドロゲルは、各ネットワークの刺激応答挙動を反映したユニークな特徴を発現した[19]（図6B）。**10'**ネットワークから形成されるヒドロゲルはヒドロゲル**10**と同様に$Na_2S_2O_4$によってゾル化する。一方で、**4**ネットワークから形成される粘性液体は、ホスファターゼによって、自己組織化した繊維中のゲル化剤の一部が脱リン酸化されることで疎水的で強固なネットワークを形成しゲル化する。２つのネットワークをself-sortingによって複合すると、各刺激応答はお互いのネットワークに一切干渉せずに保持される。したがって、これらから成るダブルネットワーク超分子ヒドロゲルは$Na_2S_2O_4$によってゾル化し、ホスファターゼによってより強度の高いゲルとなる合理的な双方向性の応答挙動を示した。また、各刺激に応じた力学的強度の変化を利用して、内包したタンパク質（免疫グロブリンG、ミオグロビン、コンカナバリンA）の放出制御にも成功した。さらに、このヒドロゲルは２種類の刺激の順番を認識して異なる応答を示すという面白い特性を発現した（図6.C）。具体的には、刺激を$Na_2S_2O_4$→ホスファターゼの順番（ルートA）で加えるとゲル→ゾル→ゲルと転移するのに対して、刺激をホスファターゼ→$Na_2S_2O_4$の順番（ルートB）にすると常にゲル状態を維持する。この刺激の順序認識を利用して、ゲルマトリックス内へのナノビーズの取り込み制御に成功した。本研究によって、新たな機能性材料を生み出す戦略の１つとして、超分子繊維状集合体のself-sortingを利用する方法が有効であることを示せたと考えている。今後、繊維状超分子ダブルネットワークと他の機能分子・材料との複合化や超分子トリプルネットワークの構築、あるいは共集合との組み合わせによって、より複雑で有用な機能を有するハイブリッド超分子ヒドロゲルが開発されることが期待できる。

5　おわりに

本稿では、刺激応答性超分子ヒドロゲルの設計指針とバイオマテリアルとしての応用について概説した。今後、刺激応答性超分子ヒドロゲルのバイオ分野での役割を模索していくうえで、本稿でも紹介したようなほかの機能分子・材料との複合化や超分子マルチネットワーク化による新機能開拓が重要になってくると考えられる。このようなヒドロゲルの発展には、もっとも高次の機能を有するハイブリッドヒドロゲルといえる細胞の模倣が鍵になると考えられ

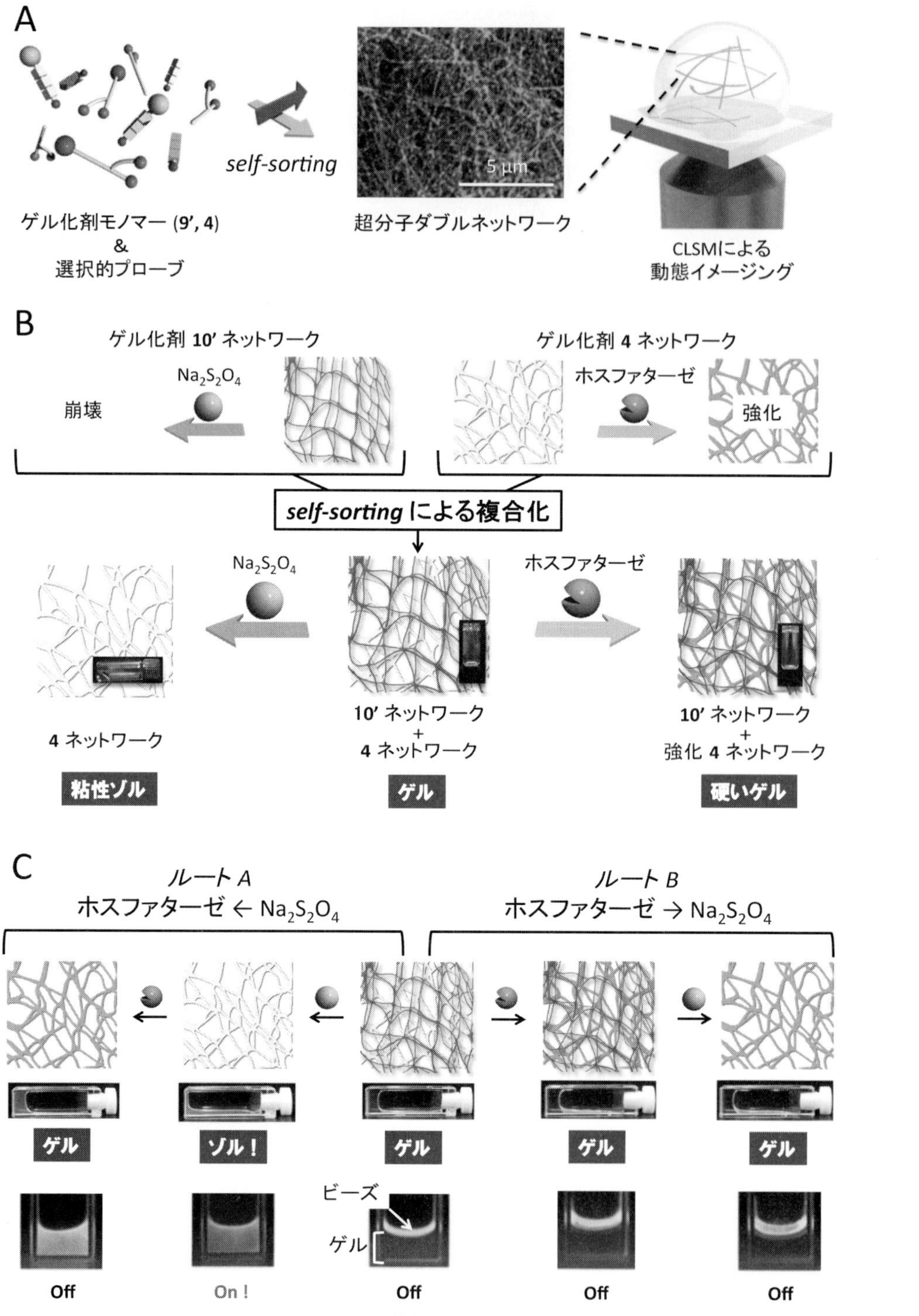

図6

A：9’と4によるself-sortingのCLSM動態イメージング

B：10’と4から形成されるダブルネットワーク超分子ヒドロゲルの刺激応答挙動

C：10’と4から形成されるダブルネットワーク超分子ヒドロゲルの刺激順序認識とナノビーズ取り込み

※口絵参照

る。今後、細胞を最大の手本とし、新しい機能を有する刺激応答性ハイブリッドヒドロゲルが開発され、ユニークなバイオマテリアルとして応用されることを期待したい。

文　献

1) 重光孟、浜地格：*Acc. Chem. Res.*, **50**, 740(2017).
2) 清中茂樹、新海征治、浜地格：*Chem. -Eur. J.*, **9**, 976(2003).
3) 清中茂樹、佐田和己、吉村息吹、新海征治、加藤信夫、浜地格：*Nat. Mater.*, **3**, 58(2004).
4) 松本真治、山口哲史、上野詩織、小松晴信、池田将、石塚康司、伊香裕子、田畑和仁、青木裕之、伊藤紳三郎、野地博行、浜地格：*Chem. –Eur. J.*, **14**, 3977(2008).
5) 小松晴信、築地真也、池田将、浜地格：*Chem. -Asian. J.*, **6**, 2368(2011).
6) 小松晴信、松本真治、田丸俊一、金子賢治、池田将、浜地格：*J. Am. Chem. Soc.*, **131**, 5580(2009).
7) 和田敦彦、田丸俊一、池田将、浜地格：*J. Am. Chem. Soc.*, **131**, 5321(2009).
8) 池田将、吉井達之、松井利博、谷田達也、小松晴信、浜地格：*J. Am. Chem. Soc.*, **133**, 1670(2011).
9) M. Reches and E. Gazit：*Isr. J. Chem.*, **45**, 363(2005).
10) A. Mahler, M. Reches, M. Rechter, S. Cohen and E. Gazit：*Adv. Mater.*, **18**, 1365(2006).
11) 池田将、谷田達也、吉井達之、浜地格：*Adv. Mater.*, **23**, 2819(2011).
12) 吉井達之、池田将、浜地格：*Angew. Chem. Int. Ed.*, **53**, 7264(2014).
13) 池田将、谷田達也、吉井達之、黒谷和哉、小野木祥玄、浦山健治、浜地格：*Nat. Chem.*, **6**, 511(2014).
14) 吉井達之、小野木祥玄、重光孟、浜地格：*J. Am. Chem. Soc.*, **137**, 3360(2015).
15) E. Sella and D. Shabat：*J. Am. Chem. Soc.*, **131**, 9934(2009).
16) K. L. Morris, L. Chen, J. Raeburn, O. R. Sellick, P. Cotanda, A. Paul, P. C. Griffiths, S. M. King, R. K. O'Reilly, L. C. Serpell and D. J. Adams：*Nat. Commun.*, **4**, 1480(2013).
17) E. R. Draper, E. G. B. Eden, T. O. McDonald and D. J. Adams：*Nat. Chem.*, **7**, 848(2015).
18) 小野木祥玄、重光孟、吉井達之、谷田達也、池田将、窪田亮、浜地格：*Nat. Chem.*, **8**, 743(2016).
19) 重光孟、藤咲貴大、田中航、窪田亮、南沙央理、浦山健治、浜地格：*Nat. Nanotech.*, **13**, 165(2018).

第2章　分子設計
第11節　刺激応答性を示すトリスウレア超分子ゲル

静岡大学　山中 正道

1　はじめに

超分子ゲルは、非共有結合を駆動力に形成する高い柔軟性を有する材料である[1)-4)]。低分子ゲル化剤とよばれる低分子量の有機化合物が、次元制御された自己集合により超分子ポリマーを形成する。この超分子ポリマーがバンドル化することでナノサイズの繊維状集合体を生成し、繊維状集合体がネットワーク構造を形成することで超分子ゲルとなる。超分子ゲルは、形成のすべての過程が可逆性の高い非共有結合により進行するため、外部刺激に対して鋭敏な応答性を示すものも多く報告されている。これまで、光や化学物質などさまざまな刺激に応答する超分子ゲルが開発されてきた。こうした刺激応答性は、超分子ゲルを構成する低分子ゲル化剤の構造変化という分子レベルでの変化を、ゲルの形成と崩壊という巨視的な現象に増幅するという点においても興味深い。超分子ゲルの刺激応答性の設計性は高く、低分子ゲル化剤を分子設計することで、任意の刺激に応答する超分子ゲルを創生することができる。我々は、ベンゼンを中心に三回対称構造を有するトリスウレア化合物が、低分子ゲル化剤として機能することを見出した[5)6)]。また、これらトリスウレア化合物の有する官能基が、刺激応答性の官能基として機能し、超分子ゲルの形成と崩壊を引き起こすことも見出している。本節では、こうした低分子ゲル化剤への官能基導入に基づく、刺激応答性超分子ゲルの開発について概説する。

2　化学刺激応答性を示す低分子オルガノゲル化剤の開発[7)]

低分子ゲル化剤として機能する分子構造の論理的な設計は難しく、その発見は偶然に依存することも多い。我々が三回対称構造を有するトリスウレア化合物を、低分子ゲル化剤として機能する分子として見出した経緯も、まったくの偶然であった。ウレイド基を分子認識部位としたホスト化合物の開発のなかで設計したトリスウレア化合物(**1**)は、アセトンなどの有機溶媒と混合し超音波照射することで、超分子オルガノゲルを形成した(**図1**)。アセトン以外にも**1**は、メタノールやテトラヒドロフランなど、比較的高極性な有機溶媒をゲル化したが、ゲル化には超音波照射が不可欠で、一般的な加熱-冷却の過程ではゲルは形成しなかった。

キセロゲルのFT-IRスペクトルの解析より、ゲルの形成に**1**のウレイド基間の水素結合が重要な役割を果たしていることが明らかとなった。また、トリスウレア化合物(**1**)は、本来ホスト化合物として分子設計されていたことから、**1**と水素結合によりホスト-ゲスト複合体を形成する化学刺激の添加により、超分子ゲルの崩壊が進行すると考えた。ゲストとしてアニオンが適当であると考え、**1**のアセトンゲルにフッ化テトラブチルアンモニウムを添加した。すると、固体のフッ化テトラブチルアンモニウムとゲルの接した界面から、ゲルから溶液への相変化が進行し、数時間後には完全に溶液へと変化した(**図2**)。この相変化は、超音波照射や

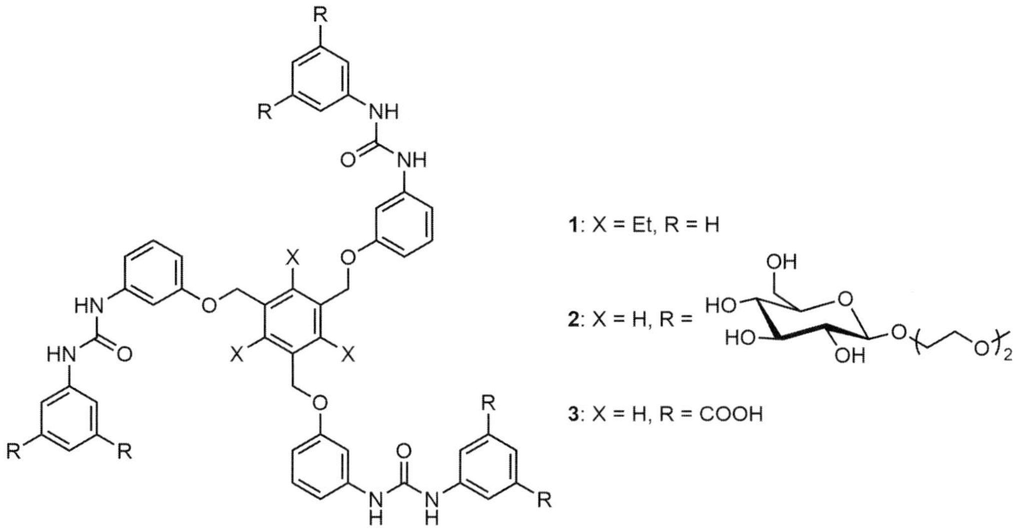

図1　トリスウレア構造を有する低分子ゲル化剤

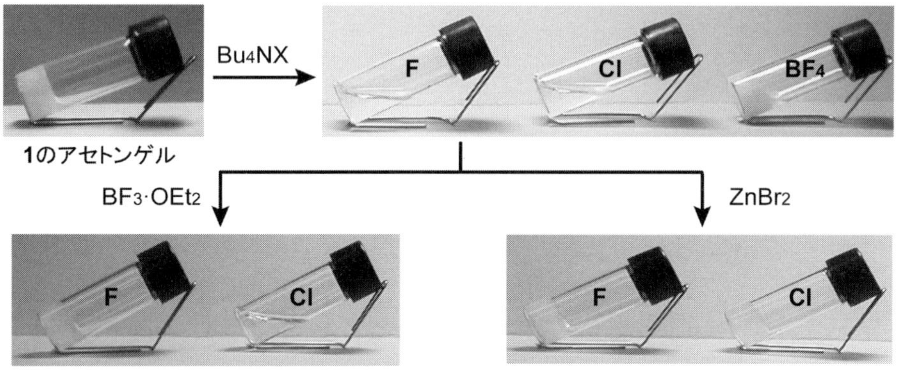

図2　化学刺激応答性を示すトリスウレア化合物(1)より形成する超分子ゲル

攪拌により促進され、数分以内で溶液へと変化させることができた。この相変化に要するフッ化テトラブチルアンモニウムは、**1**に対して1.1当量であった。種々のアニオンにおいても、**1**のアセトンゲルは同様に溶液へと相変化した。相変化に要するアニオンの量は、塩化物イオンで1.7当量、臭化物イオンで2.0当量、ヨウ化物イオンで2.9当量であった。また、興味深いことにテトラフルオロホウ酸イオンでは、10当量以上を添加しても溶液への相変化は進行しなかった。こうした相変化が、**1**とアニオンの会合により誘起されていることを確認すべく、**1**とアニオンの会合強度を評価することとした。^{1}H-NMRによる滴定実験から算出した**1**とアニオンの会合定数は、相変化に要するアニオンの量とよい相関を示した。この結果は、ゲルから溶液への相変化が、**1**とアニオンの会合により誘起されることを支持している。

続いて、溶液へと相変化した**1**とアニオンのアセトン溶液の再ゲル化を検討した。フッ化物イオンを含む**1**のアセトン溶液に、ルイス酸であるトリフルオロボラン(ジエチルエーテル錯体)を添加し超音波照射を行うと、超分子ゲルが再生した(図2)。この再ゲル化は、トリフルオロボランがフッ化物イオンと反応し、1との会合の弱いテトラフルオロホウ酸イオンが形成されたことによる。したがって、トリフルオロボランによる1とアニオンのアセトン溶液の再ゲル化は選択的であり、塩化物イオン、臭化物イオン、ヨウ化物イオンにより相変化した溶液の再ゲル化は進行しなかった。1とアニオンのアセトン溶液の再ゲル化は、金属塩の添加により非選択的に進行することが明らかとなった(図2)[8)]。塩化亜鉛、臭化亜鉛、ヨウ化亜鉛、塩化カドミウム、塩化銅、塩化鉄、塩化スズ、塩化ビスマスは、フッ化物イオン、塩化物イオン、臭化物イオン、ヨウ化物イオンのいずれのアニオンを含む1のアセトン溶液も再ゲル化した。この非選択的再ゲル化の機構の解明を目的に、モデル化合物となるジフェニルウレアを用いたNMR実験を行った。ジフェニルウレアの重アセトン溶液に、塩化テトラブチルアンモニウムを加えると、ホスト-ゲスト相互作用に基づくシグナルのシフトが観測された。ここに、塩化亜鉛など再ゲル化を促進する金属塩を添加すると、ジフェニルウレアのNMRスペクトルは、塩化テトラブチルアンモニウムを添加する前のものとほぼ同じスペクトルに変化した。ところが、再ゲル化を促進しない塩化マグネシウムを添加した場合には、NMRスペクトルに変化はみられなかった。こうした結果より、再ゲル化を促進する金属塩は、系中のアニオンと錯形成することで遊離の1を再生し再ゲル化を進行させていることを明らかにした。

3　糖親水基を有する低分子ヒドロゲル化剤の開発[9)]

超分子ヒドロゲルを形成する低分子ヒドロゲル化剤の開発は、低分子オルガノゲル化剤の開発に比べ困難である。低分子オルガノゲル化剤の開発においては、ゲル化を検討できる多種多様な溶媒が存在する。しかし、低分子ヒドロゲル化剤の開発では、検討できる溶媒は水のみである。さらに水系環境では、水素結合による自己集合の制御が、有機溶媒中に比べ困難である。低分子オルガノゲル化剤として機能したトリスウレア化合物(1)のさまざまな誘導体を合成し、それらのゲル化能を評価した[10)]。その結果、三回対称構造を有するトリスウレア化合物は、総じて高いゲル化能を有することが明らかとなった。また、外殻の芳香環にはさまざまな置換基を導入してもゲル化能が保持された。外殻の芳香環は、トリスウレア化合物が自己集合により超分子ゲルを形成する際、繊維状集合体の表面に集積する。外殻の芳香環に親水基を導入したとき、中心疎水部が水との接触を避けるよう一次元状に自己集合し、親水基を繊維状集合体の表面に集積した構造体となり、超分子ヒドロゲルを形成すると考えた。

親水基となるグルコシドを、外殻の芳香環に2つずつ導入した両親媒性トリスウレア化合物(2)を、低分子ヒドロゲル化剤として設計した(図1)。2は、ペンタアセチル-D-グルコースおよびフロログルシノールを出発原料に合成した。2と水と混合し、加熱溶解した後に室温で静置することで、期待どおり透明な超分子ヒドロゲルが生成し、その最少ゲル化濃度は1.5 wt%であった。キセロゲルのSEM観測からは、均質な繊維状集合体が観測された。また2は、水と混合し室温で静置するのみでも、透明な超分子ヒドロゲルを生成した。この方法における最小ゲル化濃度は、2.0 wt％であった。この方法で調整した超分子ヒドロゲルは、しばらくは透明な状態を保持するが、数週間から数ヶ月後には白濁したゲルへと変化した。室温で調整した超分子ヒドロゲルのキセロゲルをSEMにより観測したところ、加熱の手法で生成したゲルよりも細い繊維状集合体が観測された。ところが、経時変化により白濁した超分子ヒドロゲルのキセロゲルをSEM観測したところ、超分子ヒドロゲルの形成初期には観測されなかった、太い繊維状集合体を含む不均質な繊維状集合体が観測された。加熱条件で調整した超分子ヒドロゲルは、適切なバンドル化が進行し均質な繊維状集合体が形成しているのに対し、室温にて調製した超分子ヒドロゲルでは、十分なバンドル化が進行していないままゲルを形成する。その結果、超分子ヒドロゲルを形成した後も徐々にバンドル化が進行し、不均質な繊維状集合体へと変化したと考えられる。

キセロゲルのFT-IRスペクトルの解析より、両親媒性トリスウレア化合物（**2**）のゲル形成においても、ウレイド基間には水素結合が形成していることが示唆された。そこで、**2**の超分子ヒドロゲルのアニオン応答性を調査した。各種アニオンのナトリウム塩を超分子ヒドロゲルに添加し、ゲルから溶液への相変化を観測した。ヨウ化物イオンや過塩素酸イオンなど一部のウレイド基との会合の弱いアニオンでは相転移の進行に大過剰の添加を必要としたが、多くの一価のアニオンでは２当量、二価のアニオンでは１当量の添加により相変化が完結した。アニオンは水中において水和されているため、いずれのアニオンもウレイド基と同等の強度で会合する。このため超分子ヒドロゲルにおいては、アニオンによる相変化において、アニオン種による差異が観測されなかったと考察している。この非選択的アニオン応答性を活用し、ミネラルウォーターの目視による硬度評価を達成した（**図３**）。硬度が38 mgL^{-1}の軟水であるCrystal Geyserと**2**の混合物は、透明な超分子ヒドロゲルを与えた。中硬水に分類されるParadiso（硬度：290 mgL^{-1}）と**2**を混合したところ、白濁した超分子ヒドロゲルの形成が観測された。一方、硬水に分類される、Wattwiller（硬度：627 mgL^{-1}）やContrex（硬度：1551 mgL^{-1}）と**2**の混合物は、白濁した懸濁液を与えるのみでゲル化は進行しなかった。

両親媒性トリスウレア化合物（**2**）の親水基として導入したグルコシドは、繊維状集合体表面に高密度に集積しているため、グルコシドを認

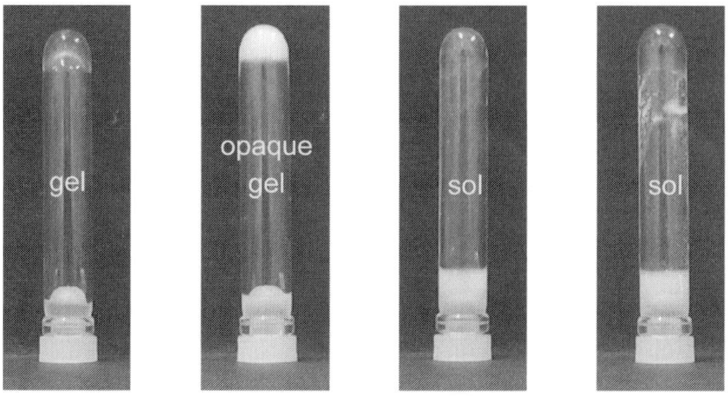

図３　両親媒性トリスウレア化合物（2）による高度の異なるミネラルウォーターのゲル化

識する糖認識タンパク質の添加により、超分子ヒドロゲルの巨視的な変化が進行すると考えた。添加する糖認識タンパク質として、その機能解明が十分に達成されており、グルコシドとも適度な強度で会合するコンカナバリンA(ConA)を選択した。**2**と水より調製した超分子ヒドロゲルに、0.009当量のConAを添加すると、添加前は透明だったゲルが白濁ゲルに変化した。また、添加前は38℃であったゲル-ゾル相転移温度は、ConAの添加により85℃にまで上昇した。これは、繊維状集合体がConAにより架橋され、その結果、ゲルの白濁とゲル-ゾル相転移温度の上昇をもたらしたと考察している。添加するConAを**2**に対して0.016当量以上にまで増やしたとき、ゲルから沈殿物を含む懸濁液への相変化が進行した。これは、ConAによる繊維状集合体間の架橋が過剰となり集合体が沈殿したことによると考察している(**図4**)。ConAの添加により相転移した懸濁液に、グルコシドよりもConAと強く会合する糖を添加したとき、ConAとゲル化剤の会合が解消され、超分子ヒドロゲルが再生すると考えた。そこで、ConAと強く会合するα-メチルマンノース(Me-α-Man)を添加したところ、期待どおり超分子ヒドロゲルが再生した(図4)。一方で、ConAと会合しないガラクトース(Gal)は、過剰量を添加しても超分子ヒドロゲルは再生しなかった。

4 カルボキシ基を親水基とする低分子ヒドロゲル化剤の開発[11)]

低分子ヒドロゲル化剤の多くは、親水基と疎水基からなる両親媒性構造を有する。こうした両親媒性構造の低分子ヒドロゲル化剤の合成には、多段階の有機合成を必要とすることが多い。我々の開発した両親媒性トリスウレア化合物(**2**)も、合計で10段階近い合成過程を必要とするため、グラムスケールでの合成を達成することは容易ではない。超分子ヒドロゲルの材料としての多様な用途への適用を考えたとき、これは大きな問題となる。そこで、三回対称のトリスウレア構造を基盤に、短段階で合成可能な低分子ヒドロゲル化剤を開発した。親水基として、カルボキシ基(−COOH)に着目し、両親媒性トリスウレア化合物(**3**)を設計した(図1)。両親媒性トリスウレア化合物(**3**)は、カルボキシ基の脱プロトン化によりその親水性を制御できることから、適切な条件を選択することで低分子ヒドロゲル化剤として機能すると考えた。**3**の合成は、市販のイソフタル酸誘導体を出発原料とできるため短段階で達成でき、数グラムスケールの目的物の合成も容易に達成できる。

両親媒性トリスウレア化合物(**3**)のゲル化を検討した。水または酸性水溶液と**3**の混合物は、不要な沈殿物を含む懸濁液を与えるのみで、超分子ヒドロゲルの形成は進行しなかった。水酸化ナトリウム水溶液のような塩基性水

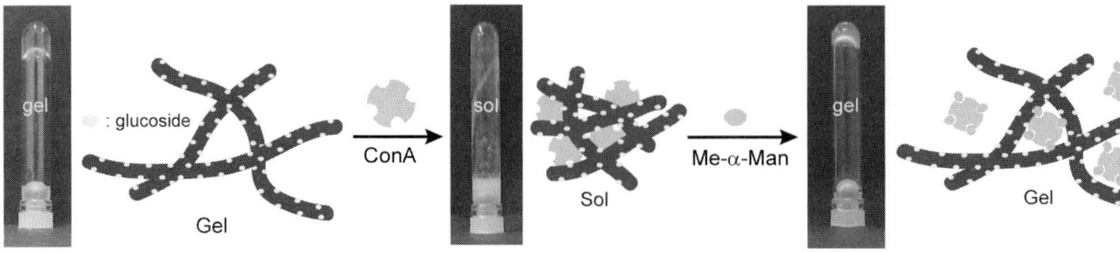

2の超分子ヒドロゲル

図4 両親媒性トリスウレア化合物(2)より形成する超分子ヒドロゲルのレクチン応答性

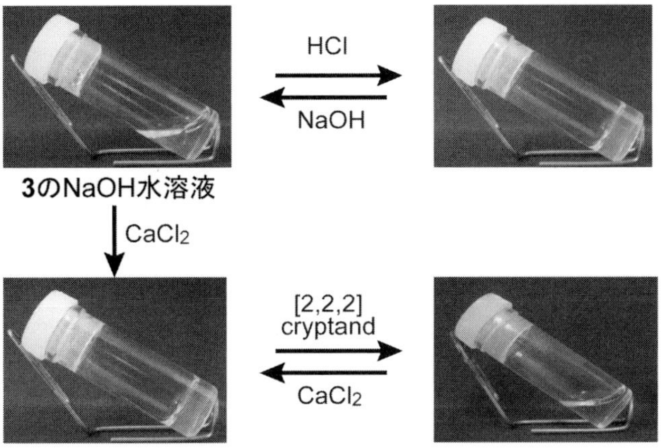

図 5　両親媒性トリスウレア化合物(3)より形成する超分子ヒドロゲルの pH および化学刺激応答性

溶液と 3 の混合物からは、やや粘性の高まった溶液が得られた(図 5)。この溶液の SEM 観測を行ったところ、太さが 30～80 nm 程度の均質性の高い繊維状集合体が観測された。繊維状集合体を形成しているにもかかわらず、超分子ヒドロゲルを形成しなかった理由は、脱プロトン化されたカルボキシ基間の静電反発にあると考えた。そこで、この粘性溶液に塩酸を添加したところ、期待したとおり超分子ヒドロゲルを形成した(図 5)。3 の最小ゲル化濃度は 0.3 wt% (3.0 mM)であり、塩酸以外のプロトン酸の添加であってもゲル化は進行した。粘性溶液となる 3 の水酸化ナトリウム水溶液の pH は 5.9 であった。ここにプロトン酸を添加してゆくと、pH が 5.0 未満となったとき部分ゲルを与え、4.0 未満となると完全にゲル化した。イソフタル酸の 2 つのカルボキシ基の pKa 値よりこの現象を考察すると、すべてのカルボキシ基がカルボキシラートとなる pH で粘性溶液を形成し、カルボキシラートの存在比の低下に伴いゲル化が進行している。カルボキシ基の脱プロトン化・プロトン化は可逆性の高い過程であることから、プロトン酸の添加により形成した 3 の超分子ヒドロゲルは、pH を制御することで相変化が制御されると考えた。実際、水酸化ナトリウムの添加によりゾル(粘性溶液)へとなり、プロトン酸の添加によりゲルが再生した(図 5)。この相変化は 10 回以降繰り返すことができた。超分子ヒドロゲルの形成は、プロトン酸以外にもカルシウム塩の添加によっても進行した(図 5)。これは、カルボキシラート間がカルシウムイオンによりキレート架橋されたことに基づくゲル化であると考察している。そのため、塩化カルシウムの添加により形成した 3 の超分子ヒドロゲルに、カルシウムイオンを捕捉するホスト分子である [2,2,2] クリプタンドを添加すると、ゾルへと相変化した(図 5)。また、これらの超分子ヒドロゲルは、自己集合で形成するゲルとしては高い強度を有し、潮解することなく成型操作を行うことができた。さらには、水の中でも膨潤や収縮を起こさず安定に存在できる性質を活かし、水の汚染物質(有機色素)の吸着剤としての可能性も見出すことができた[12)]。

5　おわりに

三回対称のトリスウレア構造は、低分子ゲル化剤として優れた分子構造であり、共通の骨格より有機溶媒から水溶液までゲル化できる化合物群が創出できる。さらにこの構造に、刺激応答性を示す官能基を導入することで、任意の刺激応答性を付与することができる。こうした刺激応答性を有する超分子ゲルは、センシングやDDSなどさまざまな用途での活躍が期待できる。また現在のところ、入力された刺激は、超分子ゲルの相変化として出力されることが一般的であるが、今後は刺激による入力を、相変化以外に出力できる超分子ゲルの創出にも興味がもたれる。構造の多様性の高い三回対称のトリスウレア構造を基軸に、こうした課題にも挑戦したい。

文　献

1) L. A. Estroff and A. D. Hamilton：*Chem. Rev.*, *104*, 1201(2004).
2) M. de Loos, B. L. Feringa and J. H. van Esch：*Eur. J. Org. Chem.*, 3615(2005).
3) S. S. Babu, V. K. Praveen and A. Ajayaghosh：*Chem. Rev.*, *114*, 1973(2014).
4) R. G. Weiss：*J. Am. Chem. Soc.*, *136*, 7519(2014).
5) M. Yamanaka：*J. Inclusion Phenom. Macrocyclic Chem.*, *77*, 33(2013).
6) M. Yamanaka：*Chem. Rec.*, *16*, 768(2016).
7) M. Yamanaka, T. Nakamura, T. Nakagawa and H. Itagaki：*Tetrahedron Lett.*, *48*, 8990(2007).
8) R. Aoyama, M. Amakatsu and M. Yamanaka：*Supramol. Chem.*, *23*, 140(2011).
9) M. Yamanaka, N. Haraya and S. Yamamichi：*Chem. Asian J.*, *6*, 1022(2011).
10) M. Yamanaka, T. Nakagawa, R. Aoyama and T. Nakamura：*Tetrahedron*, *64*, 1158(2008).
11) M. Yamanaka, K. Yanai, Y. Zama, J. Tsuchiyagaito, M. Yoshida, A. Ishii and M. Hasegawa：*Chem. Asian J.*, *10*, 1299(2015).
12) J. Takeshita, Y. Hasegawa, K. Yanai, A. Yamamoto, A. Ishii, M. Hasegawa and M. Yamanaka：*Chem. Asian J.*, *12*, 2029(2017).

基礎編

第2章　分子設計

第12節　自己組織化を利用した刺激応答性ナノゲルの設計

京都大学　向井 貞篤/秋吉 一成

1　はじめに

ナノゲルとは、高分子が架橋された3次元網目構造を内部に有する、ナノメートルサイズのゲル微粒子である。ナノゲルは内部に多くの水(空隙)を有しており、医薬品、タンパク質、DNA/RNA等を内部に包み込むことが可能であることから、ドラッグデリバリーシステム(DDS)や再生医療の足場材料として、多くの関心を集めている[1)-3)]。またサイズが小さいため、温度やpHなどの環境の変化に対する応答がマクロゲルと比べると非常に早いという特徴がある。このため、薬剤などを内包させ外部刺激に素早く応答して放出させるといった、制御された薬剤放出を行うことが可能である。

ナノゲルはその架橋の様式により、化学架橋ナノゲルと物理架橋ナノゲルの2種類に分けられる。化学架橋ナノゲルは、共有結合により架橋されたゲルである。それに対して物理架橋ナノゲルは、静電相互作用、ファンデルワールス力、疎水相互作用、水素結合、立体斥力といった非共有結合によって架橋されたゲルである。

2　自己組織化によるナノゲル形成

自己組織化ナノゲルとは、外部からのゲルサイズ制御を必要とせず、構成分子が有する物理的性質を基に自己組織的に高分子鎖が会合し、形成するナノスケールのゲル微粒子である。自己組織化ナノゲルは、主に物理架橋ナノゲルであり、非共有結合により架橋される。一般的に、サイズのそろった安定なナノゲルを形成させることは困難である。しかし、親水性多糖であるプルランにコレステリル基を部分的に置換したコレステロール置換プルラン(CHP)は、コレステリル基の疎水相互作用を駆動力とし、水中において数分子が自発的に会合して、直径数10 nmの安定なナノ粒子を形成する(**図1**)。さらに、このCHPナノゲルは、タンパク質などの物質を内部に取り込み、再放出することが可能である。分子量55,000のプルランに100単糖あたり2.1個のコレステリル基を導入したCHPが形成する自己組織化ナノゲルは、1個のナノゲル中に、コレステリル基3つが会合した約20個の架橋点をもつことが明らかとなっている[4)]。主鎖となる高分子は、プルランだけでなく、マンナンやサイクロアミロース、クラスターデキストリン、ヒアルロン酸などでも、自己組織化ナノゲルの形成が報告されている。また物理架橋だけでなく、化学架橋の場合でも、高分子鎖の自己組織化によるナノゲル形成

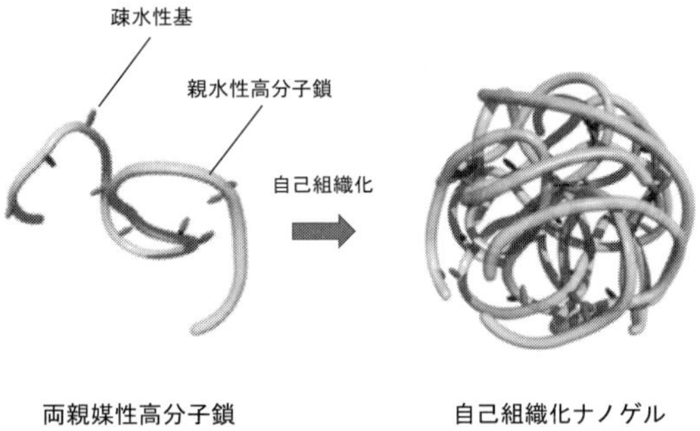

図1　物理架橋ナノゲル

が確認されている[3)]。

3　刺激に応答する自己組織化ナノゲル

高分子ゲル材料は、すでに日常のさまざまな用途に応用されており、近年では、外部の環境変化によって性質や挙動を変える刺激応答性ゲルについて、新たな機能性材料として多くの研究がなされている。なかでも刺激応答性ナノゲルは、サイズが小さいことから刺激への応答が早いという特徴をもち、DDSやティッシュエンジニアリングへの応用の面から、多くの関心を集めている[5)-7)]。本稿ではとくに、自己組織化ナノゲルに刺激応答性を付与した材料の設計とその機能について紹介する。

3.1　刺激に応答して体積変化を示す自己組織化ナノゲル

一般に高分子ゲルに刺激応答性を付与するためには、刺激応答性の部位を構成分子に導入する必要がある。1つの手法として、刺激応答性の高分子を主鎖とする設計が挙げられる。たとえば、代表的な温度応答性の高分子であるPoly(*N*-Isopropylacrylamide)(PNIPAM)からなる高分子ゲルは、温度に応答して膨潤・収縮挙動を示す。このPNIPAMゲルは、代表的な温度応答性ゲルとして、ナノスケールからマクロスケールまで、幅広く研究されている。

PNIPAMゲルと同様の、温度応答性の分子を主鎖とする温度応答性自己組織化ナノゲルとして、ヒドロキシプロピルセルロース(HPC)を用いた例が報告されている。HPCは高い生体適合性をもつ多糖であり、温度応答性や有機溶媒への高い溶解性などの特徴をもつ。HPCを主鎖とし、コレステロール(Ch)を修飾したCh-HPCは、水中において自己組織化ナノゲルを形成する。得られたナノゲルは、HPCと同様に下限臨界溶液温度(LCST)をもち、温度によって粒子径を可逆的に制御することが可能である(**図2**)。Ch-HPCに反応性基を導入し、ナノゲル間を他の高分子鎖で架橋することで、Ch-HPCナノゲル架橋ハイブリッドゲルを調製することができる。このようにして得られたナノゲル架橋マクロゲルも、温度応答性を示す(**図3**)。Ch-HPCナノゲルは、HPCと同じくエタノールに溶解可能であるという特徴により、非水溶性抗がん剤(パクリタキセル)の封入が可能であり、温度応答性の薬物キャリアとして有効である[8)]。

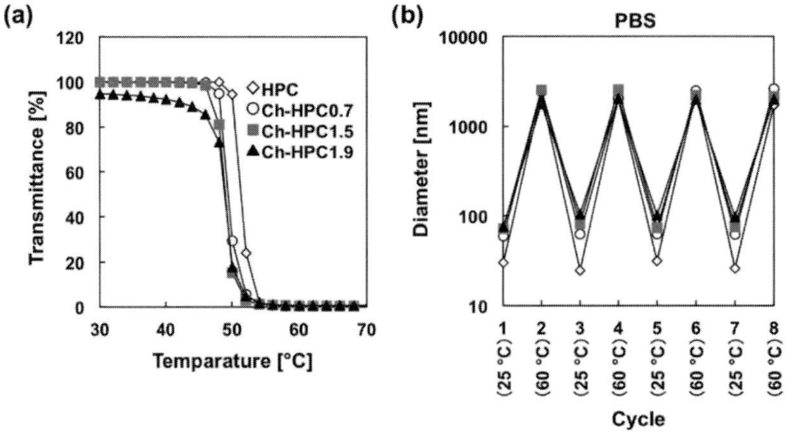

図2　(a)HPCとCh-HPCの濁度測定結果(波長500 nm)　(b)PBS中における温度変化によるCh-HPCナノゲルの粒子径の繰り返し変化[8)]

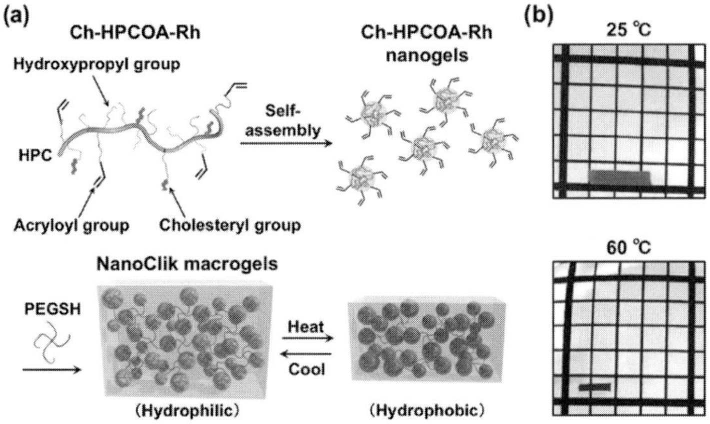

図3　(a)Ch-HPC ナノゲル架橋ゲル材料の概念図　(b)Ch-HPC ナノゲルマクロゲルが示す温度変化による体積相転移挙動[8)]

3.2　刺激に応答してゲルの構造が変化する自己組織化ナノゲル

先に挙げた例は、ゲルのネットワークを形成する個々の高分子鎖の凝集状態(コイル状態–グロビュール状態)に応じて、ゲルの体積が変化するものであった。その他のアプローチとして、外部刺激によりゲルの架橋ネットワーク構造を変化させる手法が挙げられる。具体的には、高分子鎖間の架橋を切断することにより、ゲルの崩壊を引き起こす手法であり、ゲルの物理架橋を破壊するものと分子内の結合を化学的に切断するものに分けられる。

4　外部刺激による物理架橋の制御

自己組織化ナノゲルでは、主に疎水性相互作用などの物理架橋を利用し、ゲルネットワークを形成する。このような非共有結合的な相互作用が外部刺激によって変化することを利用し、刺激応答性自己組織化ナノゲルの調製が可能である。

4.1　シクロデキストリン応答性自己組織化ナノゲル

たとえば、代表的な自己組織化ナノゲルであるコレステリル基置換プルラン(CHP)ナノゲルは、β-シクロデキストリンを添加すると崩壊する[9)]。これは、β-シクロデキストリンがコレステロールを包接することによりそれらの会合を阻害し、ゲルの物理架橋点が消滅するためである。したがって、コレステリル基置換多糖ナノゲルは、化学物質(β-シクロデキストリン)に応答する自己組織化ナノゲルであるととらえることができる。

4.2　温度応答性自己組織化ナノゲル

温度応答性の poly(*N*-Isopropylacrylamide)(PNIPAM)を側鎖に利用し、その会合・凝集を制御することで、ゲルの架橋ネットワーク構造を変化させることができる。前述のようにPNIPAM は、下部臨界溶液温度(LCST)をもつ感温性高分子であり、さまざまな温度応答性材料の構成ユニットとして利用されている。このPNIPAM を側鎖に導入したプルランは、LCST である 35℃以上で、疎水相互作用により凝集したPNIPAM 鎖を架橋点として、直径約 40 nm のナノゲルを形成する。LCST 以下まで温度を下げると、疎水相互作用が弱まることで架橋点が消滅してナノゲルが崩壊するが、再度昇温することで、繰り返しナノゲルを形成することが可能である[10)11)]。

これと類似の構造をもつ自己組織化ナノゲルとしては、poly(2-Isopropyl-2-Oxazoline)(PIPOZ)を側鎖に利用した例がある。PIPOZは、36℃付近にLCSTをもつ高分子であり、生体適合性の温度応答分子として注目されている。PIPOZを側鎖に導入したプルランも、LCST以上の温度で、PIPOZ間の疎水相互作用により自己組織化ナノゲルを形成する[11)12)]。

4.3 光応答性自己組織化ナノゲル

スピロピランはフォトクロミック特性をもつ分子であり、光や熱によって、疎水的なスピロピランから親水的なメロシアニンに可逆的に変化する。この光によって疎水相互作用が変化する性質を利用し、光に応答する自己組織化ナノゲルが調製できる。疎水性基として側鎖にスピロピラン基を導入したプルランは、水中で会合してナノゲルを形成する。平均分子量10万のプルランに、100単糖あたり1.4個のスピロピランを導入した分子は、水中でおよそ14分子が会合して、直径約120 nmのナノゲルを形成する。スピロピラン導入プルランが形成する自己組織化ナノゲルにUV光を照射すると、UV光照射時間に応じて粒径が増大する。また増大した粒径は、可視光の照射により元の値まで戻る。これはスピロピラン分子の極性が光照射によって変化することを利用し、ナノゲル形成の状態を制御できることを示している。これに伴い、疎水化多糖ナノゲルの特徴であるタンパク質との相互作用も、変化することがわかっている[13)]。

5 外部刺激によるゲルネットワークの化学的な切断

ナノゲルを形成する分子が化学的に切断されると、ナノゲルは崩壊する。そこで従来の物理架橋ナノゲルの設計を拡張し、架橋を形成する疎水性側鎖と主鎖の間に、外部刺激により切断される部位を導入する分子設計をすることで、ナノゲルに外部刺激に応じて崩壊する性質を付与することができる。

このタイプの刺激応答性ナノゲルとしては、ビニルエーテル結合をコレステロールとプルランの間に挿入した、pH応答性自己組織化ナノゲルが報告されている[14)]。ビニルエーテル結合は酸性環境下で速やかに加水分解されるため、酸性環境下においてコレステリル基が主鎖から放出され、ナノゲル形成能を失う(**図4**)。実際に、中性付近ではナノゲルを形成するが、酸性環境において、ナノゲルが膨潤する挙動が、動的光散乱測定により確認されている。またタンパク質と複合化したナノゲルの場合は、膨潤によりタンパク質を外部に放出することも確認されている。したがって、このpH応答性自己組織化ナノゲルはpHに応答して内包物を放出するキャリアとして機能する。

同じ概念に基づく他の例として、光応答性ユ

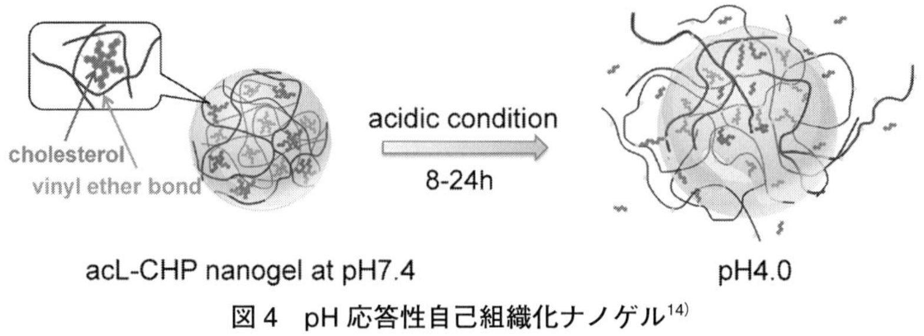

図4 pH応答性自己組織化ナノゲル[14)]

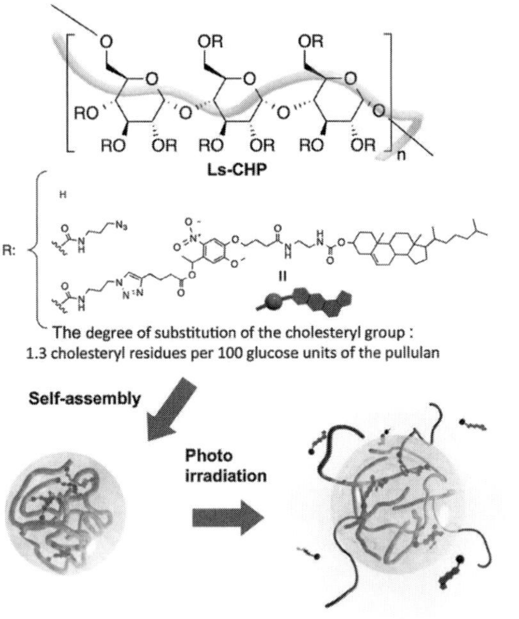

図5　光応答性コレステロール基置換プルランナノゲル[15)]

ニットとしてo-ニトロベンジル(*o*-NB)基修飾コレステロールを疎水性基として使用した、光応答性コレステロール置換プルラン(Ls-CHP)がある。この分子は、光刺激により*o*-NB基が解裂してコレステリル基が主鎖から放出される(**図5**)。光応答性ナノゲルは、フォトリソグラフィーによるパターン化材料の開発に利用できる。実際にLs-CHPナノゲル乾燥フィルムに、マスクをかけたUV光を照射してパターン化Ls-CHPフィルムを作成し、FITC-insulinと相互作用させたところ、マスクと同形状の蛍光像が確認されている[15)]。

6　外部刺激による化学架橋点の解消

上記の例は、従来の疎水化多糖ナノゲルの分子構造に、外部刺激に応じて疎水性基を主鎖から切断する仕組みを導入するといった分子設計である。一方で、物理架橋ではなく、環境応答性の化学架橋により自己組織化ナノゲルを形成し、その架橋点を外部刺激により切断する手法も考えられる。

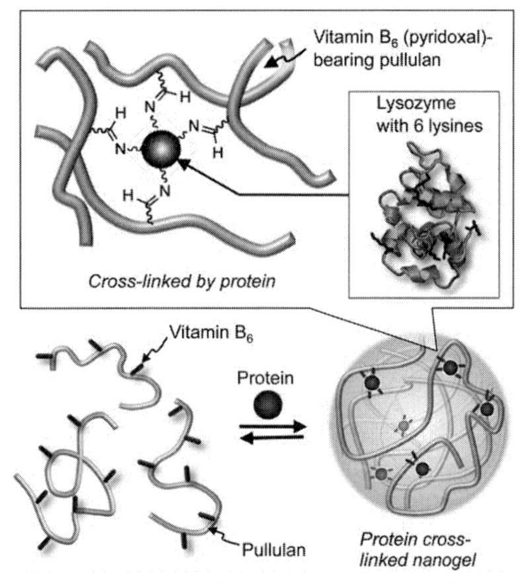

図6　シッフ塩基形成を利用したpH応答性ナノゲル[16)]

6.1　タンパク質を介した結合によるpH応答性自己組織化ナノゲル

ビタミンB6(ピリドキサル)は、アルデヒド基を介して、アミノ酸等のアミノ基とシッフ塩基を形成する。これを利用し、タンパク質を介した架橋点の形成が可能である。たとえば、ピリドキサール修飾プルランをリゾチームと組み合わせると、高分子鎖が会合し、自己組織的にナノゲルを形成することが報告されている(**図6**)。シッフ塩基の形成はpHに依存するため、この自己組織化ナノゲルはpHに応答して、架橋点を形成しているタンパク質を放出する。したがって、タンパク質医薬品を架橋剤として用いることで、このpH応答性自己組織化ナノゲルは、細胞内へのタンパク医薬品質デリバリーに利用できる[16)]。

6.2　金属錯体を介した結合による酸化還元応答性自己組織化ナノゲル

ヒスチジンなどに含まれるイミダゾール基は、遷移金属イオンと配位結合する。この配位

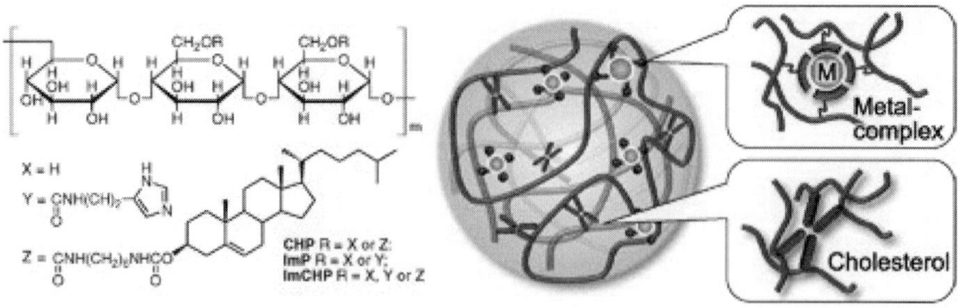

図7　金属錯体形成による酸化還元応答性ナノゲル[17)]

結合の強度は金属イオンの価数によって、結合の強度が変化する。これを利用し、疎水化多糖にイミダゾール基を導入した、酸化還元応答性自己組織化ナノゲルが報告されている(**図7**)。イミダゾール基導入CHPナノゲルは、Co(Ⅱ)存在下ではCoイオンが存在しない場合とほぼ同じ粒径であるが、ここに過酸化水素を加えCoイオンを酸化すると、ナノゲル間の凝集により粒径が増大する。つまりイミダゾール基導入CHPナノゲルでは、金属イオンの酸化還元特性を利用することで、ナノゲルの粒径を制御することができる。このような酸化還元応答性は遺伝子デリバリーにおいてとくに有用である[17)]。

その他の酸化還元応答性ナノゲルとして、還元により切断されるジスルフィド結合を利用した自己組織化ナノゲルも報告されている[10)]。

6.3　酵素に応答して表面物性が変化する自己組織化ナノゲル

ナノゲル表面を被覆した保護分子を外部刺激に応じて切断することにより、ナノゲルの分散安定性を制御することが可能である。カチオン性ナノゲルは核酸のデリバリーキャリアとして優れた性質を有しているが、その表面電荷のため、高濃度では細胞毒性を示し、血中で不安定である。そこで、疎水化Poly(L-lysine)からなるカチオン性ナノゲルの表面を、生体内の酵素で切断される糖鎖(アミロース)で被覆すること

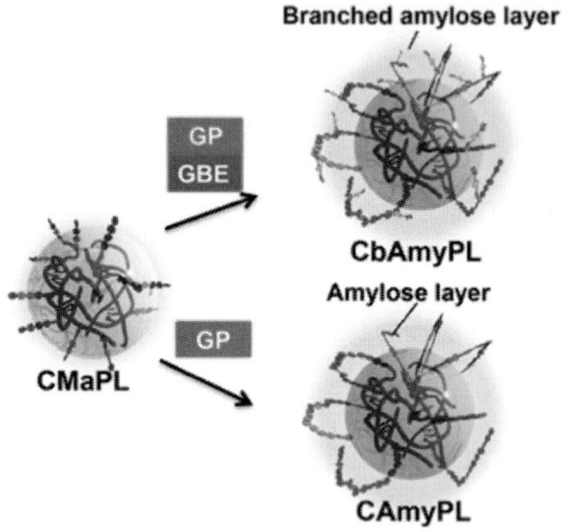

図8　酵素応答性の糖鎖被覆ナノゲル[18)]

で、生体内での安定性と高いデリバリー効率を両立させた、酵素応答性ナノゲルが開発されている(**図8**)。このナノゲルの表面電位は、酵素(α-アミラーゼ)の添加により中性から正に変化する。またsiRNAを高効率で細胞内に送達できることが示されている[18)]。

7　まとめ

以上、環境に応じてゲルのサイズ変化、崩壊、物性変化を示す、刺激応答性自己組織化ナノゲルの例を述べてきた。刺激応答性自己組織化ナノゲルの設計の基となる概念は普遍的であり、主鎖分子、刺激応答性分子、相互作用の組み合わせなどにより、さまざまな設計が可能である。これらの刺激応答性自己組織化ナノゲル

は、高機能なDDSキャリアや、薬物徐放材料としての応用が期待される。

文　献

1）Y. L. Li, D. Maciel, J. Rodrigues, X. Y. Shi and H. Tomas：*Chem. Rev.*, **115**(16), 8564(2015).
2）T. Vermonden, R. Censi and W. E. Hennink：*Chem. Rev.*, **112**(5), 2853(2012).
3）Y. Sasaki and K. Akiyoshi：*Chem. Lett.*, **41**(3), 202(2012).
4）Y. Sekine, H. Endo, H. Iwase, S. Takeda, S. Mukai, H. Fukazawa, K. C. Littrell, Y. Sasaki and K. Akiyoshi：*J. Phys. Chem. B*, **120**(46), 11996(2016).
5）M. A. C. Stuart, W. T. S. Huck, J. Genzer, M. Muller, C. Ober, M. Stamm, G. B. Sukhorukov, I. Szleifer, V. V. Tsukruk, M. Urban, F. Winnik, S. Zauscher, I. Luzinov and S. Minko：*Nat. Mater.*, **9**(2), 101(2010).
6）D. Li, C. F. van Nostrum, E. Mastrobattista, T. Vermonden and W. E. Hennink：*J. Control Release*, **259**, 16(2017).
7）Z. Y. Jiang, J. J. Chen, L. G. Cui, X. L. Zhuang, J. X. Ding and X. S. Chen：*Small Methods*, **2**(3), (2018).
8）Y. Tahara, M. Sakiyama, S. Takeda, T. Nishimura, S. Mukai, S. Sawada, Y. Sasaki and K. Akiyoshi：*Langmuir*, **32**(47), 12283(2016).
9）N. Inomoto, N. Osaka, T. Suzuki, U. Hasegawa, Y. Ozawa, H. Endo, K. Akiyoshi and M. Shibayama：*Polymer*, **50**(2), 541(2009).
10）N. Morinloto, X. P. Qiu, F. M. Winnik and K. Akiyoshi：*Macromolecules*, **41**(16), 5985(2008).
11）甲田優，佐々木善浩，秋吉一成：高分子論文集，**73**(2), 166(2016).
12）N. Morimoto, R. Obeid, S. Yamane, F. M. Winnik and K. Akiyoshi：*Soft Matter*, **5**(8), 1597(2009).
13）T. Hirakura, Y. Nomura, Y. Aoyama and K. Akiyoshi：*Biomacromolecules*, **5**(5), 1804(2004).
14）N. Morimoto, S. Hirano, H. Takahashi, S. Loethen, D. H. Thompson and K. Akiyoshi：*Biomacromolecules*, **14**(1), 56(2013).
15）T. Nishimura, M. Takara, S. Mukai, S. Sawada, Y. Sasaki and K. Akiyoshi：*Chem. Commun.*, **52**(6), 1222(2016).
16）Y. Sasaki, Y. Tsuchido, S. Sawada and K. Akiyoshi：*Polym. Chem.-Uk*, **2**(6), 1267(2011).
17）Y. Sasaki, T. Hirakura, S. Sawada and K. Akiyoshi：*Chem. Lett.*, **40**(2), 182(2011).
18）T. Nishimura, A. Yamada, K. Umezaki, S. Sawada, S. Mukai, Y. Sasaki and K. Akiyoshi：*Biomacromolecules*, **18**(12), 3913(2017).

基礎編

第2章　分子設計
第13節　刺激応答性人工核酸の設計と機能

東北大学　和田 健彦

1　はじめに

刺激応答性の機能性分子として、まず思い浮かぶのはタンパク質や核酸など生体高分子ではないだろうか。生体高分子はきわめて優れた機能を発現するのみならず、温度やpH、イオンや制御因子など特定化学物質の濃度変化などの刺激に応答し、精緻な機能制御を実現している。これらさまざまな刺激に応答して、生体高分子に構造変化が誘起される系が多いことも知られており、この構造変化に伴い、親水性ドメインと疎水性ドメインにミクロ相分離した構造(親疎水ミクロ相分離構造)への変化が誘起されることも報告されている。その結果、局所的に水中とは異なり疎水性の高い空間的に規制された局所環境が構築され、距離の六乗ならびに溶媒極性の二乗に反比例するvan der Waals相互作用(London分散力)に代表される弱い相互作用が有効に機能し、さらにその共同効果により鍵と鍵穴に例えられることも多い酵素やタンパク質の精緻な認識が達成されている。さらに距離依存性と共同性の高い弱い相互作用に基づく認識・機能の発現系であるため、構造変化などに伴い誘起される分子間距離の変化に基づく、高度で鋭敏な制御が達成されていると理解することもできる。さらに、水中では水素結合などを形成する極性基は強く水和され、構造変化や機能発現に伴う複合体形成過程での疎水場形成が鍵となり、水和分子が放出される。この束縛されていた水和水が、高い自由度を獲得することにより系全体のエントロピーが増大することも多い。これら弱い相互作用系では、エンタルピー変化に加え、このエントロピー変化も、しなやかで高度な機能制御の実現に大きく貢献している。このように水の状態変化などさまざまな外部刺激に対し、ときには鋭敏に、ときには寛容に応答することにより、優れた生体機能の時空間制御を実現し、恒常性の維持を実現している。

すなわち刺激応答性分子、とくにインテリジェント型機能分子やマテリアルの設計戦略構築の重要なお手本の1つは、生体高分子であると考えられる。このような観点から水溶性(生体)高分子を活用した機能材料への展開として注目される分野の1つは、医薬品や生体適合性材料の開発であろう。本稿では、核酸誘導体を中心に刺激応答性付与について概説する。

2　刺激応答性人工核酸

2.1　刺激応答性人工核酸開発の現状

核酸を機能性高分子として捉え、材料への応用展開に取り組んだ先駆的研究は、脂質などとの複合体や鮭白子由来のDNAを機能膜材料として応用した例であろう[1)2)]。1991年、N. SeemanによりDNA cubeが報告され[3)]、さらに方法論としてのDNA Origamiの提唱[4)]が契機となり、DNAがきわめて魅力的な機能材料として注目され、サイエンスとして、そしてテクノロジーとしてさまざまな優れた化合物群、そして方法論が提案され、DNAナノテクノロジーは今や重要な研究分野となっている[5)]。現在、DNAロボティックス、DNAコンピューティングなど次世代機能材料開発として研究が推進されているが、その機能制御も重要な課題であり、多彩なアプローチが報告されている。とくに光を用いた制御には優れた報告が多く、小宮山真、浅沼、樫田らによる光刺激による二重鎖形成・解離の可逆的制御に基づくさまざまな機能制御に関する先駆的な研究[6)7)]、藤本ら[8)]や井原ら[9)]、そして山吉ら[10)]による光連結反応の開発と応用、さらに光ケージド化合物群[11)]も重要な分野である。これらの研究に関してはすでに総説にまとめられており[12)13)]、誌面の都合上、分野紹介に止める。

さて過去10年、市場規模を拡大した生体高分子は抗体医薬であろう。分子標的薬として難治療性疾患を中心に臨床応用も進み医薬品売上トップ10の半数を超える勢いである。抗体医薬は、分子標的薬に求められる薬剤特性を満たすものの、分子量が非常に大きく、主に細胞外受容体などを対象とせざるを得ず、対象となる疾患の限界も指摘されている。

これら抗体医薬の課題を克服しうる次世代医薬候補として、生体高分子の1つである核酸誘導体を活用した核酸医薬が注目されている(図1)[14)]。核酸医薬は分子標的薬に求められる特性を兼ね備えるとともに、細胞質や核内での特異的機能発現も報告され作用機序的にも抗体医薬を補完しうる次世代分子標的薬候補の最右翼として期待されている。核酸医薬は、機能性核酸など(mRNA、miRNAなど)標的を認識し、複合体を形成することで遺伝情報発現を制御する治療薬であり、多点間相互作用に基づいた厳密で多様性のある分子認識が可能で、効果的な薬剤として主にがんなど難治療性疾患に対する革新的な治療薬として期待されている[15)]。これまで生体内安定性などを満たすため、数多くの修飾核酸や人工核酸が開発され、動物レベルでの有効性も多数報告され、すでに米国で複数例の臨床応用認可も報告されている。さらに機能向上を指向し、高い薬効発現と密接に関連する標的核酸に対する精緻な塩基配列認識能付与と複合体安定化を指向した数多くの研究(熱的安定性が30℃以上も向上等)が推進されている。しかし、高い配列識別能を有する標的RNA高親和性核酸医薬でも、標的と類似の配列を有するRNAと、標的よりは安定性が低いものの、対応するDNA・RNA複合体よりも安定性の高い複合体を形成し(たとえば上記30℃安定複合体形成系では、一塩基ミスマッチにより10℃も安定性が低下しても、対応するDNA複合体より20℃も安定な複合体を形成してしまう)、この複合体形成に基づく副作用、*off-target*効果(OTE)が誘起されることが報告されている。OTEは核酸医薬実用化障壁の1つとなり、OTE抑制、より現実的には標的疾患細胞への選択的運搬を実現するドラッグデリバリーシステム(DDS)の構築が喫緊の課題とされている。しかし高い薬効発現と表裏一体の関係にあるOTE抑制は容易くなく、また選択的運搬や両親媒性高分子運搬体の活用など[16)]、膨大で精力

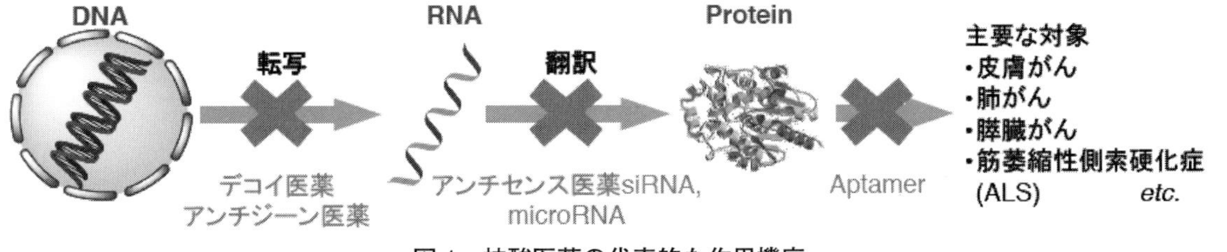

図1 核酸医薬の代表的な作用機序

的なDDS研究により優れた成果は得られているものの、実用的で一般性の高いDDS手法は未だ確立されていないといわざるを得ない。

2.2　細胞内環境応答型人工核酸の開発

我々は、上記課題の解決には研究戦略の根本的な見直しが必要であると考え、刺激応答性人工核酸を活用し「細胞への効率的薬剤取り込を実現し、標的細胞でのみ薬効を発現する（選択的薬効発現）核酸医薬」という新しい方法論を提案した。本方法論は、刺激応答性高分子を活用した多様な合成戦略と分子設計により、細胞内環境変化を刺激とし、OTEを発現しない次世代医薬システム構築を目指したものである。現在、標的細胞特異的DDS系の活用と、より高い配列特異性を有する核酸医薬分子開発が精力的に検討され、いくつか良好な成果も報告されているが、OTEの回避は困難であり、根本的解決にはOTEが発現しても問題にならぬよう標的「細胞内」でのみ機能する分子という概念が有効と考えられる。

標的細胞でのみ機能発現するには、標的細胞の特異的環境を認識し機能の*Off-On*が鍵となる。まず我々はがん細胞を標的として設定し、がんの増幅期には細胞周辺の血管新生が追いつかず、細胞が低酸素環境となり、低酸素環境細胞特有の代謝経路変化により細胞質pHが6.2程度まで低下するとの報告に注目し[17]、正常細胞pH（pH7.2）との細胞質pHの差異を機能*On*へのトリガーとしての活用を考案した。具体的には、正常細胞では機能せず、細胞内環境変化（約5.8へのpH低下）により、核酸医薬としての機能が*On*になる分子、すなわちpHを外部刺激とし、標的RNA認識およびRNAとの複合体形成能を*Off-On*制御できる人工核酸の開発に取り組んだ。

外部因子による核酸認識制御に対するアプローチとしては、先に紹介した浅沼らによる光を刺激とした複合体形成の*On-Off*制御に関する一連の優れた研究が報告されており[6][7]、また小比賀、児玉らにより酸や酸化還元に応答可能な糖部架橋型人工核酸も報告されているが[18]、残念ながら細胞内環境因子による制御は報告されていない。このように細胞内環境応答性の付与は、チャレンジングなテーマと考えられる。

まず我々は核酸認識過程に関する考察から新しい方法論の開拓に取り組んだ。核酸認識分子の認識過程において塩基部の配向が重要であり、効果的な塩基認識には、ピリミジン塩基の2位カルボニル基が糖部の反対側に位置する*anti*配向を優先する必要があり、逆の*syn*配向は塩基認識にとって不利であること、*anti-syn*塩基部配向は、糖部の立体配置・コンホメーションにより影響を受けることに注目した。一

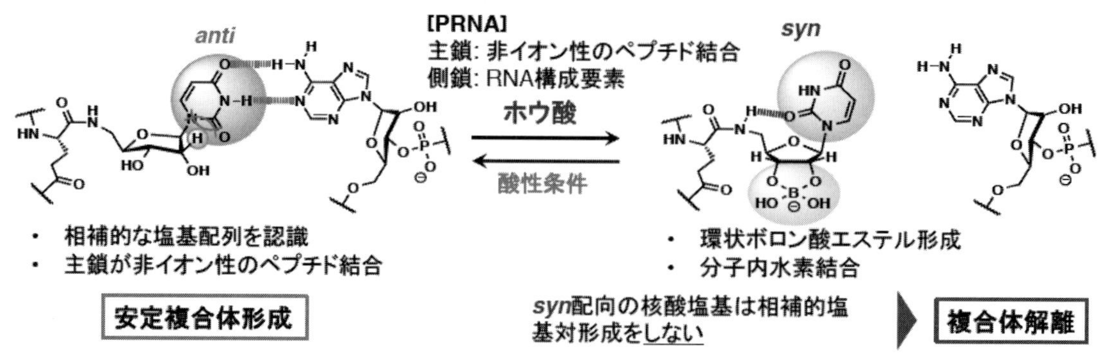

図2　核酸認識の *on-off* 制御法の概要　※口絵参照

般にピリミジンヌクレオシドは、塩基部2位カルボニル基と糖部2'位アキシアル水素間の立体反発により塩基認識に有利な*anti*配向を優先する。我々は、2',3'-ジオールを架橋した糖部構造が*syn/anti*比を増加させることに注目し、外部因子により可逆的な2',3'-ジオール架橋糖部構造形成と解離を制御できれば、*syn/anti*の配向制御も可能になると考えた。そこで外部因子による*syn*配向誘起を達成するため①糖部2',3'-ジオールとホウ酸類との架橋糖部構造形成、② 核酸塩基部2位カルボニル酸素と糖部5'位間の水素結合形成の協同効果の利用を考案した(**図2**)。ホウ酸類は*cis*-1, 2-ジオールと水中で可逆的に環状エステルを形成することが知られている。さらにホウ酸エステルの安定性はpHや温度、糖濃度などに強く依存し、中性では安定であるのに対し、酸性条件下では不安定で、効率的かつ迅速に解離することが報告されている。このような方針の下、5'位水酸基をアミノ基に変換した5'-アミノウリジン(Urd-NH_2)と5'-アミノシチジン(Cyd-NH_2)を合成し、これらを認識部位として用いることにより、効率よい糖部-核酸塩基間分子内水素結合形成が期待される。Urd-NH_2とCyd-NH_2の塩基部配向を^{1}H-NMR NOEならびに円二色(CD)スペクトルなどを用い詳細に検討し、ホウ酸類を添加する事により*anti-syn*塩基部配向制御可能であることを明らかとした。この結果を踏まえ、Urd-NH_2とCyd-NH_2を導入した新しいカテゴリーの人工核酸の設計と合成に取り組んだ。

人工核酸においてホウ酸類の添加により*anti-syn*配向変化を誘起するには①ホウ酸エステル形成に必要な2',3'-ジオールを有すること、②塩基部-糖部分子内水素結合形成可能な5'位に水素結合供与体の存在が必要となる。この①と②を満足するとともに、さまざまな塩基配列を有するモデルが容易に合成可能で、天然核酸と同程度の核酸塩基の繰り返し距離を有する核酸モデルとしてγ-グルタミン骨格を主鎖とし、α位カルボニル基に5'-アミノリボヌクレオシドを導入したγ-ペプチドリボ核酸(γPRNA)を設計・合成した[19]。また、主鎖としてα-グルタミン骨格を有し、γ位に5'-アミノリボヌクレオシドを導入したαPRNAも設計・合成した[20]。γPRNAならびにαPRNAともにホウ酸添加に伴い塩基部配向の*anti*⇒*syn*変化が確認され、外部因子による塩基部配向制御に初めて成功した[19)-25)]。

次に外部からのホウ酸添加は、実際の核酸医薬としての展開の大きな制限になることが予想されるため、ホウ酸類の内部因子化に取り組んだ。具体的にはフェニルボロン酸誘導体をリジンのε-アミノ基に導入し、αPRNAとペアーで

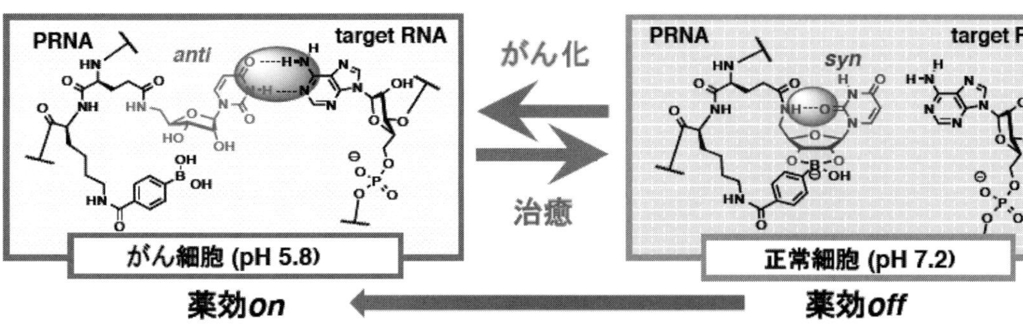

図3　細胞内環境応答性人工核酸の概念図

分子内に組込んだ第2世代のPRNA(**図3**)を設計・合成した。この第2世代のPRNAは、外部からホウ酸添加を必要とせず、pHのみを外部因子とした塩基部配向制御が可能となる。正常細胞内の中性環境下では、分子内環状ホウ酸エステル形成により核酸塩基部は*syn*配向を優先するのに対し、増幅期のがん細胞内の酸性環境下ではホウ砂エステルの解離により核酸塩基部は*anti*配向優先に戻り、標的RNAと複合体を形成し、核酸医薬として機能する。

我々はさらなるPRNAの機能化にも取り組み、実用的な核酸医薬開発に求められるⅠ. 高い塩基配列選択性、Ⅱ. 高い複合体安定性、Ⅲ. 少量投与量で高い薬効発現そしてⅣ. 高い細胞膜透過性等の各特性付与を、モジュール法と名付けた機能分子モジュールの合目的的複合化による分子設計法を提案し、効率的かつ迅速な目標達成を目指した。モジュール法は、異なる機能を有する分子素子を機能モジュールとみなし、目的機能に合致するよう各モジュール特性を合目的的かつ論理的に組み合わせることにより望む機能性分子設計と合成を達成する方法論である。具体的には、フェニルボロン酸とPRNAユニットを標的細胞応答性モジュールとし、安定性獲得モジュールとしてペプチド核酸(PNA)を選択した。さらに投与量削減を目指し、標的RNAを選択的に切断するRNase H活性を活用した触媒的RNA分解法(**図4**)に注目し、RNase Hの基質となりうるRNA・DNA複合体形成を可能とするDNAを触媒的機能モジュールとしてPRNAへの組込を検討した[25]。加えて本方法論にとって重要な細胞膜透過性獲得を目指し、オリゴアルギニン(Arg)ならびに*N*-アセチルガラクトサミン(GalNAc)を細胞膜透過性向上モジュールとして選択し、PRNAの実用的な核酸医薬としての展開に成功している。

2.3 イスキミア細胞特異的核酸医薬への展開

上記のようにがん細胞特異的核酸医薬としてのPRNA応用にある程度目処がついたタイミングで、本方法論ががん細胞だけでなく虚血状態(イスキミア)の細胞も同様に標的にできる可

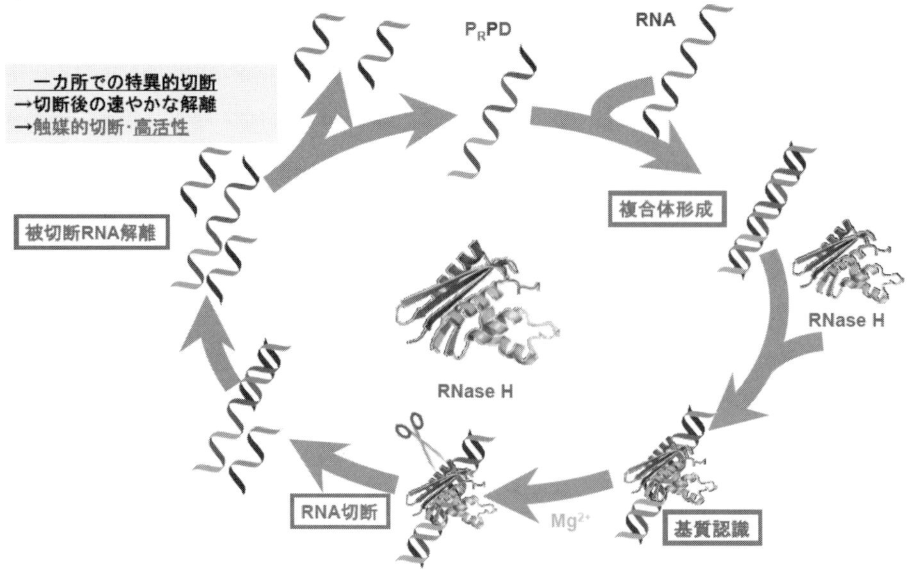

図4　RNaseHを活用した触媒的核酸医薬の概念図　※口絵参照

能性を、東京医科歯科大学 横田隆徳教授からコメントを頂いた。実際イスキミア細胞は、血流が滞ることにより細胞が酸素不足となり、細胞内pHが低下した状態となり、増幅期のがん細胞と類似環境であることがわかった[26]。とくに脳梗塞による虚血中心周辺のペナンブラ領域や[27]、腎臓疾患もイスキミアと密接に関係しており、核酸医薬を広範な疾病に適用するうえで有用な細胞内情報となりうると期待され、PRNAの適用を発案した。

しかし、イスキミアにより誘起される低酸素状態(ハイポキシア)の細胞は、その病態や疾患の種類に依存し、各々特徴的pH低下の度合いが異なることが報告されている[18)26]。正常細胞におけるOTFを抑制し、かつ標的細胞でのみ薬効を発現するには、標的疾患に特徴的な細胞内pH変化に応答したPRNAの複合体形成の正確な*Off-On*スイッチングが不可欠である。このような背景を踏まえ、標的疾患に特徴的な細胞内pH変化に対応したPRNAの動作pH調整に取組んだ。この目標達成のためボロン酸エステルの形成・解離pH調整を目指し、さまざまな置換基を導入したフェニルボロン酸を有するPRNA(PRNA-PBA)を合成した(図3)。得られたPRNA-PBAを用い種々のpHにおける塩基部配向をCDスペクトルを用い検討し、配向変化の中点となるスイッチング動作pH(pK_s)を求めた。Hammettの置換基定数σに対して、得られたpK_sをプロットすると良好な直線関係が得られ、ボロン酸エステル形成反応がHammett則に従うことが明らかとなった。この結果に基づき、脳梗塞周辺細胞のハイポキシア状態細胞質(pH～6.2)と正常細胞質(pH～7.2)を識別し、ハイポキシア状態細胞内でのみ標的RNAを認識するために最適なpK_s = 6.7となるσ値を求め、このσ値によりフェニルボロン酸に導入する置換基を決定した。実際にこのフェニルボロン酸を導入したPRNAを合成し、pK_sを実測した結果pK_s = 6.8となり、イスキミア細胞特異的核酸医薬として期待されることを明らかとした。

最後にPRNAの核酸医薬としての機能を確認するためPRNAとDNAを融合したキメラ分子(PRPD)を用い[25]、無細胞タンパク質合成系における核酸医薬効果を検討した。核酸医薬効果のもっとも一般的な方法論は、アンチセンス効果である。本稿で概説したPRNAの核酸医薬としての機能を確認するためPRNAとDNAを融合したキメラ分子(P_RPD)を用い、コムギ胚芽由来無細胞タンパク質合成系における検討をした。ウミシイタケルシフェラーゼをコードしたmRNAを標的RNAとし、P_RPDをインキュベーション後、ルシフェリンを添加し、溶液の発光量を測定することでルシフェラーゼの発現量を測定した。RNase Hの有無によるP_RPDによるタンパク質発現抑制効果を評価した結果、RNase H存在下では標的mRNAに対して1/10当量のP_RPDしか加えていないにもかかわらず、約90%ものルシフェラーゼ発現抑制効果が観測された。つまりP_RPDは、9回turn overしたことを示している。一方、同条件下、天然型DNAを添加した系での発現抑制効果は、RNaseH添加系においても12%にとどまり、同条件下、DNAは1.2回しかturn overしていないことがわかる。この結果から、P_RPDが核酸医薬として優れた特性を有することが明らかとなった。

3　おわりに

以上、我々が提案している“標的細胞内でのみ薬効を発現する核酸医薬”という新しい方法論、そしてこの方法論の実現を目指したアプローチを例として、刺激応答性を付与した機能分子としての刺激応答性人工核酸について概説した。現在細胞レベル、そしてモデル動物レベルでの実証実験に取り組んでおり、本方法論の有効性ならびに一般化を詳細に検討していきたい。

PRNAは制御メカニズムが異なるもののリボスイッチ同様、細胞内環境変化に応答した遺伝情報発現などを制御可能な魅力的な分子であり、ncRNAなどを標的とした細胞内機能制御分子としての展開も期待される。また、DNAチップやDNAワイヤー、DNAコンピューティングシステムの機能制御ユニットとしての活用も検討されており、一般性を有するオンデマンド型インテリジェント材料としての展開も期待されている。

文　献

1) K. Tanaka and Y. Okahata：*J. Am. Chem. Soc.*, **118**, 10679(1996).
2) N. Nishi, et al.：*Nucleic Acids Symp.*, **37**, 273(1997).
3) J. Chen and N. C. Seeman：*Nature*, **350**, 631(1991).
4) W. M.Shih et al.：*Nature*, **427**, 618(2004)；P.W.K.Rothemund：*Nature*, **440**, 297(2006).
5) C. Angell, S. Xie, L. Zhang and Y. Chen：*Small*, **12**, 1117 (2016).
6) H. Kashida, X. Liang and H. Asanuma：*Curr. Org. Chem.*, **13**, 1065 (2009).
7) Y. Kamiya and H. Asanuma：*Acc. Chem. Res.*, **47**, 1663(2014).
8) K. Fujimoto et al.：*Bioorg. Med. Chem. Lett.*, **15**, 1299(2005).
9) T. Ihara, et al.：*J. Am. Chem. Soc.*, **126**, 8880 (2004).
10) A. Yamayoshi, A. Murakami et al.：*Chem. Comm.*, 1370 (2003).
11) Q. Liu and A. Deiters：*Acc. Chem. Res.*, **47**, 45 (2014).
12) A. M. Grumezescu et al.：*Curr. Top. Med. Chem.*, **15**, 1605 (2015).
13) A. Samanta, S. Banerjee and Y. Liu：*Nanoscale*, **7**, 2210 (2015).
14) V. K. Sharma et al.：*RSC Adv.*, **4**, 16618(2014).
15) A. L. Southwell et al.：*Trends Mol. Med.*, **18**, 634 (2012).
16) H. Cabral and K. Kataoka：*J. Control. Release.*, **190**, 465(2014).
17) J. R. Griffiths：Br. *J. Cancer*, **64**, 425(1991).
18) K. Morihiro, T. Kodama and S. Obika：*Chem.*, **17**, 7918(2011).
19) T. Wada et al.：*J. Am. Chem. Soc.*, **122**, 6900(2000).
20) T. Wada, H. Sato and Y. Inoue：*Biopolym.*, **76**, 15 (2004).
21) H. Sato, Y. Hashimoto, T. Wada and Y. Inoue：*Tetrahedron*. **59**, 7871(2003).
22) H. Sato, T. Wada and Y. Inoue：*J. Bioactive Comp. Polym.*, **19**, 65 (2004).
23) T. Wada, et al.：*Chem. Lett.*, **39**, 112(2010).
24) N. Sawa, T. Wada and Y. Inoue：*Tetrahedron*, **66**, 344 (2010).
25) R. Uematsu and T. Wada：*Chem. Lett.*, **45**, 350 (2015).
26) T. M. Casey et al.：*Circ. Res.*, **90**, 777(2002).
27) R. E. Anderson et al.：*J. Stroke Cerebrovasc. Dis.*, **8**, 368(1999)

第2章　分子設計

第14節　アミノ酸を基盤とする刺激応答性ポリマーの設計

同志社大学　西村慎之介/古賀智之/東 信行

1　はじめに

さまざまな外部刺激(温度やpH、光など)によりその性質を可逆的に変化させる刺激応答性高分子は、スマートマテリアルとして幅広い分野での応用が期待されている。その中でも温度応答性高分子は、温度変化によって水中で相転移を起こすポリマーであり、温度上昇に伴い液相から固相へと転移する下限臨界溶液温度(Lower critical solution temperature：LCST)型、固相から液相へと転移する上限臨界溶液温度(Upper critical solution temperature：UCST)型に大別される。温度刺激は外部から容易に与えることが可能であり、かつ薬品などを添加する必要がないため、系をクリーンに保つことができる点も好ましい。温度応答性の合成高分子としては、ポリ(*N*-イソプロピルアクリルアミド)(Poly(*N*-isopropylacrylamide)、PNIPAm)[1]やポリエチレングリコール(Polyethylene glycol)[2]などがLCST挙動を、ポリスルホベタインメタクリレート[3]などがUCST挙動を示すことがよく知られている。とくに、32℃という体温付近に鋭いLCST挙動を示すPNIPAmは、この現象を利用した薬物キャリヤーや細胞足場材料などへの応用がなされている。一方、生体高分子(タンパク質)にも温度応答性を示すものがある。たとえば、肺や血管壁に多く存在するエラスチンやその特異なアミノ酸配列を模倣したエラスチン類似ペプチドは水中でLCST挙動を示し、アミノ酸配列を変えることでLCSTを自在に制御することができる[4]。また、アミノ酸から構成されるため高い生体親和性も有しており、生体材料として応用するうえで好都合である。しかし、厳密に制御されたアミノ酸配列が重要であるため、遺伝子工学やペプチド固相合成を用いる必要があり、大量合成や長鎖ペプチドの合成が困難な場合が多い。これらの観点から、合成高分子にエラスチン類似オリゴペプチドを組み込むハイブリッド化戦略も試みられており、高分子電解質との組み合わせによりpHと温度の二重応答性なども達成されている[5)-7)]。また近年、アミノ酸をペプチド結合を介して高分子化するのではなく、合成が容易なビニルポリマー型にする研究も進められており、高い生体親和性や水中での温度応答性など興味深い報告がなされている。本稿では、とくにアミノ酸から作る温度応答性ビニルポリマーの自在設計を目指した我々の研究例を中心に紹介したい。

2　機能性モノマーとしてのアミノ酸の魅力

アミノ酸は、アミノ基(-NH_2)とカルボキシ基(-COOH)を一分子中にもつ有機化合物の総称であり、天然には20数種類存在している。アミノ酸のもつ「構造多様性」と「構造類似性」という一見相反するような特徴は、高分子材料を設計する上で大変都合がよい。アミノ酸は側鎖の構造に基づいて、疎水性、親水性、カチオン性、アニオン性、水素結合性などの多様な性質を示す(構造多様性)。一方で基本骨格が同じため(構造類似性)、同一の化学合成戦略を適用しやすい。たとえば、カルボン酸ハロゲン化物(Carboxylic halide)などを用いることで、(メタ)アクリロイル基などの重合性官能基を、アミノ酸の種類を問わずその骨格内に導入することができる。このような種々のアミノ酸由来ビニルモノマーを単独または組み合わせて重合することで、無限の構造/機能設計が可能になる。また、グリシンを除くアミノ酸は光学活性であること、本質的に生体親和性に優れることも魅力である。

3　温度応答性を示すアミノ酸由来ビニルポリマーの精密設計：応答温度・挙動の自在制御

アミノ酸由来ビニルポリマーは、通常のラジカル重合法により上述のアミノ酸モノマーを重合することで簡便に調製することができる。また、ペンタフルオロフェニル基などの良好な脱離基を有するプレポリマーを一旦合成した後、アミノリシスを利用した重合後修飾によってもアミノ酸をビニルポリマー側鎖に導入することもできる[8]。アミノ酸の種類によって得られるビニルポリマーの特性は異なるが、水溶性のものは多くの場合で温度応答性を示す[9)10]。筆者らは、カルボキシ末端をメチルエステル化した種々のアミノ酸由来ビニルポリマーが水中でLCST挙動を示すこと、またその転移温度がアミノ酸種により大きく異なることを見出した[10]。**図1**(a)はアミノ酸としてアラニン、β-アラニン、グリシンを採用したポリ(*N*-アクリロイル-L-アラニン *O*-メチルエステル)(Poly(*N*-acryloyl-L-alanine *O*-methylester)、PNAAMe)、ポリ(*N*-アクリロイル-β-アラニン *O*-メチルエステル)(Poly(*N*-acryloyl-β-alanine *O*-methylester)、PNAβAMe)およびポリ(*N*-アクリロイル-グリシン *O*-メチルエステル)(Poly(*N*-acryloyl-glycine *O*-methylester)、PNAGMe)の水中における濁度(600 nm)の温度依存性を示したものである。いずれのポリマーもLCST挙動を示すが、PNAGMeは72℃、PNAβAMeは45℃、PNAAMeは18℃に転移温度をもち、アミノ酸種の疎水性度に応じて変化することがわかった。興味深いことに、これらのアミノ酸モノマーを共重合することにより

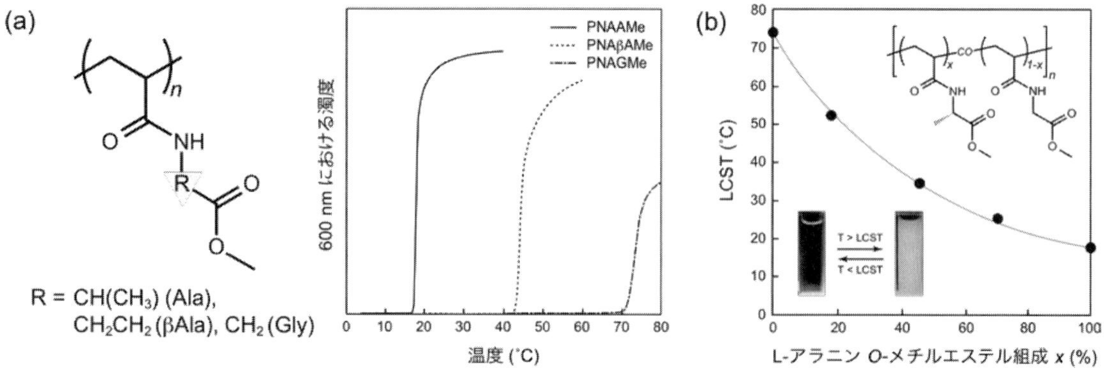

図1　(a)アミノ酸由来ビニルポリマーの一般構造式と各種ポリマー(PNAAMe、PNAβAMe、PNAGMe)の温度応答挙動　(b)L-アラニン－グリシン共重合ビニルポリマーにおけるLCSTとL-アラニン組成の関係

LCSTを任意に変化させることができる。図1(b)は一例としてグリシン*O*-メチルエステル/アラニン*O*-メチルエステル共重合ビニルポリマー（Poly(NAGMe-*co*-NAAMe)の場合を示した。P(NAGMe-*co*-NAAMe)は組成比を変えることで18～72℃の範囲でLCSTをチューニングすることが可能である。すなわち、アミノ酸由来ビニルモノマーのみで、目的の使用温度にあわせてテーラーメイドに高分子を設計することが可能である。

末端のメチルエステルをフリーのカルボン酸型にすると、水中での温度応答挙動が反転する。ポリ(*N*-アクリロイル-L-アラニン)(Poly(*N*-acryloyl-L-alanine)、PNAA)はカルボキシ基がプロトン化する酸性条件下(pH 2)においてUCST型の温度応答性を示すのである。カルボキシ基がイオン化する中性付近では温度応答を示さなくなることから、酸性条件下でPNAAは低温でカルボキシ基の水素結合ネットワークにより不溶化し、温度上昇に伴ってこの水素結合が解消されるため水に溶解するものと考えられる。また、グリシン/アラニン共重合ビニルポリマー（Poly(NAG-*co*-NAA)）とすることでLCST型と同様に43～54℃の範囲でUSCTをチューニングできる(**図2**)。アミノ酸の種類や末端基構造を変えるだけで容易に、精密に、そして劇的に温度応答性を制御できるのは、この高分子システムの大きな魅力であろう。

これらのポリマーは*N,N'*-メチレンビスアクリルアミド(*N,N'*-Methylene bisacrylamide)などで架橋することにより温度応答性のハイドロゲルを形成する。たとえば、PNAAMeからなる化学架橋型ハイドロゲルは、ホモポリマーのLCST(18℃)付近でシャープな膨潤－収縮挙動を可逆的に示す(**図3**)。このようなハイドロゲル系においても異なるアミノ酸種の共重合により応答温度を任意に制御できる。たとえば、NAAMeとNAGMeを共重合させることで、体温(37℃)前後でLCST型の体積相転移を示すハイドロゲルを調製することもできる。このLCSTの設定は0.1℃単位で可能であり、微調整が容易である。以上のアミノ酸由来ビニルポリマーの特徴は、微妙な温度調整が必要となる

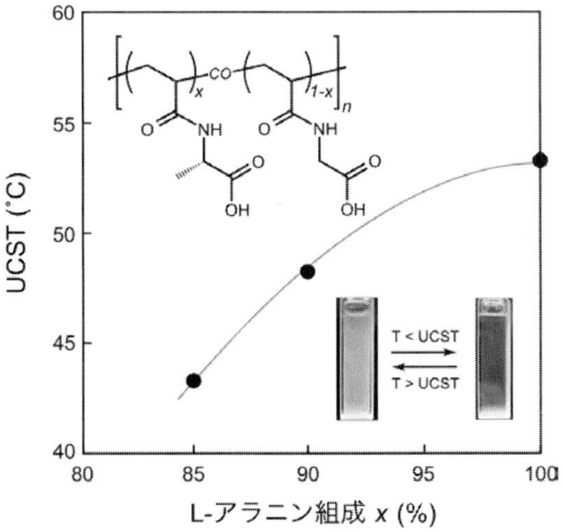

図2　L-アラニン－グリシン共重合ビニルポリマーにおけるUCSTとL-アラニン組成の関係

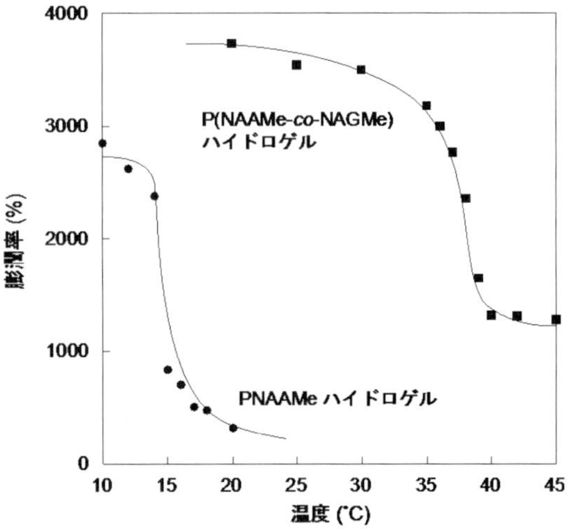

図3　PNAAMeハイドロゲルとP(NAAMe-*co*-PNAGMe)ハイドロゲルの温度に対する膨潤率の変化。共重合ハイドロゲルの組成比はNAAMe：NAGMe＝48：52。

温度応答性の細胞足場材料やアクチュエータなどへの応用が期待でき、機能性材料としての高いポテンシャルを示すものである。

4　アミノ酸由来ビニルポリマーのブロック化とその特異な温度応答性

アミノ酸由来ビニルモノマーはアクリルアミド型モノマーであるため、通常の共役モノマーと同様に、可逆的付加－開裂連鎖移動(RAFT)重合や原子移動ラジカル重合(ATRP)などのリビング重合にも適用できる。実際、RAFT重合やATRPを用いて、分子量や分子量分布が制御された*N*-アクリロイル-L-プロリン*O*-メチルエステルをはじめとするさまざまなアミノ酸由来ビニルポリマーが精密合成され、多様な温度応答挙動が明らかにされている[9)11)-14)]。また、リビング重合を用いることで、ブロック型や星型などの特殊構造ポリマーの合成も容易に達成でき、その特殊な構造に応じてユニークな温度応答挙動を示す場合もある。

筆者らは、RAFT重合法を用いて多分散度$Đ \leq 1.2$の制御されたアラニン*O*-メチルエステル/*β*-アラニン*O*-メチルエステル共重合ブロックポリマー(PNAAMe(*m*)-*b*-PNA*β*AMe(*n*))を合成し、水中でユニークな挙動を示すことを報告した[14)]。一般に、二種類の温度応答性ブロックからなるブロックポリマーは、各ブロックが十分な鎖長を有すると、それぞれのブロックがもつLCSTに起因した二段階の温度応答挙動を示す。一方、PNAAMe-*b*-PNA*β*AMe(m = 48、n = 103)は、水中で15℃から濁度の上昇がみられ、26℃から33℃にかけて一度減少したあとに再び濁度が上昇する、三段階の温度応答挙動を示すことがわかった(**図4**)。TEM、AFMおよびDLS分析を用いて温度上昇に伴う会合状態の変化を追跡した結果、一段階目の濁度の増加はPNAAMeセグメントの相転移に起因する凝集、二段階目の濁度の減少はPNAAMeセグメントを疎水性コア、PNA*β*AMeを親水性シェルとしたミセル構造への転移、三段階目の濁度の増加はPNA*β*AMeシェルの相転移に伴うミセルの凝集によることが明らかとなった。このような特異な温度応答挙動の発現には各ブロック長のバランスが強く影響を及ぼす。PNA*β*AMeブロックが短い場

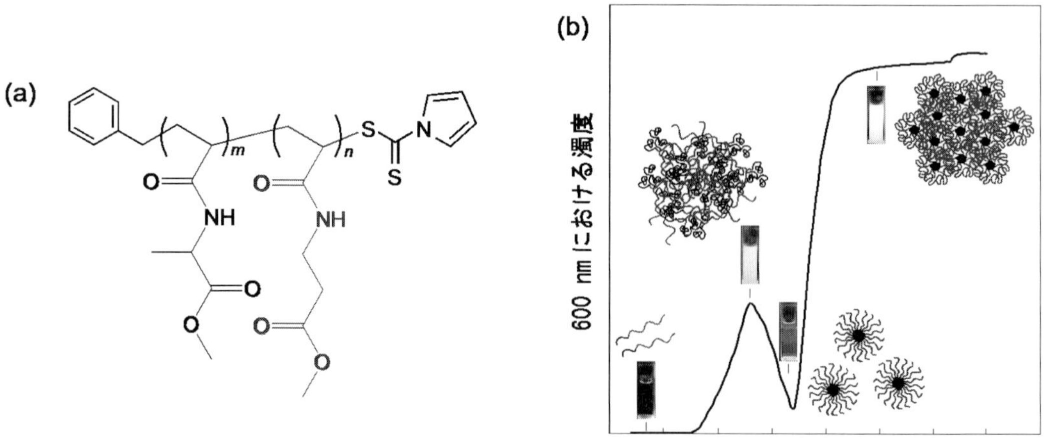

図4　(a)*β*-アラニン*O*-メチルエステル/L-アラニン*O*-メチルエステル共重合ブロックポリマーの構造と(b)その水中における温度応答挙動。このときの重合度はそれぞれm = 48およびn = 103。

合（$m = 48$、$n = 48$）は段階的な温度応答挙動は観測されず、PNAAMe の LCST 付近（18℃）で一段階の LCST を示し、逆に長い場合（$m = 48$、$n = 122$）では三段階の温度応答を示すが鈍感となる。

このように特異な温度応答挙動を示す PNAAMe-b-PNAβAMe は、温度をコントロールすることで二種類の疎水性ナノ空間を構築することが可能である。加えて、このブロックポリマーは細胞に対しての毒性を示さないこともわかっていることから、異なる基質をそれぞれのナノ空間に取り込み、段階的に放出が可能なナノコンテナとして DDS のスマートキャリヤーへの応用が期待できる。

5　アミノ酸由来ビニルポリマーブラシによる細胞培養スキャフォールドの創成

表面開始重合を用いれば、アミノ酸由来ビニルポリマーをさまざまな固体基材に直接修飾でき、アミノ酸種に応じた機能性表面を作り出すことが可能である[15-17]。筆者らは、表面開始 ATRP を用いて種々のアミノ酸由来ビニルポリマーを修飾させたガラス基板を作成した[17]。ガラス表面にシランカップリング剤である 3-アミノプロピルトリエトキシシラン（(3-Aminopropyltriethoxysilane）を用いてアミノ基を導入し、2-ブロモ-2-メチルプロパノイルブロミド（2-Bromo-2-methylpropanoyl bromide）と反応させることで、ATRP 開始部位を有するガラス基板を作成した。この基板を用

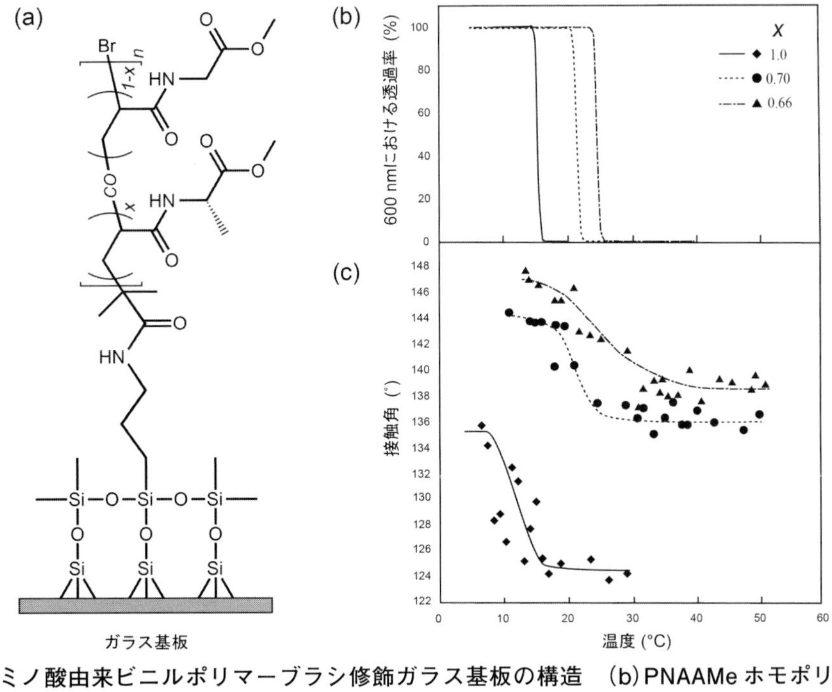

図５　(a)アミノ酸由来ビニルポリマーブラシ修飾ガラス基板の構造　(b)PNAAMe ホモポリマーおよび P(NAAMe-*co*-NAGMe)共重合ポリマー（L-アラニン *O*-メチルエステル組成 x = 0.66 および 0.70）の水中における温度応答挙動（600 nm における透過率変化）　(c)PNAAMe ホモポリマー（x = 1.0）および P(NAAMe-*co*-NAGMe)共重合ポリマー（L-アラニン *O*-メチルエステル組成 x = 0.66 および 0.70）修飾基板表面の接触角の温度依存性

いたATRPにより、NAAMeを単独重合またはNAGMeと共重合させることで、ポリマーブラシ修飾基板を容易に得ることができる(**図5**(a))。表面グラフト重合時に、基板に固定していないフリーの開始剤を用いて同時合成したポリマーをもとにブラシ構造を評価したところ、多分散度$Đ \leq 1.3$と比較的鎖長の揃ったポリマーブラシであることがわかった。図5(b)は溶液中で同時合成したフリーの各ポリマーの水中における温度応答挙動を示している。ATRPで合成した場合においても、ポリマー組成に応じてLCSTが変化していることがわかる。次に、基板表面のポリマーブラシの温度応答性を液中気泡法による接触角測定を用いて検討した(図5(c))。気泡は疎水的であり、接触角が大きいほど基板表面が親水的、小さいほど疎水的であることを示している。グリシンのほうがアラニンに比べて親水性が高いため、グリシン組成が大きくなるほど総じて高い接触角となっている。いずれにせよ、ポリマーブラシは温度に応答して構造転移しており、LCST以上では転移前と比較して疎水的な表面を作り出していることがわかる。基板への固定による自由度の低下に伴い温度変化に対して鈍感になっているものの、ポリマーブラシのLCSTが溶液中でのLCSTとほぼ同じである点は興味深い。

このように、アミノ酸由来ビニルポリマー修飾基板は温度によって親水-疎水スイッチングが容易にできる表面として振る舞う。一般に、細胞は疎水性表面に接着しやすく、親水性表面には接着しにくい。すなわち、LCST以上では疎水的表面であるため細胞培養が可能であり、LCST以下に降温させることで親水的表面となり細胞に損傷を与えることなく剥離させることができる。このようなコンセプトからなる細胞シート工学は、PNIPAmを用いた系ですでに実用化が進んでいる[18]。筆者らの作成したアミノ酸由来ポリマーブラシは、LCSTが13℃(NAAMe組成$x = 1$)、22℃($x = 0.7$)および25℃($x = 0.66$)であるため、細胞培養温度であ

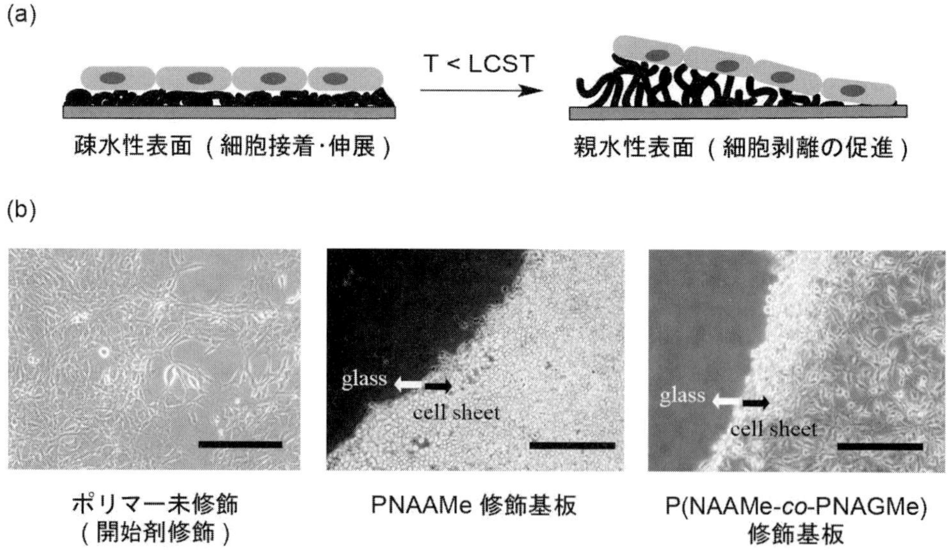

図6　(a)アミノ酸由来ビニルポリマーブラシの温度応答性を利用した細胞シートの回収　(b)LCST以下に冷却した際のPNAAMeホモポリマーおよびP(NAAMe-*co*-NAGMe)共重合ポリマー(L-アラニン*O*-メチルエステル組成x = 0.66)ブラシ上で培養した細胞の剥離の様子(スケールバーは200 μm)　ポリマー未修飾(開始剤修飾基板)はその比較

る37℃はLCST以上である。そこで、LCSTが13および25℃の基板を用いてマウス胎児由来繊維芽細胞(NIH/3T3)の培養を行った。どちらの基板も細胞毒性を示さず、培養時間に伴い細胞接着数および伸展率が増加した。このことはポリマーブラシが細胞に対して適切な疎水性表面として機能していることを示している。それぞれの基板上で細胞が80%コンフルエントに達するまで培養を行い、その後、LCST以下まで冷却した。**図6**はそのときの様子であり、比較としてポリマー未修飾基板(開始剤修飾基板)上における細胞の挙動も合わせて示した。$x = 1$および$x = 0.66$基板では細胞シートが得られたが、ポリマー未修飾基板では細胞の剥離はみられず、ポリマーブラシの相転移が細胞の剥離を誘発させていることがわかる。このように、アミノ酸由来ビニルポリマーはその温度応答性に基づき、PNIPAmと同様に細胞足場材料として機能する。アミノ酸由来ビニルポリマーの生体との高い適合性や光学活性なアミノ酸種の多様性、幅広く表面物性を制御できることなどを考えると、PNIPAmの代替分子にとどまらず、より高機能な表面設計への展開を期待したい。

6　おわりに

アミノ酸はタンパク質を構成している生体分子であり、古くから生体高分子としてポリアミノ酸の研究は進められてきた。一方で、合成高分子としてのアミノ酸由来ビニルポリマーの研究は始まったばかりである。本稿では、天然アミノ酸のもつスマートさの一面として温度応答性を中心に取り上げた。生体親和性があり、温度に応答するアミノ酸由来ビニルポリマーは、生体材料としても大変魅力的である。もちろん、アミノ酸の構造多様性(光学活性、親水-疎水性度、様々な側鎖官能基)を考慮すれば、これは秘められた機能の一部にすぎないだろう。今後、ますますの研究の展開が期待される。

文　献

1) M. Heskins and J. E. Guillet：*J. Macromol. Sci. Chem.*, **2**, 1441(1968).
2) S. Saeki, N. Kuwahara, M. Nakata and M. Kaneko：*Polymer*, **17**, 685(1976).
3) D. N. Schulz, D. G. Peiffer, P. K. Agarwal, J. Larabee, J. J. Kaladas, L. Soni, B. Handwerker and R. T. Garner：*Polymer*, **27**, 1734(1986).
4) D. W. Urry：*Angew. Chem. Int. Ed.*, **32**, 819(1993).
5) L. Ayres, K. Koch, P. H. H. M. Adams and J. C. M. Hest：*Macromolecules*, **38**, 1699(2005).
6) T. Koga, Y. Iimura and N. Higashi：*Macromol. Biosci.*, **12**, 1043(2012).
7) N. Higashi, K. Yasufuku, Y. Matsuo, T. Matsumoto and T. Koga：*Colloid Interface Sci. Commun.*, **1**, 50(2014).
8) Y. Zhu, A. B. Lowe and P. J. Roth：*Polymer*, **55**, 4425(2014).
9) H. Mori, H. Iwaya and T. Endo：*Chem. Commun.*, 4872(2005).
10) N. Higashi, R. Sonoda and T. Koga：*RSC. Adv.*, **5**, 67652(2015).
11) S. Chen, Y. Zhang, K. Wang, H. Zhou and W. Zhang：*Polym. Chem.*, **7**, 3509(2016).
12) D. Chung, P. Britt, D. Xie, E. Harth and J. Mays：*Chem. Commun.*, 1046(2005).
13) H. Mori and T. Endo：*Macromol. Rapid Commun.*, **33**, 1090(2012).
14) N. Higashi, D. Sekine and T. Koga：*J. Colloid Interface Sci.*, **500**, 341(2017).
15) Q. Liu, W. Li, A. Singh, G. Cheng and L. Liu：*Acta Biomater.*, **10**, 2956(2014).
16) Y. Shen, G. Li, Y. Ma, D. Yu, J. Sun and Z. Li：*Soft Matter*, **11**, 7502(2015).
17) N. Higashi, A. Hirata, S. Nishimura and T. Koga：*Colloids Surf., B：Biointerfaces*, **159**, 39(2017).
18) N. Yamada, T. Okano, H. Sakai, F. Karikusa, Y. Sawasaki and Y. Sakurai：*Macromol. Rapid Commun.*, **11**, 571(1990).

基礎編

第2章　分子設計

第15節　ペプチドを利用した電気特性の関与する刺激応答性システムの設計

京都大学　木村 俊作

1　ペプチドのダイポールモーメント

外部刺激として温度[1)-3)]やpH[4)]などの変化などに応答してポリマー鎖のコンホメーションが変化し、マイクロカプセルなどの粒子に内包した化合物が放出されたり、放出が制限されるシステムは数多く報告されている。このような外部刺激応答性ポリマーには多様なものが使用されているが、本節で取り上げるポリペプチドはそれらと比べて次のような特徴的な特性を示すデザインが可能である。それは、刺激応答がポリペプチドの二次構造の転移にカップルした場合、物性変化が転移現象として、あるいは協同的変化(たとえばHill係数が1を超えるような変化)が現れる点である[5)]。さらに、ポリペプチドの主鎖骨格を形成するアミド結合はダイポールを有しており、ヘリックス構造ではアミド結合がヘリックス方向に並ぶことで大きなダイポールモーメントを形成することから、電気特性の関与する物性を示す材料になりうる[6)7)]。アミド基のダイポールモーメントは3.5 debye程度と見積もられており、たとえば、αヘリックス構造では、アミド結合が分子内水素結合によりヘリックス軸方向に並ぶため、N端に0.5 eの部分電荷、C端に－0.5 eの部分電荷をもち、1残基あたり1.5Åの鎖長(ヘリックス軸方向の長さ)となる構造と等価となる(**図1**)。実際、16量体のαヘリックスペプチドのダイポールモーメントは50 debyeを超えており、一般的な有機化合物よりもきわめて大きいため、マクロダイポールモーメントと呼ばれている。したがって、金基板表面に垂直配向に近い角度で、N端側で固定化したαヘリックスの自己組織化単分子膜は、－200 mVを超える表面電位を発生する(**図2**)[8)]。電場に換算すると、500,000 V/cmもの強さになる。また、表面電位は温度依存性を示し、焦電性の係数は、17 μC/m^{2}程度となった。これらのことから、ペ

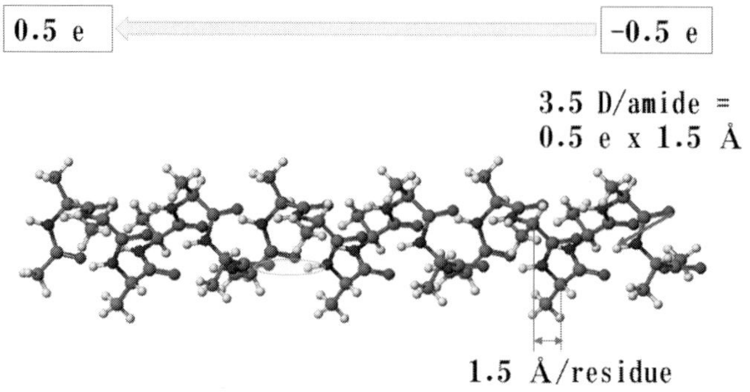

図1　αヘリックスペプチド。N端に0.5 e、C端に－0.5 eの部分電荷を有するマクロダイポールと等価となる。1残基あたりのダイポールの大きさは3.5 debyeである。

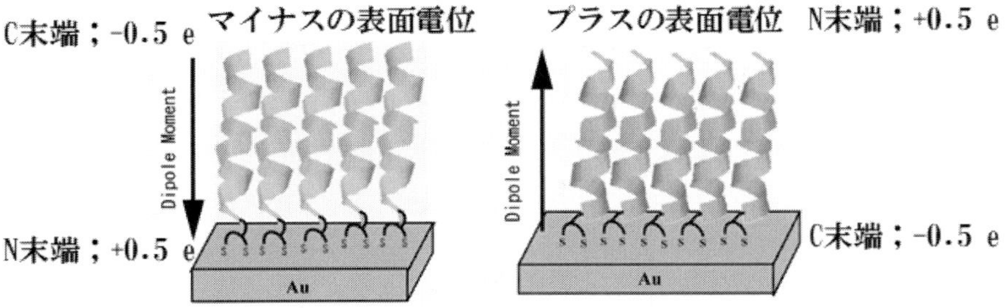

図2　ヘリックスペプチドを基板表面に垂直配向で固定化した単分子膜は、N端で固定化するとマイナスの表面電位を、C端で固定化するとプラスの表面電位を示す。[8]

プチド分子を組織化して分子集合体を形成すると、ペプチド分子のダイポールモーメントに基づくさまざまな興味ある電気特性が現れる。ペプチド分子で構成される材料が、刺激に応答して電気応答が変化するなら、焦電性材料や圧電性材料をはじめとして、多様な応用範囲に適用できる可能性がある。実際、ポリペプチドの薄膜を作製し、圧電性を調べた論文は多く報告されている[9]。また、分子のダイポールを組織化して物性を制御する研究開発は、Molecular Dipole Engineeringと名づけられた興味深い分野を形作っており、ボトムアップのナノテクノロジーを利用することで、ナノサイズのデバイスや材料につながっている[10]。

2　光照射に応答する表面電位

上述したように、基板に垂直配向で固定化したヘリックスペプチドは、マクロダイポールモーメントに基づいた表面電位が発生する。この表面電位は、ヘリックスペプチドの基板表面での配向に依存することから、外部刺激により配向を変化できると、外部刺激による表面電位の変化が可能となる。たとえば、2個のヘリックスブロックをアゾベンゼンで結合したポリペプチドを用いて、金基板上に自己組織化単分子膜を調製し、光照射により表面電位の変化することが示されている(**図3**)[11]。自己組織化単分子膜として、1）2個のヘリックスブロックにともにL体アミノ酸を用いて右巻きヘリックスとしたLLペプチド、2）2個のヘリックスブロックにL体とD体をそれぞれ用いて、右巻きヘリックスと左巻きヘリックスとしたDLペプチドを用いて比較検討した。自己組織化単分子膜にUV光を照射して、アゾベンゼンユニットのシス体への変化量を求めたところ、30%を

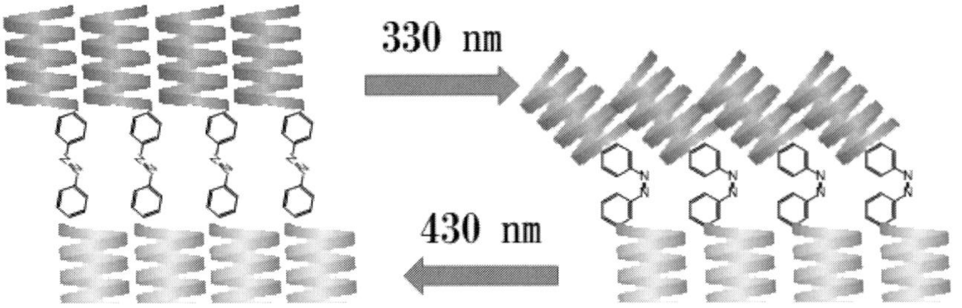

図3　光照射によるアゾベンゼンのシス-トランス異性化に伴い、ヘリックス層の配向が変化し、表面電位が光照射に応答して変化する様子のイラスト図[11]

超える程度であった。金基板に近い層にアゾベンゼンユニットをもたないヘリックスペプチドを挿入して、金基板から離れた層のペプチド濃度を減少させると、UV照射によるシス体の量は50%を超えた。この結果は、立体的に混み合っていると、ヘリックスペプチドの配向変化が起こりにくく、ヘリックスペプチドに直接につながっているアゾベンゼンユニットの光異性化も起こりにくくなることを示している。しかしながら、UV光照射による表面電位変化は、DLペプチドの自己組織化単分子膜で30〜60 mVの変化、LLペプチドでは20〜30 mVの変化が観察されたのに対し、上述した離れた層のペプチド濃度を減少させた場合、UV光照射による表面電位の変化は観察されなかった。この結果は、金基板から離れたペプチド層でのペプチド配向は、立体的に混み合っていなければランダム配向に近い状態であり、アゾベンゼンユニットの光異性化が起こっても配向変化が平均化されてしまうのに対し、DLペプチドやLLペプチドの自己組織化単分子膜では、ヘリックスが光照射により協同して配向変化するため、表面電位の変化が現れたと考えられる。

3　光照射に応答する電流発生（光電変換）

光電変換システムは、再生可能エネルギーを得るため、また、IoTなどのセンサーとネットを組み合わせた社会における電力供給として重要な位置を占めている。光電変換システムのお手本は光合成系であり、ポルフィリンの幾何的に制御された配置と電子移動を担うタンパク質の働きにより、光照射による電荷分離が高効率に起こる。光合成系を参考にして、ポルフィリンを光増感剤に、電荷分離の電子受容体としてフラーレンを用いた系が活発に研究されている[12)]。金基板上でアルキル基をスペーサーにしてポルフィリンとフラーレンとを固定化したシステムでは、カソード電流が観察されている。アルキル基を介しての電子移動は、電子移動反応速度定数の距離依存性を示す減衰定数βが1程度と大きく、光励起されたポルフィリンから電極へよりも、フラーレンへの電子移動反応が優先して起こるためと考えられる。一方、ヘリックスペプチドは、100Åを超える長距離電子移動を媒介できることが示されている[13)]。このため、ポルフィリンをヘリックスペプチドの末端に結合して、金基板上に自己組織化単分子膜を作製し、光照射するとアノード電流が観察される[14)]。このポルフィリンを結合したヘリックスペプチド自己組織化単分子膜に、フラーレンを結合したヘリックスペプチドを混在させた場合、光電流は方向を変え、カソード電流が観察される（**図4**）[15)]。この逆転は、光励起されたポルフィリンからフラーレンへの電子移動が起こったときに、電子はフラーレンに非局在化するため、フラーレンから電極への電子移動が抑制されることが1つの原因である。

上述したように、光電流の向きは、組み合わせる発色団や発色団を電極に固定化するリンカーにより変化する。また、照射する光の波長を変えることで光電流の向きをスイッチすることも可能である。*N*-エチルカルバゾールをヘリックスペプチドのC端に結合して、N端側で金基板表面に固定化し、また、ルテニウム錯体をヘリックスペプチドのN端に結合して、C端側で金基板表面に固定化した混合自己組織化単分子膜を作製した。光照射に伴う発色団と金基板との間での電子移動は、ヘリックスペプチドのダイポールモーメントの向きに加速される。したがって、この混合自己組織化単分子膜の*N*-エチルカルバゾールを選択的に光励起するとアノード電流が流れ、ルテニウム錯体を選

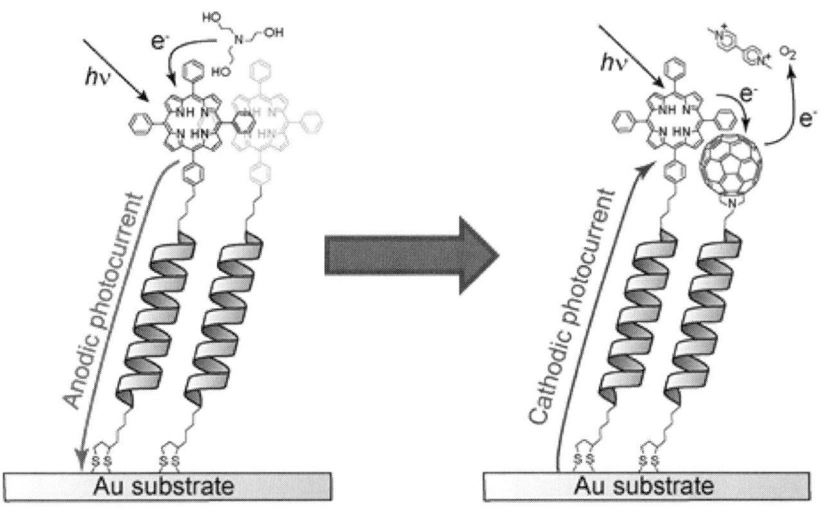

図４　ポルフィリンを光増感剤、フラーレンを電子アクセプター、ヘリックスペプチドを電子メディエーターに用いた光電変換システム。ヘリックスペプチドは、電子メディエーターとしての能力が高いため、アノード電流を誘起するが、フラーレンが存在すると、カソード電流が優先する[15]。

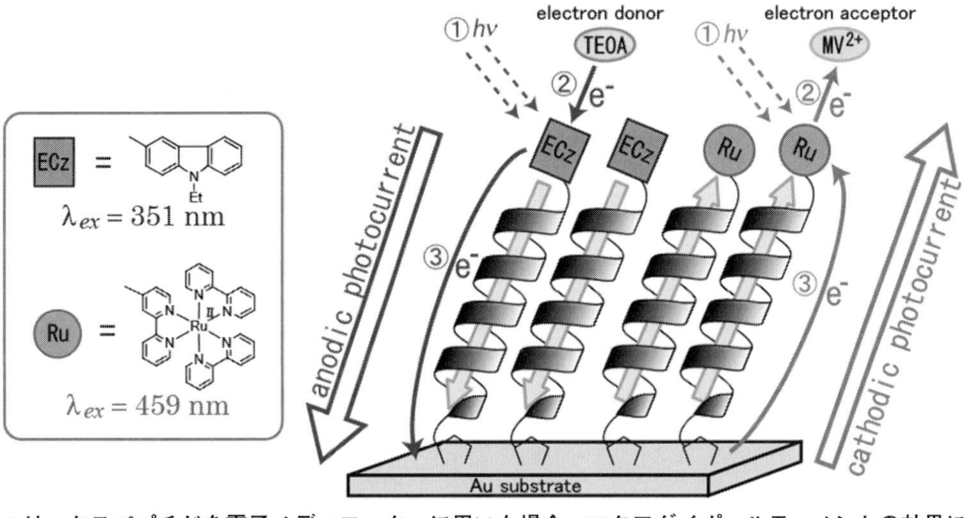

図５　ヘリックスペプチドを電子メディエーターに用いた場合、マクロダイポールモーメントの効果により、Ｎ端側への電子移動がＣ端側への移動よりも速くなる。２種類の光増感剤を、それぞれＮ端で固定化したヘリックスペプチドおよびＣ端で固定化したヘリックスペプチドに結合すると、２種類の励起波長でアノード電流とカソード電流のスイッチングが可能となる[16]。

択的に光励起するとカソード電流が流れた(図5)[16]。

光捕集系と光電子移動系とを組み合わせた分子システムも開発されている。３残基で１周する3_{10}-ヘリックス構造をとるヘリックスペプチドに、３残基ごとにナフチル基を導入すると、ナフチル基がヘリックス軸に沿って１列に配置する。このナフチル基は電子ホッピングサイトとして機能し、ヘリックスペプチドは電子メディエーターとして働く。ナフチル基に捕集された光エネルギーは、単分子膜の中を移動してヘリックスペプチドの末端に導入したアクセプターに伝達され、アクセプターのLUMOに励起された電子がナフチル基のホッピングサイトを介して電極に移動するシステムである(図6)[17]。

4　圧電効果

圧電材料に対する社会の要求は、センサー、アクチュエーター、ピエゾモーター等、用途の拡大と、PZTなどの無機化合物よりも、環境に優しくフレキシブルでナノサイズ化が可能な有機化合物へと向かっている[18]。ヘリックス構造をとるペプチドについても古くから多くの研究がなされてきたが、N端とC端をもつヘリックスペプチドがダイポールモーメントを安定化するため逆平行型で並ぶことから、剪断モードに対応する起電力が測定されている[9]。電極表面に対して垂直配向となるオリゴペプチド単分子膜を調製して圧電性を観察した結果も報告されているが、ヘリックス構造の柔軟性の低下に伴い、d_{33}はそれほど大きくならない[19]。圧電性は、歪みの一次に比例して連続的に電荷量が変化するが、ヘリックスペプチドがαヘリックスと3_{10}-ヘリックスの2種類の構造を取りうる場合には、外部電場の印加で、長さについて2状態間での転移がみられる[20]。LeuとAibとの交互配列ペプチドは、鎖長が短いときは3_{10}-ヘリックスを、鎖長が8量体を超えてくるとαヘリックスをとりやすくなる。また、溶媒の極性にも影響を受け、極性が高いとαヘリックス構造が優先する。このように、両方のタイプのヘリックスをとりうるLeuとAibとの交互配列12量体ペプチドを用いて自己組織化単分子膜を金基板表面に作製し、STM観察を行った。N端で金基板に固定化した場合、STMチップに1.3 Vのバイアス電圧を印加することで、3_{10}-ヘリックス構造をとるペプチドのイメージが観察された。これに対し、−1.3 VをSTMチップに印加して掃引すると、αヘリックス構造へと変化した。STMチップは、ヘリックスペプチドのマイナスに分極したC端に近接していることから、STMチップにプラスのバイアス電圧を印加した場合、鎖長が長い3_{10}-ヘリックス構造が安定になったと考えられる。一

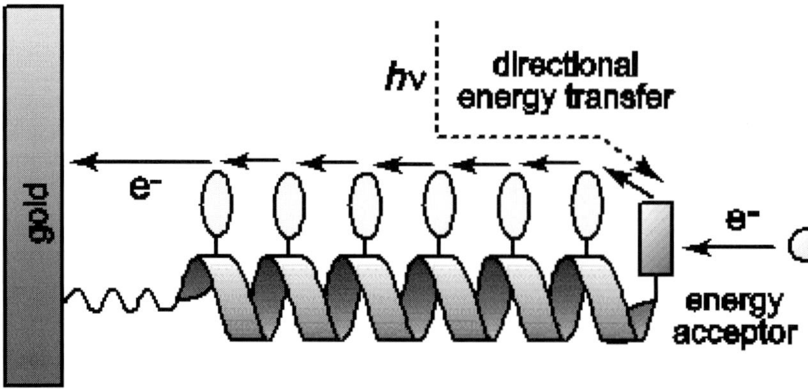

図6　光エネルギー捕集系と電子移動系とを組み合わせた自己組織化単分子膜。黄色の楕円で示したナフチル基が光を吸収すると、紫色の四角で示したエネルギーアクセプターに励起エネルギー移動が起こり、励起されたアクセプターからナフチル基の電子ホッピングサイトを通して、電子が電極に移動する[17]。

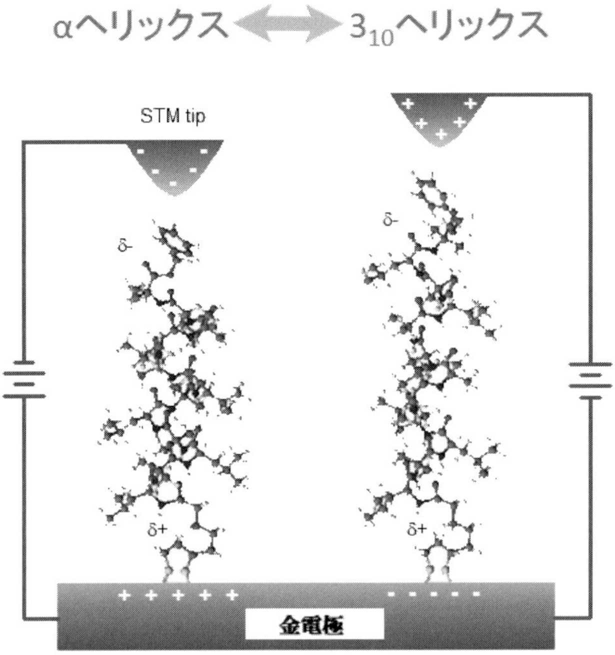

図７　N 端で金基板に固定化したヘリックスペプチドを、マイナスのバイアス電圧で STM チップを掃引するとαヘリックス構造が観察される。プラスの STM チップで掃引すると 3_{10} ヘリックス構造が観察され、ヘリックスペプチドは逆ピエゾ効果を示す[20]。 ※口絵参照

方、12 量体ペプチドを C 端で金基板に固定化した場合、－1.5 V のバイアス電圧を印加して STM チップを掃引すると、3_{10}-ヘリックス構造をとるペプチドのイメージが観察された。C 端で固定化した場合、プラスに分極した N 端が STM チップに近接しているためと考えられる。このように、ヘリックスペプチドについて逆ピエゾ効果を観察することができる(**図７**)。

文　献

1）T. Kidchob, S. Kimura and Y. Imanishi：*J. Chem. Soc. Perk. T 2*, 2195-2199(1997).
2）T. Kidchob, S. Kimura and Y. Imanishi：*Kobunshi Ronbunshu*, **55**, 192-199(1998).
3）T. Kidchob, S. Kimura and Y. Imanishi：*J. Control. Release*, **50**, 205-214(1998).
4）T. Kidchob, S. Kimura and Y. Imanishi：*J. Appl. Polym. Sci.*, **63**, 453-458(1997).
5）D. W. Urry, T. L. Trapane and K. U. Prasad：*Biopolymers*, **24**, 2345-2356(1985).
6）W. G. J. Hol：*Prog. Biophys. Mol. Biol*, **45**, 149-195(1985).
7）A. Wada：*Adv. Biophys.*, **9**, 1-63(1976).
8）Y. Miura, S. Kimura, S. Kobayashi, M. Iwamoto, Y. Imanishi and J. Umemura：*Chem. Phys. Lett.*, **315**, 1-6(1999).
9）K. L. Ren, W. L. Wilson, J. E. West, Q. M. Zhang and S. M. Yu：*Appl Phys a-Mater.*, **107**, 639-646(2012).
10）S. Kimura：*Org. Biomol. Chem.*, **6**, 1143-1148(2008).
11）Y. Tada, T. Morita, J. Umemura, M. Iwamoto and S. Kimura：*Polym. J.*, **37**, 599-607(2005).
12）H. Imahori, H. Yamada, S. Ozawa, K. Ushida and Y. Sakata：*Chem. Commun.*, 1165-1166(1999).
13）Y. Arikuma, H. Nakayama, T. Morita and S. Kimura：*Angew. Chem. Int. Edit.*, **49**, 1800-1804(2010).
14）H. Uji, Y. Yatsunami and S. Kimura：*J. Phys. Chem. C*, **119**, 8054-8061(2015).
15）H. Uji, K. Tanaka and S. Kimura：*J. Phys. Chem. C*, **120**, 3684-3689(2016).

16) S. Yasutomi, T. Morita, Y. Imanishi and S. Kimura : *Science*, **304**, 1944-1947(2004).
17) R. Moritoh, T. Morita and S. Kimura : *Biopolymers*, **100**, 1-13(2013).
18) A. Kholkin, N. Amdursky, I. Bdikin, E. Gazit and G. Rosenman : *Acs Nano*, **4**, 610-614(2010).
19) C. W. Marvin, H. M. Grimm, N. C. Miller, W. S. Horne and G. R. Hutchison : *J. Phys. Chem. B*, **121**, 10269-10275(2017).
20) K. Kitagawa, T. Morita and S. Kimura : *Angew. Chem. Int. Edit.*, **44**, 6330-6333(2005).

第2章　分子設計

第16節　刺激応答機能を有する自己集合体：分子から大きな動きへ、大きな動きから分子の機能へ

国立研究開発法人物質・材料研究機構／東京大学　有賀 克彦

1　はじめに

自己集合構造の主体をなす分子集合体(とくに低分子量の分子の集合体)は、厳密にいうと高分子ではない。むしろ超分子といわれる存在である[1)2)]。したがって、本書の主題「刺激応答性高分子」に分子集合体は厳密には入らない。しかしながら、高分子学会年次大会の多くに分子集合体や超分子のセッションがあるように、薄膜のような分子が集合した構造体は高分子の材料に比肩しうる機能を出し、そこに根付くサイエンスも共通するところが大きい。むしろ、その構造の柔軟さから、刺激応答性という側面からは分子集合体のほうがよりドラスティックな機能を発現しうるし、より多様な構造設計ができる。本書において分子集合体や自己集合体の刺激応答性を論ずることは意義深い。

自己集合体の示す刺激応答性の典型的な例として、ベシクルやリポソームなどの脂質二分子膜小胞体からの熱刺激による内部薬物の放出制御が挙げられる。これは、相転移温度を境にして、脂質二分子膜が結晶相から液晶相へ転移すると小胞体内部からの薬物の放出が劇的に変わるものである。分子そのものの変化としては、アルキル鎖のコンフォメーションがall-transからゴーシュを多く含む状態に代わるということにすぎないが、集合体としては相転移という大きな現象になって現れる。つまり、分子自身の変化をより増幅し、あるいは質的に違う効果に昇華させるという働きが集合体にはある。よって、自己集合体における刺激応答性とは、分子そのものの変化とより大きなサイズや次元での事象をどう結び付けるかという部分に本質がある。そこには、構成分子の設計ばかりでなくその集合体をどう配列させどう組織化するかという設計が重要な意味をもつ。

自己集合体の刺激応答性は多岐にわたるが、本稿では、分子の応答性とそれが集積したような機能の関係にとくに力点を置き論を進める。1つは、自己集合構造という形態を介して分子の個々の変化が集積してマクロスコピックな動きや機能につながっていくというものであり、もう1つは、逆に自己集合構造を用いて手の動作のような大きな動きで繊細に分子を機能させる技術である。

2　分子の力をマクロな動きに

巧みな分子設計により、外部刺激によって構造変化を起こしたりさまざまな機能を発揮したりなどの刺激応答性分子は多種多様に存在する。そのような分子の動きをマクロスコピックな動作や機能に反映させるためには、それらの応答分子を集合体中に組織化して連動させる必要がある。組織化が適切であれば、個々の分子の動きは集積して大きな物体を動かせるほどの力を発揮する。

そのパイオニア的研究の代表例は、市村らが提唱したコマンドサーフィスの概念である(図1)[3)]。この試みでは、光異性化をしうるアゾベ

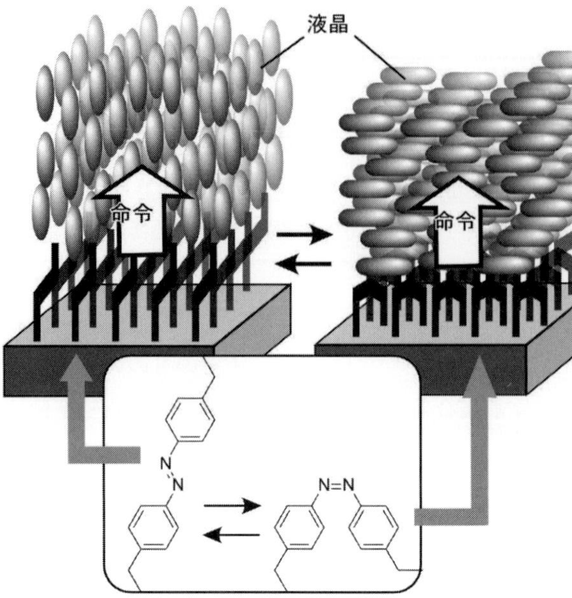

図１　液晶の配向を制御するアゾベンゼン型コマンドサーフィス

ンゼン誘導体の自己組織化単分子膜を基板表面に固定化し、その上に液晶相をのせている。光刺激によって、単分子膜様のアゾベンゼン誘導体は *cis-trans* 異性化し、コンフォーメーションと配向が変化する。それと連動して可視化レベルの厚さをもつ液晶相の配向が変化する。これは、集合体組織がある特定の面からコンフォーメーション変化という命令を投げかけると、その上の非常に多くの分子の配項がその命令に従う形となっている。この作用機序から、刺激に応答した単分膜集合体はコマンドサーフィスと呼ばれている。

この刺激応答増幅機能を巧みに用いると、液体を触らずに所望の方向に光照射によって動かすこともできる[4)]。**図２**に示した例では、表面にアミノ基を末端にもつ自己組織化単分子膜を導入し、その上にアゾベンゼン部位をもつカリックスアレンの単分子膜を静電的相互作用で固定化する。この構造設計では、アゾベンゼン部位の光異性化によるコンフォメーション変化を容認できる自由体積が与えられるので、UV光(365 nm)の照射により 90％程度のアゾベンゼン部位が *cis* 型に異性化する。表面はより極性となり表面エネルギーが増加する。436 nm の光の照射により、アゾベンゼンはトランス型に異性化し表面エネルギーは元に戻る。表面単分子膜の光異性化により表面エネルギーがコントロールでき、オリーブオイルなどの濡れ性を制御できることになる。表面にグラディエントをつけて光照射することにより、可視サイズの液滴を所望の方向に動かすことができる。同様にアゾベンゼン基をもつポリマーを集合させた材料を使うことによる光刺激で動くアクチュエーター[5)]や、液体を光刺激で動かせるチューブの作製[6)]などが報告されている。

外部刺激によって動作する分子を美しい形で体系づけたのが「分子マシン」という学問領域である。分子マシンは、単一の分子が機械のように働くというコンセプトのもとに研究されているが、その分子マシンが集合体化して協調的に動作するとマクロスコピックな物体を動かすこともできる。**図３**の例では、カンチレバー

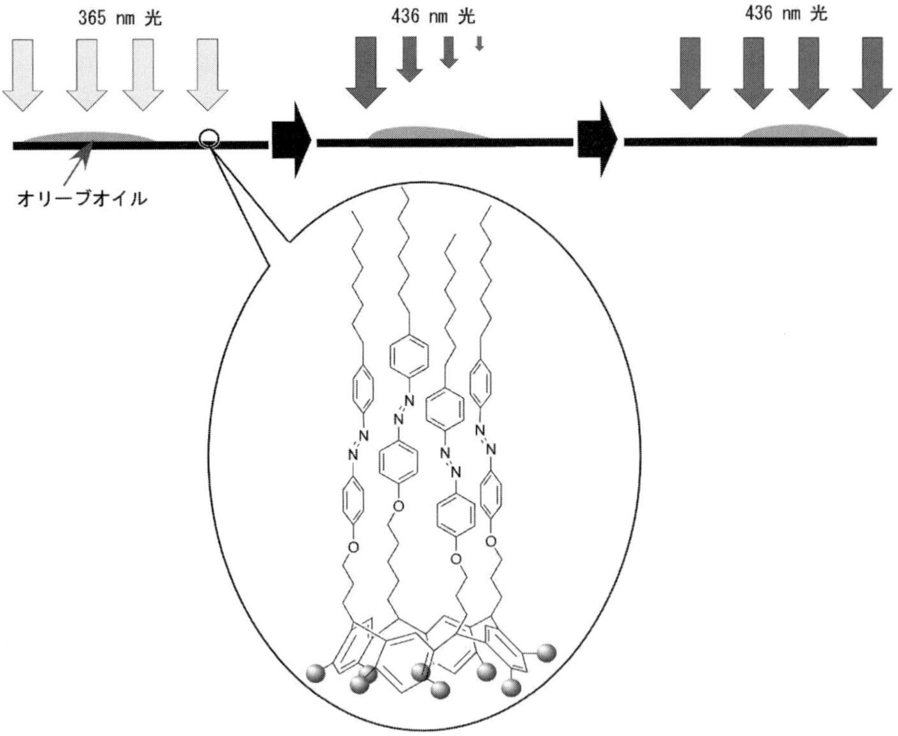

図２　光刺激によって液体を動かすことができる表面単分子膜

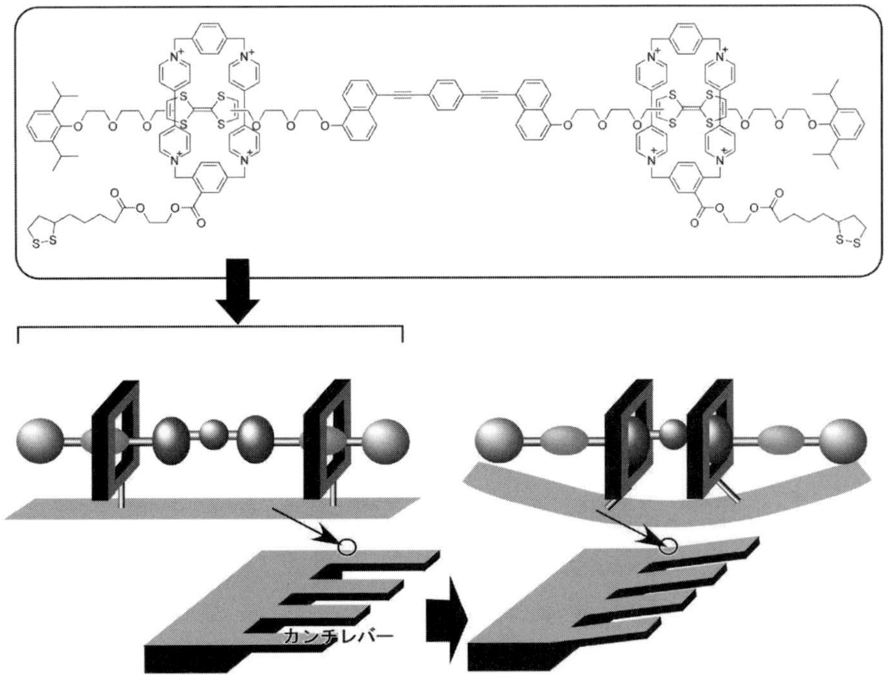

図３　分子シャトルの集合体の構造変化でカンチレバーを動かす

上に分子シャトルの単分子膜集合体を固定化し、分子シャトルの動きに応じてカンチレバーのたわみが変化する系である[7]。刺激に応じてシャトルのステーション間での移動が起こると、それらは表面に対しては固定化されているため分子自体にはひずみが生じる。もちろん1つ1つの分子シャトルのひずみは大変軽微なものであるが、それらが単分膜レベルで出席していると分子に比べてはるかに大きな物体であるカンチレバーをも動かすことができる。この場合、カンチレバーにかかる力は、14〜21 pN 程度であり、カンチレバーの変形は 35〜50 nm 程度となる。

上記のように、機能分子の集合化は、刺激応答性を分子レベルの現象から物質レベルの動作に昇華することができる。この際、それぞれの分子ユニットが協同的に働くために、位置特異的な固定化と配向集合化が分子機能の集積化には重要な要素となる。

3　マクロな力を分子の機能に

上述した例は、刺激応答性分子を集合構造の中で組織化し、その機能を集積することによってマクロスコピックな動作や機能に反映させるという、ある意味では常識的に考えられるよくできた機能系である。その逆はどうであろうか、大きな動きで分子を操れるだろうか？たとえば、手で分子マシンを操れるだろうか？常識的に考えれば、それは不可能である。しかしながら、自己集合体は分子とマクロをつなぐという機能を逆手にとれば、それが可能になるのである。本稿では、手の動きにも匹敵するようなマクロスコピックな動作で、分子マシンを操り、分子レセプター機能をチューニングするという、一見非常識にみえる技術についてその構造設計コンセプトを論ずる。

手で分子マシンを操るという試みが非常識であるとすると、常識的に分子マシンを操るのにはどうしたらいいか？光や電気・温度変化などの刺激を遠隔的に加えて溶液中や表面にある分子マシンを操作するのが一般的である。この方法論が2016年度のノーベル化学賞につながった。これが可能なのは、光子や電子などの刺激単位が分子に伝わりうるからである。また、このコンセプトは近年ではナノテクノロジー技術ともカップリングし、分子マシン1つを STM チップなどの超極小短針からの電荷注入などによって動かす技術が発展してきている。2017年4月にはフランスで、STM チップからの刺激によって分子1つの車(ナノカー)を走らせ、100 nm のジグザグコースをいかに速く走ることができるかを競う世界初のレース「ナノカーレース」が開催されるまでになっている[8)9)]。日本チームのナノカーは、STM チップからの電気的な刺激で分子のコンフォーメーションを大きく変え、それがナノカー前進の駆動力となっているものである[10)]。

それではもっと原始的な力、圧縮したり延ばしたり、曲げたりなどのきわめて一般汎用性の高い刺激で分子マシンを動かすにはどうしたらよいか？それも、STM チップなどの汎用性のない装置を使わず、高真空・極低温などの特殊環境に依存しない条件で。つまり、日常生活に準ずるようなマクロスコピックな力学的な刺激をアンビエントな条件で使って、ナノメートルサイズの分子マシンを動かせるかという問いである。力学的な刺激には、光子とか電子などの刺激単位はないので、光を照射するがごとくのマクロな刺激で分子に直接刺激を与えることはできない。

マクロスコピックな力学的刺激で分子マシンを動かすコツは、ダイナミックな界面での分子集合体形成である。たとえば、気-水界面のように変形しうる界面を考える。この界面の面内方向はマクロスコピックなサイズをもっているので、大きなスケールの力学的刺激、たとえば、延ばす・圧縮する・曲げる、を思う存分かけられる。界面の鉛直方向はナノ・分子サイズであるので、分子の動きや機能がこの方向で発揮される。このようなダイナミックな界面では、マクロスコピックな力学刺激によって分子機能をコントロールできる。手の動きで分子マシンをコントロールするようことができるはずである。

その初めのデモンストレーションとして、ステロイドシクロファンという分子マシンを、集合体である単分子膜として気-水界面に並べた(**図4**)[11)12)]。この単分子膜を力学的に圧縮・膨張させると(これは手でもできるが測定値を厳密にとるため機械が行っている)、この分子マシンがコンフォーメーションを変え、水相中のターゲット分子を捕捉したり開放したりすることができる。このステロイドシクロファンという分子マシンは、中央部の環状構造にステロイドからなる固い板状構造が、フレキシブルなスペーサーでつながれている。このステロイド部は親水面と疎水面が表裏一体となっているコール酸からなっており、膜に圧力がかかっていないときには、親水面を水面につけて広がった形をとる。外部から圧力刺激が加わると、スペーサー部分が折れ曲がって、この分子マシンはキャビティー型の構造をとる。この過程で、水中に存在するターゲット分子をつかむという刺激応答性の設計となっている。

この刺激応答機能を実験的に実証するために、キャビティーに取り込まれたときにのみ蛍光を発する蛍光プローブ分子をゲスト分子として水相に溶かしておき、その水表面に分子マシンを敷き詰めて形成される単分子膜を、数十 cm のレベルで力学的に圧縮したり膨張させたりした。その結果、単分子膜の圧縮・膨張に連

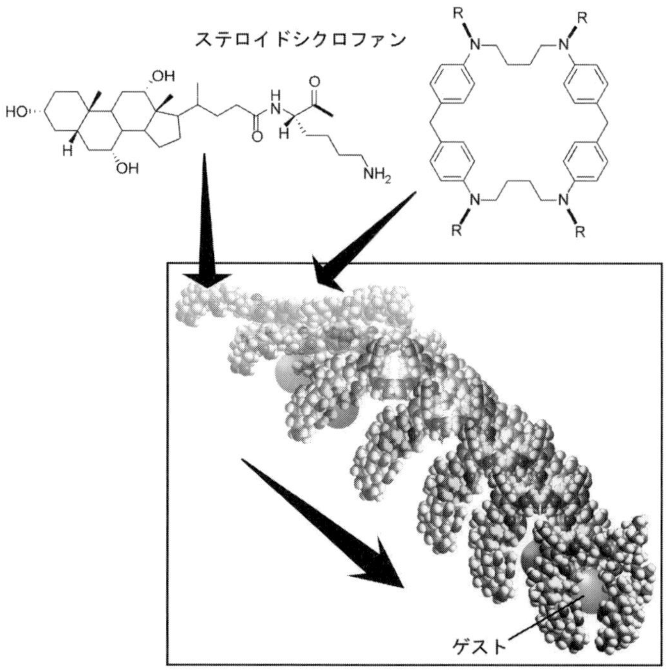

図4　圧力刺激で分子をつかむことができる分子マシン

動したゲスト分子の、捕捉と解放に基づく蛍光変化が観測された。この例は、手で動かせるようなバルクの力学的刺激によって分子マシンを駆動し、ターゲット分子を掴んだり放したりできることを示している。手で分子を掴んだといえるであろう。つまり、単分子膜を目で見える大きさで動かすだけで、分子マシンを操って分子を自由につかんだり、放したりすることができたのである。

前例の分子マシンはその形が大きく変わることによって、ターゲット分子を捕捉したり開放したりという刺激応答性をみせた。次の例では、力学的刺激によってより繊細にコンフォーメーションを変えて分子認識能がチューニングできる分子レセプターを紹介する。**図5**の分子レセプターは、力学的な圧縮によってひねられかたが変わる分子レセプターである[13]。この分子レセプター(コレステロールアームドサイクレン)を単分子集合体として水面に並べ、それを力学的に圧縮していくと、単分子膜表面の不斉環境が徐々に変わっていく。すると、水相からのアミノ酸などの不斉分子の吸着挙動が単分子膜に対する力学的刺激によって変化する。バリンなどのアミノ酸の吸着選択性は、圧力によってL体とD体の好きなほうにチューニングできる。

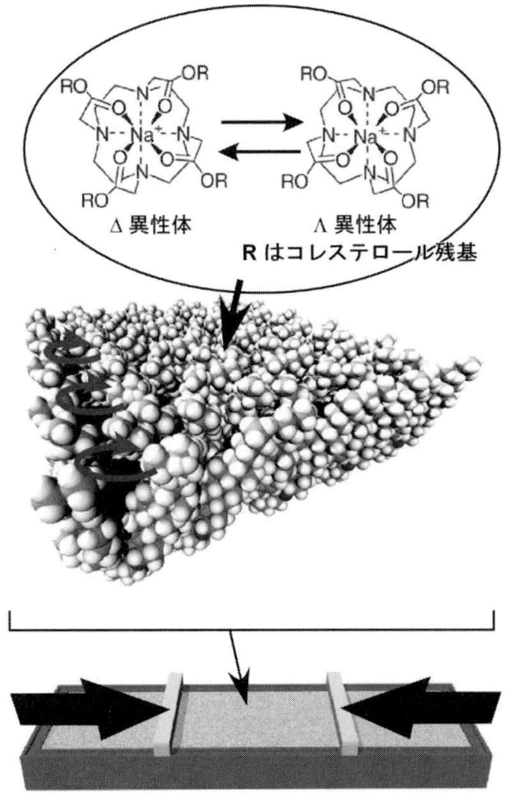

図5　マクロスコピックな圧縮で構造チューニングされる分子レセプター

分子レセプターとして、アームドシクロノナンを気-水界面に単分子膜集合体として並べ、その単分子に圧力を徐々にかけていくと、最適条件でチミンに対するウラシルの選択性は64倍にもなる[14]。これらの核酸塩基の構造の差はメチル基1つだけであり、アデニンとの水素結合対を用いて認識しているDNAやRNAはこの2つの核酸塩基を見分けられない。本系では力学的な刺激で分子レセプターの構造をチューニングすることによって、生体をも上回る分子識別機能を達成している。

これらの系は、マクロスコピックな力学的刺激で分子機能を制御するための構造設計指針を証明するための実験系である。それをもっと、実用性の高い素材に展開するためには、コンセプト・設計の材料系への展開が必要である。実用的な機能を目指すうえでは、もっと界面面積が発達した材料設計をする必要がある。分子鎖がつながり絡み合ったベルなどは、界面がインテグレートした素材とみなせるだろう。**図6**の例では、分子キャビティーであるシクロデキストリンをアルギン酸で架橋したゲルを用いたものであり、架橋構造が作る入り組んだ界面を通して、分子キャビティーに力学的なひずみを伝えることができる[15]。この分子キャビティーに薬物をあらかじめ封入したハイドロゲルに、力学的に押すなどの刺激を加えると、刺激に応

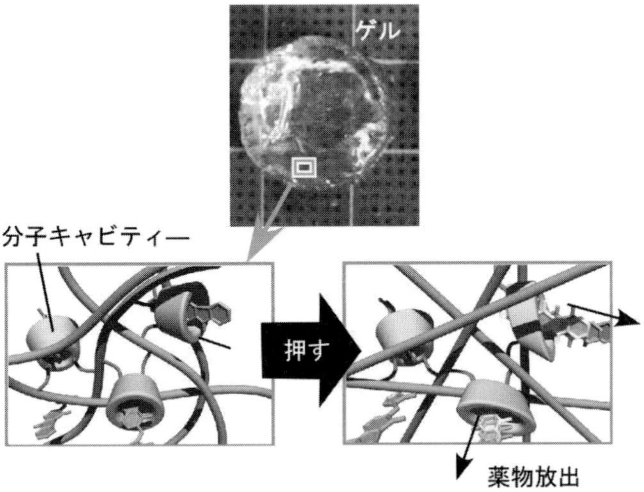

図6　ゲルに対する力学刺激による薬物の放出

じて分子キャビティーに閉じ込められていた薬物が放出される。たとえば、薬の経口投与が困難な患者が、自らの手でゲルの入った患部を押すことによって所望時に薬を摂取できるような応用も考えられるであろう。

4　まとめ

本稿では、自己集合体・分子集合体が分子とそれが集積した大きな材料の間をつなぐ構造体という観点から、大きな世界と分子の動きや機能を制御する刺激応答系について論を進めてきた。刺激によって構造を変える分子を適当な集合体として組織化することによって、外部からの刺激によって変化した分子構造を集積して大きな物体を機能させることができる。逆に、動的界面などの環境で分子マシンや分子レセプターを集積させれば、日常の手の動きのようなマクロスコピックな力学的動作・刺激で、分子レベルのマシンの駆動や分子レセプターのチューニングが可能になる。いずれも、集合構造中の分子の配向・組織化・環境の制御が重要なカギとなっている。

謝　辞

本論文の内容は、JSPS科研費JP16H06518“配位アシンメトリ”とCREST JST JPMJCR1665の助成を受けたものです。

文　献

1) 有賀克彦、国武豊喜：岩波講座「現代化学への入門」第16巻「超分子化学への展開」岩波書店(2000).
2) 有賀克彦：岩波科学ライブラリー「賢くはたらく超分子—シャボン玉から未来のナノマシンまで」岩波書店(2005).
3) K. Ichimura：*Chem. Rev.*, **100**, 1847(2000).
4) K. Ichimura, S. K. Oh and M. Nakagawa：*Science*, **288**, 1624(2000).
5) M. Yamada, M. Kondo, J. Mamiya, Y. Yu, M. Kinoshita, C. J. Barrett, and T. Ikeda, *Angew. Chem. Int. Ed.*, **47**, 4986(2008).
6) J. Lv, Y. Liu, J. Wei, E. Chen, L. Qin and Y. Yu, *Nature*, **537**, 179(2016).
7) Y. Liu, A. H. Flood, P. A. Bonvallet, S. A. Vignon, B. H. Northrop, H.-R. Tseng, J. O. Jeppesen, T.y J. Huang, B. Brough, M. Baller, S. Magonov, S. D. Solares, W. A. Goddard, C.-M. Ho and J. F. Stoddart：*J. Am. Chem. Soc.*, **127**, 9745(2005).
8) D. Castelvecchi：*Nature*, **544**, 278(2017).
9) Y. Shirai, K. Minami, W. Nakanishi, Y. Yonamine, C. Joachim and K. Ariga：*Jpn. J. Appl. Phys.*, **55**, 1102A2(2016).

10) W.-H. Soe, Y. Shirai, C. Durand, Y. Yonamine, K. Minami, X. Bouju, M. Kolmer, K. Ariga, C. Joachim and W. Nakanishi : *ACS Nano*, **11**, 10357 (2017).
11) K. Ariga, Y. Terasaka, D. Sakai, H. Tsuji and J. Kikuchi : *J. Am. Chem. Soc.*, **122**, 7835 (2000).
12) K. Ariga, T. Nakanishi, Y. Terasaka, H. Tsuji, D. Sakai and J. Kikuchi : *Langmuir*, **21**, 976 (2005).
13) T. Michinobu, S. Shinoda, T. Nakanishi, J. P. Hill, K. Fujii, T. N. Player, H. Tsukube and K. Ariga : *J. Am. Chem. Soc.*, **128**, 14478 (2006).
14) T. Mori, K. Okamoto, H. Endo, J. P. Hill, S. Shinoda, M. Matsukura, H. Tsukube, Y. Suzuki, Y. Kanekiyo and K. Ariga : *J. Am. Chem. Soc.*, **132**, 12868 (2010).
15) H. Izawa, K. Kawakami, M. Sumita, Y. Tateyama, J. P. Hill and K. Ariga : *J. Mater. Chem. B*, **1**, 2155 (2013).

基礎編

第3章　材料設計

第1節　架橋点が自由に動ける刺激応答性高分子の合成

東京大学　伊藤 耕三

1　はじめに

高分子の共有結合による化学架橋は、1839年のチャールズ・グッドイヤーによる加硫ゴムの発見に端を発するといわれている。それまでのゴムは、物理架橋と呼ばれる高分子どうしの相互作用によって擬似架橋点を形成していたため、力を加えて材料が変形した場合にすぐに元の形に戻ることができない、高温で軟化するなどの問題点があった。これに対して、硫黄を用いて化学架橋した加硫ゴムは、外力を除くとほとんど瞬時に戻ることができる弾性(エントロピー弾性)という特性を初めて示し、タイヤへの展開を通じて、今日の高分子産業の興隆をもたらすきっかけとなったことはよく知られている。このように化学架橋は、高分子の科学と技術あるいは基礎と応用にとって、グッドイヤーの発見以来現在まで、常に重要な研究対象として多くの研究者の注目を集め続けてきた。これは、ひも状という他の物質にはない特有の形態をとる高分子にとって、物理架橋も含めた架橋構造は、もっとも基本的かつ本質的な問題として認識されているからである。

近年になって、分子の幾何学的構造に着目し、その特徴を生かした分子集合体いわゆるトポロジカル超分子が注目を集めている[1)]。具体的には、環状分子が低分子を環内部に取り込んだ包接化合物、環状分子が互いに入れ子になったカテナン、紐状分子を環状分子に通してその両端を脱けないように留めたロタキサン(環状分子が多数入るとポリロタキサン[2)]と呼ばれる)などが報告されている。軸高分子がポリエチレングリコール(PEG)、環状分子がα-シクロデキストリン(α-CD)から構成されるポリロタキサンは、水溶液中で両者を混合するだけでネックレス状の包接化合物が自発的に形成されるため、自己集合型超分子としてもよく知られている。最近我々の研究室では、このようなポリロタキサン構造を利用して、架橋点が自由に動く高分子材料(環動高分子材料)を創出し[3)]、それが従来の化学架橋あるいは物理架橋を有する高分子材料とは本質的に異なるさまざまな特性や機能を示すことを見出した[1)]。化学架橋では、グッドイヤーの発見以来、「架橋点は高分子鎖に固定していること」を前提として、理論、実験および応用が飛躍的に展開し、現在に至っている。また、化学架橋点に比べて一般に結合エネルギーの弱い物理架橋では、外部環境の変化や外力などの刺激によって、架橋点の形成・崩壊や組み換えが生じるが、これについても膨大な研究が現在も盛んに行われている。これに対して、**図1**のような環動高分子材料では、架橋点の形成・崩壊や組み換えが起こらないにもかかわらず自由に動けるという点に特徴があり、その物性も従来の化学架橋や物理架橋と大きく異なることから、「第3の架橋」ともいわれて基礎・応用の両面から多くの関心を集めている。本稿では、環動高分子材料の合成と構造、物性について、架橋に関する新しい概念とその刺激応答材料への応用という観点から解説する。

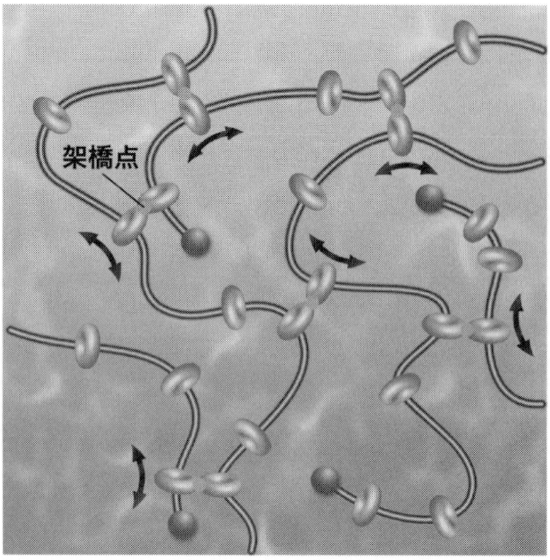

図１　環動高分子材料の模式図
※口絵参照

2　環動ゲルの合成法

環動ゲルの原料としては、軸分子にPEG、環状分子にα-CD、キャッピング分子としてアダマンタンを用いたポリロタキサンが、現在のところ収率などの点でもっとも優れており、量産化が進んでいる。環動高分子材料の特性を発揮させるためにはCD環が長い距離を動ける方がよいので、軸分子はなるべく長く、また包接するCDの数は比較的少ない方が好ましい。一例として分子量35,000程度のPEGを軸とし、90～100個のCDを包接した試料[4]などがよく用いられるが、ほかにもさまざまな合成例が報告されている。また、ポリロタキサン中のCDの数の制御もある程度可能であり、ポリロタキサンおよび環動高分子材料の構造や物性は、CDの包接率によって大きく変化することがわかっている。

このようにして得られたPEG/CDのポリロタキサンはCD間の強い分子内・分子間水素結合のため、水や大半の有機溶媒には溶解しない。ポリロタキサンの良溶媒としてはこれまでに、DMSO、NaOH水溶液、Li塩を含むDMAcやDMF、環状アミンオキシド、$Ca(SCN)_2$水溶液、イオン液体などの特殊な溶媒が報告されている[5]。このポリロタキサンの溶解性の問題は、CDの修飾によって劇的に改善され、ポリロタキサン誘導体では水やアセトン、トルエン、クロロホルム、酢酸ブチルなどへの溶解も可能である（難溶性であるセルロースが修飾によって有機溶媒や水に可溶になるのと同様）。ポリロタキサンの架橋には、未修飾の場合には水酸基どうしの架橋剤、誘導体の場合にはそれ以外の架橋剤やあるいは光なども利用できる。一方、環動高分子材料の軸高分子としては、PEG以外のさまざまな高分子が利用可能である。実際に我々は、軸高分子にポリシロキサンあるいはポリブタジエンとγ-CDを用いた環動高分子材料や、PEGとPPGのブロックコポリマーとβ-CDを用いた環動高分子材料の合成に成功している[6]。

3　滑車効果

図2に化学ゲルと環動ゲルを伸長させたときの比較の図を示す。化学ゲルでは高分子溶液のゲル化に伴って、動かない化学架橋点により本来1本だった高分子が、力学的には別々で長さが異なる高分子に分割されている。そのため、外部からの張力がもっとも短い高分子に集中してしまい順々に切断されるため、高分子の潜在的強度を生かすことなく容易に破断する。一方、環動ゲルに含まれる線状高分子は架橋点を大量に導入しても架橋点を自由に通り抜けることができるため、力学的には高分子は1本のままとして振る舞うことができる。この協調効果は1本の高分子内にとどまらず、架橋点を介して繋がっている隣り合った高分子同士でも有効なため、ゲル全体の構造および応力の不均一を分散し、高分子の潜在的強度を最大限に発揮

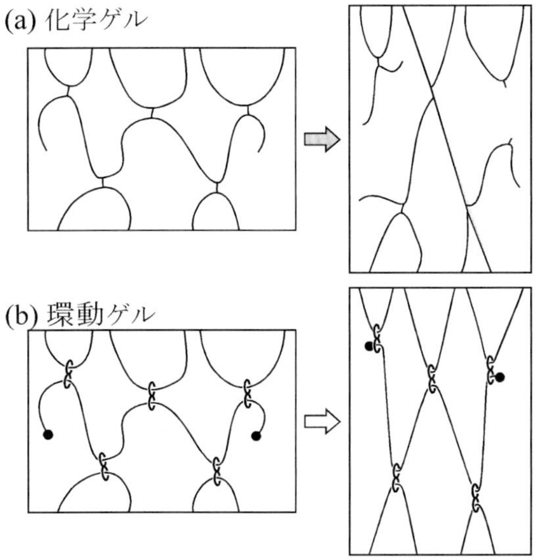

図2　化学ゲルと環動ゲルの比較。架橋点が自由に動く化学ゲルでは、張力が分散することで強靭性が発現する。

することが可能だと考えられる。架橋点が滑車のように振る舞っていることから、この協調効果を「滑車効果」(Pulley effect)と名づけた[3]。この効果は、線状高分子の長さを有効に利用して、最高24,000倍にも及ぶ大幅な体積変化や24倍にも及ぶ優れた伸長性などを生み出しているだけでなく、環動ゲルが従来の物理ゲルや化学ゲルとは大きく異なる応力-伸長曲線や小角・X線中性子散乱パターンを示す主な理由になっている。

4　環動ゲルの力学物性

もし架橋点が本当に自由に動き、高分子が架橋点を十分に速く通り抜けることができると、外力がかかっても高分子の形態は常に等方的になってしまうので、いわゆる高分子の形態変化に基づくエントロピー弾性が発生しないことになる。実際に、環動高分子材料のヤング率は架橋密度に比例せず、通常の架橋が固定された高分子材料いわゆるゴムに比べてはるかに小さいことが知られている。それでは、環動高分子材料のヤング率は何によって決まっているのであろうか。

図3は、環動高分子を横に伸長したときの模式図である。高分子が環状架橋点を自由に通り抜けることができるのに対して、架橋点間に存在する架橋されていない自由な環状分子は架橋点を通り抜けることができない。その結果、自由な環状分子の分布が不均一になってエントロピーが減少する。これが、環動高分子における新たなエントロピー弾性を生み出すことになる。これを、従来の高分子の形態エントロピーの減少に基づくエントロピー弾性、すなわちゴム弾性と区別してスライディング弾性と呼んでいる[7]。

最近の中性子スピンエコーの測定結果によれば、自由な環状分子のスライディング運動(スライディングモード)は、高分子セグメントのミクロブラウン運動に比べ一般に遅いことがわかっている。すると、環動高分子材料のダイナミクスは以下のようになることが予想される。すなわち、低温・高周波では高分子のミクロブラウン運動と環状分子のスライディング運動はともに凍結しており、ガラス状態を示す。温度の上昇あるいは周波数の低下に伴い、先に動き

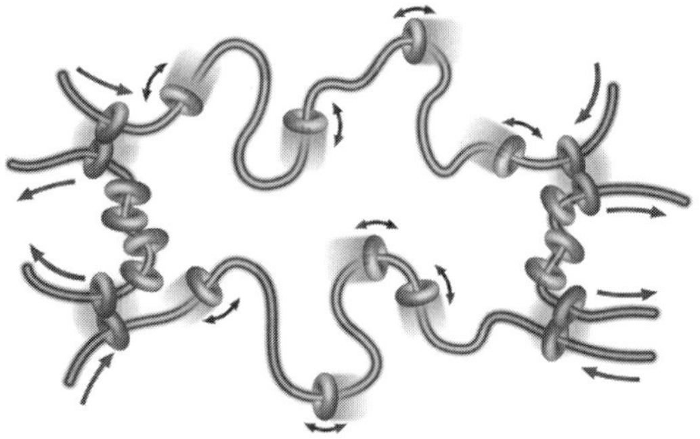

図3　環動高分子では、架橋点を軸分子がスライドする滑車効果により、自由な環状分子の配置エントロピーが変化し、新しいエントロピー弾性が発生する。

出すのは高分子のミクロブラウン運動であり、ガラス転移を経ていわゆるゴム弾性が現れる(ゴム状態)。このとき環状分子のスライディング運動はまだ凍結したままであり、高分子は架橋点をすり抜けることができない。すなわち、通常のゴムや化学ゲルと同様に、架橋点は固定された状態にある。さらに温度が上がるか周波数が下がると、今度は環状分子が動き出すとともに、高分子が架橋点を自由にすり抜けるようになり、ゴム弾性が消失して、スライディング運動によるスライディング弾性が現れる(スライディング状態)。このようにゴム弾性からスライディング弾性に変化することを、スライディング転移と呼ぶことにする。スライディング転移やスライディング状態の存在は、滑車効果と並んで環動高分子材料のもっとも重要な特徴であると考えている。

最近我々は、実際にいくつかの軸高分子の異なる環動高分子材料でスライディング転移の観測に成功している。また、簡単な理論モデルに基づいてスライディング弾性を計算して求めたところ、弾性率は、環状分子の包接率に比例するとともに、架橋密度の1/3乗に比例するという結果が得られた[8)]。もし包接率が高く、スライディング弾性がゴム弾性より大きい場合には、スライディング領域にあったとしても通常のゴムと同様に高分子の形態が変形し、スライディング弾性はみえなくなるはずである。実際に、そのような実験結果も得られている。

5 環動ゲルの構造

ゲルのナノスケールでの構造や不均一性を調べるのに中性子散乱はよく使われる有効な手段である。通常の化学ゲルを一軸方向に延伸しながら小角中性子散乱パターンを測定すると、延伸方向に伸びたパターンが観測される。これをアブノーマルバタフライパターンと呼んでいる。延伸によってその方向に高分子鎖が配向すると、延伸と垂直方向に引き伸ばされたパターン(ノーマルバタフライパターン)がみられるはずであり、実際に高分子溶液やフィルムではそのようなパターンが観測されている。これに対し、ゲル中には固定した架橋点分布の不均一性が存在するため、高分子鎖の配向よりもむしろ凍結した揺らぎの影響の方が大きくなるために、アブノーマルバタフライパターンが生じるものと考えられている。しかも、延伸に伴い不均一性が増大するため、散乱強度も増加するという傾向が一般的である。

一方、環動ゲルでは、**図4**に示すように、ゲルとして初めてノーマルバタフライパターンが観測された[9)]。これは、環動ゲルの架橋点が自由に動くために、ゲル内部の不均一な構造・

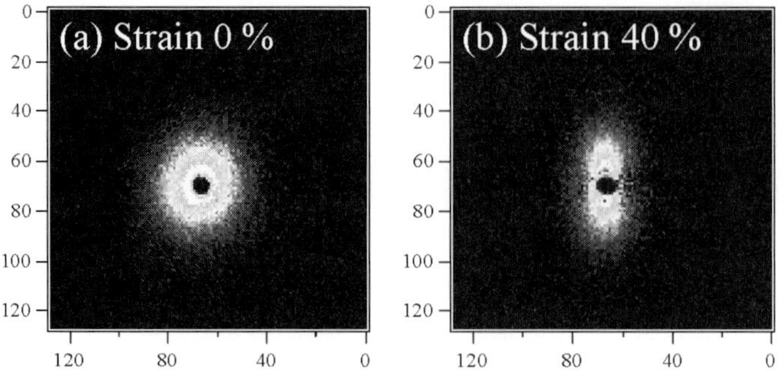

図4　環動ゲルの中性子小角散乱パターン(左：伸長前、右：伸長後)。伸長方向(横方向)に垂直に散乱が強くなるノーマルバタフライパターンを示す。

ひずみが緩和された結果であると考えている。また、延伸に伴い散乱強度の減少がみられた。以上の結果は、可動な架橋点をもつ環動ゲルが、架橋点が固定された通常の化学ゲルと大きく異なる特性をもつということを顕著に示している。すなわち、環動ゲルと化学ゲルの架橋点におけるナノスケールの構造の違いが、マクロな物性に大きな影響を及ぼしていることを示している。

6　刺激応答性環動高分子

外部環境の変化に応じて可逆的に物性を変化させることのできる高分子材料は、基礎と応用の両見地から強く関心がもたれている。もし環動ゲルの滑車効果が外部刺激によって自由自在に制御できれば、ゲルの力学特性が外部刺激によって劇的に変化し、柔らかくよく伸びるゲルが、突然硬く伸びなくなる、あるいはその逆が起こりうる。

我々は、アルキル基等で化学修飾したポリロタキサンを用いて環動ゲルを作成したところ、低温領域で透明で柔らかく膨潤した環動ゲルが温度上昇に伴い、転移的かつ可逆的に白濁し硬く収縮したゲルに変化することを明らかにした[10)11)]。また、8の字架橋点が電荷をもったイオン性環動ゲルでは、イオン環境の変化によって同様の現象が観察されている。放射光を用いた小角X線散乱測定や小角中性子散乱測定から、この現象は、架橋点の凝集が起こり滑車効果が抑制されたためであることが明らかになった[12)13)]。このとき、応力伸長特性がJ字型からS字型に大きく変化することが報告されている。すなわち、環動ゲル独特の自由度であるナノスケールの環状分子(滑車)の運動性を外部刺激を用いて制御することが可能であり、これによりマクロな力学物性が実際に大きく変化することがわかる。

この温度応答性環動ゲルで、温度上昇に伴う凝集力を制御すると、体温付近(37℃)で数十秒の間に熱可逆的な転移を示す環動ゲルが作成できる。すなわち、室温において透明で膨潤している環動ゲルが、皮膚に当てるとすぐに白濁と収縮を示すことになる。これまでの同様の温度応答性ゲル材料に比べ、環動ゲルでは白濁から透明状態へ戻るのがきわめて速いことが特徴である。これは、環動ゲルの場合には動く架橋点の凝集により転移が起こるという分子的機構の違いによるものと考えている。このような新規機能性ゲル材料は、医療への応用展開が期待される。

また環動ゲルの圧力下における溶媒透過特性を測定したところ、**図5**のような著しい非線形特性が観測された[14)]。通常の化学ゲルでは、溶媒の透過速度は圧力に比例するのに対して、環動ゲルではオンオフ特性がみられ、しかもその閾値が架橋密度によって大きく変化している。このようなオンオフ特性がゲルの溶媒透過

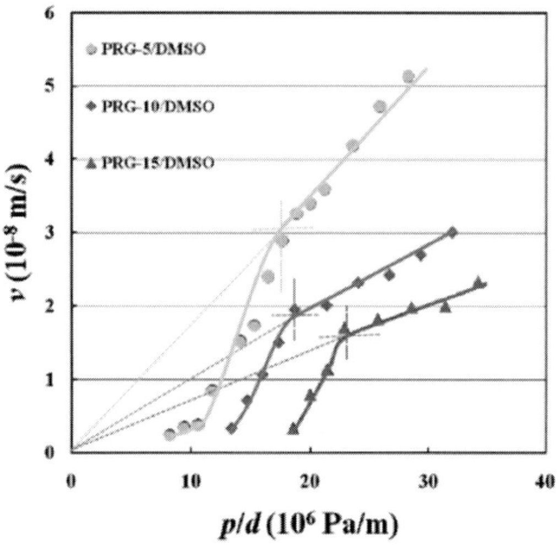

図5　さまざまな架橋密度の環動ゲル膜における溶媒透過速度の圧力依存性。通常のゲル膜とは異なり圧力に対して非線形に変化している。

特性で発見されたのは、世界で初めてである。

これは、とくに低静水圧領域で溶媒の透過が著しく妨げられているということが異常である。通常のゲル膜は架橋に不均一性があり、架橋密度の低い部分を常に溶媒が透過することで溶媒透過特性が線形になっている。これに対し、低静水圧下の環動ゲルでは、前述したような環状分子や軸高分子のスライディング運動が常に材料の均一性を保とうとするために、溶媒の透過性が著しく妨げられている。ところが圧力がある閾値を超えると、環状分子や軸高分子のスライディング運動によって均一系から不均一系に転移が起こり、通常ゲル膜と同じ特性に変化したと解釈している。本実験結果は、環動エラストマーが示すきわめて高い透明性や低い永久歪とも密接に関係している。以上のように環動高分子は、従来の架橋高分子材料と本質的に異なる特性を示すことが明らかになった。

7 環動ゲルの応用

以上のように、環動ゲルは滑車効果により、従来の架橋点が固定された高分子材料とは異なる力学特性を示す。このような特徴は、程度の差はあるものの、ゲルだけに限らず液体を含まない環動高分子材料全般に及ぶことが明らかになっている。前述したように、環動高分子の特徴的な力学特性は、バイオマテリアルへの応用という点で高い優位性を示す。とくに、ポリエチレングリコールとシクロデキストリンからなる環動ゲルは生体に対する安全性・適合性が高いので、生体適合材料・医療材料分野への応用が期待されている[1)]。また、環動高分子の力学特性は、繊維、塗料、接着などに利用した場合にも有効であることから、2005年3月に本技術の実用化を促進するためのベンチャー企業「アドバンスト・ソフトマテリアルズ株式会社」が設立され、事業展開が急速に進行中である。ちなみに本技術については、物質に限定されない基本特許が日米中欧で成立している。

環動高分子材料が示すさまざまな物性のなかには、我々の予想を超えるもの、まだ十分に説明できていないものも少なくない。今後、環動高分子材料の応用展開が急速に進むなかで、基礎的にも高分子科学におけるこの新規分野をさらに発展させていきたいと考えている。

文　献

1) K. Mayumi, K. Ito and K. Kato：Polyrotaxane and Slide-Ring Materials, Royal Society of Chemistry (2015).
2) A. Harada, J. Li and M. Kamachi：*Nature*, **356**, 325 (1992).
3) Y. Okumura and K. Ito：*Adv. Mater.*, **13**, 485 (2001).
4) J. Araki, C. Zhao and K. Ito：*Macromolecules*, **38**, 7524 (2005).
5) J. Araki and K. Ito：*Soft Matter*, **3**, 1456 (2007).
6) K. Kato, H. Komatsu and K. Ito：*Macromolecules*, **43**, 8799 (2010).
7) K. Ito：*Poly. J.*, **44**, 38 (2011).
8) K. Kato and K. Ito：*Soft Matter*, **7**, 8737 (2011).
9) T. Karino, Y. Okumura, C. Zhao, T. Kataoka, K. Ito and M. Shibayama：*Macromolecules*, **38**, 6161 (2005).
10) M. Kidowaki, C. Zhao, T. Kataoka and K. Ito：*Chem. Commun.*, 4102 (2006).
11) T. Kataoka, M. Kidowak, C. Zhao, H. Minamikawa, T. Shimizu and K. Ito：*J.Phys. Chem., B*, **110**, 24377 (2006).
12) Y. Shinohara, K. Kayashima, Y. Okumura, C. Zhao, K. Ito and Y. Amemiya：*Macromolecules*, **39**, 7386 (2006).
13) T. Karino, Y. Okumura, C. Zhao, M. Kidowaki, T. Kataoka, K. Ito and M. Shibayama：*Macromolecules*, **39**, 9435-9441 (2006).
14) C. Katsuno, A. Konda, K. Urayama, T. Takigawa, M. Kidowaki and K. Ito：*Adv. Materi.*, **25**, 4636 (2013).

基礎編

第3章　材料設計

第2節　温度応答性ナノコンポジットゲルの合成および構造と特性

日本大学　原口 和敏

1　はじめに

高分子ヒドロゲルは、高分子鎖のつくる三次元ネットワークのなかに多量の水を安定して保持したもので、他の固体材料にみられないソフトでウェットな性質を有する。とくに、温度応答性高分子(例：ポリ*N*-イソプロピルアクリルアミド：PNIPA)(**表1**)を用いて得られる温度応答性ヒドロゲルは、特異的な機能材料として学術および実用の両面から広範囲な研究がなされている。たとえば、ヒドロゲルの光透過率、体積(膨潤 / 収縮)、溶質吸着、表面(親 / 疎水性)が転移温度を境に大きくかつ可逆的に変化することから、それらの機構解明、共重合やブロック・グラフトポリマーとしての分子設計、実用化検討(機能性膜、細胞培養基材、DDS材料)などが広く進められてきた。

高分子ヒドロゲルのもっとも簡便な合成法の1つは、水溶性モノマーに二官能の有機架橋剤(Organic cross-linker)を含ませて重合させることや高分子水溶液に放射線を照射することにより、化学架橋(共有結合)からなる高分子ネットワークを形成させる方法である。しかし、得られる化学架橋型高分子ヒドロゲル(以後、ORゲルと略す)は、多数の架橋点がランダムに導入されたネットワーク構造(**図1**(a)(i))を有するため、力学的にきわめて弱くて脆い(図1(b))。さらに、架橋剤濃度が高くなると架橋点分布が不均一になり不透明となる(図1(c))。また、多数の架橋点により高分子鎖の有する温度応答性などの機能が制限されるといった多くの課題(欠点)を有していた。ここで、高分子ヒドロゲルの90%以上を占める水成分は伸長変形において力を担うことはなく、また、ナノ粒子やナノ繊維を分散・複合化させても化学架橋ネットワークの力学的脆弱性を改良させることはほとんどできない。すなわち、ゲル力学物性の革新、すなわち、伸長に伴う大きな破断伸びや応力の発生(すなわち、高伸長、高強度の発現)を可能とするには、また、温度応答性などの特性を大きく向上させるには、高分子ヒドロゲルのネットワークそのものを変える必要があった。

2000年以降、新しい高分子ネットワーク構

表1　モノマーの化学構造

Monomer	*N*-Isopropyl acrylamide	*N,N*-Diethyl acrylamide	*N,N*-Dimethyl acrylamide	Acrylamide	Acryloyl morpholine	Acryl acid	2-Methoxyethyl acrylate
	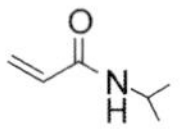	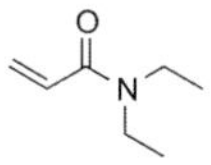	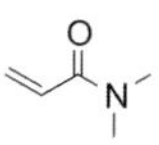	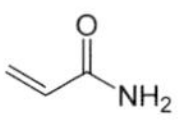	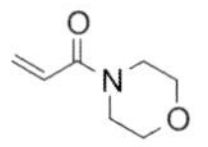	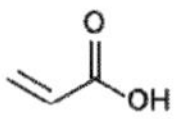	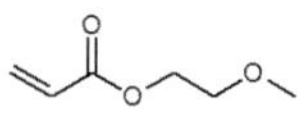
Abbreviation	NIPA	DEAA	DMAA	AA	ACMO	AAc	MEA

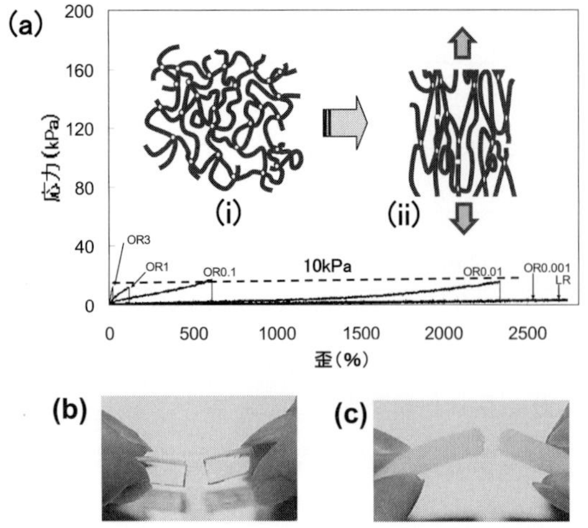

図1　(a)化学架橋型ヒドロゲル(ORゲル)のネットワーク構造と応力-歪曲線の架橋剤濃度による変化。(OR*n'*ゲル：*n'*＝架橋剤濃度(モル%))。(b)、(c)ORゲルの脆弱性。

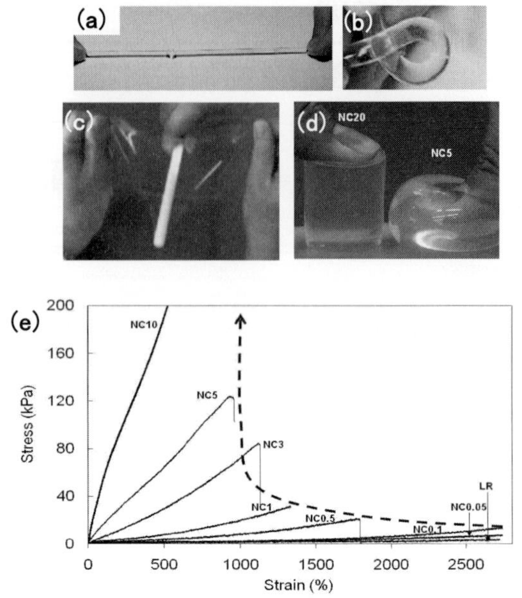

図2　(a)～(d)紐結び延伸、曲げ、押し込み、圧縮変形に対するNCゲルの強靭性。(e)クレイ濃度の異なるNCゲルの応力-歪曲線(NC*n*ゲル：*n*＝クレイ濃度(モル%))。

造の形成による高伸長・高強度ヒドロゲルの創製研究が日本を中心に展開された[1]。我々は、層状剥離した無機粘土(クレイ)ナノシートを水溶性高分子の超多官能架橋剤として働かせることで、高分子ヒドロゲルの欠点を一挙に解決し、構造均一(透明)性、力学物性、膨潤/収縮(温度応答)性に優れたナノコンポジット型ヒドロゲル(NCゲル)を開発することに成功した(**図2**(a)～(d))[2)-5)]。かかるNCゲルの驚異的な力学物性およびさまざまな新機能は、その特異的なネットワーク構造(「有機(高分子)-無機(クレイ)ネットワーク構造」)に起因している。本稿では、まず、NCゲルの合成および有機-機ネットワーク構造と力学物性について解説した後、NCゲルにおける温度応答性の向上、新たな機能の発現、および新規温度応答性NCゲルの開発について紹介する。なお、本稿に関する原著論文は、とくに記載した以外は、文献6)にほとんどが記載してあるのでそれを参照されたし。

2　ナノコンポジットゲルの合成

無機粘土鉱物(クレイ)としては、水中で層状剥離可能なスメクタイト系粘土鉱物(例：モンモリロナイト、ヘクトライト)が用いられ、特に水熱合成法で得られる不純物量が少なく、結晶サイズが小さく、陽イオン交換容量(CEC)が比較的大きい「合成ヘクトライト」(例：ラポナイトXLG：$30\ \mathrm{nm}\ \phi \times 1\ \mathrm{nm}^t$、CEC＝104 meq/100 g)が有効に用いられる。NCゲルはかかる水中で均一分散したクレイナノシート(CNS)存在下にアクリルアミド誘導体を*in situ*ラジカル重合することにより合成される。具体的には、クレイ、モノマー、開始剤(または触媒)を含む水溶液を反応容器に入れ、室温または穏やかに加温して(無撹拌で)保持する簡便な方法で調製される。得られるゲルが高伸度・高強度を有するため、複雑形状やサイズの異なる反応容器を用いても取り出し・取り扱いが可能である。この結果、薄膜、シート、棒状、球状、中空チューブ、異型等の各種形状や微細な表面凹凸を有するNCゲルが容易に合成される。NCゲル合成では以下に示すいくつかの方法が目的に応じて用いられる。

(1)レドックス重合：もっとも一般的な合成法であり、水中で充分に層状剥離させたCNSの存在下に、モノマーを室温でラジカル重合させる方法。室温で重合させるために開始剤のほかに触媒(アミン)を添加する。また、反応液は、開始剤や触媒の添加前にあらかじめ氷浴で冷却しておき、添加後に室温(例：20℃)に昇温させることで、ラジカルが発生し、重合が開始する。PNIPAやPDEAA(ポリ*N,N*-ジエチルアクリルアミド)(表1)など30℃前後に転移温度(下限臨界共溶温度：Lower Critical Solution Temperature(LCST))を有する反応系では、高分子が凝集することなく均一な重合を進めるためにこの方法が必要である。

(2)熱重合：反応液を加熱することで開始反応を生じさせ、CNS存在下でのラジカル重合を進める方法。PDMAA(ポリ*N,N*-ジメチルアクリルアミド)、PAA(ポリアクリルアミド)、PACMO(ポリアクリロイルモルフォリン)(表1)など相転移を示さない高分子系でのNCゲル合成に適する。もちろん、レドックスでの室温重合も可能だが、反応時間の短縮、高収率(残モノマー低減)のためには熱重合が好ましい場合が多い。また、レドックスと熱重合を組み合わせた系も目的に応じて用いられる。

(3)懸濁重合：CNS存在下でのPNIPAのラジカル重合をモノマーおよびクレイ濃度が低い反応液を用いて行う方法。重合により、NCゲルのミクロスフェア(微粒子)が分散した温度応答性懸濁液として得られる(**図3**(a))。系のLCSTは高分子やクレイなどの成分組成を変化させることにより制御される。この重合は一般

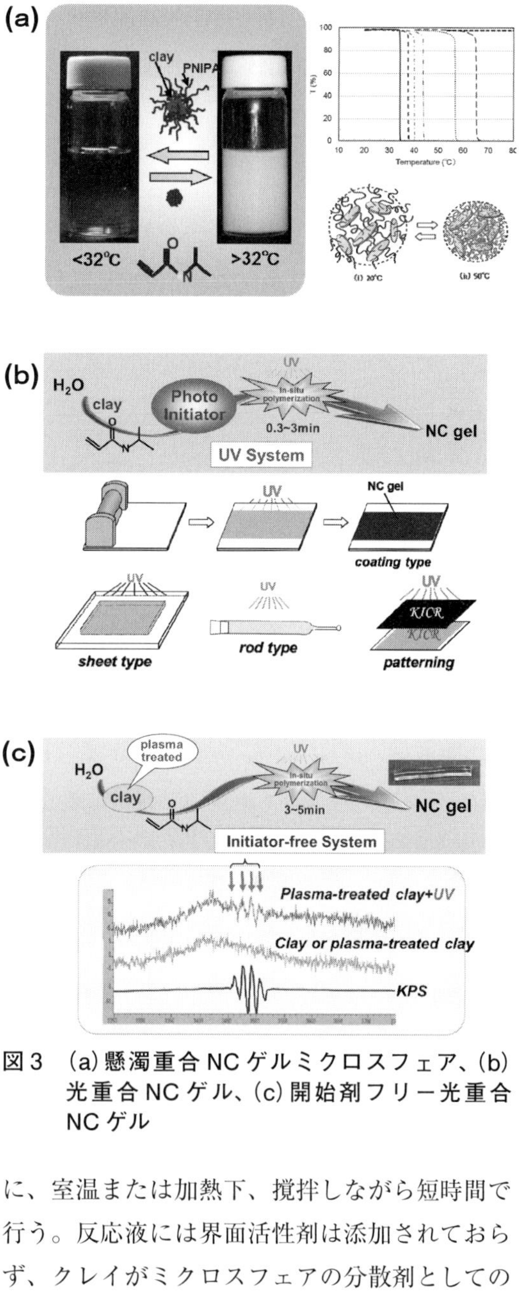

図３　(a)懸濁重合NCゲルミクロスフェア、(b)光重合NCゲル、(c)開始剤フリー光重合NCゲル

に、室温または加熱下、撹拌しながら短時間で行う。反応液には界面活性剤は添加されておらず、クレイがミクロスフェアの分散剤としての役割(ピッカリング効果)も果たす。

(4)光重合：光開始剤を用いた均一反応液に光(UV)を照射し、室温でラジカル重合を進める方法(図3(b))。反応速度が速く(数分)、また、周囲の酸素の影響を受けにくい特長を有する。通常のバルク形状のほか、超薄膜やコーティング形態のNCゲルを合成することが可能

である。温度応答性(PNIPA)や非温度応答性(PDMAA)のいずれのNCゲルにも適用可能。光重合により得られるNCゲルの力学物性は、一般のレドックス重合によるNCゲルの80～90%程度である。

(5)開始剤フリー光重合：光開始剤を用いずに、クレイとモノマーからなる水溶液に光(UV)を照射してNCゲルを合成する方法。クレイとして、プラズマ処理したクレイを用いることがポイント(図3(c))[7]。通常の光重合と同様な物性、機能のNCゲルが得られる。

(6)混合法：CNSに(クレイと)イオン性の異なる高分子を添加し、次いで、クレイ-高分子間の結合剤を高分子とともに加えることによるNCゲルの調製法[8]。あらかじめ合成した高分子を使える利点があり、どのような結合剤を用いるかがポイント。ただ、得られるNCゲルの力学物性は、*in situ*ラジカル重合で得られる(1)～(5)までのNCゲルより低い(正確な応力-歪み曲線は不明)。また、均一なNCゲルを調製できるクレイ濃度には限界があると推定される。

3　有機-無機ネットワーク構造と力学物性

NCゲルの本質は、(*in situ*ラジカル重合過程で)サンプル全体にわたって自己組織化的に均一に形成される三次元網目「有機(高分子)-無機(クレイ)ネットワーク構造」(**図4**)にある。ここで、系内に均一に分布したCNS(30 nmϕ × 1 nm厚)は高分子に対する超多官能架橋剤として働き、隣接したクレイ層間を多数のランダム高分子鎖が連結している。TEM、XRD、DSC、FTIR、GPCなどの機器分析、D_2O/H_2O比の異なるNCゲルを用いたコントラスト変調小角中性子散乱およびゴム弾性理論による応

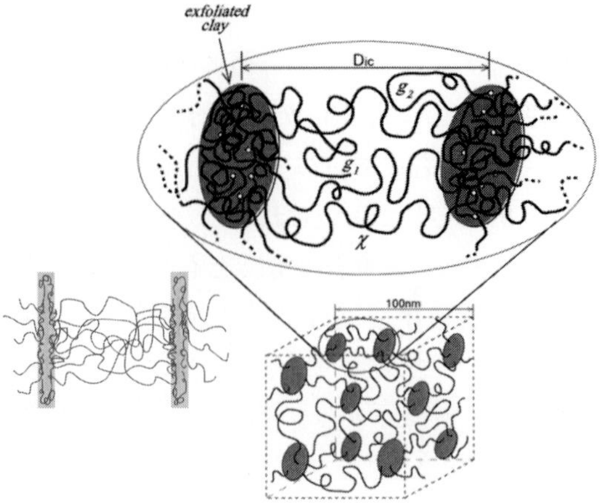

図4　NCゲルの有機(高分子)-無機(クレイ)ネットワーク構造

力-歪曲線の解析などから、クレイと高分子鎖の結合は水素結合を主体とした物理架橋であり、クレイ表面では1 nm厚みで高分子鎖が高密度に存在し、クレイ1枚当たりの高分子架橋鎖数は数十～百数十本以上(面架橋)であることが明らかとなった。また、Flory-Rehner理論による平衡膨潤試験の解析から、NCゲルの有効架橋密度は、ORゲルの約1/10～1/3であることが示された。有機-無機ネットワークは、少ない架橋密度を特異的な面架橋によって有効に生かす構造となっている。

化学架橋剤濃度およびクレイ濃度(C_{clay})を微少量から変化させた場合のPNIPAヒドロゲル(N-ORゲルおよびN-NCゲル)の応力-歪曲線変化を図1(a), 2(e)に示す。N-NCゲルではC_{clay}が増加するにつれて、N-ORゲルと同様に破断伸びは低下していくが、有機-無機ネットワークが形成される臨界クレイ濃度(約0.8 wt%：NC1)を超えると、急激に強度が立ち上がっていき、それ以後は破断伸びを一定(約1000%)に保ったまま、強度・弾性率がC_{clay}とともに増加した。このようにNCゲルでは、ネットワークの基本ユニット(図4上)が可逆的な伸縮(エントロピー弾性)を実現すると共に、

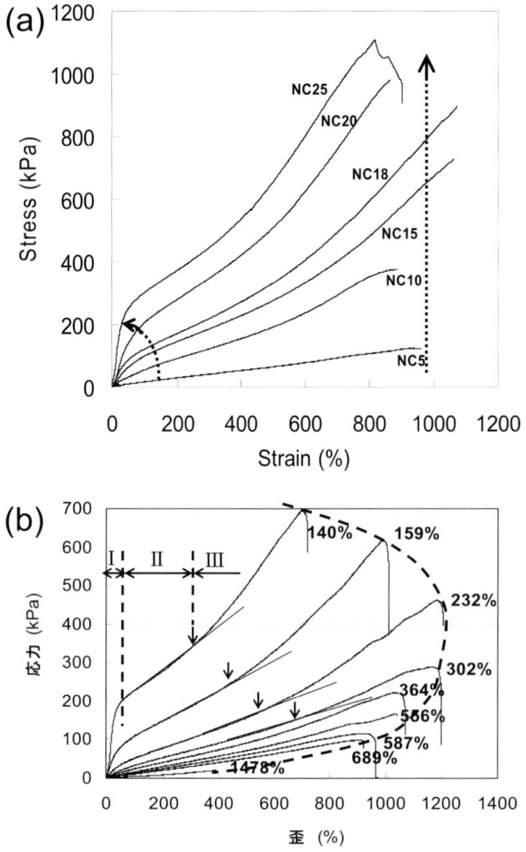

図5　(a) クレイ濃度 (*n*) の異なる NC*n* ゲルの応力-歪曲線。(b) 含水率の変化に伴う NC4 ゲルの応力-歪曲線の変化 (破損包絡線)

紐結び延伸や、曲げ、突き刺し、圧縮などの変形にも耐える力学的タフネスが得られた (図2(a)～(d))。また、NCゲルは、組成変化により飛躍的な物性拡大が可能であり、たとえばORゲルの3000倍以上の破壊エネルギーを有する高強度の硬質ゴム状NCゲルも得られる (図2(d), **図5**(a))。かかるNCゲルの驚異的な力学物性の達成には、有機-無機ネットワークを構成する高分子の特性も大きく寄与している。図4に示すネットワークからクレイ層を選択的に分解除去する手法により、高分子 (PNIPA) 鎖は自己架橋が抑制され、その分子量 (M_w) は 5.6×10^6 g/mol と非常に高く、かつ、C_{clay} によらずほぼ一定であることが明らかとなった。

一方、NCゲル中の水も、有機-無機ネットワークの柔軟性、エントロピー弾性、耐クラック性などを発現するのにきわめて重要な働きをしている。水がなくなると、NCゲルはPNIPA (ガラス転移温度 ≅ 142℃) とクレイが分子レベルで複合した透明なナノコンポジット (固体) となり、水浸漬により再び膨潤してNCゲルに可逆的に戻る。ただし、1回目乾燥の場合のみ弾性率が2～3倍に増加する[9]。一方、NCゲルを平衡まで膨潤し最大限の水を含ませた場合、ネットワーク鎖は伸張した状態となり破断伸びや強度は低下する。NCゲルの水含有率 ($R_{H2O} = W_{H2O}/W_{dry}$) を詳細に変化させた場合の応力-歪曲線変化を図5(b) に示す。NCゲルの含水率変化による破断点の軌跡 (破損包絡線) は、温度を変化させた高分子エラストマー (SBR) の場合と類似した曲線となった。このことは、合成時のランダム鎖に対して低含水状態ではより縮んだ (super-coil) 形態をとること、また、NCゲルにおける水分 (可塑化効果) がエラストマーにおける温度 (エントロピー効果) と同様な役割を担っていることを示唆している。

4　NCゲルの温度応答性と新機能

4.1　N-NCゲルの温度応答性

PNIPAは約32℃に転移温度を有するLCST型の温度応答性を示す。すなわち、水中でPNIPA鎖はコイル (< LCST)-グロビュール (> LCST) (Coil-globule) 転移を示すことから、PNIPAを構成成分とするNCゲル (N-NCゲル) はLCST以下で膨潤し、以上で白色となり収縮する。かかる温度応答性は、従来の化学架橋型N-ORゲルでも同様に観測されるが、透明性の変化、膨潤-収縮の大きさや速度、ま

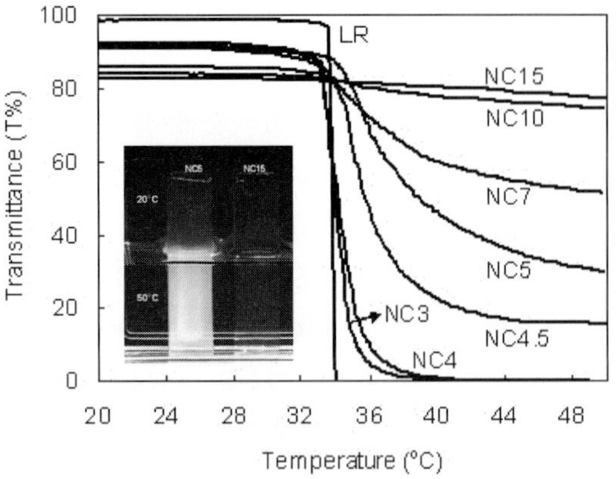

図6 N-NCゲルの温度による光透過率変化（C_{clay} 依存性）。写真は大気（20℃）と水中（50℃）でのN-NC5及びN-NC15ゲルの透明性。（数字は C_{clay}（モル%））

た、架橋密度による変化に大きな違いがある。

（1）N-NCゲルの光透過率（透明性）変化

N-NCゲルは、LCST以下（例：室温）では透明で、LCSTで光透過率が急激に低下し、均一な白色へ変化する。N-NCゲルの転移温度は、組成により大きな影響を受けないが、LCST以上での光透過率はクレイ濃度（C_{clay}）に大きく依存し、C_{clay} が高くなるほど転移後の光透過率が高くなる（**図6**）。これは、図4のネットワーク構造中、クレイと強い相互作用したPNIPA鎖は転移が束縛され、温度応答性を示さないことによる。したがって、NCゲル中の C_{clay} が増加するとクレイと相互作用したPNIPAも増加（グロビュール転移する高分子は減少）する。具体的には、C_{clay} = 10 mol%が臨界濃度で、それ以上の C_{clay} を有するN-NCゲルでは光透過率の変化が消失し、高温水中に浸漬しても透明なゲルのままである（図6写真）。この臨界 C_{clay} はクレイの充填モデル計算から得られる臨界値および光学異方性が発現しはじめる臨界値とも一致した。

以上の現象は、DSCによるコイル－グロビュール転移の熱量変化からも支持された[10)]。また、N-NCゲル中のCNSをフッ化水素酸で溶解させて得られたPNIPA水溶液の転移挙動と元のN-NCゲルの転移挙動のDSC結果比較から、転移を示すPNIPA鎖もクレイ近傍にあるものは部分的に束縛を受け、転移温度が増加していることが示された。

（2）N-NCゲルの膨潤-収縮挙動

N-ORゲルをLCST温度以上の水中に浸漬して収縮させる場合、t（収縮時間）∝ d^2（ゲルの代表長さの二乗）の関係により、マクロサイズのゲルでは収縮にきわめて長い時間がかかる。たとえば、10 μm直径のゲルが1秒で収縮するようなN-ORゲルを作ったとしても、ゲルサイズを3 cm直径とすると100日以上の時間がかかる。したがって、これまでN-ORゲルの膨潤-収縮挙動は顕微鏡で観測される微小サイズで実験されることがほとんどであった。これに対して、N-NCゲルではマクロサイズのゲルでも、きわめて早い収縮が達成された。5.5 mm直径×3 cm長さのN-NCゲルおよびN-ORゲルの50℃での収縮挙動を**図7**（a）に示す。N-ORゲルの収縮は1ヶ月以上かかるのに対し、NCゲルは（C_{clay} によるが）数分から数時間で収縮が完了する高速の収縮挙動を示す。これは、PNIPA-クレイネットワーク構造（図4）中に多くのダングリング鎖やループ鎖を含んでいるため、PNIPA鎖の転移に伴う水の系外への放出が容易となるためと考察された。

一方、異なる温度の水中に浸漬した場合のゲル体積変化（膨潤-収縮）をN-NCゲルとN-ORゲルで比較して図7（b）に示す。N-NC1、N-NC5ゲル（数字は C_{clay}）は、室温（＜LCST）で大きく膨潤し、LCST以上では大きく収縮する。とくに C_{clay} が低いほど、N-NCゲルは大きな膨潤-収縮挙動を示した。これに対して、通常用いられるN-OR1ゲルではきわめて低い膨潤-収縮を示した。これは、架橋密度がNC

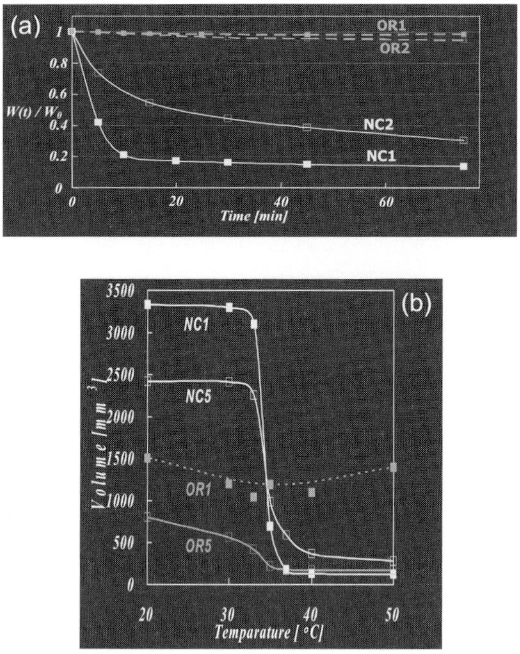

図7　(a) N-NC ゲルおよび N-OR ゲルの 50℃での収縮挙動、(b) N-NC ゲルおよび N-OR ゲルを異なる温度の水中に浸漬した場合のゲル体積変化。いずれも初期ゲルサイズは 5.5 mm 直径× 3 cm 長。また、NC の後の数字はクレイ濃度及び架橋剤濃度（モル%）。

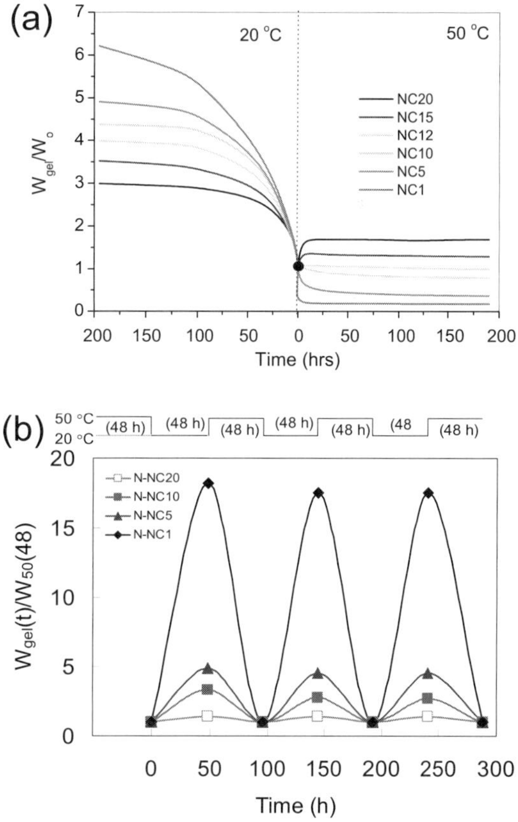

図8　(a) N-NC ゲルの膨潤（20℃）および収縮（50℃）挙動、(b) N-NC ゲルの繰り返し膨潤-収縮挙動の C_{clay} 依存性（初期ゲルサイズ：5.5 mm 直径× 3 cm 長）

ゲルと比べると大きいため LCST 以下での膨潤が押さえられ、また、LCST 以上では、表面皮膜ができるため収縮もきわめて抑制されることによる。逆に N-OR ゲルでは、架橋密度が高い不均一ゲル（室温で白濁ゲル：N-OR5 ゲル）のほうが、（不均一ネットワーク構造のため）収縮速度が速いことが観測された。

C_{clay} を大きく変化させた N-NC ゲルの膨潤（20℃）-収縮（50℃）挙動を**図 8**（a）に示す。一定以上の C_{clay} では LCST 以上の高温でも（収縮せず）膨潤するようになる。これは、過度に充填されたクレイが PNIPA の収縮を妨げ、高温でクレイ間が広がろうとする力による。繰り返し膨潤-収縮挙動の C_{clay} 依存性を図 8（b）に示す。高クレイ濃度 N-NC ゲルにおいて、温度によって体積が変化しない温度不感なゲルが得られるようになる。この平衡状態では 100 nm 立方体ゲル中に 42 枚のクレイナノシートを含んでいると解析された。

4.2　N-NC ゲルの示す新機能

N-NC ゲルは、3 項および 4.1 項で述べたように、スーパーゲルともいうべき強靱な力学物性と優れた温度応答性（膨潤-収縮挙動）、およびそれらが広範囲に制御された物性を示した。一方で、N-NC ゲルは従来の N-OR ゲルではみられないまったく新しい機能を示すことが明らかとなった。N-NC ゲルにおいて発現した代表的な新機能例を以下に示す。

（1）細胞培養と剥離

PNIPA ヒドロゲルは、細胞培養温度（37℃）

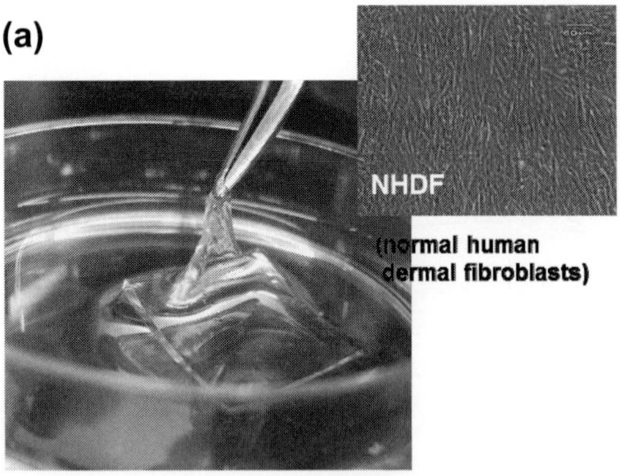

図９　(a)N-NCゲル上での細胞培養(NHDF)および温度低下による細胞シート剥離

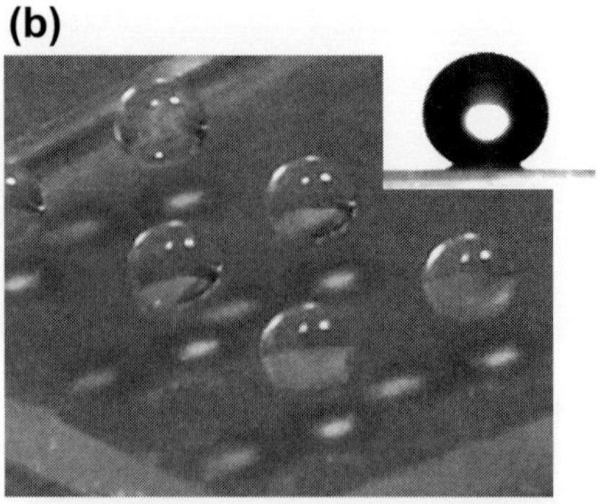

図９　(b)N-NCゲルシート上での超疎水性(高い水接触角：最大151°)

においてはCoil-globule転移のため表面が疎水性となるが、N-ORゲル(表面)では細胞は培養されない。これに対し、N-NCゲル表面では種々の細胞(例：HepG2、3T3、NHDF、HUVECなど)が接着・伸展し、良好な培養性を示すことが明らかとなった。これは、ゲル表面で疎水性PNIPAと陰イオン性CNSが均一にナノ複合化していることによると推定された。さらに、N-NCゲルでは、培養後に温度をLCST以下にして表面を親水性に変えることにより、トリプシン(酵素)処理なしで、培養細胞シートが自動的に剥離、回収された(図9(a))。かかる細胞培養・回収は、N-NCゲルフィルム上だけでなく、光重合N-NCゲルコートやN-NCゲルエマルジョンコート表面でも、また後述する新規温度応答性MD-NCゲルでも同様に行えた。さらに、細胞腫として、ティッシュエンジニアリングで重要な間葉系幹細胞(MSC)やiPS細胞の良好な培養・回収にも成功している。

(2)超疎水性

表面物性は、材料の性質を左右する最重要物性の1つであり、水接触角(θ_w)はその代表的な指標である。高分子ヒドロゲルは水を主成分とすることから、その表面は一般に低い値(≤ 40°)を示す(例：D-NCゲル(44°)、PVAゲル(36°))。しかし、N-NCゲルの表面は特異的に100°以上のきわめて高いθ_wを示すことが明らかとなった(図9(b))。この値は典型的な疎水性高分子であるポロプロピレン(85°)やポリテトラフルオロエチレン(110°)のフィルム表面より高く、N-NCゲルの含水率や成分組成を最適化することで、θ_wは最大151°が得られた。一方、N-NCゲルの表面を水で濡らしたら当然θ_w = 0°となるが、時間経過で水分が蒸発し表面自由水がなくなると、急激にθ_wが100°以上に増加することが繰り返し観測された。共焦点レーザー顕微鏡やAFMによる解析の結果、N-NCゲル表面の超疎水性はイソプロピル基が表面に高密度に配列することによると推定された。

(3)延伸による光学異方性変化

N-NCゲルでは高延伸に伴う光学異方性(複屈折)が発現する。複屈折は延伸に伴い特異的に変化(初期に正の複屈折が発現し、極大を経て負の複屈折へ変化)することが観測された(図9(c)(i))。この現象はクレイおよびPNIPA鎖の各成分の複屈折および配向挙動により説明された。また、高C_{clay}含有NCゲルの延伸においては、end viewとedge viewでの複屈折に大きな差が生じ、きわめて高いクレイの面配向が

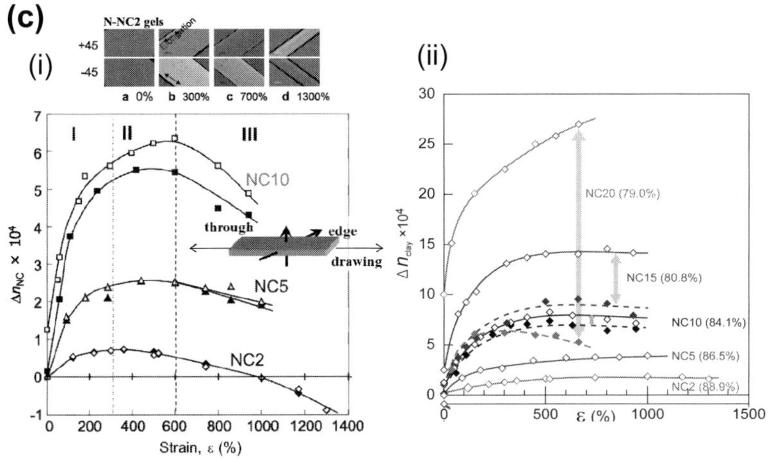

図 9　(c)(i)N-NC ゲルの延伸倍率と複屈折の関係。(ii)高クレイ含有 N-NC ゲルの延伸倍率と複屈折の関係（実線：Edge view, 破線：Through view）。

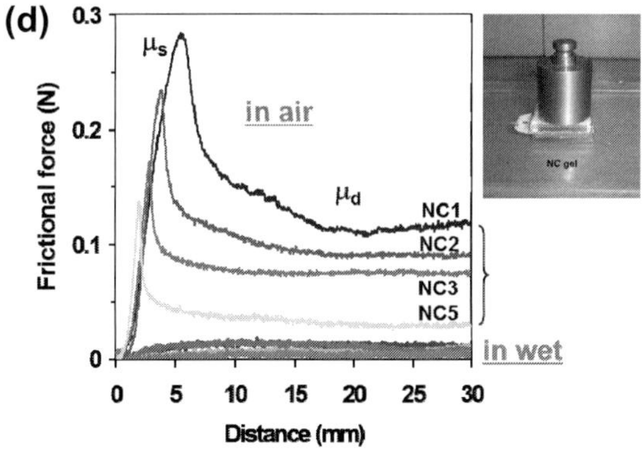

図 9　(d)N-NC ゲルシート表面での物体の滑り摩擦特性。わずかな表面自由水の存在(wet)で大きく摩擦係数が異なる。

生じることが明らかとなった(図 9(c)(ii))[11]。

(4)表面滑り摩擦特性

N-NC ゲルは大きなシートを容易に調製でき、シート上で物体を滑らせることで、ゲル表面での滑り摩擦特性が測定できる。その結果、C_{clay} や物体の荷重に依存した静摩擦力および動摩擦力が観測され、たとえば、N-NC ゲルの C_{clay} が小さいほど、または物体荷重が大きいほど大きな摩擦係数が得られた。一方、ゲル表面にほんのわずかな自由水が存在する状態では摩擦係数がきわめて低い値となり、物体がシート表面をスケートのように滑っていくのが観測された(図 9(d))。これは、N-NC ゲル表面にクレイナノシートから伸びた片末端自由なダングリング鎖やループ鎖が数多く存在するためと考察された。＜比較＞N-OR ゲルはシートを調製することが困難で、なんとか調製しても、物体を滑らせるとクラックが発生し、滑り摩擦測定はできない。

(5)Coil-globule 転移による応力発現

PNIPA 鎖の Coil-globule 転移を力として外部に取り出した報告はこれまでなかった。これは、N-OR ゲルが力学的に脆弱で引っ張り試験機に装着できないこと、およびマクロサイズの

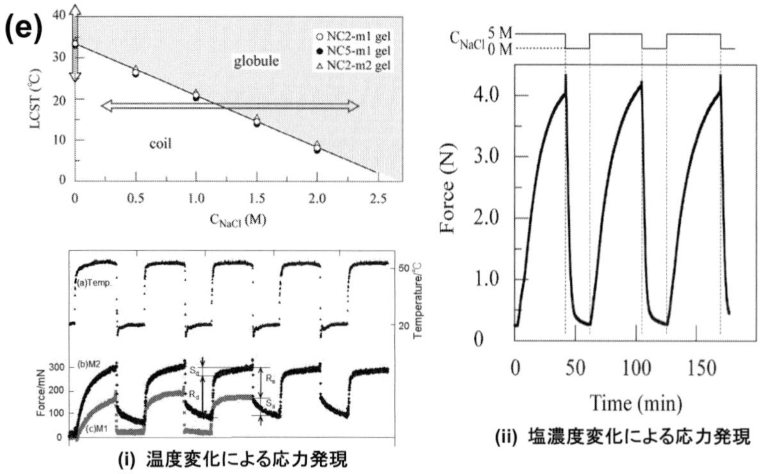

図 9 (e)PNIPA 鎖の Coil-globule 転移による N-NC ゲルの収縮応力発現。(i)温度変化による繰り返し応力発現。(ii)塩濃度変化による繰り返し応力発現。

OR ゲルでは温度変化による転移がきわめて緩慢にしか起こらないためである。N-NC ゲルは前述のように力学的にタフで、かつ、急速な Coil-globule 転移を生じるため、試験機のチャックに固定し、ゲル環境を変化させての力学試験が初めて可能となった。5.5 mm 径の N-NC ゲルを 30 mm のチャック間距離で固定して、その周囲の水温を LCST 以下(20℃)と以上(50℃)に交互に変化させた結果、図 9(e)(i)に示すように Coil-globule 転移によるゲル収縮応力(300 mN)を可逆的に検出することに成功した。

一方、Coil-globule 転移は温度だけでなく塩濃度変化でも生じ、これを利用して環境を水と NaCl 水溶液(5 M)の間で変化させた場合、最大で 4N の収縮応力が可逆的に検出された(図 9(e)(ii))[12]。これは 150 kPa に相当し、ヒトの筋肉の収縮応力と同レベルである。

(6)自己修復性と異種ゲル接合

表面または内部に生じた傷を自然に治癒する能力は生物の多くが保持しており、これを一般の材料で発現させること(自己修復)が大きな注目を浴びている。N-NC ゲルはその特異的な有機-無機ネットワーク構造のために自己修復性を有することが明らかとなった(図 9(f)(i))。すなわち、切断(傷)面を密着保持すると、切断面のダングリング鎖が相互に拡散・浸透し、それらをつなぐ結合が再生することで自己修復がおこる。自己修復による応力-歪曲線の回復を図 9(f)(ii)に示す。自己修復の速さは、保持温度に強く依存し、高温ほど浸透が加速されるため修復が早くなる。また、ゲルの成分組成によっても大きく異なる。一方、温度応答性などの性質の異なる異種 NC ゲル(例：N-NC および D-NC ゲル)の切断面を密着させることで、両者が接合し、膨潤 / 収縮性の異なる興味深い材料が得られる(図 9(f)(iii))。

(7)貴金属ナノ粒子担持

NC ゲルに用いられるクレイナノシートは穏やかな還元能を有することから、これを用いて、クレイナノシート水分散液中で(還元剤の添加なしで)貴金属イオンを還元し、クレイ-貴金属ナノ粒子複合体の安定な分散液を調製することに成功した[13]。同様にして、N-NC ゲルを白金塩水溶液に浸漬することで、N-NC ゲル内部に白金イオンを導入し、それをネットワーク

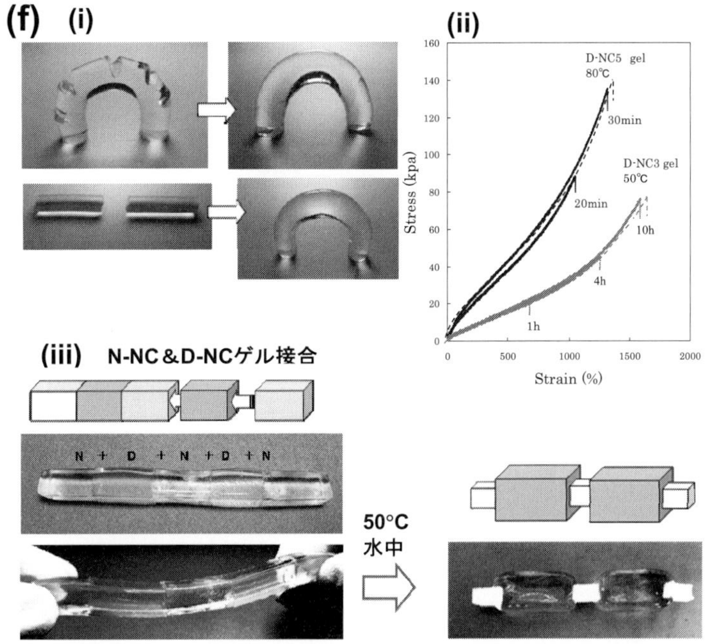

図 9　(f) (i) NC ゲルの自己修復性。(ii) NC3 ゲルおよび NC5 ゲルの 50℃および 80℃での密着保持による自己修復（応力–歪曲線の回復）。(iii) 温度応答性の異なる NC ゲルの接合後の 50℃水中での膨潤 / 収縮挙動
※口絵参照

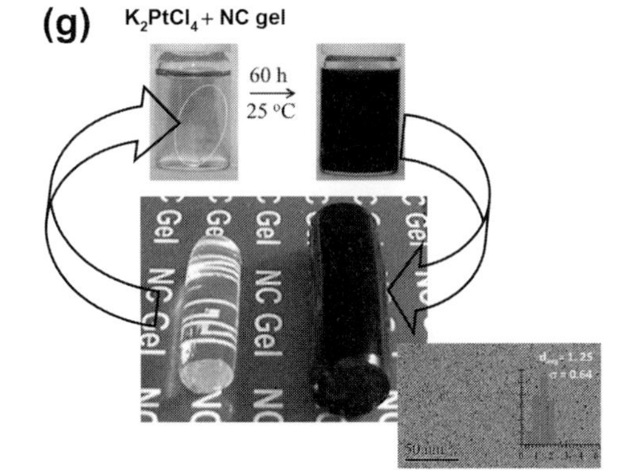

図 9　(g) クレイ還元能による Pt ナノ粒子担持 N-NC ゲル（Pt-NC ゲル）の合成

中のクレイにより室温で還元することで、きわめて小粒径（ca.1 nm）の白金ナノ粒子が有機–無機ネットワーク中に安定して担持された白金ナノ粒子担持 N-NC ゲル（Pt-NC ゲル）を得ることに成功した（図 9（g））。Pt-NC ゲルは温度応答性を示すが、水中で膨潤–収縮させても Pt ナノ粒子が放出されることはなく、ゲル内に安定して保持されている。また、Pt-NC ゲルは、有機化合物の還元反応に対する効果的な触媒として働くことが確認された。

5　新しい刺激応答性 NC ゲル

温度応答性高分子 PNIPA を構成成分とする N-NC ゲルは以上のような興味深い物性および機能を示した。本項では、新しく開発された刺激応答性 NC ゲルについて解説する。

5.1　温度 /pH 応答性 NC ゲル

N-NC ゲルを合成する際に、反応液にポリアクリル酸（PAAc：表 1）を含有させて *in situ* ラジカル重合を行うことで、PAAc を系内に均一に含むセミ IPN（相互進入網目）型有機（PNIPA）－無機（クレイ）ネットワーク構造が形成される。得られた PAAc-N-NC ゲルは均一透明で、温度と pH の両方に応答して膨潤–収縮する特性を示した（**図 10**（a））。

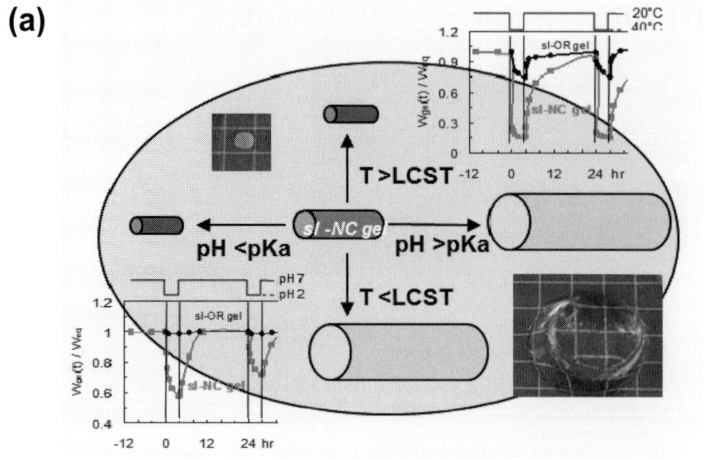

図 10　(a) 温度 /pH 応答性 NC ゲル (PAAc-IPN 型 NC ゲル)

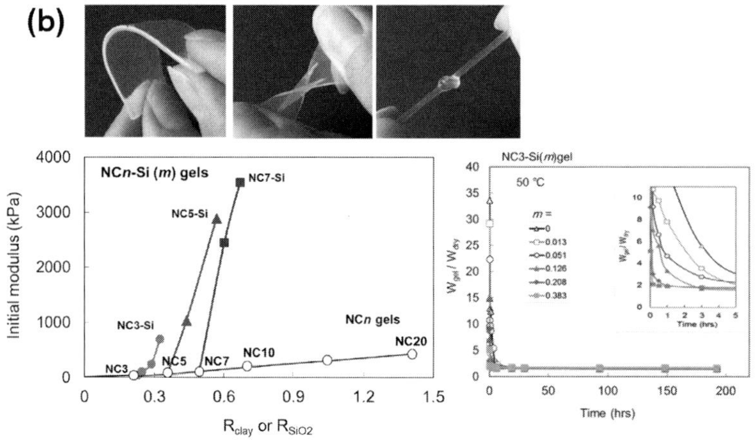

図 10　(b) (写真) PNIPA-クレイ-シリカ三成分系 NC ゲル (NC-Si ゲル)。
NC-Si ゲルの弾性率のシリカ含有率依存性およびゲル体積の温度応答変化

5.2　高強度・高弾性率を有する温度応答性 NC ゲル

N-NC ゲルのネットワーク存在下で、少量のテトラエトキシシラン (TEOS) の加水分解・重縮合反応を起こさせることで、均一透明な PNIPA-クレイ-シリカ三成分系 NC ゲル (NC-Si ゲル) が合成された。NC-Si ゲルは従来の N-NC ゲルの数十倍の弾性率や強度を有するとともに、温度応答による急速な収縮特性を示した (図 10 (b))[14]。

5.3　LCST 型新規 NC ゲル

それ自身は温度応答性を示さない疎水性分子 (2-メトキシエチルアクリレート：MEA) (表 1) と親水性分子 (DMAA) とを共重合した MD コポリマーを高分子成分とする NC ゲル (MD-NC ゲル) を合成した。その結果、一定範囲の M 比率 (10～40 モル %) において MD-NC ゲルは、温度、溶媒、pH、塩濃度の諸因子に応じて転移を示す新しい刺激応答性 NC ゲルとなることが明らかとなった (図 10 (c) (i))。温度変

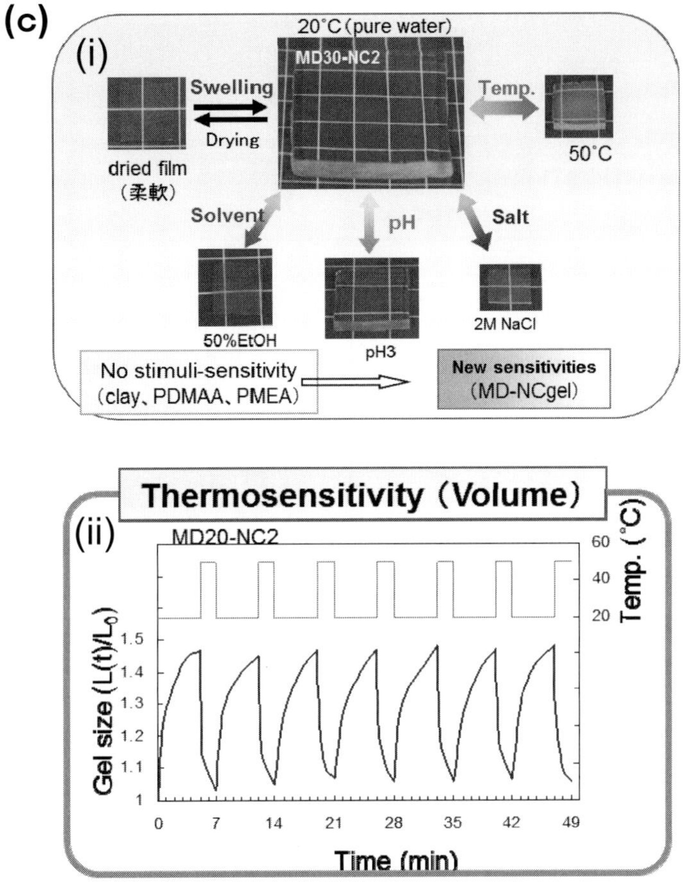

図10　(c)LCST型新規NCゲル(共重合MD-NCゲル)：
(i)各種刺激応答性、(ii)温度応答ゲルサイズ変化

化に対しては、転移温度以下(以上)で透明・膨潤(白濁・収縮)するLCST型温度応答性を示した。MD-NCゲルは、刺激応答性、優れた力学物性のほか、乾燥しても柔軟なフィルムである特長を有する。繰り返し温度変化によるゲルサイズの変化を図10(c)(ii)に示す。

5.4　UCST型新規NCゲル

1モノマー単位のなかに正負2つのイオンを同時に保持する高分子は、双性イオンポリマー(Zwitterionic polymer)と呼ばれ、バイオ用途をはじめする多くの特性から注目されている。とくにスルホン酸基(SO_3^-)とカチオン基からなるスルフォベタインポリマーは、水溶液中で上限臨界共溶温度(Upper Critical Solution Temperature：UCST)を示し、UCST以下でイオンペア形成して白濁し、UCST以上ではイオンペアが開裂して透明となる。従来、これら双性イオンポリマーの化学架橋型ヒドロゲルは他のORゲルと同様に、力学的に脆弱で、マクロサイズのゲルとして取り扱うことは困難であった。

スルフォベタインポリマーを成分とする双性イオンNCゲル(Zw-NCゲル)が、特定構造のスルフォベタインモノマーの選択および少量(10モル%)のDMAAとの共重合などにより達成された(図10(d))。Zw-NCゲルは、強靱な力学物性とUCSTを併せもち、その力学物性およびUCSTは成分組成の変更により広範囲

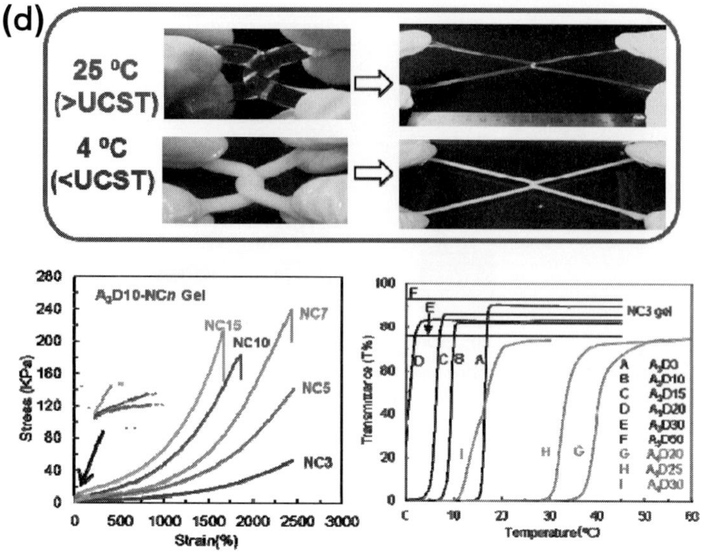

図 10　(d) UCST 型新規 NC ゲル(双性イオン NC ゲル)
力学物性制御と UCST 制御

に制御された。

6　おわりに

NC ゲルの力学物性(弾性率、強度)は、ゲルの組成を変えるだけでなく、さまざまなネットワーク変性を行うことで、より広い範囲に制御され、高(低)弾性率で高強度の NC ゲルの実現が可能となっている。また、NC ゲルの示す優れた温度応答性も発現～消失までが制御されている。一方、温度応答性 NC ゲルは、従来の化学架橋型ゲルにはみられない新しい機能を数多く発現することから、機能性ゲルとしての展開はさらに大きく広がり、NC ゲルの一層の活用が期待される。

文　献

1) 物性研究, vol. 93, No.5 "特集「ゲル研究の新展開」" (2010).
2) K. Haraguchi and T. Takehisa : *Adv. Mater.*, **14**, 1120 (2002).
3) K. Haraguchi, T. Takehisa and S. Fan : *Macromolecules*, **35**, 10162 (2002).
4) K. Haraguchi, R. Farnworth, A. Ohbayashi and T. Takehisa : *Macromolecules*, **36**, 5732 (2003).
5) K. Haraguchi and H-J. Li : *Angew. Chem. Int. Ed.*, **44**, 6500 (2005).
6) K. Haraguchi : *Adv. Polym. Sci.*, **267**, 187 (2015).
7) K. Haraguchi, T. Takada and R. Haraguchi : *ACS Appl. Nano Mater.*, **1**, 418 (2018).
8) Q. Wang, J. Mynar, M. Yoshida, E. Lee, M. Lee, K. Okuro, K. Kinbara and T. Aida : *Nature*, **463**, 339 (2010).
9) K. Haraguchi, H-J. Li, H-Y. Ren and M. Zhu : *Macromolecules*, **43**, 9848 (2010).
10) K Haraguchi and Y. Xu : *Colloid Polym. Sci.*, **290**, 1627 (2012).
11) K. Haraguchi, K. Murata and Y. Kimura : *Polymer*, **116**, 439 (2017).
12) K. Haraguchi, Y. Kimura and S. Shimizu : *Soft Matter*, **14**, 927 (2018).
13) D. Varade and K. Haraguchi : *Langmuir*, **29**, 1977 (2013).
14) H-J. Li, J. Jiang and K. Haraguchi : *Macromolecules*, **51**, 529 (2018).

基礎編

第3章　材料設計

第3節　犠牲結合が拓く高強度・高靭性ゲルの新設計

北海道大学　高橋 陸/龔 剣萍

1　犠牲結合による高靭性化原理

ソフト＆ウェットな材料であるハイドロゲルは、生体親和性、極低摩擦性など、ハード＆ドライな固体材料にはないユニークな機能をもつ大変魅力的な材料である。しかし、一般的なゲルは脆くて壊れやすいものであり、その応用先はきわめて限られていた。ところが2000年以降さまざまな高強度ゲルが国内の数グループによって創製されたことを機に、世界的に「高強度ゲルの研究」という大ブームが起こっている。

一般にゲルの脆さは、その不均一な網目構造と高い含溶媒率に由来する。前者は破壊時に局所的な応力集中を引き起こし、亀裂発生を促進する。後者は内部粘性を弱め、亀裂成長に対する抵抗を低くする。これまでの高強度ゲルは破壊機構という視点から、以下のように分類できる。

① 架橋構造の均一化によって、亀裂の発生を抑える。伊藤らのSlide Ringゲル[1]と酒井、柴山らのTetra-PEGゲル[2]はこの機構による。

② 応力降伏によって、亀裂成長を止める。原口らのナノコンポジットゲル[3]と筆者らのダブルネットワーク(DN)ゲル[4]はこの機構による。これらのゲルの特徴はその異常に高い破壊エネルギー（＝靭性）である。たとえば、90 wt％の水を含むDNゲルの破壊エネルギーは最大4500 J/m^{2}にも達する[5]。これは単独のゲルの数千倍もの値であり、工業用ゴムに匹敵する。このDNゲルの高い破壊エネルギーは、高分子網目系の破壊エネルギーに関する標準理論(Lake-Thomas理論)や従来のソフトマテリアルの粘弾性効果による破壊エネルギー増大理論では説明できない。

DNゲルの異常に高い靭性は、犠牲結合によってもたらされると考えられている[6)7)]。硬くて脆い電解質網目と柔らかくて伸びる中性網目で構成されているDNゲルは、破壊時に亀裂周辺に存在する脆い電解質網目が広範囲にわたって先に壊れる(降伏する)ため、亀裂周辺の応力は常に分散される。この仕組みによって、亀裂が生じてもその伝播が起こらず、ゲル全体が壊れずに強靭になる(**図1**)。このとき、電解質網目の脆さは、ゲル全体を破壊しないための犠牲結合と呼ぶことができる。この「犠牲結合による効果」は、骨の高靭性に対して提案されているメカニズムと類似し[8)]、「犠牲結合による高靭性化原理」が生体物質を含む高靭性物質に潜む共通原理であることを最近解明しつつある。

2　種々の犠牲結合による高靭性ゲルの創製

この「犠牲結合による高靭性化原理」が、他の高靭性ゲル材料を設計するうえでも通用する普遍性をもっている[7)]。すなわち、脆い電解質網目に限らず、他の壊れやすい構造を犠牲結合として意図的にゲルに導入することによって、ゲルに降伏を引き起こし、靭性を高めることができる。筆者らのグループはさまざまな可逆・不可逆な犠牲結合をデザインし、多様な高強

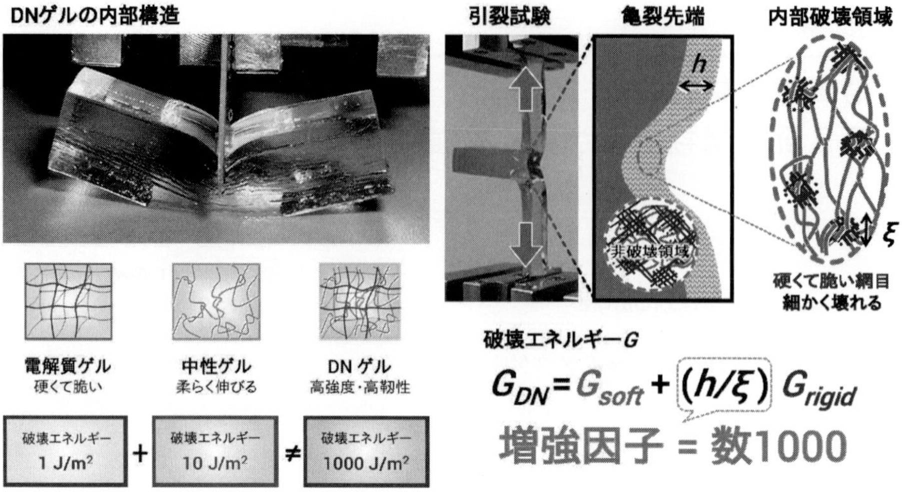

図1　DN ゲルの構造(左)とその高靭性挙動(右)[7]。DN ゲルの脆い網目が犠牲結合として効率的に破壊されることで、亀裂伝播の抵抗が数千倍に増大し、ゲル全体が強靭化する
[7]-Reproduced by permission of The Royal Society of Chemistry

度・高靭性ゲルの創製に成功している[9)-17)]。とくに物理結合を可逆的な犠牲結合として導入したゲルは、高強度・高靭性のほかに、繰り返し試験に対する耐疲労性、自己修復性、高衝撃吸収性などを示す。さらに、従来のアモルファスゲルに一次元配向の二分膜層構造を導入し、構造色、膨潤異方性、力学異方性などの機能を併せもつ高靱性ゲルの創製にも成功している。最近では犠牲結合原理をマクロスケールの複合材料にも拡張し、金属を凌駕する強靭性を有する繊維強化ゲルを開発している。本節ではゲルの犠牲結合による高靭性原理を説明するとともに、これらの新規多機能ゲルを紹介する。

2.1　共有結合による不可逆な犠牲結合

2.1.1　中性網目による犠牲結合

高靭性を示すDNゲルは、硬くて脆い電解質網目の檻に柔らかい中性網目が高密度に詰め込まれているという対照的な二重網目構造を取っている。筆者らは、柔軟な中性の網目を剛直化させることによって、電解質網目と同じくその共有結合が犠牲結合として機能できることを証明している[11)]。柔軟な中性網目を剛直化さ

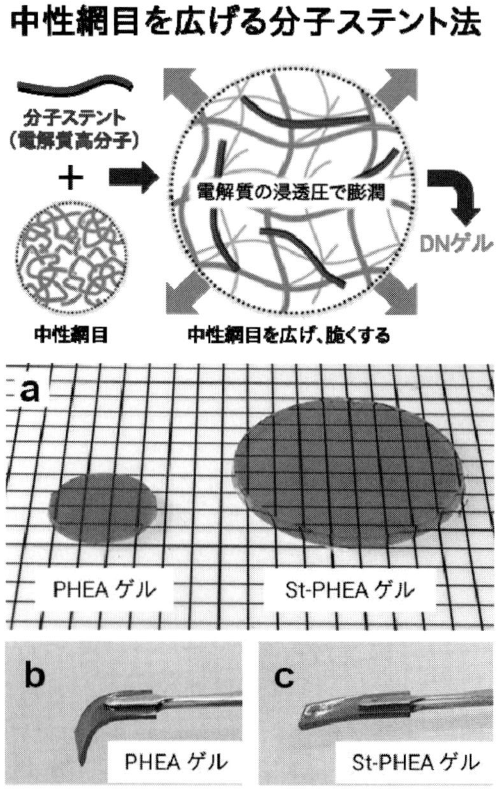

図2　中性高分子網目を広げて剛直化する分子ステント法(上)と中性の PHEA ゲルに応用した結果(下、a-c)[11)]。
[11]-Reproduced by permission of The Wiley.

せる方法として、直鎖の電解質高分子や電解質ミセルの高いイオン浸透圧を利用する「分子ステント法」を新規に発明している(**図 2**)。

中性網目による犠牲結合の実現によって、原理的にあらゆる親水性の高分子の組み合わせから高靱性の DN ゲルを合成できるため、DN ゲルの技術をさまざまな機能性高分子に応用する方法論が確立された。たとえば、構造の制御が容易な Tetra-PEG ゲルに分子ステント法を適応することで、DN ゲルの降伏現象についての理解を深め、力学物性の精細な制御に成功している[18]。また、生体高分子はほとんどが電解質であるため、分子ステントとして使うと同時に、さまざまな生体適応性の中性高分子 DN ゲルに組み込むことができる。筆者らはすでに、軟骨の細胞外基質高分子のヒアルロン酸、プロテオグリカンを組み込んだ生体適応性と高靭性を併せもつ DN ゲルを創製している[19]。本成果は軟骨基質高分子のみではなく、コラーゲンや DNA などほかの生体高分子にも適応可能であり、さまざまなバイオマテリアル創製への応用が期待される。

2.1.2　ゲル微粒子による犠牲結合

筆者らは、電解質ゲル微粒子を添加した Polyacrylamide(PAAm)ゲルが、単独の PAAm ゲルより遥かに高靭性であることを発見している[20]。この Microgel-reinforced(MR)hydrogel は、従来の DN ゲルと同じく、引張試験において降伏現象やヒステリシス現象が観測されている。このゲルの微粒子部分は実質上 DN ゲル構造をもつため、不連続の微粒子相も連続相との間の力学バランスを最適化することで、微粒子部分の電解質網目が犠牲結合として働くことを最近解明している(**図 3**(a))。

また、このゲル微粒子を添加した高靭性 MR hydrogel は One-step で固体化するため、従来の DN ゲルに比べて高い加工性と自由成形性を有している。モノマーを含ませたゲル微粒子をインクとして用いることで、3 次元空間で高靭性 MR hydrogel の自由造形を可能とする 3D プリンターも開発されており[21]、関節軟骨や半月板などの複雑な形状への応用が期待される。

2.2　物理結合による可逆的な犠牲結合

上述の DN ゲルおよび微粒子 DN ゲルの犠牲結合は、すべて脆い網目の化学結合である。筆者らはさらに物理結合を犠牲結合としてゲルに導入し、可逆的な犠牲結合として機能させることで、高強度・高靭性に加えて、ゲルに自己修復性、接着性を付与させることに成功している。

2.2.1　イオン結合による可逆的な犠牲結合

正・負電荷のイオン性モノマーを化学量論比

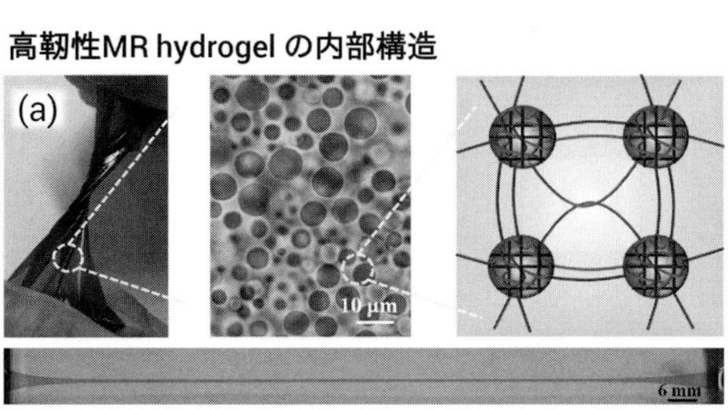

図 3　PAMPS ゲル微粒子を含有する PAAm ゲルー MR hydrogel の構造(a)[10]
Adapted with permission from [10]. Copyright(2011)American Chemical Society.

近く共重合するとPolyampholyte(PA)が得られる。高濃度で合成したPAは、水中で安定なイオン結合を形成し、高靱性を示すゲルとなる[12]。このゲルは引張試験において降伏現象やヒステリシス現象が観測され、イオン結合は犠牲結合として機能していることを示唆する。この場合、犠牲結合の役割がイオン結合の破壊、隠れ長の役割が高分子主鎖のエントロピー変形によって果たされるため、単一の高分子網目でも高靱性化できる。

可逆的なイオン結合をもつPAゲルは、その犠牲結合としての効果により、ある種の工業用ゴム並みの高い引張破断応力(～4 MPa)および引裂エネルギー(～4,000 J/m^2)を示す。これらの値は、共有結合を犠牲結合とするDNゲルと同等である。また、共有結合が犠牲結合とするDNゲルと異なり、PAゲルは破壊された犠牲結合が時間と共に再形成するため、ゲルは繰り返し試験に対して、高い耐久性を示している。さらに、ゲルを切断後に断面を室温で接合させておくと、断面が自発的に接着するという自己修復能を示すことが明らかにしている(**図4**)。最適な組成のゲルでは、その修復率は99%にも及んだ[22]。可逆的なイオン結合の切断と再形成が、マクロの破断面でもほぼ100%の割合で起こるのは驚くべきことである。このような高靱性ゲルにおいて自己修復能がみられたのは稀であり、PAゲルは「何度でも使える材料」として利用できる。

さらに、反対電荷をもつ高分子電解質が高分子間のイオン結合で高靱性と自己修復を有するゲルを形成することを明らかにしている[13]。この成果を生体高分子電解質に適用すると、化学修飾せずに天然高分子のみで形成される高靱性ゲルを得ることもできる。

2.2.2 疎水性相互作用と水素結合による可逆的な犠牲結合

筆者らは、トリブロックコポリマーからなるハイドロゲルに第2成分としてPolyacrylamide(PAAm)を加えることで、約40 wt%も水を含みながらもきわめて高い強度を示す新規高強度DNゲルを開発している(図5)[15]。ここで用いたトリブロックコポリマーは、3つの成分が結合してできたひも状の分子であり、疎水性-親水性-疎水性という構造を有している。そのため本コポリマーを純水に浸漬すると、両端の疎水性部位が疎水性相互作用により凝集してゲル化する。ここに第2成分であるPAAmを導入すると、トリブロックコポリマーの親水性部位とPAAmの間で水素結合が形成され、2種類の物理結合を有するDNゲルが得られる。トリブロックコポリマーの疎水性部位が、親水性部位-PAAm間の水素結合を強めるために、本ゲル内の水素結合は非常に効果的な犠牲結合とし

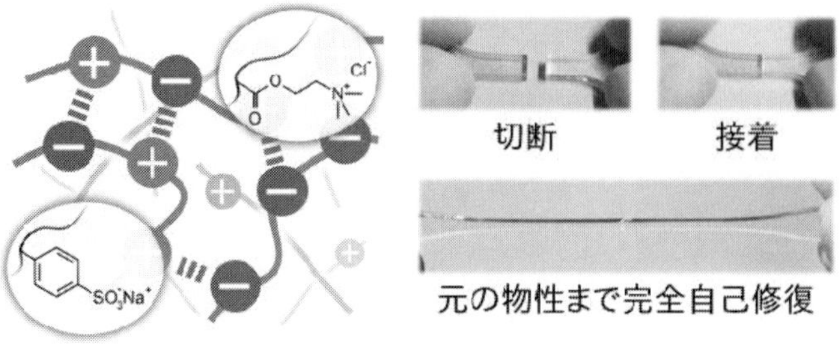

図4 強靭性PAゲルの内部構造(左)と自己修復能のデモンストレーション(右)[22]
Adapted with permission from [22]. Copyright (2016) American Chemical Society.

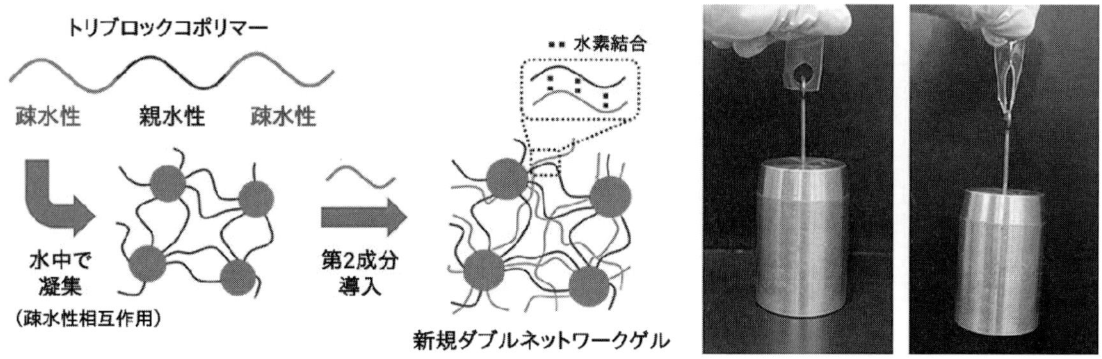

図5　トリブロックコポリマー/PAAmを用いた新規ダブルネットワークゲルの構造模式図(左)とその優れた力学物性(右)[15]
[15]-Reproduced by permission of The Wiley.

て働く。その結果、工業ゴムに匹敵する引張破断応力(～10 MPa)、引張弾性率(～14 MPa)、引裂きエネルギー(～2850 kJ/m^2)といったきわめて優れた力学物性を示した。また、600%の破断歪まで応力が線形応答することも本ゲルの特異的な性質の1つである。

さらに、本ゲルは切断面が再接着するという優れた修復性を有している。ゲルの破断面にジメチルホルムアミドを塗布して再接触させるという非常に簡便な方法で、壊れた物理結合の自発的な再形成を促しゲルを修復することが可能である。そのほかにも、本ゲルを構成する2種類の物理結合は、体内のような塩溶液下における安定性を有している。そのため、人工の血管・軟骨・臓器などの創製に向けた高強度医療用材料としての応用が期待される。

2.2.3　超分子会合構造による可逆的な犠牲結合

生体軟組織は高い機能を示すが、その構造には3つの特徴がある。それは、①適量の水を含んだ秩序構造、②硬・軟相からなる複合構造、③nmからmmにわたるさまざまなスケールからなる階層構造、である。これらの構造の多くは分子間の物理結合で維持されている。一方、一般的な合成ゲルは、内部に特徴的な規則構造をまったくもたないため、構造由来の機能を発現できない。筆者らは、自己組織化分子を用いて、生体軟組織に類似した精緻な内部構造をゲルに導入し、物理結合によってゲルを強靭化させるのみならず、創発機能をも発現できることを解明している。

重合性界面活性剤分子DGI(n-dodecyl glyceryl itaconate)は水溶液中で、二分子膜、ラメラ相、玉葱相、多重円筒相などさまざまな高次階層構造を形成する。辻井らは、これらの構造がPAAmゲルに導入しても維持できることを発見している[23]。筆者らは、DGI分子がこれらの高次階層構造を形成する能力に着目し、せん断応力をDGI溶液に加えることで、3000層もの一軸配向したDGI二分子膜をPAAmゲルに導入することに成功している[9]。この軟(PAAm網目)・硬(二分子膜)積層構造を有するゲルは、一軸膨潤、数十倍も異なる弾性率の異方性、美しい構造色など、従来のアモルファス構造のゲルには無い機能をもつ。さらに、亀裂の伝播に対して単独のPAAmゲルより遥かに高い抵抗を示し、高い靭性を示す(**図6**)[25]。これは、ゲルの高次構造が優れた創発機能を生み出すこと、二分子膜構造が力学変形で壊れ、可逆的な犠牲結合として機能していることを示

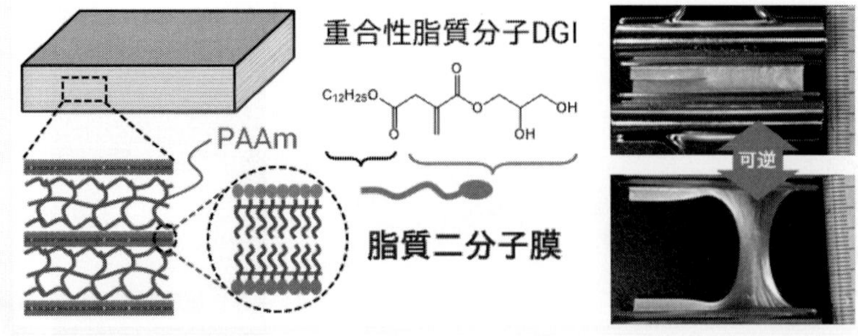

図6　1次元配向している2分子膜を導入したPAAmゲル。写真はゲル内の2分子膜が亀裂進展を妨げ、引裂くことができない様子を示す。写真の色は規則的な2分子膜由来の構造色[25)]
Adapted with permission from [25]. Copyright (2011) American Chemical Society.

※口絵参照

唆している。

2.3　犠牲結合原理による超強靭ゲル複合材料の創製

昨今、環境や社会に優しい材料の創出に向け、さまざまな取り組みが行われている。なかでも、多種の素材を組み合わせて得られる複合材料は、互いの長所を併せもつ優れた材料として期待されている。たとえば、軽量なプラスチックを引っ張りに強い繊維材料(ガラス繊維、炭素繊維など)と複合化させることで、繊維強化プラスチック(FRP)が得られる。FRPは、プラスチックの軽量さ、しなやかさと繊維の硬さ、強さを併せもった軽量・強靭な材料であり、金属に代わる次世代の構造材料として大きな期待が寄せられている。スポーツ用品、船体、自動車部品などのほか、近年では飛行機の主翼にも使用されており、20世紀の材料革命を実現したイノベーションの1つである。

筆者ら新たなハイドロゲル強靭化手法としてこの「複合材料化」手法に着目し、ゲルと繊維の複合化による新しいソフト/ハード複合材料を開発している[16)17)]。本材料は、ガラス繊維の織物をゲル化溶液に含侵させ、重合するという非常に簡便な手法で得ることが可能である。ゲルマトリックスとして**2.2.1**で示したPAゲル、強化材として直径10 μm程度のガラス繊維からなる織物を用いた場合、未だかつてない程強靭な柔軟材料「繊維強化ゲル」が得られた(**図7左**)。本材料は、自由に曲げることができる柔軟性を保ちつつ、驚異的な引裂破壊エネルギー(～500 kJ/m^2)を示した。これは、強靭な固体として知られる炭素鋼(破壊エネルギー：1-100 kJ/m^2)やガラス繊維強化プラスチック(破壊エネルギー：10 kJ/m^2)を凌駕するものである。繊維強化ゲルの引裂破壊エネルギーは、ガラス繊維織物単体の引裂破壊エネルギー(20 kJ/m^2)と比較しておよそ25倍、PAゲル単体(4 kJ/m^2)と比較した場合は約100倍もの値であり、繊維強化ゲルが単なる両成分の足し合わせではなく、両者の相乗効果によって強靭化していると考えられる。加えて、本繊維強化ゲルは体積比にして40%もの水を含みながらこれほどの強靭性を実現しており、省資源の面でも生体親和性の面でも注目すべき材料であるといえる。

本繊維強化ゲルの超強靭化メカニズムには、PAゲルの特徴であるイオン結合が大きく関与している。繊維強化ゲルを電子顕微鏡で観察すると、PAゲルとガラス繊維が複合ゲル内部で強く粘着していることがわかった。これは、ガラス繊維表面の負電荷とPAゲル内部の正電荷がイオン性相互作用を形成したためであると考

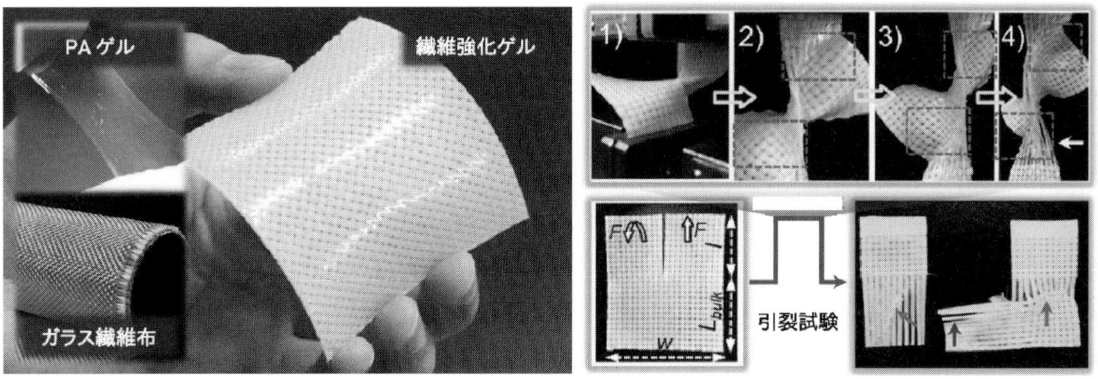

図7　PAゲルとガラス繊維布からなる繊維強化ゲル(左)と引裂試験時の様子(右)[17]
[17]-Reproduced by permission of The Wiley.
※口絵参照

えられる[24]。そのため、本材料で亀裂が進展しようとした場合、亀裂の周辺(プロセスゾーン)においてゲルが大きく変形し、ガラス繊維がゲルから引き抜かれていく様子が観察された(図7右)。この際、きわめて多量のイオン結合が「犠牲結合」として働くため、繊維強化ゲルの破壊にはきわめて大きなエネルギーが必要になる(強靭化される)。本強靭化は、今まで筆者らが開発してきた「犠牲結合に基づく強靭性ソフト母材」と、その母材の広範囲に応力を伝達するための「硬いハード相」の相乗効果によってなされたものであり、「分子レベルの犠牲結合」と「マクロスケールの骨格構造」のカップリングが複合材料にイノベーションをもたらすことを示唆するものである。本研究で発見した「繊維強化ゲル」の高靭性原理を、ゴムをはじめとする他のソフトマテリアルに適用することで、既存のゴムを凌駕するしなやかで強靭な材料創製が期待できる。

3　高強度・高靭性ゲルが拓くソフトマテリアルの未来

本節では、犠牲結合に基づくさまざまな高強度・高靭性ハイドロゲルについて、筆者らの近年の成果を概観した。DNゲルで提唱された犠牲結合原理は、さまざまな結合様式(化学結合・物理結合)でも実証され、その特徴を反映したユニークな機能(自由成型性、自己修復性、疲労耐性、膨潤・力学異方性、構造色など)を発現するに至った。加えて最近では、高強度ハイドロゲルの強靭性を最大限に生かした、異種材料との複合化による効率的なエネルギー散逸機構を提唱している。こうした材料の複合化は、ハイドロゲルの実社会での応用に向けた強力なアプローチであり、ハイドロゲルに今まで不足していた材料の信頼性・耐久性を与え得るものである。ハイドロゲル研究で培われた知見はソフトマテリアル全般に通ずる普遍性を有していることが期待されるため、実社会で欠かすことのできないゴム材料にも適応できると考えられる。材料種・サイズスケールを超えて波及していく「犠牲結合原理」が今後のソフトマテリアルの新たな潮流となることを期待したい。

謝　辞

本研究は筆者らの北海道大学ソフト＆ウェットマター研究室(LSW)の成果であり、この場を借りて、長田義仁北大名誉教授をはじめ、共同研究者の黒川孝幸、田中良巳、古川英光、中島祐、野々山貴之、孫桃林、Daniel King および LSW の研究者、学生に厚く御礼を申し上げる。本研究は、文部科学省科学研究費補助金、内閣府 ImPACT の補助を得て行なわれたものである。

文　献

1) Y. Okumura and K. Ito：*Adv. Mater.,* **13**, 485(2001).
2) T. Sakai, T. Matsunaga, Y. Yamamoto, C. Ito, R. Yoshida, S. Suzuki, N. Sasaki, M. Shibayama and Ul. Chung：*Macromolecules,* **41**, 5379(2008).
3) K. Haraguchi and T. Takehisa：*Adv. Mater.,* **14**, 1164(2002).
4) J. P. Gong, Y. Katsuyama, T. Kurokawa and Y. Osada：*Adv. Mater.,* **15**, 1155(2003).
5) T. Nakajima, H. Furukawa, Y. Tanaka, T. Kurokawa, Y. Osada and J. P. Gong：*Macromolecules,* **42**, 2184(2009).
6) Y. H. Na, Y. Tanaka, Y. Kawauchi, H. Furukawa, T. Sumiyoshi, J. P. Gong and Y. Osada：*Macromolecules,* **39**, 4641(2006).
7) J. P. Gong：*Soft Matter,* **6**, 2583(2010).
8) J. B. Thompson, J. H. Kindt, B. Drake, H. G. Hansma, D. E. Morse and P. K. Hansma：*Nature,* **414**, 773(2001).
9) Md. A. Haque, G. Kamita, T. Kurokawa, K. Tsujii and J. P. Gong：*Adv. Mater.,* **22**, 5110(2010).
10) J. Hu, K. Hiwatashi, T. Kurokawa, S. M. Liang, Z. L. Wu and J. P. Gong：*Macromolecules,* **44**, 7775(2011).
11) T. Nakajima, H. Sato, S. Kawahara, T. Kurokawa, K. Sugahara and J. P. Gong：*Adv. Funct. Mater.,* **22**, 4426(2012).
12) T. L. Sun, T. Kurokawa, S. Kuroda, A. B. Ihsan, T. Akasaki, K. Sato, Md. A. Haque, T. Nakajima and J. P. Gong：*Nature Mater.,* **12**, 932(2013).
13) F. Luo, T. L. Sun, T. Nakajima, T. Kurokawa, Y. Zhao, K, Sato, A. B. Ihsan, X. F. Li, H. L. Guo and J. P. Gong：*Adv. Mater.,* **27**, 2722(2015).
14) K. Sato, T. Nakajima, T. Hisamatsu, T. Nonoyama, T. Kurokawa and J. P. Gong：*Adv. Mater.,* **27**, 7344(2015).
15) H. Zhang, T. L. Sun, A. Zhang, T. Nakajima, T. Nonoyama, T. Kurokawa, O. Ito, H. Ishitobi and J. P. Gong：*Adv. Mater.,* **28**, 4884(2016).
16) D. R. King, T. L. Sun, Y. Huang, T. Kurokawa, T. Nonoyama, A. J. Crosby and J. P. Gong：*Mater. Horiz.,* **2**, 584(2015).
17) Y. Huang, D. R. King, T. L. Sun, T. Nonoyama, T. Kurokawa, T. Nakajima and J. P. Gong：*Adv. Funct. Mater.,* **27**, 1605350(2017).
18) T. Matsuda, T. Nakajima, Y. Fukuda, W. Hong, T. Sakai, T. Kurokawa, U. Chung and J. P. Gong：*Macromolecules,* **49**, 1865(2016).
19) Y. Zhao, T. Nakajima, J. J. Yang, T. Kurokawa, J. Liu, J. Lu, S. Mizumoto, K. Sugahara, N. Kitamura, K. Yasuda, A. U. D. Daniels and J. P. Gong：*Adv. Mater.,* **26**, 436(2014).
20) J. Saito, H. Furukawa, T. Kurokawa, R. Kuwabara, S. Kuroda, J. Hu, Y. Tanaka, J. P. Gong, N. Kitamura and K. Yasuda：*J. Polymer Chem.,* **2**, 575(2011).
21) H. Muroi, R. Hidema, J. Gong and H. Furukawa：*J. Solid Mech. Mater. Enginer.,* **7**, 163(2013).
22) A. B. Ihsan, T. L. Sun, T. Kurokawa, S. N. Karobi, T. Nakajima, T. Nonoyama, C. K. Roy, F. Luo and J. P. Gong：*Macromolecules,* **49**, 4245(2016).
23) K. Naitoh, Y. Ishii and K. Tsujii：*J. Ohys. Chem.,* **95**, 7915(1991).
24) C. K. Roy, H. Guo, T. L. Sun, A. B. Ihsan, T. Kurokawa, M. Takahata, T. Nonoyama, T. Nakajima and J. P. Gong：*Adv. Mater.,* **27**, 7344(2015).
25) Md. A. Haque, T. Kurokawa, G. Kamita and J. P. Gong：*Macromolecules,* **44**, 8916(2011).

基礎編

第３章　材料設計
第４節　制御された網目構造を有する温度応答性ハイドロゲル

東京大学　Xiang Li/酒井 崇匡

1　はじめに

高分子ゲルは、溶媒組成、温度、およびpHなどの外部条件の変化により、その体積を急激に膨潤あるいは収縮に変化させることができる。その体積変化はときには約1000倍にも達する。この現象は体積相転移と呼ばれ、高分子ゲルのもつユニークな特性の１つであり、インテリジェント材料を設計するうえで重要な要素であると考えられ、これまで多くの研究がなされてきた。

高分子ゲルの体積変化（膨潤・収縮）の速度論についても、理論および実験的な観点から検討がなされてきた[1)-6)]。現段階で明らかになっているのは、ゲルの体積変化はゲル内の水の拡散とは関係がなく、高分子網目の集合的な拡散によって支配されるということである。高分子ゲルの体積変化は、高分子網目の協同拡散係数（D_{coop}）に比例し、サンプルサイズの２乗に反比例する。高分子ゲルのもつ協動拡散係数は化学種への依存がほぼなくおおよそ1×10^{-6} $cm^2\ sec^{-1}$程度であるため、高分子ゲルの体積変化速度はほぼサンプルサイズで定まる。

たとえば１mm程度の直径を有する球状高分子ゲルであれば、その膨潤・収縮の緩和時間はポリマー化学種によらず300秒程度と予想される。この理論予測は熱平衡状態下での体積変化に対しては正しいことが実験的に確かめられている。しかし、冒頭で述べたような外部刺激（温度・pH）によって起きる体積相転移の場合では、体積変化が完了するまでには１時間以上と非常に長い時間を要することが多い。この著しい体積変化速度の低下は主に収縮過程で起きるもので、外部刺激の伝播速度がゲルの体積相転移速度よりも遅い場合に発生する。刺激が先に伝達されたゲルの表層部分で体積相転移が完了し、高分子が密な層（スキン層）がゲルの表面にくまなく形成される。その結果、ゲル内部からの水の排出が阻害される[7)]。

現在では、高分子に親水的な部位を導入することによりスキン相の形成を抑制する方法や、多孔体構造にすることにより実質的なサンプルサイズを小さくする方法により高速収縮が実現できることが広く知られている。しかしながら、センチメートルスケールのゲルを、実用に足る速度で収縮させることは依然として困難であるのが現状である。

本稿では、このような問題意識のもとで我々が行った温度応答性ゲルの研究について紹介する。最初に、体積相転移の平衡状態を利用し、生体内環境においてゲルの体積を調節するために利用した研究例について述べる。続いて、中性子散乱を用いた構造解析について、そして最後には温度ジャンプ（急激な温度変化）によって起きる体積相転移の膨潤・収縮速度について議論する。

2　生体環境における膨潤度の精密制御

我々が開発した高分子ゲルは、親水性と疎水性の高分子ブロックを共有結合的に結合して作製されるAmphiphilic conetwork（APCN）と呼ばれる材料の一種である。APCN内部では、親水性ブロックと疎水性ブロックの不混和性により、ナノスケールでのミクロ相分離構造が形成される。APCNは、そのユニークな構造に由来した潜在的な適用範囲の広さから大きな注目を集めている。現在、APCNの代表的な用途は、ソフトコンタクトレンズであり、親水性セグメントが透明性を、疎水性セグメントが酸素ガス透過性を担っている。また近年では、両親媒性/疎水性成分からなる新規なAPCNも開発されており、新たな分野を開拓することが期待されている。我々は、このAPCNを用いて「生体内においても膨潤することのないインジェクタブルハイドロゲル（非膨潤ゲル）」を開発した[8)9)]。

インジェクタブルハイドロゲルは、液状で体内に注入され、体内において架橋プロセスを行うことによりゲル化する材料である。大きな切開を行うことなく、ゲルを体内に埋植することができるために、インジェクタブルハイドロゲルは低侵襲な医用材料として注目を集めている。しかしながら、生体内において一般にハイドロゲルは膨潤（正の体積変化）する。簡単な例として、ハイドロゲルを水中に浸した場合について考える。ハイドロゲル内に存在する高分子成分は、本来外液に拡散し均一化する方が自由エネルギー的には安定であるため、均一に外液に拡散するまでの間は、外液に対して浸透圧が生じる。一方で、ハイドロゲルは固体でもあり、変形にあらがう力（復元圧）を有する。ゲルの内部ではこの2つの圧力が競合するものの、作製状態のゲルでは浸透圧は復元圧に比して十分に大きく、外液が存在する状態ではハイドロゲルは膨潤する運命にある。生体内の体液中にさまざまな成分（タンパク質・糖類・脂質・塩）が存在するものの、ほぼ同様のスキームでハイドロゲルの膨潤が起きる。さらに、架橋点が静電相互作用や疎水性相互作用などの弱い相互作用によって形成される物理ゲルなどにおいては、膨潤によって徐々に相互作用の平衡が乖離側に偏るために、膨潤と共に分解が進み、さらに分解することにより復元力が低下して膨潤もさらに進む。

これまでさまざまなインジェクタブルゲルが考案されているものの、その多くは生体環境において膨潤もしくは分解してしまう。膨潤は力学特性の劣化のみならず、埋植部位からの脱離、周辺組織の圧迫を引き起こすために重篤な医療事故を引き起こす可能性があり、可能な限り避けられるべき事象である。

我々は、ハイドロゲルの体内における膨潤を抑制し、非膨潤ゲルを得るためにハイドロゲルの温度応答性を利用する方法を考案した。ベースとなる系は、相互に結合可能な官能基を有する2種類の四分岐ポリエチレングリコール（TetraPEG）からなる親水性のハイドロゲル（TetraPEGゲル）である。一方のTetraPEGの末端にはアミノ基が修飾されており、もう一方のTetraPEGの末端には活性エステル基が修飾されている。ここではそれぞれTetraPEG-NH_2とTetraPEG-NHSと表記する。TetraPEG-NH_2とTetraPEG-NHSをそれぞれ等モル量で水溶液に混合することで、TetraPEG間にアミド結合が形成され、ポリマー水溶液がゲル化する。

我々は、下限臨界溶液温度（LCST）が約20度の温度応答性を示す第3の四分岐ポリマーを合成し（Tetra-Poly（EGE-co-MGE）：TetraPEM）、TetraPEG-NH_2の一部と入れ替える形でゲルを作製した（**図1**）。

TetraPEM-NH_2とtetraPEG-NH_2の比率（r = ([tetraPEM-NH_2])/([tetraPEG-NHS] + [tetraPEG-NH_2] + [tetraPEM-NH_2])、$0 \le r \le$

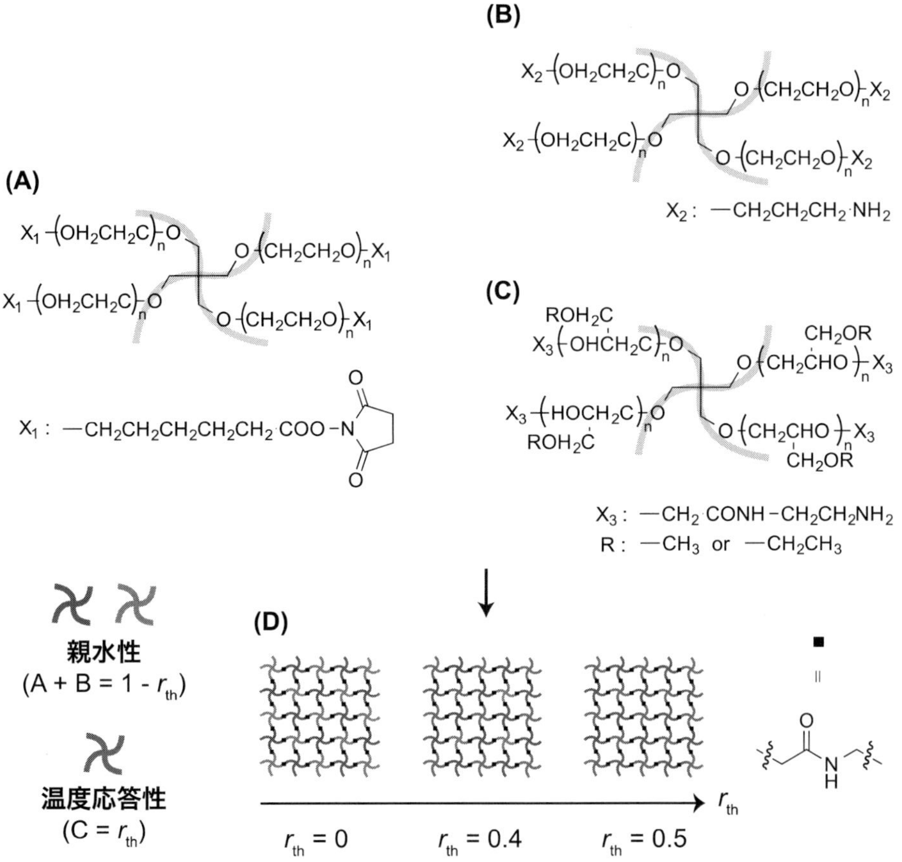

図１　非膨潤ゲルの合成概念図
(A) TetraPEG-NHS (B) TetraPEG-NH_2 (C) TetraPEM-NH_2 (D) TetraPEG/tetPME conetwork

0.5)を変えながらゲルを作製することで、ゲル中に任意の割合で温度応用性のユニットを有するゲルを合成することが可能となる。ここで重要な点は、[TetraPEG-NHS] = [TetraPEG-NH_2] + [TetraPEM-NH_2]とすることにより、活性エステル基とアミノ基の関係は常に等量である点である。そのために、ほぼ同一の網目構造ではあるが、温度応答性ユニットの割合だけが異なるゲルを設計・合成することが可能となった。

ポリマー体積分率が10 wt%になるように作製したTetraPEG/tetraPEMゲルを水中に浸漬させて、さまざまな温度でその膨潤率変化を調べた(**図２**)。TetraPEG/tetraPEMゲルの膨潤率(作製状態比)は10℃付近ではほぼ300%と通常のゲルの膨潤度と同等の値であり、温度応答性ユニットの割合にはほぼ依存しない。温度を上昇させると、温度応答性ユニットがあるゲルは約20℃で体積相転移を示し、温度応答性ユニットの割合が多いゲルほど急激な体積変化が観測された。人体内の温度である37℃では、r = 0.4のゲルがちょうど膨潤度100%、つまりは作製状態と同じ膨潤度になることがわかる。このゲルを体内で利用すれば、体積変化をしない安定で安全なバイオマテリアルとして利用できる(**図３**)。

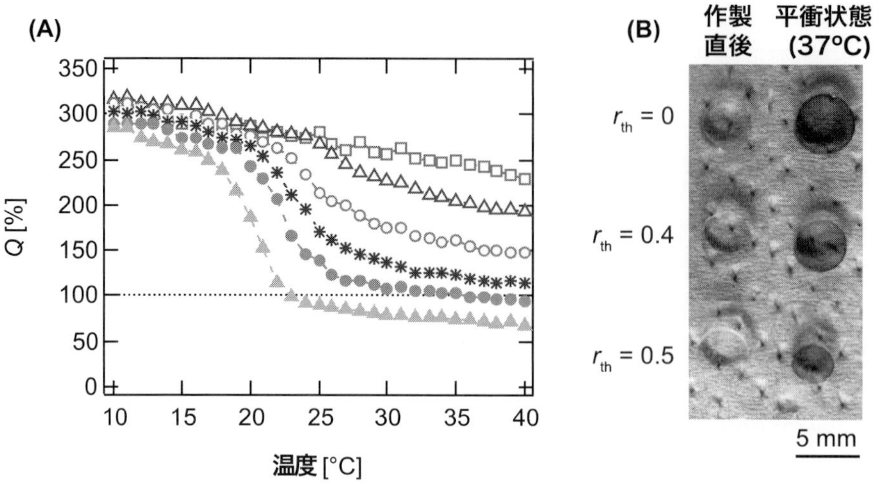

図 2　tetraPEG/tetraPEM ゲルの膨潤率（作製状態比）の温度依存性

(A)温度応答性ユニット比率の異なるゲルの膨潤率の温度依存性 (B) tetraPEG/tetraPEM ゲルの写真。作製されたゲルは無色透明であるため、写真のために青色のインクを入れて着色している。

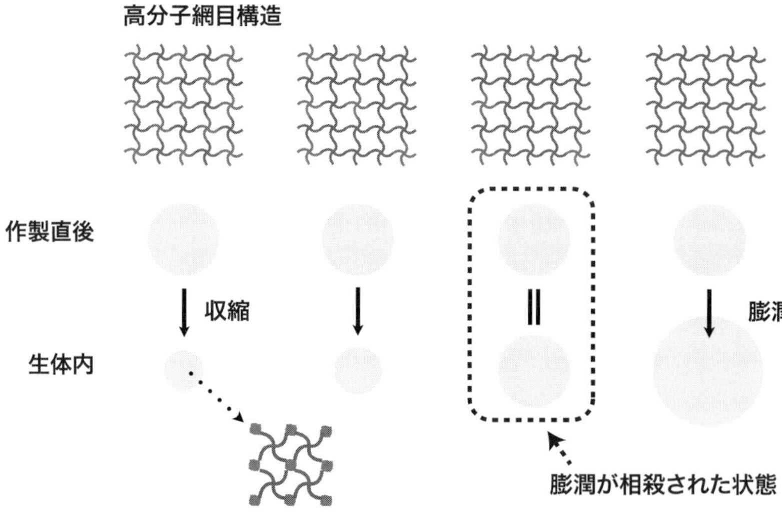

図 3　生体内で tetraPEG/tetraPEM ゲルを利用する際の概念図

3　小角中性子散乱による構造解析

高分子ゲルや高分子溶液内にはナノメートルからマイクロメートルのサイズ領域に特徴的な構造（空間相関）をもつものが多い。これらのサイズ領域は光の回折限界を超えているため、光学顕微鏡で観測することは非常に困難である。原子間力顕微鏡や電子顕微鏡はこのサイズ領域の観測には適しているが、原子間力顕微鏡では表面情報が重点的に得られ、電子顕微鏡では高分子ゲルや溶液のような熱揺らぎが大きな系の測定には向いていない。こういったバルク材料の内部構造を観測する手法として、中性子散乱・X 線散乱・光散乱などの散乱法が有効であ

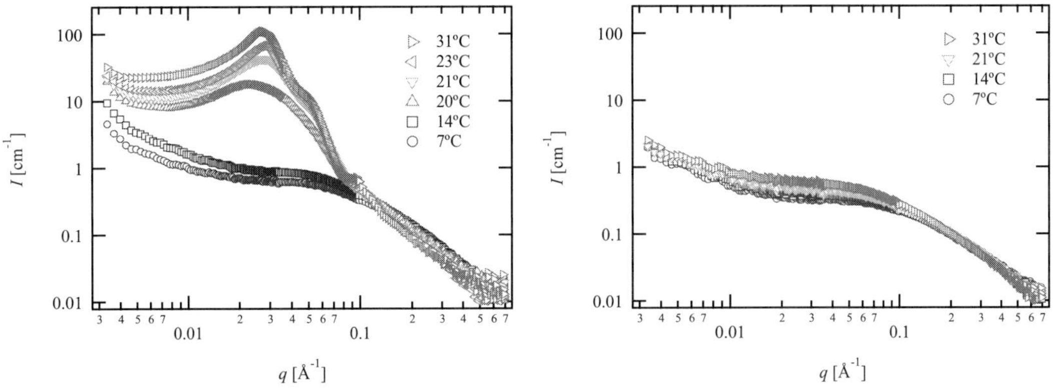

図 4　温度応答性ゲルの小角中性子散乱プロファイル
(A) tetraPEG/tetraPEM ゲル (r = 0.4)、(B) tetraPEG ゲル (r = 0)。

る。散乱法では、観測対象から出てくる散乱波をスクリーン(検出器)に映し、波の干渉効果を観測する。その干渉効果は実空間での原子分布のフーリエ変換の関係にあり、干渉効果から実空間での原子分布に関する情報を得ることができる[10)]。

ここでは、小角中性子散乱を用いて測定した非膨潤ゲルの構造変化を紹介する[11)]。前の項で紹介した非膨潤ゲルを小角中性子散乱用の測定容器内(厚み 1 mm 直径 20 mm の平板ガラスセル)で作製した。測定容器の温度を 7℃ から 31℃ まで昇温し、各温度でのメゾスケールの構造を測定した(**図 4**)。作製したゲルの平衡膨潤率は 5〜40℃ の間では 100% を超えているため(外液があれば膨潤する状態)、外液がない状態ではゲルはマクロな体積変化を示さない。そのため、この測定はゲルのマクロな体積が変化せずに、内部構造だけが変化した状態であることに留意して欲しい。

低温状態(7℃)では、温度応答性ユニットの割合によらず同じような散乱プロファイルが観測された。小角領域($q < 0.01$ Å-1)での立ち上がりを除けば、一般的な準希薄溶液やゲルのような連続体の濃度揺らぎを記述した Ornstein-Zurich 関数で再現できる。これは温度応答性ユニットの割合を変えても、基本的な網目構造が同じであることを示唆する結果である。小角領域での立ち上がりは、PEG と水の親和性が高くないために起きる PEG ポリマーの凝集構造である。

温度を LCST(〜20℃)付近へ上昇させると、温度応答性ポリマーの凝集により tetraPEG/PEM ゲル($r = 0.4$)は、$q = 0.03$ Å-1 付近に特徴的なピークが観測された。これはモノマーの多くがこの距離分($d = 2\pi/q \sim 200$ Å)だけ離れて存在していることを意味しており、凝集ドメインが形成されはじめたことがわかる。温度をさらに上昇させる(〜31℃)と、ピークはよりシャープになり、さらにサイズの分布の揃っている構造体で観測されるフリンジと呼ばれる階段状に減衰する散乱プロファイルが観測された。

ピークトップの位置が温度に依存しないことから、収縮ドメイン間の距離が凝集の早い段階から決まっていることを反映している。収縮ドメインの成長に従って、ドメイン間の距離は変化せずに、収縮ドメインがより明白な構造体を形成するようになった。ここで、読者にはこの実験ではゲルの体積が一定に固定されていることに留意して欲しい。もし、マクロな体積変化があれば、収縮ドメイン間の距離はサンプルサイズの一辺に比例するだろう。

TetraPEG/PEM ゲルの収縮ドメイン形成は、ラジカル重合で作製される不均一な網目構造をもつポリ-N-イソプロピルアクリルアミド(PNIPAM)ゲルとは大きく異なる。PNIPAM ゲルは LCST を超えると、小角領域でべき乗則に従う立ち上がりが観測されるだけで、ピークやフリンジ状の散乱プロファイルは観測されない。これは、PNIPAM ゲルの凝集構造が非常に不均一であることを反映している。詳細については、本編の第3章第1節「散乱法を用いた高分子ゲルの構造解析」を参照して欲しい。

4 温度ジャンプに対する応答速度

ゲルの膨潤収縮の速度論は、主に田中らによって研究された[1)]。田中らによれば、ゲルの膨潤収縮の速度 u は、基本的にはゲルの高分子網目の協同拡散係数 D とゲルの大きさだけで記述できる。球形ゲルであれば、ゲルの大きさを表すのに必要なのは直径 d だけであるので、膨潤収縮の速度は下記の式で簡単に表記される。

$$\frac{\partial u}{\partial t} = D\frac{\partial}{\partial d}\left\{\frac{1}{d^2}\left[\frac{\partial}{\partial d(d^2 u)}\right]\right\} \tag{1}$$

ゲル初期の大きさ $d0$ と平衡状態での大きさ deq がわかれば、上記の式を解くことで、ゲルの大きさの経時変化を得ることができる。

$$dn = \frac{deg - d(t)}{deg - d0} = \frac{6}{\pi}\exp\left(\frac{t}{\tau}\right) \tag{2}$$

$$, for\ t \gg \tau$$

dn は規格化した大きさで、τ は膨潤収縮の緩和時間である。直径 1 mm の球状ゲルであれば、数分程度で膨潤収縮が完了することが予測される。熱平衡状態下でのこれらの式の妥当性は田中らによって実験的に確かめられている。

しかし、温度応答性ゲルに温度ジャンプと呼ばれるような急激な外部刺激を与えると、温度応答性ゲル内部へ温度が伝達する前に、ゲル表層部で体積相転移が生じて、ポリマー濃度が高い強固なスキン層が形成される。このスキン層により、ゲル内部から外部への溶媒の流れは妨げられ、結果としてゲルの体積変化速度は著しく低下する。これは外部刺激へ高い応答速度を示すことは刺激応答性高分子にとって必要不可欠な性質であるため、応答速度を速めようとこれまで種々の試みがなされてきた。そのなかでもっとも成功したのは弘津らが開発した親水性ポリマーと PNIPAM 組み合わせた両親媒性ネットワーク構造(APCN)である[12)]。PNIPAM が収縮する際に、親水性ポリマーが凝集ドメインの間に入りドメインの成長を抑制する。PNIPAM ゲル内で親水性のポリマーがパーコレートすれば、収縮ドメインが完全に形成されても、水の流路は確保される仕組みである。この APCN 構造によって、それまで数時間必要であった収縮プロセスを秒単位まで短縮することに成功した。

酒井らは、これまで紹介した tetra 型親水性ポリマーと tetra 型の温度応答性ポリマーを組み合わせる方法で APCN 構造を構築し、高速応答性に加えてさらに精密なネットワーク構造をもつゲルの創製に実現した[13)]。ここで用いられている温度応答性ポリマーの LCST は約 15℃で、これまで用いていたポリマーと少し異なる(図 5)。

PEGE ユニットの割合(r)が 0.75 以下のゲルは、温度ジャンプ後に透明なまま時間ととも等方的に収縮した。一方で、r = 0.85 のゲルは温度ジャンプ直後から表面にスキン層の形成が確認され、またゲルがねじ曲がるような不均一な収縮プロセスを辿った。親水性ユニット(tetraPEG)によって形成される溶媒の流路が、

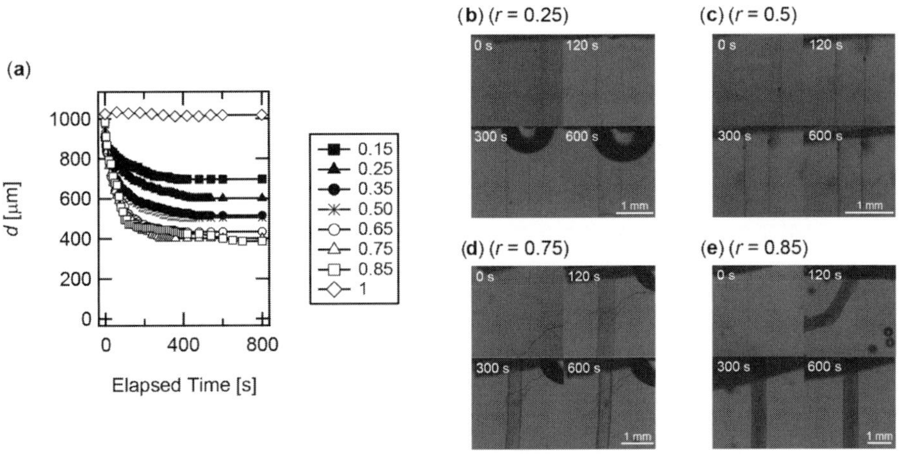

図 5　TetraPEG/PEGE ゲルの温度ジャンプへの応答
(a) 温度ジャンプ後（3 から 40℃へ）の tetraPEG/PEGE ゲルの直径の経時変化。記号の横にある数字は全ポリマー中の PEGE ポリマーの割合 (r) である。(b)～(e) 温度変化に追随するゲルの写真。

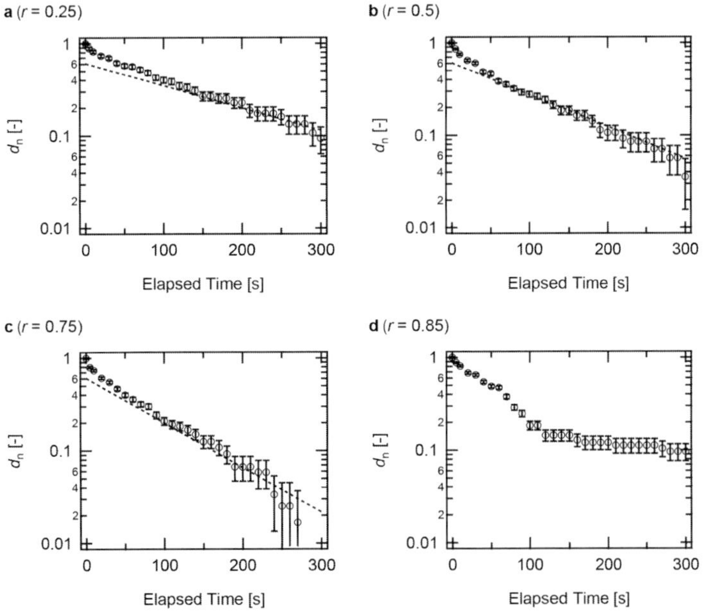

図 6　TetraPEG/PEGE ゲルの直径の経時変化の片対数プロット
点線は式 (2) によるフィッティングを示している。初期の数点がフィッティングから外れているのは、温度がゲル内の温度が安定していないためである。

収縮プロセスに置いてきわめて重要であることがわかる。式(2)を用いて、ゲルの直径の経時変化をフィッティングした結果を**図 6** に示している。PEGE ユニットの割合が r = 0.85 のもの以外の収縮プロセスは式(2)でよく再現できている。そこから見積もられるゲルの協同拡散係数は PEGE ユニットの割合によらず、7 × 10^{-7} cm^2 s^{-1} 程度であった。この値は、動的光散乱によって測定された温度応答性ユニットが0のゲルの協同拡散係数(6.5×10^{-7} cm^2 s^{-1})とよく一致している。これらの結果は、体積相転移が温度応答性高分子によって引き起こされているが、体積変化の速度は水の流路を形成しているゲルの協同拡散現象によって規定されていることを示唆している。

5 小 括

刺激応答性高分子ゲルは、pH、温度、電場、溶媒の性質等の刺激をゲルの体積変化へと変換する。この現象はすでに、マイクロデバイスの非電気的スイッチや、細胞培養の動的な足場材料、さらには局所的な薬物輸送の担体としてすでに応用されている。しかしながら、多くの材料がそうであるように、その裏にある物理はまだ十分に理解されていない。本章で紹介したテトラ型の高分子ユニットを組み合わせる手法は、容易で精密な網目構造のデザインを可能とし、我々が理解しやすい構造を構築してくれる。そこから得られた知見は、刺激応答性ゲルの材料設計の指針となり、さらに新奇材料の開発にもつながっていく。

文 献

1) T. Tanaka and D. J. Fillmore：*The Journal of Chemical Physics*, **70**, 1214-1218(1979).
2) T. Tanaka, E. Sato, Y. Hirokawa, S. Hirotsu and J. Peetermans：*Phys Rev Lett*, **55**, 2455-2458(1985).
3) E. Sato Matsuo and T. Tanaka：*The Journal of Chemical Physics*, **89**, 1695-1703(1988).
4) Y. Li and T. Tanaka：*The Journal of Chemical Physics*, **92**, 1365-1371(1990).
5) M. Shibayama, T. Tanaka and C. C. Han：*J. Chem. Phys.*, **97**, 6829-6841(1992).
6) M. Shibayama and T. Tanaka：*Adv Polym Sci*, **109**, 1-62(1993).
7) M. Shibayama and K. Nagai：*Macromolecules*, **32**, 7461-7468(1999).
8) H. Kamata, U. Chung, M. Shibayama and T. Sakai：*Soft Matter*, **8**, 6876-6879(2012).
9) H. Kamata, Y. Akagi, Y. Kayasuga-Kariya, U. I. Chung and T. Sakai：*Science*, **343**, 873-875(2014).
10) R.-J. Roe：*Methods of X-Ray and Neutron Scattering in Polymer Science*, Oxford University Press(2000).
11) S. Nakagawa, X. Li, H. Kamata, T. Sakai, E. P. Gilbert and M. Shibayama：*Macromolecules*, **50**, 3388-3395(2017).
12) H. Shunsuke：*Japanese Journal of Applied Physics*, **37**, L284(1998).
13) H. Kamata, U.-i. Chung and T. Sakai：*Macromolecules*, **46**, 4114-4119(2013).

基礎編

第３章　材料設計
第５節　刺激応答性ポリマーブラシの設計

京都大学　榊原 圭太/辻井 敬亘

1　はじめに

材料表面を高分子鎖で化学的ないしは物理的に被覆(グラフト化)することで、表面濡れ性、防汚性、微粒子分散性、特定物質の吸着・分離・輸送特性、トライボロジー特性などを制御できる。近年、これらを制御する目的で、刺激応答性を有するポリマーブラシが基礎・応用両面から興味の対象となっている。通常、温度・イオン強度・pH・光・電気・化学物質濃度・力学ストレスなどの外部刺激に応答しうる部位をポリマーブラシの内部に導入することで、刺激応答性ポリマーブラシの合成が達成される。たとえば、ポリ(*N*-イソプロピルアクリルアミド)(PNIPAM)やポリアクリル酸(PAA)から構成されるポリマーブラシは、それぞれ温度とpH・イオン強度に応答して、引力/斥力あるいは排除体積相互作用の変化により膨潤/収縮(すなわち膜厚の増減)、あるいは、対象物質・材料との相互作用の変化による機能を発現する。その制御には、膨潤ポリマーブラシの構造・物性・機能の基礎的理解が不可欠である。良溶媒中、グラフト密度がきわめて低い場合、グラフト鎖は排除体積効果により膨張したランダムコイルに近い、いわゆるマッシュルーム構造をとる。グラフト密度が上昇し隣接鎖が互いに接触するようになると、表面から垂直方向に伸張された構造をとり、ポリマーブラシと称される。このポリマーブラシは、グラフト鎖の表面占有率(σ^*：モノマー断面積あたりの規格化グラフト密度)により２種類に大別される(図1)。σ^*が数％程度の比較的低密度の「準希薄ポリマーブラシ(SDPB：Semi-Dilute Polymer Brush)」系については、理論的にも実験的にも詳しく研究されてきた。従来技術で達成しうるのはこの密度領域までであったが、表面開始リビングラジカル重合の適用によりσ^*が10％を超える「濃厚ポリマーブラシ(CPB：Concentrated Polymer Brush)」系が実現され、魅力ある特徴・機能の発現が確認されている[1)]。膨潤ポリマーブラシの刺激応答性は、主には溶媒とポリマーセグメントとの親和性の変化に由来し、上記２種のポリマーブラシ系では大きく異なることとなる。本稿では、膨潤ポリマーブラシについて、その構造・物性の発現という観点から上記２種類の系の特徴を概説した後、刺激応答機能の作用および発現機構について、物理化学的な側面から説明する。主には筆者らの研究を例としてコンセプトの提示を主眼に置くこととし、紙面の都合上、近年、活発に

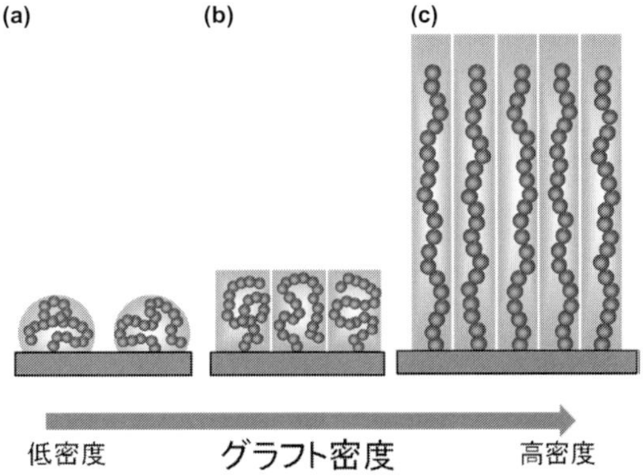

図１　(a)マッシュルーム構造
(b)準希薄ポリマーブラシ
(c)濃厚ポリマーブラシの模式図

展開されている多様な刺激応答性ポリマーブラシの研究例については他書[2]を参照されたい。

2　ポリマーブラシの種別と特性：濃厚系と準希薄系の比較

2.1　膨潤特性

ポリマーブラシの膨潤構造は、エリプソメトリー法や中性子・X線反射率測定法、表面間力測定装置(SFA)、原子間力顕微鏡(AFM)コロイドプローブ法によるフォースカーブ測定法等により見積もられる膨潤膜厚を用いて議論できる。**図2**に、Grafting-from(表面開始原子移動ラジカル重合(SI-ATRP))法により調製された比較的密度の高いポリメタクリル酸メチル(PMMA)ブラシ群(CPB)ならびにGrafting-to法により調製された低密度ブラシ群(SDPB)における、良溶媒中の平衡膨潤膜厚(L_e)と伸びきり鎖長(L_c)の比(L_e/L_c)とσ^*の関係を示す[3]。ここで、L_c値として重量平均重合度より算出された経路長を用いた。L_e/L_c値は、σ^*の増加とともに、SDPBに対する予測($L_e \sim L_c\sigma^{*1/3}$)を超えて増大し、CPBに対するスケーリング則($L_e \sim L_c\sigma^{*1/2}$)にほぼ従うことがわかる(濃厚ブラシ領域の到達)。両者のクロスオーバー領域については、グラフト密度ならびにグラフト鎖長を面内で連続的に変化させたコンビナトリアル基板を用いた実験により、σ^*にして約10%と見積もられた。なお、もっとも密度の高いブラシ($\sigma^*\sim$40%)では、L_e/L_c値は80～90%にも達した。SDPBが伸びきり鎖長のたかだか20～30%の膨潤膜厚を有することと比較すると、その特異的な高伸張・高配向はCPBの際だった特徴といえる。

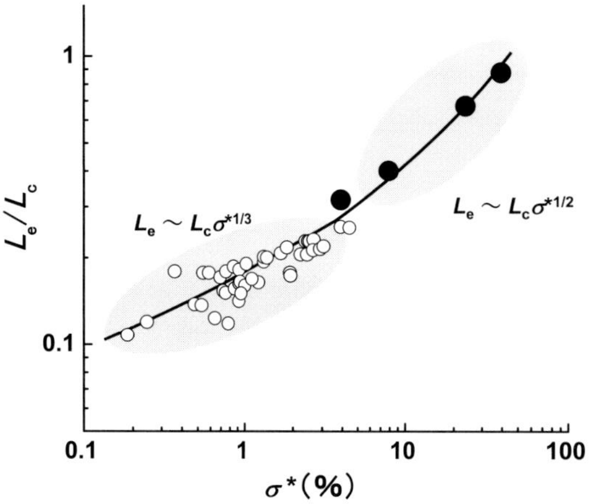

図2　良溶媒中におけるポリマーブラシの膨潤度と表面占有率の関係(●：CPB　○：SDPB)

2.2　反発特性

Alexander-de Gennes理論によれば、SDPBで覆われた二面間に働く反発力(フォースカーブ：力の距離依存性)は次式となる[4]。

$$P(D) = \frac{kT}{s^3}\left\{\left(\frac{2L_e}{D}\right)^{9/4} - \left(\frac{D}{2L_e}\right)^{3/4}\right\}$$

ここで、Dは二面間距離、sはグラフト点間距離を表す。第一項は浸透圧斥力に、第二項は鎖の弾性エネルギーに起因する。ブロックポリマーの吸着層などのSFA測定により実測された実験結果は、この理論予測によく一致する[5]。

一方、CPBは圧縮に対して、上記のSDPB理論ではもはや説明できないほど異常に大きな抵抗を示す[3]。たとえば、σ^* = 40%のCPBでは平衡膨潤状態から半分の膜厚に圧縮すると、その浸透圧は百気圧を超えることとなる。ゆえに、膨潤CPB層は、わずかな圧縮でも浸透圧の急激な増大をもたらし、高反発特性を発現する。これらの立体反発力は、コロイド粒子表面にグラフトした場合には高い分散安定性を付与しうるが、CPB系はSDPB系に比べて、より大きな反発力、すなわち、より高い微粒子分散性を発現することを示唆する。実際、濃厚PMMAブラシを付与した単分散シリカ微粒子が、有機溶媒分散液中で、伸張グラフト鎖間の長距離相互作用を駆動力とする、準ソフト系とでも呼ぶべき新しいタイプのコロイド結晶を形成することが見出された[6]。ただし、駆動力の立体反発力またはブラシ構造に関して、微粒子系は平板基板(平面)上のブラシ系とは事情を異にする。すなわち、グラフト鎖長の増大とともに、有効グラフト密度が減少することになり、最外層のブラシ特性は鎖長とともに、濃厚ブラシから準希薄ブラシへと転移することが見出された[7]。興味深いことに、その境界となるσ^*は約10%となり、平板基板で見積もられた閾値にほぼ等しい。

2.3　摩擦特性

AFMミクロトライボロジー測定により、2種類の膨潤ブラシが発現する摩擦特性の違いが明らかになった[8]。良溶媒中、高荷重条件にて測定された濃厚または準希薄PMMAブラシ同士の摩擦係数μのずり速度依存性を**図3**に示す。CPB系では、速度依存性の異なる2つの領域が存在する。高速度領域では、摩擦係数が速度に依存し、いわゆる流体潤滑に対応する。一方、CPBの低速度域およびSDPBの全測定領域では、摩擦係数の速度依存性は小さい。この領域は、流体力学的相互作用が十分に小さく、ブラシ間の相互作用が摩擦特性を支配する境界潤滑と考えられる。すなわち、CPBにより流体潤滑域が拡大するとともに、その境界潤滑域はSDPBよりも約3桁小さく、極低摩擦特性を示す。さらに、摩擦係数の荷重依存性を調べたところ、SDPB対向系がある荷重を境に約3桁も摩擦係数の大きい領域へ転移するのに対し、CPB対向系は荷重による転移がみられず、極低摩擦を維持することが示された。最近、この優れた低摩擦・高潤滑特性は、高圧リビングラジカル重合法を適用したCPBの厚膜化により、マクロトライボロジー測定でも確認され、新しい機械潤滑系としての応用の可能性も拡がりつつある。

2.4　サイズ排除特性

膨潤CPBは、溶媒中の他分子との相互作用において顕著な選択性を示すと考えられる。**図4**に模式的に示すように、良溶媒中で伸びきり鎖に匹敵するほど高度に伸張しているCPBでは、隣接するグラフト鎖の位置の相関は基板からブラシの最外層まで保持され、すなわち、理想的には隣接グラフト鎖間距離はどこでもグラフト点間距離sとほぼ同じとなる。一方、SDPBでは、隣接グラフト鎖間の位置の相関は基板から遠ざかるにつれて失われていくため、sよりも大きな溶質もブラシ層へ容易に入り込める。したがって、CPB、SDPBともにブラシ層によるサイズ排除は起こりうるが、CPBではその高いグラフト密度、すなわち、小さいグラフト点間距離によりブラシ層からサイズ排除

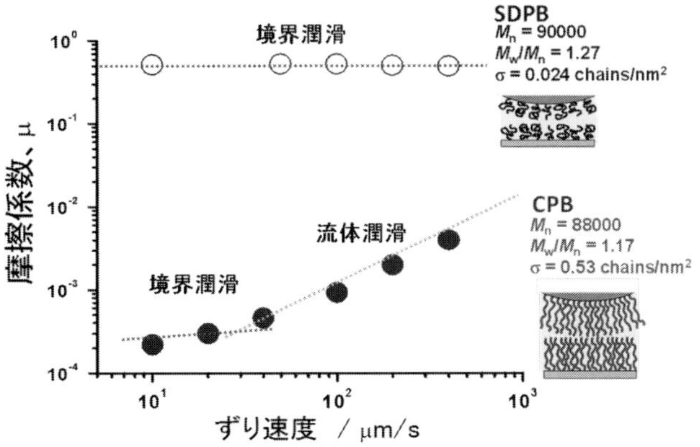

図3　良溶媒中におけるSDPBおよびCPB間の摩擦係数のずり速度依存性(●：CPB、○：SDPB)

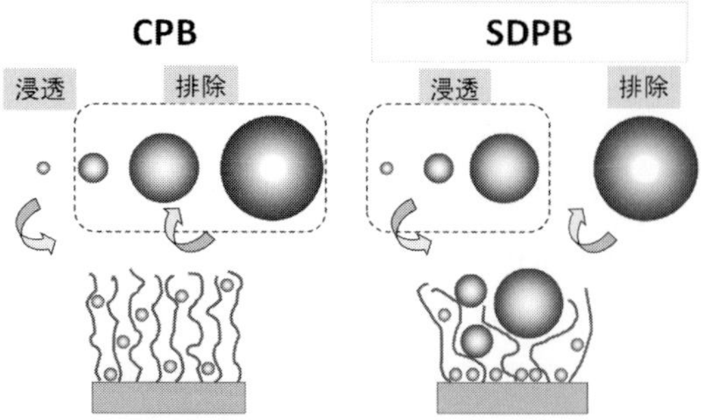

図4　膨潤したCPBおよびSDPBのサイズ排除特性の模式図

される溶質分子の大きさはSDPBに比べて小さく、また明確に(シャープに)サイズ排除される[9]。明確なサイズ排除効果は優れたバイオイナート特性の起源である。すなわち、タンパク質などの生体分子がCPB表面に接着しないため、細胞接着も抑制される。この特性は、分離材やセンサー、バイオインターフェース、あるいは防汚性コーティングへの応用に展開されている。

3　濃厚ポリマーブラシ効果の発現メカニズムと刺激応答

ポリマーブラシの膨潤は、(溶媒とポリマーの)混合エントロピー変化(ΔS_m)由来の浸透圧と(鎖伸張に伴う)形態エントロピー変化(ΔS_c)由来の伸張応力の釣り合いとして理解される。すなわち、グラフト鎖は、浸透圧により膨潤伸張され、伸張応力と釣り合う膨潤度で平衡状態となる。SDPBでは、平衡膨潤時において数気圧程度の浸透圧しか働かないのに対して、CPBの浸透圧は数十気圧にも達すると見積もられる。ゆえに、膨潤CPB層は、わずかな圧縮でも浸透圧の急激な増大をもたらし、高反発特性を発現する。この特性はトライボロジーという観点ではより大きな荷重を支えうること、また、SDPBと比較すると、同荷重において飛躍的に厚い膨潤層を維持しうることを意味し、優れた潤滑特性発現の鍵のひとつである。事実、前述のとおり、厚膜化の有効性が確認されている。一方、境界潤滑摩擦の大幅な低減は、対向圧縮されるポリマーブラシ間の相互貫入状態の変化として理解される。すなわち、SDPBでは、ある荷重を境に相互貫入状態がエントロピー的に有利となり、低摩擦から高摩擦への転移が起こる。一方、CPBは、いかなる圧縮においてもグラフト鎖の収縮の方が相互貫入状態よりもエントロピー的に有利なため、極低摩擦特性が発現したと理解される。サイズ排除特性という観点では、グラフト点間距離より大きな溶質がブラシ層に入り込むためには、グラフト鎖はさらに伸張または収縮する必要があるが、すでに高伸張・高配向構造を有するCPBでは、これに大きなエントロピー損失を強いることとなり、厳密なサイズ排除特性を発現する。

このような、高伸張・高配向、高反発(高圧縮弾性)、極低摩擦特性、厳密なサイズ排除を含むCPB特有の特性は、総じて、ブラシ鎖の高い密度(すなわち高いポリマー濃度)に起因した高浸透圧と、ブラシ鎖の高度に延伸された分子形態(すなわちエントロピー駆動型相互作用)の釣り合いとして理解され、CPB効果と呼ばれる[1)10)]。この発現メカニズムによれば、エントロピー駆動ともいうべきCPB効果は、良溶媒条件を担保することにより、すなわち、さまざまな溶媒系でも適切なポリマーブラシ種を選定することにより発現しうることを示唆する。重要な点として、リビングラジカル重合法では親水性から疎水性まで幅広いポリマー種の精密合成すなわちCPB合成が可能であり、事実上、この戦略を実現できることを附記しておきたい。

浸透圧と伸張応力が拮抗する条件を満たすべく、溶媒組成や温度などの変化により系として良溶媒条件から貧溶媒条件に変化すると、浸透圧の低減によりブラシは収縮することとなる。CPBでは大きな伸張応力が内在するため、SDPBよりもその影響は大きいと予測される。たとえば、CPB系では溶媒の質の低下につれて、ブラシの収縮すなわち膨潤度の低下はより早期に始まることが観察されている。摩擦・潤滑特性という観点では、無溶媒系でも確認されているように、CPB系では貧溶媒条件であっても、対向ポリマーブラシ層の相互貫入が抑制される。しかし、貧溶媒条件では、ポリマーセグメント間の引力的相互作用が増大するため、ある一定値以上では境界潤滑摩擦の増大に繋がると考えられる。ただし、その相互作用については動的な特性を加味する必要があり、その詳細な理解は今後の課題といえる。

以上、非電解質系を想定した議論であったが、pH応答性を有する電解質ブラシの場合、基本は浸透圧と伸張応力のバランスであるが、対イオンの浸透圧も付加され、さらには、クーロン相互作用の寄与も考慮に入れる必要がある[11]。とくに、CPB系では高膨潤状態であっても、そのポリマー濃度はきわめて高く（ポリマーブラシの完全伸張状態を仮定すると、膨潤層におけるポリマー濃度は表面占有率σ^*に等しい。たとえば、PMMA系CPBでは40％程度にも）、したがって、これらの相互作用の影響は大きいと考えられる。この高い濃度ゆえに、刺激応答に伴うポリマーブラシの収縮に関して、ブラシ層内部での不均一性にも留意が必要である[12]。

刺激応答性を議論するうえで、①応答速度（キネティクス）、②応答の大きさ、③可逆・不可逆性、は重要なパラメータである[2]。以下、それぞれの特徴を簡潔に述べる。

①応答速度：一般的なポリマーブラシの平衡膨潤膜厚は数十～数百nmであり、ゲルの膨潤収縮に要する時間がサイズの２乗に比例するという固有の性質を鑑みると、応答速度は比較的早いと想定される。しかし、膨潤ポリマーブラシ層内のポリマー濃度はかなり大きく（数十％）、とくに分子量の比較的大きな溶質分子の拡散に関与する場合には、その応答速度はゲルよりも遅いことも考えられる[13]。

②応答の大きさ：摩擦特性の場合、その特性値はオーダーが変わるほどの大きな応答性を示す。一方、CPBの膨潤度はたかだか数倍であることを考慮すると、アクチュエータとしての機能は、その膨潤膜厚程度、すなわち、ナノ～ミクロの領域に限られ、たとえばマイクロカンチレバー上での利用では効果を発揮する。その際、大きな駆動力が特徴となろう。

③可逆・不可逆性：膨潤収縮応答は可逆的であるが、光架橋などの化学結合を組み合わせた場合は不可逆となる。

また、ランダム・ブロック・組成傾斜型などの共重合ブラシ系や複数のポリマー種からなる混合ブラシ系といったブラシ設計や、基板表面にパターン化されたポリマーブラシや面内で連続的に膜厚が変化する傾斜ブラシなどの材料設計を刺激応答性と組み合わせることで、さまざまなアイデアが実現される[2]。さらに、微粒子や繊維の表面に刺激応答性ブラシを修飾することでも、新しい展開が生まれている[2]。以上のような多様なデザインは、リビングラジカル重合法により実現可能となっている。

4　刺激応答性ポリマーブラシの例

上記のメカニズムを念頭に、刺激応答性ポリマーブラシに関する研究例をみていこう。とくに、ポリマーブラシと溶媒との親和性の観点から、膨潤度、摩擦・潤滑性、溶質分子応答性の変化を理解できる。

4.1　溶媒組成応答性

高分子/溶媒間相互作用の違いを利用した刺

激応答性ポリマーブラシが報告されている。たとえば、ポリスチレンとポリ(2-ビニルピリジン)からなる混合ポリマーブラシを選択溶媒で処理すると、一方のポリマーセグメントが表面偏析するために、その濡れ性(対水接触角)が変化する[14]。また、膨潤溶媒の質は摩擦特性に大きく影響する。たとえば、貧溶媒の比率増大に応答してブラシの膨潤度は減少するため、摩擦係数が増大する。具体的には、PMMA系CPBのAFMミクロトライボロジー試験における流体潤滑域では、ずり速度で規格化した摩擦係数(～実効粘度)は膨潤に使われた溶媒量の3乗でスケールされることが実験的に確かめられた[15]。これは、膨潤度の低下により対向表面間の実効粘度が増加することで、摩擦係数が増大したと考えられる。

4.2 温度応答性

もっとも代表的な温度応答性ポリマーであるPNIPAMのポリマーブラシは、約32℃の下限臨界溶液温度(LCST)以下では(アミド基における)水和により膨潤(親水的)、LCST以上では脱水和により収縮(疎水的)、といった相転移を示す。そのため、PNIPAMブラシの対水接触角は、LCST以下(25℃)で～63°、LCST以上(40℃)では～93°といった濡れの温度応答性が報告されている[16]。この性質を利用して、PNIPAMブラシは、細胞培養や分析などのバイオメディカル分野で広く利用されている[17]。

筆者らのグループはPNIPAMブラシの摩擦特性について報告した[18]。このPNIPAM系CPB(σ^* = 50%)は良溶媒(エタノール)中において高伸張形態(L_e/L_c = 0.9)と極低摩擦特性(μ = 0.0005)を有する。**図5**に、PNIPAM-CPBおよび-SDPBの水中における伸張度L_e/L_c値と、摩擦係数μの温度依存性を示す。水中のPNIPAM-CPBは、低温域では良溶媒中に匹敵する大きな伸張度と低い摩擦係数を、高温域では脱水和に伴うブラシ鎖の収縮により高い摩擦係数を与え、その転移温度は約30℃であった。この高摩擦への転移は、脱水和に伴う膨潤度の低下により2面の凝着力が増大したためと理解される。注目すべき点として、20℃付近から温度上昇に伴い膨潤度が徐々に低下するのに対して、摩擦係数は脱水和がほぼ完了した温度で3桁以上の急激な上昇を示した。対向ポリマーブラシ間の引力的相互作用の大きさとともに、膨潤層内における相分離の不均一性も関与していると考えられる。一方、PNIPAM系SDPBのL_e/L_c値は温度に対してある程度の変化を示すものの、摩擦係数は温度に依らず高い値で一定である点は興味深い。対向ポリマーブラシ間凝着力と相互貫入相互作用に起因する(相互貫入状態を解消する)力の相対的な大きさが、CPB系とSDPB系で異なるためと理解できる。溶媒親和性制御(本系では温度制御)による低摩擦-高摩擦のスイッチングには、高グラフト密度が鍵であることを表す好例といえよう。

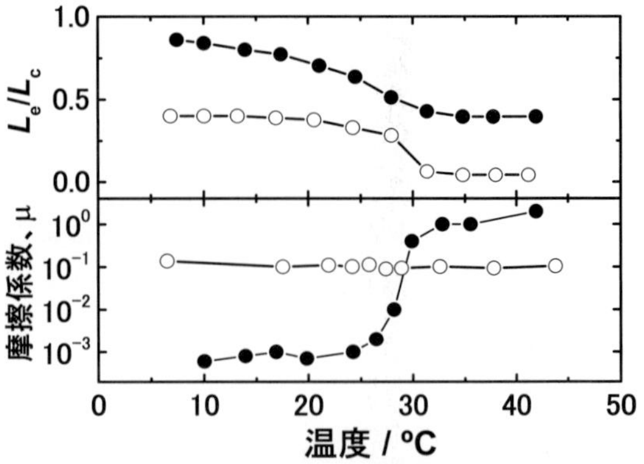

図5 濃厚PNIPAMブラシの鎖伸張度(上)と摩擦特性(下)(●:CPB、○:SDPB)。摩擦係数はずり速度10 μm/s、垂直荷重20 nNにおける値(AFMミクロトライボロジー試験)。

4.3 pH応答性

多数の解離基を有する高分子弱電解質ブラシの膨潤構造は、その水溶液のpHあるいはイオン強度の変化に応答して大きく変化する。たとえば、PAA ブラシの膨潤溶媒の pH を 2 から 10 まで増加させると、その膨潤膜厚は徐々に増加する[19]。これは、側鎖のカルボン酸が塩基により徐々に中和されることでクーロン反発力と浸透圧が生じ、グラフト鎖が伸張するためである。また、ポリメタクリル酸(2-ジメチルアミノ)エチル(PDMAEMA)のブラシは、有機溶媒中(良溶媒：メタノール)では中性ブラシ、水溶液中では pH 応答性弱電解質ブラシとして、また、その 4 級化物(PTMAEMA)は非 pH 応答性強電解質ブラシとして振舞う[11]。このPTMAEMA ブラシは、対イオンの種類に応答し、表面濡れ性が変化することが報告されている[20]。興味深い点として、電解質ポリマーブラシの場合、塩添加により浸透圧が変化することとなるが、CPB 系ではきわめて高いポリマー濃度ゆえに、より高い塩濃度条件でも、その膨潤状態を維持しうると考えられる。

5　おわりに

昨今、ポリマーブラシはサイエンスとしてだけでなく、十分にテクノロジーとしても成り立つものと認識されつつある。事実、ブラシへの刺激応答性の組み込みによるインテリジェント材料・環境調和材料・医用材料・センシングデバイス等の高付加価値/新価値な材料開発が活性化している[2]。今後のさらなる展開が期待される。

文　献

1) Y. Tsujii, K. Ohno, A. Goto and T. Fukuda：*Adv. Polym. Sci.*, **197**, 1(2006).
2) T. Chen, R. Ferris, J. Zhang, R. Ducker and S. Zauscher：*Prog. Polym. Sci.*, **35**, 94(2010)；
M. A. Cohen Stuart et al.：*Nat. Mater.*, **9**, 101(2010)；
S. Peng and B. Bhushan：*RSC Adv.*, **2**, 8557(2012)；
M. I. Gibson and R. K. O'Reilly：*Chem. Soc. Rev.*, **42**, 7204(2013).
3) S. Yamamoto, M. Ejaz, Y. Tsujii, M. Matsumoto and T. Fukuda：*Macromolecules*, **33**, 5608 (2000)；
S. Yamamoto, M. Ejaz, Y. Tsujii and T. Fukuda：*Macromolecules*, **33**, 5602(2000).
4) P. G. de Gennes：*C. R. Acad. Sci.*(*Paris*), **300**, 839(1985).
P. G. de Gennes：*Adv. Colloid Interface Sci.*, **27**, 189(1987).
5) H. J. Taunton, C. Toprakcioglu, L. J. Fetters and J. Klein：*Nature*, **332**, 712(1988)；
H. J. Taunton, C. Toprakcioglu, L. J. Fetters and J. Klein：*Macromolecules*, **23**, 571(1990).
6) K. Ohno, T. Morinaga, S. Takeno, Y. Tsujii and T. Fukuda：*Macromolecules*, **39**, 1245(2006).
7) K. Ohno, T. Morinaga, S. Takeno, Y. Tsujii and T. Fukuda：*Macromolecules*, **40**, 9143(2007).
8) Y. Tsujii, A. Nomura, K. Okayasu, W. Gao, K. Ohno and T. Fukuda：*J. Phys.*：*Conf. Ser.*, **184**, 012031(2009).
9) C. Yoshikawa, A. Goto, N. Ishizuka, K. Nakanishi, A. Kishida, Y. Tsujii and T. Fukuda：*Macromol. Symp.*, **248**, 189(2007)；
C. Yoshikawa, A. Goto, Y. Tsujii, N. Ishizuka, K. Nakanishi and T. Fukuda：*J. Polym. Sci.*：*Part A*, **45**, 4795(2007).
10) 辻井敬亘，大野工司，榊原圭太：ポリマーブラシ(高分子基礎科学 One Point シリーズ第 5 巻)，共立出版(2017).
11) S. Sanjuan, P. Perrin, N. Pantoustier and Y. Tran：*Langmuir*, **23**, 5769(2007).
12) X. Laloyaux, B. Mathy, B. Nysten and A. M. Jonas：*Langmuir*, **26**, 838(2010).
13) T. Masuda, A. Mizutani Akimoto, M. Furusawa, R. Tamate, K. Nagase, T. Okano and R. Yoshida：*Langmuir*, **34**, 1673(2018).
14) J. Draper, I. Luzinov, S. Minko, I. Tokarev and M. Stamm：*Langmuir*, **20**, 4064(2004).
15) A. Nomura, K. Okayasu, K. Ohno, T. Fukuda and Y. Tsujii：*Macromolecules*, **44**, 5013(2011).
16) T. Sun, G. Wang, L. Feng, B. Liu, Y. Ma, L. Jiang and D. Zhu：*Angew. Chem. Int. Ed.*, **43**, 357(2004).
17) K. Nagase, M. Yamato, H. Kanazawa and T. Okano：*Biomaterials*, **153**, 27(2018).
18) W. Gao, et al：to be submitted；野村晃弘：京大院工・学位論文(2011).
19) N. D. Treat, N. Ayres, S. G. Boyes and W. J. Brittain：*Macromolecules*, **39**, 26(2006).
20) O. Azzaroni, A. A. Brown and W. T. S. Huck：*Adv. Mater.*, **19**, 151(2007).

基礎編

第３章　材料設計
第６節　不均一重合による刺激応答性高分子微粒子の設計

神戸大学　南 秀人

1　はじめに

乳化重合や分散重合等の不均一重合で得られる高分子微粒子は、粒径や単分散性を設計するだけでなく中空、相分離構造や形状などのモルフォロジーを制御することで機能性を発現させることが可能である。さらに高分子の下限臨界溶解温度（LCST）を利用した熱刺激応答性ゲル粒子など本書の主題となっている刺激応答性を付与することで、微粒子材料のより高度な機能化が期待される。本節では我々の研究を中心に刺激応答を有する高分子微粒子の設計・合成について概説する。

2　刺激に応答して形状を変化させる粒子

2.1　赤血球状粒子

我々は、独自の方法により架橋構造を有する真球状の単中空高分子粒子の合成に成功している[1)2)]。その際、非常に興味深いことに低重合率でラグビーボール状や赤血球状の粒子が得られることが観察された[3)]。これは、重合率が低いときには中空粒子の架橋シェル壁が十分な強度に達していないことに起因している。中空構造形成のために粒子内に油溶性溶剤を含有させるが、重合率が低いときに取り出し、開放系に放置しておくと、油溶性溶剤および未反応のモノマーが粒子内部から媒体の水相をとおして蒸発する。しかしながら、シェル壁は疎水性の高分子であるため溶剤が抜けた空間に媒体の水は入り込みにくく、カプセル内外に圧力差が生じる。その際、シェル壁の強度が低い場合にはボールの空気が抜けたように球状粒子がへこみ赤血球状やラグビーボール状になる。このような異形粒子を積極的に合成することを目的とし、重合率100％においてシェル層の厚さを薄く、かつ架橋密度を低下させるようにモノマー組成を変化させることによりシェル壁強度を制御した結果、**図１**(b)に示すような赤血球状異形単分散高分子微粒子の合成に成功した。さらにシェル壁の厚み、架橋密度を低下させることで、より異形化したラグビーボール状の高分子微粒子も合成できることも明らかにしている（図１(c)）。肝心の刺激応答性としては、面白いことに、得られた異形粒子の水分散体に油溶性溶剤を少し浮かべると、異形粒子がその溶剤を吸収して再び球状に戻る様子が観察された（図１(d)→(e)）。一方、その球状粒子をしばらく開放系で放置しておくと溶剤がまた蒸発することにより、異形粒子に戻ることを明らかにした（図１(e)→(f)）[4)]。この変化は可逆的に起こることを観察しており、溶剤存在/不在（吸収/放出）により中空（球状）/異形と粒子形状を変化させる刺激応答粒子と考えることができる。

2.2　マッシュルーム状粒子

複合粒子のモルフォロジー制御に関する一連の検討として、種々の粒子設計法を提起してきた。その１つとして、あらかじめ別途作製したポリスチレン（PS）とポリメタクリル酸メチル

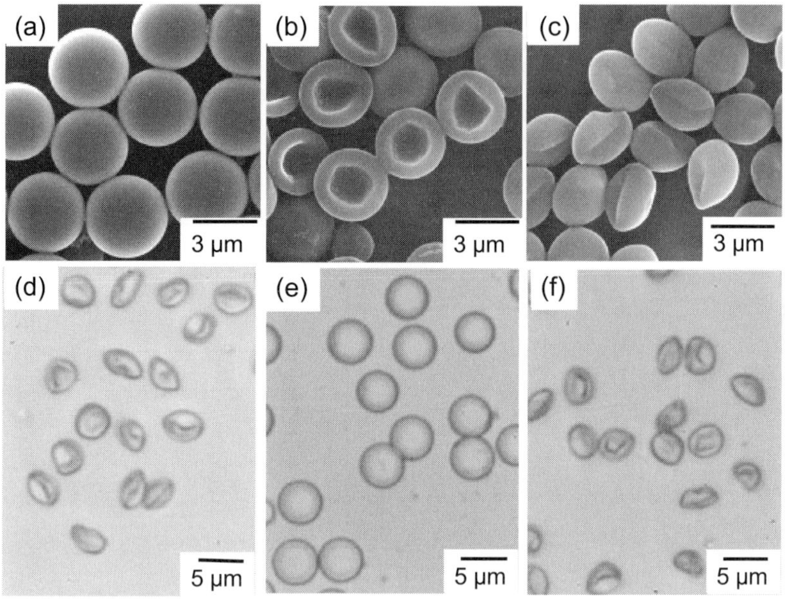

図 1　中空粒子の走査型電子顕微鏡写真(a) ～ (c)
シェル壁が十分な強度を有している場合(a)、シェル壁の強度が弱い場合(b)、(c)。溶剤を放出(d)、(f)および吸収したとき(e)の高分子微粒子の水分散体の光学顕微鏡写真

(PMMA)をトルエン(両ポリマーに対して良溶媒)に溶解させ、分散安定剤(界面活性剤)水溶液中に分散させた後、そこからトルエンを徐放させることで複合粒子を作製する溶剤蒸発法を用い、真球状や雪だるま状などさまざまな形状を有するヤヌス粒子の作製に成功している[5]。その方法を利用して、制御/リビングラジカル重合法の一種である原子移動ラジカル重合(ATRP)法の開始基であるハロゲン化アルキル基(臭素基)を有するメタクリル酸 2-(2-ブロモイソブチリロキシ)エチル-スチレン共重合体(P(S-BIEM))、および PMMA から構成される複合粒子を作製した後、得られた複合粒子をシード粒子(マクロ開始剤)としてメタクリル酸 2-(ジメチルアミノ)エチル(DM)の表面開始 ATRP を行ったところ、粒子はマッシュルーム状になることを明らかにした[6]。**図 2** に示したように複合粒子の片側からのみ重合率の増加に伴って PDM 層が生長して、その厚みが増加する様子が光学顕微鏡により観察された。さらに、PS 相と PMMA 相の体積比を変えることにより、得られる粒子のモルフォロジーも制御可能である。ポリ DM(PDM)は、LCST を有する感温性(34℃付近に LCST)と同時に pH 応答性高分子(pKa = 6.8)でもある。その PDM 層は水分散中において pH 応答性を示し、**図 3** に示すように、PDM 相が膨潤収縮を繰り返し、粒子の形状が変化していることがうかがえる。

また得られたマッシュルーム状 PMMA/P(S-BIEM)-*g*-PDM 粒子分散液中に油相としてオクタノールを加え、各温度、pH において撹拌したところ、LCST 以下において pH 3.0、6.0 および 11.0 の場合、複合粒子は水相および油相のどちらかに存在していたのに対し、pH 7.2 では安定なエマルションが形成された(**図 4**(a))。このエマルションを光学顕微鏡で観察したところ、図 4(b)、(c)に示すように複合粒

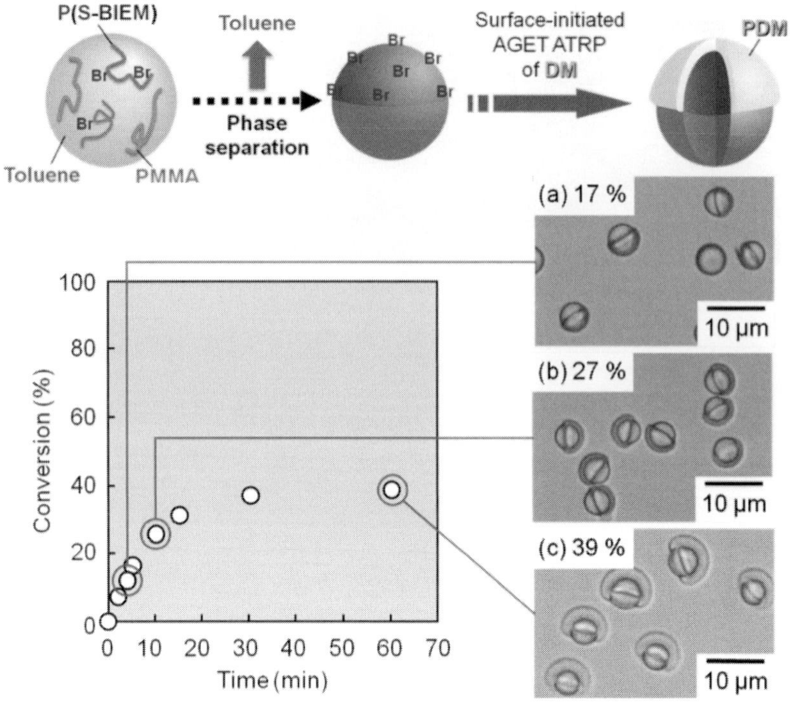

図2　PMMA/P(S-BIEM)(1/1、w/w)をシードとしたDMの表面開始ATRPによるマッシュルーム状粒子の合成スキーム、及び時間－重合率曲線と得られる粒子の光学顕微鏡写真
重合率(%)：(a)17；(b)27；(c)39

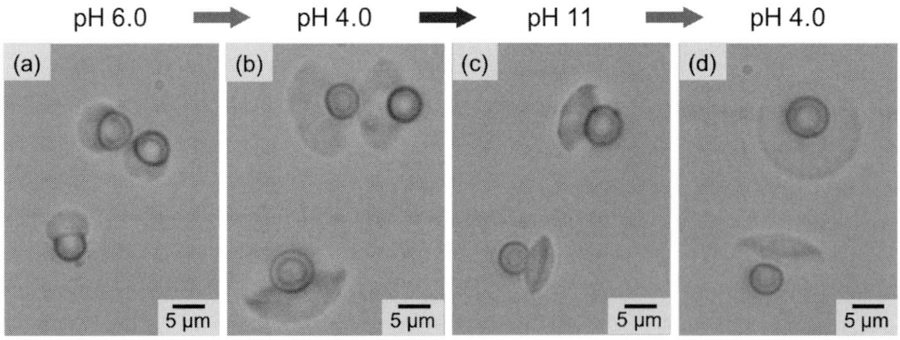

図3　PMMA/P(S-BIEM)(95/5、w/w)複合粒子をシードとしたDMの表面開始ATRPにより得られたマッシュルーム状粒子のpHによる変化の光学顕微鏡写真
(a)pH 6.0、(b)4.0、(c)11、(d)4.0(すべて室温)

子が界面に存在しており、PDM層を水相側に向けたピッカリングエマルションが形成されていた。またLCST以上に昇温した際、pH 3.0および11.0の場合では変化はみられなかったものの、pH 6.0では新たに安定なピッカリングエマルションが形成された一方、pH 7.2では複合粒子は完全に油相に移動し、エマルション状態が破壊したことから、温度応答性についても確認でき、ヤヌス粒子の刺激応答性粒子型乳化剤としての可能性を見出した[7]。

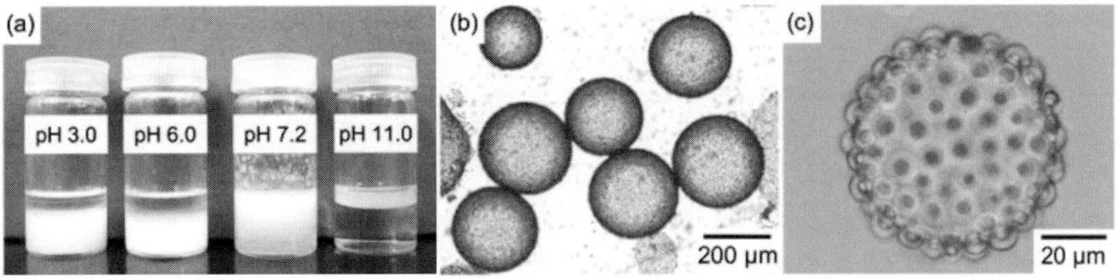

図4　マッシュルーム状粒子を乳化剤として用いたオクタノールの乳化状態
pH(3.0、6.0、7.2、11.0)およびpH7.2におけるエマルションの光学顕微鏡写真(b)、(c)

2.3　イオン液体含有ゲル粒子

常温においても溶融した塩であり、不揮発性、高耐熱性などの特徴を有するイオン液体が新規な環境適応型媒体として注目を集めている。渡邊らはイオン液体中においてポリベンジルメタクリレートゲル粒子がLCSTを有し、低温膨潤－高温収縮の体積相転移現象を示すことを報告している[8]。このようなイオン液体含有ゲルは、従来の水や有機溶剤系とは異なり、溶媒蒸発による経時的機能劣化が生じないゲル材料として、さまざまな応用が期待される。しかしながら、体積相転移ゲル粒子は媒体の種類にかかわらず、可逆性を示すためには膨潤溶媒に分散させる必要がある。そこで、**図5**に示すように、イオン液体に対してLCSTを有する高分子相(ポリフェニルエチルメタクリレート(PPhEMA))と常にイオン液体で膨潤する高分子相(PMMA相)の複合粒子の合成を試みた。このような粒子は、PMMA相がリザーバーとして働き、分散状態でなくてもイオン液体により体積相転移を示し、形状が変化する新規なゲル材料となることが期待できる。まずイオン液体中で感温性を示すPPhEMAを用いて、図5に構造式を示した疎水性イオン液体の1つである1-ブチル-3-メチルイミダゾリウム ビス(トリフルオロメタンスルホン)アミド([Bmim][TFSA]、以下IL)を含有した感温性ゲル粒子を水中で作製した。具体的にはPhEMAモノマーと、共重合モノマーとしてビニルトルエン(VT)を用い、架橋剤エチレングリコールジメタクリレート(EGDM)、アゾ系開始剤、膨潤溶媒となるILを油相として、ポリビニルアルコール水溶液中、ホモジナイザーで懸濁滴を作製し、30℃、24時間重合を行うことで、ILを含有したP(PhEMA-VT)/IL、およびP(PhEMA-MAA)/ILシードゲル粒子を作製した。感温性を示すPPhEMAのIL中でのLCSTは118℃であるため、ILと親和性の低いVTをさまざまな組成で共重合したところ、10 mol%系で、応答性も維持しながら98℃までLCSTが低下した。**図6**には、作製したP(PhEMA-VT)/ILゲル粒

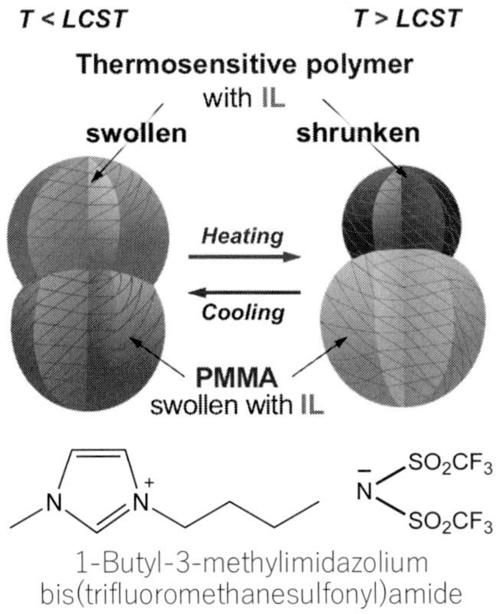

図5　自立型体積相転移ゲル粒子の概念図と膨潤させるイオン液体の構造

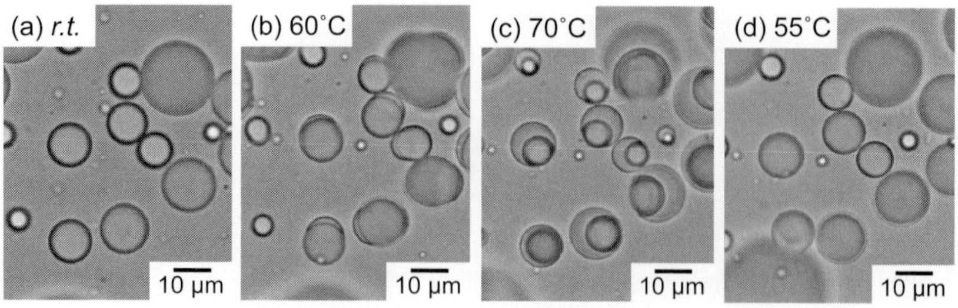

図6　イオン液体を含有したP(PhEMA-VT)粒子の温度変化による相分離変化の光学顕微鏡写真

子の水中における体積相転移挙動を示した。IL中(98℃)より低い60℃付近でポリマーとILとの相分離が始まり、70℃にて完全に相分離した。疎水性が高いILはポリマーから離れることなく、IL相として吸着したままであった。降温するとポリマーは再びILを吸収して速やかに膨潤した。水中でLCSTが大幅に低下した原因は、ゲル粒子内のILにポリマーの貧溶媒である媒体の水が少量溶け込み、相分離しやすくなったためと考えられる。続いて、このゲル粒子にメタクリル酸メチル(MMA)を吸収させた後、LCST以上(70℃)でP(PhEMA-VT)とILが相分離した状態でシード重合を行い、P(PhEMA-VT)/IL/PMMA複合ゲル粒子を得た。得られた複合ゲル粒子は、**図7**(a)～(c)に示したように明瞭に相分離したモルフォロジィを有し、球状部がP(PhEMA-VT)相、三日月部がPMMA相であることを別途確認した。得られた複合ゲル粒子の水媒体中における体積相転移挙動を観察したところ、昇温するとP

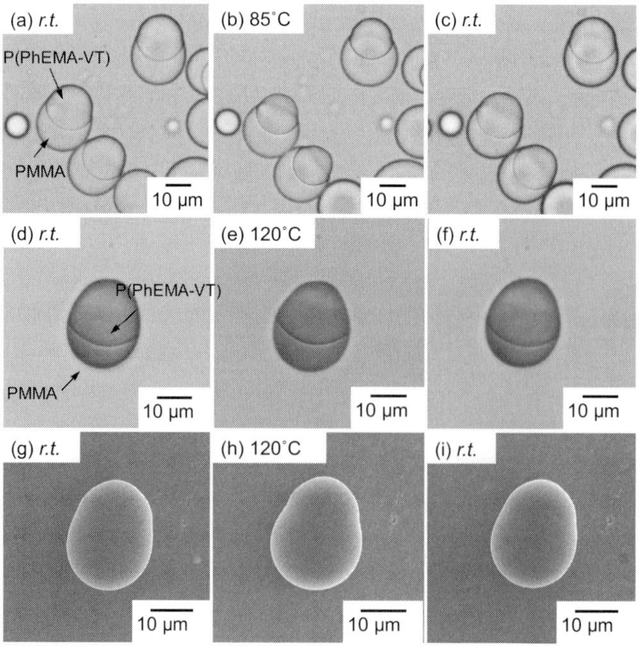

図7　P(PhEMA-VT)/PMMA/IL複合粒子の温度変化の光学顕微鏡写真(a)～(f)
水分散状態(a)～(c)、乾燥状態(d)～(f)および走査型電子顕微鏡写真(g)～(i)

(PhEMA-VT)相は収縮し、PMMA相はさらに膨潤した。代表的な複合粒子について体積変化量を解析すると、粒子全体の体積は変わらずに、可逆的に各ポリマー相が体積変化したことが示された。これは、PMMAが温度に依らずILと相溶するポリマーであることから、PMMA相がP(PhEMA-VT)相と相分離したILを吸収するリザーバーの役割を果たし、各ポリマー相がそれぞれ体積変化を示したと考えられる。予想通り、乾燥状態においても(図7(d)～(f))、粒子外部にILが滲み出すことなく、水中同様に温度に応答して相分離界面が移動しており、複合ゲル粒子の形状が変化した。さらに、イオン液体が不揮発性であることから走査型電子顕微鏡(SEM)観察(真空中)においても温度変化により形状変化を示した(図7(g)～(i))[9]。

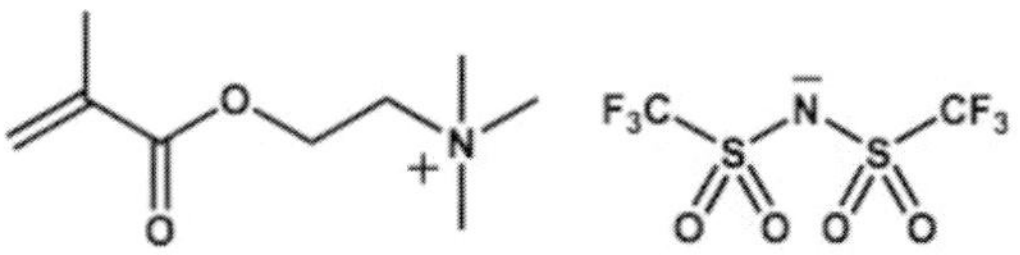

図8　[MTMA][TFSA]の化学構造

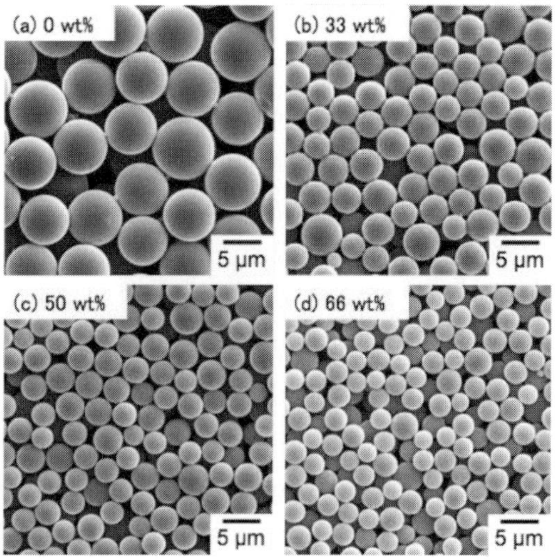

図9　分散重合により作製したポリ[MTMA][TFSA]粒子の走査型電子顕微鏡写真。エタノール濃度(w/w)：(a)0；(b)33；(c)50；(d)66.

3　ポリイオン液体を利用した刺激応答性粒子

3.1　ポリイオン液体粒子

ILは、前述のような性質の他にイオン伝導性や二酸化炭素吸収能などさまざまな機能性を有しており、カチオン・アニオン種を設計することにより、磁性や液晶性、蛍光特性などの機能性付与も容易に可能であることから、反応媒体としてだけではなく、機能性材料としての応用が期待されている。そのようななか、力学特性や加工性などの観点からイオンゲルやILポリマーなどIL自身を「固体化」する試みもなされ始めている。重合性官能基を有するILを重合することにより得られるILポリマーは、ILと高分子の特徴を併せもつ新規な機能性材料として期待され、盛んに研究が行われている。そのなかで、ILポリマーの粒子化に関する報告は懸濁重合や逆相濃厚乳化重合を用いており、得られたILポリマー粒子の粒子径制御は困難であり、粒子径分布は多分散であった[10]。また、YuanらによりILポリマー微粒子の分散重合による報告が初めてなされたが、得られた粒子はナノサイズと非常に小さく、粒子径制御に関しての検討は行われていなかった[11]。我々は、カチオン性モノマーである[2-(メタクリロイルオキシ)エチル]トリメチルアンモニウム クロリド([MTMA]Cl)とリチウム ビス(トリフルオロメタンスルホン)アミド(Li[TFSA])との間のアニオン交換により得られるILモノマー、[MTMA][TFSA](**図8**)を作製し、粒子径・粒子径分布の制御を目的とし、上記ILモノマーの分散重合によりミクロンサイズのILポリマー微粒子の合成を試みた。分散安定剤としてポリビニルピロリドン(PVP)を用い、メタノール媒体中で分散重合を行ったところ、真球状の粒子が得られ、**図9**(a)のSEM写真から観察されるように平均粒子径6.1 μm、変動係数8.6 %のミクロンサイズで単分散なPoly([MTMA][TFSA])粒子の作製に成功した。さらに、粒子径制御を行うために、ILポリマーとの親和性がメタノールより比較的低いエタノールをメタノール媒体中に混合して重合を行ったところ、図9(b)～(d)に示すように媒体の混合比を変えることで変動係数が10%前後の単分散性を保ったまま粒子径の制御が可能であることを明らかにした。得られたポリマーの分子量を測定したところ、30万～60万程度であり、そのTgはDSC測定により90℃付近であることが示された。得られたポリイオン液体がモノマーと同様に刺激応答性を有しているかどうか確認するため、エマルションにLiBrを添加したところ、アニオン交換によりポリマーの溶解性が変化し、エマルションが透明な溶液になる様子が観察された。さらに、得られた透明な溶液に添加したLiBrと同重量のLi[TFSA]を添加したところ、ポリマーの再析出が観察され(**図10**)、アニオン交換が速やかに起こり、その溶解性を変化するなどポリマーにおいてもイオン液体の塩刺激応答性性質を保持していることを明らかにした[12)]。

3.2 ポリイオン液体をシェルとするカプセル粒子

PILの塩刺激応答性を利用するために、**2.1**の赤血球状粒子の合成でも使用した中空化高分子粒子の合成法により、PILをシェルに有する中空粒子の合成を試み、機能変換可能な新規マイクロカプセル材料の作製を目指した。このようなカプセル粒子は、アニオン交換によりシェル層の性質を疎水性から親水性へと変化させることが期待され、同一粒子で油溶性及び水溶性物質を粒子内部に保持させることも可能となる。[MTMA][TFSA]/EGDM重量比を50/50とし、合成を行った結果の得られた粒子のSEM写真、及び超薄切片の透過型電子顕微鏡(TEM)写真を**図11**に示した。平滑な表面を有する球状の粒子が得られ、その内部は中空構造を形成していた。また、シェル壁の厚みの実測値と仕込み量による理論値が同程度であったことから、[MTMA][TFSA]とEGDMの重合がほぼ完結していることが示唆され、PIL中空粒子の合成に成功したことを確認した。粒子中のPILの割合が多いほど、アニオン交換による粒子の性質変化が顕著になると考え、[MTMA][TFSA]/EGDM比を増加させ、同様の重合を行った。その結果、[MTMA][TFSA]が80 wt%以上の系では架橋剤量の減少に伴うシェル壁強度の低下により中空構造が保持できず、へこんだ粒子が得られたのに対し、[MTMA]

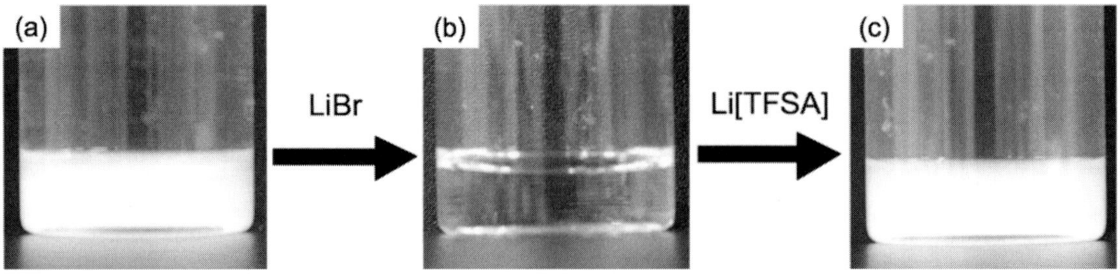

図10　ポリ[MTMA][TFSA]粒子メタノール分散体
(a)のアニオン交換による状態変化　(b)LiBr添加後　(c)Li[TFSA]添加後

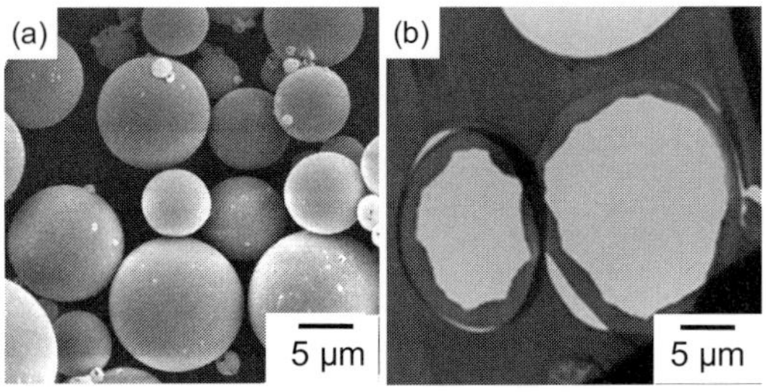

図11　ポリ([MTMA][TFSA]-EGDM)(w/w＝50/50)粒子の走査型電子顕微鏡写真(a)および超薄切片の透過型電子顕微鏡写真(b)

[TFSA]が70 wt%以下の系では球状かつ中空構造の粒子が得られた。さらに70 wt%の粒子を用いてLiBrエタノール溶液を用いアニオン交換を試みたところ、粒子の形状は球状を保持していた。またFT-IRスペクトルの[TFSA]アニオンに起因するピークの消失よりBrアニオンへの交換が確認できた。別途作製した同成分のフィルムの接触角を測定することでもアニオン交換により疎水-親水性が変化していることも確認した。実際に水溶性物質および油溶性物質に対するカプセル特性を評価するために、ローダミンB水溶液(水溶性物質)およびNile red/ジメチルスルホキシド(DMSO))溶液(油溶性物質)中で粒子の共焦点顕微鏡観察を行った。ローダミンB水溶液中において、アニオン交換前の疎水性の粒水子では内部に蛍光が観察されないのに対して、アニオン交換後の親水性の粒子には内部まで蛍光が観察された(**図12**(a)、(b))。一方、Nile red/DMSO溶液中においては、疎水性の粒子では内部まで蛍光が観察されたのに対して、親水性の粒子では内部に蛍光が観察されなかった(図12(c)、(d))。これらの結果より、塩刺激(アニオン交換)によりシェルの性質を疎水－親水性と変化させることができることを明らかにし、油溶性および水溶性物質を粒子内部へと浸透できることを示した。しかしながら、たとえば水溶性物質(ローダミンB)を浸透させた系について、水で繰り返し洗浄すると中空部の蛍光が観察されなくなった。これは水溶性物質が親水性のシェルに

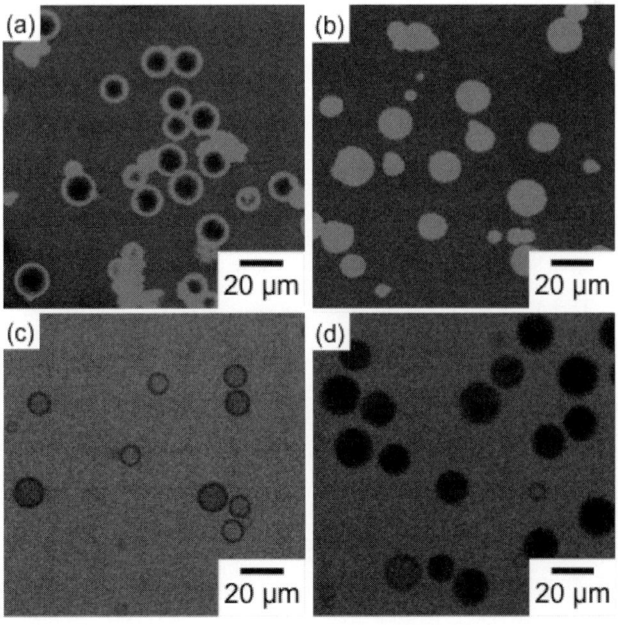

図12　ポリ([MTMA][TFSA]-EGDM)/PBMA(a)、(c)およびポリ([MTMA] Br-EGDM)/PBMA(b)、(d)中空粒子のRhodamine B分散(a)、(b)およびNile red/DMSO(c)、(d)分散状態の共焦点顕微鏡写真
※口絵参照

浸透しやすい反面、放出されやすいためである。水溶性物質を粒子内部に強固に保持させることを目的として、ローダミンB水溶液が浸透している親水性の中空粒子をLi［TFSA］水溶液中にて再度アニオン交換を行い、シェル層を疎水性に変化させた。その結果、10回遠心洗浄した後においても粒子内部の蛍光の強さは洗浄前と同様であり、ローダミンBを粒子内部に強固に保持させることに成功した[13]。このように、塩刺激により、シェル層の性質を大きく変化させるカプセル粒子の合成に成功した。ポリイオン液体粒子の塩刺激応答性は親水—疎水性変換だけでなく、アニオン交換により別の官能基を有する分子や金属塩の導入により磁性などの機能付与にも成功しており[14]、さらなる機能性粒子としての応用が期待できる。

4　水素結合を利用した（pH応答性）粒子構造体

微粒子を配列・組織化させた集合体は、微粒子単体ではみられない特性を発現することから、新規な機能性材料への応用が期待されている。たとえば、二次元、三次元に配列した集合体は、コロイド結晶と呼ばれ、その粒子径に由来する特異な光学特性などを示すことが報告されている。また、一次元鎖状構造を形成した際にも、特異な光学特性、レオロジー特性を発現することが期待されている。

ところで、水溶性高分子であるポリアクリル酸（PAA）とポリビニルピロリドン（PVP）は、混合すると酸性条件下では水中においても水素結合による錯体を形成し、水に不溶な沈殿を形成することが古くから知られている[15]。我々は、これらのポリマーを分散安定剤として用いてスチレンの分散重合を行い、それぞれ得られた大小径のポリスチレン（PS）粒子表面にグラフト化されたPAA及びPVP間の水素結合によるヘテロ凝集を利用することで、ベースポリマーに制限がない、大粒子に小粒子が被覆したラズベリー状粒子の作製に成功している[16]。この知見を用いて、分散安定剤間の水素結合を利用した粒子の一次元配列制御を目的とし、一粒子の片側にPAA、もう片側にPVPを分散安定剤とする$PS_{PAA}/PMMA_{PVP}$複合粒子（ヤヌス粒子）の作製を試み、粒子の表面に存在するPAAとPVP間の水素結合を利用することで、pHの制御により一次元鎖状の粒子配列制御を検討した。このヤヌス粒子は次のように合成した。分散安定剤としてPAAを用い、スチレンの分散重合を行い、得られたPS_{PAA}粒子をシードとし、次に分散安定剤としてPVPを用い、MMAのシード分散重合を行った。その後2.2で紹介した溶剤蒸発法を応用してPS、PMMAともに良溶媒であるトルエンを滴下し、粒子に膨潤させた後、トルエンを穏やかに放出させ、粒子内相分

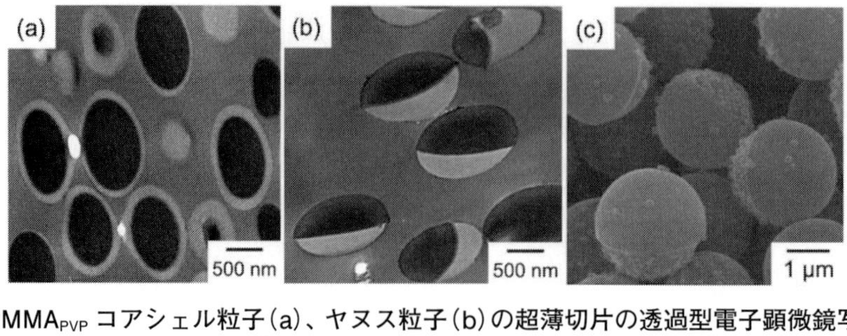

図13　$PS_{PAA}/PMMA_{PVP}$コアシェル粒子（a）、ヤヌス粒子（b）の超薄切片の透過型電子顕微鏡写真（RuO_4染色）および$PS_{PAA}/PMMA_{PVP}$ヤヌス粒子とシリカ粒子の混合物の走査型電子顕微鏡写真

離構造の再構築を行うことによりヤヌス粒子を合成した。**図 13** に複合粒子の超薄切片の TEM 写真を示した。溶剤放出前における内部構造は PS をコア、PMMA をシェルとするコアシェル構造が観察された。一方、溶剤放出処理後では、PS および PMMA 成分が半球状に相分離した粒子径が単分散なヤヌス粒子が得られたことを確認した(図 13(b))。作製したヤヌス粒子がそれぞれ PVP と PAA で安定化されているかどうか確認するため、pH6 の条件下で PVP のみに選択的に水素結合が生じるシリカ粒子を混合したところ、片側のみに吸着している様子が観察された(図 13c)。このことから、ベースポリマーの相分離変化とともにそれぞれにグラフト化している分散安定剤の PAA および PVP の位置が変化し、粒子の片側表面に PAA、もう片側に PVP を有するヤヌス粒子が生成していることを明らかにした。このヤヌス粒子の配列制御を行うため、溶剤放出後のヤヌス粒子のエマルション、および比較としてコアシェル粒子のエマルションの pH をさまざまに変化させたところ、いずれの場合も pH が高いときは安定に分散しているのに対し、PAA のカルボキシ基が解離しない pH 4 付近では凝集が観察された。この際、コアシェル粒子は無秩序に凝集したが、ヤヌス粒子は鎖状に連なった一次元配列しているものが多く観察され(**図 14**)、分散安定剤間の水素結合を利用することにより一次元鎖状構造を形成することを観察した。さらにこれら鎖状構造は pH を塩基性側にすると、一次元鎖状構造が壊れ、単粒子で分散するようになり pH 刺激により構造を制御できることを明らかにした[17]。本書の主題とは離れるが、この凝集挙動は時間経過を光学顕微鏡上で観察すると、時間の増加とともに、鎖状構造を形成する粒子数は増大していくことが観察され、これら平均会合数を評価したところ、2 官能性モノマーの逐次重合の重合度(会合数)の理論値と一致することを明らかにし、鎖状粒子数は制御可能であることも明らかにするだけでなく、分子モデルとしても期待できることを示した。

5　おわりに

高分子微粒子材料は、バルク材料と比較し

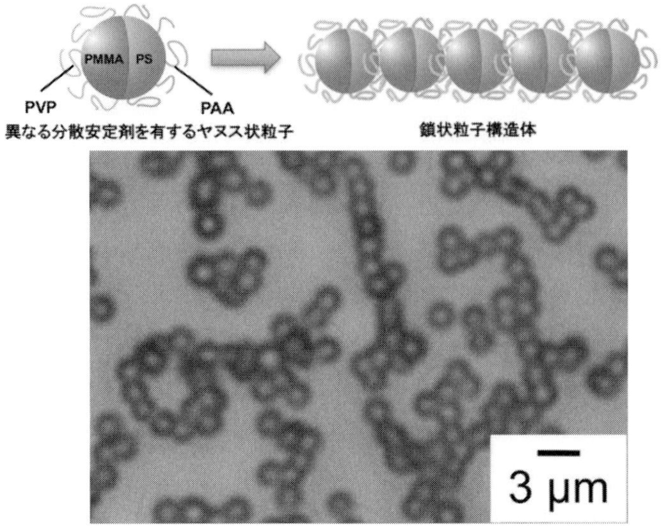

図 14　$PS_{PAA}/PMMA_{PVP}$ ヤヌス粒子分散体を pH4 に調整した後 90 分後の光学顕微鏡写真

て、その大きさから刺激に対する応答性が早く、また集積させることにより、その変化を増幅させ、ときには非線形的に変化させることも可能となる。機能をもたせる高分子微粒子の合成法や設計法が多く検討されてきているが、官能基や有機反応を利用することだけでなく、刺激応答性の部位(高分子)をうまく粒子に配置することにより、さらに機能性を付加できる多くの可能性を秘めている。

文　献

1) H. Minami, H. Kobayashi and M. Okubo：*Langmuir,* **21**, 5655(2005).
2) H. Minami, M. Okubo and Y. Oshima：*Polymer,* **46**, 1051(2005).
3) M. Okubo and H. Minami：*Colloid Polym. Sci.*, **275**, 992(1997).
4) M. Okubo, H. Minami and K. Morikawa：*Colloid Polym. Sci.,* **281**, 214(2003).
5) N. Saito, Y. Kagari and M. Okubo：*Langmuir*, **22**, 9397(2006).
6) T. Tanaka, M. Okayama, Y. Kitayama, Y. Kagawa and M. Okubo：*Langmuir*, **26**, 7843(2010).
7) T. Tanaka, M. Okayama, H. Minami and M. Okubo：*Langmuir,* **26**, 11732(2010).
8) T. Ueki and M. Watanabe：*Langmuir*, **23**, 988(2007).
9) T. Suzuki, H. Ichikawa, M. Nakai and H. Minami：*Soft Matter.,* **9**, 1761(2013).
10) D. Mecerreyes：*Prog. Polym. Sci.* **36**, 1629(2011)
11) J. Yuan and M. Antonietti：*Macromolecules*, **44**, 744(2011).
12) M. Tokuda, H. Minami, Y. Mizuta and T. Yamagami：*Macroml. Rapid Commun.,* **33**, 1130(2012).
13) R. Nakamura, M. Tokuda, T. Suzuki and H. Minami：*Langmuir,* **32**, 2331(2016).
14) M. Tokuda, T. Shindo, T. Suzuki and H. Minami：*RSC Adv.,* **6**, 31574(2016).
15) K. L. Smith, A. E. Winslow and D. E. Petersen：*Ind. Eng. Chem.*, **51**, 1361(1959).
16) H. Minami, Y. Mizuta and T. Suzuki：*Langmuir,* **29**, 554(2013).
17) S. Onishi, M. Tokuda, T. Suzuki and H. Minami：*Langmuir,* **31**, 674(2015).

第3章　材料設計
第7節　刺激応答性コアーシェル型高分子ナノ粒子の設計

山形大学　森 秀晴

1　はじめに

高分子ナノ粒子は、その化学構造により多種多様な機能を導入可能であり、かつ高表面積と容易な表面修飾による機能の高密度化が期待できる機能性ナノ材料である。現代の高性能かつ多様化する先端技術の発展に対応するためには、刺激応答性などの欲しい機能を必要な部位に自在に付与できるナノ粒子の合成法の開発が必須となる。高分子ナノ粒子の合成法の1つとしてブロック共重合体の自己組織化を利用した手法が挙げられる。懸濁重合や乳化重合などを用いた一般的な高分子微粒子の合成手法と比較して、ブロック共重合体の自己組織化を利用し

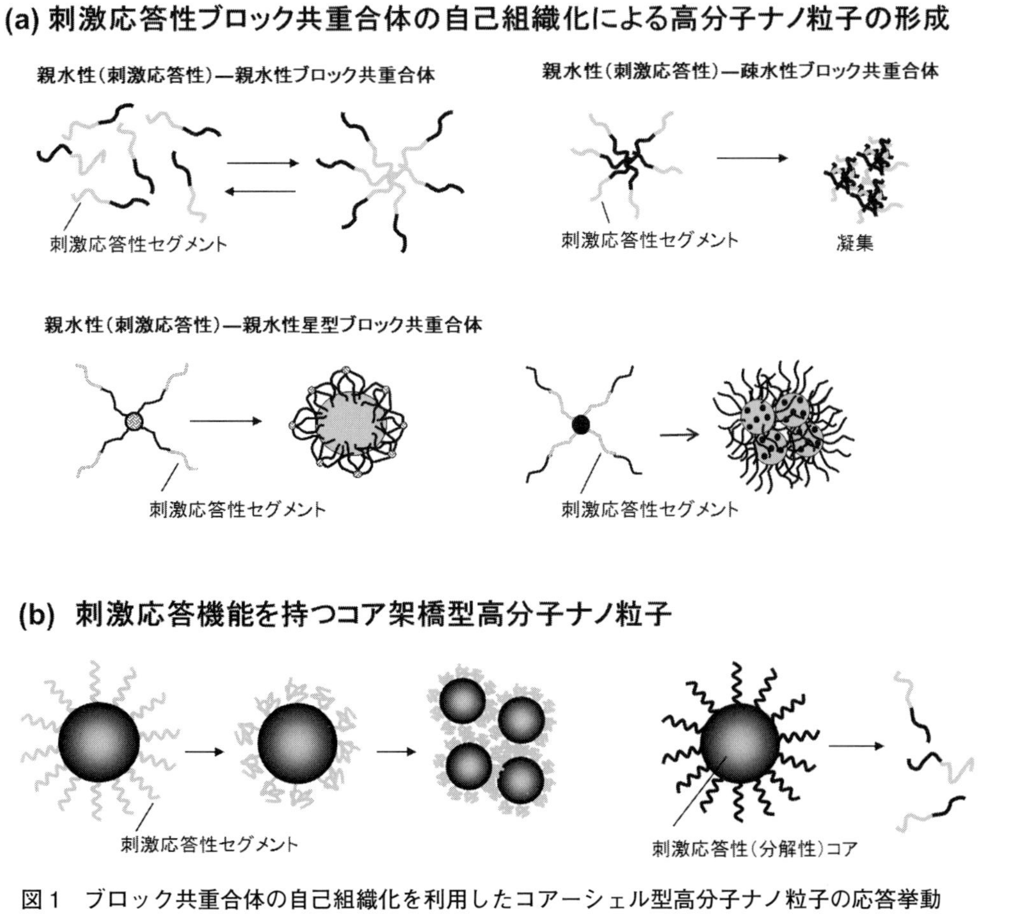

図1　ブロック共重合体の自己組織化を利用したコアーシェル型高分子ナノ粒子の応答挙動

た場合、100 nm以下での粒径制御が可能であり、その組成や各セグメントの鎖長により生成するコア―シェル型ナノ粒子のコア部位の直径やシェル部位の厚さを任意に制御できるといった特徴をもつ。

筆者らは、リビングラジカル重合法の一種である可逆的付加開裂連鎖移動(RAFT：Reversible Addition-Fragmentation Chain Transfer)重合を用い、さまざまな官能基を有する新規ブロック共重合体と自己組織による高分子ナノ粒子の構築手法を開発してきた(**図1**)[1)-4)]。とくに外部刺激(熱、pH、酸化還元など)に応答する高分子ナノ粒子の設計戦略を考えた場合、その基盤となる刺激応答性ブロック共重合体は、親水性(刺激応答性)-疎水性型と親水性(刺激応答性)-親水性型に分類される。親水性(刺激応答性)-親水性ブロック共重合体の場合、温度変化等の刺激に応答して刺激応答性セグメントが水溶液中で親水性から疎水性へと変化し、それに伴う自己組織化により高次構造体が形成される(図1(a))。一方、親水性(刺激応答性)-疎水性ブロック共重合体の場合、水溶液中で形成されていたコアーシェル型ミセル等のナノ構造体が、水溶性シェル部位の刺激応答に誘発され粒径、形状、集合構造が変化する。

選択溶媒中でブロック共重合体の自己組織化として得られるコア―シェル型ミセルのコアを反応場として選択的高分子反応を行うことで、架橋コアを有する機能性高分子ナノ粒子が得られる(図1(b))[4)]。この手法により、架橋性コア部位による自己組織化構造の安定化と機能団の部位選択的導入が可能となる。次世代の刺激応答性材料の設計戦略を考えた場合、ナノ領域のサイズを厳密に制御することが可能で、かつ化学構造により多様な機能を任意に付与することのできるブロック共重合体の自己組織化を利用した高分子ナノ粒子は重要な基盤材料の1つとみなすことができる。

本稿では、筆者らが進めてきた機能性ブロック共重合体の自己組織化を利用した刺激応答性コア―シェル型高分子ナノ粒子の創製に関する一連の研究を紹介する。

2　刺激応答性セグメントを有するブロック共重合体の自己組織化による高分子ナノ粒子の形成

近年、著しい発展を遂げたリビングラジカル重合により数多くの機能性高分子や特殊構造高分子の精密合成が可能となってきている。これまで開発されてきた数多くのリビングラジカル重合法のなかで、RAFT重合[5)6)]はメタルフリーな重合システムで重合条件やモノマーの適応範囲がもっとも広い。また、カルボキシ基や水酸基等の極性官能基を有するモノマー類の重合制御にも適応可能といった利点をもつ。これらの特徴を利用して、多官能性モノマー類のRAFT重合により数多くの刺激応答性材料[7)]、バイオ関連材料[8)]、遺伝子送達システム[9)]などが開発されてきた。刺激応答性セグメントと電子光機能やイオン伝導性などの機能を併せもつブロック共重合体の自己組織化によりコアーシェル型ミセルのナノ構造・階層構造とその特性を段階的に制御することが可能となる(**図2**)。

2.1　イオン液体型ブロック共重合体の自己組織化

イオン液体の典型的な構成成分であるイミダゾリウム塩は、優れた熱安定性、高イオン密度、高イオン伝導性、特異な二酸化炭素吸着能などの特徴を示す。これらイオン液体の特異な機能と高分子材料の諸物性を融合させた高分子イオン液体も多方面で研究が展開されてい

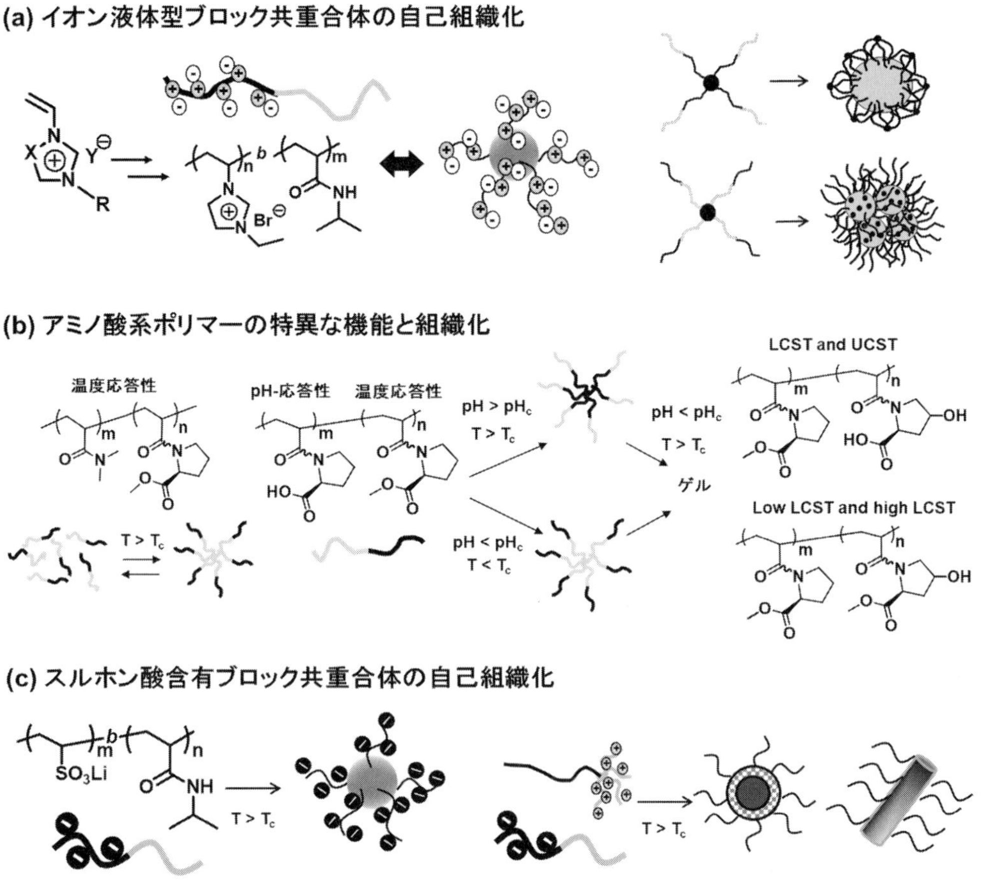

図2　刺激応答性ブロック共重合体の自己組織化によるコアーシェル型高分子ナノ粒子の形成

る[10)]。近年、筆者らはRAFT重合により精密合成されたイオン液体型ブロック共重合体の自己組織化を利用したイオン伝導性高分子ナノ構造体を開発してきた(図2(a))[11)12)]。たとえば、*N*-ビニルイミダゾリウム塩誘導体のRAFT重合により得られたマクロ連鎖移動剤存在下で温度応答性を付与する*N*-イソプロピルアクリルアミド(NIPAM)を重合することによりイオン液体型ブロック共重合を合成している[11)]。このブロック共重合では、室温においては両セグメントとも水に可溶であるが、poly(NIPAM)の下限臨界溶液温度(LCST)以上で脱水和により水に不溶となったpoly(NIPAM)がコアを形成し、イオン液体部位をシェルにもつコアーシェル型高分子ミセルが構築される。また、ブロック共重合体の相転移温度やナノ組織体の構造は、イミダゾリウム塩の置換基や対アニオンといった内部構造、さらにNaCl濃度といった外部刺激に依存する。

刺激応答機能を有する星型ブロック共重合体は特異な分岐構造に由来する機能性ナノマテリアルとしての応用や新規ソフトマテリアルのビルディングブロックとして期待されている。筆者らはイオン液体型セグメントと温度応答性セグメントから成る星型ブロック共重合体を合成し、その刺激応答性を比較検討した[13)]。その結果、線状ブロック共重合体、poly(NIPAM)を内側、あるいは外側のセグメントに有する星型ブロック共重合体は、それぞれの構造に特異な温度応答性および自己組織化挙動を示した。いずれの系でも34℃以上でpoly(NIPAM)をコアに有するミセルが形成されるものの、線状ブロック共重合体とpoly(NIPAM)を外側のセグメントに有する星型ブロック共重合体は、温度上昇に伴い徐々に粒径が増加することから、ミセル形成した後にミセル同士の凝集が起こっていると推察される。一方、poly(NIPAM)を内側のセグメントに有する星型ブロック共重合体は急激な粒径増加が観察されていることから、ミセル形成と凝集が同時に起こっていると考えられる。

イミダゾリウム塩含有ブロック共重合体の刺激応答挙動と相分離を利用したイオン伝導チャネル形成を基盤とした、イオン伝導フィルムの作製へも展開した。イオン液体型ブロック共重合体はイオン性-非イオン性といった2つの異なるセグメントの相互作用によりミクロ相分離が顕著に現れるため、イオン液体セグメントの凝集部がイオン伝導チャネルとなる。著者らは、温度応答機能をもつpoly(NIPAM)と*N*-ビニルイミダゾリウム塩誘導体から成るイオン伝導性ブロック共重合体の自己組織化を用いたイオン伝導チャネルの形成とイオン伝導特性を向上させる手法を開拓した[14]。フィルム形成の際に用いる水溶液をpoly(NIPAM)の転移温度以上にすることで、シェル部位に高イオン伝導性セグメントをもつミセルが形成される。この自己組織化が行われた状態でドロップキャストによりフィルムを作製することで、イオン伝導チャネルが形成されイオン伝導度が向上する(図3)。

2.2 アミノ酸系ポリマーの特異な機能と組織化

近年、筆者らは究極の生体高分子であるタンパク質に匹敵する機能や構造を有する合成高分子の創製を目指し、アミノ酸含有モノマー類のRAFT重合を用いてpH-応答性、温度応答性、二重刺激応答性ブロック共重合体などのスマートマテリアルを創出してきた(図2(b))[3)15)]。とくに、コラーゲンのトリプルへリックスの重要な構成単位であるプロリン誘導体(プロリン：Pro、ヒドロキシプロリン：Hyp)に着目し、さまざまな刺激応答性ブロック共重合体を設計している。たとえば、プロリンのカルボキシ基部位を保護した構造をもつプロリン含有アクリルアミド(A-Pro-OMe：N-acryloyl-L-proline methyl ester)のRAFT重合により、水溶液中で18～20℃付近でLCSTを示すPoly(A-Pro-OMe)を温度応答性セグメントにもつブロック共重合体が得られる[16)-18)]。また、温度応答性

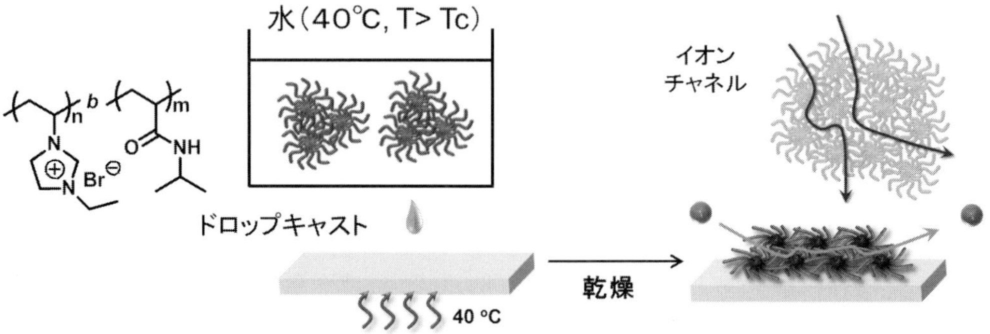

図3　ブロック共重合体の温度応答性自己組織化を利用したイオン伝導性フィルムの作成

ポリマーに*N,N*-ジメチルアクリルアミドなどの親水性を付与することで高温側に転移温度が変化し、その組成により相転移温度は15～45℃の範囲で任意に制御可能であった。このプロリン含有ブロック共重合体は室温付近で水に可溶であるが、相転移温度以上で自己組織化によるコアーシェル型ミセルが形成される。一方、カルボキシ基含有モノマーであるプロリン含有アクリルアミド(A-Pro-OH)[19]、フェニルアラニン含有アクリルアミド[20]、アラニン含有アクリルアミド[21]、トリプトファン含有アクリルアミド[22]などのRAFT重合によりpH-応答性ブロック共重合体が得られる。

温度応答性Poly(A-Pro-OMe)と高分子弱電解質であるPoly(A-Pro-OH)をpH応答性セグメントとして組み合わせることで、温度とpHに応答するブロック共重合体が得られる[23]。この系では水溶液中の温度・pHにより、ユニマー状態、コアーシェル型ミセル(条件により、温度応答性部位あるいはpH-応答性部位がコアを形成)、凝集体といった高次構造変化を示す。さらに、カルボキシ基と水酸基を含むヒドロキシプロリン含有アクリルアミド(A-Hyp-OH)から得られる水溶性Poly(A-Hyp-OH)と温度応答性Poly(A-Pro-OMe)とから成るブロック共重合体は、20℃付近でLCST、40℃付近で上限臨界溶液温度(UCST)を示す二重温度応答性を示す[24]。このブロック共重合体では、各セグメントの鎖長、組成、塩の添加等により刺激応答性が制御できる。また、DLS測定で観察された粒子径が温度により d_h = 21 nm～2530 nmと大きく異なり、かつpH、組成に大きく依存するといった多重刺激応答性を示す。

2.3　スルホン酸含有ブロック共重合体の自己組織化

スルホン酸の硫黄部位が直接主鎖の炭素-炭素部位に結合しているポリビニルスルホン酸は、イオン交換基であるスルホン酸基の密度が高く、ホモポリマーとしてはもっとも高いイオン交換量、高い親水性を示す。また、シンプルな構造をもつため化学的・熱的安定性に優れ、水溶液中ではpH値によらずほとんどが自由イオンに解離する高分子強電解質に属する。筆者らは、このポリビニルスルホン酸に着目し、スルホン酸部位を保護したモノマーでありかつ代表的な非共役*S*-ビニルモノマーである*S*-ビニルスルホン酸エステル類のRAFT重合、および脱保護によるポリビニルスルホン酸の精密合成手法を確立した[25]。また、NIPAMとスルホン酸含有セグメントから成る温度応答性ブロック共重合体が、そのスルホン酸含有セグメントの組成により特異的な高次構造転移を示すことを見出している(図2(c))[26]。この場合、相転移温度以上で脱水和したpoly(NIPAM)がコアを形成し、アニオン性のポリビニルスルホン酸をシェル部分に有するコアーシェル型高分子ミセルが形成される。さらに、ポリ(ビニルスルホン酸)セグメントをもつブロック共重合体とカチオン性セグメントをもつヘテロアーム型星型高分子を組み合わせることで、温度に応答した高次構造変化を示す高分子電解質相互複合体(Interpolyelectrolyte Complexes)が得られる[27]。この高分子電解質相互複合体では、poly(NIPAM)のLCST以下では、複合体形成と構造的な平衡が迅速に起こり球状の組織化構造が得られる。一方、LCST以上では平衡がゆっくり進行し球状からワーム状までの非平衡構造が異なるタイムスケールで観察される[28]。

3　ブロック共重合体の選択的コア架橋反応による刺激応答性高分子ナノ粒子の創製

ブロック共重合体の自己組織化と部位選択的架橋反応を利用するコアーシェル型ナノ粒子の合成手法として、共有結合を介して安定なナノ粒子を構築する系と、イオン結合や非共有結合を利用し動的(可逆的)な機能を付与し、徐放性、分解性、自己修復性などを指向した系がある。また、また架橋導入部位に関しても、コアーシェル型ミセルのシェル部位を選択的に架橋させ、内包、放出、ナノキャリアなどへの展開を目指す系と、コア部位を架橋させ機能性ナノ粒子としての応用を目指す系がある。筆者らは、さまざまな官能基を有する新規ブロック共重合体の自己組織により得られるコアーシェル型ミセルのコアを反応場として選択的高分子反応を行うことで、多様な機能性架橋コアを有するコアーシェル型高分子ナノ粒子を開発してきた(**図4**)[4]。たとえば、架橋部位を有するビニルチオフェン誘導体のRAFT重合により合成した両親媒性ブロック共重合体を用いポリチオフェンコアを有する新規コアーシェル型導電性

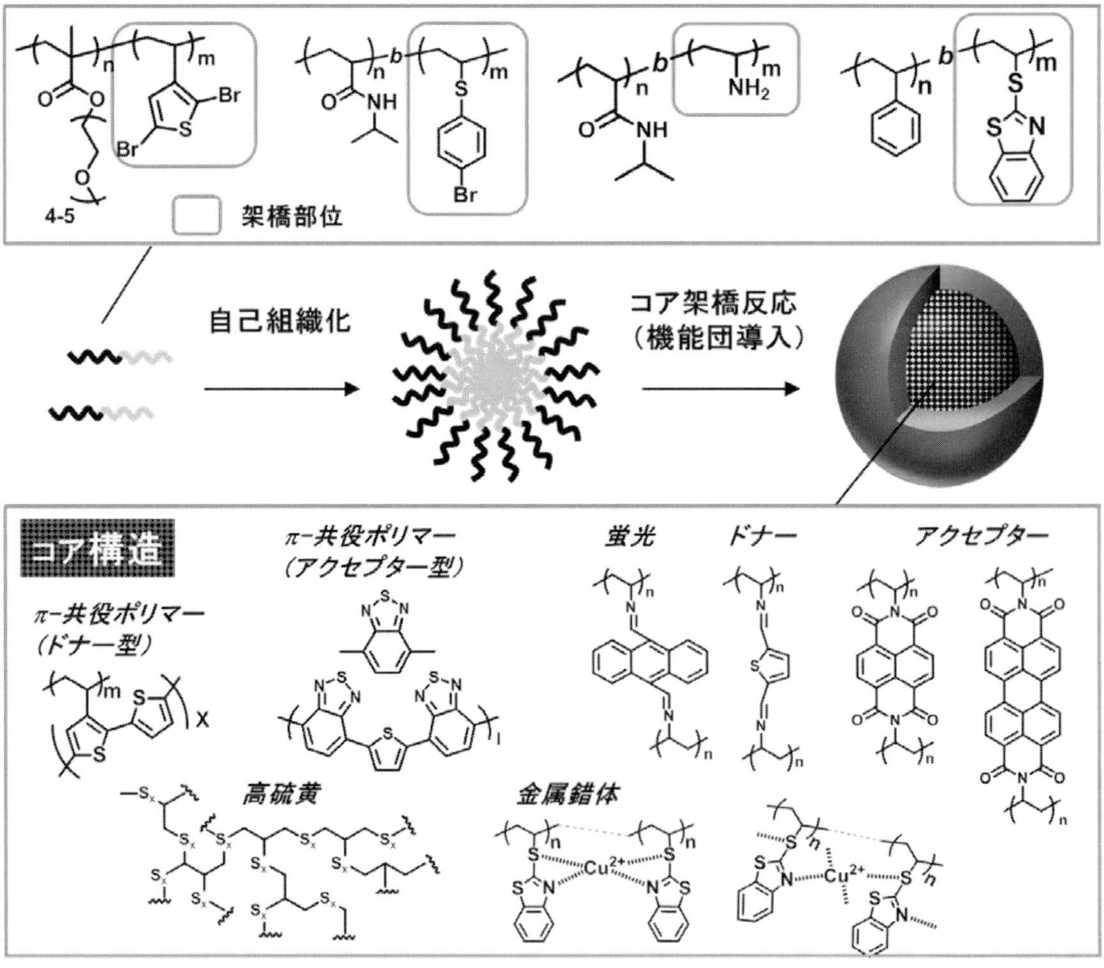

図4　ブロック共重合体の自己組織化と選択的高分子反応を利用した機能性架橋コアを有するコアーシェル型ナノ粒子の合成

ナノ粒子を開発し、その有機トランジスタメモリの電荷蓄積層としての有用性を実証している[29)30)]。このコアーシェル型高分子ナノ粒子のコア、あるいはシェル部位に外部刺激(熱、pH、酸化還元など)に応答するセグメントや官能基を導入することで、新たな刺激応答性ナノ材料の創出が可能となる。

3.1　電子光機能性コアを有する温度応答性コアーシェル型ナノ粒子の創製

ポリビニルアミン「poly(VA)」は、1級アミノ基が主鎖に直結した構造を有したカチオン性高分子弱電解質あり、凝集剤、製紙用薬剤、繊維処理剤、塗料添加剤などとして広く利用されている。筆者らは、RAFT重合により合成したポリ(*N*-ビニルフタルイミド)マクロ連鎖移動剤存在下でのNIPAMの重合により前駆体となるブロック共重合体を合成し、そのフタルイミド側鎖の脱保護反応によりpoly(VA)-*b*-poly(NIPAM)を合成した[31)]。この親水性-温度応答性ブロック共重合体は、室温では両セグメントとも可溶なユニマー状態で水溶液中に存在するが、poly(NIPAM)のLCST以上ではミセルが形成される。さらにpoly(VA)のもつ1級アミンにはさまざまな機能団の導入が可能であり、ポスト機能化の観点から高い汎用性・有用性を示す[32)]。たとえば、アントラセンやチオフェンを一方のセグメントの側鎖に導入したブロック共重合体は、温度変化に応答した自己組織化により共役系分子が集積することで特異的な電子・光機能を示す[33)]。

水のみに溶解するpoly(VA)ブロックと多くの有機溶媒に溶解するpoly(NIPAM)ブロック

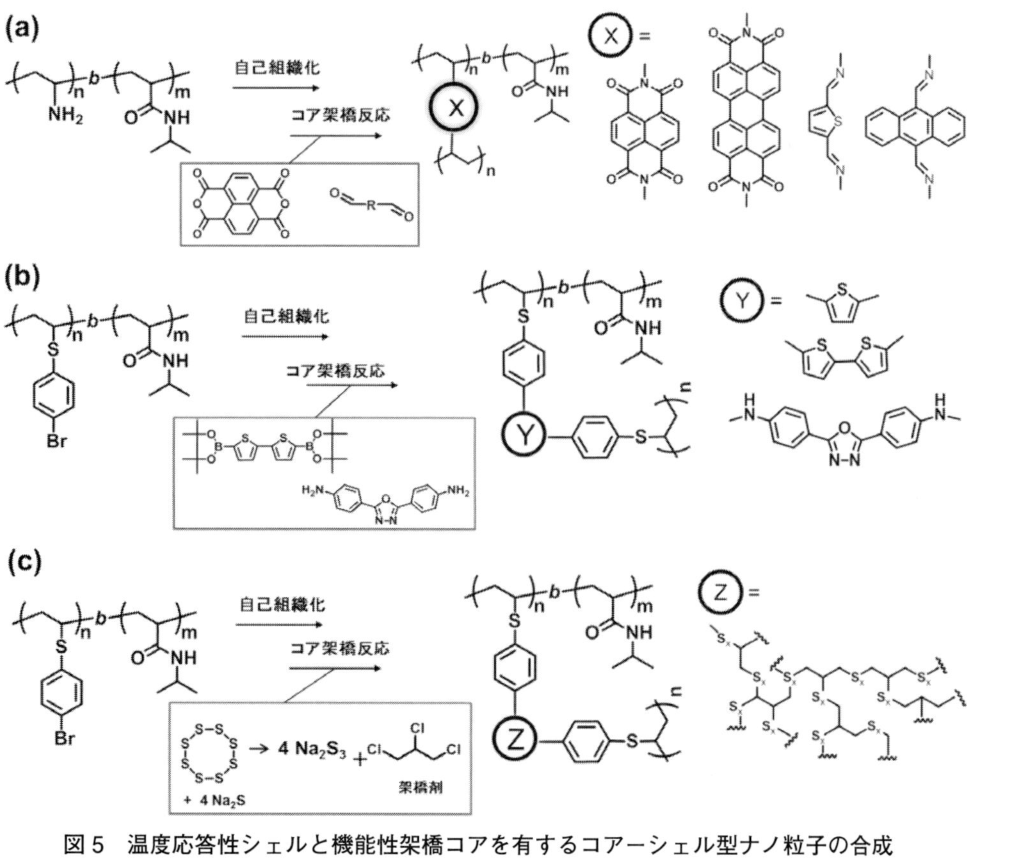

図5　温度応答性シェルと機能性架橋コアを有するコアーシェル型ナノ粒子の合成

とから成るpoly(VA)-*b*-poly(NIPAM)は、選択溶媒中でのミセル形成を利用したコア架橋型高分子ナノ粒子の合成にも適する。具体的な合成例として、poly(VA)-*b*-poly(NIPAM)とアリレンテトラカルボン酸無水物とのイミド化反応によるアクセプター性コア－シェル型ナノ粒子の合成が挙げられる(**図5**(a))[34]。この反応では、ブロック共重合体とナフタレンテトラカルボン酸無水物またはペリレンテトラカルボン酸無水物とのイミド化をNMP中で行い、THF、クロロホルム、水などに可溶なナノ粒子を得ている。この際、反応温度によってコア部位での架橋イミド化率を調節することで90～170 nmの範囲でナノ粒子の粒径制御が可能であった。UV-vis吸収測定やサイクリックボルタンメトリー測定より温度応答性シェルとアクセプター性コアをもつコア架橋型ナノ粒子の形成を確認している。

ブロック共重合体のpoly(VA)セグメントとジアルデヒド化合物(2,5-チオフェンジカルボキシアルデヒドおよびアントラセン-9,10-ジカルボキシアルデヒド)とのイミン形成によるコアーシェル型ナノ粒子の合成へも展開している(図5(a))[33]。選択溶媒であるTHF中でのイミン形成反応により、目的のコアーシェル型高分子ナノ粒子が得られる。アントラセンが含有されたナノ粒子のUV-vis吸収特性においては、アントラセン由来の吸収ピークが長波長シフトしていたことから、コア部位の架橋による共役系分子の集積と共役長の拡張が確認された。また、本ナノ粒子は中性付近の水溶液中(pH = 7)でpoly(NIPAM)の相転移に起因するUV-vis吸収特性の温度依存性を示す。さらに、酸性条件下(pH = 5.2)ではイミン結合の開裂に伴うpH応答性を示すことから、本コア—シェル型ナノ粒子は多重刺激応答性高分子材料とみなすことができる。

3.2 π共役コアを有する温度応答性コア—シェル型ナノ粒子の創製

ビニル基に直接硫黄が結合している*S*-ビニルモノマー類は従来の機能性モノマー類にはない多様性・機能性を秘めている[2)35)]。とくに、その硫黄含有機能団の構造により、電子・光機能性、高分子電解質、高屈折率、重金属との高い親和性など多様な機能を有するポリマーの合成が期待できる。近年、筆者らは硫黄含有ビニルモノマーである*S*-ビニルスルフィド誘導体のRAFT重合により、ポリ(4-ブロモフェニルスルフィド)セグメントと温度応答性poly(NIPAM)から成る新規両親媒性ブロック共重合体を合成している[36)37)]。さらに自己組織化と選択的カップリング反応(鈴木カップリング反応またはバックワルド・ハートウィグ反応)を1段階で実施し、3種類の温度応答性コアーシェル型導電性ナノ粒子の合成を実現している(図5(b))[38)]。各カップリング反応条件を最適化することで均一なナノ粒子を得ている。コア架橋部位にジチオフェンを有するナノ粒子のTHF溶液と水溶液の最大蛍光波長はそれぞれ488 nmと459 nmであり、THF溶媒中では高い蛍光性を示す一方で水中では蛍光性の大幅な低減が観察された。また、水溶液中で高分子ナノ粒子は33℃付近にpoly(NIPAM)セグメント由来の相転移によるLSCTを示した。コア—シェル型高分子ナノ粒子の蛍光挙動は、外部環境によるナノ粒子間の凝集やナノ粒子内の高次構造に依存していると考えられる。換言すれば、この外部環境への応答性を活用することで、蛍光センシング材料などへの展開も期待できる。

3.3 高硫黄含有コアを有する温度応答性コアーシェル型ナノ粒子の合成

硫黄原子は、炭素と水素に次ぐ豊富な原子であり、日本では毎年250万トン以上の硫黄が製造されている。近年、硫黄の高付加価値技術開拓の重要性が再認識されており、とくに硫黄含有ポリマーは、硫黄原子特有な機能・性質と高分子材料に由来する力学特性・諸物性を有するため、高屈折材料、有機デバイス、リチウム-硫黄電池など多種多様な分野での応用が期待されている[39)40)]。近年、筆者らは元素性硫黄に着目し、4-ブロモフェニルビニルスルフィとNIPAMから成るブロック共重合体の自己組織化と位置選択的架橋反応を利用した高硫黄含有コアーシェル型ナノ粒子を開発した(図5(c))[41)]。具体的には、元素性硫黄と硫化ナトリウムを反応させて合成した多硫化ソーダとトリクロロプロパン等の架橋剤を部位選択的架橋反応によりブロック共重合体のブロモ位に導入し、コアーシェル型ナノ粒子を合成した。この反応は低温で進行し、かつ短時間で硫黄の導入が可能となる。得られた高硫黄含有微粒子(硫黄含量＞80 wt-%)は水に可溶で、シェル部位に存在するpoly(NIPAM)由来の相転移温度である32℃前後で粒径変化を示す。また、濁度変化測定ではナノ粒子はブロック共重合体と同程度のLCSTを34℃付近に示すものの、その相転移挙動は大きく異なることが示唆された。これは、ナノ粒子の高硫黄含有量とコア部の架橋構造に由来すると考えられる。UV-vis吸収スペクトル、蛍光スペクトルの測定、DLS測定の温度依存性の検討結果より、高硫黄含有コアーシェル型ナノ粒子構造と温度応答性との相関を確認している。

4　おわりに

本稿では、ブロック共重合体の自己組織化を活用した刺激応答性コアーシェル型高分子ナノ粒子の創製に関する筆者らの最近の研究を紹介した。この精密に合成された機能性ブロック共重合体を用いたナノ構造体の構築技術と外部刺激に応答した高次構造転移を自在に操り、新物性に基づく機能性ナノ材料を創製することができれば、新しい刺激応答性機能性材料の創出が期待できる。今後より緻密な刺激応答性高分子ナノ粒子の分子設計によりユニークな刺激応答性高分子が開発され、さまざまな分野で利用されることを期待したい。

文　献

1) 中林千浩，森秀晴：触媒，**55**(2), 71(2013).
2) 森秀晴：ファインケミカル，**44**(11), 15(2015).
3) 森秀晴：高分子論文集，**72**, 275(2015).
4) 中林千浩，森秀晴：色材協会誌，**4**, 138(2017).
5) J. Chiefari, Y. K. Chong, F. Ercole, J. Krstina, J. Jeffery, T. P. T. Le, R. T. A. Mayadunne, G. F. Meijs, C. L. Moad, G. Moad, E. Rizzardo and S. H. Thang：*Macromolecules,* **31**, 5559(1998).
6) G. Moad, E. Rizzardo and S. H. Thang：*Australian Journal of Chemistry,* **58**, 379(2005).
7) A. E. Smith, X. Xu and C. L. McCormick：*Progress in Polymer Science,* **35**, 45(2010).
8) C. Boyer, V. Bulmus, T. P. Davis, V. Ladmiral, J. Liu and S. Perrier：*Chemical Reviews,* **109**, 5402(2009).
9) M. Ahmed and R. Narain：*Progress in Polymer Science,* **38**, 767(2013).
10) J. Yuan, D. Mecerreyes and M. Antonietti：*Progress in Polymer Science,* **38**, 1009(2013).
11) H. Mori, M. Yahagi and T. Endo：*Macromolecules,* **42**, 8082(2009).
12) K. Nakabayashi, A. Umeda, Y. Sato and H. Mori：*Polymer,* **96**, 81(2016).
13) H. Mori, Y. Ebina, R. Kambara and K. Nakabayashi：*Polymer Journal,* **44**, 550(2012).
14) K. Nakabayashi, Y. Sato, Y. Isawa, C.-T. Lo and H. Mori：*Polymers,* **9**, 616；doi：10.3390/polym9110616(2017).
15) H. Mori and T. Endo：*Macromolecular Rapid Communications,* **33**, 1090(2012).
16) H. Mori, H. Iwaya, A. Nagai and T. Endo：*Chemical Communications,* 4872(2005).
17) H. Mori, H. Iwaya and T. Endo：*Reactive and Functional Polymers,* **67**, 916(2007).
18) H. Mori, H. Iwaya and T. Endo：*Macromolecular Chemistry and Physics,* **208**, 1908(2007).
19) H. Mori, I. Kato, M. Matsuyama and T. Endo：

Macromolecules, **41**, 5604(2008).
20) H. Mori, M. Matsuyama, K. Sutoh and T. Endo：*Macromolecules,* **39**, 4351(2006).
21) H. Mori, M. Matsuyama and T. Endo：*Macromolecular Chemistry and Physics,* **209**, 2100(2008).
22) H. Mori, E. Takahashi, A. Ishizuki and K. Nakabayashi：*Macromolecules,* **46**, 6451(2013).
23) H. Mori, I. Kato and T. Endo：*Macromolecules,* **42**, 4985(2009).
24) H. Mori, I. Kato, S. Saito and T. Endo：*Macromolecules,* **43**, 1289(2010).
25) H. Mori, E. Kudo, Y. Saito, A. Onuma and M. Morishima：*Macromolecules,* **43**, 7021(2010).
26) H. Mori, Y. Saito, E. Takahashi, K. Nakabayashi, A. Onuma and M. Morishima：*Polymer,* **53**, 3861(2012).
27) C. Daehling, G. Lotze, M. Drechsler, H. Mori, D. V. Pergushov and F. A. Plamper：*Soft Matter.,* **12**, 5127(2016).
28) C. Daehling, G. Lotze, H. Mori, D. V. Pergushov and F. A. Plamper：*The Journal of Physical Chemistry, Part B,* **121**, 6739(2017).
29) K. Nakabayashi, H. Oya and H. Mori：*Macromolecules,* **45**, 3197(2012).
30) C.-T. Lo, Y. Watanabe, H. Oya, K. Nakabayashi, H. Mori and W.-C. Chen：*Chemical Communications,* **52**, 7269(2016).
31) Y. Maki, H. Mori and T. Endo：*Macromolecular Chemistry and Physics,* **211**, 45(2010).
32) R. K. Pinschmidt, Jr.：*Journal of Polymer Science, Part A：Polymer Chemistry,* **48**, 2257(2010).
33) K. Nakabayashi, D. Noda, T. Takahashi and H. Mori：*Polymer,* **86**, 56(2016).
34) K. Nakabayashi, D. Noda, Y. Watanabe and H. Mori：*Polymer,* **68**, 17(2015).
35) 森秀晴：高分子，**62**(5), 242(2013).
36) K. Nakabayashi, Y. Abiko and H. Mori：*Macromolecules,* **46**, 5998(2013).
37) Y. Abiko, K. Nakabayashi and H. Mori：*Macromolecular Symposia,* **349**, 34(2015).
38) Y. Abiko, A. Matsumura, K. Nakabayashi and H. Mori：*Polymer,* **55**, 6025(2014).
39) J.-g. Liu and M. Ueda：*Journal of Materials Chemistry,* **19**, 8907(2009).
40) J. J. Griebel, R. S. Glass, K. Char and J. Pyun：*Progress in Polymer Science,* **58**, 90(2016).
41) K. Nakabayashi, T. Takahashi, K. Watanabe, C.-T. Lo and H. Mori：*Polymer,* **126**, 188(2017).

基礎編

第３章　材料設計

第８節　刺激応答性ハイドロゲル微粒子の機能化

信州大学　西澤 佑一朗/呉羽 拓真/松井 秀介/渡邊 拓巳/鈴木 大介

1　はじめに

高分子微粒子のなかでも、刺激応答性高分子微粒子としてゲル微粒子が注目を集めている。ゲル微粒子は、大きさが数十ナノメートルから数マイクロメートル程度であり、溶媒により膨潤した架橋高分子から構成されることから、『ゲル』と『コロイド』の性質を兼ね揃える[1)-13)]。本稿では、ゲル微粒子のなかでも、水で膨潤するハイドロゲル微粒子に焦点を絞り、概説する。

ゲル微粒子は多量の溶媒から構成されるため、内部に物質が拡散可能であり、微粒子表面だけでなく、微粒子内部の設計が重要となる。また、溶媒と親和性の低い高分子から構成される固体状高分子微粒子とは異なり、やわらかく、球状から大きく変形することができる。この『やわらかさ』は、微粒子の動的な挙動に大きく影響する可能性があり、近年注目を集める特徴である。たとえば、液中の現象をリアルタイムで可視化できる高速原子間力顕微鏡（高速AFM）を用いて、ゲル微粒子の固液界面への動的な吸着と、それに伴う変形挙動を評価したところ、架橋密度が低く、やわらかい微粒子ほど固液界面に素早く吸着することがわかった（**図１左**）[14)]。実際に、変形しやすさが固液界面へ素早く吸着する鍵となっていることが定量的に示されている（図１右）。

多くの場合、ゲル微粒子は外部環境の変化に伴い、体積や表面電荷特性などの物理化学的な性質を制御することができる。このとき、サイズが極小なゲル微粒子は、環境変化に対してきわめて俊敏に応答することができるため、ゲル微粒子はバルクゲルとは一線を画す。

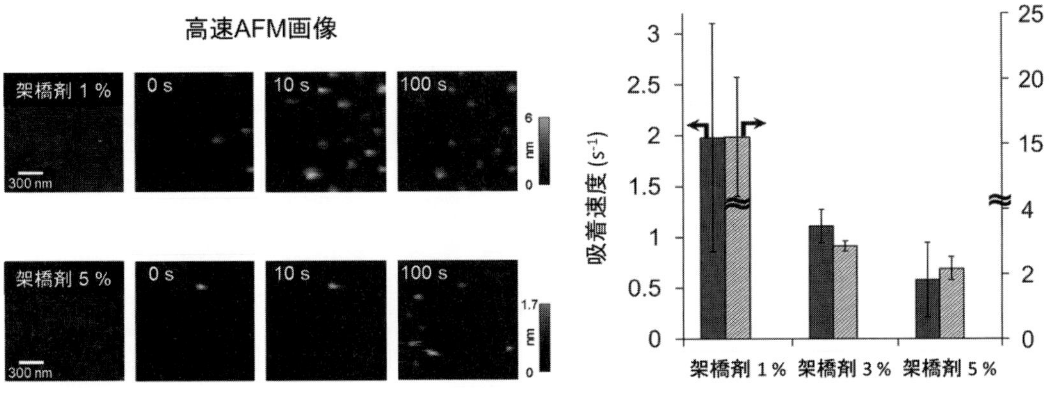

図１　ゲル微粒子は、架橋密度が高いほど変形しづらくなる。架橋密度が低く、やわらかいゲル微粒子ほど固液界面に素早く吸着する。

2 ハイドロゲル微粒子の合成

ハイドロゲル微粒子の合成法は多岐にわたる方法が報告されている。それらはトップダウン法とボトムアップ法に大別することができる。そのなかでも、本稿では、刺激応答性ハイドロゲル微粒子のサイズ制御に秀でる沈殿重合法について概説する。本重合法は、モノマーは溶媒に溶解するが、ポリマーになると不溶となる反応に適用できる。具体的な例を挙げよう。*N*-イソプロピルアクリルアミド(*N*-isopropylacrylamide)(NIPAm)は水に溶解するが、ラジカル重合を介して高分子量体に成長すると、高温時において水に不溶となり析出する。重合初期において、析出した高分子鎖が凝集することで粒子核が生じ、さらに高分子鎖が積層することで粒子核は成長する。最終的に、重合過程で吸着した界面活性剤や、開始剤由来の電荷により安定化され、ゲル微粒子が得られる[15]。この重合機構は、その他のLCST型相分離挙動を示すゲル微粒子を作製する際にも適用可能である。

近年では、ゲル微粒子の機能化に対する要求も高い。ゲル微粒子に対して異種材料を複合化すると、異種素材の欠点を補ったうえで、上述したゲル微粒子の特性を付与できる。複合化は、金属から固体状ポリマーに至るまで、幅広い材料が適用可能である[16)-18)]。この複合化の際に、得られるナノ構造を制御することが、高機能発現の鍵となる。たとえば、polyNIPAmハイドロゲル微粒子存在下で、スチレンなどの固体成分の乳化重合を行うと、ゲル微粒子の表面や内部に固体成分が複合化した、複合ゲル微粒子が得られる(図2(a))。このとき、アニオン性界面活性剤であるドデシル硫酸ナトリウム(SDS)を添加すると、ゲル微粒子内部で形成し

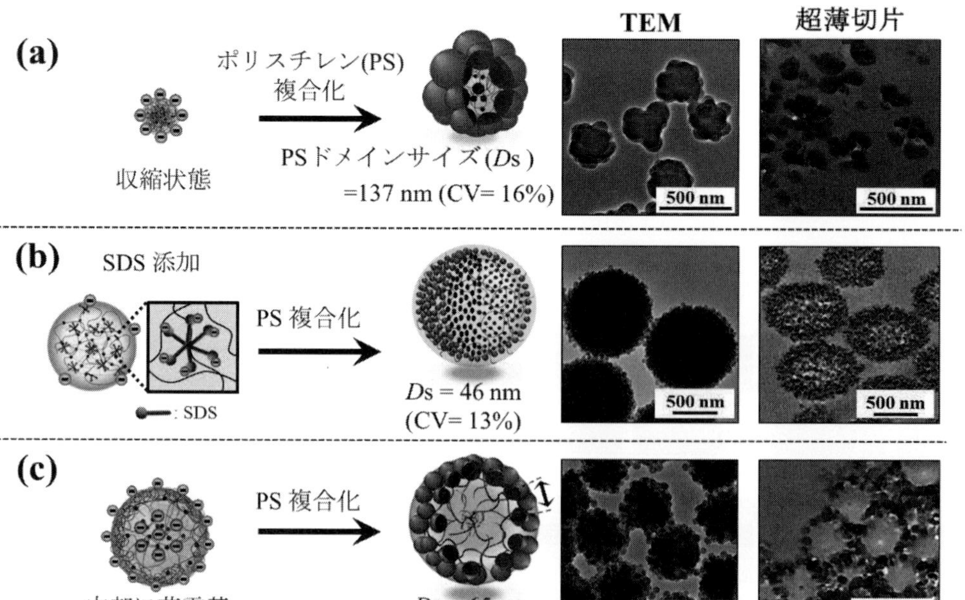

図2 界面活性剤の添加や、polyNIPAm ゲル微粒子内部の荷電基分布の制御により、固体成分の空間分布を制御することができる。
Reprinted with permission from ref 13. Copyright 2017 The Society of Polymer Science.

たミセルが反応場となり、固体成分がゲル微粒子全体に点在化した複合ゲル微粒子が得られる(図2(b))[19]。また、荷電基を多く有するゲル微粒子存在下では、固体成分は高分子電解質層を避けるように複合化する[20]。たとえば、メタクリル酸(methacrylic acid)をNIPAmと共重合すると、反応性比が高いメタクリル酸はNIPAmよりも先に重合が進行し、中心部にカルボキシ基が多く分布したゲル微粒子が得られる。このゲル微粒子存在下で固体成分の乳化重合を行うと、固体成分はゲル微粒子の表面付近にのみ複合化し、カルボキシ基が多く分布する中心部には複合化しない。(図2(c))。これらの手法は、複合成分の空間配置を制御可能であり、ドラッグデリバリーシステムのキャリアのような、新規医療材料への貢献などが期待される。

3　ゲル微粒子の外部刺激応答性制御

既に温度やpH変化・光照射等の外部刺激によって、ゲル微粒子の物理化学的性質を制御する試みが数多く報告されている。とくに、一種の刺激だけでなく、多種の刺激に応答するゲル微粒子は、生体内で複数の刺激により形態変化を引き起こすため、生命活動の維持に貢献するタンパク質等のモデルやスマート材料として注目されている[21)-24)]。しかし、報告されてきた多刺激応答性ゲル微粒子には、一方の刺激に応答すると、他方の刺激応答性が著しく消失するという課題もあった。たとえば、NIPAmとアクリル酸(acrylic acid)を共重合したゲル微粒子が、多くのカルボキシ基が解離する中性・塩基性の溶媒中に分散する場合、ゲル内部に電荷が多く存在することで、polyNIPAm由来の温

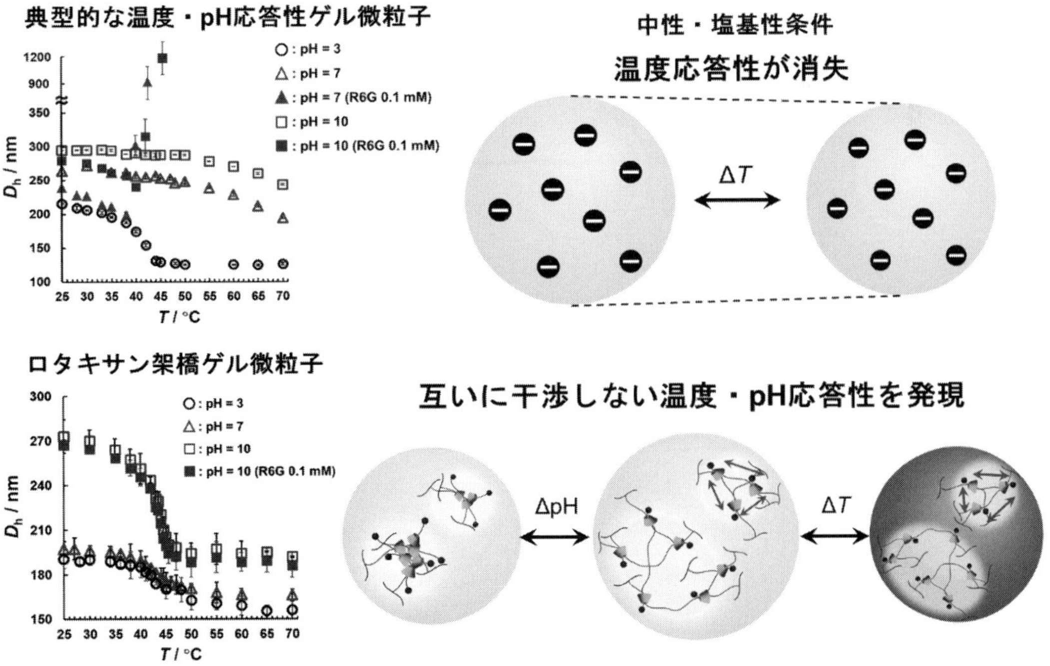

図3　温度・pH応答性ゲル微粒子の応答挙動。不純物としてカチオン性有機染料のRhodamine 6G(R6G)を選択した。ロタキサン架橋ゲル微粒子はR6Gの存在やpHに依らず、温度変化に応じて体積を変化させることができる。
Reprinted with permission from ref 27. Copyright 2017 John Wiley and Sons.

度変化による収縮が抑制されてしまう[25]。また、pH 応答性は多量の荷電基の導入により達成されていることが多いため[26]、カウンターイオン(不純物)としてカチオン性分子が存在すると、電荷の遮蔽により pH 応答性を発現させることができない(**図 3** 上)。そのようななか、温度応答性ゲル微粒子の架橋点としてシクロデキストリンからなるロタキサン構造を導入すると、互いに干渉し合わない多刺激応答性が発現することを見出した[27]。擬ロタキサン構造を有する超分子架橋剤中のシクロデキストリンが pH 変化に応じて会合・解離現象を示し、架橋構造がフレキシブルに可動することで、ゲル微粒子全体のサイズ変化をもたらした点が実現の鍵となった。さらに、このゲル微粒子の pH 応答性はシクロデキストリン間の水素結合によるため、不純物との静電相互作用は大きく作用せず、応答性に影響することはなかった(図 3 下)。今後、複数の分子が存在する生体内のような環境で、意図する多刺激応答機能を発現することが期待できる。

4　外部刺激を活用した分子分離機能

ゲル微粒子の刺激応答性は、薬剤等の機能性分子との相互作用を迅速に変えることができるため、分子分離挙動の制御因子として利用される[28)-31)]。特筆すべき分子分離機能の発揮例を紹介する。血液適合性素材として有名なエラストマー状ポリ 2-メトキシエチルアクリレート (poly 2-methoxyethyl acrylate) (polyMEA) 微粒子は、側鎖のメトキシ基が吸着サイトとして働くことで、ハロゲン化合物を選択的に吸着することが可能だが、一度吸着するとターゲット分子を脱着させることは困難であった。一方、ポリオリゴエチレングリコールメタクリレート

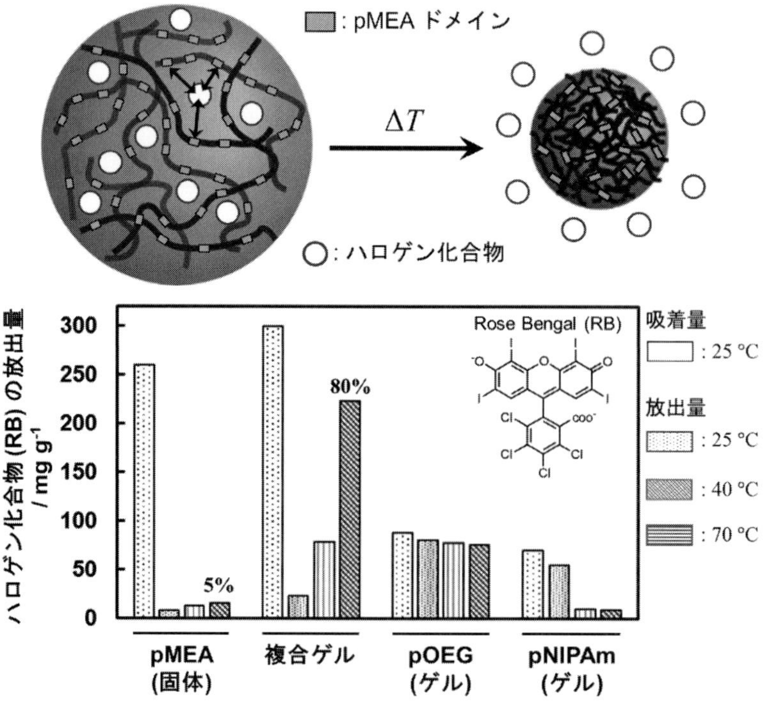

図 4　ゲル微粒子の温度変化に伴うハロゲン化合物の放出挙動

Reprinted with permission from ref 33. Copyright 2017 American Chemical Society.

(poly oligo ethylene glycol methacrylate)(polyOEG)から成るゲル微粒子に対し、polyMEAをナノコンポジット化すると、polyMEA成分がナノサイズ化することに伴い、単位体積当たりのハロゲン化合物の吸着面積が劇的に増大した。さらに、ゲル成分の温度応答に伴う脱水和により、polyMEA上に選択的に吸着したターゲット分子を完全に脱着させることが可能となった(**図4**)[32)-34)]。このとき、同じ温度応答性のpolyNIPAmを用いると、疎水性相互作用が働き、ほとんど放出しない。この違いは未だ定かではないが、化学種の違いによる脱水和メカニズムの違いに由来するものだと考えられる。そのため、同じ温度応答性高分子であっても、ターゲット分子によって適切な化学種を選択する必要がある。本研究は、ゲル微粒子の高いコロイド安定性を活用した、体内での機能の発揮や、ハロゲン化合物の高選択的な吸着/脱離への展開が期待される。

5　おわりに

本稿で述べたように、ゲル微粒子の合成、評価技術が急速に進歩する現在にあっては、これまで議論が困難であった外部刺激応答挙動の詳細なメカニズムの解明や、新たな刺激応答挙動の実現が可能である。しかし、既存のゲル微粒子のほとんどはフリーラジカル重合により合成され、架橋密度や官能基の分布は不均一である。これは種々の構造評価手法から得られる物理量に曖昧さを与えるだけでなく、刺激応答の発現条件がゲル微粒子を構成する高分子鎖一本単位で異なることを意味する。すなわち、ゲル微粒子の構成要素である高分子鎖一本を分子レベルで精密に設計することで、不均一性の解消や、それに伴う構造理解の深化、さらにはより高度な刺激応答挙動の発現につながることが期待される。この場合、ランダムに重合が進行してしまうフリーラジカル重合では精密合成に限界があるため、今後はリビング重合など、高分子の分子量や配列を精密制御可能な重合技術の導入も視野に入れた設計指針が求められるだろう。

文　献

1) B. R. Saunders and B. Vincent : *Adv. Colloid Interfase Sci.*, **80**, 1(1999).
2) R. Pelton : *Adv. Colloid Interfase Sci.*, **85**, 1(2000).
3) S. Nayak and L. A. Lyon : *Angew. Chem. Int. Ed.*, **44**, 7686(2005).
4) T. Hoare and R. Pelton : *Curr. Opin. Colloid Interfase Sci.*, **13**, 413(2008).
5) A. Pich and W. Richtering : *Adv. Polym. Sci.*, **234**, 1(2010).
6) Y. Lu and M. Ballauff : *Prog. Polym. Sci.*, **36**, 767(2011).
7) L. A. Lyon and A. Fernandez-Nieves : *Annu. Rev. Phys. Chem.*, **63**, 25(2012).
8) T. Hellweg : *J. Polym. Sci. B Polym. Phys.*, **51**, 1073(2013).
9) H. Kawaguchi : *Polym. Int.*, **63**, 925(2014).
10) P. J. Yunker, K. Chen, M. D. Gratale, M. A. Lohr, T. Still and A. G. Yodh : *Rep. Prog. Phys.*, **77**, 1(2014).
11) F. A. Plamper and W. Richtering : *Acc. Chem. Res.*, **50**, 131(2017).
12) S. Saxena, C. E. Hansen and L. A. Lyon : *Acc. Chem. Res.*, **47**, 2426(2014).
13) D. Suzuki, K. Horigome, T. Kureha, S. Matsui and T. Watanabe : *Polym. J.*, **49**, 695(2017).
14) S. Matsui, T. Kureha, S. Hiroshige, M. Shibata, T. Uchihashi and D. Suzuki : *Angew. Chem. Int. Ed.*, **56**, 12146(2017).
15) R. H. Pelton and P. Chibante : *Colloid. Surf.*, **20**, 247(1986).
16) D. Suzuki and H. Kawaguchi : *Langmuir*, **22**, 3818(2006).
17) D. Suzuki and S. Yamakawa : *Langmuir*, **28**, 10629(2012).
18) D. Suzuki, T. Yamagata and M. Murai : *Langmuir*, **29**, 10579(2013).
19) C. Kobayashi, T. Watanabe, K. Murata, T. Kureha and D. Suzuki : *Langmuir*, **32**, 1429(2016).
20) T. Watanabe, C. Kobayashi, C. Song, K. Murata, T. Kureha and D. Suzuki : *Langmuir*, **32**, 12760(2016).

21) K. Kratz, T. Hellweg and W. Eimer：*Colloids Surf. A*, **170**, 137(2000).
22) C. D. Sorrell, M. C. D. Carter and M. J. Serpe：*Adv. Funct. Mater.*, **21**, 425(2011).
23) M. Richter, Y. Zakrevskyy and M. Eisele, N. Lomadze, S. Santer, R. V. Klitzing：*Polymer*, **55**, 6513(2014).
24) K. C. Clarke, S. N. Dunham and L. A. Lyon：*Chem. Mater.*, **27**, 1391(2015).
25) T. Kureha, T. Shibamoto, S. Matsui, T. Sato and D. Suzuki：*Langmuir*, **32**, 4575(2016).
26) G. Kocak, C. Tuncer and V. Bütün：*Polym. Chem.*, **8**, 144(2017).
27) T. Kureha, D. Aoki, S. Hiroshige, K. Iijima, D. Aoki, T. Takata and D. Suzuki：*Angew. Chem. Int. Ed.*, **56**, 15393(2017).
28) H. Kawaguchi, K. Fujimoto and Y. Mizuhara：*Colloid Polym. Sci.*, **270**, 53(1992).
29) G. E. Morris, B. Vincent and M. J. Snowden：*J. Colloid Interface Sci.*, **190**, 198(1997).
30) T. Hoare and R. Pelton：*Langmuir*, **24**, 1005(2008).
31) R. Schroeder, A. A. Rudov, L. A. Lyon, W. Richtering, A. Pich and I. I. Potemkin：*Macromolecules*, **48**, 5914(2015).
32) T. Kureha, S. Hiroshige, S. Matsui and D. Suzuki：*Colloid. Surf. B*, **155**, 166(2017).
33) T. Kureha and D. Suzuki：*Langmuir*, **34**, 837(2018).
34) T. Kureha, Y. Nishizawa and D. Suzuki：*ACS Omega*, **2**, 7686(2017).

基礎編

第3章　材料設計

第9節　刺激応答性微粒子安定化泡

大阪工業大学　藤井 秀司/中村 吉伸

1　はじめに

界面活性能を有する両親媒性分子は、気液界面に吸着し、界面自由エネルギーを低下させることから、液中気泡型分散体(泡)の安定化剤として利用されている。このような分子レベルの泡安定化剤に加え、固体微粒子も泡の安定化剤として働くことが1世紀以上も以前より知られている[1)]。微粒子が油水界面に吸着することで水中油滴型エマルションが安定化されること[2)]、気体は極性の低い油と捉えることが可能であることを考慮に入れると、微粒子が気液界面に吸着することで液中にて泡が安定化することとは驚きではない。このような微粒子で安定化された泡は、食品、浮遊選鉱、洗浄、浄水、原油精製、製紙等、日常生活および広範な工業分野において観察、利用されている[3)]。微粒子の存在下で、気体と液体を攪拌機で混合、またはポンプで輸送する単位操作を含む系において、望まれない泡が生成することが多い。石油分野では、蒸留過程においてアスファルテン(asphaltene)粒子で安定化された泡が生成し、これが作業効率の低下をまねく。製紙工業分野では、繊維、クレイ等の微粒子が気液界面に吸着することで泡が安定化し、パイプやフィルターの目詰まりを引き起こす問題が起こっている。一方で、浮遊選鉱、インク取り分野においては、粒子形態の目的物質を泡の表面に吸着させ回収しており、泡が有効利用されている。上記分野で対象となる微粒子は、大きさが多分散であり、形状、表面化学が不均質なものがほとんどである。そのため、起泡性、泡の安定性および泡の構造の精密評価や、実験で高い再現性を得ることが困難である問題を抱えていた。

このような背景のもと、近年、粒子径、粒子径分布、粒子形状および表面化学が精密に設計・制御された微粒子を泡安定化剤として用い、起泡性、泡の安定性および構造の評価を行う研究が活発化している[4)]。さらに、微粒子安定化泡をプラットフォームとする機能性材料創出に関する研究も盛んになっている。これまでに、泡安定化剤として無機粒子、有機粒子および天然粒子である胞子を用いる研究が行われている。そのなかで高分子ベースの微粒子は、多種多様な刺激応答性の付与が可能、フィルム形成が容易である等の利点を有し、泡に種々の機能の導入が可能になるため、泡安定化剤として魅力的である[5)]。

本節では、気液界面吸着粒子の物理化学について述べた後、高分子微粒子で安定化された刺激応答性泡について紹介する。

2　微粒子の気液界面における接触角と吸着エネルギー

2.1　接触角

固体微粒子が油水界面に吸着することで安定化されたエマルション(ピッカリングエマルション)系で得られているエマルションのタイプ(水中油滴型または油中水滴型)における粒子吸着層の曲率の効果についての議論に基づくと、比較的親水的な表面を有する粒子(水相側

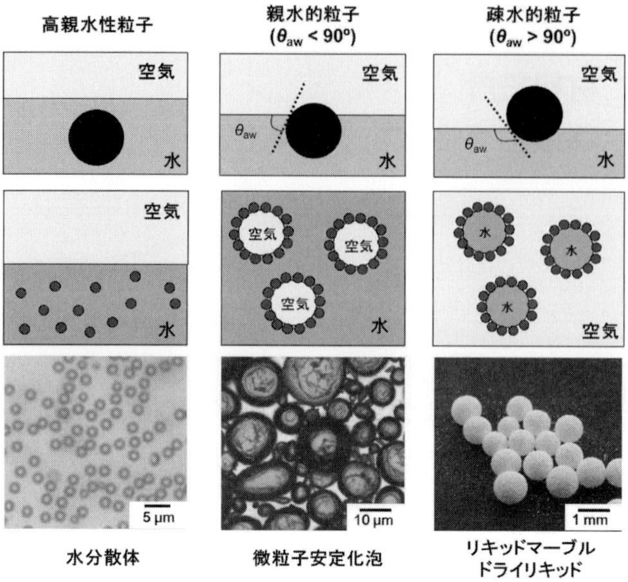

図1　微粒子が界面に吸着することで安定化された空気/水からなるソフト分散体。親水的表面を有する粒子は水中気泡型分散体(泡)、疎水的表面を有する粒子は気中水滴型分散体(リキッドマーブル、ドライリキッド)を安定化しやすい。高親水性表面を有する粒子は気液界面に吸着せず、微粒子の水分散体と空気のマクロ相分離が起こる。

からみた粒子表面と気液界面がなす接触角が90°以下)が、水中で気泡を安定化することに適していると期待される。また、比較的疎水的な表面を有する粒子(粒子表面と気液界面がなす接触角が90°以上)の場合、空気中に分散した水滴(リキッドマーブル、ドライリキッド)が安定化されることが予想される。実際、親水性疎水性バランスを系統的に変化させたナノサイズのシリカ粒子を安定化剤として使用することで、気泡の水分散系(泡)と水滴の空気分散系(ドライリキッド)間での相転換現象が確認されている[6]。以上のように、微粒子が界面に吸着することで安定化された空気-水分散系も油-水分散系と同様に微粒子表面の親水性疎水性バランスが系の特性、安定性を支配する重要な因子として取り扱うことができると考えられる(図1)。

2.2　吸着エネルギー

真球状粒子の界面吸着エネルギー、つまり空気/水界面に吸着した球状粒子を水相に脱着させるために必要なエネルギー(ΔG)は、以下の式で表すことができる[7]。

$$\Delta G = \gamma_{aw}\pi a^2(1 - \cos\theta)^2$$

ここで、γ_{aw}は空気/水界面の表面張力、aは粒子半径、θは(水相側からみた粒子表面と気液界面がなす)接触角である。この式は、粒子径、気液界面張力が大きく、接触角が90°に近いほど吸着エネルギーが高いことを示している。この式から、適当な接触角をもって界面に吸着したサブマイクロメートルサイズ粒子の吸着エネルギーは、数万kT以上であり、一旦気液界面に吸着した粒子は、その高い吸着エネルギーのため、室温において界面からの脱着が起こりにくいことが理解できる。そのため、微粒子で安定化された泡は、数十kT程度の吸着エネルギーを有する通常の分子レベルの安定化剤で安定化された泡と比べ、安定性が高いと考えられている。これまでのところ、63°～66°の接触角で気液界面に吸着する粒子が、安定性の高い泡を形成することを実験的に示す研究報告が多い[8)]。しかし、泡の安定性評価の際使用されている接触角は、粒子を加圧成型することで作製したペレット、または粒子と同一材料から作製した平板上における接触角測定から評価した値であり、単一粒子表面における接触角とは異なる可能性が高いことを考慮に入れる必要がある。さらに、粒子の凝集体が気液界面に吸着することで泡が安定化しているケースもあり、この場合は、凹凸を有する凝集体表面に対する濡れ性の評価を行うことが必要になる。

3　刺激応答性微粒子安定化泡

微粒子安定化泡は、ナノメートルからセンチメートルスケールにおいて種々のイベントが起こるマルチスケール系である。泡の安定性、外部刺激応答性等の特性は、それぞれのスケールで起こるイベントが複雑に組み合わさった結果得られるものである。ナノメートルスケールでは、粒子の界面への濡れ性を決定する表面化学が重要な役割を果たす。サブマイクロメートルからマイクロメートルスケールでは、気液界面における粒子の吸脱着現象が重要なイベントである。マイクロメートル以上のスケールでは、液相と気相の化学的、物理的変化が微粒子および気液界面の性質に影響を与え、泡の構造、安定性が変化する。

外部刺激により構造、安定性のコントロールが可能な微粒子安定化泡を開発することで、内部気体物質の放出が可能になり、その用途が拡大する。本節では、外部刺激により粒子表面の親水性を高め、気泡表面からの脱着を誘起し、消泡が可能な泡、および外部刺激により粒子の界面吸着エネルギーを超えるエネルギーを加えることで、粒子を界面から脱着させ、消泡する泡について紹介する。また、気泡表面に吸着した粒子のモルフォロジィ変化による構造の制御が可能な泡について紹介する。

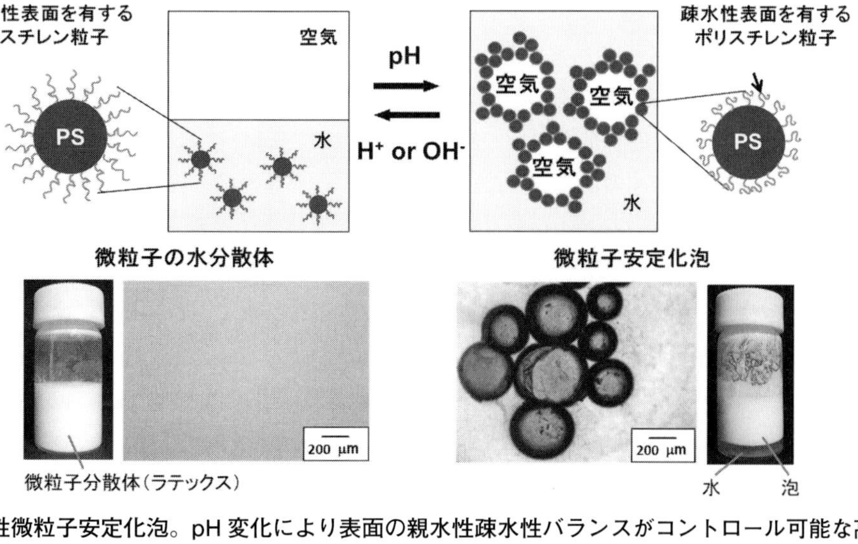

図2　pH応答性微粒子安定化泡。pH変化により表面の親水性疎水性バランスがコントロール可能な高分子微粒子を泡安定化剤として利用することで、起泡・消泡の制御が可能な泡が創り出される。
Reproduced with permission.[10(a)] Copyright 2011, American Chemical Society.

※口絵参照

3.1 pH 応答性微粒子安定化泡

酸または塩基を媒体に添加しpHを変化させることで、起泡性、安定性のコントロールが可能な微粒子安定化泡が作製されている(**図2**)。これらの系では、pHによって粒子表面の親水性疎水性バランス、つまり気液界面への粒子の吸着エネルギーをコントロールすることで、泡の安定性の制御が行われる。

酸性の官能基を表面に有する粒子を使用すると、塩基を添加することで消泡が可能な泡の作製が可能になる。これまでに、pH応答性の酸性高分子であるポリアクリル酸(poly acrylic acid：PAA)が表面に分散安定剤として吸着したポリスチレン(polystyrene(PS))粒子(PAA-PS粒子)を泡安定化剤として使用し、塩基の添加によって消泡が可能な微粒子安定化泡が創り出されている[9]。PAA-PS粒子はpH3.5に等電点を有し、pH5.0以上の条件では約800 nmの一定の粒子径を示すが、pH4.5以下のpHではマイクロメートルサイズの粒子径を示し、粒子径分布が広くなる。これは、高pHでは分散安定剤のPAA中のカルボキシ基がプロトネーションしておらず粒子表面が高親水性となり、高い分散安定性が粒子に付与されるが、低pHではPAA中のカルボキシ基がプロトネーションすることで粒子は分散安定効果を失い、粒子の凝集が起こることを意味する。このPAA-PS粒子を泡安定化剤として用いると、pH3.5以下では粒子表面のPAAは約90%以上プロトネーションしているため粒子は疎水的表面を有し、粒子が気液界面に吸着することで、1ヶ月以上も安定な泡が生成する。一方、pH6以上では、PAAは約90%以上プロトネーションしていないポリアニオンとなり、高親水性表面を有する粒子は水媒体中に分散するのみで、気液界面に吸着せず泡は生成しない。さらに、低pHで安定化されている泡に塩基を添加し粒子表面の親水性を向上させることで、希望のタイミングで消泡が可能になることも明らかになっている。

塩基性の官能基を表面に有する粒子を使用すると、酸を添加することで消泡が可能な泡の作製が可能になる。pH応答性の塩基性高分子であるポリメタクリル酸2-(ジエチルアミノ)エチル(poly[2-(diethylamino)ethyl methacrylate](PDEA))が表面にヘアーとして生えたPS粒子(PDEA-PS粒子)を泡安定化剤として使用することで、酸の添加によって消泡が可能な微粒子安定化泡が創り出されている[10]。PDEAはpK_aを7.3に有するpH応答性高分子であり、塩基性媒体中ではアミノ基がプロトネーションしておらず疎水的性質を示し水に不溶であるが、酸性媒体中ではアミノ基がプロトネーションし水溶性を示す。このPDEAの性質を反映し、塩基性媒体中ではPDEA-PS粒子は疎水的表面を有し、気液界面への吸着が起こるため起泡する。一方、酸性媒体中ではプロトネーションしたPDEAヘアーを表面に有する粒子は高い親水的表面を有するため気液界面へ吸着せず、空気と粒子水分散体のマクロ相分離が起こる。微粒子で安定化された泡は乾燥後も3次元立体構造を保っており、pH 6.1で生成した泡を乾燥後、その断面を走査型電子顕微鏡(SEM)にて観察すると、粒子のバイレイヤーが確認できる。これは、pH 6.1において、水媒体中で単粒子として分散しているPDEA-PS粒子が気液界面に単層吸着することで泡が安定化されており、泡の乾燥により単粒子層が二層重なったためだと考えられる。またpH 9.0では、水媒体中で形成される粒子凝集体が気液界面に吸着することで泡が安定化されるため、粒子が多層になった断面が観察される。pH 9.0においてPDEA-PS粒子で安定化された泡に、酸水溶液を添加しpHを4.0まで低下させると消泡することが確認されている。この起泡・消泡のサイクルは、少なくとも5回は行うことが可能であることが明らかになっている。PDEA-PS粒子の固形分濃度を40%以上にし、ホモジナイザーで空気と微粒子水分散体を攪拌すると、クリーム状の泡が形成される。この泡を塩酸蒸気に暴露すると、クリームが液状化し、消泡することが確認されている。また、PDEA-PS粒子と同様の原理で、ポリメタクリル酸2-(ジメチルアミノ)エチル(poly[2-(dimethylamino)ethyl methacrylate](PDMA))が表面に生えたPS粒子(PDMA-PS粒子)[11]、およびアミノ基を導入したシリカ粒子[12]を用いても、酸添加により消泡が可能な泡が開発されている。

上記の研究では、非pH応答性微粒子表面にpH応答性高分子が吸着した粒子が用いられているが、pH応答性微粒子に非pH応答性の高分子が吸着した粒子もpHに応答して消泡することが示されている。Dupinらは[13]、非pH応答性高分子であるポリエチレングリコール(poly(ethylene glycol)(PEG))が表面に吸着したpH応答性高分子であるポリ(2-ビニルピリジン)(poly(2-vinylpyridine)(P2VP))微粒子が泡安定化剤として機能し、酸の添加により消泡が可能であることを見出している。ここで、粒子表面はPEGとP2VPの2成分から構成されており、P2VPのプロトネーションにより粒子表面の親水性が向上し、気液界面からの脱着が起こっていると考えられる。

pH応答性微粒子安定化泡は、実験操作が簡便、多様性に富むpH応答性高分子の利用が可能である等の利点を有するが、pHサイクルを繰り返すことで系中に塩が蓄積し、その結果、塩析による粒子の凝集が起こり、良好な泡の生成が困難になる問題がある。二酸化炭素を水に導入すると発生する炭酸を酸として利用することで、この問題を解決することが可能になると期待できる。媒体への二酸化炭素の溶解により酸性、窒素バブリングによる二酸化炭素の除去により中性にpHをコントロール可能であり、このpHサイクルによって塩は蓄積しない。

3.2　温度応答性微粒子安定化泡

温度を変化させることで、起泡性、安定性および構造のコントロールが可能な微粒子安定化泡に関する研究が行われている。これらの系では、温度によって粒子表面の親水性疎水性バランス、つまり気液界面への粒子の吸着エネルギーおよび媒体中における分散・凝集状態をコントロールすることで、泡の安定性、構造の制御が行われる(**図3**(a))。

下限臨界共溶温度(LCST)を32℃、pK_aを7.1に有する、温度およびpHにより親水性疎水性バランスの制御が可能なPDMA-PS粒子を泡安定化剤として用い、温度およびpHに対して、起泡性、安定性および構造が変化する泡が作製されている[11]。pHを3から10に調整したPDMA-PS粒子水分散体を25℃または55℃にて振り混ぜ、起泡性、泡の安定性を評価した結果、pH 6.0以上、25℃では起泡するものの安定性が低く、24時間以内に泡は崩壊することが明らかになっている。これは、上記条件下ではPDMA鎖は水和し水に溶解しているため粒子表面の親水性が比較的高い状態であり、粒子の気液界面における吸着エネルギーが低く界面に吸着するものの脱着が起こることが原因として考えられる。また、pH 6.0以上、55℃の条件では、24時間以上の期間安定な泡の生成が確認されている。これは、LCSTおよびpK_a以上ではPDMAは脱水和しており水に不溶であるため粒子表面の疎水性が高くなり、粒子の気液界面への吸着エネルギーが向上したためだと考えられる。一方、25℃、55℃どちらの温度においても、pK_aよりも低いpH 5以下では、粒子は水中に分散するのみで、泡は生成しない。

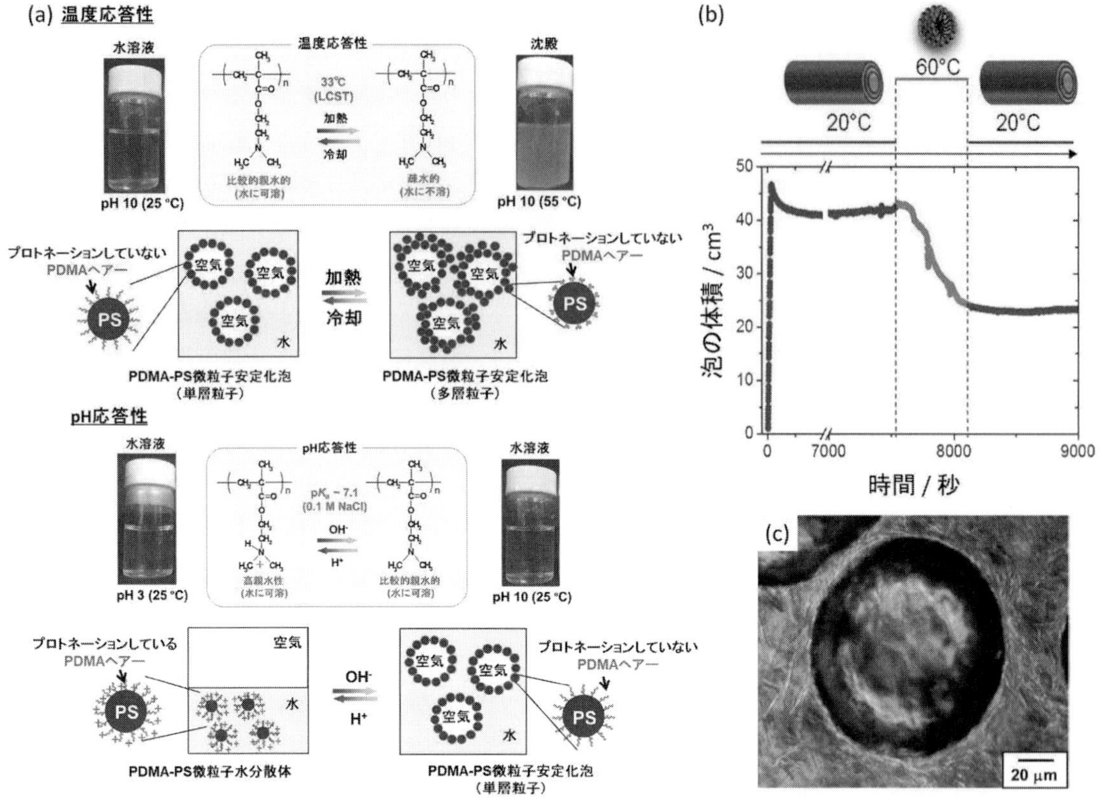

図3　温度応答性微粒子安定化泡。(a) PDMA-PS 粒子を安定化剤として作製される、温度および pH に応答し安定性、構造のコントロールが可能な微粒子安定化泡。Reproduced with permission.[11] Copyright 2015, Royal Society. (b) 12-ヒドロキシステアリン酸とヘキサノールアミンから形成されるミセルを安定化剤として作製される、温度応答性微粒子安定化泡。温度変化が泡の体積に与える影響。20℃にてマイクロメートルサイズのチューブ状ミセル構造、60℃においてナノメートルサイズの球状ミセル構造が形成されている。Reproduced with permission.[16]. Copyright 2011, Wiley-VCH. (c) スクアラン媒体中にてモノラウリン針状粒子によって安定化された泡。昇温すると粒子が溶解し、消泡する。Reproduced with permission.[18] Copyright 2006, American Chemical Society.

これは、PDMA 中のアミノ基のプロトネーション率が 99％以上になり、粒子表面の親水性が非常に高くなっているためである。

最近、pH 応答性高分子として知られている PDEA が、pH のみならず温度刺激に応答することが明らかにされた[14]。中性付近の pH において、約 40℃の LCST を示し、温度によって親水性疎水性バランスのコントロールが可能であり、PDEA-PS 粒子は、温度応答性の泡安定化剤として機能することが示された[15]。25℃において、PDEA は水に可溶であり、PDEA-PS 粒子は泡を安定化するものの、経時的に合一が起こることが確認されている。また、LCST 付近の 40℃、45℃において、PDEA は部分的に脱水和し、PDEA-PS 粒子で安定化された泡の合一速度が 25℃の系に比べ低下する。一方、50℃以上の条件では、安定性の高いクリーム状の泡が形成されることが明らかになっている。乾燥後の泡の断面観察から、PDEA-PS 粒子が 25℃ではバイレイヤー、40℃以上では多層を形成しており、この泡表面の粒子層の厚みの増加により、泡の安定性が向上していることが理解できる。

温度に応答してモルフォロジィを変化させる粒子を使用することでも、起泡性、泡の安定性のコントロールが可能になる(図3(b)、(c))。水媒体中で12-ヒドロキシステアリン酸(12-hydroxystearic acid)とヘキサノールアミン(hexanolamine)を混合すると、20℃にてマイクロメートルサイズのチューブ状ミセル構造、60℃においてナノメートルサイズの球状ミセル構造が形成される。これらの構造は温度制御により可逆的にコントロールすることが可能である。このミセル水分散体を20℃にて空気と攪拌すると、気液界面にチューブ状ミセルが吸着するとともに水相をゲル化し、泡が形成される。一方、60℃に昇温すると、ミセルがチューブ状から球状に変化し、この球状ミセルは気液界面から脱着し、消泡する[16]。温度を再度20℃に下げて空気と混合すると、泡が再び安定化する。さらに、この微粒子安定化泡に、光熱変換能を有するカーボンブラックを導入しておくことで、光照射により消泡が可能な系の構築が可能になる[17]。また、非水媒体においても、微粒子のモルフォロジィ変化による泡の安定性制御が実現化している。室温にて、スクアラン(squalane)媒体中でモノラウリン(monolaurin)は針状粒子形状を有し、気液界面に吸着することで泡を安定化させる。この泡を昇温すると、針状粒子が媒体に溶解し、消泡する[18]。

3.3　磁場応答性微粒子安定化泡

磁気は、非接触での伝達が可能である興味深い外部刺激である。これまでに、磁気によって運動制御および消泡が可能な微粒子安定化泡が開発されている。

磁鉄鉱(magnetite)粒子を内包するエチルセルロース(ethyl cellulose)マイクロロッド粒子

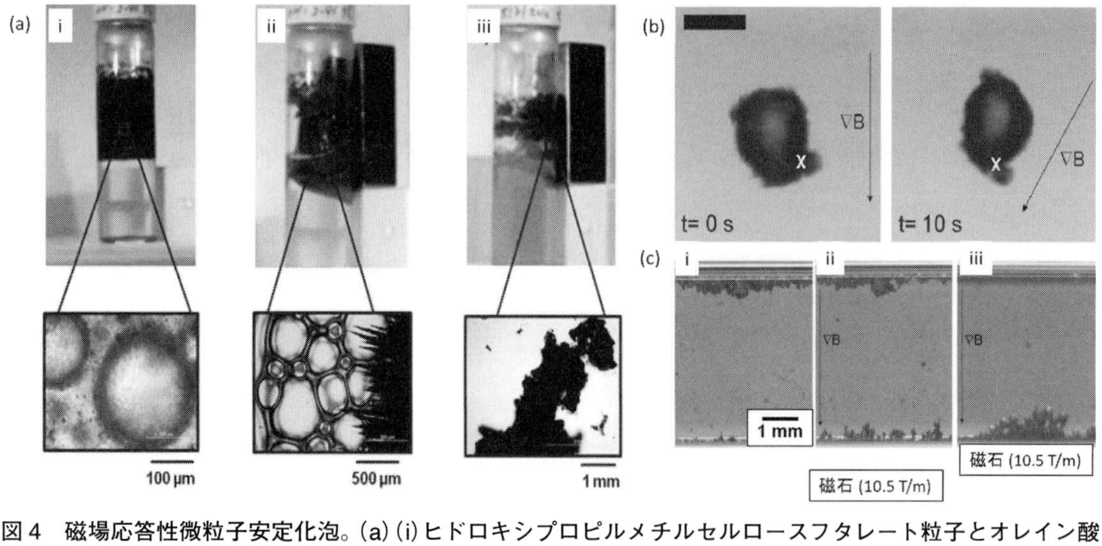

図4　磁場応答性微粒子安定化泡。(a) (i)ヒドロキシプロピルメチルセルロースフタレート粒子とオレイン酸で被覆された鉄粒子で安定化された泡。水を含んでいる状態の泡。(ii)水を含んだ泡に磁石を近づけると、鉄粒子が泡表面から脱着し、磁石に引き寄せられる。ヒドロキシプロピルメチルセルロースフタレート粒子で安定化した泡が残り、徐々に消泡する。(iii)乾燥した泡に磁石を近づけると、泡が崩壊する。Reproduced with permission.[20] (a)Copyright 2011, American Chemical Society (b)磁場勾配により時計方向に回転する微粒子安定化泡。Reproduced with permission. [21] Copyright 2011, Elsevier. (c) (i)水面に存在する微粒子安定化泡。(ii, iii)下部から磁石を近づけると、泡が浮力に逆らって水中に潜り込む。Reproduced with permission.[21] Copyright 2011, Elsevier.

が気液界面に吸着し、泡が安定化することが見出されている[19]。この泡は磁石に引き寄せられるため、磁石の動きをコントロールすることで泡の並進・回転運動の制御が可能になる。

ヒドロキシプロピルメチルセルロースフタレート（hypromellose phthalate）粒子とオレイン酸で被覆された鉄粒子（粒子径4.5 μm～5.2 μm）の混合水分散体に気泡を送り込むと、表面にhypromellose phthalate粒子と鉄粒子が吸着した泡が形成される[20]。この泡は、静置状態で数週間安定であり、浮力の影響を受け時間とともに水相上部に集まり、エマルション系でいうクリーミング現象が観察される。泡作製後、5時間内であるとこの泡は水を多量に含有し、磁石を近づけると鉄粒子のみが引き寄せられ、その後5～10分かけてhypromellose phthalate粒子で安定化された泡がゆっくりと消泡する様子が観察されている。一方、泡作製後11日経過すると、泡から水がほとんどなくなっており、鉄粒子とhypromellose phthalate粒子がともに磁石に引き寄せられ、1～3秒で消泡することが確認されている（**図4**（a））。

水面に浮上した泡に対し、水相の下部に磁石を設置することで泡を水相に潜り込ませることが可能になる。また、磁石を遠ざけることで泡は磁場から解放され、浮力により水面に浮上する[21]。磁場の強さを制御することで、泡の運動および崩壊を誘発することが可能であり、このことは目的箇所への気体の運搬、および目的のタイミングでの内部気体の放出が可能になるシ

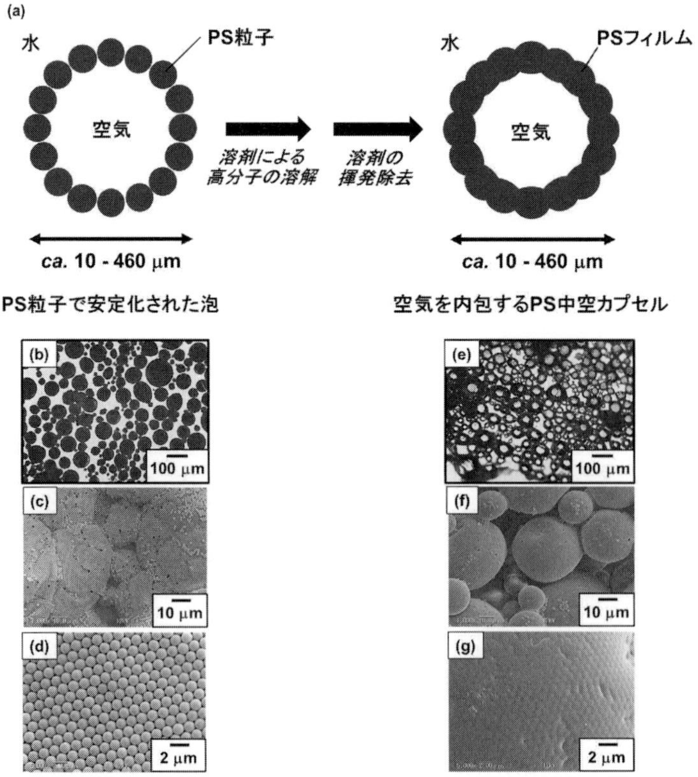

図5　有機溶剤応答性微粒子安定化泡。(a)ポリスチレン粒子安定化泡の有機溶剤処理によるカプセル合成。溶剤処理前後における泡の(b,e)光学顕微鏡写真、および(c,d,f,g)走査型電子顕微鏡写真。(b-d)溶剤処理前、(e-g)溶剤処理後。(d,g)は(c,f)の拡大写真。
Reproduced with permission.[22] Copyright 2015, The Chemical Society of Japan.

ステムの構築につながる(図4(b)(c))。

3.4　有機溶剤応答性微粒子安定化泡

水への溶解性を示す低表面張力の有機溶剤を微粒子安定化泡に添加すると、消泡が起こる。これは、有機溶剤分子の気液界面および粒子表面への吸着により、気液界面および粒子表面の界面張力が低下することで粒子の気液界面吸着エネルギーが低下し、粒子の界面からの脱着が起こるためである。有機溶剤が、泡安定化剤である粒子を膨潤させる場合、気液界面に吸着した粒子のガラス転移温度が室温以下に低下し、粒子間で高分子の相互拡散が起こることでフィルム形成する。溶剤除去後は再びガラス転移温度が上昇し、剛直なシェルが形成される。PS粒子で安定化された泡に、ジクロロメタン(dichloromethane)を添加し、その後揮発させることで、泡カプセルの作製が可能である(図5)[22]。有機溶剤処理時間を制御することで、粒子間に形成される空孔サイズのコントロールが可能である点は興味深い。有機溶剤処理を行っていないPS粒子安定化泡から水を乾燥除去すると、毛管力の影響を受け、水媒体中では球状の泡が多面体に変形する。一方、有機溶剤処理を行った泡は、剛直なシェルが形成されるため、乾燥後も球状を維持している。

4　まとめ

気液界面に吸着した微粒子、および外部刺激(pH、温度、磁場、有機溶剤)によって起泡性、安定性、構造の制御が可能な微粒子安定化泡について概観した。現在、刺激応答性微粒子・ナノ粒子の開発と、それを用いた先端材料の開発が盛んである。泡の安定化剤として利用可能な粒子の種類が増加しているとともに、粒子の特徴を生かした微粒子安定化泡の用途も拡大することが期待できる。さらに、複数の刺激に応答する微粒子を使用することで、起泡性、安定性、構造を、望みのタイミングで独立してコントロール可能な泡の創出が可能になる。気相-液相-固相(微粒子表面)の3相界面における化学反応、気体のカプセル化、外部刺激による内部気体物質の取り出しが可能な微粒子安定化泡は、新しい化学プロセス、機能性材料創出の可能性を拡げるソフトマテリアルになると期待できる。

謝　辞

本稿で述べた筆者の研究の一部は、JSPS科研費　新学術領域研究「生物多様性を規範とする革新的材料技術(JP15H01602、25120511)」、「元素ブロック高分子材料の創出(JP15H00767、25102542)」および「ソフトインターフェイスの分子科学(23106720)」、基盤研究(B)(JP16H04207)による支援を受けたものです。

文　献

1) W. Ramsden：*Proc. R. Soc. London*, **72**, 156 (1903).
2) (a)S. U. Pickering：*J. Chem. Soc.*, **91**, 2001 (1907)
(b)B. P. Binks and T. S. Horozov：Colloidal Particles at Liquid Interfaces, Cambridge Univ. Press (2006)
(c)S. Fujii：*J. Adh. Soc. Jpn.* (in Japanese) **43**, 22 (2006)
(d)藤井 秀司, 村上 良：オレオサイエンス **9**(11), 511 (2009)
(e)藤井秀司：7章, 微粒子安定化エマルション・フォーム　～その生成メカニズム, 物理・化学的特性と応用～(野々村美宗　監修), pp.181-214, 情報機構社(2012).
3) (a)J. J. Bickermann：Foams, Springer-Verlag, Berlin (1973)
(b)P. R. Garrett：Defoaming；Theory and Industrial Applications, Surfactant Science Series 45, Marcel Dekker Inc., New York (1993)
(c)R. K. Prudhomme, S. A. Khan：Foams；Theory, Measurement and Applications, Surfactant Science Series 57, Marcel Dekker Inc., New York (1997).
4) (a)T. N. Hunter, R. J. Pugh, G. V. Franks and G. J.

Jameson：*Adv. Colloid Interface Sci.*, **137**, 57 (2008)
(b)S. Fujii and R. Murakami：*KONA Powder and Particle J.*, **26**, 153 (2008)
(c)藤井 秀司，村上 良：表面技術，**59**(1)，33 (2008)
(d)藤井 秀司：ネットワークポリマー，**30**(3)，162 (2009)
(e)藤井 秀司：表面，**47**(3)，83 (2009)
(f)P. M. Kruglyakov, S. I. Elaneva and N. G. Vilkova：*Adv. Colloid Interface Sci.*, **165**, 108 (2011)
(g)藤井 秀司：日本接着学会誌，**47**(2)，67 (2011)
(h)藤井 秀司：粉体工学会誌，**48**(2)，90 (2011)
(i)藤井秀司：3 章，微粒子安定化エマルション・フォーム　〜その生成メカニズム，物理・化学的特性と応用〜 (野々村美宗　監修)，pp.74-111，情報機構社(2012)
(j)P. Stevenson：(ed.)Foam Engineering：Fundamentals and Applications, Wiley：Chichester (2012)
(k)R. J. Pugh：Bubble and Foam Chemistry, Cambridge University Press：Cambridge (2016).
5) S. Fujii and Y. Nakamura：*Langmuir*, **33**, 7365 (2017).
6) B. P. Binks and R. Murakami：*Nat. Mater.*, **5**, 865 (2006).
7) S. Levine, B. Bowen and S. J. Partridge：*Colloids Surf.*, **38**, 325 (1989).
8) (a)G. Johansson and R. J. Pugh：*Int. J. Miner. Process.*, **34**, 1 (1992)
(b)S. Schwarz and S. Grano：*Colloids Surf. A：Physicochem. Eng. Asp.*, **256**, 157 (2005)
(c)S. Ata, N. Ahmed and G. J. Jameson：*Int. J. Miner. Process*, **64**, 101 (2002)
(d)S. Ata, N. Ahmed and G. J. Jameson：*Miner Eng.*, **17**, 897 (2004).
9) B. P. Binks, R. Murakami, S. Fujii, A. Schmid and S. P. Armes：*Langmuir*, **23**, 8691 (2007).
10) (a)S. Fujii, M. Mochizuki, K. Aono, S. Hamasaki, R. Murakami and Y. Nakamura：*Langmuir*, **27**, 12902 (2011)
(b)S. Nakayama, S. Hamasaki, K. Ueno, M. Mochizuki, S. Yusa, Y. Nakamura and S. Fujii：*Soft Matter*, **12**, 4794 (2016).
11) S. Fujii, K. Akiyama, S. Nakayama, S. Hamasaki, S. Yusa and Y. Nakamura：*Soft Matter*, **11**, 572 (2015).
12) J. Huang, F. Cheng, B. P. Binks and H. Yang：*J. Am. Chem. Soc.*, **137**, 15015 (2015).
13) D. Dupin, J. R. Howse, S. P. Armes and D. P. Randall：*J. Mater. Chem.*, **18**, 545 (2008).
14) (a)A. Schmalz, M. Hanisch, H. Schmalz and A. H. E. Müller：*Polymer*, **51**, 1213 (2010)
(b)T. Thavanesan, C. Herbert and F. A. Plamper：*Langmuir* **30**, 5609 (2014).
15) S. Nakayama, S. Yusa, Y. Nakamura and S. Fujii：*Soft Matter*, **11**, 9099 (2015).
16) A.-L. Fameau, A. Saint-Jalmes, F. Cousin, B. H. Houssou, B. Novales, L. Navailles, F. Nallet, C. Gaillard, F. Boue and J.-P. Douliez：*Angew. Chem., Int. Ed.*, **50**, 82649 (2011).
17) A.-L. Fameau, S. Lam and O. D. Velev：*Chem. Sci.*, **4**, 3874 (2013).
18) L. K. Shrestha, K. Aramaki, H. Kato, Y. Takase and H. Kunieda：*Langmuir*, **22**, 8337 (2006)
19) A. L. Campbell, S. D. Stoyanova and V. N. Paunov：*Soft Matter*, **5**, 1019 (2009).
20) (a)S. Lam, E. Blanco, S. K. Smoukov, K. P. Velikov, O. D. Velev：*J. Am. Chem. Soc.*, **133**, 13856 (2011)
(b)E. Blanco, S. Lam, S. K. Smoukov, K. P. Velikov, S. A. Khan and O. D. Velev：*Langmuir*, **29**, 10019 (2013).
21) J. A. Rodrigues, E. Rio, J. Bobroff, D. Langevin and W. Drenckhan：*Colloids Surf., A*, **384**, 408 (2011).
22) S. Nakayama, K. Fukuhara, Y. Nakamura and S. Fujii：*Chem. Lett.*, **44**(6), 773 (2015).

第3章　材料設計
第10節　刺激応答性ソフトコロイド結晶

名古屋大学　竹岡 敬和

1　はじめに

1 nm～1 μm 程度のコロイド粒子が結晶のように組織化した状態をコロイド結晶と呼ぶ。コロイド結晶は、その周期構造のため、ブラッグ条件を満たす波長の光を強く反射する。その波長が可視光領域にあれば、コロイド結晶からは、構造に起因した色、つまり構造色が観測される。コロイド結晶は、コロイド粒子が接触していない非最密充填型とコロイド粒子が接触した状態の最密充填型が知られている。この20年ほどの間、これらのコロイド結晶を利用し、“柔らかい”コロイド結晶を作る試みが展開されてきた。その柔らかさを利用すれば、構造色の変化が期待できるからだ。アメリカのピッツバーグ大学のAsherらは、非最密充填型のコロイド結晶をさまざまな刺激応答性ゲル内に閉じ込めることで、刺激に応じて色が変わるゲルを構築している[1)]。特定の物質に応答して体積変化を示すようなゲルを用いれば、その物質に対するセンサーとしての機能を発揮する。しかし、非最密充填型コロイド結晶は、わずかな振動やイオン性物質の添加により、コロイド結晶としての性質を失うため取り扱いが難しい。また、Asherらの系は、いわゆるバルクゲルとしての性質をもつため、刺激に応じた体積変化が遅く、色変化に時間を要する。

これらの欠点を改善するために、著者は、最密充填型コロイド結晶を用いてさまざまな環境変化に応じて色変化を示す刺激応答性ソフトコロイド結晶を開発してきた[2)-9)]。本系は、粒径の揃ったコロイド粒子が形成する最密充填型コロイド結晶を鋳型に利用して得られるポーラスなゲルである。最密充填型コロイド結晶は非常に安定なので、さまざまな種類のゲルを使って刺激応答性のポーラスなゲルを調製することができる。このポーラスなゲルは、コロイド結晶の構造を忠実に象っているため、コロイド結晶同様に屈折率の周期性を有し、構造発色能を示す。また、ポーラスなゲルは、穴の空いていないバルクゲルよりも1,000倍以上の速さで体積変化を示すので、その構造色の変化も迅速である[2)]。本節では、最密充填型コロイド結晶を利用して調製できる刺激応答性ソフトコロイド結晶に関する研究を紹介する。

2　刺激応答性ソフトコロイド結晶の作り方と性質

約200 nm～400 nmの粒径を有する微粒子を用いて最密充填型のコロイド結晶を作製し、それを鋳型として使用する(**図1**)[3)-5)]。最密充填型コロイド結晶は、その結晶構造を精密に制御する方法が取り組まれており、厚さが数μメーターの膜状として作られる場合が多い。シリカや高分子を主成分とする微粒子を用いれば、得られた最密充填型コロイド結晶は、たとえ膜厚が数μメーターであっても鮮やかな構造色を示す。微粒子とその隙間の空気との屈折率差によって、光を強く反射する能力を示すからだ。ところが、微粒子間の隙間に微粒子と同じような屈折率を有する物質を注入すると、光の反射

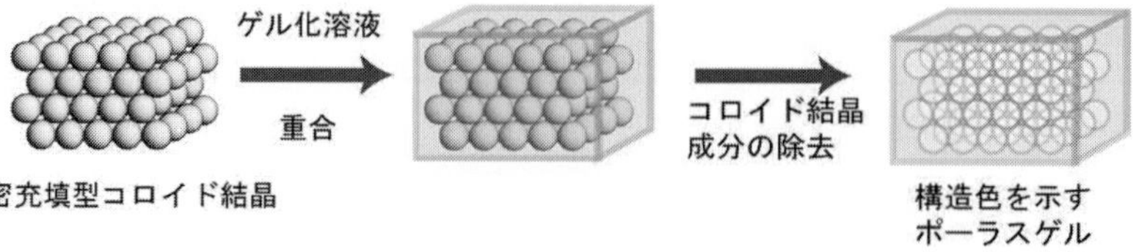

図１　構造色を示すポーラスなゲルの調製方法

能力は著しく落ちてしまう。その結果、構造色も示しにくくなってしまう。屈折率差が小さい物質どうしを組み合わせた最密充填型コロイド結晶を作る場合には、その膜厚を厚くすることで、なんとか構造色を示すようになる。しかし、膜厚が厚くなると、コロイド結晶内に構造の乱れが生じやすくなる。構造の乱れは、非干渉性の多重散乱を引き起こす原因となり、たとえ構造色を示したとしても白っぽくなってしまう場合がある。著者が、最初に最密充填型コロイド結晶を調製したときは、膜厚を1 mm以上としていた。それを鋳型に調製するゲルの取り扱いを考えると、数μメーターの膜厚では難しいからだ。ところが、膜厚が1 mm以上で最密充填型コロイド結晶を作ると、見た目にはほぼ真っ白になってしまう。上述のように、微粒子の配列に乱れが生じたことに伴う非干渉性の多重散乱が膜内で生じるためだ。しかし、その頃の著者の研究の目的は、構造色を示すゲルを作ることではなかったため、著者は気にすることなく、分厚い最密充填型コロイド結晶を鋳型に用い、ポーラスなゲルの調製をせっせと行った。もし、そのときの研究目的が構造色を示すゲルの構築であったら、その白く分厚い最密充填型コロイド結晶を鋳型として利用することはしなかったかもしれない。そして、その後得られたポーラスなゲルは、実に鮮やかな構造色を示すようになることを見出したのである（**図2**）。分厚い最密充填型コロイド結晶が真っ白であったのに対し、同じ膜厚のポーラスなゲル

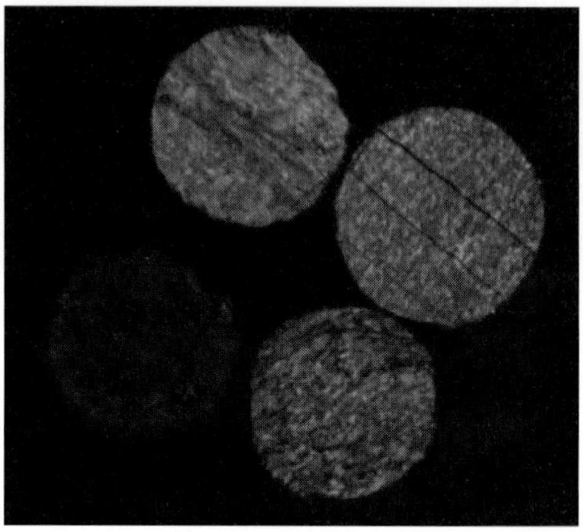

図２　コロイド結晶を鋳型にして調製した構造色を示すポーラスゲル　※口絵参照

は、ゲル部分と溶媒との屈折率差が小さいために、非干渉性の多重散乱の影響がほとんどなかったためである。

得られたポーラスなゲルを構成する高分子網目と溶媒との相互作用は、刺激を加えたり、環境が変わることで変化しうる。その結果、ゲルの膨潤度が変わり、観測される構造色も変化する（**図3**）。コロイド結晶と同様に、屈折率に周期構造があることで構造色を示すが、環境に応じて柔軟に体積を変える効果が加わったことで、刺激応答性ソフトコロイド結晶となった。特定の分子を認識して体積を変化するゲルに周期的細孔構造を施すと、特定の分子の存在や濃度を色変化によって観測できる構造発色性ゲルが得られる。また、特定分子の特定の濃度において、望みの色を示すようにも設計できる[4)5)]。たとえば、糖尿病の判断基準として重要な体液

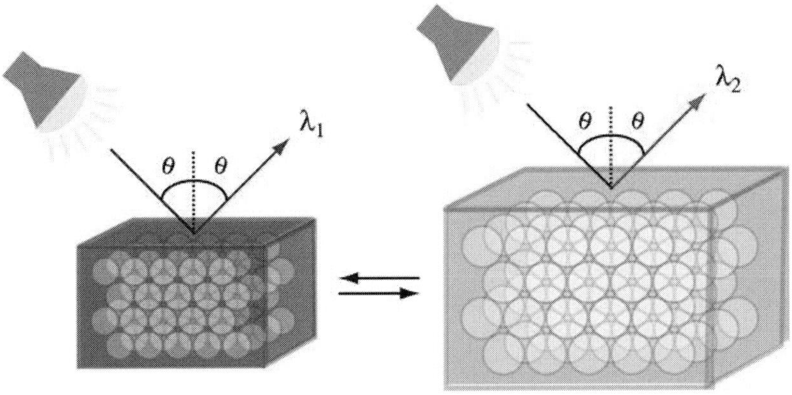

図３　環境変化に伴う体積の変化によって構造色が変化するポーラスゲル

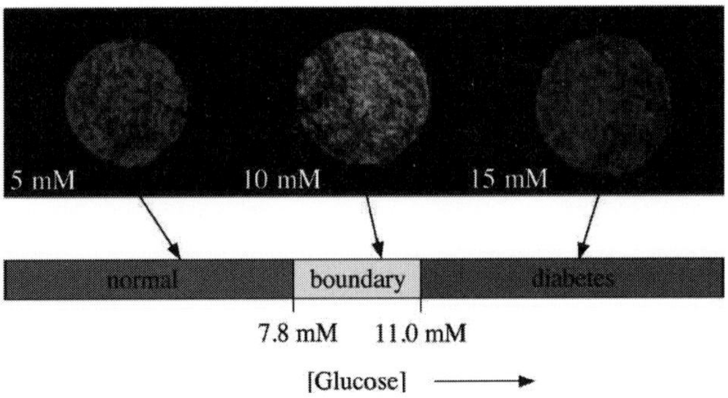

図４　グルコースの濃度に応じて信号の様に色を変える構造発色性ゲル
※口絵参照

中のグルコースの濃度に応じて信号のように色が変化する系も構築可能である(**図４**)[6]。

3　構造色の角度依存性を軽減するには

著者が開発した刺激応答性ソフトコロイド結晶を用いれば、センサーやディスプレイへ利用ができると期待した[7)-9)]。従来の系のような複雑な回路を必要としないので、1つの材料として、可逆な変色機能を有するため、非常に簡易で安価な系が実現可能だと思われたからだ。しかし、実用化における重要なことの1つとして、構造色の角度依存性を回避することが必要となる。刺激応答性ソフトコロイド結晶ではないが、角度依存性がない構造色を示すゲルを調製するために見出した方法について、最後に紹介したい。

コロイド粒子が短距離秩序のみを有する状態で集合した“コロイドアモルファス集合体”は、その等方的な構造と秩序構造のために、角度依存性のない構造色を示しうる。しかし、実際には、コロイドアモルファス集合体は、見た目には白い塊にみえる。これは、コロイド結晶についても説明したが、内部から生じる非干渉性の多重散乱の影響である。コロイドアモルファス集合体を鋳型に用いてポーラスなゲルを作る場合、ゲル部分の屈折率が水よりも大きな系を用いると、得られたポーラスなゲルもコロイドアモルファス集合体と同様に白い(**図５**)。ところが、コロイドアモルファス集合体に黒色のカーボンブラック(CB)を少量添加すると、鮮やかな構造色を示すようになることがわかった(**図6**)[10)]。これは、コロイドアモルファス集合体内に添加したCBによって、非干渉性の多重散乱の影響が抑制されたからである。この原理を利用して、上述のようなゲル部分と溶媒との屈折率に差があるようなポーラスなゲルに少量のCBを導入すると、ポーラスな高分子ゲルが鮮やかな構造色を示すようになることがわかった(**図7**)[11)]。このゲル内は、サブミクロンサイズの特定の大きさの細孔が短距離離秩序をもって等方的に分布しているために、観測される構造色には角度依存性を示さないようになる。さらに、このようなポーラスゲルを刺激応

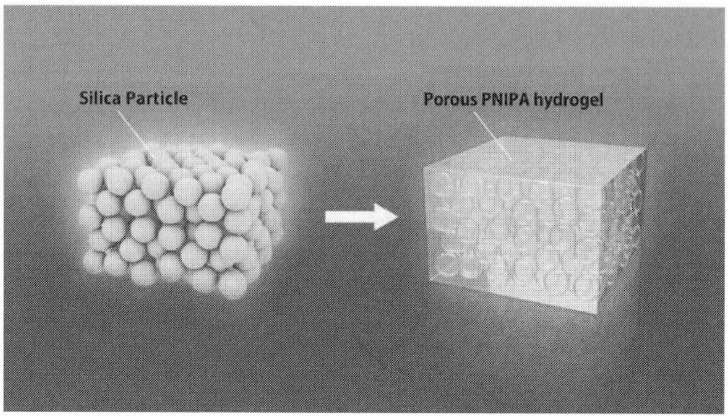

図5　コロイドアモルファス集合体を鋳型にして合成するポーラスなゲル(ゲルは温度応答性を示すポリ(*N*-イソプロピルアクリルアミド)(PN1DA)より構成されている)

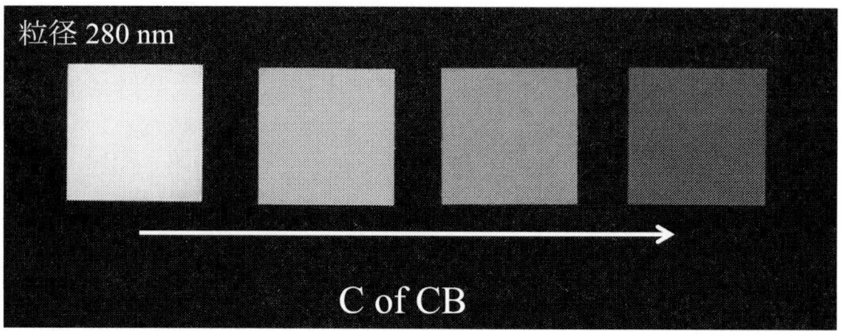

図6　コロイドアモルファス集合体にカーボンブラック(CB)を添加することによる構造発色性の変化
※口絵参照

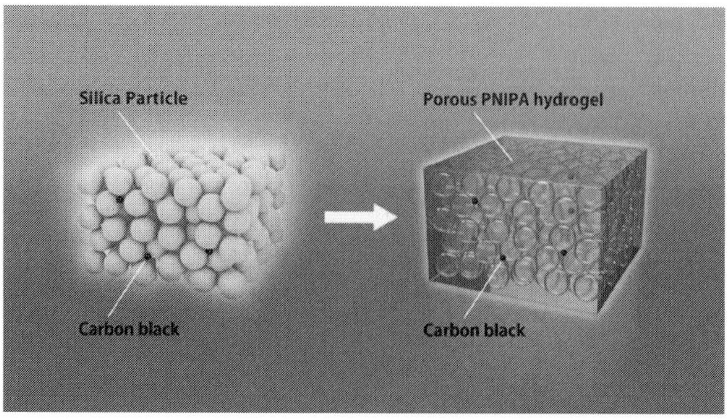

図7　少量のCBを入れたコロイドアモルファス集合体を鋳型にして合成するポーラスなゲル
※口絵参照

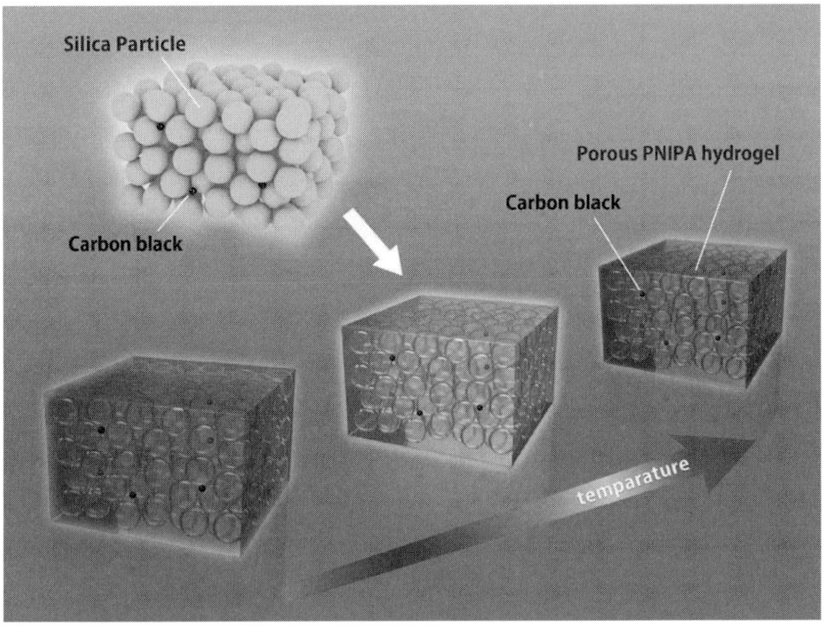

図８　少量のCBを入れたコロイドアモルファス集合体を鋳型にして合成するポーラスなゲルの体積変化に伴う色の変化：このゲルは、温度に応じて色が変わる　※口絵参照

答性ゲルで調製すれば、刺激による体積変化に伴って、角度依存性のない構造色に変化を来すようにすることもできた(**図８**)。

文　献

1) H. J. Holz and A. S. Asher：*Nature*, **389**, 829-832 (1997).
2) Y. Takeoka* and M. Watanabe：*Langmuir*, **18**, 5977-5980(2002).
3) Y. Takeoka* and M. Watanabe：*Adv. Mater.*, **15**, 199-201(2003).
4) Y. Takeoka* and M. Watanabe：*Langmuir*, **19**, 9104-9106(2003).
5) Y. Takeoka and T. Seki：*Langmuir*, **22**, 10223-10232 (2006).
6) D. Nakayama, Y. Takeoka*, M. Watanabe and K. Kataoka：*Angew. Chem. Int. Ed.*, **42**, 4197-4200 (2003).
7) K. Matsubara, M. Watanabe and Y. Takeoka*：*Angew. Chem. Int. Ed.*, **46**, 1688-1692(2007).
8) K. Ueno, K. Matsubara, M. Watanabe and Y. Takeoka*：*Adv. Mater.*, **19**, 2807-2812(2007).
9) S. Shinohara, T. Seki, T. Sakai, R. Yoshida and Y. Takeoka*：*Angew. Chem. Int. Ed.*, **47**, 9039-9043 (2008).
10) Y. Takeoka*, S. Yoshioka, A. Takano, S. Arai, N. Khanin, H. Nishihara, M. Teshima, Y. Ohtsuka and T. Seki：*Angew. Chem. Int. Ed.*, **52**, 7261-7265 (2013).
11) Y. Ohtsuka, T. Seki and Y. Takeoka*：*Angew. Chem. Int. Ed.*, **54**, 15368-15373(2015).

基礎編

第3章　材料設計

第11節　ブロック共重合体フォトニック膜のナノ構造設計と光学特性

名古屋大学　野呂 篤史/松下 裕秀

1　はじめに

材料用途の多様化にともない、高分子材料への高機能・高性能付与が求められている。複数の異種成分高分子が共有結合でつながれたブロック共重合体はそのような要求に応えるものとして注目されている。異種成分間で反発し合うものの、それらは化学的に連結されているために、10～100 nm 程度の規則的周期構造(ナノ相分離構造。構造サイズが微視的であることから慣習的にはミクロ相分離構造とも呼ばれる。)を自発的に形成することが知られている[1]。ナノ相分離構造はブロック共重合体の体積分率によってラメラ状、共連続、柱状、球状などとその相分離界面の形状を変化させる。また平均分子量が大きくなるほど構造周期 D が大きくなることも知られている[2]。

このようなブロック共重合体のナノ相分離構造はフォトニック結晶として利用することができる(**図1**)。フォトニック結晶[3)4)]とは異なる屈折率の物質を周期的に配列させた構造体のことである。もっとも単純なフォトニック結晶、1次元フォトニック結晶は光学多層膜とも呼ばれる。2成分(成分1と成分2)の層状の繰返し構造からなるフォトニック結晶に対して垂直方向から光を照射した場合、層の厚み(d_1、d_2)、層の屈折率(n_1、n_2)に応じて、ブラッグ条件 $\lambda = 2(n_1d_1 + n_2d_2)$ を満たす特定波長 λ の光を反射する。フォトニック結晶を利用することにより光の屈折や反射を制御できるため、レンズ、センサー、レーザー、ディスプレイなどへの応用が期待されている。有機物の屈折率がおよそ1.5であり、$\lambda \fallingdotseq 3(d_1 + d_2) = 3D$ であることを考慮すると、ブロック共重合体のラメラ構造から可視光(およそ390～780 nm)を反射させるには、構造周期 $D(= d_1 + d_2)$ は130 nm～260 nm程度の大きなものが必要とされる。一方、体積比が1：1であるブロック共重合体の D は数平均分子量 M_n の約2/3乗に比例することが知られており、ここから130 nm以上の D を有するブロック共重合体の M_n を見積もるとその値は40万以上である。このような高分子量のブロック共重合体の合成は容易ではなく、最近までその応用は限定的であった。

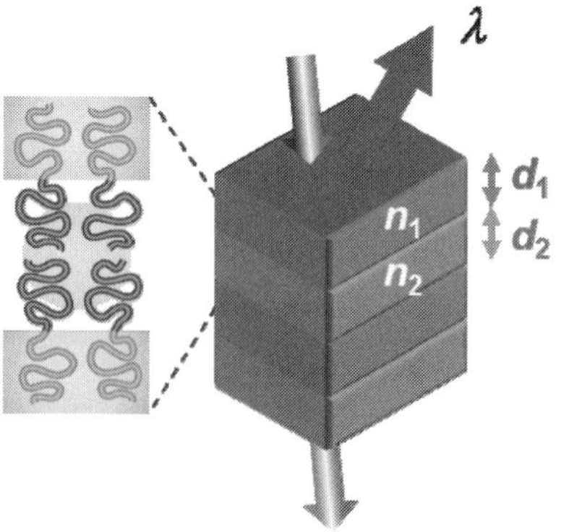

図1　ブロック共重合体からなる1次元フォトニック結晶の模式図。厚み d_1、屈折率 n_1 の成分1からなる層と、厚み d_2、屈折率 n_2 の成分2からなる層との繰返しにより形成されるラメラ状のナノ相分離構造は1次元フォトニック結晶として利用できる。n_1、n_2 をおおよそ1.5とみなすと、$d_1 + d_2 = D$ であるので、$\lambda = 2(n_1d_1 + n_2d_2) \sim 3D$ の垂直入射光を反射する。

そこで米国MITのThomas(現米国Rice大学)らは、40万以上の高分子量のブロック共重合体を用いるのではなく、中程度の分子量(10～20万)のブロック共重合体を溶媒で膨潤させて、フォトニック結晶膜(以下では単にフォトニック膜と呼ぶ。)を作製している[5]。具体的にはポリスチレン-*b*-ポリ(2-ビニルピリジン)(PS-P2VP)ブロック共重合体からなる薄膜(PS相とP2VP相からなる交互ラメラ構造、*D*：数十nm)を作製し、これにメタノールや水などの選択溶媒を添加して膨潤させることで、可視光を反射する溶媒膨潤ソフトフォトニック膜(*D*：100～300 nm)としている。特定成分のみを溶解する選択溶媒を用いることで、界面の形を崩さずに(すなわちラメラ構造を保ったまま)*D*が大きくなり、さらに薄膜に対して溶媒を添加しているため、膜全体に溶媒が浸透するまでにあまり時間をかけずに、比較的容易に均一なフォトニック膜を得ている。しかし揮発性溶媒を用いていたために溶媒蒸発により光学特性が変化することもあり、材料として利用するのには不十分であった。もし長期間にわたり一定の*D*を保って、光学特性を保持する膜ができれば、膜の柔軟性のために外部刺激(たとえば電場、温度、応力など)に応じて応答するフォトニック膜となるはずである。金属や無機物からではこのような応答性を示すフォトニック膜の作製は難しく、ゆえに新たな材料としてさまざまな応用、利用が期待できる。

本節では上記で言及した溶媒で膨潤したソフトフォトニック膜の問題点(溶媒蒸発によるフォトニック結晶特性の喪失)を解消する一提案として、PS-P2VPブロック共重合体薄膜に対して、揮発性溶媒ではなく難燃かつ不揮発な溶媒(本節では常温常圧で1 Pa以下の蒸気圧を不揮発と呼ぶ)を加えて膨潤させることで得られる、長期にわたって特定波長の近紫外～近赤外光を反射し続けるソフトフォトニック膜について紹介する。またこの膜の作製法を応用し、不揮発性酸を含有させた不揮発性溶液を添加することで得られる膜についても紹介する。さらに金属塩を含有した不揮発性溶液での膨潤により得られる電場応答性ソフトフォトニック膜についても紹介する。

2　ソフトフォトニック膜

2.1　プロトン性イオン液体で膨潤させたブロック共重合体ソフトフォトニック膜[6]

溶媒蒸発によってフォトニック結晶特性が喪失されることがないよう、我々はブロック共重合体薄膜を不揮発性溶媒であるプロトン性イオン液体(pIL)で膨潤させている(**図2**)。用いたブロック共重合体はPS-P2VPであり、分子量は78000、PSの体積分率は0.50(ラメラ構造組成)のものである。添加するpILはイミダゾリウム ビス(トリフルオロメタンスルフォニル)イミダイドとイミダゾールの混合物(3：4の混合モル比)であり、室温で不揮発なイオン性の液体である。PS-P2VPを1,4-ジオキサンに溶解させて5 wt％程度の溶液を作製し、ガラス基板もしくはポリイミド基板上にスピンコート

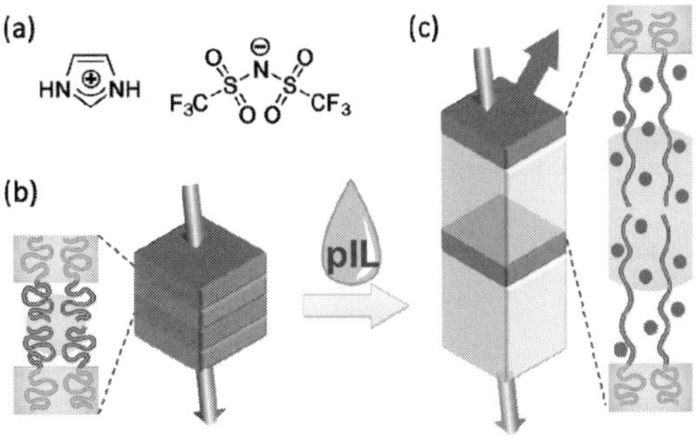

図2　(a)プロトン性イオン液体の一例(化学構造式)(b)膨潤させる前のブロック共重合体膜、および(c)プロトン性イオン液体で膨潤させたブロック共重合体ソフトフォトニック膜の分子模式図・ナノ構造模式図

することで数 μm 厚の PS-P2VP 薄膜を作製した。基板に対してラメラ構造が平行配向するように、テトラヒドロフラン(THF)とクロロホルムの混合溶媒蒸気を用いて溶媒アニールを行った。その後 pIL を添加して 40℃で 1～2 時間加熱することで不揮発なソフトフォトニック膜を得た。

PS-P2VP 薄膜に対して pIL を添加する前後の透過型電子顕微鏡(TEM)観察結果を**図 3** に示している。観察像にコントラストを付けるためにヨウ素蒸気で染色処理を行っており、P2VP 相が暗く見える。pIL 添加前(図 3(a))には対称組成のラメラ構造(D～33 nm、明るい PS 相の厚み～16 nm、暗い P2VP 相の厚み～17 nm)が観察されていたのに対し、pIL 添加後(図 3b)では D～106 nm の非対称組成のラメラ構造(明るい PS 相の厚み～18 nm、暗い P2VP 相の厚み～88 nm)がみられた。P2VP 相が pIL によって選択的に 5 倍以上の体積に膨潤されていることがわかる。

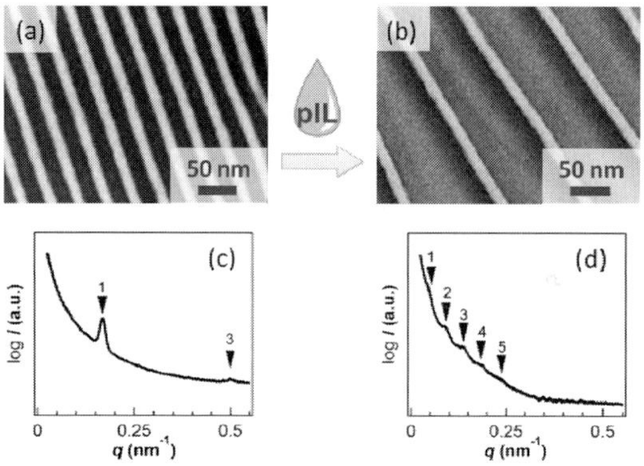

図 3　(a) PS-P2VP 膜の TEM 像 (b) PS-P2VP/pIL フォトニック膜の TEM 像 (c) PS-P2VP 膜の U-SAXS プロファイル (d) PS-P2VP/pIL フォトニック膜の U-SAXS プロファイル

TEM 観察用試料調製時にはミクロトームを使用しているため、ミクロトーム使用の影響を受けたナノ構造を観察している可能性がある。ミクロトーム使用の影響のないナノ構造情報を得るために、$D > 100$ nm のナノ構造観察に有効な超小角 X 線散乱(U-SAXS)測定を行った。pIL 添加前(図 3(c))の膜では 0.17 nm^{-1}、0.50 nm^{-1} 付近にピークがみられ、ピークの相対位置が 1、3 と整数倍位置であるのでラメラ構造であることがわかる。構造周期 $D = 2\pi/q_1$ (q_1 は一次ピークの散乱ベクトル)を求めたところ、37 nm であった。pIL 添加後(図 3(d))でも整数倍位置にピークがみられたことからこれもラメラ構造であり、さらに 1 次ピークは 0.046 nm^{-1} であったことから D = 137 nm であり、pIL 添加前と比較して D が 3.7 倍に大きくなっていることが確認できる。

フォトニック膜の外観は**図 4**(a)の挿入写真のとおりで、反射光測定システムにより光学特性の定量評価も行った。379 nm に鋭い反射ピークがみられ、膜の外観(紫色)に対応した結果が得られている。ここで光反射がフォトニック特性に由来するとした場合、垂直入射光に対する反射光の波長 λ はブラッグ条件で表される。PS 相は pIL で膨潤せず P2VP 相のみが膨潤す

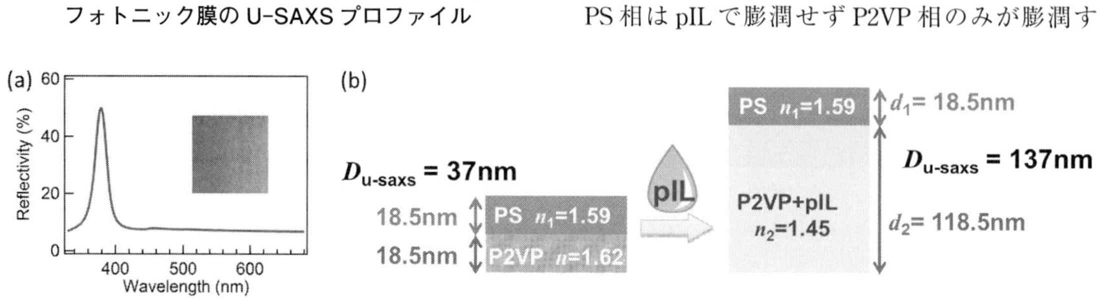

図 4　(a) PS-P2VP/pIL フォトニック膜の反射率スペクトル。挿入図は PS-P2VP/pIL フォトニック膜の外観写真。(b) pIL 添加前後のナノ構造の模式図　※口絵参照

ると仮定し、U-SAXSで求めた添加前のもののD(= 37 nm)、ブロック共重合体のPSの体積分率(0.5)、U-SAXSで求めた添加後のもののD(= 137 nm)を考慮すると、添加後はd_1 = 18.5 nm、d_2 = 118.5 nmである(図4(b))。PSの屈折率は1.59、pILを含有したP2VPの屈折率は1.45であるので、これらの値を用いてλを計算すると402 nmとなり、実験値379 nmとおおよそ一致した。すなわちpILを添加し、膨潤させた薄膜は1次元フォトニック膜となっていることが定量的に確かめられた。

2.2　不揮発性酸含有液体への浸漬により作製したソフトフォトニック膜[7)]

より最近では、ソフトフォトニック膜はpILだけではなく、不揮発な非イオン性のプロトン性溶媒(たとえばテトラエチレングリコール(TEG))中にPS-P2VP薄膜を浸漬することからでも作製できることがわかっている。P2VP鎖のピリジル基とTEGの水酸基間で水素結合が生じることも明らかとなっており、この水素結合が駆動力となってTEGがP2VP相へと大きく浸透し、P2VP相を膨潤させることで光反射特性を発現させている。もし上記の水素結合よりも強い相互作用がブロック鎖-溶媒間で生じればさらに大きな浸透・膨潤が生じ、構造サイズ変化も大きなものとなって、光反射特性も比較的容易に制御できると考えられる。

そこで不揮発性酸を含んだ不揮発なプロトン性溶液にPS-P2VP薄膜を浸漬することで、P2VP相を膨潤させてフォトニック膜を作製することを考えた(**図5**)。不揮発なプロトン性溶媒としてはTEG、不揮発性酸としては二価スルホン酸である1,3-ビススルホプロポキシプロパン(SA)を用いた。スピンコートによりガラスもしくはポリイミド基板上にPS-P2VP(M_n = 121000、PSの体積分率 = 0.60)薄膜を作製し、45℃、クロロホルム蒸気下で溶媒アニール

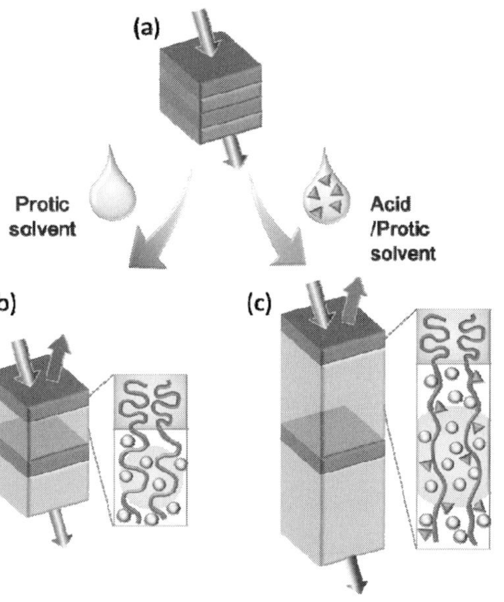

図5　(a)膨潤させる前のブロック共重合体膜のナノ構造模式図(b)不揮発なプロトン性溶媒で膨潤させたブロック共重合体ソフトフォトニック膜、および(c)不揮発性酸を含有した不揮発なプロトン性液体で膨潤させたソフトフォトニック膜の分子模式図・ナノ構造模式図。　※口絵参照

を施した。SA濃度の異なるTEG溶液(SA/TEG溶液)を調製し、その溶液中にPS-P2VP薄膜を浸漬することで、膨潤膜を得た。溶媒TEGそのものに浸漬して作製した膜はPS-P2VP/TEG、SA/TEG溶液に浸漬して作製した膜はPS-P2VP/(SA/TEG)と記述することにする。

PS-P2VP膜そのもの(neat PS-P2VP)、PS-P2VP/TEG膜について超薄切片を作製し、ヨウ素蒸気でP2VP相を染色したのちにTEM観察を行った。**図6**にneat PS-P2VP、PS-P2VP/TEGのTEM観察像を示す。neat PS-P2VPではP相が暗く染まっており、PS相の厚み～34 nm、P2VP相の厚み～25 nm、D～59 nmのほぼ対称なラメラ構造がみられた(図6(a))。PS-P2VP/TEGでは非対称なラメラ構造がみられ(図6(b))、D～120 nm、明るい相の厚み～

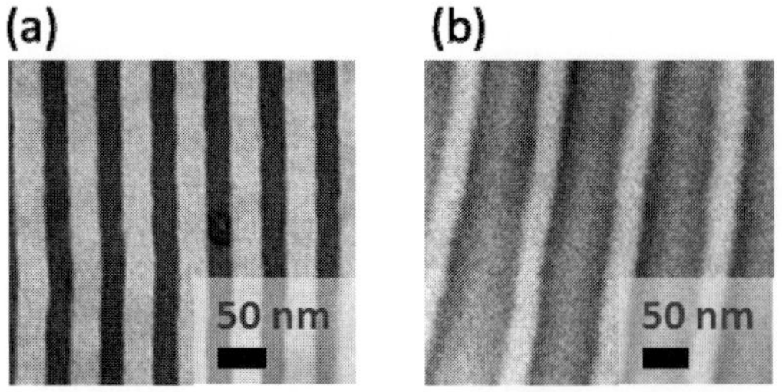

図6　(a)PS-P2VP 膜の TEM 像(b)PS-P2VP/TEG フォトニック膜の TEM 像

37 nm、暗い相の厚み～83 nm であった。暗い相にはピリジル基が含まれているため明るい相は PS 相と判定でき、neat PS-P2VP の PS 相のサイズとほぼ同じであった。一方、暗い相はその厚みが 25 nm から 83 nm へと 3.3 倍になっており、TEG の浸透により P2VP 相のみが膨潤したことで、*D* についても 59 nm から 120 nm へと約 2 倍のサイズになっていることがわかった。

さらに PS-P2VP/TEG 膜、PS-P2VP/(SA/TEG)膜に対して反射率スペクトル測定を行った(図7)。TEG そのものに浸漬させて調製した PS-P2VP/TEG 膜では紫外光領域(340 nm)に反射ピークがみられ、反射色はみられなかった。一方、PS-P2VP/(SA/TEG)膜では可視光を反射しており、濃度が高くなっていくにつれて青色、緑色、黄緑色、赤色の可視光反射がみられた(図 7(a))。反射率スペクトルでも膜の外観に対応し、反射光波長のピーク位置が紫外光域から赤色光域へとレッドシフトしていくのが確認された(図 7(b))。このようなスペクトルの変化がみられたのは SA の濃度が高くなっていくにつれて *D* が大きくなっていったためである。データは示さないが、U-SAXS 測定でも SA 濃度が 0 mM から 10 mM へと上昇していくにつれて *D* が 114 nm から 210 nm へと大幅に大きくなることが確認されている。このように *D* が大きくなったのは、SA が添加される

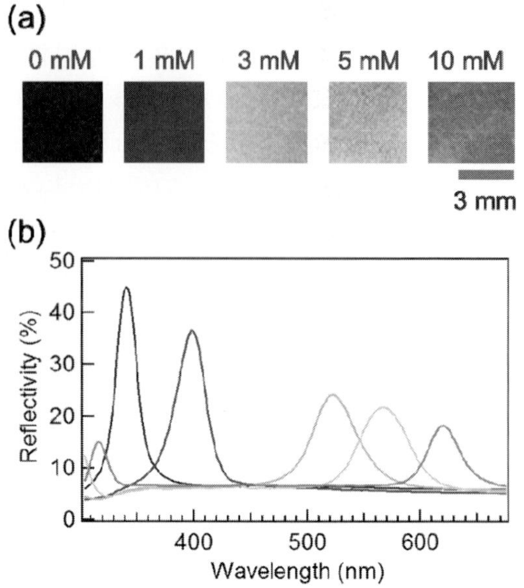

図7　PS-P2VP/TEG、PS-P2VP/(SA/TEG)フォトニック膜の(a)外観写真と(b)反射率スペクトル。左から順に PS-P2VP/TEG (0 mM)、PS-P2VP/(SA/TEG) 1 mM、3 mM、5 mM、10 mM。　※口絵参照

とスルホン酸によりピリジル基はピリジニウムスルホネートとなり、これが TEG と高い親和性を示すために多量の TEG が P2VP 相へと浸透したためと考えられる。

2.3　電場応答性ソフトフォトニック膜

ソフトフォトニック膜へのさらなる機能付与を目指し、不揮発なプロトン性溶媒を用いて電場応答性を示す膜の作製を試みた。電場に応答させるために、ポリマー鎖をイオン化し、また添加する不揮発なプロトン性溶媒に金属塩を溶かすことで、金属塩の解離イオンに溶媒分子を配位させた。すなわち電圧印加により解離イオンに配位する溶媒分子が移動することを利用してポリマー鎖を伸縮させることで、*D* と λ の制御を試みた。

スピンコート法により酸化インジウムスズ(ITO)基板上に PS-P2VP(M_n = 153 k、PS の体積分率 = 0.57)薄膜を作製し、ヨウ化メチルで P2VP 相のピリジル基をイオン化処理して

PS-P2VP+薄膜とした。PS成分は溶解せず、イオン化したP2VP成分(P2VP+)は溶解するグリコール系溶媒(G)にリチウム ビス(トリフルオロメタンスルフォニル)イミダイド(LiTFSI)を溶解させた溶液(濃度：0.005 M)を添加することで、ソフトフォトニック膜とした(**図8**)。

このフォトニック膜をLiTFSI/Gで満たしてITO基板で挟み、0 Vから3.0 Vまで1.0 V毎に電圧を印加した。電圧印加時の反射光スペクトルを測定したところ、印加電圧の増加に伴いλが短波長側にシフトした(**図9**)。電圧印加により ①基板の陽極側、陰極側それぞれにTFSI陰イオン、Li陽イオンが引き寄せられることでグリコール系溶媒に対するP2VP+の溶解性が低下し、また、② P2VP+鎖がマイナスに帯電した陰極側基板に引き寄せられるためにDが小さくなり、λが短波長側へとシフトしたと考えられる。以上のように、金属塩溶液を用いることで電場に応答するソフトフォトニック膜を作製できた。

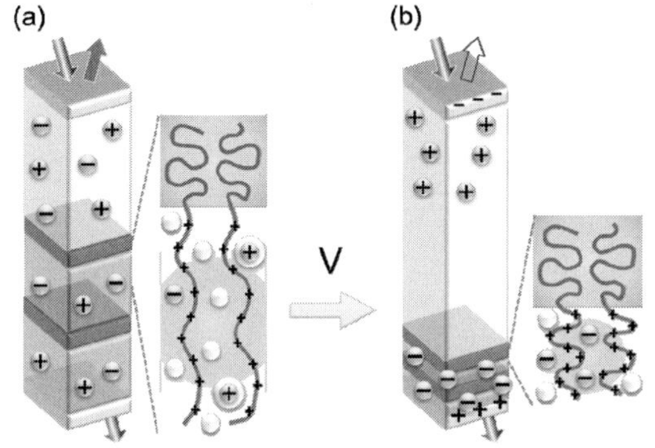

図8　(a)不揮発なプロトン性液体で膨潤させたブロック共重合体膜と(b)電圧印加後のソフトフォトニック膜の分子模式図・ナノ構造模式図。

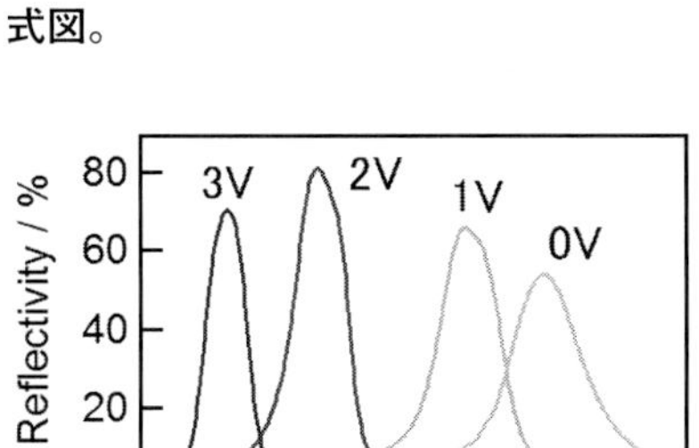

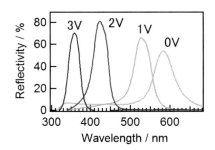

図9　PS-P2VP/(LiTFSI/G)フォトニック膜の反射率スペクトルの印加電圧依存性

3　おわりに

本節では溶媒で膨潤させたブロック共重合体ソフトフォトニック膜に関する最近の我々の研究内容を紹介した。可視光を反射するブロック共重合体フォトニック膜を得るためには130 nm以上のDを有するナノ相分離構造を形成させる必要がある。ここではプロトン性イオン液体や不揮発なプロトン性液体を選択溶媒として添加し、ブロック共重合体薄膜を膨潤させることで、比較的容易にソフトフォトニック膜を作製できることを示した。不揮発性の液体を用いているため得られるフォトニック膜からは溶媒が蒸発せずに、長期にわたってフォトニック特性が維持され、さらに刺激応答性フォトニック材料となることも確認されている。

文　献

1) L. Leibler：*Macromolecules*, **13**, 1602-1617 (1980).
2) F. S. Bates and G. H. Fredrickson：*Annual Rev. Phys. Chem.*, **41**, 525-557 (1990).
3) E. Yablonovitch：*Phys. Rev. Lett.*, **58**, 2059-2062 (1987).
4) S. John：*Phys. Rev. Lett.*, **58**, 2486-2489 (1987).
5) Y. Kang, J. J. Walish, T. Gorishnyy and E. L. Thomas：*Nat. Mater.*, **6**, 957-960 (2007).
6) A. Noro, Y. Tomita, Y. Shinohara, Y. Sageshima, J. J. Walish, Y. Matsushita and E. L. Thomas：*Macromolecules*, **47**, 4103-4109 (2014).
7) A. Noro, Y. Tomita, Y. Matsushita and E. L. Thomas：*Macromolecules*, **49**, 8971-8979 (2016).

基礎編

第3章　材料設計

第12節　温度およびpH応答性無機–有機複合材料の合成と応用

慶應義塾大学　今井 宏明

本節では、炭酸カルシウムの骨格構造と機能性ポリマーとの組み合わせによって得られる温度応答性およびpH応答性複合マイクロビーズについて紹介する。表面を被覆するポリN–イソプロピルアクリルアイド(poly(*N*–isopropylacrylamide：PNIPAAm)によって水との親和性が変化し、複合マイクロビーズは水相と有機媒質相との二相間を温度昇降にともなって往来するシャトルコック機能を示す。さらに、ハードな無機骨格とソフトな有機殻との相互作用によって有機分子の可逆的な捕獲が可能であり、複合マイクロビーズは温度変化によって液体媒質中の有機分子の捕獲・運搬・放出機能をもつ。また、PNIPAAmとN–3–ジメチルアミノプロピルメタクリルアミド(DMAPM)との共重合体を炭酸カルシウムと組み合わせた場合には、水中において特異なpH応答性を示す複合マイクロビーズが得られ、自己保護機能としての応用が期待される。

1　はじめに

バイオミネラルは、ナノ〜マクロスケールで階層的に構造化された無機–有機複合体である[1)-9)]。近年、炭酸カルシウム系バイオミネラルの多くは、有機分子と複合化したナノ結晶の集積体であることが明らかにされてきた[10)-12)]。バイオミネラルにおいては、炭酸カルシウムのナノ結晶間に含まれる有機分子が多様な機能を生み出している[13)]。溶液系で人工的に合成された炭酸カルシウムのマイクロビーズ[14)-19)]はナノ結晶の集積によって構成されていることから、バイオミネラルと同様にナノ結晶と有機分子を組み合わせることで多様な機能性の発現が期待できる。

ポリ*N*–イソプロピルアクリルアイド(poly(*N*–isopropylacrylamide：PNIPAAm) は、32〜34℃に下限臨界溶液温度(lower critical solution temperature：LCST)をもち、低温では親水性、高温では疎水性である[20)]。PNIPAAmを表面に被覆することで、金属など他の物質へ温度応答性を付与することができる[21)22)]。また、PNIPAAmを含むブロック高分子のミセル、金やメソポーラスシリカとの複合体を用いたドラッグデリバリーシステムが研究されている[23)-25)]。さらに、PNIPAAmを含むハイドロゲルではフォトニック結晶としての利用が試みられている[26)]。

本節では、ポリスチレンスルホン酸(polystyrene sulfonate：PSS)との複合化によって合成された炭酸カルシウム粒子をベースとして、粒子中のPSSをPNIPAAmへと置換することで得られる温度応答性マイクロビーズについて解説する。このマイクロビーズは、PNIPAAm単独では起こりえない、水相と有機相との往来機能や有機分子の捕獲・運搬・放出機能など、新規な特性を有し、新たな機能性材料として期待できる。

PNIPAAmのLCSTは分子量[27)]や他の官能基との共重合[28)]によって変化し、さらにpH応答性を示すことが知られている。たとえば、ポリアミンとの共重合体のLCSTはpH降下で上昇し、ポリカルボン酸との共重合体のLCSTはpH降下で低下する。すなわち、pH応答性の荷電部位の導入はPNIPAAmのLCSTのpH応答性をもたらす[29)-31)]。一方、ポリマーの応答性を無機骨格がコントロールする例はあまりない。本節では、PNIPAAmと*N*-3-ジメチルアミノプロピルメタクリルアミド(DMAPM)との共重合体において、そのLCSTを炭酸カルシウムの多孔質骨格との複合化によってコントロールする例を紹介する。通常は、共重合体のLCSTはpH低下とともに上昇するが、炭酸カルシウムと複合したマイクロビーズのLCSTはpH低下にともなって低下し、一定温度でpHを低下させた場合、複合体は疎水化する。炭酸カルシウムは低pHで溶解するので、酸性化にともなって疎水化するという性質は自己防衛機能がマイクロビーズに付与されたこととなり、新規な機能として興味深い。

2　温度応答性複合マイクロビーズの合成[32)33)]

炭酸カルシウムのマイクロビーズは、PSSを含む炭酸ナトリウム水溶液を塩化カルシウム水溶液と混合することで合成した[32)]。このマイクロビーズ中のPSSを次亜塩素酸ナトリウム水溶液で除去したのち、モノマーとして*N*-イソプロピルアクリルアミド(NIPAAm)と架橋剤であるメチレンビスアクリルアミドをマクロビーズの細孔に導入し、2,2′-ジメトキシ-2-フェニ

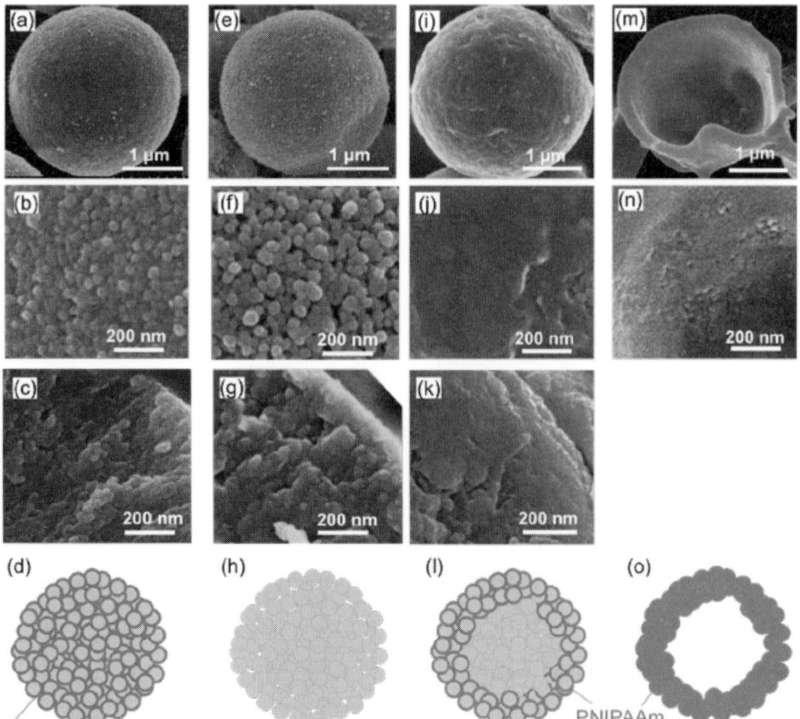

図1　炭酸カルシウムマイクロビーズの走査型電子顕微鏡像および模式図。合成直後のPSSを含むマイクロビーズ(a–d)、次亜塩素酸処理によりPSSを除去したミクロビーズ(e–h)、PNIPAAmと複合化したマイクロビーズ(i–l)、塩酸処理により炭酸カルシウムを除去したのちのPNIPAAmシェル層(m–o)[32)]

ルアセトフェノンを含むヘキサンに分散させて紫外光のもとで重合を行った。炭酸カルシウムマイクロビーズ中で共重合体を得る場合には、モノマーとして、所定割合のNIPAAmとDMAPMを用いた。

PSSを含む炭酸ナトリウム溶液と塩化カルシウム溶液の混合によって、**図1**(a)に示すような直径約2.5 μmのマイクロビーズ($CaCO_3$/PSS)が得られた。このビーズのサイズは反応時の拡販条件によってコントロールすることができる[19]。断面および表面の走査型電子顕微鏡像(図1(b)、(c))から、マイクロビーズは、直径約20 nmの微細な粒子から構成されていることがわかる(図1(d))。X線回折パターン(**図2**(a))から、マイクロビーズを構成する結晶はバテライト型の炭酸カルシウムに帰属された。次亜塩素酸ナトリウム(NaClO)によってPSSを除去するとナノ結晶がより鮮明に観察される(図1(e)～(h))。

PNIPAAmの重合後、マイクロビーズ($CaCO_3$/PNIPAAm)の細孔は有機相で充填されており(図1(i)～(l))、塩酸で炭酸カルシウムを除去すると300 nm厚のポリマーのシェル層が確認された(図1(m)～(o))。図2(b)にマイクロビーズの赤外吸収スペクトルを示す。すべての試料にバテライトに特徴的な744 cm^{-1}(ν_2 mode of CO_3^{2-})と877 cm^{-1}(ν_4 mode of CO_3^{2-})のシグナルが、PSSとの複合ビーズ($CaCO_3$/PSS)には1130 cm^{-1}と1210 cm^{-1}にSO_3^-とPSSのベンゼン環のシグナルが、PNIPAAmと複合化したビーズ($CaCO_3$/PNIPAAm)ではアミドIIのシグナルが1655 cm^{-1}にみられる。これにより、バテライト型炭酸カルシウムのマイクロビーズに存在したPSSは完全に除去されてPNIPAAmに置換されていることがわかる。

3 温度応答性複合マイクロビーズの機能

3.1 分散性[32)]

$CaCO_3$/PNIPAAm複合マイクロビーズを25℃の水中に入れると2時間程度は分散した状態を保持したが(**図3**(a)、(c))、60℃では急激に凝集して沈殿した(図3(b)、(d))。複合マイクロビーズの分散液を疎水化したガラス基板表面に滴下して乾燥すると**図4**(a)、(c)のような

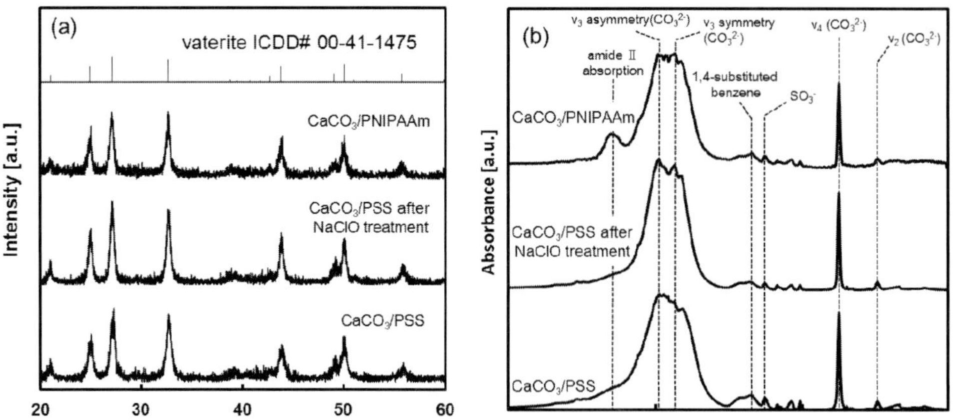

図2 複合マイクロビーズ($CaCO_3$/PSS、$CaCO_3$/PNIPAAm)のX線回折パターン(a)および赤外吸収スペクトル(b)[32)]

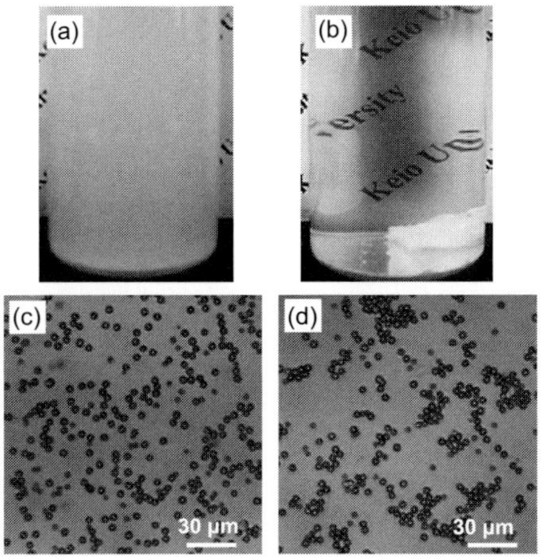

図3　25℃（(a)、(c)）と60℃（(b)、(d)）の水中における$CaCO_3$/PNIPAAm複合マイクロビーズ[32)]

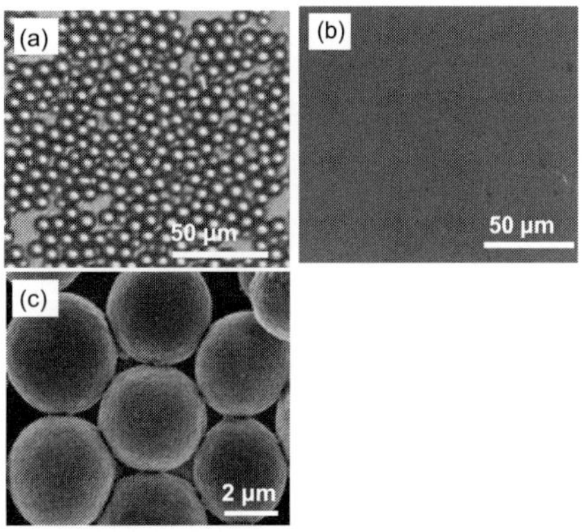

図4　60℃（(a)、(c)）と25℃（b）の水中における疎水化処理したガラス基板表面での$CaCO_3$/PNIPAAm複合マイクロビーズ[32)]

粒子の集積構造が形成された。これを60℃の水中に入れた場合は、強固に保持されているが、25℃の水中に入れて超音波を照射するとただちに剥離した。これらの結果は、マイクロビーズの水への分散性がPNIPAAmの被覆によって温度にともなって変化することを示している。

図5のような、トルエン-水-ニトロベンゼンの三相系を用意し、複合ビーズを投入すると、複合マイクロビーズの特異な挙動が観察できる。LCST以下の20℃では水相に存在し、LCST以上の90℃ではトルエンとニトロベンゼ

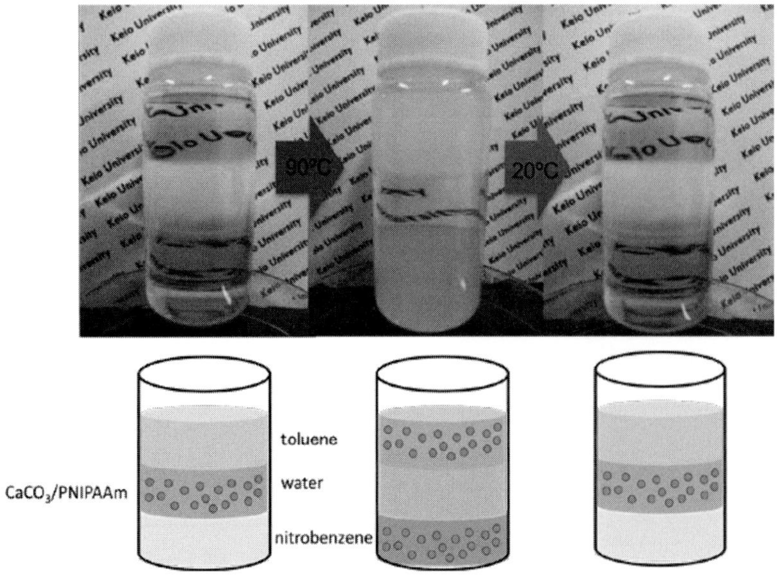

図5　トルエン-水-ニトロベンゼン三相系における$CaCO_3$/PNIPAAm複合マイクロビーズの温度スイングにともなうシャトルコック現象[32)]

ン相に移動する。このようなマイクロビーズのシャトルコック現象は温度の変化に対して可逆的に生じた。

3.2 シャトルコック挙動にともなう分子の捕獲・運搬・放出[32]

複合マイクロビーズを用いて、疎水性顔料である銅フタロシアニン(CuPh)のトルエン-水二相間の移送現象が観察される。水中の複合マイクロビーズはLCST以上の温度でトルエン中に移動するが、このトルエン相にCuPhを溶解しておくとビーズの細孔にCuPhが捕獲される。温度の低下にともなってマイクロビーズは水相へと移動するが、ビーズ内に捕獲されたCuPhは保持されている。さらに、このマイクロビーズをCuPhを含まない新たなトルエンに入れるとCuPhが放出される。たとえば、**図6**に示すようなU字管にトルエン-水-トルエン三相を用意し、左側のトルエンにはCuPhを溶かしておく。ここでLCSTを超えて温度スイングをおこない複合マイクロビーズのシャトルコック現象を生じさせると、マイクロビーズは左のトルエン相でCuPhを捕獲して水相へ移動し、さらに右のトルエン相でCuPhを放出する。ここでは、10回程度の温度スイングで左右のトルエン相のCuPh濃度はほぼ同一となった。すなわち、複合マイクロビーズは温度応答アクティブキャリアーとして、有機分子を捕獲・輸送・放出する機能を有する。

このような現象は、温度応答性をもたない炭酸カルシウム単独のマイクロビーズでは生じないことは当然であるが、温度応答性ポリマーだけでも観測することはできない。これは、炭酸カルシウムマイクロビーズのもつナノスケールの細孔と温度応答性ポリマーの組み合わせが重要であることを示している。**図7**に、複合マイクロビーズにおける有機分子の捕獲・保持・放出の模式図を示す。有機媒質中の疎水性分子がLCST以上でマイクロビーズの細孔内に吸着し(b)、LCST以下で水中に分散したマイクロビーズが有機分子を細孔内に保持し、再びLCST以上になると有機媒質中で有機分子を放出する。

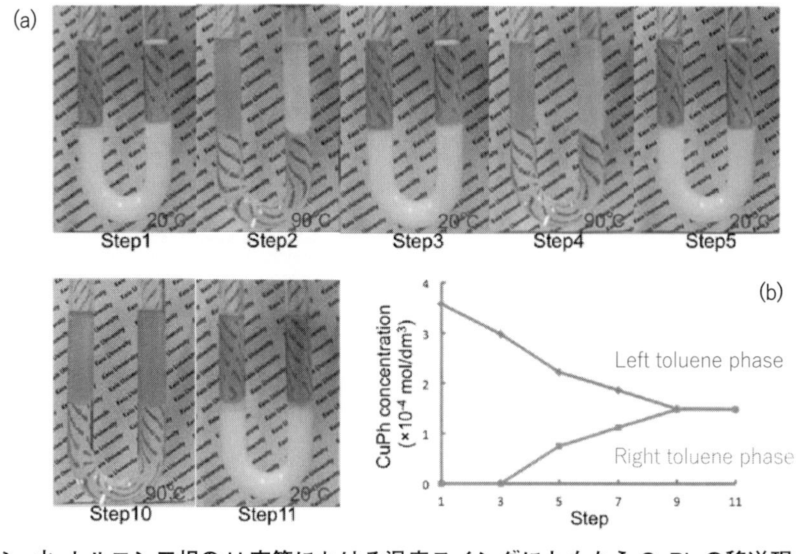

図6　トルエン-水-トルエン三相のU字管における温度スイングにともなうCuPhの移送現象。
(a)左のトルエン相中のCuPhが温度スイングを繰り返すと右のトルエン相に水相を経由して移動している(b)スイングの繰り返しにともなう左右のトルエン相のCuPh濃度の変化[32]　※口絵参照

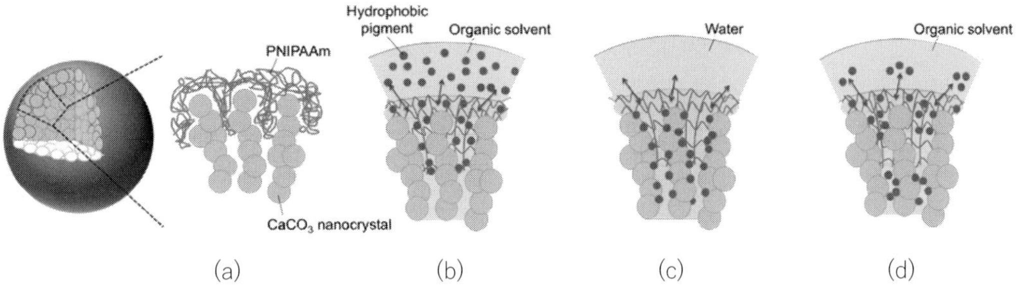

図7　複合マイクロビーズにおける有機分子の捕獲・保持・放出の模式図。(a)複合マイクロビーズの表面(b)有機媒質中の疎水性分子がLCST以上で細孔内に吸着、(c)LCST以下で色素分子は細孔内に保持、(d)LCST以上で有機媒質中に有機分子が放出[32)]。

3.3　pH応答性[33)]

PNIPAAmと炭酸カルシウムの複合マイクロビーズのLCSTはpHの影響を受けない。しかし、PNIPAAmとDMAPMとの共重合によってpH応答性がみられるようになる。**図8**にpH変化にともなうLCSTの変化を示す[33)]。炭酸カルシウムと複合化していないNIPAAm/DMAPM共重合体のLCSTは、pH 9～10以下の低pHで46℃程度であるが、高pHでは36℃まで低下する。一方、複合マイクロビーズでは、低pHにおけるLCSTは20～25℃であるが、高pHでは36℃付近へ上昇する。LCSTが変化するpHの値は、NIPAAm/DMAPMの比率によって異なり、DMAPMが少ない場合にはpH 8.5～9.0で、50：50の場合にはpH 10～11であった。

LCSTの上昇は、pH低下にともなうDMAPMのプロトン化によって共重合体の親水性が増加するためである。したがって、DMAPMのモル比の増加は、共重合体のLCSTの増加するpHを上昇させることになる。一方、炭酸カルシウムと共重合体との複合体では、このpH応答性が逆転する。このメカニズムを**図9**に示す。低pHでプロトン化したDMAPMは負電荷をもつ炭酸カルシウムの表面と強く相互作用するため、マイクロビーズ表面は逆に疎水性が増してLCSTが低下する。高pHでは脱プロトン化したDMAPMが炭酸カル

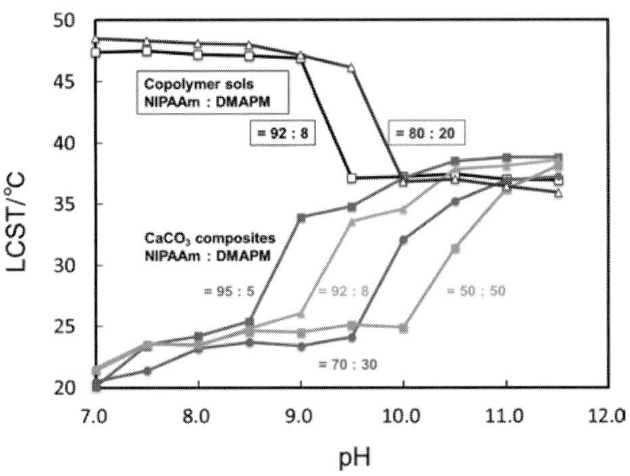

図8　pHによる共重合体および複合マイクロビーズのLCSTの変化[33)]

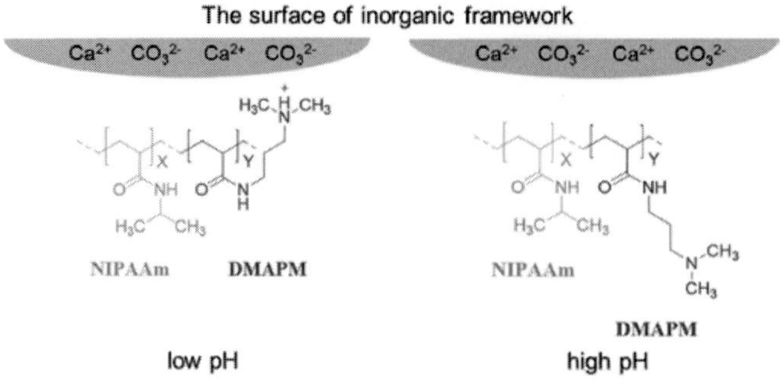

図9　炭酸カルシウムと PNIPAAm/DMAPM 共重合体の複合化による pH 応答性の模式図[33)]

シウムからの束縛から離れて表面に現れるため LCST が増加する。これは、無機骨格による刺激応答性ポリマーの性質のコントロールとして興味深い現象である。

4　おわりに

本節で示したように、炭酸カルシウムマイクロビーズと温度応答性ポリマーの複合化によって、新たな刺激応答性材料の構築が可能である。たとえば、PNIPAAm とバテライト型炭酸カルシウムとの複合マイクロビーズは、温度スイングに対して、水と疎水媒質との間を往来し、さらに、疎水性分子を捕獲・運搬・放出する機能をもつ。このようなマイクロビーズの分子保持・放出能は、温度スイングによってコントロールされ、特定の有機分子の疎水相への運搬が可能であることを示している。また、NIPAAm と DMAPM の共重合体と炭酸カルシウムとの複合化マイクロビーズは、特異な pH 応答性を示す。これは、酸性環境で自ら疎水化して自己保護能力をもつ新たな材料への応用が期待される。マイクロビーズのサイズや刺激応答性ポリマーの性質はデザインできること、炭酸カルシウムは無害で安価であることから、このような刺激応答性複合マイクロビーズはドラッグデリバリーシステムなどの多様な応用への展開が期待される。

文　献

1) S. Mann：*Nature*, **332**, 119(1988).
2) L. Addadi and S. Weiner：*Angew. Chem. Int. Ed.*, **31**, 153(1992).
3) S. Mann：*Nature*, **365**, 499(1993).
4) J. Aizenberg, J. C. Weaver, M. S. Thanawala, V. C. Sundar, D. E. Morse and P. Fratzl：*Science*, **309**, 275(2005).
5) S. I. Stupp and P. V. Braun：*Science*, **277**, 1242(2007).
6) S. Weiner and L. Addadi：*Ann. Rev. Mater. Science*, **41**, 21(2011).
7) A. W. Xu, M. Antonietti, S. H. Yu and H. Cölfen：*Adv. Mater.*, **20**, 1333(2008).
8) Y. Politi, T. Arad, E. Klein, S. Weiner and L. Addadi：*Science*, **306**, 1161(2004).
9) E. Beniash, J. Aizenberg, L. Addadi and S. Weiner：*Proc. R. Soc. Lond. B*, **264**, 461(1997).
10) Y. Oaki, A. Kotachi, T. Miura and H. Imai：*Adv. Funct. Mater.*, **16**, 1633(2006).
11) Y. Oaki and H. Imai：*Angew. Chem. Int. Ed.*, **44**, 6571(2005).
12) Y. Oaki and H. Imai：*Small*, **2**, 66(2006).
13) T. Kokubu, Y. Oaki, E. Hosono, H. Zhou and H. Imai：*Adv. Funct. Mater.*, **21**, 3673(2011).
14) K. Naka, S. C. Huang and Y. Chujo：*Langmuir*, **22**, 7760(2006).
15) X. H. Guo, S. H. Yu and G. B. Cai：*Angew. Chem. Int. Ed.*, **45**, 3977(2006).
16) H. Cölfen and M. Antonietti：*Angew. Chem. Int. Ed.*, **44**, 5576(2005).
17) M. G. Page and H. Cölfen：*Cryst. Growth Des.*, **6**, 1915(2006).
18) M. S. Mo, S. H. Lim, Y. W. Mai, R. K. Zheng and S. P. Ringer：*Adv. Mater.*, **20**, 339(2008).
19) H. Imai, N. Tochimoto, Y. Nishino, Y. Takezawa and Y. Oaki：*Cryst. Growth Des.*, **12**, 876(2012).

20) H. G. Schild：*Prog. Polym. Sci.,* **17**, 163(1992).
21) S. Tsujia and H. Kawaguchi：*Langmuir*, **20**, 2449 (2004).
22) S. Tsuji and H. Kawaguchi, *Langmuir*, **21**, 8439 (2005).
23) M. Nakayama, T. Okano, T. Miyazaki, F. Kohori, K. Sakai and M. Yokoyama：*J. Controlled Release*, **115**, 46(2006).
24) J. Qin, Y. S. Jo, J. E. Ihm, D. K. Kim and M. Muhammed：*Langmuir,* **21**, 9346(2005).
25) Y. Z. You, K. K. Kalebaila, S. L. Brock and D. Oupicky：*Chem. Mater.*, **20**, 3354(2008).
26) C. D. Jones and L. A. Lyon：*J. Am. Chem. Soc.*, **125**, 460(2003).
27) 18 H. -N. Lee and T. P. Lodge：*J. Phys. Chem. B*, **115**, 1971(2011).
28) 19 M. V. Deshmukh, A. A. Vaidya, M. G. Kulkarni, P. R. Rajamohanan and S. Ganapathy：*Polymer*, **41**, 7951(2000).
29) 20 D. Han, X. Tong, O. Boissière and Y. Zhao：*ACS Macro Lett.*, **1**, 57(2012).
30) 21 D. Han, O. Boissière, S. Kumar, X. Tong, L. Tremblay and Y. Zhao：*Macromolecules*, **45**, 7440 (2012).
31) 22 J. D. Debord and L. A. Lyon：*Langmuir*, **19**, 7662 (2003).
32) 29 A. Inoue, H. Tamagawa, Y. Oaki, S. Aoshima and H. Imai：*J. Mater. Chem. B*, **3**, 3604(2015).
33) H. Tamagawa, H. Kageyama, Y. Oaki, Y. Hoshino, Y. Miura and H. Imai：*Chem. Lett.*, **44**, 1425(2015).

第3章　材料設計
第13節　ナノチューブ状粘土鉱物による刺激応答性ゲルの創製

国立研究開発法人産業技術総合研究所　敷中 一洋

1　機能素材としての粘土鉱物

粘土鉱物(Clay minerals)は、土壌に含まれる無機粒子である。資源として捉えると石油・植物に匹敵する産出量であり、その利活用は持続可能な社会の実現に資する。近年は有機・無機コンポジット材料への応用を例とした工業分野でマイクロ〜ナノサイズの粘土鉱物が用いられており、国内外のメーカーにより利用用途に応じた合成粘土鉱物の開発が盛んに行われている[1)]。同様に天然に存在するさまざまな粘土鉱物も、抽出・精製され広く利用されている。

粘土鉱物は層状ケイ酸塩と称されることがあるように、板状などの異方形状を有する無機高分子である。板状構造という性質を活かし、たとえばガスバリア能などの機能を有する粘土鉱物を主成分とした無機・有機ハイブリッド膜「クレースト」などへの産業応用がなされている[2)]。また、多くの粘土鉱物は水と接触した際にコロイド径まで分散し可塑性を示す。この性質を利用したハイドロゲルとの複合や熱刺激・電気刺激を通じた粘土鉱物集合体の異方構造化により、機能素材が創製されている[3)-5)]。さらに層状構造を作る粘土鉱物は、層間域にさまざまな分子・イオン・クラスターを容易に取り込むこと(インターカレート)が可能である。近年では蛍光色素やポルフィリンなどの光機能性有機分子を粘土鉱物にインターカレートすることにより、高活性光機能材料が得られている[6)-8)]。本章では、外部刺激にアクティブに応答し機能や構造が制御できる粘土鉱物から成る機能材料について紹介する。

2　ナノチューブ状アルミノシリケート粘土鉱物「イモゴライト」

本機能材料の主要構成成分は、ナノチューブ状粘土鉱物「イモゴライト」である。イモゴライトは、九州の芋子(芋後)と呼ばれる火山灰土壌より分離・確認された[9)]化学式 $Al_2SiO_3(OH)_4$ であらわされる長さ数十 nm〜数 μm、外径が 2.0〜3.3 nm の、アルミノシリケートナノチューブである(**図1**)。

イモゴライトは天然より採取できるほか、1970 年代に人工的に合成する方法[10)]が発案されているため、多孔性を利用した除湿材料/熱

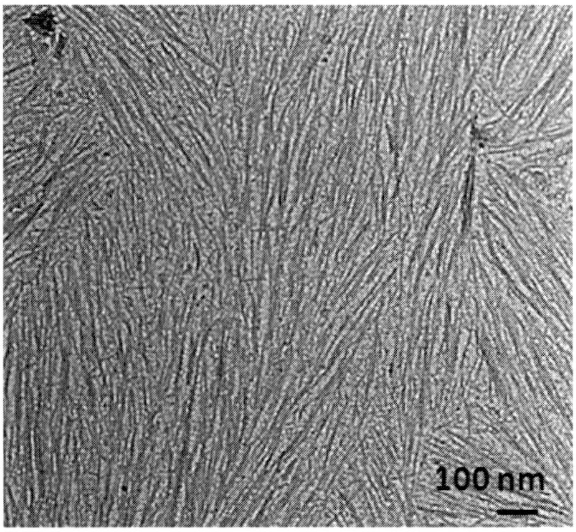

図1　イモゴライト水分散液乾燥物の透過型電子顕微鏡像。一本のファイバーまたは数本の束として存在し、高いアスペクト比をもつ。

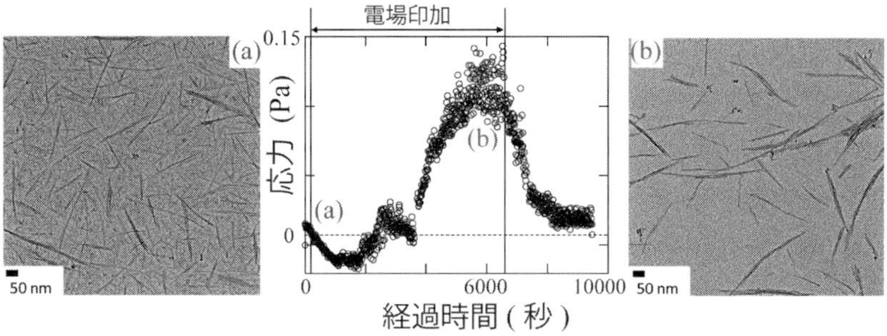

図2　イモゴライト水分散液におけるエレクトロレオロジー特性。水に分散したイモゴライト(a)の電場印加による凝集(b)が粘度(図では応力)の増加を引き起こす。電場を止めると粘度(応力)は低下するため、本現象は電場に応答した可逆的粘度変化＝エレクトロレオロジー特性であるといえる。

交換材[11]や高い縦横比(アスペクト比)を活かした高機能フィラー[12]としての利用検討がなされてきた。また、水を例とした極性溶媒に分散することが可能である。イモゴライトは外壁がアルミノール基(Al-OH)内壁がシラノール基(Si-OH)に覆われ、各々が分散液の液性に応じたプロトン解離を示し、溶媒中では両親媒性高分子として振舞う。そのためイモゴライトは、水中でpH変化に応じた凝集⇔分散を示す[13]。また水に分散したイモゴライトは電気刺激(電場)の有無により、可逆的に凝集⇔分散を繰り返す。この現象は、イモゴライト水分散液におけるエレクトロレオロジー特性(電場印加に応じた可逆的粘度変化)を引き起こす(**図2**)[14]。

このようにイモゴライトはさまざまな外部刺激に応答し分散特性および分散媒の液性を変えるため、多元的な刺激に応答する機能材料へと展開できると期待される。

3　イモゴライトによる刺激応答性ゲル

本研究では、イモゴライトを用いて生物における細胞骨格をミミックした刺激応答性ゲルを創製した。細胞骨格は非共有結合(例：静電相互作用)で架橋された剛直棒状・円筒状タンパク質集合体による網目構造から成り[15]、これがさまざまな刺激に応じ構造転移することで原形質流動などの生体機能を生み出す(**図3**)。

筆者はこれに着想し、イモゴライトをコンポーネントとした細胞骨格類似の分子集合体を設計、刺激応答性ゲルの創製を狙った。まず新規の合成イモゴライト精製法発案を通じ、既報に比べ超純水中に高濃度(最大10重量%)で分散するイモゴライトを合成した[16]のち、イモゴ

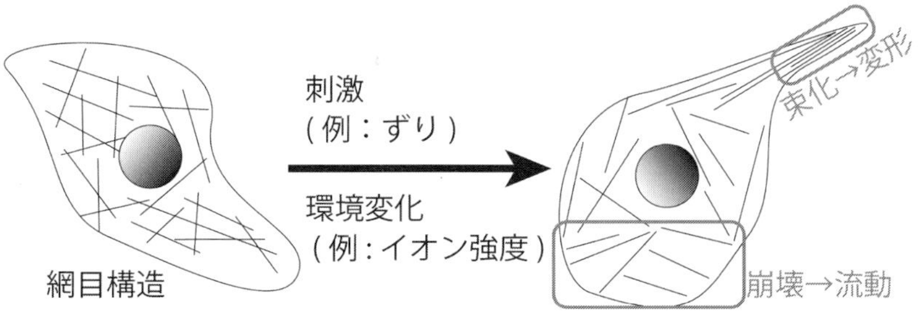

図3　細胞における棒状・円筒状タンパク質集合体(細胞骨格)構造転移の模式図。刺激・環境変化による細胞骨格の構造変化が機能を生み出す。

ライト表面のAl-OH基をカルボキシ基(COOH)を介した水素結合により架橋し、細胞骨格様の分子集合体を得た。具体的には超純水中においてイモゴライトとジカルボン酸を混合し、ジカルボン酸を介した水素結合性架橋を生じさせ、イモゴライトの網目状構造体(ゲル)を創製した(**図4**(a))[17]。イモゴライトとジカルボン酸によるゲル(以下イモゴライトゲルと表記)は非常に鋭敏なチキソトロピーを示し、最速3秒以内(ジカルボン酸＝メサコン酸の場合)での振とう刺激に応じた可逆的な固/液転移を示す[18]。加えて繰り返しの相転移のあとでも、ほぼ100%の弾性率回復をみせる。

イモゴライトゲルの内部では、ジカルボン酸に外壁を覆われたイモゴライトが網目構造を作る(図4(b))。時分割放射光X線散乱測定より、イモゴライト・ジカルボン酸複合体は水素結合(イモゴライト中心部)と静電反発(イモゴライト末端部)を介し十字状のクラスターを形成したのち、網目構造を形成することが明らかとなった。網目構造は水素接合でつながれるため振とう刺激により崩壊するが、クラスター単位までしか崩壊しないため、静置により迅速に網目構造を再構築する。この網目構造⇔クラスターの可逆的相転移が、鋭敏なチキソトロピー性を引き起こす(**図5**)[17]。

イモゴライトゲルは架橋に用いるジカルボン酸の構造(炭素数・幾何異性)により、粘弾性・チキソトロピー性が劇的に変化する。具体例として、ジカルボン酸がマレイン酸の場合は鋭敏なチキソトロピー性を示すゲルが得られるが、異性体のフマル酸の場合は、イモゴライトと混合した際に不均一な沈殿物を与える。ジカルボン酸の種類や組成を系統的に変化させたイモゴライトゲルに対する放射光小角X線散乱・剛体振り子型自由減衰振動による構造・粘弾性の評価より、イモゴライトの架橋に用いるジカルボン酸の分子間水素結合の作りやすさが刺激応答性の有無に寄与することが明らかとなった[18]。具体的にはイモゴライトを架橋するジカルボン酸における分子間水素結合が十字状クラスターを与えるほどの作りやすさであれば、鋭敏なチキソトロピー性を示す網目構造＝ゲルが得られる(**図6**下部)。一方ジカルボン酸の分子内水素結合が過剰な場合は、イモゴライトが束状に集合しチキソトロピーを示さない凝集物となる(図6上)。

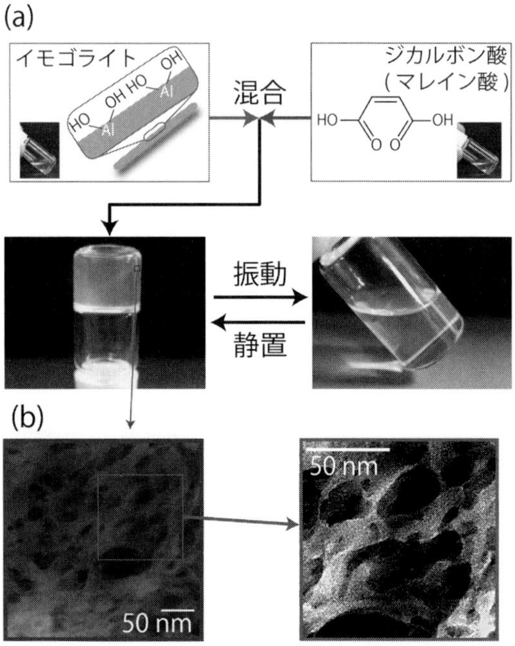

図4　イモゴライトとジカルボン酸によるチキソトロピー性ゲル(a)。急速凍結サンプルのクライオ走査透過型電子顕微鏡(Cryo-STEM)像(b)よりゲル内部の網目構造が確認できる。網目構造はジカルボン酸に覆われたイモゴライトから成ることがSTEM観察により明らかとなっている[12]。

4　イモゴライトチキソトロピー性ゲルの擬固体高分子電解質への展開

イモゴライトとジカルボン酸によるチキソトロピー性ゲルは、イオン液体との複合を通じ熱

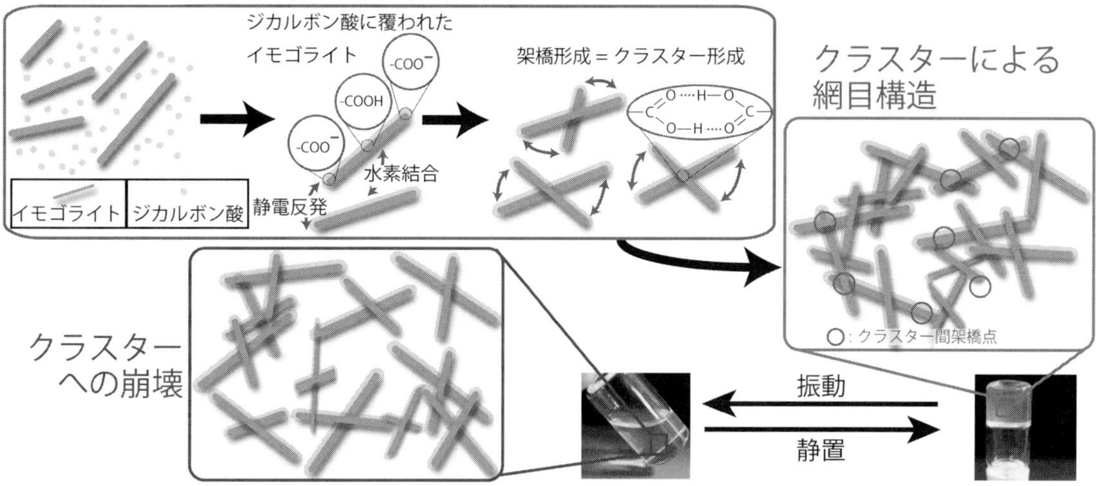

図５　イモゴライトとジカルボン酸混合物におけるゲル化過程と振とう刺激による構造転移メカニズム。イモゴライト・ジカルボン酸複合体の十字状クラスターによる網目構造が鋭敏なチキソトロピー性を引き起こす。これらの構造を証明する詳細な実験データは原著論文[17]を参照のこと。

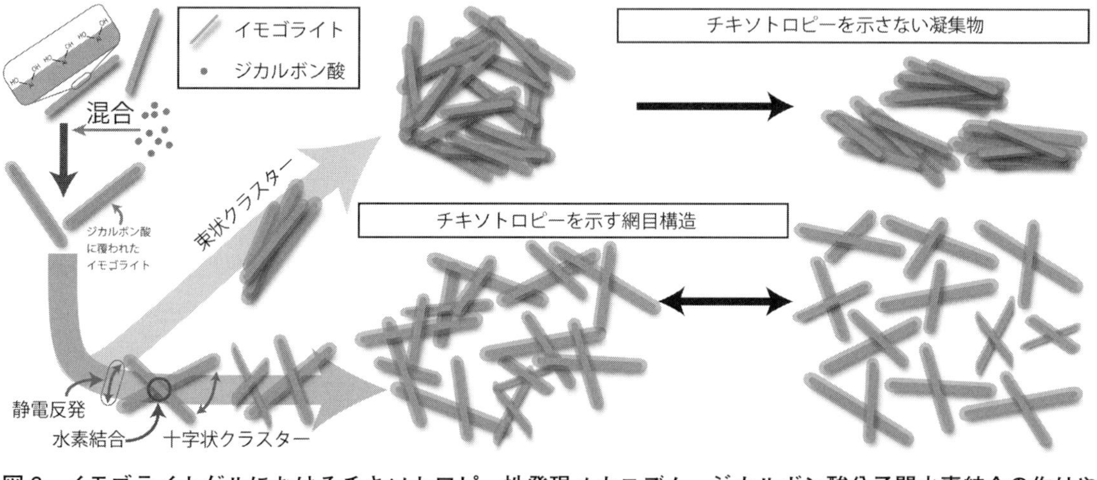

図６　イモゴライトゲルにおけるチキソトロピー性発現メカニズム。ジカルボン酸分子間水素結合の作りやすさに従いイモゴライトによるクラスターの形が異なる。クラスターの形に従い集合体の構造・性質が決定される。本メカニズムを証明する詳細な実験データは原著論文[18]を参照のこと。

安定性・イオン伝導性などの機能を付与できる。イオン液体は常温溶融塩と呼ばれ、不揮発性・高い電気伝導性・物質溶解性をもち合わせる次世代の電解質素材である[19]が、液体が故の成形性などの問題を抱えていた。筆者らは、一定の長さ以下のイモゴライトがイオン液体に均一に分散し液状混合物を与えることを発見した。そこへジカルボン酸を混合し、イオン液体を溶媒としたイモゴライトとジカルボン酸からなるチキソトロピー性ゲルを得た。本ゲルは水系同様のチキソトロピー性を示しながらも、イオン液体と同等のイオン伝導性をもち合わせる[20]（**図７**）。さらに水系の場合で確認された温度に対する相転移が、イオン液体を溶媒とした

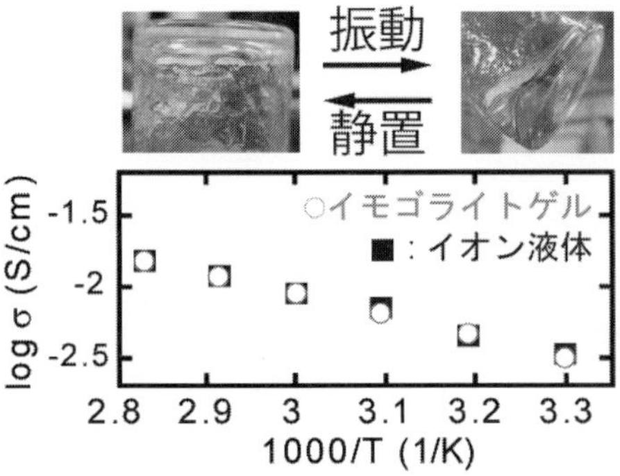

図7　イオン液体を溶媒としたイモゴライトチキソトロピー性ゲル（上）およびゲルのアレニウスプロット（下）。

場合は確認されない。よって本ゲルは、易成形性と熱安定性をもち合わせる擬固体型電解質材料として電池・高分子アクチュエータ用電解質や不凍性導電コートとしての応用可能性が見込まれる。

5　イモゴライトチキソトロピー性ゲルの異方性材料への展開

イモゴライトとジカルボン酸によるゲルは鋭敏なチキソトロピー性を示し、さらに構成成分であるイモゴライトナノチューブが高いアスペクト比と分子剛直性をもつ。そのため振とう刺激による液化に続く流動（ずり刺激）を経た再固化により、ゲル内部でイモゴライトが一軸配向ネマティック構造を形成する（**図8**）[21)22)]。

配向構造形成後のゲル内部における相互侵入網目（IPN）形成を通じ、チキソトロピー性が排除できるため、イモゴライトゲルは異方性ゲル素材として扱うことが可能である。具体的には、センチメートルオーダーで欠陥のない配向構造に起因する力学的・光学的・電気化学的異方性を示すゲルが得られる（**図9**）。イモゴライトの配向度はずり流動の速度で制御が可能であるため、異方構造に伴う材料特性のコントロールも可能である。

さらに、イモゴライト表面のAl-OH基がアキラルならせん秩序をもって並んでいる性質[23)]を利用し、イモゴライトゲルの架橋点となるジカルボン酸に不斉炭素を導入し、超分子キラリティーを発現させた。具体的には、イモゴライトを架橋するジカルボン酸をリンゴ酸や酒石酸

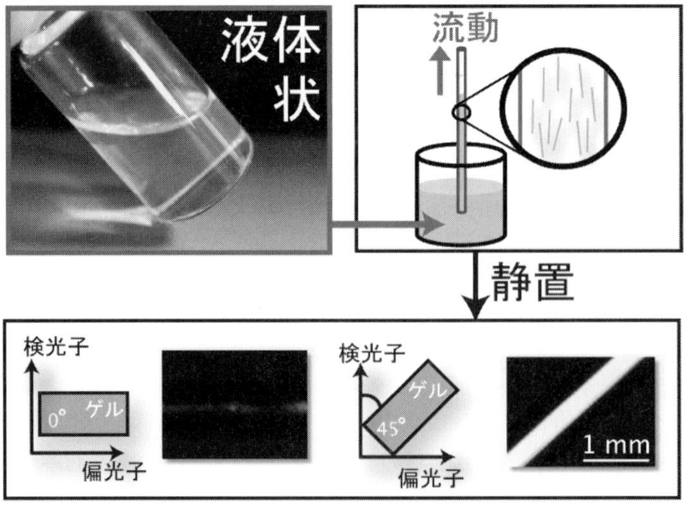

図8　ずり刺激により発現するイモゴライトゲルの異方構造。キャピラリーへの流動などを通じた流動ずりによりイモゴライトが配向し、静置により瞬時にゲル化するため配向構造が維持されたゲルが得られる。

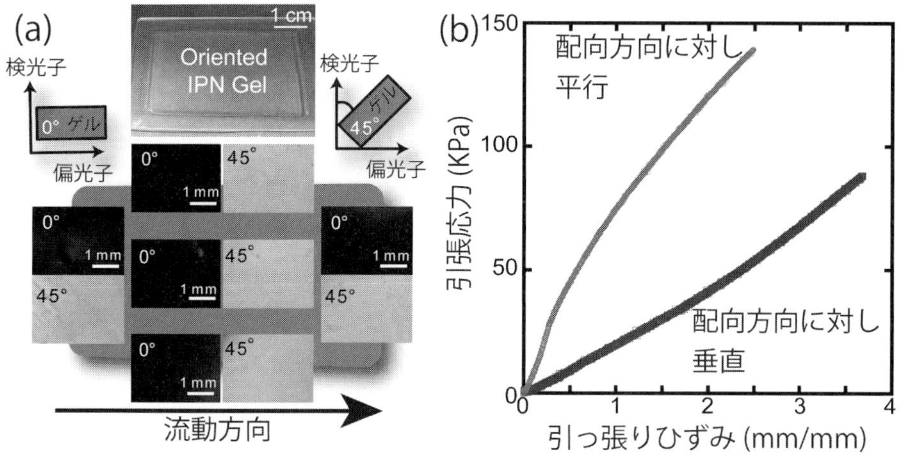

図9　(a)異方構造をもつイモゴライトゲルから成るIPNゲルの写真(上)と偏光顕微鏡写真(下)。偏光顕微鏡写真の45°(対角位)のみにおける強い複屈折から4 cm × 7 cmのIPNゲル内部でイモゴライトが流動方向に対し均一に配向していることがわかる。(b)IPNゲルの引っ張り応力特性。イモゴライトの配向方向に従ったIPNゲルの力学強度の違いが確認できる。

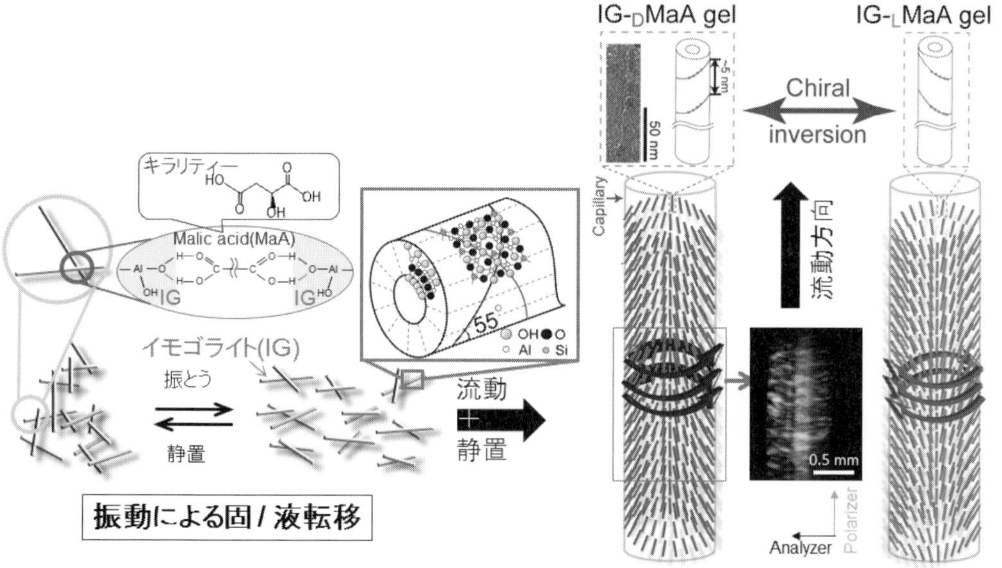

図10　キラルなジカルボン酸とイモゴライトによる巨視的らせん秩序を持つゲル。イモゴライトの架橋点としてキラリティーをもつジカルボン酸(図ではリンゴ酸)を用いると、超分子キラリティーが発現する。このゲルを図8同様に振とう刺激による液化後のずりにより配向させ静置することでイモゴライト表面のらせん秩序に従った巨視的分子秩序が生まれる。これらの構造を証明する詳細な実験データは原著論文[24]を参照のこと。
※口絵参照

などにすることで、イモゴライトゲルに赤外円二色偏光における水酸基由来の吸収＝超分子キラリティーを誘起した。リンゴ酸を架橋剤とするイモゴライトゲルは、振とう刺激による液化のあとのずり流動を通じたイモゴライト配向により、イモゴライト表面のらせん秩序とジカルボン酸のキラリティーに従ったセンチメートルオーダーで、巨視的らせん秩序をもつゲルとなる[24)](図10)。

本らせん秩序は、ジカルボン酸のキラリティーによりコントロールすることができる。具体的には、らせん秩序内のイモゴライトの傾斜方向(マイクロビーム放射光X線散乱より評価)が、リンゴ酸のキラリティーに応じ反転する(図10右)。つまり本成果は、これまでに類をみないオングストロームオーダーの分子構造を反映したセンチメートルオーダーで、欠陥の無い階層的秩序形成であるといえる。前述の通り、イモゴライトは水中においてエレクトロレオロジー効果を示す[14)]ことから、このように簡便な手段による巨視的らせん秩序は、新たな刺激応答性液晶材料としての応用可能性が見込まれる。

6 総　括

本稿では、ナノチューブ状粘土鉱物であるイモゴライトを水素結合性架橋により細胞骨格様網目状集合体に導くことで、チキソトロピー性ゲル(イモゴライトゲル)を創製した研究例を紹介した。イモゴライトゲルの鋭敏なチキソトロピー性は、ナノチューブ十字状クラスターを単位とする網目構造の振とう刺激に応じた相転移により引き起こされる。またイモゴライトゲルは、イオン液体との複合により、鋭敏なチキソトロピー性を活かした易成形性擬固体型電解質素材となる。さらに、イモゴライトの高いアスペクト比・分子剛直性・官能基構造規則性を利用した異方性素材へと導くこともできる。産業技術総合研究所の2030年に向けた研究戦略に「環境や使用状況を学習して機能や形状が変化するアクティブマテリアルを実現する。ナノテクノロジーを駆使した有機・無機材料や、飛躍的な特性のナノカーボンなど、これまでにない高付加価値素材の開発を進める。」という文言がある[25)]。本稿で紹介したナノチューブ状粘土鉱物イモゴライトによる刺激応答性材料は、この要求を満たす高付加価値素材といえる。具体的には、外部のさまざまな環境変化や刺激に応答して性能を可変できる未来材料「SMACTIVE MATERIAL(= smart-active materialから想起された造語)」として期待される。

以上の研究は、科研費(26870179、16H04199、18K05252)/日揮・実吉奨学会(No.1335)の支援を受けて実施しました。深謝申し上げます。加えて共同研究者である理化学研究所長田義仁博士、東京農工大学重原淳孝名誉教授・富永洋一教授・牧偵特任助教・愛媛大学佐藤久子教授、岐阜大学木村浩准教授、高輝度光科学研究センター増永啓康博士、東京大学酒井崇匡准教授、(株)エーアンドディー田中丈之博士および東京農工大学工学部有機材料化学科卒業生諸氏に深謝申し上げます。

文　献

1) 例えば、古賀 愼著：粘土とともに，三共出版(1997).
2) T. Ebina and F. Mizukami：*Adv. Mater.,* **19**, 2450(2007).
3) K. Haraguchi and T. Takehisa：*Adv. Mater.,* **14**, 1120(2002).
4) T. Inadomi, S. Ikeda, Y. Okumura, H. Kikuchi and N. Miyamoto：*Macromol. Rapid Commun.*, **35**, 1741(2014).
5) T. Nakato, K. Nakamura, Y. Shimada, Y. Shido, T. Houryu, Y. Iimura and H. Miyata：*J. Phys. Chem. C,* **115**, 8934(2011).
6) M. Tominaga, Y. Oniki, S. Mochida, K. Kasatani, S. Tani, Y. Suzuki and J. Kawamata：*J. Phys. Chem. C,* **120**, 23813(2016).
7) T. Nakato, M. Shimizu, H. Edakubo and E. Mouri：*Appl. Clay Sci.,* **130**, 76(2016).
8) T. Tsukamoto, T. Shimada and S. Takagi：*ACS Appl. Mater. Interf.,* **8**(11), 7522(2016).
9) N. Yoshinaga and S. Aomine：*Soil Plant Nutr.,* **8**, 6(1962).

10) V. C. Farmer, A. R. Fraser and J. M. Tait：*J. Chem. Soc. Chem. Commun.*, **13**, 462(1977).
11) 鈴木正哉：粘土科学, **42**, 144(2003).
12) K. Yamamoto, H. Otsuka and A. Takahara：*Polym. J.*, **39**, 1(2007)；K. Shikinaka, A. Abe and K. Shigehara：*Polymer,* **68**, 279(2015)；K. Shikinaka, T. Yokoi, Y. Koizumi-Fujii, M. Shimotsuya and K. Shigehara：*RSC Adv.*, **5**, 46493(2015)；K. Shikinaka and K. Shigehara：*Colloids Surf. A,* **482**, 87(2015).
13) J. Karube：*Clays Clay Miner.*, **46**, 583(1998).
14) K. Shikinaka and H. Kimura：*Colloids Surf. A*, **459**, 1(2014).
15) G. H. Pollack：Cells, Gels and the Engines of Life, Ebner and Sons Publishers, Washington(2001)
16) K. Shikinaka, Y. Koizumi, K. Kaneda, Y. Osada, H. Masunaga and K. Shigehara：*Polymer*, **54**, 2489(2013).
17) K. Shikinaka, K. Kaneda, S. Mori, T. Maki, H. Masunaga, Y. Osada and K. Shigehara：*Small*, **10**, 1813(2014)；特開 2013-213086.
18) K. Shikinaka, S. Mori, K. Shigehara, H. Masunaga and T. Sakai：*RSC Adv.*, **6**, 52950(2016).
19) M. Armand, F. Endres, D. R. MacFarlane, H. Ohno and B. Scrosati：*Nat. Mater.*, **8**, 621(2009).
20) K. Shikinaka, N. Taki, K. Kaneda and Y. Tominaga：*Chem. Commun.*, **53**, 613(2017)；特開 2016-199428.
21) K. Kaneda, K. Uematsu, H. Masunaga, Y. Tominaga, K. Shigehara and K. Shikinaka：*Sen'I Gakkaishi*, **70**, 137(2014).
22) K. Shikinaka：*Polym. J.*, **48**, 689(2016)
敷中一洋：高分子, **64**(5), 264(2015).
23) N. Donkai, H. Inagaki, K. Kajiwara, H. Urakawa and M. Schmidt：*Makromol. Chem.*, **186**, 2623(1985).
24) K. Shikinaka, H. Kikuchi, T. Maki, K. Shigehara, H. Masunaga and H. Sato：*Langmuir*, **32**, 3665(2016).
25) http://www.aist.go.jp/Portals/0/resource_images/aist_j/information/strategy2030/honbun_v1.pdf

基礎編

第３章　材料設計

第14節　3Dプリンタによる刺激応答性ゲル造形とデバイス応用への可能性

山形大学　高松 久一郎/川上 勝/古川 英光

1　はじめに

3Dプリンタは3次元のデータを元に印刷(造形)する装置であり、3Dデータを直接造形することで、入れ子構造、中空構造などの射出成型では難しい形状を造形することができる。3Dプリンタの印刷方式は光造形方式、熱溶解積層方式、粉末焼結方式、インクジェット方式などがあり、近年、性能の向上、低価格化等にともない、さまざまな分野(自動車、医療機器、航空宇宙、MEMSなど)での普及が始まっている。

3Dプリンタで使用される材料は主にプラスチック樹脂や金属などがあげられる。このほかに、我々はゲルを材料とする3Dプリンタを開発している。本稿ではゲル3Dプリント技術の紹介と、本技術を用いた刺激応答性デバイスへの応用の可能性について言及する。

2　ゲルとは

ゲルとは、高分子の網目が架橋することで立体的な網目構造を形成し、水などの溶媒を含んだ物質である。固体と液体の中間の状態をとる物質であり、組成などの要因により、粘性のある液体からかなり固い個体までさまざまな形態をとりうる。

他方で機能という点からみると、生体組織のような柔軟性と頑健さを併せもち、外界とエネルギー・物質のやり取りができる開放系の材料という面ももっている。このようなユニークな特性をもつ材料でありながら、その壊れやすさや脆さゆえに、これまでゲルの用途は高吸水性樹脂、イオン交換樹脂、ソフトコンタクトレンズなどに限定されていた[1)]。

図１　DNゲル。強い局所圧力を加えても砕けることなく、元の形状に戻る

しかし近年、以下で述べるDNゲル(ダブルネットワークゲル)をはじめとし、日本を中心としてさまざまな高強度ゲルが開発され、新しい工業材料として注目されている。(**図１**)

2.1　DNゲルとは

DNゲルとは、その名のとおり２種類の高分子網目によって溶媒を含んだゲルである[2)3)]。

第１段階として側鎖が強電解質であるゲルを合成する。解離したイオンが浸透圧差を生じさせ、網目は大きく膨潤し、強い剛直性をもつようになる。

第２段階として、中性で柔い網目を持つゲルを合成する。このようにして合成されたゲルは含水率90％にもかかわらず40 MPaという高い破断応力をもつ。

2003年に開発されたゲルであるが、いまだに世界最高の強度を誇る。

2.2　自由造形

しかし、DNゲルは強い強度をもつ一方で、切削による加工に難がある。そのため型を作成してゲル未反応溶液を流し込み、その後架橋重合させることになるが、この方式では中空構造を作ることが難しく、また膨潤によりサイズの調整が必要になるという問題点が生じる。

そこで我々は、3Dプリンタの技術を使ってゲルの自由造形を行う研究に着手した。そして後で述べるような、さまざまなプロトタイプを造形することに成功している。次項で我々が開発した3Dゲルプリンタについて説明する。

3　3Dゲルプリンタ

現在、山形大学工学部機械システム工学科ソフト＆ウェットマター工学研究室は3Dゲルプリンタの開発を企業と合同で行っており、プリンタの制御はサンアロー（株）、ゲル材料の改良はJSR(株)が担当している。平成26年度末には国立研究開発法人新エネルギー・産業技術総合開発機構(NEDO)の「SIP(戦略的イノベーション創造プログラム)/革新的設計生産技術」に採択され、さらに開発が進んでいる。

3.1　SWIM-ER

現在開発中のプリンタは複数の方式があるが、はじめに光造形方式による3Dゲルプリンタ「SWIM-ER」(図2)について説明する。これは未反応の光硬化性ゲル水溶液をバスタブと呼ばれる容器に入れ、UV光をファイバーを用いて溶液内の決められた座標に照射しながらXY方向へ走査し、徐々にステージをz方向に降下させることで、ゲルの3次元自由造形を行う。現在の開発機におけるUV光のスポット径、z方向の積層ピッチは共に500 μmである。

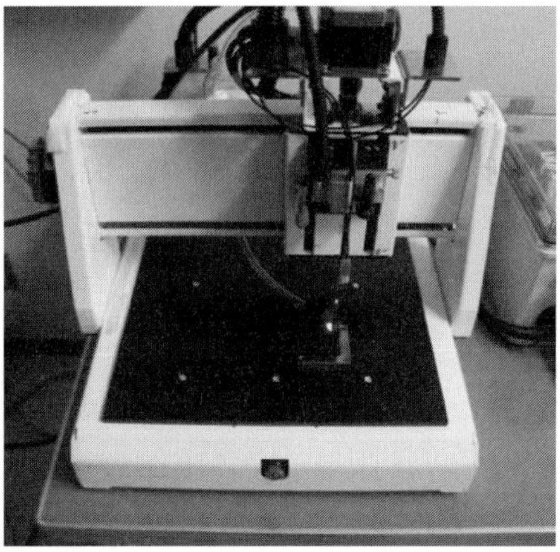

図2　3DゲルプリンタSWIM-ER

造形物は完成までバスタブの溶液に浸されたままであるので、乾燥の問題が発生しない[4]。さらに溶液に囲まれているため造形物が流れていく心配もなく、空中に浮いた部分を支える部材(サポート材)を作成する必要がないという利点も有している。

3.2　SWIM-ERに用いられる材料　P-DNゲル、T-SMGゲル

SWIM-ERは材料として微粒子ダブルネットワークゲル(P-DNゲル)[5]を使用している。P-DNゲルとは、上述した、DNゲルにおける第1段階のゲル(硬化状態)を微粒子に粉砕し、これを第2段階の未反応ゲル溶液に膨潤させ、硬化させたものである。

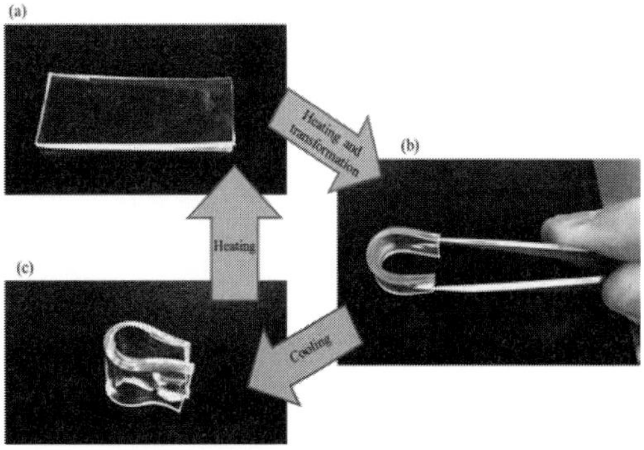

図3　透明形状記憶ゲルの形状記憶性発現の様子

図4　SWIM-ERを用いて造形された、中空構造を持った高強度ゲルの構造物

P-DNゲルは従来のDNゲルと同等の力学特性をもちながら高精度な自由造形が可能な材料である。

また、透明形状記憶ゲル(T-SMGゲル)も材料として用いられている。透明形状記憶ゲルは、2012年に当研究グループが世界で初めて開発に成功した、透明で形状記憶特性を有するゲルである[6)]。T-SMGの合成には、両親媒のモノマーであるN,N-ジメチルアクリルアミド(N,N-Dimethyl acrylamide)と結晶性モノマーのステアリルアクリレート(Stearyl Acrylate)やラウリルアクリレート(Lauryl Acrylate)が用いられ、結晶性モノマーの融解・凝固によってこの形状記憶特性が発現する。

T-SMGは室温では硬く(**図3**(a))、ある程度柔軟だが、所定の温度以上に加熱すると弾性が急激に減少し変形が容易になり(図3(b))、変形している状態のままゲルを冷やすと、外力を取り除いても変形状態を維持する(図3(c))。その後、再び加熱するとゲルは自ら元の形に戻る(図3(a))。このように温度応答型形状記憶特性を有している。また、この現象は可逆的であり、繰り返しこの機能は発現する。また、温度応答は、比較的速い数秒のオーダーで発生するため、応用性が高い。

さらにT-SMGは、数十MPaの圧縮に耐えられる力学強度や生体親和性、物質透過性といった特性も有している。これらの特性を活かして、医療用新素材や液体制御ゲル膜、ロボットの関節やアームなどさまざまな分野での応用研究が展開されている。

3.3　SWIM-ERによる造形

図4はSWIM-ERで造形した中空構造のゲルの写真である。先にも述べたようにサポート材を作ることなく中空の物体を作成することができる。

ゲル溶液は照射するレーザーの強度や走査速度を変えることで、架橋密度、すなわちゲルの硬度に差をもたせることができる。これを利用して、部位によって異なる感触をもつ造形物の作製が可能になる。これは臓器モデルなどの製作の際に、腫瘍のしこりなどを再現したモデルの作成が可能になると期待される。

3.4　吐出型

吐出型ゲル3Dプリンタ(**図5**)は、造形物とサポートを同時に積層していく方式の吐出ノズルから押し出一層の造形ごとにUV照射によって固める。この繰り返しで外殻部を積層し、ある程度の高さに来たらゲル溶液を内部に注入して、UV照射で硬化させる。つまり外殻部が型のような役目を果たすわけである。

造形終了後は外殻材料を手で破壊して、中のゲルを取り出すことになる。

図5　吐出型ゲル3Dプリンタの外観

3.5　吐出型の材料

このプリンタで使用する材料はICN(相互架橋網目ゲル)ゲルと呼ばれる材料である(**図6**)。DNゲルのように複数のポリマー種による網目構造を有するゲルであるが、異種のポリマー鎖が相互に架橋している点が異なる。これにより、高い延性をもたせることが可能となる。

3.6　吐出型による造形

図7に、吐出型ゲル3Dプリンタによる造形物の例を示した。電動義手の指の腹部や、骨の入った指を作製した。

3.7　3DCADについて

3Dプリンタを用いて造形を行うには、造形物の3次元データが必要であり、通常、3DCAD(Computer aided modeling)ソフトウェアを用いて行われる。ここでは簡単ではあるが、3DCADについても紹介しておく。3DCADソフトには、高価であるが、高性能、高機能をもった業務用から、簡単な機能をもった無償でダウンロードできるものまで幅広い種類がある。ここでは無償ソフトである123D DesignとOpenSCADについて説明する(**図8**)[7)8)]。

前者はマウスでの操作を前提としており、基本的にまず平面に図形を描き、これを引き延ばして3次元の立体を作成していく要領で立体物を製作する。さらに立体物同士を重ね合わせたり、引き算を行ったりして複雑な構造をデザインしていく。マウスでの直観的な操作が可能なので、初心者も気軽に操作できるという長所がある。

後者はコマンドラインベースのCADであり、123D Designと同様な操作のほかに、一般的なプログラミングの手法(変数の定義、分岐、繰り返しなど)を活用できる。そのため、サイズを後から簡単に調整できるなどのメリットがある。

図6　ICNゲル。透明度が高く、高強度をもち、引っ張り、ねじり、圧縮に強い

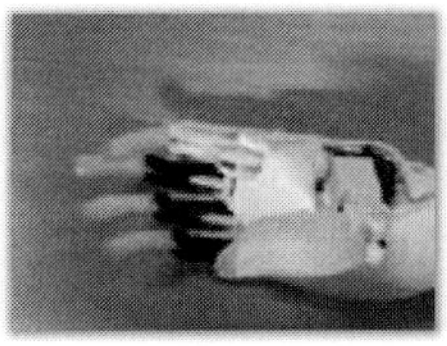

A.義手

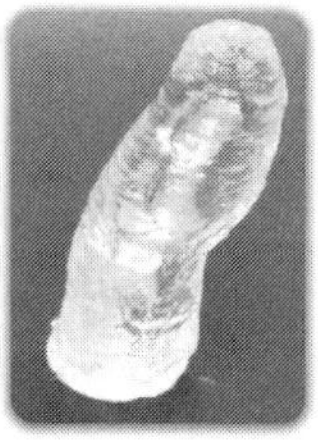

B.骨の入った指

図7　吐出型による造形

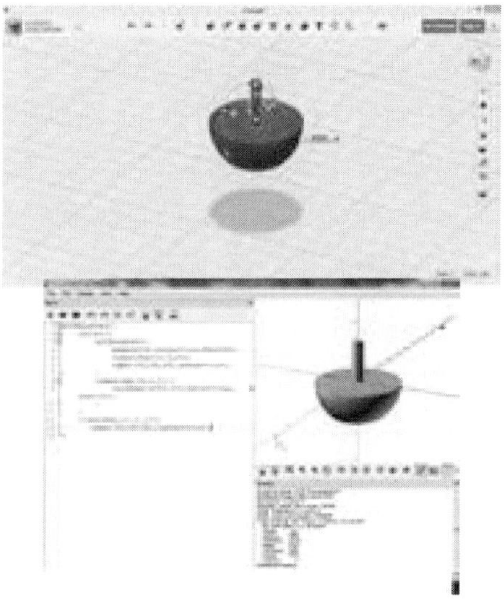

図8　無償の3DCAD(123DDesignとOpenscad)

4　期待される応用例と社会への波及効果

以上、紹介した3Dゲルプリンタがどのような場面で利用されるのか、また社会にどのような波及効果があるのかを考えていきたい。

4.1　医療現場での応用

3Dプリンタはとくに医療分野での応用が期待されている。その1つの例として、臓器モデルの製作があげられる。これまで手術現場ではCTやMRI画像といった平面画像をもとに、医師が臓器の形を推定し、頭の中のイメージと経験や勘を頼りに手術を行っていた。しかし臓器の形、血管や腫瘍の位置といった情報が正確に表現されている臓器モデルを作ることができれば、これをもとに綿密な手術計画を練ったり、事前に手技練習を行ったりすることが可能になる。また患者に手術の説明を行う(インフォームドコンセント)際にも、患者自身の臓器モデルは非常に役に立つであろう。

実際に近年、3Dプリンタを用いた臓器モデルの製作がマスコミに紹介され、話題を呼んでいる。しかし高価な3Dプリンタ(数千万)と材料を必要とし、用いる材料も実際の臓器よりも固いといった問題点がある。プリンタのコストを大幅に下げ、材料には人体と同じ硬さをもつものを使うことが期待されている。

そのようなモデルを開発するための方法として、我々は、ゲルを材料とした臓器モデルの開発を行っている。**図9**は、腎臓内部の血管や尿管部をプラスチック樹脂を用いて、また腎臓の形状をゲルを用いて造形された臓器モデルの試作例である。

このモデルはゲルの溶液を腎臓の形をした鋳型に流し込む方式で製作されているが、今後は上述したゲル3Dプリンタを用いて、尿管や血管、腫瘍部、腎臓形状をそれぞれ違う硬さをもった、すべてゲルでできたモデルの開発を進めている。また、上記で述べたSWIM-ERによる血管モデルの造形も行っている。現時点では血管のみであるが動脈瘤を再現し、事前手術への応用を目指している。

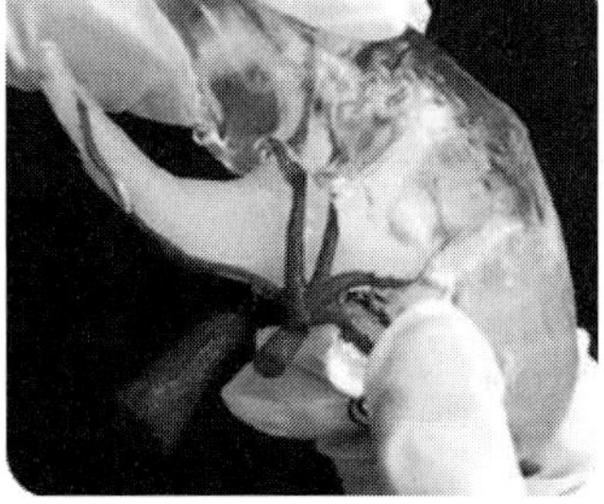

図9　開発中のゲル臓器モデル

4.2　義手への応用

次の例として義手の製作を示す。図7Aは、近年イクシー株式会社が公表したオープンソースの義手「HACKberry」である。これは製作に必要な3Dデータや回路図、ソフトウェアすべてが公開されている(オープンソース)プロジェクトで、誰もが安価で義手を製作できるようになっている。

我々はこの義手「HACKberry」のデータを元に、指の腹の部品を3Dゲルプリンタで制作した。ゲルの柔らかさ、吸着性を活かし、小さなものや重たいもの、滑りやすいものを掴み上げることができるようになった。

また、図7Bには、吐出型ゲル3Dプリンタを用いて、内部に骨(これも硬いゲルが用いられている)が入った指モデルを示した。義手以外にも、介護ロボットの指などにこれを用いることによって、より人体に近い質感をもち、安全性を高めたロボットの開発に貢献できると期待される。

4.3　眼内レンズへの応用

透明形状記憶ゲルの展開例の1つとして、眼内レンズの開発を挙げる。T-SMGは高分子の結晶性の側鎖の相転移によって可逆的に硬さが変化するという特徴をもつ。白内障治療において、人工の眼内レンズを装着する手術は難しいとされており、高い技術を必要とする。しかし、このT-SMGを用いれば、レンズと、レンズを固定するループ部を小さく折りたたんだ状

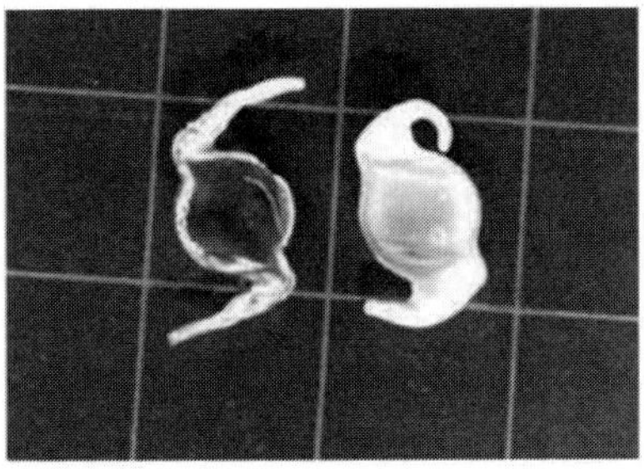

図10　3Dプリントされた T-SMG による眼内レンズ

態で眼内に挿入し、その後に温度を上げることで、レンズとしての形に戻すことも可能であるため、手術を容易に行える可能性が期待されている。この形状記憶特性と、前述のゲル3Dプリント技術を組み合わせることで、患者ごとにカスタマイズされた眼内レンズが製作可能になると期待している。**図10** に3Dプリントした眼内レンズの写真を示す。このほかにも、3Dプリント技術によって、さまざまな形状のT-SMGが造形できることから、他分野への応用も期待される。

4.4　社会への波及効果

これまで3Dプリンタは製造業において、試作に用いられることが多かったが、3Dプリンタ技術の進展により、最終製品を3Dプリンタで製作することが可能になってきている。また、3Dプリンタの普及により、製造業だけでなく、中小企業や個人でも最終製品の製作が可能となりつつある。したがって個人、企業のニーズに合わせた物、オリジナルな製品を造形できる可能性があるということである。3Dプリンタは金属やプラスチックが主な材料であったが、ここに、人間の肌に触れる部位の材料として適しており、そのため触感や硬さが、人の満足度により深く関わる「ゲル」が3Dプリンタの材料として加わることで、よりユーザーのニーズにマッチした製品が、3Dプリンタを用いて試作、また最終製品の製作に用いることができ、医療や介護、在宅医療、ロボット産業などの分野に大きなインパクトを与えることができるのではないかと、我々は期待する。

文　献

1) 吉田亮：高分子ゲル，共立出版(2004).
2) JP. Gong, Y. Katsuyama, T. Kurokawa and Y. Osada：*Adv Matter* **15**, 1155-8(2003).
3) 中島祐、龔剣萍：物性研究，**93**(5), 551-557(2010)
4) 岡田耕治、渡邊洋輔、斎藤梓、川上勝、古川英光：ネットワークポリマー，**37** No.2, 81-86(2016).
5) J.Saito, H. Furukawa, T. Kurokawa, R. Kuwabara, S. Kuroda, J. Hu, Y. Tanaka, J.P. Gong, N. Kitamura and K. Yasuda：*Polym. Chem.*, **2**, 575-580(2011).
6) T. Yokoo, R. Hidema and H. Furukawa：*e-Journal of surface Science and Nanotechnology*, **10**, 243-247(2012).
7) http://www.123dapp.com/design
8) http://www.openscad.org/

基礎編

第4章　構造・物性解析

第1節　温度応答性高分子の溶液物性解析

大阪大学　佐藤 尚弘

1　はじめに

高分子を貧溶媒に溶かした溶液は、通常低温で液－液相分離する。この相分離は、混合エントロピーと混合エンタルピーの競合によって起こり、高温では混合エントロピー的に有利な均一溶液状態が、低温では混合エンタルピー的に有利な相分離状態が熱力学的により安定となる[1)]。しかしながら、温度応答性高分子の水溶液系では、逆に高温で相分離を引き起こす。これは、水溶液中で高分子鎖に溶媒和している水分子が、高温でエントロピー的に有利な脱水和状態となり、高分子鎖と溶媒である水との親和性が低下することにより、相分離が起こるためである。したがって、温度応答性高分子水溶液の相分離現象は、高分子鎖からの脱水和現象と密接に関係し、示差走査熱量測定(DSC)から得られる熱容量 C_P や赤外吸収スペクトルの実験結果と相挙動との関係が議論の対象となる。

本節では、温度応答性高分子の水溶液中における脱水和挙動と相挙動の関係を理論的に考察し、同溶液の熱容量の温度依存性を議論したのちに、いくつかの温度応答性高分子の水溶液に対するDSCの実験結果、およびそれらの相図について概観し、前半の理論との比較を行う。

2　理論的考察

前述のように、温度応答性高分子の水溶液系の相挙動は、高分子鎖の溶媒和現象と密接に関係している。岡田と田中[2)]は、高分子鎖と水分子との溶媒和挙動を統計力学的に取り扱い、その水溶液の相挙動を理論的に考察した。本節では、水溶液中での各水分子は陽には考察の対象とせずに、温度応答性高分子の繰り返し単位が水和状態(H状態)と脱水和状態(D状態)の2状態をとるとして、脱水和現象を取り扱う。すなわち、**図1**に模式的に示すように、高分子鎖は重合度 N_0 の繰り返し単位からなり、各繰り返し単位はH状態あるいはD状態をとるとする。

繰り返し単位が孤立したときのH状態に対するD状態の統計重率を s とし、岡田と田中が仮定したように、H状態あるいはD状態の出現確率は、隣接繰り返し単位の状態に依存すると想定する。すなわち、鎖に沿ってH状態からD状態あるいはD状態からH状態に変化する場合には、余分の重率 v が出現確率に掛かると仮定する。これらの重率は、D状態とH状態のギブズエネルギー差 ΔG_D と反転のギブズエネルギー ΔG_r を使って、次式で表される。

$$s \equiv \exp\left(-\frac{\Delta G_D}{RT}\right) = \exp\left[\frac{\Delta H_D}{R}\left(\frac{1}{T_D}-\frac{1}{T}\right)\right]、$$

$$\nu \equiv \exp\left(-\frac{\Delta G_r}{RT}\right) \qquad (1)$$

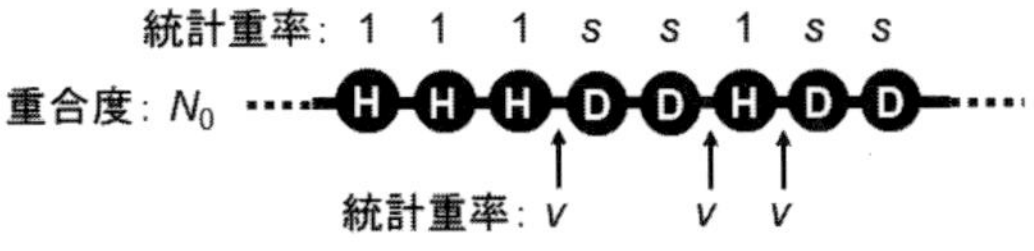

図1　温度応答性高分子鎖のモデル

ただし、Rは気体定数、Tは絶対温度、ΔG_DとΔG_rは繰り返し単位モル当たりの量として定義され、ΔH_DとT_DはそれぞれD状態とH状態のエンタルピー差と脱水和の転移温度を表す。このような1次元協同系は統計力学的に取り扱え、D状態の分率x_Dは、ΔH_D、ΔG_r、T_D、T、およびN_0が与えられれば計算できる。

例として、次の2つの場合について、具体的な計算を行ってみよう。

ケース1：$\Delta G_r/RT = 10$、$\Delta H_D/R = 300$ K、$T_D = 306$ K(33℃)。

ケース2：$\Delta G_r/RT = 0$、$\Delta H_D/R = 5000$ K、$T_D = 317$ K(44℃)。

図2には、1次元協同系に関するLifsonら[3]の理論式に上の2つのケースのパラメータ値を代入して計算した$N_0 = 200$におけるx_Dの温度依存性を示す。HDの反転が起こりにくいケース1ではS字型の強い温度依存性を呈しているが、HD反転が起こりやすいケースでは緩やかな温度依存性となっている。

以上のような水和・脱水和状態にある高分子鎖が溶けた水溶液の熱力学的性質を考えよう。この水溶液の混合ギブズエネルギーΔG_mは、Flory-Huggins理論[4]によれば、

$$\frac{\Delta G_m}{RT} = (1-\phi_p)\ln(1-\phi_p) + \frac{\phi_P}{N_0}\ln\phi_p + \Delta H_m(\phi_p)、$$
$$\Delta H_m(\phi_p) \equiv \overline{\chi}(1-\phi_p)\phi_p \quad (2)$$

で与えられる。ただし、ϕ_Pは高分子の体積分率、$\overline{\chi}$は高分子と溶媒間の相互作用パラメータで、D状態の分率がx_Dの高分子鎖の場合には

$$\overline{\chi} \equiv \chi_{HS}(1-x_D) + \chi_{DS}x_D - \chi_{HD}(1-x_D)x_D \quad (3)$$

で与えられる[5]。ここで、χ_{HS}、χ_{DS}、χ_{HD}はそれぞれ、H状態の繰り返し単位-溶媒間、D状態の繰り返し単位-溶媒間、およびH状態とD状態の繰り返し単位の相互作用パラメータである。式(2)を用いると、高分子溶液の液-液相分離の相図が計算できる。**図3**には、$N_0 = 200$と20の場合の相図の結果を示す。図中の丸印は臨界点を示し、臨界点における$\overline{\chi}$とϕ_Pは、理論的に次式で与えられる[1]。

$$\overline{\chi}_c = (1+\sqrt{N_0})^2/2N_0、\ \phi_{p,c} = 1/(1+\sqrt{N_0}) \quad (4)$$

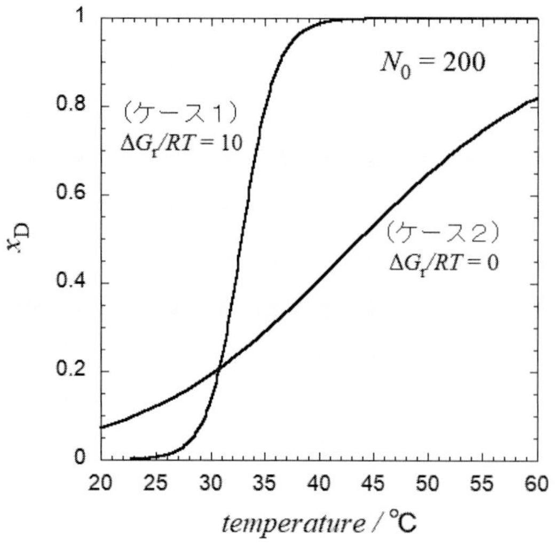

図2　D状態の分率の温度依存性

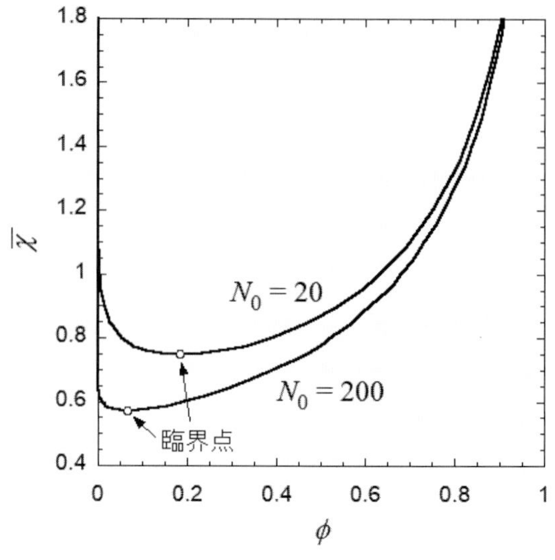

図3　Flory-Huggins理論による相図

また、この相図の縦軸の$\overline{\chi}$は式(3)でx_Dと関係づけられ、さらにx_Dは図１に示すように温度と関係づけられるので、図３の相図の縦軸は温度に変換できる。式(3)中のパラメータとして、χ_{HS} = 0.2、χ_{DS} = 2、χ_{HD} = 0なる値を選ぶと、**図４**に示すような温度-濃度相図が描ける(N_0 = 200の場合)。曲線の下側が一相領域、上側が二相共存領域で、二相領域内では濃度の異なる２つの相が共存する。図中の丸印で示した臨界点の温度を下限臨界相溶温度(LCST)と呼ぶ。強い協同性脱水和を呈するケース１の相図では、広い濃度領域で相分離温度の濃度依存性が非常に弱い。そのため、任意の濃度での相分離温度をしばしばLCSTと呼ぶが、厳密にはLCSTは臨界濃度における相分離温度として定義される。

さらに、水和・脱水和状態にある高分子鎖が溶けた水溶液が液-液相分離を起こしている状態での系のエンタルピーΔH(繰り返し単位モル当たり、x_D = 0の状態を基準)は次式で与えられる。

$$\Delta H = \Delta H_m(\phi_{P,d})(1-\Phi_c) + \Delta H_m(\phi_{P,d})\Phi_c - \Delta H_m(\phi_P) + \Delta H_D x_D \quad (5)$$

ここで、$\phi_{P,d}$と$\phi_{P,c}$はそれぞれ式(2)を使って計算される相分離した溶液中で共存する希薄相と濃厚相の高分子の体積分率、$\Delta H_m(\phi_P)$は体積分率がϕ_Pの溶液の混合エンタルピー(式(2)参照)、Φ_cは相分離している溶液中での濃厚相の体積分率を表し、最後の項が脱水和に伴うエンタルピーを表し、ΔH_Dは式(1)中のΔH_Dと同じ量である。DSCから得られる定圧熱容量C_Pは、ΔHの温度微分として与えられる。式(5)より計算されたN_0 = 200、ϕ_P = 0.0083の希薄溶液に対するC_Pの温度依存性を**図５**に示す。協同性の強いケース１では鋭いピークが得られているが、協同性の弱いケース２ではブロードなピークとなり、DSCから脱水和温度あるいは相分離温度を決定するのは困難である。(図中の丸印は、相分離温度を表しており、ケース１ではC_Pのピーク温度に近いが、ケース２ではピーク温度より約15℃低い。)

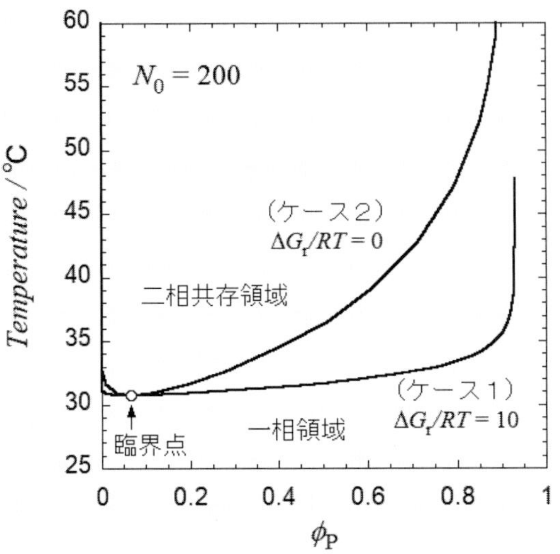

図４　温度応答性高分子水溶液の温度-濃度相図

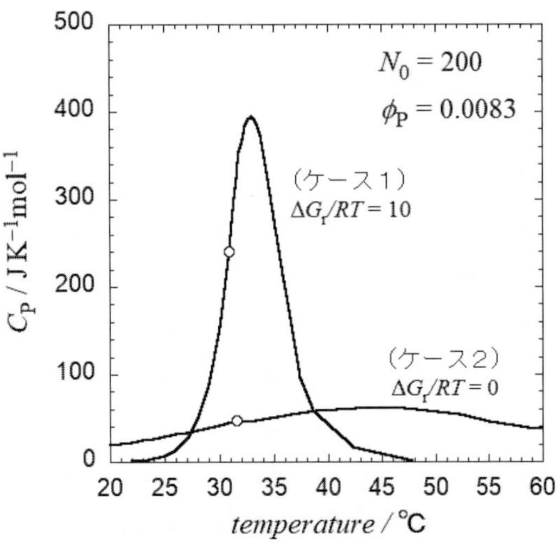

図５　温度応答性高分子水溶液の熱容量の温度依存性

3　熱容量の温度依存性

以下では、**図6**に示す3種類の温度応答性高分子の水溶液物性を紹介する。ポリ(*N*-イソプロピルアクリルアミド)(Poly(*N*-isopropylacrylamide)；PNIPAM)はこれまでにもっともよく研究されている温度応答性高分子で、本書の多くの章でも扱われている。このPNIPAMの側鎖構造をわずかに変えたポリ(*N,N*-ジエチルアクリルアミド)(Poly(*N,N*-diethylacrylamide)；PDEAM)は、NH結合をもたないために水和挙動がPNIPAMとはずいぶん違う。また、ポリ[2-(2-エトキシ)エトキシエチルビニルエーテル](Poly[2-(2-ethoxy)ethoxyethylvinylether]；PEOEOVE)の側鎖は、アミド結合の代わりにエーテル結合を有しており、やはり水和挙動がPNIPAMとは異なっている。

図7には、これら3種類の温度応答性高分子の水溶液に対する熱容量の温度依存性を示す(w：水溶液中の高分子の重量分率)。鎖の両末端に*n*-ヘキシル基をもつPNIPAM(*n*-hexyl PNIPAM)とヒドロキシエチル基を有するPNIPAM(hydroxyethyl PNIPAM)の結果[6]を比較すると、高重合度(N_0 = 433)ではどちらも非常に鋭いピークを呈し、ピーク温度も互いに近い。重合度を下げていくと、いずれもピーク幅は次第に広くなっていくが、ピーク温度が逆向きに移動している。ピーク幅がN_0の減少とともに広くなるのは、脱水和の協同性に帰着されるが、ピーク温度の逆向きの変化は、末端基の疎水性の影響と考えられる。1次元協同系では、かなりの高重合度まで末端の影響を受けることが知られており[7]、より疎水的な*n*-hexyl基が末端に結合していると脱水和がより低温から起こることを示唆している。

PDEAMのDSC曲線[8]は、同程度のN_0をもつPNIPAMのそれよりもピーク幅が広い。これは、脱水和の協同性がより弱い(ΔG_rがより小さい)ことを示唆している。これに対してPEOEOVEの熱容量曲線[9]のピーク温度はPNIPAMのそれよりも少し高いが、ピーク幅は非常に鋭く、ピーク位置にほとんど濃度依存性がない。

4　相　図

温度応答性高分子の水溶液をゆっくりと昇温していくと、ある温度で濁りはじめる。この濁りはじめの温度を高分子濃度に対してプロットしたものが、曇点曲線である。**図8**に、3種類の温度応答性高分子の水溶液に対する曇点曲線を示す。まず、左側のグラフ中のPDEAM水溶液の曇点曲線[10]は、PDEAMの脱水和の協同性が弱いことに対応して、図4の相図のケース2の相境界曲線と定性的によく似ており、かつ式(4)に対応して曇点曲線の極小点は重合度の増加に伴いより低濃度側、低温側に移動してい

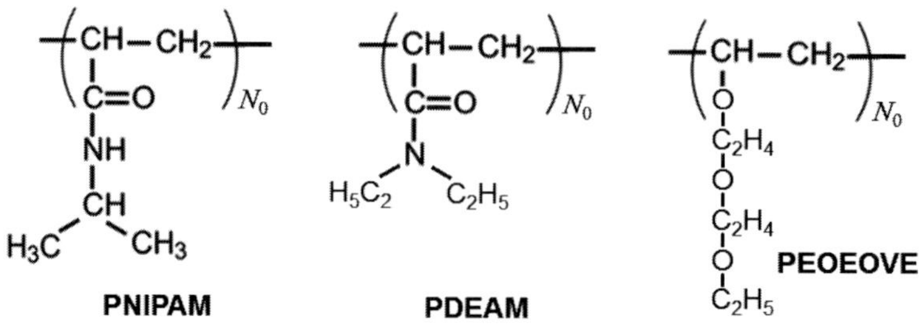

図6　3種類の温度応答性高分子の化学構造

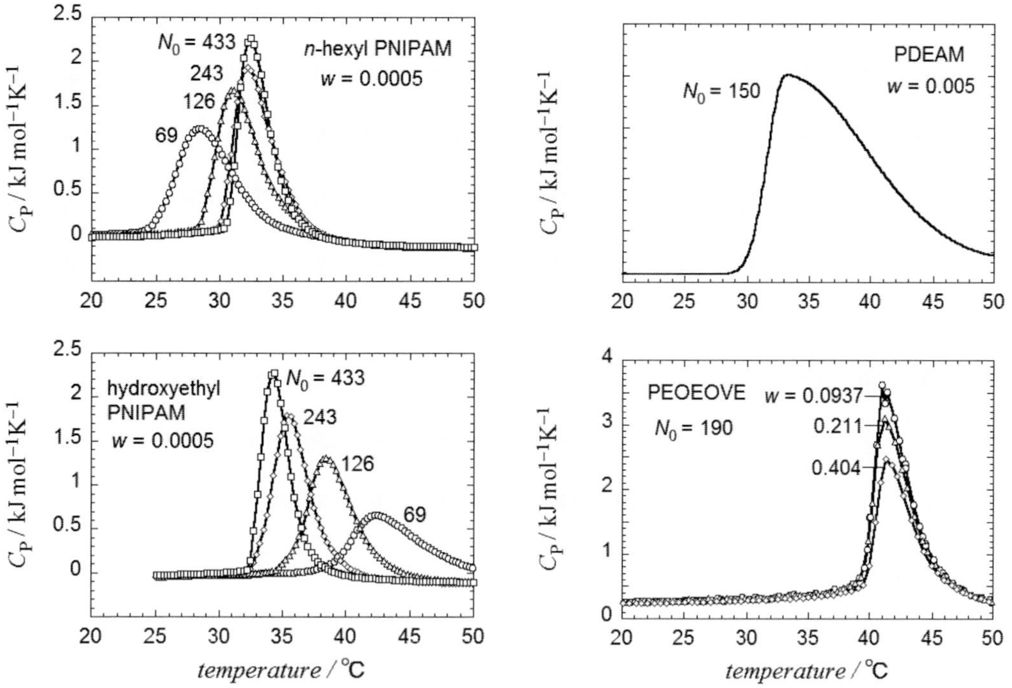

図7　3種類の温度応答性高分子の水溶液に対する熱容量曲線

る（式(4)に式(3)の $\overline{\chi}$ 対 x_D の関係と図2に示す x_D の温度依存性を組み合わせると、臨界温度は重合度の増加に伴い低温側にシフトするはずである）。

これに対して、同じグラフ中のPNIPAM水溶液の曇点曲線[11]は測定濃度範囲で右下がりで極小を示さない。また、高重合度の曲線のほうが高温側にあり、式(4)と(3)から予想される臨界温度の重合度依存性とは逆である。このPNIPAM試料はAIBNを開始剤として用いたラジカル重合で合成しており、図7の疎水性末端基を有する*n*-hexyl PNIPAMと同様の溶解性の重合度依存性を呈している。なお、PNIPAMの N_0 の値の横に示したTおよびBの記号は、それぞれ*tert*-ブタノールとベンゼンを重合溶媒として用いたことを示しており、後者の重合溶媒中で合成したPNIPAM試料の方が水に対する溶解性が低い。原著者ら[12]は、両重合溶媒中で合成したPNIPAM試料のメタノール中での回転半径、固有粘度、および第2ビリアル係数を比較し、ベンゼン中で合成したPNIPAM試料には長鎖分岐があることを示した。曇点曲線の重合溶媒依存性も、この分岐構造の違いを反映していると考えられる。ここでは示さないが、PNIPAM水溶液の曇点曲線は、PNIPAMの立体規則性にも敏感に依存する[13)-15)]。

図8の右側のグラフには、PNIPAMとPEOEOVEの水溶液のより広い濃度範囲にわたる曇点曲線とDSC曲線の立ち上がり温度（それぞれPNIPAMに対する黒丸と四角）を示す[9)16)17)]。濁度とDSCの両方の測定を行っている N_0 = 88のPNIPAM[16]では、曇点温度とDSC曲線の立ち上がり温度はほぼ一致している。PNIPAM水溶液の相境界曲線は、N_0 によらず w～0.5付近で極小を呈しているが、式(4)から予想される臨界組成よりもずっと高濃度である。また、PEOEOVEの曇点曲線[9]は希薄域

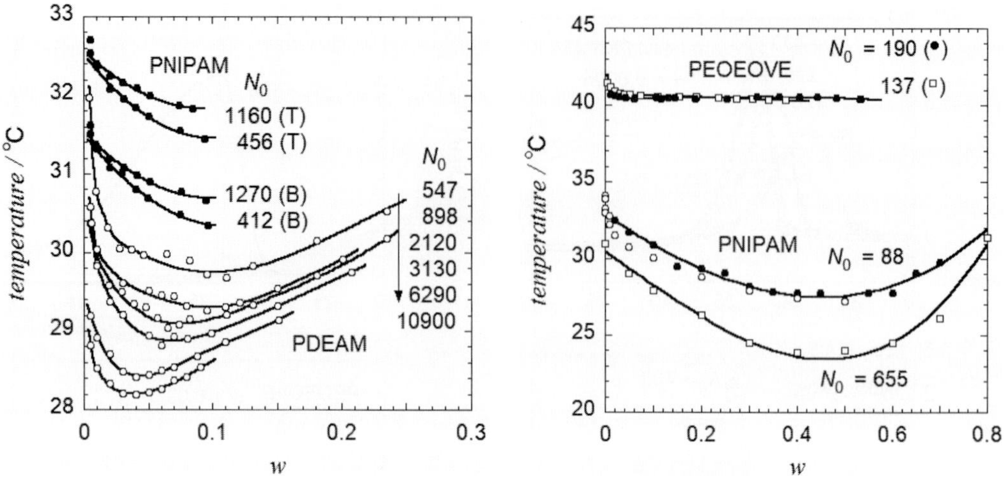

図8　3種類の温度応答性高分子水溶液の相図

を除きほぼ水平で、これも図7の右下に示した熱容量測定の結果と対応している。

5　まとめ

図6に示した3種類の温度応答性高分子のうち、PNIPAMとPEOEOVEの水溶液の熱容量曲線は協同的な脱水和が起こっていることを、またPDEAM水溶液のそれは脱水和の協同性が弱いことを示唆している。これに対応して、PDEAM水溶液は理論の予想と矛盾しない正常な相挙動を示しているが、PNIPAMとPEOEOVEの水溶液の相図は現存する分子理論では十分な説明ができない状況である[16)18)]。

謝辞：温度応答性高分子の水溶液物性に関する実験結果に関してご教示いただいた、愛知教育大学の長昌史博士と静岡大学の松田靖弘博士に、またPNIPAM水溶液の相挙動に関してコメントを頂きました京都大学の吉﨑武尚教授と井田大地博士に感謝いたします。

文　献

1) P. J. フローリ(岡小天、金丸競訳)：高分子化学（下）, pp.491-538, 丸善（1956）.
2) Y. Okada and F. Tanaka：*Macromolecules*, **38**, 4465（2005）.
3) S. Lifson, C. Andreola, N. C. Peterson and M. M. Green：*J. Am. Chem. Soc.*, **111**, 8850（1989）.
4) P. J. フローリ(岡小天、金丸競訳)：高分子化学（下）, pp.449-490, 丸善（1956）.
5) K. M. Hong and J. Noolandi：*Macromolecules*, **16**, 1083（1983）.
6) X. Qiu, T. Koga, F. Tanaka and F. M. Winnik：*Sci. China Chem.*, **56**, 56（2013）.
7) H. Gu, T. Sato, A. Teramoto, L. Varichon and M. M. Green：*Polym. J.*, **29**, 77（1997）.
8) Y. Maeda, T. Nakamura and I. Ikeda：*Macromolecules*, **35**, 10172（2002）.
9) Y. Matsuda, Y. Miyazaki, S. Sugiura, S. Aoshima,K. Saito and T. Sato：*J. Polym. Sci., Part B：Polym. Phys.*, **43**, 2937（2005）.
10) R. Watanabe, K. Takaseki, M. Katsumata, D. Matsushita, D. Ida and M. Osa：*Polym. J.*, **48**, 621（2016）.
11) T. Kawaguchi, Y. Kojima, M. Osa and T. Yoshizaki：*Polym. J.*, **40**, 455（2008）.
12) T. Kawaguchi, Y. Kojima, M. Osa and T. Yoshizaki：*Polym. J.*, **40**, 528（2008）.
13) B. Ray, Y. Okamoto, M. Kamigaito, M. Sawamoto,K. Seno, S. Kanaoka and S. Aoshima：*Polym. J.*, **37**, 234（2005）.
14) T. Hirano, Y. Okumura, H. Kitajima, M. Seno and T. Sato：*J. Polym. Sci., Part A：Polym. Chem.*, **44**, 4450（2006）.
15) Y. Katsumoto and N. Kubosaki：*Macromolecules*,

41, 5955 (2008).
16) F. Afroze, E. Nies and H. Berghmans : *J. Mol. Struc.*, **55**, 554 (2000).
17) K. Van Durme, G. Van Assche and B. Van Mele : *Macromolecules*, **37**, 9596 (2004).
18) A. Halperin, M. Kroger and F. M. Winnik : *Angew. Chem. Int. Ed.*, **54**, 15342 (2015).

第４章　構造・物性解析

第２節　散乱法を用いた高分子ゲルの構造解析

東京大学　柴山 充弘

1　はじめに

刺激応答性高分子は、ドラッグデリバリーシステム、センサー、アクチュエーター、マーカーなどとして医療やナノテクなどへの応用が期待されている材料で、すでに実用化されているものも多い。特に刺激応答性高分子ゲルは、分子オーダーで起こっている相互作用、たとえばvan der Waals力、疎水性相互作用、水素結合などの、わずかな変化がゲル全体のサイズや形の変化という巨視的な変化として現れるため、盛んに研究されている。こうした相互作用がミクロの世界でどのように働き、その結果としてゲルの微視的構造がどう変化し、その積分形としてどのような巨視的応答をするか、という問題に答えるにはゲルの構造解析が必須である。構造解析としては、散乱法のほか、顕微鏡観察やNMRなどがあるが、本節では広い空間にわたって定量的な構造情報を得ることができる光散乱(LS)、小角X線散乱(SAXS)、および小角中性子散乱(SANS)といった散乱法[1)]について、刺激応答性高分子、とくに刺激応答性高分子ゲルでの応用例を交えて解説する。ここで、X線散乱、中性子散乱については「小角」に限定する。その理由は、これらの波長が1～10 Å程度であるため、高分子鎖の回転半径R_gや高分子ゲルの網目サイズといった高分子系における特徴的なサイズを観察するためには、散乱角が数分から数度といった「小角」での散乱実験が適しているからである。

顕微鏡観察が実空間像を対象としているのに対し、散乱法は逆空間(フーリエ空間ともいう)で物体中の構造や密度ゆらぎ、濃度ゆらぎを扱う。一般にはなじみ難い手法なので、まず**図1**で散乱の概要を説明する。図1は散乱強度関数のモデル計算の例である。縦軸は散乱強度$I(q)$、横軸は散乱ベクトルの絶対値、

$$q \equiv \left(\frac{4\pi n}{\lambda}\right) \sin\theta \qquad (1)$$

という長さの逆数の次元をもつ量で散乱実験における「物差し」である。ここでλは用いる線種の波長(光；He-Neレーザー光で6328 Å、X線；CuKαで1.54 Å、冷中性子線で4～10 Å程度)、2θは散乱角である。また、nは屈折率(光の場合は媒体の屈折率、X線散乱、中性子散乱の場合は$n \approx 1$)である。qだけだと実際の大

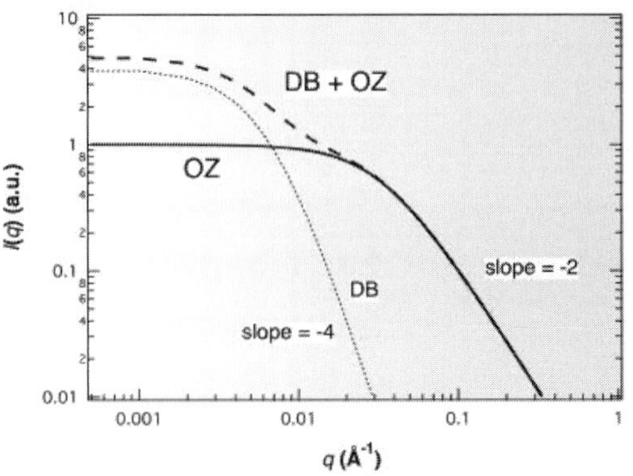

図1　光散乱(LS)、小角X線散乱(SAXS)、小角中性子散乱(SANS)の概要と高分子溶液(OZ)、ゲル(DB＋OZ)の散乱関数のモデル計算例。縦軸は散乱強度$I(q)$、横軸は散乱ベクトルの絶対値q。qの副尺として長さスケールを上軸に表示。OZ、DB＋OZについては後述。

きさがわかりにくいので、図中上にqに対応するおおよその長さ($\approx 2\pi/q$)を副尺として示した。散乱が実空間と「逆関係」の関係にあることがおわかりいただけると思う。この図では、光散乱(LS)領域(左)から小角X線散乱(SAXS)・中性子散乱(SANS)領域(右)で、高分子ゲル(DB＋OZ)、および高分子溶液(OZ)の静的散乱関数のモデル計算結果を示している(詳細は後述)。

2　高分子ゲルの散乱理論

2.1　静的散乱

上述したように、散乱法は逆空間(フーリエ空間ともいう)で物体中の構造や密度ゆらぎ、濃度ゆらぎを扱う[1)]。まず散乱(回折)について少し復習する。散乱と回折には明確な違いはないが、敢えて区別すると次のようになる。回折とは、周期的構造をもつ物体に平面波が入射したとき、波の干渉により回折が起こり、散乱角2θの方向に強弱の強度分布をもった散乱散乱波が観測されることである。強い散乱強度が観測される条件はBraggの式$2d = m \sin\theta$で与えられる(dは周期構造の面間隔、mは散乱の次数)。より一般的には、散乱角よりも、(1)式で定義された散乱ベクトルの絶対値qが用いられる。粒径の揃ったナノゲル粒子が密に詰まった系などでは、こうした回折パターンが観測される。

一方、散乱とは、入射平面波が散乱体内の密度ゆらぎや濃度ゆらぎによって散乱される現象で、図1に示したように、一般にはqに対して散乱強度がなだらかに何桁にもわたって減少する。このゆらぎの空間スケールを特徴づけるパラメーターとしてよく用いられるのが相関長ξである。高分子の絡み合い濃度以上の高分子溶液(準希薄溶液)の場合、散乱強度関数はOrnstein-Zernike(オルンスタイン・ゼルニケ)(OZ)関数

$$I(q) = \frac{I(0)}{1+\xi^2 q^2} \tag{2}$$

で与えられることが多い[2)]。ここで、$I(0)$は散乱角0での散乱強度で、媒体と散乱体とのコントラスト(屈折率差、電子密度差、散乱長密度差)や、散乱体の体積、濃度などに関係した量である。

高分子ゲルになると、架橋の導入により、撹拌とか熱処理などでは解消できない濃度ゆらぎ、つまりトポロジカルなゆらぎ、が加わる。その結果、散乱強度はとくにqの小さなところで$q \to 0$に向かって立ち上がる。この過剰散乱については、回転半径R_gの散乱体(高架橋度のドメイン)が希薄分散していると想定したときの散乱式、Guinier(ギニエ)(G)散乱関数

$$I(q) = I_G(0)\exp(-R_g^2 q^2/3) \tag{3}$$

や、ランダムに相分離した2相系相分離構造に対して一般的に用いられるDebye-Bueche(デバイ・ビュッケ)(DB)型の散乱関数

$$I_{DB}(q) \equiv \frac{I_{DB}(0)}{(1+\Xi^2 q^2)^2} \tag{4}$$

などで記述されることが多い[3)]。ここで、Ξは一方の相の特徴的な大きさを表す。ゲルの場合、不均一性の特徴的大きさを表す。よって、ゲルの散乱関数は、これらの和として

$$I(q) = I_G(q) + I_{OZ}(q) \tag{5}$$

や

$$I(q) = I_{DB}(q) + I_{OZ}(q) \tag{6}$$

となる。ここで、$I_{OZ}(q)$はゲルの溶液的な成分、

$$I_{OZ}(q) \equiv \frac{I_{OZ}(0)}{1+\xi^2 q^2} \tag{7}$$

を表す。

図1に戻り、OZとDB+OZを説明する。これらは、それぞれ高分子溶液および高分子ゲルの静的散乱関数のモデル計算結果を示している。用いたパラメーターは、OZでξ = 30 Å、$I_{OZ}(0)$ = 1、DB+OZでΞ = 150 Å、ξ = 30 Å、$I_{DB}(0)$ = 4である。その意味は、相関長が30 Åの高分子溶液と、相関長(網目サイズ)が30 Åで、溶液の散乱に比べて4倍の強度の不均一性(Ξ = 150 Å)をもつ高分子ゲルである。より具体的な例については後で示す。

2.2 動的光散乱

ゲルの構造解析には、静的散乱のほか動的光散乱(DLS)もよく使われる。動的光散乱とは、系からの散乱強度を散乱体の空間相関ではなく、時間相関の形で評価することで時間的に揺らぐ系の運動や緩和についての情報を得る手法である[4]。ゲルの場合、ゲル化過程の追跡に威力を発揮するほか、熱刺激に応答して体積相転移するゲルの構造変化(相関長の変化など)や緩和速度の変化などの研究に用いられる。動的光散乱の詳細については優れた参考書[5]があるので、ここでは要点のみ解説する。

動的光散乱で測定される量は散乱強度の時間相関関数$g^{(2)}(\tau)$

$$g^{(2)}(\tau) = \frac{\langle I(0)I(\tau)\rangle}{\langle I(0)\rangle^2} \tag{8}$$

である。ここで上付き(2)は散乱強度についての相関関数を意味する。ちなみに、$g^{(1)}(\tau)$は散乱電場についての相関関数を表す[4]。τは基準時間0からの遅延時間を表す。また、山括弧〈 〉は平均を取ることを表している。したがって、(8)式は基準時間0での散乱強度と、それから時間τだけ遅れた時の散乱強度の相関をとることを示してる。

単分散粒子分散系の$g^{(2)}(\tau)$は

$$g^{(2)}(\tau) - 1 = A\exp(-2\Gamma\tau) \tag{9}$$

となる。ここで、Γは緩和速度(Γ^{-1}は緩和時間)である。Aは光学系(コヒーレンス)に関係した定数($A \approx 1$)である。拡散速度は拡散係数Dに関係しており、

$$\Gamma = Dq^2 \tag{10}$$

である。田中らはゲルの場合でも、ゲル網目の拡散(協同拡散)が観測され、(9)式が成り立つことを示し、

$$\mathrm{D} = \frac{kT}{6\pi\eta\xi} \tag{11}$$

を導いた[6]。ここで、kはボルツマン定数、Tは絶対温度、ηは溶媒粘度である。PuseyとMegenは、ゲルは非エルゴード系でであるとし、ゲルの非エルゴード理論を提案した[7]。Joostenらは、ゲルの非エルゴード性を考慮し、

$$g^{(2)}(\tau) - 1 = A\left[X^2\exp(-2\Gamma\tau) + 2X(1-X)\exp(-\Gamma\tau)\right] \tag{12}$$

を導いた[8]。これはゲルの散乱がホモダイン項とヘテロダイン項の和からなる部分ヘテロダイン関数型になることを示している。X($0 < X \leq 1$)はホモダイン成分の寄与を表す。相転移付近になると、ゲルの相関関数は、上述の関数ではもはや表すことができず、高分子メルトやガラスのダイナミクスなどでよく用いられる伸長指数関数型

$$g^{(2)}(\tau)-1=Af\exp[-2(\tau/\tau_c)^{\beta}] \quad (13)$$

になることも報告されている[9)]。ここでfはエルゴード性の程度、βは伸長指数である[10)]。

以下では、刺激応答性ゲルとして、温度応答性ゲル、pH応答性ゲル、圧力応答性ゲルを対象とした散乱法による研究例を紹介する。

3　温度応答性ゲル

3.1　温度応答性ゲルの小角散乱

刺激応答性ゲルとしてもっともよく知られているのは、ポリ(N-イソプロピルアクリルアミド)(PNIPAM)ゲルであろう[11)]。1978年、MITの田中はアクリルアミドゲルにおいて、ゲルの体積相転移を発見した[12)]。このとき、外部刺激はアセトンであり、水/アセトンの混合比を変えることで体積相転移を実現した。次に、彼は溶媒組成ではなく温度によって体積相転移を起こせないかと模索し、HeskinsとGuillet[11)]が発見したPNIPAM水溶液の熱応答性に注目した。そして、廣川とともにPNIPAMハイドロゲルを調製し、温度による体積相転移を発見した[13)]。続いて、弘津と田中は、PNIPAMにアクリル酸をコモノマーとして加えたP(NIPAM/AAc)ゲルを調製し、膨潤相と収縮相でゲルの体積が非常に大きく変化する不連続体積相転移を実現した[14)]。しかし、これらの体積相転移の微視的描像は未解明であった。

筆者らは、SANSによってゲルの体積相転移の微視的描像を明らかにした。**図2**はPNIPAMゲルのSANS強度曲線の温度依存性を示した図である[15)]。ゲル中のポリマー体積分率ϕは0.083で架橋度は約5%で、溶媒には重水が用いられている。SANS強度曲線はいずれも(5)式を用いて表すことができた。その特徴としては、低温ではGuinier散乱項とOZ散乱項が拮抗するが($I_G(0)\approx I_{OZ}(0)\approx O(1\ \mathrm{cm}^{-1})$)、温度の上昇につれ、OZ散乱項が支配的となることであった($I_{OZ}(0)\geq 10\, I_G(0)$)。ここで、ゆらぎの大きさを表す$R_g$、$\xi$については、$R_g$が温度にかかわらずほぼ150 Åであったのに対し、ξは温度上昇につれ約30 Å程度から150 Å程度に増大し、$I_{OZ}(0)$の増大とともに臨界現象の様相を示した。つまり、臨界点(この場合は体積相転移温度)に近づくにつれ、相関長および散乱強度が発散した。PNIPAM水溶液の散乱挙動は、(2)式(もしくは(7)式)を用いて表すことができ、ゲルの場合の溶液項((7)式)の挙動と同じく、相分離温度T_{PNIPAM}(≈33℃)に向かってξおよび$I_{OZ}(0)$が発散する傾向を示した。巨視的には、これらは溶液の場合では白濁・沈殿、ゲルの場合では白濁・収縮するという現象に対応する。

非荷電ゲルであるPNIPAMに対し、NIPAMにアクリル酸をコモノマーとして加えて調製したP(NIPAM/AAc)ゲルは、中性およびアルカ

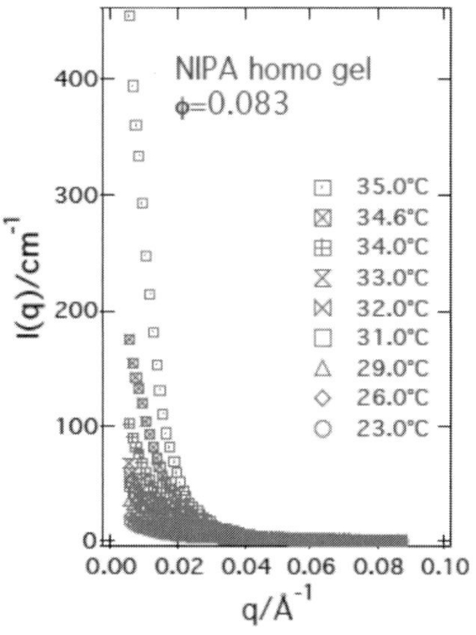

図2　PNIPAMゲル(濃度$\phi\approx 0.083$)のSANS曲線の温度依存性。温度上昇に伴い、qの小さなところで急激に散乱強度が増大する[15)]。

リ性条件で弱荷電ゲルとなり、PNIPAM とはまったく異なった散乱挙動を示す。**図3**(左)は、5%ほどアクリル酸を加えて共重合したP(NIPAM/AAc)ゲルのSANS強度曲線をさまざまな温度で測定した結果である[16)]。ゲル中の高分子の体積分率は $\phi = 0.107$ である。また、右図は約42℃でのゲルの顕微鏡写真である。低温では、SANS強度曲線は非常に弱く、OZ関数でフィットできた。しかし、温度上昇に伴い T_{PNIPAM} 以上になると、もはや、(2)～(7)式などでは表すことができず、約 $q = 0.02$ Å^{-1} にピークをもつ散乱関数となった。これは約300 Å($\approx 2\pi/0.02$ Å^{-1})の周期をもつミクロ相分離構造が形成されたことを示している。また、温度上昇につれ、そのピークは鋭くなった。そのときのゲルは右の写真にあるように、膨潤相(写真の左側)と収縮相(右側)が共存するという面白い形状となった。写真中の網目は、ゲル網目の様子を模式的に示したものである。この興味ある現象は、次のように説明できる。

T_{PNIPAM} 以上では、収縮しようとするPNIPAM鎖と膨潤を維持しようとするAAcコモノマーが拮抗する結果、数100 Åオーダーで大きな濃度ゆらぎができる(不均一な網目模様の模式図)。収縮力が優ると一気に収縮相へと移行するが、体積相転移温度(この例では約42℃)で膨潤相・収縮相は2相共存状態にあり、わずかな温度の上下で2つの相の比率は変化した。この膨潤相・収縮相の2相共存状態は常圧で気液平衡にある水に例えることができる。

このP(NIPAM/AAc)ゲルのSANS強度曲線は弱荷電系高分子溶液に対して、Borue-Erukhimovich(BE)が提案した散乱関数

$$I(q) \sim \frac{1}{q^2 + \xi^{-2} + \dfrac{r_0^2}{q^2 + \kappa^2}} \tag{14}$$

で表すことができる[17)]。ここで、κ^{-1} はDebyeの遮蔽長、r_0 は理想的なガウス鎖の遮蔽長と呼ばれる量である。さらに還元温度 t、還元電荷濃度 s を用いると t-s 相図上にP(NIPAM/AAc)ゲルの状態をマッピングできる。図4はそれを示したものである[3)16)]。温度の上昇につれ、良溶媒系($t > 0$)から貧溶媒系($t < 0$)に移行し、やがてミクロ相分離が起こる。これがピーク発現として観測されたと解釈できる。

非荷電高分子溶液(ゲル)から、弱荷電高分子ゲルへの展開を理論的にみると、**図5**のよう

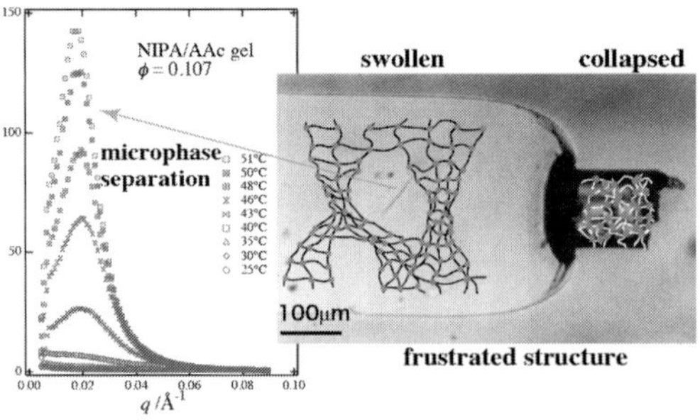

図3　P(NIPAM/AAc)弱荷電高分子ゲルのSANS曲線の温度依存性(左)[16)]。不連続体積相転移過程のゲルの顕微鏡写真(右)。写真上に描かれた図はゲル網目の模式図。膨潤状態で、粗密差の大きい網目が現れ、これが散乱ピークを与える。

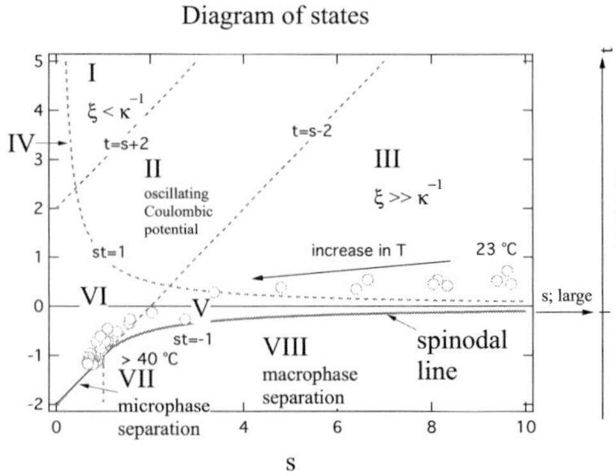

図4　還元温度 t、還元荷電濃度 s マップ上にプロットしたP(NIPAM/AAc)ゲルの相図。温度上昇にともない、ゲルは領域III(良溶媒領域)からミクロ相分離領域VIIへと移行する[3)16)]。

に説明できる。高分子溶液は(2)式で与えられるような、

$$I(q) \sim \frac{1}{Aq^2 + B} \tag{15}$$

型の散乱関数である。ここで B は排除体積に関係したパラメータである。荷電系になると、静電相互作用が加わる。静電相互作用は Debye–Hückel の電解質溶液理論からも推測できるように、距離の関数のポテンシャルをもつため、排除体積に距離依存性、すなわち、q 依存性が現れる。その結果、散乱関数は

$$I(q) \sim \frac{1}{Aq^2 + B + \dfrac{C}{q^2 + D}} \tag{16}$$

型となる。これが BE 理論である[17]。図では、この両者の間に、A/B 架橋高分子ブレンドやブロック共重合体を記述する、

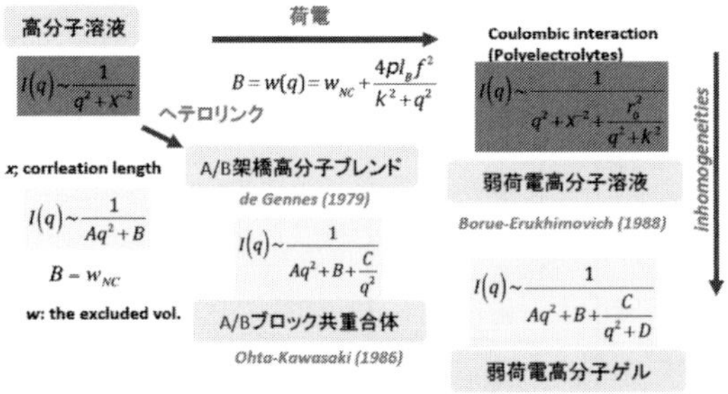

図 5　単純系(高分子溶液)から複雑系(荷電高分子ゲル)への散乱関数の展開

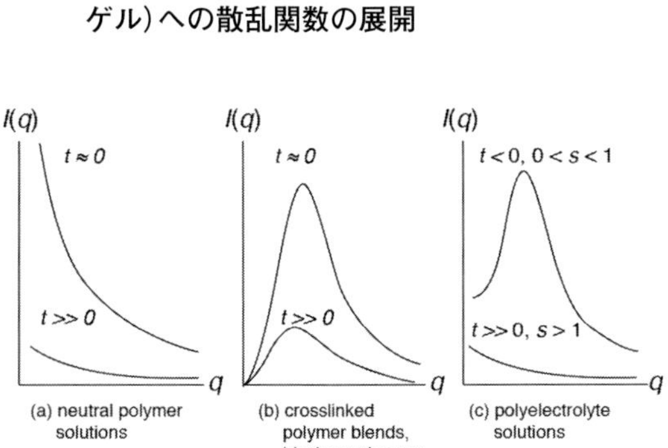

図 6　図 5 に対応する散乱関数(a)高分子溶液(b)架橋高分子ブレンドおよびブロック共重合体(c)高分子電解質溶液

$$I(q) \sim \frac{1}{Aq^2 + B + \dfrac{C}{q^2}} \tag{17}$$

型の散乱関数があることを示している[18][19]。

これらの関係を**図 6** に示した。

3.2　温度応答性ゲルの動的光散乱(DLS)

ゲルが膨潤や収縮をする場合、瞬間的に体積変化が起こるわけではなく、ゲルのサイズの 2 乗に比例した時間で起こることが知られている[20][21]。これは、ゲルを構成する分子鎖がつながって無限網目を形成しているため、部分だけの膨潤や収縮は起こりえず、ゲル全体で歪み緩和をしつつ体積変化をするためである[22]。温度

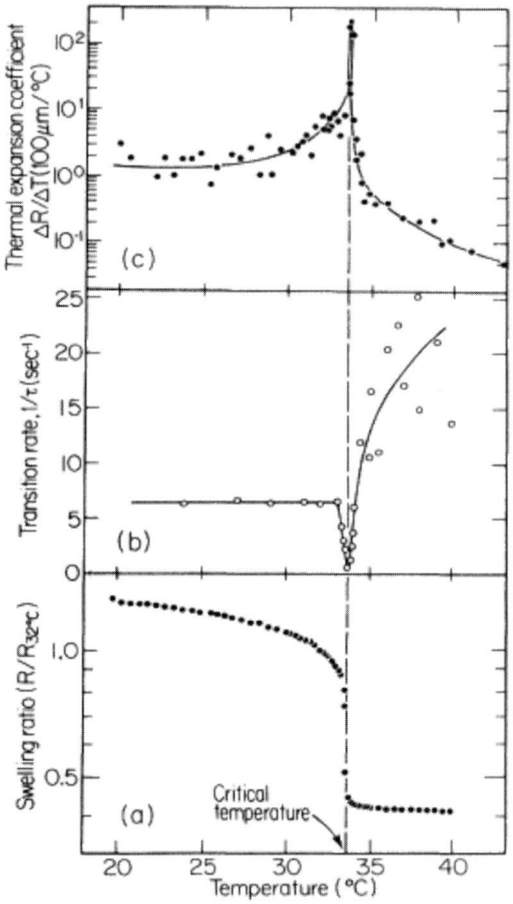

図 7　球状 PNIPAM ゲルの(a)膨潤曲線、(b)緩和速度(転移速度)、(c)熱膨張係数[23]。

応答性ゲルの膨潤・収縮や体積相転移の速度論を研究する手段として、直接、ゲルのサイズを測る方法があるが、動的光散乱も有用である。

まず、DLSではなく、巨視的な膨潤・収縮実験の結果について紹介する。田中らは、PNIPAMゲルの体積相転移近傍のダイナミクスを調べた[23]。その結果を**図7**に示す。一般の臨界現象のように、体積相転移温度付近にて緩和速度が非常に小さくなる臨界減速(critical slowing down)が起こることを示している。

続いて、DLSによる温度応答性ゲルの研究例を示す。**図8**は、PNIPAMゲルを2種類の条件で23℃からT_{PNIPAM}(≈ 33℃)まで温度ジャンプさせたときの、DLSから求まる緩和速度Γ^{-1}の時間変化を示したものである[15]。1つは周りの水と平衡にあるisobar(等圧)ゲルであり、もう1つは水から孤立させ、なおかつやや脱膨潤させることで体積が変化しないようにしたisochore(等体積)ゲルである。どちらのゲルも厚みは約2 mm、直径約2 cmの円盤状ゲルであった。興味深いことに、isochoreゲルでは、約30分で緩和速度は一定になり平衡に達したのに対し、isobarゲルでは平衡に達するのに約4時間を要した。このように、たった数mmの厚みのゲルにおいても、体積変化を伴うゲルにおいては、温度変化にかなりの時間を要する。この例のように、刺激応答性ゲルの構造を調べるときには、ゲルが平衡になるまで待つ必要がある。

筆者らは、DLSによりPNIPAMゲルと種々の割合でAAcをコモノマーとして加えて得たP(NIPAM/AAc)共重合ゲルの拡散係数Dの温度および共重合組成依存性を調べ、**図9**のような結果を得た[9]。ここでのゲルは、試験管内で調製したゲルで、溶媒とは接していないisochoreゲルであるため、温度平衡さえ達成すれば再現性のあるデータが得られる。ゲル濃度は700 mM、AAc濃度C_{AAc}は0〜32 mMであ

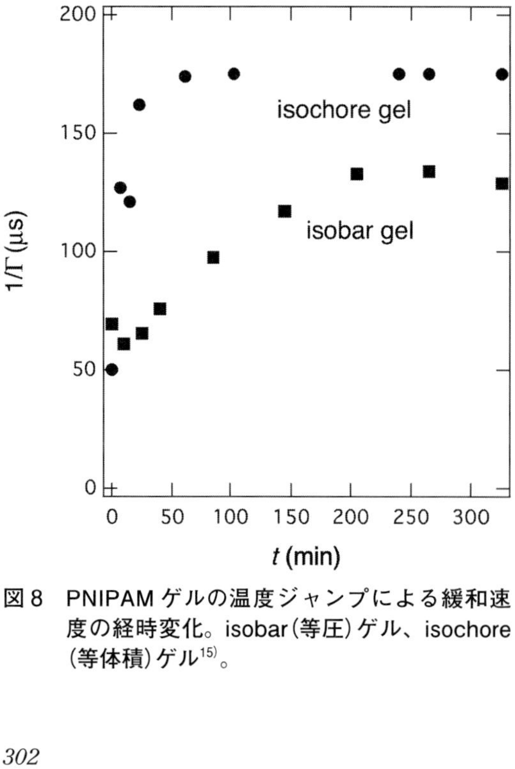

図8　PNIPAMゲルの温度ジャンプによる緩和速度の経時変化。isobar(等圧)ゲル、isochore(等体積)ゲル[15]。

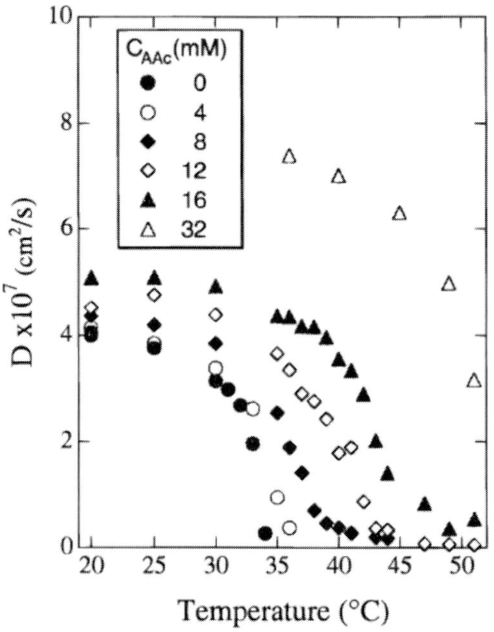

図9　PNIPAMゲルおよびP(NIPAM/AAc)ランダム共重合ゲルの拡散係数の温度および組成依存性。C_{AAc}はゲル調製時のAAcコモノマー濃度。ゲル中の高分子濃度は700 mM[9]。

る。いずれのゲルにおいても、体積相転移温度に近づくにつれ、Dは急激に減少し臨界減速がみられた。また、体積相転移温度に近づくにつれ、時間相関関数は、(9)式の単一指数関数や(12)式の部分ヘテロダイン式では表すことができず、(13)式で示す伸長指数関数型に移行することがわかった。C_{AAc}については、C_{AAc}が増大するにつれ、同一温度ではDは増大し、拡散が速くなること(相関長は小さくなること)が示された。また、体積相転移温度は高温側にシフトした。

4　pH応答性ゲル

外部刺激としてpHも重要であり、pHに応答して膨潤もしくは収縮したり、薬剤放出を行うゲルが研究されている。P(NIPAM/AAc)ゲルのような荷電性ゲルは、温度のみならずpHにも応答する。これは、ゲル網目中の解離基(たとえば$-COO^-$)の存在のために、ゲル内外でのドナン膜平衡により、大きな浸透圧が発生するからである。

図10はP(NIPAM/AAc)(668 mM/32 mM)ゲルの線膨潤度d/d_0のpH依存性を示したものである[24]。ここで、d、d_0は測定時および調製時のゲルの太さである。比較試料であるPNIPAMゲルでは、何らpH依存性がみられないのに対し、P(NIPAM/AAc)ではアクリル酸の解離(解離定数pKa ≈ 5)のため、pH 5付近からd/d_0が急激に増大している。また、pH > 10でのd/d_0の低下はpH調製のために添加したNaOH由来のイオンが過剰となり、ゲル内外でのイオン濃度差が減少したためである。こうした効果を考慮した理論にもとづく理論曲線(実線)は、実験結果をよく再現している[24]。

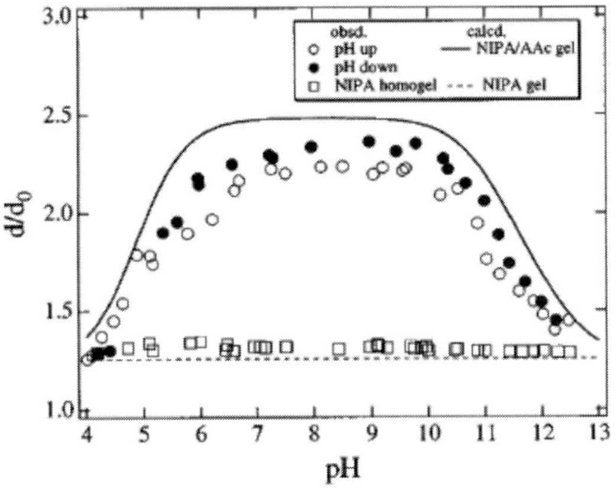

図10　P(NIPAM/AAc)ゲルの膨潤度d/d_0のpH依存性。d/d_0はゲルの測定時と調製時の太さの比。白丸、黒丸はそれぞれpH上昇、下降時の値。実線は理論膨潤曲線。□は比較としてのPNIPAMゲルの膨潤度[24]。

図11はP(NIPAM/AAc)(668 mM/32 mM)ゲルに対して、溶媒を重水として種々のpDでSANS実験を行った結果を示したものである[24]。ここで、pDは重水素イオン指数の対数(溶媒に重水を用いているのでpHではなくpD)である。室温付近ではpDに関係なく単調なSANS曲線であったが、約42℃以上では、散乱極大が現れ、温度の上昇につれピークは小角側にシフトした。また、pDが5、7、9で比較すると、pD 9のとき、もっとも散乱強度は低下した。このことは、AAcが解離すればするほど、系の浸透圧が増大し、結果として散乱強度が低下したことを意味している。pHのみならず、添加塩による効果についても調べられており、塩の添加により、静電遮蔽が起こり、系が不安定化することがSANS実験からも確かめられている。

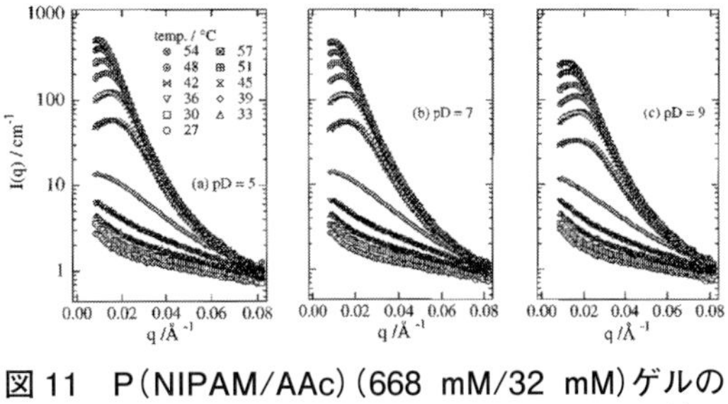

図11　P(NIPAM/AAc)(668 mM/32 mM)ゲルの種々の温度、pDでのSANS曲線の比較[24]。

5 圧力応答性ゲル

疎水性相互作用が大きな役割を果たすPNIPAM系ゲルでは、圧力にも敏感に応答することが知られている[25)]。圧力といっても、100 MPa(1000気圧)のオーダーなので、刺激応答性材料の外部刺激として使うには大きすぎる圧力であるが、どのような圧力応答をするのか、なぜ圧力応答するのかなどを知ることは有用である。また、圧力の場合、温度と違って刺激(圧力印加)が瞬時に系全体に伝わるので、刺激に対する応答キネティクスを研究するのに向いている。

筆者らは、PNIPAMゲルの高圧下でのSANS実験を行った[26)]。それに先立ち温度T-圧力P相図を作成したところ、**図12**のような結果を得た。興味深いことに、PNIPAM水溶液、ゲルともに低温側で一相、曲線の上で2相相分離する上に凸の相図をもつことがわかった。また、水を重水に替えることで、相挙動に同位体効果があることもわかった。

種々の温度・圧力でSANS実験を行ったところ、PNIPAM重水溶液では、(2)式で示したOZ型の散乱関数でフィットでき、臨界圧力に向かって相関長が発散することが確かめられた。一方、PNIPAMゲルでは、常温・常圧付近で、多少、不均一性の影響(DB関数)がみられる散乱関数になったものの、臨界圧力に近づくにつれ、OZ関数できれいにフィットでき、**図13**に示すような相関長の増大(20℃、30℃)、および発散(34.2℃)がみられた。

圧力依存性の研究は、弱荷電高分子ゲルP(NIPAM/AAc)についても行われており、高温領域でみられたP(NIPAM/AAc)ゲルの特徴的な散乱ピーク(図3)が圧力印加に伴い低下・消失するなど、多くの興味ある結果が得られている[27)28)]。

こうしたPNIPAM系の相挙動の圧力依存性は、PNIPAM鎖と水の間に働く疎水性相互作用が圧力に敏感であることに由来していると考えられる。すなわち、PNIPAM鎖が水に溶解するときに形成される疎水水和殻が系の体積の増大をもたらす($\Delta V > 0$)ことに起因し、この増分が圧力上昇により抑制される結果、溶解性が低下すると考えられる。

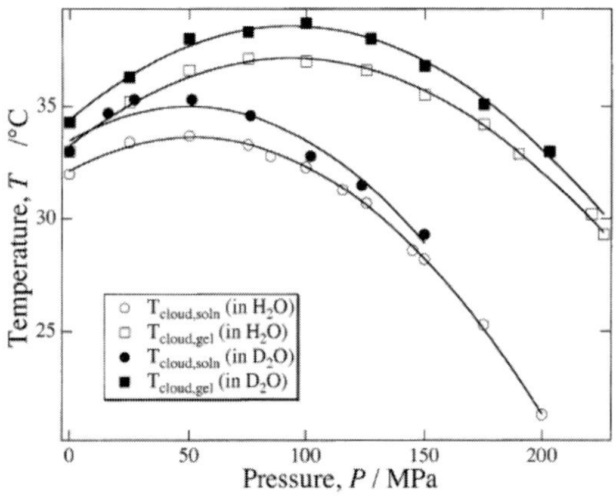

図12 PNIPAM水溶液、ゲルの温度T-圧力P相図。白抜き印が水系、黒印が重水系での結果を表す[26)]。

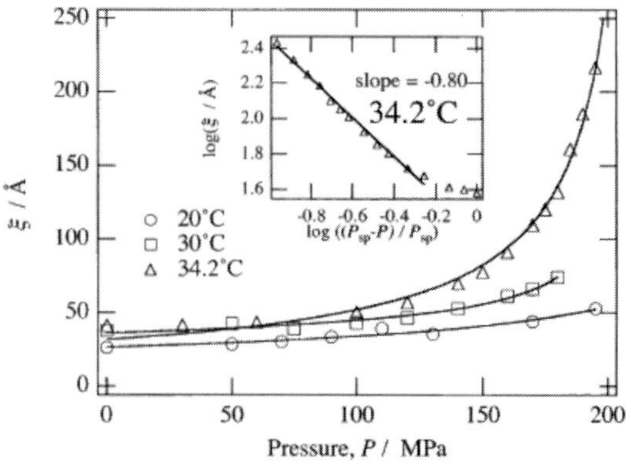

図13 PNIPAMゲルの種々の20℃、30℃、34.2℃における相関長ξの圧力依存性。挿入図は34.2℃における相関長ξのスピノーダル圧力P_{sp}からの距離についての両対数プロット[26)]。

6　おわりに

散乱法を用いた刺激応答性高分子の構造解析について、基礎となる理論の解説からはじめ、解析実例として、もっともよく研究されている非荷電 PNIPAM ゲルおよび弱荷電 P(NIPAM/AAc) ゲルについての研究例を紹介した。

散乱からみたとき、一般に高分子ゲルは高分子溶液的な部分と架橋点導入による固体的な部分からなり、それぞれ、高分子溶液を記述する Ornstein-Zernike (OZ) 関数と、２相ドメイン構造を記述する Debye-Bueche (DB) 関数との和で近似できることを示した。この解析法を、温度敏感型 PNIPAM ゲルおよび P(NIPAM/AAc) ゲルに応用して、温度変化によるゲルの構造変化、とくに、体積相転移近傍でのゲルの構造について解説した。さらに、pH および圧力によるゲルの構造変化についても構造解析例を紹介した。一方で、動的光散乱 (DLS) による刺激応答性高分子ゲルの解析では、簡便さと迅速性を活かした DLS による構造解析例として、温度ジャンプ時のゲル網目の緩和速度の変化の追跡や、体積相転移温度近傍でのダイナミクスについて紹介した。

冒頭でも述べたとおり、刺激応答性高分子の刺激応答メカニズムを理解するには、その高分子の構造解析が不可欠である。なかでも散乱法による構造解析は、非常に多くの知見をもたらしてくれる有用な手法として、今後、ますますいろいろな分野で活躍することを期待する。

文　献

1) 橋本竹治：X 線・光・中性子散乱の原理と応用．講談社 (2017)．
2) P. G. de Gennes：*Scaling Concepts in Polymer Physics*, Cornell University, Ithaca (1979)．
3) M. Shibayama：*Macromol. Chem. Phys.*, **199,** 1-30 (1998)．
4) B. Chu：*Laser Light Scattering. 2nd Ed.*, Academic Press (1991)．
5) 柴山充弘：光散乱の基礎と応用．柴山充弘ほか編、講談社，209-247，東京 (2014)．
6) T. Tanaka, L. O. Hocker and G. B. Benedek：*J. Chem. Phys.*, **59,** 5151-5159 (1973)．
7) P. N. Pusey and W. van Megen：*Physica A*, **157,** 705-741 (1989)．
8) J. G. H. Joosten, J. L. McCarthy and P. N. Pusey：*Macromolecules*, **24** (25), 6690-6699 (1991)．
9) M. Shibayama, Y. Fujikawa and S. Nomura：*Macromolecules*, **29** (20), 6535-6540 (1996)．
10) E. Donth：*The Glass Transition*, Springer, Berlin (2001)．
11) M. Heskins and J. E. Guillet：*J. Macromol. Sci. Chem.*, **2,** 1441-1455 (1969)．
12) T. Tanaka：*Phys. Rev. Lett.*, **40,** 820-823 (1978)．
13) Y. Hirokawa and T. Tanaka：*J. Chem. Phys.*, **81,** 6379-6380 (1984)．
14) S. Hirotsu, Y. Hirokawa and T. Tanaka：*J. Chem. Phys.*, **87,** 1392-1395 (1987)．
15) M. Shibayama, T. Tanaka and C. C. Han：*J. Chem. Phys.*, **97** (9), 6829-6841 (1992)．
16) M. Shibayama, T. Tanaka and C. C. Han：*J. Chem. Phys.*, **97,** 6842-6854 (1992)．
17) V. Borue and I. Erukhimovich：*Macromolecules*, **21,** 3240-3249 (1988)．
18) P. G. de Gennes：*J. Phys. Lett.*, **40,** L69 (1979)．
19) T. Ohta and K. Kawasaki：*Macromolecules*, **19,** 2621 (1986)．
20) T. Tanaka and D. J. Fillmore：*J. Chem. Phys.*, **70,** 1214 (1979)．
21) 柴山充弘：ゲルハンドブック、長田義仁、梶原完爾編，エヌ・ティー・エス (1997)．
22) Y. Li and T. Tanaka：*J. Chem. Phys.*, **92,** 1365 (1990)．
23) T. Tanaka, E. Sato, Y. Hirokawa and S. Hirotsu：*Phys. Rev. Lett.*, **55,** 2455-2458 (1985)．
24) M. Shibayama, F. Ikkai, S. Inamoto, S. Nomura and C. C. Han：*J. Chem. Phys.*, **105,** 4358-4366 (1996)．
25) E. Kato：*J. Chem. Phys.*, **106,** 3792-3797 (1997)．
26) M. Shibayama, K. Isono, S. Okabe, T. Karino and M. Nagao：*Macromolecules*, **37,** 2909-2918 (2004)．
27) I. R. Nasimova, T. Karino, S. Okabe, M. Nagao and M. Shibayama：*Macromolecules*, **37,** 8721-8729 (2004)．
28) I. R. Nasimova, T. Karino, S. Okabe, M. Nagao and M. Shibayama：*J. Chem. Phys.*, **121,** 9708-9715 (2004)．

基礎編

第4章　構造・物性解析
第3節　刺激応答性高分子の気液界面挙動

京都大学　松岡 秀樹

1　両親媒性ジブロックコポリマーの水面単分子膜のナノ構造とその転移

親水鎖と十分に長い疎水鎖からなるジブロックコポリマーを水面に展開すると、単分子膜を形成する。そのナノ構造は大きく分けて**図1**のように2種存在する[1)2)]。1つは2層構造をとるもので、水面上には疎水鎖の層が形成され、その下には、親水鎖がバルクに近い高密度で詰まった絨毯層が形成される。これは、疎水鎖と水が直接接することを防ぐために形成されると考えられている(界面自由エネルギーを下げるため、といってもよい)。その厚さは、親水鎖の親水性の強さに依存するが、10Å～30Å程度である。もう1つは、絨毯層の下に、親水鎖のブラシ層が形成され、3層構造となるものである。これは単分子膜をLangmuir-Blodgett(LB)トラフで圧縮するなど、単位面積当たりの親水鎖の本数(ブラシ密度)が、十分に高くなった場合に形成される。この転移が起こるブラシ密度は臨界ブラシ密度と呼ばれ、その値は、親水鎖の性質に依存し、ブラシの形成機構と深く関係すると考えられている(**2.1**項)。なお、単分子膜を形成するのは、疎水鎖のガラス転移温度Tgが十分低く柔軟な場合である。ポリスチレンなど、高Tgのポリマーが疎水鎖の場合は単分子膜にはならず、疎水鎖が凝集して、水面二次元ミセルなどを形成する[3)]。

親水鎖がイオン性高分子であれば、ブラシ層は、高分子電解質ブラシとなる。静電的相互作用のため、伸長率の大きな、伸びたブラシとなり、そのナノ構造は、添加塩などイオン強度の変化に応答し、変化する。ブラシ層など各層の厚さや界面・表面粗さ、各層の密度などは、X線反射率(XR)測定[4)]により、精度よく決定できる[5)]。本節では、水面高分子電解質ブラシの形成機構と添加塩濃度応答性、アニオンとカチオンを併せもつ両イオン性水面高分子ブラシ、温度に応答する水面高分子ブラシの刺激応答性について述べる。

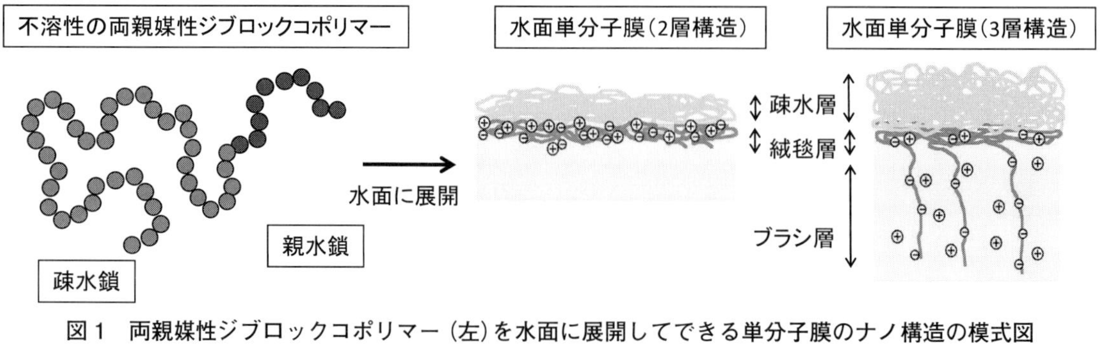

図1　両親媒性ジブロックコポリマー(左)を水面に展開してできる単分子膜のナノ構造の模式図(中央)疎水層と絨毯層の2層構造、(右)絨毯層の下にブラシ層がある3層構造

2　イオン性水面単分子膜ブラシ

2.1　臨界ブラシ密度

図2に種々の水面高分子ブラシ層と絨毯層の厚さのブラシ密度依存性を棒グラフで示した。絨毯層の厚さのみ示されているのは2層構造で、ブラシが生えていないことを示している。ブラシが生えはじめる臨界ブラシ密度は、0.1～0.3本/nm^2程度であるが、ブラシ種に大きく依存している。強イオン性のポリスチレンスルホン酸(Poly(styrensulfonate), PSS)ブラシでは、0.12程度の低い値となっている[6]。遠達力である静電的斥力がブラシ形成機構に関与しているためと考えられる。弱酸であるポリアクリル酸(Polyacrylic Acid：PAA)ブラシ[7]では、0.3程度と大きくなっており、静電的な相互作用は重要な因子ではないことが推察される。電荷が相殺する両イオン性のカルボキシベタイン(GLBT)ブラシ[8]の場合も、臨界ブラシ密度は大きく、静電的効果ではなく、立体的効果がブラシ形成の主要因であることが推察される。

2.2　強イオン性水面ブラシの添加塩濃度応答性と臨界塩濃度[1)2)9)]

強イオン性のPSSブラシでは、ブラシ形成に静電的効果が重要な役割を果たしていると考えられる。**図3**は、XRにより決定したPSSブラシ部分の厚さの添加塩濃度依存性である[9]。塩としてNaClを加えると、はじめはブラシ厚はあまり影響されていないが、ある塩濃度を超えると急にブラシが収縮し、最終的に絨毯層のみになっていることがわかる。高分子電解質ブラシ内は、高分子電解質の密生状態となってお

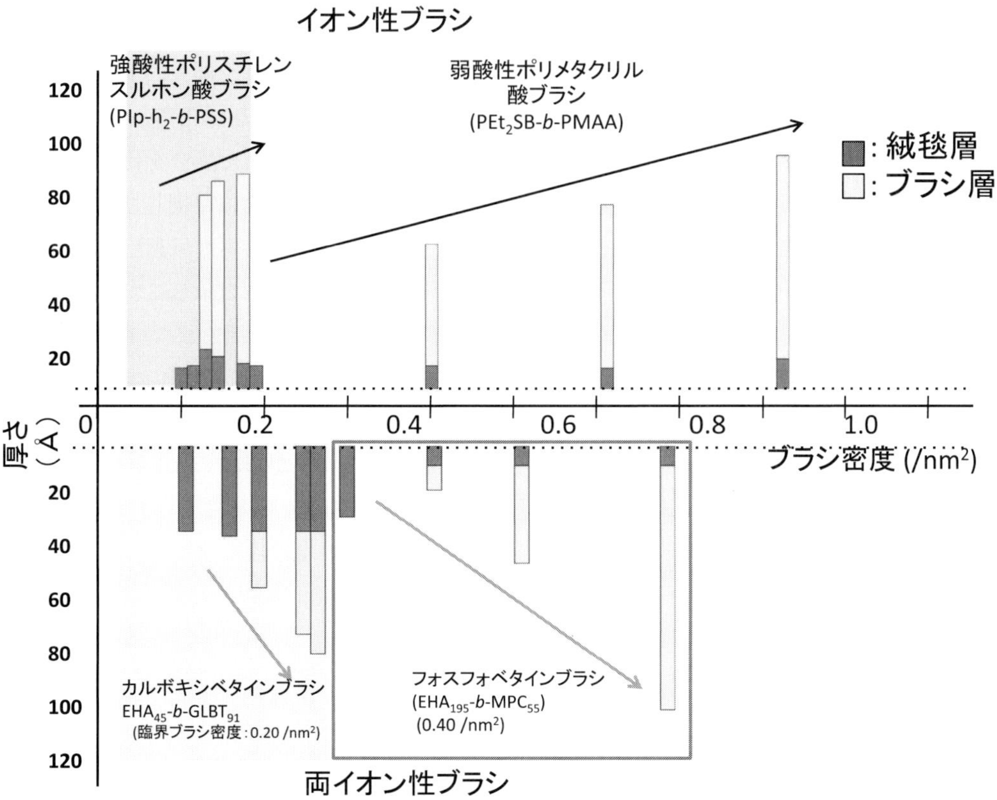

図2　各種水面単分子膜中の絨毯層とブラシの厚さのブラシ密度依存性。ブラシのない2層構造からブラシが生じて3層構造に転移する密度が臨界ブラシ密度

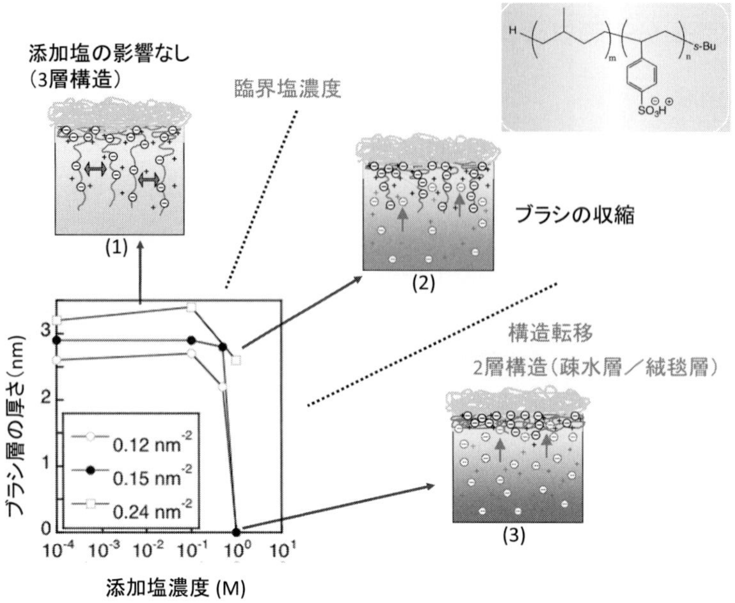

図3　ポリスチレンスルホン酸(PSS)ブラシの厚さの添加塩濃度依存性[9)]

り、イオン濃度が非常に高くなっている。よって、多少の塩を添加しても、塩イオンはブラシ内に浸入できない。添加した塩のイオン濃度がブラシ内の「有効」イオン濃度を超えると、塩イオンはブラシ内に浸入しはじめ、ブラシの収縮が急激に始まると考えられる。図の場合、この収縮しはじめる添加塩濃度は、0.2 M ほどである。

ブラシ密度とブラシ厚がわかっているので、ブラシ内のイオン濃度を見積もることができる。その値は2.2 M ほどで、臨界塩濃度の0.2 M より非常に大きな値となっている。これは、高分子電解質特有の対イオン固定により、ブラシ鎖の対イオンがすべてフリーとはなっておらず、「有効」なイオン濃度が低下しているためと考えられる。単純な計算値2.2 M のうち、0.2 M しか有効でないことから、この系の対イオン固定度は、92%ほどとなる。この非常に高い値は、ブラシ内の非常にイオンの密生した状況を反映するといえる[1)2)]。

2.3　強イオン性水面ブラシに対する添加塩のイオン種依存性[10)]

図4は、PSS ブラシ部分の電子密度プロファイルの添加塩による変化を、添加塩として、NaCl, KCl, LiCl とした場合を比較したものである。縦軸は電子密度に比例した量、横軸 z は、水面からの深さである。絨毯層とブラシ層部分の密度プロファイルを示しており、より大きな z は、水面からより深くまでブラシが伸びていることを示している。ここに塩を添加すると、ブラシは収縮し、絨毯層のみに転移している。しかし、ブラシが収縮しはじめる添加塩濃度がカチオン種に依存しており、$Li^+ > Na^+ > K^+$ の順に、薄い塩濃度でブラシの収縮が始まっており、この順に塩イオンがブラシ内に入りやすいことがわかる。この順番は、Hofmeister 順列と合致している。この概念によると、Li^+ は構造形成イオン、Na^+ は弱い構造形成イオン、K^+ は構造破壊イオンとされる。構造系イオンのほうがブラシ内に浸入しやすい結果となっている。これはブラシ内のイオン濃度が非常に高

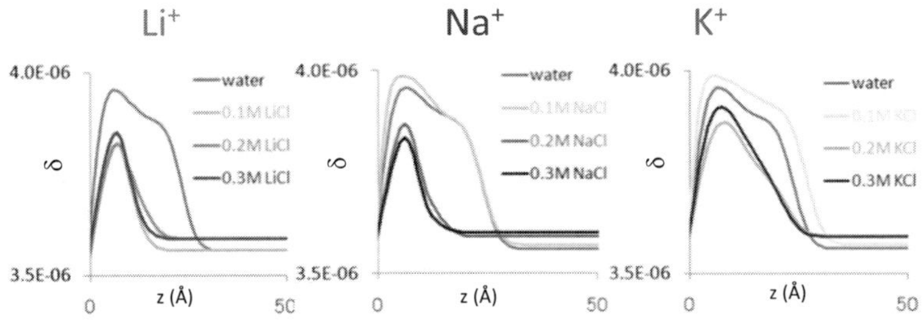

図 4　PSS 水面ブラシの密度プロファイルの塩添加による変化のイオン種依存性。縦軸の δ は電子密度に比例する量。横軸 z は、水面からの深さ。いずれも塩の添加によりブラシは収縮するが、収縮し始める遠濃度は、LiCl < NaCl < KCl の順に薄くなっている。すなわち Li イオンが一番効果が強い[10]。

く、ブラシ内の水も構造性の高い水になっていることを反映している可能性がある。

2.4　弱イオン性水面ブラシの添加塩濃度応答性[1)2)7)]

図 5 は、弱酸性 PAA ブラシの厚さの添加塩(NaCl)濃度依存性である[7]。単分子膜そのものの表面圧、絨毯層の厚さも一緒に示してある。PAA ブラシ厚の添加塩濃度依存性は、図 3 に示した PSS ブラシのそれと大きく異なっており、塩濃度の増加に伴い、一旦増大し、極大を経て、減少に転じている。これは、PAA ブラシ鎖上のカルボキシル基 COOH の解離度の添加塩濃度依存性を反映したものとなっている。COOH は弱酸であるため、ほとんど解離していないが、NaCl を添加すると解離度が上昇する[11]。よって、PAA ブラシ鎖はポリアニオン

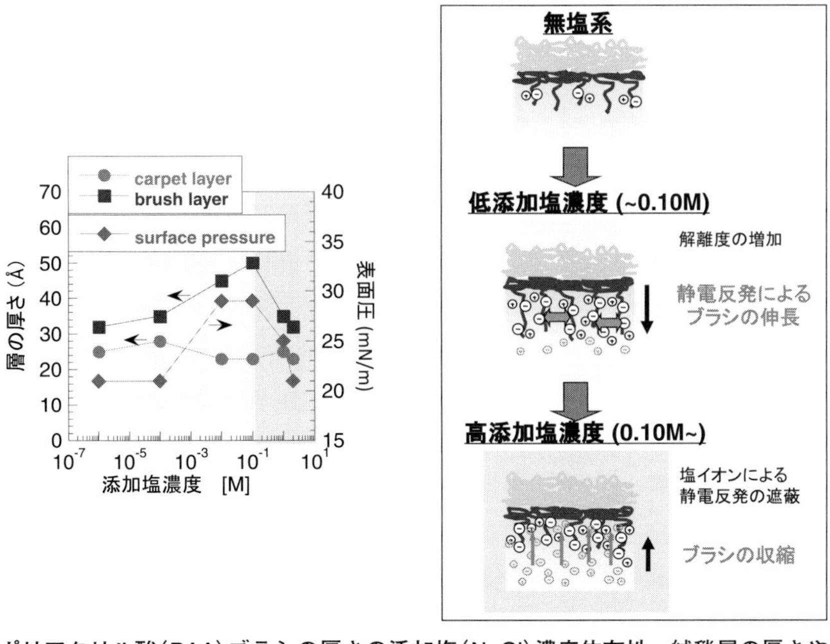

図 5　弱酸性ポリアクリル酸(PAA)ブラシの厚さの添加塩(NaCl)濃度依存性。絨毯層の厚さや、単分子膜の表面圧も合わせて示してある。ブラシ層の厚さは塩濃度に対して極大を示している。ポリマーは、水素化ポリイソプレン(重合度 76)とポリアクリル酸(重合度 77)のジブロックコポリマー。ブラシ密度は、0.5 nm^{-2} で一定[7]。

鎖として振る舞うようになり、静電的斥力でブラシが伸長する。しかし、さらなるNaClの添加は、静電的斥力を遮蔽し、PSSブラシと同様の添加塩効果となり、ブラシ鎖が収縮しはじめる。この2つの効果の重ね合わせとして、極大が生じていると考えられる。

2.5　臨界ブラシ密度の重合度依存性[1)2)7)]

図6は、種々の高分子ブラシの臨界ブラシ密度の親水鎖の重合度依存性である。PAAブラシの場合は、明確な傾向が捉えられないが、弱酸であるポリメタクリル酸(PMAA)の場合はきれいな減少傾向、PSSブラシの場合は、低い値で一定の傾向がみられる。PSSブラシの場合は、ブラシ形成を支配する因子は静電的斥力であり、そのため臨界ブラシ密度の絶対値は小さく、またPSSの重合度にあまり依存しないと考えられる。PMAAブラシの減少傾向は、界面の安定化により説明できる。絨毯層は、疎水層と水の接触を避け、界面自由エネルギーを低下させるために、形成される。しかし絨毯層には、十分に界面が安定化される適切な厚さがあり、それ以上厚くなっても、エントロピーの減少を招くだけで、不利になる。必要以上のPMAA鎖は、ブラシ層となってエントロピー増大に寄与したほうが系全体として安定化すると考えられる。PMAA鎖の重合度が増加すると、この「余る」PMAA鎖がブラシ密度がより低いときから生じるので、これが臨界ブラシ密度の減少となって現れていると考えられる。すなわち、PMAAとPSSで、そのブラシ形成機構はまったく異なることになる。

2.6　臨界ブラシ密度の塩濃度依存性[1)2)7)]

図7は、臨界ブラシ密度の添加塩濃度依存性を示したものである。弱酸のPAAブラシの臨界ブラシ密度は、塩濃度に依存しておらず、ブラシ形成機構に静電的効果はあまり寄与していないことがわかる。この場合、立体的効果か、または前述の界面の安定化が重要な因子となっていると思われる。PSSブラシの場合は、0.2 M付近で臨界ブラシ密度が急にジャンプする傾向がみてとれる。これはPSSブラシの形成機構に静電的因子が有用な働きをしているこ

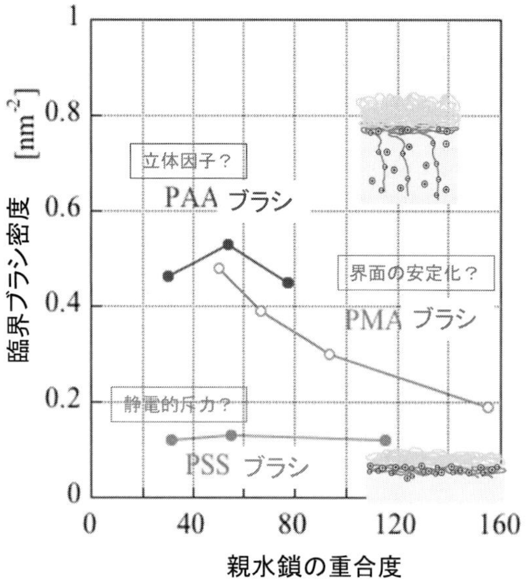

図6　各種水面単分子膜ブラシの臨界ブラシ密度の親水鎖長依存性[7)]　※口絵参照

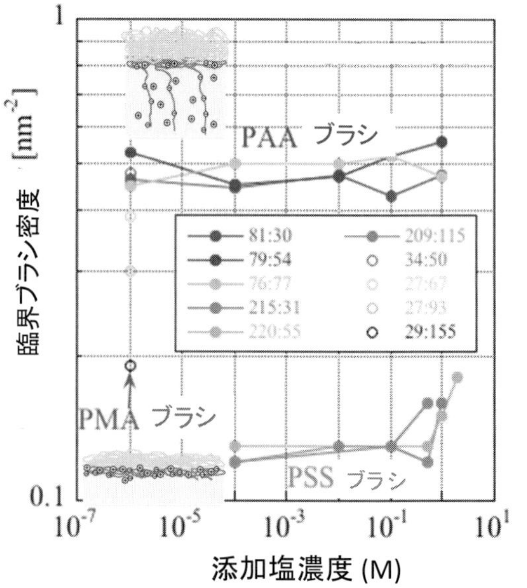

図7　各種水面単分子膜ブラシの臨界ブラシ密度の添加塩濃度依存性[7)]　※口絵参照

とを反映している。

2.7　カチオン性高分子ブラシ

カチオン性高分子ブラシの検討例はあまり多くない。富士田らは、PQBmと呼ばれる4級化アンモニウムカチオンを有するカチオン性水面高分子ブラシのナノ構造を調査した[12]。ブラシの伸長率(伸びきった長さとブラシ厚の比)は、25%程度で、PSSブラシの78%ほどに比し、非常に小さい値となった。この値では、伸びた「ブラシ」のイメージよりも鎖が丸まった状態の「マッシュルーム」に近い構造と考えられた。これより、4級化アンモニウムカチオンのイオンとしての強さが低いこと、すなわち4級化アンモニウムカチオンは強塩基と考えられているが、実態は弱いイオンなのでは、という疑念を生じさせた。さらに臨界塩濃度を評価したところ、0.01Mほどとなっていた。これは、99%以上の非常に高い対イオン固定度を意味する。4級化アンモニウムカチオンが弱いイオンであることを示唆するデータはほかにもあり[13]、今後の検討を要する。

3　両イオン性水面単分子膜ブラシ

3.1　ポリカルボキシベタイン水面ブラシのナノ構造と塩濃度応答性[8]

アニオンとカチオンを併せもつ物質を両イオン性と呼ぶ。ベタインはその1種であり、ポリベタインは、生体膜類似の構造をもつことから高い生体適合性を有している。そのため、バイオセンサーなどバイオマテリアルへの応用が盛んに図られている。**図8**は、カルボキシル基をアニオン、4級化アンモニウムをカチオンとするポリカルボキシベタイン(PGLBT)ブラシのナノ構造の添加塩濃度依存性である。XRプロファイル(a)、それから評価される密度プロファイル(b)を示している。密度プロファイルは、疎水層も含めた単分子膜全体のものである。疎水鎖とのジブロックコポリマーを水面に展開した単分子膜中に、臨界ブラシ密度以上で形成されているブラシ層で、疎水層、絨毯層と合わせ、3層構造となっている点は、両親媒性イオン性高分子水面単分子膜と同様であるが、ブラシ層の厚さは、添加塩濃度の上昇とともに、増加している。すなわち、塩濃度増加で

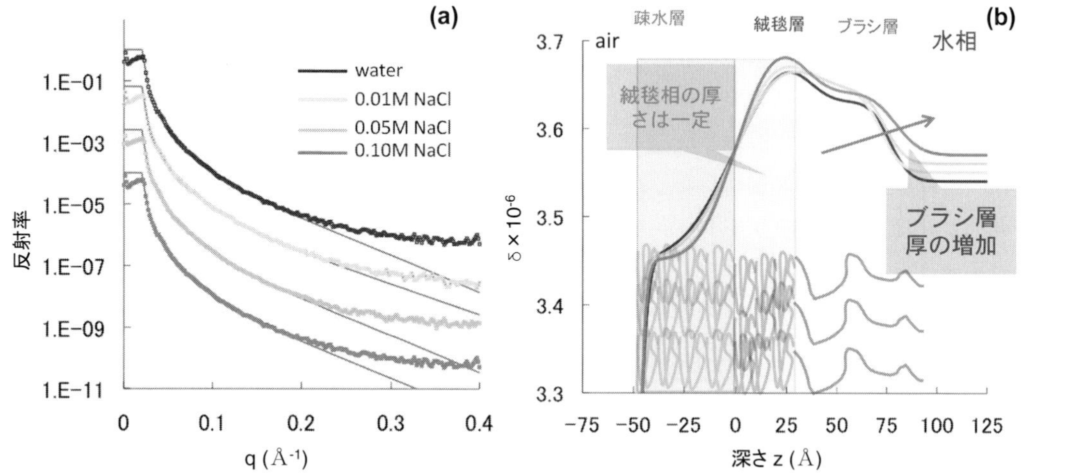

図8　両イオン性PGLBTを親水鎖とするジブロックコポリマー水面単分子膜の(a)XRプロファイルおよび(b)電子密度プロファイルとその添加塩濃度依存性[8]。

ブラシは伸長しており、イオン性高分子ブラシとは、真逆の挙動である。両イオン性高分子は、アニオンとカチオンを併せもっているため、通常の状態では、分子内塩/分子間塩を形成しており、収縮した形態をとっていると考えられている。この状態に塩を添加すると、分子内塩/分子間塩がほぐれ、高分子鎖上のアニオンとカチオンは、それぞれ、添加された塩イオンを対イオンとする独立したイオンとなる。そのため、収縮した形態が解消され、より広がった形態をとれるようになり、ブラシが伸長したと考えられる。また、鎖上のイオンが「塩」の状態から、「イオン」の状態になったため、水に対する溶解性が向上した効果も関与していると考えられている。ベタインホモポリマーに関する研究では、塩の添加とともに、水溶液粘度が増加することが報告[14]されており、やはり高分子鎖の広がりの増加で説明されている。

3.2 ポリカルボキシベタイン水面ブラシに対する添加塩のイオン種依存性[8]

GLBTブラシへの添加塩の効果におけるイオン種の効果が検討されている。LiCl, NaCl, KClとアニオン種は一定で、カチオン種を変えた場合、および、NaBr, NaCl, NaFと、カチオン種一定で、アニオン種を変えた場合の両方が検討された。その結果、塩のカチオン種を変えた場合は、イオン種による差が観察されたが、アニオン種の場合は、差異がみられなかった。添加塩のカチオンは、GLBTのカルボキシルアニオンの対イオンとなる。塩のアニオンは、GLBTの四級化アンモニウムカチオンの対イオンとなる。よって、この塩イオン種依存性は、GLBTのイオンのうち、カルボキシルアニオンのほうが、ブラシのナノ構造・物性に重要な寄与をしていることを意味している。カルボキシル基は弱酸、四級化アンモニウムは強塩基とされているため、意外な結果に思えるが、カチオン性ブラシの項で述べたように、四級化アンモニウムは弱いイオンであることを示すもう1つの例である可能性がある。

4 温度応答性水面単分子膜ブラシ

4.1 ポリ(*N*-イソプロピルアクリルアミド)水面ブラシ[15]

ポリ(*N*-イソプロピルアクリルアミド)(poly(*N*-isopropylacrylamide)はPNIPAmなどと略され、非常によく知られ、使われている温度応答性ポリマーである。その応答性は、下限臨界相溶温度(Lower Critical Solution Temperature, LCST)型であり、ある温度以上で水に不溶となる。その臨界温度が、32℃付近と人間の体温に近いため、医用材料への応用が図られている。応答性の本質は、昇温による脱水和と考えられている。**図9**は、PNIPAmと疎水鎖　ポリ(*n*-ブチルアクリレート)(poly(*n*-butylacrylate))ジブロックコポリマー水面単分子膜のナノ構造とその温度変化をXRにより調査した結果である。PNIPAmは非イオン性であるが、やはり単分子膜は、PNIPAmが水溶性の常温では、疎水層/絨毯層/ブラシ層の3層構造となっており、PNIPAmブラシが形成されていることがわかる。これを30℃に昇温するとブラシが収縮する様子が明確に捉えられている。また同時に、PNIPAm鎖の一部が疎水層の方へ移動していることがわかる。この実験では、装置の温度調整機構の制限から30℃と臨界温度のやや下の測定温度となったため、PNIPAmブラシも収縮は明確に観察されたが、完全に水に不溶な状態にはなっていないと考えられる。臨界温度より十分上の温度となれば、PNIPAmは完全に不溶となり、ブラシの消滅と疎水層化が観察されていた可能性がある。しかし、温度

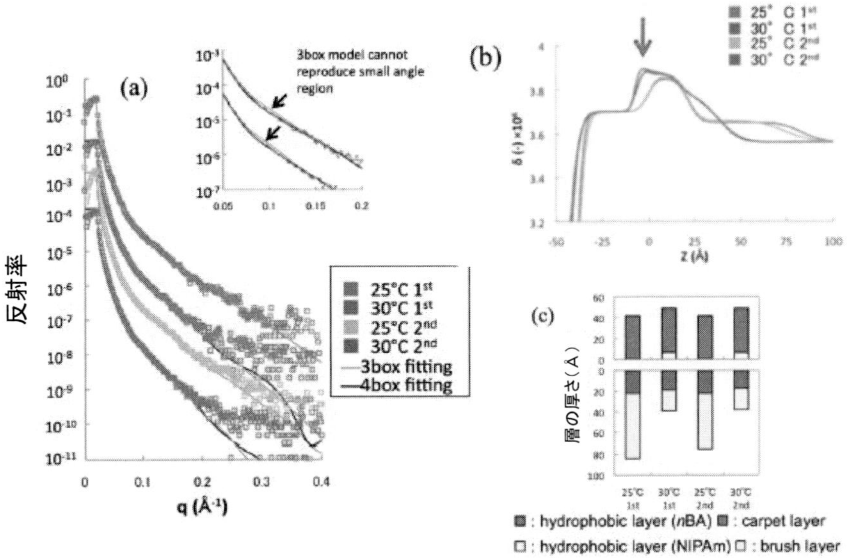

図 9　n-ブチルアクリレートと PNIPAm ジブロックコポリマー水面単分子膜の (a) XR プロファイル、(b) それより求められた水面に垂直方向の電子密度プロファイル、(c) 各層の厚さ、の温度依存性[15]。

に対するブラシの応答性そのものは、XR により見事に捉えられた例といえる。

この系で興味深いのは、PNIPAm ブラシ層内の水分子に関係する情報である。ブラシ密度よりブラシ鎖間の間隔がわかり、ブラシ厚よりブラシ鎖の伸長度合いが見積もれるため、ブラシ内で水分子が占める体積がわかり、PNIPAm 鎖あたりの水分子の数が見積もられる。PNIPAm 繰り返し単位あたりの水分子の数は、12～14 程度となり、報告されている水和水の数とほぼ同じである。すなわち、PNIPAm ブラシ内の水分子はすべて水和した水分子であり、「自由」な水分子は存在しないことになる。「ブラシ」の非常に密生した環境を反映したデータであるといえる。

4.2　UCST 型高分子ブラシ

温度応答性には、臨界温度以上で急激に溶解性が増加する上部臨界相溶温度 (Upper Critical Solution Temperature, UCST) 型のものもある。応答性の発現は、イオン結合や水素結合などにより凝集状態をとり不溶となっているものが、昇温により結合が切れ、溶解性が急上昇することによるとされているが、このタイプの高分子の例はあまり多くない。代表例の 1 つが、両イオン性のスルホベタインであり、分子内塩 / 分子間塩の昇温による解消がその本質と考えらえているが、詳細は現在、精力的に研究が進められている段階である。

文　献

1) 松岡秀樹：オレオサイエンス, **12** (1), 3 (2012).
2) 栗原和枝他編：新しい局面を迎えた界面の分子化学, pp.64-70, 化学同人 (2011).
3) J. Zhu, A. Eisenberg and R. B. Lennox : *J. Am. Chem. Soc.*, **113**, 5583 (1991).
4) 桜井健次編：X 線反射率入門, 講談社 (2009).
5) 松岡秀樹, 籠恵太郎, 山岡仁史：リガクジャーナル, **30** (2), 14 (1999).
6) P. Kaewsaiha, K. Matsumoto and H. Matsuoka : *Langmuir*, **23** (1), 20-24 (2007).
7) H. Matsuoka, Y. Suetomi, P. Kaewsaiha and K. Matsumoto : *Langmuir*, **25** (24), 13752 (2009).
8) H. Matsuoka, Y. Yamakawa, A. Ghosh and Y. Saruwatari : *Langmuir*, **31** (17), 4827 (2015).
9) P. Kaewsaiha, K. Matsumoto and H. Matsuoka : *Langmuir*, **23** (13), 7065 (2007).

10） H. Matsuoka, S. Nakayama and T. Yamada：*Chem. Lett.*, **41**（10）, 1060（2012）.
11） カステラン：物理化学（上），第 3 版，16 章，東京化学同人（1986）.
12） H. Matsuoka, S. Fujita, A. Ghosh, S. Nakayama, Y. Yamakawa, S. Yusa and Y. Saruwatari：*MATEC Web of Conferences*, **4**, 04001, 1-4（2013）.
13） S. Shrivastava and H. Matsuoka：*Langmuir*, **30**（14）, 3957（2014）.
14） V. M. Monroy Soto and J. C. Galin：*Polymer*, **25**, 254（1983）.
15） H. Matsuoka and K. Uda：*Langmuir*, **32**（33）, 8383（2016）.

基礎編

第4章　構造・物性解析

第4節　蛍光プローブを用いた温度応答性高分子のミクロ環境評価とその応用

奈良女子大学名誉教授　岩井 薫

1　はじめに

励起一重項状態分子から発せられる蛍光には、その分子が存在する場の極性や粘性などの環境に関する情報やその分子自身の運動性などに関する情報が含まれている。したがってその蛍光を調べることにより、それらの分子の存在する環境についての情報を得ることが可能である。通常は、その分子が存在する環境に対応してその発光挙動を大きく変化させる蛍光性分子を探索針(probe)として利用し、ミセル・LB(Langmuir-Blodgett)膜・高分子化合物などの分子集合体系が構築するミクロ環境の評価を行うことが可能である。この手法は蛍光プローブ法[1)2)]と呼ばれており、蛍光プローブ法は非常にその感度が高く、ごく微量のアニリノナフタレンスルホン酸塩やピレンなどの蛍光プローブ分子を研究対象となる系に添加して行われるのが一般的である。このいわゆる分子間プローブ法は、比較的容易に多くの情報を得ることができるため分子集合体系のミクロ環境評価の有用な方法の1つである。しかし、この方法では系に添加した蛍光プローブ分子の存在する位置が必ずしも定かでないため、得られたデータの解析には注意を要する。合成高分子化合物を研究対象とする場合等には、蛍光プローブ分子を官能基としてポリマー鎖に共有結合させることで、存在位置の問題は比較的容易に解決することが可能であり、また、蛍光プローブをポリマー鎖に組み込むことで幹ポリマーの構築するミクロ環境に関するより多くのより詳細な情報が得られ、より正確なミクロ環境の評価を行うことが可能になると思われる。

筆者らは、電子供与性の*N,N*-ジメチルアニリン(DMA)と電子受容性のフェナントレン(Phen)とがC-C結合で直接つながれた化学構造の化合物DP(DMA-Phen)が、強くてブロードな分子内電荷移動(ICT：Intramolecular Charge-Transfer)発光を示し、かつ、そのICT発光の極大波長が媒体の極性の増大に対応して大きく長波長方向にシフトするなど、優れた蛍光プローブとしての性質を有することに注目した。そこで、DPに重合性の官能基を修飾した蛍光性モノマーVDPを主モノマーに対して0.05～0.1 mol%の割合で仕込み、ラジカル共重合することによりDPユニットをごく微量含む高分子を合成し、これを分子内蛍光プローブとして幹ポリマーの構築する高分子ミクロ環境の評価を行ってきた。ここでは、DPユニットを分子内蛍光プローブとして行った温度応答性高分子類の水溶液系およびハイドロゲル系での熱相転移挙動と高分子ミクロ環境の評価に関する研究[3)]、ならびにそれらの応用として行った蛍

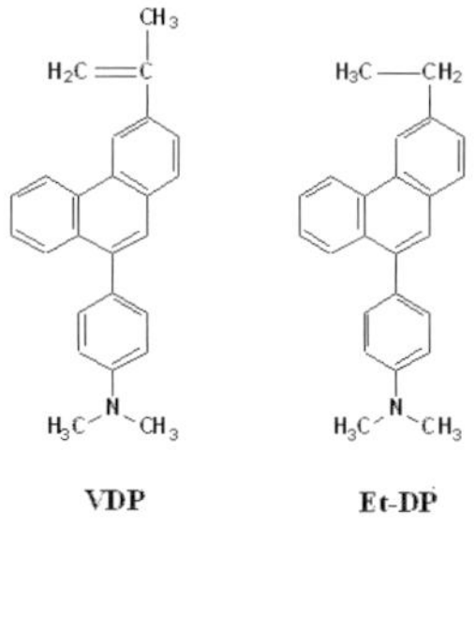

VDP　　Et-DP

光性温度センサーの開発研究[4]について紹介する。

2 温度応答性高分子の水溶液系

最初に代表的な温度応答性高分子であるポリ(*N*-イソプロピルアクリルアミド)(PNIPAM：poly(*N*-isopropylacrylamide))の水溶液系の蛍光挙動について紹介する。DP ユニットでラベル(~0.1 mol %)**脚注** した PNIPAM(P(VDP-*co*-NIPAM) or DP-labeled PNIPAM)は、希薄水溶液(0.01 w/v%)中で DP ユニットを光励起(励起波長 Ex 320 nm)すると DP 誘導体に特徴的な強くてブロードな ICT 発光を示し(**図 1**)、この ICT 発光の蛍光極大波長(λmax)は溶液の温度を 20 ℃から PNIPAM の下限臨界溶液温度(LCST：lower critical solution temperature) 約 32 ℃以上の 35 ℃へ上昇させると大きく短波長シフトした。ところで VDP ユニットのモデル化合物 Et-DP の蛍光の極大波長 λmax は、種々の有機溶媒系からメタノール－水混合溶媒系に至るまで媒体の極性が大きくなるにつれて、また、水含量が増加するにつれて大きく長波長シフトし、**図 2** に示すようにその λmax と測定溶媒の比誘電率 ε との間には比較的よい相関性が認められる。(注：メタノール－水混合溶媒系で水の含量が大きい領域で認められる急激な λmax の短波長シフトは、大きな芳香環からなる DP の疎水性に基づく会合によるためである。)したがって、P(VDP-*co*-NIPAM)水溶液系で認められた溶液温度の上昇に伴う DP ユニット由来の蛍光の λmax の短波長シフトは、DP ユニットの存在するミクロ環境が低温時のより親水的な雰囲気から、高温時のより疎水的な雰囲気へと変化したことに起因していると考えられる。つまり LCST 以下の 20 ℃では NIPAM ユニットと水分子の水素結合の結果、PNIPAM 鎖が大きく広がることで水にさらされていた DP ユニットが、LCST 以上の 35 ℃では脱水和により PNIPAM 鎖が収縮凝集することで生じた、より疎水的な場に取り込まれたことを反映していると解釈できる。

VDP を約 0.1 mol% 含む P(VDP-*co*-NIPAM)の水溶液系での熱相転移挙動を、蛍光プローブ法で追跡した結果を**図 3** に示す。水溶液の液温をゆっくりと上昇させると DP ユニット由来の蛍光の λmax(●)は徐々に短波長シフトし、相転移温度 32 ℃付近でその短波長シフトが急激となり、35 ℃付近で穏やかになった。この λmax の短波長シフトが急激になる温度領域と通常の相転移温度の測定に用いられる濁度や散乱光強度(■)が大きくなる温度領域が一致することから、蛍光プローブ法でも相転移挙動の追跡が可能であることがわかる。また、PNIPAM と類似した構造をもつが温度応答性を示さないポリ(*N,N*-ジメチルアクリルアミド)(PDMAM：poly(*N,N*-dimethylacrylamide))に DP ユニットでラベルして、同様にその水溶液系の蛍光挙動を追跡しても λmax は一定で変化がなく温度依存性が認められなかった。このことは、少なくともこの測定温度領域においては、DP ユニット近傍のミクロ環境に変化がなければ蛍光極大波長 λmax は一定で変化しないことを意味している。

脚注：蛍光プローブでラベルする場合、その割合が大きいと蛍光測定は容易になるが、研究対象とする温度応答性高分子の応答挙動にラベルしたことによる影響が現れることが予想される。一方、ラベルする割合が小さいと温度応答性高分子の応答挙動をより正確に追跡できるであろうが、蛍光測定自体が困難となる。VDP を共重合させて PNIPAM の温度応答挙動を追跡する場合には、NIPAM ユニット 1000 個に対して DP ユニット 1 個程度ラベルするのが最適量であった。

また、濁度や散乱光強度が変化しない 20 ℃～30 ℃の温度領域においても、液温の上昇に伴い徐々に λmax は短波長シフトすることから、蛍光プローブ法では濁度等の変化では観測することのできない個々の高分子鎖の収縮とそれに続く収縮した高分子鎖の凝集の両方を追跡することが可能であると思われる。しかも、この DP ユニットを蛍光プローブとする場合には、λmax の値より図２に示した相関図を用いてプローブの存在する場の局所的な比誘電率 ε を見積もることが可能であり、PNIPAM 水溶液系については、20 ℃では ε ＝ 63、30 ℃では ε ＝ 49、相転移後の 35 ℃では ε ＝ 18 と見積もられた。

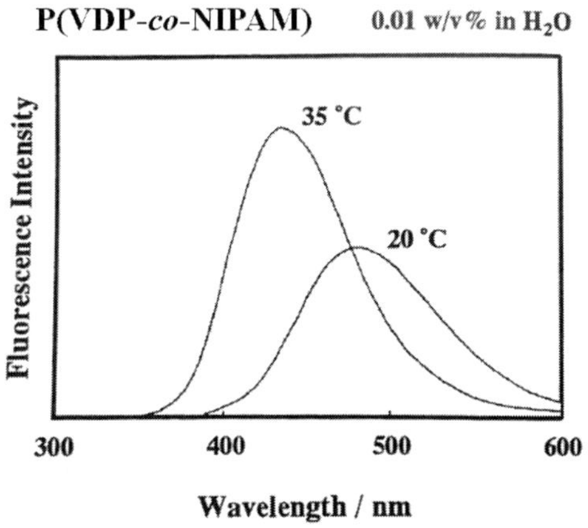

図１　P(VDP-*co*-NIPAM) 水溶液系の蛍光スペクトル

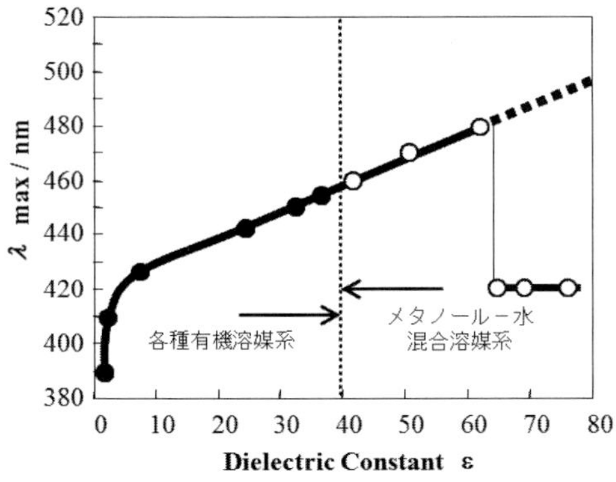

図２　各種溶媒系における Et-DP の λmax と溶媒の比誘電率 ε との相関図

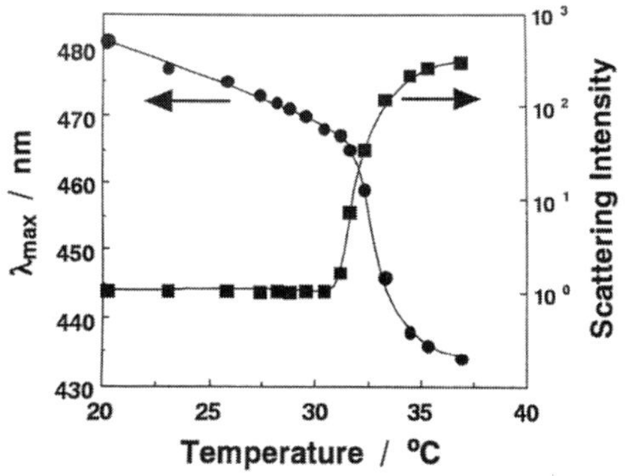

図３　P(VDP-*co*-NIPAM) 水溶液系の λmax と散乱光強度の温度応答曲線

温度応答性ポリマーの代表格である PNIPAM の熱相転移現象については多くの研究が行われているが、その他のアクリルアミド系ポリマーについての研究例はそれほど多くない。筆者らは、PNIPAM と構造の類似したポリ(*N*-ノルマルプロピルアクリルアミド)(PNNPAM：poly(*N*-*n*-propylacrylamide)、ポリ(*N*-イソプロピルメタクリルアミド)(PNIPMAM：poly(*N*-isopropylmethacrylamide)、ポリ(*N,N*-ジメチルアクリルアミド)(PDMAM) 等についても、VDP を分子内蛍光プローブとして同様の検討を行った。

図４に示すように、PNNPAM(△) と PNIPMAM(□) 両水溶液系は PNIPAM(○) 系と同様の温度応答曲線を示し、各々の相転移温度は約 19℃、約 46℃ と求められた。また、この温度領域での熱相転移現象を示さない PDMAM 系(◇)では、DP ユニットの λmax に温度依存性が認められなかったことから、PNIPAM(○)、PNNPAM(△)、PNIPMAM(□) 各水溶液系で認められた相転移温度よりも低い温度領域での液温の上昇に伴う λmax の短波長シフトは、個々のポリマー鎖の収縮に基づく DP ユニット近傍のミクロ環境の変化を表わしていることが確認された。

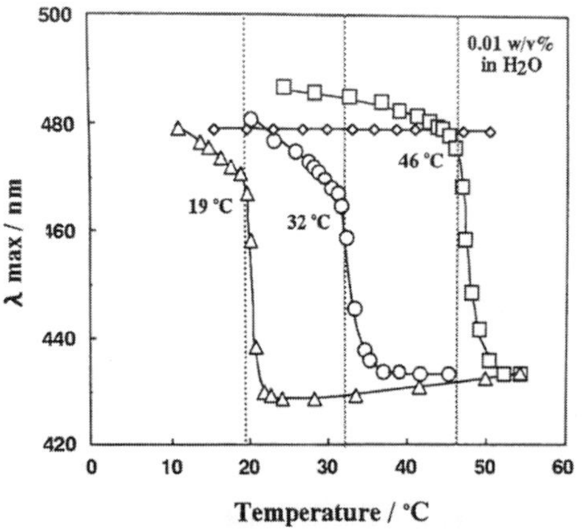

図4　アクリルアミド系ポリマーのλmaxの温度応答曲線

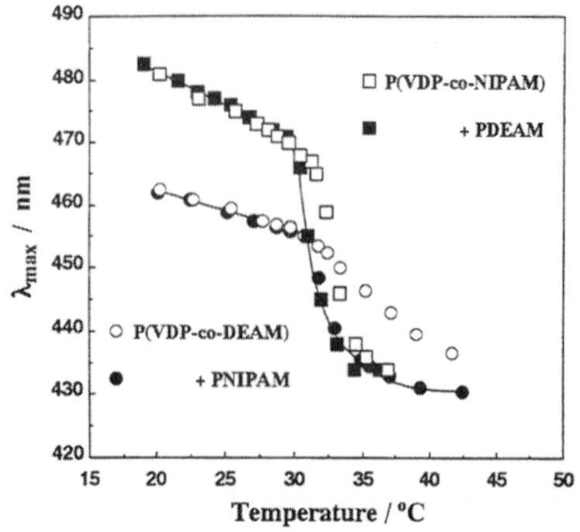

図5　PNIPAM-PDEAM混合系のλmaxの温度応答曲線

3　温度応答性高分子水溶液の混合系

ポリマー水溶液系の熱相転移挙動を追跡する一般的な手法に曇点法があるが、2種のポリマーの混合系の熱相転移挙動を追跡する場合、系全体の相転移挙動を追跡できるとしても、各成分ポリマーが互いにどのような影響を及ぼしあっているのかを考察することは困難である。分子内蛍光プローブ法ならば、片方のポリマーにのみプローブを組み込むことで、混合系であってもプローブでラベルされたポリマーについては、その相転移挙動を追跡することが可能であると思われる。ここでは、分子内蛍光プローブ法の応用例として、PNIPAMとポリ(*N,N*-ジエチルアクリルアミド)(PDEAM：poly(*N,N*-diethylacrylamide))の混合水溶液系の熱相転移挙動を紹介する。

DPユニットをPNIPAM側に組み込んだP(VDP-*co*-NIPAM)とPDEAMとの1：1混合系と、逆にDPユニットをPDEAM側に組み込んだP(VDP-*co*-DEAM)とPNIPAMとの1：1混合系におけるλmaxの温度応答曲線を**図5**に示す。混合していない場合、PDEAM水溶液系(○)は、PNIPAM系(□)とほぼ同じ相転移温度約31℃を示したが、PNIPAM系とPDEAM系では熱相転移前後のいずれにおいてもポリマーの形成するミクロ環境に差異が認められ、PNIPAM系の方が相転移温度以下の温度領域ではより親水的な場を、また相転移温度以上の温度領域ではより疎水的な場を形成している。一方、混合系(●、■)では、いずれも単一系に比べ相転移温度が若干低下し、いずれのポリマーにプローブを組み込んだ場合にも相転移温度以上の温度領域において同じ温度応答変化を示した。したがって、PNIPAM-PDEAM混合系での熱相転移現象は、相転移温度以下の温度領域での各ポリマー鎖の収縮は個々に生じるものの、ある程度まで収縮した時点で混ざり合いながら一緒に凝集して生じる現象であると考えられる。

4　温度応答性高分子(共重合体)の水溶液系

温度応答性ポリマーの熱相転移温度を制御することは、応用面から非常に興味深い問題である。系に添加物を加えたり、コモノマーを共重合させることでPNIPAMのLCSTを変動させる試みがなされている。ここでは蛍光プローブ法によるNIPAM-メタクリル酸メチル(MMA)共重合体系とNIPAM-DMAM共重合体系、およびNIPAM-NNPAM共重合体系とNIPAM-NIPMAM共重合体系の計4種のNIPAM共重合体の水溶液系の熱相転移挙動を紹介する。

4.1　NIPAM-MMA共重合体系とNIPAM-DMAM共重合体系

PNIPAM水溶液系の相転移温度は、NIPAMに疎水性モノマーを共重合すると低下し、親水性モノマーを共重合すると上昇することが知られている。事実、疎水性のメタクリル酸メチル(MMA)との共重合体系(■)では相転移温度の低下が、また、親水性のDMAMとの共重合体系(□)では相転移温度の上昇が認められた(**図6**)。しかし、この方法では、PNIPAMの相転移温度の制御は可能なものの、同時にPNIPAMが構築するミクロ環境にも影響を及ぼし、MMAとの共重合体系では相転移温度以下で形成される場がPNIPAM系(●)よりもかなり疎水的となり、一方、DMAMとの共重合体系では相転移以上の温度で形成される場がPNIPAM系よりもかなり親水的となることから、結果として相転移に伴うミクロ環境の変化も小さくなることがわかる。

4.2　NIPAM-NNPAM共重合体系とNIPAM-NIPMAM共重合体系

そこで、筆者らは、PNNPAMとPNIPMAMが図4に示したようにPNIPAMと同様にシャープな熱相転移挙動を示し、それぞれ19℃、46℃で相転移することに着目し、NNPAMやNIPMAMをコモノマーとするNIPAM共重合体の熱相転移挙動ならびにそれらポリマーの構築するミクロ環境について、分子内蛍光プローブ法により検討した。

PNIPAM(○)を中心とし、NNPAM-NIPAM共重合体(各種△印)、NIPAM-NIPMAM共重合体(各種□印)水溶液系でのλmaxの温度応答曲線を**図7**に示す。NNPAM-NIPAM(各種△印)、NIPAM-NIPMAM(各種□印)共重合体のいずれのλmaxの温度応答曲線も、各成分のホモポリマー(△、○、□)の温度応答曲線の間に位置し、各ホモポリマーと同様にシャープな熱相転移挙動を示していることがわかる。PNIPAM(○)の相転移温度は、NIPAMに対するNNPAMの仕込み含量が増加するのに従い低下する傾向(各種△印)が、また、NIPAMに対するNIPMAMの仕込み含量が増加するのに従い上昇する傾向(各種□印)が認められる。しかも、これらの共重合体系では、共重合体の組

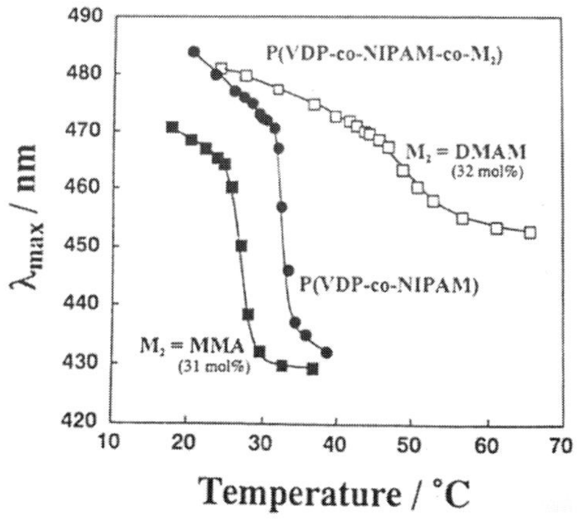

図6　NIPAM共重合体系のλmaxの温度応答曲線

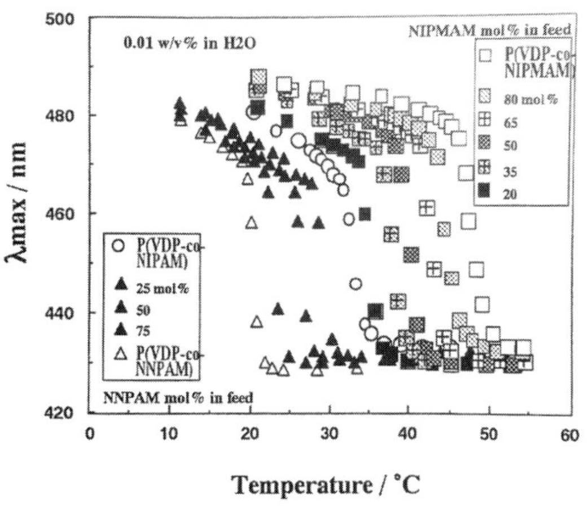

図7　NIPAM共重合体系のλmaxの温度応答曲線

成はそれらポリマーが構築するミクロ環境の変化の大きさにはほとんど影響を与えないことがわかった。さらに、その相転移温度とコモノマーの仕込み組成あるいは生成した共重合体中のコモノマー組成との間には、よい相関関係が認められた。したがって、これらモノマーの組成比を変えるだけで、相転移温度が19～46 ℃で、しかもシャープな熱相転移挙動を示すポリマーを合成できることがわかった。

5　温度応答性高分子のハイドロゲル系

DPユニットでラベルした標準的なPNIPAMハイドロゲルは、DMF/水(2/3, v/v)混合溶媒中、NIPAM(700 mM)、VDP(0.01 mM)、架橋剤MBAM：*N,N'*-methylenebisacrylamide(8.6 mM)をレドックス開始剤を用いて内径1.54 mmの毛細管中、5 ℃で1日ラジカル重合させて調整した。生成したゲルは、水中に取り出し溶媒置換したのち測定に用いた。

PNIPAMゲルの温度応答挙動の研究にはゲルの体積膨潤度の変化を追跡する方法が一般的に行われているが、DPユニットでラベルしたゲルも、プローブを含まない参照ゲルも、ゲルを浸した水の温度の変化に対して同様の体積膨潤度変化を示し、水温の上昇に伴い体積膨潤度が約2.7(15 ℃)から約0.1(40 ℃)へと大幅に減少した。このとき、PNIPAMゲルに組み込まれたDPユニットのブロードで強いICT蛍光の極大波長(λmax)は、約480 nmから435 nmへと著しく短波長シフトした。このλmaxの大きな変化は、DPユニットの置かれたミクロ環境が、膨潤状態におけるより親水的な場から、温度上昇に伴う脱水和と疎水性相互作用によるゲルの収縮の結果、より疎水的な場へと変化したことを示唆している。ゲル系(●)のλmaxの温度応答曲線を詳細に検討すると、水溶液系

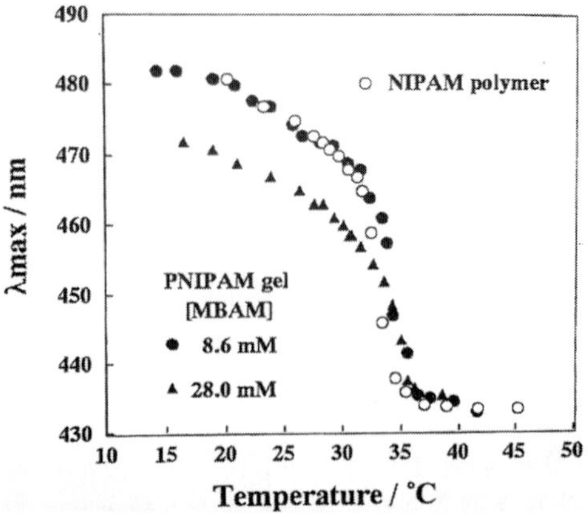

図8　PNIPAMハイドロゲル系のλmaxの温度応答曲線

(○)のものと類似しているが、相転移温度付近でわずかではあるが差異が認められ、ゲル系のλmaxのほうが少し高温側に移行していることがわかる(**図8**)。この結果は、ゲル系の相転移温度のほうが水溶液系と比べて若干高めとの多くの報告とも矛盾なく、DPユニットはゲル系の熱相転移挙動もうまく追跡できることがわかる。ゲル系のλmaxの温度応答曲線(●、▲)は、図8でもみられるようにゲルの調整条件によって変化するが、同条件で調整したゲルではよい再現性を示した。また、水温を25 ℃と45 ℃の間を繰返し変化させた場合にも、λmaxはそれぞれの温度での値を繰返し再現した。ここではその詳細は省略するが、PNNPAM、PNIPMAM、PDEAM、PDMAMなど各種アクリルアミド系ポリマーのハイドロゲル系においても、また、各種NIPAM共重合体のハイドロゲル系においても、それぞれのポリマー水溶液系の場合とほぼ同様の挙動が観測された。

6　蛍光性温度センサーへの応用

筆者らによる蛍光プローブ法による温度応答性高分子のミクロ環境の研究は、PNIPAM水溶液系からスタートし、PNIPAMと類似した構造のアクリルアミド誘導体ポリマー類の水溶液やそれらの混合系、それらの共重合体類の水溶液系、ハイドロゲル系へと広がり、さらにハイドロゲル微粒子系へと展開した。また、蛍光プローブも前述の蛍光極大波長が媒体の極性に大きく依存するDP類に加えて、新たに媒体の疎水性が大きくなるにつれてその蛍光強度が顕著に大きくなる性質をもつベンゾフラザン(BD：2,1,3-benzoxadiazole)誘導体も用いた。ここでは、蛍光性モノマーDBD-AEを用いて行った蛍光性温度センサーの開発研究で得られた知見の一部を示す。

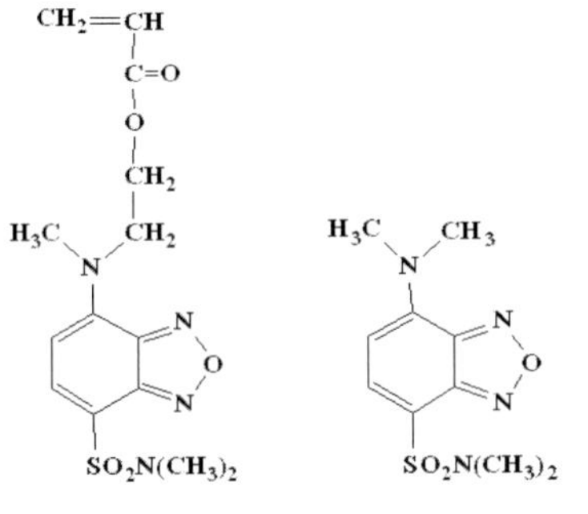

6.1　蛍光性温度センサーの原理

蛍光性分子の特性を活かした分析法は、非常に高感度であるうえ、高い選択性をもつためいろいろな分野において幅広く用いられている。系に存在する水素イオンやさまざまな化学物質の濃度の変化に応答する多くの蛍光性センサーが開発されているが、温度の変化に対して鋭敏な応答を示す蛍光性温度センサーの報告例はほとんどない[5)]。

さて、前述のように筆者らは温度応答性高分子に蛍光性分子をラベルして、その蛍光挙動から幹ポリマーの構築する高分子ミクロ環境やその変化を追跡してきた。これは、温度変化により引き起こされる温度応答性高分子系のミクロ環境の変化を、高分子鎖にラベルした蛍光性分子の蛍光挙動から探ろうとするものである。繰り返しになるが、その原理は、まず媒体の温度変化を温度応答性高分子が感じて高分子鎖の形態変化を引き起こし、その形態変化による高分子ミクロ環境の親水性・疎水性の変化を高分子鎖にラベルした蛍光性分子が感じてその蛍光挙動に変化をもたらし、その蛍光挙動の変化をモニターすることで、幹ポリマーの構築する高分子ミクロ環境を評価しようとするものである。ここで、発想を転換してこの原理を活用すると、温度変化を敏感に感じて高分子鎖近傍のミクロ環境の親水性・疎水性を変化させる温度応答性高分子と、そのミクロ環境変化を鋭敏に感じてその蛍光挙動に大きく反映する蛍光性分子とを連結したものは、蛍光性温度センサーとして作用することになる。つまり、蛍光性分子だけでは温度変化に追従して鋭敏に蛍光挙動を変化させることは困難だが、**図9**に示すように温度変化を感じる感熱性部位と感熱性部位のミクロ環境変化を感じて、それを報告する蛍光団とを連結することで蛍光性温度センサーの開発が可能となる。

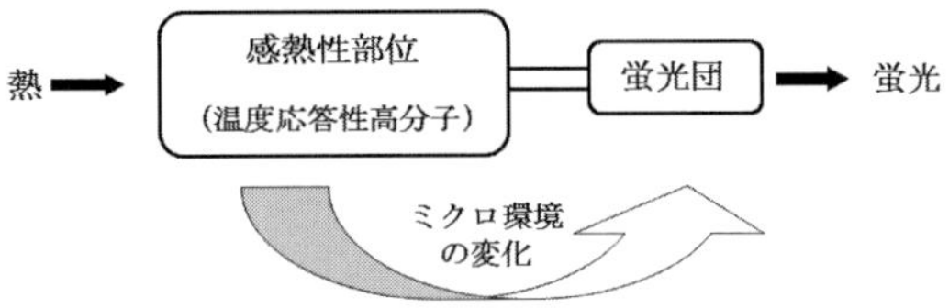

図9　蛍光性温度センサーの設計概念

6.2　蛍光性温度センサーの評価

各種温度応答性高分子にDBD-AEでラベル(～0.1 mol%)した場合、それら水溶液の温度

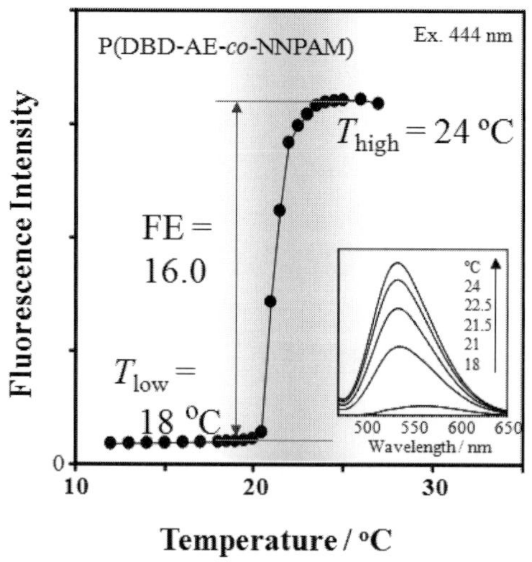

図 10 P(DBD-AE-*co*-NNPAM) 水溶液系の蛍光スペクトルと蛍光強度の温度応答変化

を上昇させると、個々の相転移温度領域においてDBDユニット由来のブロードな蛍光スペクトルの蛍光極大波長の短波長シフトとその蛍光強度の急激で著しい増加が観察された。例として、P(DBD-AE-*co*-NNPAM) 水溶液系の蛍光スペクトルと蛍光強度の温度応答変化の様子を**図 10** に示す。

これらの系を蛍光性温度センサーとして考える場合、それらの性能を定量的に比較することが必要となる。そこで、(a)温度変化を感知できる温度範囲、(b)温度上昇に対する蛍光強度の増加度、(c)センサーとしての再現性の3項目について、以下に示す条件を設定して蛍光性温度センサーとしての評価を試みた。

(a)温度変化を感知できる温度範囲(T_{low}〜T_{high}/℃)：1℃の温度上昇により3%以上の蛍光強度の増加が初めて認められる温度を下限温度 T_{low} とし、その後、1℃の温度上昇でも3%以上の蛍光強度の増加が認められなくなる温度を上限温度 T_{high} として決定。

(b)温度上昇に対する蛍光強度増加度(FE)：下限温度 T_{low} における蛍光強度と上限温度 T_{high} における蛍光強度の比を蛍光強度増加度(FE：fluorescence enhancement)として算出。

(c)再現性(RSD/%)：10回の温度上昇・温度下降における蛍光強度の相対標準偏差を算出。

その結果、**表 1** に示すように3種の温度応答性高分子 PNNPAM、PNIPAM、PNIPMAM を感熱性部位とする蛍光性温度センサーの感知温度範囲および蛍光強度増加度は、それぞれ18〜24℃で16倍、29〜37℃で13倍、45〜54℃で7倍となり、いずれも非常に温度に鋭敏かつ高感度で再現性のよい蛍光性温度センサーであることがわかる。実際の感度の指標としては、温度変化幅 $\Delta T = T_{high} - T_{low}$ と蛍光強度増加度(FE)の比を考えるのが適当であるが、これらのなかでは P(DBD-AE-*co*-NNPAM) がもっとも高感度であるといえよう。

6.3 蛍光性温度センサーの感知領域の調整

上述の蛍光性温度センサーの感知できる温度領域は、感熱性部位として用いる高分子の性質

表 1 蛍光性温度センサーの評価

polymer	T_{low} / °C	T_{high} / °C	ΔT / °C	FE	RSD / %	
					at T_{low}	at T_{high}
P(DBD-AE-*co*-NNPAM)	18	24	6	16.0	0.84	0.91
P(DBD-AE-*co*-NIPAM)	29	37	8	13.3	0.51	0.97
P(DBD-AE-*co*-NIPMAM)	45	54	9	7.14	0.49	0.79

表2 蛍光性温度センサーの評価(共重合体系)

copolymer	T_{low} (°C)	T_{high} (°C)	ΔT (°C)	FE	RSD (%)	
					at T_{low}	at T_{high}
poly(DBD-AE-*co*-NNPAM-*co*-NIPAM)(0.10/75/25)	20	27	7	14.7	0.83	0.79
poly(DBD-AE-*co*-NNPAM-*co*-NIPAM)(0.10/50/50)	23	30	7	13.9	0.64	0.55
poly(DBD-AE-*co*-NNPAM-*co*-NIPAM)(0.10/25/75)	26	32	6	12.4	0.77	0.50
poly(DBD-AE-*co*-NIPAM-*co*-NIPMAM)(0.10/75/25)	33	39	6	12.4	0.53	0.88
poly(DBD-AE-*co*-NIPAM-*co*-NIPMAM)(0.10/50/50)	39	45	6	9.88	0.80	0.66
poly(DBD-AE-*co*-NIPAM-*co*-NIPMAM)(0.10/25/75)	43	49	6	7.82	0.69	1.0
poly(DBD-AE-*co*-NNPAM-*co*-NIPMAM)(0.10/75/25)	27	33	6	15.0	1.0	0.68
poly(DBD-AE-*co*-NNPAM-*co*-NIPMAM)(0.10/50/50)	33	40	7	10.6	0.75	0.44
poly(DBD-AE-*co*-NNPAM-*co*-NIPMAM)(0.10/25/75)	40	47	7	8.14	0.65	0.62

に依存する。したがって、センサーを使用する温度によって、感熱性部位として最適な温度応答性高分子を準備することが必要となるが、そう容易とはいえない。ここでは、感知温度領域を調整するシンプルかつ有効な方法として、共重合体を用いる方法を紹介する。

6.3.1 高分子水溶液系

筆者らは、前述の3種の温度応答性高分子の各原料モノマーNNPAM、NIPAM、NIPMAMのうちの2種を主成分とする共重合体にDBD-AEでラベルした共重合体P(DBD-AE-*co*-M1-*co*-M2)を合成し、それらの蛍光スペクトルを希薄水溶液中(0.01 w/v %)で測定した。P(DBD-AE-*co*-NNPAM-*co*-NIPAM)、P(DBD-AE-*co*-NIPAM-*co*-NIPMAM)、P(DBD-AE-*co*-NNPAM-*co*-NIPMAM)いずれの共重合体水溶液系においても、前述のPNIPAM系等と同様に、水溶液の液温を上昇させるとその蛍光強度に急激な増加が認められた。**表2**に3種の共重合体系を感熱性部位とする蛍光性温度センサーの性能を示す。温度変化幅ΔTは6〜7℃と比較的小さく、蛍光強度増加度(FE)も8〜15倍と大きく、感熱性部位として単独重合体を用いた場合と比べても遜色ないことがわかる。これらは、20℃から47℃までの感知温度領域をもつ一連の蛍光性温度センサーとして利用できそうである。

6.3.2 ハイドロゲル微粒子系

DBD-AEでラベルしたPNNPAM、PNIPAM、PNIPMAMハイドロゲル微粒子はMBAMを架橋剤とし、窒素気流下、70℃で乳化重合法により合成した。得られたゲル微粒子のサイズを原子間力顕微鏡AFMを用いて見積もったところ、乾燥状態で110〜225 nm程度であり、DBD-AE含有率は仕込み濃度0.1 mol%よりも低く約0.04 mol%であった。これらハイドロゲル微粒子の0.1 w/v%水分散液の液温の上昇に伴う蛍光挙動の変化を追跡したところ、個々の相転移温度領域においてDBDユニット由来のブロードな蛍光スペクトルの蛍光極大波長の短波長シフトとその蛍光強度の急激で著しい増加が観察された。前述の水溶系の場合と同様にDBD-AEでラベルしたハイドロゲル微粒子もNNPAM、NIPAM、NIPMAMのうちの2種を主成分として、PNIPAMハイドロゲル微粒子等の場合と同様の条件下で合成した。ハイドロゲル微粒子の場合も共重合体水溶液系と同様に、2種のモノマーM1とM2の仕込み組成比を75：25 → 50：50 → 25：75と変化させるにつれて感知できる温度範囲が上昇した(**図11**)。高分子水溶液系と比べると蛍光強度増加度(FE)は若干小さめであるが、ゲル微

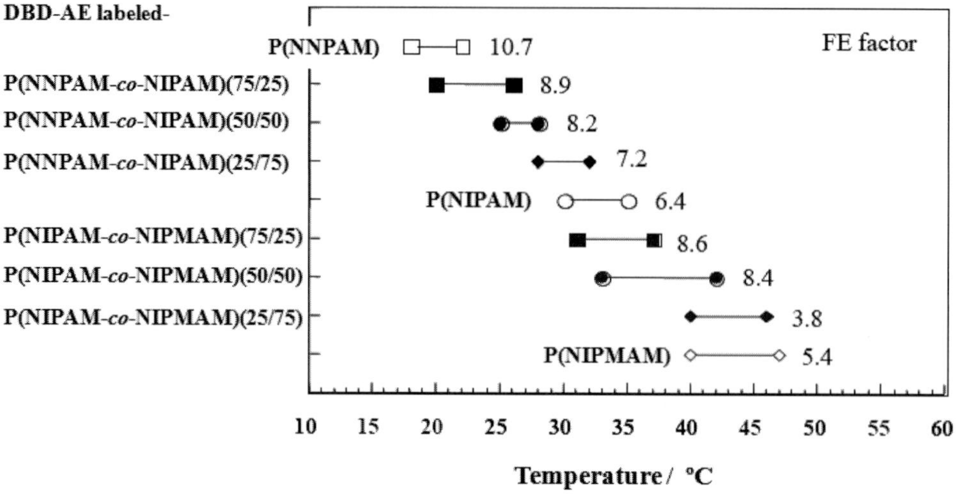

図 11　蛍光性温度センサーの評価（ハイドロゲル微粒子系）

粒子系の感知温度範囲 18 ℃から 47 ℃までをカバーできる優れた蛍光性温度センサーであることがわかる。

7　おわりに

筆者らは、高分子科学の基礎研究的な観点から、蛍光性分子を高分子鎖にラベルする手法を用いて、種々の温度応答性アクリルアミド系高分子の水溶液系ならびにハイドロゲル系の熱相転移挙動やミクロ環境、さらに相転移に伴う高分子系のミクロ環境の変化について種々検討してきた。近年、高分子合成化学の進歩により、分子量の揃った高分子やブロック共重合体やグラフト共重合体など構造の制御された温度応答性高分子の合成が可能になるとともに、蛍光プローブでラベルする位置も制御することが可能となり、今後、ますます蛍光プローブを用いたミクロ環境の評価研究の展開が期待される。また、蛍光プローブでごく微量ラベルした温度応答性高分子やハイドロゲル微粒子は、液の温度がそれぞれのしきい温度を超えるとその蛍光強度を急激に著しく増加させる非常に高い感度と温度の上昇・下降に対する再現性をもち、かつ、これらが水系で使用可能な蛍光性温度センサーとなることから、温度応答性高分子の性質を利用した蛍光性温度センサーは、細胞など微小空間の温度変化に対するセンサーとしての働きが期待できるとともに、顕微分光測定法をはじめとするさまざまな測定法の急速な発達・普及ならびに研究分野の融合化に伴い、今後ますますいろいろな分野への応用が期待できる。

文　献

1）木下一彦、御橋廣眞編：蛍光測定－生物科学への応用－、学会出版センター（1983）.
2）堀江一之、渡辺敏行、牛木秀治：新版 光機能分子の科学－分子フォトニクス、講談社（2004）.
3）岩井薫：光化学，**32**（2），73（2001）.
4）岩井薫：光化学，**39**（3），186（2008）.
5）S. Uchiyama, A. P. de Silva, and K. Iwai：*J. Chem. Educ.*, **83**（5），720（2006）.

第4章　構造・物性解析
第5節　局所レオロジー解析から観た超分子ヒドロゲルの力学応答性

九州大学　春藤淳臣／田中敬二

1　はじめに

超分子ヒドロゲルは、低分子（ゲル化剤）が分子集合した繊維状凝集体と、その絡み合いに基づく網目構造によって形成される。高分子鎖の化学架橋によって得られる高分子ヒドロゲルとは異なり、低分子の会合（非共有結合）に基づくゲル形成のため、網目構造の崩壊・再形成によってゾル-ゲル転移を示す。たとえば、ゲルを振とうして物理的に崩壊すると、流動性の高いゾル状態になるが、室温下で静置すると低流動性のゲル状態に戻ることが知られている[1)]。このようなゾル-ゲル転移を積極的に利用すれば、超分子ヒドロゲルは魅力的な刺激応答性マテリアルとなる。このため、近年、生体組織工学のためのインジェクタブルゲル[2)]、自己修復材料[3)]、細胞培養基材[4)]、スプレー基材[5)]等としての応用が検討されている。

超分子ヒドロゲルを刺激応答性マテリアルとして応用展開するためには、ゾル-ゲル転移とその可逆性の制御が重要である。しかしながら、崩壊と静置によってゾル-ゲル転移を繰り返すと、初期状態とは異なる物性を示すゲルがしばしば得られる[6)]。これまで、超分子ヒドロゲルにゾル-ゲル転移の可逆性を付与するため、さまざまなゲル化剤が開発されてきた。しかしながら、超分子ヒドロゲル中の繊維状凝集体とその網目構造は、熱力学的な平衡から離れた準安定状態として存在するため、ゲル化剤の化学構造は必ずしも網目構造、ひいては巨視的な物性に反映されていない[7)]。したがって、超分子ヒドロゲルのゾル-ゲル転移制御には、ナノからメゾ、またマクロスケールに至る構造・物性およびそれらの相関を包括的に理解することが不可欠となる。

筆者らは、ゾル-ゲル転移の可逆性の理解・制御を目指して、「粒子追跡法」に基づくレオロジー解析に着目した[8)9)]。この手法では、測定試料にプローブ粒子を分散させ、その熱運動を解析する。粒子の動きは周囲媒体の動的な特徴を反映するため、同手法を用いて粒子周囲の局所領域におけるレオロジー特性の評価が可能となる。本稿では、超分子ヒドロゲルのゾル-ゲル転移の繰り返し過程における局所レオロジー特性について解説する。

2　粒子追跡法

粒子追跡法は、試料中に分散したプローブ粒子の熱運動に基づき、周囲媒体のレオロジー特性を評価する手法である。試料に分散させた粒子のサイズが十分に小さければ、その粒子は不規則に熱運動する。熱運動の程度は平均二乗変位、$\langle \Delta r^2(t) \rangle$ を用いて定量的に表わすことができる[9)10)]。

$$\langle \Delta r^2(t) \rangle = \frac{1}{N}\sum_{i=1}^{N}\left\{ r_i(t) - r_i(0) \right\}^2 \qquad (1)$$

r_i は i 番目の粒子の位置ベクトル、N は粒子数、t は観測時間である。粒子周囲の媒体が液体の場合、$\langle \Delta r^2(t) \rangle$ は観測時間に比例して増加し、その傾きは拡散定数（D）の $2d_s$ 倍に対応する。ここで、d_s は観測している次元である。拡散定数を周囲媒体の粘度（η）は、下記の Stokes-Einstein 式で関係づけられる[8)11)]。

$$\eta = \frac{k_B T}{6\pi r D} \qquad (2)$$

k_B、T、r、はそれぞれボルツマン定数、温度、および粒子の半径である。したがって、粒子の平均二乗変位に基づき、局所領域における粘度を算出できる。粒子追跡法による測定は、汎用のレオメーターによる測定と比較して、(1) 極少量のサンプル（数十 μL）で測定ができる、(2) 試料中の粒子、すなわち測定場所を選ぶことによって、空間分割評価ができる、(3) 粒子サイズを変えることによって、そのサイズに応じたスケールでのレオロジー特性評価ができる等の利点がある[12)-14)]。

3 不均一性

疎水性のパルミトイル基および親水性のヒスチジンとグリシン残基からなる両親媒性分子（PalGH）は、繊維状凝集体とその網目構造に基づくヒドロゲルを形成する[5)15)16)]。**図 1** は、(a) PalGH の化学構造、および (b) それらが形成するヒドロゲルの模式図である。PalGH を純水中に分散させ、363 K にて数分間加熱すると、無色透明の溶液となった。この溶液を室温下で 1 時間放冷し、ゲルを得た。**図 2**(a) は、ゲルの崩壊・静置の繰り返し過程における外観である。ゲルを物理的に崩壊させると流動性の高いゾル状態となったが、室温下にて 72 時間静置するとゲル状態へ戻った。しかしながら、崩壊・静置を繰り返すと、72 時間静置してもゾル状態のままであった。崩壊・静置の繰り返し過程における局所レオロジー特性を、粒子追跡法に基づき評価した。

直径（d）が 1 μm のポリスチレン（PS）粒子をプローブとして用いた。ゲルに PS 粒子を混合して、測定試料とした。図 2(b) は、PalGH-水混合物の崩壊・静置の繰り返し過程における PS 粒子の $\langle \Delta r^2(t) \rangle$ と観測時間（t）の関係である。いずれも、同一試料の異なる 20 点の場所で測定しており、図中の実線は 1 点の測定場所で 10 回平均して得られた $\langle \Delta r^2(t) \rangle$ に対応する。初期のゲルにおいては、すべてのプロットの傾き（n）は 1 よりも小さいことが確認された。これは、粒子の拡散が酔歩モデルに従わないことを示しており、粒子がゲル中の網目構造に捕捉されたことに起因する[9)17)]。ゲルを崩壊

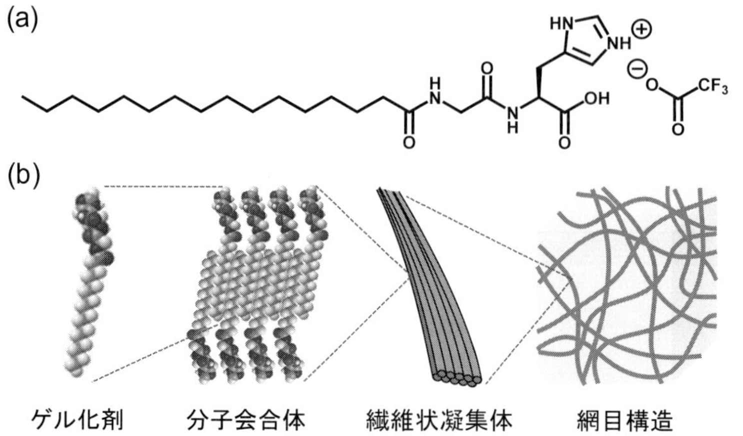

図 1 (a) ゲル化剤の化学構造、および (b) それから形成される超分子ヒドロゲルの模式図

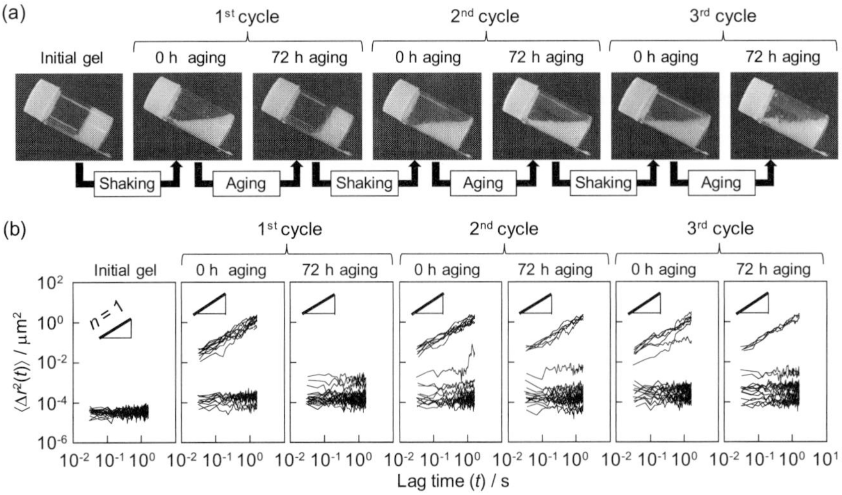

図2　(a) 崩壊・静置の繰り返し過程における PalGH-水混合物の外観を示した写真、および (b) 混合物に分散した PS 粒子 ($d = 1\ \mu$m) の $\langle \Delta r^2(t) \rangle$ と t の関係

して得たゾルにおいては、n〜1のプロファイルと n <<1のプロファイルが観測されたことから、その物性は不均一であることが明らかである。ゾルを室温下で72時間静置すると、初期のゲルと同様にすべての場合で n <<1となった。しかしながら、ゲルの崩壊・静置を繰り返すと、72時間静置してもなお n〜1の場合と n <<1の場合が確認された。したがって、ゾルからゲルへの再形成は物性の均一化を伴って進行するが、崩壊・静置を繰り返すと、72時間静置しても不均一性が解消されないといえる。

不均一性の空間スケールを議論するため、サイズの小さな粒子 (d = 50 nm) および大きな粒子 (d = 6 μm) を用いて同様の測定・解析を行った。**図3**は、各PS粒子の $\langle \Delta r^2(t) \rangle$ と t

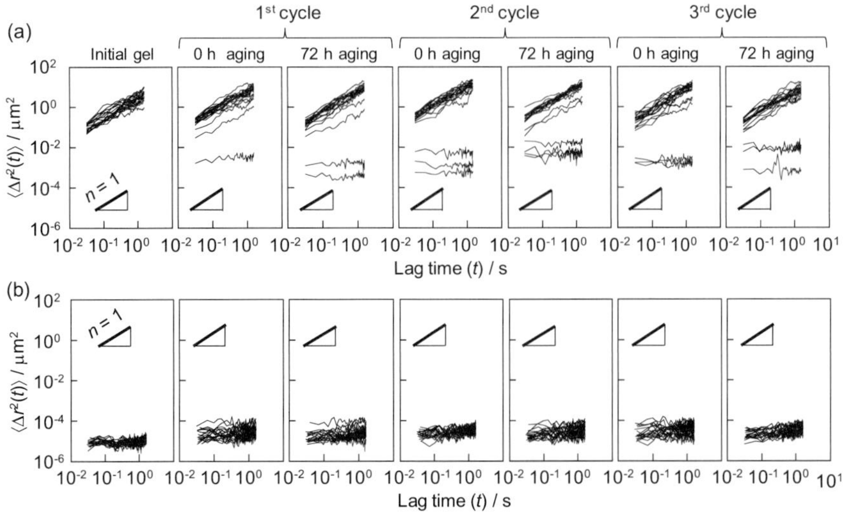

図3　崩壊・静置の繰り返し過程における PalGH-水混合物に分散した (a) 直径 50 nm、および (b) 6 μm の PS 粒子の $\langle \Delta r^2(t) \rangle$ と t の関係

の関係である。直径が50 nmの粒子を用いた場合、初期のゲルにおいてn~1であった。これは、網目のサイズが50 nmよりも大きく、網目内部を粒子が拡散したと考えれば理解できる[14)18)]。ゲルを崩壊して得たゾルにおいては、n <<1のプロファイルも観測されたことから、ゲルの崩壊に伴い、一部の網目が凝集したと考えられる。ゾルを72時間静置して得たゲルにおいては、n~1の場合とn <<1の場合が確認され、崩壊・静置を繰り返しても変化がみられなかった。一方、直径が6 μmの粒子を用いた場合、崩壊・静置の繰り返しに依存せず、n <<1であった。したがって、不均一性の空間スケールは6 μm程度以下であるといえる。

4 凝集構造

不均一性と凝集構造の相関を議論するため、PalGHの分子会合状態を赤外吸収（FT-IR）測定に基づき評価した。その結果、メチレン基の対称および逆対称伸縮振動、アミドのカルボニル基の伸縮振動に由来する吸収波数は、崩壊・静置の繰り返し過程に依存せず、一定であった[19)]。また、小角X線散乱（SAXS）測定において、繊維状およびラメラ状会合体に起因する散乱が確認されたが、それらの面間隔や半値幅は、崩壊・静置の過程に依存しなかった[19)]。これらの結果は、崩壊・静置の繰り返し過程において、PalGHの分子会合状態は変化しないにもかかわらず、巨視的な流動性や不均一性が異なることを示している。不均一性との相関を検討するためには、比較的大きなサイズスケールの凝集構造を明らかにする必要がある。そこで、原子間力顕微鏡（AFM）を用いて、崩壊・静置の繰り返し過程における凝集体の変化を観察した。**図4**(a)はマイカ基板に吸着・乾燥させた凝集体の形状像である。崩壊・静置にかかわらず、いずれの試料においても、繊維状の凝集体が観測された。しかしながら、そのサイズは崩壊・静置過程に依存した。初期のゲル中においては、繊維状凝集体の幅は330 nmであったが、崩壊・静置を繰り返すと、530 nmにまで増加した。崩壊・静置過程において、分子会合状態が変わらないことを考えれば、繊維幅の増加は分子会合体のバンドル化に対応すると考えられる。

崩壊・静置過程における凝集構造を、共焦点

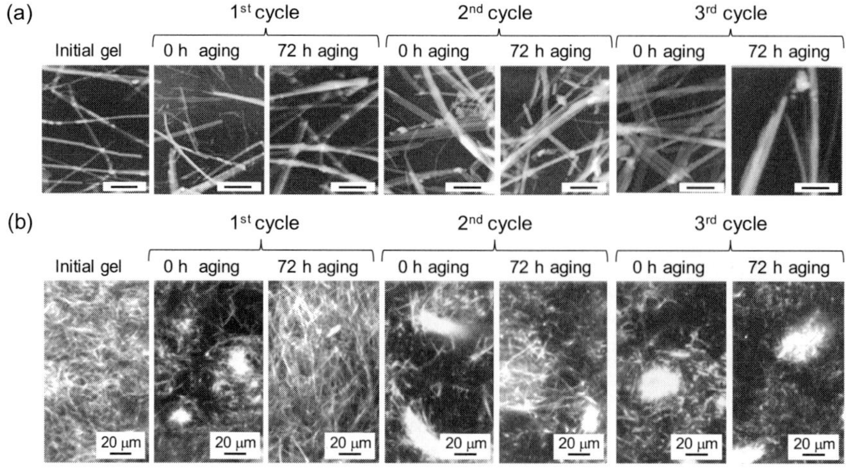

図4 崩壊・静置の繰り返し過程における（a）原子間力顕微鏡像、および（b）共焦点レーザー顕微鏡像

レーザー顕微鏡（CLSM）を用いて観察した。蛍光プローブとして、1,8-アニリノナフタレンスルホン酸（ANS）を用いた。ANSは純水に対する溶解性が低く、疎水環境下においてのみ蛍光を発する[20]。図4(b)はANSを導入したゲルおよびゾルのCLSM像である。初期のゲルにおいて、繊維状凝集体とその網目構造が観測された。ゲルを崩壊して得たゾルにおいては、繊維状凝集体の疎・密な領域が観測されたが、72時間静置すると、網目構造の形成が確認された。しかしながら、崩壊・静置を繰り返すと、72時間静置してもなお、疎・密な領域が保持された。この結果は、巨視的なゾル-ゲル転移（図2(a)）とよく対応している。

5　不均一性と凝集構造との関係

図5は粒子運動と凝集構造の関係を示した模式図である。CSLMで観察されたように、初期のゲル中には系全体にわたって網目構造が存在しており、その網目サイズは1 μmより小さい。その場合、直径1 μm程度以上の粒子の熱運動は抑制されると考えられ、実際に、$\langle \Delta r^2(t) \rangle$のプロファイルで$n << 1$であった（図2(b)）。ゲルを崩壊して得たゾル中においては、疎・密な領域の存在が確認された。疎な領域に存在する粒子は酔歩モデルに従って拡散するが、密な領域では粒子の熱運動が抑制されると考えれば、$n \sim 1$と$n << 1$のプロファイルは理解できる。ここで、疎な領域に存在する粒子の拡散（$n \sim 1$）から式(2)に基づき、局所粘度を算出した。その結果、局所粘度は、崩壊・静置の繰り返し過程において、14〜20 mPa·sの範囲であり、純水のそれ（0.95 mPa·s）に比べて高かった。この結果は、疎な領域には、CLSMでは観測されないサイズの繊維状凝集体が存在していることを示唆している。

直径50 nmの粒子においても、$n \sim 1$と$n << 1$のプロファイルが観測されたが、その要因は直径1 μmの粒子の場合とは異なる。初期のゲルでは$n \sim 1$であったが、ゾルでは$n \sim 1$および$n << 1$であった。これは、ゲル中の網目内を酔歩モデルに従って拡散していた粒子の一部が、崩壊によって生成した密な領域の網目に捕捉されたことに対応する。すなわち、密な領域の一部の網目サイズは50 nm程度以下と

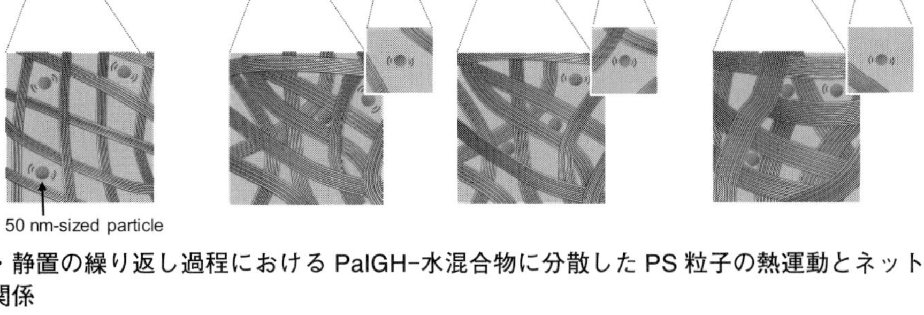

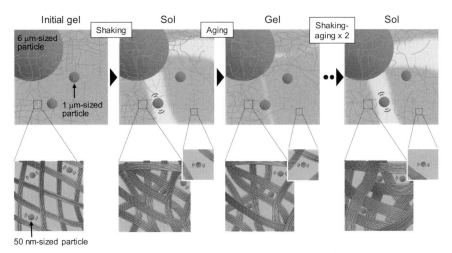

図5　崩壊・静置の繰り返し過程におけるPalGH-水混合物に分散したPS粒子の熱運動とネットワーク構造との関係

いえる。ここで、興味深いことに、ゾルを72時間静置して得たゲルにおいても、$n<<1$のプロファイルが確認され、崩壊・静置を繰り返しても変化しなかった。これは、網目サイズが1度減少すると、元の網目サイズに戻らない、あるいは戻るのに著しく長い時間を要することを示している。一方、直径が6 μmの粒子を用いた場合、崩壊・静置の繰り返しに依存せず、$n<<1$のプロファイルが観測された。これは、粒子のサイズが、網目サイズや疎な領域よりも十分に大きいと考えれば理解できる。言い換えれば、疎な領域のサイズは6 μm程度以下である。

最後に、ゾル-ゲル転移の可逆性について考察する。AFM観察によって、崩壊・静置に伴い繊維状凝集体の幅が増加することが確認された。また、CLSM観察によって、ゾル-ゲル転移は、網目構造の再形成に基づくことが明らかとなっている。網目構造が再形成するためには、密な領域に存在する繊維状凝集体が拡散し、互いに結び付く必要がある。大きな幅をもつ繊維状凝集体の拡散が遅いことを考えれば、崩壊・静置を繰り返すと、網目構造の再形成、ひいてはゾル-ゲル転移は、より時間を要すると考えられる[16)19)]。

6 おわりに

物理崩壊して得たゾルからゲルへの形成過程は、1 μm程度の空間スケールにおける物性の均一化を伴って進行するが、崩壊・静置を繰り返すと、静置しても不均一性が解消されないことが確認された。崩壊・静置過程における不均一性は、ゲル化剤の分子会合状態よりもむしろ、繊維状凝集体の疎・密な領域の存在と強く関係することが明らかになった。また、密な領域の網目サイズと疎な領域のサイズは、それぞれ50 nmおよび6 μm程度以下であることが示唆された。本稿で解説した知見が超分子ヒドロゲルの力学応答性制御と、それに基づく応用展開の一助になれば幸いである。

謝　辞

本研究は、日産化学工業株式会社および九州大学大学院 後藤雅宏先生、松本裕治氏（博士課程学生）との共同研究の成果です。厚く御礼申し上げます。

文　献

1) M. Shirakawa, M, Fujita and S. Shinkai: *J. Am. Chem. Soc.*, **127**, 4164 (2005).
2) M. Guvendiren, H. D. Lu and J. A. Burdick: *Soft Matter*, **8**, 260 (2012).
3) S. Roy, A. Baral and A. Banerjee: *Chem. Eur. J.*, **19**, 14950 (2013).
4) G. A. Silva, C. Czeisler, K. L. Niece, E. Beniash, D. A. Harrington, J. A. Kessler and S. I. Stupp: *Science*, **303**, 1352 (2004).
5) A. Shundo, Y. Hoshino, T. Higuchi, Y. Matsumoto, D. P. Penaloza, K. Matsumoto, M. Ohno, K. Miyaji, M. Goto and K. Tanaka: *RSC Adv.*, **4**, 36097 (2014).
6) A. D. Martin, J. P. Wojciechowski, H. Warren, M. I. H. Panhuis and P. Thordarson: *Soft Matter*, **12**, 2700 (2016).
7) D. J. Adams, M. F. Butler, W. J. Frith, M. Kirkland, L. Mullen and P. Sanderson: *Soft Matter*, **5**, 1856 (2009).
8) D. P. Penaloza, K. Hori, A. Shundo and K. Tanaka: *Phys. Chem. Chem. Phys.*, **14**, 5247 (2012).
9) D. P. Penaloza, A. Shundo, K. Matsumoto, M. Ohno, K. Miyaji, M. Goto and K. Tanaka: *Soft Matter*, **9**, 5166 (2013).
10) T. A. Waigh: *Rep. Prog. Phys.*, **68**, 685 (2005).
11) T. G. Mason: *Rheol. Acta*, **39**, 371 (2000).
12) N. Yamamoto, M. Ichikawa and Y. Kimura: *Phys. Rev. E*, **82**, 021506 (2010).
13) A. Shundo, K. Hori, D. P. Penaloza, Y. Matsumoto, Y. Okumura, H. Kikuchi, K. E. Lee, S. O. Kim and K. Tanaka: *Phys. Chem. Chem. Phys.*, **18**, 22399 (2016).
14) Y. Matsumoto, A. Shundo, M. Ohno, N. Tsuruzoe, M. Goto and K. Tanaka: *Langmuir*, **34**, 7503 (2018).
15) K. Matsumoto, A. Shundo, M. Ohno, S. Fujita, K.

Saruhashi, N. Miyachi, K. Miyaji and K. Tanaka: *Phys. Chem. Chem. Phys.*, **17**, 2192 (2015).

16) K. Matsumoto, A. Shundo, M. Ohno, K. Saruhashi, N. Miyachi, N. Tsuruzoe and K. Tanaka: *Phys. Chem. Chem. Phys.*, **17**, 26724 (2015).

17) M. T. Valentine, P. D. Kaplan, D. Thota, J. C. Crocker, T. Gisler, R. K. Prud' homme, M. Beck and D. A. Weitz: *Phys. Rev. E*, **64**, 61506 (2001).

18) C. H. Lee, A. J. Crosby, T. Emrick and R. C. Hayward: *Macromolecules*, **47**, 741 (2014).

19) Y. Matsumoto, A. Shundo, M. Ohno, N. Tsuruzoe, M. Goto and K. Tanaka: *Soft Matter*, **13**, 7433 (2017).

20) L. Stryer: *J. Mol. Biol.*, **13**, 482 (1965).

第２編

応用編

応用編

第1章　温度応答性

第1節　刺激応答性高分子への官能基導入と新材料への展開

日本大学　青柳 隆夫

1　はじめに

外部の環境変化に応答してその物性を大きく変化させる刺激応答性高分子は、古くから機能性高分子として多くの研究例があり、最近はスマートポリマーとして国内外で興味深い研究が数多く進行している。精密重合法を適用して分子鎖長の厳密な制御、末端官能基化、構造明確なブロックコポリマーや分岐ポリマー、表面修飾、バイオコンジュゲートなどが実現しており、より厳密な刺激応答性を発揮した新材料が提案されてきている。

本稿では、筆者らが進めている刺激応答性高分子の官能基導入法について紹介したい。この研究のモチベーションになったのは、カルボキシル基を導入する目的で、イソプロピルアクリルアミドとアクリル酸の共重合体を合成したにもかかわらず、そのコポリマーでは温度応答の敏感さが失われてしまい、それをどうにかして解決したいと思ったことである。また、後述する脂肪族ポリエステルに官能基を導入する方法については、そのポリマーの1種であるポリカプロラクトンがすぐれた温度応答性材料としてばかりでなく、形状記憶材料として多くの利用例が報告され、これに官能基を導入すれば、バイオ分子や細胞との相互作用をコントロールしながら、刺激に応じて弾性や粘性が変化したり、表面トポグラフィーが変化するメカノバイオロジー材料が調製できると考えたことによる。以下、水和-脱水和型および結晶-融解型の温度応答性高分子への官能基導入法についてその研究例を中心に紹介したい。

2　官能基を導入した水和-脱水和型温度応答性高分子の設計と合成

我々は、新しい化学構造を有する*N*-イソプロピルアクリルアミド(IPAAmと略す)をベースとしたモノマーを合成し、ポリマーをいかに機能性材料として拡大させるかというテーマに取り組んでいる。上述のように固体表面への固定化、バイオ分子とのコンジュゲートの作成などの化学修飾を考慮すると、IPAAm自身は反応性を有せず、高分子連鎖への官能基化がきわめて重要な課題である。多くの研究者は共重合によってこの問題を解決しようとして、アクリル酸(以下、AAcと略す)などの汎用のモノマーとの共重合体を用いている。しかしアクリル酸などの別の機能性モノマーとの共重合では、共重合反応性比の点でモノマーのランダム配列が実現できず、結果として敏感さの消失などを引き起こす懸念があった。高分子化学の基礎として、共重合をかなり初期の段階で停止させて得られる材料は配列のランダム性が高いことが知られているが、これでは収率の観点から問題である。高分子材料の実用化を意識しながら研究を進めているものにとって収率が低いのは致命的である。低コストでなおかつ高収率で材料が合成できれば実用化もされやすいと考えられる。

図 1(a)には機能性モノマーとしてAAcを用いたときのIPAAmとの共重合体のpH12の水溶液中での温度応答挙動を示した。AAcのカルボキシ基はそのpKa以上の高pH側で完全に解離する。解離したカルボキシル基はイオン性水和や静電反発を引き起こすために、連鎖の脱水和とそれに引き続く凝集が困難なものになり、曇点は観察されないと予想された。しかしながら、図から明らかなように予想に反して濁度変化を示した。確率論的に等間隔でカルボキシ基がランダムに挿入されていれば、上述の理由から高分子連鎖の脱水和凝集は困難であろう。しかし、カルボキシ基が偏って存在し、IPAAmの連鎖が連続していればその部分は、ホモポリマーと同じようは脱水和側凝集が可能になると推定される。この原因として、モノマーの共重合反応性比が、IPAAmとAAcでは大きく異なるために、このIPAAm-AAc共重合体がランダム共重合体ではなく、ブロック共重合体のような構造になっていることが原因であると考えられる。事実、測定された共重合反応性比は2桁以上も異なっていることが報告されている[1]。そこで、共重合反応性比を同じにするという観点から、重合基の構造を同一にした、カルボキシ基を有するIPAAm誘導体(CIPAAmと略す)を設計・合成した(**図 2**)[2]。カルボキシ基をイソプロピル基末端に配置し、重合反応に関わる部分をアクリルアミドとしている。予想通りIPAAmとCIPAAmとの共重合体では、図1(b)で示したように、カルボキシ基が完全解離するpH12の条件ではまったく曇点が観察されなかった。実際に共重合反応性比を検討したところ、ほぼ近い値が得られており、理想的な共重合反応が進行し、カルボキシ基がランダムに配置されていると考えられた。

このモノマーは、完全人工膵臓を目指した材料研究にも利用された。フェニルボロン酸と構造を有するアクリルアミド型モノマーと、イソプロピルメタクリルアミドとともにCIPAAmとの3元共重合体が合成された。このコポリマー中のCIPAAmの組成をコントロールすることにより、コポリマー全体の親水性を効果的に調節して、生体温度近傍で、グルコースの濃度に応じたLCST発現に寄与することが報告された[3]。

さらに、図2で示したようなアミノ基や水酸

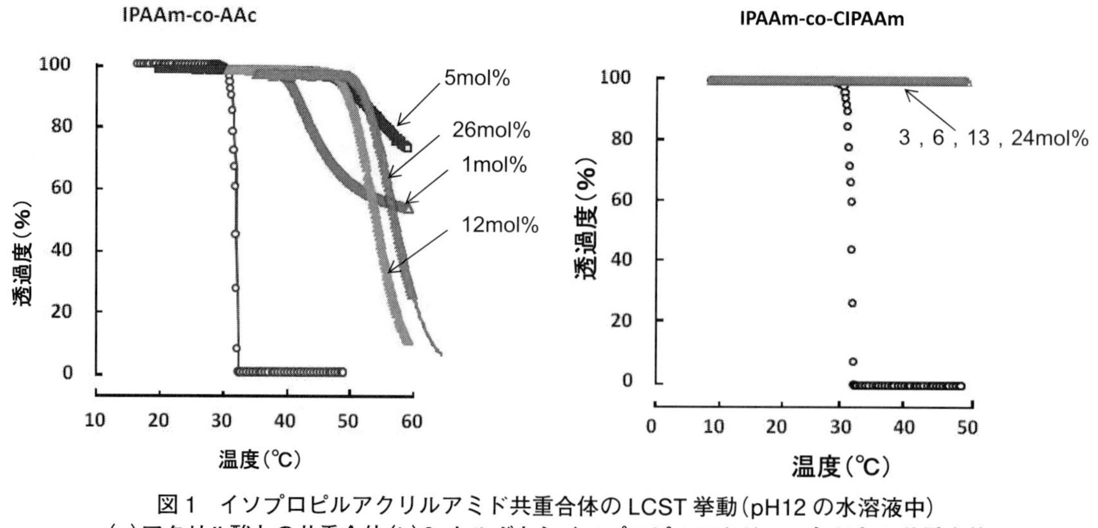

図1　イソプロピルアクリルアミド共重合体のLCST挙動(pH12の水溶液中)
(a)アクリル酸との共重合体(b)2-カルボキシイソプロピルアクリルアミドとの共重合体

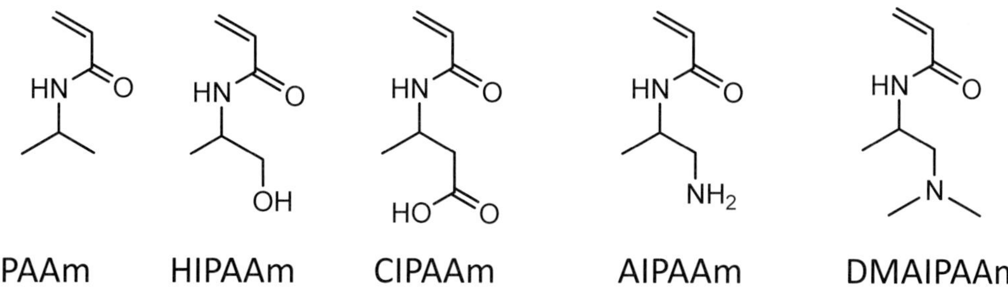

図2　*N*-イソプロピルアクリルアミドを基本骨格とする反応性モノマーの化学構造（アミノ基のモノマーはZ基で保護されている）

基を有するモノマーについても同様のコンセプトでモノマーあるいは共重合体が合成された[4)5)]。アミノ基の場合は、ジアミンの一方に保護基を導入し、アクリルロイルクロリドと反応させてモノマーを合成し、共重合後に脱保護した。側鎖に導入されたアミノ基からアミノ酸*N*-カルボキシ無水物を脱炭酸重合し、その後CIPAAmとIPAAmからなる共重合体と反応させて、架橋点間にポリアミノ酸を有する温度応答性と酵素分解性を有するハイドロゲルへと誘導した[4)]。このハイドロゲルは、期待通り温度変化に応答して膨潤-収縮挙動を発現するとともに、酵素によるバルク分解性を示した。

3　温度応答性高分子の相転移と相分離現象

図2で示したような水酸基を有するIPAAm共重合体を用いたイソプロピルアクリルアミド共重合体に用いることによって、相分離と相転移を明確にした研究を紹介したい[5)6)]。この共重合体を用いた理由は、極性基がイオン性でないために周りのpHに影響を受けないことと、イオン基と比較して、水和量が少ないので、結果として共重合体のモノマー組成が広い範囲で変化してもポリマーが凝集できると考えたからである。**図3**にIPAAmと水酸基を有するモノマー（HIPAAmと略す）との共重合体の濁度変化の挙動を示した。HIPAAm組成が増加するにしたがって、曇点はほぼ直線的に高温側にシフトしている。水酸基が50%以上も導入されていても、大変明確な曇点を示した。IPAAm-HIPAAm共重合体水溶液の示差走査型熱分析（DSC）結果を**図4**に示す。HIPAAm組成が増加するにしたがって、転移に基づくピークは高温側にシフトしてエンタルピー変化量は徐々に減少する。HIPAAm組成が50 mol%の共重合体では、図3で示したように、明らかに曇点は観察されるのに、DSCではピークが検出されない。これは、転移熱量が大きな「液-固相転移」が起こっているのではなく「液-液相分離」により濁度が上昇したためである。そこで、水溶液中の高分子連鎖の広がりや温度変化させた

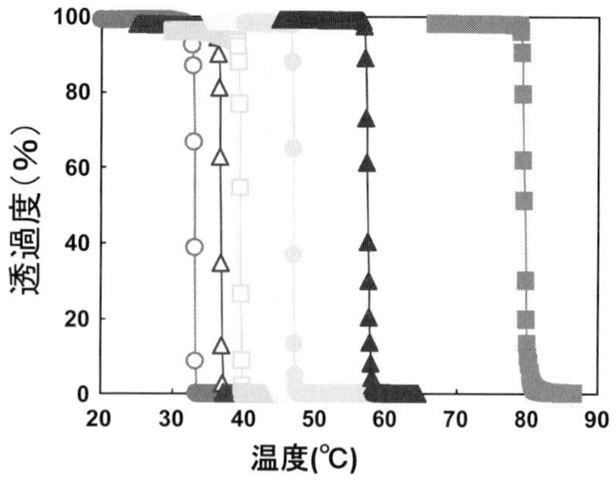

図3　水酸基を有する*N*-イソプロピルアクリルアミド型コポリマーの温度応答挙動（左から水酸基含率が0、10、20、30、40、50、80%）

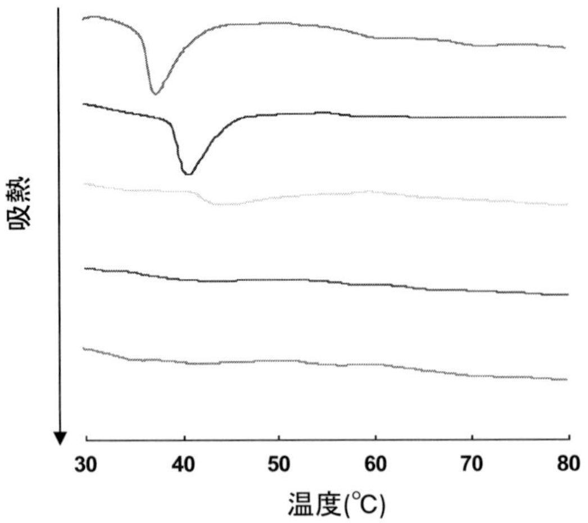

図4　水酸基を有する*N*-イソプロピルアクリルアミド型コポリマー水溶液のDSC測定(上から水酸基含率が0、10、20、50、80%)

ときの官能基の水和の様子を予測するために、曇点前後でのHIPAAmが低含有量および高含有量のIPAAm-HIPAAm共重合体の挙動を、重水を溶媒として用いて1H-NMR測定を行ったところ、DSCでは吸熱ピークが明確に観察される水酸基低含有量の共重合体では、曇点前後で大きなピーク減少が観察された。これは水溶液の温度上場に伴って脱水和が起こり、分子運動性が大きく減少していることを意味している。一方の水酸基が多く含まれる共重合体では、曇点以上においてもピークが観察された。脱水和が不十分で分子運動が許容されていることと予想される。

水和-脱水和型の温度応答性高分子の特徴としての濁度変化は、脱水和が起こるコイル-グロビュール型の液-固相転移現象と、高分子連鎖の脱水和が不十分なコアセルベート形成を伴っている液-液相分離現象が含まれている。IPAAmホモポリマーなどは典型的なコイル-グロビュール転移であるが、これに親水性の高いコモノマーを共重合することによって相分離現象へとシフトしてくる。ポリビニルアセトアミドの部分的な加水分解物や生体高分子と大変有名なエラスチンなどの疎水性タンパク質はコアセルベートを形成することが知られている[7)8)]。

4　温度応答性脂肪族ポリエステルへのカチオン基の導入

生分解性脂肪族ポリエステルの1種のポリカプロラクトン(PCL)は、融点を60℃付近に有する半結晶性高分子であり、合成の容易さなどの理由により、研究例が大変多い。生分解性材料として人工硬膜[9)]や人工神経[10)]など既に製品化されているが、最近では形状記憶材料としてとくに注目されている[11)]。我々の研究グループでもメカノバイオロジーに貢献できる形状記憶材料の研究を遂行させているが、これは結晶融解現象を利用した温度応答性の薬物透過制御膜研究を下地としている[12)]。表面形状記憶材料としての性質、すなわち材料表面のトポグラフィーや弾性や粘性を温度変化とトリガーとして変化させて、細胞の接着挙動との関連を報告してきている。可逆的な温度応答性を得るために、前駆体としてマクロモノマーを調製し、架橋反応により可逆性のある安定な材料を合成した。これまでの研究成果によって、ナノ・マイクロレベルの溝に沿って細胞がよく伸展すること[13)]、材料の流動性が細胞伸展に影響すること[14)]、温度による急激な弾性率変化を生起させたときに、細胞の種類によってその応答が異なることなどを明らかにしてきた[15)]。

PCL表面への細胞接着を評価するためには、コラーゲンやフィブロネクチンなどのプレコートが必要である。材料の物性をダイレクトに伝えるために、PCL表面への細胞接着性を向上させる必要があると考え、カチオン基の導入を行った。細胞膜には糖タンパク質、糖脂質が数多く存在し、糖鎖中のシアル酸は特異的認識など大変重要な働きをすることが知られている。

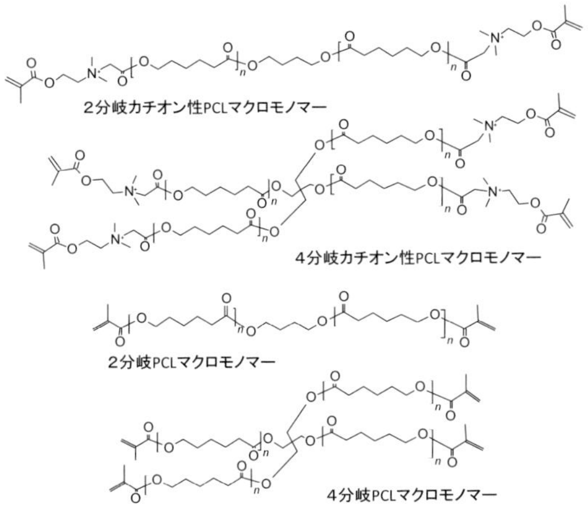

図5　カチオン性PCL架橋材料合成のためのマクロモノマーの化学構造

このシアル酸内のカルボキシ基の影響で細胞膜はマイナスに荷電している。すなわち材料表面にカチオン基を導入すれば、静電的相互作用により、細胞の接着性は向上する。

図5にカチオン基を導入した分岐型PCLマクロモノマーの構造を示した。カチオン基を有しないマクロモノマーも同時に合成し、それらの混合比を変化させることにより、分岐数の異なる、またはカチオン含率の異なるPCL架橋材料を調製した[16]。材料の熱分析を行った結果、カチオン含率が変化しても、その材料が有する軟化点はそれほど変化せず、これは、架橋点近傍にカチオン基を配置し、結晶-融解挙動にはあまり影響を与えていないためであると考えている。既往研究から、2分岐あるいは4分岐の混合比を変化させると、架橋材料の軟化点を制御できることを明らかにしており、カチオン基を含む割合を変化させると、軟化点ばかりでなくカチオン含率も自由に変化させることができると考えられる。

この材料表面の電荷状態を評価するために、温度制御しながら水中での表面ゼータ電位を測定した(**図6**(a))。予想どおりに、カチオン含率の増加にしたがってゼータ電位が上昇することがわかった。さらに、PCL材料自身の軟化点前後でのゼータ-電位を追究した結果、図6(b)で示したように、軟化点を過ぎるとその値は急激に増大することがわかった。これは、軟化点以上で分子鎖の運動性が高まり、比較的内部に存在していたカチオン基が表面に露出できるようになったためであると考えられた。アニオン性色素の吸着実験を行った結果、カチオン含率依存的に色素の吸着が変化していた。また、軟化点以上ではさらにその吸着量は増大しており、これは先のゼータ電位が軟化点以上で大きく増大する結果と一致した。上述のように、PCL材料表面のカチオン性基は、細胞との親和性を向上させる考えらえる。そこで、ヒト間葉系幹細胞(hMSC)をモデルとして細胞接着実験を行った。この実験では、コラーゲンやフィブロネクチンなどの細胞接着性タンパク質のコーティングを行わなかった。この実験の結

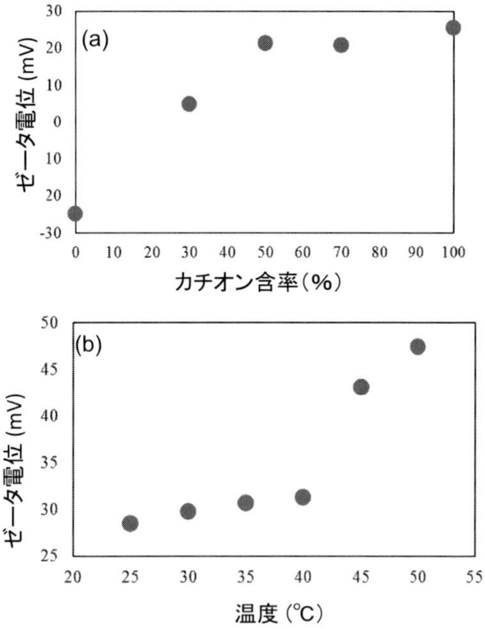

図6　カチオン化PCL架橋材料の表面ゼータ電位測定
(a)カチオン含率を変化させたとき、(b)カチオン含率100%材料で温度を変化させたとき

果、カチオン含率が30％程度まで、接着したhMSCの形態を観察すると、カチオン基を含まないPCLと比較してよく進展しており、カチオン基の導入効果が確認された。しかしながら50％以上のカチオン導入では細胞毒性を示した。強い相互作用により、細胞膜などの破壊が起こったためであると考えられる。

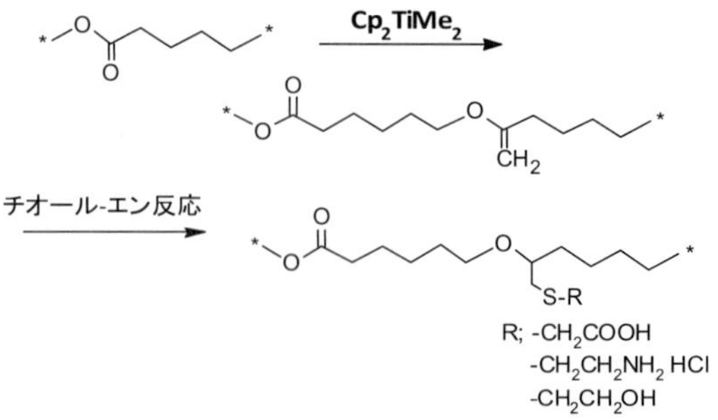

図7　PCLの直接メチレン化と官能基変換

5　直接メチレン化した脂肪族ポリエステルへの官能基の導入

生分解性材料に官能基を導入する研究は古くから継続的に行われてきており、デプシペプチド[17)18)]を用いたコポリマーなどは典型例であろう。さらに最近の精密重合技術や有機合成化学の進展とともに、官能基を導入した生分解性材料が報告されている。メチレン化5員環ラクトンあるいはブロモ化したε-カプロラクトンを多段階反応により合成し、ε-カプロラクトンとの共重合反応を行った例が報告されている[19)20)]。メチレン基はさらには、メタクリレートモノマーとの共重合への展開されており、脂肪族ポリエステルとビニル型ポリマーとのグラフトコポリマーという大変ユニークな材料合成法である。さらに、セリンと乳酸を用いた環状化合物の合成とその開環重合[21)]、アリル基を有する環状カーボネートを用いた例[22)]など、そのほかにも興味深い研究も報告されている。

我々の研究グループでは、メチレン化したポリカプロラクトンの応用の可能性を検討し、一段階でメチレン化する方法を検討した[23)]。この研究においてカルボニル基をメチレン基に変換するジメチルチタノセン（Petasis試薬）に着目した。この試薬は一般にはケトンやアルデヒド、エステルなど低分子化合物をメチレン化する有効な試薬として知られている。そこで、PCLに直接メチレン化ができるか、またその反応条件を検討した結果、短時間で比較的高い温度でこの試薬を作用させることにより、連鎖の切断や不溶化などを起こさずにメチレン化できること、また試薬とポリマーの比率を変化させることにより、メチレン化の割合を制御できることを見出した。得られたメチレン化PCLの熱分析を行うと、融点は低温側にシフトしており、これは結晶性の低下を示唆している。さらに、メチレン基にクリックケミストリーの1つであるチオール-エン反応を適用して、さまざまな官能基の導入を検討した（**図7**）[24)]。チオグリコール酸、メルカプトエタノール、アミノエタンチオール塩酸塩を用いて、反応を行った結果、それぞれ、カルボキシル基、水酸基、アミノ基の導入に成功した。とくに興味深いのは、前駆体のメチレン化では融点の低下が観察されていたのが、PCLに官能基を導入後は原料PCLと同程度の分子量や結晶融解エンタルピーなどの性質を維持していた。これは極性の大きい官能基導入によって、PCL連鎖間に新しい相互作用が生起したためであると考えられた。これらの材料を用いれば、新しいバイオコンジュゲートの設計あるいはサイトカインや細胞との親和性を向上させた再生医療用足場材料へ応用できると考えられる。

6　おわりに

水和-脱水和型および結晶-融解型の温度応答性高分子への官能基導入法について紹介してきた。最近のスマートポリマーの概念には、形状記憶ポリマー、自己修復ポリマーなど、高い性能を発揮する新材料も含めることが多い。今回紹介した刺激応答性を維持しながら、さらに官能基を導入する方法を適用することで、新材料開発が加速できると考えている。

文　献

1) W. Xue, S. Champ and M. Huglin：*Polymer*, **41**, 7575(2000).

2) T. Aoyagi, M. Ebara, K. Sakai, Y. Sakurai and T. Okano：*J. Biomater. Sci., Polym. Ed.*, **11**, 101(2000).

3) A. Matsumoto, K. Yamamoto, R. Yoshida, K. Kataoka, T. Aoyagi and Y. Miyahara：*Chem. Commun.*, **46**, 2203(2010).

4) T. Yoshida, T. Aoyagi, E. Kokufuta and T. Okano：*J. Polym. Sci., Polym. Chem.*, **41**, 779(2003).

5) T. Maeda, T. Kanda, Y. Yonekura, K. Yamamoto and T. Aoyagi：*Biomacromolecules*, **7**, 545(2006).

6) T. Maeda, K. Yamamoto and T. Aoyagi：*J. Colloid Interface Sci.*, **302**, 467(2006).

7) K. Yamamoto, T. Serizawa, and M. Akashi：*Macromol. Chem. Phys.*, **204**, 1027(2003).

8) D. Urry：*J. Phys. Chem. B*, **101**, 11007(1997).

9) K. Yamada, S. Miyamoto, M. Takayama, I. Nagata, N. Hashimoto, Y. Ikada and H. Kikuchi：*J. Neurosurgery*, **96**, 731(2002).

10) B. Zhang, A. Quigley, D. Myers, G. Wallace, R. Kapsa and P. Choong：*Int. J. Artif. Organs*, **37**, 377(2014).

11) A. Sisson, D. Ekinci and A. Lendlein：*Polymer*, **54**, 4333(2013).

12) K. Uto, K. Yamamoto, S. Hirase and T. Aoyagi：*J. Control Release*, **110**, 408(2006).

13) M. Ebara, K. Uto, N. Idota, J. M. Hoffman and T. Aoyagi：*Adv. Mater.*, **24**, 273(2012).

14) S. Mano, K. Uto, T. Aoyagi and M. Ebara：*AIMS Mater. Sci.*, **3**, 66(2016).

15) K. Uto, S. S. Mano, T. Aoyagi and M. Ebara：*ACS Biomater. Sci. Eng.*, **2**, 446(2016).

16) K. Iwamatsu, K. Uto, Y. Takeuchi, T. Hoshi and T. Aoyagi：*Polym. J.*, **50**, 447(2018).

17) T. Ouchi, M. Shiratani, M. Jinno, M. Hirao and Y. Ohya：*Macromol. Chem. Rapid Commun.*, **14**, 825(1993).

18) G. John and M. Morita：*Macromolecules*, **32**, 1853(1999).

19) M. Hong, and E. Chen：*Macromolecules*, **47**, 3614(2014).

20) P. Bexis, A. Thomas, C. Bell and A. Dove：*Polym. Chem.*, **7**, 7126(2016).

21) S. Jin and K. E. Gonsalves：*Polymer*, **39**, 5155(1998).

22) X. Hu, X, Chen, S. Liu, Q. Shi and X. Jing：*J. Polym. Sci., Polym. Chem.*, **46**, 1852(2008).

23) H. Yamashita, T. Hoshi and T. Aoyagi：*Trans. Mater. Res. Soc. Japan*, **42**, 47(2017).

24) 山下 博, 星 徹, 青柳隆夫：高分子論文集, **75**, 48(2018).

応用編

第1章　温度応答性

第2節　イオン液体を溶媒とする温度/光応答性高分子材料

横浜国立大学　橋本 慧/玉手 亮多/渡邉 正義

1　イオン液体中での温度誘起相転移

1.1　イオン液体と高分子の相溶性

イオン液体(ILs)は、カチオンとアニオンのみから構成される常温付近で液体の塩として定義される。**図1**に示すように、ILsは典型的にはルイス酸性・塩基性の低い有機カチオン・無機アニオンから構成され、不燃性、不揮発性、イオン伝導性に加えそれぞれの化学構造に特有な溶媒特性を示す。この特性から、ILsは"designer solvents"とも呼ばれ、電気化学・触媒化学・材料化学に代表される幅広い分野において新奇な溶媒として注目されている。このような溶媒特性を活用し、高分子鎖および高分子網目の溶媒としてILsを用いることで、電気化学デバイスへの応用を視野に入れた機能性ソフトマターを開発しようとする試みが近年精力的に行われている[1)2)]。そのなかでも、温度応答性高分子のILs中における相変化挙動は、不揮発性・イオン伝導性を有する温度応答性ソフトマターへの応用のみならず、従来の水・有機溶媒系における挙動との相違点という基礎的観点からも注目されている現象の1つである[3)]。

周知のように高分子溶液における温度応答性の溶解現象は、大きく2つに分けられる。すなわち、上限臨界溶液温度(upper critical solution temperature, UCST)型および下限臨界溶液温度(lower critical solution temperature, LCST)型の相挙動である。ILs中ではその両方が報告されており、高分子・カチオン・アニオンの組み合わせによって種々多様な相溶性および相転移温度(T_c)を示す。水・有機溶媒溶液では基本的に溶媒と高分子の2成分系であるのに対し、高分子/ILs溶液は構成要素が最低3成分存在し、カチオン-アニオン間の相互作用と、これらと高分子の相互作用の競合が系の複雑性の本質といえる。しかしながら、従来溶媒系と異なり、揮発の問題を無視でき幅広い温度での実験が可能である点、高分子・IL構造を変化させたさまざまな組み合わせを試すことが容易である点から、このような複雑な化学構造に対する依存性を系統立てて検証することが可能である。本稿では、ILs中における温度応答性挙動の実例を挙げながら、ILsと高分子の相転移を支配する要因と現象の特異性について考察し、これを利用した機能性ソフトマターへの応用について述べる。

1.2　イオン液体におけるUCST型相挙動

ポリ*N*-イソプロピルアクリルアミド(poly(*N*-isopropyl acrylamide), PNIPAm)は水中において、低温相溶、高温相分離型の相挙動、すなわちLCST型の温度応答性を示すことが知られている。これに対し、典型的なイミダゾリウム系のカチオンをもつ非水系のIL、1-エチル-3-メチルイミダゾリウムビストリフルオロメタンスルフォニルアミド(1-ethyl-3-methylimidazolium bis(trifluoromethanesulfonyl) amide, [C_2mim][NTf_2])中において、PNIPAmはまったく逆の挙動である、低温相分離、高温相溶のUCST

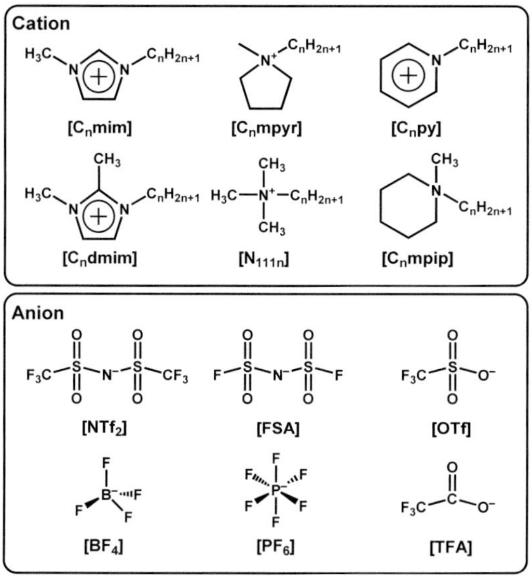

図 1　イオン液体を構成する代表的なカチオン及びアニオンの構造と略称

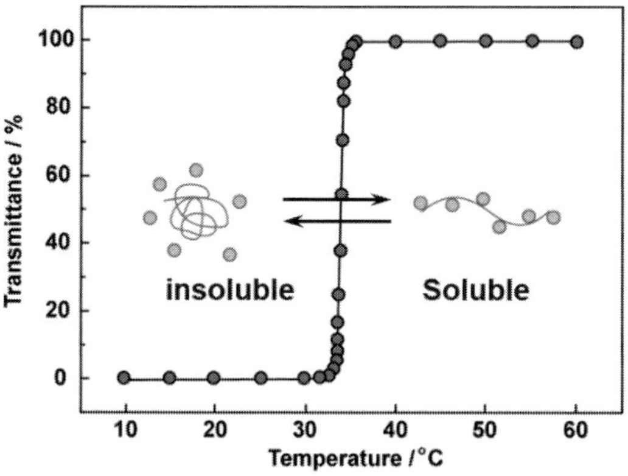

図 2　PNIPAm の [C_2mim][NTf_2] 中における UCST 型相挙動(M_n = 52.3 kDa、M_w /M_n = 2.82、濃度 1 wt%)。文献[4]より一部改変

型の相挙動を示す[4]。

図 2 に PNIPAm/ [C_2mim][NTf_2] 溶液の濁度測定における温度依存性を示す。T_c = 34℃において相転移に伴う透過率の急激な変化が観測されることがわかる。これに対して、メチル基およびエチル基を高分子側鎖の水素結合部位に導入することでキャッピングを行ったポリジメチルアクリルアミド(poly(dimethyl acrylamide))およびポリジエチルアクリルアミド(poly(diethyl acrylamide))　は、[C_2mim][NTf_2]に対して幅広い温度範囲で相溶になる。一方で、より強い水素結合性をもつポリ 2-ヒドロキシエチルメタクリレート(poly(2-hydroxyethylmethacrylate))、ポリビニルアルコール(poly(vinyl alcohol))、ポリアクリル酸(poly(acrylic acid))は [C_2mim][NTf_2] に非相溶である[3]。この結果から、[C_2mim][NTf_2]中における PNIPAm の UCST 型の相挙動は、低温において高分子側鎖間の水素結合が凝集を誘起することに起因していると考えられる。水に比べ比較的弱い水素結合性しかもたない [C_2mim][NTf_2] 中では PNIPAm 側鎖間の相互作用が支配的であり、UCST 型相挙動を示したと考えられる。

1.3　イオン液体における LCST 型相挙動

LCST 現象は、熱力学的観点に基づけば、低温においては混合のギブズエネルギー (ΔG_{mix}) が負であるため高分子と IL は相溶状態にあるが、昇温につれて ΔG_{mix} が増大し、相転移点において ΔG_{mix} が 0 を超える現象と解釈できる。よって、混合のエンタルピー (ΔH_{mix}) およびエントロピー (ΔS_{mix}) が両方とも負である場合のみ、$\Delta G_{mix}(= \Delta H_{mix} - T\Delta S_{mix})$ がこの条件を満たす。すなわち、高分子-IL 間に引力的な相互作用が働き ($\Delta H_{mix} < 0$)、構造形成性の溶媒和現象が起こる ($\Delta S_{mix} < 0$) ために、温度上昇によってエントロピーの効果が支配的になり、二層に分離する現象であると言い換えることができる。

図 3 に示すとおり、ポリエチレングルコール(poly(ethylene glycol), PEG)にエーテル構造をもつ側鎖を導入した誘導体($CH_2CH(CH_2O$**R**$)O)_n$(**R** = CH_3 : PGME, C_2H_5 : PEGE, $C_2H_5OC_2H_5$: PEEGE) は [C_2mim][NTf_2] 中において LCST 型の相挙動を示す[5]。この秩序形成性溶媒和の起源を理解するため、PEGE を高

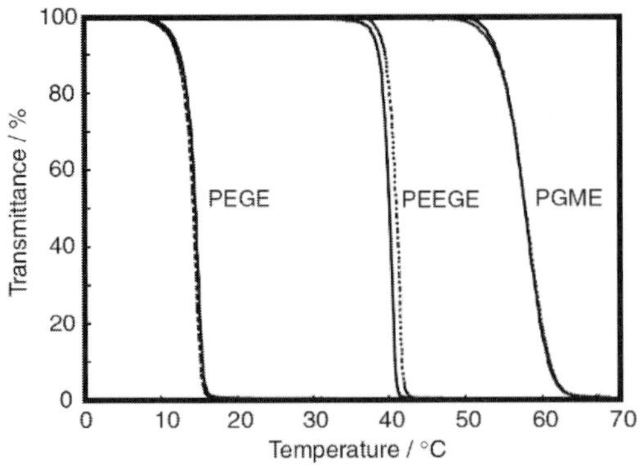

図3 Poly(ethylene glycol)誘導体の[C_2mim][NTf_2]中におけるLCST型相挙動。文献[5]より許可を得て抜粋

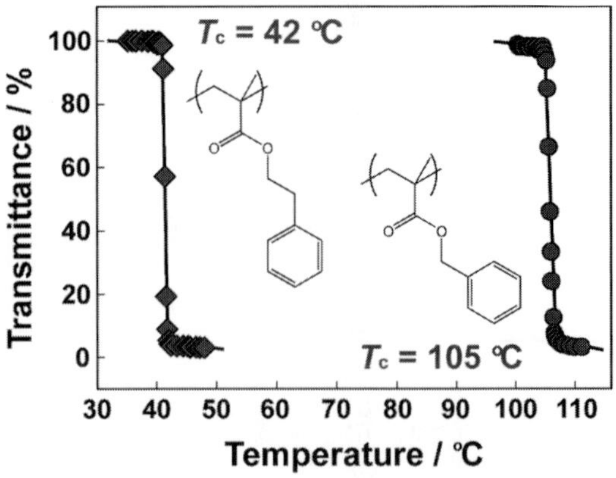

図4 PBnMA(右)およびその誘導体PPhEtMA(左)の[C_2mim][NTf_2]中におけるLCST型相挙動。文献[7]より一部改変

分子として固定し、さまざまなカチオン種・アニオン種によって構成されるILs溶液中における相溶性の調査を行ったところ、(i)C2位のプロトンをキャップした[$C_n$dmim][NTf_2](図1参照)において、同様のアルキル鎖長をもつ[$C_n$mim][NTf_2]に比べLCSTが低下もしくは非相溶になること、(ii)アニオンのルイス塩基性が高く、カチオンのC2位プロトンと強いアニオン-カチオン間水素結合を形成するIL中では、LCSTが低下もしくは非相溶になること、が明らかとなった[6]。以上から、カチオン中の比較的強いルイス酸性を示すC2位のプロトンをはじめとする酸性プロトンが、PEG誘導体のO原子と水素結合的に相互作用することで、秩序形成性の溶媒和を示したと解釈できる。このように、水素結合を介した相互作用であっても、高分子-ILと高分子-高分子間の相互作用のバランスによってさまざまな相溶性を発現する点が、IL中の相挙動において興味深い点の1つといえる。

また、ポリベンジルメタクリレート(poly(benzyl methacrylate), PBnMA)およびその誘導体は、[C_2mim][NTf_2]中においてLCST型の相挙動を示す(**図4**)[7]。イミダゾリウムカチオンとPBnMA側鎖は、カチオン-π相互作用によって秩序形成性の溶媒和を示すことが、X線を用いた結晶・溶液の構造解析によって明らかにされている[8)9)]。このようなILs中におけるLCST相挙動について注目すべきは、高分子側鎖やILsのカチオン種・アニオン種のわずかな化学構造の違いにより、相転移温度および相溶性が大きく変化することである。図4にも示すとおり、PBnMAに比べベンゼン環とエステル基間のアルキル鎖長(メチレンスペーサー)が1つ長いだけのポリフェニルエチルメタクリレート(poly(2-phenylethyl methacrylate), PPhEtMA)のT_cは、PBnMAに比べ60℃近く低い値を示す。この構造変化による影響の分子論的解釈については現在調査中だが、よりメチレンスペーサーを長くすることで[C_2mim][NTf_2]に対し完全に非相溶になることから、ILに対して親和性の低い部位の増加によってΔH_{mix}の絶対値が小さくなったと推測できる[7]。

このような構造変化によるわずかな相互作用の変化が大きく相転移温度を変化させるのはなぜだろうか。ひとつの理由として、PBnMA/IL溶液中におけるΔH_{mix}およびΔS_{mix}の絶対値が、水系のLCST型高分子溶液に比べてはるか

表１　LCST 型相転移を発現する高分子 /IL 溶液および水系における熱力学的パラメータ。文献[10]より一部抜粋

Polymer / Solvent	ΔH/J g^{-1}	ΔS/J K^{-1} g^{-1}
PBnMA/[C_2mim][NTf_2]	4.28	0.0114
PPG/water	100.5	0.320
HPC/water	20.9	0.0650

*PPG: poly(propylene glycol), HPC: hydroxypropylcellulose

に小さいことが挙げられる。

表１は PBnMA/ILs 溶液に対して精密熱示差測定（DSC）を行い、相分離における ΔH_{mix} を求めた結果である。その絶対値は 4.28 J g^{-1} であり、水系で観測される LCST の値よりも 1～2 桁小さい値であることがわかる。それに伴い、ΔS_{mix} も小さい値をとっている。これにより、化学構造の変化によって誘起されるわずかな相溶性・秩序形成性の変化が LCST に大きく影響するものと考えられる。次項では、これらの特性を利用し、相転移温度を光刺激によって変化させる高分子とそのソフトマター材料への応用について述べる。

2　イオン液体中での光誘起相転移

2.1　光 / 温度応答性高分子

前項において、ILs 中で LCST および UCST を発現する温度応答性高分子について述べた。本項では、ILs 中で新たな刺激応答性を発現するため、光応答性官能基であるアゾベンゼンを温度応答性高分子に導入した光 / 温度応答性高分子に関して説明する。

アゾベンゼン基を含有するメタクリレートモノマー、4-フェニルアゾフェニルメタクリレート（4-phenylazophenyl methacrylate, AzoMA）を NIPAm モノマーとランダム共重合することで、光 / 温度応答性高分子 P(AzoMA-*r*-NIPAm)を合成した[11]。**図５**(a)に 3 wt%濃度で P(AzoMA-*r*-NIPAm) を［C_2mim］［NTf_2］に溶解した高分子溶液の透過率の温度依存性を示す。透過率測定は可視光（437 nm）または紫外光（366 nm）照射下で実施した。PNIPAm と同様に P(AzoMA-*r*-NIPAm) は ILs 中で UCST 型相転移を示し、さらにその相転移温度は照射光に依存して大きく異なっていることがわかる。これは、高分子に導入されたアゾベンゼンの光異性化状態の違いにより説明できる。アゾベンゼンの異性化状態は、可視光照射下（もしくは暗所下）では *trans*、紫外光照射下では *cis* 状態が支配的となり、*cis* 状態はトランス状態に比べて高い双極子モーメントを示すことが知られている（*cis* 状態：μ = 3.1 D、*trans* 状態：μ = 0.5 D）[12]。このことから、極性の高い ILs との親和性は *cis* 状態が *trans* 状態に比べて高く、紫外光照射下での UCST が可視光照射下に比べて低くなったと推察される。可視光と紫外光照射下における UCST の差（この温度領域を双安定温度域と呼ぶ）は、アゾベンゼンの導入量で制御可能である（図５(a)内挿図）。アゾベンゼンのモル分率が 30％において *cis* 状態と *trans* 状態の UCST の差は約 40 ℃に達する。水系ではこれほど広い双安定温度域はこれまでに報告されていない。

さらに、照射する光波長の違いに依存した相転移温度の差を利用することで、光誘起相転移を実現できる。双安定温度域において高分子溶液に照射する光波長をスイッチングすると、紫外光照射下では高分子は ILs 中に溶解するのに対し、可視光照射下では高分子は ILs と相分離するため、一定温度下で光スイッチングによる透過率の可逆的な変化が観測される（図５(b)）。光 / 温度応答性の発現は、UCST 型のみならず LCST 型の BnMA モノマーを AzoMA と共重合することで得られた P(AzoMA-*r*-BnMA) においても確認されている[13]。前項で述べたとおり、イオン液体系は水系に比べ高分子の溶解に

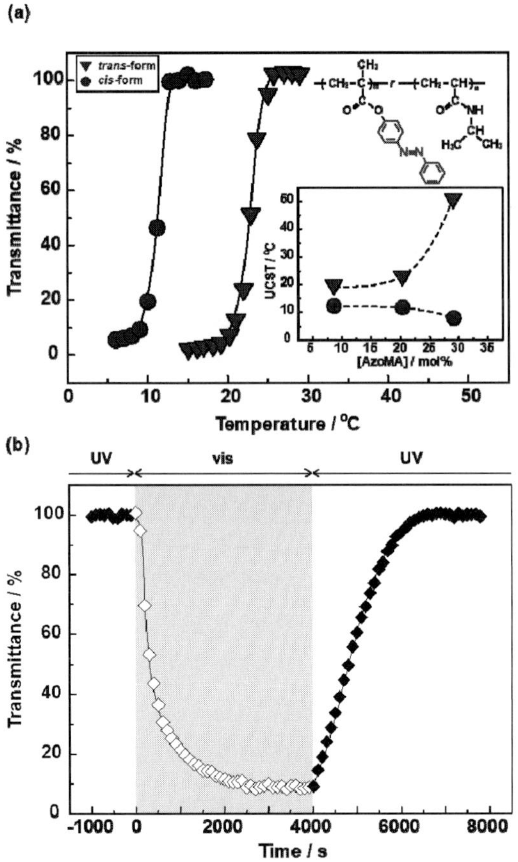

図5 (a) P(AzoMA-*r*-NIPAm)/[C_2mim][NTf_2]溶液の可視光および紫外光照射下での透過率測定(内挿図：AzoMA 導入量と UCST の関係) (b) 双安定温度における P(AzoMA-*r*-NIPAm)/[C_2mim][NTf_2] 溶液の光スイッチングに対する透過率変化。文献[11]より一部改変

伴う混合エントロピーと混合エンタルピー変化(ΔS_{mix}およびΔH_{mix})の絶対値が小さい。このためわずかな異性化状態の違いがLCSTにも大きな影響を与えたと考えられる。

2.2 光治癒性イオンゲルの創出

光/温度応答性高分子を一成分にもつブロック共重合体を用いることで、光治癒性を示すイオンゲルを創製できる。リビングラジカル重合の1つである可逆的付加開裂連鎖移動(RAFT)重合により、P(AzoMA-*r*-NIPAm)をAブロック、ILsと相溶性の高いポリエチレンオキシド(poly(ethylene oxide), PEO)をBブロックにもつABAトリブロック共重合体P(AzoMA-*r*-NIPAm)-*b*-PEO-*b*-P(AzoMA-*r*-NIPAm)を合成した(**図6**(a))[14]。

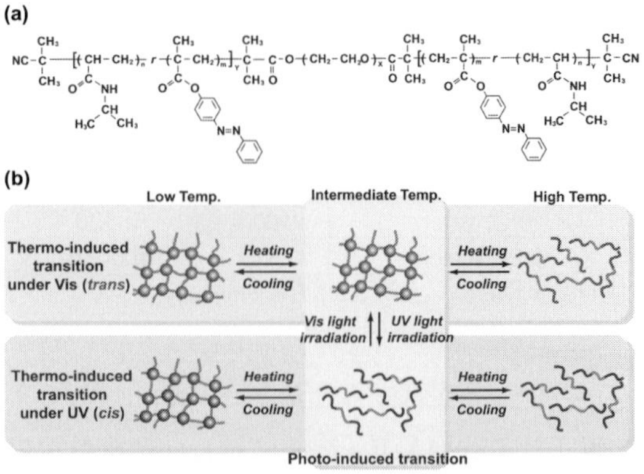

図6 (a) ABA トリブロック共重合体の化学構造 (b) 光応答性イオンゲルの概念図。文献[14]より許可を得て転載

このABAトリブロック共重合体はP(AzoMA-*r*-NIPAm)ブロックの示すUCST型の相転移に起因して、重なりあい濃度以上の高分子濃度において低温ではILs中でAブロックが凝集し、Bブロックが橋掛けしたネットワーク構造を形成する。一方、相転移温度より高温ではAブロックがILsと相溶するため、凝集構造が解離することで単分子(ユニマー)としてILs中に溶解する。この結果、ABAトリブロック共重合体は温度に応答したゾル-ゲル転移を示す。このとき、Aブロックの相転移温度は可視光照射下(*trans* 状態)と紫外光照射下(*cis* 状態)で異なるため、可視光照射下ではゲル化し、紫外光照射下ではゾル化する双安定温度域が存在する(図6(b))。これを利用することで、光スイッチングによる一定温度下での可逆的なゾル-ゲル転移が実現できる(**図7**)。さらに光誘起ゾル-ゲル転移を利用し、イオンゲルの亀裂部位に紫外光を照射してゾル化による流動で亀裂部位を塞ぎ、可視光により再びゲル化することで亀裂を光治癒できることを実証し

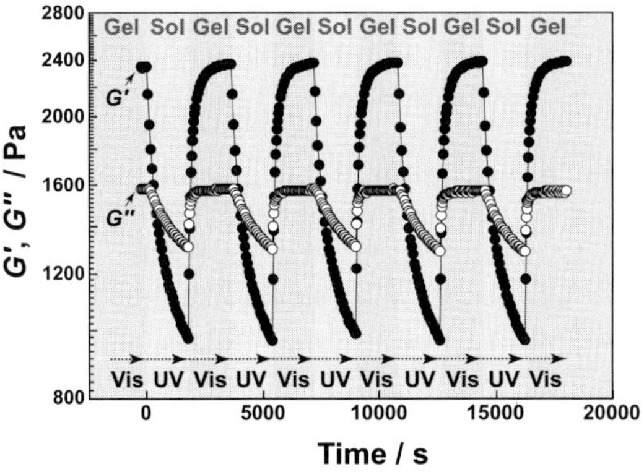

図７　ABA トリブロック共重合体からなるイオンゲルの可逆的な光誘起ゾル-ゲル転移。文献[14]より許可を得て転載

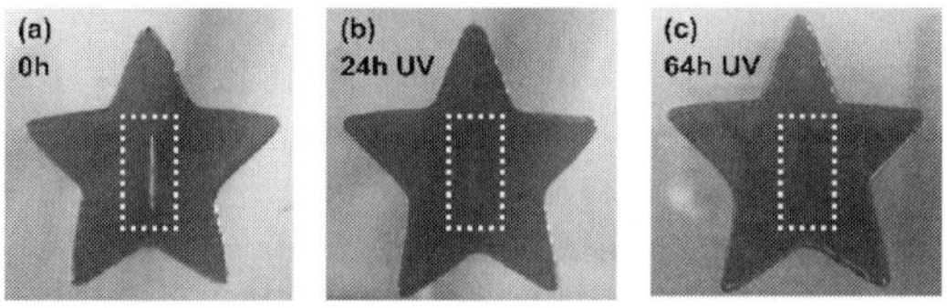

図８　光誘起ゾル-ゲル転移を利用したイオンゲルの光治癒挙動。文献[15]より許可を得て転載

た（図８）[15]。

光治癒現象の本質は可視光照射時（*trans* 状態）と紫外光照射時（*cis* 状態）の物理ゲルの緩和時間の違いに起因する[16]。ゆえに、光治癒速度の向上および光治癒可能な温度範囲を拡げるためには、*trans* 状態と *cis* 状態におけるイオンゲルの緩和時間の差を拡大する必要があり、現在高分子構造の最適化を検討している。

2.3　アゾベンゼン含有 ILs を分子トリガーとした温度応答性高分子の光誘起相転移

高分子の ILs への溶解性を光制御するための方法論としては、高分子に光応答性を付与する方法に加えて、ILs に光応答性を付与する方法が考えられる。そこでアゾベンゼン骨格を含む ILs（[Azo][NTf_2]）を合成し、汎用 ILs と混合することで、アゾベンゼン含有 ILs を分子トリガーとして高分子-ILs 間の溶解性を変化させ、温度応答性高分子の相転移温度を制御すること

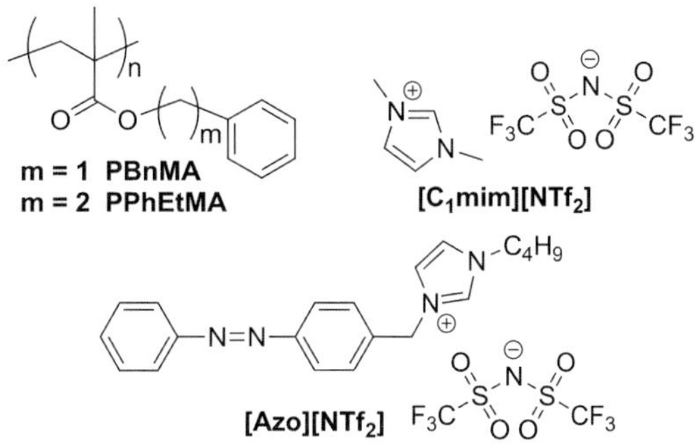

図９　温度応答性高分子及び ILs の化学構造

を試みた[17]。用いた ILs と高分子の化学構造を図９に示す。ILs 中で LCST を示す PBnMA および PPhEtMA を [Azo][NTf_2] と [C_1mim][NTf_2] の混合溶液（[Azo][NTf_2]/[C_1mim][NTf_2] = 10/90）に溶解し、暗所下および紫外光照射下で透過率測定を行った。図 10 より、紫外光照射により PBnMA、PPhEtMA いずれも LCST が変化することがわかった。驚くべきことに、わずかメチレンスペーサー１つの違いにもかかわらず、暗所下（*trans* 状態）と紫外光照射下（*cis* 状態）の LCST の大小が PBnMA と PPhEtMA で逆転している。このメカニズムは未だ明確にはなっていないが、^{1}H-NMR 測定より PBnMA および PPhEtMA と [C_1mim][NTf_2] の相互作用が光照射に依存して変化していることが示唆されており、微小なモノマー構造の違いが光応答性においても大きく影響を与えている点は非常に興味深い。

また前項と同様に、温度応答性 ABA トリブロック共重合体を温度応答性高分子として用いることで、高分子低濃度領域ではユニマー-ミセル転移[18]、高濃度領域ではゾル-ゲル転移が光誘起できることを示した[19]。高分子にアゾベンゼンを導入する方法に比べて、アゾベンゼン含有 ILs を分子トリガーとして用いることで系中のアゾベンゼン濃度をより増加できる、温度応答性高分子の選択肢の幅が広がるなどの利点

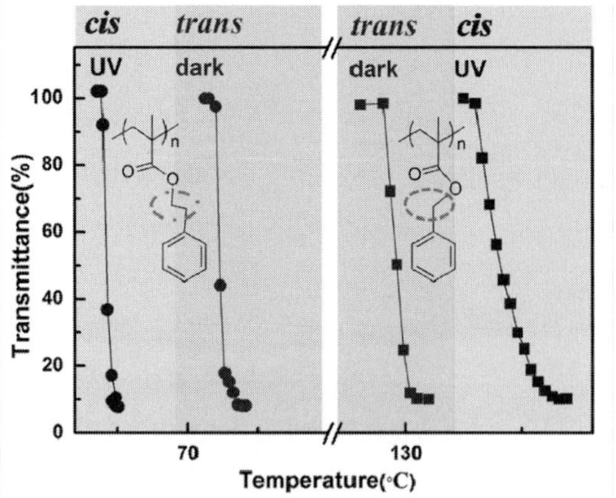

図 10　暗所下または紫外光照射下における [Azo][NTf_2]/[C_1mim][NTf_2] 混合溶液中の PBnMA および PPhEtMA の LCST 挙動。文献[17]より許可を得て転載

があり、今後のさらなる展開が期待される。

文　献

1) D. R. MacFarlane, N. Tachikawa, M. Forsyth, J. M. Pringle, P. C. Howlett, G. D. Elliott, J. H. Davis, M. Watanabe, P. Simon and C. A. Angell : *Energy Environ. Sci.*, **7**, 232 (2014).

2) Y. Kitazawa, K. Ueno and M. Watanabe : *Chem. Rec.*, **18**, 391 (2018).

3) T. Ueki and M. Watanabe : *Bull. Chem. Soc. Jpn.*, **85**, 33 (2012).

4) T. Ueki and M. Watanabe : *Chem. Lett.*, **35**, 964 (2006).

5) S. Aoki, A. Koide, S. Imabayashi and M. Watanabe : *Chem. Lett.*, **31**, 1128 (2002).

6) K. Kodama, R. Tsuda, K. Niitsuma, T. Tamura, T. Ueki, H. Kokubo and M. Watanabe : *Polym. J.*, **43**, 242 (2011).

7) K. Kodama, H. Nanashima, T. Ueki, H. Kokubo and M. Watanabe : *Langmuir*, **25**, 3820 (2009).

8) J. Łachwa, I. Bento, M. T. Duarte, J. N. C. Lopes and L. P. N. Rebelo : *Chem. Commun.*, 2445 (2006).

9) K. Fujii, T. Ueki, K. Niitsuma, T. Matsunaga, M. Watanabe and M. Shibayama : *Polymer*, **52**, 1589 (2011).

10) T. Ueki, A. A. Arai, K. Kodama, S. Kaino, N. Takada, T. Morita, K. Nishikawa and M. Watanabe : *Pure Appl. Chem.*, **81**, 1829 (2009).

11) T. Ueki, Y. Nakamura, A. Yamaguchi, K. Niitsuma, T. P. Lodge and M. Watanabe : *Macromolecules*, **44**, 6908 (2011).

12) G. S. Kumar and D. C. Neckers : *Chem. Rev.*, **89**, 1915 (1989).

13) T. Ueki, A. Yamaguchi, N. Ito, K. Kodama, J. Sakamoto, K. Ueno, H. Kokubo and M. Watanabe : *Langmuir*, **25**, 8845 (2009).

14) T. Ueki, Y. Nakamura, R. Usui, Y. Kitazawa, S. So, T. P. Lodge and M. Watanabe : *Angew. Chemie Int. Ed.*, **54**, 3018 (2015).

15) T. Ueki, R. Usui, Y. Kitazawa, T. P. Lodge and M. Watanabe : *Macromolecules*, **48**, 5928 (2015).

16) X. Ma, R. Usui, Y. Kitazawa, R. Tamate, H. Kokubo and M. Watanabe : *Macromolecules*, **50**, 6788 (2017).

17) C. Wang, X. Ma, Y. Kitazawa, Y. Kobayashi, S. Zhang, H. Kokubo and M. Watanabe : *Macromol. Rapid Commun.*, **37**, 1960 (2016).

18) C. Wang, K. Hashimoto, J. Zhang, Y. Kobayashi, H. Kokubo and M. Watanabe : *Macromolecules*, **50**, 5377 (2017).

19) C. Wang, K. Hashimoto, R. Tamate, H. Kokubo and M. Watanabe : *Angew. Chem. Int. Ed.*, **57**, 227 (2018).

応用編

第1章　温度応答性

第3節　温度応答性高分子とDNAとの複合化と認識挙動

国立研究開発法人理化学研究所　藤田 雅弘/前田 瑞夫

1　はじめに

温度という外部刺激に応答する材料としてよく知られる高分子にポリ(*N*-イソプロピルアクリルアミド)(PNIPAAm)がある。前節までに紹介されているように、ある温度(31～32℃付近)を境にして、低温側では親水性のため水に溶解し、水溶液中で高分子鎖が広がった状態にある。一方で、高温側では疎水性になるため、高分子鎖は収縮して、互いに集積する。その結果、水溶液が白濁する様子が巨視的な変化として観察される[1)]。そして、この相転移現象は温度に対して可逆的である。PNIPAAm共重合体も同様の挙動を示すが、転移する温度は第二成分として導入しているモノマーの性質に依存する。親水性の成分を側鎖に有するモノマーとの共重合体の場合、相転移温度が上昇することが知られている[2)-4)]。一方で、疎水性の側鎖などを導入したものであれば、相転移温度は下がる[5)-7)]。その変化の度合いは第二モノマーの導入率の上昇とともに増大するので、親・疎水性変化を任意の温度で起こさせる材料を分子設計により創製することが可能である。このような相転移挙動を示すPNIPAAmは、生体分子の分析や精製のための担体として大変興味深いものである。ある標的となる物質と特異的に結合する分子(リガンド)をPNIPAAmに固定化した複合体を利用すれば、低温域で捕獲した標的物質を、高温域で複合体ごと沈殿させることができるため、水溶液中から選択的に分離、回収することができるようになる(Affinity precipitation：アフィニティー沈殿法)[8)]。

デオキシリボ核酸(DNA)はヌクレオチドという単量体からできる重合体であり、それぞれのヌクレオチドはリン酸化された五炭糖に、アデニン(A)、グアニン(G)、シトシン(C)とチミン(T)の4種類の塩基のいずれかが結合したものである。DNAは2本のポリヌクレオチド鎖が互いに巻き付いて二重らせん構造(二重鎖)を形成する。このとき、A-T、G-Cとの間で特異的に水素結合することで、いわゆるWatson-Crick塩基対を形成する。したがって、DNAをリガンドとして用いれば、相補的な塩基配列をもつ核酸は標的物質となる。また、タンパク質、発がん性物質などDNAと特異的に相互作用する物質も対象となりうる。

2　PNIPAAmとDNAとの複合化とアフィニティー沈殿

2.1　二重鎖DNA(幹)-PNIPAAm(枝)グラフト型複合体

PNIPAAmとDNAとの複合化として、光結合性のインターカレーターを用いる方法が挙げられる。ソラレン類は代表的なDNAインターカレーターであり、これを二重鎖DNAの塩基対間に挿入してから紫外線を照射すると、隣接するピリミジン塩基との間で開環付加反応を起こす。この性質を利用すると、**図1**(a)に示すソラレンのビニル誘導体モノマー(**1**)を二重鎖

(a)

(1)

(2)

(b)

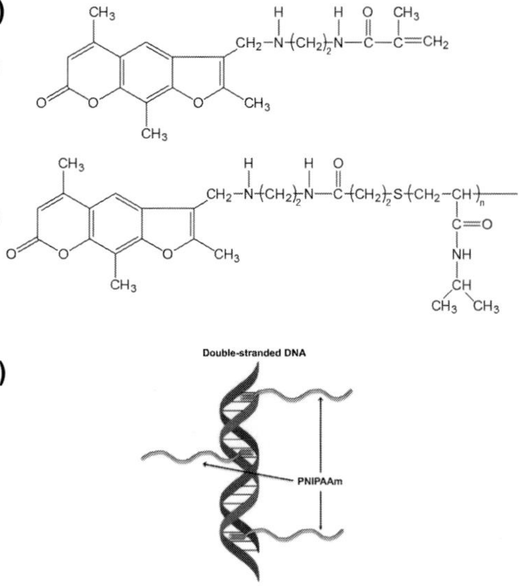

図1　(a)二重鎖 DNA に固定化するソラレン誘導体の化学構造：ビニル誘導体モノマー(1)およびソラレンを片末端に有する PNIPAAm(2)
(b)PNIPAAm-二重鎖 DNA グラフト型複合体

DNA に化学的に固定化することができる。その結果得られた DNA マクロモノマーに対して、*N*-イソプロピルアクリルアミド(NIPAAm)モノマーを共重合させることで複合体を形成することができる[9)10)]。一方、あらかじめ PNIPAAm を重合し、その片末端にソラレンをカップリングさせたもの(**2**)を二重鎖 DNA に化学的に固定化させることも可能である[11)]。このようにして得られた PNIPAAm-DNA グラフト型複合体(図1(b))はいずれも温度に応答した相転移挙動を示す。二重鎖 DNA と特異的に相互作用する標的物質(DNA 結合色素など)を相転移温度より低い温度域で捕獲しておきながら、高温域で PNIPAAm の相分離挙動により複合体ごと凝集、沈殿させて、水溶液中から選択的に分離することが可能となる[9)-11)]。

2.2　PNIPAAm(幹)-生体分子(枝)グラフト共重合

カルボキシル基を *N*-ヒドロキシコハク酸イミド(NHS)で活性化した官能基(活性エステル)は、一級アミンと特異的に反応してアミド結合を生成することから、タンパク質の標識用試薬としてしばしば利用される反応性官能基である。Hoffman らの研究グループは、アクリル酸を NHS で活性化した誘導体と NIPAAm とをラジカル共重合し、それに目的タンパク質を化学的に固定化できることを示した[12)]。この複合体の一次構造は、リガンドとなるタンパク質を側鎖(枝)に有する PNIPAAm グラフト共重合体である。彼らはさらに、このグラフト共重合体を用いることで、標的物質を PNIPAAm の相分離挙動で選択的に分離することを実証した[8)]。

DNA をグラフト鎖(枝)とする PNIPAAm 共重合体も類似のスキームで合成できる[13)]。**図2**に示すように、メタクリル酸を活性エステル化したもの(**3**)に、アミン基を末端に有する一本鎖のオリゴ DNA(**4**)と反応させることで、DNA マクロモノマー(**5**)を作製する。これと NIPAAm とのラジカル共重合によって PNIPAAm-*graft*-DNA(**6**)が合成できる。梅野らにより初めて合成されたグラフト共重合体は、T の8連鎖(T_8)がグラフト鎖として導入されたものである[13)]。分子量は14万で、主鎖骨格に T_8 が1本程度グラフトされている[14)]。わずかとはいえ親水性のオリゴ DNA が導入されているので、PNIPAAm ホモポリマーより少しだけ高い相転移温度を示す。グラフト鎖と相補的な配列をもつ鎖を二重らせん構造の形成により捕捉し、加熱に伴う相分離によって水溶液中から沈殿回収するには、PNIPAAm 共重合体の相転移温度より高い温度域でも DNA 二重らせん構造が安定的に形成されていなければならない。しかし、完全に相補的な配列である A の8連鎖(A_8)との二重鎖形成の場合、1.5 M NaCl および 0.1 M $MgCl_2$ という塩濃度下において、その融点は16℃程度であり、PNIPAAm 水溶液

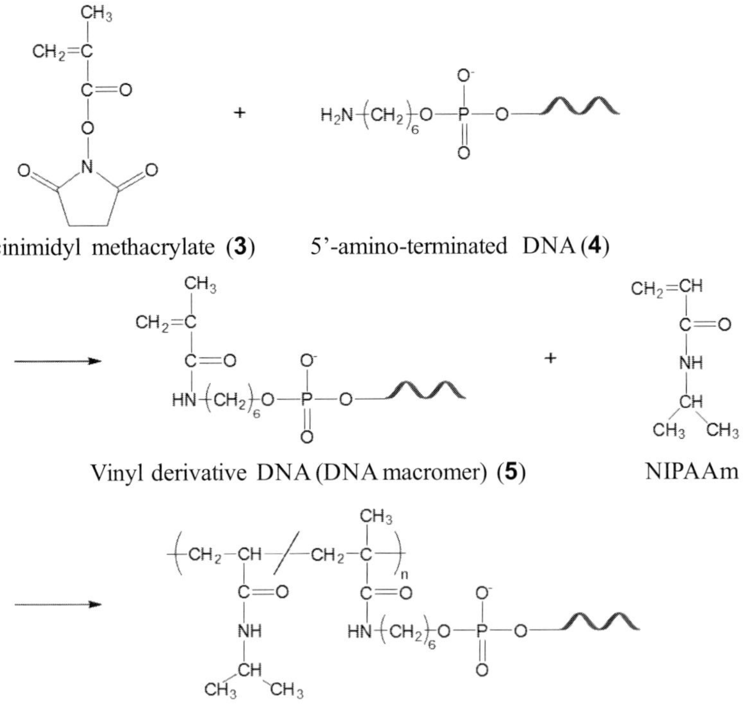

図２　PNIPAAm-*graft*-DNA の合成スキーム

が示す通常の相転移温度31〜32℃よりずっと低い。ところが，相転移現象は塩の添加によって誘発されやすくなるので，塩濃度を上げると相転移温度を下げることができる[1]。実際，上述の PNIPAAm-*graft*-T_8 の相転移温度は同程度の塩濃度下において約14℃にまで降下する[13)14)]。0℃の水溶液中で A_8 とハイブリダイゼーションさせて捕捉し，その後15℃にまで加熱することで共重合体ごと分離，沈降させ，結果として85％程度の A_8 を水溶液中から回収できることを示した[13)14)]。一方，一塩基変異が入った標的 DNA の場合，その塩基対の未形成分だけ二重鎖の融点が低下するため，同じ温度条件での沈降回収はできなくなる。実際に，一塩基だけＴに置き換わった場合，10％程度しか水溶液中から回収できない[13)14)]。つまり，この共重合体を用いれば，種々の変異をもつ DNA が混在するような系から，完全に相補的な配列をもつ DNA のみを温度コントロールにより選択的に単離することができるようになる。

3　DNA 担持ナノ粒子と配列特異的界面現象

3.1　PNIPAAm（幹）-DNA（枝）共重合体のミセル形成

前述のとおり，親水性の DNA 鎖の導入率が増大すれば，PNIPAAm-*graft*-DNA の相転移温度は上昇する。分子量20万程度の PNIPAAm-*graft*-T_{12} の場合で，グラフト率を0 mol％から0.36 mol％（グラフト数７程度）まで変化させると，相転移温度は約36℃（10 mM Tris-HCl（pH 7.4），5 mM $MgCl_2$）にまで上昇する[15)]。ここで興味深いところは、相転移による水溶液の濁度変化である。DNAの導入率が上昇すると、相転移に起因する濁度変化は観察されにくくなるのである[15)]。水溶液の濁度変化はPNIPAAmの分子鎖間凝集による巨視的な構造体形成に起因しているが、共重合体の場合、親水性のDNAの存在によりその凝集が抑止されているためである。両親媒性高分子においては、疎水部が集積して核(コア)を形成し、そのコアを親水部が覆うようなコア-シェル型の球状ミセルを形成するが[16)]、そのようなミセル構造をPNIPAAm-*graft*-T_{12}も形成する(**図3**参照)。PNIPAAm部の集積によるコアとそれを覆うようにDNAが粒子表面に担持された構造である。そのミセルが小さくかつ水中で安定的に分散していると巨視的な濁度変化として認識しづらくなる[15)]。1つの球状ミセルを形成する分子鎖の会合数はグラフト率の上昇とともに低下することが見出され、結果としてミセルサイズは小さくなる。グラフト率0.17 mol%(グラフト数3程度)のときで会合数は90ほどと見積もられ、流体力学的半径が25 nm程度のナノサイズの粒子(DNAナノ粒子)となる[15)]。

このDNAナノ粒子を含む水溶液に、ある特定の配列をもつ2種類のDNA(3'-A_{12}(TG)$_6$-5'と5'-(AC)$_6A_{12}$-3')を添加すると、水溶液は白濁化するようになる[15)]。これらは粒子表層に存在するリガンドDNAに対して相補的な配列および添加したDNA間で相補的(付着可能)な配列の両方を有するため、ハイブリダイゼーションの結果、粒子どうしが凝集するようになる(以後、このタイプの粒子凝集を架橋(型)凝集と呼ぶことにする)。加熱により二重鎖を融解させれば、粒子間の架橋が崩壊するため、粒子は再分散し、結果として水溶液は無色透明に戻る。なお、添加したDNAどうしで付着できる配列をもたないものをナノ粒子に作用させても、粒子凝集は生じないことは確認されてい

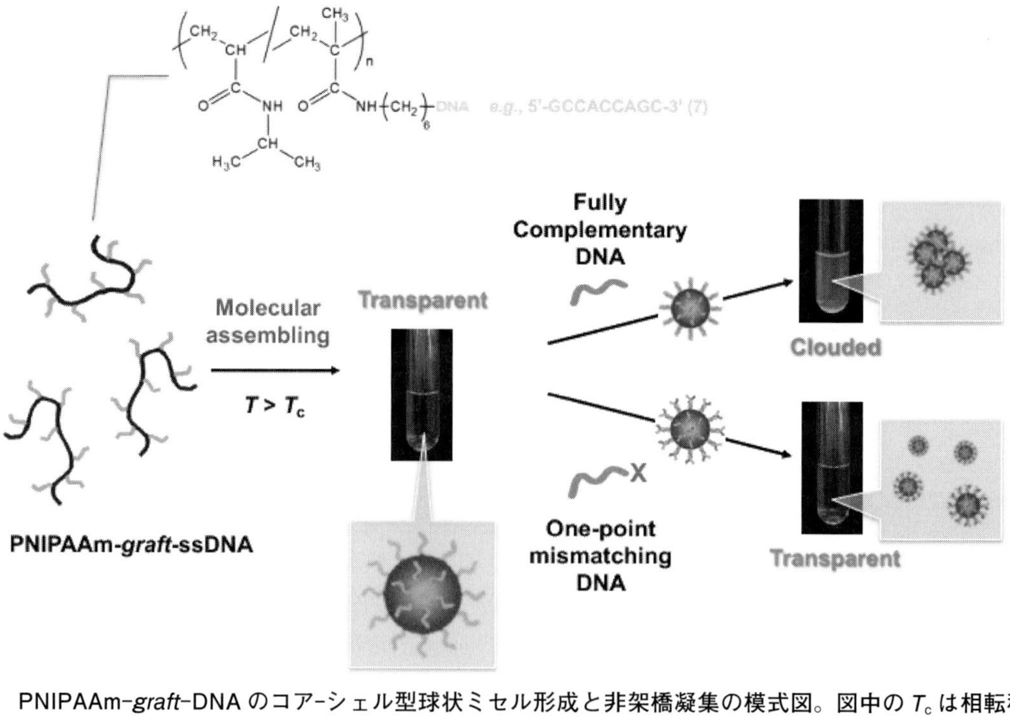

図3　PNIPAAm-*graft*-DNAのコア-シェル型球状ミセル形成と非架橋凝集の模式図。図中のT_cは相転移温度を表す。

る[15]。

一本鎖DNAで覆われたナノ粒子の分散安定性はDNAの塩基配列には依存しない。森らは、5'-GCCACCAGC-3'（**7**）の塩基配列のDNAが0.34 mol%グラフトされた、分子量40万ほどのPNIPAAm-*graft*-DNAを合成し、それから成るDNAナノ粒子の分散安定性を調べている[17)18)]。水溶液中の塩濃度（イオン強度）が増大するとDNAナノ粒子の分散安定性が低下し、凝集に至ることが観測される。すなわち、DNAの負電荷による静電反発力が粒子の分散安定性の主な原因と考えられ、実際、他の帯電コロイド粒子の場合と同様に、多価カチオンを添加するほうが粒子凝集を誘発しやすい。ただし、1.4 M NaClと高濃度に塩が存在していても一本鎖DNAで覆われたナノ粒子はきわめて高い分散安定性を示すといった特徴をあわせもつことがわかっている[17)]。

このとき、DNA二重鎖形成によってナノ粒子の分散安定性が大きく低下するという驚くべき発見がなされた[17)18)]。完全に相補的な塩基配列もつDNA（3'-CGGTGGTCG-5'）（I、**表1**）との二重鎖形成の場合、NaCl濃度が400 mMほどで系の白濁が観察されるのである（図3）[17)]。二重鎖形成により負電荷は倍増するが、同一電荷の密集による不安定化を解消するため、対カチオンが近傍に濃縮され、実効電荷に差はないと考えられる[19)]。つまり、ナノ粒子間の静電相互作用に差異はないので、分散安定性の低下は別の要因を想定しなければならなくなる。おそらくは、二重鎖形成によるDNAの柔軟性というエントロピックな効果の低下により粒子凝集が誘発されたと考えられる[18)]。言い換えれば、鎖状のDNAの柔軟性がもたらす立体反発力が分散安定性のもう1つの要因ということになる。この凝集は二重鎖形成により誘発されているので、温度を上昇させて二重鎖DNAを融解させれば、再び一本鎖状態に戻るため、粒子の再分散が起きる。結果として、系は透明になる[17)]。系の巨視的な変化だけで判断すれば、前述の架橋凝集と同じではある。しかしながら、完全相補鎖との二重鎖形成により誘発されるこの現象は、粒子間の架橋によるものではないので、非架橋（型）凝集と呼ばれる。

表1　リガンドDNA（7）に対する標的DNAの塩基配列。

Code	Sequence (3'→5')	Note
I	CGGTGGTCG	Complementary
II	CGGT**A**GTCG	Inside mismatch
III	CGGTGGTCG**A**	Terminal addition
IV	CGGTGGTC**A**	Terminal mismatch
V	CGGTGGTC**T**	Terminal mismatch
VI	CGGTGGTC**C**	Terminal mismatch

*下線付き太字が変異をあらわす

もし標的DNA配列に塩基対形成しえない変異が存在し（II、表1）、リガンドDNAとハイブリダイゼーションしても、その融点が共重合体の相転移温度より低くなってしまえば、粒子は安定的に分散するため、系は透明なままである[17)18)]。当然、これは粒子表層のDNAが一本鎖状態のままにあるからである。つまり、分散するのに充分な立体反発効果がある。一方で、二重鎖の安定性にさほど影響を与えないほどの変異しかなければ、ハイブリダイゼーションによりDNAは剛直化するために非架橋凝集を起こすと予想されるが、事実はこれに反することがわかっている[17)20)]。標的のDNAがリガンドDNAより長く、粒子表層側に塩基対形成できない突出配列が一塩基でも存在すると（III、表1）、そのナノ粒子はきわめて高い分散安定性を示す[20)]。さらに驚くべきは、長さ（塩基数）の揃った標的DNAでも、二重鎖に末端変異が一塩基でも存在して塩基対形成できないと（IV～VI、表1）、ナノ粒子は分散したままにあるという点にある（図3）[20)]。一連の研究で見出された現象をまとめると、一塩基の変異の有無がDNAナノ粒子の分散安定性の違いという巨視的なシグナルへと変換されていることになる。言い換えれば、変異の有無が系の濁度変化として目視できるようになったということになる。そのため、この特異な界面現象は遺伝子の一塩基多型(SNIPs)を簡便かつ容易に検出するツールとして、このDNAナノ粒子が示す特異な界面現象の利用がおおいに期待されている。さらに検討を進めた結果、分散安定性のDNA二重鎖末端構造依存性は核となる材料の種類には依存しないことがわかってきた[21)22)]。たとえば、金ナノ粒子-DNA複合体の場合、分散している粒子は鮮やかな赤色を呈するが、凝集すると青紫色に変わる。一塩基変異の有無が色調の変化として検出できる[21)]。

3.2 DNAナノ粒子の構造解析と非架橋凝集

上述の通り、DNAナノ粒子の非架橋凝集は長さと配列が完全に相補的なものとの二重鎖形成のときに観察される界面現象である。なぜ、末端の塩基対が形成されたときに粒子の凝集が誘発され、塩基対が形成されないと分散安定性が維持されるのか。静電反発力と立体反発力の低下という理由で説明しうるかどうか気になるところである。ここに1つの仮説として、興味深いアイデアが提案されている。完全相補鎖とのハイブリダイゼーションにより粒子表層の二重鎖は平滑末端を提示することになる。DNAは、水素結合による塩基対形式に加えて、隣接する塩基対間でのスタッキング効果により二重らせん構造を安定化させているが、その効果が平滑二重鎖末端間でも生じうるのではないか、という考えである。この末端スタッキング効果というのは引力相互作用で、液晶構造やDNAオリガミ構造体形成などDNA濃度が高い状態のときに発現していると考えられている[23)]。したがって、二重鎖末端が塩基対形成したときにのみ粒子凝集が誘発されているという事実をうまく説明できる。もし、そのような引力作用が非架橋凝集において付加的に生じているのであれば、DNA二重鎖末端どうしで会合しながら粒子は凝集していることになるため、構造科学的な側面から末端間スタッキング効果の有無を検証することができる。そのためには、DNAナノ粒子の形成や内部構造の詳細、ならびに凝集状態における粒子間情報に関する知見を得る必要がある。

配列7のDNAを有する分子量40万程度のPNIPAAm-*graft*-DNAをラジカル共重合により合成し、水溶液中にて小角X線散乱(SAXS)法で観察すると、相転移温度にて分子鎖の自己集積によりコア・シェル型の球状ミセルを形成することが確認される。その構造解析の結果、DNA鎖のグラフト率の増大とともに粒子サイズ(数十nmほど)は低下するものの、シェル層の厚みは一定のままであり、グラフトDNA鎖が粒子表面に密生していることが実証された[24)]。粒子表面において1本のDNA鎖が占有する面積は10～20 nm^2 前後であることが見積もられ、これもグラフト率にはあまり依存しない[15)18)24)]。この系に対し完全相補鎖と二重鎖形成させて非架橋凝集を起こさせればたちまち白濁するが、そのSAXS解析を行うと粒子の凝集状態の知見を得ることができる。その結果、DNA層が互いに深く入り込んだ状態で、粒子どうしが凝集していることを明らかにした。この事実は非架橋凝集においてDNAの平滑二重鎖末端間のスタッキングは生じていないことを示唆するものであった[24)]。

従来のラジカル共重合では、分子量分布の広い高分子が生成されるため、それから成るミセル粒子ではサイズなどに多分散性があり、構造解析の精度に問題が残る。より高い精度での構造解析を行うために、構造の明確なDNAナノ粒子の創製を試みることにした。ここでは、一次構造を精密に制御する合成法として原子移動ラジカル重合（Atom Transfer Radical Polymerization；ATRP）を適用している（**図４**）。分子鎖長のみならず、分子骨格もコントロールすることで、線状と３本のアームをもつミクトアーム星型のPNIPAAmを得ている。具体的には、DNAの5'末端側がPNIPAAm片末端に結合するようにクリックケミストリーによりカップリング反応させ、ABタイプ（$1P_n$-$1ssD_m$）ならびにA_3Bタイプ（$3P_n$-$1ssD_m$）を調製できた（図４）[25]。ここでは、配列７のDNAを主として利用している。これらブロック共重合体においても、それぞれの相転移温度においてPNIPAAmブロックが自発的に集積することでコアとなり、その周りにDNAが密生しているコア-シェル型の球状ミセルを形成する[25)26]。粒子サイズはPNIPAAmの重合度（ブロック長）に依存する。分子鎖の会合数は粒子が担持するDNA数に等しい。そこから粒子表層におけるDNAの固定化密度を見積もると、分子鎖長と分子骨格のどちらにも依存せず、0.03～0.05 strands/nm^2でほぼ一定である。１本あたりの占有表面積に換算すると20～30 nm^2であり、上述のグラフト共重合体の場合と同程度である。興味深い事実として、PNIPAAmで占めら

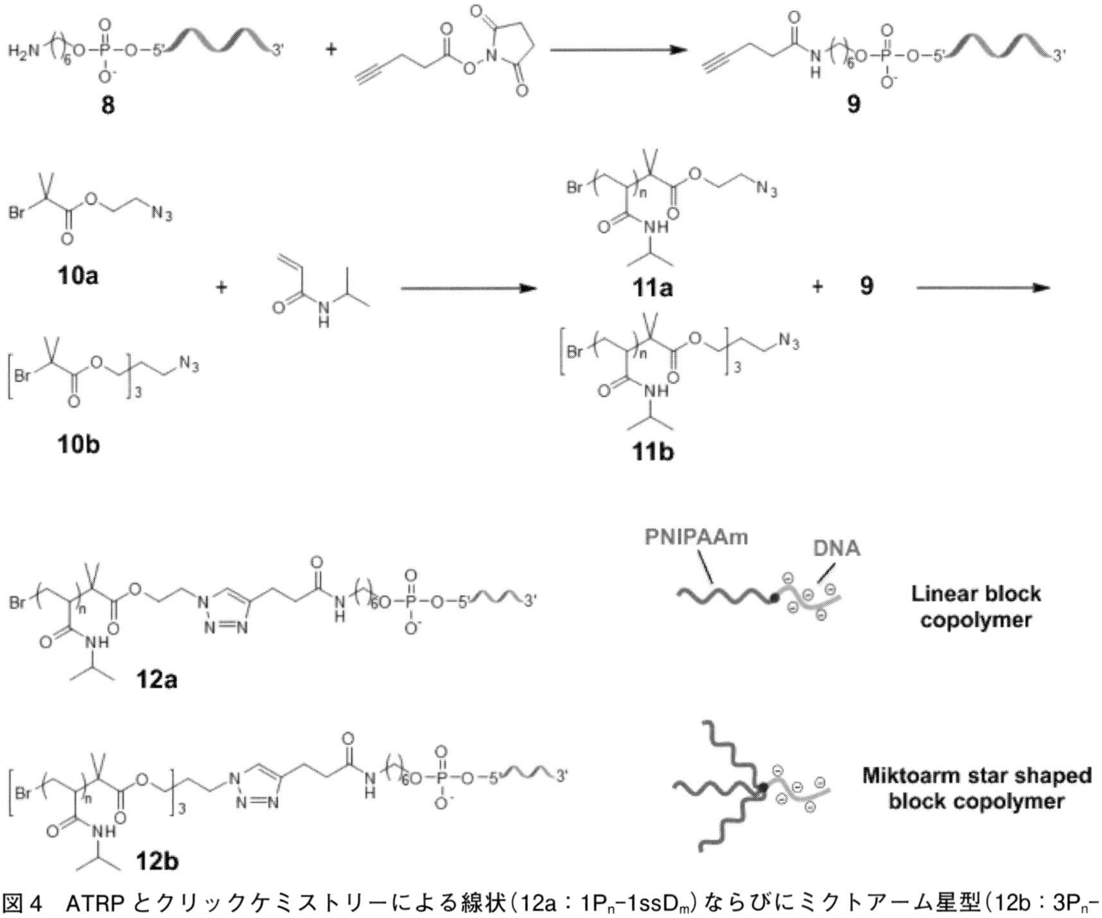

図４　ATRPとクリックケミストリーによる線状（12a：$1P_n$-$1ssD_m$）ならびにミクトアーム星型（12b：$3P_n$-$1ssD_m$）（P：PNIPAAm、D：DNA、n：重合度、m：塩基数）のPNIPAAm-*block*-DNAの合成スキーム。5'末端にアミン基を有するオリゴDNA（8）をアルキン化（9）し、片末端にアジド基を有するATRP開始剤（10aと10b）から合成した線状および３アームPNIPAAm（11aと11b）とカップリングした[25)26]。

れているコアの密度は分子骨格に大きく依存し、同程度の重合度の線状型ブロック共重合体(0.2～0.4 g/cm^3)に比べ、ミクトアーム星形ブロック共重合体はコンパクトでかつ高密度なミセル(0.6～0.7 g/cm^3)を形成することを見出している[26)]。

完全相補鎖と二重鎖形成させると非架橋凝集を起こすが、やはりDNA層どうしオーバーラップする。SAXSによる詳細な構造解析の結果、グラフト共重合体の場合と同様に、DNA二重鎖長に相当する深さまで互いに入り込んで粒子は凝集することを明らかにした。すなわち、DNA二重鎖平滑末端どうしでのスタッキング効果が非架橋凝集を誘発するものではないことを支持する結果であった[26)]。さらに、非架橋凝集の振る舞いがDNAナノ粒子の密度に強く依存することをここで新たに見出した。上述したように、分子骨格を変えることで粒子密度が制御されることを偶然にも発見したのだが、そのような高いコア密度を有する粒子はDNA二重鎖形成に応答して、より迅速に凝集することが観測されたのである。**図5**で示すように、サイズの大きい粒子ほど凝集は速やかに生じるのであるが、密度の因子のほうが凝集挙動により強く効いている。ファンデルワールス相互作用は粒子密度にも依存すると考えられ、この相互作用が非架橋凝集において重要な役割を担っていることは確かである[26)]。

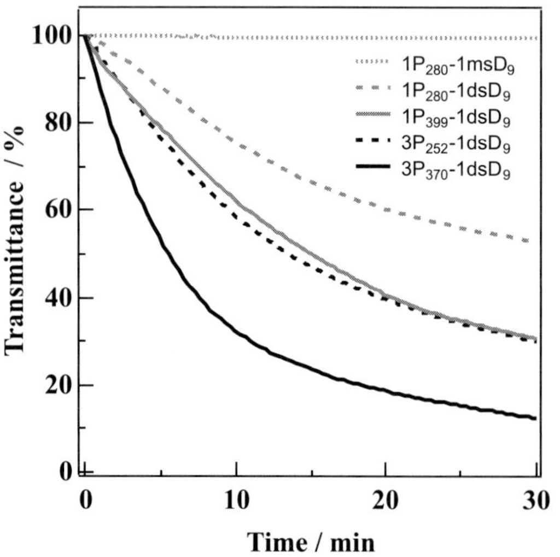

図5　PNIPAAm-*block*-DNAミセル溶液の濁度変化。40℃、0.5 M $NaNO_3$存在下にて、標的DNAを添加後、波長500 nmで溶液の濁度変化を追跡した。図中凡例のds、msは、それぞれ完全相補二重鎖、末端一塩基変異を含む二重鎖を表す。文献26)より一部改変のうえ転載。Copyright (2012) The American Chemical Society

PNIPAAm-DNA共重合体の相転移におけるミセル形成にDNA構造の影響はほとんどない[27)]。水中に溶解している状態で、あらかじめ完全相補鎖と二重鎖形成させておいても、相転移温度ではPNIPAAmブロックの集積によるミセル形成が生じる。相転移温度より低温域あるいは相転移による分子鎖の集積において、二重鎖DNA間ではたらく平滑末端スタッキング効果のような相互作用をトリガーとした凝集体は形成されない。一本鎖DNAのときと同様に、PNIPAAmブロックが集積することでコアを形成し、それを二重鎖DNAが覆うような球状のコア-シェル構造を形成する。低塩濃度で相転移した粒子は安定的に分散し、系は透明のままである。一方で、高塩濃度下の場合、同様の構造の粒子が一旦形成するが、それを経てからようやく粒子どうしの凝集が起きることを捉えた[27)]。ミセル化による大きな構造体形成によって粒子間のファンデルワールス相互作用の効果が顕著になったために凝集に至った現象と考えて問題なさそうである。そのまま温度を上昇させると二重鎖が融解するため、粒子は分散するようになる[27)]。

4　おわりに

ここでは、主に代表的な温度応答性高分子であるPNIPAAmとDNAの複合化およびその機能に焦点をあてた。DNAをアフィニティーリガンドとして利用した選択的分離システムは、PNIPAAmが示す相転移挙動とDNA固有の高い分子認識能とを巧みに組み合わせることで発現する機能を活用したものである。その研究成果に基づいて、DNAナノ粒子の非架橋凝集現象、すなわちDNAの末端塩基対構造に応答する奇妙な界面現象が偶然にも発見されることになる。この現象はDNAの性質のみならず、PNIPAAmの相転移挙動に起因する構造形成との相乗効果によって初めてもたらされるものである。性質の異なる２つの分子を複合化することで、これまでにはまったくみられない新しい機能が見出された好例といえよう。このDNAナノ粒子の特異な界面現象は、当初は想定しえなかったDNAの物性変化によるものと思われるが、メカニズムの解明は未だ不明な点もあり、さらなる研究が推進されているところである。また、一連の研究を通して複合体の分子構造を制御するさまざまな合成技術を導入してきた。近年では、その知見を活かして温度可変型のDNAナノゲルの合成と応用に関する研究を推進するなど、温度応答性高分子とDNAとの複合化に関する研究は新しいフェーズへと展開している。複合体の分子構造を自在に操ることで、未だ見ぬ新しい現象の発見がまたもやもたらされるのではないかと期待しているところである。

文　献

1) H. G. Schild：*Prog. Polym. Sci.*, **17**, 163(1992).
2) C. K. Chiklis and J. M. Grasshoff：*J. Polym. Sci. Part A-2*, **8**, 1617(1970).
3) Y. Deng and R. Pelton：*Macromolecules*, **28**, 4617(1995).
4) X. Qiu, C. M. S. Kwan and C. Wu：*Macromolecules*, **30**, 6090(1997).
5) H. G. Schild and D. A. Tirrell：*Langmuir*, **7**, 1319(1991).
6) H. Ringsdorf, J. Venzmer and F. M. Winnik：*Macromolecules*, **24**, 1678(1991).
7) H. Feil, Y. H. Bae, J. Feijen and S. W. Kim：*Macromolecules*, **26**, 2496(1993).
8) J. P. Chen and A. S. Hoffman：*Biomaterials*, **11**, 631(1990).
9) M. Maeda, C. Nishimura, D. Umeno and M. Takagi：*Bioconjugate Chem.*, **5**, 527(1994).
10) D. Umeno and M. Maeda：*Anal. Sci.*, **13**, 553(1997).
11) D. Umeno, M. Kawasaki and M. Maeda：*Bioconjugate Chem.*, **9**, 719(1998).
12) J. P. Chen and A. S. Hoffman：*Biomaterials*, **11**, 625(1990).
13) D. Umeno, T. Mori and M. Maeda：*Chem. Commun.*, 1433(1998).
14) T. Mori, D. Umeno and M. Maeda：*Biotechnol. Bioeng.*, **72**, 261(2001).
15) T. Mori and M. Maeda：*Polym. J.*, **33**, 830(2001).
16) X. Qiu and C. Wu：*Macromolecules*, **30**, 7921(1997).
17) T. Mori and M. Maeda：*Polym. J.*, **34**, 624(2002).
18) T. Mori and M. Maeda：*Langmuir*, **20**, 313(2004).
19) G. S. Manning：*Q. Rev. Biophys.*, **11**, 179(1978).
20) M. Maeda：*Polym. J.*, **38**, 1099(2006).
21) K. Sato, K. Hosokawa and M. Maeda：*J. Am. Chem. Soc.*, **125**, 8102(2003).
22) K. Sato, M. Sawayanagi, K. Hosokawa and M. Maeda：*Anal. Sci.*, **20**, 893(2004).
23) M. Nakata, G. Zanchetta, B. D. Chapman, C. D. Jones, J. O. Cross, R. Pindak, T. Bellini and N. A. Clark：*Science*, **318**, 1276(2007).
24) W. Y. Ooi, M. Fujita, P. Pan, H. Y. Tang, K. Sudesh, K. Ito, N. Kanayama, T. Takarada and M. Maeda：*J. Coll. Int. Sci.*, **374**, 315(2012).
25) P. Pan, M. Fujita, W. Y. Ooi, K. Sudesh, T. Takarada, A. Goto and M. Maeda：*Polymer*, **52**, 895(2011).
26) P. Pan, M. Fujita, W. Y. Ooi, K. Sudesh, T. Takarada, A. Goto and M. Maeda：*Langmuir*, **28**, 14347(2012).
27) M. Fujita, H. Hiramine, P. Pan, T. Hikima and M. Mizuo：*Langmuir*, **32**, 1148(2016).

応用編

第1章　温度応答性

第4節　キラル構造を有する刺激応答性ゲル

京都工芸繊維大学　青木 隆史

1　はじめに

僕にはカレンダーがあるので、今日が何月何日の何曜日かを確認することができるし、時計があるので、今が何時であるのかを知ることができる。しかし、植物や鳥たちは、わたしたちが使っているカレンダーも時計も持っていないので、たとえば今日が何月何日であるのかは判らないはずである。しかし、2月下旬のまだ寒いと思っているときに、木々はその細かく分かれた枝の先が膨らみ葉を出す準備をしているし、鳥は空高く飛んでしきりに鳴く。植物や鳥たちは、1日の日照時間の長さからなのか、日の光の強さの違いなのか、微妙な湿度の変化なのか、何を感じてそうした行動に出るのかはわからないが、カレンダーや時計がなくても、私たちより先に気候の変化を感じて季節が変わるのを把握している。いずれにせよ、木々や鳥たちが、僕に冬がそろそろ終わって春が来ているのを伝えてくれる。と書いていたら、ニュース番組の天気予報のコーナーで、桜の開花時期を予想するための判断として、その年の2月1日から毎日の最高気温の累積温度が600℃を超えると考えられる日を、開花予想日と設定していると教えてくれた。これは、人間の判断基準であるが、木々も日々の温度を記憶して徐々に変化し、あるときに桜が一気に咲くという“転移”が進行するのだろうと想像した。

今まで平衡状態(もしくは定常状態)であった環境に、何かの変化が起こったとき、変化を感じた側もその変化に呼応して、何かしらの変化を起こす。これが高分子で起こった場合、この高分子を「刺激応答性高分子」という。高分子では、温度、pH、光、力学的応力やひずみなどの変化に対して、高分子鎖内もしくは高分子鎖間での非共有結合の形成または開裂が起こり、高分子鎖の状態変化が不連続的に生起することを指している。ダラダラと連続的に変化するような場合は、外からの刺激に応答しているとはみなさない。また、非共有結合とは、van der Waals力、水素結合、静電的相互作用、そして水環境下で現れる疎水性相互作用であり、これらが働くことで高分子鎖内もしくは高分子鎖間で物理架橋点が形成されることになり、高分子鎖のとりうる構造や高分子鎖間の会合状態やゲル化状態に影響を与える。共有結合と比較して小さいエネルギーをもつ非共有結合ではあるが、高分子量の分子鎖のなかでは協同効果が働くようになり、あたかもリリパット国の大勢の小柄な軍兵達が、かれらにとって巨人であるガリヴァーの身体をロープで何箇所も縛り付け、大きな身体を固定してその動きを制御したように、複数の非共有結合は高分子鎖内もしくは高分子鎖間で作用し、安定な2次構造や高分子集合体の形成の重要な働きをする。ただ、非共有結合を介して形成された構造は永遠に維持されるわけではない。たとえば、酵素を溶かした緩衝水溶液を冷蔵庫に保存していても、その活性が経時的に低下する。水溶性高分子を溶解した直後の水溶液は粘性が高いのに、時間が経つと粘性が下がることも経験する。これらはタンパク質や合成高分子の主鎖の共有結合が切れて低分子化したのではなく、構造安定性に寄与していた非共有結合が、主鎖もしくは側鎖間で開裂と形成を繰り返し、高分子鎖全体として最安定化状態の構造へと徐々に変化し続けた結果である。酵素の場合には、いわゆるタンパク質の変性であり、水溶性高分子の場合には、溶存状態をより安定化するために構造形成を起こしたことになる。同じことの繰り返しになるが、非共有結合は単独では安定的に維持されず、構造形成のためにその効果を発揮することは難しい。しかし、高分子鎖の中では複数の非共有結合は安定に存在し、高分子の２次から高次構造を支える有用な力を発揮する。逆に高分子鎖も、構造形成を行い物性や機能発現をするために非共有結合を利用している。大きな身体のジンベイザメの周囲に群れている大群の小型の魚のように、高分子鎖と非共有結合は持ちつ持たれつの関係であり、高分子鎖の中の「非共有結合」と「協同効果」が、天然高分子の構造・物性・機能をもたらしている[1)-3)]。

2　自然界の天然高分子をミメティックする(1)

タンパク質や多糖類、そして、DNAなどの天然高分子は、非共有結合を駆使して、植物や動物の体内で構造材料または機能材料として働いている。遺伝情報をもっている細胞内のDNAは、相補的な関係にある２本のDNA鎖が、その側鎖の核酸塩基間で疎水性相互作用と水素結合、そしてvan der Waals力を利用して、２重ラセン構造を形成している。細胞分裂時には、その２本鎖が解けて２本の１本鎖DNAに分かれ、そのそれぞれのDNA鎖を鋳型として相補的な関係をもった新たなDNA鎖が生成し、分裂した新しい２つの細胞内にそれぞれ２重ラセン構造のDNAが格納される。２本鎖が解けて２本のDNA鎖に分かれる現象は、試験管の中でも再現することができる。２重ラセン構造をもったDNAの水溶液の260 nmにおける光の吸光度の温度依存性を調べると、ある温度になると急激に吸光度が上昇することが観察される[4)]。この変化は、低温では２本鎖を形成していたDNAが、ある温度以上に温められると１本鎖に分かれることを示している。冷却速度にもよるが、この温度変化による２本鎖の形成と解離は可逆的であって、遺伝情報を継承するDNAの重要で基本的な特性である。

このDNAの基本特性のように、温度変化に対して高分子間コンプレックスの形成と解離を示すポリマーがある。水溶性を示すポリアクリルアミド(PAAm)とポリアクリル酸(PAAc)である。両者は、それぞれ水素結合性ドナーとアクセプターとして選ばれ(**図１**(a))、水溶液中で混合すると水素結合性コンプレックスを形成し沈殿を起こす[5)6)]。PAAmとPAAcが水素結合を介して複合体を形成するところはDNAと同じであるが、これらの合成ポリマーの主鎖には極性基が存在しないために、DNAのように複合体を形成しても水に溶解することはなく固体沈殿として水から析出する。しかし、この懸

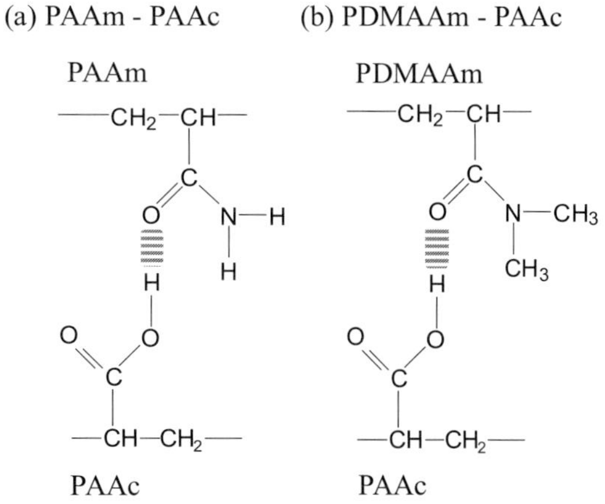

図１　Hydrogen-bonded polymer complexes.

濁水溶液を加温すると25℃付近から溶解しはじめる。この非相溶から相溶に変化するときの温度を、上限臨界共溶温度(upper critical solution temperature, UCST)と呼ぶ。PAAmは、PAAcとの間の水素結合を水分子との相互作用に使い、水に溶解することを選ぶ。PAAcも同じであり、白く濁っていた水溶液が透明になる。このPAAm-PAAc間の水素結合性高分子間コンプレックスの形成と解離は、モノマーであるアクリルアミドとアクリル酸を混合した場合には観察されず、ポリマー化することにより認められる現象である。これは、ジッパー効果として説明することができる[7)8)]。ジッパーは、2本のテープにそれぞれエレメント(務歯)が密に固定されている(**図2**)。1個のエレメントは、独立した別のエレメントと噛み合って互いに結合できる構造になっている。しかし、このエレメント自体がテープに固定されていないと、結合したエレメントが何対あろうと、ジッパーを閉じる役割を果たせない。ここで重要なのは、エレメントがテープに一定間隔で密に固定されていることである。これにより、スライダーを使って結合したエレメント対の隣なりのエレメントも結合相手のエレメントと容易に接近することが可能となり、速やかにエレメント対を形成することができ、この結合機序が連続して繰り返し起こり、ジッパーが閉じられる。ポリマーの場合、モノマーが共有結合でつながれていることが、“エレメントがテープに一定間隔で密に固定されていること”に相当する(**図3**)。たとえば、複数のAAmが共有結合でつながれてポリマー化することにより、AAmが水中を拡散することを抑制している。これはポリマー化した1つの効果である。ポリマー鎖中のi_A番目のAAmユニットが、ポリマー化したPAAcのj_C番目のAAcユニットと水素結合を介して会合体を形成したとする。すぐ隣なりの$i_A + 1$番目のAAmユニットと$j_C + 1$番目のAAcユニットは自ずと接近することとなり、同じく水素結合性のAAm-AAc会合体を形成し、その次のユニットもそしてさらにその次のユニットも、次々と会合体を形成することとなる。この事象で大切なことがある。PAAm-PAAc間には、ジッパーのスライダーに相当する目に見える物は存在しない。$i_A - 2$番目や$i_A - 1$番目も含んだi_A番目までのAAmユニット

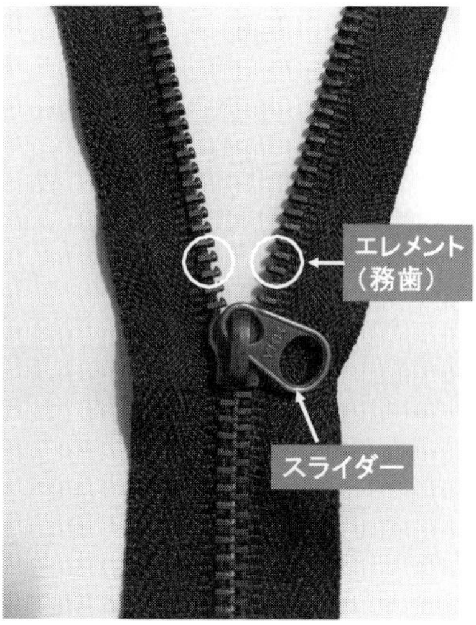

図2　Structure of a zipper (fastener).

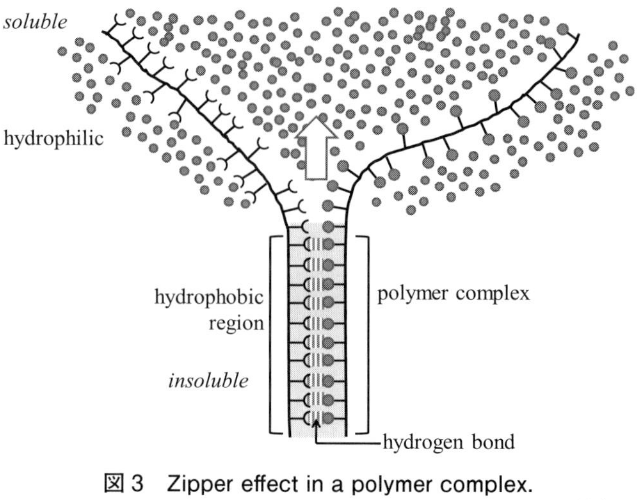

図3　Zipper effect in a polymer complex.
※口絵参照

がj_C－2番目やj_C－1番目も含んだj_C番目までのAAcユニットと水素結合性の会合体を形成していると、その会合体は水分子が排除された疎水性領域となる。水分子との相互作用を保持しているi_A＋1番目のAAmユニットとj_C＋1番目のAAcユニットにとっては、両者の物理的な接近だけでなく、i_A番目までのAAmユニットとj_C番目までのAAcユニットが作り出した疎水性領域により、水分子との相互作用を放棄して水素結合性AAm-AAc会合体を形成しやすくなる。水中での安定な水素結合形成に疎水性相互作用が寄与している。この複数の種類の非共有結合が、ポリマー化した分子鎖内に作用しAAmユニットとAAcユニットどうしの引力として働くから、ジッパーのスライダーが必要ない。これが、ポリマー化したもう1つの効果であり、協同効果が現れ引力が自発的に働くのでスライダーの代わりをしているとも換言できる。

一方、PAAm-PAAcの水素結合性コンプレックスは、水中で、約25℃までは沈殿として観察できるが、この温度以上に加温するとコンプレックスの沈殿が溶解して透明な水溶液になる。PAAm-PAAc間の水素結合は25℃くらいまでは安定に形成するということを示している。ポリマー鎖中の協同効果が作用しているにもかかわらず、なぜ、PAAm-PAAc間の水素結合はこれほど安定ではないのか？

それは、PAAmとPAAcの側鎖の構造に理由がある。両者の側鎖は、**図4**に示すように、ともに2量体を形成することができる。PAAmとPAAcは、それぞれ水素結合性ドナーとアクセプターとして選んだと書いたが、PAAmどうし、そして、PAAcどうしで自己会合も形成する。このことが、PAAm-PAAc間の高分子鎖間コンプレックスの形成を不十分な状態にし、25℃という比較的低い温度で解離してしまう原因となる。事実、PAAmの代わりに、PAAmの

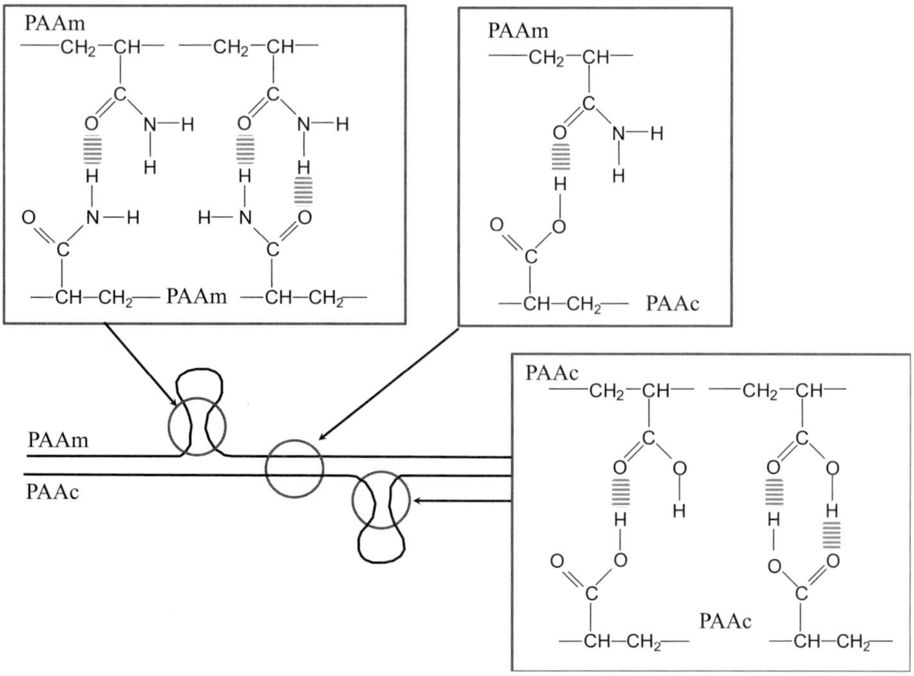

図4　Hydrogen-bonded polymer complexes between PAAm and PAAc.

側鎖の窒素原子に結合している2つの水素原子をそれぞれメチル基に置換したpoly(*N,N*-dimethylacrylamide)(PDMAAm)をPAAc水溶液に混合すると、形成した白色沈殿は、約80℃に加熱しても析出したままで水に溶解することはない(図1-(b))[9]。つまり、ポリマー鎖の自己会合性がいかに高分子間コンプレックスの効率を悪くしているかが理解できる[10)11)]。一方で、水溶液のpHがPAAcのpKa付近以上になると、これらの高分子間コンプレックスは形成しなくなる。PAAcが水素結合性ドナーとして働いている証拠でもあると同時に、生理条件下で再現できない問題点でもあった。

そこで、核酸の構造にならって、核酸塩基のウラシル基を側鎖に有するポリマー(poly(6-(acryloyloxymethyl)uracil)(PAU), **図5**)を合成した[12]。ウラシル基は、水素結合性のドナー基とアクセプター基を併せもっていることから、自己会合性を発現することを期待した。すると、精製水中だけでなく、pH7.4のバッファー中でも、水素結合性高分子コンプレックスの形成と解離の温度依存性を観察することができた。PAAm-PAAc系のように水素結合性ドナー基とアクセプター基の役割を分けた2種類のポリマー混合系では、自己会合性は、高分子鎖間コンプレックスを形成するうえでマイナスの要素となる。PAUの系は、ウラシルが水に対する溶解性が高くはないという性質もあり、積極的に自己会合性を取り入れてUCST型相分離挙動を実現した例であり、その後、いろいろな側鎖の構造を有するポリマーによるUCST型相分離挙動が報告されている[13]。

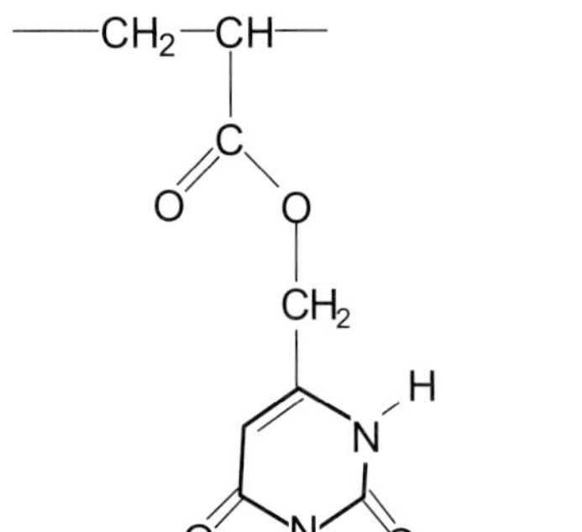

図5 Structural formula of poly(6-(acryloyloxymethyl)uracil)(PAU).

3 自然界の天然高分子をミメティックする(2)

妊婦が服用していたサリドマイドには不斉炭素があり、1979年にはS-(L)-thalidomideに催奇形性を誘発する可能性が報告された。以前、「その後、S-(L)-、R-(D)-thalidomideの間に催奇形性の誘引に差が認められないことや、もしR-(D)-体のみを服用していたとしても、体内でラセミ化が生起してしまうことなどが報告され、この惨事における因果関係はいまだに定かではない」と記した[14]。しかし、Handaらは、Kawaguchiの微粒子[15]を応用して、サリドマイドを固定化したアフィニティ精製用担体を調製し、この微粒子担体に結合する因子が、セレブロン(cereblon)とdamage-specific DNA binding protein1(DDB1)の2種類のタンパク質であることを発見した[16]。サリドマイドに対しセレブロンが直接結合し、そのセレブロンにDDB1が結合して複合体を形成することもわかった。もともと、セレブロン-DDB1複合体は、細胞内で不必要となったタンパク質にマーカーを付けるための固定台のような役割を担っていて、その複合体のセレブロンが不要タンパク質と結合する部位をもっている。ところが、その不要タンパク質が結合するセレブロンの部位にサリドマイドが結合し、サリドマイドを介して、本来結合すべきでないタンパク質がこの複合体に結合する。これにより、間違った情報が伝達され、異常な遺伝子発現につながったものと理解され、セレブロンにサリドマイドが結合したことが催奇性の原因であると結論づけられた。結晶構造解析から、サリドマイドのグルタルイミド基がセレブロンの疎水性ポケットに入り込み、フタルイミド基が外を向くように、両者が結合することが明らかになった[17]。つい最近、S体のサリドマイドが、R体より10倍強く結合することが報告されている[18]。1960年代に発生した「サリドマイド事件」が、右手と左手の化学物質の存在を強く意識させるきっかけになっている。

アミノ酸についてみてみると、総じてD体は甘みを呈するが、L体は甘みを感じさせない。タンパク質には、たとえば、右手には右手用の手袋に相当する空間が存在し、アミノ酸のような低分子に対しても、光学活性な性質を識別する能力を持ち合わせている。タンパク質そのものも、L体のアミノ酸から構成されている。しかし、D-アスパラギン酸(Asp)やD-セリンなどのD体アミノ酸が体内には存在し、加齢とともにその存在比率が高くなっていく[19]。たとえば、目の水晶体は、細胞が脱核して繊維化したもの[20]であるが、紫外線などの光を受け続けると、水晶体に含まれるタンパク質にも異常が起こる可能性が高く、高齢者の水晶体に含まれるタンパク質のアミノ酸分析、とくに、光学異性体分析を行うと、加齢とともに水晶体の中でD-Aspが生成していることがわかった[19]。水晶体の主成分のαA-クリスタリンの58残基と151残基のAspが高い割合でL体からD体に変化していた[21]。D-Aspに変化することで、タンパク質の2次から高次構造が変化することは容易に想像され、白内障の原因とも考えられている。もともとD-Pheが含まれている興奮性神経伝達物質のペプチドも知られている[22]。天然高分子のもつ不斉分子識別能や光学活性なアミノ酸によるタンパク質の立体構造

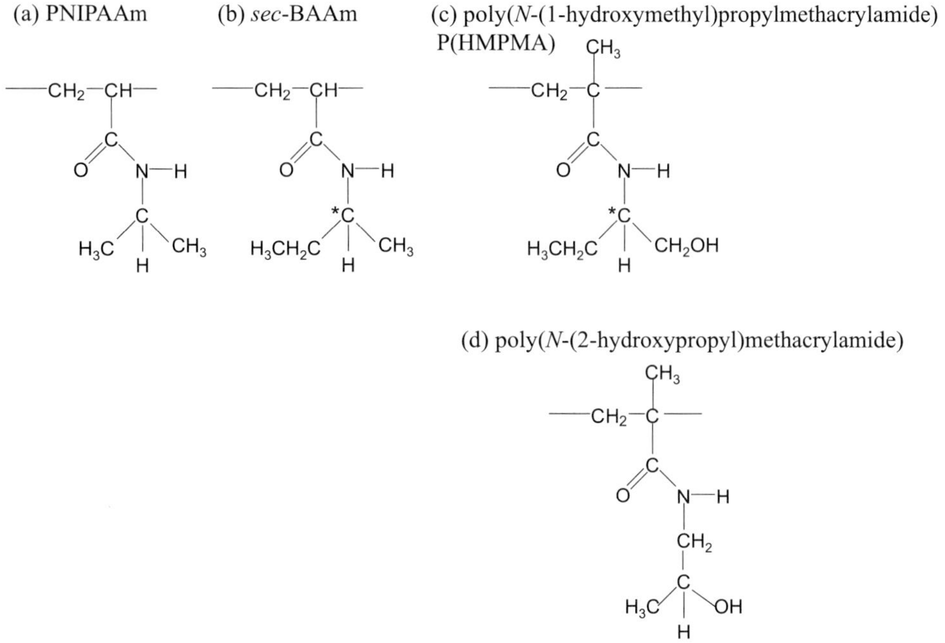

図6　Structural formulae of (a) PNIPAAm, (b) *sec*-BAAm, (c) P(HMPMA), and (d) poly(*N*-(2-hydroxypropyl) methacrylamide)

に与える影響などを考えると、キラルなモノマーからポリマーを合成し、そのポリマー鎖の高次構造や水和挙動などに与える影響を調べることも、重要な研究課題であると思われる。

タンパク質は、熱、pH、そして尿素などにより、その高次構造だけでなく2次構造が変化し、これらを総称して変性と呼ぶ。そして、タンパク質が加熱変性し水に不溶化する現象と似たような脱水和挙動を示す合成ポリマーがある。Poly(*N*-isopropylacrylamide)(PNIPAAm)(**図6**(a))である。このポリマーは水溶性であるが、32℃付近から水に不溶化し、その水溶液は透明から白濁状態に変化する。この構造転移する温度を、下限臨界共溶温度(lower critical solution temperature, LCST)と呼ぶ。この変化はタンパク質の熱変性とは異なり、冷却すると再び水に溶解する可逆性のある水和-脱水和挙動であるが、タンパク質の熱変性モデルとしてもみなされている。PNIPAAmが水から相分離するのは、32℃で側鎖のisopropyl基にネットワーク構造を形成して疎水性水和していた水分子が、その構造を崩壊させ、これと同時に生じるisopropyl基と主鎖構造も含めたポリマー鎖全体の疎水性凝集によるものである。つまり、水環境下で水が支配する疎水性相互作用の発現がポリマー鎖の溶存状態を決定しており、疎水性凝集したポリマー鎖は、32℃以下で冷却されることによって水分子により再び疎水性水和され、水に溶解できるようになる。この現象を左右する相互作用は疎水性相互作用のみであるので、昇温と降温に対してヒステリシスは伴わない。

PNIPAAmは不斉炭素をもたないが、天然のタンパク質はL体のアミノ酸から構成されている。このPNIPAAmに不斉炭素を導入したらどのような相分離挙動を示すのであろうか。側鎖に不斉炭素を発生させるためにisopropyl基の1つのメチル基をエチル基にした*sec*-butyl基を側鎖に有するモノマー(*sec*-BAAm, 図6(b))を合成した[23]。このモノマーは水に不溶であったため、NIPAAmとのコポリマーを合成した。同じ組成比のR体ユニットとS体ユニットをそれぞれ含んだ2種類のコポリマーは、同じLCST挙動を示し、不斉炭素の効果が相分離挙動に現れることはなかった。むしろ、コポリマーの中で疎水性コモノマーとして作用しただけであった。そこで、さらにモノマーの構造を変え、ホモポリマーでLCST型相分離挙動を示すキラルポリマーの調製を行った。

モノマーである*sec*-BAAmが水に不溶であったため、この側鎖に極性基であるOH基を導入した*N*(L)-(1-hydroxymethyl)propylmethacrylamide(L-HMPMA, 図6(c))を合成した[24]。このモノマーの側鎖の炭素数が1つ少ないポリマー、poly[*N*-(2-hydroxypropyl)methacrylamide](Scheme 6-d)の研究が、Kopečekらによって長年行われていた[25)26)]。彼らのポリマーは水溶性であり、ドラックキャリアーの幹ポリマーとして研究開発が現在も精力的に進められている。そして、疎水性コモノマーとのコポリマー化することによりLCST様相分離挙動を示すという情報を得ていたことから、我々が分子設計していた炭素数が1つ多いL-HMPMAのホモポリマーが、温度上昇に伴って相分離を生起するであろうと予想ができていた。実際、P(L-HMPMA)を合成して、500 nmの可視光におけるポリマー水溶液の透過率を測定して、その水和挙動を調べた。我々は、ある温度に恒温槽の温度を上げた場合に、上げた温度でその水溶液の吸光度が上昇しないことを、時間をかけて確かめてから次の温度に設定し、昇温する速度が透過率変化に反映されないように心がけて測定した。冷却する場合も同様に操作している。P(L-HMPMA)水溶液は30℃までは透明で、ポリマーは水に溶解していた。この温度を超えると水溶液の吸光度がほんの少し上昇しはじめたので、その温度よりポリマー水溶液の透過率の減少を注意深く追跡した。時間はかかるが、しかし、光の透過率は0％に到達し、30℃を超えると明確な界面をもった固体沈殿が形成された。この沈殿は、60℃に上げても安定に水中に存在した。さらには、冷却しても容易には水に再溶解することはなかった。20℃くらいまでポリマー水溶液の温度を下げて、ようやく沈殿は溶解しはじめ、17℃くらいでポリマー水溶液の透過率は100％にまで戻り、昇温と降温での脱水和-水和挙動には、明らかなヒステリシスが認められた。このことは、水分子による疎水性水和に助けられ溶解し、ポリマー鎖の疎水性凝集により脱水和する機構に基づいているPNIPAAmなどのヒステリシスのないポリマーのLCST型相分離挙動と異なっていることを意味している。P(L-HMPMA)もまた、疎水性水和して水に溶解していると考えられるが、ただ疎水性水和のみに頼っているわけではない。水溶液の円二色性(circular dichroism：CD)曲線から、溶解しているポリマー鎖は、ランダムコイル状態ではなく、自発的に構造形成した状態であることが考えられた[27)28)]。P(L-HMPMA)の構成繰り返し単位構造を有する*N*-(L)-(1-hydroxymethylpropyl)-2-methylpropionamideを合成して、同じくCD測定を実施し、そのCD曲線を比較した。このモデル化合物の場合、アミド基のC＝Oに由来する213 nmと192 nmにそれぞれ負と正の小さい吸収を示したが、P(L-HMPMA)では、より高波長側の223 nmと197 nmにそれぞれ負と正の大きい吸収が観察され、異なるCD曲線であった[26)]。すなわち、P(L-HMPMA)で確認されたCD曲線は、構成繰り返し単位の構造がもつキラリティーに由来するものではなく、ポリマー化することによって形成された構造に由来している可能性を強く示唆していた。ただし、P(L-HMPMA)のアミド基は側鎖に存在しているので、得られたCD曲線から、たとえば、タンパク質のようにαヘリックスを巻いているというような主鎖の構造について理解するには、もう少し検討が必要である。いずれにせよ、ポリマー鎖を構成している光学活性なL-HMPMAユニットが分子内そして分子間で、アミド基とOH基による水素結合を介して安定な構造を保持した状態で、水中に溶存していると考えられる。

比旋光度が「0」であるラセミ体のDL-HMPMAをフリーラジカル重合して得られたP(DL-HMPMA)は同じく水溶性ポリマーであったが、水溶液の濁度を生じる温度が34℃であり、P(L-HMPMA)より高い温度で相分離を生起し、P(L-HMPMA)より親水性のポリマー鎖であることがわかった。白濁の水溶液を光学顕微鏡で観察すると、ポリマーが水からオイルアウトしたポリマー濃厚溶液を作り、液-液相分離状態であることがわかり、P(L-HMPMA)のそれとは大きく異なっていた。濁度を生じている水溶液を冷却すると、相分離を起こした34℃で再び水に溶解して透明になり、加温-冷却過程によるヒステリシスはなかった。さらには、これらの水和-脱水和挙動にかかる時間は短く、P(L-HMPMA)が時間をかけて固体沈殿を作って相分離し、冷却時には時間をかけて固体沈殿が再溶解する水和-脱水和挙動とは明らかに相違があった。P(DL-HMPMA)は、D-とL-HMPMAの配列がランダムなコポリマーであると考えられ、D体とL体の不斉炭素の近くに位置するアミド基やOH基などは、安定な相互作用を維持できる距離まで接近することが困難で、水和サイトとして作用し続けていると思われる。この状態で、温度が上昇した場合、疎水性水和した領域で水素結合性ネットワーク構造を形成していた水分子がその構造を崩壊させポリマーの疎水部が露出する状態になるので、部分的に水和を維持しながらもポリマー鎖が疎水性凝集を余儀なくされ、液-液相分離を生起する。一方、L-HMPMAのみから構成されるP(L-HMPMA)のアミド基やOH基は、ポリマー鎖が折りたたまれると相互作用するのに十分な距離にまで接近でき、水和サイトとしてではなく、ポリマー鎖の折りたたまれた構造内でこれら官能基間の相互作用が保持されて構造化される。そして、ポリマー鎖全体として最小の水和量で可溶化していると解釈される。両者のポリマーの水中での構造転移(水和-脱水和過程)の熱の出入りを高感度DSCで測定すると、大変興味深い結果が得られる[27)28)]。タンパク質の熱変性過程の部分熱容量の差(ΔCp)は正の値を示す。これは、熱変性を起こす前の天然の未変性の構造時には水は良溶媒であり、熱変性後ではタンパク質は水中でより不安定な構造となっていることを示している。PNIPAAmのΔCpは負の値である。これは、PNIPAAmにとって水は貧溶媒であり、水に溶解している状態より水から相分離していたほうが安定することを示している。P(L-HMPMA)とP(DL-HMPMA)の熱容量変化を調べると、両者のΔCpは負の値であるが、P(L-HMPMA)のその絶対値はP(DL-HMPMA)のそれより小さい値であって、水中に溶存している状態が相対的に安定であることを意味していた。タンパク質ほどではないので強調すべきではないのだが、このキラルなポリマーは、水中で安定化構造をとって溶存しており、タンパク質様のポリマーであろうといえる。

これら一連の温度変化に応答したポリマー水溶液の濁度変化は、化学架橋したポリマーゲルにおいてもそれぞれ同様に観察され、たとえば、膨潤時にはともに透明であったゲルが、収縮時にはP(L-HMPMA)では白色を呈し、P(DL-HMPMA)では透明であった[27)]。また、同じ架橋剤濃度で調製したPNIPAAmゲルとその平衡膨潤度を比較すると、P(L-HMPMA)ゲルとP(DL-HMPMA)ゲルの10℃での膨潤度が、PNIPAAmのそれの30%ほどの小さい値であった。このことは、2種類のP(HMPMA)ゲル内で水素結合性の物理架橋点も存在していることを示唆するものであった。さらに、このP(HMPMA)ゲルの間で比較をすると、P(L-HMPMA)ゲルがより狭い温度幅で収縮し、ポリマー水溶液の500 nmにおける透過率測定の結果と一致するものであった。

不斉炭素をポリマー鎖内に導入することにより、水中での溶存状態、水和-脱水和挙動、そして熱変性時の固体沈殿の状態などにおいて、タンパク質の熱変性を再現できていると考えられる。不斉点がつくる小さな空間では、van der Waals力も有効に働き、これに水素結合や疎水性相互作用が加わって安定な構造をとりうる。ポリマー側鎖の不斉点ではあるが、これがポリマー鎖全体の構造やポリマー鎖間の相互作用をも左右することが理解できた。しかし、アミノ酸との相互作用を調べても、有意な不斉分子識別能を発現しないので、タンパク質をミメティックしているとは、とても言い難い。調べなければならない課題が多く残ったままである。

4 おわりに

ポリマー化することによって現れる協同効果と水素結合を利用したUCST型相分離挙動と、側鎖にキラルなOH基を有するポリマーのLCST型相分離挙動について記した。天然高分子がある固有の構造を形成するのも、その構造が何らかの条件の変化により転移を起こすのも、そして転移後の変性構造が可逆的にもしくは不可逆的に形成されるのも、ポリマー鎖中の非共有結合が果たす役割は大きい。ポリマーを分子設計する際に、こうした非共有結合の作用を考慮し有効に働かせることによって、天然高分子のように精密で精巧にできた機能性材料を獲得できると考えている。

「刺激応答性高分子」なる概念が提唱されてから[29)-32)]、30 年近くが経とうとしている。この 30 年間に人間が作り上げげた技術によって、世界を取り巻く状況は大きく変化している。そのなかでもポリマー関連について目を向ければ、1990 年代以降、新規ポリマーの登場が一段落し、汎用性プラスチックがガラスや金属に代わる容器として大量に利用され、機能性繊維素材の商品開発なども盛んに行われている。しかし、その一方で、プラスチックによる海洋汚染は深刻で、ポリ袋や PET ボトルなどのプラスチックを使用しない社会の流れが欧米諸国を中心にできつつある。つい最近、イギリス王室が、王室領地内での使い切りストローなどのプラスチック製品の使用を禁止することを宣言した。世界のプラスチックに対する動向をみていると、フィルムや繊維などに成型加工されたプラスチックが、温度や光などによってその形状を崩壊させ、次のフィルムや繊維に再利用できるような分子設計も考えなければならない。作ることを意識してきた「刺激応答性高分子」が、時代の変化に応答して、地球環境の負荷を軽減する素材のための概念としても貢献するときが来ているように感じる。

我々は、冬の厳しい寒さから解放された安堵感もあって、満開となった桜を観て癒される。この桜の花びらが散りはじめると、観られなくなる寂しさと、今年一年の始まりが告げられたような感じを受ける。しかし、散った桜の花びらが、河川や海に流れて汚染の原因になったという話を聞いたことがない。天然高分子は、季節を感じることができるだけでなく、役割を終えたあとのことも考えている。

文　献

1) 日本化学会編：高分子の相互作用と機能，学会出版センター（1977）.
2) 日本化学会編：分子集合体-その組織化と機能，学会出版センター（1983）.
3) 高分子錯体研究会編：高分子集合体「高分子錯体」，学会出版センター（1983）.
4) J. D. Watson, N. H. Hopkins, J. W. Roberts, J. A. Steitz and A. M. Weiner：The replication of DNA, pp.282-311, in Molecular Biology of the Gene（4th Edition）, Benjamin/Cummings Publ. Co., Menlo Park, CA（1986）.
5) H. Katono, A. Maruyama, K. Sanui, N. Ogata, T. Okano and Y. Sakurai：*J. Contr. Rel.*, **16**, 215（1991）.
6) H. Katono, K. Sanui, N. Ogata, T. Okano and Y. Sakurai：*Polym. J.*, **23**, 1179（1991）.
7) 上遠野浩樹，緒方直哉：膜，**17**，238（1992）.
8) 本当はファスナー効果と呼ばなければいけないのかもしれない．ジッパーは 1921 年に米国のメーカーが命名した商品名であり，1891 年に考案された原型がファスナーと呼ばれ現在に至っている（YKK ホームページ https：//www.ykk.co.jp/japanese/ykk/mame/fas_01.html "「ファスナー」と「チャック」と「ジッパー」の違い"）.
9) T. Aoki, M. Kawashima, H. Katono, K. Sanui, N. Ogata, T. Okano and Y. Sakurai：*Macromolecules*, **27**, 947（1994）.
10) 青木隆史，讃井浩平，緒方直哉，丸山暢子，大島広行，菊池明彦，桜井靖久，岡野光夫：高分子論文集，**55**，225（1998）.
11) T. Shibanuma, T. Aoki, K. Sanui, N. Ogata, A. Kikuchi, Y. Sakurai and T. Okano：*Macromolecules*, **33**, 444,（2000）.
12) T. Aoki, K. Nakamura, K. Sanui, A. Kikuchi, T. Okano Y. Sakurai and N. Ogata：*Polym. J.*, **31**, 1185（1999）.
13) （a）H. Tsutsui, M. Moriyama, D. Nakayama, R. Ishii and R. Akashi：*Macromolecules*, **39**, 2291（2006）.
（b）H. Dai, Q. Chen, H.Qin, Y. Guan, D. Shen, Y. Hua, Y. Tang and J. Xu：*Macromolecules*, **39**, 6584（2006）.

(c) M. Yang, C. Liu, Z. Li, G. Gao and F. Liu : *Macromolecules*, **43**, 10645 (2010).
(d) U. Gulyuz and O. Okay : *Macromolecules*, **47**, 6889 (2014).
(e) J. Seuring and S. Agarwal : *Macromolecules*, **45**, 3910 (2012).
(f) N. Shimada, M. Nakayama, A. Kano and A. Maruyama : *Biomacromolecules*, **14**, 1452 (2013).
14) 青木隆史：キラルゲル，pp. 45-53, 高分子ゲルの最新動向，シーエムシー，柴山充弘，梶原莞爾 編 (2004).
15) H. Kawaguchi, A. Asai, Y. Ohtsuka, H. Watanabe, T. Wada and H. Handa : *Nucleic Acids Res.*, **17**, 6229 (1989).
16) 伊藤拓水，安藤秀樹，半田宏：化学と生物，**49**, 819 (2011).
17) P. P Chamberlain, A. Lopez-Girona, K. Miller, G. Carmel, B. Pagarigan, B. Chie-Leon, E. Rychak, L. G. Corral, Y. J. Ren, M. Wang, M. Riley, S. L Delker, T. Ito, H. Ando, T. Mori, Y. Hirano, H. Handa, T. Hakoshima, T. O. Daniel and B. E. Cathers : *Nat. Struct. Mol. Biol.*, **21**, 803 (2014).
18) T. Mori, T.i Ito, S. Liu, H. Ando, S. Sakamoto, Y. Yamaguchi, E. Tokunaga, N. Shibata, H. Handa, and T. Hakoshima : *Sci. Reports*, **8**, 1294 (2018).
19) P. M. Masters, J. L. Bada and J. S. Zigler Jr : *Nature*, **268**, 71 (1977).
20) 江口吾朗：水晶体の構造，生命科学の基礎 3，形態形成，東京大学出版 (1977).
21) 藤井紀子：化学と生物，**35**，346 (1997).
22) Y. Kamatani, H. Minakata, P. T. M. Kenny, T. Iwashita, K. Watanabe, K. Funase, X. Ping Sun, A. Yongsiri, K. H. Kim, P. N.-Li, E. T. Novales, C. G. Kanapi, H. Takeuchi and K. Nomoto : *Biochem. Biophys. Res. Commun.*, **160**, 1015 (1989).
23) T. Aoki, T. Nishimura, K. Sanui and N. Ogata : *React. Funct. Polym.*, **37**, 299 (1998).
24) T. Aoki, M. Muramatsu, T. Torii, K. Sanui and N. Ogata : *Macromolecules*, **34**, 3118 (2001).
25) J. Kopeček and H. Bažilová : *Eur. Polym. J.*, **9**, 7 (1973).
26) J. Yang and J. Kopeček : *Curr. Opin. Colloid Interface Sci.*, **31**, 30 (2017).
27) T. Aoki, M. Muramatsu, A. Nishina, K. Sanui and N. Ogata : *Macromol. Biosci.*, **4**, 943 (2004).
28) Y. Seto, T. Aoki and S. Kunugi : *Colloid Polym. Sci.*, **283**, 1137 (2005).
29) K. Ishihara, N. Muramoto and I. Shinohara : *J. Appl. Polym. Sci.*, **29**, 211 (1984).
30) A. S. Huffman, A. Afrassiabi and L. C. Dong : *J. Contr. Rel.*, **4**, 213 (1986).
31) Y. H. Bae, T. Okano, R. Hsu and S. W. Kim : *Makromol. Chem., Rapid Commun.*, **8**, 481 (1987).
32) R. F. S. Freitas and E. L. Cussler : *Chemical Engineering Science*, **42**, 97 (1987).

応用編

第１章　温度応答性
第５節　温度応答性ポリリン酸エステル

関西大学　岩﨑 泰彦

1　ポリリン酸エステル(PPE)

リン酸エステル結合を主鎖にもつポリリン酸エステル(PPE、図１(a))は、一般にチャー形成系の難燃材として機能することが知られている[1)]。その一方で、核酸の主鎖と同様な構造を有することから、近年、新たな生分解性ポリマーとしてバイオ分野での応用に関する研究も進められるようになった[1)-3)]。PPEはその構造の類似性から、ポリリン酸(polyP、図１(b))と比較される。polyPは、いうまでもなくリン酸が重合した天然無機高分子であり、血小板や骨芽細胞に多く含まれる[4)5)]。polyPはリン酸ナトリウムを数百℃で加熱縮合することで化学合成によっても得られる。生体内にはさまざまな分子量のpolyPが存在し、アデノシン三リン酸(ATP)の再生、血栓形成、炎症、骨再生などに関わっている[6)]。これに対し、PPEはリン酸が炭化水素リンカーでつながっており、polyPと異なるP-O-C結合を主鎖にもつ。PPEにはP-O-C結合を３つもつトリエステル体、同結合を２つもジエステル体、さらにそれらを分子内に併せもつものが存在する。とくに、デオキシリボ核酸(DNA)やリボ核酸(RNA)が主鎖にリン酸のジエステル結合をもつため、PPEは、生体に適合することが期待され、細胞毒性が低いこともいくつかの先行研究で明らかにされている[7)8)]。また、典型的な生分解性ポリマーの主鎖に含まれるエステル結合やアミド結合に比べPPEはP＝Oのほかに３つの結合サイトをもつ。すなわち、主鎖に用いられる２つの結合サイトを使用してもほかにもう１つの結合サイトが残るためさまざまな置換基を導入することが可能である。脂肪族ポリエステルやポリアミドはこれまでにも生分解性ポリマーとして非常に多くの研究が実施され、現在でも合成、修飾、応用の面からさまざまな検討が行われている。一方、PPEについては国内外においてごく限られた研究グループにより研究が行われているのが現状であるが、PPEに他の生分解性ポリマーと異なるユニークな性質が認められている。PPEの医療応用は、過去米国において薬物徐放担体(Paclimer®)としての有効性が検証されている。Paclimer®はD, L-ラクチドとエチルリン酸の共重合とパクリタキセルを成分とし、マイクロパーティクルの形態をとる[9)]。第１相臨床試験においてPaclimer®は原発性腹膜がんおよび卵巣がんの患者の生体内で８週間にわたるパクリタキセルの徐放を可能にした[10)]。しかし、開発企業がそれ以降の臨床研究を休止したため、いまだポリリン酸エステルの臨床応用には至っていない[11)]。

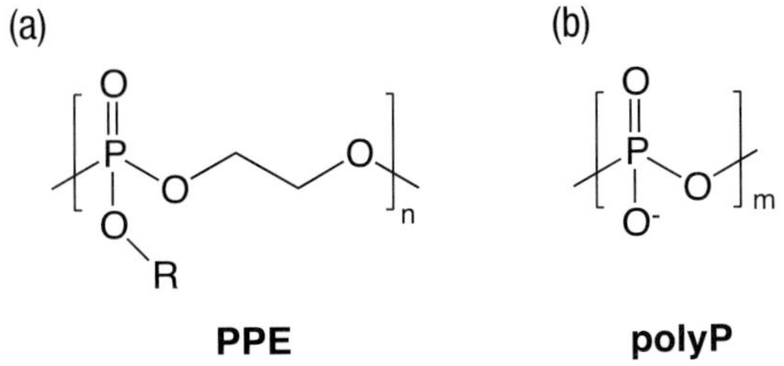

図１　(a)PPEと(b)polyPの構造

一方、ここ十数年でポリリン酸エステルの合成法は格段に進歩し、さまざまな分子形態をもつポリリン酸エステルが合成されている。これにより、分子量分布のきわめて狭いPPEの合成が可能になり、さらに、温度、pH、圧力などの外部刺激に応答するPPEも報告されている。本節では温度応用性PPEについて紹介する。

2　ポリリン酸エステルの精密合成

PPEの合成法についてはこれまでエステル交換反応[12)13)]、開環重合[14)]、重縮合[15)]、酵素重合[16)]、メタセシス反応[17)]など、さまざまな方法が報告されている。なかでもエステル交換反応と開環重合は比較的高分子量のPPEの合成するときに有効である、これらの重合法をまとめたいくつかの優れた成書が出版されているので参照されたい[18)19)]。Troevらは主としてジメチルホスファイトとジオールとのエステル交換反応により、分子量分布の狭いポリ(アルキレンH-ホスホネート)(PAP)が合成されることを見いだした[20)21)]。アサートン・トッド反応を経由してPAPからさまざまな置換基を側鎖にもつPPEを得た。アサートン・トッド反応は化学量論的に進行する反面、反応に塩素ガスや四塩化炭素を使用するため、環境や安全性への配慮が必要となる。一方、Penczekらは環状リン酸エステルモノマーの開環重合によって膨大な種類のPPEを合成に成功した[14)]。環状リン酸エステルモノマーは、**図2**に示すように5員環もしくは6員環の環状リン酸クロリドとアルコールの縮合反応により合成されるのが通例である[22)-24)]。環状リン酸エステルモノマーの開環重合は、当初、アルキルアルミニウムや金属アルコキシドを用いたアニオン開環重合によって行われた[14)]。しかし、金属触媒は高い触媒活性を示す反面、失活しやすく、また、同触媒を用いた重合の制御は困難であり、得られるポリマーの分子量分布は比較的大きくなる。筆者らは、Hedrickらにより報告された有機触媒を用いたポリエステルの合成[25)]を環状リン酸エステルモノマーの開環重合に応用することにより精密なPPEの合成に成功した[26)]。環状リン酸エステルモノマーのひとつである2-イソプロポキシ-2-オキソ-1, 3, 2-ジオキサホスホラン(IPP；図2(a)のRがイソプロピル基)に開始剤の2-ヒドロキシエチル-2'-ブロモイソブチレート(HEBB)と有機触媒である1, 8-ジアザビシクロ5.4.0] ウンデカ-7-エン(DBU)を溶解し、常温で開環重合を行った(**図3**(a))。この重合では有機触媒と水素結合を形成した開始剤の酸素原子が、環状リン酸エステルモノマーのリン原子を求核攻撃して重合が開始される。図3(b)にモノマーと開始剤のモル比を100：1の条件で重合したときの重合時間と収率の関係を示す。擬一次プロットが直線関係($R^2 = 0.99$)になったことから、重合系中の活性種の濃度が一定であることがわかる。また、モノマーの転化率の増加と生成ポリマーの数平均分子量の増加が比例関係になることがわかり、モノマーと重合開始剤のモル比から見積もった理論分子量と実験値が合致していた(図3(c))。さらに、得られたポリマーの分子量分布は金属触媒を用いたときと比べ著しく狭く($M_w/M_n < 1.1$)なった。これらの結果は、有機触媒を用いた環状リン酸エステルモノマーの重合がリビング的に進行することを示している。DBUを触媒として触媒による反応性の違いを比較すると、1, 5, 7-

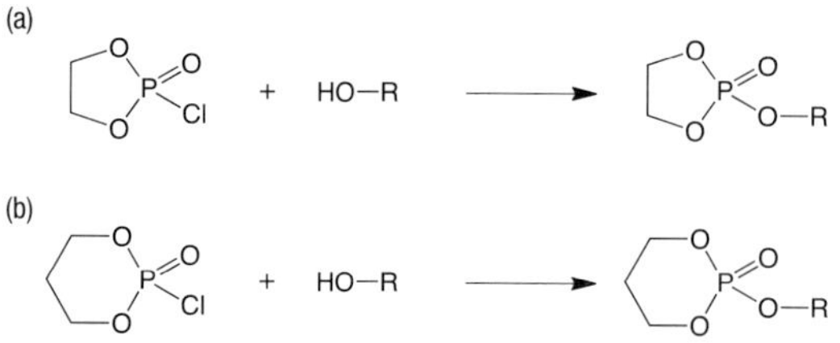

図2　環状リン酸エステルモノマーの合成

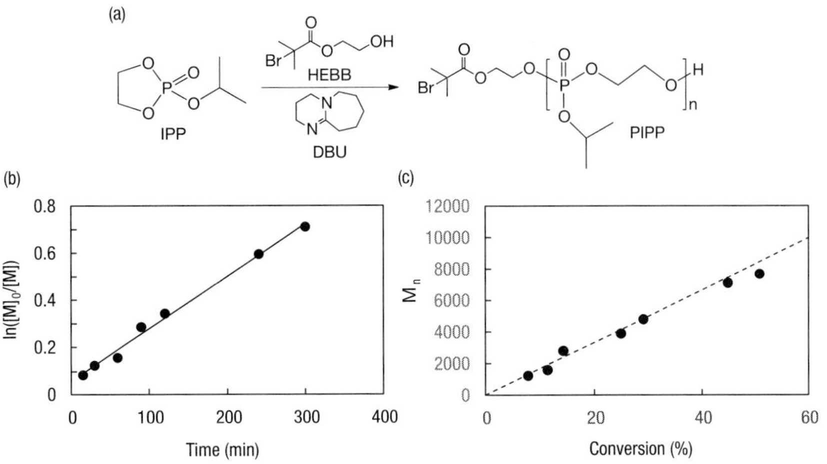

図3　有機触媒を用いた環状リン酸エステルモノマーの開環重合(a)合成スキーム(b)擬一次プロット(c)数平均分子量と収率の関係、(c)の破線は理論値

トリアザビシクロ［4.4.0］デカ-5-エン(TBD)を用いた場合、重合が著しく早く進行した。^{1}H NMR解析によって詳細に検討すると、DBUは開始剤のHEBBとのみ相互作用するのに対し、TBDは開始剤のみならずモノマーであるIPPの開環も促すことがわかった。Jérômeらは有機触媒を用いた環状リン酸エステルモノマーの重合過程について詳細に検討し、上記の有機触媒で60%以上の収率においてエステル交換反応反応にともなう分子量分布が増大することを指摘した[27]。DBUやTBDにチオウレアを添加し、開始剤と相乗的に環状リン酸エステルモノマーを活性化することで、60%を超える高収率の領域においても分子量が狭く維持されることを明らかにした。

最近、Wooleyらは有機触媒を用いたオキサザホスホリジンモノマーの精密開環重合を報告している[28]。この方法により得られたポリホスホロアミダイトは酸性環境下で加水分解が促進されるため、pH応答性ポリマーとして今後の展開が興味深い。有機触媒を用いたPPEが報告されて以降に国内外で報告されている開環重合によるPPEの合成のほぼすべてに有機触媒が利用されており、PPEの合成における本手法の有用性をうかがうことができる。

3　ポリリン酸エステルの温度応答性

一般に脂肪族ポリエステルは含ハロゲン溶媒に容易に溶けるが、水やメタノールなどの極性溶媒に溶解しない。一方、ポリリン酸エステルの溶解性は、側鎖の官能基に依存するものの、含ハロゲン溶媒に易溶であるだけでなく、アルコールなどの極性溶媒にも良好に溶解する。また、2-アルコキシ-2-オキソ-1, 3, 2-ジオキサホスホランの重合体では側鎖のアルコキシ基がメトキシ基およびエトキシ基の場合、水にも溶解する。

さらに興味深いことに、筆者らは単純なアルコキシ基を側鎖にもつポリマーの水溶液が生体温度(37℃)付近で温度上昇に伴い相分離することを見だした[29]。有機触媒を用い異なる重合度をもつポリ(IPP)(PIPP)を合成し、1 wt%の水溶液を作成した。**図4**(a)に1 wt% PIPP(DP = 32)溶液を20℃および40℃で静置した写真を示す。20℃では水溶液は透明であるのに対し、40℃では白濁した。白濁したポリマー溶液を光学顕微鏡で観察した像が図4(b)である。

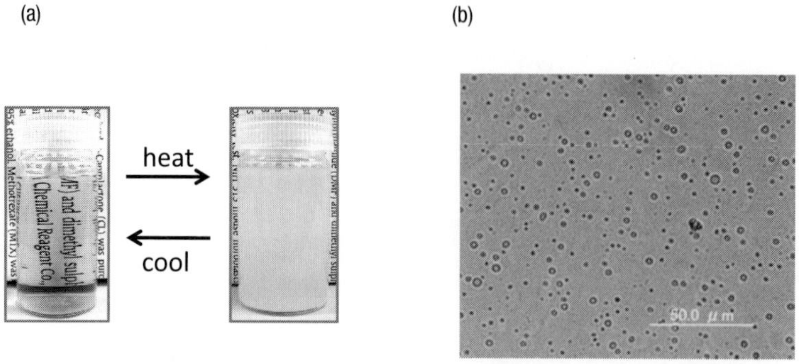

図4　ポリリン酸エステルの温度応答性(a)PIPP(DP = 32)水溶液(1 wt%)の温度変化に伴う相転移現象(b)昇温時(白濁時)におけるポリマー水溶液の顕微鏡写真

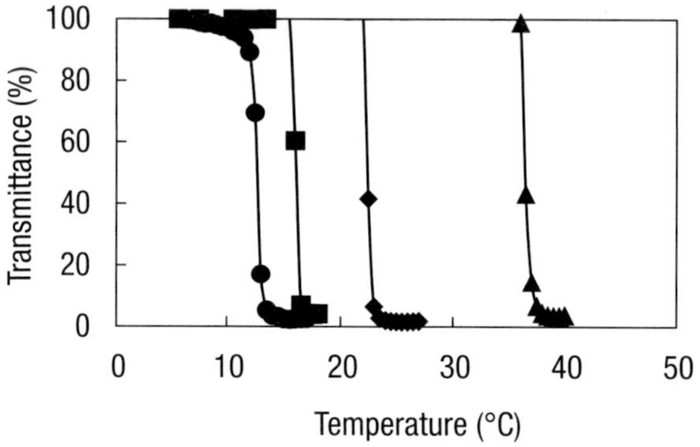

図5　PIPP 水溶液(1 wt%)の相転移と分子量の関係●：PIPP(DP = 50)■：PIPP(DP = 48)◆：PIPP(DP = 32)▲：PIPP(DP = 13)

無数の液滴が観察されることから、相転移温度以上ではコアセルベートが形成されることがわかる。**図5**に重合度の異なるPIPPの水溶液の温度に対する濁度変化を示す。分子量が大きくなるにつれ相転移温度が低下した。ポリマーの相転移温度は分子量以外にもポリマー濃度、側鎖の極性、イオン強度に依存して変化した。コアセルベート形成に分子運動性の関係を明らかにするために、ポリマーの主鎖と側鎖のプロトンの緩和時間を測定した。その結果、スピン-格子緩和時間(T_1)とスピン-スピン緩和時間(T_2)は温度上昇とともに増加したが、下限臨界溶液濃度(LCST)を起点とする顕著な変化は認められず、相分離現象と無関係にポリマーの運動性は温度上昇にともない大きくなった。昇温によって生じたコアセルベートをしばらく静置すると、ポリマーの濃縮相(下層)と希薄相(上層)の二相に分離した。純水とポリリン酸エステル($PI_{24}E_{76}$；**図6**(a))の水溶液に疎水性物質Nilered(5 μg/mL)を添加した写真を図6(b)に示す。ポリマー溶液中ではNileredの沈殿が認められず、溶液が透明であることから$PI_{24}E_{76}$に疎水性物質を可溶化する働きがあることがわかる。さらに、温度を相転移温度以上にし、しばらく静置すると、Nileredを含むポリマーの濃縮層が下層に分離した。したがって、温度応答性ポリリン酸エステルは水溶液中から疎水性物質を分離するための添加剤として利用できることが示された。最近、Wurnらにより PPEのトリエステルのひとつをP-C結合に変更し

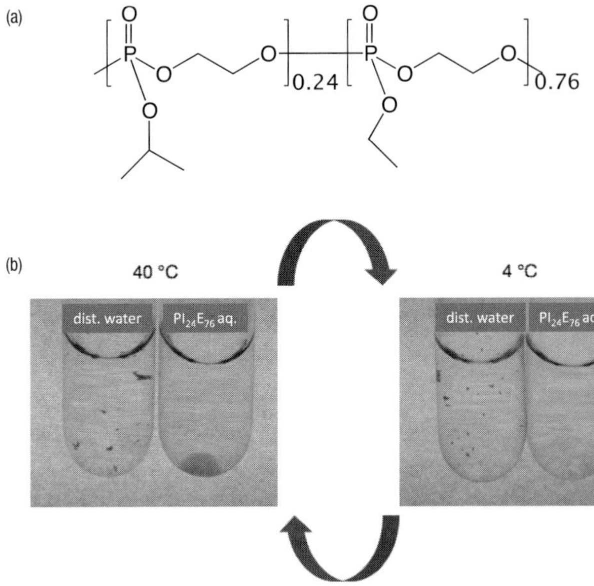

図6　ポリリン酸エステル($PI_{24}E_{76}$)の(a)構造と(b)$PI_{24}E_{76}$による疎水性分子の可溶化と分離

て加水分解に対する耐性を改善したポリホスファイトも、PPEと同様な温度応答性挙動を示すことを明らかにしている[30]。

4　酵素応答性ポリマー

細胞膜はリン脂質分子が親水性基を外側に疎水性基を内側に向かい合わせた二分子膜構造からなる。したがって、細胞膜を分子が透過するにはある程度の親油性が必要であり、親水性分子は細胞膜を透過しない。Tsienらは親水性分子をエステル化により親油性を高め、分子の細胞膜透過性を高めることに成功した[31]。このエステル化に用いられたアセトキシメチルエステル(AM)やプロピオニルオキシメチルエステル(PM)は、細胞内で酵素によって分解する。内在化した分子は親油基が脱離し、親水化するため細胞内保持される。AMやPMは細胞を可視化するための蛍光プローブに応用されている。AMやPMはカルボキシル基やリン酸基に容易に導入できる。筆者らはポリリン酸エステルの側鎖にAM機を導入し、酵素によって温度応答性が変化するポリマーを合成した[32]。**図7**のように側鎖にエトキシ基をもつリン酸トリエステルとリン酸ジエステルのユニットから構成される二元共重合体(PE_nH_m；n：m = 0.92：0.08)を合成し、PE_nH_mにアセトキシメチルブロミドを反応させ、三元共重合体($PE_nH_xA_{m-x}$；n：x：m−x = 0.92：0.02：0.06)を得た。リン酸緩衝液(PBS)および酵素を含むPBS中でのAM基の組成変化を**図8**に示す。AM基はPBS中で徐々に減少し、溶液中に酵素を添加することによりAM基の脱離が有意に進んだ。$PE_xH_yA_z$(1 wt%)をPBSに溶解し、37℃で所定時間静置した後の温度応答性を**図9**にまとめた。ポリマー溶液の調製直後では、40℃付近で濁度変化が認められ、LCSTは静置時間とともに徐々に高くなった。これは、AM基の脱離にともない、ポリマーの極性が大きくなったためである。溶液に酵素を添加するとLCSTの上昇が顕著になり、24時間後にLCSTは消失した。AM基を導入したPPEの細胞内取り込みにつ

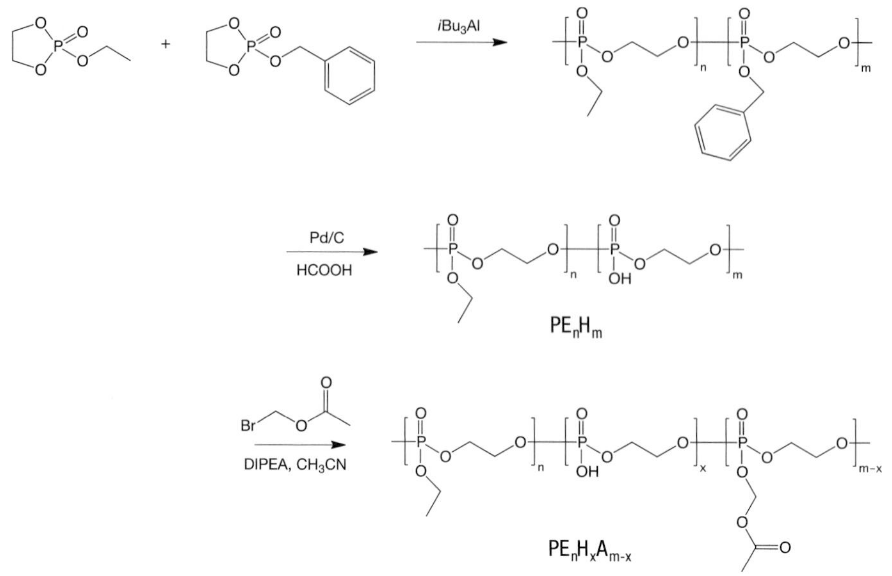

図7　アセトキシメチルエステル(AM)基を担持したポリリン酸エステルの合成スキーム

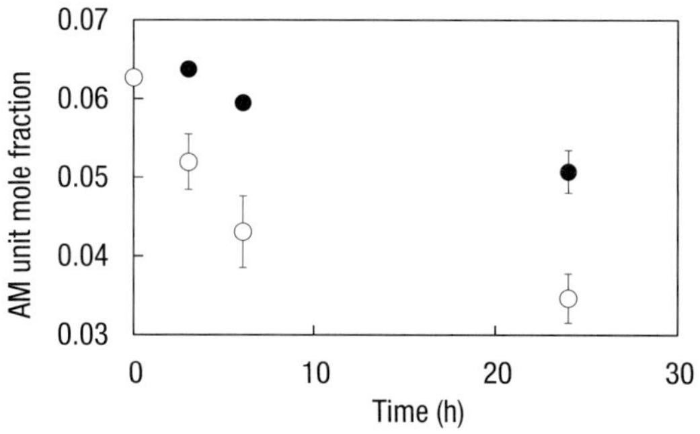

図8　ポリリン酸エステル側鎖に導入されたAM基の分解●：PBS○：エステラーゼ含有PBS

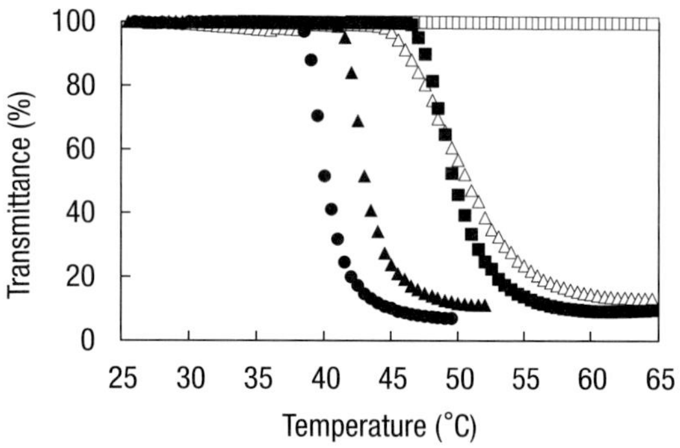

図9　AM基の脱離に伴う温度応答性の変化●：合成直後▲：6時間浸漬(PBS)■：24時間浸漬(PBS)△：6時間浸漬(エステラーゼ溶液)□：24時間浸漬(エステラーゼ溶液)

いては未だ十分に検討されていないが、酵素によって親・疎水性が変化するPPEは、新たな薬物デリバリー担体として興味深い。

5　温度応答性ナノ粒子

バイオマテリアル分野においてポリリン酸エステルが最初に注目されたのは、核酸担体(ベクター)としての応用である。Leongらはカチオン性のポリリン酸エステルやポリリン酸アミドをアサートン・トッド反応により合成し、このポリマーとプラスミドDNAとの複合体を調製した[33]。これらのカチオン性ポリリン酸エステルは、細胞毒性が低く、高いトランスフェクション活性を示すことを明らかにした。最近、Maoらはポリリン酸アミド(PPA)の正の電荷密度が、DNAとの複合化およびトランスフェクション効率に及ぼす影響について詳細に検討

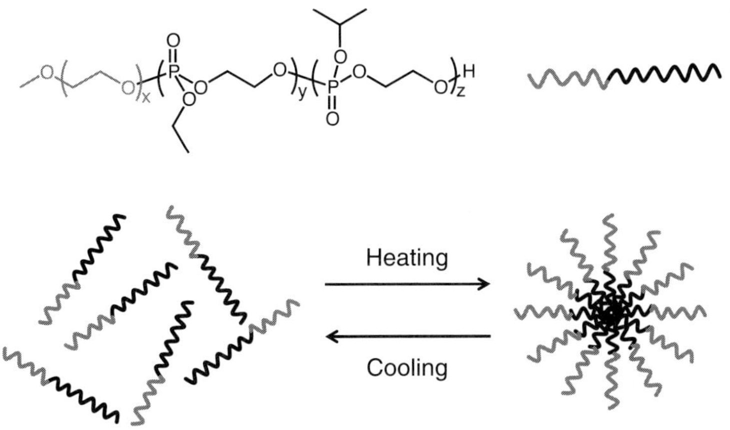

図 10　PPE と PEG のブッロクコポリマーからなる温度応答性ミセルの模式図

した[34]。ポリマーの分子量と正味正電荷が増加するにつれて、DNA との結合能が増し、ポリマー/DNA 複合体のサイズが小さくなり、複合体の安定性が高まることが示された。さらに、安定性の高い複合体ほど、トランスフェクション活性が高くなることも明らかになった。

前述したように、PPE はアルコールを開始剤として環状リン酸エステルを開環重合することにより得られる。そこで、末端に水酸基をもつポリマーをマクロ開始剤とすることにより、比較的簡便にブロックコポリマーを合成することができる。Wang らは片末端がメトキシ基、もう一方の末端に水酸基をもつ PEG をマクロ開始剤とし、PEG と PI_xE_y のブロックコポリマーを合成した[35]。このブロックコポリマーは PI_xE_y の相転移にともない会合体を形成した。すなわち、LSCT 以上でブロックコポリマーは PEG をシェルに PI_xE_y をコアとして会合した(**図 10**)。PI_xE_y の組成により LCST を制御でき、IPP の割合を増すと粒子形成の温度は低下した。会合体の細胞毒性および溶血活性はきわめて低く、また粒径は血清中で 3 日間以上変化せず、血清タンパク質との相互作用も小さいことがわかった。ポリマーの会合体を含む溶液をマウスの筋肉に注射したところ、組織の炎症はほとんど惹起されず、*in vivo* での組織適合性にも優れていることが明らかにされた。

Wang らは、PPE とポリ(ε-カプロラクトン)(PCL)との共重合体の合成も行なっている[36]。この系では PPE の側鎖に、メトキシとエトキシもしくはエトキシとイソプロポキシをもつホスホトリエステルの二元共重合体が選択された。このブロックコポリマーはポリリン酸エステルの LCST 以下で粒径 100 nm 以下の会合体を形成し、LCST 以上で 1000 nm 程度の凝集塊となることがわかった。また、このブロックコポリマーの細胞毒性がきわめて低いことも報告され、PPE がシェルに存在する粒子もしくは会合体も優れた細胞適合性を示すことが明らかにされた。Wang らは PPE の末端にカルボキシル基を導入したブロックコポリマーを合成し、内部にドキソルビシン(Dox)を担持させたナノ粒子を調製した。このナノ粒子の LCST は媒体の pH によって変化し、中性(pH7.4)環境下に比べ酸性(pH5.5)で著しく低下した。これは末端のカルボキシル基がプロトン化されたことによるものである。また Dox の放出 pH の違いで比較すると、中性環境より酸性環境での Dox の放出が顕著に起こることが示された。すなわち、この粒子は疎水化することによって、薬物を放出した。続いて乳がん細胞への薬物送達について評価された。乳がん細胞（MCF-7）およびDox耐性のある乳がん細胞（MCF-7/ADR）にDox担体とDoxを内包した粒子を接触させたところ、MCF-7細胞にはいずれの条件でもDoxが細胞内に取り込まれたのに対し、MCF-7/ADRはDox担体を取り込まずDoxを内包した粒子のみを取り込んだ。すなわち、PPEのナノ粒子を利用することにより薬剤耐性のある細胞にも薬剤を効果的に輸送することが可能になる。また、pHの低下により効果的にDoxを放出するナノ粒子を接触させることで、MCF-7/ADRに対し、効率的に細胞障害活性を示すこともわかった。

6　まとめ

本節では核酸の主鎖と同様な構造をもつPPEの温度応答性について紹介した。PPEの温度応答性は側鎖の疎水性、分子量、濃度によって変化する。一般に、適当な炭化水素鎖をもつPPEは水溶液中でLCST型の温度応答性を示し、LCST以上ではコアセルベートを形成する。近年、この温度応答性を利用したナノ会合体の形成制御や薬物輸送が検討されている。同時にPPEの高い生体適合性も実証され、PPEのバイオマテリアル応用が今後ますます発展することが期待される。PPEは反応サイトの数により、典型的な生分解性ポリマーに比べ、多彩な分子設計が可能になる。最近では、温度のみならず、pHや圧力などの物理刺激やグルタチオンなどの細胞内分子に応答するPPEの設計も進められている。

文　献

1) K. N. Bauer, H. T. Tee, M. M. Velencoso and F. R. Wurm：*Prog. Polym. Sci.*, **73**, 61(2017).
2) Y. C. Wang, Y. Y. Yuan, J. Z. Du, X. Z. Yang and J. Wang：*Macromol. Biosci.*, **9**, 1154(2009).
3) S. Monge, B. Canniccioni, A. Graillot and J.-J. Robin：*Biomacromolecules*, **12**, 1973(2011).
4) K. D. Kumble and A. Kornberg：*J. Biol. Chem.*, **270**, 5818(1995).
5) F. Müller, N. J. Mutch, W. A. Schenk, S. A. Smith, L. Esterl, H. M. Spronk, S. Schmidbauer, W. A. Gahl, J. H. Morrissey and T. Renné：*Cell*, **139**, 1143(2009).
6) J. H. Morrissey, S. H. Choi and S. A. Smith：*Blood*, **119**, 5972(2012).
7) S. W. Huang, J. Wang, P. C. Zhang, H. Q. Mao, R. X. Zhuo and K. W. Leong：*Biomacromolecules*, **5**, 306(2004).
8) Y. Iwasaki, K. Katayama, M. Yoshida, M. Yamamoto and Y. Tabata：*J. Biomater. Sci. Polym. Ed.*, **24**, 882(2013).
9) E. Harper, W. Dang, R. G. Lapidus and R. I. Garver Jr.：*Clin. Cancer Res.*, **5**, 4242(1999).
10) D. K. Armstrong, G. F. Fleming, M. Markman and H. H. Bailey：*Gynecol. Oncol.*, **103**, 391(2006).
11) J. B. Wolinsky, Y. L. Colson and M. W. Grinstaff：*J. Control. Release*, **159**, 14(2012).
12) J. Pretula, K. Kaluzynski, R. Szymanski and S. Penczek：*J. Polym. Sci., Part A：Polym. Chem.*, **37**, 1365(1999).
13) S. enczek, J. Pretula and K. Kaluzynski：*J. Polym. Sci., Part A：Polym. Chem.*, **43**, 650(2005).
14) S. Penczek, T. Biela, P. Klosinski and G. Lapienis：*Makromol. Chem., Macromol. Symp.*, **6**, 123(1986).
15) E. M. Alexandrino, S. Ritz, F. Marsico, G. Baier, V. Mailänder, K. Landfestera and F. R. Wurum：*J. Mater. Chem. B*, **2**, 1298(2014).
16) J. Wen and R.-X. Zhuo：*Macromol. Rapid. Comm.*, **19**, 641(1998).
17) T. Steinbach, E. M. Alexandrinob and F. R. Wurm：*Polym. Chem.*, **4**, 3800(2013).
18) S. Penczek：Models of Biopolymers by Ring Opening Polymerization, CRC, Boca Raton(1989).
19) K. D. Troev：Polyphosphoesters：Chemistry and Application, Elsevier, Waltham(2012).
20) K. Troev, I. Tsacheva, N. Koseva, R. Georgieva and I. Gitsov：*J. Polym. Sci., Part A：Polym. Chem.*, **45**, 1349(2007).
21) V. Mitova, S. Slavcheva, P. Shestakova, D. Momekova, N. Stoyanov, G. Momekov, K. Troev and N. Koseva：*Eur. J. Med. Chem.*, **72**, 127(2014).
22) J. Libiszowski, K. Kałużynski and S. Penczek：*J. Polym. Sci., Part A：Polym. Chem.*, **16**, 1275(1978).

23） Y. Iwasaki and K. Akiyoshi：*Macromolecules*, **37**, 7637(2004).
24） S. Zhang, J. Zou, F. Zhang, M. Elsabahy, S. E. Felder, J. Zhu, D. J. Pochan and K. L. Wooley：*J. Am. Chem. Soc.*, **134**, 18467(2012).
25） N. E. Kamber, W. Jeong, R. M. Waymouth, R. C. Pratt, B. G. Lohmeijer and J. L. Hedrick：*Chem. Rev.*, **107**, 5813(2007).
26） Y. Iwasaki and E. Yamaguchi：*Macromolecules*, **43**, 2664(2010).
27） B. Clément, B. Grignard, L. Koole, C. Jérôme and P. Lecomte：*Macromolecules*, **45**, 4476(2012).
28） H. Wang, L. Su, R. Li, S. Zhang, J. Fan, F.Zhang, T. P. Nguyen and K. L. Wooley：*ACS Macro Lett.*, **6**, 219(2017).
29） Y. Iwasaki, C. Wachiralarpphaithoon and K. Akiyoshi：*Macromolecules*, **40**, 8136(2007).
30） T. Wolf, T. Rheinberger and F. R.Wurm：*Eur. Polym. J.*, **95**, 756(2017).
31） C. Schultz, M. Vajanaphanich, A. T. Harootunian, P. J. Sammak, K. E. Barrett and R. Y. Tsien：*J. Biol. Chem.*, **268**, 6316(1993).
32） Y. Iwasaki, T. Kawakita and S. Yusa：*Chem. Lett.*, **38**, 1054(2009).
33） J. Wang, P. C. Zhang, H. F. Lu, N. Ma, S. Wang, H. Q. Mao and K. W. Leong：*J. Control Release*, **83**, 157(2002).
34） Y. Ren, X. Jiang, D. Pan and H.-Q. Mao：*Biomacromolecules*, **11**, 3432(2010).
35） Y.-C. Wang, L.-Y. Tang, Y. Li and J. Wang：*Biomacromolecules*, **10**, 66(2009).
36） Y.-C. Wang, Y. Li, X.-Z. Yang, Y.-Y. Yuan, L.-F.Yan, and J. Wang：*Macromolecules*, **42**, 3026(2009).

応用編

第１章　温度応答性

第６節　UCST 型温度応答性ポリマーの設計とバイオマテリアル応用

東京工業大学　嶋田 直彦/丸山 厚

1　はじめに

温度刺激に応答してその物理化学的な性質を変化させる温度応答性高分子を生医学材料(バイオマテリアル)として応用する研究が盛んに行われている。ポリ*N*-イソプロピルアクリルアミド(PNIPAm)は生理的条件下において体温付近(32℃)に下限臨界溶液温度(LCST)を有していることから、薬剤放出制御[1]や細胞脱着制御[2]などを目的としたバイオマテリアルとしてもっとも頻繁に利用されてきた。また、PNIPAm 以外にも、生理的条件下において LCST 型挙動を示す高分子に関する研究は数多く報告されており、その相転移メカニズムの解明から、相転移温度制御のための分子設計方法まで研究が進んでいる。

一方、水溶液中または生理的条件下において、LCST 型とは反対の相転移挙動を示す上限限臨界溶液温度(UCST)を有する高分子に関する研究はきわめて例が少なかった。これは水系で UCST 挙動を示す高分子例が数例であり、さらにこれらの多くは生理的条件下、つまり生理的 pH、塩強度および温度において感温特性を発現できなかった。しかし、2010 年以降、複数のアミド基をもつ高分子であるポリ *N*-アクリロイルグリシンアミド[3]やポリ *N*-アクリロイルアスパラギンアミド[4]が生理的 pH および塩濃度の条件下において水素結合を駆動力とした UCST 挙動を示すことが報告されてきた。現在ではポリアクリルアミド-*co*-アクリロニトリル[5]やポリ(*N*-ビニルイミダゾール-*co*-1-ビニル-2-ヒドロキシメチルイミダゾール)[6]など、水素結合性のモノマーと疎水性のモノマーの共重合体が生理的条件下において UCST 挙動を示すことが報告されている。一方、我々も 2011 年に水素結合性の官能基である尿素(ウレイド)基をもつ高分子(ウレイド高分子)が生理的緩衝液中で UCST 型の相転移挙動を示すことを報告した[7]。本稿では、ウレイド高分子の基本的な性質と他の UCST 型高分子と比較したときの特徴を述べ、バイオマテリアルへの応用について紹介する。

2　ウレイド高分子の調製と感温性[7]

ウレイド高分子は一級アミンを有する高分子に対してシアン酸カリウムを添加することで簡単に得ることができる。たとえば、代表的なウレイド高分子であるポリ(アリルアミン-*co*-アリルウレア)(PAU)はポリアリルアミンの一級アミノ基をシアン酸カリウムによりウレイド化することで調製する(**図 1**(A))[7]。添加するシアン酸カリウムの量を変えることでウレイド基導入率は調整できる。PAU は生理的 pH および塩濃度の条件下において、UCST 挙動を示す。たとえば、図 1(B)に示すように、分子量 15×10^3、ウレイド基導入率 88 % の PAU ($A_{15k}88$) は生理的塩、pH 条件下(10 mM HEPES(pH7.5)、150 mM NaCl) において、10℃では懸濁していたが、50℃に加熱すること

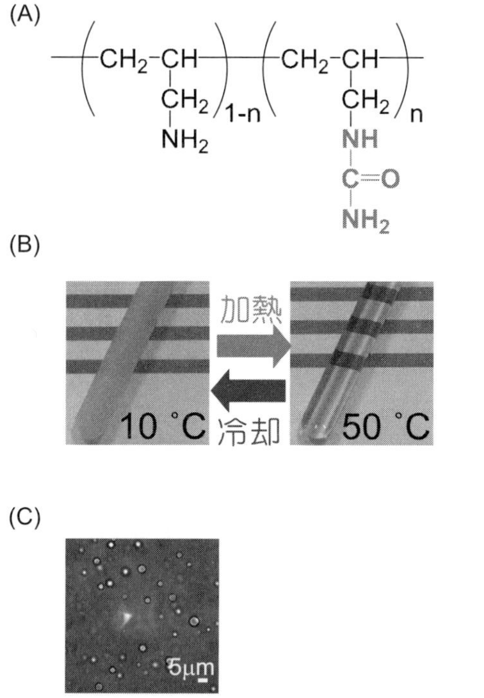

図 1　(A) ポリアリルウレア共重合体の構造式
(B) 生理的条件下における PAU の UCST 型挙動の様子
(C) 相分離状態における光学顕微鏡像

で溶解する。面白いことに、この UCST 挙動はコアセルベート滴の生成に伴う液-液相分離挙動であることが、光学顕微鏡観察などによって明らかになっている(図 1(C))。相分離温度(T_p)は 500 nm の透過率の温度依存性から求めることができる。図 2(A)にさまざまなウレイド基導入率を有する PAU の透過率曲線を示した。高いウレイド基導入率を有する PAU ほど高い温度で相分離する(高い T_p をもつ)。また、同じウレイド基導入率でも分子量が高いほど T_p は高いことがわかる(図 2(B))。T_p とウレイド基導入率は強い直線相関性をもっていることから(図 2(C))、5～65℃の範囲で任意の T_p をもった PAU を容易に設計することが可能である。重水中では軽水中に比べ、約 10℃高い T_p を示したことから、ウレイド高分子の UCST 挙動は水素結合を駆動力としていると考えられる。一般的に水素結合駆動の UCST 型高分子はイオン基を有するコモノマーが少量(＞1 mol%)でも存在すると、T_p が大きく減少し、UCST 挙動を示さなくなることが知られている。しかし、ウレイド高分子はウレイド基の強力な水素結合によって、10 mol%程度のイオン基(アミノ基)が存在していても UCST 挙動を示すことが大きな特徴である。つまり、ウレイド基間の強い相互作用は、生理的な溶液条件下における UCST 挙動を制御するうえで有用であることを示している。

PAU 以外にもウレイド基を有する高分子が UCST 挙動を示すことを我々は報告している。たとえば、天然アミノ酸であるシトルリンを含むポリ(オルニチン-*co*-シトルリン)ペプチド

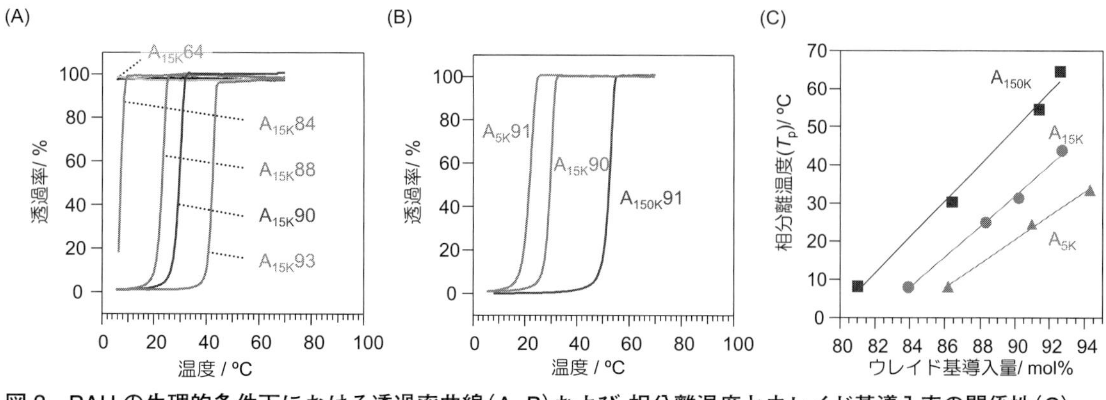

図 2　PAU の生理的条件下における透過率曲線(A, B)および 相分離温度とウレイド基導入率の関係性(C)
下付き数字は分子量、その隣の数字はウレイド基導入量を示す

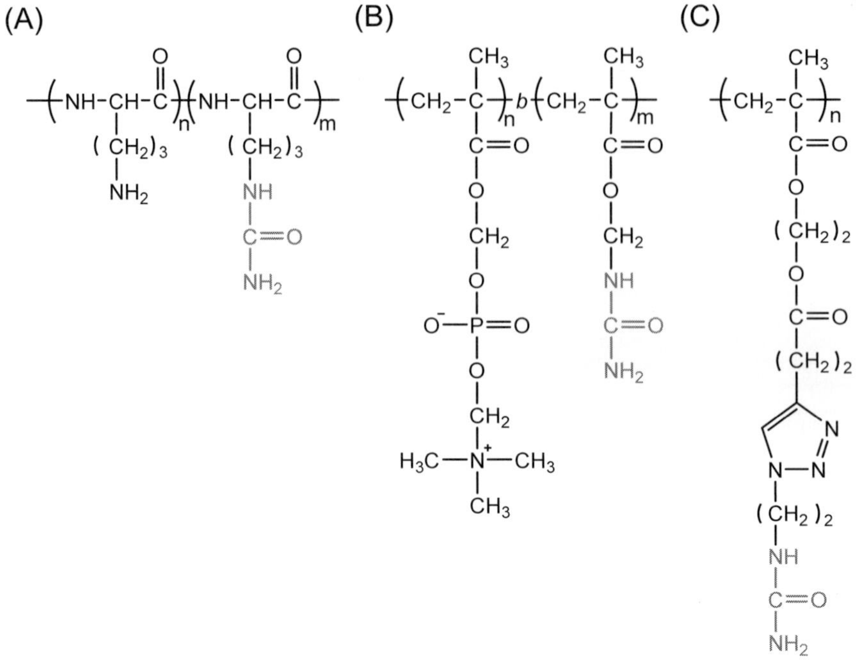

図3　さまざまなウレイド高分子

(POC、**図3**(A))も、生理的緩衝液中においてUCST型相転移挙動を示す[7)]。また、PAUと同様にPOCも分子量やシトルリン含有率によってT_pが変化する。POCは生体由来のアミノ酸から構成されたポリペプチドであり、生分解性を示すUCST型の高分子である。またポリ2-ウレイドエチルメタクリレート(PUEM)[8)]やポリ2-メタクリロイルオキシエチルホスホリルコリン(MPC)とのブロック共重合体であるPMPC-*block*-PUEM[9)](図3(B))が、温度依存的にポリマーミセルを形成・解離することがわかっている。T_p以上に加熱することでミセルが崩壊する。我々の報告以降、PEU(図3(C))などのウレイド高分子が、UCST挙動を示すことが別のグループより報告されている[10)]。以上より、ウレイド基は高分子にUCST型挙動を与えるうえで有効なドライビングユニットであるという一般性が示されている。

3　ウレイド高分子による簡便かつ迅速なタンパク質分離[11)]

UCST挙動を示すウレイド高分子は冷却によって速やかに相分離する。この性質は、加熱

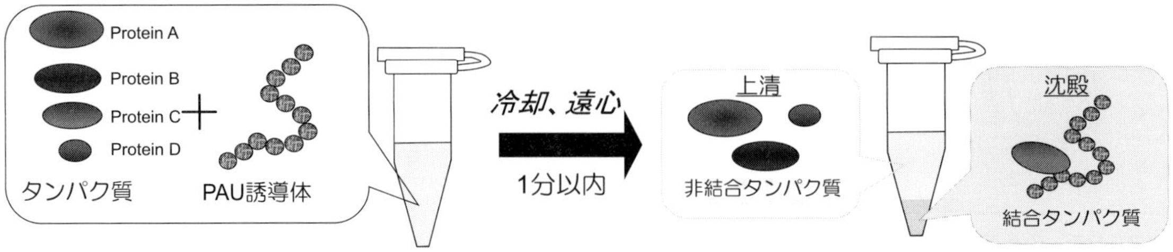

図4　ウレイド高分子によるタンパク質分離手順

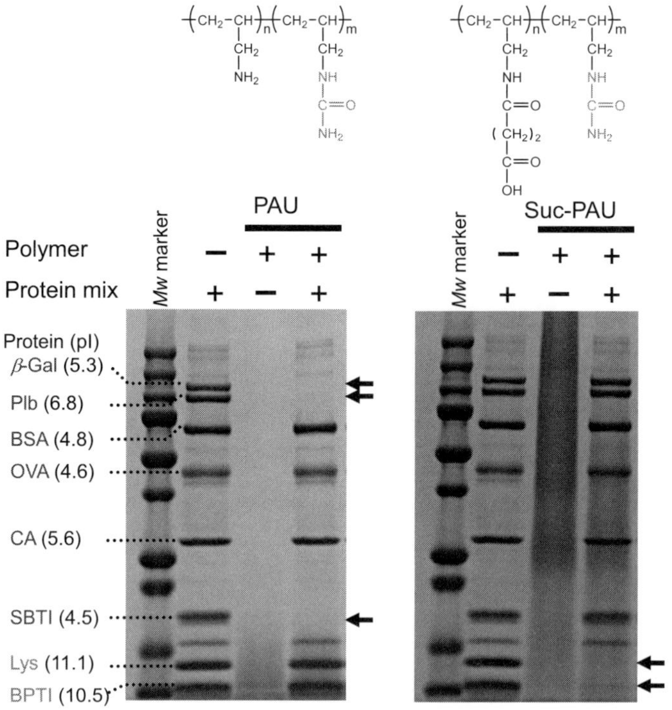

図 5　ウレイド高分子による分離後の SDS-PAGE 結果。上清を分析しているため、消失したバンド(矢印)に対応するタンパク質がウレイド高分子に捕獲分離されたことを示す。

変性の恐れがあるタンパク質などの生体分子を、低温にて捕獲・分離するバイオセパレーション基材として有用である。アミノ基あるいはカルボキシル基を有するウレイド高分子(PAU、PAU-Su)は静電的相互作用によってタンパク質を迅速に捕獲・分離することができる。操作は非常に単純であり、ウレイド高分子とタンパク質を相分離温度(10℃)以下まで冷却し、遠心により分離を行うだけである(図 4)。遠心分離後の上清をドデシル硫酸ナトリウム-ポリアクリルアミドゲル電気泳動(SDS-PAGE)により解析した結果(図 5)、アミノ基をもつ PAU はタンパク質(SBTI)のような酸性タンパク質と相互作用し、分離できることがわかる。一方でカルボキシル基をもつ PAU-Su は、リゾチーム(Lys)のような塩基性タンパク質を分離できる。この分離操作において、遠心時間を含め数分の操作でタンパク質の捕獲、分離が可能である。静電的相互作用以外にもウレイド高分子にリガンドを導入することで、特異的相互作用によって捕獲・分離することも可能である。

4　ウレイド高分子によるスフェロイド-単層培養の切り替え[12)]

ウレイド高分子を相分離温度以下で単層状態の細胞に添加すると、細胞凝集塊であるスフェロイド状に形態変化する(図 6)。細胞と細胞外マトリクス、あるいは細胞外マトリクスと培養皿表面との相互作用をウレイド高分子のコアセルベート液滴が阻害することでスフェロイド形成を引き起こすことが、タイムラプス測定より推察される。

細胞培養条件下において、37℃に T_p を有する PAU($A_{5k}91$)を添加し、T_p 以上の 37℃（ウレ

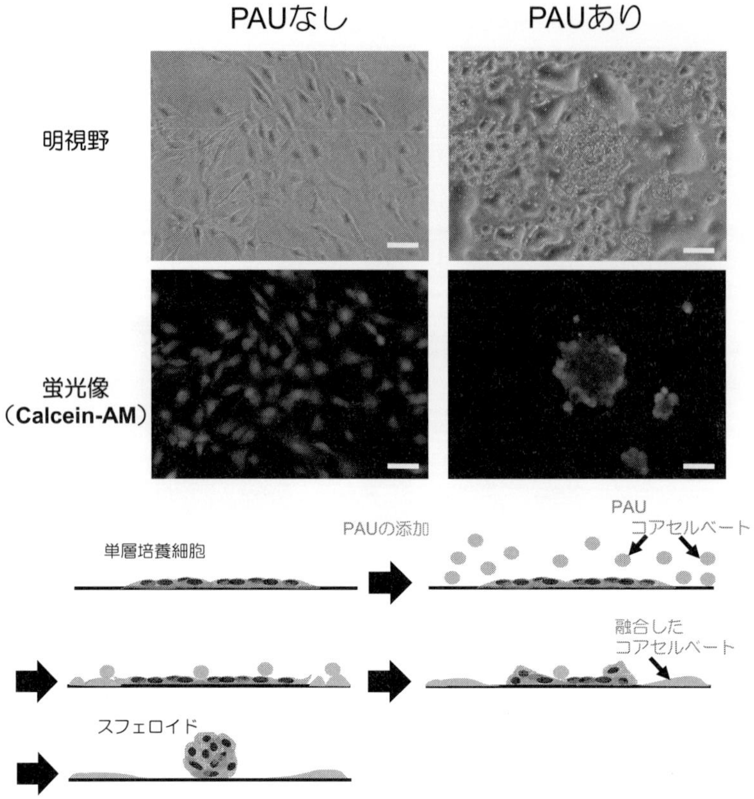

図6　ウレイド高分子の滴下による培養細胞の形態変化

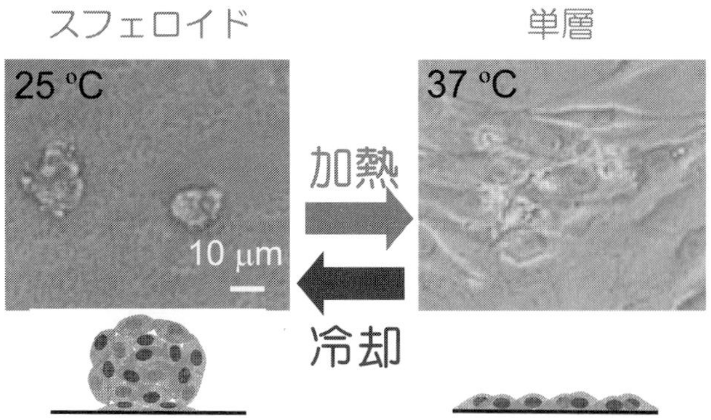

図7　ウレイド高分子によるスフェロイド-単層培養の切り替え。ウレイド高分子存在下、冷却により細胞はスフェロイド形態を示すが、加熱によって単層状態へと戻る。

イド高分子は相溶状態）で培養を行うと、細胞は単層状に進展、増殖する。しかし、培養温度を T_p 以下の25℃（ウレイド高分子は相分離状態）に下げると、培養皿にウレイド高分子液滴が出現し、それに伴って細胞がスフェロイド状に形態変化する（**図7**左）。再び37℃まで上げると、ウレイド高分子液滴は消失し、スフェロイド塊が単層状に戻る（図7右）。このように、温度変化によってスフェロイド-単層培養の切り替えを行うことが可能であり、ウレイド高分子は新たな細胞工学材料として期待される。

5　おわりに

LCST型高分子であるPNIPAmは、その特徴的な性質により、細胞シート工学やドラッグデリバリーシステムの基盤材料となり再生医療に新風を起こす起爆剤となってきた。LCST型高分子とは反対の温度応答性を示すUCST型高分子は新たな基盤材料となるにもかかわらず、発展してこなかった。それは生理的条件下においてUCST挙動を示す高分子が非常に少なかったためである。我々はウレイド高分子が生理的pHおよび塩濃度下、UCST型の挙動を発現することを見出し、バイオマテリアル応用へと展開してきた。他グループからもUCST型挙動を示す高分子が続々と発表されてきている。今後、UCST型高分子は医・工学分野において、革新的発展に繋がる材料になると信じている。

文　献

1) R. K. Dani,C. Schumann,O. Taratula and O. Taratula：*AAPS Pharm. Sci. Tech.*, **15**, 963 (2014).
2) A. Kushida,M. Yamato,C. Konno,A. Kikuchi,Y. Sakurai and T. Okano：*Journal of Biomedical Materials Research*, **45**, 355 (1999).
3) J. Seuring and S. Agarwal：*Macromolecular Chemistry and Physics*, **211**, 2109 (2010).
4) S. Glatzel,A. Laschewsky and J.-F. Lutz：*Macromolecules*, **44**, 413 (2011).
5) J. Seuring and S. Agarwal：*Macromolecules*, **45**, 3910 (2012).
6) G. Meiswinkel and H. Ritter：*Macromolecular Rapid Communications*, **34**, 1026 (2013).
7) N. Shimada,H. Ino,K. Maie,M. Nakayama,A. Kano and A. Maruyama：*Biomacromolecules*, **12**, 3418 (2011).
8) A. Fujihara,K. Itsuki,N. Shimada,A. Maruyama,N. Sagawa,T. Shikata and S.-I. Yusa：*Journal of Polymer Science Part A：Polymer Chemistry*, **54**, 2845 (2016).
9) A. Fujihara,N. Shimada,A. Maruyama,K. Ishihara,K. Nakai and S.-i. Yusa：*Soft Matter*, **11**, 5204 (2015).
10) V. Mishra,S.-H. Jung,H. M. Jeong and H.-i. Lee：*Polymer Chemistry*, **5**, 2411 (2014).
11) N. Shimada,M. Nakayama,A. Kano and A. Maruyama：*Biomacromolecules*, **14**, 1452 (2013).
12) N. Shimada,M. Saito,S. Shukuri,S. Kuroyanagi,T. Kuboki,S. Kidoaki,T. Nagai and A. Maruyama：*ACS Applied Materials & Interfaces*, **8**, 31524 (2016).

応用編

第1章　温度応答性

第7節　温度応答性を示す生分解性ゾルゲル転移ポリマー

関西大学　大矢 裕一

1　はじめに

他頁に紹介されている通り、温度応答性を示す水溶性ポリマーとしては、下限臨界溶解温度(LCST)をもつポリ(*N*-イノプロピルアクリルアミド)(PNIPAAm)などがよく知られている。このような溶解-不溶型の転移とは異なり、ゾル(コロイド溶液)状態にあるポリマー溶液全体がゲルへと転移(ゾルゲル転移)するタイプの温度応答性を示すポリマーがある。たとえば、ポリエチレングリコール(PEG)とポリプロピレングリコール(PPG)からなるABAトリブロック共重合体(PEG-PPG-PEG、商品名：プルロニック)などが知られている。PEG-PPG-PEGは生分解性を有していないが、温度応答型ゾルゲル転移ポリマーで、温度上昇によりゲル化し、室温-体温間に相転移温度をもち、生分解性(生体吸収性)を有するものは、注射器等によって容易に体内へ注入でき、打ちこまれた部位で体温に応答してゲル化し、役割を果たしたあとは分解・吸収され蓄積毒性を示さないため、注射可能＝インジェクタブルポリマー(IP)として医用材料としての応用が期待されている[1)-8)]。本稿では、生分解性医療用素材として、温度応答型生分解性ゾルゲル転移ポリマーについて紹介する。

2　生分解性インジェクタブルポリマー、その応用と課題

疎水性で生体内分解吸収性を示す脂肪族ポリエステルと、親水性でバイオイナートな性格が強いPEGとからなる両親媒性ブロック共重合体は、配列(ジブロック、トリブロックなど)や疎水・親水性の各セグメント長とそれらの組成比が適当な条件を満たす場合には、その水溶液が温度に応答してゾルからゲルへと転移する[1)-10)]。たとえば、Leeらは、乳酸とグリコール酸のランダム共重合体であるPLGAとPEGからなるABAトリブロック共重合体(PLGA-

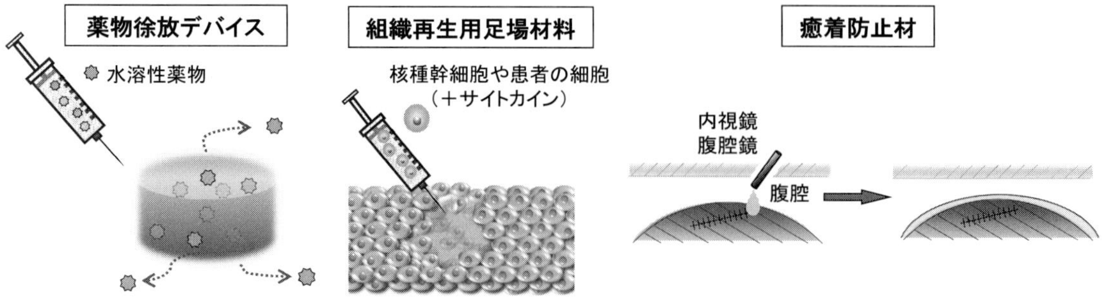

図1　期待される生分解性インジェクタブルポリマーの用途

※口絵参照

PEG-PLGA)が温度上昇により室温－体温間でゾルからゲルへの転移を示すことを2001年に報告しており[9]、それ以後もこの種のポリマーが数多く報告されている[1)-10)]。これらのポリマーは、生分解性の脂肪族ポリエステルと、腎臓から排泄される程度の比較的低分子量のPEG(分子量1,000-2,000程度)を構成成分とし、蓄積毒性などの懸念がないため、さまざまな医療応用が期待されている(**図1**)。

たとえば、IP水溶液に親水性薬物(タンパク質、ペプチド、核酸など)を溶解させ、体内に注入するとゲルを形成してその場に留まり、ゲルの分解や拡散によって薬物を徐放でき、薬物徐放型ドラッグデリバリーシステム(DDS)として働くと期待される。疎水性薬物もIPミセル内部に取り込まれる場合には徐放が可能である。このIPを用いた投与は、注射器の針孔だけの侵襲度で、薬物投与回数も少なくでき、患者のQOL(quality of life)の改善が期待されるほか、体内薬物濃度を長時間一定に保つことによる治療効果の増大も期待できる。

最近では、患者の侵襲度を下げるため、腹部の小さな開口部を通して内視鏡(腹腔鏡)下で手術し、QOLの向上と早期の社会復帰を目指す術式が一般化しつつある。IPは、内視鏡やカテーテルから容易に吐出でき、腹腔鏡手術との相性もよいと考えられる。外科的手術の際には臓器と腹膜内面などとの癒着を防止するため、癒着防止膜が使用されることが多いが、従来の癒着防止膜は膜状であるためにハンドリングに難点があるだけでなく、内視鏡下で使用することは困難である。IPは内視鏡やカテーテルから吐出して癒着が予想される部位に塗布することでゲル状の膜を形成させることができ、癒着防止材として働くと期待されている。ゲル状であるため、複雑な形状の臓器表面にもフィットし、膜状の癒着防止材の弱点が克服できると考えられる。さらに止血剤、接着剤、血管塞栓材などとしての利用も期待される。

また、最近では各種細胞(幹細胞や患者の細胞)を体内に打ち込む細胞治療が実施されつつある。各種細胞を内包したIPを体内に打ち込み、その細胞が一定期間生存あるいは増殖して、サイトカインなどを分泌して周辺組織へ好ましい働きかけをすることによる細胞治療への応用が期待される。また、細胞の分化・増殖・遊走を促進する因子との併用により、組織欠損部に打ち込んだゲルを足場とした細胞増殖・分化、周辺からの細胞侵入、血管新生などによる組織の再生が達成できれば、再生医療に大きく貢献できると期待される。

このように生分解性IPは生分解性医用器材として高い可能性を有しているが、臨床応用に向けては以下のような課題があった。

1) ゲル状態における力学強度が低い(37℃における貯蔵弾性率が100 Pa程度)
2) 水溶性低分子薬物の徐放を行う場合、ゲルからの拡散が早く、望ましい薬物放出が達成できない
3) 室温・乾燥状態で粘稠な半固体であり、乾燥状態から水に溶解するのに非常に時間がかかる(数時間～数日)
4) 体内で体液などが豊富に存在する場合、ゾル状態に戻ってしまい、長期間ゲル状態を維持できない

以下、これらの課題を解決するための戦略について、筆者らの研究例を中心に解説する。

3　力学的強度の向上と温度応答性制御

PLGA-PEG-PLGAなどの両親媒性ABA型トリブロック共重合体型IPの温度応答型ゲル化機構は、以下のように考えられている。ポリマーは、疎水性セグメントが凝集したコア(内

核)と、親水性セグメントをコロナ(外殻)とした高分子ミセルを形成して溶解している。温度が上昇するとPEGの脱水和が進行し、その慣性半径が小さくなる。その結果、PEG鎖がミセルコアを十分に覆うことができなくなり、ミセルのコアが露出し、疎水性相互作用によって多重会合しはじめる。この会合が全方向に進行すれば沈殿となるが、弱く水和した親水性PEG鎖がまだ存在しているため、会合は異方性的に成長してファイバー状となり、系全体が物理架橋型ゲルを形成する[10]。

このメカニズムを考えると、ゲルの力学的強度を高めるには、物理的架橋を強化すること、すなわち、分子間相互作用を大きくし、生じたファイバー構造を強化することが有効であると考えられる。そのもっとも単純な方法は、ポリマーの分子量を高くして、一分子中の疎水性相互作用部位を増やすことである。しかし、共重合体の親水-疎水セグメント比を維持したまま各セグメント長を延長して分子量を高くすると、ゾル-ゲル転移を示さなくなる。これは、PEGの脱水和温度がその鎖長に強く依存するためであり、PEG鎖が長くなるとその脱水和温度が上昇するが、PEG鎖長が閾値を超えると、その効果を疎水鎖の延長により相殺できなくなるためである。そこで、ポリマーをマルチブロック構造[11]・分岐構造[12)13]・グラフト構造[14)15]などにして、親水性・疎水性の両方のセグメント長が閾値を超えないように各セグメントを分断してポリマー全体に分散させることが有効である。

我々は、分岐構造化による物理架橋効率の向上と、疎水性相互作用による会合力を高めることを意図して、8本に分岐した構造をもつ8-arms PEG(分子量5,000 Da)とPLLAからなる星型ブロック共重合体8-arms PEG-*b*-PLLAの末端にコレステロール基を導入したポリマー(8-arms PEG-*b*-PLLA-cholesterol)(**図2**(a))を合成した。その水溶液は、室温-体温間で温度応答型ゾルゲル転移を示し、ゲル状態で高い力学的強度(37℃で貯蔵弾性率約5,000 Pa)を示した[12]。ただ、この方法では分岐PEGという

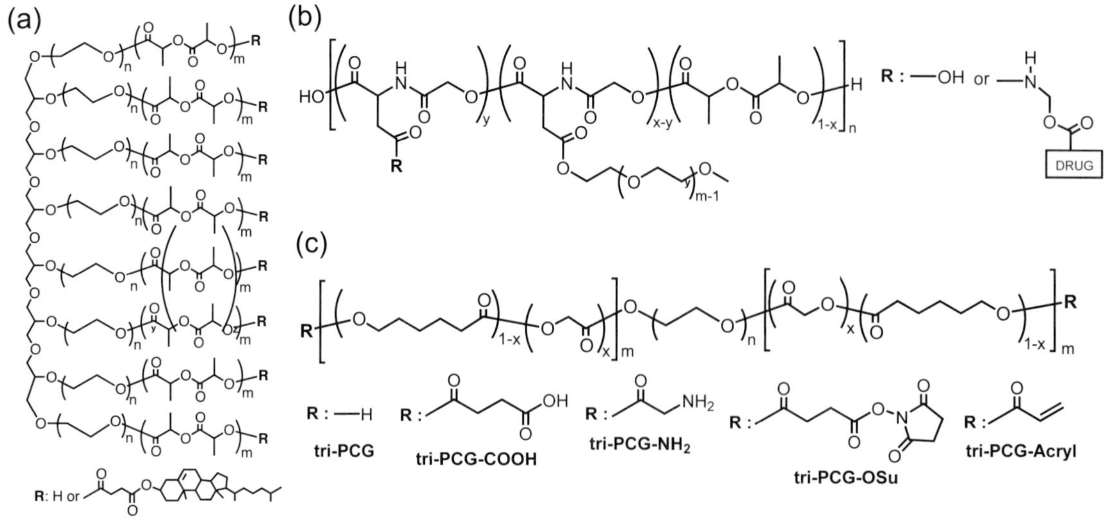

図2　本稿で紹介する主なポリマーの構造式　(a)8-arms PEG-PLLA-cholesterol、(b)P(GD-DL-LA)-*g*-PEG)およびP(GD-DL-LA)-*g*-PEG)/Drug conjugate、(c)PCGA-PEG-PCGA(tri-PCG)、tri-PCG-COOH、tri-PCG-NH_2、tri-PCG-OSuおよびtri-PCG-Acryl

やや特殊なPEGを必要とするうえ、PEG分子量に限界があるため全体の分子量にも限界がある。分解後の腎排泄を期待するならば、PEGの分子量は20,000～30,000 Da程度まで使用可能であるが、この分子量の分岐PEGを使用して室温-体温間のゾル-ゲル転移を実現することは不可能である。

我々は、グラフト構造を採用することにより、このジレンマを解決できる可能性を示した。反応性官能基を有するアスパラギン酸を含むポリ(デプシペプチド-DL乳酸)ランダム共重合体を主鎖として、その側鎖反応性基を利用して比較的低分子量のPEGを結合したグラフト共重合体P(DG-DL-LA)-*g*-PEG(図2(b))が、室温-体温間でゾルゲル相転移を示し、ゲル状態で比較的高い力学的強度を示すことを報告した[14]。グラフト共重合体では、PEG鎖長、全体の分子量、PEGの導入率を独立に変化させることが可能であり、結果的にPEGセグメントを長くしなくても親-疎水性のバランスを保ちながら全体を高分子量にすることができる。我々は主鎖の分子量を一定にして、側鎖PEGの分子量と導入率を系統的に変化させてそのゾル-ゲル転移を示す温度を調べた[15]。その結果、種々の転移温度を示すポリマーが得られ、ポリマー中のPEG含有率が同じであっても、側鎖PEGがより長いグラフト共重合体と比較して、短いPEGを数多く分散して導入した方が転移温度は低くなることが明らかとなった。

4　薬物放出速度の抑制

IPゲルから水溶性の低分子薬物を徐放しようとした場合、ゲルの網目が薬物に比べて大きいため、拡散による薬物放出が比較的早く起こり、長期間(数週間～数ヶ月)の継続的な薬物徐放を達成することは困難である。筆者は長年、高分子プロドラッグに関する研究を行ってきた[16]。高分子プロドラッグとは薬物をキャリヤー高分子に結合させ、その体内動態を改善するDDS手法である。薬物は高分子に結合させた状態では不活性で、結合の開裂によって薬物がキャリヤーポリマーから放出されて初めて活性を発現する。我々は、IPゲルからの水溶性低分子薬物の徐放を達成するため、高分子プロドラッグ化の手法を取り入れたIPを設計した。先のグラフト共重合体は側鎖に反応性のカルボキシル基を有する共重合体P(DG-DL-LA)を主鎖としており、その側鎖官能基の一部を未反応のまま残しておけば、さらなる機能化が可能である。我々はこのグラフト型IP側鎖のカルボキシル基の一部を使用してモデル薬物(レボフロキサチン、LEV)を結合させたポリマーを合成した(図2(b))。この共重合体は薬物導入後も温度応答型ゾル-ゲル転移を示し、薬物を物理的に内包させた場合と比較して、著しく長期(約3ヶ月)にわたる薬物放出を示した[17]。

5　即時溶解による用時調製への対応

これまでのほとんどの生分解性IPは、乾燥状態の性状はワックス状あるいは水飴状の粘稠半固体であり、溶解して水溶液とするのに数時間から数日と非常に時間を要する。この問題は、医師などの医療従事者が臨床現場で調剤(用時調製)する際の大きな障害となる。溶解が困難ならば、プレフィルドシリンジのような形で製品にする方法もあるが、生分解性であるため水溶液の状態では保存安定性に問題が生じる。

そこで我々は、粉末化と添加剤添加により、これらの問題を解決した[18]。疎水性セグメント

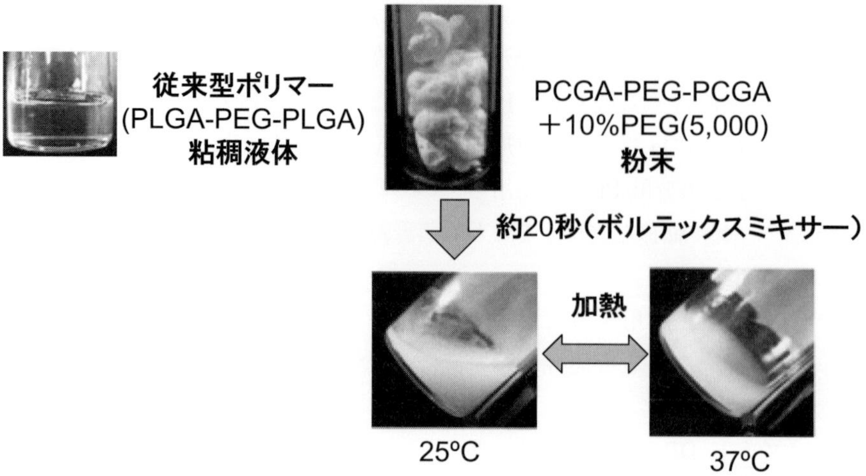

図3　従来型ポリマー（乾燥状態）、PCGA-PEG-PCGA と PEG との混合物の凍結乾燥後の写真、その懸濁液およびゲル状態[19]

にポリ乳酸よりも高い結晶性と疎水性を有するポリカプロラクトンを用い、グリコール酸との共重合体(PCGA)にして結晶性を調節したPCGA-PEG-PCGA(tri-PCG)(図2(c))とすることで、乾燥時の粉末化が達成された。これにさらに種々の添加剤を加えて凍結乾燥し、水を加えて溶解するまでの時間の短縮と、体温でのゲル化の条件を満たす組み合わせを検討した。その結果、添加剤として、分子量5,000程度のPEGを、ポリマーに対して10 wt%添加して凍結乾燥することで、粉末性状やゲル化挙動はそのままに、水や緩衝液を加えて20秒程度で注射可能な懸濁液を調製することに成功した(**図3**)[18]。写真のように、厳密には溶解しておらず白濁した懸濁状態であるが、ゲル化温度やゲル化時間、ゲルの強度に大きな変化はみられなかった。この製剤は、粉末性状であるため通常の保存条件においても安定であると推測され、医療従事者が現場で薬物溶液と粉末ポリマーを混合するだけで、即座に注射製剤を調製することが可能となった。

6　温度とpHに応答するIP：ゲル化pH領域の制御

温度応答型IPは、温度に応答して即座にゲル化するが、応答が鋭敏すぎて熱の伝わりやすい口径の細いマイクロカテーテルなどで体内の目的部位に導く場合には、出口に至る前に内部でゲル化し、詰まってしまうという事態を招きやすい。これを避けるために、温度だけでなくpHにも応答するIPが開発されている[19)-21)]。体内のpHは場所や状況によって異なっており、たとえば、血液はpH = 7.4、がんは弱酸性(pH = 6.5〜7.2)、小腸は弱塩基性(pH = 8.3)などとされている[22)]。温度に加えてpHに応答してゲル化する二重刺激応答性IPはfail-safeの観点からも有用である。これまでに、温度応答性のIPにpHにより架電状態が変化する官能基を導入して、温度-pHの二重刺激に応答するIPが報告されている[19)-21)]。これらは特定のpH領域でのみ温度に応答する性質を示すが、そのpH領域は主として導入した官能基のpKaに依存するため簡単には変更できず、異なるpH領域でゲル化するものを作成するには、異なる官能基をもつポリマーが必要となる。

我々は、異なる荷電基を有する 2 種類の IP を混合するという簡便な手法によりこの課題を解決できることを示した[23)]。tri-PCG の末端に、カルボキシル基およびアミノ基を導入した tri-PCG-COOH および tri-PCG-NH_2 をそれぞれ合成した(図 2(c))。得られた tri-PCG-COOH と tri-PCG-NH_2 とを比率(= A/C(anion/cation))を変えて混合したところ、その比率によって温度に応答してゲル化する pH 領域が調整できることを見出した。tri-PCG-NH_2 単体は pH = 7.4 − 9.0 でゲル化するが、A/C = 0.2 で混合した場合には pH = 4.0 − 7.4 で、A/C = 0.5 で混合した場合には pH = 2.0 − 5.0 で、A/C = 1.0 で混合した場合には pH = 2.0 − 4.0 で、それぞれ温度に応答して 35℃付近でゾルからゲルへの転移を示した[23)]。これらの結果から、この 2 種類のポリマーの配合比を変えて混ぜるという簡便な手法で、望む pH 領域でゲル化する IP 製剤を調製できることが示された。

7　温度に応答して共有結合を形成する IP

7.1　アミド結合形成

IP には、温度応答性のものだけでなく共有結合形成型(化学ゲル)が知られており、二液混合型[24)]と重合型[25)]がある。これらの共有結合形成型はゲルの力学的強度が比較的高く、体内で長期間ゲル状態を維持したい場合に適しているが、分解性、ゲル化時間、ゲル化開始過程、開始剤などに課題を残している。一方、温度応答性 IP が形成するゲルは、生分解性で、温度変化に応答して素早いゲル化を示すという利点があるが、物理ゲルであり、周囲に体液などが豊富に存在する条件では、平衡がゲルの解離の方向に移動してゾル化し、ゲル状態を長時間維持できないという欠点がある。

我々は、前述のトリブロック共重合体 tri-PCG の両末端水酸基にコハク酸(SA)を介して反応性のスクシンイミドエステル(OSu)を導入した tri-PCG-OSu(図 2(c))を合成し、これと tri-PCG とを混合して調製したミセル溶液と、水溶性ポリアミンであるポリリシン(PLys、分子量 5,000 Da)水溶液とを混合して調製した溶液製剤が、温度に応答してゲルを形成し、生理的条件下で長期間ゲル状態を維持することを見出した[26)]。tri-PCG/tri-PCG-OSu 混合ミセル溶液と PLys 溶液とを混合しただけでは、室温で放置してもゲル化は起こらないが、体温まで加熱すると即座に相転移を起こしてゲル化する。tri-PCG-OSu を含まない系や、PLys を含まない系では、ゲル化は可逆的であり、冷却するとゾルに戻るが、tri-PCG-OSu と PLys の両者を含む系では、冷却してもゾルには戻らず不可逆的ゲル化を示した(**図 4**(上))。これは、ポリマー末端の OSu 基は比較的疎水性が高く、常温の溶液状態ではミセルのコア中に存在し、水相にある PLys とは反応しないが、温度上昇によりゲル化する際には、ミセルが不安定化して疎水部が露出し、OSu 基と PLys が接触可能となり、共有結合による架橋が進行するため、ゲル化が不可逆となったと考えられる。tri-PCG からなるゲルを PBS 中に放置すると 1 日以内にゾル化するのに対し、このゲルは 12 日目までゲル状態を維持した[26)]。この系は、温度変化がトリガーとなって、ゾル-ゲル転移と同時に共有結合形成が進行し、温度応答型 IP と共有結合型 IP の両者の利点を併せもっている。ポリマーミセル溶液と PLys 溶液とを混合しただけでは、室温で放置してもゲル化しないので、臨床現場で使用するのに、調剤後、急いで注入したり特殊なシリンジを使用したりする必要は

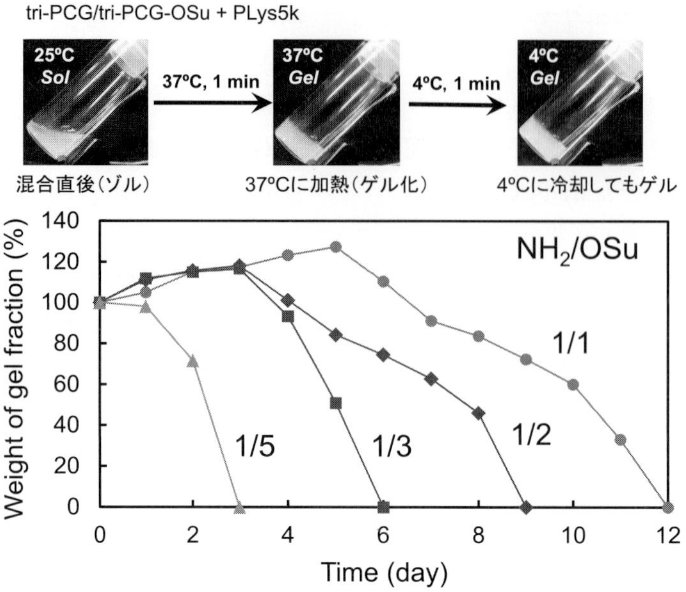

図4　(上)tri-PCG/tri-PCG-OSu+PLys5k 混合溶液を 25℃→ 37℃→ 4℃と温度変化させたときの状態変化。(下)NH_2/OSu の異なる tri-PCG/tri-PCG-OSu+PLys5k ゲルを PBS 中に浸漬した後のゲル重量変化[28]。NH_2/OSu = 1/1(●)、1/2(◆)、1/3(■)、1/5(▲)

ない。この系のもう１つの大きな特徴は、ゲルからゾル化し分解消失する時間を容易に制御できることである。図4(下)に示したように、ポリアミンと tri-PCG-OSu の混合比率を変化させるというきわめて簡便な方法により、1～12日の間でゾル化する時間を任意に設定することが可能である[26]。新たにポリマーを合成せずとも、狙った時間でゾル化する製剤を調達できることは、種々の用途に対応するための大きなメリットといえる。

7.2　チオール-エン反応

先の系は、温度変化がトリガーとなって、アミド結合による架橋が進行する系であった。アミノ基は生体中の多くの分子に存在するためポリマーと反応しうる。実際、PLys の代わりに血中レベルの牛血清アルブミン(BSA)を使用しても不可逆的ゲル化が進行する[26]。このことは、血液との混合により不可逆的ゲル化を示すことを示唆しており、興味深い。しかし、生体成分との反応は予期せぬ悪影響をもたらす可能性もある。そこで、我々はチオール-エン反応に着目し、生体成分と反応しない＝生体直交性(Bio-orthogonal)を有する系も作成した。チオール-エン反応はクリック反応の一種で、とくにラジカルを経由しないマイケル付加型チオール-エン反応は、生体中での反応に適している。我々は、tri-PCG の末端にアクリル基を導入した tri-PCG-Acryl(図2(c))を合成し、この tri-PCG-Acryl からなるミセル溶液と、疎水性ポリチオールである dipentaerythritolhexakis(3-mercaptopropionate)(DPMP) を内包した tri-PCG ミセル溶液を混合した。溶液を混合しただけではゾル状態のままであるが、温度上昇に伴って不可逆的なゲル化を示した。すなわち先の系と同様、ゾル-ゲル転移が起こるときにのみ同時に化学架橋が進行した[27]。注目すべきは、架橋に寄与する片方の成分が先の系では水相に存在したのに対し、この系ではミセル内部に存在しているが、やはり同様に温度に応答して化学架橋が進行した点である。むしろ、この

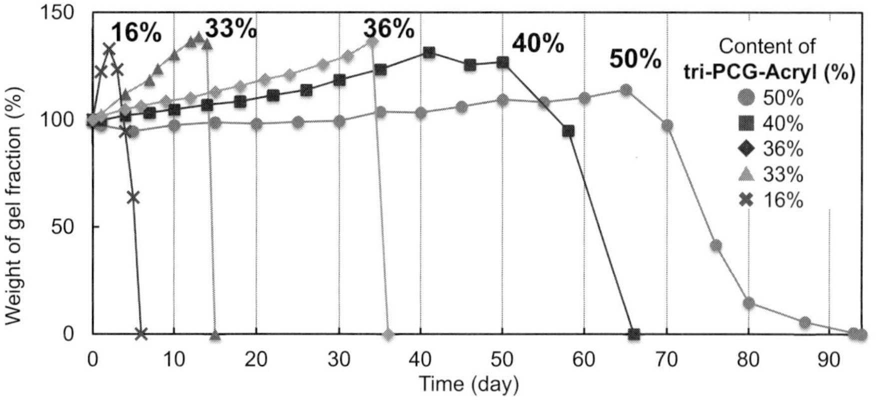

図5　tri-PCG-Acrylの含有率の異なる［tri-PCG/DPMP ＋ tri-PCG-Acryl］ゲルをPBS中に浸漬した後のゲル重量変化[29)]

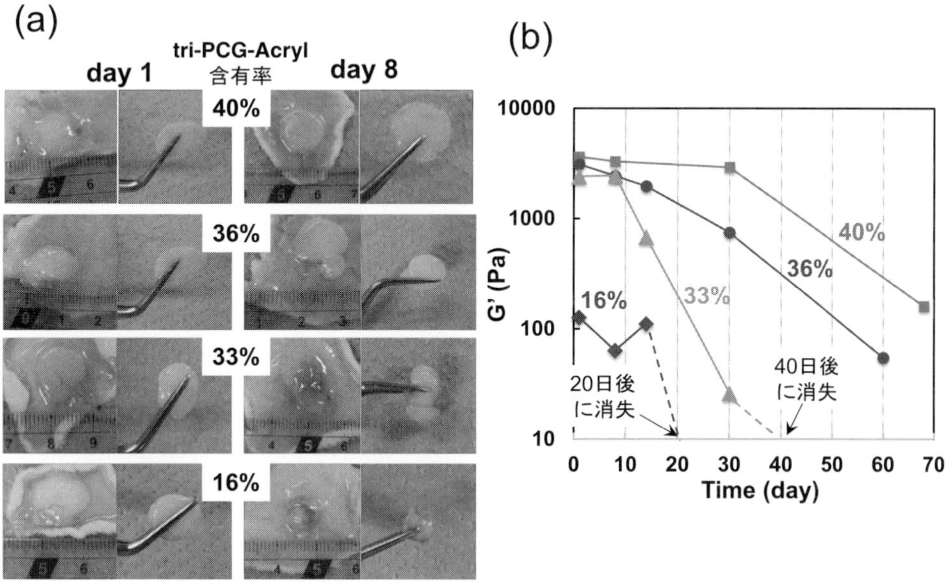

図6　tri-PCG-Acrylの含有率の異なる［tri-PCG/DPMP ＋ tri-PCG-Acryl］ゲルをラット皮下に埋入した後の経過。(a)1日および8日のゲルの写真　(b)ゲルの弾性率変化[29)]　※口絵参照

系のほうが、得られたゲルの力学的強度は高く、PBS中でゲル状態を維持する期間も長くできることがわかった。**図5**には、混合するtri-PCG-Acrylミセル溶液の量を変化させ(Acryl/SH = 1)、PBS中に保持したあとのゲル重量の時間変化を示した。先と同様、系中に加えるtri-PCG-Acrylの比率を変化させるというきわめて簡便な方法により、分解・ゾル化する時間を任意に設定することが可能であり、その期間は1～90日と先のアミド結合の系に比べて、きわめて広い範囲で制御可能であった[27)]。実際に、これらのIPをラット皮下に埋入した後、経時的に観察したところ、*in vitro*実験と同様にゲル状態の維持および混合比率に応じた分解・消失が観測できた(**図6**)。力学的強度測定の結果からも埋入したゲルがゲル状態(貯蔵

弾性率G′＞損失弾性率G″)を維持していることも確認された[27]。さらに、この系に5で紹介した凍結乾燥＋PEG添加による即時溶解手法を応用した作成した製剤では、通常の方法で溶解した製剤が、混合後室温放置すると3時間程度でゆっくりとゲル化していくのに対し、24時間以上ゾル状態を維持することも見出している[28]。この理由は、凍結乾燥＋PEG添加法で作成した懸濁液ではミセルの内部の固体状態が保持され、室温における高分子鎖の移動・交換が抑えられているためであり、それはミセル状態の分子鎖交換反応解析からも示されている[29]。このゲルにペプチド性薬物モデルとしてグルカゴン様ペプチド(GLP-1)を内包させ、ラット皮下に投与したところ、ペプチド単体を投与した群や、共有結合を形成しないゲル(tri-PCG)に内包させた系と比較して、有意に長期間薬物濃度を有効濃度以上に保持できることも明らかとなっている[30]。

8　おわりに

ゾル-ゲル転移型の温度応答性生分解性IPを、筆者の研究例を中心に紹介した。現在の医療では、低侵襲医療だけでなく、医療従事者の負担を軽減し、誤操作が起こりにくい医療機器を開発して医療事故を防ぐこと、医師の技量によらない質の高い医療を保証することが望まれている。IPによる治療は、患者にとって低侵襲であるだけでなく、医師の側も容易に使用できるというメリットがある。また、その適応範囲はDDSや癒着防止だけでなく、再生医療的手法による細胞デリバリーや血管塞栓などさまざまな可能性を秘めており、近い将来の臨床的実用化が期待される。

文　献

1) Y. Ohya, A. Takahashi and K. Nagahama：*Adv. Polym. Sci.*, **247**, 65(2012).
2) K. Nagahama, A. Takahashi and Y. Ohya：*React. Funct. Polym.*, **73**, 979(2013).
3) 大矢裕一：進化する医療用バイオベースマテリアル，大矢裕一，相羽誠一監修，pp.235-243，シーエムシー出版(2015).
4) 大矢裕一：工業材料，**65**, 50-55(2017).
5) 大矢裕一：医療用バイオマテリアルの研究開発，青柳隆夫監修，pp.107-116，シーエムシー出版(2017).
6) B. Jeong, S. W. Kim and Y. H. Bae：*Adv. Drug Deliv. Rev.*, **54**, 37(2002).
7) K. Thomas, Y. Li and F. Unger：*Adv. Drug Deliv. Rev.*, **54**, 99(2002).
8) S. S. Liow, Q. Dou, D. Kai, A. A. Karim, K. Zhang, F. Xu and X. J. Loh：*ACS Biomater. Sci. Eng.*, **2**, 295(2016).
9) D. S. Lee, M.S. Shim, S.W. Kim, H. Lee, I. Park and T. Chang：*Macromol. Rapid. Commun.*, **22**, 587(2001).
10) M. S. Shim, H. T. Lee, W. S. Shim, I. Park, H. Lee, T. Chang, S. W. Kim and D. S. Lee：*J. Biomed. Mater. Res.*, **61**, 188(2002).
11) J. Lee, Y. H. Bae, Y. S. Sohn and B. Jeong：*Biomacromolecules*, **7**, 1729(2006).
12) K. Nagahama, T. Ouchi and Y. Ohya：*Adv. Funct. Mater.*, **18**, 1220(2008).
13) K. Nagahama, K. Fujiura, S. Enami, T. Ouchi and Y. Ohya：*J. Polym. Sci. Part A Polym. Chem.*, **46**, 6317(2008).
14) K. Nagahama, Y. Imai, T. Nakayama, J. Ohmura, T. Ouchi and Y. Ohya：*Polymer*, **50**, 3547(2009).
15) A. Takahashi, M. Umezaki, Y. Yoshida, A. Kuzuya and Y. Ohya：*J. Biomat. Sci. Polym.*, **25**, 444(2014).
16) 大矢裕一，大内辰郎：*Drug Delivery System*, **16**, 143(2001).
17) A. Takahashi, M. Umezaki, Y. Yoshida, A. Kuzuya and Y. Ohya：*Polym. Adv. Technol.*, **25**, 1226(2014).
18) Y. Yoshida, A. Takahashi, A. Kuzuya and Y. Ohya：*Polym. J.*, **46**, 632(2014).
19) N. K. Singh and D. S. Lee：*J. Contr. Rel.*, **193**, 214(2014).
20) C. T. Huynh, M. K. Nguyen, J. H. Kim, S. W. Kang, B. S. Kim and D. S. Lee：*Soft Matter*, **7**, 4974(2011).
21) C. T. Huynh, M. K. Nguyeny and D. S. Lee：*Chem. Commun.*, **48**, 10951(2012).
22) D. Schmaljo：*Adv. Drug Deliv. Rev.*, **58**, 1655

(2006).
23) Y. Yoshida, K. Kawahara, S. Mitsumune, A. Kuzuya and Y. Ohya : *J. Biomater. Sci. Polym. Ed.*, **28**, 1158 (2017).
24) T. Sakai, T. Matsunaga, Y. Yamamoto, C. Ito, R. Yoshida, S. Suzuki, N. Sasaki, M. Shibayama and U. Chung : *Macromolecules*, **41**, 5379 (2008).
25) W. N. E. van Dijk-Wolthuis, J. A. M. Hoogeboom, M. J. van Steenbergen, S. K. Y. Tsang and W. E. Hennink : *Macromolecules*, **30**, 4639 (1997).
26) Y. Yoshida, K. Kawahara, K. Inamoto, S. Mitsumune, S. Ichikawa, A. Kuzuya and Y. Ohya : *ACS Biomat. Sci. Eng.*, **3**, 56 (2017).
27) Y. Yoshida, H. Takai, K. Kawahara, S. Mitsumune, K. Takata, A Kuzuya and Y. Ohya : *Biomat. Sci.*, **5**, 1304 (2017).
28) Y. Yoshida, K. Takata, H. Takai, K. Kawahara, A Kuzuya and Y. Ohya : *J. Biomat. Sci. Polym. Ed.*, **28**, 1427-1443 (2017).
29) K. Takata, K. Kawahara, Y. Yoshida, A Kuzuya and Y. Ohya : *Polym. J.*, **49**, 677 (2017).
30) K. Takata, H. Takai, Y. Yoshizaki, T. Nagata, K. Kawahara, Y. Yoshida, A. Kuzuya and Y. Ohya : *Gels.*, **3**, 38 (2017).

応用編

第1章　温度応答性
第8節　温度応答性形状記憶ポリマーの設計と医療応用

国立研究開発法人物質・材料研究機構　荏原 充宏

1　形状記憶ポリマーとは？

変形後に特定の刺激を受けると元の形状を取り戻す形状記憶材料の研究は近年急速な進歩を遂げ、医療用途への期待が高まっている。もっとも多く研究されているのは、温度変化をトリガーとして形状を回復する温度応答性形状記憶ポリマーだが、それ以外にも光や交流磁場など新規な種類の刺激に応答する材料が開発されてきている。形状記憶材料として、形状記憶合金、形状記憶セラミックス、形状記憶ポリマーが知られているが、本稿では、形状記憶ポリマー（とくに熱応答）について紹介する。

形状記憶ポリマーの歴史は古く、1941年に歯科修復材に関する米国特許のなかで弾性記憶特性として記述されたのが最初といわれている[1]。形状記憶ポリマーの商品化に関しては、1980年代にノルボルネン系ポリマーが登場し、トランス-ポリイソプレン系ポリマー、スチレン-ブタジエン系コポリマー、ポリウレタン系ポリマーと続いて開発されてきた。その後、ポリエステル系、ポリオレフィン系、アクリル系など、その種類も拡大していった。形状記憶ポリマーは、形状記憶合金、形状記憶セラミックスと比較して安価、軽い、変形率が高いなどの優れた特徴から、さまざまな分野での応用が期待されている。形状記憶ポリマーに関する特許出願は1990年代後半にかけてピークを迎え、多くの国内企業（とくに関西に拠点を置く企業）が用途開発に参入したが、その後徐々に減少する傾向にあった。しかし、2000年代に入り、医療応用への可能性が示唆されて以来、再びブームを迎えている[2]。

一般に温度応答性形状記憶ポリマーの駆動には、ガラス転移温度（T_g）や融点（T_m）が広く利用されている。これらの温度以上では高分子鎖のセグメント運動が高まり結晶性が下がるため、高分子を変形してから直ちに急冷すると、変形された状態で分子鎖のセグメント運動が凍結される。それを再び加熱すると元の形へと回復する。**図1**にその様子を示す。結晶性高分子以外にも、ハイドロゲル[3]、フォトクロミック分子[4]、液晶エラストマー[5]などさまざまな原理で駆動する形状記憶ポリマーが報告されている。さらに近年では、1つの形状のみならず複数の形状を記憶可能な材料も作製可能となっている。

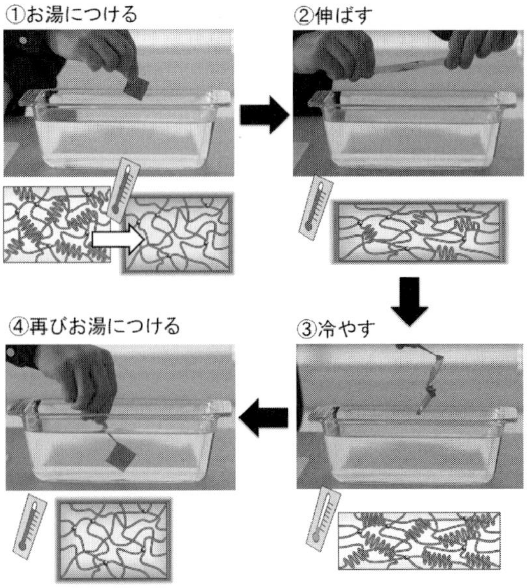

図1　温度応答性形状記憶ポリマーのメカニズム

2　形状記憶ポリマーの作製法

次に、形状記憶ポリマーの作製法について紹介する。形状記憶ポリマーを作製する際にもっとも大切なプロセスとなるのが「形状記憶加工」である。具体的には、高分子鎖の架橋反応である。架橋反応とは、複数の官能基を有する低分子化合物の分子間反応や、高分子化合物が分子間で共有結合し三次元網目構造を形成することである。架橋体形成に利用される化学反応自体は特別なものではなく、一般的なゲル作製法をほぼすべて適用できる。たとえば、重合と同時に架橋する場合、架橋剤存在下での付加重合反応（ラジカル重合、カチオン重合、アニオン重合など）や多官能性化合物の重縮合反応を利用する方法などが広く知られている。一方、あらかじめ合成した高分子をあとから化学反応により架橋する場合、高分子の官能基を利用する架橋に加え、放射線架橋、光架橋剤を利用する架橋等が用いられる。たとえば、官能基を利用した架橋法では、水酸基やアミノ基などの反応性側鎖をもつポリマーにグルタルアルデヒドやヘキサメチレンジイソシアネートなどの二官能性あるいは多官能性の化学架橋剤を反応させることで直接架橋構造を導入することができる。多分岐型ポリマーを用いた場合、末端官能基間の直接架橋が可能となる[6)]。

物理的に高分子鎖を架橋する方法としては、水素結合[7)]、イオン結合[8)]、配位結合[9)]、あるいは液晶分子の分子間相互作用[10)]による架橋などバリエーションに富んでおり、これらの相互作用を積極的に利用した形状記憶ポリマーの作製が報告されている。たとえばポリウレタン系材料は、グリコールを主とするポリオールまたは末端水酸基を有するポリマー（オリゴマー）とジイソシアネートとの反応により合成され、ハードセグメント（高 T_m または T_g で剛直）とソフトセグメント（低 T_m または T_g で柔軟）が連結した構造をしている。ウレタン結合部位は剛直性を有しておりさらに極性が高いため周囲のポリマー鎖と相互作用する。セグメントの比率により転移温度や形状記憶特性を比較的自由に制御できるほか、透明で成形性がよく、抗血栓性にも優れているため、多くの生分解性形状記憶材料がこの方法により合成されている。

また、形状記憶現象を誘発するトリガーとなる温度である転移温度（T_{trans}）には T_g と T_m が広く用いられている。T_g あるいは T_m 以上に加

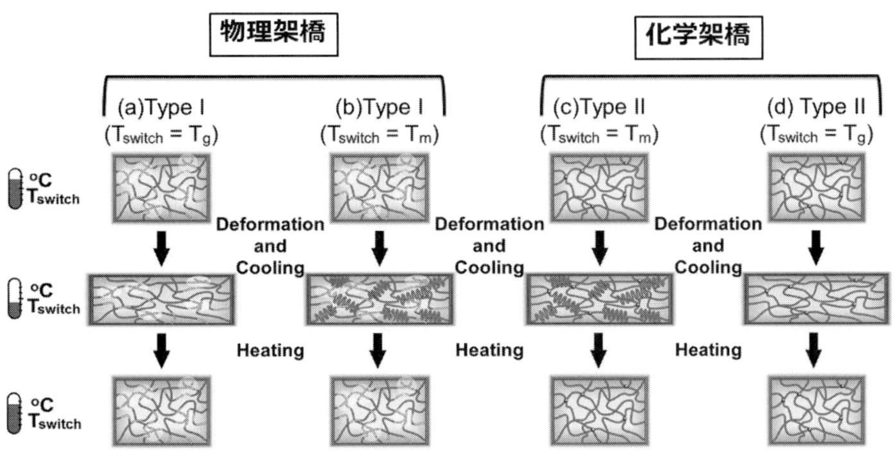

図２　形状記憶ポリマーの分類。架橋方法によって化学架橋、物理架橋の２パターンあり、また、形状記憶転移を誘発する温度としてガラス転移点（T_g）と融点（T_m）が選択可能である

熱すると結晶相が融解し、高分子鎖のセグメント運動が可能となり、ゴム同様にわずかな外力により変形が可能となる。この状態で外力を除くとエントロピー弾性により永久形状へ戻るのに対し、変形を維持したまま結晶化温度(T_c)以下に冷却すると結晶化により非晶性高分子鎖のセグメント運動が強い制約を受けることになるため、外力を除いた後でも変形させた形状を維持することができる。このように、形状記憶ポリマーの設計には、架橋方法(化学架橋、物理架橋)と転移温度(T_g、T_m)を用途に合わせて選択する必要がある(**図 2**)[11]。

3　形状記憶ポリマーの医療応用

3.1　治療用デバイス

形状記憶ポリマーはその形状を変化させることが可能であり、刺激を加えることで元の形状へと戻すことができるため非侵襲的な医療用デバイスとしての応用が広く検討されている。とくに生分解性を有する形状記憶材料は、医療やバイオテクノロジー分野への応用が行われはじめている。たとえば、体外ではコンパクトであり体内においてデザインした形状へと変化させる形状記憶材料は、小切開化など低侵襲性医療デバイスとして有用である[12]。たとえば、レーザー照射により駆動するポリウレタン系形状記憶ステント材料などが血栓除去デバイスとして開発されている(**図 3(a)**)[13]。これらのデバイスは、非常に細くコンパクトな状態でカテーテルを介して血栓部位までに送達され、赤外領域のレーザー光によりらせん状から傘状へと光熱作動し血栓を捕える仕組みとなっている。その他の応用としては、脳神経プローブが挙げられる。通常、金属やセラミックスのプローブでは組織への挿入時のダメージが大きいことが問題となっている。そこで形状記憶ポリマーを用いることで、挿入後徐々に形状を変化させることで、挿入時における組織へのダメージを軽減することに成功している(図 3(b))[14]。図 3(c)に形状記憶ポリマーを用いた尿管ステントの例を示す。このステントは温度で形状が変化するだけでなく、内包された薬も同時放出させることができる[15]。筆者らは、生分解性のポリ(ε-カ

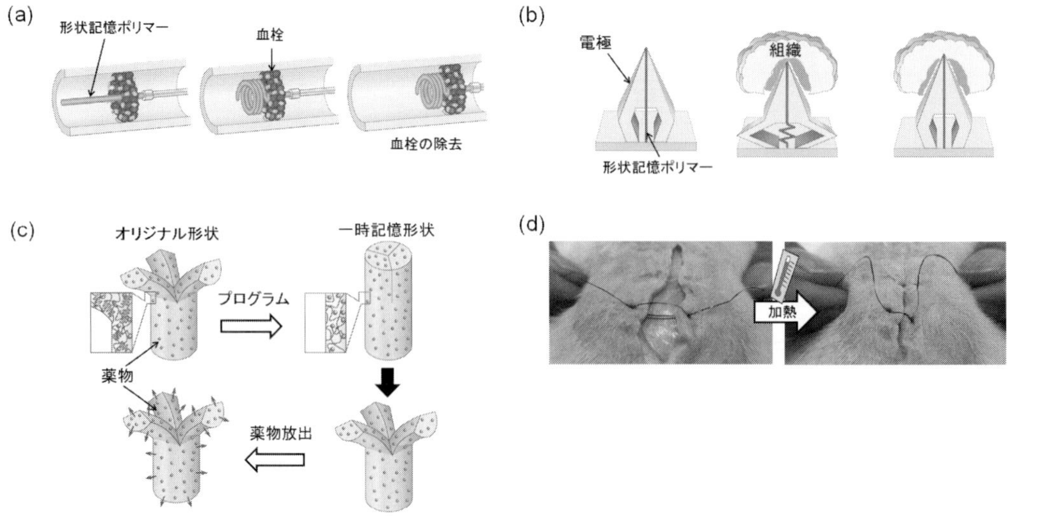

図 3　生分解性形状記憶ポリマーを用いた非侵襲的な医療用デバイスの例　(a)血栓除去用ステント　(b)脳神経プローブ　(c)薬物溶出尿管ステント　(d)手術用縫合糸

プロラクトン）(PCL)からなる形状記憶縫合糸の作製に成功している。PCLを化学的に架橋することによって、融点以上で劇的に収縮する縫合糸を作製した。図3(d)に示すように、体温付近の温度で縫合糸が収縮するため、傷口を速やかに閉鎖することができる。このほかにも、整形外科領域における軟組織固定材、矯正歯科領域における不正咬合治療に用いる矯正デバイスなど多岐にわたる応用が展開されており、今後のさらなる展開が期待される。

3.2　薬物放出デバイス

生分解性形状記憶高分子は、自身の生体適合性や生分解性そして形状変化能に加え、薬剤徐放をも任意にコントロールすることができる。たとえば、キトサンで修飾した乳酸とグリコール酸からなる共重合体(PLGA)のマイクロ粒子を円筒状の鋳型に入れ、ガラス転移温度以上で焼結させることで円筒型の生分解性形状記憶ポリマーなどが開発されている。この際、あらかじめ薬剤等を封入させたPLGA粒子を焼結させることで薬物放出デバイスの作製も可能である。この系では、高密度焦点式超音波(HIFU)を利用することで、形状変化と薬物の放出を遠隔的に操作することに成功している。HIFUにより誘起される形状回復は時間・空間的制御が可能であり、HIFUを照射したスポットのみで形状変化と薬物放出を同時に達成することができる。これにより一連の形状記憶プロセス中に複数の中間状態を創り出せるため、より高度な形状操作と薬物放出制御の実現を可能にする。ほかにもタンパク質などの高分子薬剤や複数薬剤の放出を可能にする形状記憶性薬物放出デバイスが報告されている[16]。遠隔操作による薬物放出の時空間制御などの複雑かつ高度なシステムが一般化されれば、治療効果だけでなく再生効果をも促す高機能化デバイス材料の開発が一気に進むと期待できる。

3.3　メカノバイオロジー

1993年にLangerとVacantiにより、細胞、成長因子、および細胞が育つための足場という3要素により組織を再生できる組織工学という概念が提唱された[17]。生分解性高分子の足場材料としての利用は組織工学におけるメインストリームであるが、形状記憶特性はほとんど注目されていなかった。しかし、メカノバイオロジー研究の目覚ましい発展により、足場の力学や機械刺激の重要性が示され、動的に力学物性や形状を変化させる生分解性形状記憶高分子は組織工学的細胞操作の観点からも新しい側面をみせつつある。筆者らは形状記憶という概念を表面のみに適用することで表面形状記憶培養基材の開発を行った[18]。この形状記憶培養基材は、細胞に対してマイルドな温度変化によりサブミクロンスケールの溝を消したり、出したり、方向を変化させることが可能である。この表面微細構造はコンタクトガイダンスと呼ばれる指向性接着を誘導し、細胞は溝に沿って配向する。たとえば、90度溝方向を変化させる表面を設計した場合、線維芽細胞は初期の配向状態から徐々に向きを変化させ、最終的に配向性を90度回転させた(**図4**(a))[19]。また、この技術は細胞-細胞間の相互作用が存在しない一細胞系のみならず、より組織構造に近い多細胞系にも適用可能である。サブミクロンスケールの溝構造を有する形状記憶基材上で新生児ラット心室筋細胞を培養することで、異方配向した心筋細胞シートの形成とそれに伴う異方性拍動といった生体内環境に近い機能を実現することに成功した(図4(b))[20]。驚くべきことに、足場の溝方向を90度変化させた場合、異方配向性を維持したまま細胞シートが向きが変化するとともに、拍動方向も変化することを明らかにした。これらの事実は、形状記憶培養基材が一細胞挙動だけでなく組織レベルでの細胞挙動を動

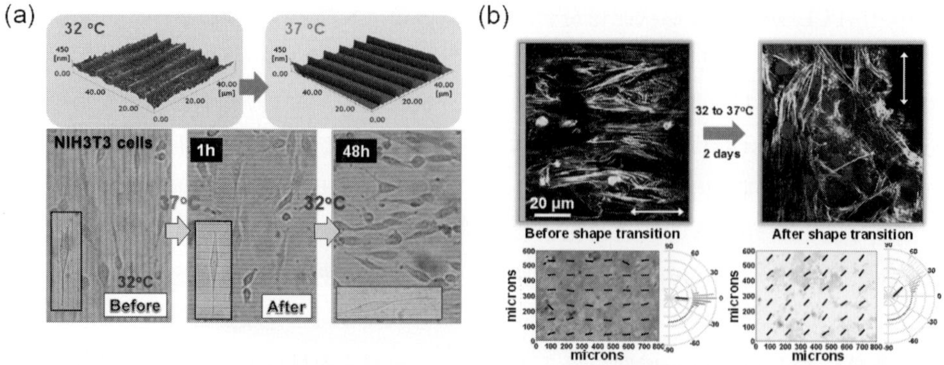

図 4　形状記憶効果を利用した動的細胞操作基材 (a) 表面パターンの 90 度変化により線維芽細胞の配向が 90 度変化 (b) 表面パターンの 90 度変化により心筋シートの配向 (上) と拍動方向 (下) が共に変化

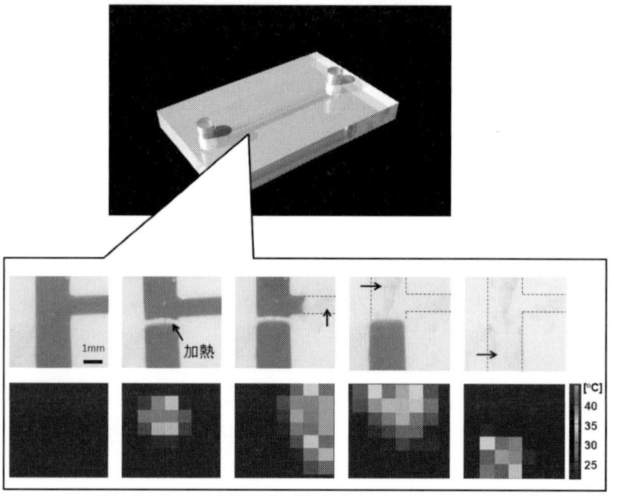

図 5　(a) 形状記憶マイクロ流路。局所加熱により流路構造の open-close を制御することができる。
※口絵参照

的に操作できることを示しており、より生体内を模倣した動的環境を提供できる新たな足場材料として興味深い。このように、形状記憶材料などの構造力学的物性が動的に変化可能な材料の開発は細胞・組織を高度に操作するための新規な培養基材として、今後の組織工学分野におけるさらなる展開が期待されている。

3.4　Micro Electro Mechanical Systems (MEMS)

形状記憶ポリマーのその他の応用例として、人工筋肉、アクチュエーターさらにはロボットなどが挙げられる。筆者らは、形状記憶ポリマーを Micro Electro Mechanical Systems (MEMS) へと応用することに成功している。PCL 架橋膜をマイクロ流路デバイスとして用いることで、マイクロスケールのチャンネル構造を正確に表面に記憶することができる。一時的に記憶したマイクロチャンネル構造は、温度により完全に元の形状へと戻る。このマイクロチャンネルに局所加熱することで流路構造の open-close を制御することに成功している (図 5)[21]。こうしたデバイスは、ソフトエレクトロニクスデバイスとして、ヘルスケアや医療分野でも貢献できるポテンシャルがある。将来的には臓器などの健康状態をモニターできるセンサーデバイスとしてなどの応用が期待できる。

4　おわりに

本稿で概説したように、形状記憶ポリマーが先進医療を支えるためのバイオマテリアル・医療用材料として研究開発が盛んに行われている。形状記憶能はほとんどすべての高分子が示しうる特性であるが、生理条件下で駆動する形状記憶材料となるとさほど多くはない。生理条件下で駆動しかつ生分解性を有する形状記憶高分子は、高機能性の移植用・体内留置型デバイス、薬物放出デバイスとして有用である。さらに形状変化などの動的概念を有する細胞足場は、既存の組織工学的アプローチでは解決できなかった多くの問題を解決できるポテンシャルを有する。また、細胞培養基材としての展開は、これまで解明があまり進んでいない構造力学的要因が細胞機能、病気の発症、組織修復プロセスの時間的影響の理解に有用である。

文　献

1) L. B. Vernon and H. M. Vernon: US2234994(1941).
2) A. Lendlein, A. M. Schmidt and R. Langer：*P. Natl. Acad. Sci. USA*, **98**, 842 (2001).
3) Y. Osada and A. Matsuda：*Nature*, **376**, 219 (1995).
4) S. Kobatake, *et al.*：*Nature*, **446**, 778 (2007).
5) D. L. Thomsen, *et al.*：*Macromolecules*, **34**, 5868 (2001).
6) K. Nagahama *et al.*：*Biomacromolecules*, **10**, 1789 (2009).
7) T. Ware, *et al.*：*Macromolecules*, **45**, 1062 (2012).
8) B. K. Kim, *et al.*：*Polymer*, **39**, 2803 (1998).
9) H. Meng and G. Li：*J. Mater. Chem. A*, **1**, 7838 (2013).
10) H. M. Jeong *et al.*：*J. Mater. Sci.*, **35**, 279 (2000).
11) M. Ebara, *et al.*：*Sci. Technol. Adv. Mater.*, **16**(1), 014804 (2015).
12) I. V. W. Small, *et al.*：*J. Mater. Chem.* **20**, 3356 (2010).
13) G. Baer *et al.*：*Biomed. Eng. Online*, **6**, 43 (2007).
14) A. A. Sharp *et al.*：*J. Neural Eng.*, **3**, L23 (2006).
15) A. T. Neffe *et al.*：*Adv. Mater.*, **21**, 3394 (2009).
16) C.-S. Yang, *et al.*：*ACS Appl. Mater. Interf.*, **5**, 10985 (2013).
17) R. Langer and J. Vacanti：*Science*, **260**, 920 (1993).
18) M. Ebara, *et al.*：*Adv. Mater.*, **24**, 273 (2012).
19) M. Ebara, *et al.*：*Intl. J. Nanomedicine*, **9**, 117 (2014).
20) P. Y. Mengsteab, *et al.*：*Biomaterials*, **86**, 1 (2016).
21) M. Ebara *et al.*：*Soft Matter.*, **9**, 3074 (2013).

応用編

第1章　温度応答性

第9節　水の出入りを伴わずに異方的に高速大変形するヒドロゲルアクチュエータ

国立研究開発法人　理化学研究所　石田 康博

1　はじめに

刺激応答性高分子の興味深い応用例として、ヒドロゲルアクチュエータ(刺激に応答して変形するヒドロゲル)が注目されている。そもそもヒドロゲルとは、親水性高分子よりなる3次元ナノ網目の中に大量の水分子(全体の80～90%程度)を閉じ込めた固形材料であり、生体に似て、軟らかく、軽く、ウェットであるため、バイオメディカル方面での応用が期待されている。ヒドロゲルの3次元ナノ網目を、刺激に応答して脱水和・水和する高分子で構築すれば、ヒドロゲル全体も収縮・膨潤し、アクチュエータとして利用できる(図1(b))。この目的のためにもっともよく使われる刺激応答性高分子は、ポリ(*N*-イソプロピルアクリルアミド)である(図1(a))[1]。32℃を境に転移(32℃より高温側で脱水和、低温側で水和)を起こすが、その転移がシャープであり、転移挙動に関する過去の膨大な知見もあり、なおかつ、転移温度が体温に近いことが、好んで用いられる理由であろう。

ヒドロゲルアクチュエータの開発は、人工筋肉に繋がる夢のある課題である。実際これまでに、上述の原理に基づき、数多くのヒドロゲルアクチュエータが開発されてきた。しかしながらその動作性能は、筋肉と比べはるかに劣る。すなわち、ヒドロゲルアクチュエータの動作は

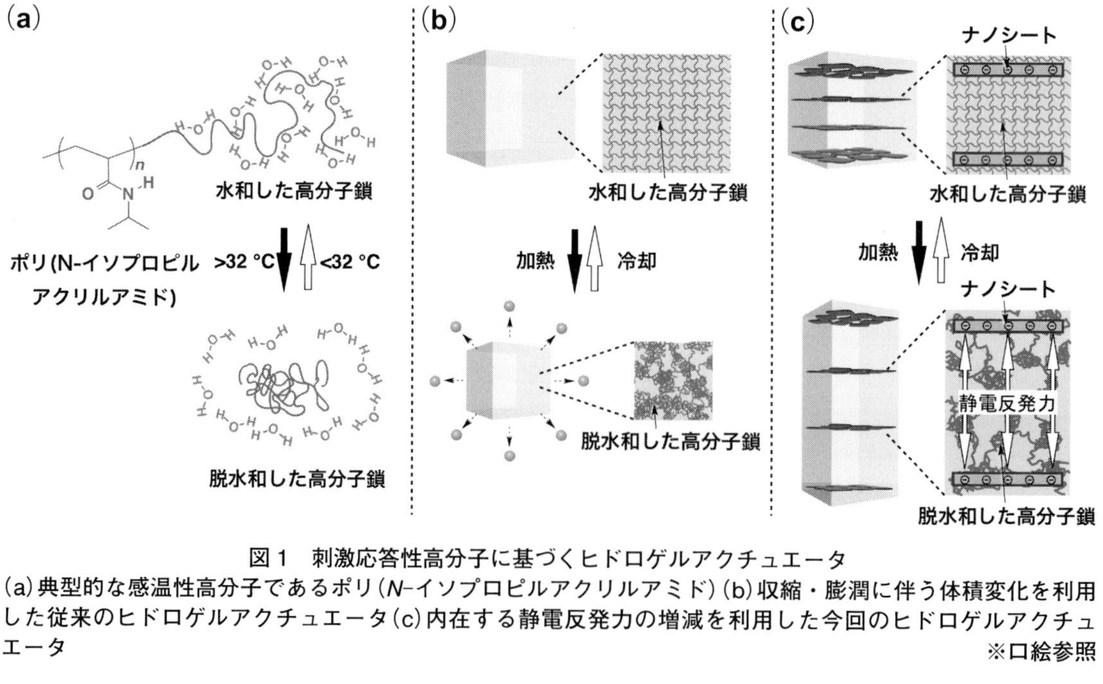

図1　刺激応答性高分子に基づくヒドロゲルアクチュエータ
(a)典型的な感温性高分子であるポリ(*N*-イソプロピルアクリルアミド)(b)収縮・膨潤に伴う体積変化を利用した従来のヒドロゲルアクチュエータ(c)内在する静電反発力の増減を利用した今回のヒドロゲルアクチュエータ
※口絵参照

一般的に遅く、水中でしか利用できず、さらには収縮・膨潤を繰り返すうちに劣化する。問題の根本は、従来のヒドロゲルアクチュエータの動作は、外界との水の受授による体積変化に頼る点にある。従来のヒドロゲルアクチュエータで大きな変形を実現した例では、そのほとんどがバイメタルに似た仕組み（板状のヒドロゲルの表と裏で、膨潤度に差を生じさせることにより曲がる）により、小さな変位を増幅している。

これらの問題点を解決するためには、まったく新しい概念に基づくヒドロゲルの動作原理が不可欠である。我々はこれまでに「磁場配向した無機ナノシートを内包した異方性ヒドロゲル」に関する研究を続けてきた[2)3)]。今回、この異方性ヒドロゲルを土台として、外界との水の受授を伴わず、内在する静電反発力の増減だけで駆動するヒドロゲルアクチュエータを新たに開発した（図１(c)）[4)]。以下、その着想に至る経緯から潜在的な応用範囲について概説する。

2　着想の元となった研究：磁場配向した酸化チタンを内包するヒドロゲルの力学物性[3)]

我々のグループでは最近、磁場（均一静磁場）による一次元・二次元ナノ構造体の配向に着目した研究を精力的に行っている。「数ある外場の中で、なぜ磁場を？」とはよく聞かれる質問であるが、物質は電子による磁化をもつため、すべての物質は磁場と相互作用する。内部構造または外部形状になんらかの異方性がある粒子では、各方向に対する磁化率に、わずかだが必ず差が生じている。この粒子を均一静磁場に置いた場合、磁化率が最大となる軸を外部磁場と平行に向けて、粒子は配向する[5)]。電場・せん断力・温度勾配などの他の外場と異なり、磁場はサンプルの形状・サイズを選ばず、非接触・非破壊で、均一に印加することができる。手軽かつ自由度がありながら、再現性や秩序性に優れた配向を達成できるのは、磁場の得難い魅力である。なお、磁場配向のデメリットとして、磁化率が小さい反磁性物質の場合に大きな配向エネルギーを得られない点が挙げられる。しかしながら、磁場強度が数テスラを超え、構造ユニットの実質の分子量が数千万を超えたとき、磁場配向エネルギーは構造ユニットの熱運動エネルギーを上回り、効率のよい配向制御が起こる[5)]。重要なポイントは「磁場強度」ならびに「構造ユニットサイズ」を両者とも十分に大きくすることである。超電導磁石が一般に普及し、なおかつ、分子量が数千万超のさまざまなナノ構造体が容易に入手できるようになった現在、磁場を用いた材料のプロセッシング技術は、その有用性を再認識されるべきである。

上記の原理に基づいてさまざまな一次元・二次元形状のナノ構造体を磁場配向することにより、我々のグループでは異方的な機能を示すソフトマテリアルの開発を行っている[6)-11)]。なかでも、佐々木らにより開発された二次元ナノ物質「酸化チタンナノシート」（図２(a)）[12)]に磁場を印可することにより、きわめてユニークな巨視的配向構造が得られることが明らかとなった[3)4)11)]。層状チタン酸化物は、TiO_6 八面体が連鎖して二次元方向に広がった層構造の集積体であり、層間にアルカリ金属やプロトンなどのカチオン性ゲストを収容することができる。プロトンを収容した層状チタン酸化物の結晶を、四級アンモニウム水酸化物の水溶液で処理すると、四級アンモニウムがプロトンに代わりゲストとして挿入される結果、層間距離が元の数倍から数十倍に膨潤し、層間の引力的相互作用は著しく弱まる。この状態で系全体を振盪させ、機械的な剪断力を加えると、層状化合物は層一枚にまで完全に剥離できる[12)]。このナノシート

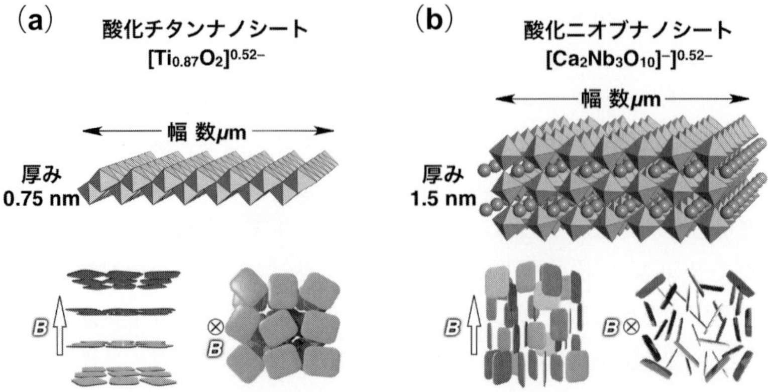

図２　磁場（矢印 *B*）に応答し、配向する金属酸化物のナノシート（a）磁場に垂直に配向する酸化チタンナノシート（b）磁場に平行に配向する酸化ニオブナノシート

は、厚みは分子レベル（0.75 nm）なのに対し、横幅はバルク（数 μm）という極端な異方的形状（アスペクト比～10^4）をもち、すべてが表面よりなる究極の二次元物質である（図 2(a)）。また、高密度アニオン電荷を帯びる・半導体のバンドギャップに由来する光触媒能をもつ・高い屈折率をもつ、といった魅力的な性質を兼ね備える。

これらの諸性質に加え、我々は、酸化チタンナノシートがきわめて興味深い磁場配向挙動を示すことを見いだした[3)]。酸化チタンナノシートの水分散液に 10 テスラの磁場を室温にて印加すると、ナノシートは磁場に対し垂直配向し、分散液中のすべてのナノシートが同じ向きとなるため、系全体が巨視的に異方的となる。これまで報告されている酸化物ナノシート（たとえば酸化ニオブナノシート、図 2(b)）はすべて、磁場に対して平行配向するが[13)14)]、これではナノシートは配向ベクトルを軸に自由に回転可能なため、ナノシート間の角度は規定できない。一方で、今回の酸化チタンナノシートのようにナノシートが磁場に対し垂直配向する場合、ナノシート同士は互いに面と面を向き合わせた配向に規定されるため（図 2(a)）、より高度な構造制御が達成できる。磁場配向後の系全体の構造を小角 X 線散乱により調べたところ、ナノシートは一軸配向しているのみならず、きわめて長距離（ナノシート濃度が 0.3 wt％の場合、51 nm）かつ一定の面間隔で配置され、あたかも結晶のような三次元高秩序構造をとっていることが明らかとなった。隣り合うナノシートの間には、ファンデルワールス引力と静電反発力とが働いており、シート間距離はこれらの釣り合う位置によって規定される[15)]。言い換えると、この長距離を保つに足る強度の静電反発力がナノシート間には常に働いていることになる。この反発力がすべて同じ向きに揃っていることを考えると、系全体の物性に大きな影響を与えることが予想される。

この配向構造は、磁場を解除するとともに簡単に熱緩和してしまう。しかしながら、磁場印加下にて水溶性アクリルモノマーの系内重合（たとえば *N,N*-ジメチルアクリルアミドと *N,N'*-メチレンビス（アクリルアミド）との共重合）により、高分子網目中にナノシートを捕捉すれば、磁場不在下でもナノシートの異方配向を保持したヒドロゲルが得られる（**図 3**(a)）[3)]。得られたヒドロゲルは、印可した磁場と平行な方向には白色不透明であるが、磁場と垂直な方向には高い透明性を呈す（図 3(b)）。この光学

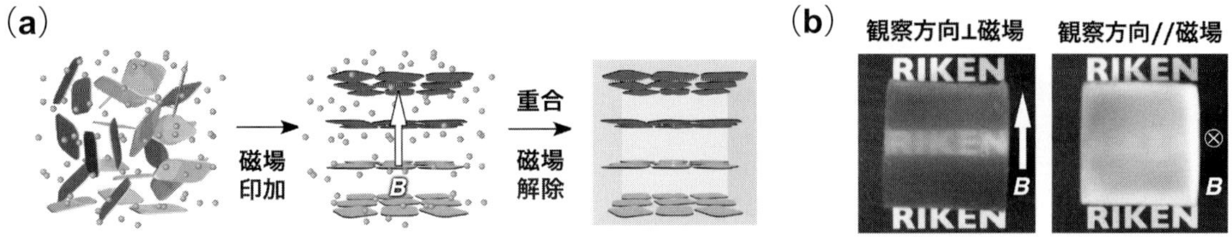

図 3　磁場配向した酸化チタンナノシートを内包するヒドロゲル(a)合成法(b)外観

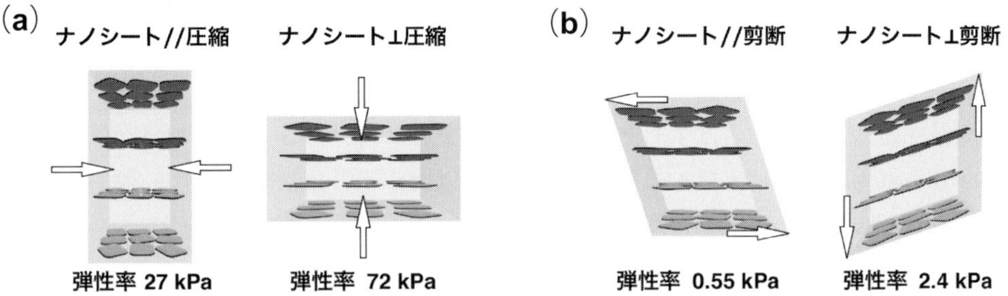

図 4　磁場配向した酸化チタンナノシートを内包するヒドロゲルの異方的な力学物性
(a)圧縮弾性率(b)剪断弾性率

的異方性は、磁場に対してナノシートが垂直配向するという事実とよく一致する。さらに興味深いことにこのヒドロゲルは、力学物性においても顕著な異方性をもつ[3)]。たとえば圧縮試験においてこのヒドロゲルは、ナノシートに平行な圧縮に比べ、ナノシートに垂直な圧縮に対し、2.6 倍高い弾性率を示す(**図 4**(a))。さらにレオロジー試験においては、ナノシートに平行な剪断には著しく変形しやすいのに対し、ナノシートに垂直な剪断にはこれより 4.3 倍高い弾性率を示す(図 4(b))。このヒドロゲルに特有の、縦には固く横には柔軟に変形する性質をうまく利用することで、優れた防振機能が達成することもできる(**図 5**)[3)]。一連の力学特性は「ナノシート同士がその静電反発のために互いの接近を嫌う」と仮定することで論理的に説明される。注目すべきは、酸化チタンナノシートはヒドロゲル全体の 1%に満たない量しか存在しないにもかかわらず、その配向方向が材料の力学物性に対し、多大な影響を及ぼす点である。今回のヒドロゲル材料には、荷重に耐えるタフな材料、振動を絶縁する材料、あるいは関節軟骨の代替材料など、さまざまな応用が期待される。

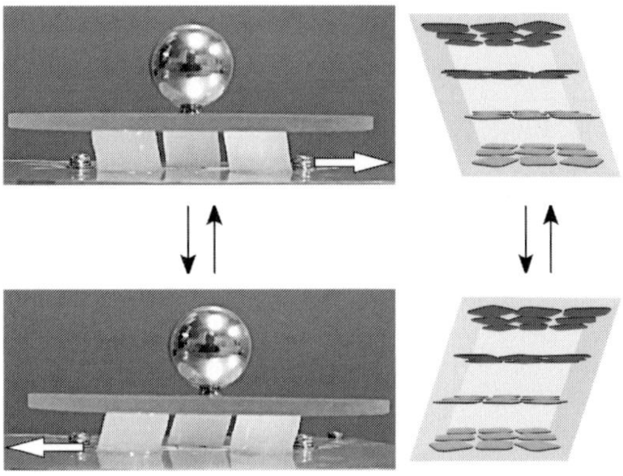

図 5　水平方向に配向したナノシートを内包するヒドロゲルでできた 3 本の柱の上にガラス板を置き、さらにその中心に鉄球を置いた状態で、地面より水平方向の振動を与えると、地面からの振動が効率よく遮断され、ガラス板および鉄球は安定に保持される。

3　アクチュエータへの応用展開：磁場配向した酸化チタンを内包するヒドロゲルの変形特性[4)]

前項に紹介したヒドロゲルについて、特異な力学物性の鍵となったのは、酸化チタンナノシート間に働く異方的な静電反発力であった。ここでもし、刺激応答性の高分子を使ってヒドロゲルの網目を構築すれば、高分子鎖の脱水和・水和を通じて内部環境をスイッチし、静電反発力を増減することができるはずである。高分子鎖が水和された状態では水分子の運動が抑えられてヒドロゲル内部の誘電率は低くなり、ポリマーが脱水和した状態ではその逆になる。こうして誘電率がスイッチすればナノシート間の静電反発力も増減するため[15)]、ヒドロゲル全体がナノシートの垂直方向に伸縮すると考えられる(図1(b))[4)]。

そこでヒドロゲルの構成要素として、典型的な温度応答性高分子であるポリ(*N*-イソプロピルアクリルアミド)(図1(a))を選んだ。このポリマーは32℃より高温側で脱水和、低温側で水和する。前項のヒドロゲルとまったく同様の手法(図3(a))を用い、*N,N*-ジメチルアクリルアミドの代わりに*N*-イソプロピルアクリルアミドを用いることにより、磁場配向した酸化チタンナノシートを埋め込んだヒドロゲルを作成した。ヒドロゲルの形状は内径0.6 mmのロッドとし、ナノシートはロッド長軸に対し垂直となるよう磁場を印可した。このヒドロゲルを50℃に加熱すると、ポリマーが脱水和し、ナノシート間の静電反発力が増大する結果、ヒドロゲルは1秒以内に1.7倍伸張する(**図6**(a)左)[4)]。次にこのヒドロゲルを15℃に冷却すると、ポリマーは水和し、ナノシート間の静電反発力は減少する。そのため、ヒドロゲルは1秒以内に元の長さに収縮する(図6(a)右)。

当然のことながら、ポリ(*N*-イソプロピルアクリルアミド)以外の温度応答性ポリマーをヒドロゲル内の3次元網目構造形成に用いた場合にも、同様の温度応答性伸縮運動がみられる。一方で、ポリ(*N*-イソプロピルアクリルアミド)の代わりに熱応答性のない*N,N*-ジメチルアクリルアミドを用いた場合[1)]、あるいは、系内の静電反発力を遮蔽するよう電解質を加えたり水を有機溶媒で置き換えたりした場合には[15)]、このような伸縮運動はみられなくなる。今回達成された伸縮速度(毎秒70%)は、これまで報告されているヒドロゲルアクチュエータのなかで、もっとも高速な部類に属する。注目すべき

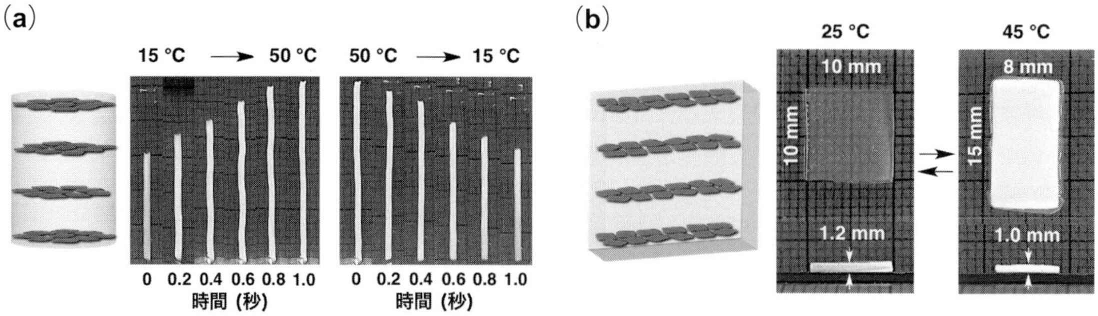

図6　温度に応答したヒドロゲルの変形(a)ヒドロゲルのロッドを50℃に加熱すると、わずか1秒間のうちに自重の1.7倍まで急速に伸長(左)。これを15℃に冷却すると、やはり1秒間のうちに元の長さまで急速に収縮(右)。(b)ヒドロゲルのフィルムを45℃に加熱すると、ナノシート面間距離を広げる方向に伸長し、それ以外の方向には収縮。冷却時はこれと逆の変化が進行。どちらの過程においても、外界との水の受授はなく、ヒドロゲル全体の体積は一定。

は、ポリ(*N*-イソプロピルアクリルアミド)よりなる通常の感温性ヒドロゲルは、加熱時に収縮・冷却時に膨潤するのに対し[1)]、今回のヒドロゲルは真逆の応答(加熱時に伸長・冷却時に収縮)する点である[4)]。

このヒドロゲルの変形挙動をより詳細に解析すべく、1.2 mm 厚のヒドロゲルのフィルム(ナノシートはフィルムの一辺に対し垂直に配向)を作成した。このヒドロゲルを加熱すると、ナノシートの面距離を広げる方向に伸長するとともに、ナノシートの面内方向には収縮する。冷却時にはこれと逆の変化を起こす(図6(b))。三辺の長さを計測したところ、この変形過程を通じてヒドロゲルの体積は一定に保たれ、外界との水の授受は起きていないことがわかった[4)]。そのため、この加熱・冷却による変形は、大きく、速く、劣化なく繰り返すことができる。また、空気・植物油・イオン液体の中など、さまざまな環境下で利用できる。また、このヒドロゲルアクチュエータがマクロ形状するのと同時に、放射光小角X線散乱測定によりミクロ変形を追跡したところ、ナノシートの面間距離(14～18 nm；**図7**(b))とヒドロゲルの長さ(10～13 mm；図7(a))とは常に比例関係にあり、マクロ形状とマクロ構造の変化とが対応していることもわかった[4)]。この事実は、想定されるメカニズムの妥当性を強く裏付けるとともに、筋原繊維の構成ユニットであるアクチン・ミオシンの運動に対応して伸縮する、筋肉の運動を想起させる。

さらに興味深い応用として、開発したヒドロゲルアクチュエータを利用することで、決まった方向に歩行し続けるアクチュエータを作ることもできる。ナノシートを斜めに埋め込んだヒドロゲルをL字型に切り取り、これを加熱・冷却すると、加熱時(伸張時)に重心が偏る。このとき、2つの接地点の摩擦力に差が生じるため、L字型のヒドロゲルは決まった方向に向かって歩行する(**図8**)[4)]。通常のアクチュエータで一方向性の運動を実現するためには、のこぎり型に加工した基板や勾配のある外場など、特別に設計された外部環境が必須となるが[16)]、

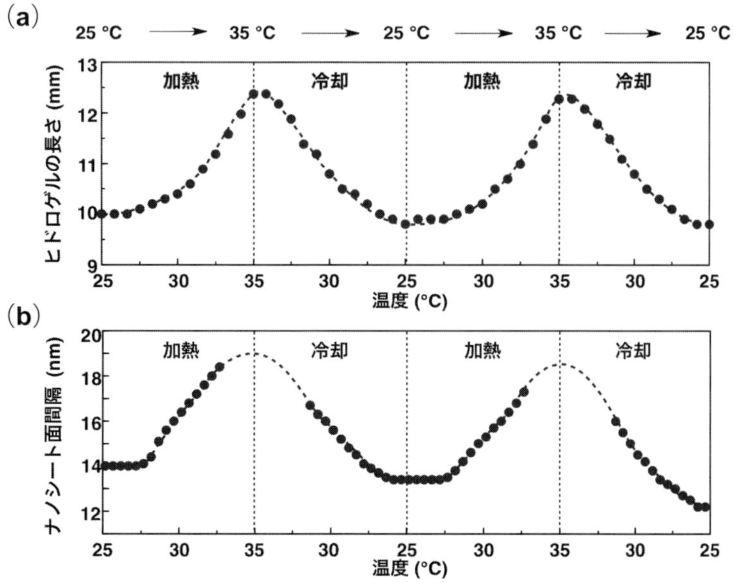

図7　ヒドロゲル変形時の際のマクロ形状とナノ構造の関係
(a) ヒドロゲルの長さの時間変化 (b) ナノシートの面間隔の時間変化

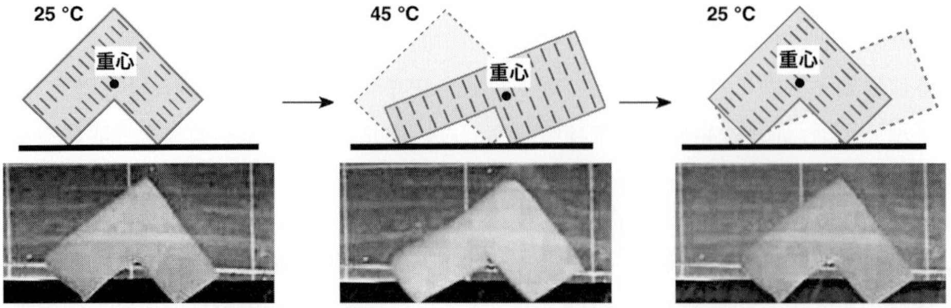

図8　ナノシートを斜めに埋め込んだヒドロゲルアクチュエータをL字型に切り取る(左)。これを45℃に加熱すると、ヒドロゲルアクチュエータはナノシート面間隔を広げる方向に伸長し、前足を前方に進めるとともに、重心を前方に移す(中央)。これを25℃に冷却すると、ヒドロゲルアクチュエータはナノシート面間隔を狭める方向に収縮し、後ろ足を前方に引き寄せながら、重心を元の位置に戻す(右)。この動きを繰り返し、ヒドロゲルアクチュエータは一方向に歩き続ける。

今回のヒドロゲルの歩行運動は、アクチュエータの内部構造だけを用いて、方向性のない熱エネルギーから一方向性の運動を作り出した珍しい例である。

4　おわりに

通常のヒドロゲルアクチュエータが生み出す運動は、外界との水の受授を伴う体積変化であるため[1)]、動作速度が遅い・動きに方向性がない・水中でしか利用できない・収縮と膨潤を繰り返すうちに容易に劣化する、といった問題を抱えていた。ここで開発されたヒドロゲルアクチュエータは、これらの諸問題を一挙に解決しており、その動きの質と量において従来のヒドロゲルアクチュエータを凌駕しているため、さまざまな応用が期待されるとともに、人工筋肉の実現という夢へ近づく大きな一歩となる[4)]。また、その動作原理は、ヒドロゲルに限らず高分子アクチュエーター般をみても前例がなく、今後の関連研究に大きな影響を与えると期待される。

現時点で残された課題は、(1)ヒドロゲル表面からの水の放出・揮発をいかに防ぐか、ならびに(2)温度以外の外部刺激に応答するシステムにいかに発展させるか、の2点になる。課題(1)については、乾燥状態におけるヒドロゲル表面からの水の揮発に加え、高温状態に置き続けたときのヒドロゲルの脱水が問題となる。これらはアクチュエータに限らず、ヒドロゲル材料が一般的に抱える課題であり、その解決には、ヒドロゲル表面のコーティングなどの技術開発が必要となるであろう。一方で課題(2)については、膨潤・収縮に基づく従来のヒドロゲルアクチュエータに関する先行研究が鍵となる。すなわち、ポリ(*N*-イソプロピルアクリルアミド)の温度応答性を用い、別の外部刺激(光・pH・物質 etc.)への応答を実現した例が多数報告されている。これらの仕組みを本系に組み込むことにより、さまざまな刺激に対し、高速で異方的な大変形を起こすヒドロゲルアクチュエータが得られるであろう。

文　献

1) M. Shibayama et al.：*Adv. Polym. Sci.*, **109**, 1 (1993).
2) M. Liu et al.：*Nature Commun.*, **4**, 2029 (2013).
3) M. Liu et al.：*Nature*, **517**, 68 (2015).
4) Y. S. Kim et al.：*Nat. Mater.*, **14**, 1002 (2015).
5) G. Maret et al.：*Top. Appl. Phys.*, **57**, 143 (1985).
6) L. Maggini et al.：*Adv. Mater.*, **25**, 2462 (2013).

7）L. Wu et al.：*ACS Nano*, **5**, 4640（2014）.
8）C. Li et al.：*Nat. Commun.*, **6**, 8418（2015）.
9）R. Matsui et al.：*Angew. Chem. Int. Ed.*, **54**, 13284（2015）.
10）R. Matsui et al.：*ChemPhysChem*, **17**, 3916（2016）.
11）K. Sano et al.：*Nat. Commun.*, **7**, 12559（2016）.
12）T. Sasaki et al.：*J. Am. Chem. Soc.*, **118**, 8329（1996）.
13）S. Ida et al.：*J. Am. Chem. Soc.*, **130**, 7052（2008）.
14）M. Osada et al.：*Phys. Rev. B*, **73**, 153301（2006）.
15）E. J. W. Verwey et al.：Theory of the Stability of Lyophobic Colloid, Elsevier, Amsterdam（1948）.
16）Y. Osada et al.：*Nature*, **355**, 242（1992）.

応用編

第1章　温度応答性
第10節　ナノ構造勾配をもつ温度応答性ゲルの作製

大阪大学　麻生 隆彬

1　はじめに

刺激応答性ゲルは、刺激に応答して形状を大きく変化させるため、水中で駆動する薬剤担体や人工筋肉などの材料として期待されている。とくに、刺激に応答して湾曲するゲルの合成は、人工弁やソフトアクチュエータの実用化に向けてきわめて重要である[1)2)]。

一方で、ポリ(*N*-イソプロピルアクリルアミド)(PNIPAAm)ゲルは、もっとも多く研究がなされている温度応答性ハイドロゲルの1つである[3)]。PNIPAAmゲルは下限臨界溶解温度(LCST)を境にして低温側では膨潤し、高温側では水の放出に伴い収縮する。この温度変化に応答する膨潤収縮特性を利用したドラッグデリバリーシステムやソフトアクチュエータの開発が期待され、高速収縮を目的とした研究が注目されている[4)]。これらは等方的な運動を示すが、ソフトアクチュエータとして用いるためには、温度変化に対して異方的な運動を示す材料の開発が求められている。たとえば、温度応答性高分子ゲルと非応答性高分子ゲルを部分的に複合させたバイゲル[5)]や、ラジカル重合時に親水性基板と疎水性基板で挟み込むことでその表面組成の違いによる重合不均一化を利用した湾曲ゲル[6)7)]などが報告されている。

一方で我々は、傾斜構造を有するゲルに着目した。刺激応答性ゲル内にナノ構造勾配を形成させることで、勾配ゲルは刺激に応答して湾曲すると考えた。

そこで、電気泳動法を用いた勾配ゲルの作製法を開発した[8)9)]。すなわち、モノマー、架橋剤、光開始剤を含むプレゲル水溶液中にコロイドを分散させ、白金電極と透明電極である酸化インジウムスズ(ITO)電極間でコロイドの電気泳動を実施し、形成したコロイド分布勾配をITO電極側からのUV照射による光重合により、高分子ゲルの網目内に保持する手法を考案した(**図1**)。

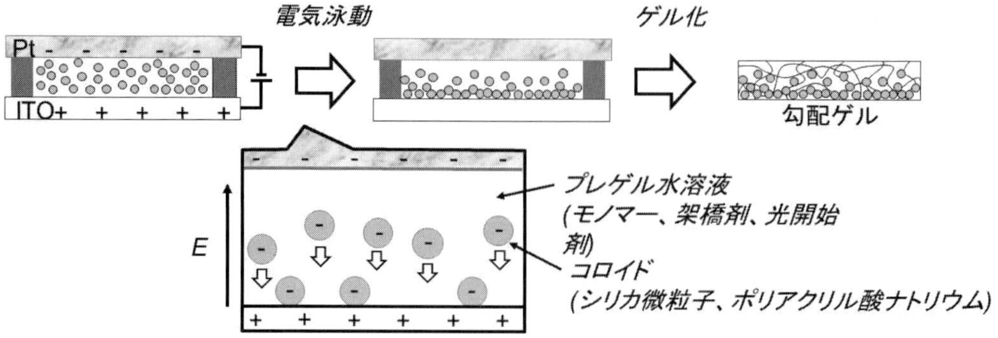

図1　プレゲル水溶液中でのコロイドの電気泳動、それに続く光重合による勾配ゲルの作製

2　シリカ濃度勾配ゲル

シリカ濃度勾配ゲルは、シリカ微粒子を分散させたプレゲル溶液に電場を印加した後、光重合により作製した[8]。所定量のモノマー、架橋剤、光開始剤を超純水に共存させ、厚さ1 mmのシリコンフィルムで隔てたITO/Pt基板中にプレゲル溶液を注入し、室温で所定時間、所定電場を印加した。続いて、4℃で1時間、UVをITO基板側から照射することでシリカ/ハイドロゲル複合体を合成した(シリカ濃度勾配ゲル)。シリカ微粒子は水中で負に帯電している。したがってシリカ微粒子が分散した水溶液に電場を印加することによって、電気泳動の原理に伴いシリカ微粒子は陽極側へ電気泳動されると考えられる。その際形成するシリカ微粒子濃度の勾配をゲル形成によって高分子網目内に固定することで、シリカ濃度勾配ゲルを作製可能であると考えた。シリカ濃度勾配ゲルの作製は、カチオン性色素による染色実験およびFT-IR/ATR測定によるシリカ微粒子濃度の定量によって確認した。電場を印加せずに作製した複合ゲルの断面が均一に染色されるのに対して(**図2**(a)左)、シリカ濃度勾配ゲルは陽極側が濃く染色され、陰極側へ向かうにしたがって連続的に薄く染色されることがわかった(図2(a)右)。カチオン性色素はゲルを染色せず、シリカ微粒子にのみ吸着することから、ゲル内にシリカ微粒子濃度の勾配が形成されていることは明らかである(図2(b))。勾配度を定量するために、作製した複合ゲルを凍結乾燥した後、陽極側および陰極側からIR/ATR測定を実施し

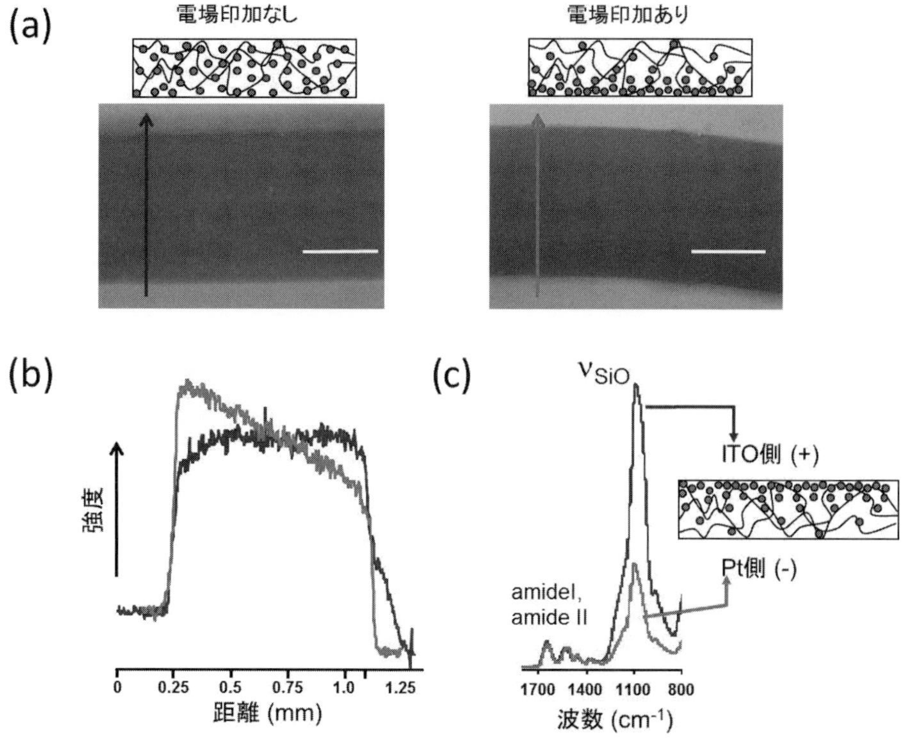

図2　(a)シリカ微粒子内包ゲルの染色試験。(左)電場印加なし、(右)電場印加あり。(b)(a,b)の染色強度。(c)ITO側、Pt側からのFT-IR/ATRスペクトル。スケールバーは500 μm。文献8)から一部改編して転載。
※口絵参照

た。作製したゲルは厚み1 mm程度であるため、表と裏をIR/ATR測定で分離可能であった(図2(c))。既知濃度のシリカ微粒子とPNIPAAmから検量線を作成し、シリカ微粒子濃度を定量した。勾配：gは、以下の式から算出した。

$$g = (C_{\mathrm{ITO}} - C_{\mathrm{Pt}})/l$$

ここで、C_{ITO}とC_{Pt}はそれぞれ、ITO側およびPt側のシリカ濃度、lはゲルの厚みである。電気泳動時間の延長および印加電圧の増加に伴いg値は上昇し、電気泳動条件によってシリカ微粒子の濃度勾配の程度を制御可能であることが明らかとなった。

電気泳動せずに合成したゲルは、等方的に収縮するのに対して、興味深いことに、シリカ濃度勾配ゲルは、温度上昇に伴いシリカ濃度の希薄な側へ湾曲した(**図3**)。この湾曲現象はシリカ微粒子存在下でのPNIPAAmゲルの収縮挙動に関連している。PNIPAAmゲル中のシリカ濃度が高い場合、温度上昇に伴うPNIPAAmゲルの収縮はシリカ微粒子の存在によって物理的に阻害される。シリカ微粒子非存在下で作製したPNIPAAmゲルは、40℃の水中で50％まで収縮するのに対して、10 v/v%シリカを内包したPNIPAAmゲルの収縮は77％まで抑制された。この収縮率の違いが温度に応答したPNIPAAmゲルの湾曲減少の駆動力であると考えられる。事実、染色実験からシリカ微粒子希薄側を内側に、濃厚側を外側に湾曲することを確認した。また、収縮速度も向上した。通常PNIPAAmゲルは温度ジャンプに伴う収縮過程でゲル表面に疎水的なスキン層を形成するため、収縮過程がきわめて緩慢である。しかし、親水性のシリカ微粒子を内包することで、ゲルのスキン層形成が阻害され、応答速度が改善されたと考えられる。したがって、シリカ濃度勾配ゲルは、温度変化に応答して迅速に湾曲することがわかった。

ゲル湾曲時の曲率は、勾配：g値が大きくなるにしたがって大きくなることがわかった(図3)。曲率は湾曲ゲルの外径(凸面)と内径(凹面)の長さの比：外径/内径で評価した(図3)。すなわち、ゲルが湾曲しなかった場合、外径/内径値は1である。シリカ微粒子濃度勾配が大きくなるに伴って、温度に応答して湾曲したゲ

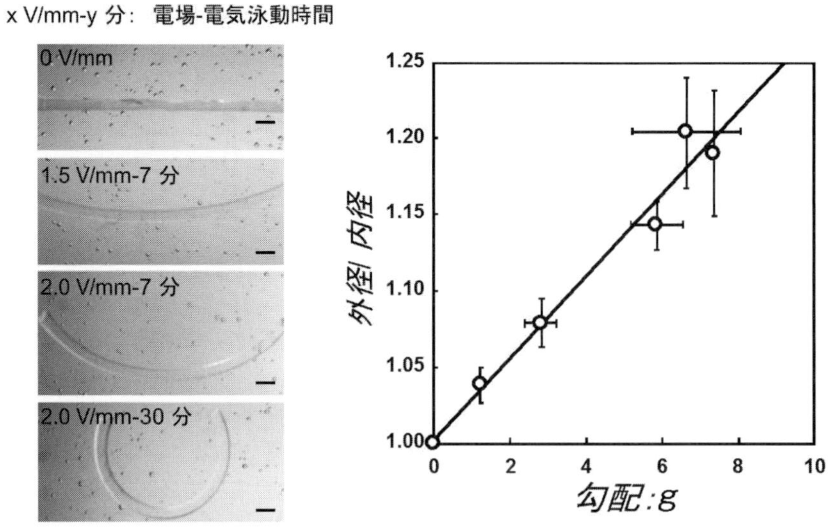

図3　勾配：gと外径/内径の関係。スケールバーは1 mm。文献8から一部改編して転載。

ルの曲率が大きくなることが示された。この結果は、ゲル内に形成されたシリカ微粒子濃度の勾配が、ゲル湾曲の駆動力であることを明らかに示す結果であり、勾配度を制御することでゲル湾曲時の曲率を制御可能であることが明らかとなった。

3　空孔密度勾配ゲル

次に、シリカ濃度勾配ゲルをフッ化水素酸（HF）水溶液に24時間室温で浸漬することで、シリカのみを溶解除去し、シリカ濃度勾配ゲルの構造が反映された多孔性ゲル（空孔密度勾配ゲル）を作製した[8]。シリカ濃度勾配ゲルがシリカ微粒子の希薄な方へ湾曲するのに対して、空孔密度勾配ゲルは、温度上昇に伴い空孔密度の高いほうへ湾曲した（**図4**）。これは、ゲル内の多孔質度の勾配がゲルの収縮速度の勾配につながった結果であると考えられる。PNIPAAmゲルは温度上昇に伴う収縮速度がきわめて緩慢であることは知られているが、これらはゲルの多孔質化によって改善することが可能である。また、多孔質度の上昇に伴い収縮速度が大きくなることもこれまでに明らかにしている[10)-13)]。空孔密度勾配ゲルは、シリカ濃度勾配ゲルのHF処理によって得られる。そのため、シリカ濃度勾配ゲルをHF処理したゲルは、シリカ濃度勾配が転写された空孔密度勾配をもつため、収縮速度の大きい側へ湾曲したと考えられる。興味深いことに、空孔密度勾配ゲルは速度論的に湾曲するため、最終的には直線状のゲルへと形態を変化させることがわかった（**図5**）。勾配形成によるPNIPAAmゲルの時間変化に伴う形態変化は4次元材料に位置づけられ、さらなる展開が期待される。

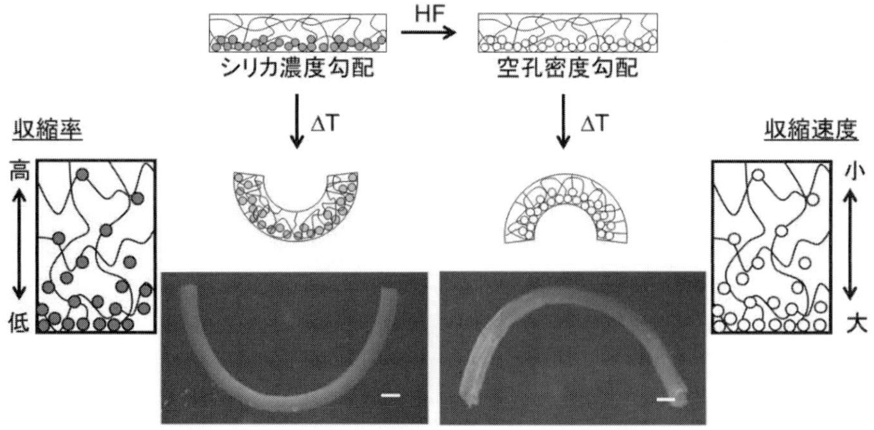

図4　シリカ濃度勾配ゲルと空孔密度勾配ゲルの温度上昇に伴う湾曲現象。スケールバーは1 mm。文献8）から一部改編して転載。

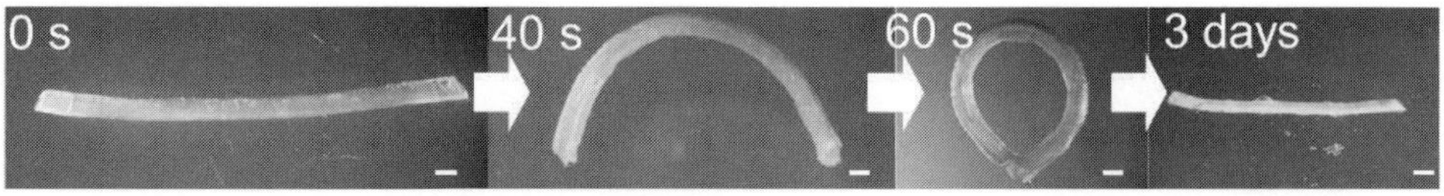

図5　水温を20℃から40℃へ変化させた際の空孔密度勾配ゲルの時間依存的形態変化．スケールバーは500 μm.

4　勾配型 semi-IPNs

無機微粒子であるシリカ微粒子に換えて、pH 応答性高分子であるポリ(アクリル酸)(PAA)を用いると、PAA 勾配型のセミ相互侵入高分子網目(semi-interpenetrating polymer networks；semi-IPNs)が合成できた[9]。PAA 勾配型 semi-IPNs をさまざまな pH の水溶液に 20℃で浸漬すると、一定方向へ湾曲した(**図 6** 左)。水溶液の pH がアクリル酸の pK_a 以上では、PAA 濃度の希薄な方向へ、逆に pK_a 以下では、PAA が濃縮された方向へ湾曲した。さらに、電気泳動時間を増加させると、pH に応答した semi-IPNs の湾曲は大きくなった。したがって、この湾曲には、semi-IPNs の pH 依存的な膨潤度変化が大きく寄与していると考えられる。すなわち、pH 応答性をもつ PAA のイオン化 / プロトン化に伴う高分子鎖の凝集 / 伸張が、濃度分布勾配によって湾曲現象を引き起こしているものと考えられる。このことから、PAA 濃度勾配率を変化させることで、ゲルの曲率を容易に制御可能であり、PAA 濃度の勾配形成がゲル湾曲の駆動力となっていることを示唆している。

さらに、勾配型 semi-IPNs は、pH 応答性だけでなく、PNIPAAm に起因する温度応答性を有している。水溶液の pH がアクリル酸の pK_a 以上のとき、semi-IPNs は、温度上昇に伴い大きく湾曲した(図 6 右)。シリカ濃度勾配ゲルの場合、ゲル内にシリカ微粒子の濃度勾配を形成させた際、PNIPAAm ゲルの収縮がシリカ微粒子に阻害されるため、PNIPAAm ゲルは温度に応答してシリカ微粒子の希薄な側へ大きく湾曲した。PAA の場合も同様に、イオン化した PAA 鎖が PNIPAAm の温度に応答した収縮を阻害するため、PAA 濃度が希薄な側へ大きく湾曲したと考えられる。PAA 勾配 semi-IPNs は、温度と pH のいずれにも応答して湾曲することがわかった。

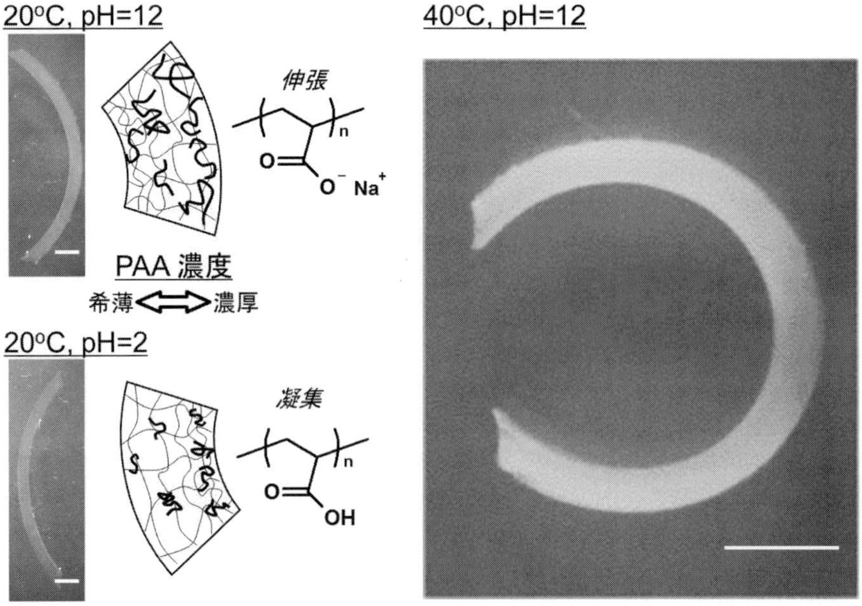

図 6　pH と温度に応答して湾曲する勾配型 semi-IPNs。スケールバーは 2 mm。文献 9) から一部改編して転載。

5 まとめ

水中で駆動するソフトアクチュエータの作製を目的として、ゲル内部にナノ構造の勾配を有するゲルを作製した。このような傾斜機能材料は、化学組成や物理的性質が連続的に変化する材料であり、異なる機能をもつ材料をもっとも理想的に接合した材料の１つと位置づけることができる。一般的にゲルにこのような階層構造を制御することは困難であるが、コロイドの電気泳動により傾斜構造をゲル内部に導入することで、外部刺激に応答する湾曲現象を誘導することに成功した。また、時間変化に伴う形態変化を可能にする４次元材料の創成も可能であった。従来の等方的な運動と異なり、異方的な運動を示すハイドロゲル材料は、ソフトアクチュエータ素子の基幹材料として有用である。

文　献

1) E. Smela：*Adv. Mater*, **15**, 481(2003).
2) Y. Osada, H. Okuzaki and H. Hori：*Nature*, **355**, 242(1992).
3) T. Tanaka, E. Sato, Y. Hirokawa, S. Hirotsu and J. Peetermans：*Phys. Rev. Lett.*, **55**, 2455(1985).
4) Y. Yoshida, K. Uchida, Y. Kaneko, K. Sakai, A. Kikuchi, Y. Sakurai and T. Okano：*Nature*, **374**, 240(1995).
5) Z. Hu, X. Zhang and Y. Li：*Science*, **269**, 525(1995).
6) H. Tokuyama, M. Sasaki and S. Sakohara：*Colloids Surf. A*, **273**, 70(2004).
7) S. Maeda, Y. Hara, T. Sakai, R. Yoshida and S. Hashimoto：*Adv. Mater.*, **19**, 3480(2007).
8) T. Asoh, M. Matsusaki, T. Kaneko, M. Akashi：*Adv. Mater.*, **20**, 2080(2008).
9) T. Asoh and M. Akashi：*Chem. Commun.*, 3548(2009).
10) T. Serizawa, K. Wakita and M. Akashi：*Macromolecules*, **35**, 10(2002).
11) T. Kaneko, T. Asoh and M. Akashi：*Macromol. Chem. Phys.*, **206**, 566(2005).
12) T. Asoh, T. Kaneko, M. Matsusaki and M. Akashi：*J. Controlled Release*, **110**, 387(2006).
13) T. Asoh, T. Kaneko, M. Matsusaki and M. Akashi：*Macromol. Biosci.*, **6**, 959(2006).

応用編

第1章　温度応答性

第11節　生体機能を模倣する コア-コロナ型感温性微粒子の創製

東京理科大学　菊池 明彦

1　はじめに

現在、金属材料、無機材料、高分子材料のいずれか、またはこれらの複合材料から調製された微粒子に関するさまざまな研究が行われるとともに、実用化されてきている。とくに、高分子からなる微粒子は、印刷用トナーや分析用のクロマトグラフィー担体として、また医療分野において、診断薬やドラッグデリバリーシステム(DDS)の担体として治療に適用されるなど、きわめて幅広い分野での応用がこれまでに研究されてきており、工業的に重要な材料の1つとなっている。一方、多くの微粒子は比較的単一の材料から調製されている。たとえば、DDSの担体として用いられる高分子ミセルなどは、疎水性[1]、または高分子電解質複合体[2]をコアに、コロナ層に親水性で生体適合性の高いポリ(エチレングリコール)(PEG)を有するコア-コロナ型微粒子に相当する形状を有する。同様に、微粒子調製時に高分子末端にビニル基を有するマクロモノマーを用いて分散重合を行うと、コア-コロナ型微粒子を調製しうる[3)-5)]。このとき、マクロモノマーに刺激応答性高分子を用いると、種々の物理刺激、化学刺激に応答して微粒子表面の物性を変化させる刺激応答性コア-コロナ型高分子微粒子を調製できる。本稿では、このような刺激応答性微粒子のなかでとくに、温度刺激に関する微粒子について議論したい。

微粒子は、その調製過程で界面自由エネルギーを最小にするように球状微粒子が形成されるため、これまでの多くの合成・応用例は球状微粒子が用いられている。最近になって、微粒子の形状を変化させ、その形状の違いによって種々特性が変化することが報告されてきた。そこで本稿では、微粒子の形状とその材料の特性について、とくに医用材料としての細胞との相互作用に関する最近の研究成果を概観する。

2　刺激に応答して物性変化する微粒子

2.1　高分子微粒子

2.1.1　刺激応答性微粒子の調製

ポリ(*N*-イソプロピルアクリルアミド)(PNIPAAm)とその誘導体は温度変化に応答して水溶性が変化する[6)]。PNIPAAmとその誘導体が修飾された表面は、温度変化に応答して物性を変化させるため、クロマト担体[7)8)]や細胞の接着・脱着を制御する種々材料[9)-13)]に応用可能であることが報告されている。

Ayanoら[14)]はPNIPAAmとポリ(DL-ラクチド)が結合したブロック共重合体(PNIPAAm-*b*-PLA)を用いて微粒子を調製し、温度変化に応答した微粒子表面の物性変化と物性変化と、これら粒子の細胞による貪食挙動を解析した。PNIPAAmが低温で水和している場合には細胞への貪食が抑制されたが、PNIPAAmの下限臨界溶液温度(LCST)以上の温度では、PNIPAAmの疎水性水和水の脱水和が起こり、比較的疎水性となった微粒子表面が細胞と相互作用し、微粒子は細胞内に貪食されることを報告した。

Akashi ら[3)-5)]はマクロモノマーを用いた分散重合を行い、種々機能性微粒子を合成している。この方法では、比較的親水性のマクロモノマーが重合時に界面活性剤として働き、モノマーは溶解し、ポリマーが溶解しない重合溶媒中で自発的に、かつ比較的単分散な微粒子が生成する。筆者ら[15)]は、Akashi らが報告したこのマクロモノマーを用いた分散重合法と、原子移動ラジカル重合(ATRP)を組み合わせて、鎖長の明確な感温性コロナを有する微粒子の調製を行った。まず、フタルイミド誘導体を開始剤に用いる NIPAAm の原子移動ラジカル重合を行い、開始末端にフタルイミド基を有する PNIPAAm を得た[15)]。このとき、モノマー濃度や重合時間を変えながら重合を行うことで、数平均分子量は 3000 程度から 18000 程度の比較的広い範囲で、かつ分子量分布を 1.15 以下の値を維持しながら鎖長の明確な PNIPAAm が得られることを明らかにした[15)]。これは、ATRP がリビング的に進行し、分子量分布の狭いポリマーが得られたことを意味する。さらに、フタルイミド基はヒドラジン分解により第１級アミノ基に変換可能であり、このアミノ基をアクリル酸クロリドと反応させ、マクロモノマーを得た(ビニル基への変換率 80％程度)。得られた PNIPAAm マクロモノマーとスチレンとをアルコールと水の混合溶媒中でラジカル重合を行うと、この溶媒はポリスチレンに対して貧溶媒であるため、重合過程で微粒子が自発的に生成した。得られた微粒子は球状で、走査型電子顕微鏡像を確認したところ、比較的単分散な微粒子であることが明らかになった。

得られた微粒子は生成過程で PNIPAAm 鎖を微粒子表面に有すると考えられた。そこで、温度変化に応答した微粒子の粒径変化を、動的光散乱法を用いて調べた。温度変化に応答して微粒子の粒径が 25℃で 280 nm であったものが 40℃では 230 nm 程度まで低下した。さらに、顕微鏡下で微粒子分散液の様子を観察すると、40℃で凝集したことから、微粒子表面が疎水的に変化したことが明らかになった。これらの結果は、本微粒子表面を PNIPAAm コロナが被覆しているため、温度変化に伴う PNIPAAm 鎖の脱水和と疎水性相互作用による凝集であることが示された。さらに、用いる PNIPAAm マクロモノマーの分子量や、仕込みモノマー組成を変化させることで PNIPAAm コロナを有する種々粒径の微粒子を調製しうることを示している。

2.1.2　種々形状を有する微粒子の調製

高分子系微粒子は乳化重合や分散重合、または自己組織化により調製される。これらの高分子系微粒子では、その生成過程で高分子を溶解しない貧溶媒を用いるため、界面自由エネルギーを最小にするように微粒子が生成し、一般的には球状微粒子が得られる。では、球状ではない形態の微粒子を得るためにはどのようにするのだろうか。文献を調べると、非球状の粒子を得るためには、反応場を工夫する必要があることが示されている。シード乳化重合やシード分散重合などの方法を用いると、種々非球状粒子を生成しうることが報告されている[16)-20)]。たとえば、重合時における界面活性剤の利用や、低沸点溶媒の蒸発など、さまざまな条件を変更することで、卵形粒子[18)]や、ダンベル様構造(二連結)、または金平糖形の微粒子[17)]、ゴルフボール様のくぼみのある微粒子[20)]、あるいは扁平な平板(ディスク)状粒子[19)]などが合成されている。また、自己集合を制御することで、半球体面で物性の異なる種々ヤヌス形粒子[16)]を調製可能であることが報告されている。

また、リソグラフィー法、微小流路を用いた粒子形成、光重合法などを用いた種々形状を有する微粒子についても、その形成方法が報告されている[21)-24)]が、これらの調製法と医療用途への応用に関する詳細は、それぞれの引用文献、ならびに総説を参照していただきたい[25)]。

これらの微粒子設計法はそれぞれ興味深い方法であるものの、医療用途への応用については必ずしも十分な検討が行われているわけではない。

2.2 種々形状を有する微粒子と細胞との相互作用

生体内に侵入した細菌やウイルスなどの粒状物質を処理する免疫の一次応答を担当するのはマクロファージや樹状細胞である。薬物キャリアやイメージング剤として用いられる微粒子についても、マクロファージや樹状細胞が取り込みを行うことが知られている。Hirota らはポリ(乳酸-グリコール酸)(PLGA)共重合体から調製した微粒子の粒径がマクロファージへの取り込みに大きく影響することを報告し、粒径 3 μm の PLGA 粒子の取り込みがもっとも高くなることを示した[26)]。さらに薬物担持ポリスチレンラテックスを用いてマクロファージへの取り込みを検討し、粒径 6 μm のポリスチレンラテックスのマクロファージへの取り込みが最大になったことを報告している[27)]。同時に薬物を担持した PLGA のマクロファージへの取り込みを調べており、粒径 3 μm の粒子の場合にマクロファージにもっとも多く取り込まれることを報告した。同様に、Mitragotri ら[28)]もポリスチレンラテックスを用いてマクロファージによる貪食に与える微粒子粒径の影響を調べたところ、粒径 3 μm の粒子がもっとも貪食されやすい結果を示している。これらの研究結果は、微粒子の粒径によってマクロファージへの取り込み挙動に差があり、もっとも取り込みの多くなる粒径が 3～6 μm 程度に極大を有することを示したものとして、興味深い内容である。

さらに最近、Mitragotri らのグループでは、高分子の球状微粒子からロッド状微粒子を得る方法と、そのマクロファージへの取り込み挙動の解析から[25)29)30)]、微粒子のマクロファージへの取り込みを利用した医療用途への応用について、精力的に研究を発表している。

Champion と Mitragotri[29)]は、ポリスチレンラテックスをモデル粒子として選択し、その形状がマクロファージへの取り込みにどのような影響を与えるか調べている。ポリスチレンラテックスをポリ(ビニルアルコール)(PVA)フィルム中に分散・固定後、加温しながらフィルムを一軸延伸、または二軸延伸することで異なる形状の微粒子を得た。これらの微粒子の形状は、球状(未変形粒子)、楕円体状(ロッド状)、ディスク状、土星様形状などであることを走査型電子顕微鏡観察から明らかにしている。ついで、これら形状の異なる微粒子のマクロファージによる貪食挙動を調べた。ロッド状微粒子では短軸側から細胞に接近した場合には貪食が起こるものの、長軸側から細胞に接近した場合には細胞内への貪食が抑制されることを報告した。扁平ディスクや土星様形状の微粒子においても貪食は抑制されることが明らかになった。このとき、形状の違いに伴う取り込みに比べて、粒子のサイズの細胞への貪食に与える影響が少ないことを示した。この点は、Hirota らの結果や、自身らが種々球状粒子で得た結果とは異なっていた。しかし、この報告では、通常 1～5 μm 程度の粒径の粒子を用いて議論されており、上述した種々形状の異なる粒子のサイズもこの範囲内であったことから、粒径の影響は無視できたものと考えられる。

Mitragotri ら[31)]は、さらに粒径が 0.5～3 μm の蛍光標識化微粒子の形状を変化させたのち、マクロファージへの取り込み挙動を調べた。微粒子の形状にかかわらずサイズが 2～3 μm の場合にもっともマクロファージと相互作用し、細胞内に取り込まれていることを示した。マクロファージの細胞膜にはひだ状構造が無数に存在し、微粒子のサイズがひだ状構造と同程度の大きさであることが顕微鏡観察から示された。実際、生理食塩水の塩濃度を下げて低浸透圧環境下にマクロファージを暴露すると、膨潤してひだ状構造が減り、2〜3 μm のサイズの粒子との相互作用が大幅に低下した。この結果は、マクロファージの細胞膜のひだ状構造と貪食される粒子のサイズとの相関があることを示している。さらに、このことは、マクロファージがこのひだ状構造に基づいてバクテリアや体内の老廃物等を認識し、貪食していることを示唆した結果である。

肺胞マクロファージによる微粒子の貪食を数学的に解析した結果がさらに報告されている[32]。ロッド状微粒子はマクロファージと多点で相互作用していることを示した。この知見をもとにロッド状微粒子の種々薬物キャリアとしての特性を明らかにする研究が展開されている[33)-35]。また、これらの形状変化する微粒子を抗原キャリアとして用い、免疫応答の賦活化に用いている[36)37]。

2.3　刺激に応答して形状が変化する微粒子の調製

上述した微粒子はポリスチレンや PLGA などからなり、ガラス転移温度が比較的高いために、形状を変更した後は細胞と接触する生理的環境(pH 7.4, 37℃，イオン強度 I = 0.15)では変化しない材料であった。一方、刺激に応答して形状を変化させることができれば、微粒子の機能制御を実現しうるため、興味深い。

そこで、筆者らは、温度変化で形状と表面物性を同時に制御可能な感温性微粒子を設計することを検討した[15)38]。2.1.1 で筆者らは温度刺激に応答して粒径や分散・凝集挙動の変化する微粒子を調製した。得られた微粒子のコアにはポリスチレンを用いており、そのガラス転移温度は 80〜100℃程度であるため、Mitragotri らの報告にあるよう、生体の体温近傍での形状変化は起こらない。そこで、筆者らはガラス転移温度を 20℃に有するポリブチルメタクリレート(PBMA)をコア成分として用いてコア - コロナ型微粒子を調製した[38]。さらにコアのガラス転移温度を制御するため、BMA とメチルメタクリレート(MMA)の共重合を行い、コアのガラス転移温度を 20〜32℃の範囲で制御した微粒子を合成した[38]。この微粒子を PVA 水溶液中に分散後、乾燥させてフィルム形成した。Mitragotri ら[29]の手法を用いて加温しながらこのフィルムを一軸延伸した後に冷水で PVA のみを溶解し、ロッド状微粒子を得た。このとき、延伸する力を変化させると、長軸と短軸の比(アスペクト比)を 2 から 8 の範囲で制御できることを明らかにした明らかにした。以降の実験では、アスペクト比 4 のロッド状微粒子を用いた。調製したロッド状微粒子はコアのガラス転移温度より低温ではその形状を維持し分散状態となるが、コアのガラス転移温度以上の温度で静置するとその形態が徐々に変化し、最終的に球状微粒子に変化した[38]。コアのガラス転移温度と加温時の温度との差が大きいほどアスペクト比の変化は大きくなることを見出し、温度変化で形状がロッド状から球状へと変化する微粒子となることを明らかにした。温度が PNIPAAm コロナ鎖の LCST 以上の温度の場合、PNIPAAm の脱水和にともなって、微粒子表面は疎水性に変化し、微粒子の分散状態も変化することがわかった。さらに、この形状変化がマクロファージの微粒子貪食挙動に影響することが明らかになりつつある。また、温度変化で形状変化を自在に制御して細胞との相互作用を制御しうる微粒子の調製ができることが見出されつつある。

3　分解性と温度応答性をあわせもつ微粒子

PNIPAAmは代表的な温度応答性高分子であるが、高分子の親水性基と疎水性基とのバランスにより温度応答性を発現できる[39)40)]。したがって、比較的親水性のモノマーと疎水性のモノマーとの組成を制御して共重合体を合成することで、PNIPAAmのようにLCST型の温度応答性を発現できる。筆者らは、開環重合でポリエステルを与える2-メチレン-1,3-ジオキセパン(MDO)に注目し系統的な研究を行ってきた[41)42)]。MDOは比較的疎水性で、開環重合によりポリ(ε-カプロラクトン)(PCL)と同じ構造を与える。さらにビニル基を有するため、他のビニルモノマーと重合可能である。そこで、比較的親水性の2-ヒドロキシエチルアクリレート(HEA)を共重合したところ、得られたポリマーは水溶性であり、LCST型の温度応答性高分子であることがわかった。このとき、MDOの共重合組成が3～11 mol％と多くなるほどLCSTは低下し、41℃から12℃まで制御可能であった[41)]。さらに、塩基性水溶液に浸漬すると、ポリマーは加水分解して、温度応答性が消失することも明らかになった。

一方、高温側でポリマーが沈殿した状態を顕微鏡下で観察すると、コアセルベート液滴が形成され、液-液相分離が生起していた。この液滴は時間とともに融着し、二層分離してしまうため、無機微粒子の炭酸カルシウムを用いてPickeringエマルションとして安定化させ、さらに、炭酸カルシウムの結晶成長を行うことで有機-無機ハイブリッドカプセルが形成できることが明らかになった[42)]。Pickeringエマルションの状態では、LCST以下の温度では不安定であったが、結晶成長後の有機-無機ハイブリッドカプセルは低温にしても安定な構造を維持した。このような材料は新規な医療用材料としての特徴をもちうると考えており、温度刺激応答性高分子を用いた新しい材料調製法として興味深い。

4　おわりに

以上、本稿では種々刺激応答性微粒子の調製と、細胞などとの相互作用に関する最近の研究を紹介した。従来の合成法では、界面自由エネルギーを最小にするように球状微粒子が調製されていたが、最近の合成手法の進展は、さまざまな形状の微粒子を調製できることを示した。一方、これらのユニークな形状を有する微粒子と生体との相互作用に関する研究は発展途上である。Mitragotriらは、球状微粒子をベースに、微粒子含有フィルムの延伸により種々形状の微粒子を得ており、これらのバイオマテリアルとしての特性について明らかにしてきている。筆者らは、この手法を応用して刺激に応答して形状が変化する微粒子の調製と細胞との相互作用を明らかにしつつある。これらの手法は、多くの改良が求められるものの、微粒子形状と生体との相互作用を明らかにする重要な基礎知見を得られるものと考えられる。今後、この分野の研究が進展することで、細胞との相互作用を精密に制御する機能性微粒子の設計が可能になるだろう。

文　献

1) K. Kataoka, G. S. Kwon, M. Yokoyama, T. Okano and Y. Sakurai：*Journal of Controlled Release*, **24**, 119-132(1993).

2) K. Kataoka, A. Harada and Y. Nagasaki：*Advanced Drug Delivery Reviews*, **47**, 113-131(2001).

3) M. Akashi, I. Kirikihira and N. Miyauchi：*Angewandte Makromoleculare Chemie*, **132**, 81-89(1985).

4) T. Akagi, M. Baba and M. Akashi：*Polymer*, **48**,

6729-6747(2007).
5) M. Q. Chen, T. Serizawa, A. Kishida and M. Akashi : *J. Polym. Sci., Part A : Polym. Chem.*, **37**, 2155-2166(1999).
6) M. Heskins, J. E. Guillet and E. James : *Journal of Macromolecular Science : Chemistry A*, **2**, 1441-1445 (1968).
7) H. Kanazawa, K. Yamamoto, Y. Matsushima, N. Takai, A. Kikuchi, Y. Sakurai and T. Okano : *Anal. Chem.*, **68**, 100-105(1996).
8) A. Kikuchi and T. Okano : *Progress in Polymer Science*, **27**, 1165-1193(2002).
9) N. Yamada, T. Okano, H. Sakai, F. Karikusa, Y. Sawasaki and Y. Sakurai : *Rapid Communications*, **11**, 571-576(1990).
10) T. Okano, N. Yamada, H. Sakai and Y. Sakurai : *Journal of Biomedical Materials Research*, **27**, 1243-1251(1993).
11) A. Kikuchi, M. Okuhara, F. Karikusa, Y. Sakurai and T. Okano : *Journal of Biomaterials Science, Polymer Edition*, **9**, 1331-1348(1998).
12) A. Kikuchi and T. Okano : *Journal of Controlled Release*, **101**, 69-84(2005).
13) M. Yamato, O. H. Kwon, M. Hirose, A. Kikuchi and T. Okano, *Jounral of Biomedical Materials Research*, **55**, 137-140(2001).
14) E. Ayano, M. Karaki, T. Ishihara, H. Kanazawa and T. Okano : *Colloids and Surfaces B : Biointerfaces*, **99**, 67-73(2012).
15) T. Matsuyama, H. Shiga, T.-A. Asoh and A. Kikuchi : *Langmuir*, **29**, 15770-15777(2013).
16) A. Walther, A. H. E. Müller and Janus Particles : *Chem. Rev.*, **113**, 5194-5261(2013).
17) M. Okubo, T. Fujibayashi, M. Yamada and H. Minami : *Colloid and Polymer Science*, **283**, 1041-1045(2005).
18) M. Okubo, T. Miya, H. Minami and R. Takekoh : *J. Appl. Polym. Sci.*, **83** 2013-2021(2002).
19) M. Okubo, T. Fujibayashi and A. Terada : *Colloid and Polymer Science*, **283**, 793-798(2005).
20) M. Okubo, N. Saito and T. Fujibayashi : *Colloid and Polymer Science*, **283**, 691-698(2005).
21) D. Dendukuri, K. Tsoi, T. A. Hatton and P. S. Doyle : *Langmuir*, **21**, 2113-2116(2005).
22) D. Dendukuri, D. C. Pregibon, J. Collins, T. A. Hatton and P. S. Doyle : *Nature Materials*, **5**, 365-369(2006).
23) D. Dendukuri, S. S. Gu, D. C. Pregibon, T. A. Hatton and P. S. Doyle : *Lab on a Chip*, **7**, 818-828(2007).
24) J. P. Rolland, B. W. Maynor, L. E. Euliss, A. E. Exner, G. M. Denison and J. M. DeSimone : *J. Am. Chem. Soc.*, **127**, 10096-10100(2005).
25) J. A. Champion, Y. K. Katare and S. Mitragotri : *Journal of Controlled Release*, **121**, 3-9(2007).
26) K. Hirota, T. Hasegawa, H. Hinata, F. Ito, H. Inagawa, C. Kochi, G.-I. Soma, K. Makino and H. Terada : *J. Controlled Release*, **119**, 69-76(2007).
27) T. Hasegawa, K. Hirota, K. Tomoda, F. Ito, H. Inagawa, C. Kochi, G.-I. Soma, K. Makino and H. Terada : *Colloids and Surfaces B-Biointerfaces*, **60**, 221-228(2007).
28) J. A. Champion, A. Walker and S. Mitragotri : *Pharmaceutical Research*, **25**, 1815-1821(2008).
29) J. A. Champion and S. Mitragotri : *Proc. Natl. Acad. Sci.*, **103**, 4930-4934(2006).
30) J. A. Champion and S. Mitragotri : *Pharmaceutical Research*, **26**, 244-249(2009).
31) N. Doshi and S. Mitragotri, *Pros One*, **5**, e10051 (2010).
32) P. Kolhara, A.C. Anselmo, V. Gupta, K. Pant, B. Prabhakarpandian, E. Ruoslahti and S. Mitragotri : *PNAS*, **110**, 10753-10758(2013).
33) S. Barua and S. Mitragotri, *ACS Nano*, **7**, 9558-9570 (2013).
34) S. Barua, J.-W. Yoo, P. Kolhar, A. Wakankar, Y. R. Gokarn and S. Mitragotri : *PNAS*, **110**, 3270-3275 (2013).
35) A. Banerjee, J. Qi, R. Gogoi, J. Wong and S. Mitragotri : *J. Controlled Release*, **238**, 176-185 (2016).
36) S. Kumar, A. C. Anselmo, A. Banerjee, M. Zakrewsky and S. Mitragotri : *J. Controlled Release*, **220**, 141-148(2015).
37) R. A. Meyer, J. C. Sunshine, K. Perica, A. K. Kosmides, K. Aje, J. P. Schneck and J. J. Green : *Small*, **11**, 1519-1525(2015).
38) T. Matsuyama, A. Kimura, T.-A. Asoh, T. Suzuki and A. Kikuchi : *Colloids and Surfaces B-Biointerfaces*, **123**, 75-81(2014).
39) T. Maeda, T. Kanda, Y. Yonekura, K. Yamamoto and T. Aoyagi : *Biomacromolecules*, **7**, 545-549(2006).
40) K. Yamamoto, T. Serizawa and M. Akashi : *Macromolecular Chemistry and Physics*, **204**, 1027-1033(2003).
41) S. Komatsu, T.-A. Asoh, R. Ishihara and A. Kikuchi : *Polymer*, **130**, 68-73(2017).
42) S. Komatsu, Y. Ikedo, T.-A. Asoh, R. Ishihara and A. Kikuchi : *Langmuir*, **34**, 3981-3986(2018).

応用編

第1章　温度応答性

第12節　ヘモグロビンを模倣した刺激応答性の二酸化炭素可逆吸収材料

九州大学　星野 友/三浦 佳子

1　はじめに

持続可能な社会の実現の為に温室効果ガスの排出量を大幅に削減することが求められている。しかし、温室効果ガスの排出量は減少に転じておらず、依然年々増加している。温室効果ガスのうち温暖化寄与割合の約60%はCO_2であり、このCO_2の排出量削減が日本のみでなく、国際的な急務である。

我が国のCO_2の排出量については、火力発電所などのエネルギー転換部門がもっとも大きな割合を占めている。火力発電所からの排ガス中のCO_2濃度は10%程度であるが、ガス量は100万Nm^3/h以上ときわめて大量である。そこで、発生した排ガスからCO_2を分離・濃縮して回収し、地中や海中に封じ込める方法であるCCS(Carbon dioxide Capture and Storage)や濃縮したCO_2を他の化成品に変換利用するCCU(Carbon dioxide Capture and Utilization)の研究が進められている。しかし、現状の技術ではCCS/CCUにかかるエネルギーコストが採算ベースから程遠く、エネルギーコストの大幅な削減が求められている。このコストの約60%をCO_2分離回収エネルギーが占めている。つまり温室効果ガス排出量の削減のためには、CO_2分離回収エネルギーの低減が必要不可欠である。

本稿では、工業的なCO_2分離材料・方法および生体内におけるCO_2分離機構を概説した後に、生体内におけるCO_2分離機構を模倣して開発された刺激応答性のCO_2分離材料について紹介する。なお、本稿はすでに発表済みの原著論文や総説を再編した物でありより詳しくは、既報を参照されたい。

2　工業的なCO_2の分離回収方法

燃焼後排ガスからのCO_2分離法として代表的なものは吸収法、吸着法、膜分離法が挙げられる。なかでも化学吸収法は大規模な商業実績もあり、常圧環境において水分を多量に含んだ大量のCO_2を処理できる利点を有している(**図1**)。

化学吸収法は、エタノールアミン水溶液(アミン水溶液)など塩基性の水溶液にガスを通気することで、酸性ガスであるCO_2を酸塩基反応により選択的に吸収液に吸収させる分離方法である。50℃付近まで冷却された燃焼後排ガスを吸収液に接触させると排ガスからCO_2が選択的に吸収され、CO_2は重炭酸塩やカルバミン酸という形で溶液に溶解する。この反応は発熱反応のため、吸収液を加熱することで逆反応を

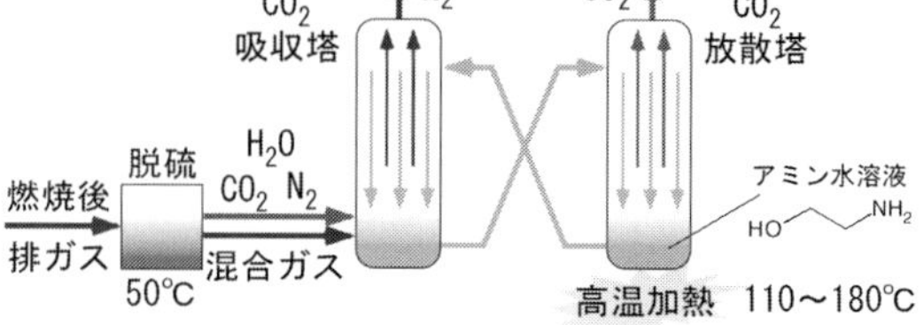

図1　アミン水溶液によるCO_2化学吸収プロセスの模式図

起こし、CO_2 をガスとして分離濃縮すると同時に吸収材を再生することが可能である。通常のプロセスにおいてはこの逆反応を起こすために吸収液を110〜180℃程度まで加熱するが、その際の必要エネルギーが非常に大きいことが最大の問題である。比較的低温で再生可能な吸収液としてさまざまな低分子アミンが開発されているが、依然必要エネルギー量が大きく、CO_2 分離回収コスト削減のためには低温で再生可能な CO_2 吸収材料の開発が鍵となっている。

3　生体内における CO_2 分離とヘモグロビン

筋肉や脳などの活動で生じた CO_2 を組織から分離し、肺から生体外に排出することは生体の維持にとって大変重要な課題である。工業的なプロセスと違って生体内では、ほとんどエネルギーを消費することなく(37℃、1 atm という穏和な環境で)効率よく CO_2 の分離・排出を行っている。この効率的な生体内の CO_2 の分離機構を学び、模倣することで高効率の CO_2 分離材料を開発できる。

生体組織内で生じた大量の CO_2 を効率よく体外に排出するために、ヘモグロビンというタンパク質が重要な役割を演じている。ヘモグロビンは、血液中の赤血球内に存在するタンパク質であり、酸素の運搬体タンパク質として有名であるが、体内で生成した大量の CO_2 を肺に輸送し、肺から体外に放出する CO_2 運搬体という役割もある(**図2**)[1]。

ヘモグロビンは、タンパク質表面に多数の塩基性官能基(アミンやイミダゾール)を提示し、血液を塩基性にする。前述のように CO_2 は酸性物質のため酸塩基反応により塩基性の水溶液に、重炭酸イオンとして溶解する。その後、ヘモグロビン表面の塩基性官能基とアンモニウム塩・イミダゾリウム塩を形成することで血流とともに輸送される。

血流に乗って肺まで輸送された重炭酸イオンを効率的に CO_2 に変換し、体外に放出するために、ヘモグロビンはタンパク質構造を大きく

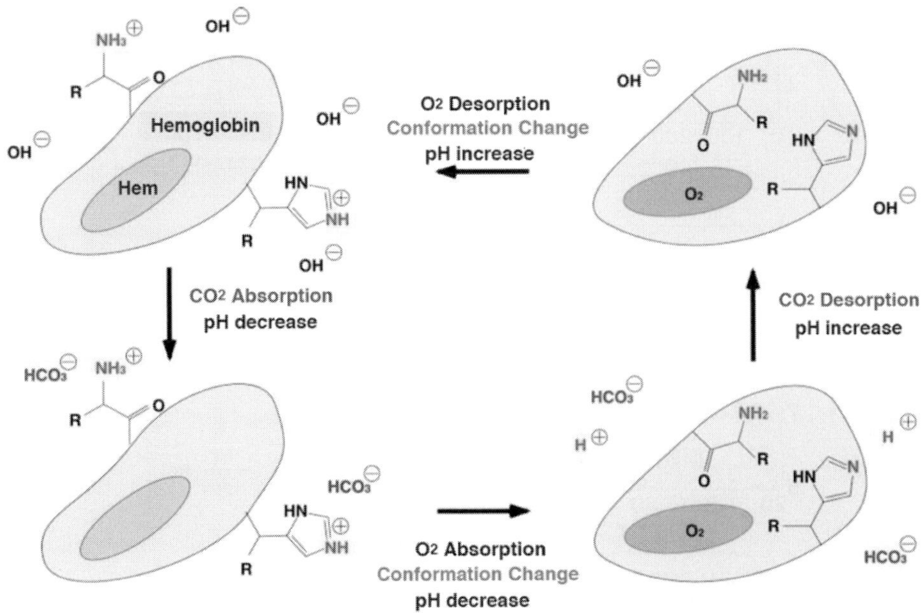

図2　ヘモグロビンの酸素との結合に誘起された構造変化と可逆的な CO_2 吸収機構模式図

変化させる。ヘモグロビンの構造変化は、ヘモグロビン中心に存在するヘムと酸素との結合により駆動される。この構造変化によりそれまでタンパク質表面に提示されていた塩基性官能基がタンパク質内部に移行し、塩基性が低下する[2)]。すなわち血液の pH が酸性に変化する。重炭酸イオンは、酸性の水溶液には溶解できないため効率的に CO_2 に戻り肺から排出される。

4 ヘモグロビンを模倣した CO_2 可逆吸収材『アミン含有ゲル粒子』

ヘモグロビンのようにアミンを含有した合成高分子の構造を外部摂動に応答して高速に変化させることができれば、刺激応答性の CO_2 の可逆吸収材料を合成できる。たとえば、温度応答性材料であるポリ *N*-イソプロピルアクリルアミド(pNIPAm)から成るハイドロゲル微粒子に CO_2 吸収能を有する塩基性のアミンを導入することで温度変化に応答して、ヘモグロビンのように高分子の構造が変化して可逆的に CO_2 を吸収可能なゲル粒子を合成できることがわかっている。

pNIPAm から成る高分子は疎水性のイソプロピル基と親水性のアミド基が分子内にバランスよく均一に分布しているため低温では水によく溶解するが、温度をわずかに上昇させただけで分子内の疎水性相互作用により凝集し沈殿する。*N*-イソプロピルアクリルアミドモノマーを溶解した水中で微量の界面活性剤存在下、凝集温度以上の温度でラジカル重合することで、数十ナノメートルから数マイクロメートルの間の粒径を有する均一な pNIPAm ナノゲル粒子を自由に調製できる。このナノゲル粒子は、沈

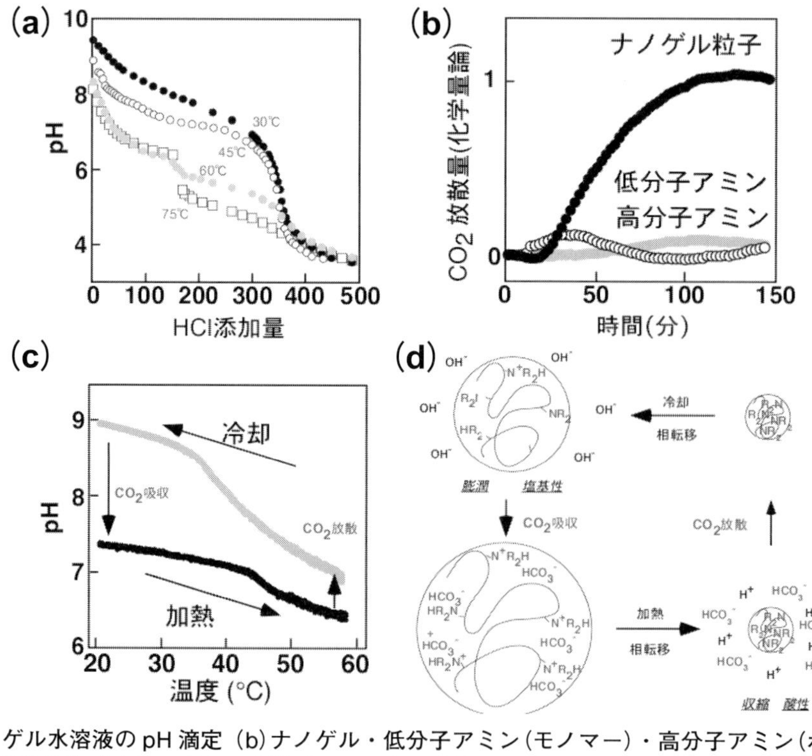

図3 (a)ナノゲル水溶液の pH 滴定 (b)ナノゲル・低分子アミン(モノマー)・高分子アミン(ホモポリマー)の CO_2 放散性能 (c)CO_2 吸収・放散プロセス中の溶液 pH プロファイル (d)アミン含有ナノゲル粒子による CO_2 吸収放散メカニズム[5)]

殿を生じずコロイド溶液としてさまざまな塗布プロセスで成形することが可能である。

pNIPAm のナノゲル粒子内にアミンを導入すると相転移温度以下ではゲルは膨潤しているため、アミン周囲には立体障害は小さく水が大量に存在するのでアミンは CO_2 を吸収しやすい(塩基性が強い) 状態になる。一方相転移温度以上に加熱するとゲルは収縮しアミン周囲は極性の低い高分子鎖で覆われるため、立体障害が大きくアミンは CO_2 を放散しやすい(塩基性の弱い)状態になる(**図 3**(a))。そこでナノゲル粒子の相転移を利用すれば、わずかな温度変化でアミンの極性・性質を変化させ CO_2 を可逆的に吸収・放散できる[3]。

アミンとしてジメチルアミノプロピルアクリルアミド(DMAPM)が導入されたアミン含有ナノゲル溶液に CO_2 を吸収させた実験の結果を図 3(b),(c)に示す。ナノゲル溶液に 10% CO_2 を通気し飽和吸収させた後に 30℃から 75℃まで加温するとアミン 1 分子あたり、ほぼ 1 等量の CO_2 が放散される。一方で、同様の構造を有する低分子アミンや相転移能を有しない DMAPM の単独重合高分子の水溶液は、同様の実験条件によりほとんど CO_2 を放散・吸収することができない。また、アミン含有ナノゲル溶液による CO_2 の吸収・放散は可逆的で、繰り返し使用することが可能である(図 3(d))。本材料においては、アミンが揮発する心配がないため放散した CO_2 中への不純物の混入や揮発したアミンによる大気汚染の心配がない。また、放散温度が低いため、酸化反応等の副反応による劣化速度も遅いことが予想され、新しい CO_2 吸収材料として期待されている。

5　アミン含有ゲル粒子から成る CO_2 可逆吸収フィルム

アミン含有ナノゲルを用いてエネルギー効率のよい CO_2 回収プロセスを構築するためには、アミン含有ナノゲル溶液から熱容量の大きい水をできるだけ取り除く必要がある。そこでアミン含有ナノゲル粒子溶液を平板表面に塗布し乾燥させると、乾燥したナノゲル塗布膜を得ることができる(**図 4**(a)、(b))[4]。本フィルムは水がまったく存在しない条件では CO_2 を吸収できないが、水を少量添加することで CO_2 を温度応答的に可逆吸収可能である(図 4(c))。さらに、数百マイクロメートルの非常に厚い膜であっても CO_2 を吸収可能で(図 4(d))、温度変化を繰り返すだけで何度も可逆的に使用可能である(図 4(e))[5]。

アミン含有ナノゲル粒子からなる塗布フィルムによる可逆的な CO_2 吸収量は、ナノゲル内のアミンの pK_a に強く依存する[5]。さまざまな組成のアミン含有ナノゲルフィルムを 30℃と 75℃の間で温度スイングした際の可逆的な CO_2 吸収量を求め、ナノゲル内のアミンの pK_a と比較した結果を**図 5** に示す。高い化学量論効率で可逆的に CO_2 を吸収するアミン含有ナノゲル粒子を合成するためには、30℃ではナノゲル内のアミンの pK_a が 6.4 より高く、75℃では 6.4 よりも低いことが必要であると明らかになっている。

また、アミン含有ナノゲル粒子の単位質量あたりの CO_2 吸収量を最大化するために、NIPAm と共重合するアミンの導入量や種類を増やしたナノゲル粒子が検討されている[5][6]。しかし、アミンの導入量が大きくなると、ゲルの膨潤性が大きくなり安定なナノゲル粒子が合成できない。そこで、アミンとともに共重合するモノマーを、NIPAM から疎水性が高く相転

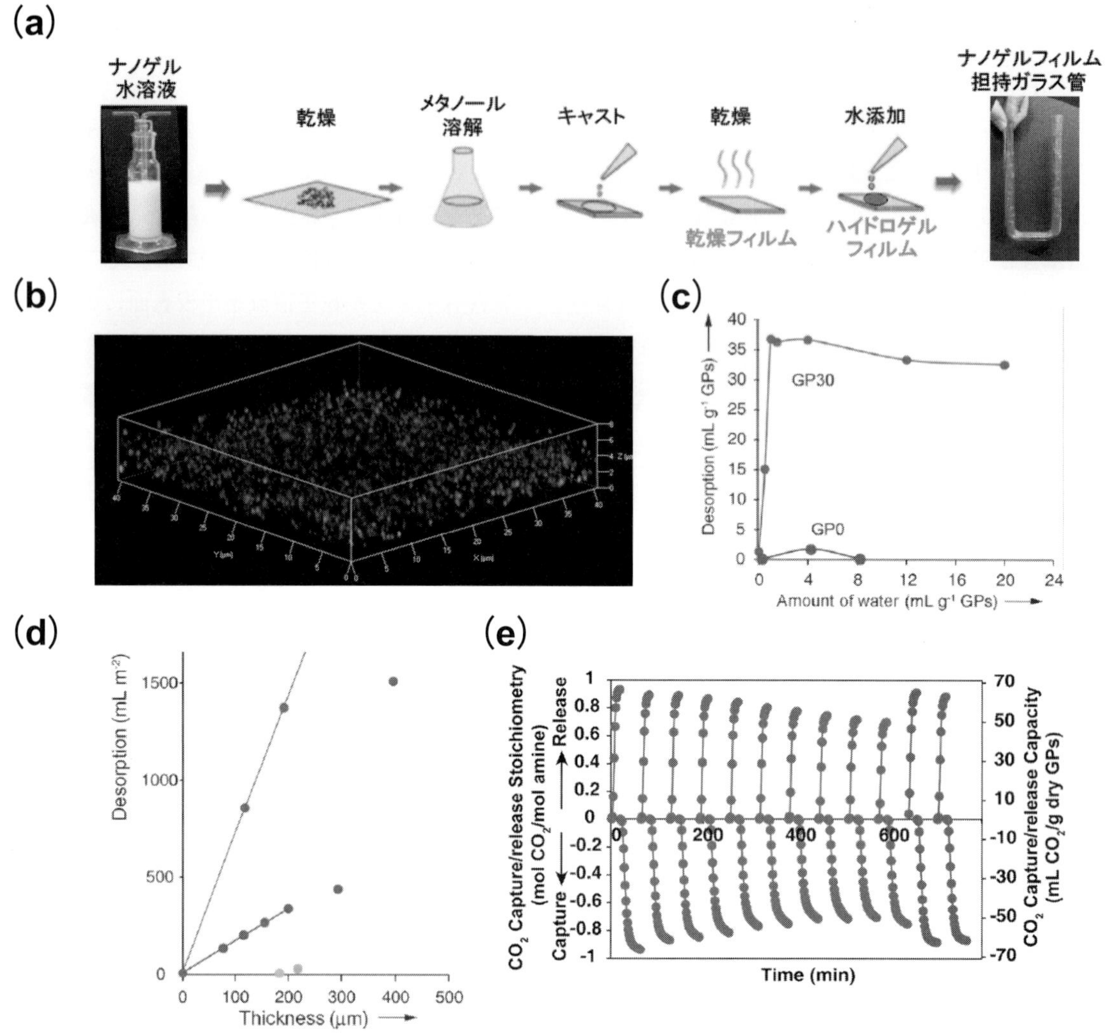

図４　(a)キャスト法によるナノゲルフィルムの作成スキーム(b)鏡焦点顕微鏡により観察したナノゲルフィルムの内部構造(c)ナノゲルフィルムの CO_2 吸収量に与える水含量の影響(d)ナノゲルフィルムの CO_2 吸収量に及ぼす膜厚の効果(e)60℃の水蒸気飽和ガス中からの可逆的 CO_2 吸収挙動[4)5)]　※口絵参照

移温度を低下させる効果があるモノマーに変え、共重合比を工夫することで大量のアミンが導入され、安定なナノゲル粒子を得ることができる。

6　おわりに

本報では、工業的な CO_2 分離材料・方法および生体内の CO_2 分離の分子メカニズムについて概説すると同時に生体内のヘモグロビンを模倣した刺激応答性の CO_2 可逆吸収材について紹介した。紹介した材料(アミン含有ゲル粒子およびゲル粒子フィルム)はアミン含有モノマーと疎水性モノマーのランダム共重合体であり、ヘモグロビンのように一義的に規定され、洗練されたモノマー配列や立体構造を有してはいない。しかし、アミンの pK_a 変化挙動や pK_a 値のチューニング域など CO_2 分離のために本

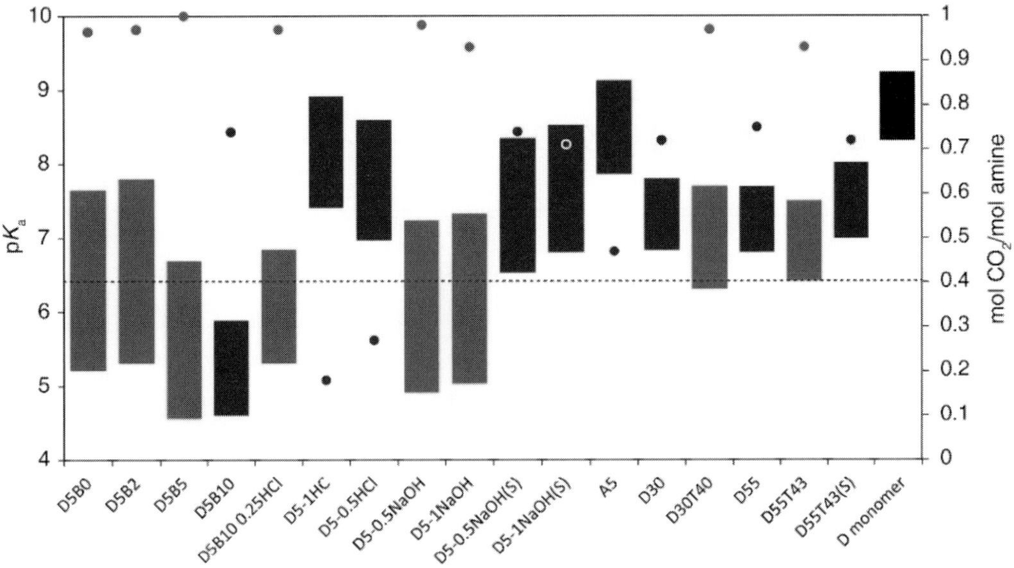

図5　ナノゲル粒子のpK_a変化幅と可逆的な二酸化炭素吸収効率。棒グラフの上端、下端がそれぞれ30℃、75℃におけるナノゲル内のアミンのpK_a値(左軸)。プロットは化学量論的な可逆吸収効率を示す(右軸)。ナノゲルの組成および重合条件を下の軸に示す。赤は可逆吸収量のアミンあたりの量論効率が90%以上、青は90%以下。DはDMAPM、TはTBAmの共重合比を示す。重合時にNaOHやHClにより pHを制御したものは、加えた物質の種類と量論比を示してある。粒子径を小さく調節したものはSで示す。
※口絵参照

質的に必要なタンパク質の性質は十分備えている。安価な汎用性モノマーのワンポット重合プロセスにより生産可能なこれらアミン含有ゲル粒子は、省エネルギーのCO_2分離材料として工業化が容易であり、発電所などの大規模なCO_2発生源からのCO_2分離材料として期待できる。

文　献

1) J. S.Haldane : *J. Physiol.*, **48**, 244 (1914).
2) M. F. Perutz et. al : *Annu. Rev. Biophys. Biomol. Struct.*, **27**, 1 (1998).
3) Y. Hoshino et. al : *J. Am. Chem. Soc.* **134**, 18177 (2012).
4) M. Yue et. al : *Chem. Sci.*, **6**, 6112 (2015).
5) M. Yue et. al : *Angew. Chem. Intl. Ed.*, **53**, 2654 (2014).
6) M. Yue et. al : *Polymer J.*, **49**, 601 (2017).

応用編

第1章　温度応答性

第13節　温度応答性クロマトグラフィー

慶應義塾大学　長瀬 健一/金澤 秀子

1　はじめに

クロマトグラフィーは代表的な分離技術の1つであり、分離モードの異なる逆相クロマトグラフィー、イオン交換クロマトグラフィー、アフィニティークロマトグラフィーなどの多様なクロマトグラフィーがさまざまな分野で用いられている。これらのクロマトグラフィーを用いてタンパク質に代表される生体関連物質の分離を行う場合、いくつかの問題点が生じる。たとえば、逆相クロマトグラフィーでは、溶質と固定相の疎水性相互作用を制御するために、移動相に有機溶媒を添加して溶質の溶出挙動を調節する。イオン交換クロマトグラフィーでは、溶質と固定相との静電的相互作用を制御するために、移動相の塩濃度を調節する。これらの操作により、溶質の生理活性が失われる可能性がある。そこで、移動相に水系溶媒だけを用いる温度応答性クロマトグラフィーの検討が行われている。温度に応答して親水性・疎水性を変化させるポリ(*N*-イソプロピルアクリルアミド)(PNIPAAm)を固定相表面に修飾したカラムを

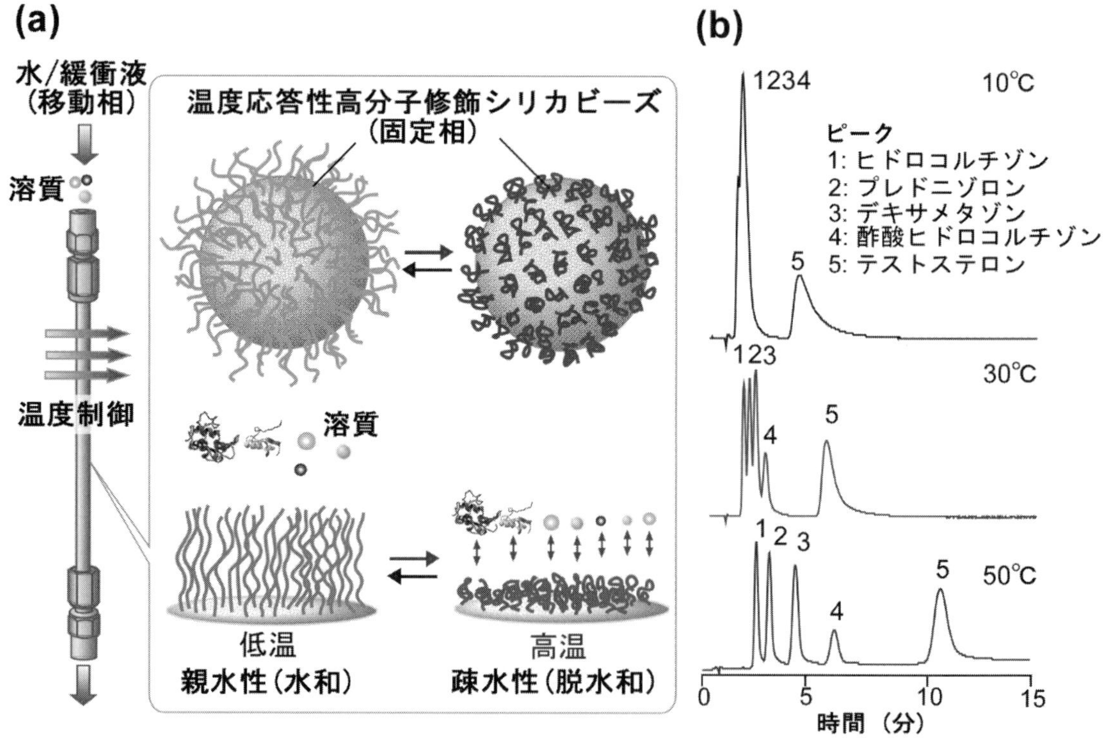

図1　温度応答性クロマトグラフィー (a) 温度応答性クロマトグラフィーカラム(b) 各温度でのステロイドの溶出挙動

用いると、カラム温度の変化により固定相の疎水性を変化させ、溶質との疎水性相互作用を制御することが可能である(**図 1**)。これにより、移動相への有機溶媒や塩を添加する必要がないため、溶質の生理活性を維持することができ、また分離後の脱塩操作を簡略化することができる。この温度応答性クロマトグラフィーは、修飾する高分子の特性、高分子の修飾構造により、その特性が異なる。そこで本稿では、温度応答性高分子と温度応答性クロマトグラフィーについて概説する。

2　温度応答性高分子修飾クロマトグラフィー担体の作製方法

温度応答性クロマトグラフィーの固定相は、シリカビーズ等のクロマトグラフィー用固定相に PNIPAAm を修飾し作製する。初期の温度応答性クロマトグラフィー固定相は、PNIPAAm を溶液中で重合し、末端を活性エステル化した後、アミノプロピルシリカビーズへの反応により作製された[1](**図 2**(a))。この作製方法は、溶液中で任意の分子量の PNIPAAm を重合するため、固定相表面に修飾される PNIPAAm の分子量を任意に設定することが可能である。しかし、一度、シリカビーズ表面に修飾された PNIPAAm の立体障害により、次の PNIPAAm の結合を阻害するため、修飾密度が上がらず修飾量が比較的低い。このため溶質との疎水性相互作用が弱くなる[1]。そこで、固定相への PNIPAAm 修飾量を増加させるため、表面開始ラジカル重合による PNIPAAm ゲル修飾シリカビーズが作製された[2](図 2(b))。シリカビーズ表面にラジカル重合の開始剤を修飾し、その後、NIPAAm モノマー、架橋剤を添加して重合することで、PNIPAAm ゲルをシリカビーズ表面に修飾させた固定相を作製した。これにより固定相に修飾されている PNIPAAm の修飾量は増加したが、固定相表面のゲル層の層厚みの制御が困難であり、また、溶質のピーク形状が著しくブロードになった[2]。そこで、これらの問題点を克服すべく、原子移動ラジカル重合(ATRP)を用いた PNIPAAm の修飾が行われている[3)-5)](図 2(c))。作製したクロマトグラフィー担体は他の修飾方法で作製した PNIPAAm 修飾担体と比較して、1 桁多い PNIPAAm の修飾量を実現した。またシリカビーズ表面に修飾された PNIPAAm の修飾量が多いため、溶質との強い相互作用が得られた。このように PNIPAAm の修飾方法により、溶質の溶出挙動が異なるので、分離する溶質の疎水性度、分子量などの特性に合わせた PNIPAAm 修飾担体の作製が行われている。

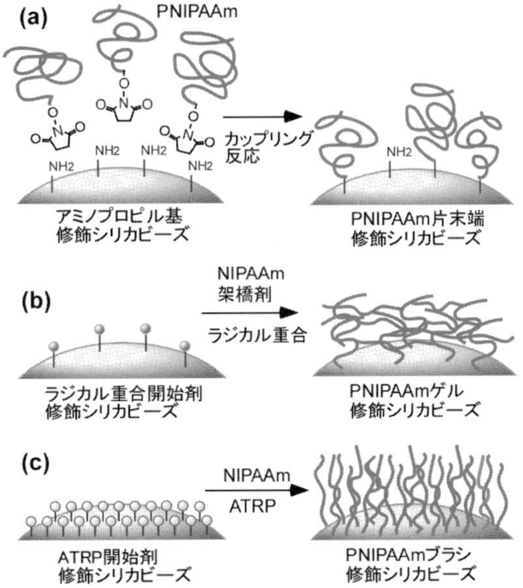

図 2　PNIPAAm 修飾ビーズの作製方法と修飾構造
(a) カップリング反応による PNIPAAm 片末端固定化シリカビーズ　(b) ラジカル重合と架橋剤添加による PNIPAAm ゲル修飾シリカビーズ　(c) ATRP による PNIPAAm 修飾シリカビーズ

3 疎水性を強くした温度応答性クロマトグラフィー

温度応答性高分子のPNIPAAmは疎水性モノマーを共重合することで、高分子の疎水性を増加させることができる。そこで、メタクリル酸ブチル(*n*-butyl methacrylate)(BMA)をランダム共重合によりNIPAAmに導入したP(NIPAAm-*co*-BMA)をクロマトグラフィー担体に修飾し、溶質との疎水性相互作用を強くした温度応答性クロマトグラフィーが開発されている。

P(NIPAAm-*co*-BMA)の片末端をシリカビーズにカップリング反応により修飾した担体を用いることで、PNIPAAmを修飾した担体よりも疎水性相互作用を強くし、疎水性ステロイドの保持時間を長くすることが可能であった[6)]。また、同様のP(NIPAAm-*co*-BMA)修飾担体を用いることで18種類のPhenylthiohydantoins(PTH)アミノ酸の分析を可能にしている[7)]。また、P(NIPAAm-*co*-BMA)をATRPにより高密度にシリカビーズ表面に修飾することで、安息香酸類の分離に成功している[8)]。このように、温度応答性高分子に疎水性の官能基を導入し、PNIPAAmの疎水性相互作用だけでは分離できなかった溶質を分離することが可能となる。

4 温度応答性イオン交換クロマトグラフィー

温度応答性高分子に酸性、もしくは塩基性の官能基を有するモノマーを共重合した高分子をシリカビーズ表面に修飾した担体を用いることで、温度応答性イオン交換クロマトグラフィーとして用いることが可能である(**図3**)。酸性官能基を有するモノマーであるアクリル酸(acrylic acid)(AAc)、NIPAAm、疎水性モノ

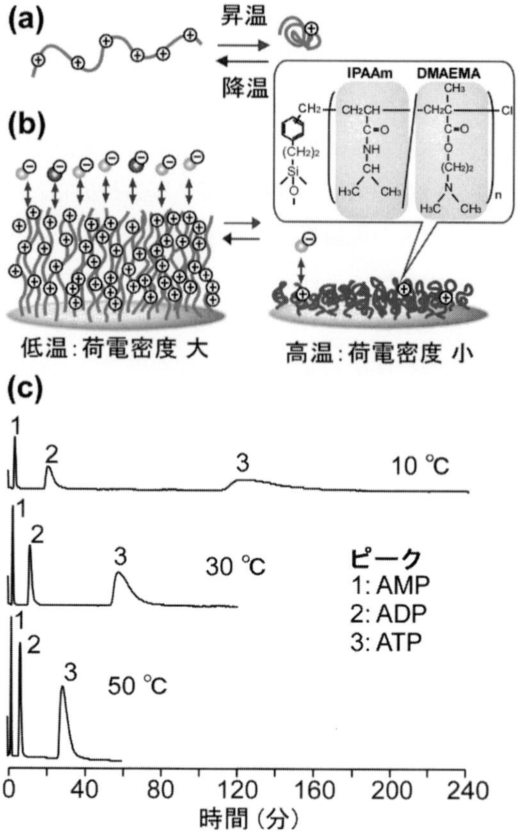

図3 温度応答性イオン交換クロマトグラフィー (a)荷電を有する温度応答性高分子の温度変化による電荷の変化 (b)荷電を有する温度応答性高分子ブラシの温度による荷電密度変化 (c)アデノシンヌクレオチドの各温度での溶出挙動 (参考文献[14)]の図を一部変更 American Chemical Society の承諾済み)

マーである*N*-*tert*-ブチルアクリルアミド(tBAAm)に架橋剤を添加したP(NIPAAm-*co*-AAc-*co*-tBAAm)のゲル状共重合体を修飾したクロマトグラフィー担体を作製した[9)10)]。充填したカラムを用いて、カテコールアミン、アンジオテンシンを静電的相互作用、疎水性相互作用の制御による分離を行っている[10)11)]。また、カチオン性の官能基を有するモノマーである*N,N*-ジメチルアミノプロピルアクリルアミド(*N,N*-dimethylaminopropylacrylamide)(DMAPAAm)をNIPAAm、BMAと共重合することで、アデノシンヌクレオチド(AMP、

ADP、ATP)[12]、オリゴヌクレオチドの分離に成功している[13]。

また、これらのイオン性官能基を有する温度応答性高分子は高密度のブラシ状にすることで、溶質との静電的相互作用を増大させることが可能である。カチオン性モノマーであるメタクリル酸 *N,N*-ジメチルアミノエチル(*N,N*-dimethylaminoethyl methacrylate)(DMAEMA)とNIPAAmの共重合体P(NIPAAm-*co*-DMAEMA)をATRPにより高密度にシリカビーズ表面に修飾し、温度制御によりアデノシンヌクレオチドとの相互作用を制御することを可能にしている(図3)[14]。ラジカル重合で作製したゲル状の共重合体を修飾した担体と比較して顕著に長い保持時間を示し、カラム温度変化により保持時間を制御することが可能である[14]。またアクリル酸の共重合体P(NIPAAm-*co*-AAc-*co*-tBAAm)のブラシをシリカビーズに修飾した担体は、ゲル状の高分子を修飾した担体と比較して、カテコールアミン、アンジオテンシンの優れた分離特性を示している[15]。

5　温度応答性タンパク質吸着クロマトグラフィー

温度応答性イオン交換クロマトグラフィー担体は、タンパク質精製にも応用されている。P(NIPAAm-*co*-DMAPAAm-*co*-tBAAm)を高密度にブラシ状に修飾したシリカビーズを充填したカラムにより、ヒト血清アルブミン(human serum albumin)(HSA)を高温で吸着させ、低温で溶出させることが可能である。この現象を利用して、HSAとγ-グロブリンの分離を可能にしている[16](**図4**)。また、P(NIPAAm-*co*-AAc-*co*-BMA)ブラシを修飾したビーズを充填したカラムを用いて、温度変化によるリゾチームの吸着、溶出を可能にしている[17]。これにより、卵白中のリゾチームを温度変化のみで精製することが可能であった[17]。

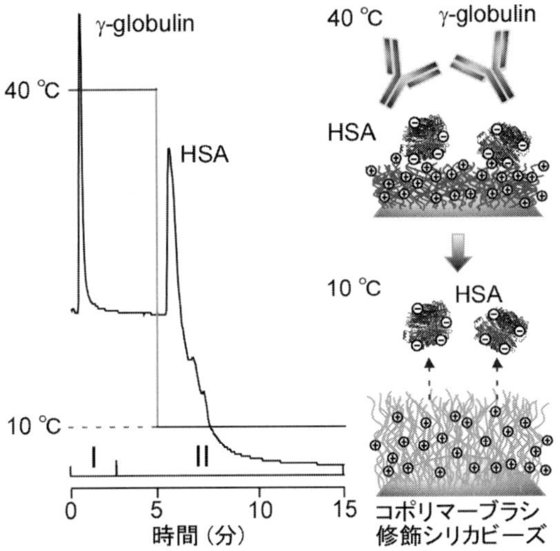

図4　温度応答性タンパク質吸着クロマトグラフィーによるヒト血清アルブミン(HSA)、γ-グロブリンの温度ステップグラジエントによる分離　(参考文献[16]の図を一部変更 Elsevierの承諾済み)

これらのカラムのタンパク質吸着特性は荷電官能基の強さによって異なる。4級アミンの官能基を有する(3-アクリルアミドプロピル)トリメチルアンモニウムクロリド(3-acrylamidopropyl trimethylammonium chloride)(APTAC)を用いたP(NIPAAm-*co*-APTAC-*co*-tBAAm)ブラシを修飾したシリカビーズは、三級アミン構造の官能基を有するP(NIPAAm-*co*-DMAPAAm-*co*-tBAAm)ブラシよりもフィブリノーゲンやアルブミンなどの酸性タンパク質を強く吸着させることがわかった[18]。また、スルホン酸官能基を有する2-アクリルアミド-2-メチルプロパンスルホン酸(2-acrylamido-2-methylpropanesulfonic acid)(AMPS)を用いて、P(NIPAAm-*co*-AMPS-*co*-tBAAm)ブラシをシリカビーズ表面に修飾した担体を充填したカラムは、P(NIPAAm-*co*-AAc-*co*-tBAAm)ブラシ修飾担体充填カラムよりも強い塩基性タンパク質吸着性能を有することがわかった[19]。

また、荷電官能基のセグメントと温度応答性高分子を別々にしたブロックコポリマーブラシによりタンパク質吸着性能をさらに向上させることが可能である。APTACのポリマーをATRPにより高密度にシリカビーズ表面に修飾し、二段階目のATRPでPNIPAAmを重合することで、PAPTAC-*b*-PIPAAmのブロックコポリマーブラシを修飾したシリカビーズを作製した[20]。この担体はランダム共重合体のP(NIPAAm-*co*-APTAC)ブラシ修飾シリカビーズと比較して強い酸性タンパク質吸着特性を示した。この担体を用いて乳清タンパク質の成分の温度変化のみによる分離を達成している[20]。また、下層にPAMPSを有するPAMPS-*b*-PNIPAAmブラシを修飾した担体では、P(NIPAAm-*co*-AMPS)ブラシ修飾担体よりも強い塩基性タンパク質の吸着特性を示している[21]。

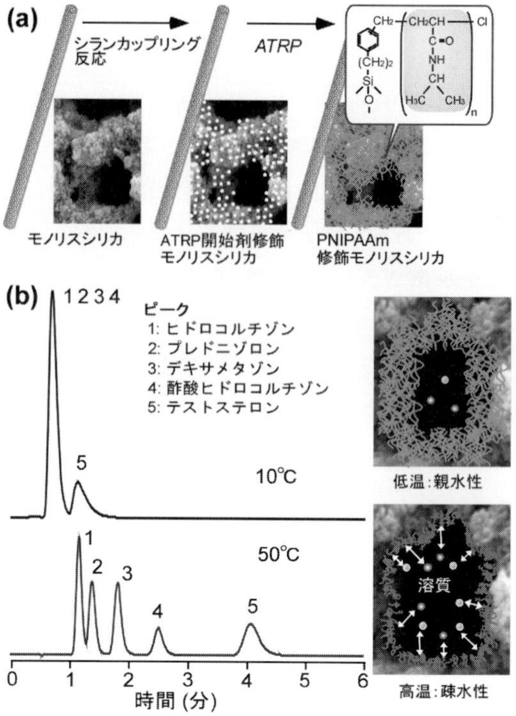

図5 (a)温度応答性モノリスシリカ修飾シリカカラムの作製方法 (b)温度応答性モノリスシリカカラムを用いたステロイドの溶出挙動(参考文献[22]の図を一部変更 American Chemical Societyの承諾済み)

6 温度応答性高分子ブラシ修飾モノリスシリカによる高速分析

温度応答性高分子ブラシを修飾した担体は、溶質との相互作用が強く、保持時間が長いため、条件によっては、分析時間が長くなってしまう問題点を有する。この問題を克服するため、カラム内の移動相線速度を高くし、溶質の拡散距離を短くしたモノリスシリカに温度応答性高分子ブラシを修飾した担体が検討されている。PNIPAAmブラシ修飾シリカビーズを充填したカラムで40分かかるステロイドの分析が、PNIPAAmブラシをモノリスシリカに修飾したカラムを用いると5分で分析できることが示された[22](**図5**)。また、P(NIPAAm-*co*-DMAEMA-*co*-tBAAm)ブラシを修飾したシリカビーズ充填カラムでは100分程度の時間を要したアデノシンヌクレオチドの分析を、P(NIPAAm-*co*-DMAEMA-*co*-tBAAm)ブラシ修飾モノリスシリカカラムでは、4分程度でできることがわかった[23]。同様に、P(NIPAAm-*co*-AAc-*co*-tBAAm)ブラシを修飾したモノリスシリカによりカテコールアミン、アンジオテンシンの分離を短時間で精度よく分離することが可能であった[24]。また、P(NIPAAm-*co*-BMA)ブラシを修飾したモノリスシリカ担体により、安息香酸類、インスリンの短時間での分析に成功している[25]。

7 結　言

温度応答性高分子を修飾したクロマトグラフィー担体を用いた温度応答性クロマトグラフィーは、カラムに温度変化を与えることで、固定相の性質を変化させて溶質の保持挙動を調節することが可能である。また、移動相に有機溶媒や過剰な塩を添加せずに水系移動相のみでの分離が可能であるため、溶質の生理活性を損なわない分離が可能である。温度応答性クロマトグラフィーの分離性能は、クロマトグラフィー担体に修飾された温度応答性高分子の性質、修飾構造により大きく異なるため、これらを改良することで、さらに高精度な分離、分析が期待できる。

文　献

1) H. Kanazawa, K. Yamamoto, Y. Matsushima, N. Takai, A. Kikuchi, Y. Sakurai and T. Okano：*Anal. Chem.*, **68**, 100-105(1996).
2) T. Yakushiji, K. Sakai, A. Kikuchi, T. Aoyagi, Y. Sakurai and T. Okano：*Anal. Chem.*, **71**, 1125-1130(1999).
3) K. Nagase, J. Kobayashi, A. Kikuchi, Y. Akiyama, H. Kanazawa and T. Okano：*Langmuir*, **23**, 9409-9415(2007).
4) K. Nagase, J. Kobayashi, A. Kikuchi, Y. Akiyama, H. Kanazawa and T. Okano：*Langmuir*, **24**, 511-517(2008).
5) K. Nagase, J. Kobayashi, A. Kikuchi, Y. Akiyama, M. Annaka, H. Kanazawa and T. Okano：*Langmuir*, **24**, 10981-10987(2008).
6) H. Kanazawa, Y. Kashiwase, K. Yamamoto, Y. Matsushima, A. Kikuchi, Y. Sakurai and T. Okano：*Anal. Chem.*, **69**, 823-830(1997).
7) H. Kanazawa, T. Sunamoto, Y. Matsushima, A. Kikuchi and T. Okano：*Anal. Chem.*, **72**, 5961-5966(2000).
8) K. Nagase, M. Kumazaki, H. Kanazawa, J. Kobayashi, A. Kikuchi, Y. Akiyama, M. Annaka and T. Okano：*ACS Appl. Mater. Interfaces*, **2**, 1247-1253(2010).
9) J. Kobayashi, A. Kikuchi, K. Sakai and T. Okano：*J. Chromatogr. A*, **958**, 109-119(2002).
10) J. Kobayashi, A. Kikuchi, K. Sakai and T. Okano：*Anal. Chem.*, **75**, 3244-3249(2003).
11) J. Kobayashi, A. Kikuchi, K. Sakai and T. Okano：*Anal. Chem.*, **73**, 2027-2033(2001).
12) A. Kikuchi, J. Kobayashi, T. Okano, T. Iwasa and K. Sakai：*J. Bioact. Compatible Polym.*, **22**, 575-588(2007).
13) E. Ayano, C. Sakamoto, H. Kanazawa, A. Kikuchi and T. Okano：*Analytical Science*, **12**, 539(2006).
14) K. Nagase, J. Kobayashi, A. Kikuchi, Y. Akiyama, H. Kanazawa and T. Okano：*Biomacromolecules*, **9**, 1340-1347(2008).
15) K. Nagase, J. Kobayashi, A. Kikuchi, Y. Akiyama, H. Kanazawa, M. Annaka and T. Okano：*Biomacromolecules*, **11**, 215-223(2010).
16) K. Nagase, J. Kobayashi, A. Kikuchi, Y. Akiyama, H. Kanazawa and T. Okano：*Biomaterials*, **32**, 619-627(2011).
17) K. Nagase, S. F. Yuk, J. Kobayashi, A. Kikuchi, Y. Akiyama, H. Kanazawa and T. Okano：*J. Mater. Chem.*, **21**, 2590-2593(2011).
18) K. Nagase, M. Geven, S. Kimura, J. Kobayashi, A. Kikuchi, Y. Akiyama, D. W. Grijpma, H. Kanazawa and T. Okano：*Biomacromolecules*, **15**, 1031-1043(2014).
19) K. Nagase, J. Kobayashi, A. Kikuchi, Y. Akiyama, H. Kanazawa and T. Okano：*Biomacromolecules*, **15**, 3846-3858(2014).
20) K. Nagase, J. Kobayashi, A. Kikuchi, Y. Akiyama, H. Kanazawa and T. Okano：*RSC Advances*, **6**, 26254-26263(2016).
21) K. Nagase, J. Kobayashi, A. Kikuchi, Y. Akiyama, H. Kanazawa and T. Okano：*RSC Advances*, **6**, 93169-93179(2016).
22) K. Nagase, J. Kobayashi, A. Kikuchi, Y. Akiyama, H. Kanazawa and T. Okano：*Langmuir*, **27**, 10830-10839(2011).
23) K. Nagase, J. Kobayashi, A. Kikuchi, Y. Akiyama, H. Kanazawa and T. Okano：*ACS Appl. Mater. Interfaces*, **5**, 1442-1452(2013).
24) K. Nagase, J. Kobayashi, A. Kikuchi, Y. Akiyama, H. Kanazawa and T. Okano：*Biomacromolecules*, **15**, 1204-1215(2014).
25) K. Nagase, J. Kobayashi, A. Kikuchi, Y. Akiyama, H. Kanazawa and T. Okano：*RSC Advances*, **5**, 66155-66167(2015).

応用編

第1章　温度応答性

第14節　温度応答性ゲルを用いた物質分離システム：脱水操作について

広島大学　飯澤 孝司/後藤 健彦

1　はじめに

ある種のハイドロゲルは、ある温度を境に親水性-疎水性を変化する。それに伴い水に対する膨潤、化学物質の吸着特性などさまざまな特性が大きく変化する。これらのゲルは感温性ゲルあるいは温度応答性ゲルと呼ばれ、この特性を巧みに利用することによりさまざまな応用が提案されている[1)]。この親-疎水転移に伴う感温性ゲルのもっとも顕著な変化は、水に対する膨潤度の変化であり、この膨潤度の差を利用することにより、脱水-放水を制御することが可能である。とくに有用な成分を大量に含む有機スラリー等を脱水助剤なしに脱水できることから、脱水ケーキの再資源化を考慮した脱水法として期待されている[2)]。

このシステムの生命線は、感温性ゲルの性能にかかっている。感温性ゲルとして求められる感温特性を図1，2に示す。感温性ゲルは、下部臨界溶液温度(LCST)前後で膨潤度などの特性が大きく変化する。この特性の差を利用するため、LCSTより低温側と高温側の2点間で操作温度(T_1-T'_1 あるいは T_2-T'_2)をスイングする。この場合、感温性ゲルとして少なくても以下の2条件を満足することが求められる。①感温特性が高いこと、すなわち、わずかな温度変化(ΔT)で大きく物性が変化すること(図1)。②転移温度のみ異なる一群のゲルがある、あるいは最適な使用条件に合わせて転移温度を容易に調整できること(図2)が挙げられる。さらに、それ以外の特性も使用目的に合わせて改質することも重要である。ここでは、これまでの

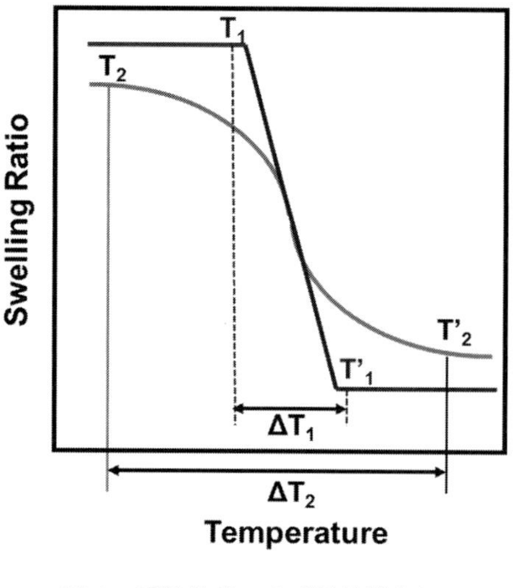

図1　感温性ゲルの感温特性(1)

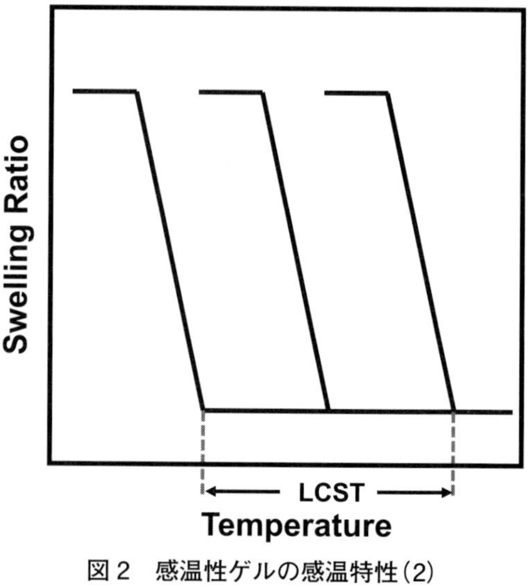

図2　感温性ゲルの感温特性(2)

温度応答性ゲル、すなわち感温性ゲルを用いたスラリー等の脱水操作の例を挙げて感温性ゲルの開発について解説する。

2　感温性ゲルを用いた脱水濃縮操作

簡便な感温性ゲルを用いた脱水・濃縮の原理を理解するため、代表的な感温性ゲルである非多孔性のポリ(*N*-イソプロピルアクリルアミド)(PNIPA、LCST：32℃)ゲルを用いた、ブルーデキストラン(BD)希薄水溶液を約２倍に濃縮した例を**図３**に示す。BDは青い色素を含む分子量2,000,000の巨大高分子で、分子が大きすぎてPNIPAゲルの網目の中に進入できない。①BDの水溶液に収縮したPNIPAゲルを入れ膨潤させると、ゲルは水のみを吸収し、結果として溶液のBDを濃縮する。②吸水して大きくなった無色透明なゲルは容易に溶液と分離できる。③溶液の量は半分になり、BDの濃度は元の溶液の約２倍となった。④吸水して膨潤したPNIPAゲルは加熱すると吸水した透明な水(元の溶液のほぼ半分の量)を放出して⑤元の収縮したPNIPAゲルが再生する。この収縮ゲルは再利用できる。

実験室レベルでは、問題にならないが実用化を考えた場合、大きな問題がある。まず、ゲルと溶液を容易に分離するには、ゲルの大きさは少なくとも数mm以上であることが望ましい。しかし、この大きさの非多孔性ゲルでは、平衡膨潤に達するために10時間以上の長時間が必要となる。さらに、ゲルの収縮は、ゲル表面から起こるために表面にいわゆるスキン層と呼ばれる高分子密度の高い層が形成され、著しく遅くなる[3]。収縮速度を改善するために、PNIPAを側鎖にもつマクロマーの重合から得られた櫛状高分子ゲルの温度応答性ゲル[4]や反応性界面活性剤[5]をグラフトして収縮時にゲル内部の水が外部に抜ける通路を形成する方法が報告されている。しかし、脱水媒体として応用するためには収縮速度と膨潤速度を同時に改質する必要があり、これに適するのはゲルの多孔質化と考えられる。

最初に実験的にスラリーの脱水を実証したのは、海野ら[2]である。ビニルメチルエーテルの水溶液にγ線を照射することにより、スポンジ状の第一世代の多孔質感温性ゲル：ポリビニルメチルエーテル(PVME、LCST：34℃)ゲル[6)-8)]が得られる。このゲルは、室温下、水を

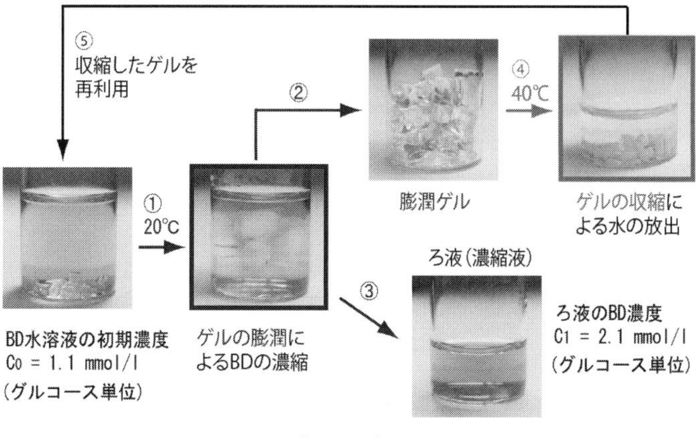

図３　PNIPAゲルを用いたブルーデキストラン(BD)水溶液の濃縮
(BD濃度が約２倍になる量のPNIPAゲルを投入)

※口絵参照

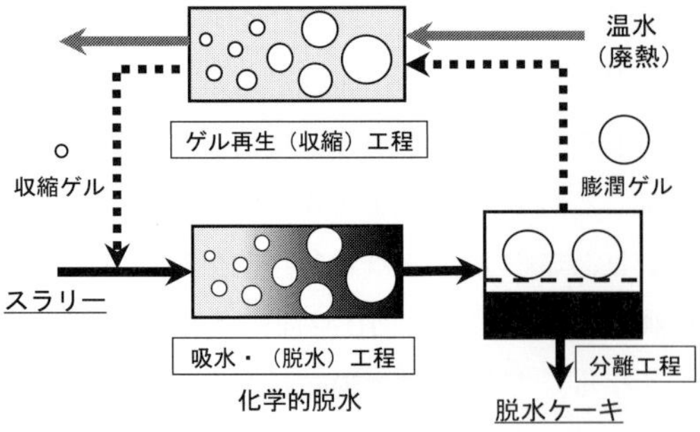

図4　感温性ゲルを用いたスラッジの脱水操作

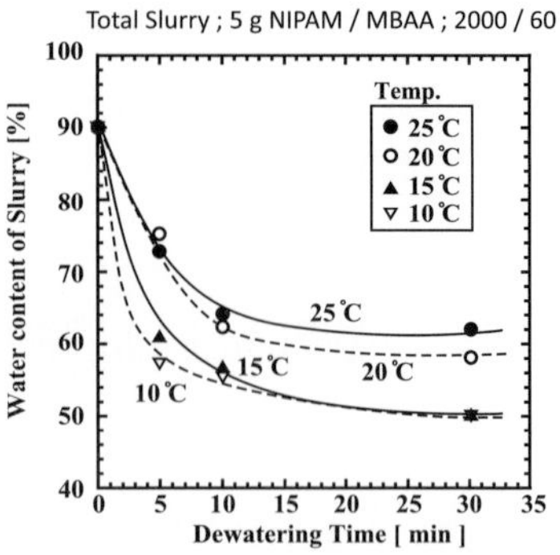

図5　PNIPA複合ゲルを用いた洗米排水の脱水

大量に含むスラリー中で選択的に吸水して膨潤し、スラリーを固体の脱水ケーキまで脱水する。さらに、膨潤したPVMEゲルは、LCST以上の温度に加温すると逆に水を放出し、元の収縮したゲルに戻る。このゲルの特性を用いたスラリーの脱水システム(**図4**)を提案している。この化学的脱水システムは運転操作が容易であり、無薬注で使用できるため脱水ケーキは再資源化できる。また膨潤ゲルの収縮工程は100℃以下の工場等の廃熱が利用できることから、かなり有望な脱水システムと考えられる。しかし、PVMEゲルは、通常のラジカル重合で合成できず、またTgが低く機械的な物性に難点があるように思われる。

3　多孔質感温性PNIPAゲルの開発

多孔質PNIPAゲルの合成法についてはいくつかの合成法が提案されている[9)-14)]が、もっとも簡便で確実な方法はPNIPAのLCST以上の温度で*N*-イソプロピルアクリルアミド(NIPA)水溶液をラジカル重合する方法である。この条件では、NIPAは水に可溶であるがそのポリマーのPNIPAは水に不溶である。このような系での重合は、沈殿重合といわれ、充分に攪拌した条件下では～数μmの単分散の粒子を合成する重合法である[15)16)]。ただし、このゲルの合成では、架橋モノマー存在下、高いモノマー濃度かつ攪拌しない条件で行うため、生成したゲル粒子が適当に沈殿して凝集する。その結果、得られたゲルは、数μmの粒子が多数連なったような構造の多孔質PNIPAのゲルスポンジが比較的容易に得られる[17)]。筆者らは、沈降重合法を組み合わせることにより操作性のよい直径数mmの単分散球状多孔質PNIPAゲルを効率よく合成する方法[18)19)]、およびゲルの機械特性や操作性を向上させたステンレス金網と複合化した先のPVMEゲルより優れた第二世代の多孔質感温性PNIPAゲル[20)-22)]を開発した。さらに、この複合ゲルと有機スラリーとして洗米排水を用いた脱水試験を行ったところ、高速で膨潤・収縮し50回以上繰り返してもゲルの損傷もなく効率よく洗米排水を脱水することに成功した。ただし、このシステムを効率よく繰り返すには、ゲルのLCSTより少なくても20℃程度低い温度(約10℃)で吸水工程を維持しなければならない(**図5**)。そのため、冷却する必要があり、エネルギー効率がよくなかった。冷却の必要ない室温下で安定な脱水操作を行うためにはLCST 50～60℃以上の感温性ゲルの開発が不可欠であった。

PNIPAと類似した構造をもつポリ(*N*-アルキルアクリルアミド)やポリ(*N,N*-ジアルキルアクリルアミド)類が同様にLCSTをもつことが知られている[23)]が、市販されていないため一般的ではない。また、ポリアクリルアミド類は生体適合性に問題があり、食品関連、医療材料としての応用は限定される。さらに、LCSTを大きく変化させることが難しく、この場合のようにPNIPAの感温特性に合わせて操作せざるを得ない。したがって、この系では最適な室温付近の温度で脱水操作できないことが大きな課題となっていた。

4　新規の第三世代多孔質感温性ゲルの開発

先に述べたPVMEやPNIPAなど代表的な感温性高分子は単体の高分子であるが、最近、メタクリル酸およびアクリル酸のポリエチレングリコール（PEG）誘導体のエステルから成る一群のポリマー（POEG（M）A）が感温性高分子として注目され、これに関する総説が報告されている[24)25)]。代表的なモノマーとポリマーのLCSTを**表１**に示す。このポリマーは構造的に生体適合性が高く、多くの誘導体モノマーが広く市販されている。モノマーの重合性が高く、リビングラジカル重合を含めたラジカル重合により容易に可溶性高分子あるいはゲルが合成できる。さらに、これまで研究されてきたPNIPAの合成法をそのまま利用できるなどの優れた特性がある。たとえば、ポリマーのLCSTより高い温度で重合すると高速で膨潤-収縮可能な多孔質ゲル[26)]やステンレス金網と複合化した第三世代多孔質感温性ゲルが得られた。POEG（M）AのLCSTは側鎖のPEGの重合度（n）、エンドキャップのアルキル基（R_2）などにより大きく異なる[24)25)]。そのうえ、側鎖のPEGの重合度の小さいモノマーとPEGの重合度の大きいモノマーを共重合すれば、得られた共重合体のLCSTはその組成比を変えることにより自由に調整できることが報告されている[27)28)]。すなわち、一群のPOEG（M）Aゲルは先に述べた「高い感温性」と「転移温度のみ異なる一群のゲルがある」という２条件を満足できる。さらに、側鎖のPEGの効果により、高濃度塩水中で以下の特異な特性を示した。

スラリーや汚泥などの脱水濃縮に使用する場合、そこに溶けている塩の浸透圧の影響を考慮することが重要である。たとえば、高吸水性高分子樹脂[29)]は、水にわずかにNaClが含まれているだけで著しく膨潤しなくなる。$CaCl_2$のような多価イオンの塩水中ではさらに顕著になる（**図６**）[29)]。しかし、POEG（M）Aの一種であるPTEGAゲルにおいてはNaCl,$CaCl_2$およびその濃度に関係なく体積比（R^3_∞/R^3_0）で約20倍の塩水を吸収する。類似の特性はポリ（ビニル-2-ピロリドン）ゲルなどでも認められる[30)]が、POEG（M）A類では高塩水中でも感温性を示

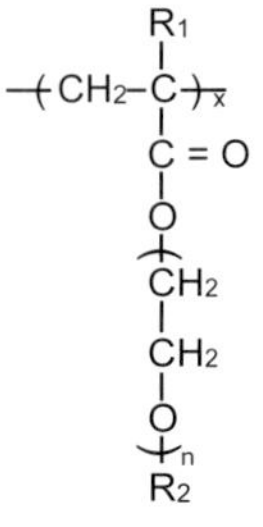

POEG(M)A

表１　POEGMAゲルの構造とLCST

ゲルの略号	R_1	R_2	n	LCST
PeDEGA	H	C_2H_5	2	13℃
PDEGA	H	CH_3	2	40℃
PTEGA	H	CH_3	3	70℃
$POEGA_{480}$	H	CH_3	8~9	92℃
PDEGMA	CH_3	CH_3	2	26℃
PTEGMA	CH_3	CH_3	3	52℃
$POEGMA_{300}$	CH_3	CH_3	4~5	64℃

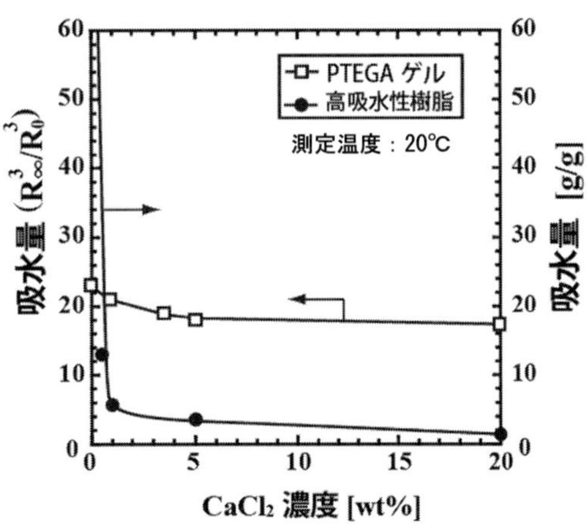

図６　塩化カルシウム水溶液の吸水性

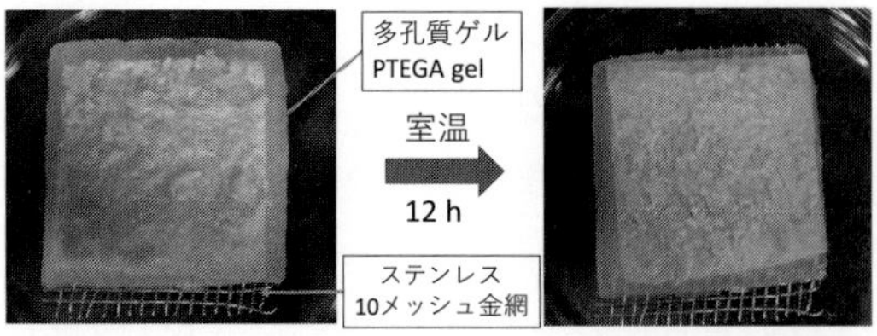

図7　PTEGA-金網複合ゲルによる味噌の脱水
※口絵参照

す。さらに塩水の濃度が高くなるにつれてLCSTが低くなるとともに感温性が高くなる傾向がある[26)]。したがって、高濃度の塩水を含むスラリーの脱水にもPOEG(M)A類ゲルの適用が可能である。この複合体ゲル上に不織布と味噌をのせた例を**図7**に示す。高濃度の塩水を含むスラリーである味噌でも荷重をかけずにゲル上に置いたのみで容易に脱水できた。

これらの第三世代多孔質感温性ゲルを組み込んだスラリーや汚泥の脱水システムは一部実用化されている。ただし、このシステムを経済的に動かすためには、膨潤したゲルを脱水するのに100℃程度の工業廃熱が必要である。しかし、日本の工場では、省エネルギー化が進み、この程度の廃熱にも余裕がないところが、このシステムの普及を阻む要因となっている。

5　まとめ

ここでは脱水操作におけるPOEG(M)A類の優れた特性を紹介した。PNIPAが感温性高分子およびゲルとしてこれまで広く使用されてきたが、そのほとんどをPOEG(M)A類で置き換えることが可能である。このゲルを特徴づけるのは、側鎖のPEG鎖であり、高濃度塩水中での特異な膨潤挙動に起因するPEG-金属イオン間のクラウンエーテル類似の錯体形成効果ばかりでなく、さまざまな溶媒や物質との相互作用が考えられる。一方、アクリラートモノマーは重合性が高く、RAFT重合やATRP重合等のリビングラジカル重合も可能なことから[24)25)]、櫛状POEGMAゲル[31)]などこれまでにない精密な感温性ゲルの分子設計が可能である。最近、水中でLCSTを示す$POEGMA_{300}$が、アルコール中ではまったく逆の感温特性である上部臨界溶液温度(UCST)を示すことが報告されている[32)]。さらに筆者ら[33)]は、多くのPOEG(M)A類においてもアルコール中でUCST挙動を示すことを報告している。これらの特性を巧みに利用することにより、感温性高分子および感温性ゲルの応用がますます広がることが期待される。

文　献

1) 中野義夫 監修：ゲルテクノロジーハンドブック，エヌ・ティー・エス(2014).
2) 黄霞，海野肇，明畠高司，平佐興彦：化学工学論文集，**13**, 518(1987).
3) T. G. Park and A. S. Hoffman：*J. Appl. Polym. Sci.*, **52**, 85(1994).
4) R. Yoshida, K. Uchida, Y. Kaneko, K. Sakai, A. Kikuchi, Y. Sakurai and T. Okano：*Nature*, **374**, 240(1995).
5) K. Okeyoshi, T. Abe, Y. Noguchi, H. Furukawa and R. Yoshida：*Macromol.Chem. Rapid. Commun.*, **29**, 897(2008).
6) 平佐興彦，山本正秀：繊維高分子材料研究所研究報告，**144**，87(1984).
7) 小林美貴，倉本隆宏，土橋秀康，望月雅文，明畠高司，岸良一，平佐興彦：高分子論文集，**52**，121(1995).
8) R. Kishi, O. Hirasa and H. Ichijo：*Polymer Gels & Networks*, **5**, 145(1997).
9) B. G. Kabra and S. H. Gehrke：*Polym. Commun.*, **32**, 322(1991).
10) X. Zhang and R. Zhuo：*Langmuir*, **17**, 12(2001).
11) X. S. Wu, A. S. Hoffman and P. Yager：*J. Polym. Sci., Part A：Polym. Chem.*, **30**, 2121(1992).
12) N. Kato and F. Takahashi：*Bull. Chem. Soc. Jpn.*, **70**, 1289(1997).
13) M. Antonietti, R.A. Caruso, C.G. Göltner and M.C. Weissenberger：*Macromolecules*, **32**, 1383(1999).
14) T. Serizawa, K. Wakita and M. Akashi：*Macromolecules*, **35**, 10(2002).

15）清水秀信，和田理征，岡部勝：高分子論文集，**65**, 751(2008).
16）R. H. Pelton and P. Chibante：*Colloids Surf.*, **20**, 247 (1986).
17）T. Gotoh, Y. Nakatani and S. Sakohara：*J. Appl. Polym. Sci.*, **69**, 895(1998).
18）T. Iizawa, T. Ninomiya, T. Gotoh and S. Sakohara：*Polymer J.*, **34**, 356(2004).
19）T. Iizawa, H. Taketa, M. Maruta, T. Ishido, T. Gotoh and S. Sakohara；*J. Appl. Polym. Sci.*, **104**, 842 (2007).
20）T. Gotoh, H. Okamoto and S. Sakohara：*Polym. Bull.*, **58**, 213(2007).
21）後藤健彦，福田晋也，迫原修治：高分子論文集，**65**, 739(2008).
22）T. Gotoh, H. Okamoto and S. Sakohara：*J. Chem. Eng. Jpn.*, **37**, 347(2004).
23）伊藤昭二：高分子論文集，**46**, 437(1989).
24）J.-F. Lutz：*J. Polym. Sci. Part A：Polym. Chem.*, **46**, 3459(2008).
25）G. Vancoillie, D. Frank and R. Hoogenboom：*Progress in Polymer Science*, **39**, 1074(2014).
26）T. Iizawa, D. Yamamoto, T. Gotoh and S. Sakohara：*Polymer*, **53**, 3417(2012).
27）J.-F. Lutz, Ö. Akdemir and A. Hoth：*J. Am. Chem. Soc.*, **128**, 13046(2006).
28）C. Boyer, M. R. Whittaker, M. Luzon and T. P. Davis：*Macromolecules*, **42**, 6917(2009).
29）野村幸司：東亜合成研究年報 TREND，28(2002).
30）山口哲彦：化学と工業，**51**, 65(1998).
31）J. A. Yoon, T. Kowalewski and K. Matyjaszewski：*Macromolecules*, **44**, 2261(2011).
32）P. J. Roth, F. D. Jochum and P. Theato：*Soft Matter*, **7**, 2487(2011).
33）金子俊輝，中原克浩，飯澤孝司：化学工学 第 82 年会講演要旨，PC237(2017).

応用編

第1章　温度応答性

第15節　UCST型温度応答性高分子ゲルを用いた金属イオン分離

広島大学　後藤 健彦/スラバヤ工科大学　Eva Oktavia Ningrum

1　はじめに

工場廃水などの産業排水には人体に有害な鉛、銅、鉄などの重金属のイオンが含まれている場合があり、除去することが必要である。水中の比較的高濃度の金属イオンを除去するのに広く用いられている方法は、凝集沈殿法(水酸化物法)である。この方法は、金属排水に水酸化ナトリウムなどの塩基を投入し、重金属イオンを水酸化物として沈殿除去する方法で、高濃度の廃水を多量に処理することに適している。しかし、含水率の高い金属水酸化物汚泥が大量に発生するため、その脱水処理が必要となる。さらに、多量の高濃度アルカリ性廃液も発生するためその中和処理も必要となる。これに対し、吸着剤による金属イオンの分離は、汚泥を生成せず、吸着後に金属イオンを脱着させることによって、吸着剤を再生することが可能なため、環境汚染の防止や資源の再利用の観点から好ましく、さまざまな吸着剤が用いられている。なかでも活性炭は、比表面積が大きく吸着能力が高いため、疎水性物質や有機物吸着剤として広く知られているが、近年重金属の吸着剤としての研究も報告されている[1]。また、水溶液中の陽イオンや陰イオンと交換可能なイオン基をもつイオン交換樹脂を用いるイオン交換法は、超純水の製造や海水の脱塩[2]、さらに重金属の分離[3]などが広く用いられている。イオン交換樹脂には、その架橋割合の違いによって、架橋度の低いゲル型と架橋度の高い樹脂型がある。イオン交換法は、各種イオンを低濃度に含む排水を大量に処理する場合や、各種前処理をしたあとの高度処理に適している。しかし、重金属除去に用いる陽イオン交換樹脂は、吸着後に樹脂再生・再利用のため、塩酸、硫酸などの高濃度の強酸で洗浄しなければならず、酸による腐食の防止や、中和処理工程の設置など、設備コストが高くなるといった問題点がある。このほか、イオン交換基の代わりに金属イオンと錯体を形成する官能基を導入したキレート樹脂もあり、イオン交換樹脂よりも金属イオンの選択性が高い特徴を生かして特定の金属イオンを除去する必要がある場合に用いられるが、再生に硫酸や塩酸などの強酸を用いるのでイオン交換樹脂と同様の問題点がある。そこで、アクリル酸のようなイオン性モノマーを特定の転移温度を境に低温で親水性、高温で疎水性となる感温性モノマーと共重合して、吸着、脱着を温度で制御する方法が提案されている[4)-6)]。この方法は、イオンの吸着、脱着に温度変化を利用するため、脱着再生に酸やアルカリを必要としないという利点がある。

2　感温性高分子を用いた物質分離

2.1　感温性高分子の種類と特徴

感温性高分子には、低温で親水性、高温で疎水性を示す場合と、逆に低温で疎水性、高温で親水性を示す2つの場合がある。前者の場合の親・疎水転移の温度は下部臨界溶液温度(lower critical solution temperature：LCST）と呼ばれ、後者のそれは上部臨界溶液温度（upper critical solution temperature：UCST）と呼ばれる。LCSTを示すポリマーはその側鎖に親水部と疎水部をもち、これらの側鎖は、LSCTを境に低温では水和し親水性を示すが、LCSTを超えると水和構造が破壊され、疎水性に転移する。その代表的な感温性ポリマーにポリ（N-イソプロピルアクリルアミド）poly（*N*-isopropylacrylamide）：poly（NIPAM）］があるが、近年ではポリ［オリゴエ（チレングリコール）メチルエーテルメタクリレート］（poly［oligo（ethylene glycol）methacrylate］）POEGMAなどのエチレングリコール系のLCST型の感温性ポリマーが注目されている[7)8)]。後者のUCSTをもつ代表的なポリマーとしては、両性イオン性のベタインポリマーが知られている。ベタインポリマーの特徴は、同一側鎖に正電荷をもつアミノ基と負電荷をもつスルホン酸基の両方のイオン基をもつことである。低温ではこれらのイオン基が分子内あるいは分子間でイオン性相互作用することによって水に不溶になり（疎水性）、高温ではこのイオン性相互作用が熱運動によって切れて水に可溶（親水性）になる。代表的なものにスルフォベタイン、カルボベタイン、ホスホベタインの各ポリマーがある。

2.1.1　スルフォベタイン

スルフォベタインポリマーはその構造からいくつかのグループに分けられ、メタクリル酸の4級エステルまたはアミド、4級化ポリピロリジニウム化合物、アイオネン、ポリビニルピロリジニウム、ポリビニルイミダゾリウム化合物などがある。このスルフォベタインをメチレンビスアクリルアミドなどで架橋して作製したゲルは、NIPAMのようなLCST特性をもつゲルとは反対に低温で収縮し高温で膨潤する。スルフォベタインの一例として（*N*,*N*-dimethyl（acrylamide propyl）ammonium propanesulfonate：DMAAPS）ポリマーを**図１**に示す[9)]。

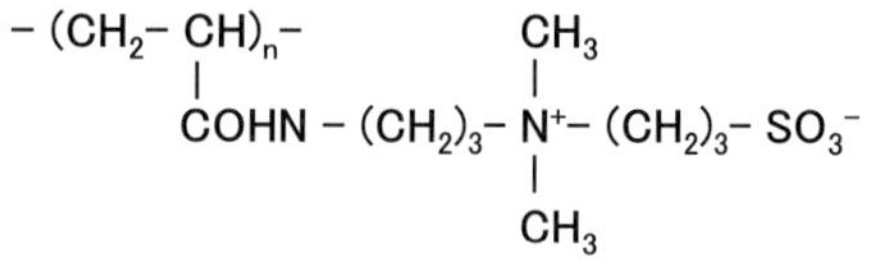

図１　スルフォベタインポリマー（DMAAPS）

2.1.2　カルボベタイン

カルボベタインポリマーは、同一側鎖上に負電荷をもつカルボキシル基と正電荷をもつアミノ基をもちその構造から3種類に分けられる。すなわち複素環式または芳香族ビニル化合物からなる双性イオンポリマー、4級化窒素が鎖長の異なるアルコキシ基で置換されたメタクリル酸のアミドまたはエステル、直鎖または分岐アルキルカルボキシル基を含む4級化ピロリジニウム化合物である[10)]。カルボベタインポリマーの一例として、エチル-3-プロピルアミノクロトネートアクリル酸（Ethyl 3-propylaminocrotonate acrylic acid：CROPRO-AA）の構造を**図２**に示す[11)]。また、カルボベタインはスルホベタインよりも水に溶けやすい。ポリスルホベタインとポリカルボベタインの主な違いは塩基性でポリカルボベタイン中のカルボキシル基がポリスルホベタイン中のスルホン基よりも強い塩基であることである。

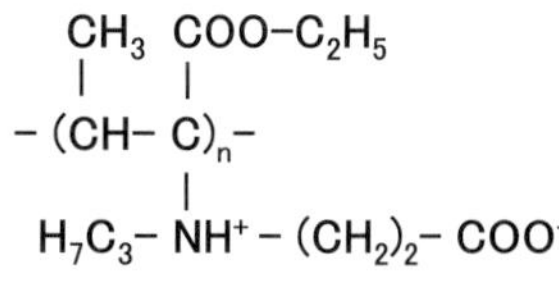

図２　カルボベタインポリマー（CROPRO-AA）

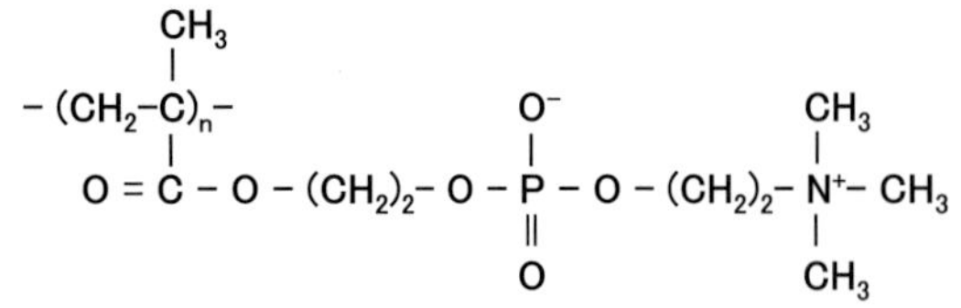

図3　ホスホベタインポリマー（MPC）

2.1.3　ホスホベタイン

ホスホベタインポリマーは、活性アニオン基としてリン酸基、活性カチオン基として4級化アンモニウム基を含む。ホスホベタインポリマーの一例として、*o*-[[2-(メタクリロイルオキシ)エチルオキシ]ホスホニル]コリン(2-Methacryloyloxyethyl phosphoryl choline)(MPC)の構造を**図3**に示す[12]。MPCを主成分とするポリマーは、生体適合性が高いことが知られている。

このほかにも負電荷をもつ親水的な成分のスチレンスルホン酸ナトリウム(sodium styrene sulfonate：SSS)と正電荷をもつ疎水的な成分の塩化ビニルベンジルトリメチルアミン(vinylbenzyl trimethylammonium chloride：VBTA)との共重合による両性高分子電解質なども低温で疎水性、高温で親水性に変化する。

2.2　LCST特性をもつ感温性高分子ゲルによるイオン分離

poly(NIPAM)のような感温性ポリマーは、イオンとの相互作用基をもたないので、相互作用基を導入することによって、イオン性物質の吸・脱着を可能にしている[5)6)]。LCST特性をもつ感温性ゲルによるイオン性物質分離は、清田らにより詳しく研究されているので、本節では割愛する[13)]。

2.3　UCST特性を持つ感温性高分子ゲルによるイオン分離

次にUCST特性をもつ高分子ゲルによるイオン分離について述べる[14)]。poly(NIPAM)などのイオン基をもたない感温性ゲルは、金属イオンを吸着するためには金属イオンと相互作用をもつイオン基を導入しなければならないが、ベタインは、図1〜3に示したように、分子内に陽イオン、陰イオン双方のイオン基をもつため、金属イオンとその対イオンの陰イオンを同時に吸着することができる。一例として図1に示したスルホベタイン(DMAAPS)ゲルを用いた金属イオンの吸着について示す。

DMAAPSモノマーは、一般に*N,N*-ジメチルアミノプロピルアクリルアミド(*N,N*-dimethylaminopropyl-acrylamide)と1,3-プロパンスルトン(1,3-propanesultone)から容易に合成できる[10)]。DMAAPSゲルは、架橋剤にメチレンビスアクリルアミド(methylenebisacrylamide)、溶媒に水を用い、

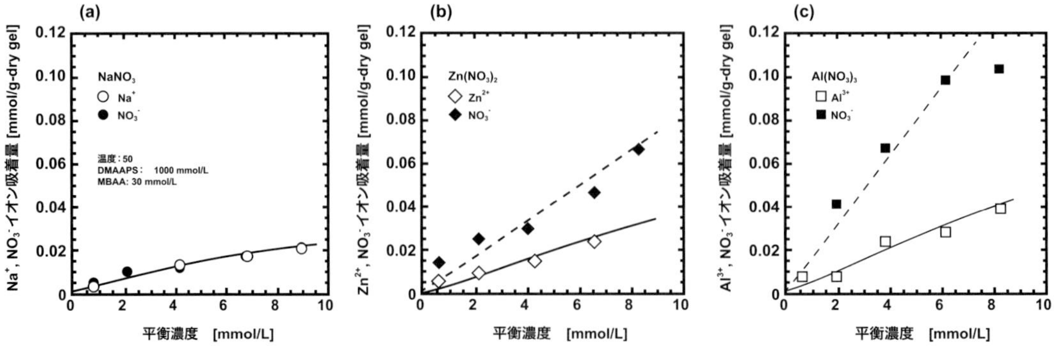

図4　DMAAPSゲルへの陽イオン、陰イオン吸着等温線(a)硝酸ナトリウム水溶液(b)硝酸亜鉛水溶液(c)硝酸アルミニウム水溶液

重合温度50℃で、ラジカル重合することにより合成できる。**図４**(a)、(b)、(c)に、50℃でDMAAPSに価数の異なる硝酸塩、(a)硝酸ナトリウム($NaNO_3$)、(b) 硝酸亜鉛($Zn(NO_3)_2$)、(c)硝酸アルミニウム($Al(NO_3)_3$)を吸着させたときの吸着等温線を示す。硝酸ナトリウム水溶液の場合、ゲルへの陽イオンNa^+と陰イオンNO_3^-の吸着モル数はほぼ等しいが、吸着質の陽イオンの価数がZn^{2+}、Al^{3+}と増加すると、陰イオンNO_3^-の吸着量が、陽イオンのそれぞれ約２倍、３倍となっている。これは、スルフォベタインの側鎖のN^+とSO_3^-のイオン基どうしの分子内架橋が開裂して、それぞれ対となるイオンを吸着するためであり、吸着する陽イオンの価数が増加することで、それに対応した同じモル数の陰イオンが吸着されていることがわかる。また、吸着する陽イオンの量も価数が高いほど増える傾向にあり、これは、陽イオンの価数が高いほどポリマーのスルホン酸基との相互作用が強くなるためである。このように、ベタインゲルへのイオンの吸着量は、ゲルを構成するポリマーの分子内架橋の割合によって変化する。そのため、低温では分子内のイオン基が互いに結びついていてイオンを吸着しない。ベタインゲルは高温になるとその分子間の相互作用が熱運動によって切れ、吸着サイトを形成し、金属イオンを吸着できるようになると考えられる。これを明らかにするために、ベタインゲルへのイオンの吸着に温度が与える影響を検討した。

DMAAPSゲルは、UCSTよりも低温では、ゲル内のアミノ基とスルフォン酸基のイオン性相互作用が分子運動よりも強く、収縮しているが、高温では分子運動が活発になりイオン基間の引力が切れ膨潤するこのような温度に応答した膨潤挙動の一例として、**図５**および**図６**に10 mol/m³の濃度の硝酸亜鉛溶液中でのDMAAPSゲルの温度に対する膨潤挙動を示す。膨潤度は、円柱状に成型したゲルのそれぞれの温度での、平衡膨潤時の直径と乾燥時の直径の比の３乗で表す。図５には、モノマー濃度を一定にし、架橋剤MBAA濃度を変えてゲルを合成した場合のゲルの温度応答性への影響を示した。図６には、架橋剤濃度を一定にして、モノマー濃度を変えた場合の硝酸亜鉛溶液中でのゲルの膨潤挙動に対する温度の影響を示した。いずれのゲルも高温になるほど、膨潤度が大きくなることがわかる。さらに図５では、架橋剤が低いほど温度変化により膨潤度の変化する割合が大きいことがわかる。これは、低架橋

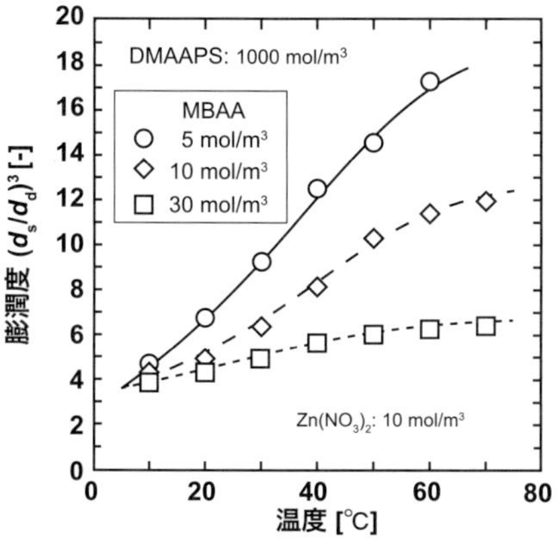

図５　DMAAPSゲルの膨潤特性に及ぼす架橋剤濃度の影響

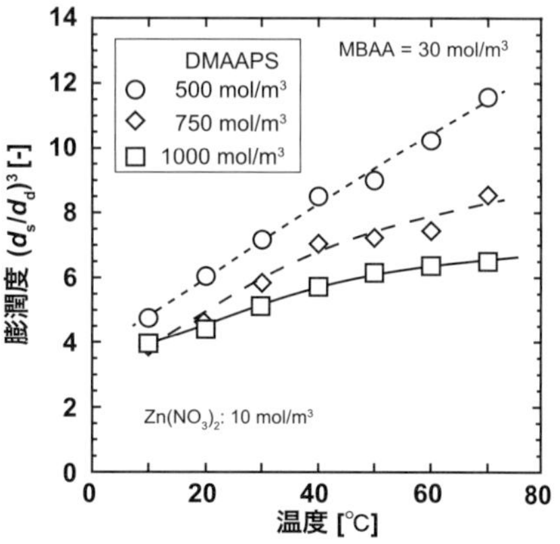

図６　DMAAPSゲルの膨潤特性に及ぼすモノマー濃度の影響

剤濃度のゲルほど、ネットワークが熱運動によって動きやすくなるためである。また、図6では合成時のモノマー濃度が高いゲルほど温度変化に対する膨潤度変化が小さくなっていることがわかる。これは、ベタインモノマーの濃度が高いほど、ゲル単位体積あたりのポリマー間のカチオン〜アニオン間の引力が強くなったためである。

次に、硝酸亜鉛水溶液中にDMAAPSゲルを浸漬した際のゲルへの亜鉛イオンの吸着量に温度が及ぼす影響を、**図7**および**図8**に示す。いずれのゲルも温度10℃では、吸着量に大きな違いがないが、高温になるほど、ゲルへの亜鉛イオンの吸着量が減少していることがわかる。図7に示すように架橋剤濃度の異なるゲルへの亜鉛イオンの吸着量は、架橋剤濃度が、30 mol/m^{3}のゲルは高温になっても、吸着量は、あまり変化しない。しかし、架橋剤濃度が低くなるほど、温度変化に対する吸着量の減少量が大きく、10 mol/m^{3}のゲルでは高温になるほど徐々に吸着量が減少し、5 mol/m^{3}のゲルでは高温になったときに吸着量が大きく低下する。これは、図5に示したように架橋剤濃度が低いゲルほど高温時の膨潤度が大きく、亜鉛イオンの吸着点となるDMAAPSの側鎖のスルホン酸間の距離が広がり吸着が困難になるためである。また、この影響は架橋剤濃度の低いゲルほど、膨潤度変化が大きいため、その影響が顕著に現れ、高温時の吸着量が大きく低下する。

図8に示す合成時モノマー濃度の異なるゲルの場合、モノマー濃度が500または750 mol/m^{3}で合成されたゲルを硝酸亜鉛溶液に浸漬した際に、温度が10℃から70℃に上昇すると亜鉛イオン吸着量はわずかに減少している。モノマー濃度1000 mol/m^{3}で合成した場合は、図4に示したように温度上昇に対して吸着量の減少はほとんどみられない。この場合も、吸着量はゲルの膨潤度と関係があり、図3に示したように温度変化に対する膨潤度変化の大きい合成時モノマー濃度の低いゲルほど吸着量変化も大きいことがわかる。そこで、それぞれのゲルの膨潤度と吸着量の関係を検討するために**図9**にゲルの膨潤度と吸着量の関係を示す。モノマー濃度、架橋剤濃度によらず、ゲルへの亜鉛イオンの吸着量は、ある膨潤度までは一定だが、膨潤度がある値以上になると低下することがわかる。このときの膨潤度とゲル中のポリマー濃度の関係は、(1)式のように表される。

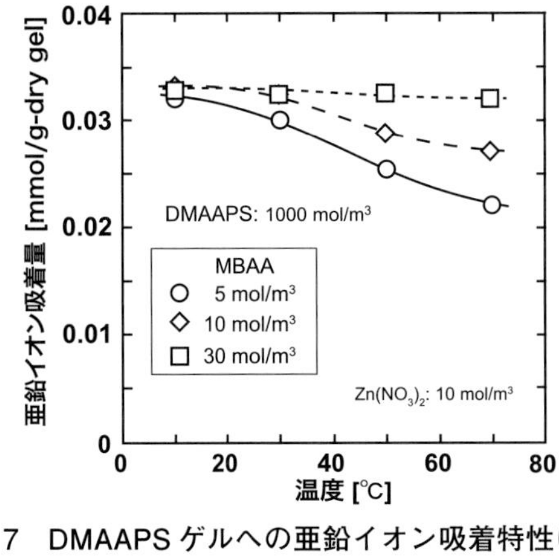

図7　DMAAPSゲルへの亜鉛イオン吸着特性に及ぼす架橋剤濃度の影響

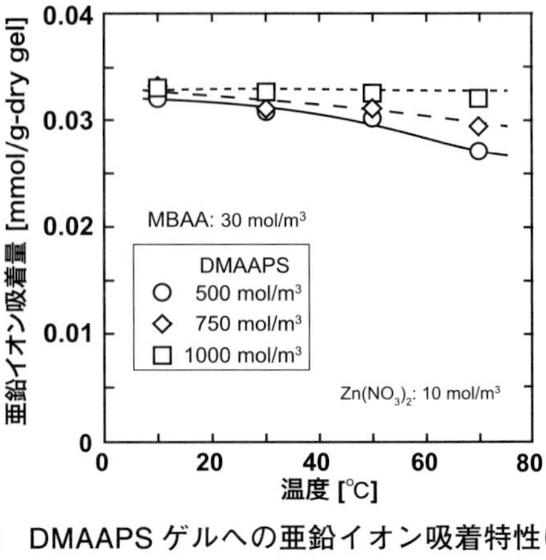

図8　DMAAPSゲルへの亜鉛イオン吸着特性に及ぼすモノマー濃度の影響

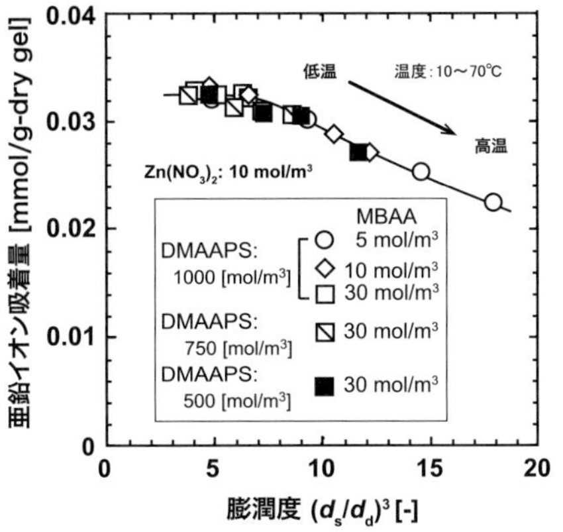

図 9　DMAAPS ゲルへの亜鉛イオン吸着特性に及ぼす膨潤度の影響

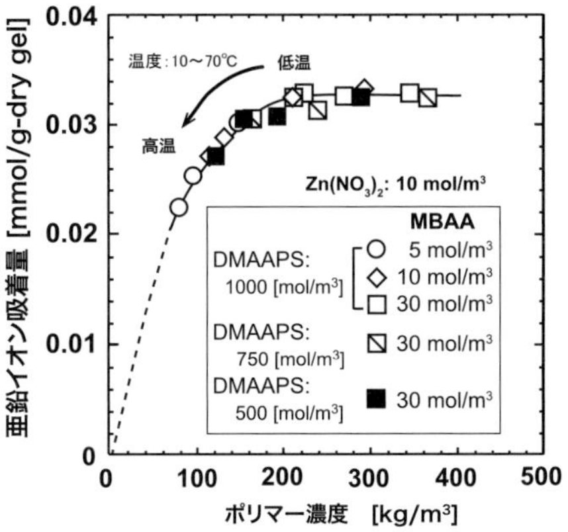

図 10　DMAAPS ゲルへの亜鉛イオン吸着特性に及ぼすポリマー濃度の影響

ポリマー濃度
　＝乾燥ゲル重量 /(乾燥ゲル体積×膨潤度)　(1)

この式より、ゲル中のポリマー濃度は膨潤度が大きくなるほど、すなわち温度が高くなるほど低下することがわかる。そこで、次にゲル中の高分子濃度と亜鉛イオンのゲルへの吸着量の関係を図 10 に示す。図よりゲルへの亜鉛イオンの吸着量は、ポリマー濃度が高くなるほど増加し、180 kg/m³ 以上では合成時のモノマー濃度、架橋剤濃度によらず一定になることがわかる。すなわち、硝酸亜鉛溶液中のイオンと相互作用する、DMAAPS ゲル中の荷電基が増加しないということである。これは、高温で膨潤度が大きい、すなわち高分子濃度が低い間は、高分子濃度の増加に従って、高分子の吸着サイトであるスルホン酸基(アニオン基)、アミノ基(カチオン基)と硝酸イオン、亜鉛イオン間の相互作用が大きくなり吸着量が増えるが、膨潤度が低下しゲル中の高分子濃度が一定の値以上になると、高分子内でのアニオン基カチオン基間での分子内架橋が起こり、吸着サイト数がそれ以上増加しなくなるという、ベタインゲル特有の性質を表している。

3　まとめ

感温性高分子を用いた金属イオンの吸着分離は、イオン交換樹脂やキレート樹脂と比べて、温度変化で吸着・脱着を制御するために、吸着剤の再生に強酸、強アルカリ溶液を要しないために二次廃液を生み出さないという利点がある。感温性高分子には、低温で親水性、高温で疎水性となる LCST 型と、その反対に低温で疎水性、高温で親水性となる UCST 型がある。LCST 型は、数多く研究されているが、イオンを吸着するには、イオンと相互作用をもつイオン性成分を共重合しなくてはならず、吸着容量を高めるためにイオン性成分の割合を増加すると、相対的に感温性成分の割合が減少するために温度応答性が低下するという課題がある。UCST 型は、感温性吸着剤としての研究例は少ないが、感温性高分子自体がイオン性相互作用基をもつので、新たにイオン性成分を共重合する必要がなく、温度応答性を維持しやすい。また、共重合ゲルと比較すると単位重量あたりの吸着量も大きくなるという有利な点がある。一方で、吸着剤と吸着質のイオン性相互作用が強すぎる場合は温度変化だけでは、十分な脱着量が得られないという課題がある。しかし、

UCST 型の温度応答性吸着剤は、一般的な吸着剤と同様に低温時の方が高温時よりも吸着量が増加するので、低温で吸着、高温で脱着というエントロピー的に有利な方向で吸着反応が進むため、適切な相互作用基をもつ高分子ゲルを合成することで、省エネルギーな分離プロセスの構築が期待できる。

文　献

1） P. Maneechakr and S. Karnjanakom：*J. Chem. Thermodyn.*, **106**, 104 (2017).

2） N. P. G. N. Chandrasekara and R. M. Pashley：*Desalination*, **409**, 1 (2017).

3） B. L. Rivas, S.A. Pooley, H.A. Maturana and S. Villegas：*Macromol. Chem. Phys.*, **202**, 443 (2001).

4） 清田佳美，中野義夫，市田浩之：化学工学論文集，**18**，346(1992).

5） T. Gotoh, K. Tanaka, T. Arase and S. Sakohara：*Macromolecular Symposia*, **295**, 81 (2010).

6） H. Tokuyama and N. Ishihara：*React. Funct. Polym.*, **70**, 610 (2012).

7） J. F. Lutz, Ö. Akdemir and A. Hoth：*J. Am. Chem. Soc.*, **128**, 13046 (2006).

8） C. Weber. R. Hoogenboom and U.D. Schubert：*Progr. PoIym. Sci.*, **37**. 686 (2012).

9） W. F. Lee and C. C. Tsai：*Polymer*, **35**, 2210 (1994).

10） S. E. Kudaibergenov, W. Jaeger and A. Laschewsky：*Adv. Polym. Sci.*, **201**, 157 (2006).

11） J. G. Noh, Y. J. Sung, Z. K. E. Geckeler and S. E. Kudaibergenov：*Polymer*, **46**, 2183 (2005).

12） Y. F. Wang, T. M. Chen, A. Kuriu, Y. J. Li and T. Nakaya：*J. Appl. Polym. Sci.*, **64**, 1403 (1997).

13） 中野義夫監修：ゲルテクノロジーハンドブック，pp549-555，エヌ・ティー・エス (2014).

14） E. O. Ningrum, Y. Murakami, Y. Ohfuka, T. Gotoh and S. Sakohara：*Polymer*, **55**, 5189 (2014).

応用編

第1章　温度応答性

第16節　温度応答性インプリントゲル

名古屋工業大学　山下 啓司

1　温度応答性インプリントゲル

1.1　インプリントゲルとは

近年、モレキュラーインプリンティング法(Molecular Imprinting：MI法)と呼ばれる分子認識人工高分子合成法が注目されている。最初にこの方法による分子認識ゲルの合成に成功したのはWulffら[1]であり、彼らはターゲット分子と容易に結合-解離が可能な共有結合を用いてあらかじめビニル基を導入した状態のモノマーを調整し、これを大量の架橋剤と反応させた後、ターゲット分子を切り離して洗い流すことで、ターゲット分子を選択的に結合できる空孔をもつ高分子ゲルを得た(**図1**)。その後、Mosbachら[2]がターゲット分子と非共有結合を介して相互作用するようなモノマーを用いて、あらかじめ自己集合体を形成させた状態で架橋反応を行い、選択的分子認識部位をもつ高分子ゲルについて報告を行っている。

MI法では、あらかじめ機能性モノマーと鋳型分子を共有もしくは非共有結合させた後に、架橋剤と重合開始剤を用いて重合反応を行っている。そこから鋳型分子を高分子から抽出・除去することによって、鋳型の形状・化学的機能に対する相補性を有する「特異的結合部位」を、高分子ネットワークの内外に構築している。そのため、機能的モノマー由来の官能基が鋳型分子と結合するのに最適な距離・角度で配置されていると考えられており、容易に重合でき、かつ原理的にはどのような分子でも認識対象にすることができるという特徴がある。

近年では外部環境による網目構造変化によって分子認識能を変化させるゲルを作成する試みも行われている。宮田ら[3]はグルコース応答性ゲルや抗原応答性ゲルなどの種々の分子認識応答性ゲルのほか、分子インプリント法により、環境ホルモン応答性ゲルや肝がんマーカー応答性ゲルなどの新規の応答性ゲルの作成を試みている。

1.2　温度応答性ゲル(PNIPAm)を用いたインプリントゲルによる金属吸着材(Sr(Ⅱ))

N-イソプロピルアクリルアミド(NIPAm)は温度応答性を示すモノマーである。そのポリ

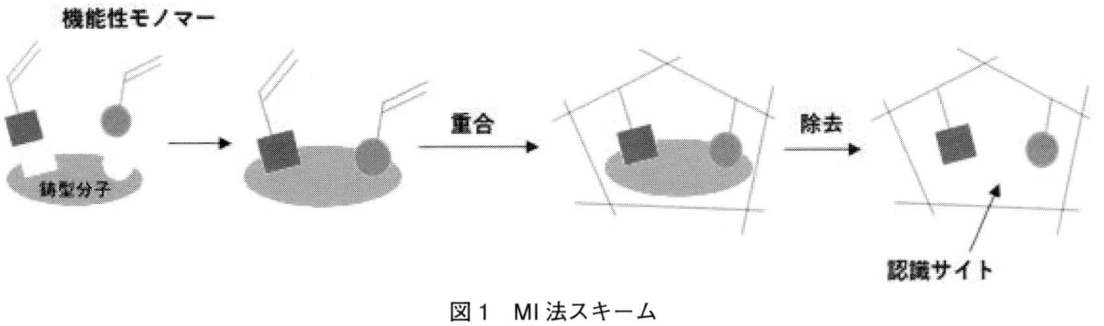

図1　MI法スキーム

マーであるPNIPAmは、低温では水に溶解するが、温度が上昇すると溶解度が下がり溶けなくなって溶液が白濁する現象がみられる。この温度を下限臨界共溶温度(Lower Critical Solution Temperature：LCST) といい、PNIPAmのLCSTは32℃付近となっている。水和の駆動力となっている水素結合は熱に弱く、温度が上昇していくとアミド基と水との水素結合が弱まり、脱水和が起こる。そのためPNIPAmゲルは高温で脱水収縮し、低温で収縮する。

近年、この温度応答性ゲルを用いてインプリントゲルの吸着量を制御しようとする試みが行われてきた。Yanら[4]はストロンチウムイオン(Sr^{2+})を吸着するインプリントゲルの合成に、NIPAmを組み合わせることで、吸着量の制御に取り組んでいる(**図2**)。彼らはSrインプリントゲルを、多孔質担体であるメソポーラスシリカ(SBA-15)上に、Sr^{2+}と配位した状態のメタクリル酸(MMA)をNIPAmと共重合することで合成している。このSrインプリントゲルのSr^{2+}吸着量を25℃と35℃で比較した(**図3**)。この結果からわかるように、25℃に比べ35℃での吸着量が大きくなっている。25℃ではインプリントゲル中のNIPAmが親水性を示すためゲルが膨潤し、吸着サイトであるカルボキシル基の距離が離れてしまう。そのため25℃では

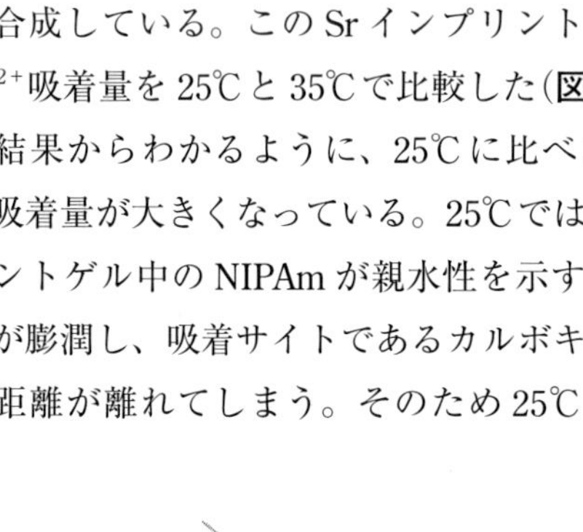

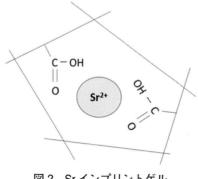

図2　Srインプリントゲル

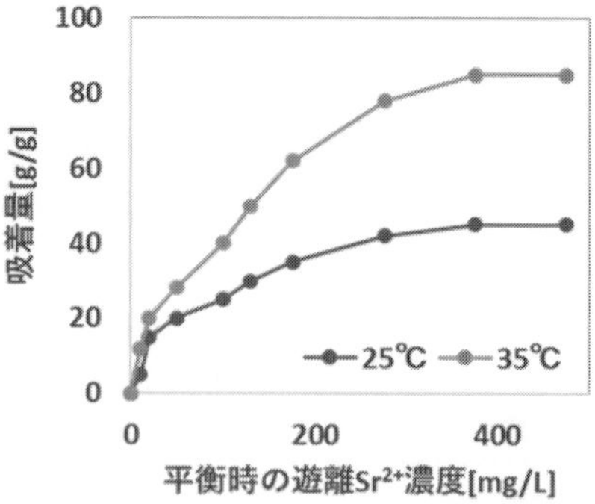

図3　Srインプリントゲルへの Srの吸着等温線

Sr^{2+}を吸着しにくくなっている。対して35℃ではNIPAmが疎水性になりゲルが凝集することで、カルボキシル基の距離間がインプリント時の形状に回復するためSr^{2+}をより吸着できていると考えられる。このことより、このSrインプリントゲルは温度変化による吸着量の制御が可能であることが示唆された。

1.3　温度応答性ゲルを用いたインプリントゲル吸着材によるイオンの吸脱着

インプリントゲルは通常、酸性溶液に浸すことで金属を脱離することができる。金属を容易に脱離し再生可能である点は、インプリントゲルの特徴の1つである。しかし、この操作は結果的に酸性廃液を排出してしまうという欠点がある。そのため、別の金属脱離の試行錯誤がされてきており、前述した温度応答性ゲルNIPAmによるインプリントゲルの金属吸着量の制御を利用し、温度変化による金属の吸脱着に繋げられないか試みられている。

金澤ら[5]は銅イオン(Cu^{2+})を鋳型とし、NIPAmと*N*-4ビニルベンジルエチレンジアミン(Vb-EDA)を共重合することでCuインプリントゲルを作成している。このCuインプリントゲルは低温でCu^{2+}吸着量が低く、温度が上がるごとに吸着量は大きくなっていき、30℃でもっともよい吸着量を示した。この結果を基に、吸着時の温度を10℃と30℃と連続的に切

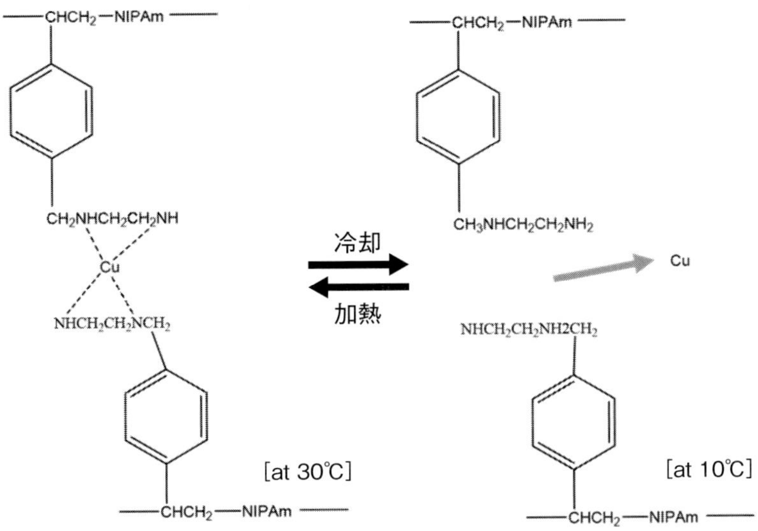

図4　Cu インプリントゲル吸着・脱離

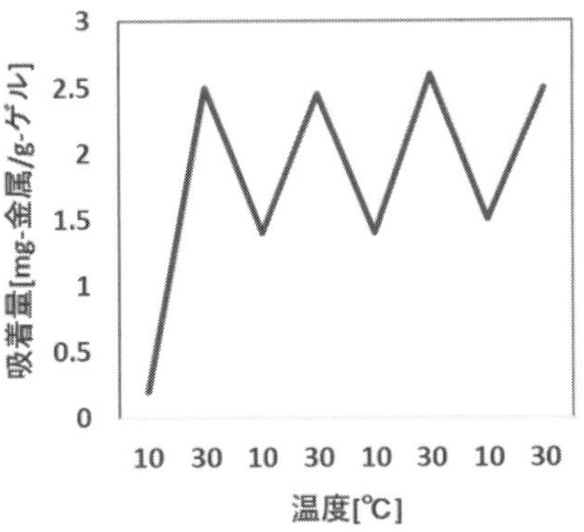

図5　Cu インプリントゲル温度変化による吸着・脱離

り替え、そのときのそれぞれの吸着量を測定した(**図4**、**図5**)。この結果から、30℃でCu^{2+}を吸着した後に10℃に冷却することでCuインプリントゲルが吸着するCu^{2+}が減少していることが確認された。つまり、高温で吸着した後に低温にすることで金属が脱離していると考えられる。

ここまで高温で金属を吸着し、低温で金属を脱離する事例をあげてきた。しかし、吸着材の凝集は表面積の減少にも関わり吸着量の減少に繋がる。これを利用して吸着量の制御を試みる実験も行われている。

2　IPN型温度応答性インプリントゲルの分子設計

2.1　IPN型温度応答性インプリントゲルの考え方

MI法では、ポリマー中の機能的モノマー由来の官能基の位置と配向が、分子を認識する上できわめて重要な役割をもつ。そのため、分子認識部位の構築ポイントは、重合中にいかに鋳型分子と機能性モノマー複合体を安定に存在させるかである。重合中に安定で、しかも重合後に鋳型分子が除去しやすい系が最適であるが、この2つの条件は互いに相反しているため、適当な妥協点が求められる。当研究室では、インプリントゲルが相互侵入型網目構造(IPN)を有するように合成することで、鋳型分子との安定性および金属保持能力の向上を図っている[6)]。

IPNは異なった種類の架橋網目が化学的な結合をもつことなく独立に存在する状態で、お互い絡み合った構造を有している。多くのゲルは脆く限られた用途にしか利用できないという欠点をもっているが、IPNを有するゲルはきわめて高い機械的強度を示す利点がある。また、従

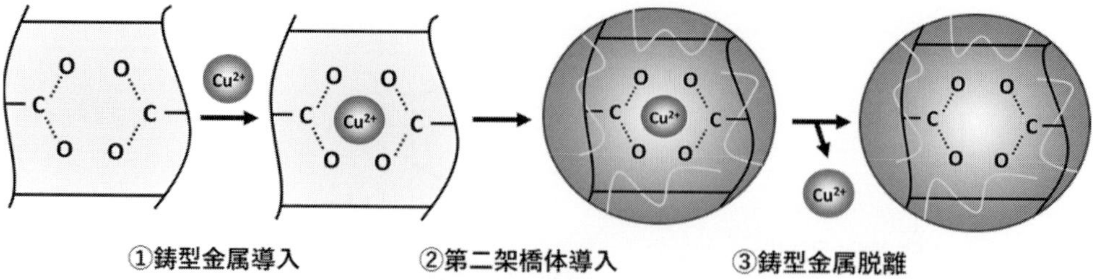

図6　IPN型温度応答性インプリントゲル

※口絵参照

来のMI法で合成したインプリントゲルは、架橋剤を多量に入れて官能基の固定化を行うため非常に硬く、内部まで鋳型分子を吸着できていないものも多い。一方、当研究室のMI法は、機能的モノマーの架橋密度が低いにも関わらず、IPNを有しているためにゲルの機械的強度や鋳型サイトの固定に優れており、従来よりも吸着量の多いゲルを合成できるという利点ももっている。

当研究室のIPNを有したインプリントゲルの合成方法としては、第一架橋体であるゲルに金属を吸着させた後に、第二架橋体を導入することで鋳型金属とゲル中の官能基のキレート構造の固定化を行う。その後金属を脱離することで、金属認識能を有するインプリントゲルを合成することができる(**図6**)。ここで、第二架橋体にPNIPAmゲルを用いることで温度応答性を示しつつ、吸着能力や鋳型金属への選択性の制御を試みている。

2.2　IPN型温度応答性インプリントゲルによる金属イオン選択的吸着樹脂の分子設計

当研究室では第一架橋体にポリアクリル酸ゲル(PAAc gel)を用いて、鋳型金属であるCu^{2+}を配位させた後に、第二架橋体としてPNIPAmゲルを用いてIPNをもたせた。そこからCu^{2+}を除去することでCuインプリントゲルを合成した。これにより、高温と低温で吸着量に変化をもたらすインプリントゲルを合成した。

図7は高温時と低温時それぞれのCu^{2+}とZn^{2+}の吸着量である。ここからわかるように、高温で金属吸着量が増加し、低温で金属吸着量が低下している。これは、NIPAmが収縮している状態でPAAc由来の吸着サイトであるカルボキシル基を固定化したために、膨潤状態では吸着サイトが離れすぎており、吸着しにくくなっているためだと考えられる。さらに、

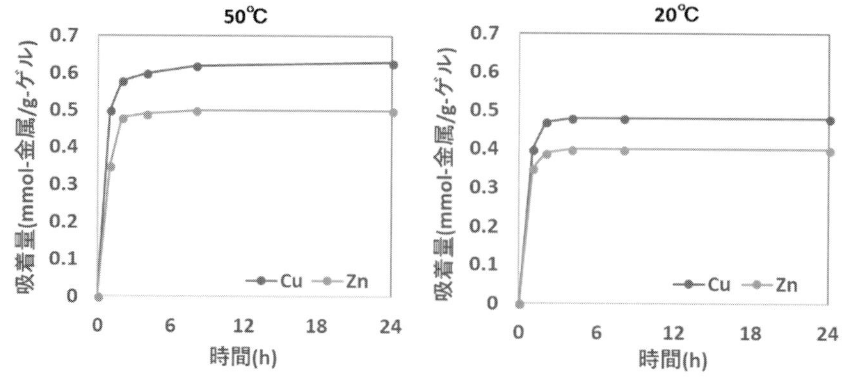

図7　CuインプリントゲルのCu^{2+}、Zn^{2+}吸着量、(左)50℃、(右)20℃

※口絵参照

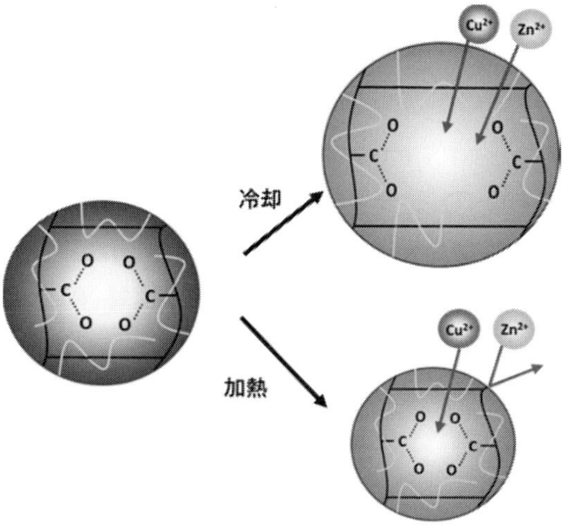

図8　温度変化による鋳型金属選択性
※口絵参照

Cu^{2+}とZn^{2+}の吸着量を比べると、わずかではあるが50℃の方がCu^{2+}に対する選択性に優れていることが確認できる。これらの理由として、吸着サイト同士の距離や角度、また金属が配位する際の形状があげられる。カルボキシル基と配位した際にCu^{2+}は平面四配位、Zn^{2+}は正四面体構造をとる。今回は高温条件で鋳型金属であるCu^{2+}を固定化したために、インプリントゲルが収縮した状態でPAAc由来のカルボキシ基が平面四配位の形で固定化されている。そのため高温状態では、Zn^{2+}よりもCu^{2+}に対して選択性がより表れたと考えられる(図8)。

以上より、温度応答性であるNIPAmを第二架橋体に用いたIPN型インプリントゲルにおいても、温度変化によって金属吸着量の制御ができることが確認された。また、インプリントゲルの特徴である鋳型金属に対する選択性についても、インプリントゲル中にNIPAmをうまく取り入れることにより、向上の可能性があることが示唆された。

3　吸着サイトが温度依存しない刺激応答性吸着樹脂の分子設計

3.1　吸着材設計における温度応答性形状変化の問題点

これまでインプリントゲルに温度応答性であるNIPAmを組み込むことで、吸着量や鋳型金属への選択性に変化を与え、制御する事例をあげてきた。しかし、温度により吸着材が膨潤・収縮し吸着量を制御できるということは、その反面、[1.3]でも述べたようにインプリントゲルの表面積の増減に繋がるため、全体の吸着量の減少がみられる。

これを阻止し、吸着材が吸着量を保ちつつも刺激応答性を発揮するためには、吸着サイトと吸着材の担体を独立した状態で存在させることが有効だと考えられる。そこで、PNIPAmを吸着材の担体として用いて、吸着サイトとしてさらにプルシアンブルー(PB)と呼ばれるセシウムイオン(Cs^+)に対して選択性をもつ材料を用いて2つを固定化させた。これにより吸着能力を保ちつつ、温度応答性の膨潤・収縮を発現できないか試みられている(図9)。

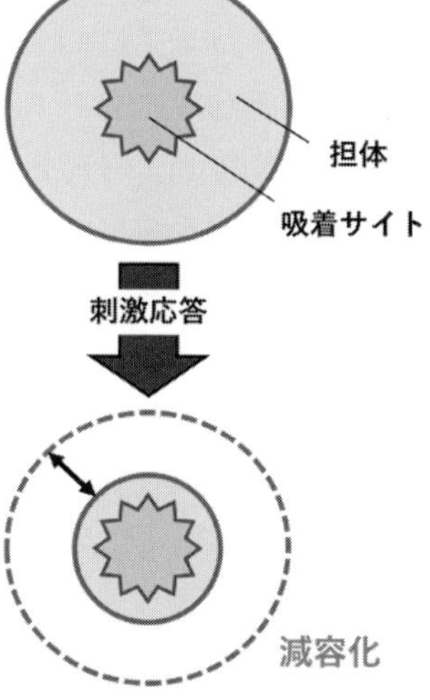

図9　独立した吸着サイトと単体

3.2 PBによるCs^+吸着材の特徴

PBと呼ばれる粉末状の化合物は、古くから青色顔料として用いられてきた。PBは一般的に$Fe^{3+}{}_4[Fe^{2+}(CN)_6]_3$で示さる化合物であり、フレームワーク構造をもつことが大きな特徴である。さらにPBはジャングルジムのような構造をしており、その空隙がCs^+の水和半径と合致するため、Cs^+に選択性を発現するとされている。そのため、PBはCs^+の新規吸着材料として注目され、研究が盛んに行われている。

しかし、一般的に合成されるPB単体は微粒子であるために、カラムに充填して用いることができず、Cs^+を吸着させる際には処理能力の低いバッチ法での処理に限られる。さらに固液分離が困難であるため、目詰まりを起こす、PB粒子がフィルターを貫通してしまい2次汚染を引き起こす恐れがある等、取り扱いに課題が残っている。したがってPBをCs^+吸着材として利用するためには、単独で用いるのではなく、他の材料と複合させ、いかに扱いやすい形状にするかが重要になってくる。加えて、この材料は放射性Cs^+の吸着に用いられる可能性が高いため、廃棄するために場所をとらず容量が小さいことが望まれる。

3.3 温度応答するPB含有Cs^+吸着材の分子設計

3.3.1 分子設計と合成方法

前述した通り、PNIPAmにPBを固定化した吸着材(PB-PNIPAm)を合成し、Cs^+吸着能力を保持しつつ、温度応答性を付与した吸着材の開発が目指されている。2つの材料を独立して固定化することにより、PBの弱点である吸着材としての扱いにくさをカバーし、さらにNIPAmの温度による体積変化を利用した、吸着材の減容化を試みている。

PBは硫酸鉄(Ⅲ)溶液とフェロシアン化ナトリウム溶液を混合することで容易に合成される。当研究室では、シート状に重合したPNIPAmゲルをこの2種類の溶液に順に浸すことで、PNIPAmゲル内部にPBを固定化した。PB-PNIPAm内部で合成されたPBは、蒸留水中で長時間攪拌しても脱落することなく保持されたため、固定化されたと考えられる。

3.3.2 温度応答型PB含有吸着材のCs^+吸着能と形状変化

合成したPB-PNIPAmの室温でのCs^+吸着能力を確認した[7)]。**図10**はCs^+とK^+の吸着量を示しており、Cs^+に対してK^+は一切吸着しておらず、PB-PNIPAmにおいてもPBの特徴であるCs^+の選択性が顕著に表れている。これにより、PNIPAmにPBを固定化しても変わらずCs^+選択性が残されることが確認された。

図11では、温度を上昇させた際のPB-

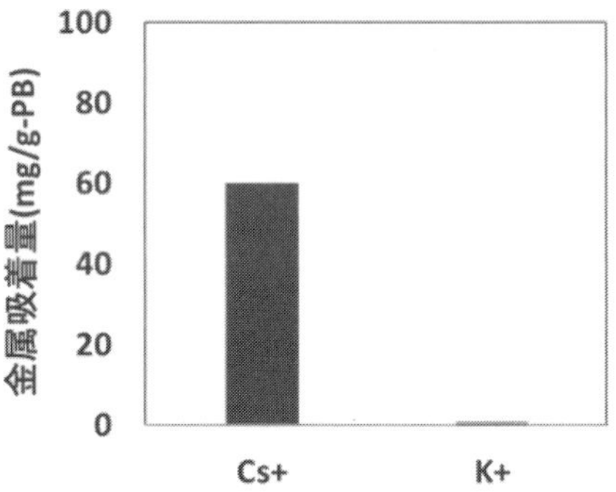

図10　PB-PNIPAmのCs^+選択性

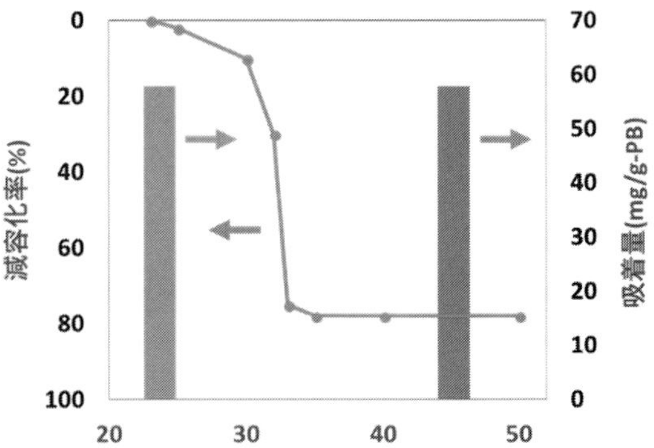

図11　PB-PNIPAmの低温・高温における減容率とCs^+吸着量

PNIPAmの体積の変化(減容率)とCs^+保持量を示している[8)]。図11の折れ線グラフで示されるように、PB-PNIPAmを室温から50℃に温度上昇させると、もとの体積からおよそ80%まで減容した。さらに左右の棒グラフからわかるように、室温でCs^+を吸着させた後に50℃の高温まで温度上昇させても、PB-PNIPAmのCs^+保持量は変化がなかった。このことより、PB-PNIPAmはPBが内部に含まれていても、温度変化で収縮・膨潤している。そして、吸着材が体積変化しても、Cs^+を変わらず保持し続けることが確認された。

以上より、PBを吸着サイトとして用い、PNIPAmゲルに固定化した新規Cs^+吸着材はそれぞれお互いを干渉せずに能力を発現することが確認された。このことから、吸着サイトと刺激応答性ゲルが独立した状態を保持することで、吸着材の多機能化に繋がる可能性が見出された。

文　献

1) G. Wulff : *Angew.Chem., Int. Ed. Engl.*, **34**, 1812-1382(1995).
2) K. Mosbach and O. Ramstrom : *Bio/Technology.*, **14**, 163-170(1996).
3) T. Miyata : *Advances Drug Delivery Reviews*, **54**, 79-98(2002).
4) Yan Liu, Rui Chen, Dandan Yuan, Zhanchao Liu, Minjia Meng, Yun Wang, Juan Han, Xiangguo Meng, Fangfang Liu, Zhaoyong Hu, Wenlu Guo, Liang Ni and Yongsheng Yan : *Colloid. Polym. Sci.*, **293**, 109-123(2015).
5) Ryoichi Kanazawa, Takahiro Yoshida, Takehiko Gotoh and Shuji Sakohara : *Journal of Chemical Engineering of Japan*, **37**(1), 59-66(2004).
6) Keiji Yamashita, Takashi Nishimura and Mamoru Nango : *Polym. Adv. Technol.*, **14**, 189-194(2003).
7) Masumi Sakakibara, Kouki Kobayashi, Fumika Takashi and Keiji Yamashita : *Polymer Preprints Japan*, **66**(1), 2261(2017).
8) Kouki Kobayashi, Masumi Sakakibara, Fumika Takashi and Keiji Yamashita : *Polymer Preprints Japan*, **66**(1), 2260(2017).

応用編

第1章　温度応答性

第17節　温度応答性ゲルを用いた金属イオンの温度スイング吸着

東京農工大学　徳山 英昭

1　はじめに

溶液中の金属イオンの相互分離や濃縮は、工業化学、環境化学、分析化学などの分野で重要な操作である。また、環境や資源への配慮から、土壌や地下水などに含まれる環境汚染重金属の除去や産業廃棄物等からの有価金属の回収・再利用の必要性も高まっている。溶液中の金属イオンの代表的な分離法に吸着法がある。既存の方法では、イオン交換樹脂やキレート樹脂などの固体吸着材が用いられる。金属イオンは、イオン結合や配位結合により吸着材表面に吸着・濃縮される。吸着した金属イオンは、強酸や有機試薬などの溶離液を用いた脱着操作により回収され、同時に吸着材が再生される。

筆者らは、低環境負荷型の吸着分離技術である“温度スイング吸着”を提唱している。これは、溶液中の標的金属イオンを選択的に吸着し、化学薬品を使用することなく、工場等のプロセス排熱が利用できる程度のわずかな温度変化を与えるだけで吸着した金属イオンを脱着するものである。本稿では、筆者らの温度スイング吸着の実証事例、具体的には温度応答性ゲルを基盤に用いた吸着材および吸着分離システムの開発事例について概説する。

2　温度応答性ゲルの金属イオン吸着特性

代表的な温度応答性ゲルである*N*-イソプロピルアクリルアミド(*N*-isopropylacrylamide；NIPA)ゲルは、水中において約33℃の転移温度を境に親・疎水転移および体積相転移を引き起こす。NIPAゲルの種々の金属イオンの吸着特性と温度スイング吸着の可能性について検討した[1)2)]。NIPAゲルは、Au(Ⅲ)イオンをよく吸着し、それ以外の金属イオン(Pt(Ⅳ)、Pd(Ⅱ)、Cu(Ⅱ)、Ni(Ⅱ)、Zn(Ⅱ)、In(Ⅲ)、およびSn(Ⅱ))をほとんど吸着しなかった[1)]。また、Au(Ⅲ)イオンの吸着量は、約25℃を境に劇的に変化する温度依存性があった(**図1**)。この温度依存変化は可逆的であり、たとえば、34℃と20℃の間で繰り返し温度を変えると、NIPAゲルはAu(Ⅲ)イオンを可逆的に吸・脱着(温度スイング吸着)した。この時のゲルの色は、20℃で透明、34℃で黄色であり、吸・脱着

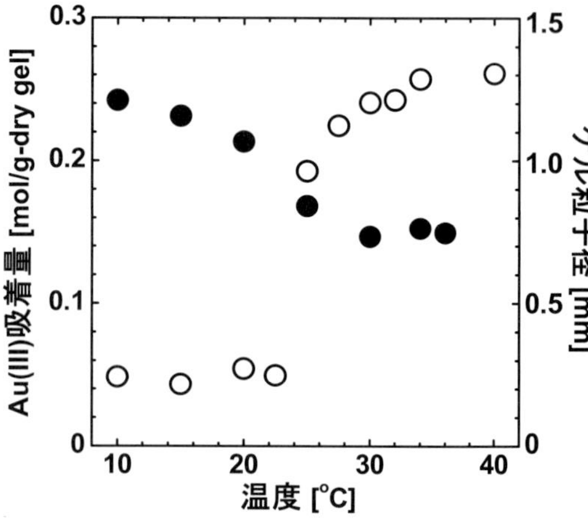

図1　1M塩酸水溶液中におけるNIPAゲル粒子へのAu(Ⅲ)イオンの吸着量(○)およびゲル粒子径(●)の温度依存性

を目視により確認できた。図1に、吸着実験を行っているときのNIPAゲル粒子の粒子径のデータもあわせて示す。ここで用いたNIPAゲル粒子は、沈降重合法と二流体微粒化法を組み合わせた手法(詳細は文献2)を参照されたい)で作製した、粒子径が1 mm程度のものである。NIPAゲルは、その温度応答性により体積変化しており、約25℃が転移温度といえる。この転移温度は、よく知られた33℃よりも低温だが、溶媒が塩酸水溶液であることとAu(Ⅲ)イオンを吸着していることが影響している。図1より、吸着量の温度依存した劇的な変化は、NIPAゲルの温度応答性に起因していることがわかる。

NIPAゲルの良好なAu(Ⅲ)イオンの吸着特性、すなわち選択性や温度依存性の詳細なメカニズムはわかっていないが、間接的に評価した。NIPAゲルに構造は類似しているが温度応答性をもたない*N,N*-ジメチルアクリルアミド(*N,N*-dimethylacrylamide；DMAA)ゲルのAu(Ⅲ)イオンの吸着特性を調べた[1)3)]。DMAAゲルは、NIPAゲルと同様にAu(Ⅲ)イオンに対する高い選択吸着性をもつが、温度依存性はなかった。これより、Au(Ⅲ)イオンはアミド基と相互作用して吸着していること、NIPAゲルの温度応答性(親・疎水転移あるいは体積相転移)は吸着に影響を及ぼすことが明らかとなった。なお、筆者らはDMAAゲルのAu(Ⅲ)イオンの吸着特性を応用して、溶液中のAu(Ⅲ)イオンを定量分析するDMAAゲル複合QCM(Quartz Crystal Microbalance；水晶振動子マイクロバランス)センサを開発している[3)]。

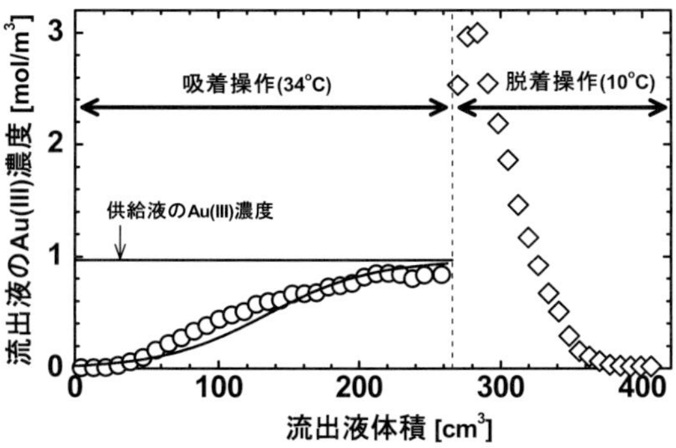

図2　NIPAゲル粒子の固定層を用いたAu(Ⅲ)イオンの連続吸・脱着操作

NIPAゲルのAu(Ⅲ)イオンの連続吸・脱着プロセスについて検討した[2)]。ゲル粒子をガラス管に詰めた固定層を作製し、まず固定層を34℃にしてAu(Ⅲ)イオン溶液を流通させる吸着操作を行い、次いで固定層を10℃にして塩酸水溶液を流通させる脱着操作を行った。そして、固定層から出てくる流出液のAu(Ⅲ)イオン濃度を測定した(**図2**)。流出液のAu(Ⅲ)イオン濃度は、吸着操作の初期段階ではほぼゼロレベルなのでうまく吸着分離が行われている。その後、徐々に高くなり、最終的に供給液のAu(Ⅲ)イオン濃度に接近し、固定層全体が飽和吸着に達する(吸着能の消失)。脱着操作の流出液のAu(Ⅲ)イオン濃度は、吸着操作の供給液のAu(Ⅲ)イオン濃度の約3倍高い値であった。つまり、温度スイング吸着による濃縮に成功した。吸着プロセスを設計する上で、流出液中の吸着される物質の濃度と流出液の体積(または操作時間)の関係、いわゆる破過曲線を予測することが肝要である。図中の曲線は、破過曲線の推算値を示しており実験値と概ね一致した。破過曲線の推算方法、およびそれに必要な吸着平衡と速度の評価・解析については、文献2)を参照されたい。

メタクリル酸2-(ジメチルアミノ)エチル(2-(dimethylamino)ethyl methacrylate；DMAEMA)ゲルは、三級アミノ基を有するカチオン性高分子ゲルであり、温度およびpHに応答することが知られている。DMAEMAゲルは、中性～アルカリ性溶液中では、約30～50℃の転移温度をもち、低温で膨潤し高温で収縮する。DMAEMAゲルは、Pt(Ⅳ)、Au(Ⅲ)、およびPd(Ⅱ)イオンを吸着し、Cu(Ⅱ)およびNi(Ⅱ)イオンをほとんど吸着しなかった[4)]。吸着は、塩酸媒体中でプロトン化したアミノ基とクロロ錯陰イオンを形成している金属イオン($PtCl_6^{2-}$、$AuCl_4^-$、および$PdCl_4^{2-}$)との静電相互作用によるものである。ゲルへのPt(Ⅳ)イオンの吸着量の温度依存性を詳細に調べたところ、吸着量は温度の上昇に伴いほぼ直線的に減少し、温度スイング吸着が可能であった。

3 温度応答性共重合ゲルの金属イオン吸着特性

NIPAゲルを母体として、ある標的金属イオンと相互作用する官能基を導入した共重合ゲルを開発した。チオール基をもつアリルメルカプタン(allyl mercaptan；AM)を共重合したNIPA-*co*-AMゲルは、Pd(Ⅱ)イオンをよく吸着し、Pt(Ⅳ)イオンも吸着するが、それ以外の金属イオン(Cu(Ⅱ)、Zn(Ⅱ)、およびIn(Ⅲ))をほとんど吸着しなかった(**図3**)[5)]。この選択吸着性能は、HSAB(Hard and Soft Acids and Bases)理論によって説明できる。HSAB理論では、軟らかい塩基であるチオール基は、軟らかい酸のPd(Ⅱ)イオンおよびPt(Ⅳ)イオンと相互作用しやすく、硬い酸のIn(Ⅲ)イオンおよび中間に属するCu(Ⅱ)イオンおよびZn(Ⅱ)イオンとは相互作用しにくい。Pd(Ⅱ)イオンの吸着量には温度依存性があり、温度スイング吸着が可能であった。吸着の温度依存性の詳細なメカニズムはわかっていないが、ここでも間接的に評価すると、DMAA-*co*-AMゲルはPd(Ⅱ)イオンを吸着するが温度依存性はなかった。NIPA-*co*-AMゲルは、ゲル中のAM量の増大に伴い転移温度が低下するが、基本的にはNIPAゲルと同様の体積相転移挙動を示した。ゲルの温度応答性が吸着に影響を及ぼしているといえる。

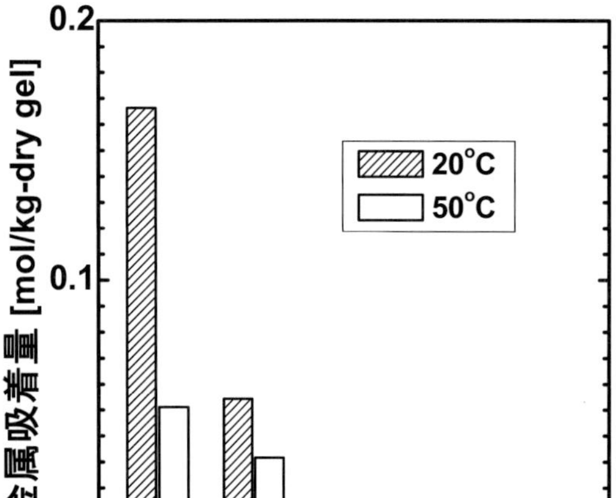

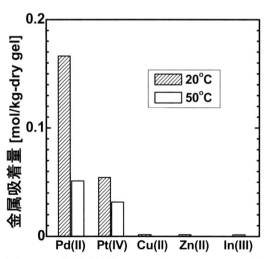

図3　1 M塩酸水溶液中におけるNIPA-*co*-AMゲルへの種々の金属イオンの吸着量

リン酸2-(メタクリロイルオキシ)エチル(2-methacryloyloxyethyl phosphate；MEP)を共重合したNIPA-*co*-MEPゲルのCu(Ⅱ)イオンの温度スイング吸着も実証している[6)]。

分子インプリント法を用いて金属イオンと相互作用する官能基をNIPAゲルに導入することで、吸着特性の向上を図った例がある。分子インプリント法は、標的分子を取り込んだ状態でゲルを合成し、溶離液を用いてその分子を取り出すことで、標的分子のみが適合する形や大きさの空隙をゲル内に形成させる手法であり、分子認識する吸着材を作製できる。本手法は、タンパク質や有機化合物に対しては一般的に用いられているが、形や大きさによる相互差別が難しい金属イオンへの適用例はほとんどない。筆者らは、Cu(Ⅱ)イオンを配位させた*N,N'*-ジ(4-ビニル)ベンジルエチレンジアミン(*N,N'*-di(4-vinyl)benzylethylenediamine；DVBEDA)を用いて、これとNIPAとのラジカル共重合によりNIPA-*co*-DVBEDAインプリントゲルを開発した[7)]。合成直後のゲルは、配位結合した鋳

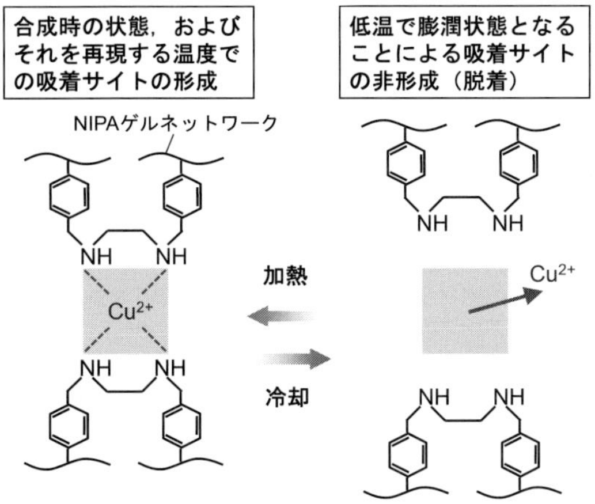

図４　NIPA-*co*-DVBEDA インプリントゲルの Cu（Ⅱ）イオンの温度スイング吸着の概念図

型分子の Cu（Ⅱ）イオンを含んでいる。ゲルを塩酸水溶液で洗浄して Cu（Ⅱ）イオンを化学的に取り出したものを吸着材とした。インプリントゲルは、所定温度においてキレート二分子から成る吸着サイトを形成する（図４）。この吸着サイトは、鋳型分子の Cu（Ⅱ）イオンの配位形態を記憶した分子認識部位であり、Cu（Ⅱ）イオンに対して高い選択吸着性を有する。この状態から温度を低下させゲルネットワークを膨潤させると、そのキレート二分子が離れることから吸着していた Cu（Ⅱ）イオンは多点吸着できなくなり脱着する。この吸着サイトの形成と破壊は可逆的であり、温度スイング吸着に成功した。単純に共重合した NIPA-*co*-DVBEDA ゲルも、Cu（Ⅱ）イオンを吸着するが、インプリントゲルにみられるような高い選択吸着性と温度スイング吸着能はなかった。このことからも、インプリントゲル内には、鋳型分子の配位形態の認識サイトが形成されているといえる。筆者らは、分子インプリントゲルの微粒子や支持体との複合材料も開発しており、文献 8）〜11）を参照されたい。

4　温度応答性ゲルと抽出剤を併用する温度スイング固相抽出法

上述の共重合ゲル吸着材では、温度応答性を発現させるために官能基の導入量が制限されるので（たとえば NIPA の数モル％程度）、ゲル質量あたりの吸着量が小さい。NIPA ゲルの疎水性有機化合物の温度スイング吸着能を応用すると、NIPA ゲルに金属イオンとの相互作用部位を直接的に導入しなくとも、簡便な操作で吸着量の増大および選択分離を達成しうる金属イオンの温度スイング固相抽出法を実現できる（図５）。本手法では、特定の金属イオンと相互作用するキレート試薬や錯化剤などの有機化合物を抽出剤と呼ぶこととし、その分子構造のなかに疎水性部位をもつものを用いる。まず、種々

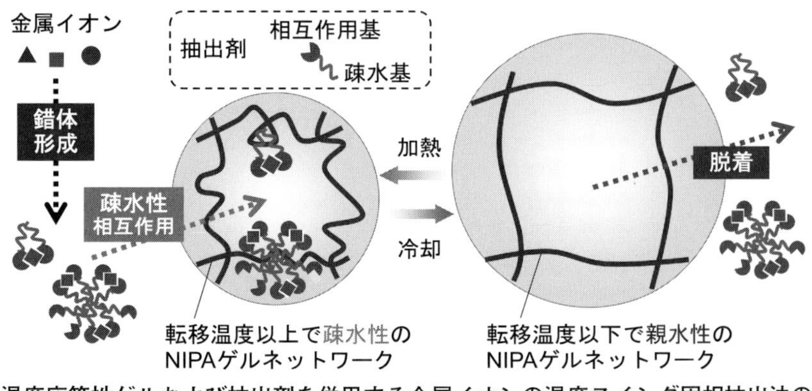

図５　温度応答性ゲルおよび抽出剤を併用する金属イオンの温度スイング固相抽出法の概念図
※口絵参照

の金属イオンを含む処理水溶液に抽出剤とNIPAゲルを添加する。転移温度以下(室温)において、ある特定の金属錯体(濃度によってはミセル状態)が形成される以外変化はない。この状態から昇温し転移温度以上にすると、NIPAゲルが疎水性になって金属錯体を疎水性相互作用により固相抽出できる。抽出剤は、金属イオンをNIPAゲルへ吸着させるためのメディエイターとしての役割を担っている。最後に、転移温度以下にしてNIPAゲルを親水性にすることにより金属錯体の脱着を行い、金属を回収すると同時にNIPAゲルを再生する。NIPAゲル、Cu(Ⅱ)イオン、および抽出剤によく知られた界面活性剤であるドデシルベンゼンスルホン酸ナトリウムから成る実験系において、温度スイング固相抽出法の実現可能性を示した[12]。さらに、NIPAポリマーを用いても、その凝集沈殿特性を利用することで温度スイング固相抽出が行える。詳細は文献13)～15)を参照されたい。

5 おわりに

温度応答性ゲルを溶液中の金属イオンの分離媒体として応用した温度スイング吸着について概説した。本システムは、低環境負荷型の金属イオンの分離プロセスの構築に資するものであり、それ以外にも幅広い分野・応用に対して適用できると考える。

文献

1) H. Tokuyama and A. Kanehara : *React. Funct. Polym.*, **67**, 136(2007).
2) H. Tokuyama and G. Kato : *Ind. Eng. Chem. Res.*, **53**, 8215(2014).
3) H. Tokuyama, E. Kitamura and Y. Seida : *TALANTA*, **146**, 507(2016).
4) H. Tokuyama and N. Ishihara : *React. Funct. Polym.*, **70**, 610(2010).
5) H. Tokuyama, M. Onodera and T. Ban : *Sep. Purif. Technol.*, **182**, 166(2017).
6) H. Tokuyama, K. Yanagawa and S. Sakohara : *Sep. Purif. Technol.*, **50**, 8(2006).
7) H. Tokuyama, M. Fujioka and S. Sakohara : *J. Chem. Eng. Jpn.*, **38**, 633(2005).
8) R. Kanazawa, T. Yoshida, T. Gotoh and S. Sakohara : *J. Chem. Eng. Jpn.*, **37**, 59(2004).
9) R. Kanazawa, K. Mori, H. Tokuyama and S. Sakohara : *J. Chem. Eng. Jpn.*, **37**, 804(2004).
10) H. Tokuyama, R. Kanazawa and S. Sakohara : *Sep. Purif. Technol.*, **44**, 152(2005).
11) H. Tokuyama, S. Naohara, M. Fujioka and S. Sakohara : *React. Funct. Polym.*, **68**, 182(2008).
12) H. Tokuyama and T. Iwama : *Langmuir*, **23**, 13104(2007).
13) H. Tokuyama and T. Iwama : *Sep. Purif. Technol.*, **68**, 417(2009).
14) H. Tokuyama, J. Hisaeda, S. Nii and S. Sakohara : *Sep. Purif. Technol.*, **71**, 83(2010).
15) 中野義夫監修：ゲルテクノロジーハンドブック, 556-560, エヌ・ティー・エス(2014).

応用編

第1章　温度応答性

第18節　熱応答性発光性ゲル

山形大学　田島 瑛/安藤 倫朗/伊藤 和明

はじめに

近年、有機化合物を用いた発光材料は、生物学分野における蛍光標識や、電子材料分野での有機発光ダイオード、さらには環境モニタリング分野での光学センサーとしてなどさまざまな分野で研究が活発に行われている[1)]。

一般に、有機蛍光色素の特徴として、置換基の導入などの部分構造の修飾が容易であることから発光波長の調整が比較的容易であるなどの利点がある一方で、高濃度の溶液や固体状態などでは蛍光強度が著しく減少する濃度消光が知られている。この原因は、有機蛍光色素間での衝突や発光の再吸収、励起-未励起分子間の非衝突エネルギー移動などにより引き起こされ、有機系発光材料開発における大きな課題の1つである[2)-4)]。

最近、いくつかの有機化合物において、凝集に伴い発光性が増大するという凝集誘起発光現象が報告されている。この凝集誘起発光を示す有機化合物は、溶液状態では非発光性であるのに対して、凝集(会合体形成)に伴い発光性を示す。この現象の発現機構には、分子構造の平面化や分子内回転の抑制などに起因する分子運動の制限や、分子間のπ面の重なりを制限したJ会合体の形成、分子内の励起プロトン移動および励起状態電荷移動などが知られているが、現在も活発に研究されている分野の1つである[1)-10)]。

また、物理ゲルにおいても凝集誘起発光特性を示す化合物が報告されており、この現象はゲル誘起発光特性と呼ばれている。ゲル誘起発光特性では、多くの場合、ゾル状態では非発光性であるのに対して、ゲル形成に伴い発光性を示すため、物理ゲルのように外部刺激応答性に優れたゲルでは、刺激に連動した発光性の制御が可能であり、新規な発光性材料や高感度センサーなどへの応用が期待されている[11)-23)]。

本稿では、はじめに低分子ゲルの分設計およびゲル化挙動と溶媒効果について述べ、その後、ゾル－ゲル相転移に連動した熱応答性発光性について紹介する。

1　低分子ゲル化剤の分子設計

物理ゲルに分類される低分子ゲルは、ゲル化剤分子同士の相互作用による自己会合体の形成を通してゲルを誘起する。その際に、分子会合が異方的に成長した繊維状会合体を形成する必要がある。そのため、異方性をもった分子間相互作用部位を、ゲル化剤分子構造中にあらかじめ配置しておくことが重要となる[24)]。異方的な分子間相互作用としては、水素結合などが有効であるため、現在までに知られる低分子ゲル化剤には、アミド基やウレア基をもつものが数多く知られている[25)]。また、ゲルのような準安定状態において、結晶化を回避する必要があるため、アルキル基による適度な柔軟性の導入や、不斉中心による対称性の欠如が有効となる場合も数多く知られている[26)]。また、長鎖アルキル基の導入は低分子ゲル分子の自己集合体形成時のファンデルワールス力による安定化に加え

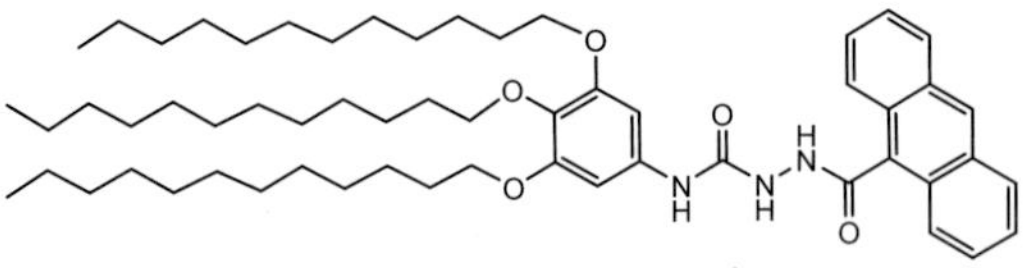

1

図1　低分子ゲル化剤(1)

て、形成された繊維状会合体間のバンドル化による次元性の拡張においても有効に寄与することが知られている[27]。本稿では、上記の知見を基に設計・合成した化合物(1)に、没食子酸の3つの水酸基上に長鎖アルキル基であるドデシル基を導入しファンデルワールス力を期待した。また、蛍光性部位としてアントラセン環を導入し、これらをウレア基とアミド基を介して連結することで、分子間水素結合形成による異方的な会合体形成を期待した。(**図1**)。

2　低分子ゲル化剤のゲル化挙動と溶媒効果

化合物(1)のゲル化試験の結果を**表1**に示す。表中のゲル化挙動は、記号**S**および**G**、**P**、**I**を用いて表しており、それぞれ、**S**は溶液状態、**G**はゲル形成、**P**は溶解後再び結晶を析出したもの、**I**は不溶を示す。

低分子ゲル化剤のゲル化挙動は、分子の自己集合に基づくことから、外部刺激に対する応答性に優れている一方で、外部環境の違いによりゲル化能が大きく影響を受ける。そのなかでも、用いる溶媒はゲル化能に大きく影響することが知られているが、ゲル化挙動とゲル化溶媒との関係性については、誘電率、双極子モーメント、粘度、ET(30)値、log P値などの溶媒パ

表1　低分子ゲル化剤(1)の有機溶媒に対するゲル化能評価と溶媒のHSP値［$MPa^{0.5}$］

solvent	gelation behavior	δ_d	δ_p	δ_h	R_{ij}	$\Delta\delta_d$	$\Delta\delta_p$	$\Delta\delta_h$	r	θ	ϕ
Cyclohexane	G	16.8	0	0.2	10.4	-1.43	-7.9	-6.17	10.1	-38.7	-103.0
Hexane	G	14.9	0	0	12.1	-3.33	-7.9	-6.37	10.7	-42.3	-117.6
Heptane	G	15.3	0	0	11.7	-2.93	-7.9	-6.37	10.6	-41.6	-114.7
Octane	G	15.5	0	0	11.5	-2.73	-7.9	-6.37	10.5	-41.3	-113.2
Decane	G	15.7	0	0	11.3	-2.53	-7.9	-6.37	10.5	-40.9	-111.7
Undecane	G	16	0	0	11.1	-2.23	-7.9	-6.37	10.4	-40.5	-109.3
Dodecane	G	15.8	0	0	11.1	-2.23	-7.9	-6.37	10.4	-40.5	-109.3
Tetradecane	G	16.2	0	0	10.9	-2.03	-7.9	-6.37	10.3	-40.2	-107.7
Methanol	I	14.7	12.3	22.3	18.0	-3.53	4.4	15.93	16.9	74.9	102.5
Ethanol	I	15.8	8.8	19.4	13.9	-2.43	0.9	13.03	13.3	86.1	100.6
1-Propanol	P	16	6.8	17.4	11.9	-2.23	-1.1	11.03	11.3	-84.4	101.4
2-Propanol	P	15.8	6.1	16.4	11.3	-2.43	-1.8	10.03	10.5	-80.1	103.6
1-Butanol	P	16	5.7	15.8	10.7	-2.23	-2.2	9.43	9.94	-77.2	103.3
1-Pentanol	P	15.9	5.9	13.9	9.08	-2.33	-2	7.53	8.13	-75.8	107.2
1-Hexanol	S	15.9	5.8	12.5	7.98	-2.33	-2.1	6.13	6.89	-72.2	110.8
1-Heptanol	S	16	5.3	11.7	7.42	-2.23	-2.6	5.33	6.34	-65.8	112.7
1-Octanol	S	16	5	11.2	7.19	-2.23	-2.9	4.83	6.06	-61.4	114.8
1-Nonanol	S	16	4.8	11	7.14	-2.23	-3.1	4.63	6.00	-58.9	115.7
1-Decanol	S	16	4.7	10.5	6.87	-2.23	-3.2	4.13	5.68	-55.7	118.4
Chloroform	S	17.8	3.1	5.7	4.92	-0.43	-4.8	-0.67	4.87	-9.42	-122.7
Dichloromethane	S	17	7.3	7.1	2.64	-1.23	-0.6	0.73	1.55	-67.2	149.3
THF	S	16.8	5.7	8	3.96	-1.43	-2.2	1.63	3.09	-44.6	131.3
1,4-Dioxane	S	17.5	1.8	9	6.80	-0.73	-6.1	2.63	6.68	-24.1	105.5
Ethyl Acetate	S	15.8	5.3	7.2	5.57	-2.43	-2.6	0.83	3.65	-44.6	161.1
Benzene	S	18.4	0	2	9.03	0.17	-7.9	-4.37	9.03	-29.0	-87.8
Toluene	S	18	1.4	2	7.85	-0.23	-6.5	-4.37	7.84	-33.9	-93.0
Acetonitoril	I	15.3	18	6.1	11.7	-2.93	10.1	-0.27	10.5	16.2	-174.7
DMF	S	17.4	13.7	11.3	7.79	-0.83	5.8	4.93	7.66	40.8	99.6
DMSO	S	18.4	16.4	10.2	9.33	0.17	8.5	3.83	9.32	24.3	87.5

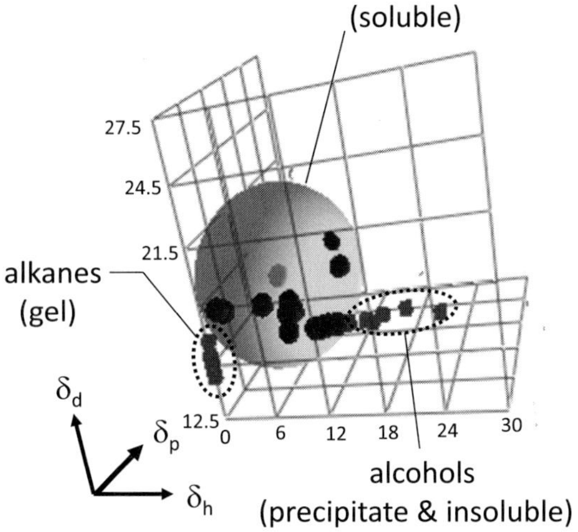

図 2　低分子ゲル化剤(1)の Hansen 球
※口絵参照

ラメータを用いた研究が知られているものの十分な解釈がなされていない場合が多い[28]。一方、熱力学データを基に導かれた Kamlet-Taft パラメータや Hansen 溶解度パラメータ(HSP)を用いたゲル化挙動の解釈では明解な解釈が得られることが知られている[28)-30)]。とくに溶媒の凝集エネルギーを基に算出された溶媒パラメータである HSP は、ゲル化現象における溶媒の役割を明らかにする有効な手法の 1 つとして知られている。この HSP は、分散項(δ_d)、双極子項(δ_p)、水素結合項(δ_h)の 3 成分から構成されている。本稿では、ゲル化溶媒の HSP の 3 成分を三次元に取り、ゲル化剤(1)の溶解領域を球で表す Hansen 球による解釈を行った(**図 2**)。ここで、ゲル化試験に用いた溶媒の HSP 値(δ_d, δ_p, δ_h)を表 1 にまとめて示す。

ゲル化剤(1)の溶解領域を表す Hansen 球の中心位置の HSP(δ_{di}, δ_{pi}, δ_{hi})とゲル化試験に用いた溶媒の HSP(δ_{dj}, δ_{pj}, δ_{hj})との間の距離 R_{ij} は、次式のように定義される。

$$R_{ij} = (4(\delta_{di}-\delta_{dj})^2 + (\delta_{pi}-\delta_{pj})^2 + (\delta_{hi}-\delta_{hj})^2)^{1/2}$$

ここで、化合物(1)の Hansen 球の中心位置の HSP(δ_{di}, δ_{pi}, δ_{hi})の値は、HSPiP プログラムを用いた計算により(18.23, 8.21, 6.06 [MPa$^{0.5}$])と求められる[31)32)]。この R_{ij} を用いてゲル化挙動(S、G、I、P)を整理すると**図 3** のようになり、R_{ij} の値の増大に伴い S、G、I、P とおおよそ区分することができるものの、一部で重なり部分も認められる。そこで、Hansen 球の中心位置から溶媒を方向により区分し、それら溶媒群について、距離 r によりゲル化挙動を整理した。Hansen 球の中心位置の HSP(δ_{di}, δ_{pi}, δ_{hi})を原点とすると、各溶媒の座標位置は($\Delta\delta_d$, $\Delta\delta_p$, $\Delta\delta_h$)で表される。ここで、$\Delta\delta_d = \delta_{di} - \delta_{dj}$, $\Delta\delta_p = \delta_{pi} - \delta_{pj}$, $\Delta\delta_h = \delta h_i - \delta_{hj}$ とした。次に、この直交座標($\Delta\delta_d$, $\Delta\delta_p$, $\Delta\delta_h$)の値を、極座標(r, θ, ϕ)の値に変換する。ここで、$r = (\Delta\delta_d^2 + \Delta\delta_p^2 + \Delta\delta_h^2)^{1/2}$、$\theta = \tan^{-1}((\Delta\delta_d^2 + \Delta\delta_p^2 +)^{1/2}/\Delta\delta_h)$、$\phi = \tan^{-1}(\Delta\delta_p/\Delta\delta_h)$である。化合物(1)について、極座標の角度成分である θ と ϕ の値を基に、溶媒群としてグループ分けすると、おおよそ 3 グループ(group A：$\theta = -9.4 \sim -41.6$, $\phi = -87.8 \sim -122.7$, group B：$\theta = -24.1 \sim -84.4$, $\phi = 101.4 \sim 161.1$, group C：$\theta = 24.3 \sim 86.1$, $\phi = 87.5 \sim 102.5$)に分けることができた(**図 4**)。これら 3 グループについて、距離 r によりゲル化現象を整理すると、いずれの場合においても距離の増大に伴い、溶解(S)からゲル化(G),

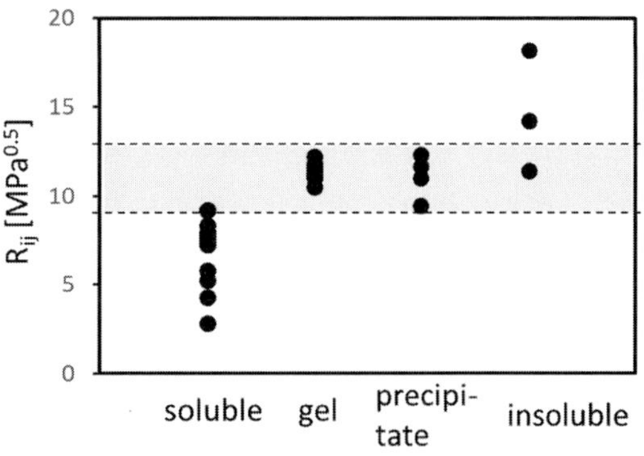

図 3　化合物(1)のゲル化挙動と R_{ij} との相関

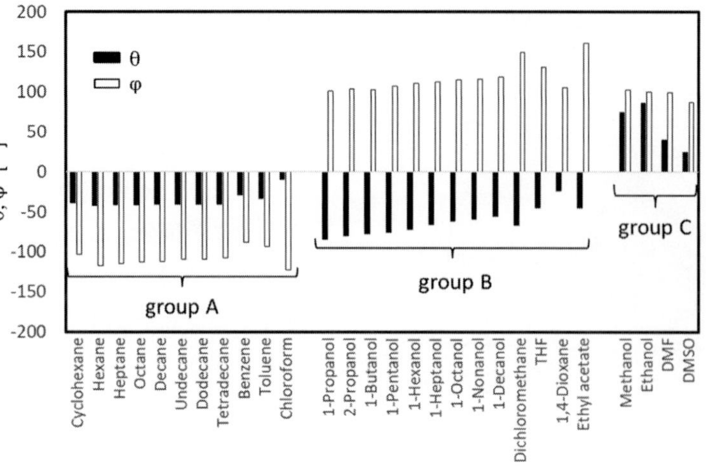

図4　角度θ、ϕによる溶媒のグループ分け

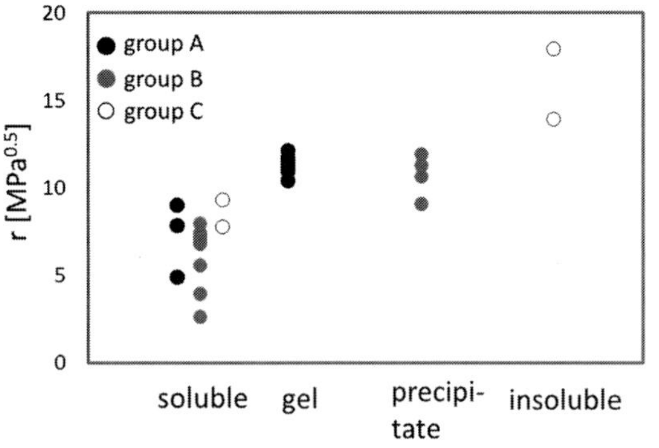

図5　化合物(1)のゲル化挙動とrとの相関

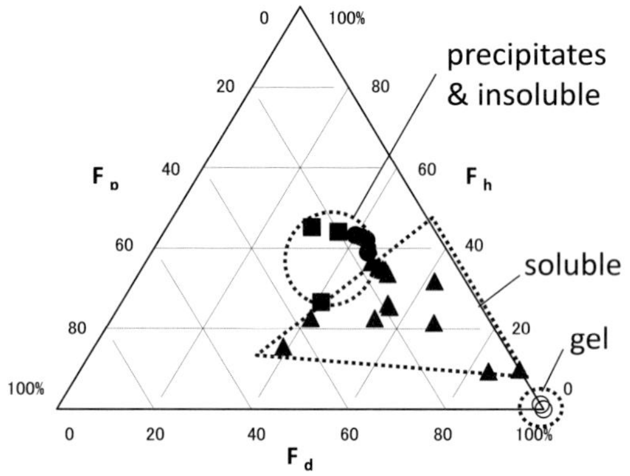

図6　化合物(1)の三角図(Teas Plot)

沈殿(**P**)、不溶(**I**)と変化していくことが明瞭に示され、図2での重なり部分についての問題を解決することができた(**図5**)。

ゲル形成メカニズムを考える上で有効な手法として三角図(Teas plot)が知られている。これはHSPの各成分(δ_d, δ_p, δ_h)の割合($F_x = \delta x/(\delta_d + \delta_p + \delta_h)$)を三角図で表すことによりゲル形成における溶媒効果を評価することができる[33]。ゲル化剤(1)のゲル化試験の結果について、三角図を用い整理したものを**図6**に示す。三角図よりゲル化試験の結果は、溶解(▲)、ゲル化(○)、沈殿(●)、不溶(■)の各領域に区分された。ゲル化剤(1)ではアルカン系溶媒でゲル化が認められたが、アルカン系溶媒はゲル化剤(1)の溶解領域の溶媒に比べて水素結合項が小さいことから、ゲル形成の主な推進力はゲル化剤分子間の水素結合であると推測される。この結果は、図2に示したHansen球からも同様に導くことができる。

3　ゲルの構造

SEM観察より、化合物(1)のシクロヘキサンから調整したキセロゲルでは、シート状の構造であることが示され、ヘキサンから調整したキセロゲルでは、繊維が絡み合いながらシート状の構造を構築していることが示された(**図7**)。

FT-IR スペクトルより、ゲル化剤(**1**)のゲル化剤の溶液状態とゲル状態との比較から、長鎖アルキル鎖のメチレン(-CH_2-)基の非対称(ν_{as})および対称伸縮振動(ν_s)では、いずれの場合においてもゲル状態(ν_{as} = 2921, ν_s = 2852 cm^{-1})の方が溶液状態(ν_{as} = 2927, ν_s = 2854 cm^{-1})に比べ低カイザーに観測された(**図 8**)。これはキセロゲルのアルキル鎖の配座が、トランス配座を取りアルキル基間が最密充填され、分子内および分子間でファンデルワールス力が効果的に働き、会合体形成に寄与していると推測される[24]。また、ゲル状態のアミド基の N-H 伸縮振動(ν_{NH})およびアミド第 I 吸収(ν_{CO})は、ゲル状態(ν_{NH} = 3200, ν_{CO} = 1652 cm^{-1})のほうが溶液状態(ν_{NH} = 3350, ν_{CO} = 1658 cm^{-1})

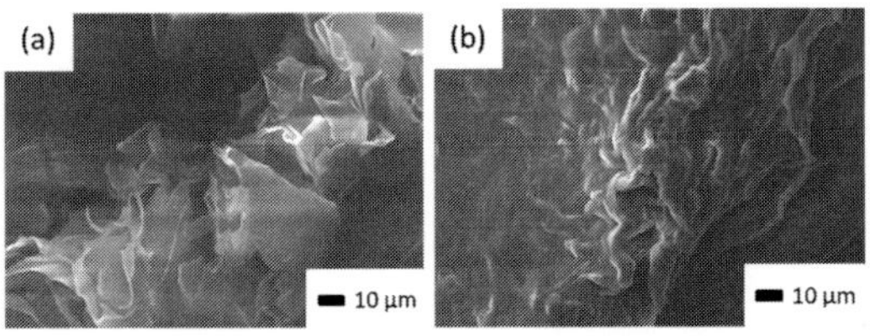

図 7　キセロゲル(1)の SEM 観察((a)：cyclohexane)(b)：hexane)

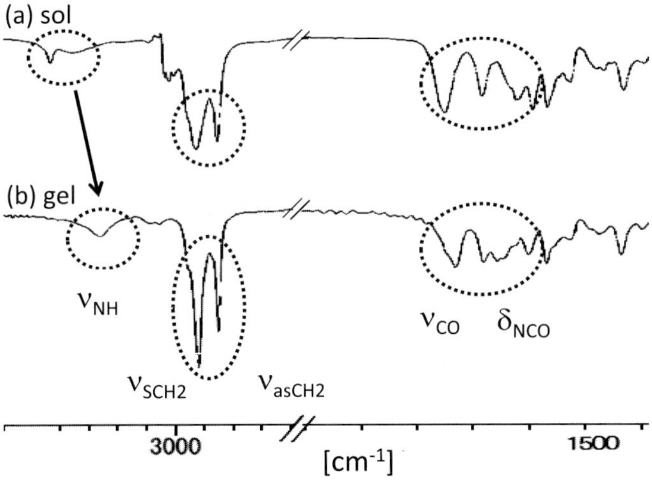

図 8　低分子ゲル化剤(1)の溶液状態(sol)およびゲル状態(gel)の FT-IR スペクトルにおける特性吸収

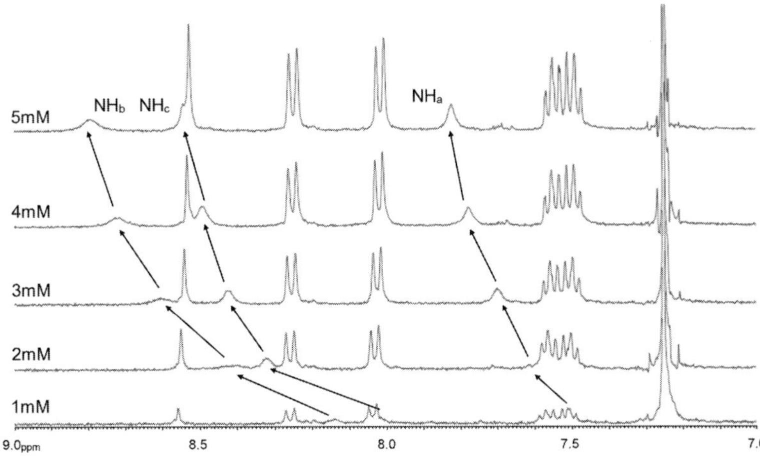

図 9　化合物(1)の濃度変化に伴う ^{1}H-NMR スペクトル中の NH 水素の化学シフト値変化(溶媒：重クロロホルム)

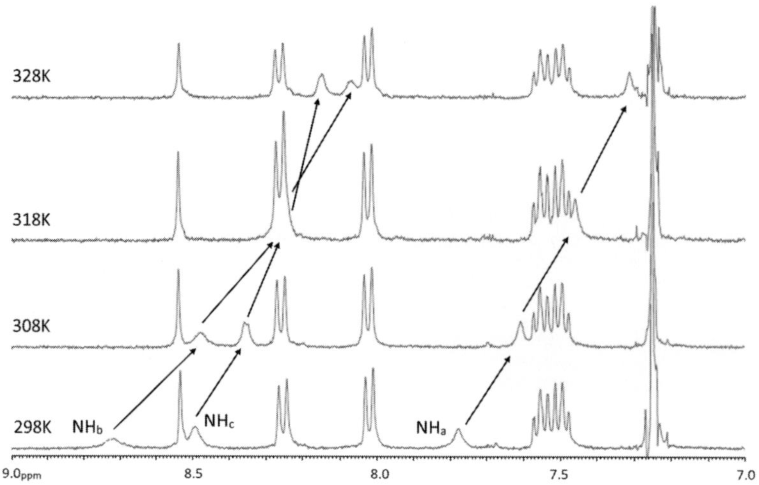

図 10　化合物(1)の温度変化に伴う ^{1}H-NMR スペクトル中の NH 水素の化学シフト値変化(c = 5 mM，溶媒：重クロロホルム)

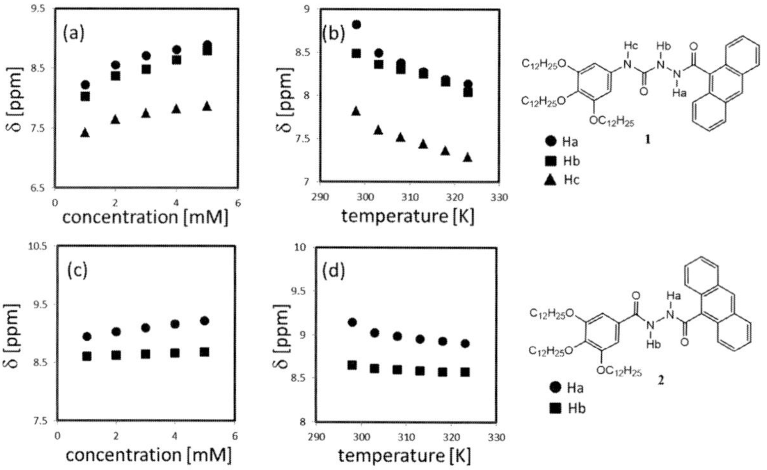

図 11　^{1}H-NMR スペクトル中の NH 水素の化学シフト値変化(a)化合物(1)の濃度変化，(b)化合物(1)の温度変化，(c)化合物(2)の濃度変化、(b)化合物(2)の温度変化，溶媒：重クロロホルム

に比べて低カイザーにシフトし、アミド第Ⅱ吸収(δ_{NH})は、ゲル状態(δ_{NH} = 1556 cm^{-1})のほうが溶液状態(δ_{NH} = 1546 cm^{-1})に比べて高カイザーにシフトした。これらのシフト変化はゲル状態でアミド基間の分子間水素結合が会合体形成に寄与していることを示している[34,35]。

また、^{1}H-NMR スペクトルでは、温度変化および濃度変化に伴う NH 水素の化学シフト値変化は、濃度の上昇に伴い NH 水素の低磁場シフトが(H_a：163，H_b：179，H_c：105 ppb/mM)、また、温度の上昇に伴い NH 水素の高磁場シフトが観測された(H_a：−25，H_b：−27，Hc：　−20 ppb/K)(図 9,10,11(a)，(b))[34-36]。この NH 水素の化学シフト値の変化の程度は、ゲルを形成しない類似化合物(2)と比べきわめて大きいことから(H_a：68，H_b：18 ppb/mM,H_a：　−9，H_b：　−3 ppb/K)(図 11(c),(d))、上述の IR スペクトルの結果と同様

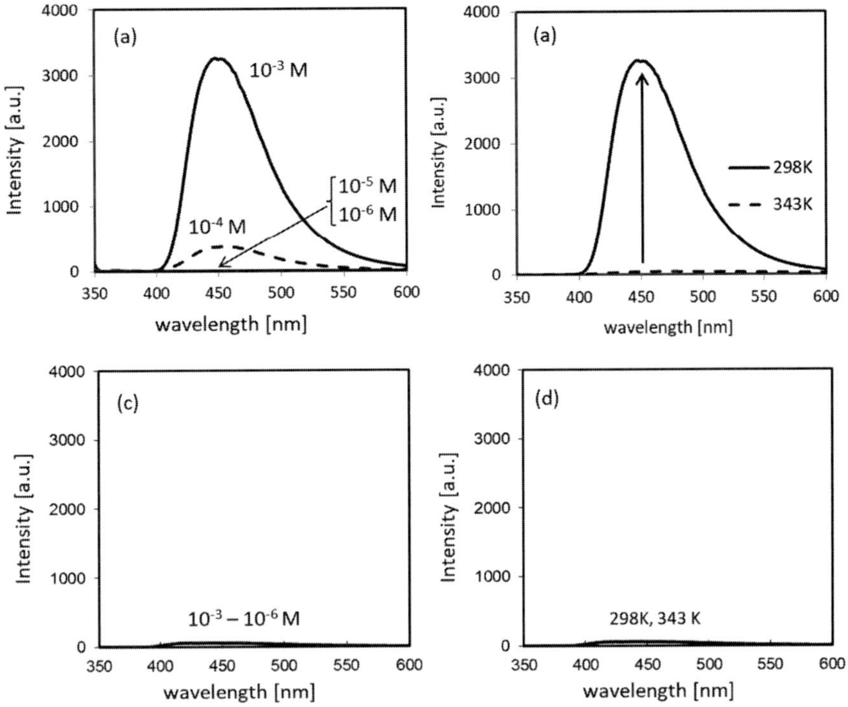

図12　化合物(1)の蛍光スペクトル((a)：[1] $= 10^{-3} - 10^{-6}$ M, $\lambda_{ext} = 335$ nm, 溶媒：シクロヘキサン(b) [1] $= 10^{-3}$ M at 298 K and 343 K, $\lambda_{ext} = 335$ nm, 溶媒：シクロヘキサン(c) [1] $= 10^{-3} - 10^{-6}$ M, $\lambda_{ext} = 335$ nm, 溶媒：クロロホルム(d) [1] $= 10^{-3}$ M at 298 K and 343 K, $\lambda_{ext} = 335$ nm, 溶媒：クロロホルム)

に、分子間水素結合の形成がゲル形成の主な推進力であると推測される。

4　ゲル化剤(1)の蛍光特性

ゲル化溶媒であるシクロヘキサンを用い、ゲル化剤(**1**)の溶液の蛍光スペクトルを測定したところ、濃度上昇に伴い蛍光強度が著しく増大した。また、温度変化に伴う蛍光スペクトル強度の変化では、ゲル化剤(**1**)は温度上昇に伴い著しい蛍光強度の減少が観測された(**図12**)[13)15)18)]。一方、ゲルを形成しない溶媒であるクロロホルム中では、濃度変化および温度変化においても蛍光性は認められなかった。これらの結果は、ゲル化剤の会合体形成により発光性が誘起されたものと推測される。

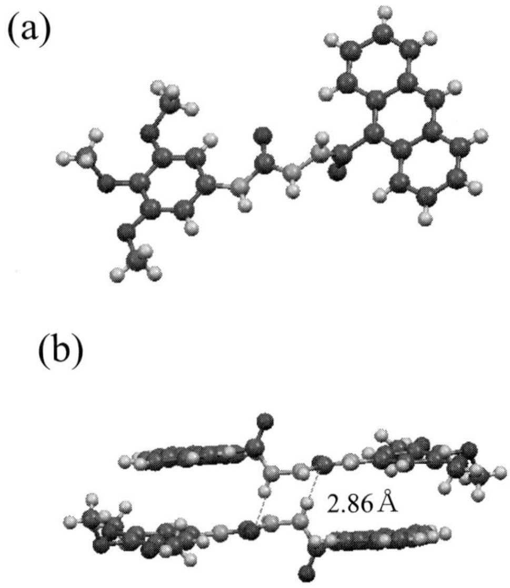

図13　参照化合物の単結晶X線解析((a)アントラセン面とアミド基の直交(b)分子間水素結合)
※口絵参照

ゲル化剤(**1**)の長鎖アルキル基部位をメチル基に置き換えた参照化合物の単結晶X線解析から、結晶中ではアントラセン環に連結したアミド基は、アントラセン環とは直交した配置をとっていることが明らかとなった。また、このアミド基は、隣接する分子との間で分子間水素結合を形成していることが示された(**図 13**)。このようなアントラセンとアミド基との直交した配置は、励起状態のアントラセン部位が連結するアミド基へのICTによる失活過程を抑制でき、ゲル形成時における凝集誘起発光特性を発現する要因であると推測される[4)6)]。

おわりに

本稿では、アントラセン部位をもつ熱応答発光性低分子ゲルについて紹介した。低分子化合物はわずかな構造の違いによりゲル挙動が大きく変化するという課題があったが、ゲル化現象と溶媒効果の関係性についてHSPを用いた解釈からゲル化挙動の予測と、ゲル形成の主な推進力の推測が可能であることを示した。溶媒のゲル形成への寄与が予測できると、溶媒分子はゲル化剤のゲル形成における構成成分として捉えることもできる。また、ゲル化剤の類縁体におけるゲル化挙動のデータを基に、機能発現のための構造最適化も可能となる。このような構造最適化は低分子化合物では比較的容易に行うことができるため、機能性低分子ゲル化剤に関連する研究分野は今後も大きく発展できるものと期待される。

謝　辞

本研究の一部はJSPS科研費17K05945の助成を受けたものです。

文　献

1) J. Me, Y. Hong, J. W.Y. Lam, A. Qin, Y. Tang and B. Z. Tang：*Adv. Mater.* **26**, 5429(2014).
2) H. Tong, Y. Hong, Y. Dong, Y. Ren, M. Ha1ussler, J. W. Y. Lam, K. S. Wong, and B. Z. Tang：*J. Phys. Chem. B*, **111**, 2000(2007).
3) E. Ishow, A. Brosseau, G. Clavier, K. Nakatani, P. Tauc, C. Fiorini-Debuisschert, S. Neveu, O. Sandre, and Anne Le'austic：*Chem. Mater.*, **20**, 6597(2008).
4) R. Hu, E. Lager, A. Aguilar-Aguilar, J. Liu, J. W. Y. Lam, H. H. Y. Sung, I. D. Williams, Y. Zhong, K. S. Wong, E. Pen˜a-Cabrera, and B. Z. Tang：*J. Phys. Chem. C.*, **113**, 15845(2009).
5) Y.-X. Li, Z. Chen, Y. Cui, G.-M. Xia and X.-F. Yang：*J. Phys. Chem. C.*, **116**, 641(2012).
6) W. Z. Yuan, Y. Gong, S. Chen, X. Y. Shen, J. W. Y. Lam, P. Lu, Y. Lu, Z. Wang, R. Hu, N. Xie, H. S. Kwok, Y. Zhang, J. Z. Sun and B. Z. Tang：*Chem. Mater.*, **24**, 1518(2012).
7) Y. Wang, T. Liu, L. Bu, J. Li, C. Yang, X. Li, Y. Tao and W. Yang：*J. Phys. Chem. C.*, **116**, 15576(2012).
8) R. Wei, P. Song and A. Tong：*J. Phys. Chem. C.*, **117**, 3467(2013).
9) T. Mutai, H. Sawatani, T. Shida, H. Shono and K. Araki：*J. Org. Chem.*, **78**, 2482(2013).
10) E.Yamuna, W. Tsai-Hui and H. Hsiu-Fu：*Org. Lett.*, **17**, 536(2015).
11) B.-K. An, S.-K. Kwon, S.-D. Jung and S. Y.Park：*J. Am. Chem. Soc.*, **124**, 14410(2002).
12) J. G. Subi and A. Ayyappanpillai：*Chem. Eur. J.*, **11**, 3217(2005).
13) P. Xue, R. Lu, G. Chen, Y. Zhang, H. Nomoto, M. Takafuji and H. Ihara：*Chem. Eur. J.*, **13**, 8231(2007).
14) C. Wang, D. Zhang, J. Xiang and D. Zhu：*Langmuir*, **23**, 9195(2007).
15) J. W. Chung, B.-K. An and S. Y. Park：*Chem. Mater.*, **20**, 6750(2008).
16) X. Yang, R. Lu, H. Zhou, P. Xue, F. Wang, P. Chen and Y. Zhao：*J. Colloid. Inter. Sci.* **339**, 527(2009).
17) S. Bhattacharya, and S. K. Samanta：*Langmuir*, **25**, 8378(2009).
18) T. H. Kim, D. G. Kim, M. Lee and T. S. Lee, *Tetrahedron*, **66**, 1667(2010).
19) S. S. Babu, K. K. Kartha, and A. Ajayaghosh：*J. Phys. Chem. Lett.*, **1**, 3413(2010).
20) L. Zang, H. Shang, D. Wei and S. Jiang：*Sensors Actuators B*, **185**, 389(2013).
21) Q. Lin, X. Zhu, Y.-P. Fu, Q.-P. Yang, B. Sun, T.-B.

Wei and Y.-M. Zhang：*Dyes Pigments*, **113**, 748 (2015).
22) S. Mondal, P. Chakraborty, S. Das, P. Bairi, and A. K. Nandi：*Langmuir*, **32**, 5373(2016).
23) Y.-L. Xu, C.-T. Li, Q.-Y. Cao, B.-Y. Wang and Y. Xie：*Dyes Pigments*, **139**, 681(2017).
24) 英謙二，白井汪芳：高分子論文集，**52**, 773(1995).
25) 英謙二，白井汪芳：高分子論文集，**55**, 585(1998).
26) 英謙二：高分子論文集，**72**, 491(2015).
27) 杉安和憲，藤田典史，新海征治：有機合成化学協会誌，**63**, 359(2005).
28) Y. Lan, M. G. Corradini, R. G. Weiss, S. R. Raghavanc and M. A. Rogers：*Chem. Soc. Rev.*, **44**, 6035(2015).
29) N. Yan, Z. Xu, K. K., Diehn, S. R. Raghavan, Y. Fang and R. G. Weiss：*J. Am. Chem. Soc.*, **135**, 8989 (2013).
30) Y. Lan, M. G. Corradini, X., Liu, T. E. May, F. Borondics, R. G. Weiss and M. A Rogers：*Langmuir*, **30**, 14128(2014).
31) Y. Lan, M. G. Corraditi, R. G., Weiss, S. R. Raghavan, M. A. Rogers, J. Gao, S. Wu and M. A. Rogers：*J. Mater. Chem.*, **22**, 12651(2012).
32) Hansen C. M.：Hansen Solubility Parameters：Boca Raton, FL, 2nd edn. CRC Press(2007).
33) S. Haldar and S. K. Maji：*Colloids Surf. A*, **430**, 65 (2013).
34) M. Suzuki, M. Yumoto and H. Shirai：*Tetrahedron*, **64**, 10395(2008).
35) T. Ando and K. Ito：*J. Inc. Phenom. Macrocycl. Chem.*, **80**, 285(2014).
36) S. Higuchi, T. Sato and K. Ito：*J. Inc. Phenom. Macrocycl. Chem.*, **62**, 215(2008).

応用編

第2章　pH応答性
第1節　刺激応答性抗酸化ポリマー

筑波大学　長崎 幸夫

1　はじめに

1990年代初頭より、過剰に産生される活性酸素種(ROS)がさまざまな疾病の原因として重要な役割を果たすことが明らかになってきた。ROSを消去するにはビタミンCやE、抗酸化剤などさまざまあるものの、低分子抗酸化物質は非特異的に拡散し、生体に必要なROSをも消去するため、使用には限界がある。我々は、活性酸素種が正常なエネルギーを産生するとともにさまざまな疾病にも関与する「諸刃の剣」であることに着目し、正常なROSの産生を妨げず、過剰に産生するROSを選択的に消去するため、代謝可能な中分子量ポリマーにROS消去能を創り込む新しいバイオマテリアルの設計を進めてきた。具体的には**図1**に示すように、自己組織化能と環境応答能を有する高分子に触媒的に活性酸素消去能を有するニトロキシドラジカルを導入し、ミトコンドリア内の正規電子伝達系を阻害せず、マクロファージや好中球が過剰に産生するROSを選択的に消去するレドックス高分子材料を設計し、その自己組織化によるナノ粒子(レドックスナノ粒子、RNPと略記)がさまざまな疾患部位に送達し、そこで過剰に産生される悪玉活性酸素を効果的に消去し、副作用の少ない新しいナノメディシ

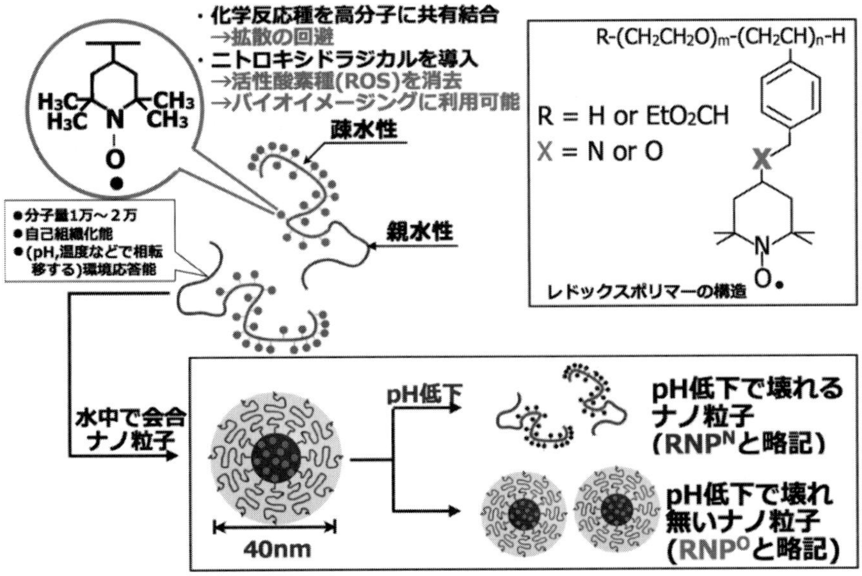

図1　悪玉活性酸素種を選択的に除去する新しいレドックス高分子の設計

ン(レドックスポリマー薬)として働くことを示してきた。

2 ニトロキシドラジカル含有ナノ粒子のpH応答能

このナノ粒子RNPは常磁性のニトロキシドラジカルをナノスペースに封入しているため、そのESRによる解析が可能である。**図2**には低分子ニトロキシドラジカル化合物として有名な2,2,4,4-テトラメチルピペリジン-1-オキシル(TEMPO)とRNPのXバンドESRスペクトルを示す。図2(a)に示すように、低分子TEMPOは希薄溶液中において、窒素核と不対電子の相互作用により3本線のスペクトルを示すものの、RNPは、ブロードな1本線のスペクトルを示す。これは、疎水性セグメントが粒子コアとして凝集した固体相を形成することで

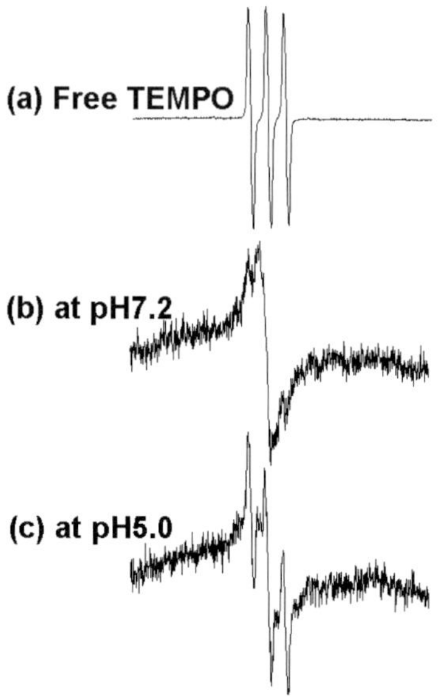

図2 フリーのTEMPO溶液(1.4 mM, pH 7.2)(a)、ESRシグナル内包コア-シェル型ナノ粒子(ポリマー濃度：64 μM、pH 7.2)(b)、およびESRシグナル内包コア-シェル型ナノ粒子(ポリマー濃度：64 μM、pH 5)(c)のESRスペクトル。
米国化学会より許可を得て、1)より転載

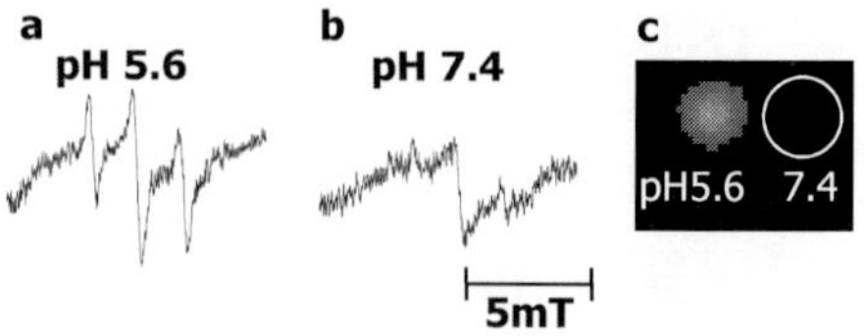

図3 L-band ESR装置を用いた酸性環境のイメージング(pH 5.6及び7.4)。
米国化学会より許可を得て、1)より転載

側鎖ニトロキシドの相関緩和時間が短縮したためである。さらに興味深いことに、RNP溶液を酸性にすると図2(c)に示すようにシャープな3本のピークが出現する。これは疎水鎖に導入したアミノ基が酸性環境下でプロトン化することにより親水化し、RNPが崩壊したことに基づく。実際、pH低下とともに動的光散乱による散乱強度も低下し、崩壊していることを確認している。

このように酸性条件において崩壊し、ESRシグナル強度を増強するため、動物などの画像化に用いられるL-band ESR装置を用いてファントムイメージを観測すると、**図3**に示すように、酸性条件下でのみシグナルを示すことができる[1)]。これらの結果から、生体内のpHの変化に応答したシグナルを示す生体内pHイメージング用ESRプローブとしての応用が期待される。

3 ニトロキシドラジカル含有ナノ粒子のナノメディシンとしての展開

RNPはニトロキシドラジカルをコア内に封入しているため、外部環境から隔離されている。**図4**は低分子TEMPOおよびRNP溶液にアスコルビン酸を添加し、ESRシグナルを測定した結果を示す。低分子のTEMPOは20秒で70%以上のシグナル低下を起こすのに対し、RNPでは数時間以上の観測が可能である[1)]。このようなコア封入効果は*in vivo*生体内でも有

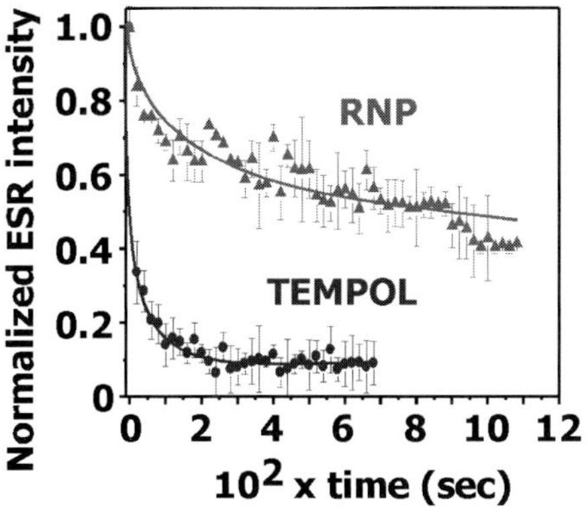

図４　TEMPO (a) および RNP (b) 溶液へのアスコルビン酸 (3.5 mM) 添加効果。米国化学会より許可を得て、ref.1 より転載

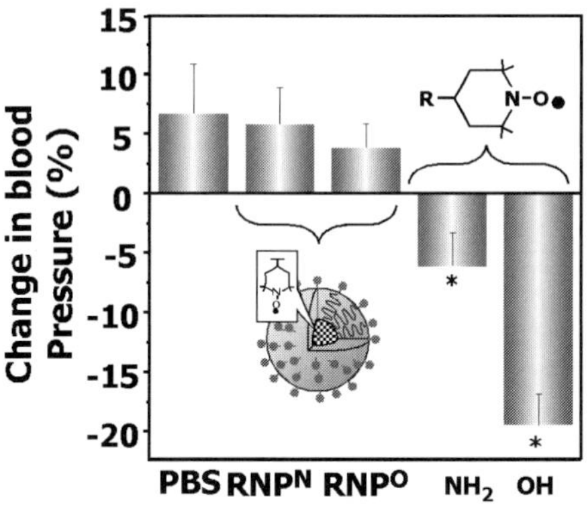

図５　ニトロキシドラジカル誘導体投与による血圧降下。
Elsevier より許可を得て、2) より改変して転載

用である。上述したように低分子 TEMPO は強い血圧降下作用を示す。図５に示すように、RNP ではその血圧低下がほとんど起こらず、重篤な疾病に利用する場合に安全に利用できることが示された[2)]。このようにニトロキシドラジカルを封入したナノ粒子は安全にニトロキシドラジカルを生体内で運ぶための新しい材料として興味深い。

RNP はコアにニトロキシドラジカルを封入し、高い還元耐性を有し、さらに副作用を低減させる。この粒子が pH 低下によって生体内でも実際に崩壊するかどうかを ESR を利用して検討した。マウス腎臓血管をクリッピングして虚血腎を作成し (反対側は切除)、50 分後に再灌流する。このようにして作成した炎症腎マウスを実験に供した。一方、RNP はこれまでの pH 崩壊型に加え (以降 RNP^N と略記する)、アミノ基をエーテルに代えた pH 非崩壊型 RNP (以降 RNP^O と略記する) を作成し、比較検討した。

腎虚血-再灌流マウスに RNP を尾静脈から投与し、血液を回収して ESR を解析すると、図６に示すようにブロードな一山のシグナルを示す。これは上述したようにニトロキシドラジカルが血中においてもナノ粒子コアに封入されていることを示す。一方、腎臓ホモジネートの ESR スペクトルでは RNP^O がブロードなシグナルを示すのに対し、RNP^N は３本のシャープなシグナルを示した。これは pH 応答性のナノ粒子が炎症下腎臓中で崩壊していることを示す結果である。

このような炎症部位で崩壊するナノ粒子が実際の活性酸素種消去能に効果があるかどうかを評価した。上述のようにして腎虚血再灌流作成マウスに RNP を投与し、その ROS 消去能、治療効果を調べた結果を図７に示す。ヒドロキシエチジンを用いて腎臓切片を染色したところ、虚血再灌流処理により強い蛍光を発し、スーパーオキシドが高度に産生していることが

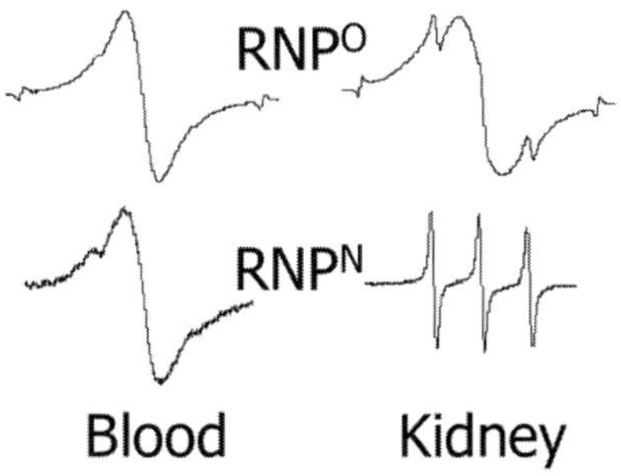

図６　虚血再灌流腎及び血液中のニトロキシドラジカルの ESR スペクトル。
Elsevier より許可を得て、2) より改変して転載

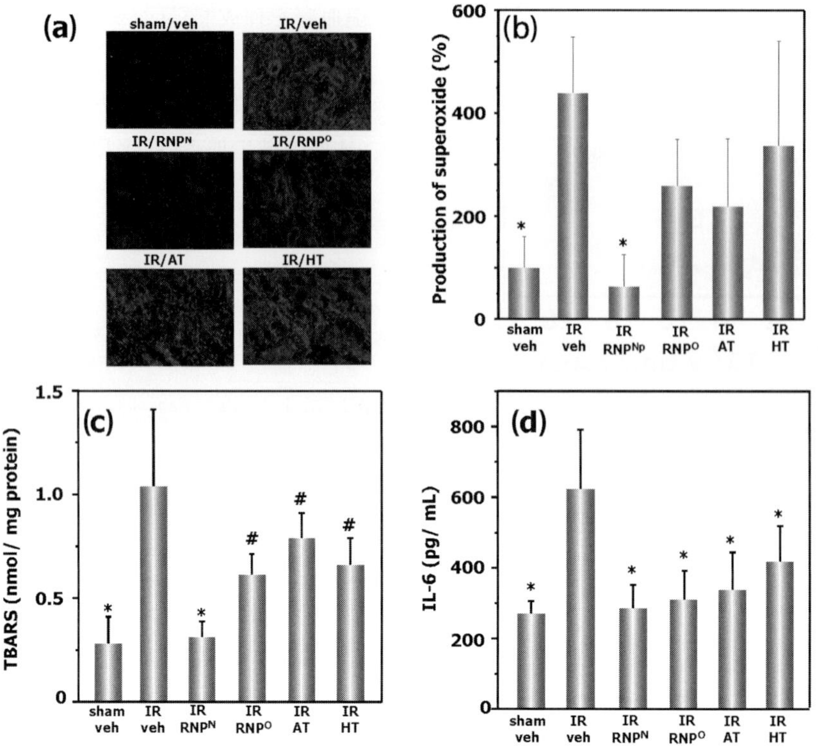

図7　マウス腎臓梗塞再灌流モデルに対するRNPの効果。(a)腎臓切片のハイドロエチジン染色、(b)スーパーオキシド産生量、(c)脂質過酸化量、(d)IL-6産生量。(IR：脳動脈虚血再灌流；AT：アミノTEMPO；HT：ヒドロキシTEMPO)。
Elsevierより許可を得て、2)より改変して転載　※口絵参照

確認される。低分子TEMPO誘導体では視覚的にはほとんど差が認められないのに対し、RNPでは確実に蛍光が低下している。とくにRNP^{N}では著しい低下が確認され、炎症腎臓内で崩壊したナノ粒子が強い抗酸化能を発揮していることがわかる。蛍光強度を定量した結果、統計的に差違が明確に確認できる(図7(b))。この傾向は脂質過酸化にも明確にみられ(図7(c))、アシドーシスに伴うpH低下によって崩壊するRNP^{N}が強く機能することが確認された。

このように低毒性で長期に血中滞留性の高いRNPはROSの過剰発現に関連するさまざまな疾病に適応可能である。ラットを用いた脳梗塞再灌流モデルにおいて再灌流後にRNP^{N}を投与した。RNPは上述したようにESR活性であるので、その薬物動態を求めることが可能である。図8にニトロキシドラジカルのスピンシグナルの経時変化を示すように、RNPは確実に脳内に到達し、24時間程度滞留していることが

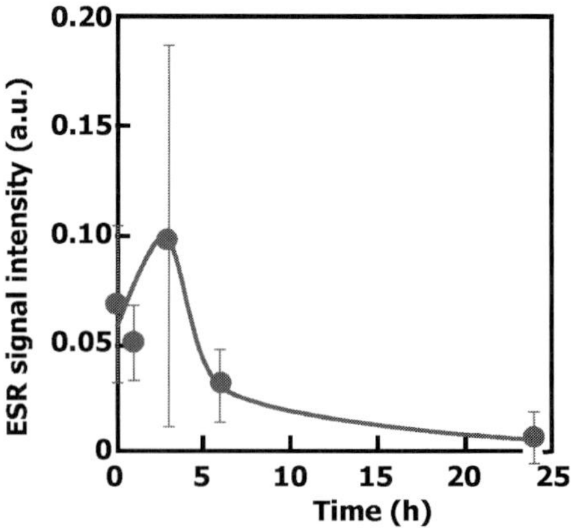

図8　虚血再灌流脳に対するニトロキシドラジカルスピン強度(再灌流30分後にRNPを尾静脈投与)。Wolters Kluwerより許可を得て、ref.3より改変して転載

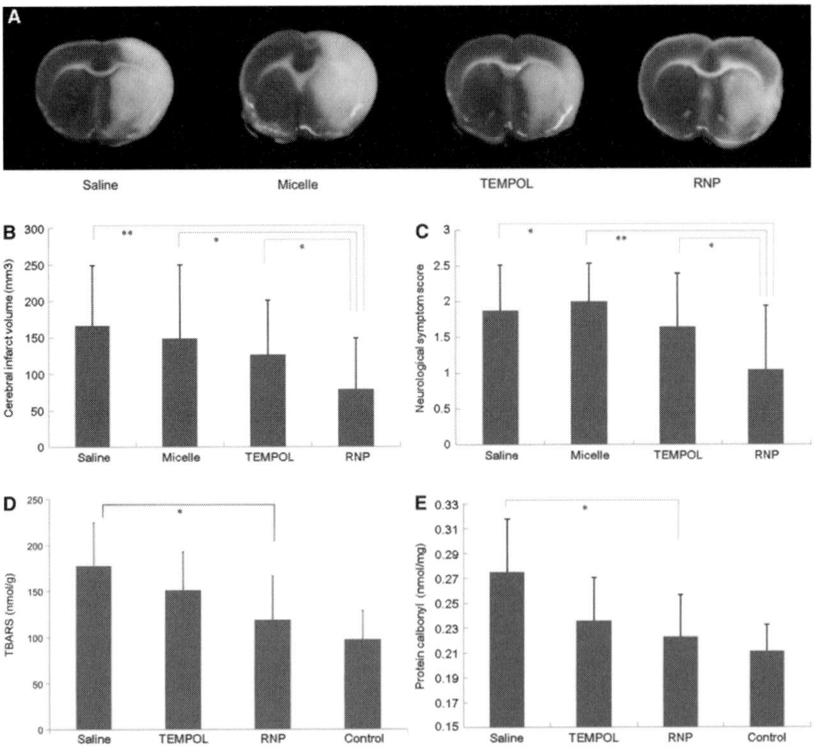

図9　A）マウス脳梗塞再灌流モデルの脳切片の塩化2,3,5-トリフェニルテトラゾリウム（TTC）染色写真；B）梗塞体積（saline n = 8, micelle n = 8, TEMPOL n = 20, RNP n = 20）；C）神経賞状スコア（saline n = 8, micelle n = 8, TEMPOL n = 20, RNP n = 20）；D）過酸化脂質量（saline n = 7, TEMPOL n = 7, RNP n = 7, control n = 7）；E）タンパクカルボニル化量（saline n = 5, TEMPOL n = 6, RNP n = 6, control n = 3）. *P < .05, **P < .01. TEMPOL, 4-hydroxy-2,2,6,6-tetramethylpiperidine-1-oxyls；RNP, radical-containing nanoparticle；TBARS, thiobarbituric acid reactive substances；MCAO, middle cerebral artery occlusion.
Wolters Kluwerより許可を得て、3）より転載

とが確認される[3)]。これは脳梗塞に伴い血液脳関門の透過性が向上し、RNPが取り込まれたものである。このようにRNPが確実に脳内に到達していることから、再灌流におけるROS傷害に対する効果を評価した。**図9A**には脳切片のTTC染色結果を示す。カテーテルにより虚血し、1時間後に再灌流させた脳は明らかにTTCで染色されない梗塞部位が広がっているのに対し、RNPでは優位に抑制されているのがわかる（図9B）。ブラインドにより測定された神経症状スコアも大幅に改善し（図9C）、これが脂質過酸化抑制、タンパクカルボニル制御など過剰に産生したROSを効果的に消去することによる結果であることが確認された（図9D,E）。

4　将来像

上述したように、過剰に産生されるROSは生体に対して無秩序な酸化反応をしかけ、生体が処理しきれなくなったときに組織の老化を加速し、さまざまな疾病が引き起こされる。ニトロキシドラジカルはレドックス化合物として触媒的にROSを消去するため、ユニークであるものの、低分子ニトロキシド化合物では急速な代謝、排出だけでなく、血圧降下やアポトーシ

ス誘導など問題点が多い。とくに低分子抗酸化剤は正常細胞に非特異的に拡散し、電子伝達系のような重要な酸化還元反応を破壊するため、副作用につながる。ナノ粒子のコアに封入することによりこれらの問題を解決するだけでなく、腫瘍や炎症部位に優先的に集積する、疾病環境で内部ニトロキシドラジカルが露出するなどの設計は動物モデルで有効性が証明され、有望な新しい戦略として実用化が期待される。

このようにRNPは不要のROSを消去する新しいナノ粒子であり、上述のように脳や腎臓の虚血再灌流モデルに対して副作用無く効果的に機能することを実証してきた。さらにさまざまなROSに関連する疾病に効果的に働くことが確認されつつある。たとえば、収束超音波ビームによる脳血管からの出血モデルに対し、RNP投与によって出血直後に産生するROSを消去し、強い止血効果を示すことが確認された[4]。脳梗塞後の血栓溶解療法では脳出血による傷害が懸念されるため、RNPはROSによる二次障害が梗塞領域拡大抑制と出血抑制の両方に効く理想的治療薬である。この他ROSはアミロイドβの線維化に伴うROS毒性を低減することからアルツハイマー病に対する効果に期待がもてる[5]。

最近、担がんマウスに対してRNPを投与した後に抗腫瘍薬アドリアマイシン(ADR)を投与するとその抗腫瘍活性が著しく向上することを見いだした[6]。一方でADRによる心毒性をRNPは減少させるため、副作用を低下させ、薬物効果を向上させるクオリティーライフ(QOL)の高いナノ治療を提供することが可能である。RNPの経口投与では潰瘍性大腸炎モデルマウスに対して大腸粘膜に高度に集積し、高い治療効果を発揮する[7]。このようにニトロキシドラジカルを封入したナノ粒子RNPはROSの関与するさまざまな疾病に対して効果的に効く新しいナノ治療薬として有望である。

5 おわりに

ニトロキシドラジカルを封入したナノ粒子、RNPはその電子スピンを計測することにより、体内動態や粒子の形成-崩壊などの物理化学特性、薬物速度論に利用できるだけでなく、疾病の検出や反応等のバイオイメージングへの展開も期待できる。さらにそのレドックス反応性を利用することにより時間・空間的に抗酸化能を制御する新しいナノ治療剤として展開することが期待される。

謝　辞

本研究は長崎研究室 吉冨 徹博士を中心に宮本大輔博士、藤加珠子博士、P. Chonpathompikunlert博士、池田豊博士、Long Binh Vong博士らによって検討を行った結果である。血中滞留性、L-バンドESRイメージング等に関しては筑波大学消化器内科の松井 裕史講師、間宮 孝博士、筑波技術大学 平山 暁教授らと、脳梗塞再灌流実験に関しては筑波大学脳神経外科の松村 明教授、鈴木 謙介講師(現獨協医科大学)、鶴嶋 英夫講師、丸島愛樹博士らと、脳神経細胞(SH-SY5Y)は筑波大学 礒田 博子教授、韓 畯奎博士らと、脳出血は台湾国立清華大学 葉秩 光教授、范景翔氏とともに行った結果であり、ここに感謝いたします。また長崎研究室の尾崎 祐樹君をはじめ学生諸氏に厚く感謝いたします。

文　献

1) Toru Yoshitomi, Rie Suzuki, Takashi Mamiya, Hirofumi Matsui, Aki Hirayama and Yukio Nagasaki：*Bioconjugate Chemistry*, **20** 1792-1798 (2009).
2) Toru Yoshitomi, Aki Hirayama and Yukio

Nagasaki：*Biomaterials*, **32**, 8021-8028(2011).
3) Aki Marushima, Hideo Tsurusima, Toru Yoshitomi, Kazuko Toh, Aki Hirayama, Yukio Nagasaki and Akira Matumura：*Neurosurgery*, **68**, 1418-1426 (2011).
4) Pennapa Chonpathompikunlert, Ching-Hsiang Fan, Yuki Ozaki, Toru Yoshitomi, Chih-Kuang Yeh and Yukio Nagasaki：*Nanomedicine*, **7**(7), 1029-1043 (2012)(doi：10.2217/nnm.12.2)
5) a) Chonpathompikunlert Pennapa, Toru Yoshitomi, Han Junkyu, Kazuko Toh, Hiroko Isoda and Yukio Nagasaki：*Therapeutic Delivery*, **2**(5), 585-597 (2011).
b) Chonpathompikunlert Pennapa, Toru Yoshitomi, Han Junkyu, Hiroko Isoda and Yukio Nagasaki：*Biomaterials*, in press (2011).
6) Yuki Ozaki, Toru Yoshitomi and Yukio Nagasaki：The 38th Annual Meeting & Exposition of the Controlled Release Society 2011, Gaylord National Hotel and Convention Center, Maryland, U.S.A. August 3 (2011).
7) Vong Binh Long, Toru Yoshitomi, Hirofumi Matsui and Yukio Nagasaki：The 38th Annual Meeting & Exposition of the Controlled Release Society 2011, Gaylord National Hotel and Convention Center, Maryland, U.S.A. August 2 (2011).

応用編

第2章 pH応答性

第2節 pH応答性ポリロタキサンを用いた医薬システム

東京医科歯科大学 田村 篤志 / 由井 伸彦

1 ポリロタキサンの材料応用

環状分子の空洞部に軸となる直鎖状高分子が貫通し、軸上に多数の環状分子が機械的に固定された分子をポリロタキサン(polyrotaxane)と呼ぶ[1]。ポリロタキサンは代表的な超分子として知られており、簡便な合成法が確立されていることから、もっとも研究例の多い超分子である[1]。ポリロタキサンを形成する環状分子と線状高分子の組合せには相補性があり、現在までにポリロタキサンを形成する多数の組み合わせが報告されている。とくに、グルコース6分子がα-1,4結合で環状に結合したα-シクロデキストリン(α-cyclodextrin;α-CD)とポリエチレングリコール(poly(ethelene glycol);PEG)からなるポリロタキサンはもっとも研究例が多い[2)3)]。ポリロタキサンの特徴の1つとして、軸高分子上に束縛されている環状分子が軸に沿って並進運動や回転運動できることが挙げられる。このような分子可動性は既存の高分子材料ではみられない特性であることから、新規機能性材料としての応用展開が進められている。たとえば、環状分子同士を化学的に架橋することで調整される環動ゲルは、架橋点が可動することから優れた伸張性や応力緩和性を示すことが見出されている。このような力学的特性を生かした高分子素材への応用が現在すすめられている[4)5)]。

筆者らは、ポリロタキサンの構造特性に着目した生体材料の開発を検討しており、ポリロタキサンの分子可動性が生体材料として有用な機能の発現に寄与することをこれまでに報告している[6)7)]。たとえば、オリゴ糖などをリガンドとして環状分子に結合したポリロタキサンは、レセプターとなるタンパク質との間のリガンド-レセプター間結合定数を大幅に亢進することを見出している[6)]。ポリロタキサンに結合したリガンド分子は環状分子と共に軸上を移動するため、レセプターとの結合における立体障害の解消や、多価相互作用を亢進するといった作用によるものであると考えられる。また、細胞の接着因子として膜上に発現するインテグリンに着目し、インテグリンと結合するArg-Gly-Asp(RGD)ペプチドを結合したポリロタキサンと細胞との相互作用を検討した[7)]。RGDペプチド修飾ポリロタキサンを固定した表面上では、ポリロタキサンの可動性によりRGDとインテグリンとの相互作用が亢進され、これにより素早い細胞接着を示すことを明らかにした。また興味深いことに、細胞膜タンパク質に対する特殊なリガンドを修飾していないポリロタキサン表面において、ポリロタキサンの分子可動性に応じて細胞の形態や接着性が変化することや、間葉系幹細胞の分化系統が規定されることを明らかにしている[8)]。このように、ポリロタキサンは環状分子の可動性により分子認識の亢進や細胞機能の調節に寄与することから、バイオセンサーや細胞培養器材としての応用が期待される。ポリロタキサンは、分子可動性のほかにも生体材料開発における興味深い性質を示す。本稿では、pH 分解性ポリロタキサンとその応用に関して筆者らの研究を概説する。

2　pH 分解性ポリロタキサンの設計

生体内を循環する血液やリンパ液等の体液の pH は、通常 pH 7.35〜7.45 の範囲で保たれている。しかしながら、生体内では組織の機能や状態に応じて pH が変化することが知られており、たとえば消化器系では pH 4 程度、皮膚では pH 5.5 程度、汗では pH 6 前後まで低下する。また、通常は中性の組織であってもがんや炎症が生じた場合には弱酸性に pH が低下する。さらに、生体の最小単位である細胞においても、その内部では pH が局所的に低下しており、細胞内の分解機能を担うエンドソームやリソソームでは pH が 4〜5 程度まで低下することが知られている。このように、組織の機能や状態に応じた pH 変化に応答する材料は、診断や薬物送達技術の開発に重要である。たとえば、pH 変化によって解離する結合や、プロトン化状態の変化に伴う物性の変化(構造、会合状態、親水性-疎水性など)を利用した材料が多数開発されている。

ポリロタキサン中の環状分子は、軸高分子末端に導入したかさ高い封鎖基によって構造的に束縛されている。しかし、化学的な外部環境の変化や物理的な刺激によって封鎖基が脱離すると、速やかにポリロタキサン構造は崩壊する。このような環境変化や刺激に対する分解応答性を賦与することで、ポリロタキサンは生分解性高分子と類似した性質を示す。ポリロタキサンの分解挙動は、ポリエステルやポリカーボネートに代表される主鎖が分解性結合で構成される生分解性高分子とは本質的に機構が異なる。従来の生分解性高分子は完全な分解が起こるまでには複数箇所の結合が切断される必要があり、迅速な分解応答が困難である。一方、分解性ポリロタキサンは 1 つの封鎖基が脱離するだけで、貫通しているすべての環状分子が放出される。このため、完全な分解に必要な時間が短く、迅速な分解応答が期待される。一部の生分解性高分子では分解物に由来する毒性や炎症性といった有害事象が指摘されているが、ポリロタキサンの構成成分である PEG やシクロデキストリンは医薬品等で利用されている分子であるため、分解物に由来した有害事象も軽微であると考えられる。

このような分解応答特性は、軸高分子末端と封鎖基の間に還元分解性のジスルフィド結合や加水分解性のエステル結合などの分解性結合を導入することで実現できる(**図 1**)[9)10)]。上述の生体内 pH 変化に対して分解応答を示すポリロタキサンも同様に pH 分解性結合の導入によって、pH 分解性ポリロタキサンを調整することが可能である。これまでに、アルカリ性 pH で開裂が促進されるエステル結合、酸性 pH で解列が促進されるヒドラゾン結合、およびケタール結合を導入したポリロタキサンの合成を行い、pH 変化に伴うポリロタキサン構造の崩壊を確認している(図 1)[11)-13)]。また、ポリロタキサン構造の崩壊を誘起するためには末端のかさ高い封鎖基が脱離すれば十分であるため、pH 分解性ポリロタキサンの設計においては、よく知られた分解性結合を導入することは必ずしも必要ではない。

筆者らは、ペプチドの固相合成等で一級アミノ基の保護基として利用される *N*-triphenylmethyl 基を封鎖基として有するポリロタキサンを設計した[14)]。*N*-triphenylmethyl 基中のアミノ基は p*K*a が 6〜7 であり、プロトン化によって triphenylmethyl cation の脱離が生じる。脱離した triphenylmethyl cation は水分子との反応により triphenylmethanol へと変換される(**図2**(A))[15]。すなわち、*N*-triphenylmethyl基は酸分解性の封鎖基として、ポリロタキサンの分解応答素子として利用できる。また、*N*-triphenylmethyl基はα-CD(グルコース数6)だけではなく、より環サイズの大きいβ-シクロデキストリン(β-CD；グル

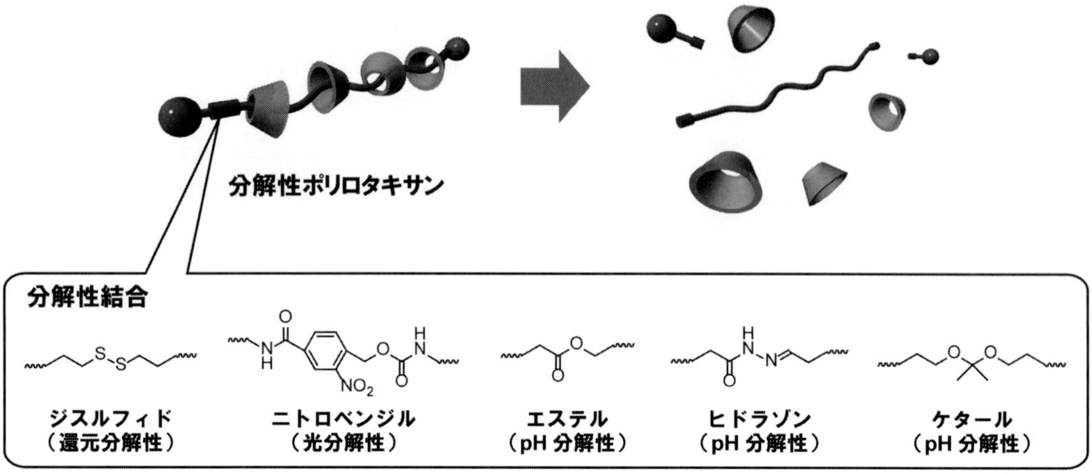

図1　主軸に分解性結合を導入したポリロタキサンの設計

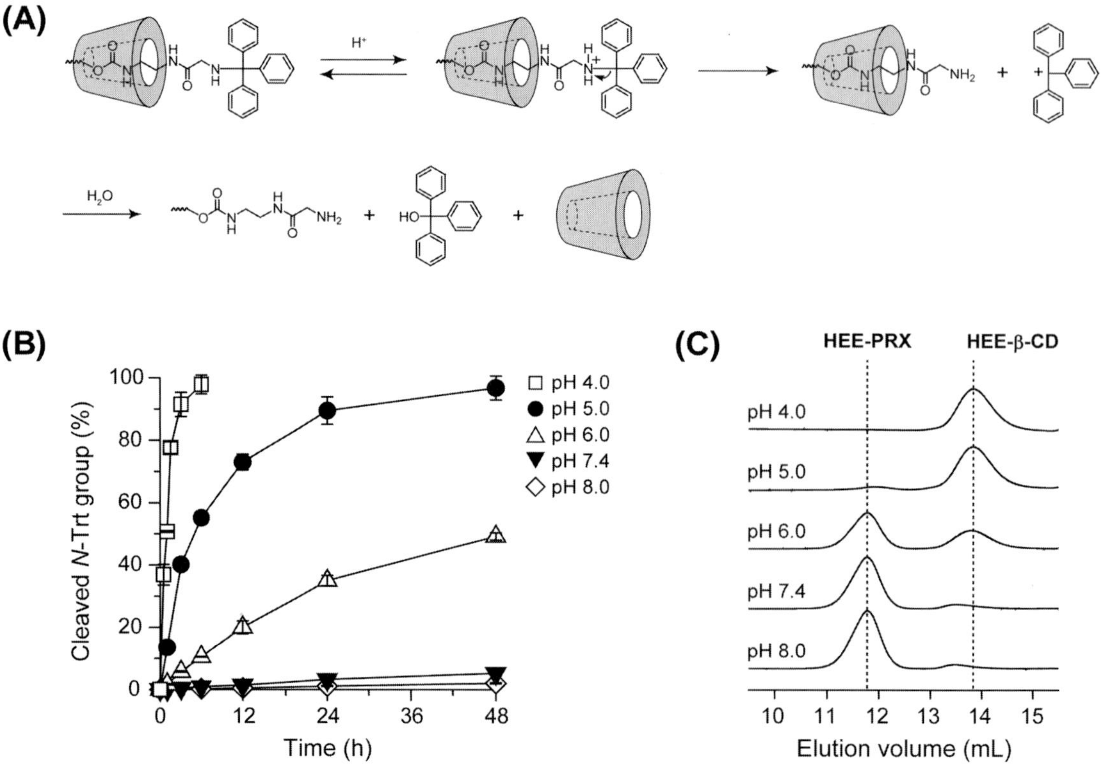

図2　(A)封鎖基として*N*-Trt基を有するpH分解性ポリロタキサンの分解反応
(B)各pHにおけるpH分解性HEE-PRXからの*N*-Trt基脱離速度
(C)各pHで24時間経過後のpH分解性HEE-PRXのSECクロマトグラム

コール数7)に対しても封鎖基として利用可能であることから、pH分解性ポリロタキサンの設計において汎用性が高いと考えられる。そこで、環状分子としてβ-CD、軸高分子としてPEG-*b*-PPG-*b*-PEGトリブロック共重合体(Pluronic)を用いた擬ポリロタキサンを調製し、*N*-(triphenyl)glycineにより軸末端を封鎖することでポリロタキサンを得た[14]。通常ポリロタキサンは分子間水素結合により水に不溶であるため、水溶化を目的にβ-CD部位に水溶性の2-(2-hydroxyethoxy)ethyl(HEE)基を修飾し、pH分解挙動を評価した(主軸高分子Pluronic P123, β-CD貫通数11.1, HEE基修飾数45〜84)。HEE基を化学修飾したPRX(HEE-PRX)を各pHに調整した緩衝溶液に溶解し、所定時間経過後の*N*-triphenylmethyl基の脱離量(triphenylmethanolの放出量)を高速液体クロマトグラフィー(HPLC)で定量するとともに、サイズ排除クロマトグラフィー(SEC)にてポリロタキサン構造の崩壊を評価した(図2(B),(C))。弱塩基性から中性の緩衝溶液(pH 7.4〜9)中では、48時間経過後の*N*-triphenylmethyl基の脱離はわずか5%以下であった(図2(B))。また、SEC測定より24時間後もHEE-PRXに由来するピークが確認されたことより、ポリロタキサン構造が維持されていることが確認された(図2(C))。よって、本ポリロタキサンは血液中などの中性pH環境では長時間安定であると考えられる。一方pH 7以下では、pHの低下に伴い*N*-triphenylmethyl基の脱離速度が大幅に促進された(図2(B))。とくにリソソームのpH環境に近いpH 4では、3時間で完全にポリロタキサン中の*N*-triphenylmethyl基が脱離した。各pHにおける分解の速度定数を求めた結果、速度定数の対数値とpHが直線関係にあったことから、pHの低下に伴い分解が顕著に促進されることが明らかになった。化学修飾の種類や修飾した官能基数、CD貫通数などのポリロタキサンの構成成分の影響に関しても評価を行ったが、分解速度はいずれも同等であった。すなわち、triphenylmethyl基に隣接するアミノ基のプロトン化挙動によってのみポリロタキサンの分解挙動は制御される。また細胞内での分解挙動を明らかにするために、本ポリロタキサンで処理した細胞中における分解物triphenylmethanolの生成をガスクロマトグラフィー-質量分析(GC-MS)測定で評価した[16]。その結果、細胞内のtriphenylmethanolを検出可能であったことより、*N*-triphenylmethyl基を封鎖基として有するポリロタキサンは細胞内の酸性環境に応答して分解することが示唆された。このようにして調整したpH分解性ポリロタキサンは、生体材料や薬物キャリアなどの構成成分としての応用が期待される。

3　pH分解性ポリロタキサンの医薬応用

β-CDの誘導体は、医薬品の成分としての利用やコレステロールを空洞部に包接することを利用した研究目的での試薬として用いられている。近年、β-CDは細胞の脂質やコレステロールに作用することでアルツハイマー病や動脈硬化症などの疾患に対して治療効果を示すことが明らかにされ、注目を集めている[17)18)]。とくに、ライソゾーム病の一種であり細胞内にコレステロールの蓄積を生じるニーマンピック病C型(NPC病)の治療に関しては、もっとも研究が進んでいる[19)-21)]。本疾患は、常染色体劣性遺伝症であり乳児期より全身の細胞にコレステロールの蓄積が起こり、神経後退などの重篤な症状を示す[22)23)]。しかし、現在有効な治療法が確立されていないため、治療薬開発に関する期待度が高い疾患である。Dietschyらは、ヒド

ロキシプロピル β-CD(HP-β-CD)を NPC 病モデルマウスに投与したところ、組織中のコレステロール蓄積を低減し神経機能の改善や生存期間が延長されることを明らかにした[19)]。HP-β-CD を用いた NPC 病治療は臨床試験が実施されており、医薬品としての実用化が有望視されている[21)]。しかし、HP-β-CD の利用にはいくつかの問題点も指摘されている。たとえば、HP-β-CD は細胞膜中のコレステロールを包接するため、細胞内には取り込み効率が低いと考えられている。そのため NPC 病治療には高投与量が必要であるが、高濃度の HP-β-CD は急性毒性や聴覚障害などの副作用が報告されている[24)-26)]。β-CD 誘導体の障害性は細胞膜中のコレステロールを包接することによる膜障害に起因しており、NPC 病の治療効果と副作用の機序が同一であることから、β-CD 誘導体の障害性を低減することは容易ではない。

ここで pH 分解性ポリロタキサンは、細胞内へエンドサイトーシスを介して細胞内に取り込まれ、酸性のエンドソーム、リソソーム内で分解し CD を放出することが可能である。よって、ポリロタキサンを用いることでより効果的にコレステロールの細胞外排泄が達成されると考えた(**図 3**(A))[27)28)]。そこで、NPC 病患者由来皮膚線維芽細胞に対して、上述の封鎖基として *N*-triphenylmethyl 基を有し、水溶化のために HEE 基を修飾した pH 分解性ポリロタキサン(HEE-PRX；β-CD 貫通数 11.2, HEE 基修飾数 62.5, 分子量 29,000)を作用させコレステロール量の変化を評価した。その結果、HEE-PRX は HP-β-CD と比較して約 50 分の 1 の濃度で

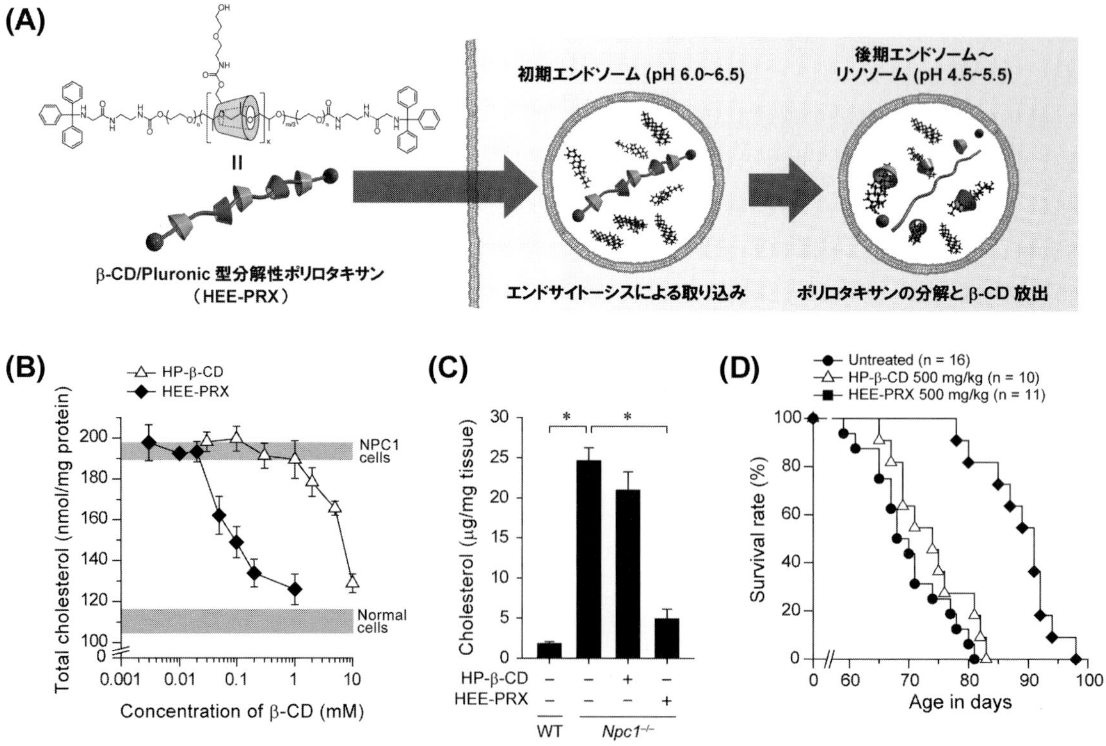

図 3 (A) pH 分解性ポリロタキサンを用いた NPC 病におけるコレステロール蓄積の改善
(B) NPC 病由来皮膚線維芽細胞中のコレステロール含量変化(24 時間、n = 3)
(C) NPC 病モデルマウス肝臓中のコレステロール含量変化(n = 5)
(D) NPC 病モデルマウスの生存期間

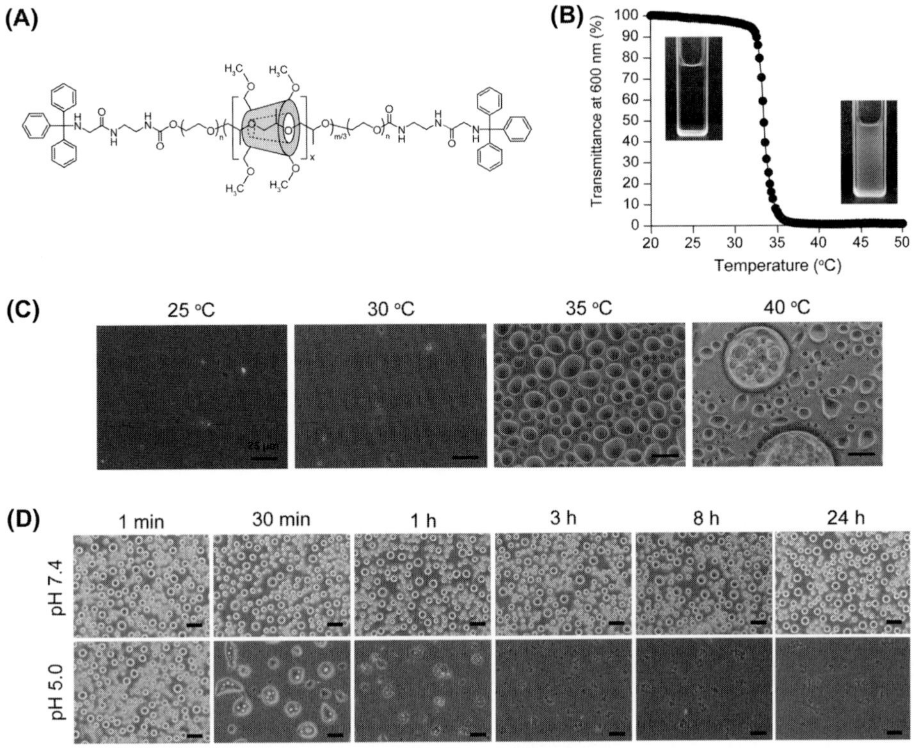

図 4　(A)メチル化 β-シクロデキストリンを含有した pH 分解性ポリロタキサン(Me-PRX)の化学構造
(B)昇温過程における Me-PRX 溶液(PBS, 10m g/mL)の透過率変化
(C)各温度における Me-PRX 溶液(pH 7.4)の位相差顕微鏡像
(D)pH 7.4 および 5.0 における Me-PRX コアセルベートの位相差顕微鏡像(scale bars：25-μm)

細胞内コレステロール量を正常レベルまで低下させた(図 3(B))[14)29)]。本結果は、ポリロタキサンにより多数の β-CD がリソソームへと送達され、細胞内で多数の β-CD が放出されたことにより、HP-β-CD 単独よりも細胞内(リソソーム内)の β-CD 濃度が増加したためであると予想される。次に、NPC 病モデルマウス(*Npc1*$^{-/-}$)に対するポリロタキサンのコレステロールの低下作用を検討した[29)]。3 週齢より週 1 回サンプルを皮下投与し、8 週齢の NPC 病モデルマウスの肝臓からコレステロールを抽出し GC-MS により定量した。NPC 病モデルマウスは、正常マウスの約 10 倍コレステロールが蓄積していた。しかし、NPC 病モデルマウスに対し HEE-PRX を週 1 回 500 mg/kg 投与した結果、組織中のコレステロール蓄積を有意に抑制し正常レベルを維持することが明らかになった(図 3(C))。一方、同投与量で HP-β-CD を投与したマウスでは、コレステロールの蓄積は抑制されなかった。これは、HP-β-CD の投与量が既報(4,000～8,000 mg/kg)と比べて著しく低いためであると考えられる[19)24)]。また、3 週齢より HEE-PRX を 500 mg/kg で週 1 回投与し続けた結果、NPC 病モデルマウスの生存期間が 2～3 週間延長することが明らかになった(図 3(D))。同投与量の HP-β-CD では有意な生存期間の変化は認められなかったことより、HP-β-CD では治療効果が得られない低濃度でも HEE-PRX は治療効果を示すことが明らかになった。pH 分解性ポリロタキサンは低投与量でも NPC 病に対しコレステロールの蓄積を抑制し治療効果を示すことから、効果的な

医薬として応用が期待される。また、pH 分解性ポリロタキサンを用いることで加齢黄斑変性症の網膜内に蓄積するレチノイドの細胞外排泄にも有効であることが明らかになっており[16]、さまざまな疾患治療への応用が期待される。

4 pH 分解性ポリロタキサン会合体の調整と機能

上述の NPC 病治療では、β-CD とコレステロール間の包接化合物形成が必須だと考えられている。ここで、β-CD とコレステロールからなる包接錯体の安定度定数はホストとなるβ-CD の構造によってさらに向上させることが可能である。とくに、ヒドロキシ基をメトキシ基に置換したメチル化 β-CD(Me-β-CD)は、β-CD 誘導体のなかでももっとも高い安定度定数を示す[30]。しかしながら、Me-β-CD は同時に細胞毒性も増すため NPC 病などの医薬応用には不向きとされている。しかし、pH 分解性ポリロタキサンを用いることで細胞内特異的に Me-β-CD を作用させることが可能であるため、毒性の低減や治療効果の増強が期待される。

このような目的で、ポリロタキサン中のβ-CD にメチル基を修飾した Me-β-CD 含有 pH 分解性ポリロタキサン(Me-PRX)を合成した[31]。本稿では、Me-PRX の細胞応答については割愛するが、本ポリロタキサンは水溶液中で下限臨界溶液温度(LCST)を示し、LCST よりも高温では凝集体の形成により溶液の透過率が急激に低下する様子が認められた(**図 4**(A))[31]。このような温度応答性は、温度の上昇に伴い Me-PRX 中の Me-β-CD 部位が脱水和することに起因する。Me-PRX の温度応答性について、LCST に影響する構造因子を詳細に評価した結果、軸高分子である Pluronic の組成(Pluronic 中の疎水性 PPG ブロックの含量)と相関して LCST が変化することが明らかになった。本結果より、LCST の発現には脱水和した Me-β-CD 部位の会合だけではなく軸高分子との疎水性相互作用も関与すると考えられる。

LCST 以上の温度における Me-PRX の状態を観察した結果、興味深いことに一部の Me-PRX は数百 μm 程度のサイズの液-液相分離であるコアセルベートを形成することが明らかになった(図 4(B))[31]。コアセルベートは一成分のみからなるシンプルコアセルベートと、2 成分以上が静電相互作用等の分子間相互作用によって形成するコンプレックスコアセルベートに分類されが、Me-PRX が形成するコアセルベートはシンプルコアセルベートである。Me-PRX により形成されるコアセルベートは、pH 7.4、37 ℃の条件で長時間その構造を維持した。一方、pH 5.0 では Me-PRX の封鎖基である *N*-triphenylmethyl 基の脱離が起こるため、時間の経過とともにコアセルベートが消失した。pH 5.0 で封鎖基である *N*-triphenylmethyl 基の完全脱離に要する時間は 24 時間程度であるが、コアセルベートの消失はそれよりも早い 3 時間程度で認められた。本結果は、一部の Me-PRX が分解すればコアセルベート全体の消失に繋がることを示唆している。

近年、コアセルベートは成長因子等のタンパク質デリバリーへの応用が検討されている[32]。コアセルベートへのタンパク質内包には、タンパク質との分子間相互作用を利用したコンプレックスコアセルベートが利用されてきた。しかし、コンプレックスコアセルベートを形成する高分子の組合せは限られるため、明確な内包タンパク質のリリース機能を有するコアセルベートはこれまでには開発されていない。一方、Me-PRX が形成するコアセルベートは pH

の低下に伴い分解応答を示すことから、pH変化に応じてタンパク質をリリース可能なキャリアとして機能すると考えられる。そこで、Me-PRXが形成するシンプルコアセルベートへのタンパク質の内包と放出挙動について評価した[33]。モデルタンパク質として、FITC標識牛血清アルブミン(FITC-BSA)を使用した。Me-PRXとFITC-PRXをpH 7.4以上、LCST以下の温度で混合し、その後温度をLCST以上に上昇させることでコアセルベートを形成させ、そのときのFITC-BSA内包を蛍光顕微鏡観察で評価した。その結果、コアセルベート内へのタンパク質内包が確認された。また、あらかじめ形成したコアセルベートにFITC-BSAを加えても内包が起こらなかったことより、Me-PRXとタンパク質が疎水性相互作用等の分子間相互作用を介してコアセルベートを形成する過程で、コアセルベート内にタンパク質が内包されると予想される。また、pH 7.4の緩衝溶液中では24時間後もタンパク質が内包されていたが、pH 5.0ではコアセルベートの崩壊に伴いタンパク質がリリースされた。以上の結果より、pH応答性Me-PRXより形成するコアセルベートは、新規なタンパク質キャリアとしての応用が期待される。

5　おわりに

本稿では、pH変化に対し分解応答を示す超分子ポリロタキサンの設計とその応用に関して、筆者らの研究成果を概説した。リソソームなどの弱pH環境で軸高分子末端の封鎖基が脱離し、分解するポリロタキサンは、細胞内のリソソーム環境で貫通している多数のシクロデキストリンを放出することが可能である。このように、細胞内で放出されたシクロデキストリンが細胞内部の脂質やコレステロールを包接することで細胞機能の調節や疾患治療への応用できることを明らかにした。また、ポリロタキサンが形成する自己集合体にpH分解応答機能を賦与することで、タンパク質などの薬物キャリアとしての利用も期待される。以上のように、pH変化に対し分解応答性を示すポリロタキサンは医薬やドラッグデリバリーへの応用が期待される。

文　献

1) A. Harada, J. Li and M. Kamachi：*Nature*, **356**, 325 (1992).
2) A. Harada, Y. Takashima and H. Yamaguchi：*Chem. Soc. Rev.*, **38**, 875(2009).
3) G. Wenz, B.H. Han and A. Müller：*Chem. Rev.*, **106**, 782(2006).
4) K. Ito：*Polym. J.*, **44**, 38(2012).
5) A. B. Imran, K. Esaki, H. Gotoh, T. Seki, K. Ito, Y. Sakai and Y. Takeoka：*Nat. Commun.*, **5**, 5123 (2014).
6) T. Ooya, M. Eguchi and N. Yui：*J. Am. Chem. Soc.*, **125**, 13016(2003).
7) J.-H. Seo, S. Kakinoki, Y. Inoue, T. Yamaoka, K. Ishihara and N. Yui：*J. Am. Chem. Soc.*, **135**, 5513 (2013).
8) J.-H. Seo, S. Kakinoki, T. Yamaoka and N. Yui：*Adv. Healthcare Mater.*, **4**, 215(2015).
9) T. Ooya, H. Mori, M. Terano and N. Yui：*Macromol. Rapid Commun.*, **16**, 259(1995).
10) 田村篤志、有坂慶紀、由井伸彦：高分子論文集、**74**, 239(2017).
11) J. Watanabe, T. Ooya and N. Yui：*Chem. Lett.*, **27**, 1031(1998).
12) T. Ooya, A. Ito and N. Yui：*Macromol. Biosci.*, **5**, 379 (2005).
13) K. Nishida, A. Tamura and N. Yui：*Polym. Chem.*, **6**, 4040(2015).
14) A. Tamura, K. Nishida and N. Yui：*Sci. Technol. Adv. Mater.*, **17**, 361(2016).
15) A. Isidro-Llobet, M. Alvarez and F. Albericio：*Chem. Rev.*, **109**, 2455(2009).
16) A. Tamura, M. Ohashi, K. Nishida and N. Yui：*Mol. Pharmaceut.*, **14**, 4714(2017).
17) J. Yao, D. Ho, N.Y. Calingasan, N.H. Pipalia, M.T. Lin and M.F. Beal：*J. Exp. Med.*, **209**, 2501(2012).
18) S. Zimmer, A. Grebe, S.S. Bakke, N. Bode, B.

Halvorsen, T. Ulas, M. Skjelland, D. De Nardo, L.I. Labzin, A. Kerksiek, C. Hempel, M.T. Heneka, V. Hawxhurst, M.L. Fitzgerald, J. Trebicka, J.Å. Gustafsson, M. Westerterp, A.R. Tall, S.D. Wright, T. Espevik, J.L. Schultze, G. Nickenig, D. Lütjohann and E. Latz：*Sci. Transl. Med.*, 8, 333ra50(2016).

19) B. Liu, S.D. Turley, D.K. Burns, A.M. Miller, J.J. Repa and J.M. Dietschy：*Proc. Natl. Acad. Sci. USA*, **106**, 2377(2009).

20) C.H. Vite, J.H. Bagel, G.P. Swain, M. Prociuk, T.U. Sikora, V.M. Stein, P. O'Donnell, T. Ruane, S. Ward, A. Crooks, S. Li, E. Mauldin, S. Stellar, M. De Meulder, M.L. Kao, D.S. Ory, C. Davidson, M.T. Vanier and S.U. Walkley：*Sci. Transl. Med.*, **7**, 276ra26(2015).

21) D.S. Ory, E.A. Ottinger, N.Y. Farhat, K.A. King, X. Jiang, L. Weissfeld, E. Berry-Kravis, C.D. Davidson, S. Bianconi, L.A. Keener, R. Rao, A. Soldatos, R. Sidhu, K.A. Walters, X. Xu, A. Thurm, B. Solomon, W.J. Pavan, B.N. Machielse, M. Kao, S.A. Silber, J.C. McKew, C.C. Brewer, C.H. Vite, S.U. Walkley, C.P. Austin and F.D. Porter：*Lancet*, **390**, 1758(2017).

22) M.T. Vanier：*Orphanet J. Rare Dis.*, **5**, 16(2010).

23) 田村篤志、由井伸彦：化学工業、**66**, 925(2015).

24) Y. Tanaka, Y. Yamada, Y. Ishitsuka, M. Matsuo, K. Shiraishi, K. Wada, Y. Uchio, Y. Kondo, T. Takeo, N. Nakagata, T. Higashi, K. Motoyama, H. Arima, S. Mochinaga, K. Higaki, K. Ohno and T. Irie：*Biol. Pharm. Bull.*, **38**, 844(2015).

25) Y.H. Chien, Y.D. Shieh, C.Y. Yang, N.C. Lee and W.L. Hwu：*Mol. Genet. Metab.*, **109**, 231(2013).

26) M.A. Crumling, L. Liu, P.V. Thomas, J. Benson, A. Kanicki, L. Kabara, K. Hälsey, D. Dolan and R.K. Duncan：*Plos One*, **7**, e53280(2012).

27) A. Tamura and N. Yui：*Sci. Rep.*, **4**, 4356(2014).

28) A. Tamura and N. Yui：*J. Biol. Chem.*, **290**, 9442(2015).

29) A. Tamura and N. Yui：*J. Control. Release*, **269**, 148(2018).

30) T. Irie and K. Uekama：*J. Pharm. Sci.*, **86**, 147(1997).

31) K. Nishida, A. Tamura and N. Yui：*Macromolecules*, **49**, 6021(2016).

32) H. Chu, J. Gao, C. W. Chen, J. Huard, Y. Wang：*Proc. Natl. Acad. Sci. U. S. A.*, **108**, 13444(2011).

33) K. Nishida, A. Tamura and N. Yui：*Biomacromolecules* **19**, 2238(2018).

応用編

第2章　pH応答性
第3節　pH応答性カルボキシメチル化ポリビニルイミダゾールの分子設計：遺伝子送達および人工酵素への展開

首都大学東京　朝山 章一郎／川上 浩良

1　はじめに

プラスミドDNA(pDNA)とポリカチオンとのポリイオンコンプレックス(PIC)形成に基づいた遺伝子送達システムでは、一般的に、PICのカチオン性表面が、生体成分との非特異的相互作用を引き起こす。そのため、カチオン毒性を含めた非特異的相互作用の軽減のため、我々は、各種アルキル化ポリビニルイミダゾール(PVIm-R)を合成して、無毒性かつ高効率な遺伝子導入のためのポリカチオンを分子設計してきた[1)-4)]。

一方、ポリアクリル酸やヒアルロン酸などのポリアニオンにより、pDNA/ポリカチオンPICをコーティングするアプローチも行われてきた。そこで、我々は、生理pHではポリアニオン、細胞内小胞であるエンドソームやリソソーム内pHではポリカチオンとなる荷電変換型のポリペプチドであるカルボキシメチル化ポリヒスチジン(CM-PLH)を合成し[5)]、pDNAとポリエチレンイミン(PEI)とのPICのコーティングに用いてきた。得られたCM-PLH/pDNA/PEI三元PICは、*in vitro*において、pDNA/PEI二元PICの遺伝子発現を向上させた[6)]。さらに、CM-PLHは、*in vivo*においても、遺伝子発現向上効果を発揮することが示された[7)]。

本総説では、PVIm-RとCM-PLHの長所を生かすべく、生体(血液)適合性の高い両性高分子電解質として合成した「pH応答性高分子であるカルボキシメチル化ポリビニルイミダゾール(CM-PVIm)」について紹介する。

2　CM-PVImの遺伝子送達システムへの展開[8)]

2.1　CM-PVImの合成および水溶液物性

CM-PVImは、**図1**のスキームに従って合成した。ビニルイミダゾール(VIm)をラジカル重

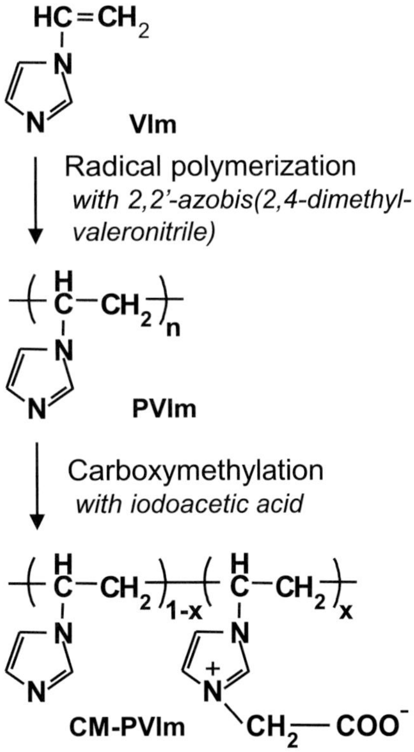

図1　CM-PVImの合成スキーム

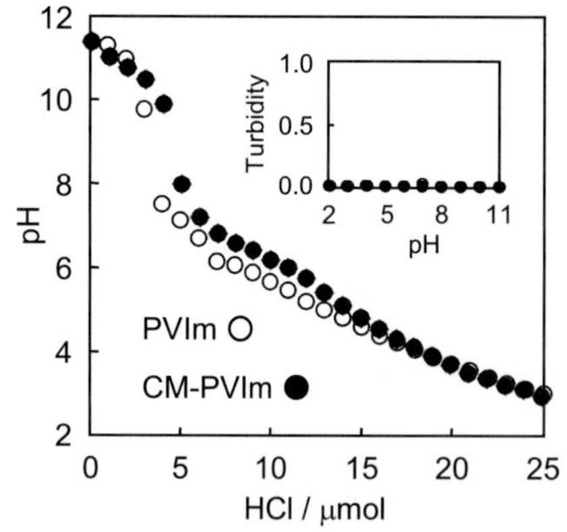

図２　CM-PVIm 水溶液の酸塩基滴定および濁度測定

合し、ポリビニルイミダゾール(PVIm)を合成後、ヨード酢酸により、PVImのイミダゾール基を４級化した。透析により、未反応のヨード酢酸を除き、凍結乾燥によりCM-PVImを回収した。GFC測定より数平均分子量は1.1×10^4と求まり、^{1}H NMRスペクトルより、イミダゾール基の４級化により生じたカルボキシメチルイミダゾリウムの修飾率を17.5 mol%と算出した。

得られたCM-PVImのイオン特性が保持されているかを明らかにするため、CM-PVIm水溶液の酸塩基滴定を行った(**図２**)。塩酸を加えていくと、未修飾のPVImは、約pH 6で徐々にプロトン化した。一方、CM-PVImは、未修飾PVImと比較して、若干高いpHでプロトン化した。CM-PVImのプロトン化の促進は、導入したカルボキシメチル基のアニオン性のミクロ環境によると考えられる。このとき、pH 6以上においてイミダゾール基が脱プロトン化しているにもかかわらず、PVImと同様に、CM-PVImも水溶液の濁度を示さなかった(図２挿入図)。したがって、生理pHでのCM-PVImの水溶性が確認された。

2.2　CM-PVImと血清タンパク質との相互作用評価

生理pHにおいて、CM-PVImが血清タンパク質(FBS)との非特異的相互作用の抑制能を検証した。**図３**に示すように、CM-PVIm水溶液にFBSを添加しても、濁度を生じなかったのに対して、pH応答性高分子のコントロールであるポリエチレンイミン(PEI)水溶液では、経時的な濁度の上昇がみられた。両性高分子電解質であるCM-PVImは、水溶性で、生理pHでは正味の電荷がほぼないため、カチオン性の４級イミダゾール基(イミダゾリウムイオン)を有していても、FBS中で安定に分散していたと考えられる。一方、カチオン性のPEIの場合は、アニオン性の血清タンパク質との静電的な非特異的相互作用を生じ、凝集が促進され、系の濁度上昇に繋がったと考えられる。これらの結果は、CM-PVImが血清タンパク質との非特異的相互作用を示さないことを示唆している。

2.3　CM-PVImとpDNAとの相互作用評価

CM-PVImのpDNAキャリアとしての応用を鑑み、生理pHにおけるCM-PVImとpDNAとの相互作用の有無を、アガロースゲル電気泳動により評価した(**図４**)。CM-PVImは、pDNAとの混合比を増加させても、pDNAの泳動度の遅延がわずかであった。これらの結果

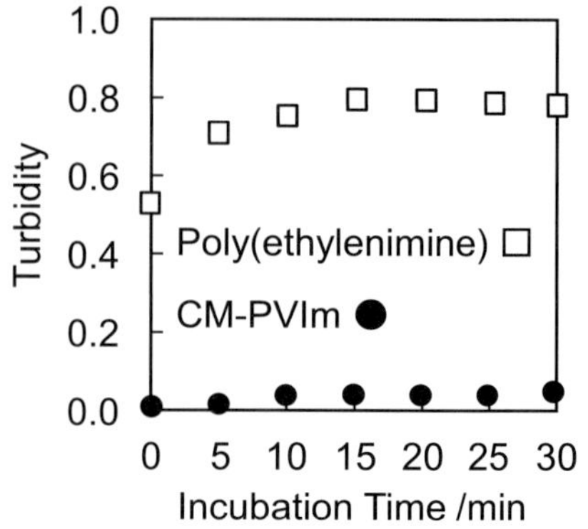

図３　血清存在下におけるCM-PVIm水溶液の濁度測定

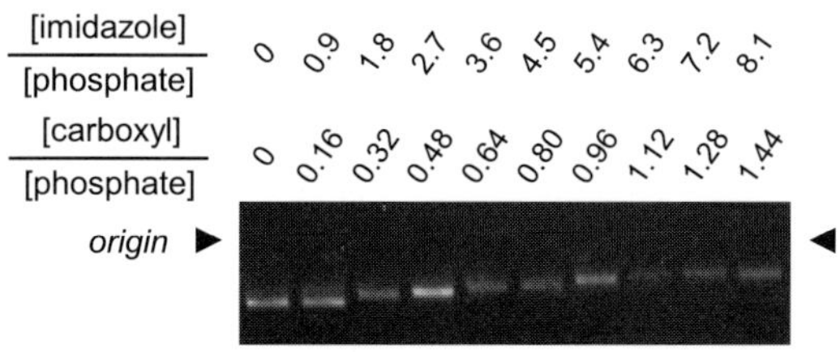

図 4　CM-PVIm 存在下における pDNA のアガロースゲル電気泳動

は、CM-PVIm は、生理 pH では正味の電荷をほぼ有さず、アニオン性のカルボキシル基の立体配置の影響により、pDNA との PIC の形成がほとんど起こらなかったと考えられる。

2.4　CM-PVIm/pDNA/PEI 三元 PIC の調製

CM-PVIm の血清タンパク質との非特異的相互作用の抑制能に基づき、pDNA/PEI 二元 PIC (N/P = 4) のカチオン毒性の軽減のために、pDNA/PEI 二元 PIC を CM-PVIm で被覆することを試みた。**表 1** に示すように、pDNA/PEI 二元 PIC (C/P = 0) のゼータ電位は +14.2 mV であったのに対して、CM-PVIm 混合下 (C/P = 1.6 or 3.2) では約 +5 mV まで減少した。このとき、粒子径はほぼ維持していた。これらの結果は、正の表面電位を有する pDNA/PEI 二元 PIC が、カチオンと相互作用しやすい立体配置を有する CM-PVIm のアニオン性のカルボキシル基を介して被覆されたことを示唆している。

表 1　CM-PVIm/pDNA/PEI 三元 PIC の粒子径・ゼータ電位

N/P[a]	C/P[b]	Particle diameter / nm	Zeta potential / mV
4	0	715±164	+14.2
4	1.6	643±282	+5.3
4	3.2	832±187	+5.2

[a] N/P 比は PEI の窒素と pDNA のリン酸のモル比
[b] C/P 比は CM-PVIm のカルボキシメチル基と pDNA のリン酸のモル比

2.5　CM-PVIm/pDNA/PEI 三元 PIC の細胞毒性および遺伝子発現評価

図 5 に示すように CM-PVIm/pDNA/PEI 三元 PIC (C/P = 3.2, N/P = 4) を添加した肝がん細胞株 HepG2 の細胞生存率は約 96% であったのに対し、PEI/pDNA 二元 PIC (N/P = 4) を添加した細胞の生存率は約 88% であった。細胞生存率の上昇は、CM-PVIm による PEI/pDNA 二元 PIC の表面カチオン遮蔽によるカチオン毒性の軽減に起因すると考えられる。このとき、CM-PVIm/pDNA/PEI 三元 PIC の遺伝子発現効率は、CM-PVIm の中性またはアニオン性による細胞膜との低親和性に基づく細胞内取込の低下が懸念されるにも関わらず、pDNA/PEI 二元 PIC と同程度に維持していた (**図 6**)。

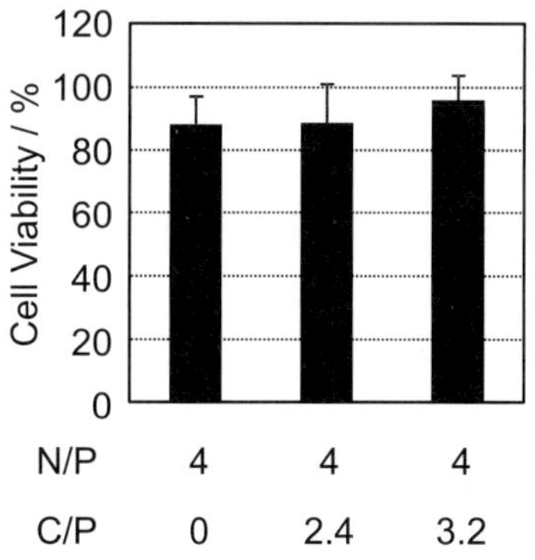

図 5　CM-PVIm/pDNA/PEI 三元 PIC の及ぼす細胞生存率

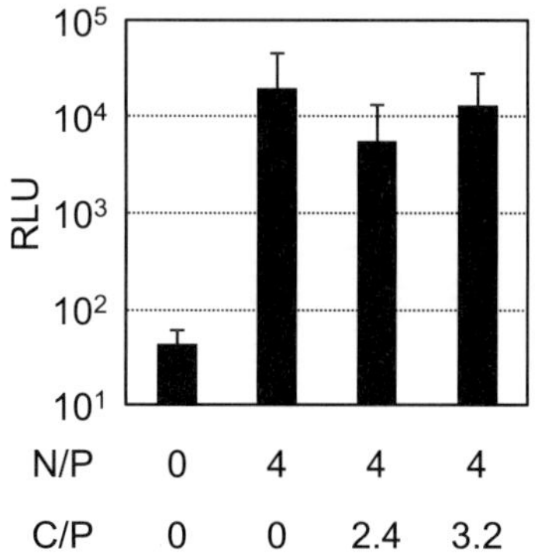

図 6　CM-PVIm/pDNA/PEI 三元 PIC の導く遺伝子発現

したがって、CM-PVImは、生体(血液)適合性を有するpH応答性両性高分子電解質として、有望であろう。

3 CM-PVImの人工酵素への展開[9)]

3.1 CM-PVImとMn-ポルフィリン錯体との複合体

CM-PVImを用いた新たな機能の創出として、人工酵素への展開を試みた(図7)。我々はカチオン性Mn-ポルフィリン錯体が、人工スーパーオキシドジスムターゼ(SOD)として有効であることを報告してきた[10)-12)]。SODとは、スーパーオキシドアニオン($O_2\cdot^-$)を、過酸化水素(H_2O_2)と酸素(O_2)に不均化する酵素である。そこで、人工SODであるカチオン性Mn-ポルフィリンを、CM-PVImのアニオン性カルボキシル基を介して、多価イオン相互作用により複合体を形成させる。すると、CM-PVImは、人工SODのデリバリーキャリアとなりうる。このとき、Mn-ポルフィリン錯体の近傍に、イミダゾール基が存在することになる。

SOD活性により生じたH_2O_2は、生体内では、カタラーゼにより、「$2H_2O_2 \rightarrow 2H_2O + O_2$」の化学反応に基づき、水($H_2O$)と$O_2$に不均化される。この反応は、天然のカタラーゼの活性中心で起こるが、金属を有する活性中心は、ポリペプチド鎖で覆われており、その内部に存在する。一般に、ポリペプチド鎖は、酵素への基質の取り込みを促進するのみならず、多官能性触媒作用に関わる。さらに、官能基の周辺を疎水的にし、脱溶媒和を促進するミクロ環境を形成する。したがって、CM-PVImは、Mn-ポルフィリンを酵素の活性中心と見立てると、ポリペプチド鎖の役割を演じると考えられる。

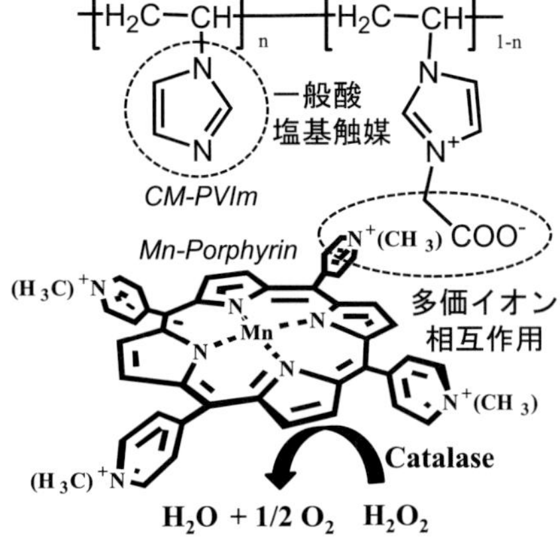

図7 CM-PVIm/Mn-ポルフィリン複合体によるカタラーゼ活性の誘導

3.2 CM-PVIm/Mn-ポルフィリン複合体のカタラーゼ活性

得られたCM-PVIm/Mn-ポルフィリン複合体に、H_2O_2を添加すると、経時的にO_2が産生した(図8)。O_2の産生量は、CM-PVIm/Mn-ポルフィリン複合体の濃度に依存していた。このとき、Mn-ポルフィリン錯体単独にH_2O_2を添加しても、O_2は産生しないことを確認している(結果省略)。また、コントロールの高分子として、PVImのイミダゾール基部分をカルボキシル基で置換したポリアクリル酸存在下では、O_2は産生しなかった(結果省略)。さらに、カルボキシメチル基を有さないPVIm存在下では、CM-PVIm/Mn-ポルフィリン複合体と比較して、O_2の産生量はわずかであった(図9)。これらの結果は、CM-PVIm/Mn-ポルフィリン複合体がカタラーゼ活性($2H_2O_2 \rightarrow 2H_2O + O_2$)を有しており、そのカタラーゼ活性の発現にはCM-PVImのイミダゾール基とカルボキシメチル基が必須であることを示唆している。

すなわち、イミダゾール基が一般酸塩基触媒として機能すると考えられる。そして、そのイミダゾール基をMn-ポルフィリン錯体近傍に配置するために、カチオン性のMn-ポルフィリン錯体と多価イオン相互作用を示すカルボキシル基が必要であると考えられる。したがっ

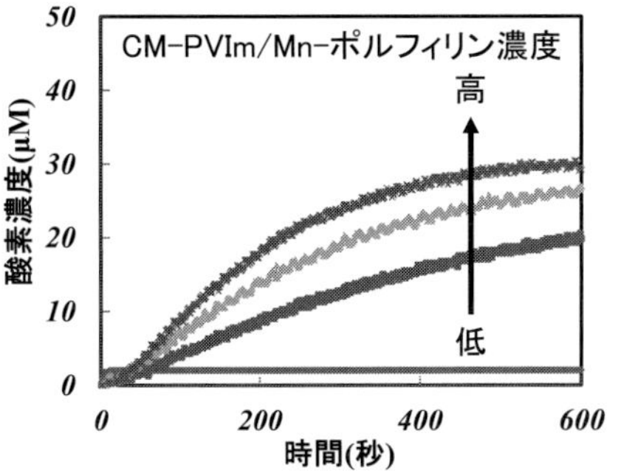

図8　CM-PVIm/Mn-ポルフィリン複合体にH_2O_2を添加した後の酸素発生量　※口絵参照

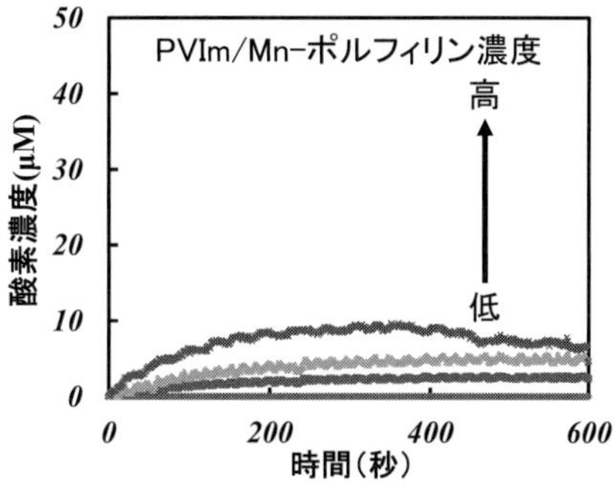

図9　PVIm/Mn-ポルフィリン複合体にH_2O_2を添加した後の酸素発生量　※口絵参照

て、CM-PVImの化学構造の合目的性が明らかとなった。

3.3　CM-PVIm/Mn-ポルフィリン複合体のカタラーゼ活性発現機構の解析

CM-PVIm/Mn-ポルフィリン複合体がカタラーゼ活性を示すことが明らかとなったため、その活性発現機構を解析した。H_2O_2を加えた直後に、**図10**に示すように、Mn-ポルフィリン錯体の443 nmの吸収が増大した。これは、Mn5価オキソ錯体の生成に由来すると考えられる。すなわち、Mn5価オキソ錯体は、CM-PVIm/Mn-ポルフィリン複合体がカタラーゼ活性を示す際の中間体である。

したがって、CM-PVIm/Mn-ポルフィリン複合体とH_2O_2との反応機構を、**図11**のように推定する。まず、H_2O_2が、3価のMnにH_2Oとの交換により配位する過程で、イミダゾール基がプロトンを受け取る(一般塩基触媒)。次いで、イミダゾール基からプロトンを供与され(一般酸触媒)、O-O結合が開裂する。その結果、Mn5価オキソ錯体が生成し、H_2Oを放出する。生成したMn5価オキソ錯体は、2分子目のH_2O_2と反応し、O_2を生成する。このとき、Mnは3価に還元され、H_2Oが還元されたMn(Ⅲ)に配位し、反応サイクルが一周する。

これらの結果は、生理的条件下において、CM-PVImのイミダゾール基の局所濃度の増加

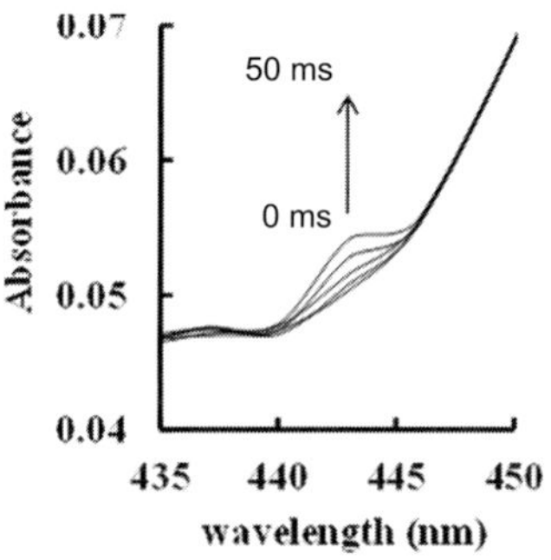

図10　CM-PVIm/Mn-ポルフィリン複合体にH_2O_2を添加した後の吸収スペクトル変化

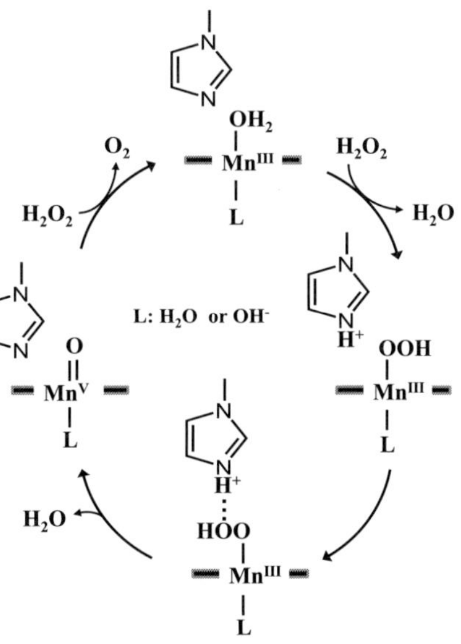

図11　CM-PVIm/Mn-ポルフィリン複合体のカタラーゼ活性発現機構

により、Mn5価オキソ錯体の形成が促進されたことを示唆している。

4 おわりに

本総説で紹介した「pH応答性高分子であるカルボキシメチル化ポリビニルイミダゾール（CM-PVIm）」は、**図12**に示すように、各官能基がさまざまな役割を有し、PIC遺伝子送達システムの機能促進のみならず、人工酵素の骨格としても有用な刺激応答性高分子である。CM-PVImのイミダゾール基は、細胞質内デリバリーのためのエンドソーム内pHでの緩衝作用に加えて、人工酵素では一般酸塩基触媒として機能する。また、両性イオンであるカルボキシメチル化イミダゾリウム基は、生体適合性に寄与するが、カルボキシメチル基の立体配置に起因して、多価カチオンとの多価イオン相互作用を示す。そのため、遺伝子送達システムおよび人工酵素の構築に成功した。今後、CM-PVImが新たな刺激応答性高分子として、さまざまな用途に応用されることを期待したい。

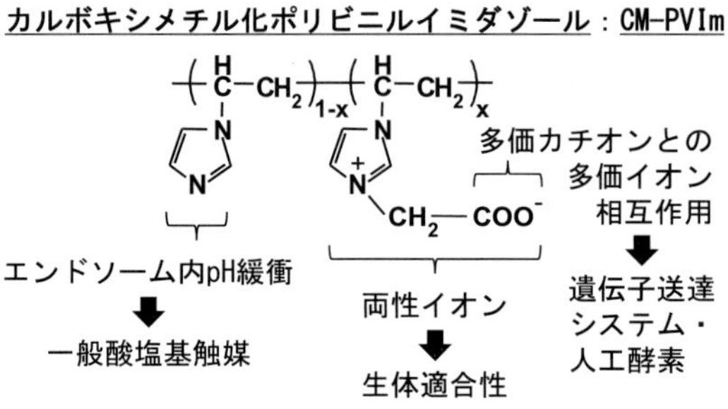

図12　刺激応答性高分子としてのCM-PVImの特徴

文　献

1) S. Asayama, T. Sekine, H. Kawakami and S. Nagaoka：*Bioconjugate Chemistry*, **18**, 1662-1667 (2007).
2) S. Asayama, T. Hakamatani and H. Kawakami：*Bioconjugate Chemistry*, **21**, 646-652 (2010).
3) 朝山章一郎：バイオマテリアル, **30**, 27-38 (2012).
4) S. Asayama, M. Sakata and H. Kawakami：*Journal of Inorganic Biochemistry*, **173**, 120-125 (2017).
5) S. Asayama, H. Kato, H. Kawakami and S. Nagaoka：*Polymers for Advanced Technologies*, **18**, 329-333 (2007).
6) S. Asayama, M. Sudo, S. Nagaoka and H. Kawakami：*Molecular Pharmaceutics*, **5**, 898-901 (2008).
7) J. Gu, X. Wang, X. Jiang, Y. Chen, L. Chen, X. Fang and X. Sha：*Biomaterials*, **33**, 644-658 (2012).
8) S. Asayama, K. Seno and H. Kawakami：*Chemistry Letters*, **42**, 358-360 (2013).
9) R. Kubota, S. Asayama and H. Kawakami：*Chemical Communications*, **50**, 15909-15912 (2014).
10) S. Asayama, K. Mizushima, S. Nagaoka and H. Kawakami：*Bioconjugate Chemistry*, **15**, 1360-1363 (2004).
11) S. Asayama, E. Kawamura, S. Nagaoka and H. Kawakami：*Molecular Pharmaceutics*, **3**, 468-470 (2006).
12) S. Asayama, N. Hayakawa and H. Kawakami：*ALA-Porphyrin Science*, **1**, 3-9 (2012).

応用編

第2章　pH応答性
第4節　デオキシコール酸とリン脂質の二成分からなるpH応答ミセルの開発と細胞質へのタンパク質デリバリー

愛知工業大学　宮本 寛子
テルモ株式会社　坂口 奈央樹／小岩井 一倫
北九州市立大学　藤井 翔太／望月 慎一／櫻井 和朗

pH応答性のDDS粒子の開発は、次世代のデリバリーシステムとして注目されている。本研究では、生体の恒常性維持に産生されるデオキシコール酸(DA)と細胞膜を構成するリン脂質の1,2-Dilauroyl-sn-glycero-3-phosphorylcholine(DLPC)を材料としpH応答ミセルの開発を試みる。DAとDLPCはすでにFDAによって承認されており、新薬開発の負担を格段に下げ安全な材料だと期待できる。本研究では、DLPC/DAミセルのpH応答のメカニズム解明のため、さまざまな胆汁酸や、リン脂質のアルキル鎖の長さによるpH応答性を評価した。さらに、タンパク質の細胞質デリバリーへの応用研究により次世代のデリバリーシステムの有効性を示した。本稿では、pH応答性ミセルのpH応答のメカニズムからその応用であるタンパクの細胞質デリバリーについて紹介する。

1　はじめに

ドラックデリバリー粒子は生体内の標的部位へ薬剤を輸送するためのナノマシンやナノ輸送体である。ナノ粒子は高分子材料や脂質や生体適合性のある有機物で構成されている。こうしたナノ粒子は細胞には主にエンドサイトーシス経由で取り込まれることが多いが、内包させた薬物(低分子化合物、核酸医薬等)は細胞質内、核内で働くものがほとんどである[1)]。たとえば、ワクチンに使用される抗原タンパク質は細胞質で酵素により分解され、断片化される必要がある。断片化されたペプチドは主要組織適合遺伝子複合体(MHC)に結合し、細胞表面上に抗原提示され抗原特異的な免疫応答が誘導される。核酸医薬のアンチセンス核酸やsiRNA、miRNAは、細胞質にある特異的なmRNAに結合し、翻訳阻害をすることでタンパクの発現を抑制する。ゆえにナノ粒子の特徴として薬剤を細胞へ送達させるだけでなく、エンドソームからの脱出を促すことも求められている。そこで、ポリエチレンイミンやポリリジンをはじめとするプロトンスポンジ効果を利用したエンドソーム脱出を促す材料がよく使用されている[2)3)]。大量のアミノ基を持つカチオン性のポリマーがpH低下に伴いプロトンと一緒に塩や水を吸収する。その結果、エンドソーム内の浸透圧が上昇しエンドソーム膜の崩壊が促進されてナノ粒子が細胞質へ移行する。こうしたpH応答は細胞質脱出を促進する主な因子であることは明らかであるが、このプロトンスポンジ現象は未だ実験的に明らかになっていない。pH応答粒子の標的は後期エンドソームだけではなく、過度な細胞増殖と血管からの酸素供給が乏しいことによってpH低下となっているがん細胞周辺や、pH変化を伴うさまざまな病理も標的となりうる[4)]。

多くのpH応答ナノ粒子がDDS応用のために報告されている。そのなかでも、dioleoyl-phosphatidylethanolamine（DOPE）のようなカチオン性脂質は補助脂質と一緒によく使用されている。DOPEはエンドソーム膜を不安化しエンドソーム脱出を促すことで効率よく薬理効果を誘導すると、多くの論文[5)6)]や本[7)]で報告されている。

我々は、これまでにpH応答により誘導されるカチオン性ミセルの構造変化がDOPEの含有量に依存することを見出している。最適なDOPEの含有量による構造変化は初期エンドソームと後期エンドソームのpH変化と合致し、細胞質へのデリバリー効率も最大へと導くことができる。DOPEを含むリポソームは*in vitro*においてとても効果がある[7)8)]。しかしながら*in vivo*システムでは異なる。それはDOPEが副作用として組織や細胞に毒性を示すためである[9)]。多くの研究では、類似したpH応答を有する新しい材料や機能性分子が修飾されている。

坂口らは新規のpH応答ナノ粒子をデオキシコール酸（DA）と1,2-Dilauroyl-sn-glycero-3-phosphorylcholine（DLPC）から創成した[10)]（**図1**）。DAは、胆のうから分泌される胆汁酸の一種であり、脂溶性ビタミンや親水性分子とミセルを形成しこれらの吸収促進として働き、糖代謝、脂質代謝[11)12)]の制御分子として多様な生体の恒常性の維持に不可欠な機能分子として知られている。これら生体関連分子である胆汁酸ファミリーは毒性がないため、非常に魅力的な材料である[13)]。胆汁酸のなかでも、DAやウルソコール酸（UDA）は、ヒトへの投与医薬としての実績がある[14)]。さらに、DLPCは細胞膜を構成する主なリン脂質の1つであり、臨床現場でも使用されている[15)16)]。したがって、DLPC/DAミセルシステムは毒性や副作用の問題がないことが期待される。本稿では、pH応答粒子の分子レベルでのメカニズムとその応用について最新の研究を報告したい。

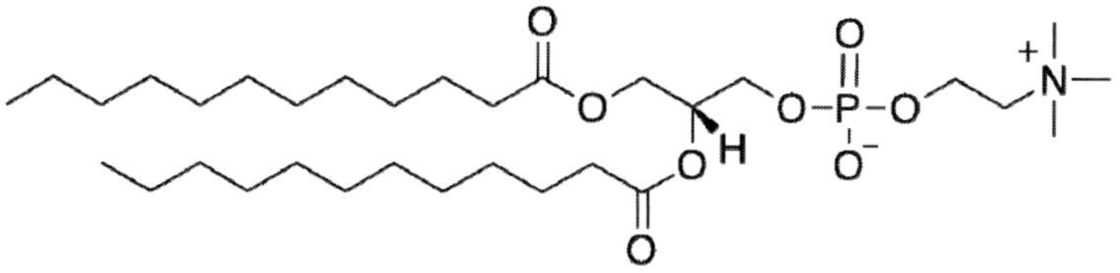

1,2-dilauroyl-sn-glycero-3-phosphocholine or **dilauroyl phosphocholine**（DLPC）

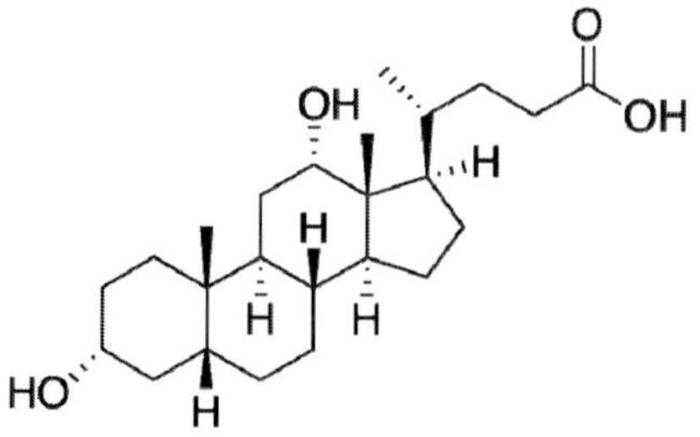

4-((3*R*,5*R*,8*R*,9*S*,10*S*,12*S*,13*R*,14*S*,17*R*)-3,12-dihydroxy-10,13-dimethylhexadecahydro-1*H*-cyclopenta［*a*］phenanthren-17-yl)pentanoic acid or **deoxycholic acid（DA）**

図1　DLPCとデオキシコール酸の化学構造

2　DLPC と DA の混合溶液の物性

図２(A)は pH7.4 の条件下で DA を DLPC 溶液に加えて行ったときの溶液の変化を示している。DLPC だけでは安定した球状ミセルは形成しない。先行研究に従って[17)18)]、ベシクルを形成させた際、ベシクル溶液は白濁していた。DA を $\phi = 0.29$ の割合で加えたとき、白濁は解消し透明になったことを可視光下で観察した($\phi = [\mathrm{DA}]/([\mathrm{DA}] + [\mathrm{DLPC}])$)。この変化は DA を加えることで DA と DLPC の集合体のサイズが減少したことを示唆する。異なる組成での自己相関関数と流体力学的半径(R_{h})を動的光散乱(DLS)によって比較することでサイズ減少を追跡した(図２(B),(C))。DA の割合が増加したとき(ϕが増加)、初期勾配と R_{h} は劇的に減少し粒子が小さくなっていることがわかる。$\phi = 0.3$ のとき、$R_{\mathrm{h}} < 10$ nm であり、$\phi > 0.6$ で R_{h} の変化は横ばいとなった。R_{h} の多分散指数(PDI)は DA の増加と共により小さくなったことから、単分散なナノ粒子の形成が示唆される。図２(C)はゼータ電位ポテンシャルの変化を示している。ゼータポテンシャルは、$\phi = 0.62$ で約 -30 mV を示していた。その負電荷は、DA のカルボキシシル基に由来する。$\phi > 0.6$ のとき、DA の割合が大半を占めることから、ナノ粒子の表面をカルボキシシル基が覆っていると考えられる。以降の実験では、$\phi = 0.62$ のナノ粒子を使用して実験を進めていく[10)]。**表１**は R_{h} と PDI とゼータ電位の値を比較している。

図３では、DA を加えていったときの構造変化を概略図で示している。DLPC は多層ベシク

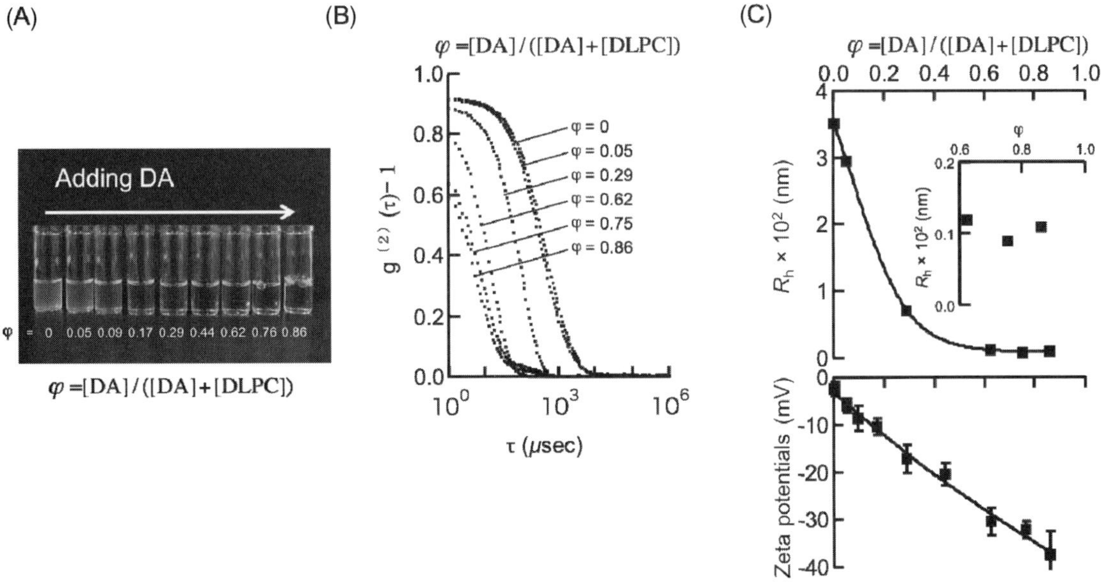

図２　pH7.4 における異なる DA と DLPC の組成ϕによる粒子形成評価($\phi = [\mathrm{DA}]/([\mathrm{DA}] + [\mathrm{DLPC}])$)
(A)可視光下での観察(B)DLS による自己相関関数(C)流体力学的半径(R_{h})とゼータポテンシャル

表１　DLPC と DLPC/DA の流体力学的半径(R_{h})とゼータポテンシャル

	DLPC	DLPC/DA
Diameter (nm)	350	12
PDI	0.55	0.16
Zeta potential (mV)	-2.3	-30

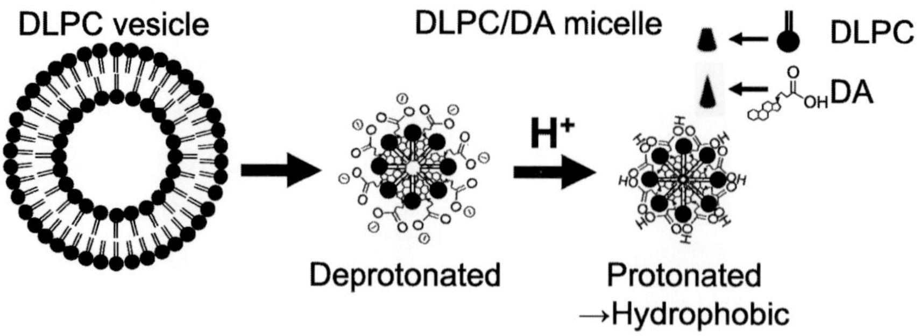

図 3　DLPC ベシクルから DLPC/DA ミセルへの構造変化の概略図；DLPC と DA はそれぞれシリンダーとコーン形状で示された。パッキングパラメーター理論に従って、コーン形状の DA を DLPC ベシクルに混合すると、球状の構造変化が誘起される。pH 低下によって DLPC/DA ミセルのカルボキシ基のプロトネーションが導かれることで親水性の低下が誘導される。

ル[18]を形成していることを X 線小角散乱法(SAXS)で確認している。DA を DLPC に加えたとき、R_h は小さくなり、その回折ピークは $\phi > 0.5$ で消失した。これは DA の増加が粒子をベシクルから球状ミセルに変化させたことを意味する。分子の形状から集合体の構造を予測するパッキングパラメーター理論より[19]、ベシクルから球状ミセルへの変化には粒子を形成する分子の疎水性鎖の長さと体積を考慮すると、親水性基の体積の増加が必要と考えられる。したがって、DLPC ベシクルの疎水性ドメインのなかに DA の疎水部位が相互作用することで親水性が増加していると考えられる。DA の増加によってゼータポテンシャルは低下している。これは DA のカルボキシ基が粒子の表面へ現れていることと、DA のステロイド部位が疎水性コアに局在することを示唆している。DA のカルボキシ基のイオン対と水の結合が優位であることから、DA のステロイド部位は疎水性ドメインの深くには埋もれていないかもしれない。分子サイズから推察すると、ステロイド部位は界面近くに局在し、DA の OH 基のイオン対と DLPC のリン脂質が、疎水性のステロイド部位の親水性内での安定性に影響していると考えられる。その DA のカルボキシル基の状態はフーリエ変換赤外分光高度計(FT-IR)で確認している。

3　pH 応答による脂質膜崩壊

pH 依存的な溶出試験では DLPC/DA ミセルとリポソームの膜融合によってリポソームから溶出するピラニン(Ex/Em = 454/513 nm)の蛍光を測定した。**図 4**(A)は DLPC/DA ミセルを混合したときの、pH 依存的なピラニン溶出を示している。単独の DA と DLPC、EYPC はすべての pH において溶出はみられなかった。EYPC/DA ミセルにおいても溶出は観測されなかった。一方で、DLPC/DA ミセル(混合比 $\phi = 0.62$)は、pH < 6 で明らかなピラニンの溶出が観測された。図 4(B)は他の胆汁酸(ケノデオキシコール酸(CDA)、ウルソデオキシコール酸(UDA))での pH 変化による溶出試験の結果を示した。UDA は CDA の 7β 異性体であり、どちらも 12 位に OH 基を有さない化学構造である。図 4(B)より、それぞれの胆汁酸と DLPC を混合したとき、ピラニン溶出における pH 応答は劇的な変化を有することがわかった。Pierrat らは、胆汁酸のイオン化のしやすさは混合した脂質に影響されることを報告して

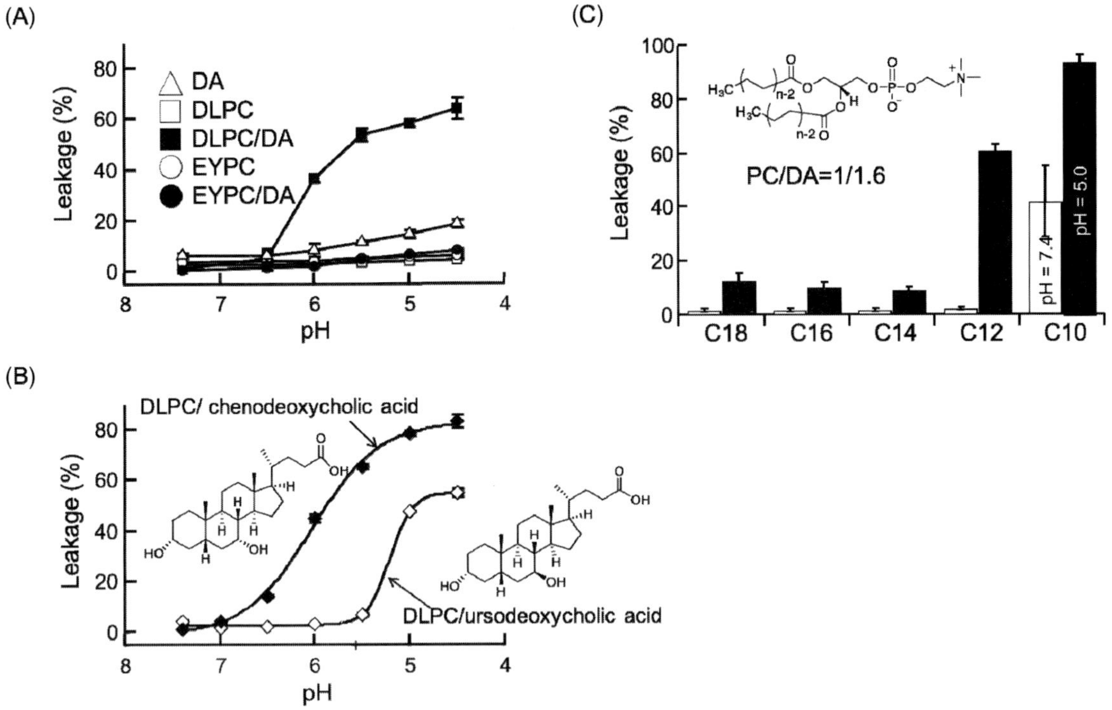

図4　pHを変化させたときの2成分ミセルとピラニン内包EYPCリポソームからのピラニンの溶出試験、(A) DLPC/DAミセル、(B) DLPC/chenodeoxycholic acid (CDA) とDLPC/ursodeoxycholic acid (UDA)、これらは、EYPC/DAと比較された。(C) DLPCのアルキル鎖の長さによるpH応答によるピラニンの溶出試験

いる[20]。CDAやUDAの異なるp*K*aの値が、脂質-脂質の相互作用に影響を与えていると考えられる。図4(C)はホルホチジルコリン系の炭素数の鎖長を変えたときのpH応答の結果を示している。炭素鎖が14以上のとき、ピラニンの溶出は観測されなかった。炭素鎖10では、pH7.4でも5.0でも溶出が観測された(pH応答性がない)。これらの結果から、pH応答はリン脂質のアルキル鎖の疎水性相互作用とDLPCの頭部と胆汁酸のOH基の立体化学によって、それぞれ異なる相互作用の形成が示唆される。

4　DLPC/DAミセルによる細胞質へのデリバリー

我々は、マウスマクロファージのRAW264.7細胞を用いてFITC修飾オボアルブミン(F-OVA)とDLPC/DAミセルの同時投与によるF-OVAの細胞質移行を蛍光顕微鏡にて観察した(**図5**)。後期エンドソームおよびリソソームは、蛍光プローブのライソトラッカーにて赤色に染色されている[21]。重ね合わせ画像より、DLPC/DAミセルは赤色と緑色の2色がそれぞれ分かれて観察された。EYPC/DAミセルは2色の重なりであるオレンジの蛍光が観察された。これは、F-OVAはエンドソームへ移行されずリソソームに局在していることを意味している。DLPC/DAミセルでは緑色の蛍光が、細胞内で分散していることが観察された。一部はリソソームに局在しているものも観察されたが、EYPC/DAミセルより多く細胞質への移行が観察された。この違いは、pH応答によるピラニンの溶出結果(図4(A))と一致している。

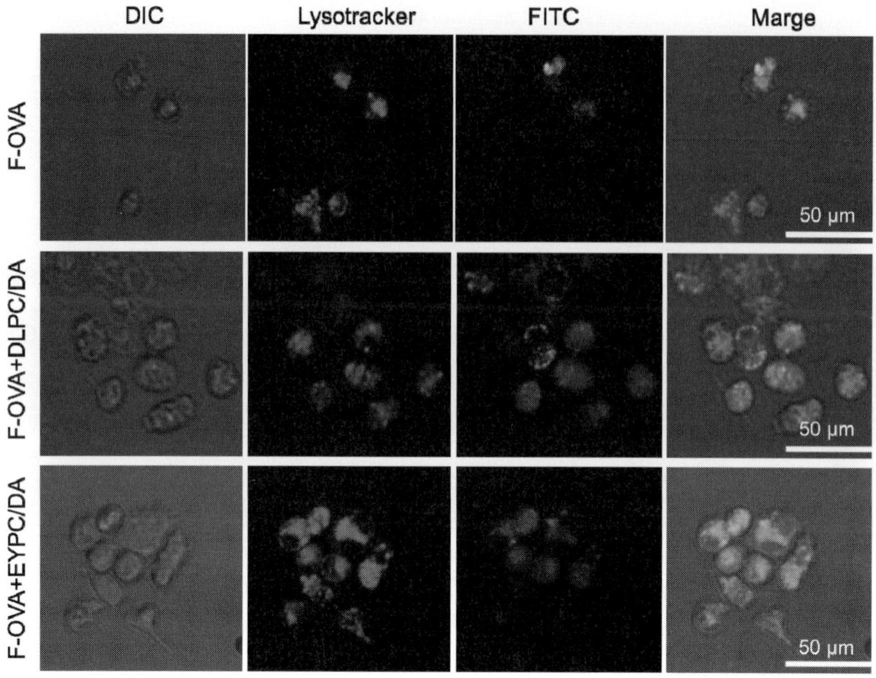

図5　共焦点レーザー顕微鏡によるたんぱくの細胞質デリバリー観察、FITC修飾オボアルブミン(F-OVA)(緑色)、ライソラッカー(赤色)　※口絵参照

これらの結果より、我々は、pH応答性のDLPC/DAミセルを用いて、薬剤の細胞質への移行に成功した。

通常、ワクチンは皮下や筋肉内に投与される。これらのシステムで投与された材料は一定の箇所に留まり、リンパ節に移行しマクロファージや樹状細胞によって貪食される[22)23)]。こうした局所投与は長い時間高濃度で留まり、抗原提示細胞に捕食されるため、必ずしもpH応答性の粒子に結合し内包される必要はない。本系ではF-OVAとDLPC/DAミセルの相互作用はなく溶液中で独立して存在している。我々のシステムはワクチンの抗原提示や免疫システムのアジュバントへの応用が期待される。

5　X線小角散乱法(SAXS)によるミセルの構造変化の観察

SAXSによるpH依存的なDLPC/DAミセルの構造変化を観察した(図6)。pH7.0と6.5のとき、$q = 1.0\ \mathrm{nm}^{-1}$で形状因子の落ち込みが小さいが観察される。つまり、qの一時ピークが示された。これらはDLPC/DAミセルの球状ミセルの形態でサイズ分布が際立って狭いことを示している。光散乱より、剛体球の半径Rは、$R \times q_{1stmin} \sim 4.5\ \mathrm{nm}$だった。これはミセルの直径が約9 nmであることを示唆しており、表1のDLSの結果と矛盾していない。我々は、単純なモデル(剛体球モデルやコアーシェルの二重脂質モデル)でpH7.0と6.5のSAXS結果を解析したが、合理的な解析結果は得られなかった。これは、DLPCとDAの親水基の頭部の間の相互作用の構造の複雑さのためであると考える。pHを低下させたとき、その低角qでの散乱因子αは、$\alpha = 0$から$\alpha = -1.2$から-2.0へ変化した[24)]。この変化は2通りの解釈が可能である。(i)球状からベシクルや板状への構造変化、あるいは(ii)球状の凝集体化。も

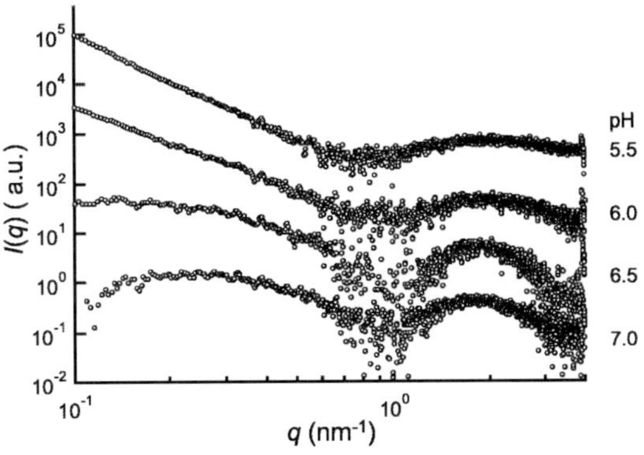

図 6　pH 変化による DLPC/DA ミセルの SAXS プロファイル

し、構造変化をするなら、q_{1stmin} は変化するだろう。しかしながらこの系ではその変化は起きていなかった。したがって、α の変化は凝集に関連していると考えられる。その凝集の始まりは、表面の溶解性の低下を意味する。これはカルボキシル基のプロトン化や DLPC と DA の間の変化の誘導と関連づけることができる。したがって、pH 低下によってプトロンの増加が誘導され、COO- に変わって COOH の存在比が増加したと考える。これにより、ミセル表面の親水性が分子の相互作用によって低下している（もっとも生じやすそうなのは DLPC や DA の間の水素結合）。ミセルの内部の水素結合は表面の COOH を介して誘導でき、これが凝集を促進する駆動力となっている。

6　pH 応答性 DLPC/DA ミセルのメカニズムと細胞質へのタンパク質デリバリー

DLPC や DA が適切な混合比で混合されたとき、その混合溶液は pH 応答性を示すことを溶出試験で明らかにした。その pH 応答は胆汁酸の立体化学、ミセルの表面のカルボキシル基の脱プロトン化、DLPC のアルキル鎖の長さが関係していた。これらの結果に基づいて、我々は、pH 応答性の DLPC/DA ミセルによるタンパク質の細胞質へのデリバリーを推測する（**図 7**）。DLPC/DA ミセルはタンパク質と一緒にエンドサイトーシスによって取り込まれ、後期エンドソームで pH の低下に晒される。この pH 変化で DLPC/DA ミセルの表面の親水性が疎水性へ変化する（カルボキシル基のプロトン化）。そして、DLPC/DA ミセルが不安定になり凝集を導く。その狭く区切られたエンドソーム小胞体で不安定な DLPC/DA ミセルは小胞体の二重脂質膜と相互作用し、膜融合が誘導さ

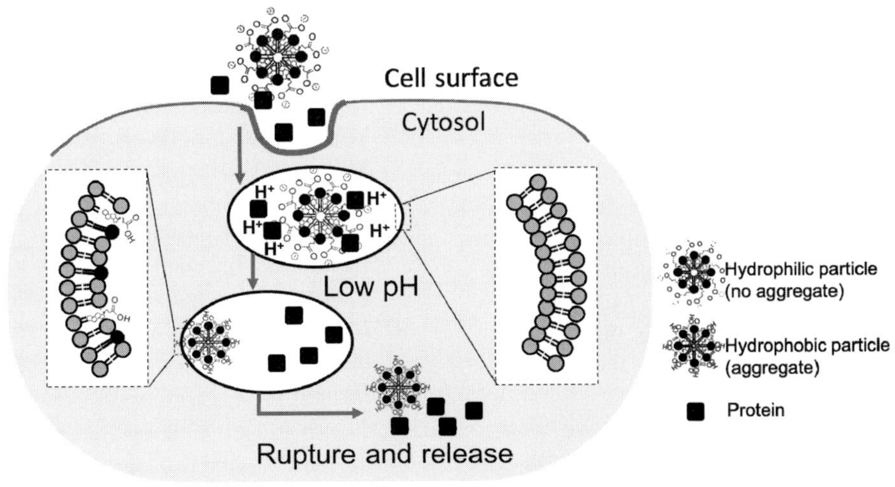

図 7　DLPC/DA ミセルによるたんぱくの細胞質デリバリーの概略図

れる。結果として、エンドソームからの脱出が促される。pH応答性のないEYPC/DAミセルではタンパク質の細胞質への移行は観察されなかったことから、pH応答性のあるDLPC/DAミセルによってタンパク質の細胞質デリバリーが生じている。

7 おわりに

DLPC/DAミセルの新規の二成分混合物は単分散なミセルを形成した。さらにpH応答性を有し興味深い成果を示した。その分子メカニズムはこの現象では完全には明らかにはなっていないが、pH応答性は胆汁酸の化学構造によって最適化できることが明らかとなった。本研究は、すでにFDAによって承認された安全な材料でpH応答性の新規分子設計を行っていることから、新薬開発のコストと時間の負担を格段に下げることで、実用的な研究の模範となることを期待する。我々のタンパク質デリバリー評価では、DLPC/DAミセルはそのpH応答性により、同時に投与した材料を細胞質へ輸送することを証明した。この応用は、抗原タンパク質のデリバリー[25]によるがん免疫治療や、核酸医薬デリバリーによりmicroRNAやsiRNAやアンチセンスDNAのデリバリーへ、無限の可能性を秘める。

文　献

1) I. Canton and G. Battaglia：*Chem. Soc. Rev.*, **41**, 2718(2012).
2) J-P. Behr：The Proton Sponge：*CHIMIA International Journal for Chemistry.*, **51**, 34(1997).
3) RV. Benjaminsen, MA. Mattebjerg, JR. Henriksen, SM. Moghimi and TL. Andresen：*Mol. Ther.*, **21**, 149(2012).
4) W. Gao, JM. Chan and OC. Farokhzad：*Mol Pharm.*, **7**, 1913(2010).
5) L. Wasungu and D. Hoekstra：*J Control Release.*, **116**, 255(2006).
6) S. Mochizuki, N. Kanegae, K. Nishina, Y.. Kamikawa, K Koiwai, H. Masunaga, et al.：*Biochimica et biophysica acta*, **1828**, 412(2013).
7) JR. Philippot and F. Schuber：Liposomes as tools in basic research and industry, CRC press(1994).
8) L. Huang, MC. Hung and E. Wagner：Nonviral Vectors for Gene Therapy, Academic Press(1999).
9) H. Lv, S. Zhang, B. Wang, S. Cui and J. Yan：*Journal of Controlled Release*, **114**, 100(2006).
10) N. Sakaguchi：US 9248192 B2(2016).
11) K. Morimoto, H. Itoh and M. Watanabe：*Expert Review of Endocrinology & Metabolism*, **8**, 59(2013).
12) F. Kuipers, VW. Bloks and AK. Groen：*Nat. Rev. Endocrinol*, **10**,488(2014).
13) A. Hofmann and L. Hagey：*Cellular and Molecular Life Sciences*, **65**, 2461(2008).
14) DJ. Ganley and J. Wilt：US 206333(2013).
15) M. Saari, MT. Vidgren, MO. Koskinen, VM. Turjanmaa and MM. Nieminen：*International journal of pharmaceutics*, **181**, 1(1999).
16) K. Taira, K. Kataoka and T. Niidome：Non-viral gene therapy, Springer(2014).
17) N. Kučerka, Y. Liu, N. Chu, HI. Petrache, S. Tristram-Nagle and JF. Nagle：*Biophysical Journal*, **88**, 2626(2005).
18) DC. Danila, LT. Banner, EJ. Karimova, L. Tsurkan, X. Wang and E. Pinkhassik：*Angewandte Chemie International Edition*, **47**, 7036(2008).
19) JN. Israelachvili：Intermolecular and surface forces, Academic press London(1992).
20) P. Pierrat and L. Lebeau：*Langmuir*, **31**, 12362 (2015).
21) B. Chazotte：Labeling lysosomes in live cells with LysoTracker, Cold Spring Harb. Protoc.(2011).
22) Y. Hailemichael, Z. Dai, N. Jaffarzad, Y. Ye, MA. Medina, X-F. Huang et al.：*Nature medicine*, **19**, 465(2013).
23) K. Kobiyama, T. Aoshi, H. Narita, E. Kuroda, M. Hayashi, K. Tetsutani et al.：*Proceedings of the National Academy of Sciences*, **111**, 3086(2014).
24) R-J. Roe：Methods of X-ray and neutron scattering in polymer science, Oxford University Press on Demand(2000).
25) N. Sakaguchi：US2016271246 A1 (2016).

応用編

第2章 pH 応答性
第5節 pH 応答性リポソームの設計と DDS 応用

大阪府立大学　弓場 英司

1 はじめに

我々の体液が中性付近の生理的 pH を示すのに対し、細胞内のエンドソーム・リソソームは pH 6.5～4.5 程度の弱酸性環境となっている。また、炎症部位や腫瘍組織においても微弱酸性環境が形成されることが知られており、このような低 pH 環境に応答して機能発現する薬物送達システム(DDS)を構築できれば、炎症部位・腫瘍特異的な DDS や細胞内デリバリーシステムの開発につながる。とくに、近年のバイオテクノロジーの発展にともない開発が進んでいる、核酸医薬・ペプチド医薬などの生理活性分子の効果を最大化するためには、これらの分子が機能発現する細胞内オルガネラへの運搬が最重要である。細胞内デリバリーにおいてもっとも大きな障壁となっているのは、エンドソームからの脱出(エンドソームエスケイプ)であり、この実現のためにさまざまな pH 応答性材料が開発されている。ここでは、リポソームを基盤とした pH 応答性 DDS の設計について概説した後、pH 応答性キャリアの遺伝子・抗原デリバリーへの応用について紹介する。

2 脂質相転移を利用した pH 応答性リポソームの設計

2.1 非二重層形成性脂質とカルボキシ基をもつ両親媒性分子

脂質二分子膜から構成されるリポソームは、さまざまな薬物を封入・包埋可能であること、サイズ制御の容易さから DDS キャリアとして広く用いられている。また、機能性分子の組み込みによって所望の機能を発現する機能性リポソームを作製できることから、細胞内デリバリーを指向した pH 応答性リポソームの開発が行われている。リポソームに pH 応答性を与えるための方法として、脂質膜の相転移の利用が挙げられる。ジオレオイルホスファチジルエタノールアミン(Dioleoylphosphatidylethanolamine, DOPE)のような比較的小さな極性基をもつコーン型脂質はヘキサゴナルⅡ相をとるが、オレイン酸・コレステリルヘミスクシネート(Cholesteryl hemisuccinate, CHEMS)などのカルボキシ基をもつ両親媒性分子と混合すると、中性 pH において二分子膜を形成する[1)]。酸性 pH においてカルボキシ基がプロトン化され電荷を失うと、DOPE に由来するヘキサゴナルⅡ相へと転移し、膜融合性となる。実際、DOPE/CHEMS リポソームによってマクロファージのサイトゾルへの薬物デリバリーが達成されている[2)3)]。これはエンドサイトーシスによって細胞内に取り込まれたリポソームが酸性 pH でエンドソーム膜と融合し、薬物のエンドソームエスケイプを達成したことを示している。

2.2 ポリアミドアミンデンドロン脂質集合体

一方、中性～弱酸性 pH において荷電状態を変化させる三級アミンを極性基にもつ両親媒性分子も、pH 応答性リポソームとして機能する。ポリアミドアミンデンドリマーの部分構造であるデンドロンを極性基に、2 本の長鎖アルキル鎖をもつポリアミドアミンデンドロン脂質は、核酸と複合体を形成する遺伝子ベクターとして設計されたが、最近、その両親媒性分子としての性質が明らかとなった[4]。世代数1のポリアミドアミンデンドロンを極性基に、2本のオクタデシル鎖を疎水部にもつDL-G1-2C18は、分子内にプロトン化しうる一級アミノ基を2つ、三級アミンを2つ有している(**図1**)。中性pH付近では一級アミノ基のみがプロトン化しているのに対して、pH 6.2以下で三級アミンのプロトン化が始まる。このpHを境に、DL-G1-2C18の水中での集合挙動は劇的に変化する。pH 6.0以下で脂質二分子膜のゲル-液晶相転移に基づく吸熱ピークの減少・ブロード化が起こり、粒径の減少が確認された[4]。透過型電子顕微鏡により観察したところ、pH 6.4以上ではベシクル状の集合体が、より低いpHでは50 nm以下のミセル様粒子が観察された。一級アミノ基のみがプロトン化している中性pH領域では、DL-G1-2C18分子はシリンダー状の分子形態をとり、二分子膜を形成するのに対し、pH 6.0以下で三級アミンがプロトン化されると親水部が相対的に大きくなり、ベシクルからミセルへと集合状態が変化したものと考えられる(図1)[4]。このようなベシクル-ミセル転移を利用して、タンパク質のサイトゾルデリバリーが達成されている。DL-G1-2C18とポリエチレングリコール(PEG)脂質からなるリポソームを細胞に取り込ませると、サイトゾルから蛍光タンパク質由来の蛍光が観察された(図1)。DL-G1-2C18分子集合体によるエンドソームエスケイプには、ミセル転移による脂質膜の不安定化、カチオン密度の増加によるエンドソーム膜との相互作用、さらにはポリアミドアミンデンドロン部位のpH緩衝効果(プロトンスポンジ効果)が複合的にはたらいているものと考えられる。デンドロン脂質は、デンドロンの世代数[5)6)]、アルキル鎖の構造[7)]、デンドロン末端へのイメージング分子[8)]・ターゲティング分子[9)]の導入など、さまざまな分子設計が可能

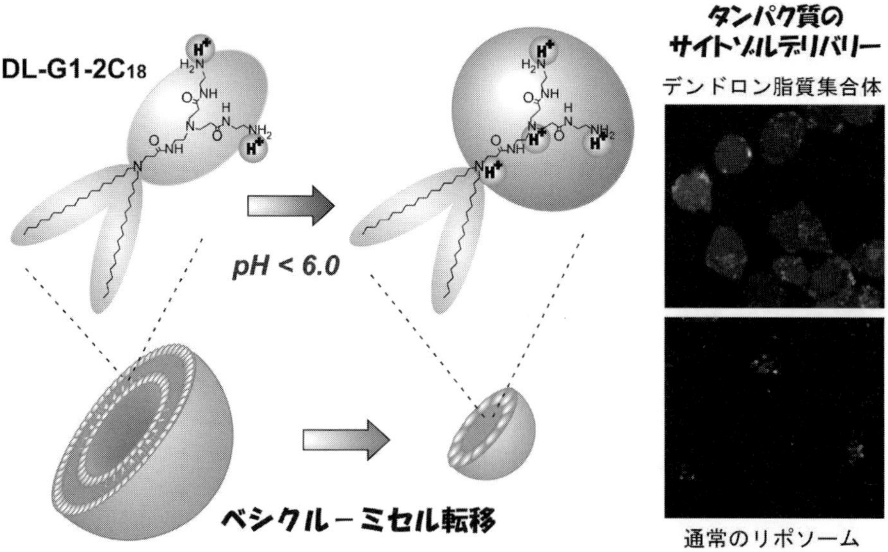

図1 ポリアミドアミンデンドロン脂質集合体は三級アミンのプロトン化によって親-疎水バランスが変化し、ベシクルからミセル様粒子へ転移する。デンドロン脂質集合体は中性では蛍光タンパク質を安定に封入し、細胞に取り込まれた後のエンドソームの弱酸性pHに応答してタンパク質をサイトゾルへデリバリーした。
4)より許可を得て転載)

であることから、多機能性pH応答性キャリア構築のプラットフォームとして有用である。

3　機能性高分子を利用したpH応答性リポソームの設計

pH応答性リポソームを得るためのもう1つの方法として、pH応答性高分子の表面修飾が挙げられる。この場合、リポソームの機能性はpH応答性高分子によって制御されるため、脂質膜相転移を利用するアプローチに比べて、フレキシブルな機能制御が可能となる。pH応答性高分子としては、弱酸性pH領域におけるプロトン化によって疎水化するポリカルボン酸誘導体と、プロトン化によってエンドソーム内pHを緩衝し、エンドソーム内の浸透圧を上昇させることでエンドソーム膜を崩壊させる機能(プロトンスポンジ効果)をもつ三級アミン含有高分子が主に用いられている。ここでは、ポリカルボン酸誘導体にフォーカスを当てて紹介する。

3.1　ポリアクリル酸誘導体

もっとも広く用いられているpH応答性高分子はポリアクリル酸誘導体である。ポリエチルアクリル酸(Poly(ethyl acrylic acid))は、中性では脱プロトン化したカルボキシ基間の静電反発により広がったコンホメーションをとり、脂質膜と相互作用しないが、酸性pHでは高分子鎖がグロビュール状へと転移し、脂質分子と混合ミセルを形成することで脂質膜を破壊する(**図2**)[10)-12)]。破壊pHは、高分子の疎水性を変化させることで制御可能である。たとえばポリプロピルアクリル酸(Poly(propyl acrylic acid))は、ポリエチルアクリル酸よりも高いp*K*aを示し、より高いpH領域で膜破壊を達成した[13)14)]。これらのポリアクリル酸誘導体を修飾したリポソーム[15)]、またはポリアクリル酸誘導体－タンパク質コンジュゲート[16)17)]を用いるこ

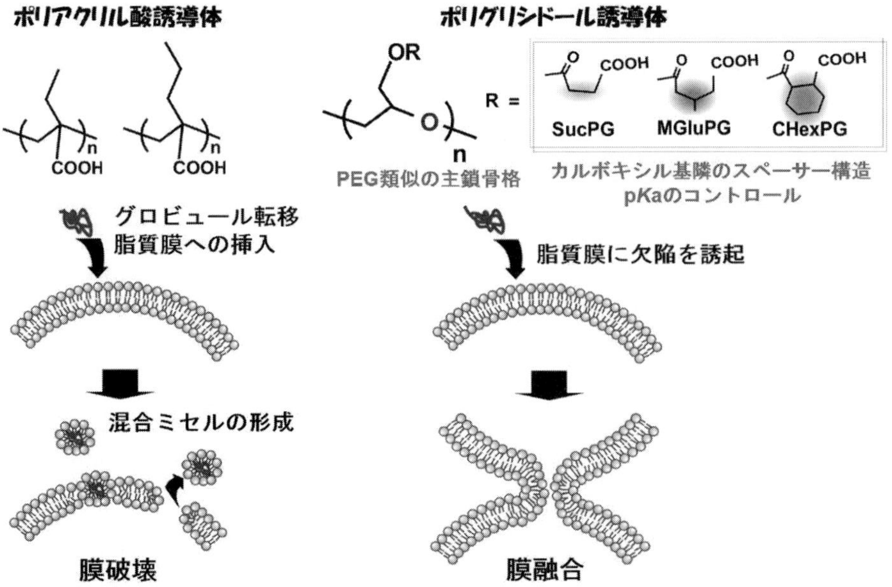

図2　pH応答性高分子と脂質膜との相互作用。ビニルポリマーであるポリアクリル酸誘導体は酸性pHで疎水化したポリマー鎖が脂質膜と強く相互作用し、混合ミセルを形成して膜破壊を引き起こす。主鎖にエーテル酸素を持つポリグリシドール誘導体は、脂質膜への挿入が完全に起こらず膜に欠陥を誘起することで融合を引き起こすと考えられる。また、ポリグリシドール誘導体が脂質膜と相互作用するpHは、カルボキシ基隣のスペーサー構造を変化させることでコントロールできる。

とで、内包物、またはタンパク質のサイトゾルデリバリーが達成されている。

3.2 ポリグリシドール誘導体

一方、ポリグリシドールを主鎖とするポリカルボン酸も、pH応答性高分子として研究されている(図2)。ポリグリシドールの水酸基をサクシニル化したサクシニル化ポリグリシドール(Succinylated polyglycidol, SucPG)は、中性では脂質膜と相互作用しないが、弱酸性pHにおいて脂質膜を不安定化する[18]。リポソーム膜への固定化部位としてデシル鎖を導入し、卵黄ホスファチジルコリンリポソームに修飾したところ、弱酸性において膜融合活性を示した[19]。SucPGの膜融合活性の発現には、プロトン化されたカルボキシ基とリン脂質極性基との水素結合形成による脂質膜同士の接近と、疎水性相互作用が重要であると考えられている。PEGと類似の主鎖をもつポリグリシドール誘導体は、主鎖がビニルポリマーであるポリアクリル酸誘導体のように、脂質二分子膜の疎水部位に完全に取り込まれて膜破壊を引き起こすのではなく、脂質膜に欠陥を誘起することで膜融合を引き起こすものと考えられる(図2)。蛍光色素を封入したSucPG修飾リポソームを細胞に作用させると、色素由来の蛍光がサイトゾルから観察された[19]。蛍光共鳴エネルギー移動を利用して細胞内におけるSucPG修飾リポソームの膜融合挙動を確認したところ、エンドソーム内の弱酸性pHに応答してエンドソーム膜と融合することで、サイトゾルに蛍光色素を導入したことがわかった。

ポリアクリル酸誘導体の場合と同様、SucPGのpH応答特性はその疎水性によって制御できる。カルボキシ基隣のスペーサー構造の炭素数・構造を変化させることで、カルボキシ基のp*K*aおよび高分子の疎水性が変化し、膜融合活性および、融合を引き起こすpH領域が変化した(図2)[20]。とくに、3-メチルグルタル化ポリグリシドール(3-Methyl glutarylated polyglycidol, MGluPG)はエンドソームのpHに相当するp*K*aを示し、微弱酸性pHにおいて高い膜融合活性を示した。

ポリグリシドール誘導体のリポソームへの固定化は、高分子鎖にランダムに導入されたデシル鎖と脂質膜との疎水性相互作用に基づいている。この場合、デシル鎖の挿入による脂質膜のパッキングの低下がリポソームの安定性に影響を及ぼす可能性がある。そこで、リン脂質にポリグリシドール誘導体を結合したpH応答性高分子脂質が開発されている[21]。MGluPG、または2-カルボキシシクロヘキサン-1-カルボキシ化ポリグリシドール(2-Carboxycyclohexane-1-carboxylated polyglycidol, CHexPG)をリン脂質の極性基に導入することで、ランダムアンカータイプに比べてより鋭敏な応答を示すpH応答性リポソームが得られている。とくに、CHexPG結合リン脂質を含むリポソームはpH 7.0以下できわめて鋭敏な応答性を示したことから[21]、初期エンドソームや腫瘍部位などの極微弱酸性領域に応答して薬物を放出できるpH応答性キャリアとして期待される。

4 pH応答性高分子修飾リポソームを基盤とした遺伝子デリバリーシステム

遺伝子導入技術は、分子生物学・再生医療・遺伝子治療における基礎技術である。遺伝子導入の実現には、標的細胞への内在化、エンドソームエスケイプ、核への移行、転写・翻訳という非常に複雑な過程を経る必要がある。天然の遺伝子ベクターであるウイルスは、いとも簡単に細胞内のさまざまな障壁を乗り越え、自らの遺伝物質を細胞に注入して感染を成立させる。実際、ウイルスの感染能力を利用したウイルスベクターが遺伝子導入実験に用いられているが、安全性・免疫原生の観点から、人工材料を用いた遺伝子ベクターの開発が望まれている。このような非ウイルスベクターとして、カチオン性脂質・カチオン性高分子が広く用いられている。これらのカチオン性物質は、静電相互作用により遺伝子と複合体(リポプレックス、ポリプレックス)を形成し、負に帯電した細胞表面との相互作用によって細胞に結合する。しかしながら、その遺伝子導入活性は、ウイルスベクターと比較してきわめて低い。その主な原因として、複合体の低いエンドソームエスケイプ能、および低い転写活性が挙げられる[22)]。ここでは、人工遺伝子ベクターのエンドソームエスケイプ能力を高めるための戦略として、pH応答性高分子修飾リポソームを表面被覆したリポソーム-リポプレックス複合体について述べる。

4.1　リポソーム-リポプレックス複合体

上記のとおり、カチオン性脂質と遺伝子(DNA)との複合体(リポプレックス)は、正に帯電している。一方、pH応答性高分子修飾リポソームは、カルボキシ基に由来する負電荷をもっているため、両者の静電相互作用を利用したリポソーム－リポプレックス複合体の作製を試みた(**図3**)[23)24)]。リポプレックスとSucPG修飾リポソームを混合し、原子間力顕微鏡を用いて観察したところ、リポプレックスのみでは滑らかな表面をもつ200 nm程度の粒子が観察されたのに対して、SucPG修飾リポソームを混合した場合は、70 nm程度の球状粒子が表面に吸着したラフな表面構造をもつ粒子が観察された[24)]。SucPG修飾リポソームに事前に蛍光色素を封入しておき、複合化後の蛍光強度およびDNAの複合化量を調べたところ、蛍光色素の漏出やDNAの放出は確認されなかった[25)]。したがって、リポプレックス・SucPG修飾リポソームがそれぞれの構造を維持したまま、リポプレックス上にリポソームが吸着したハイブリッド複合体が形成したものと考えられる。リポソームの表面吸着の結果、最表面の高分子に由来する負電荷によって、細胞に対するアフィニティは低下するが、細胞特異的なリガンドを導入することで複合体の取り込みを改善することができる。たとえば、がん細胞に高発現しているトランスフェリンレセプターに対するリガ

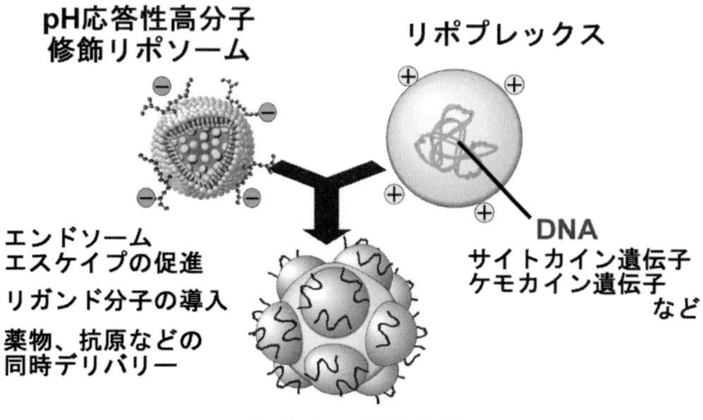

図3　リポソーム-リポプレックス複合体による抗原・遺伝子同時デリバリーシステム。pH応答性高分子修飾リポソームの負電荷と、リポプレックスの正電荷の相互作用によりハイブリッド複合体が形成される。リポソームには細胞特性を与えるためのリガンド分子を導入可能である。さらに、リポソーム内に薬物や抗原タンパク質を封入し、免疫活性化にはたらく遺伝子を含むリポプレックスを用いれば、両者を同時にデリバリーし、効果的な免疫を誘導するナノキャリアシステムが構築できる。

ンドとしてトランスフェリンを複合体に導入すると、その遺伝子導入活性が劇的に増加した[26]。複合体の細胞内動態を調べたところ、リポプレックスのみではエンドソームにトラップされていたのに対して、pH応答性高分子修飾リポソームを複合化したハイブリッド複合体は一部のDNAがサイトゾルへ放出されていた[27]。これはpH応答性高分子修飾リポソームがエンドソームの弱酸性pHに応答して膜融合性となり、DNAのエンドソームエスケイプを促進したことを示している。さらに、カチオン性をもつリポプレックスが細胞に対して毒性を示すのに対し、pH応答性高分子修飾リポソームの複合化によって毒性が軽減されるだけでなく、著しく高い遺伝子導入活性を導いた[28]。

4.2 リポソーム-リポプレックス複合体の抗原デリバリーシステムとの併用

リポソーム-リポプレックス複合体は、リポプレックス内に核酸を、リポソーム内に薬物を搭載可能である。このような複合体を用いると、細胞への核酸と薬物の同時デリバリーシステムが構築できる(図3)。これまでに、抗原タンパク質と、免疫細胞の活性化に関わるサイトカイン遺伝子[25]またはリンパ節への遊走に関わるケモカイン遺伝子[29]を同一の免疫細胞に運搬することに成功している。このような多重デリバリーキャリアを、後述する抗原デリバリーシステムと併用することによって、免疫誘導システムのさらなる高活性化が実現できる。

5 pH応答性高分子修飾リポソームを基盤とした抗原デリバリーシステム

5.1 免疫療法

近年、外科手術・化学療法・放射線療法に次ぐ第4のがん治療として、免疫療法が注目されている。とくに、がん免疫の抑制に関わる免疫チェックポイント分子に対する抗体医薬の成功によって、がん免疫療法の有効性が広く認知されるようになり、企業・研究者による免疫療法の研究開発が活発化している。一方で、免疫チェックポイント阻害剤は、ごく一部の患者には劇的な治療効果を示すものの、残りのがん患者にはほとんど治療効果を示さないことがわかっている[30]。これは、腫瘍特異的な細胞傷害性Tリンパ球(CTL)が誘導されていないことが原因と考えられている[30)-32]。したがって、免疫チェックポイント阻害剤が効果を示さない患者に対して腫瘍特異的なCTLを誘導することができれば、劇的な治療効果を達成できると期待される。

5.2 樹状細胞

CTLの誘導に関わるもっとも重要な細胞は、樹状細胞である。樹状細胞は専門的抗原提示細胞の一種であり、末梢組織において異物を取り込み、細胞内で処理して、異物に対する免疫反応を始動させる。樹状細胞は主要組織適合遺伝子複合体(MHC)クラスⅠ、Ⅱの両方をもち、CTLを中心とする細胞性免疫とヘルパーT(Th)細胞を中心とする液性免疫の両方を活性化することができるため、免疫療法のターゲット細胞として注目されている[33]。サイトゾルに存在する抗原はMHCクラスⅠ分子上に提示されて細胞性免疫を誘導する一方、エンドソーム内の抗原はMHCクラスⅡ分子上に提示されて液性免疫を誘導するため、細胞内における抗原の動態制御が、免疫療法達成のための鍵となる。

5.3 pH応答性高分子修飾リポソームの抗原キャリア機能

pH応答性高分子修飾リポソームは、上述のとおり、エンドソームの弱酸性pHに応答して膜融合し、サイトゾルに内包物を放出できる。そこで、本リポソームを樹状細胞への抗原デリバリーキャリアへと展開した。SucPG修飾リポソームやMGluPG修飾リポソームは、期待どおり樹状細胞のサイトゾルにモデル抗原タンパク質(オボアルブミン, OVA)を導入した[34]。興味深いことに、SucPGやMGluPGの表面修飾によってリポソームが負に帯電しているにもかかわらず、樹状細胞によるリポソームの取り込みは、未修飾リポソームに比べて5倍以上となった[34]。樹状細胞やマクロファージには、負に帯電した表面を認識するスカベンジャー受容体が存在していることから、SucPG・MGluPGに由来する負電荷がこれらの受容体に認識されて効率よく取り込まれたものと考えられる。サイトゾルへの抗原デリバリーによって、MHCクラスIを介した抗原提示が起こり、マウス脾臓におけるOVA特異的なCTL誘導が確認された[35]。さらに、OVAを発現したがん細胞(E.G7-OVA細胞)を接種して腫瘍を形成させたマウスにOVA封入MGluPG修飾リポソームを皮下投与すると、腫瘍の縮退が確認された(図4)[35]。腫瘍組織切片を観察すると、CD8陽性細胞の腫瘍組織への浸潤、およびアポトーシスやネクローシスしたがん細胞が多数観察されたことから、pH応答性高分子修飾リポソームの投与によって誘導されたOVA特異的なCTLが腫瘍組織に移行して、OVA発現がん細胞を殺傷したことが示された(図4)[25]。

5.4　カチオン性脂質を導入したpH応答性高分子修飾リポソーム

効果的な免疫誘導のためには、抗原のサイト

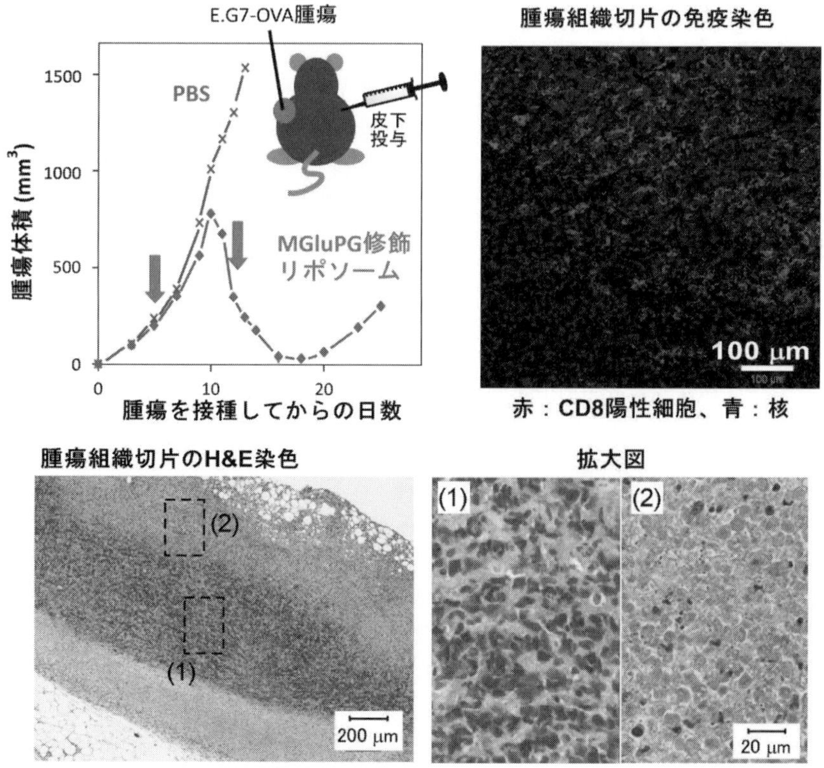

図4　pH応答性高分子修飾リポソームによる抗腫瘍免疫の誘導。E.G7-OVA細胞を接種して腫瘍を形成させたマウスに、OVAを封入したMGluPG修飾リポソームを2回(5, 12日目)皮下投与した。13日目に腫瘍組織を回収し、切片の免疫染色とH&E染色を行った。腫瘍組織へのCD8陽性細胞の浸潤が確認され、核が損傷を受けた細胞(1)・アポトーシスして核を失った細胞(2)が確認された。
25)より許可を得て転載
※口絵参照

ゾルデリバリーに加えて、樹状細胞を活性化するアジュバント作用が必須である。アジュバント作用をもつ分子として、トル様受容体(TLR)リガンド(モノホスホリルリピドA(MPLA), CpG-ODN, poly(I：C), イミキモド)などが知られており、リポソームや抗原キャリアへの導入が試みられている。我々は、生物由来のTLRリガンドの代わりに、より安価に化学合成可能なカチオン性脂質に注目した。pH応答性高分子修飾リポソームに、3,5-ジドデシルオキシベンズアミジン(3,5-Didodecyloxybenzamidine)を導入すると、樹状細胞によるリポソームの取り込み、サイトカイン産生能が向上し、担がんマウスに対する抗腫瘍効果も増強された[36]。カチオン性脂質をリポソーム膜に導入した場合、カチオン性脂質を含まない場合よりもゼータ電位がより負の値を示した。これは、脂質膜上にカチオン性脂質が存在することで、カルボキシ基をもつpH応答性高分子が静電相互作用によってより多く固定化されたことを示唆している。また、カチオン性脂質を含まないリポソームが主にサイトゾルへ抗原をデリバリーしたのに対し、カチオン性脂質を含むリポソームは、サイトゾルだけでなくエンドソーム内にも抗原をリリースした[36]。これは静電相互作用によってpH応答性高分子がリポソーム膜上に束縛され、エンドソーム膜よりも自身のリポソーム膜を不安定化した結果、エンドソーム内に抗原を放出したものと考えられる。この結果を反映して、MHCクラスⅡによる抗原提示とTh1応答を示す抗体産生が増加した[36]。したがって、カチオン性脂質導入による抗腫瘍効果の増強は、抗原のサイトゾルデリバリーによって誘導されたCTLが、抗原のエンドソーム内放出により誘導されたTh1細胞によってさらに活性化されたことによるものと考えられる。

5.5 カードラン誘導体修飾リポソーム

樹状細胞は、バクテリアの細胞壁に存在する特定の多糖を認識するレクチンを有している。そこで、これらのレクチンに認識される多糖をpH応答性高分子の主鎖骨格に利用すれば、pH応答特性とアジュバント作用を併せもつ多機能性多糖が開発できるのではないかと考えた。代表的なβグルカンの1つであるカードラン、酵母由来のマンナンは、それぞれDectin-1、Dectin-2に認識されることが知られている。カードラン・マンナンにpH応答性基としてMGlu基を導入したところ、MGlu基を導入すればするほど多糖によるアジュバント作用が高まった[37]。MGlu化カードランを表面修飾したリポソームは樹状細胞に効率よく取り込まれ、サイトゾルにOVAをデリバリーしたことから、この多糖誘導体が、細胞内デリバリー機能とアジュバント作用を併せもつことがわかった[37]。MGlu化カードラン修飾リポソームは、脂質系アジュバントであるMPLAを含まない条件でも腫瘍が消失するほど強力ながん治療効果を示したことから、アジュバントフリーな抗原キャリアとして期待される。

6 おわりに

本稿では、pH応答性リポソームの設計と、pH応答特性を利用した遺伝子・抗原デリバリーシステムの開発について述べた。適切なp*K*aをもつpH応答性材料をリポソームに組み込むことで、DNAや抗原のエンドソームエスケイプが促進され、遺伝子導入や細胞性免疫の誘導を達成できることが明らかとなった。これらの技術は、遺伝子治療・再生医療・免疫療法などの次世代医療を実現するための基盤となるものである。今後、我々のpH応答性システムを含め、さまざまな高性能pH応答性キャリアが開発され、医療技術の革新に大きく寄与することを強く望んでいる。

文　献

1) D.C. Litzinger and L. Huang : *Biochim. Biophy. Acta*, **1113**, 201 (1992).
2) R. Reddy, F. Zhou, L. Huang, F. Carbone, M. Bevan and T. B. Rouse : *J. Immunol. Methods*, **141**, 157 (1991).
3) R. Tachibana, H. Harashima, M. Shono, M. Azumano, M. Niwa, S. Futaki and H. Kiwada : *Biochem. Biophys. Res. Commun.*, **251**, 538 (1998).
4) T. Doura, M. Yamada, R. Teranishi, Y. Yamamoto, T. Sugimoto, E. Yuba, A. Harada and K. Kono : *Langmuir*, **31**, 5105 (2015).
5) K. Kono, R. Ikeda, K. Tsukamoto, E. Yuba, C. Kojima and A. Harada : *Bioconju. Chem.*, **23**, 871 (2012).
6) S. Iwashita, Y. Hiramatsu, T. Otani, C. Amano, M. Hirai, K. Oie, E. Yuba, K. Kono, M. Miyamoto and K. Igarashi : *J. Biomat. Appl.*, **27**, 445 (2012).
7) E. Yuba, Y. Nakajima, K. Tsukamoto, S. Iwashita, C. Kojima, A. Harada and K. Kono : *J. Control. Release*, **160**, 552 (2012).
8) K. Kono, S. Nakashima, D. Kokuryo, I. Aoki, H. Shimomoto, S. Aoshima, K. Maruyama, E. Yuba, C. Kojima, A. Harada and Y. Ishizaka : *Biomaterials*, **32**, 1387 (2011).
9) T. Takahashi, E. Yuba, C. Kojima, A. Harada and K. Kono : *Res. Chem. Intermed.*, **35**, 1005 (2009).
10) K. Borden, K. Eum, K. Langley, J. Tan, D. Tirrell and C. Voycheck : *Macromolecules*, **21**, 2649 (1988).
11) J.L. Thomas and D.A. Tirrell : *Acc. Chem. Res.*, **25**, 336 (1992).
12) D. Tirrell, D. Takigawa and K. Seki : *Ann. NY Acad. Sci.*, **446**, 237 (1985).
13) N. Murthy, J.R. Robichaud, D.A. Tirrell, P.S. Stayton and A.S. Hoffman : *J. Control. Release*, **61**, 137 (1999).
14) C.A. Lackey, N. Murthy, O.W. Press, D.A. Tirrell, A.S. Hoffman and P.S. Stayton : *Bioconju. Chem.*, **10**, 401 (1999).
15) M. Maeda, A. Kumano and D. Tirrell : *J. Am. Chem. Soc.*, **110**, 7455 (1988).
16) S. Flanary, A.S. Hoffman and P.S. Stayton : *Bioconju. Chem.*, **20**, 241 (2009).
17) S. Foster, C.L. Duval, E.F. Crownover, A.S. Hoffman and P.S. Stayton : *Bioconju. Chem.*, **21**, 2205 (2010).
18) K. Kono, K. Zenitani and T. Takagishi T : *Biochim. Biophys. Acta*, **1193**, 1 (1994).
19) K. Kono, T. Igawa and T. Takagishi : *Biochim. Biophys. Acta*, **1325**, 143 (1997).
20) N. Sakaguchi, C. Kojima, A. Harada and K. Kono : *Bioconju. Chem.*, **19**, 1040 (2008).
21) E. Yuba, Y. Kono, A. Harada, S. Yokoyama, M. Arai, K. Kubo and K. Kono : *Biomaterials*, **34**, 5711 (2013).
22) S. Hama, H. Akita, R. Ito, H. Mizuguchi, T. Hayakawa and H. Harashima : *Mol. Ther.*, **13**, 786 (2006).
23) K. Kono, Y. Torikoshi, M. Mitsutomi, T. Itoh, N. Emi, H. Yanagie and T. Takagishi : *Gene Ther.*, **8**, 5 (2001).
24) N. Sakaguchi, C. Kojima, A. Harada, K. Koiwai, K. Shimizu, N. Emi and K. Kono : *Biomaterials*, **29**, 1262 (2008).
25) E. Yuba, Y. Kanda, Y. Yoshizaki, R. Teranishi, A. Harada, K. Sugiura, T. Izawa, J. Yamate, N. Sakaguchi, K. Koiwai and K. Kono : *Biomaterials*, **67**, 214 (2015).
26) N. Sakaguchi, C. Kojima, A. Harada, K. Koiwai, N. Emi and K. Kono : *Bioconju. Chem.*, **19**, 1588 (2008).
27) E. Yuba, C. Kojima, N. Sakaguchi, A. Harada, K. Koiwai and K. Kono : *J. Control. Release*, **130**, 77 (2008).
28) N. Sakaguchi, C. Kojima, A Harada, K. Koiwai and K. Kono : *Biomaterials*, **29**, 4029 (2008).
29) E. Yuba, Y. Kanda, A. Harada and K. Kono : *J. Control. Release*, **259**, e29 (2017).
30) P.C. Tumeh, C.L. Harview, J.H. Yearley, I.P. Shintaku, E.J.M Taylor, L. Robert, B. Chmielowski, M. Spasic, G. Henry, V. Ciobanu, A.N. West, M. Carmona, C. Kivork, E. Seja, G. Cherry, A. Gutierrez, T.R. Grogan, C. Mateus, G. Tomasic, J.A. Glaspy, R.O. Emerson, H. Robins, R.H. Pierce, D.A. Elashoff, C. Robert and A. Ribas : *Nature*, **515**, 568 (2014).
31) N.A. Rizvi, M.D. Hellmann, A. Snyder, P. Kvistborg, V. Makarov, J.J. Havel, W. Lee, J. Yuan, P. Wong, T.S. Ho, M.L. Miller, N. Rekhtman, A.L. Moreira, F. Ibrahim, C. Bruggeman, B. Gasmi, R. Zappasodi, Y. Maeda, C. Sander, E.B. Garon, T. Merghoub, J.D. Wolchok, T.N. Shumacher and T.A. Chan : *Science*, **348**, 124 (2015).
32) W. Hugo, J.M. Zaretsky, L. Sun, C. Song, B.H. Moreno, S. Hu-Lieskovan, B. Berent-Maoz, J. Pang, B. Chmielowski, G. Cherry, E. Seja, S. Lomeli, X.

Kong, M.C. Kelley, J.A. Sosman, D.B. Johnson, A. Ribas and R.S. Lo：*Cell*, **165**, 35(2016).

33) I. Mellman and R.M. Steinman：*Cell*, **106**, 255 (2001).

34) E. Yuba, C. Kojima, A. Harada, Tana, S. Watarai and K. Kono：*Biomaterials*, **31**, 943(2010).

35) E. Yuba, A. Harada, Y. Sakanishi, S. Watarai and K. Kono：*Biomaterials*, **34**, 3042(2013).

36) Y. Yoshizaki, E. Yuba, N. Sakaguchi, K. Koiwai, A. Harada and Kono K：*Biomaterials*, **35**, 8186(2014).

37) E. Yuba, A. Yamaguchi, Y. Yoshizaki, A. Harada and K. Kono：*Biomaterials*, **120**, 32(2017).

応用編

第2章　pH 応答性
第6節　pH 応答性ペプチド集合体の構築とナノゲート材料への応用

名古屋工業大学　樋口 真弘

1　はじめに

生物は外界の情報を刺激として受容し、これに対して、適切な応答を行うことで、その生命活動を維持している。この刺激応答の図式は細胞レベルにおいても成立し、個々の細胞における細胞内および外部からの情報の受容・変換・伝達が組織や生物全体の恒常性の維持を行っている[1)-5)]。とくに、細胞外情報の受容・変換・伝達は、タンパク質が脂質二分子膜で自己組織化的に形成するイオンチャネルにより担われている。この生体での情報受容・変換・伝達機能を模倣し、ナノレベルのセンシング素子や情報変換素子を構築する試みが盛んになされてきた。材料科学的にこれら生体模倣型の機能素子を構築する場合、タンパク質のモデル分子として、ペプチド分子を用いることが有効である。ペプチドはタンパク質同様アミノ酸の重合体であり、そのアミノ酸配列等、その一次構造を任意に設計することで、分子内水素結合により棒状形態をとるヘリックス構造、分子間水素結合で形成される分子膜集合体を形成するシート構造、および、不定形のランダムコイル構造の二次構造を形成し、この二次構造体の自己組織化による合目的的な機能性分子集合体である高次構造体を形成することが可能である。

生体での情報の受容・変換・伝達機能を模倣した材料として、刺激応答性ペプチド膜に関する研究が数多くされている。木下らは、光・pH 等、種々の刺激によるペプチドのヘリックス－コイル転移に基づく、膜を介する物質輸送制御や、膜電位変化による情報変換材料に関して報告し[6)-8)]、“Biomembrane Mimetic Systems”として、総説[9)]に詳細にまとめているので参照頂きたい。また、ペプチド合成に関し従来の逐次重合とは異なる、アミノ酸配列が規制された簡便なペプチド合成法“片面けん化反応”[10)]を開発し、棒状分子である α-ヘリックスの片側側面のみを選択的に親水化する手法を報告した。同分子は脂質二分子膜中でその親水性部分を向け合い会合し、膜中にイオンチャネル様の親水性孔を形成すること[11)]、さらにその孔の開閉を光等外部刺激で開閉可能である[12)]ことを報告した。加えて、筆者らは、α-ヘリックスのマクロダイポールを一軸・垂直配向させた分子膜が、有効な電子メディエータとして機能[13)]し、酸化還元反応場として有効である[14)]ことを報告している。

本節では、とくに、ペプチドの分子間水素結合により形成されるシート状構造体の構造を pH により可逆的に変化させることで、同構造体を介する物質輸送特性を制御した例に関して、D 体と L 体の分離比が 26 を示す光学分離分子膜と、微小 pH 変化に応答する DDS 担体のナノゲートに関して我々の研究を紹介する。

2 β-シートペプチドより成る分子膜のpHによる構造転移とその膜透過特性制御

我々は、本来pH応答性をもたず、安定なα-ヘリックス構造を形成する、ポリ(γ-メチル-L-グルタメート)やポリ(L-ロイシン)を、高分子電解質であるポリアリルアミンの側鎖にグラフトさせることで、pH変化に伴い、可逆的にα-ヘリックスとβ-シート間の二次構造転移が誘起されることを見出した。この二次構造転移に伴い、β-シート構造が誘起される酸性条件の水溶液中において、アミロイド様の繊維状集合体[15)-17)]を経て、階層的なシート状の分子膜[18)]が形成された(**図1**)。この機構は、次のように説明される。塩基性条件下では、主鎖ポリアリルアミンのアミノ基が脱プロトン化し、グラフト鎖であるペプチド鎖がその疎水性相互作用により凝集してミセル様の球状会合体を形成する。酸性条件下では、ポリアリルアミンのアミノ基がプロトン化することで、その静電反発によりペプチドグラフト鎖の凝集が抑制され、α-ヘリックス構造を形成していたペプチドの分内水素結合が、分子間水素結合にかけ変わり、ペプチドグラフト鎖がβ-シート構造へと転移する。この二次構造転移をトリガーとして、アミロイド繊維形成、繊維の集合、シート化、さらには、繊維の積層が生じたものと考えられる。すなわち、β-シート構造の形成が、ペプチドのアミノ酸シーケンスのみで決まるのではなく、ペプチド鎖の空間配置が重要な影響を及ぼし、ペプチド鎖の空間配置を適度に制御することで、効率的な分子内水素結合(α-ヘリックス構造)から分子間水素結合(β-シート構造)への転移が生じることを明らかにした。そこで、界面において、このシート状会合体を形成し、

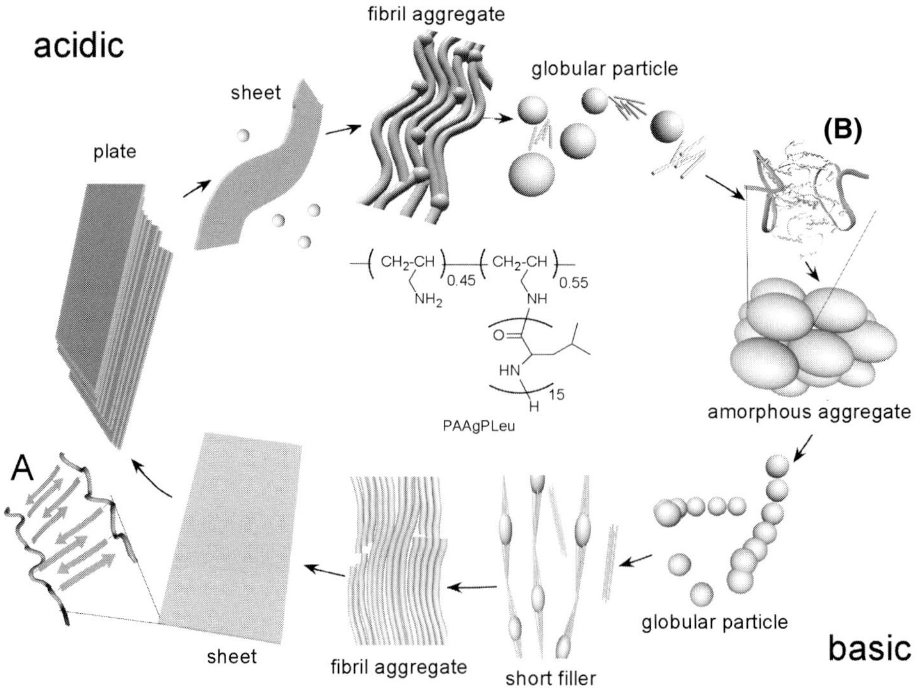

図1　ポリ(L-ロイシン)をグラフトしたポリアリルアミン(PAAgPLeu)の水溶液中でのpH変化に伴う階層的な構造変化の模式図。主鎖ポリアリルアミンの重量平均分子量は10000、側鎖ポリ(L-ロイシン)グラフト鎖の重合度は15、グラフト率は55%。

pHによりその構造を変化させることで(図1の(A)の状態と(B)の状態をpHにより制御)、刺激応答性分離膜、とくに、光学分離膜の構築を試みた[18]。これは、気-液界面に形成したβ-シートペプチド分子膜が、同じ光学活性を有するアミノ酸を特異的に吸着する[19]ことを利用したものである。

ポリ(L-ロイシン)をグラフトしたポリアリルアミン(PAAgPLeu)は気-液界面において安定な単分子膜を形成した。多層型LBトラフを用いて、酸性(pH 3.0)、塩基性(pH 9.5)、さらに再び酸性(pH 3.0)の界面に単分子膜を移動させた際の、表面積変化と、膜のモルフォロジー変化を**図2**に示した。測定は、表面圧を10 mN/mに制御して行った。モルフォロジーは、酸性(pH 3.0)および塩基性(pH 9.5)条件下で形成した単分子膜を、LB法により1層マイカ上に転写したものを、AFMを用いて観察した。酸性条件下の界面では、PAAgPLeu単分子膜は、シート状の形態をとり、塩基性界面に同単分子膜を移動させると、その膜面積が減少し、凝集することがわかる。再び、酸性条件の

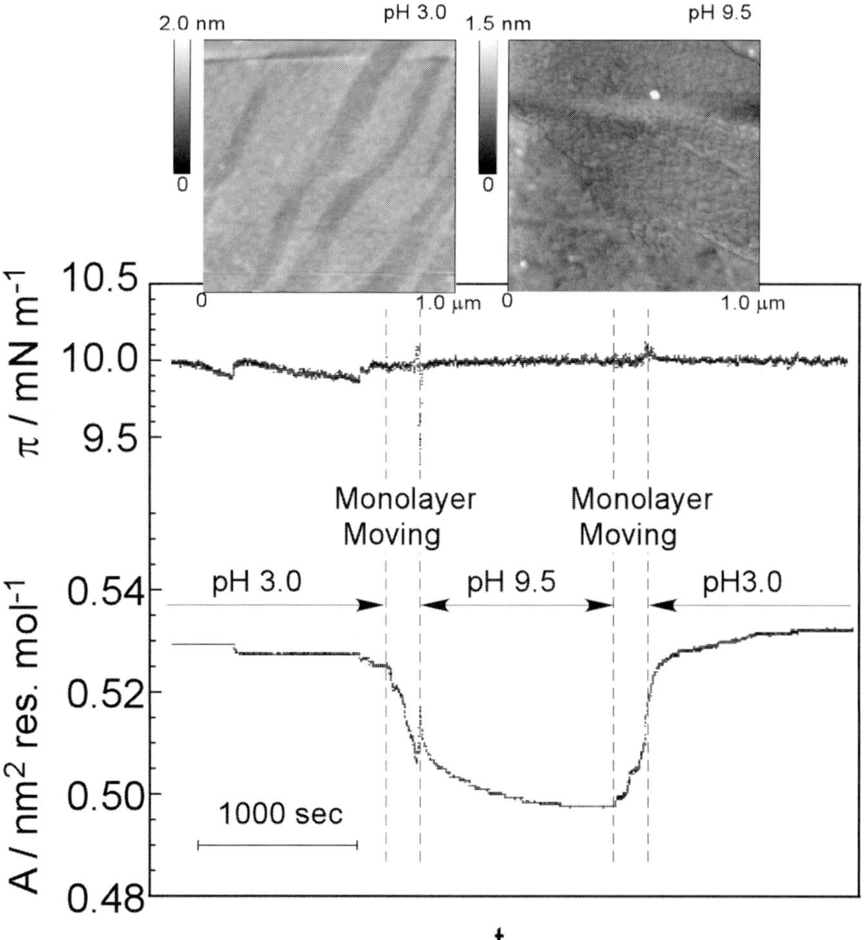

図2　PAAgPLeu単分子膜の酸性(pH 3.0)、塩基性(pH 9.5)、さらに再び酸性(pH 3.0)の界面に移動させた際の、表面積変化と、膜のモルフォロジー変化。表面圧は10 mN/mに制御。AFM観察は各条件の界面で形成した単分子膜を表面圧10 mN/mで、マイカ上に累積して行った。

界面に移動させると、元の膜面積を回復した。そこで、各pH条件にて形成されるPAAgPLeu単分子膜中の側鎖ポリ(L-ロイシン)鎖の二次構造を、FTIRを用いて評価した。測定は先と同じ条件下、10 mN/mにおいて、酸性(pH 3.0)および塩基性(pH 9.5)条件の界面上で形成したPAAgPLeu単分子膜、および、酸性(pH 3.0)条件の界面から塩基性(pH 9.5)条件下の界面に膜を移動した後のPAAgPLeu単分子膜を、それぞれ、CaF_2上に累積して行った。結果を**図3**に示す。酸性条件の界面上では側鎖ポリ(L-ロイシン)鎖は、β-シート構造に富む構造(86%)をとり、一方、塩基性条件下の界面上では、β-シート構造が減少し、α-ヘリックス構造が形成された(5%から、34%に増加)。この二次構造の違いが、先の膜のモルフォロジーの違い、すなわち、酸性性条件下の界面上でシート状の構造を形成したものと考えられる。また、酸性条件の界面から塩基性条件下の界面に膜を移動することで、二次元場においても側鎖ポリ(L-ロイシン)鎖は、水溶液中と同様にα-ヘリックス構造へと転移した。一般に、β-シート構造は分子間の多点での水素結合を形成するので、二次構造転移は起こりにくいと考えられているが、本系のように主鎖の静電相互作用を利用し、側鎖ペプチド鎖の空間配置を制御することで、その二次構造転移を誘起させることが可能であることがわかった。

そこで、このPAAgPLeu分子膜の構造転移に伴う、膜機能、とくに光学分離能[20]を評価した。PAAgPLeu分子膜は、モンタールセル中のピンホールに、張り合わせ法によって形成して(**図4**(a))、その機能を、生体膜、とくにチャネルタンパク質の機能評価に用いられる電気化学手法を用いて評価した[21]。はじめに、分子膜の形成を、三角電位印加に伴うキャパシタンス

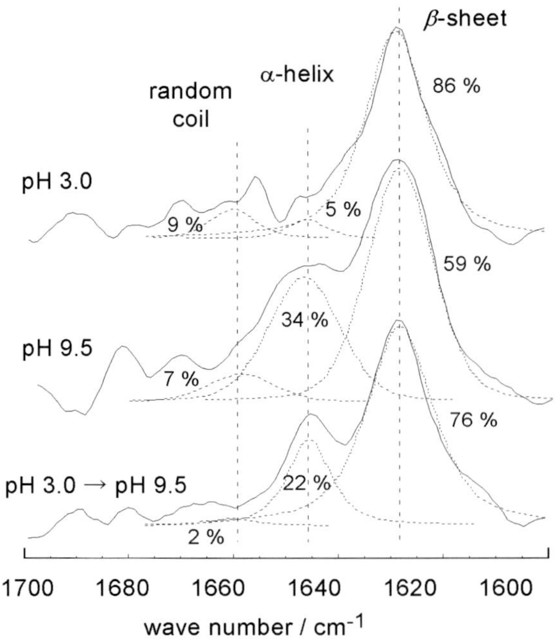

図3 酸性(pH 3.0)および塩基性(pH 9.5)条件の界面上で形成したPAAgPLeu単分子膜、および、酸性(pH 3.0)条件の界面から塩基性(pH 9.5)条件下の界面に膜を移動した後のPAAgPLeu単分子膜のFTIRスペクトル。測定はCaF2上に10 mN/mで累積した膜を測定した。二次構造分率は、各二次構造に基づくスペクトルに波形分離して得た。

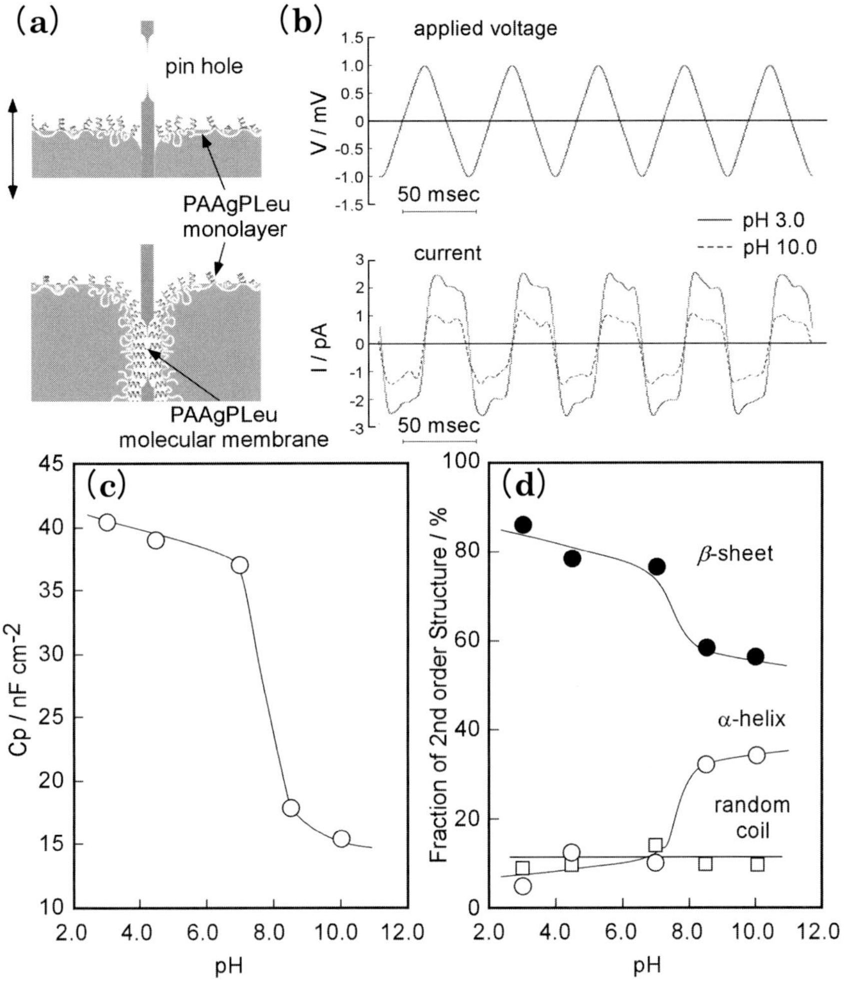

図4　(a)張り合わせ法による PAAgPLeu 分子膜の形成。モンタールセル中で気−液界面に PAAgPLeu 単分子膜を形成し、界面を上下させることで、ピンホールに PAAgPLeu 分子膜を形成する。(b)三角電位印加(1 mV, 16.7 Hz)に伴う PAAgPLeu のキャパシタンス応答電流。電解質には、0.1 M KCl を使用。(c)各 pH におけるキャパシタンス応答電流から求めた PAAgPLeu 分子膜のキャパシタンス。(d)各 pH 条件での PAAgPLeu 単分子膜中のポリロイシングラフト鎖の二次構造分率。測定、および、解析は、図3と同様に行った。

電流より評価した。図4(b)に電解質に 0.1 M KCl を用い、pH 3.0 および pH 10.0 において形成した PAAgPLeu 分子膜に、1 mV, 16.7 Hz の三角電位を印加した際の応答電流を示す。いずれの場合においても、応答電流は矩形波を示し、PAAgPLeu 分子膜はコンデンサーとして機能していることがわかる。このキャパシタンス電流値から、各 pH で形成した PAAgPleu 分子膜の静電容量[22]を求めた(図4(c))。pH 7.0 を境に、酸性条件で形成した PAAgPLeu 分子膜の静電容量(pH 3.0：40 nF cm^{-2})が、塩基性条件下で形成したもの(pH 10.0：15 nF cm^{-2})に比べ、大きな値を示した。この結果は、PAAgPLeu 分子膜は酸性条件下で、薄い緻密な分子膜を形成していることを示唆している。そこで、各条件で形成した PAAgPLeu 分子膜中のポリ(L−ロイシン)グラフト鎖の二次構造(図4(d))との関連を検討したところ、膜のキャパシタンスと側鎖ポリ(L-ロイシン)のβ-シート含率には、よい相関が認められた。この結果は、次のように説明できる。酸性条件下において、主鎖ポリアリルアミンが乖離状態にある場合(PAAgPLeu 主鎖アミノ基側鎖アミノ基の p*K*a は 7.0[19])、その静電反発によりポリ(L-ロイシン)グラフト鎖の疎水性相互作用による急速な凝集が阻害されて、分子間水素結合によるβ-シート構造へと転移することで緻密な分子薄膜が形成されたためと考えられる。このことは、図2に示したPAAgPLeu 界面単分子膜のモルフォロジーからも示唆される。加えて、いずれのpH条件下で形成させたPAAgPLeu 分子膜の破壊電圧は、500 mV 以上であった。平面脂質膜の破壊電圧が170 mV であることから、共有結合で連結されている両新媒性化合物、PAAgPLeu, は、安定な分子膜を形成することがわかる。

Schlenoff ら[23]は、ペプチド膜を用いた光学活性物質の膜分離を報告している。我々は、pH 刺激により構造が変化するPAAgPLeu 分子膜を用いて、アミノ酸の透過性、および光学選択透過性の制御を試みた。膜透過は、先と同様に、種々のpH条件下でモンタールセル中のピンポールにPAAgPLeu 分子膜を形成し、電解質にLあるいはD体のロイシンを用い、膜を介する電流を測定し、そのコンダクタンスから評価した。**図5**に種々のpH条件で形成したPAAgPLeu 分子膜を介する、LおよびD-Leu の膜透過に起因する電流値を印加電圧に対して

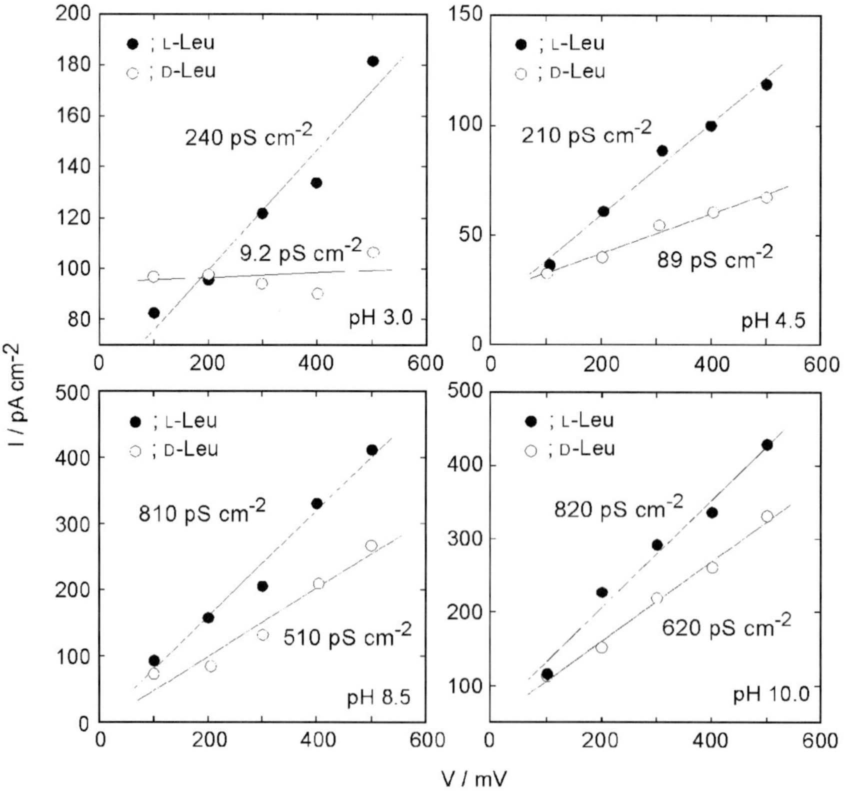

図5　各pHにおけるPAAgPLeu分子膜を介するL-およびD-Leuの膜透過性。印可電圧に対する透過電流の値より、単位膜面積あたりのコンダクタンスとして膜透過性を評価した。L-およびD-Leuの濃度は0.1 Mとした。

プロットした結果を示す。ロイシンの濃度は0.1 M とした。膜透過性、すなわちコンダクタンスの値は、酸性領域、すなわちポリ(L-ロイシン)グラフト鎖がβ-シート構造をとる領域で大幅に低下していることがわかる。これは、塩基性条件下で膜中に形成されたα-ヘリックス構造を有するポリ(L-ロイシン)グラフト鎖の凝集体が膜構造を乱すのに対し、酸性条件下で形成されるポリ(L-ロイシン)グラフト鎖のβ-シートが分子膜構造を安定化させ、緻密膜を形成したためである。このことは、図4でみられたPAAgPLeu分子膜のキャパシタンスが酸性条件下で大きな値をとる、すなわち膜厚が薄い緻密膜を形成していることからもうかがえる。選択透過性に関してみてみると、いずれの条件下でも、L体の透過性の方が大きく、大きなコンダクタンスを示した。そこで、選択透過性の指標として、L-Leu と D-Leu をそれぞれ電解質として用いた際のPAAgPLeu分子膜のコンダクタンスの比 G_L/G_D を pH に対してプロットした(**図6**)。pH 3.0 で調製したPAAgPLeuでは、選択比 G_L/G_D が26と非常に高い値を示した。これは、膜中に形成されたβ-シート構造を有するポリ(L-ロイシン)ドメインが、同じ光学活性を有するL-Leuの結合場として機能する[19]ことで、膜界面でのL-Leu濃度が高まり、L-Leuに対して選択的な透過挙動を示したものと思われる。pH 4.5にて調製した分子膜においても、塩基性条件下(pH 8.5およびpH 10.0)で形成されるα-ヘリックス構造を含む分子膜に比べて、選択比は大きいものの、pH 3.0における選択比に比べ著しく低かった。これは、pH 4.5におけるD-Leuの透過性がpH 3.0に比べて1桁程度大きいためである。pH 3.0とpH 4.5におけるPAAgPLeuのポリ(L-ロイシン)側鎖のβ-シート含率は、86%と78%とその差はそれほど大きなものではない。しかしながら、pH 4.5においてPAAgPLeu分子膜に存在する10%程度のα-ヘリックスが膜構造を部分的に乱したためと考えられる。

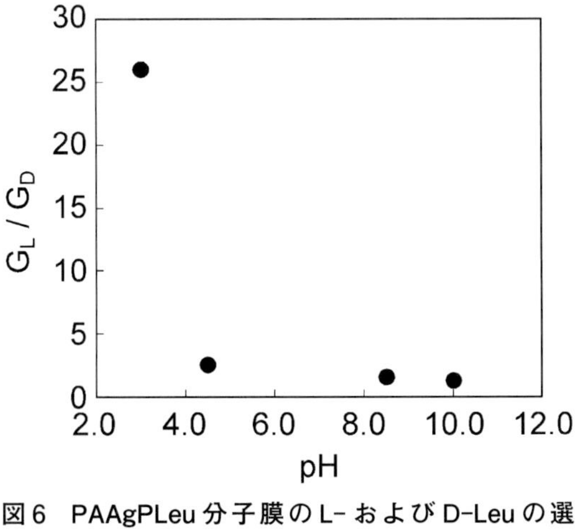

図6　PAAgPLeu 分子膜の L- および D-Leu の選択透過性の pH 依存性。選択透過性比G_L/G_Dは、図5のグラフの傾きであるL- および D-Leu の膜透過によるコンダクタンス値の比として示した。

以上、本来pH応答性を有さないポリロイシン鎖においても、その空間配置を適切に制御することで、分子内水素結合から分子間水素結合への架け替えによる二次構造転移を誘起できることを示した。また、このβ-シート構造より成る分子膜は高いバリヤー性を有するとともに、同じ光学活性を有するアミノ酸の結合場として機能することで、同アミノ酸に対して選択的な透過挙動を示すことを明らかにした。

3　DDS担体のナノゲートとしての微小pH変化に応答するβ-シートペプチド

外部環境に対して高い応答性を有する薬物担持担体は、“必要なときに”、“必要な薬物量を”、“必要としている部位へ”輸送することにより、治療薬のもつ副作用の抑制や薬効の最大化が期待され、古くから多くの研究[24)25)]がなされている。近年、オプジーボに代表される第2世代の分子標的薬が、有効な効果を示すものの、その薬価が高いことが社会的な問題となっている。そこで再注目されているのが、薬物を特定部位、特定環境下で選択的に放出可能な薬物送達システム(DDS)の開発である。このシステムでは、薬効は高いものの、強すぎる副作用のため、治療薬として見捨てられた薬物の使用をも可能となる可能性がある。たとえば、炎症細胞やがん細胞などは、周辺のpHや温度、生体分子濃度が、正常細胞がおかれている環境と異なる[26)27)]。そこで、標的細胞の周辺環境情報を認識し、それに応答し、薬物放出が制御可能な薬物送達担体の構築が待ち望まれている。生体分子の優れた分子認識性や外部環境変化に対する応答性を利用したDDS担体として、たとえば、Chenら[28)]による、メソポーラスシリカ(MSN)表面上に固定化したDNAの可逆的な塩基対形成－解離を利用したナノゲート構築や、Collら[29)]による、MSN表面に固定化したペプチドの酵素分解による薬物放出が報告されている。本項では、前項で高いバリヤー性が確認されたβ-シートペプチド集合体をMSN表面に固定化し、pHによる二次構造変化を利用した、微小pH変化に応答するナノゲートの構築[30)]を紹介する。

MSNはセチルトリメチルアンモニウムブロミドをテンプレートとしたゾル-ゲル法[31)]により調製し、3-アミノプロピルトリエトキシシランを用いて、表面にアミノ基を導入した。**図7**にMSNのTEM像、および、MSNの諸特性を示す。得られたMSNは、TEM像より、短径77 ± 10 nm、長径96 ± 19 nmの楕円体であり、直径数nmのメソ細孔を多数有していることがわかる。DDS用の薬物担持担体では、気道や肺胞に留まらず血液に乗って全身に運ばれるために、100 nm以下の粒子サイズが求められている。これらの結果は今回合成したMSNが、DDS用薬物担持担体として適切な粒子サイズや巨大な空間容量を有していることがわか

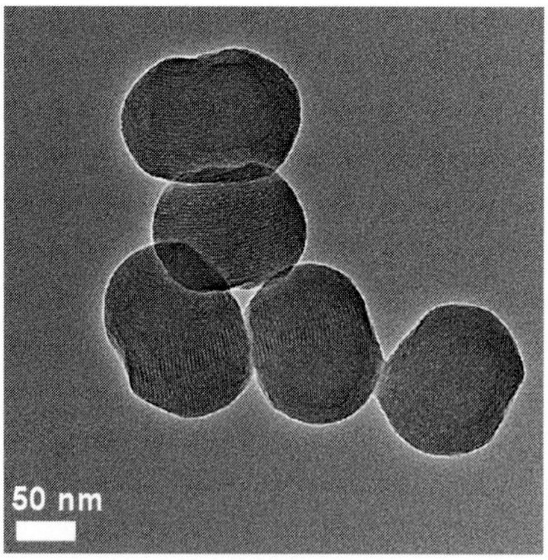

MSN
・pore size; 2.8 nm
・surface area
total; 918 m^2/g
exclude of mesopore; 50.1 m^2/g
・pore volume; 0.88 cm^3/g

NH_2-MSN
・fixed amount of amino group; 4.1 mmol/g

PtOEP loaded NH_2-MSN
・loaded amount of PtOEP; 3.7 mg/g

Pep-MSN
・fixed amount of peptide; 43 μmol/g

PtOEP loaded Pep-MSN
・loaded amount of PtOEP; 8.2 mg/g

図7　MSNのTEM像とその諸特性。NH_2-MSN, Pep-MSNはそれぞれ、アミノ基固定化後、およびペプチド固定化後を示す。MSNの空孔サイズ、比表面積、および空間容量は窒素分子吸脱着実験からBrunaucer-Emmett-Teller(BET)およびBarrett-Joyner-Halenda(BJH)法より求めた。メソ細孔表面積を除いたMSN比表面積は、テンプレート除去前の窒素分子吸脱着実験より求めた。アミノ基、及び、ペプチド固定化量と、NH_2-MSN、および、Pep-MSNへのプラチナムオクタエチルポルフィリン(PtOEP)の担持量は、それぞれ、NH_2-MSN, Pep-MSN、とPtOEP担持NH_2-MSN、および、Pep-MSNのTG-DTA測定による重量減少より求めた。

る。表面にアミノ基を導入した NH_2-MSN に、β-シート形成能を有する親・疎水交互シーケンスを有するペプチド(**図 8**)を導入した。親水性アミノ酸には pH 応答性基として、アミノ基をするリジン(K)を、分散性向上のために中性のセリン(S)を用い、疎水性アミノ酸にはバリン(V)を用いて、*C* 末端には NH_2-MSN の表面アミノ基との結合点として、カルボキシシル基を有するグルタミン酸(E)を導入した。ペプチド固定化量は、シリカ 1 g あたり、43 μmol であり、この値は、アミノ基の固定化量、4.1 mmol/g の 2 桁少ない値（図 7 右）である。このことは、MSN 表面上にはペプチド分子とは未反応であるアミノプロピル基が多く存在していることを示している。ここで、ペプチドの固定化量よりペプチドによる MSN 表面の被覆面積率を

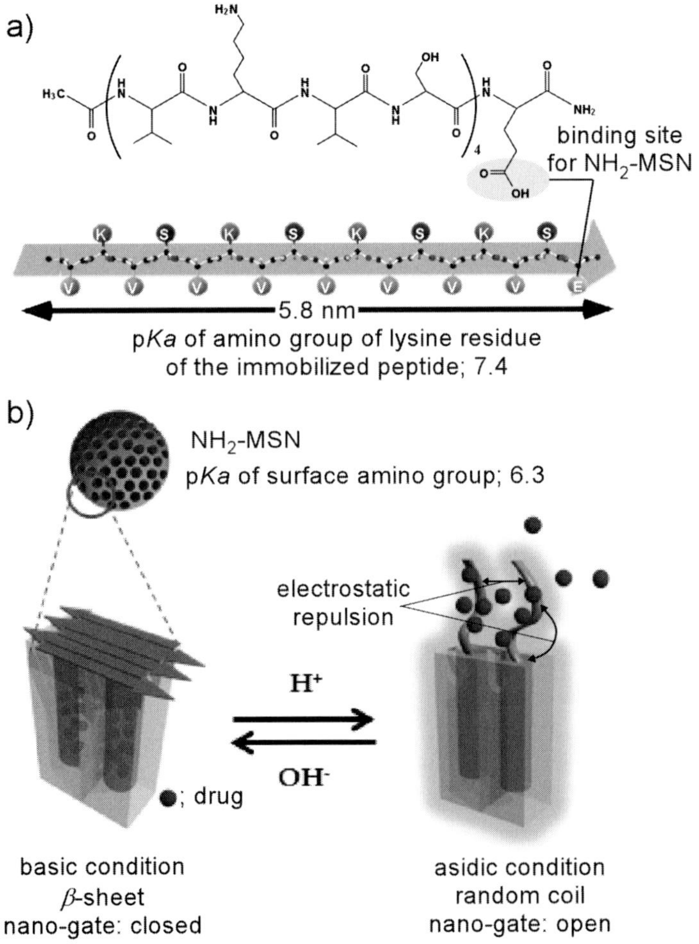

図 8　a) ナノゲートペプチド, Ac-(VKVS)$_4$E-NH_2 (V；バリン，K- リジン，S- セリン，E- グルタミン酸) の分子構造と、b) NH_2-MSN 表面での pH に伴う二次構造変化を利用した、メソ細孔開閉機構の模式図。NH_2-MSN 表面へのペプチドの固定化は、ペプチドの *C* 末端グルタミン酸側鎖カルボキシシル基と NH_2-MSN 表面アミノ基の縮合反応により行った。塩基性条件で β-シート構造をとることで、メソ細孔を塞ぎ、酸性条件下で、ランダムコイル構造をとることで、メソ細孔を開放する。表面固定化 Ac-(VKVS)$_4$E-NH_2 のリジン側鎖アミノ基、および MSN 表面固定化アミノ基の p*K*a はそれぞれ、Pep-MSN 及び NH2-MSN 分散液の pH 滴定より求めた。水溶液中での Ac-(VKVS)$_4$E-NH_2 のリジン側鎖アミノ基の p*K*a は同様に、8.3 と求めた。
※口絵参照

算出した。Ac-(VKVS)$_4$E-NH$_2$ ペプチド分子がβ-シート構造を形成したと仮定したときの分子面積は、2.8 nm^2 である。このペプチド分子がすべてβ-シート構造を形成し、かつ単分子膜としてMSN表面上に平行に横たわり固定化されたと仮定した場合のβ-シートペプチド単分子膜の表面積は、シリカ1gあたり70 m^2 と見積もられる。MSNのメソ細孔表面積を差し引いた比表面積は、50.1 m^2/g(図7右)であるので、β-シート構造を有するAc-(VKVS)$_4$E-NH$_2$ ペプチドの被覆率は140%となる。このことは、Ac-(VKVS)$_4$E-NH$_2$ ペプチドがβ-シート構造を形成した際には、メソ孔が高いバリヤー性を有する分子膜で被覆されることを示し、ナノゲートとして機能することが期待される。

そこで、はじめに、MSN表面に固定化したAc-(VKVS)$_4$E-NH$_2$ ペプチドのpH変化に伴う可逆的な二次構造変化について検討した。結果を**図9**に示す。測定は、pH変化後のPep-MSN分散液を凍結乾燥後、KBr錠剤法でFTIR測定を行い得られた、アミドI領域を各二次構造に帰属されるスペクトルに波形分離し、二次構造分率(図9下表の左)を得た。ここで、凍結乾燥の過程での二次構造変化がないことは、Ac-(VKVS)$_4$E-NH$_2$ ペプチド水溶液のCD測定と、凍結乾燥後のFTIR測定で、同じ二次構造分率を示すことから確かめている[30]。弱塩基性条件下(pH 8.0, 図9(a))におけるMSN表面上に固定化したペプチドの二次構造は主としてアンチパラレルβ-シート構造を取ることがわかった。一方、弱塩基性条件から弱酸性条件下にpHを変化(pH 8.0 → 6.0)させることにより、ペプチドの二次構造は、弱塩基性条件下

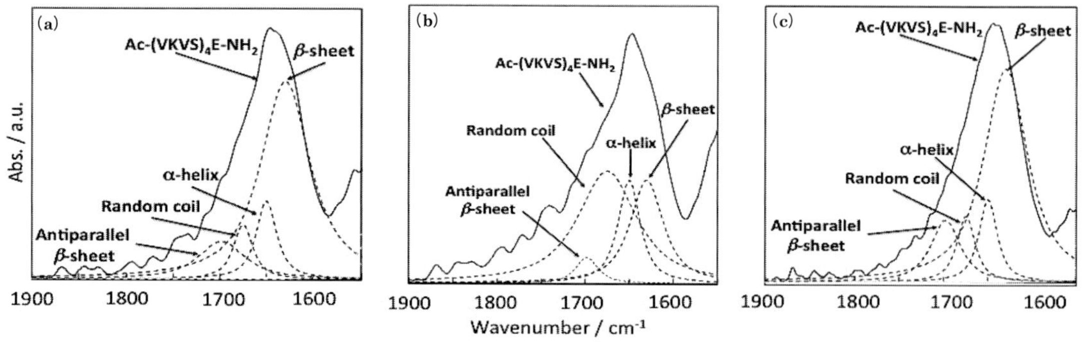

on the NH$_2$-MSN surface				in aqueous soluton			
pH condition	fraction of 2nd order stracture / % α-helix	β-sheet	random coil	pH	fraction of 2nd order stracture / % α-helix	β-sheet	random coil
8.0	13	79	8.0	6.0	7.0	40	53
8.0→6.0	18	27	55	8.0	3.0	53	44
8.0→6.0→8.0	12	78	10				

図9　NH$_2$-MSN表面に固定化したAc-(VKVS)$_4$-NH$_2$ ペプチドのpH変化に伴う二次構造転移。pH変化後のPep-MSN分散液を凍結乾燥後、KBr錠剤法でFTIR測定を行い得られたアミドI領域を、各二次構造に帰属されるスペクトルに波形分離し、二次構造分率(下表の左)を得た。水溶液中でのAc-(VKVS)$_4$-NH$_2$ ペプチドの二次構造を同様に測定し、下表の右に示す。スペクトルは、(a)pH 8.0、(b) pH 8.0から、pH 6.0に変化させた後、および、(c)再びpH 8.0に変化させた後のPep-MSNのスペクトルを示す。

で、β-シート構造の含率が79%であったものが、弱酸性条件下は27%まで劇的に減少した。また、pHを再び弱酸性条件下から弱塩基性条件下(pH 8.0 → 6.0 → 8.0)に戻したとき(図9(c))、表面ペプチドの二次構造は、初期の弱塩基性条件下におけるβ-シート構造(78%)をほぼ回復した。すなわち、MSN表面上に固定化されたAc-(VKVS)$_4$E-NH_2はpH 8.0と6.0間のわずかなpH変化により可逆的にβ-シート-ランダムコイル転移を生じ、有効なナノゲートとして機能することが示唆される。MSN表面上でのペプチドの劇的かつ可逆的なβ-シート-ランダムコイル転移は、次のように説明することができる。Ac-(VKVS)$_4$E-NH_2のリジン側鎖アミノ基のp*K*aは、MSN表面上に固定化されることにより8.3から7.4へとシフトした。このため弱塩基性条件下(pH 8.0)で表面ペプチドのリジン側鎖アミノ基は、脱プロトン化し、安定なアンチパラレルβ-シート構造を形成する。一方、弱酸性条件下(pH 6.0)においてペプチドのリジン側鎖アミノ基は、p*K*aの値を下回るpH環境下にさらされているため、プロトン化する。このプロトン化したリジン側鎖アミノ基間の静電反発によりβ-シート構造が不安定化されランダムコイル構造へと転移すると考えられる。加えてMSN表面には未反応のアミノ基が過剰に存在している。この表面アミノ基のp*K*aは6.3であり、弱酸性条件下では、プロトン化している。このリジン側鎖アミノ基とMSN表面のアミノ基間でのさらなる静電反発が、表面固定化Ac-(VKVS)$_4$E-NH_2のβ-シート構造を崩壊させ、ランダムコイル構造への転移に大きな影響を与えていると考えられる(図8(b))。このことは、水溶液中でのAc-(VKVS)$_4$E-NH_2のpHによる二次構造転移が、固定化Ac-(VKVS)$_4$E-NH_2に比べ小さなことからもうかがわれる(図9下表右)。

そこで、このMSN表面固定化ペプチドのナノゲートとしての特性評価のために、pHによる二次構造変化を利用した薬物放出制御を試みた。モデル薬物は、臨床で用いられている無電荷白金錯体抗がん剤と類似した白金錯体であるプラチナムオクタエチルポルフィリン(PtOEP)を用いた。**図10**(a)にナノゲートであるAc-(VKVS)$_4$E-NH_2を固定化したPep-MSN、および、固定化してないNH_2-MSNのPtOEP放出挙動を示す。放出量は、内包したPtOEPに対する放出量として% releaseで示した。薬物担持担体としてNH_2-MSNを用いた場合に担持されたPtOEPは、弱酸性および塩基性の両条件下で速やかに放出され、いずれも3600秒後には、内包したすべてのPtOEPを放出した。一方、Pep-MSNからのPtOEP放出は、NH_2-MSNと比較し、非常に緩やかなものであった。とくにpH 8.0の塩基性条件下において3600秒後においてもPep-MSNからのPtOEP放出量は、9%であり、残りの91%はメソ細孔中に残存している(図10(a)■)。これは、表面ペプチドがバリヤー性の高いβ-シート構造をとるため、同ペプチドがメソ細孔をふさぐことでナノゲートとして機能し、PtOEPの放出を阻害したためと考えられる。一方、弱酸性条件のpH 6.0では、PtOEPが、メソ細孔から徐々にではあるが徐放されている(図10(a)●)。pH6.0では、メソ細孔を塞いでいたナノゲートであるβ-シートペプチドが、ランダムコイル構造に転移し、メソ細孔が解放されPtOEPの放出量が増大した。そこで、pH 6.0〜8.0間の微小pH変化を用いたPep-MSNの可逆的な薬物放出制御を試みた。図10(b)は、pHを8.0から6.0へ、6.0から8.0へと連続的に変化させたときのPep-MSNの薬物放出挙動を示す。弱酸性条件のpH 6.0で可逆的に放出量の増加が認められた。この結果から、MSN

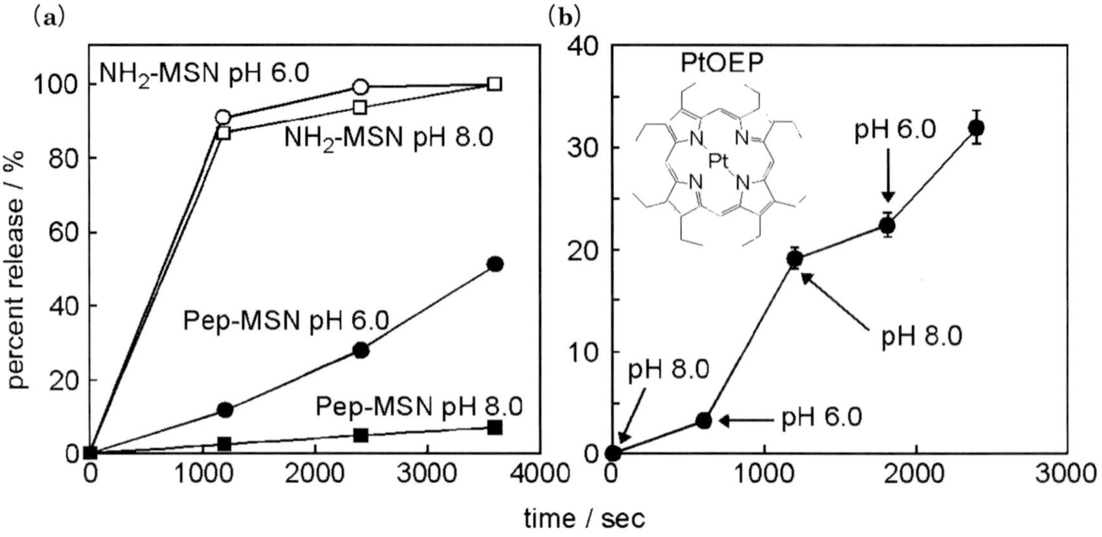

図 10　(a); PtOEt 担持 NH_2-MSN および Pep-MSM からの、pH 6.0 および pH 8.0 における PtOEt 放出曲線。(b); 繰り返しの pH 変化(pH 8.0 → pH 6.0 → pH 8.0 → pH 6.0)に伴う Pep-MSM からの PtOEt 放出曲線。(b)の図中にモデル薬物(プラチナムオクタエチルポルフィリン ; PtOEP)の構造式を示す。PtOEP のメソ細孔への導入は、PtOEP/DCM 溶液中に NH_2-MSN および Pep-MSN を分散させ一晩撹拌することにより行った。NH_2-MSN および Pep-MSN の PtOEP の担持量は、それぞれ、3.7 および 8.2 mg/g である。

表面に固定化した Ac-$(VKVS)_4$E-NH_2 がナノゲートとして効果的に機能し、メソ細孔の開閉が、pH の微小変化によって繰り返し行うことができることを示し、Pep-MSN が環境応答性の薬物送達システムとして有効であることが示された。

4　おわりに

本節では、これまでにあまり対象とされてこなかった、β-シートペプチドを対象として、その pH 刺激による二次構造変化を利用した、物質輸送特性について紹介した。β-シートペプチドは多点での分子間水素結合により安定な分子膜を形成し、高いバリヤー性を有する分子膜を形成した。さらに、この分子膜は、同じ光学活性を有するアミノ酸を特異的に吸着して、そのアミノ酸を選択的に透過性させ、分離膜としての有効性が示された。また、β-シートペプチド分子膜をナノゲートとして用いることで、pH 刺激によるその二次構造変化を利用し、メソポーラスシリカ内部に封入した物質の放出挙動の制御が可能であった。一般的に、β-シートから、α-ヘリックスやランダムコイル構造への二次構造転移は、分子間での多点での水素結合の架け替えが必要で、起こりにくい。しかしながら、ペプチド分子の空間配置を適度に制御することや、ペプチド分子間のみではなく、周辺との相互作用を制御することで、β-シート構造から、α-ヘリックスまたはランダムコイル構造への大きな二次構造転移が可能であり、この構造変化に基づく機能発現が可能であることが示された。

文　献

1) P. J. Pfaffinger, J. N. Martine, D. D. Hunter, N. M. Nathanson and B. Hille : *Nature*, **317**, 536 (1985).
2) G. E. Breitwieser and G. Szabo : *Nature*, **317**, 538

(1985).

3) G. G. Holz IV, S. G. Rane and K. Dunlap : *Nature*, **319**, 670(1986).

4) P. H. Hawkins, L. Stephens and C. P. Downes : *Biochem. J.*, **238**, 507(1986).

5) I. Nishimoto, Y. Hata, E. Ogata and I. Kojima : *J. Biol. Chem.*, **262**, 12120(1987).

6) T. Kinoshita, M. Sato, A. Takizawa and Y. Tsujita : *J. Am. Chem. Soc.*, **108**, 6399(1986).

7) T. Kinoshita, M. Sato, A. Takizawa and Y. Tsujita : *Macromolecules*, **19**, 51(1986).

8) T. Kinoshita, M. Sato, A. Takizawa and Y. Tsujita : *Macromolecules*, **21**, 1621(1988).

9) T. Kinoshta : *Progress in Polymer Science*, **28**, 527 (1995).

10) M. Higuchi, A. Takizawa, T. Kinoshita, Y. Tsujita and K. Okochi : *Macromolecules*, **23**, 361(1990).

11) M. Higuchi, T. Kinoshita, A. Takizawa, Y. Tsujita and K.Okochi : *Bull. Chem. Soc. Jpn.*, **63**, 1016(1990).

12) M. Higuchi, N. Minoura and T. Kinoshita : *Macromolecules*, **28**, 4981(1995).

13) X. Wang, S. Fukuoka, R. Tsukigawara, K. Nagata and M. Higuchi : *J. Collid Interface Sci.*, **390**, 54 (2013).

14) X. Wang, K. Nagata and M. Higuchi : *Langmuir*, **27**, 12569(2011).

15) T. Koga, K. Taguchi, T. Kinoshita and M. Higuchi : *Chem. Comm.*, 242(2002).

16) T. Koga, K. Taguchi, T. Kinoshita, Y. Kobuke and M. Higuchi : *FEBS Lett.*, **531**, 137(2002).

17) T. Koga, K. Taguchi, Y. Kobuke, T. Kinoshita and M. Higuchi : *Chem. Eur. J.*, **9**, 1146(2003).

18) M. Higuchi, T. Inoue, H. Miyoshi and M. Kawaguchi : *Langmuir*, **21**, 11462(2005).
M. Higuchi and T. Kinoshita : *Chem. Phys. Chem.*, **9**, 1110(2008).

19) M. Higuchi, J. P. Wright, K. Taguchi and T. Kinoshita : *Langmuir*, **16**, 7061(2000).

20) M. Higuchi and T. Kinoshita : *Chem. Phys. Chem.*, **9**, 1110(2008).

21) M. Montal and P. Muller : *Proc. Natl. Acad. Sci. USA*, **69**, 3561(1972).

22) R. Benz, O. Fröhlich, P. Läuger and M. Montl : *Biochem. Biophys. Acta Biomembr.*, **394**, 323(1975).

23) H. H. Rmaile and J. B. Schlenoff : *J. Am. Chem. Soc.*, **125**, 6602(2003).

24) T. M. Allen and P. R. Cullis : *Science*, **303**, 1818 (2004).

25) P. D. Thornton and A. Heise : *J. Am. Chem. Soc.*, **132**, 2024(2010).

26) L. Chen, J. Di, C. Cao, Y. Zhao, Y. Ma, J. Luo, Y. Wen, W. Song, Y. Song and L. Jiang : *Chem. Commun.*, **47**, 2850(2011).

27) S. Angelos, Y.-W. Yang, K. Patel, J. F. Stoddart and J. I. Zink : *Angew. Chem. Int. Ed.*, **47**, 2222(2008).

28) L. Chen, J. Di, C. Cao, Y. Zhao, Y. Ma, J. Luo, Y. Wen, W. Song, Y. Song and L. Jiang : *Chem. Commun.*, **47**, 2850(2011).

29) C. Coll, L. Mondragón, R. Martínez-Máñez, F. Sancenón, M. D. Marcos, J. Soto, P. Amorós and E. Pérez-Payá : *Angew. Chem. Int. Ed.*, **50**, 2138 (2011).

30) K. Murai, M. Higuchi, T. Kinoshita, K. Nagata and K. Kato : *Phys. Chem. Chem. Phys.*, **15**, 11454(2013).

31) G. Zhou, Y. Chen, J. Yang and S. Yang : *J. Mater. Chem.*, **17**, 2839(2007).

応用編

第3章　光応答性
第1節　光異性化を利用した光応答性表面と薄膜

名古屋大学　関 隆広

1　はじめに

フォトクロミック高分子の光応答機能は、フォトレジストで代表されるような1回だけの露光ではなく、波長を変えた可逆的な作用、あるいは多段階的に応答するように複数回の光照射を行う場合が多いことに特徴がある。この項目では、多くの光異性化を示すフォトクロミック分子のうち、アゾベンゼンの光照射による *trans* 型 /*cis* 型の光異性化[1]によってもたらされる光応答表面と光応答高分子薄膜に焦点をあてて研究を紹介する。

光は、高い空間精度で非接触にて高分子表面へアプローチするだけでなく、強度、エネルギー（波長）、偏光、コヒーレンス性などの特性もあるため、多様な光制御が可能になる。照射波長を変えた際の光応答挙動とともに、直線偏光(以下、この稿では単に偏光と呼ぶ)を用いた異方的な光制御について紹介する。色素を含む高分子膜に偏光や斜め照射することで、分子配向が誘起されることがある。一般的に、偏光方向の電気ベクトルに垂直、すなわち励起されない方向へと分子配向が誘起される。配向協同性の強い液晶材料であれば、この傾向は顕著である。色素への方位選択的な励起によって材料に分子配向が誘起される作用は、色素を含んだ高分子膜への偏光照射実験を最初に行った科学者の名にちなんで Weigert 効果とも呼ばれる[2]。

2　単分子膜の伸縮応答

水面に浮かべた単分子膜(Langmuir 膜)には強い分子配向の配向が揃うために、分子自身の動きが側方に効果的に伝わる。これにより明白なフォトメカニカル効果(光による面積変化)が観測される。たとえば、アゾベンゼンを側鎖として結合させたポリ(ビニルアルコール)を用いると、低表面圧でモニターすることで約3倍の可逆的な光伸縮が観測される[3)4)]。*trans* 型のアゾベンゼンは空気側に位置するが、*cis* 型アゾベンゼンは極性が強くなるため、水面と積極的に相互作用して、膜面積が膨張する。ブリュースター角顕微鏡にて孤立した膜を表面圧なしの状態で観測すると、その膨張は4倍以上に達する。単分子膜の膨張過程は、光照射量に比例せず、非線形性の強い現象である[5)]。Langmuir 膜におけるフォトメカニカル応答は非常に効率的で効果の程度も大きいが、実際の用途は見出しにくい。しかし、これらのモデルシステムは、後の巨視的な液晶ポリマーフィルムによる[6)7)]より実用に近いシステムの開発へのヒントになったものと考えられる。原子間力顕微鏡を用いると分子レベルの情報が得られる[8)]。*trans* 型アゾベンゼンにおいて、このポリマーの単分子膜は孤立したドット構造として観察されるが、*cis* 形態では、単分子膜が膨張するために連続膜となる。*trans* 状態で観測されるドットはポリマー1本の鎖からなる孤立鎖であることもわかっている。

ブロック共重合体のミクロ相分離構造の制御

は、学術的な高分子構造制御および超微細リソグラフィーなどの応用への両面から重要である。マイカ上のブロック共重合体**1**のラングミュア単分子膜を用いて、二次元のミクロ相分離構造の光制御が試みられた(**図1**(a))[9]。このブロック共重合体の*trans*型および*cis*型アゾベンゼンの単分子膜では、それぞれアゾベンゼン高分子ドメインが球状あるいはストライプ状になる。これは、*cis*型のアゾベンゼン高分子の単分子膜ドメインが拡張するので、アゾベンゼン単分子層のポリ(エチレンオキシド)単分子膜に対する面積比が大きくなり、ミクロ相分離の形態転移に反映される。偏光を用いることで異方的なドメイン形成も可能である。アゾベンゼン高分子とポリ(ジメチルシロキサン)からなるブロック共重合体**2**の単分子膜では、偏光を用いることによって、その方向(電場ベクトル)と垂直方向にストライプ形態ドメインを一方向配向させることができる(図1(b))[10]。

フォトクロミック反応によって引き起こされ

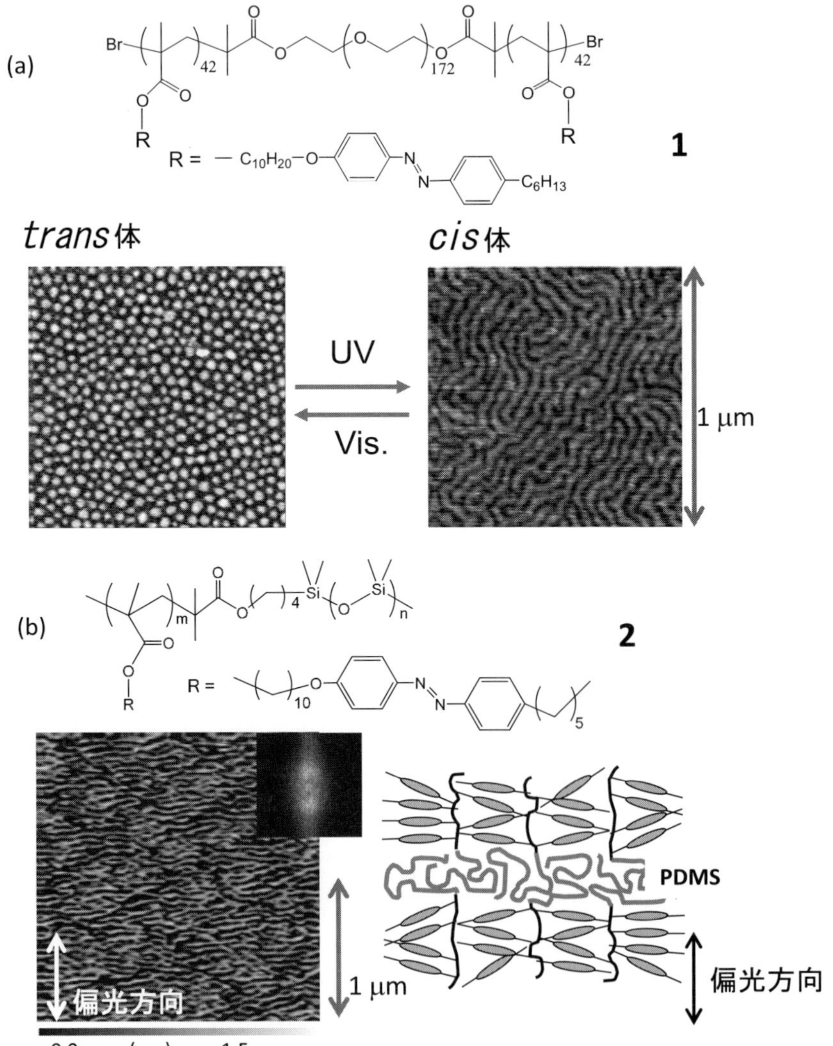

図1　ブロック共重合体のLangmuir単分子膜の光照射による形態変化 (a)単分子膜1のミクロ相分離構造の光誘起形態転移[9] (b)単分子膜2の偏光照射によるミクロ相分離構造の方位制御[10]

る濡れ性の光制御には、長い間、広く関心がもたれてきた。フォトクロミック反応は通常、分子の極性変化(双極子モーメント)を伴い、分子が基材またはフィルム表面に導入されたときの液体の濡れ性変化をもたらす。この分野の詳細は他の総説に詳しい[11)12)]。

光による濡れ性の変化は液滴の側方移動運動を誘起できる。市村らは2000年にアゾベンゼン単位4個を有するカリックス[4]レゾルシンアレンの両親媒性物質からなるアゾベンゼン自己組織化単分子膜上で液滴を光により駆動する先駆な研究を行った[13)]。UV光および可視光の照射で表面張力の勾配を生じさせることで、液滴が移動する。この自己組織化単分子膜では基板は平坦である必要はなく、たとえば、SAMがガラスシリンダの内部を修飾した場合、シリンダー内での液滴移動を実現しうる。Picrauxらは、3-アミノプロピルメチルジエトキシシランのSAMを調製し、液滴移動のより正確な理解を進めた[14)]。

3　液晶の光配向制御

液晶物質の表面光配向技術は、液晶分子を非接触で並べうることから、液晶ディスプレイパネル製造への導入が長く検討されてきたが、約10年前になり実際に液晶ディスプレイ製造に使われるようになった。表面光配向プロセスは、市村らによる1988年の“コマンドサーフェス”と呼ばれるアゾベンゼン単分子膜上のネマチック液晶の配向光スイッチング現象の発見から始まった(**図2**(a)左)[15)]。Langmuir-Blodgett膜[16)17)]および自己組織化単分子膜[18)19)]を使えば、平面密度や分子構造に関して分子レベルで制御してアゾベンゼンを基板上に導入できるので、分子構造と光配向挙動の関係のより詳細を得ることができる。液晶ディスプレイ製造にかかわる光配向操作では、斜め照射や偏光を照射してWeigert効果を利用する。

液晶物質の表面光配向は、もっぱら固体基板上の配向膜が用いられてきたが、最近になり、自由界面(空気側の表面)からの光配向が可能になってきた(図2(a)右)。ディスプレイに用いられている低分子液晶は基板に封入されているために使用する際に空気と接することはないが、側鎖型高分子液晶では、基板上に設けられたフィルムまたは自立した状態で使用されるため、材料には自由界面が多く存在する。側鎖型液晶膜の表面にごく薄い光応答膜を設ける方法としては、表面偏析の手法を用いると簡単である。光応答をしないメソゲンの側鎖型高分子液晶膜(たとえば、フェニルベンゾエート側鎖をもつ高分子)に数%の表面偏析しやすい光応答高分子を混合し、加熱することで自由界面に光応答高分子のスキン層を設けることができる[20)]。偏光照射による、スキン層だけの分子配向の光誘起によって、膜全体の配向を誘起できる。表面スキン層の厚みは典型的には20 nmであり、500倍の厚みの10 μm膜厚の高分子膜を制御できる。パターン露光によって面内配向のパターニングもできる。この手法では、膜表面だけに光応答膜を設ければよいので、光応答高分子をインクジェット印刷してその部分だけを光配向させることによるパターニングも可能である[20)]。このように、表面に存在する光応答性高分子は、“コマンドインク”として機能する。

自由界面のコマンド層を用いることで、垂直/水平配向の光スイッチングも可能である[21)]。シアノビフェニルを側鎖にもつ液晶高分子**4**に数%のアゾベンゼン高分子**3**を混合しておき、加熱することでアゾベンゼン高分子を表面偏析させる。液晶高分子の等方相となる温度まで加熱し冷却しながら、紫外光、可視光を

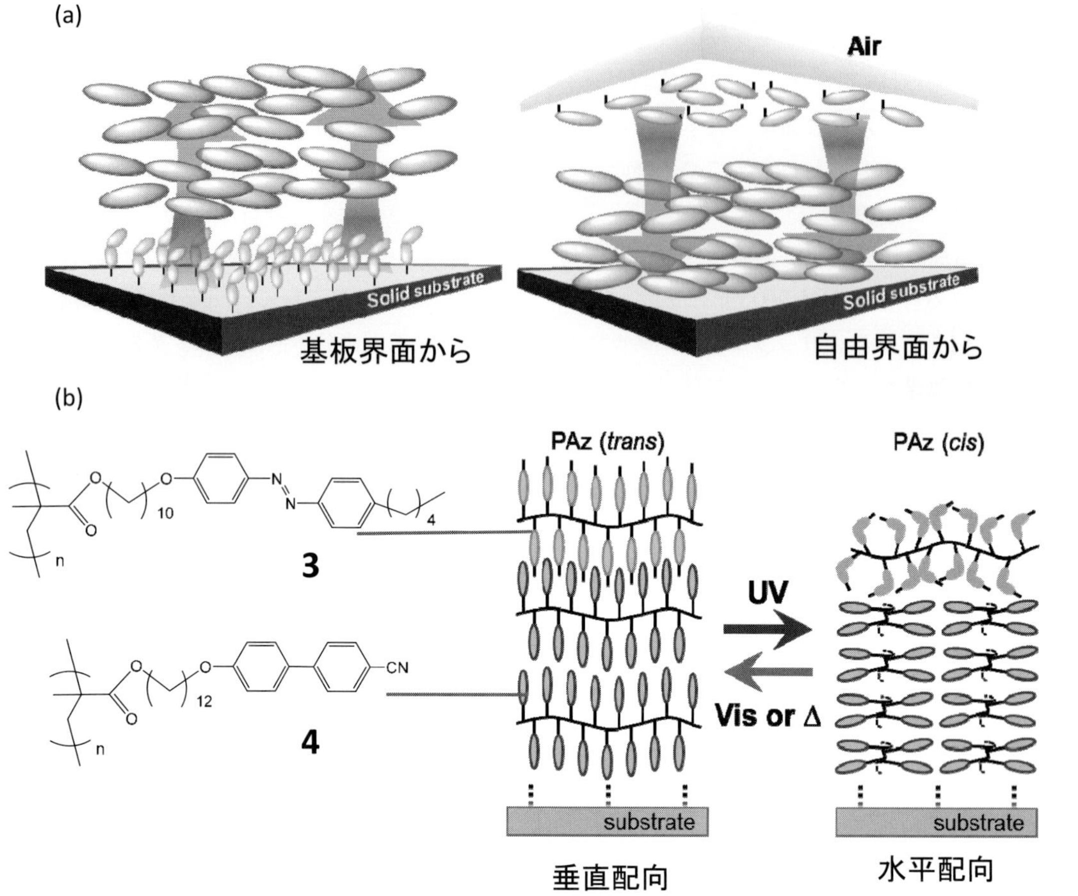

図2　界面からの液晶配向制御
(a)基板表面(左)および自由界面(右)からの配向制御の模式図[20]、(b)自由界面からの垂直／水平配向制御の模式図、4の膜の表面に3が表面偏析している[21]。

交互に照射することで、表面のアゾベンゼン高分子が*trans*型では垂直配向に、*cis*型では水平配向になり、これを繰り返すことができる(図2(b))。これらの配向モードに基づく光パターニング、消去、そして再パターニングも可能である。こうしたメソゲン配向スイッチングは、1988年に基板表面から得られた最初に報告されたコマンドサーフェス系[15]を自由界面から行った系とみなすことができる。自由界面からの制御は、基本的に基板の種類に依存せず、さまざまな基板を使用することができるため、固体基板に限らず、柔軟性のあるポリマーシートも適用可能である。自由界面を用いた光配向手法は液晶技術の新たな可能性を広げるものと期待される。

4　光応答高分子ブラシ

基板表面に設けるポリマーブラシは特徴的な光応答を示すため、興味深い研究対象である。スピンキャストまたは単に溶媒キャストフィルムでは、側鎖メソゲンは基材に対して垂直に配向する。一方で、高分子の片末端が基板に固定された場合、メソゲンが水平に高分子鎖が垂直

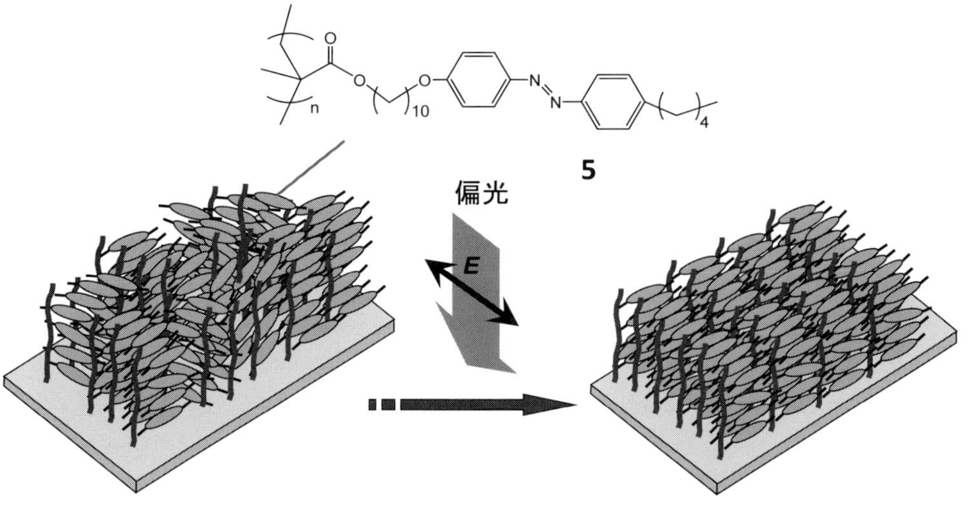

図３　液晶性ポリマーブラシ５の偏光による光配向の模式図[22)]

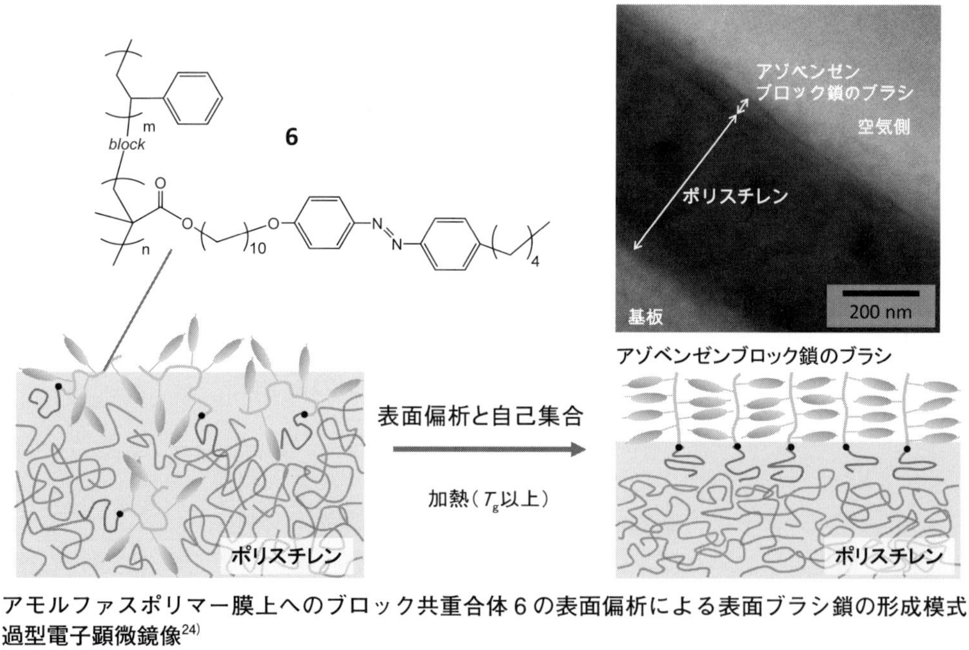

図４　アモルファスポリマー膜上へのブロック共重合体６の表面偏析による表面ブラシ鎖の形成模式図と透過型電子顕微鏡像[24)]

に立つ構造をとる[22)]。ポリマーブラシは基板表面に重合開始剤を設けておき、リビングラジカル重合を行うことで作成できる。たとえば５の表面ブラシ鎖では、この配向で効果的にアゾベンゼンメソゲンの光反応が進行し、面内の光配向制御に都合がよい(**図３**)。アゾベンゼン高分子液晶と基板との間に柔軟な鎖を設けることで配向性がさらに向上させることができる[23)]。

ポリマーブラシは、通常表面開始リビング重合法などの合成方法によって作成されるが、表面偏析プロセスを利用して、高度に制御可能なブラシ形成させる手法も提案されている[24)]。非晶質ポリスチレンフィルム中にポリスチレンとの液晶ジブロック共重合体６を少量添加し、ポリスチレンのガラス転移温度以上で加熱すると、このブロック共重合体は、自発的に垂直配向ポリマーブラシフィルムを形成する(**図4**)。ポリスチレンブロックは、ポリスチレン系フィルム上を横方向に動くことのできるアンカーとして機能する。その結果、完全に伸長した全*trans*ジグザグ鎖の80%レベルまで伸長したブラシ構造をとる。合成的手法と異なり、この手法では、ブロック共重合体を確立された方法であらかじめ合成できるので、分子量など設計通りのブラシ構造が再現性よく容易に得られる利点がある。

5　ブロック共重合体薄膜の光配向

ブロック共重合体の単分子膜のミクロ相分離構造を偏光により配向させうることは先に触れたが、数十～数百nmの薄膜では、適切な温度条件にて偏光を照射することで自由に配向の書き換え(再配向)ができる。ブロック共重合体7の薄膜ではアモルファスポリマー部分がシリンダー構造をとり、そのシリンダーの面内配向を保ったまま別の方位の偏光を用いて再配向できる(**図5**)[25]。その再配向過程の詳細なメカニズムも検討されている。このプロセスは、(i)最初に配向させた大きな配向ドメインが崩れるが配向変化が起きない誘導期間、(ii)アゾベンゼンメソゲン、液晶スメクチック層、相分離構造の配向変化が一気に進み、(iii)再配向した方向でドメインが融合して再配向が終了する、三段階からなる。途中でスメクチック層やミクロ相分離構造は消滅することなく、サブドメインが回転する機構によって再配向が進行する[26]。

最近、Schenningらは、アゾベンゼン核および2つのオリゴ(ジメチルシロキサン)テールをパラ位に含む一連の液晶ハイブリッド分子で、5nm未満の特性サイズの欠陥のないモノリス膜を直線偏光照射で作成することに成功している[27)28]。この特性サイズは、上記のブロックコ

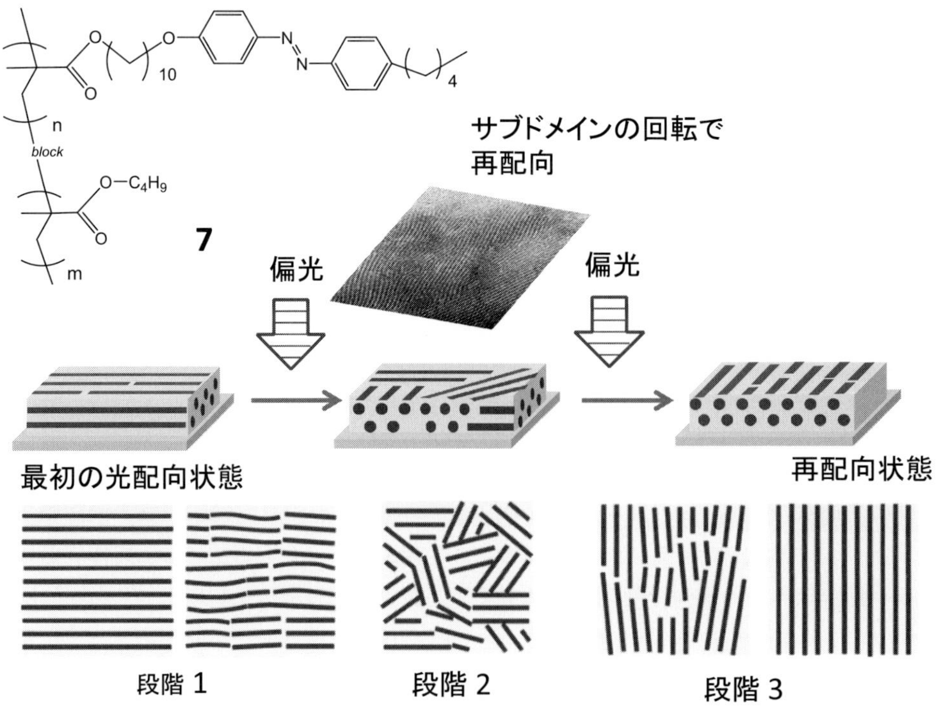

図5　液晶性ブロック共重合体7の薄膜のミクロ相分離構造の偏光による再配向変化の模式図[26]

ポリマーの通常のミクロ相分離(典型的には10〜100 nm)のものでリソグラフィー技術では困難な微小レベルであり、かつまったく欠陥が見出せない完全な構造が構築されており、注目すべき成果である。

6　おわりに

光異性化による光応答界面および薄膜の応答挙動について、いくつかの例を紹介した。紙面に限りがあるため、光応答表面や薄膜のいくつかの紹介にとどめた。単分子膜、高分子微粒子、高分子薄膜、ナノファイバーを含め、アゾベンゼン以外のフォトクロミック高分子の表面界面も対象とした光刺激操作について、より広い視点からの研究は他の文献[29)-31)]にまとめられているので、これらも参考にしていただきたい。光刺激応答の機能高分子材料分野や光機能界面に係る研究分野は今後さらに重要になると思われ、研究の発展を期待したい。

文　献

1) G. S. Hartley：*Nature*, **140**, 281(1937).
2) F. Weigert：*Naturwissenschaft*, **9**(30), 583(1921).
3) T. Seki and T. Tamaki：*Chem. Lett.*, **22**(10), 1739(1993).
4) T. Seki, R. Fukuda, M. Yokoi, T. Tamaki and K. Ichimura：*Bull. Chem. Soc. Jpn.*, **69**(8), 2375(1996).
5) T. Seki, H. Sekizawa, S. Morino and K. Ichimura：*J. Phy. Chem. B*, **102**, 5313(1998).
6) T. Ikeda, J. Mamiya and Y. Yu：*Angew Chem. Int. Ed.*, **46**(4), 506(2007).
7) T. Ube and T. Ikeda：*Angew. Chem. Int. Ed.*, **53**(39), 10290(2014).
8) T. Seki, J. Kojima and K. Ichimura：*J. Phys. Chem. B*, **103**(47), 10338(1999).
9) S. Kadota, K. Aoki, S. Nagano and T. Seki：*J. Am. Chem. Soc.*, **127**(23), 8266(2005).
10) K. Aoki, T. Iwata, S. Nagano and T. Seki：*Macromol. Chem. Phys.*, **211**(23), 2484(2010).
11) N. Wagner and P. Theato：*Polymer*, **55**(16), 3436(2014).
12) S. H. Anastasiadis, M. I. Lygeraki, A. Athanassiou, M. Farsari and D. Pisignano：*J. Adhesion Sci. Technol.*, **22**(15), 1853(2008).
13) K. Ichimura, S.-K. Oh and M. Nakagawa：*Science*, **288**(5471), 1624(2000).
14) D. Yang, M. Piech, N. S. Bell, D. Gust, S. Vail, A. A. Garcia, J. Schneider, C.-D. Park, M. A. Hayes and T. Picraux：*Langmuir*, **23**(21), 10864(2007).
15) K. Ichimura, Y. Suzuki, T. Seki, A. Hosoki and K. Aoki：*Langmuir*, **4**(5), 1214(1988).
16) T. Seki, M. Sakuragi, Y. Kawanishi, Y. Suzuki, T. Tamaki, R. Fukuda and K. Ichimura：*Langmuir*, **9**(1), 211(1993).
17) T. Seki, R. Fukuda, T. Tamaki and K. Ichimura：*Thin Solid Films*, **243**(1-2), 675(1994).
18) K. Aoki, T. Seki, Y. Suzuki, T. Tamaki, A. Hosoki and K. Ichimura：*Langmuir*, **8**(3), 1007(1992).
19) G. Fang, Y. Shi, J. E. Maclennan, N. A. Clark, M. J. Farrow and D. M. Walba：*Langmuir*, **26**(22), 17482(2010).
20) K. Fukuhara, S. Nagano, M. Hara and T. Seki：*Nat. Commun.*, **5**, 3320(2014).
21) T. Nakai, D. Tanaka, M. Hara, S. Nagano and T. Seki：*Langmuir*, **32**(3), 909(2016).
22) T. Uekusa, S. Nagano and T. Seki：*Macromolecules*, **42**(1), 312(2009).
23) H. A. Haque, S. Nagano and T. Seki：*Macromolecules*, **45**(15), 6095(2012).
24) K. Mukai, M. Hara, S. Nagano and T. Seki：*Angew. Chem. Int. Ed.*, **55**(45), 14028(2016).
25) S. Nagano, Y. Koizuka, T. Murase, M. Sano, Y. Shinohara, Y. Amemiya and T. Seki：*Angew. Chem. Int. Ed.*, **51**(24), 5884(2012).
26) M. Sano, S. Nakamura, M. Hara, S. Nagano, Y. Shinohara, Y. Amemiya and T. Seki：*Macromolecules*, **47**(20), 7178 (2014).
27) K. Nickmans, J. N. Murphy, B. de Waal, P. Leclère, J. Doise J, R. Gronheid, D. J. Broer and A. P. H. J. Schenning：*Adv. Mater.*, **28**(45), 10068(2016).
28) K. Nickmans, G. M. Bögels, S. C. Sánchez, J. N. Murphy, P. Leclère, J. K. Voets and A. P. H. J. Schenning：*Small*, **13**(33), 1701043(2017).
29) T. Seki, S. Nagano and M. Hara：*Polymer*, **54**(22), 6053(2013).
30) T. Seki：*J. Mater. Chem. C.*, **4**(34), 7895(2016).
31) T. Seki：*Bull. Chem. Soc. Jpn.*, **91**(7), 1026(2018).

応用編

第3章　光応答性
第2節　光誘起表面レリーフ形成材料の設計

横浜国立大学　生方 俊

1　はじめに

表面微細加工は多方面から必要とされる技術である。微細加工技術の基幹であるリソグラフィー法は、パターン露光を施すことで、レジスト材料の局所的な光反応により溶媒に対する溶解性の差が生じ、精巧な加工を可能としている。一方で、パターン露光を施すことで薄膜構成物質の移動に基づいて凹凸が形成する現象が報告された。この凹凸構造は、消去・再形成が可能であり、リソグラフィー法とは原理・特徴を異にした新規な微細加工技術として、基礎・応用の両面から強い関心を集めている。本節では、このような物質移動に基づいた凹凸形成材料を紹介する。

2　アゾベンゼン化合物

2.1　偏光応答型

1995年、Natansohnら[1]、Kumarら[2]のグループがそれぞれ独立して、側鎖にアゾベンゼン基を有する高分子のアモルファス薄膜に可視レーザの干渉露光を施すことで、干渉周期と一致したsin曲線状の断面の表面構造、表面レリーフ回折格子（Surface Relief Grating, SRG）が形成することを報告した（**図1**(a)）。また、干渉露光だけでなく、集光レーザ[3,4]、フォトマスクを介した露光[5,6]など、光パターンに応じて多様な表面構造ができることから、これらを総称して光誘起表面レリーフ（Photoinduced Surface Relief, PSR）という名称も使われてい

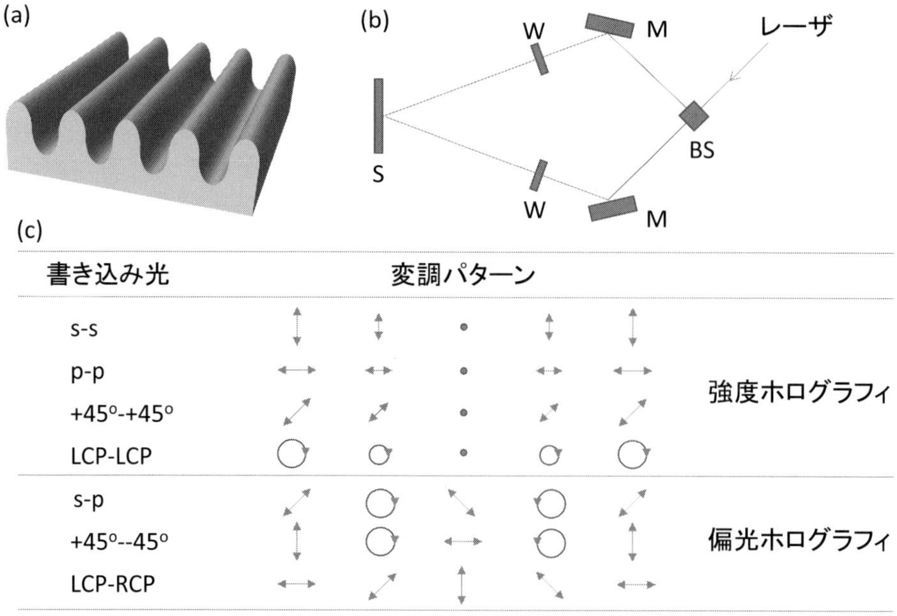

図1　(a)光誘起表面レリーフの模式図　(b)干渉露光光学系　(c)偏光パターン

る[7)]。光の作用が大きくかかわっており、光の作用を必要としない広い意味でのSRGと区別するためにも、以後、本節では、この構造をPSRと略して表記する。

このようなアゾベンゼン修飾高分子におけるPSRの形成には、二光束のレーザの干渉を利用することが多いが、PSRの形成効率は入射光の偏光状態に大きく関わっている(図1(b), (c))。二光束のレーザの偏光状態の組み合わせによって、多様な強度ホログラフィ、偏光ホログラフィを作ることができる。一般的にはp偏光とp偏光の組み合わせ、+45°偏光と−45°偏光の組み合わせや左回り円偏光(LCP)と右回り円偏光(RCP)の組み合わせにおいて効率的にPSRが形成されることが報告されている[8)]。

アゾベンゼンは、2つのベンゼン環が2つの窒素原子の二重結合(-N=N-)でつながった構造をもつ化合物群の総称である。二重結合を軸として同じ側にベンゼン環がある*Z*体(*cis*体)と、反対側にある場合*E*体(*trans*体)の二種類の幾何異性体があり、*cis*体より*trans*体の方が安定であり、通常は*trans*体として存在する(**図2**)[9)]。

無置換のアゾベンゼンはπ-π^*遷移が紫外域の300 nm付近にあり、可視域の450 nm付近に吸光係数がπ-π^*遷移に比べて2桁ほど小さいn-π^*遷移を有する。π-π^*遷移を光励起することで、*trans*体から*cis*体への光異性化を優先的に起こすことができる。一方、*cis*体になると*trans*体において禁制遷移であったn-π^*遷移の禁制がほどけ、可視域の450 nm付近のn-π^*遷移の吸光係数が大きくなる。そのためn-π^*を励起することで、優先的に*cis*体から*trans*体への光異性化を誘起できる。

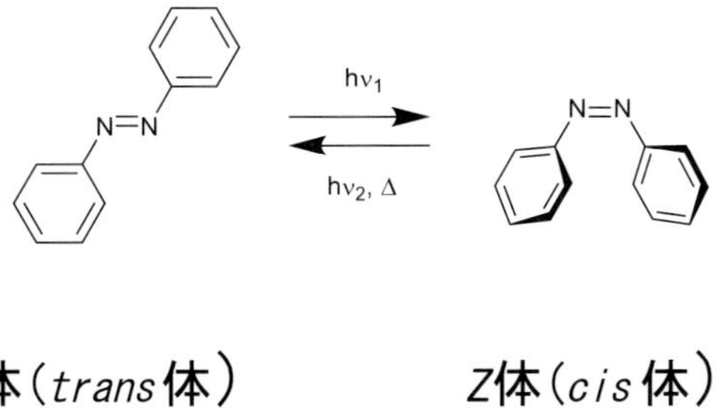

*E*体(*trans*体)　　*Z*体(*cis*体)

図2　アゾベンゼンの光異性化

一方、初めて報告されたPSR形成現象に用いられた薄膜は、いずれもDispersed Red 1のアゾベンゼン基を有しており、その特徴は、アゾベンゼン構造の一方のベンゼン環には電子供与性基、もう一方のベンゼン環には電子求引性基をもつ、いわゆるプッシュプル型のアゾベンゼンであり、その後多くの研究者によって、このプッシュプル型のアゾベンゼン基を有する高分子を用いて研究が進められた(**図3**)。

このプッシュプル型のアゾベンゼンは、無置換のアゾベンゼンよりもπ-π^*遷移が長波長側にシフトし、n-π^*遷移と重なり、波長488 nmもしくは514 nmの可視のアルゴンイオンレーザによって、アゾベンゼンの*trans*体から*cis*体への光異性化だけでなく、*cis*体から*trans*体への光異性化も誘起することになる。これにより*trans*-*cis*、*cis*-*trans*の光異性化を繰り返し、「光軟化」が生じ、ガラス転移温度より十分低い温度においても高分子の巨視的な移動が可能になる、という考えが受け入れられている[10)]。

また、固体マトリックス中のアゾベンゼン分子集団において、偏光に応答するアゾベンゼンの動きがある。アゾベンゼンの遷移モーメントはロッド状のアゾベンゼンに対してほぼ平行に存在する。アゾベンゼンに直線偏光を継続的に照射することで、*trans*-*cis*、*cis*-*trans*光異性化を繰り返しながらアゾベンゼンが動くことで、偏光を吸収できない偏光の振動電場に対して垂直に遷移モーメントを揃えることになる[11)]。

さらには、直線偏光に応答したマクロスコピックな動きとして、アゾベンゼン高分子の微粒子の変形[12)]、水面上のアゾベンゼン高分子薄

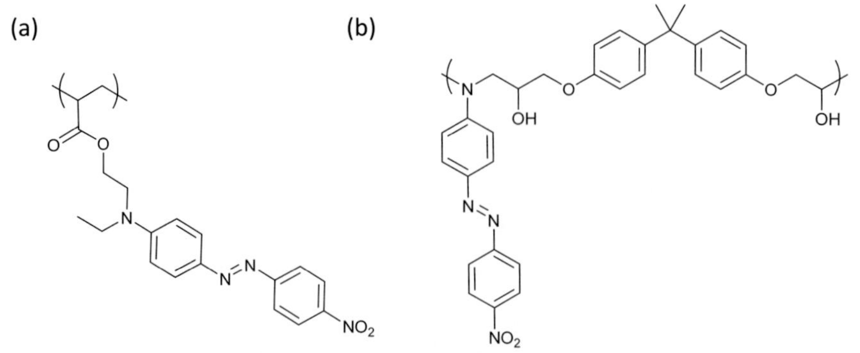

図3　PSR形成に用いられる典型的なアゾベンゼン高分子

膜の変形[13]、アモルファスアゾベンゼン分子からなるファイバーの変形[14]、アゾベンゼン高分子の異方的流動[15]、液晶性アゾベンゼン高分子架橋薄膜の屈曲現象[16]などにつながる。

そのような知見から、アゾベンゼン薄膜への光の作用が、ナノメートルからマイクロメートルスケールのメゾスコピック領域における変形を生み出すことが容易に想像できるが、PSR形成の機構の詳細については、いまだ明らかになっておらず議論の的になっている。

PSRの形成がアゾベンゼン高分子薄膜で見出されて以来、さまざまなアゾベンゼン含有材料に展開されてきた。高分子マトリックス中に単に低分子のアゾベンゼンを添加した混合薄膜においてはPSR形成能が低いことが報告されているが[6]、高分子とアゾベンゼンをイオン結合[17]、水素結合[18]、ハロゲン結合[19]を介して結合させた超分子戦略を用いることで(**図4**)、アゾベンゼン高分子と同様にPSRが形成され、その組み合わせと混合比の自由度から研究は大きく発展した。

また、低分子アゾベンゼンの周りを嵩高い置換基で修飾することで、高分子化しなくても、それ自身でアモルファス薄膜となる。そのようなアゾベンゼン基を有するアモルファス分子材料のPSR形成の研究は中野ら[20)21]によって精

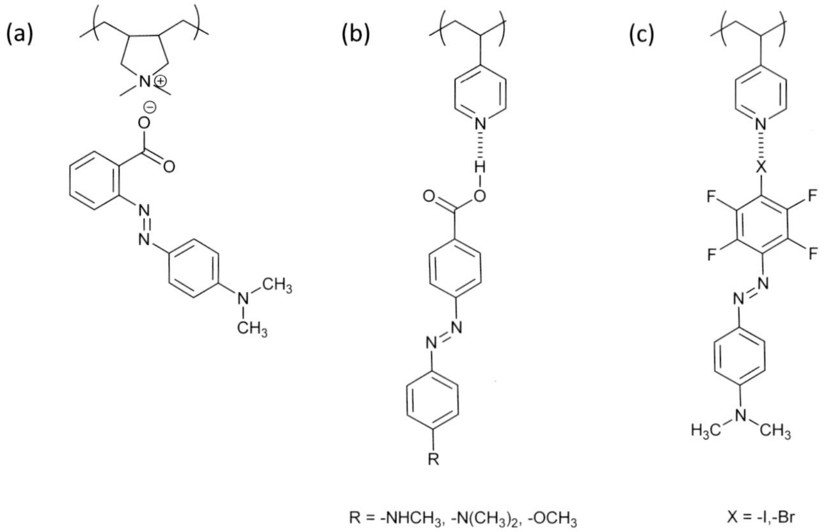

図4　(a)イオン結合型　(b)水素結合型　(c)ハロゲン結合型アゾベンゼン超分子

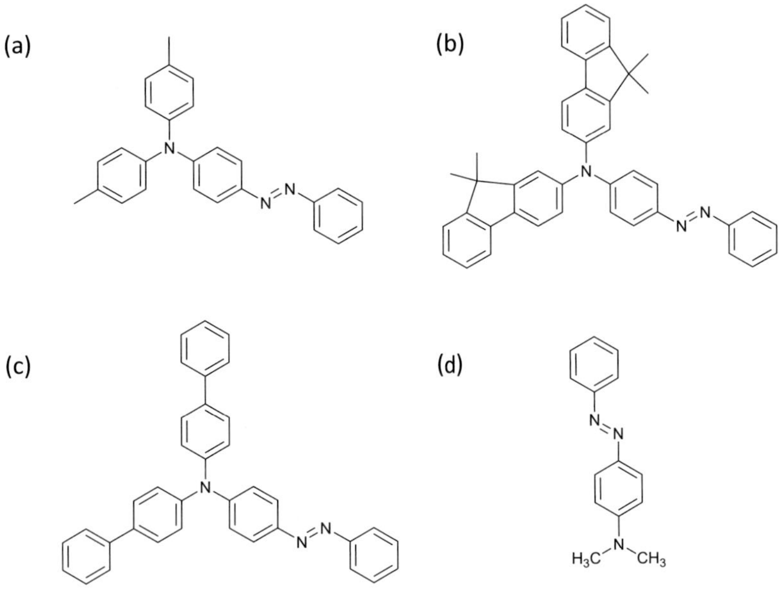

図5　(a)～(c)アモルファス性　(d)結晶性のアゾベンゼン低分子

力的に研究が進められた。高分子材料でみられる分子量分散や分子鎖の絡まりがないため、分子構造とPSR形成能との相関の検討がより容易になる。ガラス転移温度の異なる三種類のアモルファス分子材料(**図5**(a)～(c))、のPSR形成能を比較したところ、ガラス転移温度が高い材料ほど高低差の大きなPSRが形成することが明らかになった[21]。このことは、光によるPSR形成の駆動力と表面張力による表面を平滑化する効果のバランスによってPSRの高低差が決まることを表している。また、アゾベンゼン低分子の結晶表面(図5(d))においてもPSRが形成することが見出されおり[22]、低分子材料のPSR形成も興味深い。

2.2　光反応誘起型

2.1で示したアモルファス高分子材料のPSR形成には、通常、数十分間の露光を必要としており、応用展開を目指した場合、その露光時間は制限になりうる。関らは、液晶性アゾベンゼン高分子に低分子液晶を添加したハイブリッド薄膜[23)24)](**図6**(a))やオリゴエチレンオキシド鎖を導入した室温付近で液晶相が発現するランダム共重合体[25)-29)](図6(b))において、事前に紫外光を照射後に、可視レーザの干渉露光を行うと、数秒の露光時間で100 nm以上の高低差のPSRが形成することを見出した。これは、**2.1**の偏光応答型のアゾベンゼン含有高分子材料に比べて、3桁ほどの高感度化が達成されている。両薄膜において、用いられているアゾベンゼンは、**2.1**で述べたプッシュプル型のアゾベンゼンではなく、無置換のアゾベンゼンと同様に用いる光の波長を制御することで、*cis*体と*trans*体の生成割合を制御することが可能である。事前の紫外光照射は、*cis*体のアゾベンゼンの割合を高め、液晶相を不安定化し、系全体を等方相としている。そして、その後の干渉露光は、*cis-trans*光異性化を誘起する波長の光であるため、*cis*体と*trans*体の濃度分布すなわち等方相と液晶相の分布を発現させている。また、オリゴエチレンオキシド鎖の代わりにヘキシル鎖を導入されたランダム共重合体も合成された[30)](図6(c))。この共重合体においては、

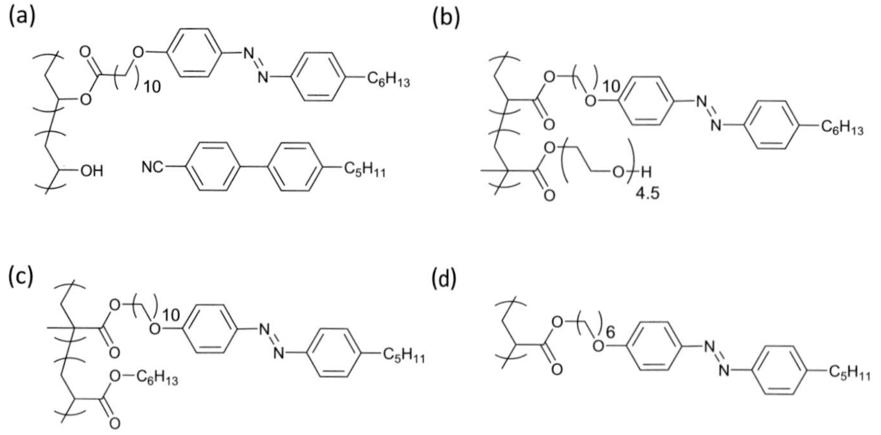

図6　光反応誘起型PSR形成を示すアゾベンゼン高分子　(a)～(c)液晶性　(d)アモルファス

効果的な物質移動がガラス転移温度以上の温度において観察され、温度を制御することで、いずれの共重合体比の材料においてもPSRが形成されることが示された。また、事前の紫外光照射は必ずしも必要でなく、フォトマスクを介して紫外光を照射して、部分的に*cis*体の割合の高い部分を作ることで、*trans*体の割合の高い部分から*cis*体の割合の高い部分への物質移動が観察された。

上述のオリゴエチレンオキシド鎖を導入したランダム共重合体におけるPSR形成について、それぞれの偏光状態を制御した二光束干渉実験を行った結果、p-p, s-sの強度ホログラフィの実験条件では、どちらにおいても効率的にPSRが形成される一方、p-sの強度分布が一定となる偏光ホログラフィの実験条件では、ほとんどPSRは形成されない[26]。つまり、高感度な物質移動における光の役割は、主に物質移動開始のトリガーとしての作用であると考えられる。つまり、この系は、"Photoinduced Surface Relief" というより、むしろ "Photo-triggered Surface Relief" の呼称の方がふさわしいと説明されている[31]。

近年、Ellisonらは液晶性を示さない室温以下でガラス転移を示すアゾベンゼンを側鎖にもつ高分子を合成した[32](図6(d))。この薄膜において、低温下においてフォトマスクを介して紫外線照射後に、室温に戻すことによって液体状態の高分子の流動が未露光部(*trans*体)から露光部(*cis*体)へと誘起され、露光部が厚くなるPSRが形成された。ここで観察された物質移動は、表面張力が低い領域から高い領域への流動であり、マランゴニ効果が物質移動の駆動力であると説明している。

本項で取り上げたアゾベンゼン含有薄膜で形成されるPSRの詳細については、いくつかの総説[33)-38)]や書籍[39)40)]にまとめられているので、そちらも参照願いたい。次項では、それらにはあまり取り上げられていないアゾベンゼン以外のPSR形成材料を中心に紹介する。

3　非アゾベンゼン化合物

前項までPSR形成は、いずれもアゾベンゼンを含む薄膜に誘起される現象として述べてきたが、アゾベンゼンを含まない薄膜においても同様な凹凸構造が形成されることが見出されている。PSRのさまざまな光学素子への応用展開が考えられているなかで[33)37)]、アゾベンゼン化合物の可視域の吸収帯は、可視域の光を用いた光学素子において適当でなく、アゾベンゼン以外の材料による PSR 形成は、応用展開への幅を拡げることとなる。本項では、①偏光に応答する材料、②光重合反応および光架橋反応が誘起される材料、③フォトクロミック分子材料、④その他の高分子材料、⑤低分子-高分子変換材料に分類し概説する。

3.1　偏光応答性材料

2.1 で説明したようにアゾベンゼン化合物における PSR 形成の鍵となる挙動として光異性化と偏光に対して配向する点が挙げられる。これらのアゾベンゼン化合物の特徴をもった化合物に注目した研究例がある。

Stiller らは、アゾベンゼンに代わる光応答性 PSR 形成材料として、インダンジオン誘導体に着目した(**図 7**(a))[41]。インダンジオン誘導体は、π 共役によってインダンジオン部位とアミノベンゼン部位が平面的な配置となる二種類のエネルギー的に等価な基底状態の構造をとるが、光励起によって生じるインダンジオン部位とアミノベンゼン部位がねじれた分子内電子移動状態を介して、二種類の基底状態の構造が相互に変換すると考えられている。4 種類のインダンジオン誘導体をシンジオタクチック PMMA に 9 wt％の濃度で混合した膜厚 1 μm 程度の混合薄膜が調製された。いずれの薄膜も 480～510 nm の青から緑色の領域に吸収極大をもち、光源に用いた波長 488 nm のアルゴンイオンレーザによって光励起することができる。これらの薄膜に直線偏光を照射することで、インダンジオン誘導体が配列することが確認された。これらの薄膜に LCP と RCP の干渉露光を施すことで、1～4 nm の高低差の PSR が形成された。ここで形成された PSR の高低差は、あまり大きいとはいえないが、アゾベンゼン系においても効率的に PSR が形成されない光応答性低分子の高分子混合薄膜のためと考えることができる。

川月らは、アゾベンゼンの窒素原子の 1 つを炭素原子に置き換えた *N*-ベンジリデンアニリン誘導体を側鎖に有する高分子に着目した(図 7(b))[42)43)]。*N*-ベンジリデンアニリン誘導体薄膜に対して、313 nm の偏光紫外線を照射することで、二色性が観察され、偏光に対して *N*-ベンジリデンアニリン誘導体が垂直方向に配列することが確認された。この薄膜に、さまざまな偏光条件の干渉露光を施したところ、アゾベンゼン薄膜と同様に偏光状態に応じた PSR 形

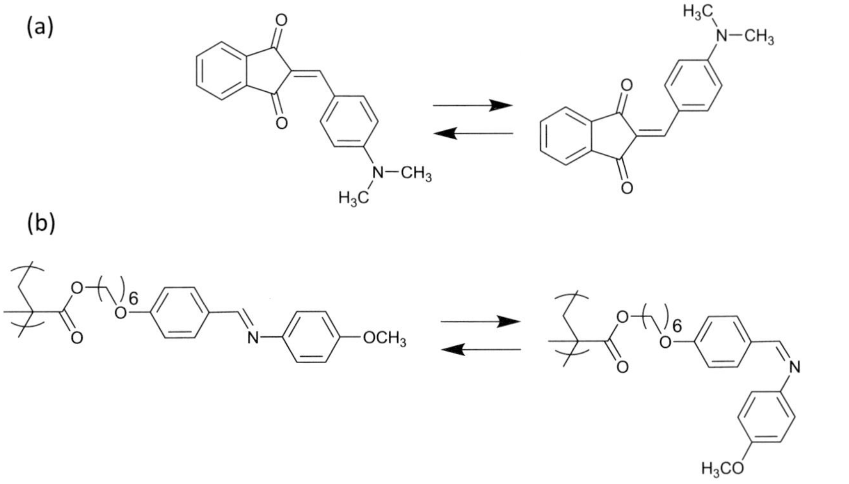

図 7　偏光応答性材料

成能を示し、強度分布が一定でありながら、格子ベクトルへの投影した電場強度分布の変調が大きい、+45°と−45°やLCPとRCPの干渉露光において200 nmを超える高低差のPSRが形成された。残念なことに紫外線を照射し続けると、偏光照射時の二色比、および、干渉露光時のPSRの高低差は減少した。*N*-ベンジリデンアニリン誘導体側鎖の部分的な光分解が生じたことが考えられる。

3.2 光重合・光架橋性材料

紫外線硬化型の光学部品用接着剤(NOA65)のスピンコート膜にフォトマスクを介して紫外光を照射後、同じ光量の紫外光を全面に照射するという方法で、周期400 μm、高低差1.5 μmのPSRが形成された[44]。また、同じく紫外線硬化型の光学部品用接着剤(NOA68)のスピンコート膜へ364 nmのアルゴンイオンレーザの紫外干渉露光を施すことでPSRが形成されることが見出され、形成されるPSRの高低差に及ぼす書き込み光強度および干渉周期の依存性が報告された[45]。このような紫外線硬化型の接着剤は、一般的にチオール基を有する多官能脂肪族チオール、ビニルモノマー、光重合開始剤からなり、紫外線照射部においてはネットワークポリマーが形成される。同様な現象が側鎖に光架橋性基を有する高分子とベンゾフェノンの混合膜においても観察されている[46]。

[2+2]の光二量化することが知られているチミン基を分子内に2つ有するジペプチド薄膜に波長257 nmのレーザ干渉露光を施すことで、周期667 nm、高低差120 nmのPSRの形成が観察された(**図8**(a))[47]。このPSRは110℃で16時間加熱しても安定であった。また、トラン基とシンナミル基の2つの光反応性の置換基を有するモノマー薄膜へのフォトマスクを介しての紫外(365 nm)露光により、周期15 μm、高低差130 nmのPSRが形成された[48]。

市村らは、側鎖として光架橋性のスチリルピリジン基を有する液晶性ポリメタクリレート薄膜を、488 nmのアルゴンイオンレーザに感光できるように塩化水素蒸気に曝しプロトン化させた後に、干渉露光を施し、さらに加熱を施すことで、高低差15 nmの干渉周期幅と一致したPSRが形成されることを報告した(図8(b))[49]。川月・小野らは、側鎖としての光架橋性のシンナモイル基を有する液晶性ポリメタクリレート薄膜に325 nmのHe-Cdレーザの干渉露光またはフォトマスクを介して紫外線を照射した後に液晶相を示す150℃で熱処理を行うことで、光強度の分布周期幅と一致してPSR構造が形成することを見出した(図8(c))[50)-53]。露光部において架橋が進行し、その後の加熱により未露光部の高分子の拡散が誘

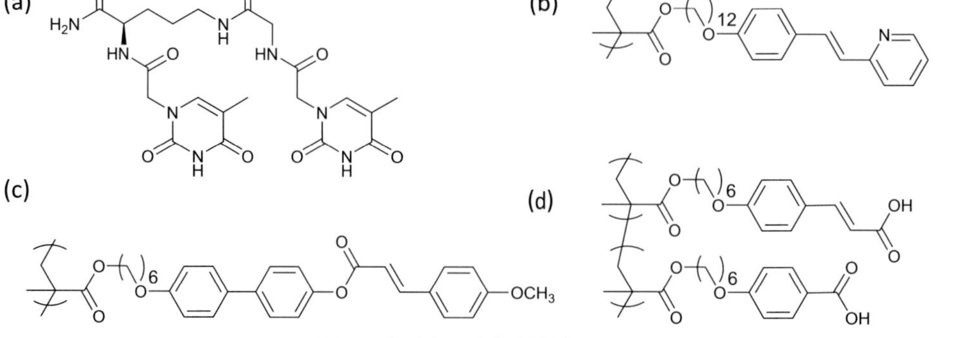

図8 光重合・光架橋性材料

起されるため、露光部が凸部となるPSR構造が形成すると説明されている。同様な現象が側鎖にケイ皮酸と安息香酸を有する光架橋性の液晶性共重合体においても観察されている(図8(d))[54)55)]。このようなパターン露光後の加熱により、PSR構造を形成する方法は、フォトエンボス法として注目を集めている[56)57)]。このフォトエンボス法は、バインダー高分子と多官能性モノマーと光重合開始剤の混合物からなる薄膜を作製し、これにパターン露光後に加熱することで、パターンに応じてPSR構造が形成される。加熱操作により、露光部におけるモノマーの重合反応と未露光部でのモノマーの拡散により、このような形状変化が起こるとされている。

3.3　フォトクロミック分子材料

3.2で述べた重合・架橋系材料によるPSR形成は、アゾベンゼンを用いたPSR形成の最大の特長である消去・再形成できる点が損なわれることが当然予想される。それに対して、アゾベンゼンが*trans*体と*cis*体の間で可逆的な光異性化を示すフォトクロミック化合物である点に着目し、アゾベンゼン以外のフォトクロミック化合物を用いた薄膜によるPSR形成も報告されている。

種々のフォトクロミック化合物とポリメチルメタクリレート(PMMA)との混合薄膜についてPSR形成能の検討が行われ、スピロピラン[58)]やジアリールエテン[59)]のフォトクロミック化合物を混合した薄膜においても、フォトマスクを介した紫外線を含んだ白色光照射により、PSRが形成することが報告された。また、フォトクロミック分子モータとして知られている立体障害の大きな置換基をもつ軸不斉オレフィン化合物とPMMAの混合薄膜に364 nmのアルゴンイオンレーザの干渉露光、もしくは365 nmの紫外線のフォトマスクを介した露光によって、PSRが形成されることが報告された[60)]。しかし、ジアリールエテンPMMA混合薄膜の光反応の詳細な検討により、これらのPSR形成においては、フォトクロミック化合物の光異性化反応よりもむしろ光分解や光分解物と高分子マトリックスとの反応がPSR形成に関与していると考えられ、PSR形成機構は前項の光重合・光架橋性材料に近いものと考えられる。

アゾベンゼンによるPSRの形成が高分子薄膜から低分子アモルファス薄膜に拡張されたように、アゾベンゼン以外の低分子フォトクロミック化合物単一のアモルファス薄膜におけるPSRの形成の検討が行われた。スピロオキサジンは、紫外線照射により、無色のスピロ体からオキサジン環が開いた青色を示すメロシアニン体に変換し、スピロ体の方がメロシアニン体よりも安定であるため、紫外線照射を停止することにより、元のスピロ体に戻るフォトクロミズムを示す(**図9**(a))。生方らは、スピロオキサジンがアモルファス薄膜を形成し、窒素雰囲気下の紫外線照射により、ほとんど副反応を示すことなくフォトクロミズムを示すことを見出した。このアモルファス薄膜にフォトマスクを介した365 nmの紫外線照射によりPSRが形成された[61)62)]。このとき、露光部と未露光部の境界において、メロシアニン体の濃度が高い領域へスピロ体が移動することでPSRが形成されることが見出された。形成したPSRは加熱を施すことにより消去可能であり、消去後の薄膜にパターン露光を行うと再びPSRが形成することが確認された。このような消去・再形成が達成された理由として、スピロオキサジンが窒素雰囲気下において、紫外線に対して十分な光耐久性を有し繰り返しフォトクロミズムを示すこと、および、低分子アモルファス薄膜においては、高分子鎖の絡み合いがないことが挙げられる。また、ヘキサアリールビスイミダゾール

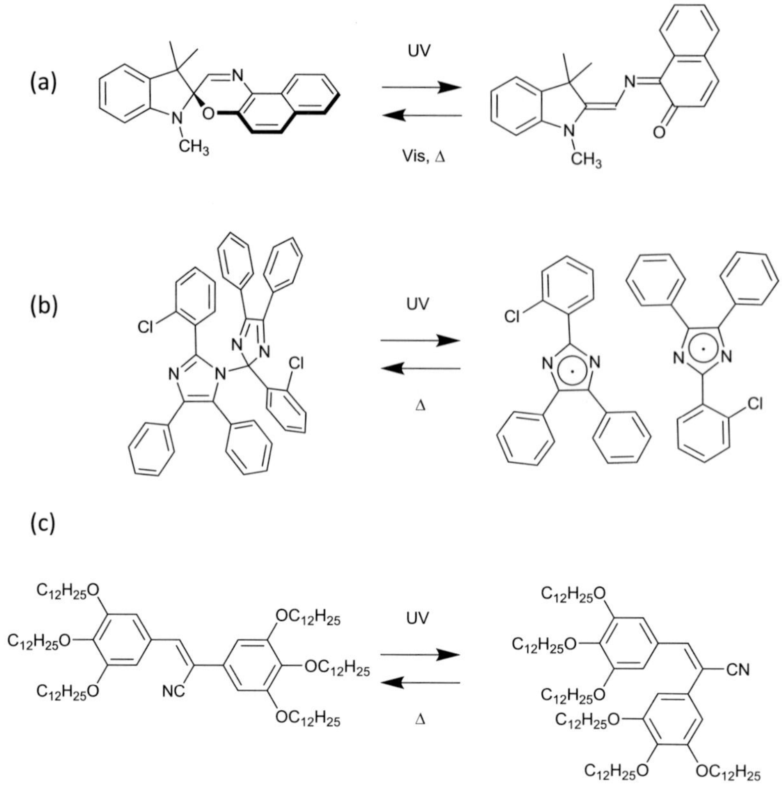

図 9　フォトクロミック分子材料

のアモルファス薄膜においてもフォトマスクを介した紫外線の露光によって PSR が形成された(図 9(b))[63]。この場合は、紫外線によりトリフェニルイミダゾリルラジカルが生成した部分から未露光部への物質移動が観察された。

Park らは *trans-cis* 光異性化が誘起されるシアノスチルベン骨格に 6 つのドデシルオキシ基を結合させた化合物に注目した(図 9(c))[64]。この化合物は、室温では結晶相を示すが、室温よりわずかに加熱することでヘキサゴナルカラムナー液晶相を示す。39℃においてフォトマスクを介して 365 nm の紫外光を 150 秒間照射するだけで、露光部から未露光部への物質移動が起こり高低差 800 nm を超える PSR が形成された。この PSR 形成には、秩序が低い結晶相から液晶相への光誘起相転移が重要であると結論づけている。

3.4　その他の高分子材料

ポリフェニレンビニレン[65]やポリブタジエン[66]の薄膜は、それぞれの高分子が光吸収可能な波長のレーザ光(405 nm と 244 nm)の干渉露光により、数十 nm の高低差の PSR が形成されることが報告された。

生方らは、ポリスチレン単一のアモルファス薄膜に、ポリスチレンのガラス転移温度より 20℃程度に高温に保持した状態で、光源として水銀灯を用いて、UV29 のロングパスフィルターおよびフォトマスクを介して紫外線を含んだ白色光照射により、PSR が形成されることを報告した[67]。この PSR は、室温下において 1 年以上安定に存在し、また、加熱を行うことで消去され、複数回にわたって PSR の消去・再書き込みが可能であることが実証された。このPSR 形成において露光部におけるポリスチレンの光酸化を経由した二量化反応が重要である。未露光部におけるもともとの分子量のポリスチレン分子と露光部における光架橋したポリスチレン分子との間に生じる拡散性の違いがPSR形成の駆動力であると説明された。ここで200 nmの高低差のPSRを形成させるには、UVB領域の紫外線を含んだ光を90分間照射する必要があったが、ジメチルベンゾフェノンを添加することで、UVA領域の365 nmの紫外線を5分間照射するだけでよいことが明らかになり、高感度化が実証された[68]。

また、ほぼ同時期にEllisonらも、ポリスチレン単一薄膜において、メタルハライドランプからの200〜600 nmの光のフォトマスクを介した露光、およびその後の110℃での10分間の加熱によりPSRを形成させた[69)70]。このSR形成の駆動力は露光部と未露光部の表面エネルギーの差であると説明した。パターン露光後に露光部と未露光部の表面張力に差が生じ、加熱を施すことでマランゴニ効果により物質移動が生じる。彼らは、露光部と未露光部の表面エネルギー差を効率良く生み出す薄膜として、ポリイソブチルメタクリレートに光増感剤としてジブロモアントラセンを添加した薄膜[71]やポリ(*tert*-ブトキシスチレン-*ran*-スチレン)とポリスチレンのブレンドポリマー薄膜[72]についても検討を行い、500 nmを超える高低差のPSR形成に成功している。

3.5　低分子-高分子光変換材料

3.3, **3.4**で示したように、フォトクロミック分子系、高分子系の研究がそれぞれ進んだことで、それぞれの材料を用いたPSRの光形成の特徴が見出された。すなわち、低分子薄膜では高感度でPSRが形成する一方で安定性が低く、高分子薄膜では安定性が高い一方で形成感度が低いという点である。そこで、これらの材料の利点を組み合わせた材料として、光照射前は低分子、光照射後は高分子となる低分子-高分子光変換材料におけるPSRの形成が調査された。

生方らは、分子内に2つのアントラセン基を有するビスアントラセン化合物を合成し、このアモルファス薄膜にフォトマスクを介して紫外線の照射を施すことで、局所的に分子間の二量化反応を誘起することで、PSRの形成に成功した(図10)[73]。PSR形成に必要な露光エネルギー量は0.1 J cm^{-2}程度であり非常に高感度であった。形成したPSRは加熱により消去・再形成が可能であり、PSR形成後に薄膜全面に紫外線露光を施すことで、形成したPSRの熱安定性が向上した。このPSR形成には、**3.4**に示した露光部と未露光部の表面エネルギーの違い、および拡散性の違いの両方が寄与しているものと考えられる。

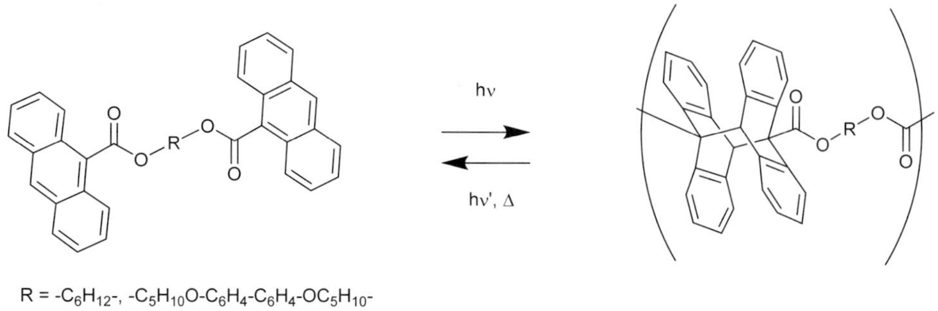

図10　低分子-高分子光変換材料

4 おわりに

アゾベンゼン高分子薄膜上のPSR形成の最初の発見から20年以上が経過した。この間、基礎科学と応用の両方の観点から幅広い研究が進められ、膨大な知見が蓄積されてきた。本節では、PSR形成材料の進歩を中心に紹介した。PSR形成材料は、アゾベンゼンを含む高分子材料から、超分子材料、低分子材料に留まらず、アゾベンゼンを含まないさまざまな光応答性材料にまで広がりをみせている。また、PSR形成現象は、分子の動きとマクロスコピックの動きを繋ぐメゾスコピック領域の科学であり、この分野の研究推進は、光学デバイスのみならず多様な有機デバイスを開発する新しい機会を提供すると期待している。

文　献

1) P. Rochon, E. Batalla and A. Natansohn：*Appl. Phys. Lett.*, **66**, 136(1995).
2) D. Y. Kim, S. K. Tripathy, L. Li and J. Kumar：*Appl. Phys. Lett.*, **66**, 1166(1995).
3) S. Bian, L. Li, J. Kumar, D. Y. Kim, J. Williams and S. K. Tripathy：*Appl. Phys. Lett.*, **73**, 1817(1998).
4) S. Bian, J. M. Williams, D. Y. Kim, L. Li, S. Balasubramanian, J. Kumar and S. Tripathy：*J. Appl. Phys.*, **86**, 4498(1999).
5) N. C. R. Holme, L. Nikolova, S. Hvilsted, P. H. Rasmussen, R. H. Berg and P. S. Ramanujam：*Appl. Phys. Lett.*, **74**, 519(1999).
6) C. Fiorini, N. Prudhomme, G. de Veyrac, I. Maurin, P. Raimond and J.-M. Nunzi：*Synth. Met.*, **115**, 121(2000).
7) T. Fukuda：*Kobunshi Ronbunshu*, **60**, 428(2003).
8) N. Viswanathan, S. Balasubramanian, L. Li, S. K. Tripathy and J. Kumar：*Jpn. J. Appl. Phys.*, **38**, 5928(1999).
9) H. Rau：*Photochromism*；*Molecules and Systems*, edited H. Dürr and H. Bouas-Laurent, p. 165, Elsevier, Amsterdam(1990).
10) N. Hurduc, B. C. Donose, A. Macovei, C. Paius, C. Ibanescu, D. Scutaru, M. Hamel, N. Branza-Nichita and L. Rocha：*Soft Matter*, **10**, 4640(2014).
11) T. Todorov, L. Nicolova and T. Tomova：*Appl. Opt.*, **23**, 4309(1984).
12) Y. Li, Y. He, X. Tong and X. Wang：*J. Am. Chem. Soc.*, **127**, 2402(2005).
13) D. Bublitz, M. Helgert, B. Fleck, L. Wenke, S. Hvilsted and P. S. Ramanujam：*Appl. Phys. B*, **70**, 863(2000).
14) H. Nakano：*J. Mater. Chem.*, **20**, 2071(2010).
15) P. Karageorgiev, D. Neher, B. Schulz, B. Stiller, U. Pietsch, M. Giersig and L. Brehmer：*Nat. Mater.*, **4**, 699(2005).
16) Y. Yu, M. Nakano and T. Ikeda：*Nature*, **425**, 145(2003).
17) O. Kulikovska, L. M. Goldenberg and J. Stumpe：*Chem. Mater.*, **19**, 3343(2007).
18) J. Gao, Y. He, F. Liu, X. Zhang, Z. Wang and X. Wang：*Chem. Mater.*, **19**, 3877(2007).
19) A. Priimagi, G. Cavallo, A. Forni, M. Gorynsztejn-Leben, M. Kaivola, P. Metrangolo, R. Milani, A. Shishido, T. Pilati, G. Resnati and G. Terraneo：*Adv. Funct. Mater.*, **22**, 2572(2012).
20) H. Nakano, T. Takahashi, T. Kadota and Y. Shirota：*Adv. Mater.*, **14**, 1157(2002).
21) H. Nakano, T. Tanino, T. Takahashi, H. Ando and Y. Shirota：*J. Mater. Chem.*, **18**, 242(2008).
22) H. Nakano, T. Tanino and Y. Shirota：*Appl. Phys. Lett.*, **87**, 061910(2005).
23) T. Ubukata, T. Seki and K. Ichimura：*Adv. Mater.*, **12**, 1675(2000).
24) T. Ubukata, M. Hara, K. Ichimura and T. Seki：*Adv. Mater.*, **16**, 220(2004).
25) N. Zettsu, T. Ubukata, T. Seki and K. Ichimura：*Adv. Mater.*, **13**, 1693(2001).
26) N. Zettsu, T. Fukuda, H. Matsuda and T. Seki：*Appl. Phys. Lett.*, **83**, 4960(2003).
27) N. Zettsu and T. Seki：*Macromolecules*, **37**, 8692(2004).
28) T. Ubukata, T. Higuchi, N. Zettsu, T. Seki and M. Hara：*Colloids Surf. A*, **257-258**, 123(2005).
29) N. Zettsu, T. Ogawsawara, R. Arakawa, S. Nagano, T. Ubukata and T. Seki：*Macromolecules*, **40**, 4607(2007).
30) J. Isayama, S. Nagano and T. Seki：*Macromolecules*, **43**, 4105(2010).
31) T. Seki：*Bull. Chem. Soc. Jpn.*, **80**, 2084(2007).
32) C. B. Kim, J. C. Wistrom, H. Ha, S. X. Zhou, R. Katsumata, A. R. Jones, D. W. Janes, K. M. Miller and C. J. Ellison：*Macromolecules*, **49**, 7069(2016).
33) N. K. Viswanathan, D. Y. Kim, S. Bian, J. Williams,

W. Liu, L. Li, L. Samuelson, J. Kumar and S. K. Tripathy：*J. Mater. Chem.*, **9**, 1941(1999).
34) K. G. Yager and C. J. Barrett：*Curr. Opin. Solid State Mat. Sci.*, **5**, 487(2001).
35) A. Natansohn and P. Rochon：*Chem. Rev.*, **102**, 4139(2002).
36) T. Seki：*Macromol. Rapid Commun.*, **35**, 271(2014).
37) A. Priimagi and A. Shevchencko：*J. Polym. Sci., Part B：Polym. Phys.*, **52**, 163(2014).
38) M. Hendrikx, A. P. H. J. Schenning, M. G. Debije and D. J. Broer：*Crystals*, **7**, 231(2017).
39) Z. Sekkat and W. Knoll eds.：*Photoreactive Organic Thin Films*, Academic Press, CA, USA(2002).
40) Y. Zhao and T. Ikeda eds.：*Smart Light-Responsive Materials*, Wiley, Hoboken, NJ, USA(2009).
41) B. Stiller, M. Saphiannikova, K. Morawetz, J. Ilnytskyi, D. Neher, I. Muzikante, P. Pastors and V. Kampars：*Thin Solid Films*, **516**, 8893(2008).
42) N. Kawatsuki, H. Matsushita, M. Kondo, T. Sasaki and H. Ono：*APL Mater.*, **1**, 022103(2013).
43) N. Kawatsuki, H. Matsushita, T. Washio, J. Kozuki, M. Kondo, T. Sasaki and H. Ono：*Macromolecules*, **47**, 324(2014).
44) J. H. Park, T. Y. Yoon, W. J. Lee and S. D. Lee：*Mol. Cryst. Liq. Cryst.*, **375**, 433(2002).
45) L. Goldenberg, O. Sakhno and J. Stumpe：*Opt. Mater.*, **27**, 1379(2005).
46) N. Kawatsuki, M. Kondo, M. Okada, S. Matsui, H. Ono and A. Emoto：*Jap J. Appl. Phys.*, **49**, 08027(2010).
47) P. S. Ramanujam and R. H. Berg：*Appl. Phys. Lett.*, **85**, 1665(2004).
48) D. Zhao, Z. Xue, G. Wang, H. Cao, W. Li, W. He, W. Huang, Z. Yang and H. Yang：*Phys. Chem. Chem. Phys.*, **12**, 1436(2010).
49) S. Yamaki, M. Nakagawa, S. Morino and K. Ichimura：*Appl. Phys. Lett.*, **76**, 2520(2000).
50) H. Ono, A. Emoto, N. Kawatsuki and T. Hasegawa：*Appl. Phys. Lett.*, **82**, 1359(2003).
51) N. Kawatsuki, T. Hasegawa, H. Ono and T. Tamoto：*Adv. Mater.*, **15**, 991(2003).
52) N. Kawatsuki, K. Fujio, T. Hasegawa, A. Emoto and H. Ono：*J. Photopolymer. Sci. Tech.*, **19**, 151(2006).
53) H. Ono, A. Hatayama, A. Emoto and N. Kawatsuki：*Opt. Mater.*, **30**, 248(2007).
54) N. Kawatsuki, A. Tashima, S. Manabe, M. Kondo, M. Okada, S. Matsui, A. Emoto and H. Ono：*React. Funct. Polym*, **70**, 980(2010).
55) N. Kawatsuki, A. Tashima, A. Emoto, H. Ono, M. Kondo, M. Okada and S. Matsui：*Jpn. J. Appl. Phys.*, **50**, 081608(2011).
56) C. Sánchez, B.-J. de Gans, D. Kozodaev, A. Alexeev, M. J. Escuti, C. van Heesch, T. Bel, U. S. Schubert, C. W. M. Bastiaansen and D. J. Broer：*Adv. Mater.*, **17**, 2567(2005).
57) K. Hermans, F. K. Wolf, J. Perelaer, R. A. J. Janssen, U. S. Schubert, C. W. M. Bastiaansen and D. J. Broer：*Appl. Phys. Lett.*, **91**, 174103(2007).
58) T. Ubukata, K. Takahashi and Y. Yokoyama：*J. Phys. Org. Chem.*, **20**, 981(2007).
59) T. Ubukata, S. Yamaguchi and Y. Yokoyama：*Chem. Lett.*, **36**, 1224(2007).
60) K. Okano, S. Ogino, M. Kawamoto and T. Yamashita：*Chem. Commun.*, **47**, 11891(2011).
61) T. Ubukata, S. Fujii and Y. Yokoyama：*J. Mater. Chem.*, **19**, 3373(2009).
62) T. Ubukata, S. Fujii, K. Arimimatsu and Y. Yokoyama：*J. Mater. Chem.*, **22**, 14410(2012).
63) A. Kikuchi, Y. Harada, M. Yagi, T. Ubukata, Y. Yokoyama and J. Abe：*Chem. Commun.*, **46**, 2262(2010).
64) J. W. Park, S. Nagano, S.-J.；Yoon, T. Dohi, J. Seo, T. Seki and S. Y. Park：*Adv. Mater.*, **26**, 1354(2014).
65) F. C. Krebs and P. S. Ramanujam：*Opt. Mater.*, **28**, 350(2006).
66) J. M. Taguenang, A. Kassu, G. Govindarajalu, M. Dokhanian, A. Sharma, P. B. Ruffin and C. Brantley：*Appl. Opt.*, **45**, 6903(2006).
67) T. Ubukata, Y. Moriya and Y. Yokoyama：*Polym. J.*, **44**, 966(2012).
68) T. Ubukata, S. Yamamoto, Y. Moriya, S. Fujii and Y. Yokoyama：*J. Photopolym. Sci. Tech.*, **25**, 675(2012).
69) J. M. Katzenstein, D. W. Janes, J. D. Cushen, N. B. Hira, D. L. McGuffin, N. A. Prisco and C. J. Ellison：*ACS MacroLett.*, **1**, 1150(2012).
70) T. A. Arshad, C. B. Kim, N. A. Prisco, J. M. Katzenstein, D. W. Janes, R. T. Bonnecaze and C. J. Ellison, *Soft Matter*, **10**, 8043(2014).
71) C. B. Kim, D. W. Janes, D. L. McGuffin and C. J. Ellison：*J. Polym. Sci. Part B Polym. Phys.*, **52**, 1195(2012).
72) A. R. Jones, C. B. Kim, S. X. Zhou, H. Ha, R. Katsumata, G. Blachut, R. T. Bonnecaze and C. J. Ellison：*Macromolecules*, **50**, 4588(2017).
73) T. Ubukata, M. Nakayama, T. Sonoda, Y. Yokoyama and H. Kihara：*ACS Appl. Mater. Interfces*, 8, 21974(2016).

応用編

第３章　光応答性

第３節　高分子液晶における光刺激による応答と特性

大分大学　氏家 誠司／嶋田 源一郎／吉見 剛司

1　緒　言

液晶は多様な集合構造を形成し、外部刺激に対して鋭敏に応答することを利用してさまざまな応用に用いられてきた。液晶の応用範囲はさまざまな領域に及ぶが、材料としては**図１**に示すような実用化および応用研究などがある[1)]。これは液晶が外部刺激応答性に優れることに加えて、周りの環境に依存して自発的に配向形成をすることが重要な要因となっている。液晶の配向形成は、基板表面の配向処理剤などを用いた配向処理によって制御することが可能であり、その配向処理が液晶の初期配向を決定づける。液晶のなかでイオン部位を構造単位として導入した液晶系は、液晶分子自身が配向処理剤としての機能をもつことから、基板表面とイオン部位との相互作用によって、大面積で均一な垂直配向構造を形成する[2)]。低分子液晶であってもその配向構造を固体状態で変化せずに保持する。また、イオン相互作用によるイオン部位の凝集によって、ミクロ相分離構造が誘起され、メソゲン基間の相互作用との相乗的効果によって、基板表面に液晶状態で塗布するだけで300 μm程度まで自発的に垂直配向構造が形成される。さらに、イオン部位の凝集は液晶状態の配向の熱安定性を高める。イオン相互作用のような非共有結合相互作用の利用によって、異なる原子団どうしを容易に複合し、新しい集合体を構築することもできる。たとえば、高分子イオンとイオン部位を有する低分子メソゲンとの組み合わせなどがある。また、高分子カチオンと高分子アニオンとの複合体も可能である。このような液晶分子の構造単位と基板との相互作用や構造単位間の相互作用を利用することでのナノ配向制御と異なり、光応答性原子団を用いた配向制御がある。光による液晶の配向

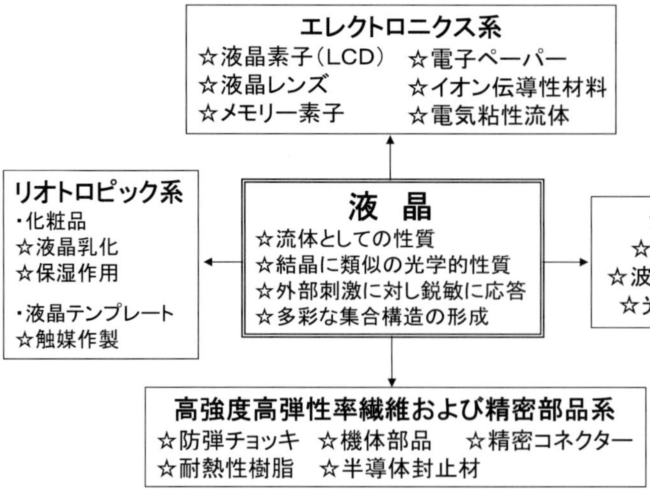

図１　液晶の性質と応用

制御は、さまざまな方法で行うことができる。研究成果としてアゾベンゼン基の*trans-cis*光異性化反応を利用した例が多く、液晶相-等方相転移の誘発や偏光による配向の誘起などを利用した配向制御などがある。液晶状態での配向遷移による物性値の変化は一般の高分子よりも大きく、一種の増幅効果が期待される[3)]。光を利用した液晶の配向制御や機能制御については今までもさまざまな形でまとめられている。本稿では、両親媒性高分子液晶のLangmuir-Blodgett(LB)膜に着目した光応答と構造制御、主鎖型高分子液晶についての光刺激による応答と特性を示す。

2　液晶における光刺激の効果

アゾベンゼン基の光異性化反応を利用した研究成果は、多くの報告があり、実用的な提案もなされている。アゾベンゼン基が容易に光応答することは、さまざまな実験やその過程で確認することができる。たとえば、アゾベンゼン基をもつ棒状の構造をもつC-1(**図2**)は、昇温過程では固体-液体転移のみを示し、液晶性を示さないが、降温過程でネマチック相を経て常温で結晶化する。DSC測定では降温過程で結晶化に対応する発熱ピークが観測されるが、偏光顕微鏡観察では結晶化は起きない。これは、液晶相内のアゾベンゼン基の一部が偏光顕微鏡の

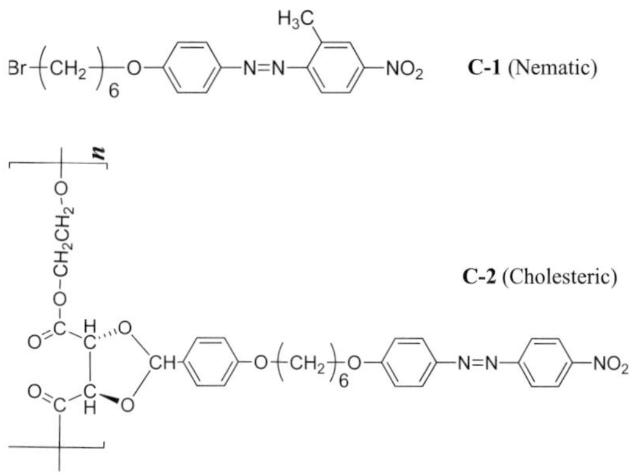

図2　C-1とC-2の構造

光源(ハロゲンランプ)からの光で*trans*体から*cis*体に異性化し、アゾベンゼン基の*trans*体と*cis*体の混合物になっているために、結晶化が抑制された結果である。紫外線(365 nmなど)を照射すればこのネマチック相は液体状態に遷移する。このような現象は非液晶系でも以前から確認されており、固体-液体転移が起きる。また、高分子であるC-2(図2)はコレステリック液晶を形成するが、ハロゲンランプの光でコレステリック相から等方相に変化する(**図3**)。光の照射がなくなると*cis*体から*trans*体にアゾベンゼン基が異性化するためコレステリック相が再び形成される。この事実はアゾベンゼン基を含有する液晶では、アゾベンゼン基の光異性化によって偏光顕微鏡観察による相転移温度や液晶温度範囲の決定を困難にする場合があることを示している。アゾベンゼンは、比較的容

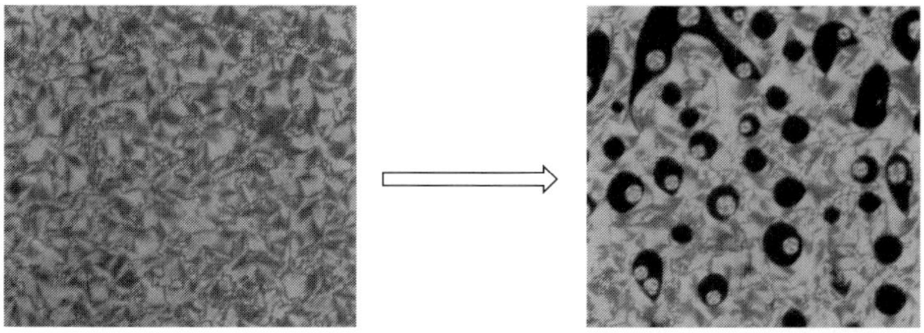

室温で形成させた光学組織　　偏光顕微鏡の光源光で等方相へ遷移：1分間照射後

図3　アゾベンゼン含有コレステリック高分子(C-2)の光配向遷移

表1　構造単位として利用される光応答性原子団

光応答原子団	構造	
アゾベンゼン基 (Azobenzene group)	trans 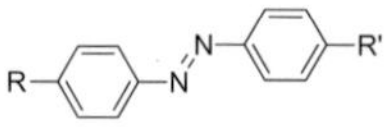	cis 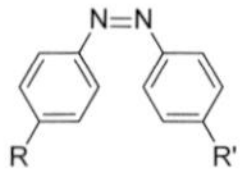
ナフタセンキノン基 (Naphtacenequinone group)	para 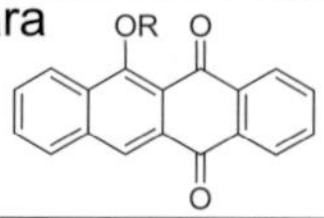	ana 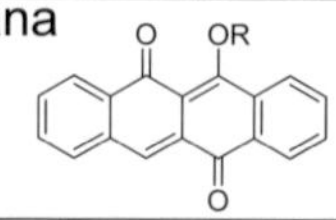
スチルベン (stilbene)	trans 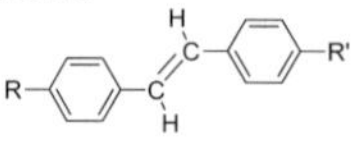	cis 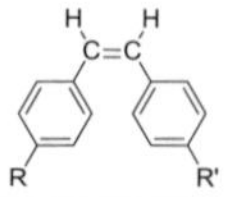

易に合成できること、メソゲン基としての特性をもつことから、主鎖型高分子液晶と側鎖型高分子液晶にも多く用いられており、アゾベンゼン基の光異性化反応を利用した報告が多数ある。

アゾベンゼン以外にも光異性化するものはさまざま知られており、キノン系骨格やスチルベン系骨格などがある(**表1**)。キノン系骨格では、光異性化によって原子団の結合位置が移動し、まったく異なる性質を示すようになる。キノン系骨格であるナフタセンキノンなどでは光異性化が100 %起きるわけではなく、異性化率も異性化を繰り返すと低下する。スチルベン骨格よりビススチリルベンゼン骨格もメソゲン基としての機能をもち、主鎖型高分子液晶の構造単位として導入された。このビススチリルベンゼン骨格は *trans* 体ではきわめて転移温度が高く、ビススチリルベンゼン骨格の両末端にエチルエステル基が結合した系ではネマチック相や複数のスメクチック相を形成し、液晶-等方相転移温度は400 ℃を超える。そのため、完全に *trans* 化したビススチルベンゼンを用いた高分子合成は困難である。しかし、完全 *cis* 体のビススチルベンゼンは室温でアモルファスであり、完全 *cis* 体のままで重合したのち、*trans* 化することで光機能性の液晶ポリエステルを合成することができる[4)]。液晶ポリエステルは屈曲鎖成分にポリオキシエチレン鎖を用いることで100 ℃以下でも液晶相を形成する。この液晶ポリエステルは紫外線照射で二量化反応を起こし、架橋化構造体に変化し、ビススチリルベンゼンのもつ蛍光特性が消失する。

3　液晶性アゾ高分子を利用した多層膜構築と光記録

アゾベンゼン骨格をもつ側鎖型高分子とPVAの交互積層多層膜について、光記録材料としての機能が発現することが報告されている[5)]。この報告では、アゾベンゼン骨格の光異性化による屈折率変化を利用することによって、交互積層多層膜における選択反射による着色制御が可能であることが示されている。層状に積層した膜面に対して *trans* 体のアゾベンゼン基の長軸が垂直に配向している場合には、光が透過し、透明であるが、アゾベンゼン基が *cis* 体に異性化すると屈折率が変化し、周期構造が出現することになり、選択反射光が観測される。この現象を利用することによって光記録に応用することが可能である。

4　高分子液晶の薄膜状態における光応答と構造制御

高分子液晶のなかでイオン高分子液晶などの両親媒性高分子液晶は、親水部分と疎水部分が局在化して集合したミクロ相分離構造を形成する。この分子配向構造はLB膜の分子配向構造に類似である。アゾベンゼン基を含む両親媒性化合物を用いたLB膜は、アゾベンゼン基の*trans*-*cis*異性化によって膜構造が乱れ、逆の異性化反応によってそれを復元することはできない。しかし、親水性高分子である分岐状ポリエチレンイミンを高分子骨格主鎖とする両親媒性高分子液晶(**図5**. P-1)を用いて作製したLB膜では、LB膜構造の乱れ-復元が可能である。ミクロ相分離した層構造(スメクチックA相)を液晶相で形成する、アゾベンゼン基を側鎖にもつ両親媒性高分子液晶によって作られたLB膜は、薄いオレンジ色を呈する透きとおった薄膜である。この薄膜のX線回折測定では、**図4**に示す複数の反射がX線小角域に観察される。この反射は、層構造の周期に対応する。このLB膜に紫外線を照射するとアゾベンゼン基が*trans*体から*cis*体に異性化するため、X線回折測定では、初期状態で観測された反射は消失し、層構造が乱れ、周期性が失われたことが確認される。この状態は、外部刺激がなければそのまま保持される。可視光あるいは熱によって、アゾベンゼン基が*cis*体から*trans*体に変化すると層周期は復元し、X線回折測定で層周期に対応する鋭い反射が小角域に観測される[6)]。

P-1(図5)のLB膜(ガラス基板、19層)に紫外光を照射すると、X線回折測定の1次反射は紫外光照射に伴って強度が低下しながら広角側にシフトする(図5(a))。強度の減少は層秩序の低下に対応しており、X線広角側へのシフトは層間隔が狭くなったことを示唆する。このときの層間隔の変化量はわずか0.7Åほどで極小の変化を示す(図5(b))。UV-vis測定では*cis*体が増加したが(450 nm付近の吸光度の増加)、垂直配向からわずかに傾いた*trans*体のアゾベンゼン基が増えるため、同時に350 nm付近の吸光度も増加が確認される。この結果は、LB膜の層の厚みを光によって制御できることを示している(図5(c))。

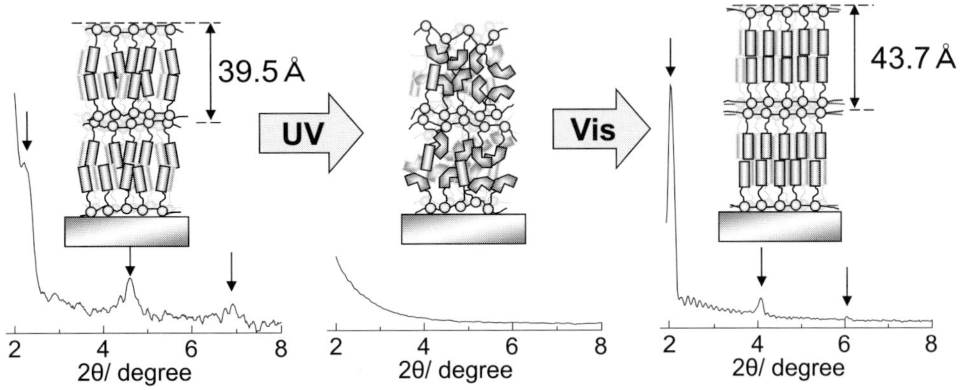

図4　アゾポリマー(P-1)LB膜の可逆的光応答

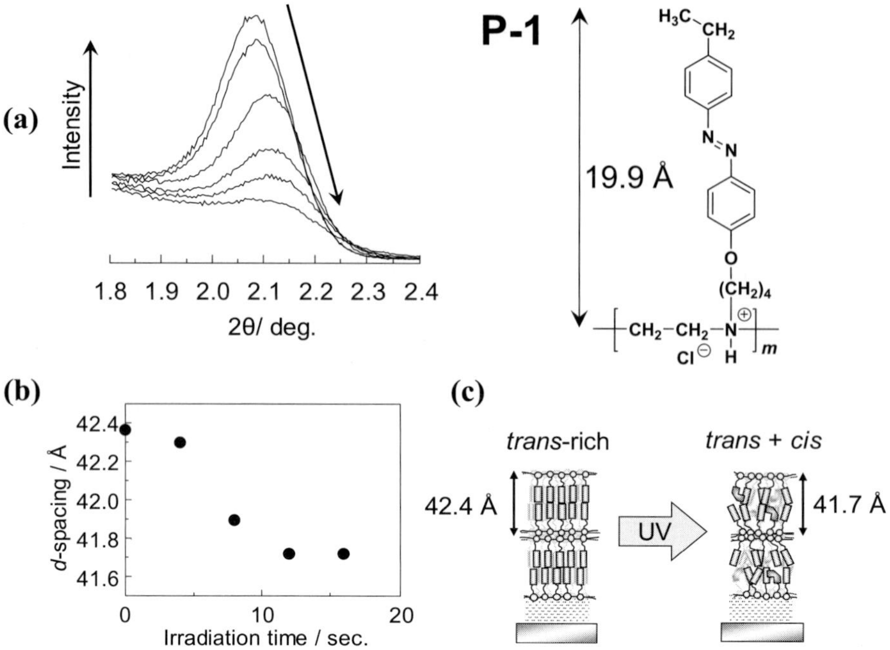

図５　アゾポリマー（P−1）LB 膜の光応答による膜厚の制御
a：X 線１次反射、b：層間隔の減少、c：遷移の模式図

5　主鎖型高分子液晶の光応答

アクチュエーター機能発現および制御を光によって達成した例も多く報告されている。先行している研究では、側鎖型高分子液晶の架橋体(液晶エラストマー)において、人の筋肉に近い収縮張力が達成されている。主鎖型高分子液晶系での研究例は相対的にきわめて少ない。アクチュエーター機能を発現させるには、架橋化構造が必要と考えられている。分子鎖間で水素結合を形成する主鎖型高分子液晶では、共有結合架橋がなくとも液晶エラストマーと同様の光応答を示す。主鎖型高分子液晶である液晶ポリウレタンは、ウレタン結合間で水素結合を形成する。この水素結合形成が液晶形成を阻害する要因ともなるが、分子構造によっては液晶発現に寄与する。これらの因子を考慮して分子設計された液晶ポリウレタンは、比較的幅広い温度範囲でネマチック相を形成する。ネマチック相温度で紡糸することによって、容易に繊維試料が作製できる。繊維試料は紡糸方向に液晶高分子鎖が配向しており、直交ニコル下で繊維試料を回転すると対角位と消光位に対応した明暗が45° おきに観測される。この繊維試料に紫外線を照射すると照射方向に徐々に折れ曲がる(**図6、表2**)。これは光照射された繊維表面のアゾベンゼン基が異性化し、繊維表面の収縮が起きるためである。変化がなくなるまでの応答時間は 50～100 s であり、液晶状態におけるような高速での応答とは異なり、ゆっくりとした変化となる。このアゾベンゼン基をもつ主鎖型高分子液晶の光応答についての報告はいくつかあり、紫外線照射によって繊維状試料がゼンマイのように丸まることなども報告されている[7]。

スピンコートによって作製したフィルムへの光照射では、フィルム全体が光源方向に四方から丸まるように折れ曲がり、手のひらを握ったような状態になる。しかし、２倍延伸したフィ

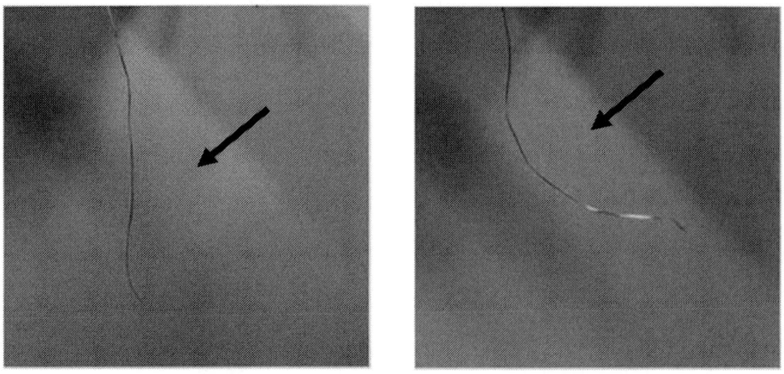

図6　液晶ポリウレタン繊維の光応答。矢印は紫外線の照射方向

ルムに対しての光照射では、フィルムを2つ折りにするように折れ曲がる(図7、図8、PU-1)。これは液晶紡糸によって得られた繊維と同様の変化である。折れ曲がった状態は、そのまま変化せず維持される。紫外線照射によって収縮する性質を利用し、フィルム試料に対する収縮張力を測定された。現時点では繰り返し応答によって、収縮張力が弱くなる傾向があるが、最大収縮張力は、大きな値となる。液晶ホモポリウレタンおよび液晶コポリウレタンの収縮張力はそれぞれ、416 kPa(図8、PU-1)および3.4 kPa(図8、PU-2)であり、液晶ホモポリウレタンが高い収縮張力を示す。しかし、イオン化によって液晶コポリウレタンの収縮張力は504 kPa(図8、PU-3)に上昇する。液晶ホモポリウレタンおよび液晶コポリウレタンはいずれもネマチック相を形成する。液晶ホモポリウレタンではある程度規則的配列が形成されているのに対して、液晶コポリウレタンでは相対的に配向のかなり乱れたドメインが存在する。しか

表2　アゾベンゼン基の光異性化により繊維試料が可逆的屈曲応答を示した液晶ポリウレタンの例

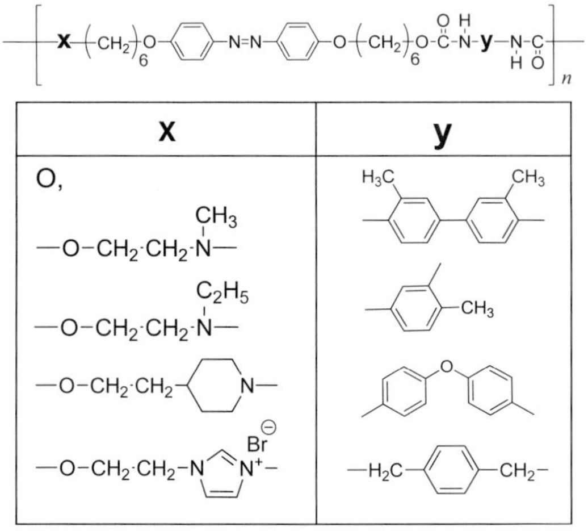

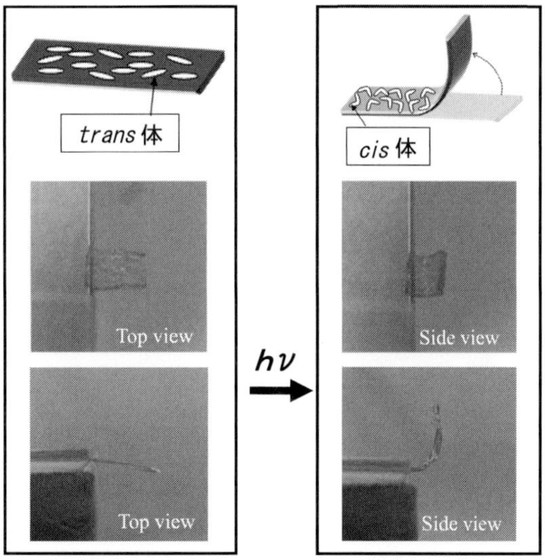

図7　試料の上方から光照射。光源方向にフィルム試料は湾曲。　※口絵参照

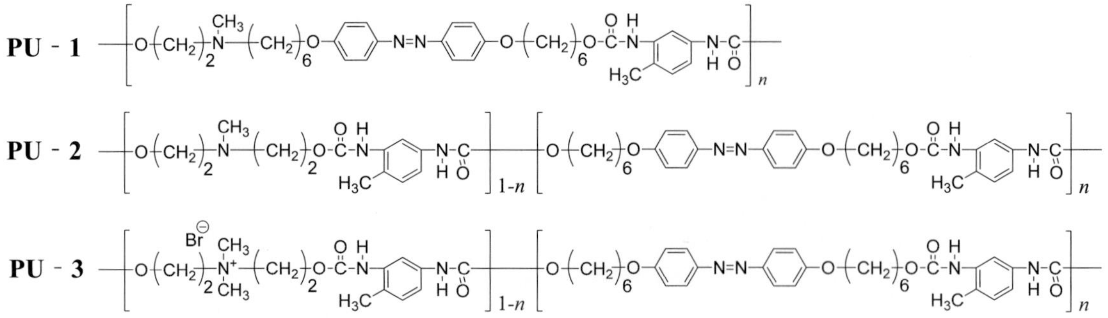

図8　PU−1、PU−2、PU−3の構造

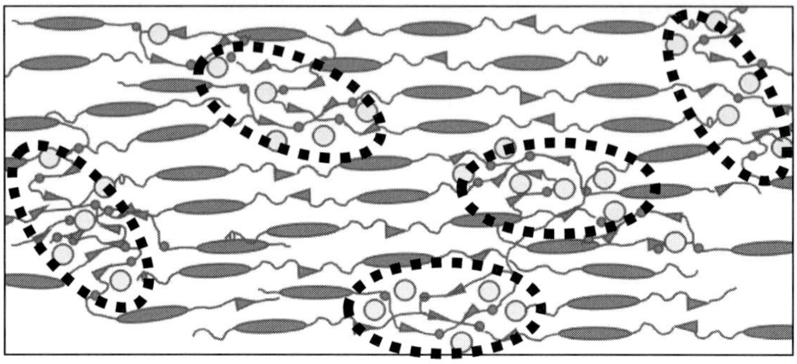

図9　イオンの凝集による物理架橋（ネットワーク構造の形成）：配向構造の高安定化

し、イオン性液晶コポリウレタンでは、イオン部位が凝集し、一種の架橋点として作用し、ネットワーク構造が形成されていることが収縮張力の増大につながっていると考えられる（**図9**）。一方、イオン性液晶ホモポリウレタンはスメクチックA相を形成し、延伸などの方法で配向させることが難しく評価ができていないが、配向制御された試料であればイオン性液晶コポリウレタンよりも紫外線照射によって高い収縮張力を示すものと期待される。

6　今後の展望

新しい高分子液晶の創製や他の素材との複合化によって、高分子液晶系に関する光刺激を利用した材料研究が進展するものと期待される。応答の鋭敏性や合成の多様性という観点では、側鎖に機能性原子団を有する高分子液晶が有利な面が多いと考えられる。しかし、主鎖型高分子液晶でも応答性に優れた材料が期待でき、水素結合やイオン結合などを巧みに利用することで応答性や形態保持能力を制御することも可能である。液晶の外部刺激応答性をより効果的に利用するには、分子レベルでの並び方の制御が重要であることから、分子配向構造の制御も考慮した材料開発が必要である。

文　献

1） J. Gooby et. al.：Handbook of Liquid Crystals 2nd, Vols. 7and 8 (2014).
2） 氏家誠司：液晶（日本液晶学会誌），**3**, 85 (1999).
氏家誠司：液晶（日本液晶学会誌），**10**, 121 (2006).
3） Y. Yu and T. Ikeda：*J. Photochem. Photobiol. C*, **5**, 247 (2004).
T. Ikeda, J. Mamiya and Y. Yu：*Angew. Chem. Int. Ed.*, **46**, 506 (2007).
A. Ryabchun, I. Raguzin, J. Stumpe, V. Shibaev and A. Bobrovsky：*ACS Appl. Mater. Interfaces*, **8**, 27227

(2016).
4) K. Iimura, S. Ujiie and M. Miyabayashi：US 5102973A, EP0427962A2, EP0427962A3.
5) R. Yagi, Y. Kuwahara, T. Ogata, S. Kim and S. Kurihara：*Mol. Cryst. Liq. Cryst.*, **583**, 77(2013).
R.Yagia, H. Kataea, Y. Kuwaharaa, S. Kima, T. Ogatab and S. Kurihara：*Polymer*, **55**, 1120(2014).
6) 吉見剛司，氏家誠司：高分子論文集，**67**, 61(2010).
7) L. Fang, H. Zhang, Z. Li, Y. Zhang, Y. Zhang and H. Zhang：*Macromolecules*, **46**, 7650(2013).
S. Ujiie, G. Shimada and M. Nata：*Chem. Lett.*, **44**, 351(2015).

応用編

第3章　光応答性
第4節　反応現像型感光性ポリマーを利用した微細パターン形成

横浜国立大学　大山 俊幸

1　はじめに

フォトリソグラフィープロセスによる感光性ポリマーの微細加工は、大面積への露光による大量生産や特定の箇所のみの選択的加工、複雑な形状の簡便な作製などが可能であり、これらの特長を活かして、集積回路(IC)の超微細パターン形成のためのフォトレジストをはじめ、多層配線板の層間絶縁膜やICチップ/封止樹脂間のバッファコート層、ソルダーレジストなどのエレクトロニクス実装用途、種々の刷版や液晶ディスプレイ、有機ELディスプレイ、光導波路、さらには3Dプリンティングによる三次元造形物の作製など、さまざまな分野で幅広く利用されている[1)-11)]。感光性ポリマーに求められる特性はその応用分野によって異なっており、たとえばICの超微細パターン形成用フォトレジストでは、nmレベルの高解像度や耐エッチング性が求められるが、感光性ポリマー自体は最終的に除去されるため、長期的な耐熱性や機械的特性などは重視されない。一方、エレクトロニクス実装用途などでは、現状で求められる解像度はμmレベルであるものの、形成した微細パターンをそのまま残して長期的に使用するため、感光性ポリマーには高い熱的・機械的特性が求められる。

熱的・機械的特性に優れた感光性ポリマーとしては、代表的なスーパーエンプラであるポリイミドの微細パターンを形成できる感光性ポリイミドがある[4)12)-14)]。これまでに報告されているポジ型(露光→現像後に未露光部が残存)およびネガ型(露光→現像後に露光部が残存)の感光性ポリイミドの例を**図1**に示すが[15)-19)]、現行の感光性ポリイミドは基本的には「ポリアミッ

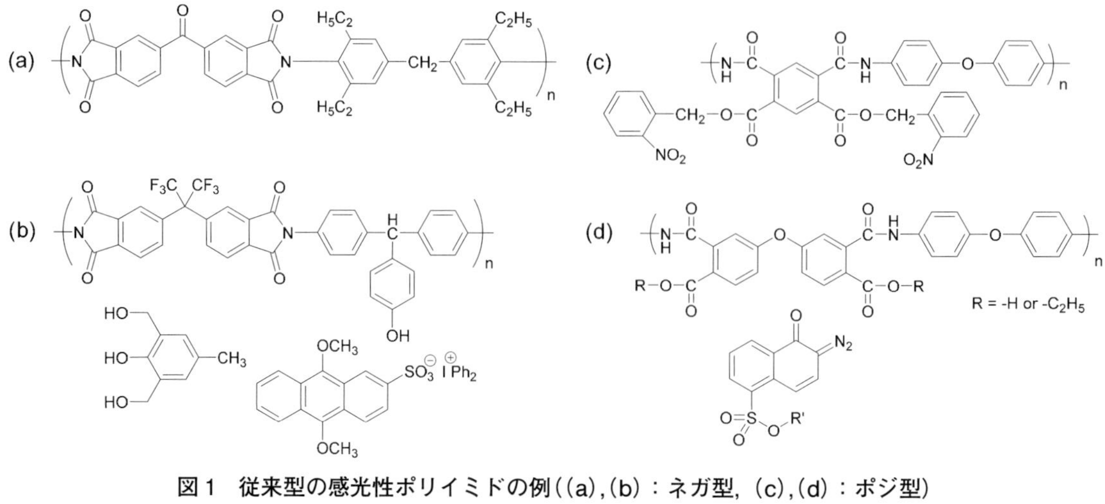

図1　従来型の感光性ポリイミドの例((a),(b)：ネガ型, (c),(d)：ポジ型)

ク酸(＝ポリイミド前駆体)」「化学修飾ポリアミック酸」「化学修飾ポリイミド」のいずれかをポリマー成分として用いている。しかし、ポリイミドやポリアミック酸への化学修飾は、ポリマー合成の煩雑化や合成コストの増大を招き、ポリイミド本来の優れた物性を低下させてしまうことも多い。また、ポリアミック酸を用いた系は、製膜前の感光性ワニスの保存安定性が悪く、かつ微細パターン形成後に300℃以上での加熱によりポリイミドに変換する必要がある。一方、ポリイミド以外のエンプラについては、ポリイミドと同じく前駆体を使用する必要がある感光性ポリベンゾオキサゾール[12)13)20)21)]を除き、感光性付与に関する研究はこれまでほとんど行われてこなかった。

本稿では、我々が開発した新しいタイプの微細パターン形成原理である「反応現像画像形成(Reaction Development Patterning, RDP)」について紹介する[22)-24)]。RDPは、カルボン酸類縁基(エステル基、イミド基など)を主鎖ないし側鎖上に有するポリマーと現像液中の求核剤(アミン、OH^-など)との求核アシル置換反応に伴うポリマーの溶解性変化を、露光部または未露光部で選択的に引き起こすことにより、ポジ型およびネガ型の微細パターンを形成する手法である(**図2**)。ポリマー内のカルボン酸類縁基を微細パターン形成に利用しているため、RDPは市販のポリイミドやポリエステル、ポリカーボネートなどのエンプラをはじめとするさまざまなポリマーに広く適用することできる。また、従来の感光性ポリマーによる微細パターン形成では、パターン形成の鍵となる化学反応(光分解・光二量化・光重合など)は露光時に進行し、現像段階では露光時に生じた溶解性差を利用しているに過ぎない場合がほとんどであったのに対し、RDPでは「現像時におけるポリマー/現像液間の高分子反応」が鍵となって露光部/未露光部間の溶解性差が生じる点が特徴となっている。現像時の高分子反応を利用した感光性エンプラは、ポリイソイミドを用いた先駆的な例[25)26)]以外には我々の知る限り報告例がなく、RDPはパターン形成原理と適用範囲の広さの両面において新規かつ有用性の高い手法であると考えられる。

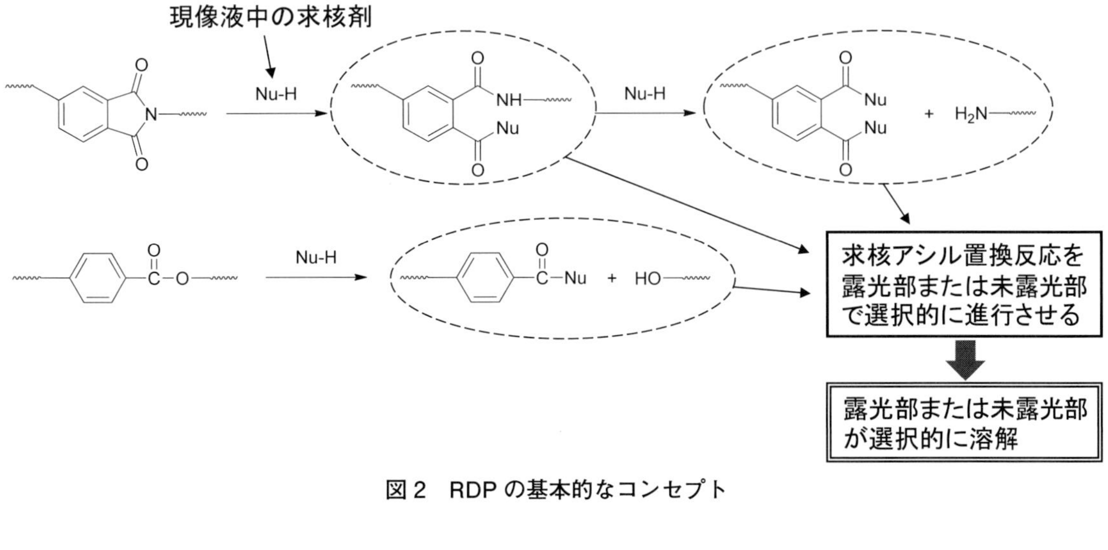

図2　RDPの基本的なコンセプト

2　反応現像画像形成によるポジ型微細パターン形成

カルボン酸類縁基結合を含有するエンプラと感光剤であるジアゾナフトキノン(DNQ)(**図3**)を共通溶媒に溶解させ製膜することにより得た膜に対して、フォトマスクを通して超高圧水銀灯からのUV光を露光し、エタノールアミ

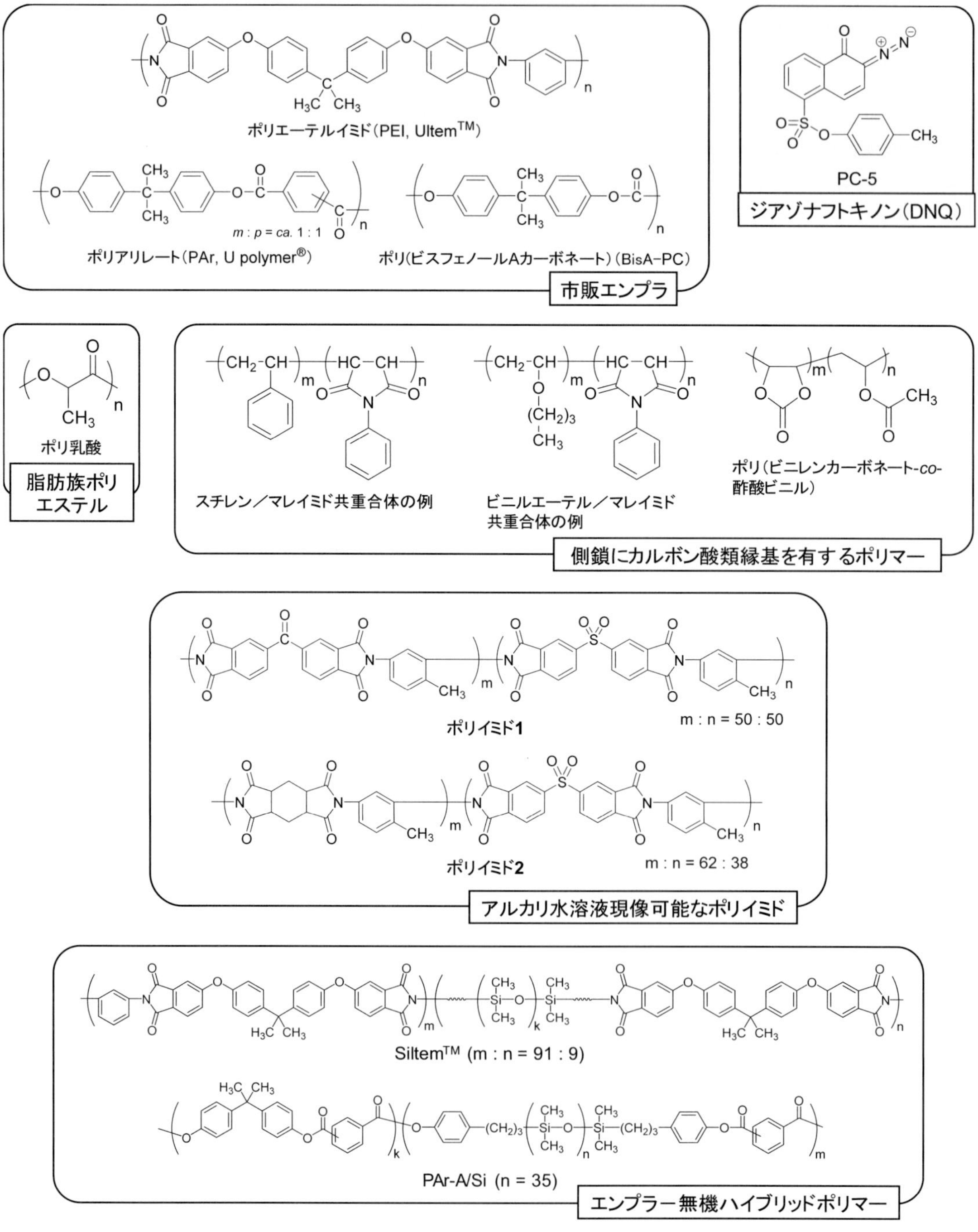

図3　RDPを適用できるカルボン酸類縁基含有ポリマーおよび感光剤の例

ンなどの求核剤を含む親水性現像液を用いて現像を行うことにより、RDPに基づくポジ型微細パターンを形成できる[27)-33)]。市販のポリエーテルイミド(PEI, Ultem™)、ポリアリレート(PAr, U polymer®)およびポリカーボネート(BisA-PC)(図3)に対してポジ型RDPを適用し形成した微細パターンの走査電子顕微鏡(SEM)写真を**図4**に示す。いずれの系においても解像度10 μm以上の鮮明なline and space(L/S)パターンの形成が確認された[27)28)30)]。これらの感光性エンプラの感度(残膜率がゼロとなる露光量(D_0))は、感光性PEI[30)]で2000 mJ/cm²、感光性PAr[28)]で600 mJ/cm²、感光性BisA-PC[27)]で1000 mJ/cm²であった。現像液に溶解した露光部のGPC測定、およびエタノールアミンとエンプラとの均一系でのモデル反応においては、いずれもエンプラの低分子量化が確認された[27)-30)]。また、露光部が完全に溶解する前に現像を停止した感光性PEI膜表面のATR-IRスペクトルでは、露光部においてのみイミドC=O基に由来する吸収の減少やアミドN-H基に由来する吸収の増加が確認された。

これらの結果より推定されるポジ型RDPの微細パターン形成機構を**図5**に示す。露光部では、①露光時におけるDNQからのインデンカルボン酸の生成、②生成した酸と現像液中の塩基(=求核剤)との反応による塩の形成、③形成された塩により親水性が高くなった露光部への親水性現像液の浸透、④露光部に浸透した求核剤とエンプラ主鎖中のカルボン酸類縁基との求核アシル置換反応によるエンプラ主鎖の切断、および⑤主鎖切断による分子量低下に伴う溶解性の向上、により現像液への溶解が進行する。一方、未露光部では①での酸生成が起こらないため、その後のプロセスがすべて起こらずエンプラの現像液への溶解は抑制される。

RDPは現像液中の求核剤とポリマー中のカルボン酸類縁基との求核アシル置換反応によりポリマーを溶解する手法であるため、ポリマー鎖中に電子求引性基を導入しカルボニル基の反応性を向上させることにより現像時間の短縮が可能となる。**図6**に示す種々のポリアリレートに対してポジ型RDPを適用したところ、現像時間はPAr-FL, PAr-A, PAr-PP, PAr-AF, PAr-SOの順に短くなった[31)]。また、この現像時間の傾向は、ポリアリレートとエタノールアミンとの均一系でのモデル反応における分子量低下速度の傾向と完全に一致しており、電子求引性基の導入により実際に現像時間が短縮されることが示された。

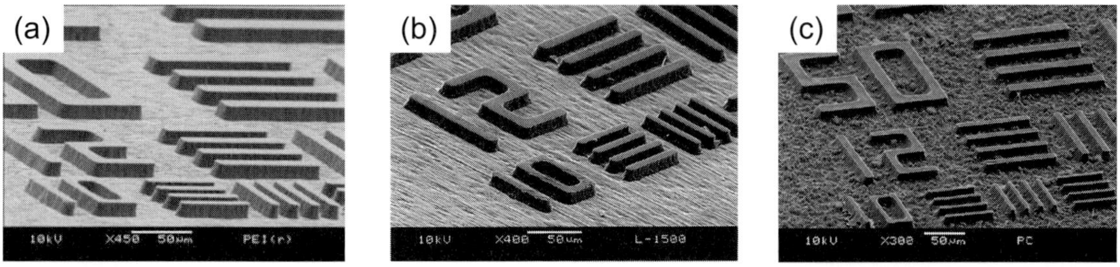

図4　ポジ型RDPによる市販エンプラの微細パターン形成(～10 μm L/S)　DNQ(PC-5)：ポリマーに対して30 wt%，露光量：2000 mJ/cm²
(a)PEI(Ultem™)　現像条件：エタノールアミン/*N*-メチルピロリドン(NMP)/水＝4/1/1(重量比)，40～45℃，超音波処理下，13分
(b)PAr(U polymer®)　現像条件：エタノールアミン/NMP/水＝4/1/1(重量比)，40～45℃，超音波処理下，11分
(c)BisA-PC　現像条件：エタノールアミン/NMP/水＝1/1/1(重量比)，40 ℃，浸漬，7分

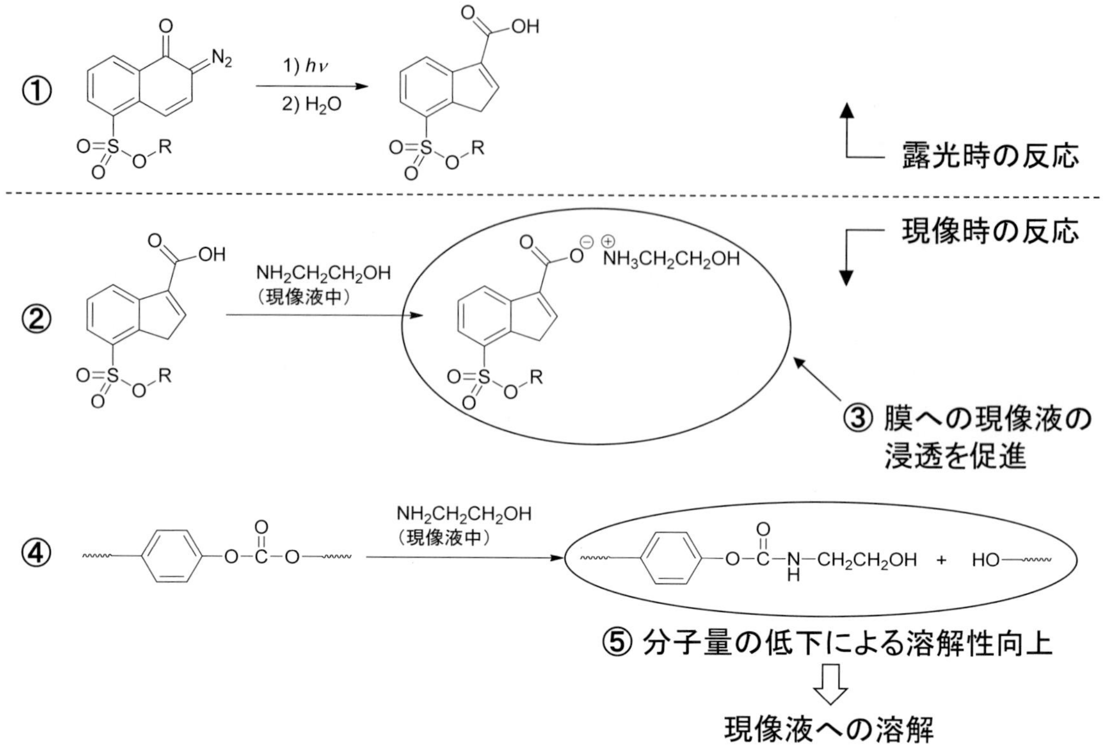

図５　ポジ型 RDP の微細パターン形成機構(露光部)

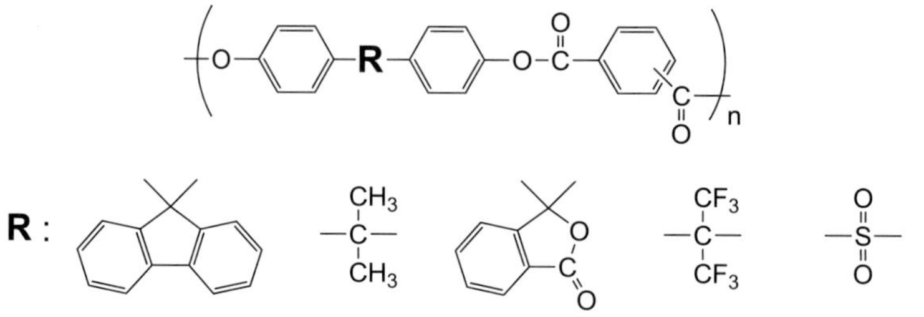

PAr-FL　PAr-A　PAr-PP　PAr-AF　PAr-SO

図６　種々の官能基を主鎖中に導入したポリアリレート

ポジ型 RDP は、脂肪族ポリエステルであるポリ乳酸(図３)[34]や酸無水物硬化エポキシ樹脂[35]など、エンプラ以外のカルボン酸類縁基含有ポリマーにも適用することができる。DNQ (PC-5)および 3,5-ジヒドロキシ安息香酸(3,5-DHBA)を添加したポリ乳酸の薄膜を作製しポジ型 RDP を適用したところ、25 wt%水酸化テトラメチルアンモニウム(TMAH)水溶液を用いた短時間現像(＜１分)による微細パターン形成が可能であった(図７(a))[34]。また、スチレン／マレイミド共重合体やビニルエーテル／マレイミド共重合体、ポリビニレンカーボネートなどの側鎖にカルボン酸類縁基を有するポリマー(図３)についても、RDP の適用によりポジ型微細パターンを形成することができる[36)-38)]。たとえば、ビニレンカーボネートと酢酸ビニルとの共重合体は、低濃度の水酸化ナトリウム水溶液(＜５wt%)を現像液に用いた

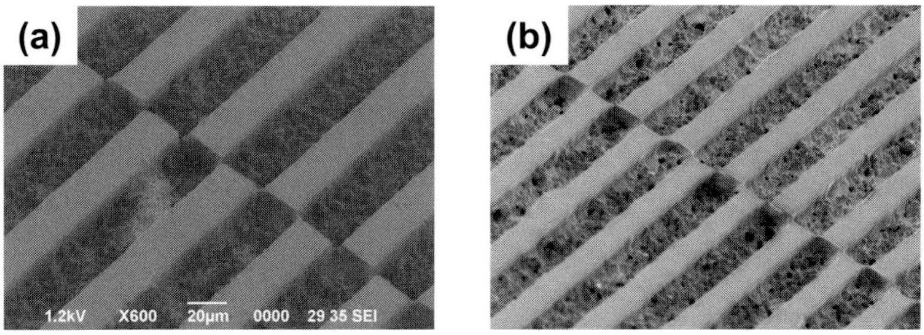

図7　アルカリ水溶液を現像液として用いたポジ型RDPによる微細パターン形成
(a)ポリ乳酸(25 μm L/S)　DNQ (PC-5)：ポリマーに対して30 wt%，3,5-DHBA：ポリマーに対して10 wt%，露光量：500 mJ/cm^2，現像条件：25 wt% TMAH水溶液，室温，超音波処理下，57秒
(b)ポリ(ビニレンカーボネート-*co*-酢酸ビニル)(20 μm L/S)　DNQ (PC-5)：ポリマーに対して30 wt%，露光量：500 mJ/cm^2，現像条件：1 wt% NaOH水溶液，40℃，浸漬，7分

ポジ型RDPが可能であり、3〜7分間の現像により良好なポジ型微細パターンを形成できることが確認された(図7(b))[38]。

3　反応現像画像形成によるネガ型微細パターン形成

ポジ型RDPではポリイミドなどに感光剤(DNQ)を添加した膜が使用されるが、この膜に対して感光剤とともに*N*-フェニルマレイミド(PMI)などを添加することにより、RDPによるネガ型微細パターン形成が可能となる[23)24)39]。DNQ(PC-5)およびPMIを含むPEI膜に対して、ネガ型フォトマスクを通して超高圧水銀灯で露光したのちに、TMAHの水/アルコール溶液(TMAH：7.4 wt%)による浸漬現像を行い形成したネガ型微細パターンのSEM画像および感度曲線を**図8**(a),(b)に示す。この系の感度(残膜率が50%となる露光量(D_{50}))は31 mJ/cm^{2}であり、ポジ型RDPよりも大幅に高感度であるとともに、現在実用化されている感光性ポリイミドと比較しても同等以上の感度であった。また、ネガ型RDPでは、ポジ型RDPよりも感光剤添加量を低減できることが

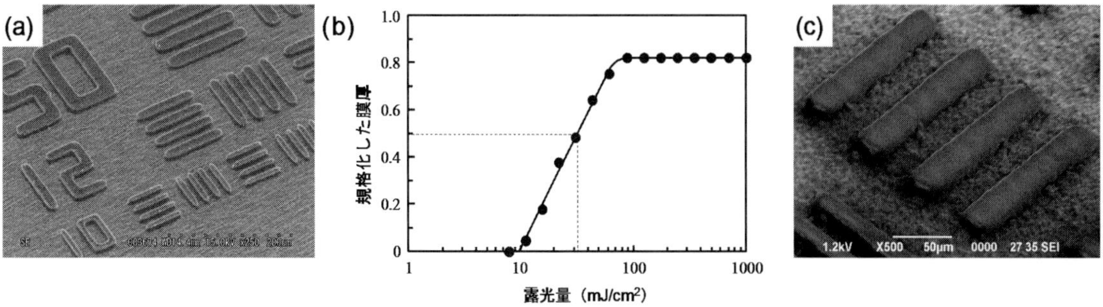

図8　ネガ型RDPによる微細パターン形成
(a)PEI(Ultem™)のL/Sパターン(〜10 μm)　DNQ(PC-5)：ポリマーに対して15 wt%，PMI：ポリマーに対して1 wt%，初期膜厚：11.0 μm，露光量：100 mJ/cm^2，現像条件：TMAH/水/PEG400/エタノール＝2/8/5/12(重量比)，50℃，浸漬，8分20秒(PEG400＝ポリエチレングリコール(M＝400))
(b)図8(a)の系における感度曲線　初期膜厚：9.2 μm，感度(D_{50})：31 mJ/cm^2
(c)ポリ乳酸のL/Sパターン(30 μm)　DNQ (PC-5)：ポリマーに対して30 wt%，初期膜厚：10.8 μm，露光量：500 mJ/cm^2，現像条件：TMAH/メタノール/エタノール＝1/9/32(重量比)，30℃，浸漬，21秒

明らかとなった(ネガ型：ポリマーに対して15 wt％以下，ポジ型：ポリマーに対して20～30 wt％)。

現像液に溶解した成分のGPC測定、およびPEI-現像液間のモデル反応生成物の^{1}H-NMRスペクトル測定より、ネガ型RDPではポリイミドは低分子量化せずにポリアミック酸塩の状態で現像液に溶解していることが明らかとなった[39]。また、種々の*N*-置換マレイミドを添加した感光性PEI膜の露光部について現像時間と残膜率との関係を調査した結果、マレイミド類の添加による露光部の溶解抑制(＝ネガ型化)の傾向は、マレイミド類への光照射による［2＋2］環化付加で生成する二量体[40)41)]の現像液への溶解しにくさの傾向とよく一致していることが示された[42]。これは、膜へのPMIの添加による露光部の溶解抑制が、光照射によって生じるPMI二量体による溶解阻害に由来していることを示唆する結果であると考えられる。さらに、微細パターン形成におけるDNQの役割を詳細に調査したところ、露光量が小さい場合は、露光によりDNQから生じるインデンカルボン酸と現像液中のTMAHとの反応による求核剤(OH^-)の消費がポリイミドとOH^-との反応を抑制し、その結果として露光部の溶解が起こりにくくなっている(＝ネガ型化する)ことが示唆された[43]。

以上の結果より、ネガ型RDPでは、PMIの二量化による現像液浸透の抑制(**図9**の(1)b)、および露光により生成した酸とTMAHとの反応によるOH^-の消費(図9の(2))の効果により、露光部においてポリイミド→ポリアミック酸の反応(図9の(3))が抑制され、ネガ型パターンが形成されると考えられる。

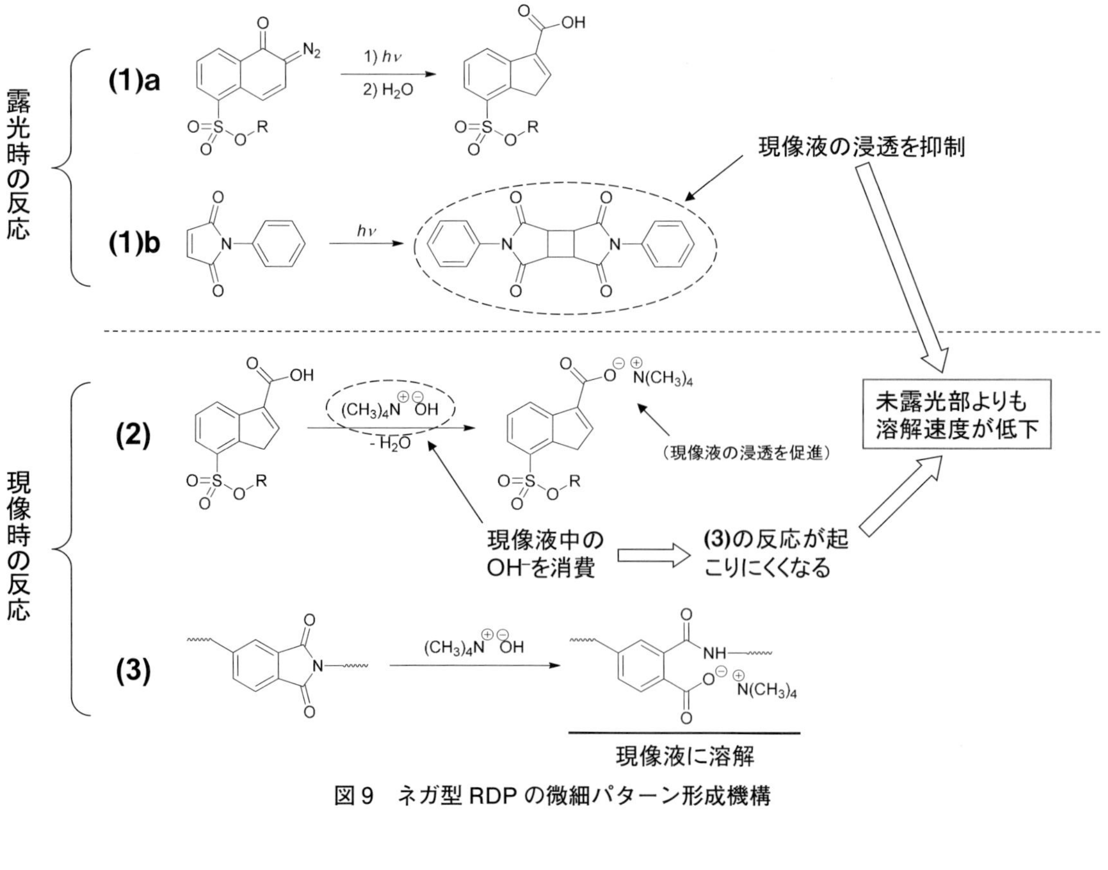

図9　ネガ型RDPの微細パターン形成機構

現在工業的に利用されている感光性ポリイミドでは、低濃度アルカリ水溶液(2.38 wt％ TMAH水溶液など)を用いた現像による微細パターン形成が行われている。よって、低濃度アルカリ水溶液を用いたRDPによるポリイミド微細パターン形成が可能になれば、RDPの有用性はさらに高まると期待される。図9に示した通り、ネガ型RDPでは現像時におけるポリイミド→ポリアミック酸の反応によりポリマーが現像液に溶解していく。よって、アルカリ水溶液での現像が可能なポリイミドは「①対応するポリアミック酸がアルカリ水溶液に可溶」かつ「②ポリイミドが何らかの溶媒に可溶(添加物を含んだ状態で製膜を行うため)」である必要がある。市販のPEIであるUltem^{TM}などは①の条件を満たさないため、アルカリ水溶液現像によるネガ型RDPを実現するためには、①と②を両立させる分子設計を行ったポリイミドを合成し用いる必要がある。①の条件を満たすためには、ポリマー鎖中のアミック酸基間の距離を短くすればよいが、一方でイミド基間の距離が短いポリイミドは剛直性が高く一般に溶解性が低いことが知られている。そこで我々は、①および②の条件を満たし、かつイミド基の反応性を向上させるために電子求引性基(スルホニル基、カルボニル基)を主鎖中に導入したポリイミド**1**(図3)を新たに合成し、アルカリ水溶液を用いたネガ型RDPを適用した。DNQ(PC-5)，PMI，および5-ヒドロキシイソフタル酸(5HIPA)を含んだポリイミド**1**の膜にフォトマスクを通して露光したのちに、2.5 wt％ TMAH水溶液による浸漬現像を行ったところ、8分30秒の現像時間でネガ型微細パターンが形成されることが明らかとなった(**図10**(a))[44)]。この系の感度はD_{50} = 64 mJ/cm^2(初期膜厚12.0 μm)であり、現在実用化されている感光性ポリイミドと同等以上の性能を有していることが示された(図10(b))。

また、上記の条件①および②を満たすポリイミドとして脂環式ポリイミド**2**(図3)を合成し、ネガ型RDPの適用を検討した。DNQ(PC-5)，PMI，5HIPAを含む脂環式ポリイミド**2**の薄膜を露光したのちに、2.5 wt% TMAH水溶液による浸漬現像を行ったところ、6分24秒の現像でネガ型微細パターンを得ることに成功した(図10(c))[45)]。

RDPによるネガ型微細パターン形成は、ポリイミド以外にもポリカーボネート[46)]やポリ乳

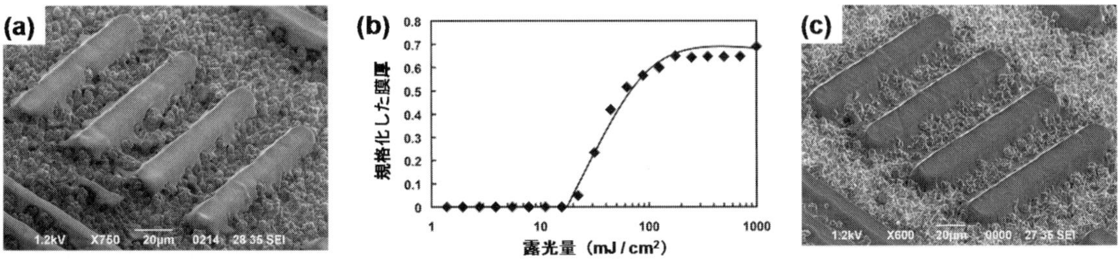

図10　2.5 wt% TMAH水溶液を現像液として用いたネガ型RDPによるポリイミド微細パターンの形成
(a)ポリイミド1のL/Sパターン(20 μm)　DNQ(PC-5)：ポリマーに対して10 wt%，PMI：ポリマーに対して20 wt%，5HIPA：ポリマーに対して10 wt%，初期膜厚：11.0 μm，露光量：300 mJ/cm^2，現像時間：8分30秒
(b)(a)の系における感度曲線　初期膜厚：12.0 μm，感度(D_{50})：64 mJ/cm^2
(c)ポリイミド2のL/Sパターン(25 μm)　DNQ(PC-5)：ポリマーに対して15 wt%，PMI：ポリマーに対して30 wt%，5HIPA：ポリマーに対して10 wt%，初期膜厚：9.4 μm，露光量：300 mJ/cm^2，現像時間：6分24秒

酸[34]などにも適用可能であった。とくに、DNQ含有ポリ乳酸膜については、超高圧水銀灯で露光(100 mJ/cm^2)したのちに、2.38 wt% TMAHアルコール溶液(メタノール/エタノール＝9/32(w/w))を用いて現像することにより、非常に短い現像時間(21秒)でネガ型微細パターンが得られることが明らかとなった(図8(c))。

4 エンプラ-無機ハイブリッドポリマーへの反応現像画像形成の適用

有機および無機の両成分がnm以下のレベルで複合化された有機無機ハイブリッドや元素ブロックポリマーは、有機材料と無機材料の両方に由来する特性・機能を相乗的に発現可能であり、共有結合、水素結合、π-π相互作用などによって複合化を実現した種々の材料が開発されている[47)48)]。ポリイミドなどのスーパーエンプラを用いたハイブリッド材料に感光性を付与できれば、高耐熱性、高強度、低熱膨張性などを有する非常に優れた微細パターンが得られると期待されるが、報告例は少ない[49)50)]。とくに、ポリイミド・ポリベンゾオキサゾール以外のエンプラを用いた感光性有機無機ハイブリッドは、我々の知る限り報告例がない。RDPは、ポリイミドやポリエステルなどにもともと存在するカルボン酸類縁基結合を利用した微細パターン形成法であるため、これらのポリマーと無機成分とのハイブリッド系についても、RDPの適用により微細パターン形成を簡便に実現できると期待される。

そこでまず、市販のPEI-ポリジメチルシロキサンマルチブロック共重合体であるSiltem^{TM}(図3)についてRDPの適用を検討した。PMIおよびDNQ(PC-5)を含んだSiltem^{TM}の薄膜を作製し、フォトマスクを通して超高圧水銀灯からのUV光を露光したのちに、TMAH/水/NMP/メタノールからなる現像液で現像したところ、ネガ型微細パターンの形成が確認された(**図11**(a))[51)]。

また、ポリアリレート(PAr)とポリジメチルシロキサンとのマルチブロック共重合体(PAr-A/Si(図3))についても、RDPの適用による微細パターン形成が可能であった。PAr-A/Si(k：m＝11：1)と感光剤DNQ(PC-5)を含んだシクロペンタノン溶液の製膜および予備乾燥により溶媒を含まないドライフィルムを調製し、この膜に対してフォトマスクを通して超高圧水銀灯からのUV光を露光したのちに、エタノールアミン/H_2O＝8/1(w/w)の現

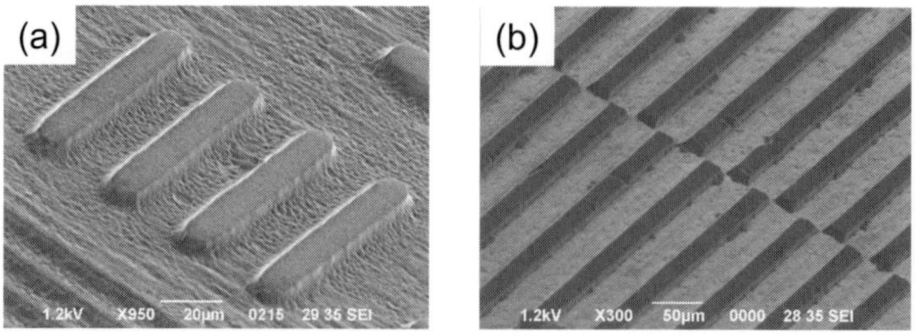

図11　エンプラとポリジメチルシロキサンとのマルチブロック共重合体へのRDPによる微細パターン形成
(a)Siltem^{TM}のネガ型微細パターン(15 μm L/S)　DNQ(PC-5)：ポリマーに対して20 wt%，PMI：ポリマーに対して10 wt%，露光量：300 mJ/cm^2，現像条件：TMAH/水/NMP/メタノール＝2/5/10/18(重量比)，50℃，超音波処理下，5分10秒
(b)PAr-A/Siのポジ型微細パターン(30 μm L/S)　DNQ(PC-5)：ポリマーに対して30 wt%，露光量：2000 mJ/cm^2，現像条件：エタノールアミン/水＝8/1(重量比)，40℃，超音波処理下，2分30秒

像液を用いて超音波処理下での現像を行ったところ、2.5分間の現像でポジ型微細パターンを形成できることが確認された（図11(b)）[52]。一方、無機成分を含まない市販のPAr（U polymer®）では、製膜後の予備乾燥条件を厳しくすると微細パターンを形成することができず、より穏やかな乾燥条件でも比較的長時間の現像が必要であった（図4(b)）[28]。これらの結果は、PAr主鎖へのシリコーンユニットの導入が、「ドライフィルムを用いたRDP」と「現像時間の短縮」を可能にしたことを示している。さらに、無機成分を含まないPArの感度D_0が600 mJ/cm^{2}であったのに対して[28]、PAr-A/Si（k：m ＝ 11：1）のD_0は189 mJ/cm^{2}であり、シリコーンユニットの導入により感度が向上することも明らかとなった。

5　おわりに

本稿では、ポリイミドをはじめとする種々のカルボン酸類縁基含有ポリマーへのRDPの適用による微細パターン形成について紹介した。RDPでは、ポリマー中にもともと存在しているカルボン酸類縁基と現像液中の求核剤との求核アシル置換反応を利用してパターン形成を行うため、従来の感光性ポリマーとは異なりポリマー中に酸性基や重合性基などを導入する必要がない。またRDPは、原理的にはポリマーの主鎖または側鎖上にカルボン酸類縁基が存在しさえすれば適用可能であるため、本稿で紹介したように、ポリイミドやポリカーボネートなどのエンプラだけでなく、脂肪族ポリエステルや、ビニルポリマー、有機無機ハイブリッドポリマーなど多様なポリマーでの微細パターン形成を実現できる。さらに、ポジ型およびネガ型の両方の微細パターンを同一のポリマーから作製できることもRDPの特徴の１つである。求核性現像液についても、アミン、アルコキシド、アルカリ／有機溶媒、アルカリ水溶液などさまざまな現像液を使用することが可能である。これらの特徴を兼ね備えた感光性ポリマーはこれまでに存在しておらず、RDPは新規かつ汎用性の高い手法となっている。

RDPに基づく感光性ポリマーの実用化のためには、アルカリ水溶液による現像が可能な系の拡大や、現像時間のさらなる短縮、有機溶媒での現像が許容される用途の探索、実用時の用途に応じた微細パターンの物性の最適化などが必要と考えられるが、ポリマーの分子設計等におけるRDPの高い汎用性を活かすことにより、これらの課題は克服できると期待される。今後は、実用化に向けたさらなる最適化を進めることにより、RDPを真に実用可能な手法へと高めていきたいと考えている。

本研究の一部はNEDO・産業技術研究助成および文部科学省科学研究費・新学術領域研究「元素ブロック高分子材料の創出（領域番号2401）」（課題番号JP25102513, JP15H00729）の支援を受けたものであり、深く感謝いたします。

文　献

1) A. De Silva, C. K. Ober：*Functional Polymer Films Vol. 1：Preparation and Patterning*, ed. by W. Knoll, R. C. Advincula, Chap. 13, pp. 475-499 Wiley-VCH, Weinheim (2011).
2) *Polymers for Microelectronics and Nanoelectronics*, ed. by Q. Lin, R. A. Pearson, J. C. Hedrick, ACS Symposium Series 874, American Chemical Society：Washington DC (2004).
3) *Micro- and Nanopatterning Polymers*, ed. by H. Ito, E. Reichmanis, O. Nalamasu, T. Ueno, ACS Symposium Series 706, American Chemical Society：Washington DC (1998).
4) T. Higashihara, Y. Saito, K. Mizoguchi and M. Ueda：*React. Funct. Polym.*, **73**, 303 (2013).
5) Y. Li, X. Zhang, Q. Zhang, X. Wang, D. Cao, Z. Shi, D. Yan and Z. Cui：*RSC Adv.*, **6**, 5377 (2016).

6）K.-H. Kuo, W.-Y. Chiu, K.-H Hsieh and T.-M. Don：*Eur. Polym. J.*, **45**, 474（2009）.
7）H. Kudo and T. Nishikubo：*Polym. J.*, **41**, 569（2009）.
8）P. G. Reddy, S. P. Pal, P. Kumar, C. P. Pradeep, S. Ghosh, S. K. Sharma and K. E. Gonsalves：*ACS Appl. Mater. Interfaces*, **9**, 17（2017）.
9）L. Li, S. Chakrabarty, K. Spyrou and C. K. Ober：*Chem. Mater.*, **27**, 5027（2015）.
10）C.-H. Chem and W.-T. Cheng：*J. Photopolym. Sci. Technol.*, **25**, 409（2012）.
11）M.Shirai and H. Okamura：*Polym. Int.*, **65**, 362（2016）.
12）福川健一，上田充：高分子論文集，**63**, 561（2006）.
13）K. Fukukawa and M. Ueda：*Polym. J.*, **40**, 281（2008）.
14）T. Higashihara, Y. Shibasaki and M. Ueda：*J. Photopolym. Sci. Technol.*, **25**, 9（2012）.
15）A. A. Lin, V. R. Sastri, G. Tesoro and A. Reiser：*Macromolecules*, **21**, 1165（1988）.
16）M. Ueda and T. Nakayama：*Macromolecules*, **29**, 6427（1996）.
17）S. Kubota, T. Moriwaki, T. Ando and A. Fukami：*J. Appl. Polym. Sci.*, **33**, 1763（1987）.
18）S. Kubota, T. Moriwaki, T. Ando and A. Fukami：*J. Macromol. Sci., Chem.*, **A24**, 1407（1987）.
19）M. Tomikawa, S. Yoshida and N. Okamoto：*Polym. J.*, **41**, 604（2009）.
20）K. Mizoguchi, T. Higashihara and M. Ueda：*Macromolecules*, **42**, 1024（2009）.
21）T. Ogura, K. Yamaguchi, Y. Shibasaki and M. Ueda：*Polym. J.*, **39**, 245（2007）.
22）T. Fukushima, Y. Kawakami, A. Kitamura, T. Oyama and M. Tomoi：*J. Microlith. Microfab. Microsyst.*, **3**, 159（2004）.
23）大山俊幸：ネットワークポリマー，**34**, 261（2013）.
24）T. Oyama：*Polym. J.*, **50**, 419（2018）.
25）H. Seino, O. Haba, A. Mochizuki, M. Yoshioka and M. Ueda：*High Perform. Polym.*, **9**, 333（1997）.
26）H. Seino, O. Haba, M. Ueda and A. Mochizuki：*Polymer*, **40**, 551（1999）.
27）T. Oyama, Y. Kawakami, T. Fukushima, T. Iijima and M. Tomoi：*Polym. Bull.*, **47**, 175（2001）.
28）T. Oyama, A. Kitamura, T. Fukushima, T. Iijima and M. Tomoi：*Macromol. Rapid Commun.*, **23**, 104（2002）.
29）T. Fukushima, T. Oyama, T. Iijima, M. Tomoi and H. Itatani：*J. Polym. Sci. Part A：Polym. Chem.*, **39**, 3451（2001）.
30）T. Fukushima, Y. Kawakami, T. Oyama and M. Tomoi：*J. Photopolym. Sci. Technol.*, **15**, 191（2002）.
31）T. Oyama, A. Kitamura, E. Sato and M. Tomoi：*J. Polym. Sci. Part A：Polym. Chem.*, **44**, 2694（2006）.
32）T. Miyagawa, T. Fukushima, T. Oyama, T. Iijima and M. Tomoi：*J. Polym. Sci., Part A：Polym. Chem.*, **41**, 861（2003）.
33）S. Sugawara, M. Tomoi and T. Oyama：*Polym. J.*, **39**, 129（2007）.
34）T. Oyama, T. Kawada and Y. Tokoro：*Chem. Lett.*, **46**, 1810（2017）.
35）W. M. Zhou, T. Fukushima, M. Tomoi and T. Oyama：*J. Photopolym. Sci. Technol.*, **27**, 713（2014）.
36）T. Oyama, S. Senoo, M. Tomoi and A. Takahashi：*J. Photopolym. Sci. Technol.*, **24**, 523（2011）.
37）D. Sakii, A. Takahashi and T. Oyama：*J. Photopolym. Sci. Technol.*, **25**, 371（2012）.
38）M. Suzuki and T. Oyama：*Polym. Int.*, **64**, 1560（2015）.
39）T. Oyama, S. Sugawara, Y. Shimizu, X. Cheng, M. Tomoi and A. Takahashi：*J. Photopolym. Sci. Technol.*, **22**, 597（2009）.
40）A. Cantín, A. Corma, S. Leiva, F. Rey, J. Rius and S. Valencia：*J. Am. Chem. Soc.*, **127**, 11560（2005）.
41）J. Put and F. C. De schryver：*J. Am. Chem. Soc.*, **95**, 137（1973）.
42）T. Oyama, Y. Shimizu and A. Takahashi：*J. Photopolym. Sci. Technol.*, **23**, 141（2010）.
43）Y. Shimizu, A. Takahashi and T. Oyama：*J. Photopolym. Sci. Technol.*, **22**, 407（2009）.
44）A. Kasahara, Y. Nakamura, A. Takahashi and T. Oyama：*Polym. Prepr., Jpn.*, **60**, 5564（2011）.
45）M. Yasuda, A. Takahashi and T. Oyama：*J. Photopoym. Sci. Technol.*, **26**, 357（2013）.
46）S. Yasuda, A. Takahashi, T. Oyama and S. Yamao：*J. Photopolym. Sci. Technol.*, **23**, 511（2010）.
47）“有機-無機ナノハイブリッド材料の新展開”，中條善樹監修，シーエムシー出版（2009）.
48）Y. Chujo and K. Tanaka：*Bull. Chem. Soc. Jpn.*, **88**, 633（2015）.
49）Z.-K. Zhu, Y. Yin, F. Cao, X. Shang and Q. Lu：*Adv. Mater.*, **12**, 1055（2000）.
50）Y.-W. Wang and W.-C. Chen：*Mater. Chem. Phys.*, **126**, 24（2011）.
51）T. Oyama, A. Kasahara, M. Yasuda and A. Takahashi：*J. Photopolym. Sci. Technol.*, **29**, 273（2016）.
52）Y. Tokoro, M. Miyoshi and T. Oyama：*J. Photopolym. Sci. Technol.*, **30**, 177（2017）.

第3章　光応答性
第5節　水系で光制御される フォトクロミックポリマー材料

国立研究開発法人産業技術総合研究所　須丸 公雄 / 高木 俊之 / 金森 敏幸

1　はじめに

局所的・即時的・遠隔的に作用させることのできる光は、μm スケールの微小な対象をリアルタイムに刺激することが可能である。こうした特性を利用して、近年、顕微鏡観察下の細胞を光で操作するためのさまざまな手段が開発、実用化されるに至っている。筆者らは、光応答性を有する分子構造を組み込むことによって、光で物性が変化するさまざまな光機能性ポリマーを設計・合成、バイオ用途に応用可能なソフトでウェットな新規光制御システムの開発を進めている。とくに、スピロピラン色素で機能化した感温性ポリマー材料群は、可視光照射によって大きく変化するその水和特性から、これまでさまざまな検討が行われてきている。本稿では、これらフォトクロミックポリマー材料が水系で発現する顕著な光応答水和特性、それに基づく新しい分子集合及び輸送の光制御、さらに光駆動可能なソフトアクチュエータへの応用展開について述べたい。

2　水溶液中で顕著な光応答を示すスピロピランポリマー

スピロピランはアゾベンゼンやロイコ色素と並んで、もっともよく研究されている光異性化色素の1つであり[1)-3)]、これを組み込んだフォトクロミックポリマーに関する報告も1970年代からいくつかなされている[4)-6)]。しかしながらこれらはいずれも、水以外の溶媒中における物性に関するものであり、水溶液系に関する検討はほとんど行われていなかった。こうした状況において筆者らは、温度応答水和特性を示すことで知られるポリ(*N*-イソプロピルアクリルアミド)(pNIPAAm)をスピロピランで修飾、新たな光・温度応答性ポリマー (pSpNIPAAm)を創製した。そしてこのポリマーの酸性水溶液が、暗所下において鮮やかな黄色を呈する一方で、波長 436 nm の青色光を室温で照射すると、顕著な光応答性脱水和を示し、速やかに析出することを見出した(**図1**)[7)]。わずか 1 mol% の割合で導入されたスピロピラン残基の光異性化が、ポリマー鎖全体の水和状態を大きく左右したことに注目した筆者らは、この特異な光応答のメカニズムを明らかにすべく、さまざまな共存プロトン濃度および光照射条件において吸光度スペクトルの解析を行った。その結果、暗所に置かれたポリマーの酸性水溶液中において、スピロピラン残基のほぼすべてが正電荷を帯びたプロトン化メロシアニン(McH)構造として存在し、pNIPAAm 主鎖の水和状態を安定化すること、この異性化状態の色素残基に強く吸収される青色光が照射されると、そのほとんどが効率的に閉環化するとともにプロトンを解離し、電荷をもたず疎水的なスピロピラン(Sp)構造となって、主鎖の水和状態を乱すことが明らかになった(図1)[8)9)]。

光照射によって脱水和したポリマーは暗所下でしばらく放置することにより、もとの黄色透

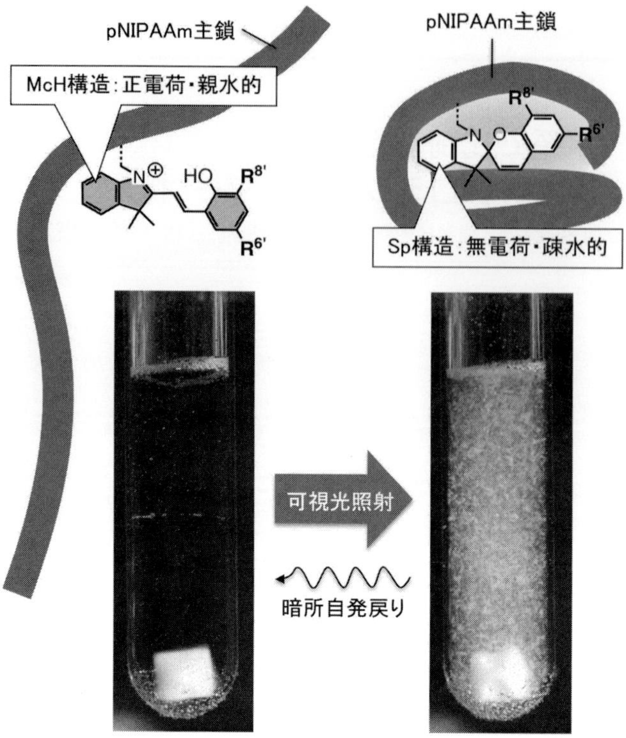

図1　可視光照射による pSpNIPAAm の構造変化との脱水和

明の状態に復帰し、その状態で光照射を行えば再度脱水和がトリガーされること、この可逆変化を10回以上繰り返しても、脱水和前のポリマーの吸光度スペクトルにほとんど変化がみられない(劣化しない)ことが確認された。その一方で、この暗所下における水溶状態への復帰は、室温条件では1時間程度の時間を要し、光照射で誘起できないことが判明した。これでは、再び光応答を受け付ける状態になるまで1時間も待たなくてはならず、せっかくの可逆性をポリマーの光操作に活かすことが難しい。そこで筆者らは、スピロピランの置換基条件がこの自発戻りに及ぼす影響を系統的に検討した。その結果、色素残基の8′位にメトキシ基を導入することにより、光で閉環された色素のMcH構造への自発的戻り反応が20倍速くなることを見出した[10]。そして、この構造のスピロピランからなる pSpNIPAAm を合成、このポリマーが酸性水溶液中で顕著な光応答脱水和を示す一方で、暗所では1分程度のタイムスケールで水溶状態に戻ることを確認した[10]。

3　スピロピランポリマーの光応答集積に基づくマイクロ構造体構築の動的制御

こうして実現した可逆的な光応答特性に基づき筆者らは、サブ mm～mm のスケールでの分子集合および物質輸送を、精密光照射によって動的に制御する新規システムを考案した[11]。この制御のスキームは、マイクロ構造体の構成材料となるポリマー分子が、走光性を示すミドリムシのように光強度分布に従って溶液中を移動、さらにはサンゴのように固体表面に集合する、というものである(**図2**)。具体的には、微小な閉鎖空間に封入された pSpNIPAAm 水溶液

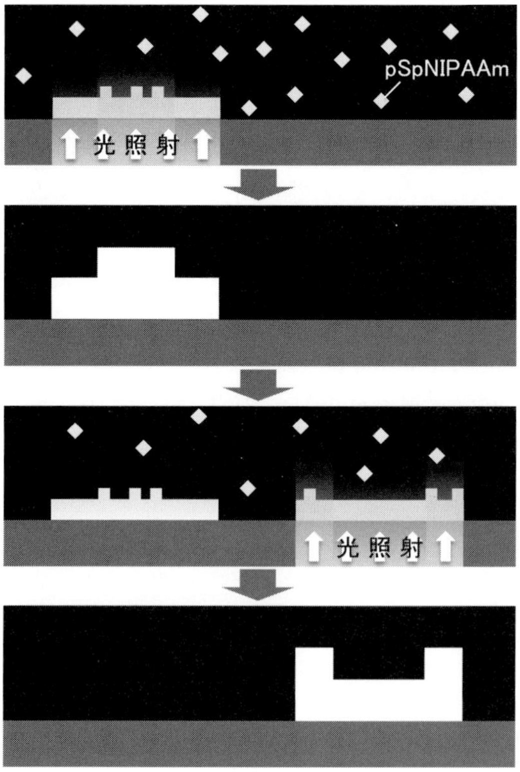

図2　分子集合及び物質輸送を精密光照射によって動的に制御するスキーム

に対して、外部から精密な光照射を行うと、強度が閾値を超える領域でポリマーが溶液から析出し、その光強度分布に応じた構造体が形成される。光照射を止めれば、ポリマーは再溶解し、析出物からなる構造体は消失、ポリマーは溶液中に再び非局在化する。別の箇所に異なる強度分布で光照射を行えば、溶液中から再びポリマーが析出し、別の構造体が形成される。構造体の材料となるポリマーは、溶液中の対流と拡散を通じて、任意の箇所に輸送される。

本スキームを実証するため、上記置換構造の導入で戻り反応速度を改善したpSpNIPAAmの酸性水溶液を、高さ0.5 mm、直径1 mmの閉鎖ウェルに封入、PC制御型微小パターン光照射システムを用いて波長436 nmの光を精密に照射し、ポリマー析出の様子を観察した。その

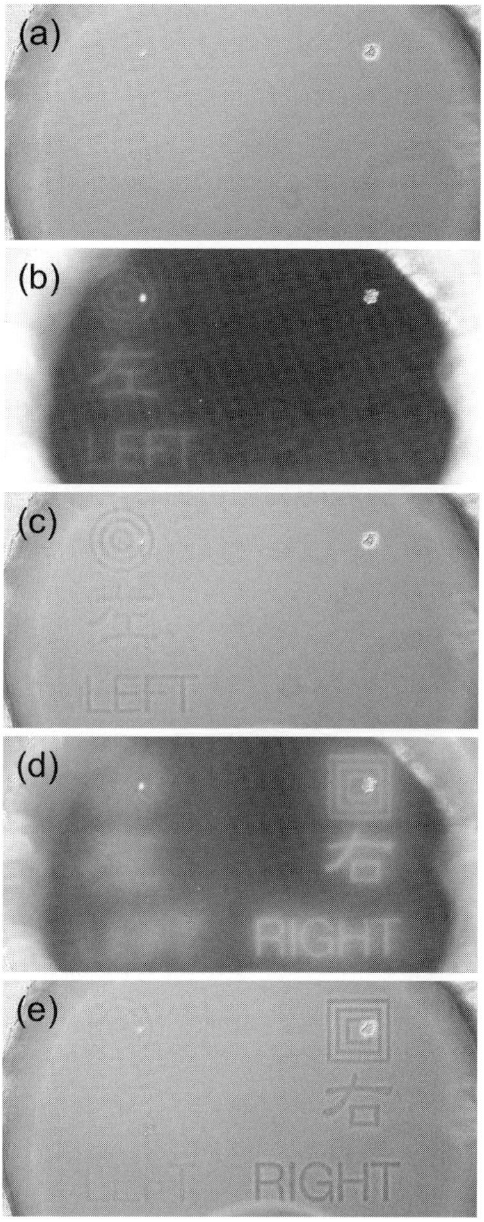

図3　精密光照射によるpSpNIPAAmの分子集合及び物質輸送の動的制御（a）照射前、（b）、（d）パターン照射中、（c）、（e）形成された構造体

結果を**図3**に示す。すべてのポリマーが溶解し析出物のない系(a)に所定の光強度分布で微小パターン照射を行うと(b)、ポリマーが照射パターンに沿ってウェル壁面に徐々に析出することが観察された(c)。結像面での強度が基本

的に最大になる結像光学系の照射では、適当な照射強度に設定することで、結像面の近傍においてのみ、自発戻り反応に打ち勝つ光閉環化がもたらされ、実際に μm スケールの照射パターンに忠実に沿った構造形成が実現された。この状態から照射箇所を移して異なるパターンで光照射を行うと(d)、最初に形成された構造体が徐々に消失する一方で、新たな照射箇所に構造体が形成された(e)。なお、長時間光を照射し続けると、系内のほぼすべてのポリマーが照射箇所に析出、その結果、溶液中のポリマーが枯渇して、別の箇所に追加照射しても析出物を生じないことが観察された。また、光強度分布に応じて析出物の2次元分布を多階調にできることが確認され、上記スキームに沿って分子集合体を光で自在にビルドアップし、サイクリックに組み替えられることが実証された。

4　スピロピランポリマーゲルからなる光駆動ソフトアクチュエータ

この可逆的な光応答脱水和特性を利用して、光で体積変化が誘起できるゲル材料を創製しようと考えた筆者らは、pSpNIPAAm からなる架橋ハイドロゲルを調製した。これを酸性水溶液中、暗所下で膨潤させ、20℃から30℃の温度範囲で青色光を照射したところ、色素残基の光異性化に伴って直ちに脱色し、引き続き元の体積の30％にまで速やかに収縮することを観察した。また、その後暗所下で放置すると元の状態に戻り、同様の光応答収縮を繰り返し行えることを確認した[12)]。これほど素早く顕著な体積変化を、可視光照射によって可逆的に誘起できるハイドロゲルは当時ほかに報告例がなく、光で自在に制御可能なウェットでソフトなシステムを構築する上で、有用な構成材料となることが期待された。

光駆動ソフトアクチュエータへの応用展開として、ロッド状光応答ハイドロゲルの光屈曲制御について検討が行われた[13)]。自発的戻り反応の遅い無置換型またはそれを改善した8'-メトキシ基置換型のスピロピランからなる架橋 pSpNIPAAm ゲルを、直径0.3 mm のガラス管内での重合により調製、ロッド状のソフトアクチュエータを作製した。そして、酸性水溶液中でこれらロッドの一方の端を保持した状態で、側面の一方向から青色光照射を行い、形状変化を観察した。無置換型スピロピランからなるゲルロッドに1秒間の光照射がもたらす光応答形状変化を図4に示す。側面照射による非対称

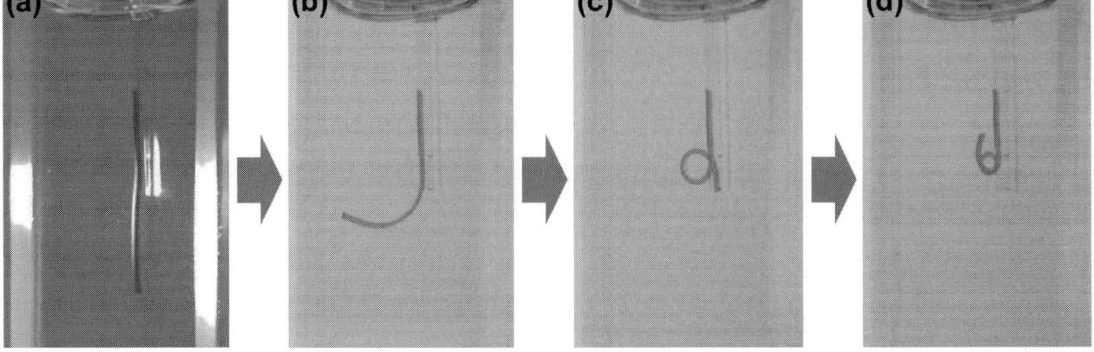

図4　ロッド状光アクチュエータの光応答屈曲(a)照射(左側面から)開始直後(照射時間：1秒)、(b)照射開始から5秒後、(c)20秒後、(d)60秒後

な光強度分布により、光源側でゲルが大きく収縮する一方で、光が直接照射されない反対側ではほぼそのままの膨潤率が保たれ、その結果ゲルロッドは、照射された方向に速やかに屈曲しはじめた。スピロピランの自発的戻り反応は遅く、色素の非対称な異性化分布は、照射停止後もしばらく保持される。そのためゲルロッドは引き続き屈曲し続け、1分経過するまでに先端は1周半回転し、内径1 mm程度のループを形成した。一方、8′-メトキシ基置換型スピロピランからなるゲルロッドでは、光照射している間のみ屈曲、照射をやめると動きが止まり、そのまましばらく放置すると戻りはじめ、数分で元の状態に復帰することが観察された。

5　光駆動ソフトアクチュエータ表面のマイクロ形状制御

冒頭でも述べたとおり、局所的に作用させることのできる光は、微小な系を精密に制御する有用な手段となりうる。そこで筆者らは、こうして得られた光応答ハイドロゲルを用いて、μmスケールの材料形状を光で即時制御する検討を行った[14)]。メタクリル基を表面に有するガラス基板上での *in situ* 重合により、片面がガラス基板に固定された厚さ250 μmのシート状のpSpNIPAAmハイドロゲルを調製した。酸性水溶液中におかれたこのゲルシートに対して局所光照射を行うと、照射された領域でのみ厚さがもとの約半分にまで減少、その後10分程度その状態を保持したのち、1時間以上かけてもとの厚さまで回復することが観察された。上述の微小パターン光照射システムを用いて検討を行った結果、わずか1秒程度の微小パターン光照射によって、照射個所はMcH構造をとる色素残基の閉環・プロトン解離に伴って瞬時に脱色、直後に厚さが減少した。その結果、ゲルシートの表面に明瞭な微小凹凸レリーフが刻まれることが確認され、マイクロパターンの照射を通じて表面形状を自在制御する新たなソフトアクチュエータの原理が実証された。複数段階の光照射によってゲルシート表面に複雑な微小レリーフ像を即時形成するプロセスを**図5**に示す。一般的に刺激に対する応答が遅いマクロなゲルシステムと異なり、システムの空間スケールが微小であることによって、内包された

図5　シート状光駆動ソフトアクチュエータ表面への多階調パターン照射による微小レリーフ像の即時形成

溶媒(水)が素早く排出されるため、ほぼリアルタイムの応答が実現されている。また、μmレベルの精度で明確に刻まれ、照射後も安定に保持された凹凸形状は、ゲルの収縮が単なる光-熱変換(heat-mode)による熱的相転移に基づくものではなく、スピロピランの光異性化に基づくphoton-modeのプロセスであることの明確な証左である。

加えて筆者らは、このシート状光駆動アクチュエータの特性を応用して、流体や微小物体の輸送を光によって自在に制御する技術についての検討も行っている。実際に、ゲルシートを2枚のガラス板で挟み込む構成で、光で精密制御可能なマイクロ流体システムを作製、微小パターン照射に沿ったマイクロ流路の即時形成や、高集積バルブアレイの光独立制御を実証した[15)16)]。また、光収縮状態から短時間で戻るタイプのゲルシートを用い、局所光照射によって生じる小さなくぼみを順次ずらすことで、そこにトラップされた直径1 mmのガラズビーズを、任意の方向に運搬できることを実証している[13)]。

6　おわりに

本稿では、スピロピラン色素で機能化したポリマー材料が水系で発現する顕著な光応答性水和特性、それに基づく新しい分子集合および輸送の光制御、さらに光駆動可能なソフトアクチュエータへの応用展開について述べた。これらのほか、スピロピラン修飾ポリマーに関しては、0.3％の色素導入率で光制御される水性二相系[17)]、鉛イオンの錯形成の光制御[18)]、シクロデキストリンのサイズ特異的な分子認識によって抑制される光応答脱水和[19)]などが見出されるに至っている。また、これらポリマーが酸性条件でしか光駆動できない点については、プロトン供給源として主鎖にアクリル酸を導入するアイデアが提案されている[20)]。さらに、これらの材料に加えて筆者らは、さまざまな光応答性ポリマーを用いて細胞培養基材を開発[21)-25)]、細胞の高次機能を引き出すためのパターン共培養系の構築や、培養基材上での細胞選別や単層切断などのプロセシングを、光精密照射によって実現できることを実証している。光エレクトロニクス技術の進展と普及がめざましい昨今、こうしたソフトでウェットな光機能性ポリマーが、化学やバイオの分野にIT技術との高い親和性をもたらすキーマテリアルとなることが期待される。

謝　辞

スピロピランモノマーの合成、光応答ゲルロッドの調製および特性解析は、(国研)産業技術総合研究所創薬基盤研究部門の佐藤琢博士研究員、光応答ゲルシートの調製および応用検討は、ブダペスト経済工科大学のAndras Szilagyi博士の協力のもと、科研費(No. 20350110)および平成17年度NEDO産業技術研究助成事業の助成を受けて行われました。スピロピランポリマーの光応答集積に基づくマイクロ構造体構築の動的制御は、九州大学工学部の森山幸佑博士研究員の協力のもと、科研費(No. 25282148)の助成を受けて行われました。また、微小パターン光照射システムの開発は、エンジニアリングシステム株式会社代表取締役・柳沢真澄氏と共同で、平成17年度科学技術振興機構(JST)大学発ベンチャー創出推進事業の助成を受けて行われました。関係諸氏にここで深く感謝致します。

文　献

1) F. M. Raymo and S. Giordani : *J. Am. Chem. Soc.*, **123**, 4651(2001).

2）R. Klajn：*Chem. Soc. Rev.*, **43**, 148(2014).
3）須丸 公雄：最先端材料 One Point シリーズ 8「フォトクロミズム」(高分子学会編), p. 86 共立出版 (2012).
4）G. Smets, J. Braeken and M. Irie：*Pure Appl. Chem.*, **50**, 845(1978).
5）O. Pieroni, A. Fissi, A. Viegi, D. Fabbri and F. Ciardelli：*J. Am . Chem. Soc.*, **114**, 2734(1992).
6）M. Irie, T. Iwayanagi and Y. Taniguchi：*Macromolecules*, **18**, 2418(1985).
7）K. Sumaru, M. Kameda, T. Kanamori and T. Shinbo：*Macromolecules*, **37**, 4949(2004).
8）K. Sumaru, M. Kameda, T. Kanamori and T. Shinbo：*Macromolecules*, **37**, 7854(2004).
9）K. Sumaru, T. Takagi, T. Satoh and T. Kanamori：*J. Photochem. Photobiol. A*, **261**, 46(2013).
10）T. Satoh, K. Sumaru, T. Takagi, K. Takai and T. Kanamori：*Phys. Chem. Chem. Phys.*, **13**, 7322 (2011).
11）K. Moriyama, K. Sumaru, T. Takagi, T. Satoh and T. Kanamori：*RSC Adv.*, **6**, 44212(2016).
12）K. Sumaru, K. Ohi, T. Takagi, T. Kanamori and T. Shinbo：*Langmuir*, **22**, 4353(2006).
13）T. Satoh, K. Sumaru, T. Takagi and T. Kanamori：*Soft Matter*, **7**, 8030(2011).
14）A. Szilagyi, K. Sumaru, S. Sugiura, T. Takagi, T. Shinbo, M. Zrinyi and T. Kanamori：*Chem. Mater.*, **19**, 2730(2007).
15）S. Sugiura, A. Szilagyi, K. Sumaru, K. Hattori, T. Takagi, G. Filipcsei, M. Zrinyi and T. Kanamori：*Lab Chip*, **9**, 196(2009).
16）須丸公雄：高分子, **59**, 718(2010).
17）J. Edahiro, K. Sumaru, T. Takagi, T. Kanamori and T. Shinbo：*Langmuir*, **22**, 5224(2006).
18）T. Suzuki, T. Kato and H. Shinozaki：*Chem. Commun.*, 2036(2004).
19）K. Sumaru,. T. Takagi, T. Satoh and T. Kanamori：*Macromol. Rapid Comm.*, 1700234(2017).
20）S. Scarmagnani, Z. Walsh, F. Benito-Lopez, M. Macka, B. Paull and D. Diamond：*Adv. Sci. Technol.*, **76**, 100(2010).
21）J. Edahiro, K. Sumaru, Y. Tada, K. Ohi, T. Takagi, M. Kameda, T. Shinbo, T. Kanamori and Y. Yoshimi：*Biomacromolecules*, **6**, 970 (2005).
22）Y. Tada, K. Sumaru, M. Kameda, K. Ohi, T. Takagi, T. Kanamori and Y. Yoshimi：*J. Appl. Polym. Sci.*, **100**, 495(2006).
23）K. Kikuchi, K. Sumaru, J. Edahiro, Y. Ooshima, S. Sugiura, T. Takagi and T. Kanamori：*Biotechnol. Bioeng.*, **103**, 552(2009).
24）K. Sumaru, K. Kikuchi, T. Takagi, M. Yamaguchi, T. Satoh, K. Morishita K and T. Kanamori：*Biotechnol. Bioeng.*, **110**, 348(2013).
25）K. Sumaru, K. Morishita, T. Takagi, T. Satoh and T. Kanamori：*Eur. Polym. J.*, **93**, 733 (2017).

応用編

第3章　光応答性

第6節　ポリエチレングリコール(PEG)修飾マイクロアレイ基板を用いるパルスレーザー照射による遺伝子導入

近畿大学　白石 浩平

1　PEG 修飾マイクロアレイ基板を用いるレーザー光刺激による遺伝子導入系の開発

遺伝子生物医学・治療研究の必要が高まり、遺伝子レベルにおける研究を効率よく進めるための材料、技術、方法論の必要性が高まっている。遺伝子の細胞内導入のアプローチを、「ウイルス利用」あるいは「ウイルスを用いない(ここではシステムも含むと考える)」に大別して考えるとき、バイオハザードを考慮した特殊な施設が不用となり、ウイルスベクター本来のもつ毒性、抗原性、病因性などを考慮することがない長所が挙げられている[1]。

筆者らは、細胞サイズの 20～50 μm 径凹ガラス製スポット(深さ：130 nm)の周囲を主として金素材を用いて 100 μm 間隔で定序的に配列させたアレイ(以後、細胞アレイ(μAy)と呼称する：トーヨーエイテック㈱(広島市)製、**図1**)を用いて、たとえば、タンパク質等の生体分子や細胞非接着性のリン脂質ポリマー[2]をスポット外周にコーティングし、一方、スポット内には細胞応答性ポリマーとして、温度応答性ポリマー［poly(N-isoproplyacrylamide)：Poly(NiPAAm)］や細胞融合性 polyethyleneglycol (PEG)鎖をもつ polyethyleneglycolmethylehter maethacrylate(macPEG)を表面グラフト鎖として、細胞診断、細胞ソーティング、遺伝子導

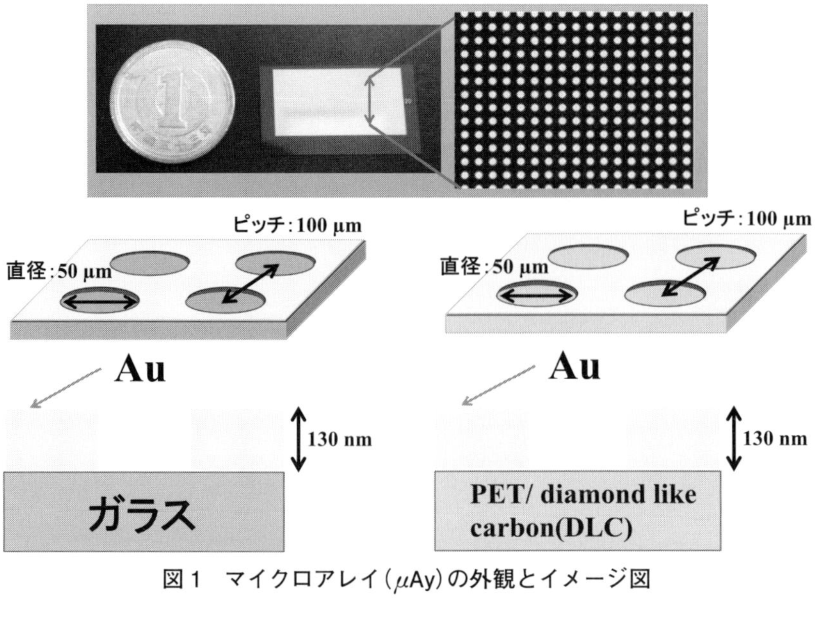

図1　マイクロアレイ(μAy)の外観とイメージ図

入等を含む細胞融合用の基板としての応用を進めている[3]。本稿では、上記「ウイルスを用いない」物理刺激レーザー光を利用し、細胞に遺伝子をはじめとする生理活性物質等標的物資を導入する筆者らが考案した独自の方法を紹介したい。標的物質の導入法にはトランスフェクション法[4]、エレクトロポレーション法[5]、マイクロインジェクション法[6]などさまざまな手法が知られている。それぞれに長所はあるが、標的物質の導入は確率に従って、ある特定の細胞のみを狙って標的物質を導入することは不可能であり、マイクロインジェクション法は、ある特定の細胞のみを狙って標的物質を導入することはできるが、大量処理は困難である。また、キャピラリー挿入により、細胞にしばしばダメージを与えることもある。筆者らが開発を進めるμAyはスポット周囲のタンパク質あるいは細胞非接着性によってスポットに自発的にこれらを集積する効果を認めている。なお、ここでは、図1中のガラススポットと周囲を金コーティングしたμAy基板を用いた技術開発について示す。各スポットは光学顕微鏡によってすべてアドレスできるため、個々のスポットでの細胞および数個の細胞集団の診断を可能とする。さらに、診断情報をもとに、特定の細胞に遺伝子等の導入を可能とするツールとなりうる。スポット内に細胞融合素材として知られる[7]PEG鎖をもつmacPEGを表面開始グラフト重合して固相化し、細胞毒性軽減と同時に、細胞融合性PEGの細胞膜との相互作用を利用した標的物質を血球系細胞(U937細胞)導入に成功した[8]。本稿では、まず、PEG固相化μAyによる遺伝子導入事例、次に、温度応答性のPoly(NiPAAm)水溶液へのレーザー光照射により相転移誘起が知られるように[9]、受容細胞の膜との親和性をもち、感光基をもたないが高運動性PEG鎖を[10]、レーザー光照射による応答性鎖とみたてて、遺伝子導入効率を向上させた事例を紹介する。

2 PEG固相化スポットと周囲を細胞非接着層としたμAy基板による血球系細胞への巨大遺伝子導入

ヒト人工染色体(Human Artificial Chromosome：HAC)は巨大遺伝子を導入でき、HACベクターとして遺伝子治療や再生医療等への応用が進んでいる[11]。細胞膜で覆われた微小核細胞(Micro Cell：MC)中のHACベクターは細胞融合という手法で導入される(Microcell Mediated Chromosome Transfer：MMCT)。しかし、MMCTによりHACベクターが移入した細胞を得る効率が低いことが課題とされている。細胞融合効率を増大のために細胞サイズのスポットをもつμAyを使用してMCと受容細胞の接触効率の向上を試みた。μAy上の細胞非接着面にはタンパク質や細胞などの吸着を抑制するリン脂質類似ポリマーをコーティングし、細胞接着スポット面には細胞融合剤として使用されるPEGを側鎖にもつmacPEGを固定化したμAy(g-μAy)を調製した(**図2**)。ここに、PEGは細胞融合活性の高いとされる数千分子量のなかでも1100を用いた[7]。血球系細胞への融合性能を知るため、血球系細胞株U937細胞を用い、g-μAy上でMCとの融合を試みた[8]。

Piranha処理により、μAy上のガラススポットおよび周囲の金コーティング表面を洗浄後、ガラススポット上に、-NH_2基固定化のため3-aminopropyltrimethoxysilane/N,N-Dimethylformamide(DMF)溶液に60℃、3h浸漬する。その後、4,4'-azobis(4-cyanopentanoyl chloride)/クロロホルム溶液に30℃、20h浸漬し、重合開始剤を固定化した。所定濃度に調

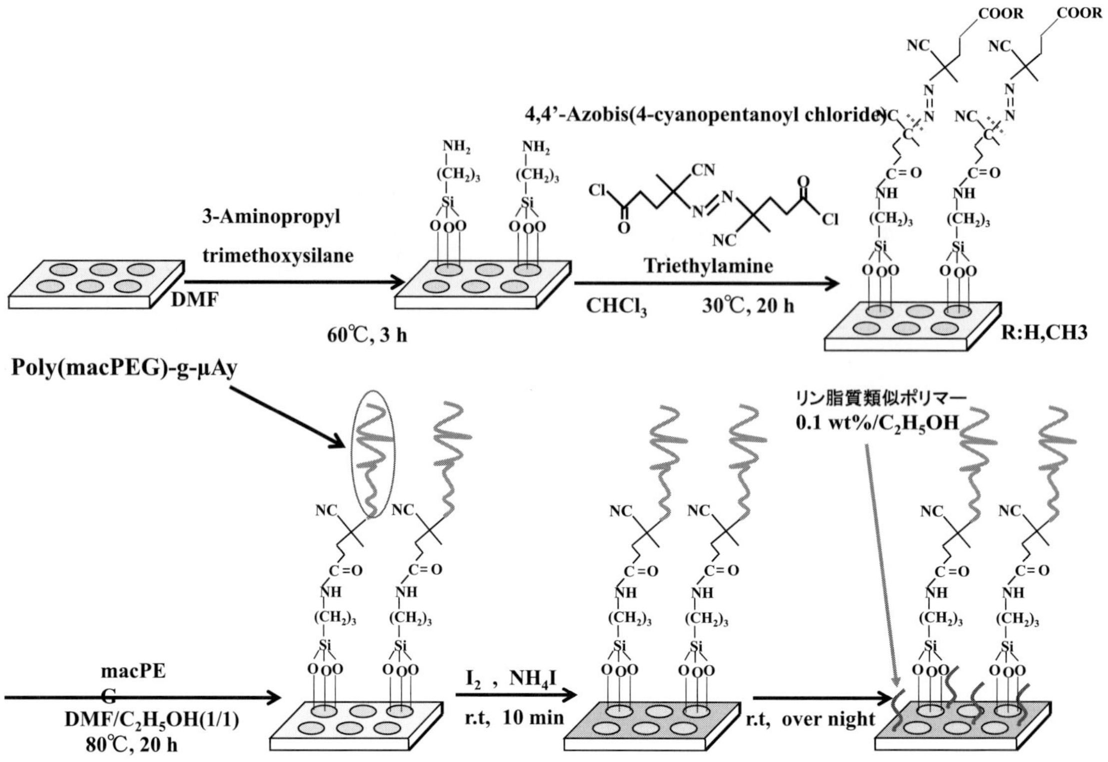

図 2　Poly(macPEG)の固相化とリン脂質類似ポリマーコーティングした μAy(Poly(macPEG)-g-μAy)の調製

整した macPEG(側鎖 PEG の分子量：1100)を DMF/ethanol(50/50 vol%)で 80℃、20 h 表面開始重合し、Poly($macPEG_{1100}$)を固相化した。次に、エッチング溶液により μAy 上の金をはく離し、リン脂質類似ポリマーのエタノール溶液を μAy 表面にディップコーティングし、12 h 常温大気下乾燥後、超純水で繰り返し水洗いして Poly($macPEG_{1100}$)-g-μAy を得た。**図 3** に μAy 表面の走査型プローブ顕微鏡(SPM：Shimazu 製 SPM-9500J3)像を示す。未処理 μAy に認められない数 nm～数十 nm の多数ブラシ状の凹凸がスポット面内に観察され、Poly($macPEG_{1100}$)鎖が固相化できたと考える。

図 4 に U937 細胞と MC との細胞融合操作のスキームを示す。U937 細胞への巨大遺伝子 MC 導入のため、g-μAy を底面に固定化したチャンバー（AGC テクノグラス㈱ IWAKI チャンバースライドⅡ)の well 上に 37℃、5% CO_2 インキュベータ中、ハム F-12 培地中 MC 1.0 × 10^6 cells/well 播種 1 h 後、RPMI1640 培地中 U937 細胞を 2.0 × 10^5 cells/well を続いて播種し、3 日間静置した。蛍光標識した MC のスポットへの集積が 1 day 後に観察され(**図 5**)、3 days 後には蛍光が消光した。これは、固相化 PEG 鎖の媒介により、MC が U937 細胞内へ導入されたと推測している。次に、抗生物質ブラストサイジン(BS)含有培地中に移して選択培養した。全細胞数に対して、HAC ベクター内に組み込まれた BS 耐性遺伝子および緑色蛍光タンパク質(GFP)遺伝子発現による蛍光細胞数から細胞融合効率を評価した。BS 含有 PRMI1640 培地中で選択培養 14 days 後、簡便的な指標として、全視野中の細胞数に対して求めた蛍光陽性細胞数は、未処理 μAy 上ではまっ

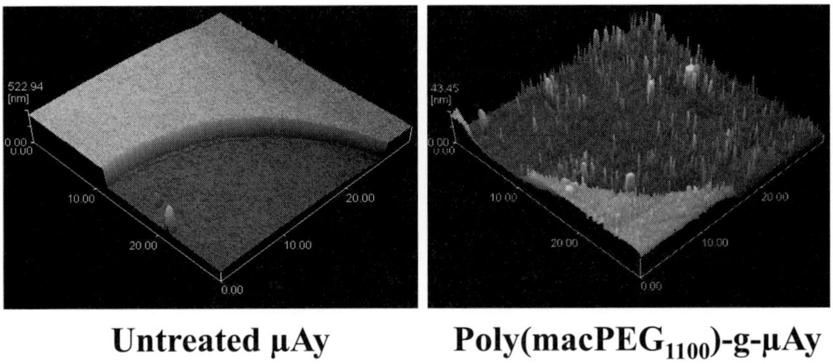

図 3　未処理 μAy と［Poly（macPEG$_{1100}$）-g-μAy）の SPM 像

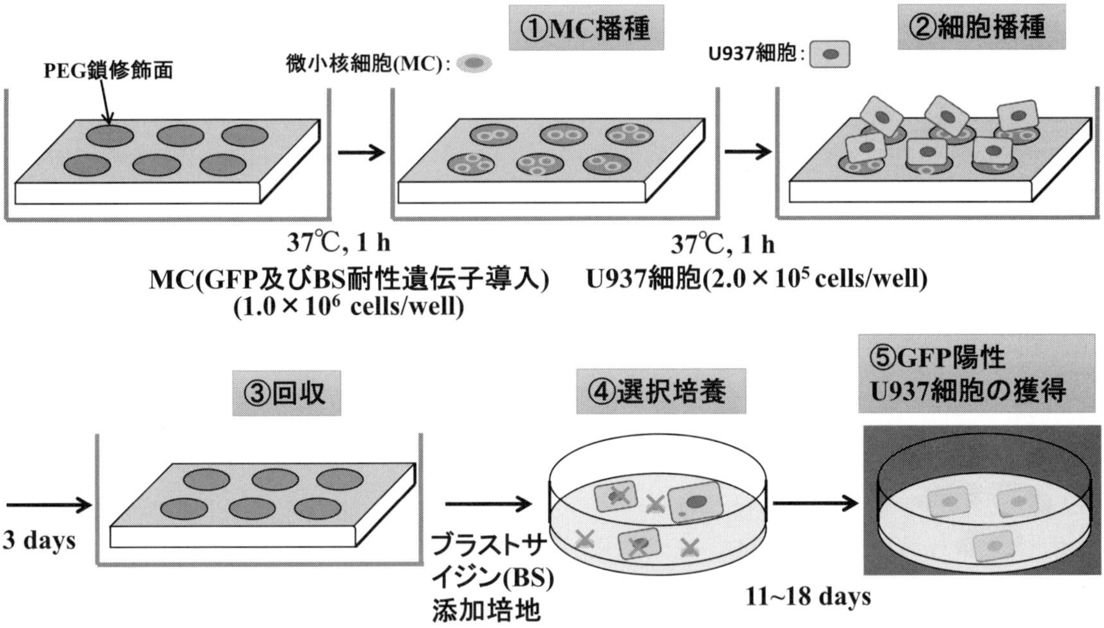

図 4　Poly（macPEG$_{1100}$）-g-μAy を用いた U937 細胞と MC との細胞融合

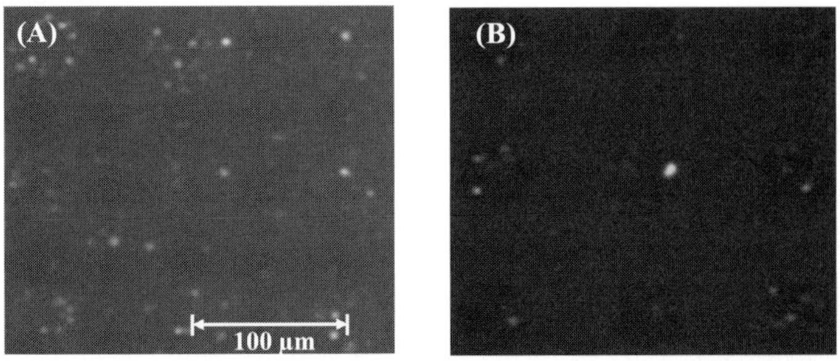

図 5　未処理 μAy と Poly（macPEG$_{1100}$）-g-μAy）上での MC および U937 播種 1 day 後の蛍光顕微鏡像；（A）未処理 μAy,（B）Poly（macPEG$_{1100}$-g-μAy）：MC；1.0 × 10^5 cells/well（ハム F-12 培地，500 μL）；U937 細胞 2.0 × 10^5 cells/well（RPMI1640 培地，500 μL）　※口絵参照

たく検出できなかったが、Poly(macPEG_{1100})-g-μAy上では0.13％となった。10^6 cells以上の受容細胞およびMCを用い、高濃度PEG溶液を添加して細胞融合を誘導してMCを導入する手法の少なくとも10,000倍以上に効率が向上した。

Poly(macPEG)と受容細胞との親和性を知るため、成膜性を与えるbutyl methacrylate(BMA)とのラジカル共重合体［仕込みモル比macPEG_{1100}：BMA = 4：6；Poly(macPEG_{1100}-co-BMA)］と、比較のため側鎖PEG分子量300のmacPEG(macPEG_{300})とBMAとの同共重合体［仕込みモル比macPEG_{300}：BMA = 4：6；Poly(macPEG_{300}-co-BMA)］を調製した。水晶振動子ミクロ天秤(QCM-D：メイワフォーシス㈱)のセンサー上にエタノール溶液からそれぞれをスピンコート膜とし、U937細胞懸濁液(10％ FBS含有RPMI1640培地、細胞濃度；1.4 × 10^6 cells/mL)を流速50 μL/minと接触させ、吸着を検討した。いずれもU937細胞の吸着を認め、吸着したU937細胞はリン酸緩衝液(50 μL/min)を流しても剥離しなかった。さらに、Poly(macPEG_{1100}-co-BMA)への吸着量はPoly(macPEG_{300}-co-BMA)の2.3倍量と見積られ、Poly(macPEG)中のPEG鎖とU937細胞膜との相互作用による結合が推測され、分子量1100のPEG鎖への吸着量が多いことを認めた[12]。Poly(macPEG_{300})とPoly(macPEG_{1100})を固相化したPoly(macPEG_{300})-g-μAyあるいはPoly(mac-PEG_{1100})-g-μAy上で、U937細胞とMCの融合の結果、それぞれ0〜0.03％と0.10〜0.28％程度となった。U937吸着量が多いPoly(mac-PEG_{1100})-g-μAy基板での融合効率がPoly(macPEG_{300})-g-μAyより増大したことから、固相化したPEG鎖がU937とMCの融合助剤として機能し、細胞膜と相互作用の強いPEG鎖によって融合が促進されたと考えている。

3　g-μAyへのナノ秒パルスレーザー照射による遺伝子導入の効率化

極短パルスレーザー(フェムト秒レーザー)を遺伝子導入[13]や細胞加工に応用されている[14]。極短パルスレーザーはパルス幅が1〜100 fsと非常に短い間発振するレーザーで、平均時間出力は数ワットと小さいが、ピークパワーは10 GWにも達する。きわめて短い時間で処理することが可能なため、集光部位周辺は熱的損傷をほとんど受けない[14]。フェムト秒パルスレーザーは熱的損傷への長所はあるが、安定した発振を確保するには、装置が大型化することや高価であるなどの実用化への課題もある。高出力パルスも得ることができ、さまざまな照射パラメーターを使用可能なナノ秒Qスイッチパルスレーザーは、小型でかつ比較的安価で、近年その汎用性は高まっている。一方、極短パルスレーザーアブレーションによるマイクロパターニングでは、フェムト秒パルスレーザーに比べて、ナノ秒パルスレーザーの熱負荷が大きい[15]。筆者らは汎用かつ、細胞等の生物試料にダメージを与えないレーザー穿孔による遺伝子導入をナノパルスレーザーで達成するため、g-μAyと一緒に開発したナノレベルxyz全方向で高精度の位置決めが可能なステージを備えたナノ秒パルスレーザー照射システム[16]を利用して、遺伝子等の導入効率向上について検討した。

新規開発レーザー照射システム(エステック㈱(松江市)製)は、プロトタイプとして、研究用倒立型顕微鏡(ECLIPSE Ti-S：㈱Nikon製)をベースに利用し、Qスイッチ固体パルスレーザー(Explore349：Spectra Physics㈱製)とg-μAy表面の細胞集積スポット表面への精密集光制御する光学系と可動ステージをもち、g-μAyのスポットを高速かつナノスケールで高精度にxyz方向位置決め可能な移動制御システムで構成されている。g-μAyを用いた細胞融合実験と同様の操作をし、細胞播種後1h後に約7000個のスポットすべてにレーザー照射した。レーザー照射は光学系を介して調整し、レーザー照射条件は照射波長：349 nm、レーザー出力：1.5～2.0 A、周波数：500 Hz、照射回数：5 pulses、レーザー光径(スポットサイズ)：50 μmで照射した。なお、光学系を通過させ、対物レンズ(CFISuperFluor20X：㈱Nikon製)から基板への照射面でのエネルギーは、レーザー出力1.5 A、1.8 A、2.0 Aで、それぞれ平均0.07 μW、0.31 μW、0.67 μWであった。

MCとU937細胞のさらなる融合効率の向上のため、g-μAyとレーザー照射を用いた融合実験を行った。フェムト秒パルスレーザー光を照射し、細胞内へ高効率に遺伝子を導入する報告が既になされている[15]。そこで、この高精度位置決めパルスレーザーシステムとPoly(macPEG$_{1100}$)-g-μAyの組み合わせにより、細胞ダメージを低減し、ナノパルスレーザーによる高効率融合が可能になると考えた。上記、基板のみで融合を確認したMC(1.5x10^6 cells/well)と受容細胞U937細胞(4.0x10^5 cells/well)を用いて、レーザー照射条件は照射出力、周波数、照射回数等のさまざまな条件検討を行なった後、照射出力：1.5 A, 1.8 A、周波数：500 Hz, 照射回数：5 pulseの融合レーザー照射条件を選択した。Poly(macPEG$_{1100}$)-g-μAy基板による融合実験と同様の操作を行い、細胞播種して、基板表面にほぼ沈降した1h後、パルスレーザー照射した。レーザー照射し3 days後にμAyから回収して選択培養後18 daysの様子を示す(**図6**)。レーザー未照射μAyの蛍光細胞率は1.2%から、レーザーを1.5 Aで照射したPoly(macPEG$_{1100}$)-g-μAyの蛍光細胞率2.1%になり、約2倍近い向上を認めた。

これは、細胞融合性のPEG鎖によって細胞膜が緩み、レーザー照射によりU937細胞およびMCの細胞膜が穿孔および揺動させられ、両者の協働により、融合が促進されたと考えている。一方、1.8 Aで照射したμAyは死細胞による自家蛍光が目立ち、GFP陽性のU937細胞を得ることができなかった。これは、レーザーの出力が強く、細胞にダメージを与えたため、融合細胞を得ることができなかったと考えられる。

本基板およびシステムの汎用性を検討するため、さらに、Poly(macPEG$_{1100}$)-g-μAy基板を

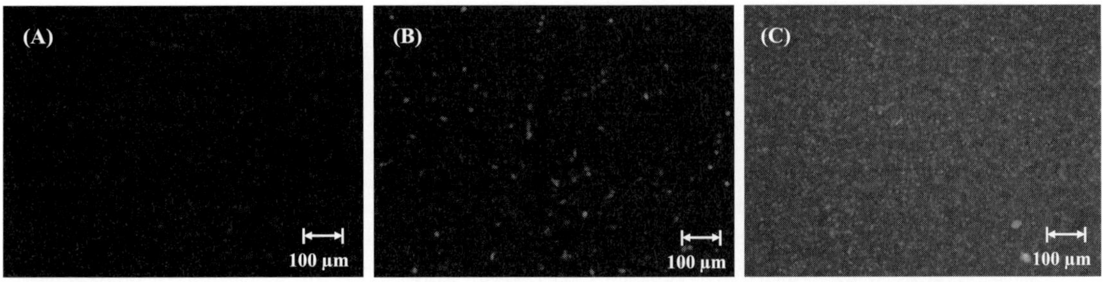

図6　Poly(macPEG)-g-μAy)上MCおよびU937融合後、BS添加RPMI1640培地中選択培養後の蛍光顕微鏡像；(A)レーザー未照射(B)パルスレーザー出力(1.5 A、5 pulses、500 Hz)(C)パルスレーザー出力(1.8 A、5 pulses、500 Hz)U937細胞；：MC；1.5 × 10^5 cells/well(ハ　ムF-12培地、500 μL)；U937細胞4.0 × 10^5 cells/well(RPMI1640培地、500 μL)18days.　※口絵参照

用いて、パルスレーザー照射下での蛍光標識siRNA（Silencer™ FAM-labeled Negative Control No.1siRNA；Invitrogen™：ThermoFisherSCIENTIFIC）のU937細胞への導入を試みた[17]。Poly（macPEG$_{1100}$）-g-μAy基板上に100 nM siRNAを添加し、導入助剤（Lipofectamine 2000：ThermoFisherSCIENTIFIC, 5 μg/mL）添加の有無あるいは上記U937細胞とMC融合と同じ条件で、U937細胞播種1 h後、パルスレーザー照射の有無による1 day後の蛍光細胞率を評価した結果、未処理μAyおよびPoly（macPEG$_{1100}$）-g-μAyでは蛍光標識siRNA導入による蛍光細胞を認めなかった。一方、導入助剤Lipofectamine2000添加のみでは、4.1％であった蛍光細胞率が、パルスレーザー照射により、6.1％、さらにLipofectamine2000添加とパルスレーザー照射を併用すると6.9％に導入率が向上した（図7）。さらに、樹立化ヒト間葉系幹細胞（hiMSC）へのPoly（macPEG$_{1100}$-g-μAy）基板とパルスレーザー照射の併用によって、基板のみではsiRNA導入できない条件下での導入を認めている。

以上の結果より、g-μAyによる細胞とMCの集積効果による接触効率の向上と、細胞融合補助剤のPEG鎖の相乗効果にパルスレーザーの細胞膜への刺激が加わったことで、より細胞融合あるいはsiRNAなどの導入が促進されたと考えている。

今後g-μAy基板の固相化PEG鎖の化学構造とパルスレーザー照射条件のさらなる検討によって、本基板とシステムは細胞内への遺伝子等の導入ツールとして汎用の可能性がある。さらに、動物細胞より遺伝子等の直接導入が困難な細胞壁をもつ植物細胞への応用も期待される。

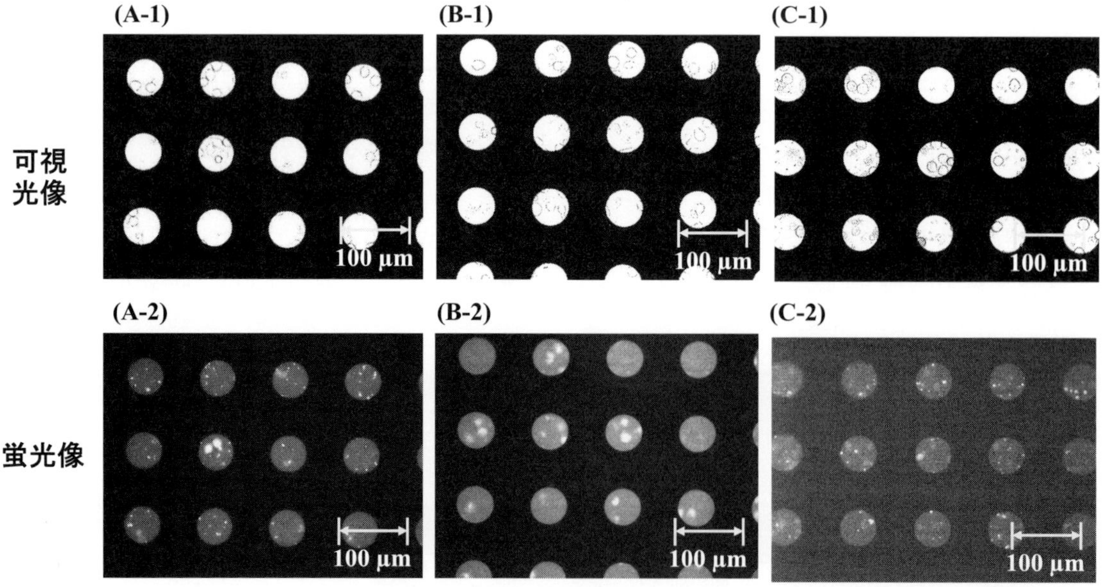

図7　Poly（macPEG）-g-μAy）上U937細胞へのsiRNA導入後の可視光（A-1、A-2、A-3）および蛍光顕微鏡像（B-1、B-2、B-3）：［siRNA］＝100 nM；（A），U937細胞；5.0 × 10^5 cells/well（RPMI1640培地）（1 mL/well）；（A）［Lipofectamine2000］＝5 μg/mL（B）パルスレーザー照射（1.5 A、5 pulses、500 Hz）（C）［Lipofectamine2000］＝5 μg/mL、パルスレーザー照射（1.5 A、5 pulses、500 Hz）

※口絵参照

文　献

1）原島秀吉ら：ウイルスを用いない遺伝子導入法の材料，技術，方法論の新たな展開，19-21，㈱メディカルドゥ，大阪（2006）.
2）K. Ishihara, D. Nishiuchi, J. Watanabe and Y. Iwasaki：*Biomaterials*, **25**, 1115（2004）.
3）特願 2006-26183，特願 2009-258245，特願 2013-257589，特願 2013-257591.
4）折茂英生：日医大医会誌、**7**（2），92（2011）.
5）J. C. Weaver and Yu. A. Chizmadzhev：*Biochemistry and Bioenergetics*, **41**（2），135（1996）.
6）Y. Yang and L-C. Yu：*BioEssays*, **30**, 606（2008）.
7）N. Nakajima and Y. Ikada：*Polym. J.*, **27**（3），211（1995）.
8）特願 2013-057591.
9）Y. Tsuboi, M. Nishino, T. Sasaki and N. Kitamura：*J. Phys. Chem. B*, **109**, 7033（2005）.
10）F. E. Bailey et al.：Alkylene Oxides and Their Polymers, Marcel Dekker,Inc., New York（1990）.
11）M. Oshimura, U. Narumi, Y. Kazuki, M. Katoh and T. Inoue：*Chromosome Res.*, **11**, 111（2015）.
12）神崎有加，今城明典，山田康枝，白石浩平：高分子学会予稿集，2Pb090, **64**（2），（2015）.
13）U. K. Tirlapur and K. König：*Nature*, **418**, 290（2002）.
14）小林昭雄，梶山慎一郎：化学と生物，**42**（8），596（2004）.
15）S. Barcikowski, M. Hustedt and B. Chichkov：*Polimery*, **53**（9），657（2008）.
16）特願 2011-029826，特願 2013-057579.
17）今城明典，山田康枝，白石浩平：未発表データ.

応用編

第3章　光応答性

第7節　光・温度二重刺激応答性高分子材料の設計と細胞制御

大阪府立大学　児島 千恵

1　はじめに

金ナノ粒子は毒性の低い金属ナノ粒子であり、局在表面プラズモン共鳴(LSPR)を示すことが知られている。また、吸収した光エネルギーを熱エネルギーへと変換する光熱変換特性をもつことから、さまざまな分野での研究がなされている。たとえば、金ナノ粒子は、光照射によって細胞を殺傷する光温熱療法に用いることができる。また、温度応答性を示す高分子材料と光熱変換特性をもつ金ナノ粒子を組み合わせることで、温度と光の二重刺激応答性材料を作製することもできる。本稿では、このような二重刺激応答性高分子材料の設計と細胞への応用について紹介する。

2　金ナノ粒子を搭載したデンドリマーの光温熱療法への応用

光温熱療法は、光発熱挙動を示す金ナノ粒子などを投与し、患部に光照射した際に生じる熱によって、疾患の原因となる細胞を殺傷しようとする治療法である[1]。効果的な光温熱療法を実現するためには、金ナノ材料を患部まで送達するための運搬体が必要となる。デンドリマーは特徴的な樹状構造をもつ高分子化合物であり、ドラッグデリバリーシステム(DDS)やイメージングなどのキャリアとして用いることができる。デンドリマーは、核となるコア分子から段階的に世代数を増加させることによって分岐鎖を成長させていくため、合成高分子であるにも関わらず分子量が単一である。また、末端にある多数の反応性官能基や内部空間を利用して、さまざまな機能性物質および生理活性物質を共有結合もしくは非共有結合を介して付与することができる(**図1**)。このような特性から、さまざまな物質をデンドリマー1分子に搭載することで、多機能性デンドリマーを作製することができる[2]。

ポリエチレングリコール(PEG)は高い水溶性と排除体積効果、そして生体適合性を有する高分子であり、PEGを修飾したナノ粒子は、さまざまなタンパク質や細胞との非特異的な吸着を抑制できることが知られている[3]。そこで、金ナノ粒子の運搬体としてPEG修飾デンドリマーを利用した。PEG修飾デンドリマーは、市販の第4世代のポリアミドアミン(PAMAM)デンドリマーに、4-ニトロフェニルカーボネート基をもつPEGを反応させること

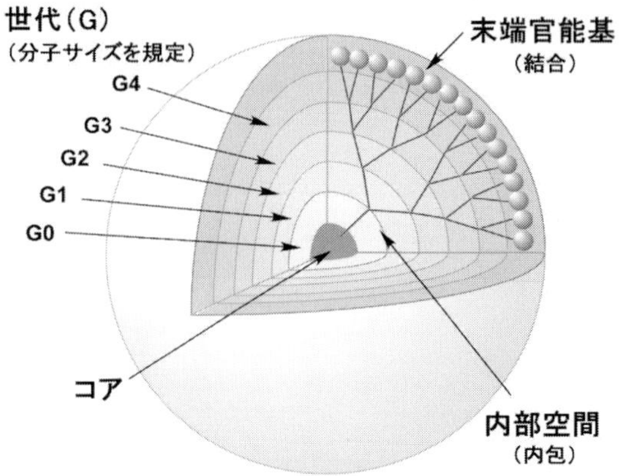

図1　デンドリマー

で作製できる[4]。このデンドリマーを鋳型とし、内部で金イオンを還元することで、金ナノ粒子をデンドリマー内に担持させた(**図2**)。この手法では2nm程度の小さい金ナノ粒子を担持することができ、この水溶液に可視光レーザーを照射すると溶液の温度が上昇することから、担持した金ナノ粒子の光発熱効果が示された[5]。しかし、このデンドリマーを細胞に作用させても、効果的な細胞殺傷能は得られなかった[6]。これはPEG鎖によって細胞への取り込みが抑制されたためであると考えられる。この現象はPEGジレンマと呼ばれており、PEGを修飾したナノ粒子は細胞やタンパク質との非特異的な吸着を抑制し、血中滞留性を向上させることができる一方で、標的細胞への取り込みも低下してしまうためである[7]。

そこで、温度応答性デンドリマーを金ナノ粒子の運搬体に用いることにした。そして、温度応答性のタンパク質であるエラスチンに着目し、これを模倣したエラスチンデンドリマーを作製した。エラスチンにはバリン-プロリン-グリシン-バリン-グリシン(VPGVG)の繰り返し配列がみられ、このペプチドはエラスチン様ペプチド(ELP)として利用されている[8]。しかし、短鎖ELPは加温しても水溶液が白濁する挙動(相転移挙動)を示さないため、高分子量化が必要である[9]。そのため、ELP(アセチル化した$(VPGVG)_2$ペプチド)を第4世代のPAMAMデンドリマーの末端に結合させたエラスチンデンドリマーを合成した。このデンドリマーについて円二色性(CD)スペクトル測定を行ったところ、加温によりランダムコイル構造からβターン構造へ変化することが示唆された。エラスチンデンドリマーと対応するELPでは同様のCDパターンがみられたことから、デンドリマーへの結合はエラスチン様ペプチドの性質に影響を与えないことが示唆された。次に、温度変化濁度測定によって相転移挙動を検討したところ、ペプチド単独での相転移挙動はみられなかったが、このエラスチンデンドリマーでは38℃付近で相転移挙動がみられた[10]。このエラスチンデンドリマーにPEG修飾PAMAMデンドリマーと同じ手法で金ナノ粒子を搭載した(**図3**)。金ナノ粒子を搭載したエラスチンデンドリマーが温度応答性と光応答性を併せもつ二重刺激応答性ナノ粒子として機能することを明らかにした。次に、このデンドリマーをがん細胞に作用させたところ、多くの金ナノ粒子を細胞に取り込ませることができ、効果的な光細胞毒性を惹起した。さらに、このエラスチンデンドリマーを作用させた細胞を低温で保持すると、金ナノ粒子の細胞への取り込みを抑制することができ、細胞への取り込みを温度によってスイッチングできることが明らかとなった[11](**図4**)。以上より、金ナノ粒子を搭載したエラスチンデンドリマーは温度と光によって細胞の

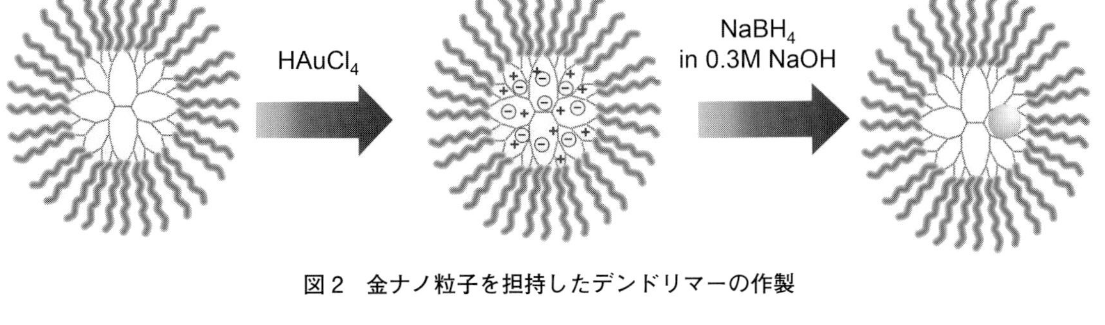

図2　金ナノ粒子を担持したデンドリマーの作製

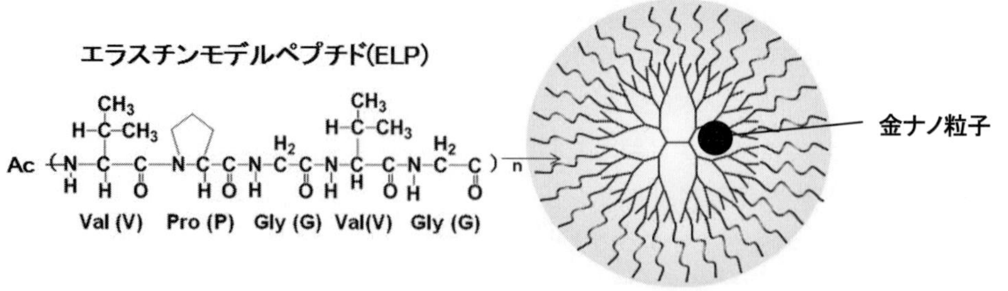

図３　光熱変換特性をもつ金ナノ粒子を搭載した温度応答性エラスチンデンドリマー。Ac はアセチル基。

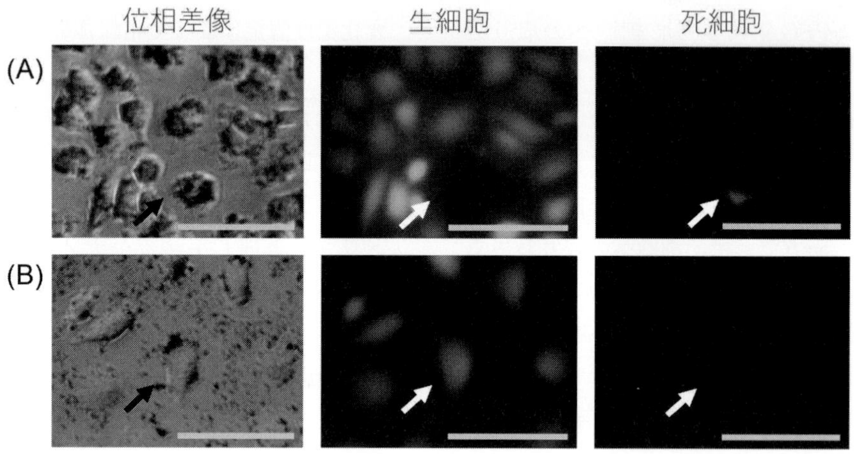

図４　金ナノ粒子を担持したエラスチンデンドリマー（37℃(A)と 25℃(B)）の細胞への取り込みと光細胞毒性。矢印は光照射した細胞を示しており、カルセイン-AM とヨウ化プロピジウムを用いて、生細胞を緑色に、死細胞を赤色に染色した。
※口絵参照

殺傷能を制御できる機能性高分子材料として利用することができる。

3　金ナノ粒子を包埋したコラーゲンゲルを可視光応答性細胞培養基材として用いたピンポイント細胞分離技術

細胞分離技術は、細胞生物学からバイオテクノロジーや再生医療にわたるさまざまな分野で用いられる汎用性の高い技術である。現在、細胞分離はセルソーター（Fluorescence-activated cell sorter：FACS）を用いて行われている[12]。セルソーターは血液細胞などの単一の浮遊細胞などの分離にはきわめて有用であるが、フローセルを通らない細胞塊の分離は難しく、接着細胞の時空間的な形態変化に基づく細胞分離にも用いることができない。そこで、顕微鏡下で細胞の形態を観察し、標的の細胞を分離する技術が開発されている[13]。コラーゲンは、細胞外マトリクスの主成分であり、細胞足場材料として広く用いられている[14]。コラーゲンは生理条件下で３本のポリペプチド鎖による高次構造（三重らせん構造）をとり、これが会合するためゲルを形成するが、加温すると熱変性し、高次構造が崩れてゼラチンになる[15]。このように、コラーゲンは熱変性特性をもつ細胞足場材料である。そこで、可視光応答性細胞基材として金ナノ粒子を包埋させたコラーゲンゲルを作製した。このゲル上で細胞を培養し、目的の細胞に可視光を照射すると、可視光照射部で金ナノ粒子が発熱する。その熱によってコラーゲンゲルが熱変性することで細胞の足場環境が変化し、細胞を基材から剥離できる(**図5**)。

まず、さまざまな粒径の金ナノ粒子の光熱変換特性を理論的および実験的に検証したところ、粒径50 nmの金ナノ粒子がもっとも高い光熱変換特性を示すことがわかった[16]。そこで、ヒドロキノンを還元剤として用い、種核成長法によって粒径50 nmの金ナノ粒子を作製した[17]。遠心分離によって金ナノ粒子の精製と濃縮を行った後、酸性のコラーゲン溶液(セルマトリックスI-A、ニッタゼラチン)と混和した。そして、酸性のコラーゲン溶液に塩基性溶液を加えて中和し、直ちに96穴プレートにゲル溶液を流し入れ、37℃で30分間インキュベーションすることで金ナノ粒子包埋コラーゲンゲル(コラーゲン濃度1.3 %、金濃度250 μM)を作製した。その上部にさまざまなモデル細胞を培養し、一細胞可視光照射システムを用いて標的細胞の選択的剥離を行った。一細胞可視光照射システムとは、光照射ユニット、加温ユニット、細胞吸引ユニットが付属した倒立蛍光顕微鏡(ニコン、ECLIPSE Ti-U)であり、そのステージにはサーモプレート(東海ヒット、TP-108R05、37℃)、三次元ジョイスティック手動マイクロマニピュレーター(ナリシゲ、NT-88-V3MSH)および空圧マイクロインジェクター(ナリシゲ、IM-11-2、口径30 μm)が、下部にはレーザー照射システム(シグマ光機、50 mW、532 nm)が付属している。10倍の対物レンズ(ニコン、Plan-Fluor)を使用して50 mWで出力した際のレーザー径は7 μm、レンズ越しの照射強度は14 mWであった。標的となる細胞を検出した後、50 mWで10秒間光照射し、光照射した細胞をマイクロピペットで吸引することで基材からの細胞剥離を行った。

モデルとして、ヒト子宮頸がん由来のHeLa細胞、イヌ腎臓由来の正常上皮細胞であるMDCK細胞、ヒト神経芽腫であるSH-SY5Y細胞を金ナノ粒子包埋コラーゲンゲル上で培養し、可視光照射によるピンポイント細胞分離を行った。矢印で示す細胞に光照射して、マイクロインジェクターで吸引したところ、**図6**に示すように、標的とした細胞を選択的に剥離することができた。10細胞程度のMDCK細胞の細胞塊や、突起のあるSH-SY5Y細胞も選択的に剥離でき、さらに、HeLa細胞と緑色蛍光タンパクを発現した細胞(colon-26)を共培養して、緑色蛍光を示すcolon-26細胞を選別・剥

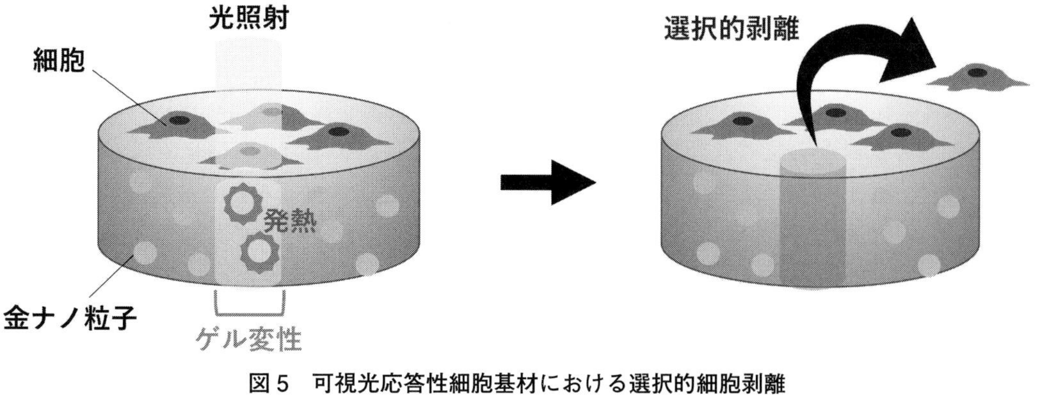

図5　可視光応答性細胞基材における選択的細胞剥離

※口絵参照

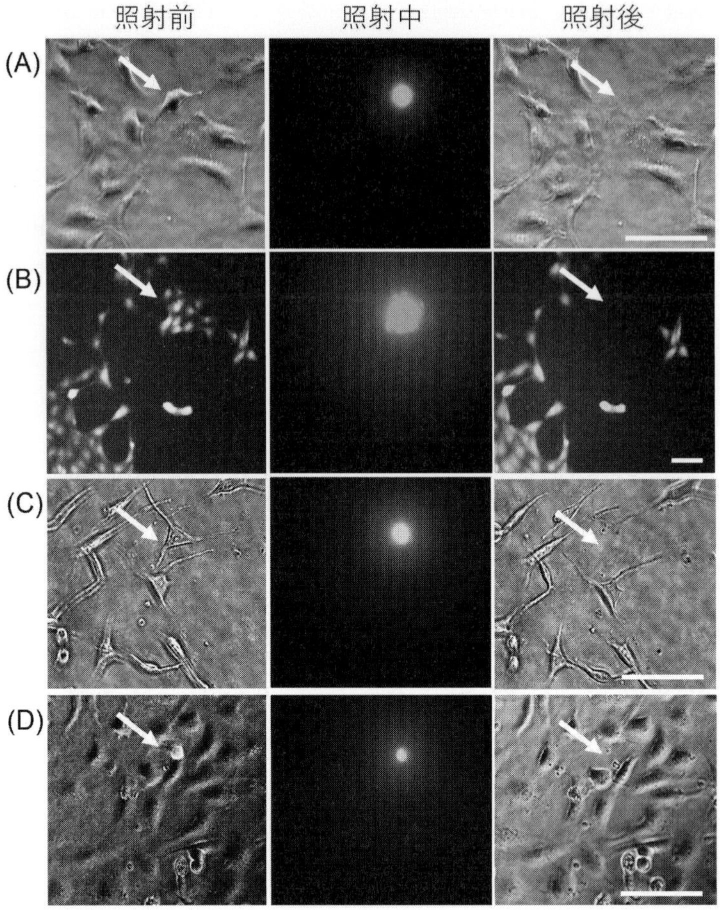

図6　(A)HeLa 細胞、(B)MDCK 細胞(CellTracker で染色)、(C)SH-SY5Y 細胞、(D)colon26-GFP 細胞(緑に光っている細胞)と HeLa 細胞の共培養からの光照射による選択的細胞剥離。スケールバーは 100 μm。矢印は光照射した細胞を示している。　※口絵参照

離することにも成功した[18]。以上のように、可視光応答性細胞基材と一細胞光照射システムを用いることで、顕微鏡下で標的細胞を検出し、剥離できることを示した。これは、金ナノ粒子の光熱効果によってコラーゲンの局所的な変性が生じ、細胞と基材との接着性が減弱したため、光照射した細胞が選択的に剥離したと考えられる。詳細な細胞剥離メカニズムは現在も解析中である。

このシステムは、培養系からの有用細胞の回収や不要細胞の除去に使用することができる。前者の用途で使用する場合、光照射や剥離操作における細胞へのダメージを検証する必要がある。そこで、光照射後の細胞の生存性を Live/Dead アッセイで評価した。細胞は 10 秒間の光照射で剥離したが、1 分間光照射した細胞でも生存性が確認された。さらに、細胞死の初期段階を検出するため、Cell ROX Green reagent を用いて活性酸素種(ROS)の産生を評価したが、3 分間光照射しても ROS の産生はみられなかった[19]。以上より、このシステムにおける光照射は細胞にダメージを与えないものであることが示された。前項の金ナノ粒子を搭載したエラスチンデンドリマーを細胞内にデリバリー

した場合は、光照射によって細胞はダメージを受けたのに対して、金ナノ粒子をコラーゲンゲルに包埋した場合は、光照射しても細胞へのダメージはほとんどなかった。これは、金ナノ粒子からの発熱効果は金ナノ粒子近傍では大きな影響を受けるが、熱源となる金ナノ粒子からの距離が離れている場合の影響は限定的であることを示唆している。現在は、この技術をiPS細胞から分化させた心筋細胞の分離に応用するための研究開発を行っている。

4 おわりに

本稿では、光熱変換特性をもつ金ナノ粒子を担持したデンドリマーを光温熱療法に展開したり、金ナノ粒子とコラーゲンゲルとを組み合わせた可視光応答性細胞基材をピンポイント細胞分離へと展開している研究を紹介した。金ナノ粒子は、可視光に応答するため、*in vitro* での使用には適している。一方、可視光は生体を透過しないため、*in vivo* 用途では透過性の高い近赤外光に応答する材料が必要とされる。金ナノ粒子の光科学的な性質は、その粒径や形状に大きく依存している。球形の金ナノ粒子は520 nm付近の可視光を吸収するが、異方性のある金ナノロッドや金ナノシェルは近赤外光を吸収する。したがって、用途に応じて適切な金ナノ材料を選択する必要がある[1)]。医療分野における光技術の歴史は古く、レントゲンがX線を発見した1895年まで遡ることができる。光は時空間的に制御しやすいため、光応答性バイオ材料は、次世代のナノメディシン材料としてますます開発が進むと予想される。

本稿では、執筆者である大阪府立大学大学院工学研究科の児島千恵らによって実施された研究を紹介した。このうち、金ナノ粒子を搭載したエラスチンデンドリマーの研究は徳山科学技術振興財団の支援を受けて実施したものである。また、金ナノ粒子を包埋したコラーゲンゲルを用いたピンポイント細胞分離技術の研究は、科学技術振興機構(JST)のA-STEP研究成果最適展開支援プログラム(探索タイプ)の支援を受けるとともに、株式会社ニコンとの共同研究によって実施したものである。

文　献

1) R. S. Riley and E. S. Day：*Wiley Interdiscip. Rev. Nanomed. Nanobiotechnol.* **9**, e1449(2017).
2) a)D. Astruc, E. Boisselier and C. Ornelas：*Chem. Rev.*, **110**, 1857(2010).
b)S. Svenson and D. A. Tomalia：*Adv. Drug. Deliv. Rev.*, **57**, 2106(2005).
c)C. Kojima, Dendrimer-Based Drug Delivery System：From Theory to Practice, 307 Wiley, (2012).
d)C. Kojima：Smart Materials for Drug Delivery, 94, Royal Society of Chemistry(2013).
3) a)田畑泰彦(編集)，絵で見てわかるナノDDS―マテリアルから見た治療・診断・予後・予防，ヘルスケア技術の最先端―，メディカルドゥ(2007).
b)R. B. Greenwald, C. D. Conover and Y. H. Choe：*Crit. Rev. Ther. Drug. Carrier. Syst.*, **17**, 101(2000).
4) C. Kojima, K. Kono, K. Maruyama and T. Takagishi：*Bioconjug. Chem.*, **11**, 910(2000).
5) Y. Haba, C. Kojima, A. Harada, T. Ura, H. Horinaka and K. Kono：*Langmuir*, **23**, 5243(2007).
6) Y. Umeda, C. Kojima, A. Harada, H. Horinaka and K. Kono：*Bioconjugate Chem.*, **21**, 1559(2010).
7) H. Hatakeyama, H. Akita and H. Harashima：*Adv. Drug Deliv. Rev.*, **63**, 152(2011).
8) D. W. Urry, K. D. Urry, W. Szaflarski and M. Nowicki：*Adv. Drug Deliv. Rev.*, **62**, 1404(2010).
9) H. Nuhn and H. A. Klok：*Biomacromolecules*, **9**, 2755(2008).
10) C. Kojima, K. Irie, T. Tada and N. Tanaka：*Biopolymers*, **101**, 603(2014).
11) D. Fukushima, U. H. Sk, Y. Sakamoto, I. Nakase and C. Kojima：*Coll. Surf. B*, **132**, 155(2015).
12) a)A. A. S. Bhagat, H. Bow, H. W. Hou. S. J. Tan, J. Han and C. T. Lim：*Med. Bio. Eng. Comput.*, **48**, 999(2010).
b)D. R. Gossett, W. M. Weaver, A. J. Mach, S. C. Hur, H. T. Tse, W. Lee, H. Amini and D. Di Carlo：

Anal. Bioanal. Chem., **397**, 3249(2010).
c)A. Y. Fu, C. Spence, A. Scherer, F. H. Arnold and S. R. Quake：*Nat. Biotechnol.*, **17**, 1109.(1999).

13) a)K. Schütze, Y. Niyaz, M. Stich and A. Buchstaller：*Methods Cell Biol.*, **82**, 649.(2007).
b)M. R. Koller, E. G. Hanania, J. Stevens, T. M. Eisfeld, G. C. Sasaki, A. Fieck and B. Ø. Palsson：*Cytometry A*, **61**, 153.(2004).

14) a)B. D. Walters and J. P. Stegemann：*Acta Biomater.*, **10**, 1488(2014).
b)K. Gelse, E. Pöschl and T. Aigner：*Adv. Drug Delivery Rev.*, **55**, 1531(2003).

15) M. Djabourov, J.-P. Lechaire and F. Gaill：*Biorheology*, **30**, 191(1993).

16) a)C. Kojima, Y. Watanabe, H. Hattori and T. Iida：*J. Phys. Chem. C*, **115**, 19091(2011).
b)C. Kojima, N. Oeda, S. Ito, H. Miyasaka and T. Iida：*Chem. Lett.*, **43**, 975(2014).

17) S. Yagi, N. Oeda and C. Kojima：*J. Electrochem. Soc.*, **159**, H668(2012).

18) C. Kojima, Y. Nakajima, N. Oeda, T. Kawano and Y. Taki：*Macromol. Biosci.*, **17**, 1600341(2016).

19) Y. Nakajima, N. Oeda, T. Kawano, Y. Taki and C. Kojima：*Res. Chem. Intermed.*, in press.

第3章　光応答性

第8節　ナノマテリアルとしての光応答性DNA

名古屋大学　浅沼 浩之/神谷 由紀子

1　マテリアルとしてのDNA

DNAはAGCTの4つのヌクレオチドがリン酸ジエステル結合で繋がった一次元のポリアニオンであり、塩基配列そのものが遺伝情報である。またAとT、GとCが相補的水素結合を通じて配列特異的に対合することで、水中で安定な二重鎖を形成するという優れた超分子性を示す。この超分子性は細胞分裂の際にDNAが半複製されるために必須の機能だが、プログラム可能なナノマテリアルとしてもきわめて魅力的である。DNAの化学合成が発展し、1980年代にDNA合成機が開発されてから、誰でも手ごろな価格で任意の配列をもったDNAが入手できるようになった。その結果、生物学者や化学者だけでなく機械工学者や数学者もDNAを扱うようになり、Seemanらに端を発したDNAナノアーキテクチャーはRothemundのDNA Origamiで飛躍的な発展を遂げ、現在DNAは生物学的な機能を超越した存在となりつつある[1)]。

2016年にJean-Pierre Sauvage博士、Ben L Feringa博士、そしてJames Fraser Stoddart博士の3氏が「分子マシンの設計と合成」の業績でノーベル化学賞を受賞した。一方2000年にYurkeらはDNAのみで構成したピンセットを設計し、DNAを“燃料”に用いて可逆的な開閉を実現した[2)]。これが発端となり、DNA Gear[3)]

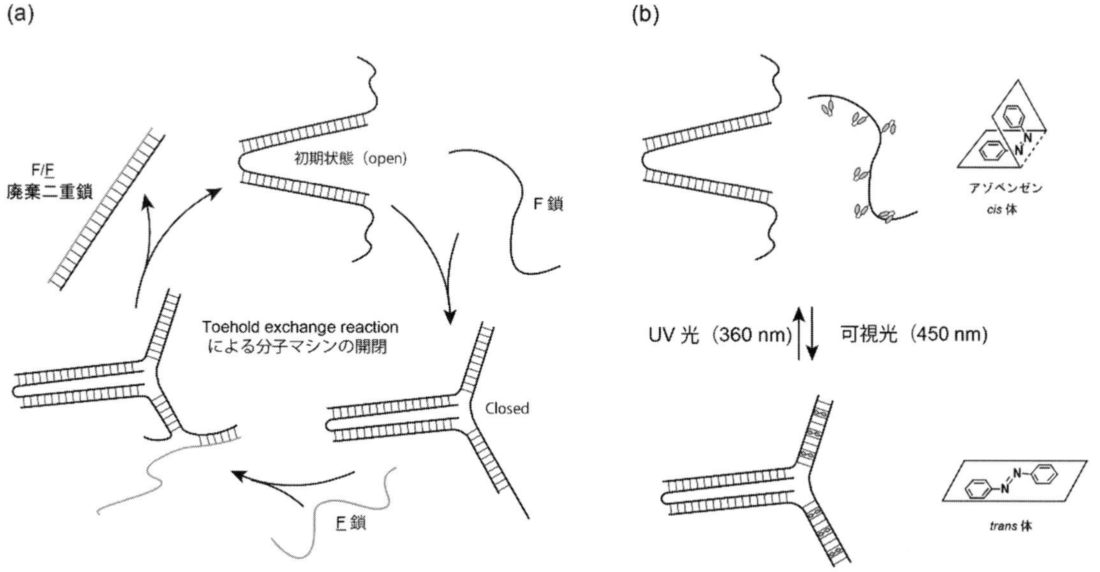

図1　(a)DNAを燃料に用いたtoehold exchangeによるDNAピンセットの開閉と、(b)廃棄物を出さない光応答性DNAによるDNAピンセットの開閉の光制御[9)]
(*ChemBioChem*, 2008, 9, 702-705より転載許可)

やWalker[4]などさまざまな分子マシン(ナノマシン)が設計され、分子マシン分野でDNAは存在感を示すようになった。DNAナノマシンがメカニカルな動作を行うためには、基本的にはDNA自身を燃料とする。たとえば、YurkeらのDNAピンセットは、**図1**(a)に示すように、1)オーバーハング部分を残して“燃料鎖F”が二重鎖形成することで閉じ、2)相補的なF鎖がオーバーハング部分を足掛かり(Toehold)にした鎖交換による二重鎖形成でF鎖をピンセットから剥がす(Toehold exchange反応)ことでピンセットが開いた初期状態に戻る。このToehold exchange反応は簡便な反面、ナノマシンを1サイクル駆動させるごとにF/F二重鎖を廃棄物として放出する。そのため、数サイクル駆動させると蓄積された廃棄二重鎖による“環境汚染”のため駆動効率が徐々に低下するという欠点があった[2]。

2 核酸アナログ化アゾベンゼンの導入による光応答性DNAの設計

マクロな世界と同様に、ナノ環境を汚染しないクリーンなエネルギー源の代表は、光である。光は、1)レンズによる集光や照射時間を制御することで時空間的な制御が可能、2)異なる波長で多彩な励起が可能　など、エネルギー源としてのみならず外部刺激としても魅力的である[5]。上述したDNAピンセットと同様にDNAナノマシンのほとんどすべては、二重鎖の形成と解離によってメカニカルな動作を実現している。したがって特定波長の光照射のみで二重鎖の形成と解離を制御できれば、すべてのDNAナノアーキテクチャーやナノマシンを光駆動型に変えることができる。そこで、筆者らは光照射で可逆的に異性化するアゾベンゼンを光スイッチとしてDNAに導入し、二重鎖形成と解離の光制御を目指した。アゾベンゼンは典型的な光応答性分子であり、図1(b)に示すように340～360 nmのUV光照射で平面構造の*trans*体から非平面構造の*cis*体に異性化し、450 nmより長波長の可視光照射で可逆的に*trans*体に戻る。光応答性有機分子はほかにも多数存在するが、水中で分解や副反応を起こすことなく可逆的に光異性化する有機分子は、今のところアゾベンゼン誘導体ぐらいしか存在しない[5]。

光応答性DNAをマテリアルとして応用するためには、10～20残基程度のDNAを高効率に光制御する必要がある。そのためには多数のアゾベンゼンをDNAに導入することが必須であるが、ヌクレオチドへアゾベンゼンを修飾する従来法では各ヌクレオチドに対するアゾベンゼン誘導体を合成する必要があり、多数のアゾベンゼンを導入することが困難である。そこで筆者らは、新たな方法論として高分子化学における“共重合”の概念をDNAの化学修飾に応用した。具体的には非環状ジオールのD-threoninolを足場に用いて機能性分子を導入した核酸アナログモノマーを設計・合成し(**図2**(a)参照)、これを天然のヌクレオチドと“共重合”するという方法である(便宜的にこの核酸アナログをThreoninol nucleotide(TN)と呼ぶことにする)[6)7]。“共重合”といってもDNAオリゴマー合成では固相担体上に1残基ずつ逐次的に伸長させるので、配列設計は自由自在である。このような核酸アナログを用いることで、多数の機能性分子をDNA二重鎖中に、任意の位置に任意の数導入することができる。筆者らは、このTNと天然のヌクレオチドとの“共重合”により、安定な4つの共重合モチーフを設計した[6)7]。

Wedge motif(図2(b))

片方の鎖のみがTNとヌクレオチドの共重合体で、対応する相補鎖は天然のDNAである。

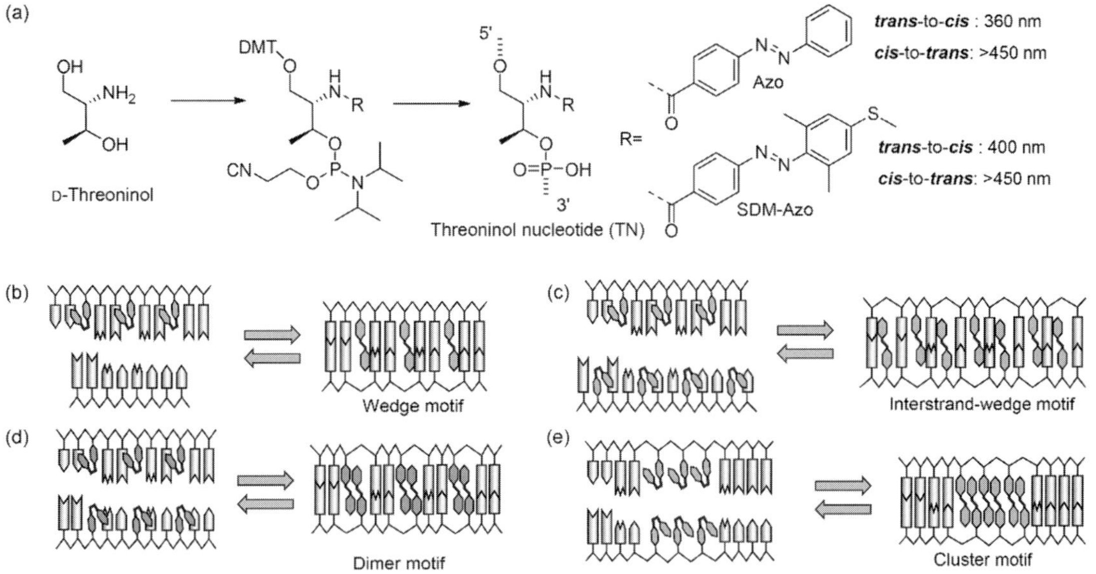

図２　(a) D-threoninol を足場に用いた核酸アナログ化アゾベンゼンと、'共重合' の概念を応用して設計した各種光応答性二重鎖モチーフ (b-e) による二重鎖形成と解離の光制御の模式図

たとえば 5'-CXGAXGTXC-3'(X：TN) といったような DNA と TN の 2：1 交互共重合体を設計し、3'-GCTCAG-5' という 6 残基の天然の DNA を相補鎖として組み合わせる。導入した核酸アナログの分だけ非対称な二重鎖にもかかわらず平面構造の機能性分子ならばスタッキング相互作用により二重鎖が安定化する。

Interstrand-wedge motif (図 2(c))

DNA と TN の 2：1 交互共重合体を組み合わせた、塩基対と TN の交互共重合体モチーフである。NMR による解析から、a) 機能性分子はすべて塩基対間にインターカレートし、b) 核酸アナログで隔てられていても相補的水素結合に基づく塩基対形成をしている、c) Wedge motif と異なり対称性のよい二重鎖なので平面構造をもつ機能性分子ならば二重鎖を大きく安定化する　ことを明らかにしている。

Dimer motif (図 2(d))

TN と DNA の交互あるいは 2：1 共重合体を組み合わせたモチーフで、NMR による解析から塩基対間で機能性分子同士が二量体を形成していることが明らかとなっている。

Cluster motif (図 2(e))

DNA と TN の、いわば ABA ブロック共重合体を組み合わせたモチーフで、中央部の TN が交互共重合した構造をもつ。4 つのモチーフのなかでもっとも安定であり、非平面構造の機能性分子でさえも二重鎖を安定化することを明らかにした。

いずれの共重合モチーフでも、機能性分子が平面構造で分子サイズが 10 Å 前後ならばインターカレートした機能性分子と塩基対とのスタッキング相互作用により二重鎖を大きく安定化することを明らかにした。*trans* アゾベンゼンはこのような条件を満たす機能性分子であり、いずれのモチーフでも *trans* 体の場合は天然の DNA 二重鎖よりもきわめて安定な二重鎖を形成した[8]。一方非平面構造の *cis* アゾベンゼンでは立体障害のため隣接する塩基対の相補的水素結合形成を阻害するため、二重鎖を大きく不安定化する。すなわち UV 光照射でアゾベンゼンを *trans* 体から *cis* 体に光異性化させると二重鎖の不安定化に伴い解離し、可視光照射で *trans* 体に戻すと二重鎖が形成する。導入するアゾベンゼンの数が多ければ多いほど効率的な光制御が実現する[8)]。

3　光応答性 DNA による二重鎖形成と解離の可逆的光制御

Yurke らの DNA ピンセットを例にとると、図 1(b) に示すように F 鎖に光応答性 DNA を用いるだけで光駆動型となる[9)]。この場合、*trans* 体(可視光照射)ではオーバーハング部位と二重鎖を形成するのでピンセットが閉じ、*cis* 体(UV 光照射)では解離するのでピンセットが開く。DNA 鎖を燃料に用いないので廃棄二重鎖で系内が汚染されることはなく、開閉操作を繰り返しても効率が劣化することはない。また DNA を燃料に用いる場合、必然的に分子間反応になるため動作効率は DNA 濃度に依存することになる。したがって濃度が限りなくゼロになる一分子では、原理的に作動しなくなる。一方筆者らの光応答性 DNA ならば二重鎖形成と解離を分子内で起こすことができるので、一分子で作動する分子マシンが設計できる[10)]。たとえば**図 3** に示すようにステム領域に I-W motif でアゾベンゼン(図 2 の Azo)を 6 残基導入した、光応答性ヘアピンを設計した。ゲル電気泳動で光照射後の状態を解析した結果、アゾベンゼンが *trans* 体の場合にはステムが閉じたヘアピン構造をとっていたが(レーン 3)、UV 光を照射するとヘアピンに対応するバンドは完全に消失し、ランダムコイルに対応する位置にバンドが出現した(レーン 2)。この過程は完全に可逆的であり、可視光照射で再びヘアピンを形成した。このようにステムが光照射のみで開閉する光駆動型一分子マシンが、筆者らの光応答性 DNA を使用すれば容易に設計できる[10)]。この一分子マシンはステムの開閉のみの動作しか行わないが、RNA 切断機能をもつ DNA エンザイムの両末端に光応答性 DNA を導入すれば、ステム開閉のメカニカルな動作にシンクロした RNA 切断の光スイッチングが可能になる[11)]。

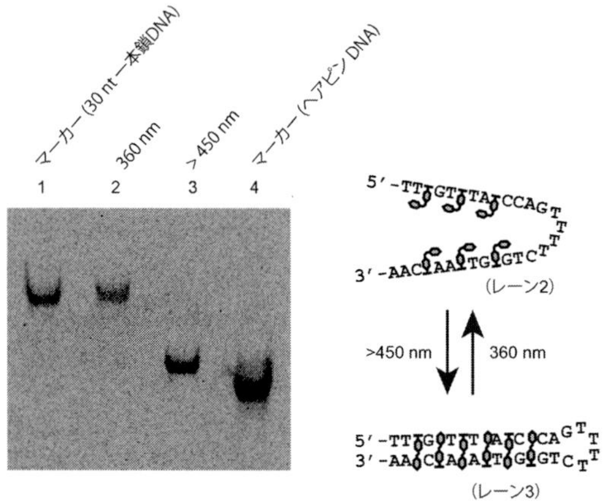

図 3　ポリアクリルアミドゲル電気泳動による、アゾベンゼン導入ヘアピン型分子マシンの開閉の光制御の分析[10)]
レーン 1：30 nt の一本鎖 DNA(マーカー)
レーン 2：UV 照射後(360 nm)
レーン 3：可視光照射後(> 450 nm)
レーン 4：ヘアピン DNA(マーカー)
(*Small*, 2009, 5, 1761-1768 より転載許可)

一方、酵素などの生体高分子は紫外光照射で損傷することがあるので、光応答性 DNA による光制御技術の生体応用には 400 nm 以上の可視光が望ましい。そこでパラ位に電子供与性基のメチル基を導入することで λmax を 400 nm まで長波長化した新規修飾アゾベンゼン 2,6-ジメチル-4-メチルチオアゾベンゼン(図 2(a)：SDM-Azo)を設計した[12)]。この SDM-Azo は、400 nm 以上の可視光で *trans-cis* 異性化が可能であり、未修飾のアゾベンゼンと同様の配列設計で二重鎖形成と解離の光制御が実現できる。そこでこの SDM-Azo を利用して光応答性マイクロカプセルを設計し、抗がん剤の光放出に応用した。

4　光応答性マイクロカプセルによる抗がん剤放出の光制御

DNAを使用すれば薬物を封入可能なカプセルが容易に設計できる。封入した薬物の放出には、これまでYurkeらと同様のtoehold exchangeを利用した二重鎖の解離や、リガンドーアプタマーの錯形成による鎖の引き剥がしなどが利用されてきたが、我々の光応答性DNAを利用すれば、光照射でカプセルを崩壊させて薬物を放出させることができる。我々は松浦らが開発したDNAマイクロカプセルに光応答性を付与することで、薬物の光放出を検討した[13)]。具体的な配列設計を**図４**に示す。このDNAマイクロカプセルは中心部位が互いに相補的な３本のDNA鎖より構成されており、これらをインキュベーションするとThree-way-junction（TWJ）を形成する。末端部分はいずれも同じ配列の粘着末端（$(A)_5(T)_5$）で構成されているので、この部分がさらに二重鎖形成することで網目構造が発達しマイクロカプセルが形成される。我々は粘着末端部位にSDM-Azoを導入することで、*trans*体ではカプセルを形成し、400 nmの光照射で粘着末端部位が解離してTWJまで崩壊する光応答性カプセルを設計した。具体的には図４に示すように粘着末端部分にSDM-Azoがdimer motifを形成するようにヌクレオチド２残基ごとに導入した。粘着末端部分の二重鎖が融解する温度は、SDM-Azoが*trans*体の場合で44.6℃だったのに対し、400 nmの光照射で*cis*体に異性化させると測定できない程融解温度が低下した。

マイクロカプセル形成と光照射に伴う崩壊は、共焦点レーザー顕微鏡から直接観察できる。図４は蛍光色素でDNA二重鎖を染めた共焦点レーザー顕微鏡写真である。光照射前は球状のカプセルが形成されているが、これにLEDで400 nmの光を照射すると、３分程度で

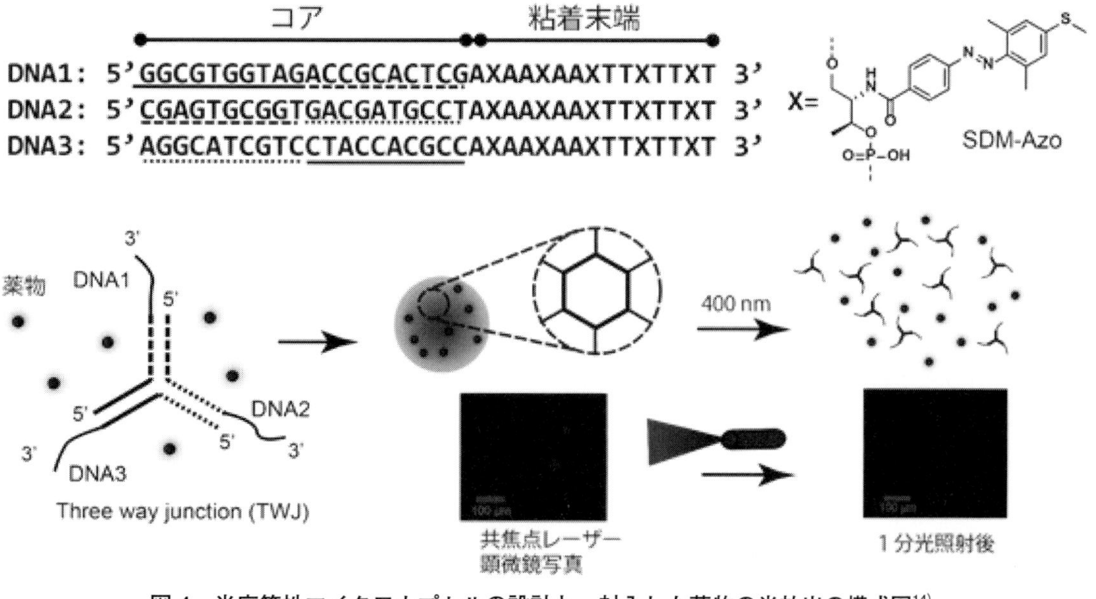

図４　光応答性マイクロカプセルの設計と、封入した薬物の光放出の模式図[14)]
三種類のSDM-Azo導入型DNA（DNA1、DNA2、DNA3）により形成されるTWJが粘着末端を介して連結することでマイクロカプセルが形成する。光照射によるマイクロカプセルの崩壊とともに内部に導入した薬物は放出される。
（*ChemMedChem*, 2017, 12, 2016-2012より転載許可）

ほぼ完全にカプセルは崩壊した。このように設計したマイクロカプセルは、光照射によって容易に崩壊させることができる。同様の変化はゲル電気泳動でも確認でき、光照射前はマイクロカプセルの形成を示す高分子量側のバンドが確認できたが、光照射後はこのバンドが消失し、ナノTWJに対応するバンドが出現した[13]。

そこでこの光応答性DNAマイクロカプセルに実際に薬物を封入させ、光照射により放出が可能か検討した。光応答性DNAと薬物を水溶液中で混合してアニーリングすることで、容易にカプセル中にさまざまな薬物を封入することができる[12)13]。まずはモデル薬物として、蛍光標識化ビオチンを封入させた。この水溶液を、ストレプトアビジンを固定化したガラス基板と接触させたところ、光を未照射の場合はガラス基板から蛍光は観察されなかった。一方400 nmの光を照射したところ、ストレプトアビジンが固定化された部位のみから蛍光が観察された。このように封入した薬物を光照射で放出させることができた。

次に実際に、抗がん剤であるドキソルビシン(Dox)を光応答性マイクロカプセルに封入し、光照射で細胞死が誘導できるか調べた。Doxは蛍光性なので、共焦点蛍光顕微鏡でマイクロカプセルに封入されたDoxを直接蛍光観察できる。光照射前はマイクロカプセルに封入されたDoxによる球状の蛍光画像が観察されたが、光照射を行うとDoxが水溶液中に放出され希釈されるので、球状の蛍光は消失した。この結果に基づき、Doxの光放出による細胞死の誘導を試みた。**図5**に示すように、Doxを含有しない光応答性マイクロカプセルや400 nmの光で細胞死が誘導されることはまったくなかった。一方Dox封入カプセルを293FT細胞に接触させると、Doxのリークのためコントロールと比較して細胞死が若干誘導されたが、光照射後はDoxの放出により細胞死が有意に誘導された[12]。

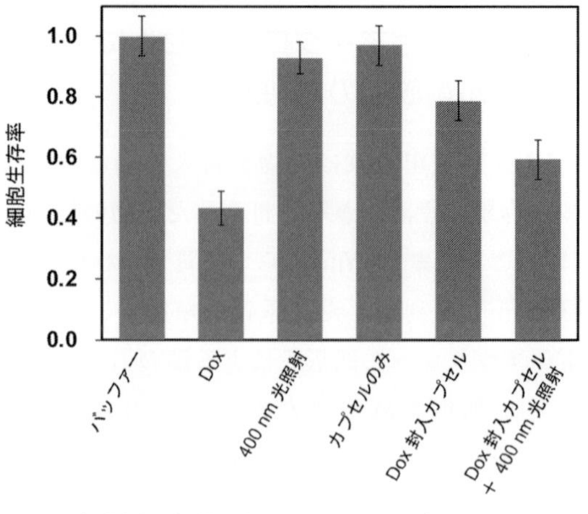

図5 光刺激応答型マイクロカプセルによる293FT細胞の細胞死誘導[14]
各種条件下での293FT細胞の生存率を比較して示している。細胞生存率は、MTSアッセイにおけるFormazanの490 nmの吸光度から算出した。
(*ChemMedChem*, 2017, 12, 2016-2012より転載許可)

5 まとめ

以上述べてきたように、核酸アナログ化したアゾベンゼンをDNAに導入することで二重鎖の形成と解離を光照射のみで制御した。これを既存のDNAアーキテクチャーの適切な部位に組み込むだけで容易に光応答性を付与でき、たとえばここで紹介したような光応答性ドラッグキャリアが調製できる。筆者らは、ほかにも光応答性遺伝子の開発[15]や光駆動型鎖交換[16]にも成功している。筆者らが開発した光応答性DNAはタンパク質にも導入可能であり[17]、DNAのみならずさまざまな生体分子反応の光制御に応用可能である。

文　献

1）M. Komiyama, K. Yoshimoto M. Sisido and K. Ariga, *Bull. Chem. Soc. Jpn.*, **90**, 967-1004(2017).

2）B. Yurke, A. J. Turberfield, A. P. Mills Jr, F. C. Simmel and J. L. Neumann：*Nature*, **406**, 605-608 (2000).

3）Y. Tian and C. Mao：*J. Am. Chem. Soc.*, **126**, 11410-11411(2004).

4）P. Yin, H. Yan, X. G. Daniell, A. J. Turberfield and J. H. Reif：*Angew. Chem. Int. Ed.*, **43**, 4906-4911 (2004).

5）Y. Kamiya and H. Asanuma：*Acc. Chem. Res.*, **47**, 1663-1672(2014).

6）H. Asanuma, H. Kashida and Y. Kamiya：*Chem. Rec.*, **14**, 1055-1069(2014).

7）H. Asanuma, K. Murayama, Y. Kamiya and H. Kashida：*Polymer J.*, **49**, 279-289(2017).

8）K. Murayama and H. Asanuma：*ChemBioChem*, **18**, 142-149(2017).

9）X. G. Liang, H. Nishioka, N. Takenaka and H. Asanuma：*ChemBioChem*, **9**, 702-705(2008).

10）X. G. Liang, T. Mochizuki and H. Asanuma：*Small*, **5**, 1761-1768(2009).

11）M. G. Zhou, X. G. Liang, T. Mochizuki and H. Asanuma：*Angew. Chem. Int. Ed.*, **49**, 2167-2170 (2010).

12）H. Nishioka, X. G. Liang, T. Kato and H. Asanuma：*Angew. Chem. Int. Ed.*, **51**, 1165-1168(2012).

13）K. Matsuura, K. Masumoto, Y. Igami, T. Fujioka and N. Kimizuka：*Biomacromolecules*, **8**, 2726-2732 (2007).

14）Y. Kamiya, Y. Yamada, T. Muro, K. Matsuura and H. Asanuma：*ChemMedChem*, **12**, 2016-2012(2017).

15）Y. Kamiya, T. Takagi, H. Ooi, H. Ito, X.G. Liang and H. Asanuma：*ACS Synth. Biol.*, **4**, 365-370(2015).

16）B. Cheng, H. Kashida, N. Shimada, A. Maruyama and H. Asanuma：*ChemBioChem*, **18**, 1568-1572 (2017).

17）J. J. Keya, R. Suzuki, A. M. R Kabir, D. Inoue, H. Asanuma, K. Sada, H. Hess, A. Kuzuya and A. Kakugo：*Nat. Commun.*, **9**, 453(2018).

応用編

第3章　光応答性
第9節　光応答性超分子ポリマー

千葉大学　北本 雄一 / 矢貝 史樹

1　まえがき

「機能性分子を温和な条件でポリマー化したい」――化学者のそんな欲求を満たすべく発展してきた機能性材料が「超分子ポリマー」である[1)-5)]。超分子ポリマーの主鎖は、モノマー分子間の水素結合やπ-πスタッキングなどの非共有結合によって構築されており、近年では、速度論的にトラップされたモノマーや準安定集合体を利用した精密超分子重合が達成されている[6)-8)]。

超分子ポリマーの主鎖が結合力の弱い相互作用から形成されていることを活用すると、どんな材料の創製が可能になるであろうか[9)]？溶液に分散した超分子ポリマーは加熱によりモノマー状態とすることができ、冷却により再び元のポリマー状態へと復活する。これに類似した挙動は他の刺激、たとえば機械的刺激あるいはモノマー間の非共有結合と競合する化学種の添加などによっても達成できる。さまざまな刺激に過敏に応答する特性を利用すれば、生体に近い特性を発現するナノマテリアルの開発も可能である[10)-14)]。温度や溶媒などのパラメーターは系中のエンタルピーやエントロピーといった熱力学的な環境を支配しうるため、分子の集合状態を制御する手段として有効である。しかし、精密かつ迅速な応答性という観点からは不十分といえる。もし分子間相互作用のON/OFFを分子それ自身で制御することができれば、言い換えると、分子構造を「集合しやすい配座」から「集合しにくい配座」へと自在かつ可逆的に変換することができれば、きわめて応答性の高い刺激応答性高分子材料の開発が可能になる。

このような背景のもと、アゾベンゼンなどの光によって分子構造が変化するフォトクロミック色素を用いた分子集合体の研究が多くなされてきた[15)-21)]。本節では、フォトクロミック色素を利用した一次元分子集合体、すなわち「光応答性超分子ポリマー」について、筆者の研究グループで開発された例を中心に紹介する。

2　光による重合・脱重合が可能な超分子ポリマー

フォトクロミック色素を用いて光により分子の集合状態を制御しようとする試みは、1980年代終盤に新海らによってクラウンエーテルと四級化したアミノ基を導入したアゾベンゼンを用いて検討されている[22)]。ここでは、*cis*-*trans*異性化の動きが“蝶番(ちょうつがい)”のように用いられており[23)]、*trans*体では分子間でオリゴメリック，ポリメリックな集合体を形成するが、*cis*体では分子内のtail-bitingによって非会合性の環状モノマーとして存在することが示された。アゾベンゼン部位のπ-スタックを利用することで、より効率的に光応答性超分子ポリマーの構築が可能になる。平面性の高い*trans*体はπ-スタックに適しているが、*cis*体のねじれた構造は集合体形成に適していない。これを利用した光応答性分子集合体の例は多く、光によって崩壊するゲル、液晶、ミセルやベシクルなどが報告されている[19)-21)]。一方、光応答性超分子ポリマーの構築に利用された例は意外に少ない。筆者らは、ロゼットと呼ばれる水素結合性環状集合体にアゾベンゼンを導入し、*cis* 体が超分子重合を阻害しうることを示した(**図１**(a))[24)]。ロゼット$(1\cdot dCA)_3$から成る超分子ポリマーは、紫外光(350 nm)・可視光(450 nm)照射を繰り返すことで脱重合・再重合を可逆的に繰り返すことができる(図１(b))。

平面的な *trans* 体のアゾベンゼンを π-π スタッキング部位としてモノマー分子に導入することで、高い階層性を有する精緻な光応答性超分子ポリマーの構築が可能になる。この際、超分子ポリマーの構造が複雑になればなるほど、光異性化による超分子ポリマーの崩壊・再構築がその構造と深く絡み合い、光を含んだ高度な集合経路の探求が可能になる。このような系の例として、アゾベンゼン二量体 **2** を紹介する(**図２**)[25)]。低極性溶媒中に *trans* 体の **2** を加熱溶解することで分子分散(モノマー)状態とした後、溶液を20℃まで冷却すると、直径13 nmほどのナノリングの形成が原子間力顕微鏡(AFM)測定により示された(図２(b))。興味深いことに、溶液をさらに0℃まで冷却すると、リングが積層してナノチューブを形成することが明らかになった(図２(c))。さらにナノチューブ溶液を0℃で一日ほど放置すると、左巻きの螺旋構造を有する超分子線維が形成され、さらにそれらは２本絡まって左巻き二重らせん線維を与えた(図２(d)～(f))。この階層的自己集合は、溶液の円偏光二色性(CD)スペクトルからも示唆された。44℃の分子分散状態はCD不活性であったが、20℃では励起子キラリティに特徴的な分散型CDシグナル(ナノリング)が観察され、さらに0℃においては、高次集合体(ナノチューブ)の形成を示唆する複雑かつ高強度のCDシグナルへと変化した。図２(a)はこの階層的自己集合のメカニズムである。*trans* 体の **2** は、２つのアゾベンゼン部位が分子内で π-スタックすることにより折り畳まれ、くさび状の配座をとる。このくさび状のモノマー分子がアミド基間の水素結合によって同方向を向いて配列し、一定の曲率を伴って積層することでリングを形成する。チューブではらせん構造は観察されないが、リングが積層する際におそらく一定方向に回転していると考えられる。この回転によって、高次のらせん性が生まれていると考えられる。高い階層性によって形成された超分子ポリマーは、光により興味深い集合挙動を示した。リングの溶液に紫外光(365 nm)を照射すると、**2** が *trans* 体から非会合性の *cis* 体へと異性化することでCDシグナルが消失し、

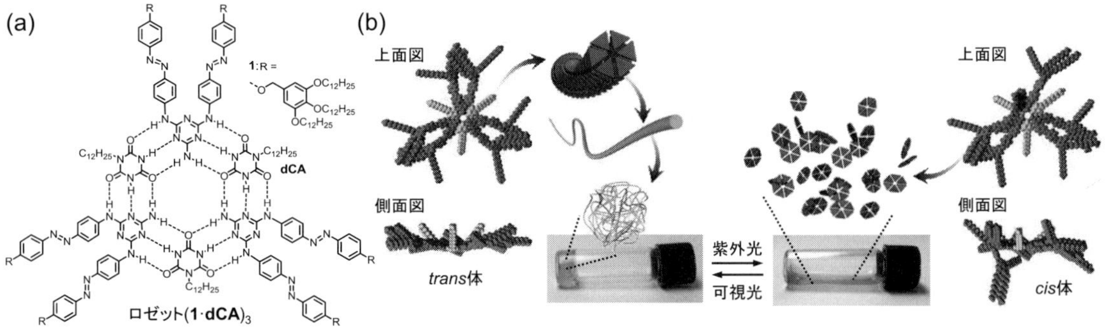

図１　アゾベンゼンロゼットによる光応答性超分子ポリマー。(a)アゾベンゼンを有するメラミンとアルキルシアヌル酸によるロゼット$(1\cdot dCA)_3$の分子構造。(b)光照射による$(1\cdot dCA)_3$の超分子ポリマーの可逆的光脱重合・再重合。
※口絵参照

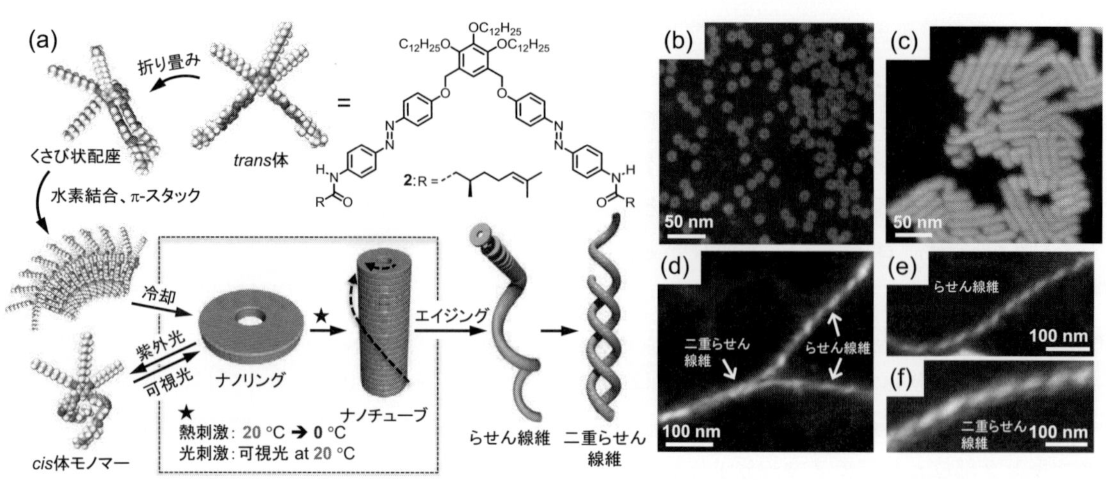

図2　高い階層性を有する光応答性超分子ポリマー。(a) 2 の分子構造と熱または光による超分子重合・脱重合。(b–f) 階層的に組織化された集合体の AFM 像：(b) ナノリング、(c) ナノチューブ、(d)～(f) らせん線維と二重らせん線維。

分子分散状態となった。分子分散状態に可視光(470 nm)を照射すると、π-スタックに適した *trans* 体が 80%ほど回復することでリングが再生するが、興味深いことに、室温であるにもかかわらずナノチューブまでの組織化が観察された。この現象のメカニズムは定かではないが、1つの説明として、少量の *cis* 体の混在によって、冷却によって得られた all-*trans* のナノリングとは異なる集合挙動を示したと考えられる。可視光照射による光定常状態において **2** のアゾベンゼンの 20%程度が *cis* 体であり、これがリング集合体内に取り込まれることで、極性高い *cis* 体の効果によってリング表面の極性が高まり、チューブへの組織化が促進されたと考えられる[26]。

上記のような例外もあるが、アゾベンゼンの *cis* 体は幾何構造的に分子集合体を形成しにくいといえる。したがって、モノマーを紫外光によって *cis* 体にすることで「休眠状態」とすることができ、可視光で休眠状態を解くことで重合活性なモノマーの濃度を *in-situ* で制御することができる。条件をうまく整えることで、熱のみでは困難な超分子重合の速度論制御が可能となる。杉安らは線維状の超分子ポリマーを与えるアゾベンゼン誘導体 **3** を合成し、光をイニシエーターとして活用した精密超分子重合を実現した(**図 3**(a))[27]。アミド基を有する *trans* 体の **3** は、低極性溶媒中で加熱により分子分散状態とした後、冷却することで線維状の超分子ポリマーへと自己集合した。一方、高温の分子分散状態から紫外光(351 nm)を照射しながら室温まで冷却すると、モノマー状態の *cis* 体の **3** の溶液が得られた。すなわち、*cis* 体は室温でありながら会合不活性な状態でトラップされているといえる。*trans* 体の自発的核形成は 10 μM 程度の濃度で起こることがわかったので、可視光照射を調節することで生成する *trans* 体の濃度を 10 μM 以下に保てば、自発的核形成を抑制できる。このような条件を踏まえ、*cis* 体の溶液に、別途調製した速度論的に安定な *trans* 体の **3** の超分子ポリマーの種(シード)を加え、*cis* → *trans* 異性化がゆっくりと進行する可視光(520 nm)を照射したところ、シード末端からリビング的に超分子重合が進行することが AFM によって確認された。実際に、得られた線維状の超分子ポリマーの数平均

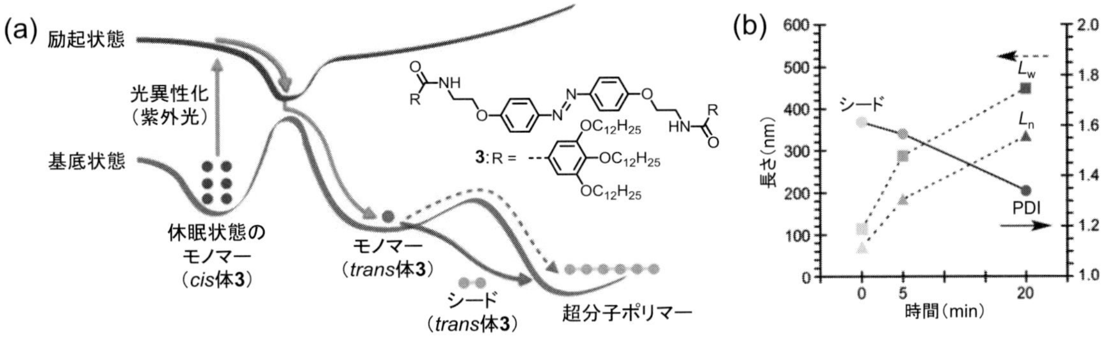

図3　光をイニシエーターとする精密超分子重合。(a)3の分子構造と光による精密超分子重合のエネルギーランドスケープ図。(b)数平均長さ(L_n)、重量平均長さ(L_w)、多分散指数(PDI)の時間変化。

長さ(L_n)と重量平均長さ(L_w)を解析すると、多分散指数(PDI)が約1.3となり、分散度が非常に小さい超分子ポリマーが得られることが明らかになった(図3(b))。

アゾベンゼンに次いで、光応答性分子集合体に多く利用されているフォトクロミック色素がジアリールエテンである。ジアリールエテンは一般的に両光異性体(開環体と閉環体)の熱的安定性が高く、アゾベンゼンとは異なり暗所で保管しても熱的に他方の異性体へと変換することはない。一方で、ジアリールエテンにおいては、アゾベンゼンのように異性体の集合特性を幾何構造により一義的に解釈することは困難である。もっとも起こりやすい変化としては、光閉環反応に伴うπ共役系の拡張によってπ-πスタッキング相互作用が強くなることである。たとえば、van Eschらによって報告されたフェニルエチルアミドを導入した**4**は，いずれの異性体においても超分子ポリマー（ゲル）を生じるが、閉環体$\mathbf{4_c}$のほうがより熱力学的に安定なゲルを形成した[28]。一方、筆者らが合成した、π-スタッキングによって強く会合するオリゴフェニレンビニレン(OPV)を導入した**5**は、まったく逆の変化を示した[29]。**5**は、OPV部位が分子間で密にパッキングするため、光反応点に置換されたメチル基が集合体形成において立体障害となる。柔軟な開環体$\mathbf{5_o}$は、この立体障害を避けるように分子配座の変化が誘起され、密にパッキングした集合体を形成することができる。一方剛直な閉環体$\mathbf{5_c}$は、超分子ポリマー形成に適した配座をとることができない。そのため、$\mathbf{5_c}$の分散溶液に可視光をあてると$\mathbf{5_o}$が生成して超分子重合するため、ゲルが形成された。一方、得られた$\mathbf{5_o}$のゲルに紫外光(313 nm)を照射しても、配座がねじれているために光閉環反応は起こらず、ゲル状態が維持された。

高い配座柔軟性を有する開環体のジアリールエテンは、チオフェン部位の回転に加え、パラレル・アンチパラレル配座の平衡状態にあることから(**図4**)、エントロピーの観点からも集合体形成に不利である。さらに、主鎖が水素結合のみによって形成される典型的な超分子ポリマーの場合、折れ曲がったパラレル配座異性体は、超分子ポリマー鎖の伸長を阻害するストッパー分子として働くことが期待される。たとえば、竹下らのウレイドピリミジノン(UPy)部位を導入した**6**の場合、開環体$\mathbf{6_o}$は動的光散乱(DLS)測定において10 nm程度の粒径しか示さなかった[30]。一方で，紫外光照射(366 nm)により閉環体$\mathbf{6_c}$へと異性化させると、UPy部位での分子間相補的多重水素結合により$\mathbf{6_c}$が

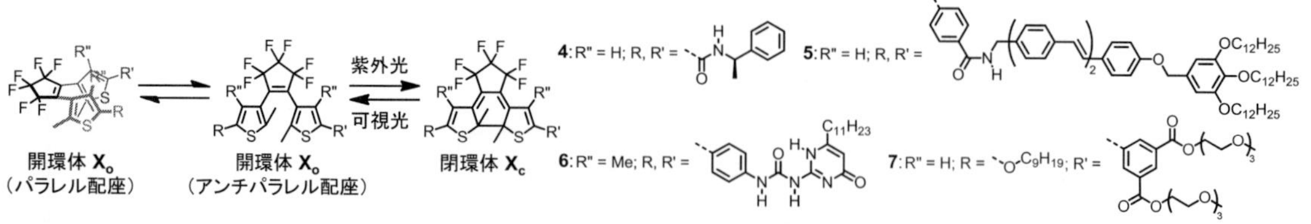

図 4　紫外光 / 可視光照射によるジアリールエテン誘導体の光閉環 / 光開環反応と、開環体 X_o のパラレル・アンチパラレル配座間の平衡。

超分子ポリマー重合し、600 nm ほどの粒径が観察された。

対照的に、**図 5** に示すように、パラレル配座のジアリールエテンを超分子ポリマー形成に積極的に活用することも可能である[31]。筆者らは、ジアリールエテンの両端をジトピック三重水素結合部位である *N,N'*-二置換トリアミノトリアジンで修飾し(**8**)、相補的な水素結合部位を有するペリレンビスイミド **9** と混合することで、らせん状超分子コポリマー $(\mathbf{8}\cdot\mathbf{9}_2)_n$ を構築した(図 5)。開環体 $\mathbf{8}_o$ はパラレル配座をとることにより、片末端で二分子の **9** と結合することができる。$\mathbf{8}_o$ との水素結合によって近接した **9** は J 会合型の二量体を形成することが吸収スペクトルによって明らかになった(図 5(a))。超分子コポリマー化によってパラレル型に配座固定された $\mathbf{8}_o$ は光環化反応を起こさないが、平衡により一定量存在するモノマー状態の $\mathbf{8}_o$ がアンチパラレル配座をとりうるため、閉環反応が進行する。したがって、超分子コポリマー $(\mathbf{8}_o\cdot\mathbf{9}_2)_n$ の溶液に紫外光(313 nm)を照射すると、閉環体 $\mathbf{8}_c$ への光異性化が起こり、やがて沈殿が生成した(図 5(b)〜(d))。これは、$\mathbf{8}_c$ の四箇所の水素結合部位が異なる方向を向くことで、集合体構造が発散するためである。この沈殿を振とうによって分散させ、可視光(630 nm)を照射すると、光開環反応により $\mathbf{8}_o$ が再生し，超分子コポリマーが再構築された。

3　光で形態が変化する超分子ポリマー

以上のように、これまで報告されてきた光応答性超分子ポリマーの多くが、脱重合と再重合という形で光応答性を示す。これは、光異性体の構造が変化することで、会合定数が変化したり、あるいは会合に不適切な構造となることに起因する。もしそれぞれの光異性体の構造特異性を利用して、異なる形態の分子集合体を構築することができれば、光に応答して形態が変化

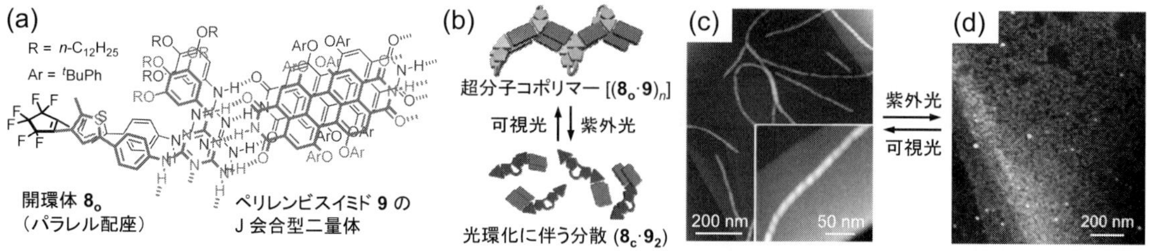

図 5　ジアリールエテン誘導体 8 とペリレンビスイミド 9 による光応答性超分子コポリマー $(8\cdot9_2)_n$。(a)繰り返し単位ユニット $8_o\cdot9_2$ の構造。(b)紫外光 / 可視光照射による $(8_o\cdot9_2)_n$ の脱重合 / 再構築の模式図。(c) $(8_o\cdot9_2)_n$ の AFM 像。(d)光環化反応よって粒子状に構造転移した集合体の AFM 像。

するナノマテリアルの創出が可能になる。東口・松田らが報告した両親媒性ジアリールエテン 7(図4)がこの例として挙げられる[32]。開環体7_oは水中でベシクルを形成した。ベシクルの溶液に紫外光(365 nm)を照射すると、光環化反応による閉環体7_cの形成に伴い、ベシクルが崩壊し、ファイバー状の集合体、すなわち超分子ポリマーが形成した。この構造変化は可逆的であり、可視光照射(546 nm)によってベシクルが再生した。

さらに高度な光応答性として、超分子ポリマー鎖の分解あるいは断片化を伴わない一次元鎖のトポロジー制御が挙げられる。これを達成するには、前述したように、モノマーの光異性体が異なった形態を形成する特性を有するだけでなく、形態転移の過程において、モノマー交換が起こらない系の設計が必要である。とくに、後者を達成しない限り、光異性体間でモノマー交換が進行し、セルフソーティングによって複数の集合体が形成されるという、熱力学的に有利な経路が選択されてしまう。もしモノマー交換がほぼ起こらない非平衡系において光異性化が達成できれば、超分子ポリマーのトポロジー制御が可能になる。

上記のような考えに基づき、近年筆者らの研究グループは、アゾベンゼンの光異性化によってトポロジーが変化する超分子ポリマーの開発に取り組んでいる(**図6**)[33]。以前に筆者らは、バルビツール酸を置換したナフタレン分子 10 が、低極性溶媒中で水素結合によってロゼット(Rosette)と称される根生葉型6量体を形成し、このロゼットが π-π スタッキングによって超分子重合することで、環状超分子ポリマー(リング)をほぼ定量的に与えることを見出してい

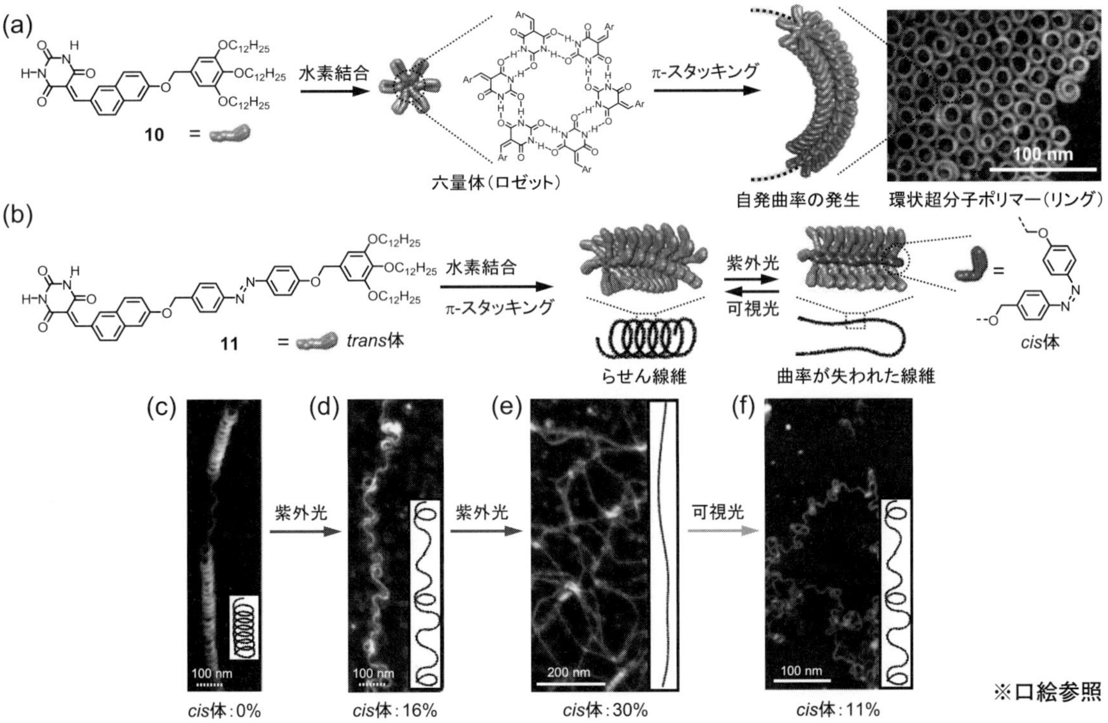

※口絵参照

図6　光によりトポロジーの制御が可能な超分子ポリマー。(a)バルビツール酸を置換したナフタレン誘導体10の集合体形成。(b)アゾベンゼン部位を導入した分子11の集合体の光応答性。(c–f)紫外光照射によりらせん構造がほどける様子と可視光照射によりランダムに曲率が回復する様子を示したAFM像。

る(図6(a))[34]。リングの直径の均一性(20 nm)は曲率が自発的に生まれていることを示しており、分子モデリング等から、この自発的曲率はナフタレンを羽根とした6量体の風車のような構造に起因することが示唆された[35]。そこで、この自発的曲率を光でスイッチすることを考え、**10**の分子構造にアゾベンゼンを組み込んだ**11**を合成した(図6(b))。**11**のロゼットは、*trans*体のアゾベンゼンによって会合力が増すため、リングを形成することなく伸長し、曲率を有する超分子ポリマーを形成した。さらに、溶媒の極性や濃度等のパラメーターを検討することで、熱力学的に安定ならせん状超分子ポリマーを構築することができた(図6(c))。**11**はアキラル分子であるので、らせんの巻き方向に偏りはない。このらせん状超分子ポリマーの溶液に紫外光(365 nm)を照射し、構造変化の様子をAFM測定により観察すると、*cis*体の生成に伴いらせん構造が徐々にほどけ、*cis*体の割合が16%程度でランダムコイル構造へと変化し(図6(d))、さらに*cis*体の割合が上昇すると、曲率を失って伸張した超分子ポリマーへと構造変化した(図6(e))。溶液小角X線散乱(SAXS)実験によって、この構造変化が溶液中でも起こっていることが示された。紫外光照射によって伸びきった線維に可視光(470 nm)を照射すると、*cis*体の割合が11%程度に減少したところで光定常状態に達し、その後の熱異性化によってほぼ*trans*体のみの状態に戻るが、伸長した線維はランダムコイル構造にまでしか戻らなかった(図6(f))。これは、光によって線維のあらゆる部分で*cis*→*trans*異性化が起こり、ランダムに曲率が発生するためと考えられる。

最後に、光によって超分子キラリティが反転する超分子ポリマーについて紹介する。超分子キラリティとは、不斉分子が自己集合することで誘起される集合体構造のキラリティであり、超分子ポリマーのみならず、生体機能や材料化学においても基礎科学や応用の観点から重要な研究トピックである。筆者らは、先に述べた**2**のアゾベンゼン部位をスチルベンに置換した**12**について、折り畳まれて超分子ポリマー化した**12**が分子内光反応を起こし、熱による再構築によって光反応物が集合経路を支配することで超分子キラリティが反転することを報告した(**図7**)[36]。**12**を加熱によって低極性溶媒に分子分散させ、50℃まで冷却すると、くさび状に折り畳まれた**12**が自発的に集合することによって右巻きのらせん超分子ポリマーを形成することが、AFMやCDスペクトルにより明らかになった(図7(c)→(d))。さらに20℃まで冷却すると、この線維どうしがらせん状に絡み合った左巻きの多重らせん線維が得られた(図7(d)→(e))。この超分子ポリマーに紫外光(365 nm)を照射すると、**12**のスチルベンが分子内でエナンチオ選択的［2+2］光環化反応を引き起こし、環化体**13**を生成することが、質量分析や核磁気共鳴スペクトル測定などにより明らかになった(図7(b),(e)→(f))。紫外光照射時間を調節することで、**13**の生成率を変化させることができた。興味深いことに、光環化により得られた超分子ポリマーを加熱により分子分散状態とし、再び冷却すると、光反応物**12**と光環化体**13**が自発的に共集合し、**13**の割合が少ない条件下(25%以下)において、らせんの巻方向が反転した左巻きの超分子ポリマーが生成した(図7(f)→(i))。種々の実験から、**12**と**13**(25%以下)の共重合は**12**単体のそれとはパッキング構造や超分子重合プロセスが大きく異なり、この違いにより超分子キラリティが反転することが示唆された。一方、**13**の割合が多い条件下(60%以上)では、らせん性が失われた超分子ポリマーが得られた。この

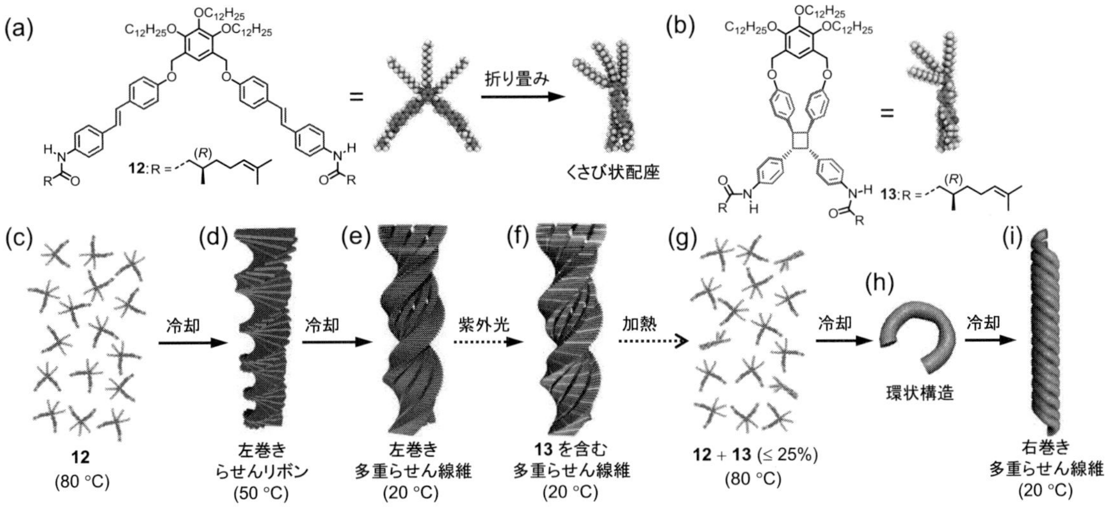

図7 光により超分子キラリティが反転する集合体。(a),(b) 12と12の分子内光二量化により生成する13の分子構造。(c)～(i) 光と熱によるらせん状集合体の超分子キラリティの反転の模式図。 ※口絵参照

結果は、異物(13)が混ざり合うことで、12の集合経路が変化したことを意味しており、不均質核形成による超分子キラリティの反転現象などと密接に関係していると考えられる。

4 むすび

本節で概説したように、フォトクロミック色素を分子デザインの基軸に用いることで、光異性化を介して分子構造を外部から変化させることができる。この構造変化がトリガーとなり、主鎖構造を支える非共有結合の解離や再結合によって超分子ポリマーの解重合や再重合が起こる。また、系が熱力学的平衡にあり、両異性体の配座自由度が大きく異なるときは、エントロピー駆動による構造変化も起こりうる。多くの場合、超分子構造の変化はモノマーとの平衡状態において光異性化が起こり、光異性体が再集合することで別の構造を与えた結果であると解釈できる(off-pathwayメカニズム)。一方、モノマー同士の会合力が強い系でうまく光異性化反応を引き起こすことができれば、超分子ポリマーは解重合することなく一次元鎖の形態(トポロジー)が変化しうる(on-pathwayメカニズム)。ある「かたち」からほかの「かたち」へと直接変化する現象は、超分子ポリマーの化学においてとりわけ重要な意味をもつ。なぜなら、このようなトポロジーの多様性は、タンパク質において機能と密接に関係しているからである。超分子ポリマーの化学において、超分子ポリマーの形状を分子デザインと光により合理的に設計・変化・制御する試みは未開拓の領域であり、新しいナノ材料サイエンスを展開する1つの糸口として期待される。

文 献

1) E. W. Meijer et al.：*Chem. Rev.*, **101**, 4071(2001).
2) J.-M. Lehn：*Polym. Int.*, **51**, 825(2002).
3) A. Ciferri ed.：Supramolecular Polymers, 2nd edn, Taylor & Francis, London, U.K.(2005).
4) T. Aida, E. W. Meijer and S. I. Stupp：*Science*, **335**, 813(2012).
5) B. Adhikari and S. Yagai et al.：*Chem. Commun.*, **53**, 9663(2017).
6) S. Ogi, K. Sugiyasu and M. Takeuchi et al.：*Nat. Chem.*, **6**, 188(2014).

7) D. Miyajima and T. Aida et al. : *Science*, **347**, 646 (2015).
8) T. Fukui, M. Takeuchi and K. Sugiyasu et al. : *Nat. Chem.*, **9**, 493(2017).
9) T. F. A. de Greef and E. W. Meijer : *Nature*, **435**, 171 (2008).
10) C. Schmuck et al. : *Chem. Eur. J.*, **18**, 738(2012).
11) W. Li and M. Lee et al. : *Nanoscale*, **5**, 7711(2013).
12) C. Gao et al. : *J. Mater. Chem. A*, **5**, 16059(2017).
13) M. Burnworth, S. J. Rowan and C. Weder et al. : *Nature*, **472**, 334(2011).
14) X. Yan and F. Huang et al. : *Chem. Soc. Rev.*, **41**, 6042(2012).
15) S. Yagai et al. : *Chem. Eur. J.*, **11**, 4054(2005).
16) S. Yagai et al. : *Chem. Soc. Rev.*, **37**, 1520(2008).
17) H. Tian et al. : *Chem. Rev.*, **115**, 7543(2015).
18) X. Ma and H. Tian et al. : *Adv. Optical Mater.*, **4**, 1322(2016).
19) T. Ishi-i and S. Shinaki : *Top. Curr. Chem.*, **258**, 119 (2005).
20) Q. Li et al. : *Chem. Rev.*, **116**, 15089(2016).
21) N. Basílio and L. García-Río : *Curr. Opin. Colloid Interface Sci.*, **32**, 29(2017).
22) S. Shinkai et al. : *Bull. Chem. Soc. Jpn.*, **60**, 1819 (1987).
23) N. Tamaoki et al. : *Org. Lett.*, **6**, 2595(2004).
24) S. Yagai et al. : *J. Am. Chem. Soc.*, **127**, 11134(2005).
25) S. Yagai and M. Yamauchi et al. : *J. Am. Chem. Soc.*, **134**, 18205(2012).
26) A. Ajayaghosh et al. ; *J. Am. Chem. Soc.*, **134**, 7227 (2012).
27) M. Takeuchi and K. Sugiyasu et al. : *J. Am. Chem. Soc.*, **138**, 14347(2016).
28) J. H. van Esch and B. L. Feringa et al. : *Science*, **304**, 278(2004).
29) S. Yagai et al. : *Chem. Eur. J.*, **19**, 6971(2013).
30) M. Takeshita and T. Yamato et al. : *Chem. Commun.*, 761(2005).
31) S. Yagai and F. Würthner et al. : *Angew. Chem. Int. Ed.*, **53**, 2602(2014).
32) K. Higashiguchi and K. Matsuda et al. : *J. Am. Chem. Soc.*, **137**, 2722(2015).
33) B. Adhikari and S. Yagai et al. : *Nat. Commun.*, **8**, 15254(2017).
34) S. Yagai et al. : *Angew. Chem. Int. Ed.*, **51**, 6643 (2012).
35) M. J. Hollamby and S. Yagai et al. : *Angew. Chem. Int. Ed.*, **55**, 9890(2016).
36) M. Yamauchi and S. Yagai et al. : *Nat. Commun.*, **6**, 8936(2015).

第3章　光応答性

第10節　光刺激応答性ソフトナノチューブ

国立研究開発法人産業技術総合研究所　亀田 直弘

1　はじめに

ソフトナノチューブとは、的確な分子設計を施した両親媒性分子が液相媒体中で自発的に集合することによって形成する超分子ポリマーの一種である[1]。当該ナノチューブは、分子構造や自己集合条件(溶媒、温度、時間、pH 等)を制御することにより、内・外径のサイズ、内・外表面の化学構造だけでなく、媒体中のマクロスケール状態(分散、液晶、ゲル等)も制御することが可能である[2]。

ソフトナノチューブの内径 1～100 nm のナノチャンネルには、薬剤や色素などの低分子、錯体、高分子、タンパク質や DNA、ウィルスといった生体高分子、機能性ナノ粒子等を包接可能であり、さらに、その両端は開放されていることから、閉鎖系のリポソームやベシクルとは異なったカプセル機能の発現が期待されている[3]。また、有機成分から成るソフトナノチューブを鋳型に用いることで、有機・無機ハイブリッドナノチューブや無機ナノチューブを形成させることも可能であり、触媒や吸着・分離媒体としての応用が期待されている[4]。

本稿では、光構造異性化ユニットを組み込んだ両親媒性分子が形成するソフトナノチューブや光温熱特性をもつ金ナノ粒子と複合化したソフトナノチューブの構築、それらの光刺激に応答した形態可変機能について紹介する。また、ソフトナノチューブ(以降、ナノチューブと表す)の形態可変機能の応用として、変性タンパク質のリフォールディングを促進する人工分子シャペロンの開発、包接化酵素をベースにしたバイオリアクターの開発について述べる。

2　光刺激による形態可変

エチレンジアミンの片端に光刺激により構造異性化を起こすアゾベンゼンカルボン酸、もう一方の片端に水素結合能を有するオリゴグリシンをそれぞれアミド結合した両親媒性分子(Gly_nAzo：n ＝ 1, 2, 3)を設計・合成した(**図1**)[5]。Gly_nAzo を pH 2‒10 に調製した水中(mg/mL)で加熱還流後、室温まで徐冷し、自己集合を行った。電子顕微鏡観察により、得られた自己集合体の形態は、いずれの Gly_nAzo も pH に大きく依存し、酸性ではナノファイバー、中性ではナノチューブ(**図2**)、アルカリ性ではプレートを形成することがわかった。粉末 X 線回折測定、および赤外分光測定により、ナノチューブの分子パッキングを解析したところ、疎水性のアゾベンゼン部位が水との界面に接しないよう親水性のオリゴグリシン残基が表面に配置された二分子膜構造から成ることが明らかとなった(図1)。

ナノチューブ分散水溶液の紫外可視分光測定により、アゾベンゼン部位の *trans* → *cis* 構造異性化は、紫外光 365 nm を 4～6 分間照射することで平衡に達することがわかった。そこに可視光 436 nm を 15～24 分間照射すると完全に *trans* 体に戻り、二分子膜が結晶固体状態にあっても光構造異性化は可逆的に進行することを確認した。Gly_1Azo から成るナノチューブ(内

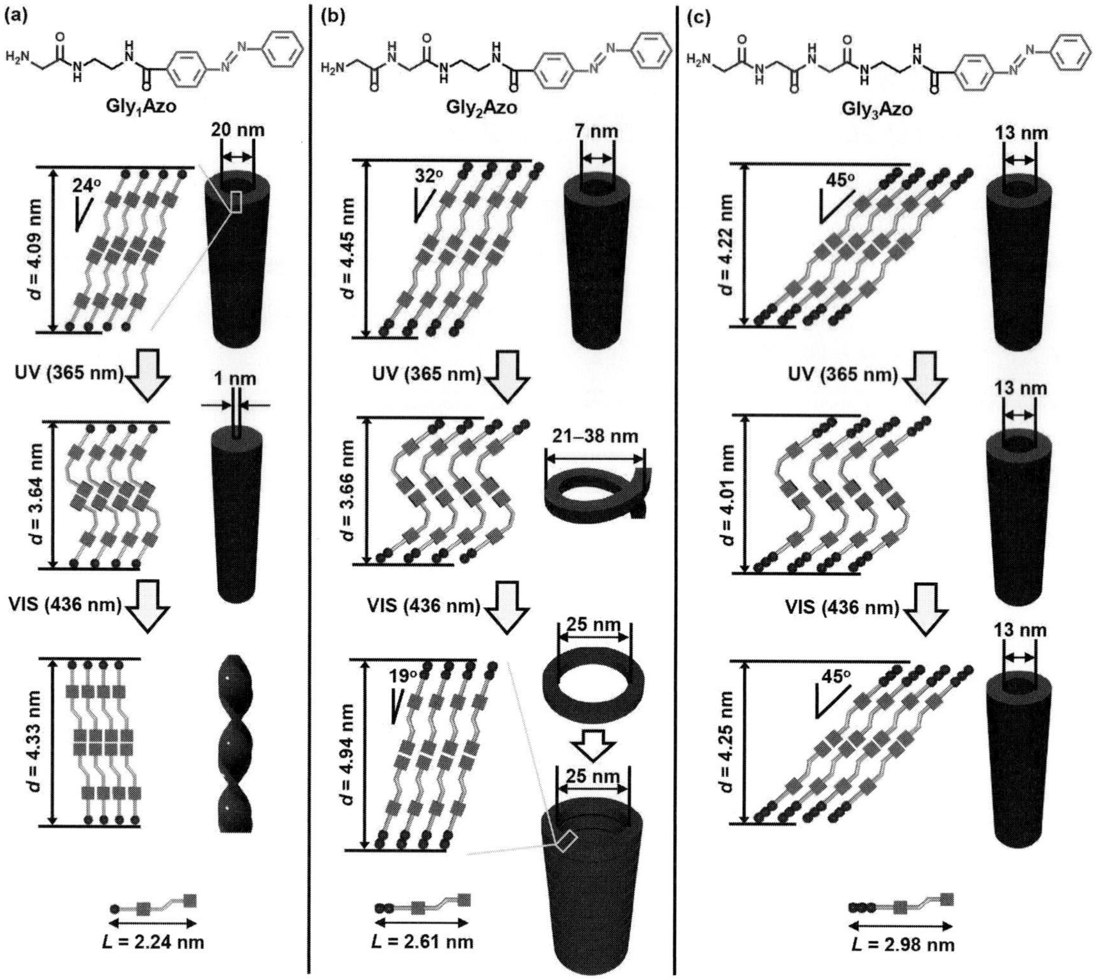

図1　Gly$_n$Azoの化学構造式。Gly$_n$Azoの二分子膜から成るナノチューブと光照射によるアゾベンゼン部位の構造異性化によって誘起された形態変化。　※口絵参照

径20 nm)は、紫外光照射により、膜周期間隔dと分子間水素結合の強さを変えながら内径が1 nmまで収縮した(図1(a), 図2(a)～(c))。電子顕微鏡観察、蛍光ラベル化したナノチューブの時間分解蛍光顕微鏡観察により、中間体および形態変化を動的に捉えることに成功し、収縮はナノチューブの両端から始まり、長軸方向への伸長が伴うことを突き止めた[6]。そこに可視光を照射すると、ヘリカルナノテープへのさらなる形態変化が生じた(図2(d))。ヘリカルナノテープと紫外光照射前のナノチューブのアゾベンゼン部位は*trans*体であるが、dおよび分子間水素結合の強さは異なっていた(図1(a))。

Gly_2Azoから成るナノチューブ(内径7 nm)は、紫外光照射による*trans*→*cis*構造異性化に伴い、歪んだナノリング(外径21–38 nm)へと形態変化した(図1(b), 図2(e)～(f))。続く可視光照射による*cis*→*trans*構造異性化では、ナノリングのサイズ均一化(内径25 nm)が進んだ(図2(g))。室温静置後、ナノリングが消失し、ナノチューブ(内径25 nm)の形成が確認さ

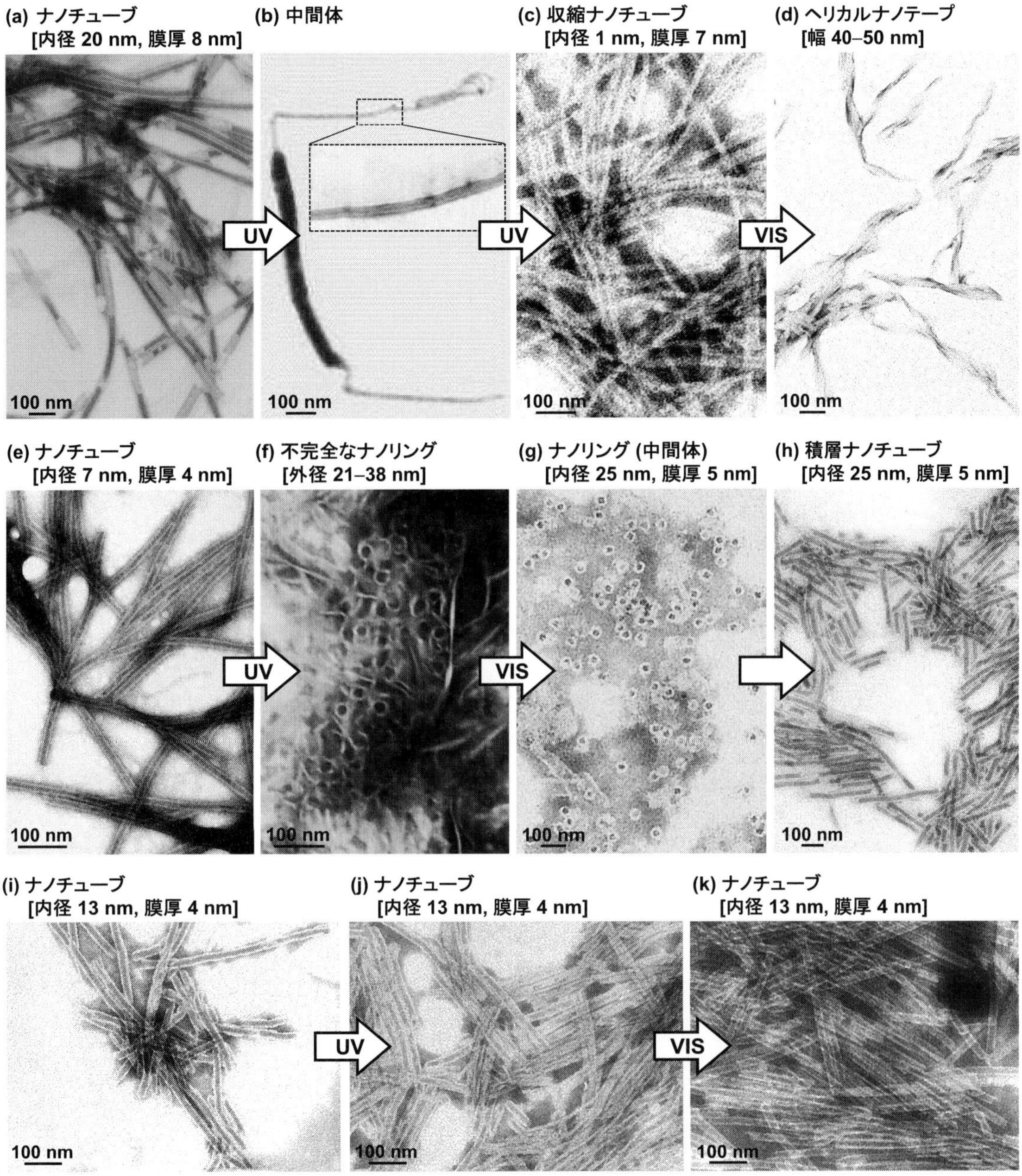

図 2　Gly_1Azo から成るナノチューブ(a)、紫外光照射により両端が収縮した中間体(b)、完全に収縮したナノチューブ(c)、可視光照射により収縮ナノチューブから形態変化したヘリカルナノテープ(d)の透過型電子顕微鏡像。Gly_2Azo から成るナノチューブ(e)、紫外光照射によりナノチューブから形態変化した不完全なナノリング(f)、可視光照射によりサイズが均一化されたナノリング(g)、ナノリングが積層したナノチューブ(h)の透過型電子顕微鏡像。いずれの像もリンタングステン酸により染色済み。

れ、ナノリングの積層による形成機構が示唆された(図 1(b), 図 2(h))。自己集合プロセスで得られるナノチューブの長さ数 μm～数十 μm に対し、光刺激プロセスを経て得られた積層ナノチューブの長さは短く、その分布幅(310.8 ± 157.7 nm)も狭かった。

一方、Gly_3Azo から成るナノチューブ(内径13 nm)は、アゾベンゼン部位の光構造異性化によって、形態変化をまったく示さなかった(図1(c))。Gly_3Azo のトリグリシン部位が形成するポリグリシンII型と呼ばれる非常に安定な分子間水素結合ネットワーク[7]が、光構造異性化による分子パッキング変化、および形態変化を抑制していると考えられる。

3 人工分子シャペロンの構築

抗体医薬や酵素触媒の利用拡大に伴い、変性状態のタンパク質・酵素を正常な立体構造へとリフォールディングさせ、生理活性・触媒活性を効率的に発現させる技術が求められている。その目的のためさまざまな凝集抑制剤(糖、アミノ酸、ポリエチレングリコール、シクロデキストリン、界面活性剤、ミセル、リポソーム、ナノ粒子)が開発されてきた[8]。一方、生体系においては、変性タンパク質を取り込んで隔離し、リフォールディングを補助するナノ空間を備えた分子シャペロンと呼ばれるタンパク質群が存在する。近年、分子シャペロンを模倣すべく、ゼオライトやメソポーラスシリカなどの無機多孔質や疎水化多糖から成るナノゲルなどが注目されるようになってきた。しかしながら、これら添加剤とタンパク質との相互作用制御が難しく、また目的タンパク質からの添加剤除去も大きな課題であり、収率や汎用性が低い。

前述の光刺激によって形態可変するナノチューブの化学変性タンパク質に対するリフォールディング促進機能を検討した[9]。6 $molL^{-1}$ 塩酸グアニジンによって変性させた炭酸脱水酵素(CAB)または青色蛍光タンパク質(BFP)の水溶液に Gly_1Azo の塩酸塩を加え、室温下、塩酸塩に対して1当量のNaOHを添加することによってナノチューブを形成させた。メンブランフィルターを用い、変性タンパク質を包接化したナノチューブを塩酸グアニジン濃度が0.1 $molL^{-1}$ 以下になるまで水で洗浄した。

ナノチューブ形成過程でナノチャンネルに包接されたCABのごく一部は、時間経過とともにリフォールディングした(**図3**(a), ●)。しかしながら、そのリフォールディング率17％は、ナノチューブを用いないバルク水溶液中でのそれ(図3(a), ×)と同等であり、ナノチューブの効果はみられなかった。ナノチューブの内径20 nmが、CABのサイズ(正常構造で3～4 nm)に対して大きすぎるためだと考えられる[10]。pHを6.4から8.2に変化させ、ナノチューブ表面上のグリシンアミノ基の脱プロトン化を行うと、アニオン性のCAB(pI = 5.9)はバルク水溶液中へと数十時間かけてゆっくりと放出された(図3(b), □)。放出過程において、リフォールディング率に影響はなく、回収されたCABは正常状態約17％(図3(b), ■)、変性状態約60％が共存していた。

紫外光照射によりナノチューブ二分子膜壁内のアゾベンゼン部位を *trans* → *cis* 異性化させ、ナノチューブの内径20 nmを1 nmまで収縮させたところ、CABが数分以内にバルク水溶液中へと放出された(図3(c), □)。驚くべきことに、放出回収されたCABのほとんどが正常状態であった(図3(c), ▲)。その後可視光照射により、収縮ナノチューブのアゾベンゼン部位を *cis* → *trans* 異性化させ、ヘリカルナノテープへ形態変化させた。CABの放出率は100％に達したが(図3(d), □)、この形態変化はリフォールディング率に影響を及ぼさなかった(図3(d), ▼)。

変性により蛍光失活したBFP(サイズ3～4 nm, pI = 5.1)を同様な方法でナノチューブに包接し、時間分解蛍光顕微鏡観察下で紫外光照

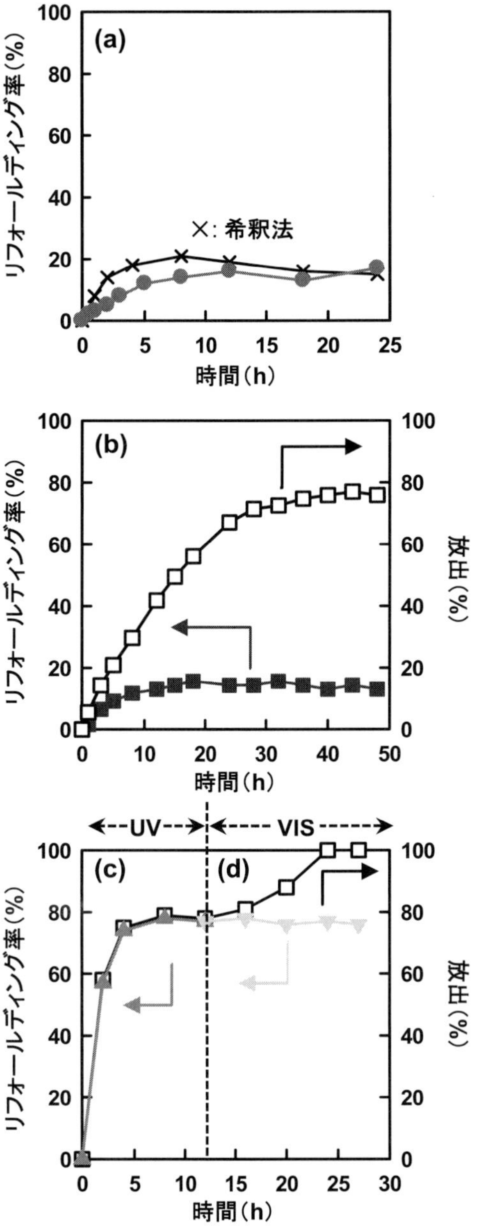

図3　(a)Gly_1Azo から成るナノチューブに包接された変性CABのナノチャンネル内でのリフォールディング●、バルク溶液中のフリー変性CABのリフォールディング×(b)包接化CAB化のバルク溶液中への放出□と放出過程でのリフォールディング■(c)紫外光照射によるナノチューブの収縮に伴う包接化CABの放出□と放出過程でのリフォールディング▲(d)可視光照射によるヘリカルナノテープへの形態変化に伴う包接化CABの放出□と放出過程でのリフォールディング▼

射を行った。紫外光照射後にBFPが蛍光を回復する様子(**図4**(b))、ナノチャンネル内を輸送されて行く様子(図4(b'))、ナノチューブから放出される様子(図4(c))を捉えることができた。ナノチューブの収縮により、BFPが二分子膜壁から摂動を受けながらナノチャンネル内を輸送されることになり、このことがリフォールディングの駆動力になっていることと推察される。

4　バイオリアクターの構築

生体内の化学反応を特異的かつ高収率・高選択に進行させる酵素が、化学工業分野における省エネルギー・環境低負荷型の触媒として注目されている。実際、酵素をマイクロ流路、高分子ゲル、マイクロカプセル、セラミックス、多孔質、MOF、不織布などの担体へ固定化した種々のバイオリアクターが開発されている。固定化には、Ⅰ：酵素と担体を共有結合、イオン結合、物理吸着によって結合させる、Ⅱ：架橋剤によって酵素同士を架橋させる、Ⅲ：カプセル内の空間、ゲル内のファイバー同士が形成する空隙に酵素を包接させる、などの方法がある。しかしながら、方法ⅠとⅡでは化学構造や立体構造の変化に起因する酵素の変性が懸念されている。また方法Ⅲでは、担体内の空間に固定化された酵素への基質の拡散が遅いため、反応速度が減少するなどの問題があった。

親水性のグルコース残基とヒドロキシ基を両端にもち、アゾベンゼン部位を組み込んだ非対称双頭型脂質分子(GlcAzo)を設計・合成した(**図5**)。GlcAzoを純水中(mg/mL)で加熱還流後、室温まで徐冷し、自己集合を行ったところナノチューブ(内径10 nm)が得られた。種々の分光測定による分子パッキング解析により、ナノチューブはGlcAzoが平行に配列した単分子膜構造から成ること、また膜厚3～4 nmがGlcAzoの分子長4.15 nmに匹敵することから、単分子膜は一層であることがわかった。GlcAzo両端の親水基の立体的な嵩高さを考慮すると、グルコース残基は外表面側に、ヒドロキシ基はナノチャンネル側に配置されていることが予想される(図5)[11]。

凍結乾燥したナノチューブにペルオキシダーゼ(HRP)の水溶液を添加すると、毛細管力によりHRPがナノチャンネルに包接された。そ

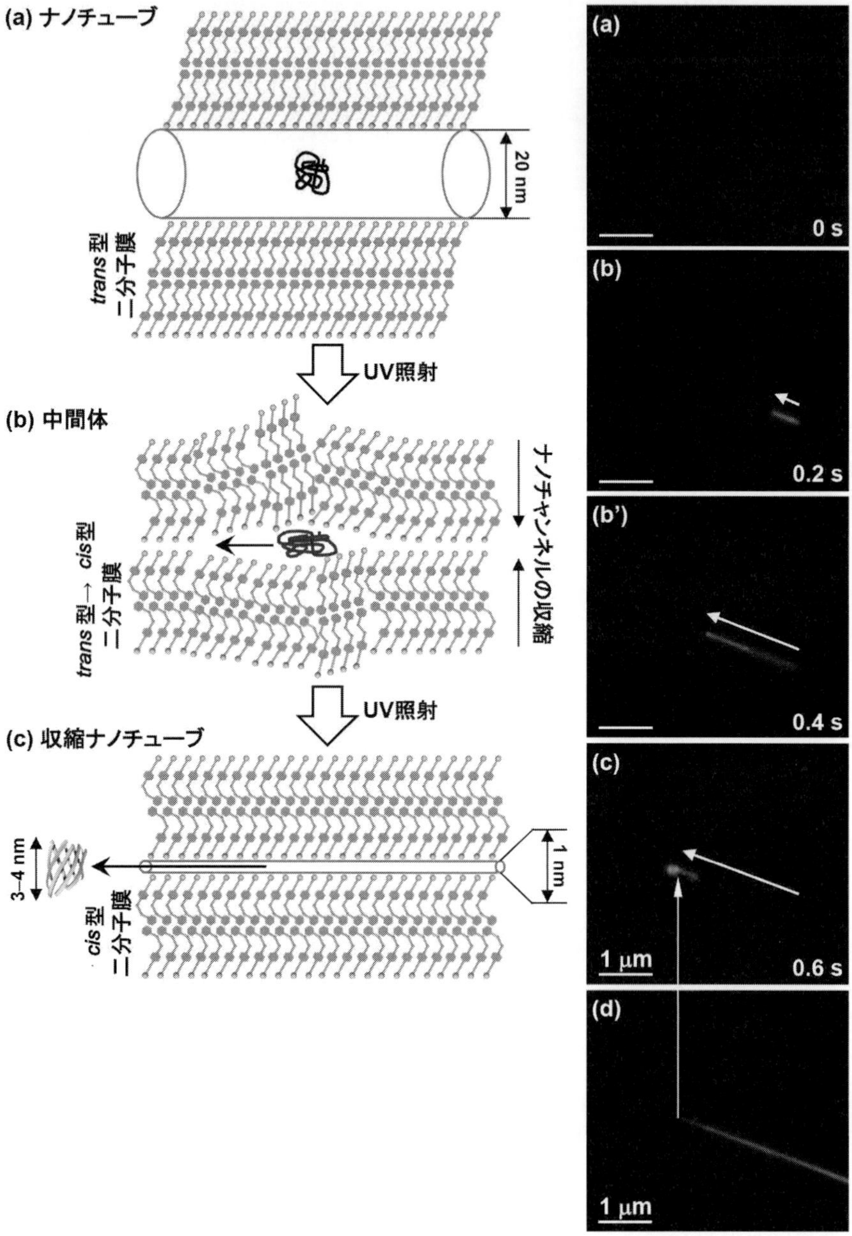

図4　(a),(b),(b'),(c)紫外光照射によるGly_1Azoから成るナノチューブの収縮に伴う変性BFPのナノチャンネル内輸送→リフォールディング及び蛍光回復→ナノチャンネルからの放出を捉えた時間分解蛍光顕微鏡像とそれを表した模式図(d)蛍光ラベル化したナノチューブの片末端付近を捉えた蛍光顕微鏡像
※口絵参照

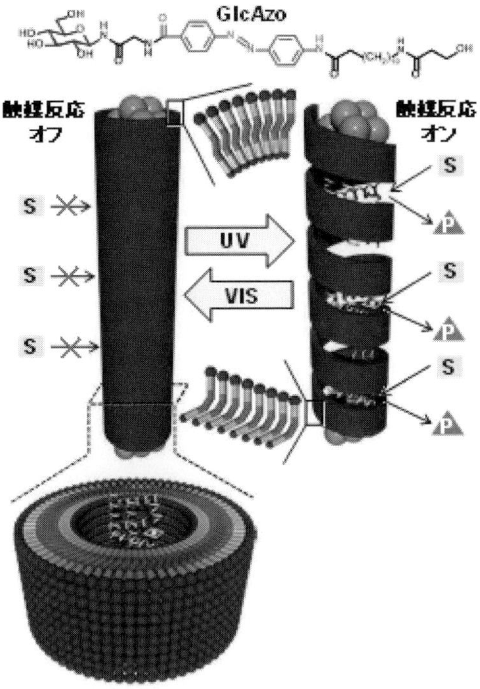

図5　GlcAzoの化学構造式とGlcAzoの単層単分子膜から成るナノチューブの模式図。磁性ナノ粒子でエンドキャッピングした酵素包接化ナノチューブ-ナノコイルをベースにしたバイオリアクターと光刺激による触媒反応のオン・オフ制御を表した模式図。　※口絵参照

のナノチューブ分散水溶液にピリジンを表面修飾した磁性ナノ粒子(直径約5 nm)を加えると、ナノチューブの両端を磁性ナノ粒子でキャッピングできることがわかった。ナノチューブ内表面のヒドロキシ基と磁性ナノ粒子表面のピリジン間での水素結合がキャッピングの駆動力であった。キャッピングにより、包接化HRPのバルク溶液中への流出を完全に防ぐことができた。

紫外光365 nm照射によるアゾベンゼン部位の *trans* → *cis* 構造異性化に伴い、ナノチューブはナノコイルへと形態変化した(**図6**(a), (b))。原子間力顕微鏡測定により中間体を捉えることに成功し、その形態変化はナノチューブの端から起こり、分子分散・再自己集合を経ないことがわかった(図6(c))。高さプロファイルより、ナノコイルは潰れておらず、内径8 nmのナノチャンネル構造を維持していることがわかった(図6(d))。可視光510 nm照射による *cis* → *trans* 構造異性化は、ナノコイルを元のサイズ・次元を有するナノチューブへと戻した。この可逆的な形態変化は、繰り返し行うことが可能であった。

ナノチューブに包接化したHRPは、キャッピングにより基質であるフェニレンジアミンと接触しないことから酵素触媒反応は起こらなかった(図5)。一方、紫外光照射によるナノコイルへの形態変化は、出現した多数のスリット(幅2〜3 nm, 図6(b))を介して、ナノチャンネルへの基質の進入を可能とした[12]。光刺激を利用して、酵素触媒反応のオン・オフ制御が可能となった。

触媒反応の速度パラメーターは、バルク溶液中のそれに匹敵し、本系は前述の方法Ⅲで問題

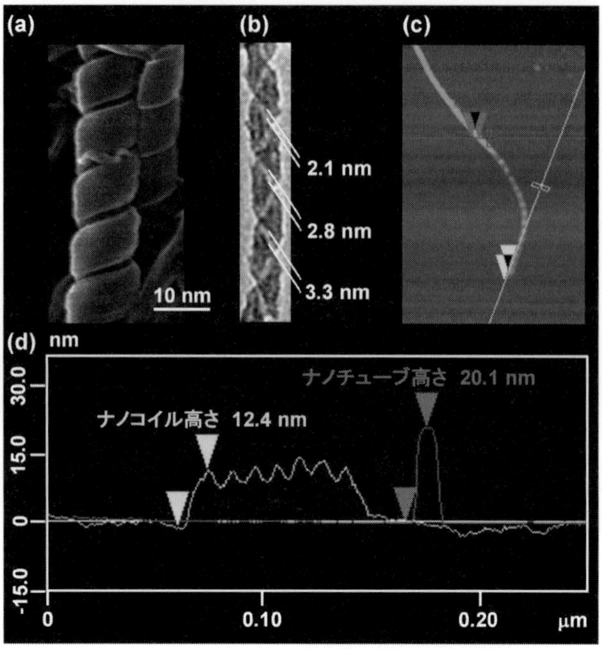

図6　(a)，(b) GlcAzo から成るナノチューブの紫外光照射により得られたナノコイルの電子顕微鏡像 (c)，(d) 紫外光照射によりナノチューブの末端がナノコイルとなった中間体の原子間力顕微鏡像とその高さプロファイル　※口絵参照

となっていた反応速度の減少を解決できた。反応終了後は、磁石を用いて、磁性ナノ粒子でキャッピングしたHRP包接ナノチューブを簡便に回収できた。バルク溶液中のHRPの酵素活性は、リサイクル・リユースの回数が増すごとに著しく減少していったのに対し、包接化HRPの酵素活性は90％以上維持されていた。簡便な磁気分離回収操作に加え、HRPに対するナノチューブの束縛効果[13]、およびナノチャンネルに存在する高粘性・低極性の水[14]によるHRPの水和構造安定化が寄与していると考えられる。本バイオリアクターは、サイズ認識に基づく基質特異性を兼ね備え、さらに加水分解酵素存在下での使用も可能であることが明らかになっている。

5　金ナノ粒子の光温熱特性の利用

光応答性部位をもたない両親媒性分子として、グルコースアミンとステアリン酸の縮合反応により、糖脂質分子 ($GlcC_{18}$) を合成した (図7)。$GlcC_{18}$ を各種溶媒中 (mg/mL) で加熱還流後、室温まで徐冷することで自己集合を行った。得られた自己集合体の形態は溶媒によって大きく異なり、水中ではシート、アルコール (メタノール、エタノール、プロパノール、ブタノール) 中ではナノチューブ、トルエン中ではヘリカルコイルであった。いずれの自己集合体も $GlcC_{18}$ の二分子膜が積層した構造を基本としていた。示差走査熱量測定により、二分子膜が液晶流動状になる相転移温度 ($T_{g\text{-}1}$ = 108℃) を求めた。アルコール中で形成したナノチューブは、ヘプタンやトルエン中に良分散するのに対し、水中にはまったく分散しないことから、最内外表面には $GlcC_{18}$ のアルキル基が露出していることが推定された。水に浮遊する粉末状ナノチューブを $T_{g\text{-}1}$ 以下の 85℃ で加熱したところ、ナノチューブの水分散溶液が得られ

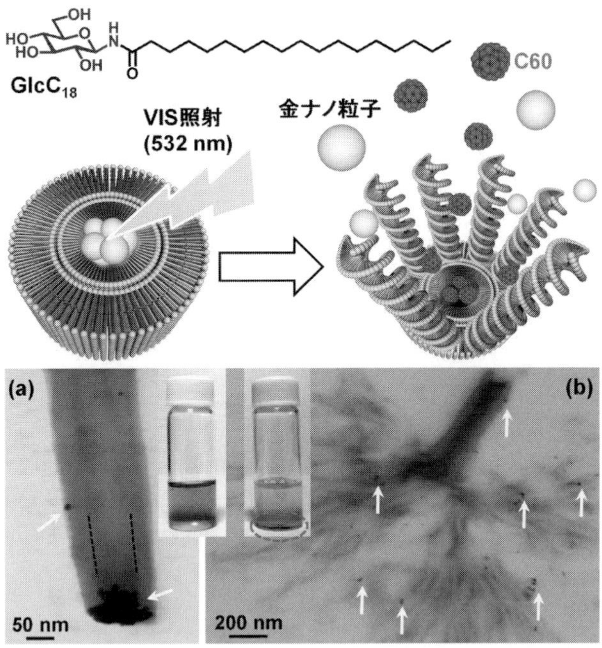

図7　$GlcC_{18}$の化学構造式。$GlcC_{18}$の二分子膜から成るナノチューブへの金ナノ粒子の複合化と光温熱機能を利用したナノチューブの崩壊及び包接化フラーレンの放出を表した模式図。(a)金ナノ粒子複合化ナノチューブの電子顕微鏡像。(b)光照射により崩壊したナノチューブの電子顕微鏡像。(写真左)フラーレンを包接したナノチューブの水分散溶液。(写真右)フラーレンが沈殿した水溶液。　※口絵参照

た。水分散後も分子パッキング、チューブ形態、内径・膜厚の変化はなく、最外表面に位置する$GlcC_{18}$のみがグルコース残基を外表面に向けるように再配列したことが予想される。

凍結乾燥したナノチューブに金ナノ粒子の水分散液を添加したところ、ナノチューブの片端のみに金ナノ粒子(直径約10 nm)を複合化できた(図7(a))[15]。ナノチューブのナノチャンネルが疎水性であることから、親水性金ナノ粒子のナノチャンネルへの進入が抑制されたためと解釈される。金ナノ粒子のプラズモン吸収領域である可視光532 nmを照射したところ、金ナノ粒子を複合化したナノチューブの片端からナノファイバー状へとほどけることがわかった(図7(b))。可視光照射による分散水溶液の温度上昇は25→37℃に過ぎず、$T_{g\text{-}1}$には到達していなかったことから、形態崩壊は金ナノ粒子の光温熱特性により、二分子膜構造の結晶性が低いことが予想されるナノチューブの端をピンポイントで加熱できたためだと考えられる。この現象を利用し、カーボン系材料の1つである疎水性フラーレンや色素分子の水中における分散と凝集を精密に制御できた。すなわち、フラーレンや色素分子をナノチューブの疎水性ナノチャンネルへ包接することで水中へ分散可能である一方、可視光照射によりチューブ構造を崩壊させるとフラーレンや色素分子の放出・凝集を誘起できることが明らかとなった(図7写真)。

6　おわりに

光刺激によって形態可変するソフトナノチューブの開発とバイオ応用について紹介した。現在、水や湿度に応答して形態可変するナノチューブ[16]やベシクル[17)18]、薬剤徐放・送達

を可能とする生体内環境(pH・塩濃度)応答性ナノチューブ[19)-22)]、生体分子の凝集抑制や抽出分離・キラル認識を可能とする温度応答性ナノチューブ[23)-26)]、レクチンやアミノ酸などに応答してナノチューブ分散水溶液を液晶やゲルへ階層化する技術[27)28)]の開発も行っている。また、それらの実用化を見据えた大量製造技術を確立するとともに[29)]、国内外の大学との共同研究を介したナノチューブの形成メカニズムの解明[30)]やナノチャンネルの特性解明[31)-34)]も進行中である。

文　献

1) 國武豊喜 監修：超分子サイエンス&テクノロジー，エヌ・ティー・エス(2009).
2) N. Kameta, H. Minamikawa and M. Masuda：*Soft Matter*, **7**, 85(2011).
3) N. Kameta：*J. Incl. Phenom. Macrocycl. Chem.*, **79**, 1(2014).
4) T. Shimizu, H. Minamikawa, M. Kogiso, M. Aoyagi, N. Kameta, W. Ding and M. Masuda：*Polym. J.*, **46**, 831(2014).
5) N. Kameta, A. Tanaka, H. Akiyama, H. Minamikawa, M. Masuda and T. Shimizu：*Chem. Eur. J.*, **17**, 5251(2011).
6) N. Kameta, M. Masuda and T. Shimizu：*Chem. Eur. J.*, **21**, 8832(2015).
7) N. Kameta, M. Masuda and T. Shimizu：*Chem. Commun.*, **52**, 1346(2016).
8) 亀田直弘：月刊バイオインダストリー，**30**, 40(2013).
9) N. Kameta, H. Akiyama, M. Masuda and T. Shimizu：*Chem. Eur. J.*, **22**, 7198(2016).
10) N. Kameta, M. Masuda and T. Shimizu：*ACS Nano*, **6**, 5249(2012).
11) T. Shimizu, N. Kameta, W. Ding and M. Masuda：*Langmuir*, **32**, 12242(2016).
12) N. Kameta, Y. Manaka, H. Akiyama and T. Shimizu：*Adv. Biosys.*, **2**, 1700214(2018).
13) N. Kameta, H. Minamikawa, Y. Someya, H. Yui, M. Masuda and T. Shimizu：*Chem. Eur. J.*, **16**, 4217(2010).
14) 亀田直弘：分析化学，**60**, 713(2011)
15) K. Ishikawa, N. Kameta, M. Aoyagi, M. Asakawa and T. Shimizu：*Adv. Funct. Mater.*, **23**, 1677(2013).
16) K. Ishikawa, N. Kameta, M. Masuda, M. Asakawa and T. Shimizu：*Adv. Funct. Mater.*, **24**, 603(2014).
17) W. Ding, M. Aoyagi, M. Masuda and M. Kogiso：*J. Oleo Sci.*, **65**, 1011(2016).
18) W. Ding, N. Kameta, H. Minamikawa, M. Masuda and M. Kogiso：*Langmuir*, **33**, 14130(2017).
19) W. Ding, M. Wada, H. Minamikawa, N. Kameta, M. Masuda and T. Shimizu：*Chem. Commun.*, **48**, 8625(2012).
20) W. Ding, N. Kameta, H. Minamikawa, M. Wada, T. Shimizu and M. Masuda：*Adv. Healthc. Mater.*, **1**, 699(2012).
21) N. Kameta, S. J. Lee, M. Masuda and T. Shimizu：*J. Mater. Chem. B*, **1**, 276(2013).
22) W. Ding, H. Minamikawa, N. Kameta, T. Shimizu and M. Masuda：*Int. J. Nanomed.*, **9**, 5811(2014).
23) N. Kameta, T. Matsuzawa, K. Yaoi and M. Masuda：*RSC. Adv.*, **6**, 36744(2016).
24) N. Kameta, T. Matsuzawa, K. Yaoi, J. Fukuda and M. Masuda：*Soft Matter*, **13**, 3084(2017).
25) N. Kameta, W. Ding and J. Dong：*ACS Omega*, **2**, 6143(2017).
26) N. Kameta, J. Dong and H. Yui：*Small*, **14**, 1800030(2018).
27) N. Kameta, M. Masuda and T. Shimizu：*Chem. Commun.*, **51**, 6816(2015).
28) N. Kameta, M. Masuda and T. Shimizu：*Chem. Commun.*, **51**, 11104(2015).
29) 亀田直弘ら：プレスリリース(2017.2.7), http://www.aist.go.jp/aist_j/press_release/pr2017/pr20170207/pr20170207.html
30) K. Yoshida, R. Takahashi, S. Fujii, N. Kameta, T. Shimizu and K. Sakurai：*Phys. Chem. Chem. Phys.*, **19**, 24445(2017).
31) H. Frusawa, T. -Manabe, E. Kagiyama, K. Hirano, N. Kameta, M. Masuda and T. Shimizu：*Sci. Rep.*, **3**, 2165(2013).
32) N. Liu, K. Higashi, J. Kikuchi, S. Ando, N. Kameta, W. Ding, M. Masuda, T. Shimizu, K. Ueda, K. Yamamoto and K. Moribe：*J. Phys. Chem. B*, **120**, 4496(2016).
33) H. Xu, S. Nagasaka, N. Kameta, M. Masuda, T. Ito and D. A. Higgins：*Phys. Chem. Chem. Phys.*, **18**, 16766(2016).
34) H. Xu, S. Nagasaka, N. Kameta, M. Masuda, T. Ito and D. A. Higgins：*Phys. Chem. Chem. Phys.*, **19**, 20040(2017).

応用編

第３章　光応答性

第11節　光応答性界面活性剤による分子集合体の形成制御

東京理科大学　酒井秀樹／赤松允顕／酒井健一

1　はじめに

界面活性剤は、溶液中でミセル・ベシクル・紐状ミセルなど、種々の形態の分子集合体を形成する。これらの分子集合体の形成は、可溶化・洗浄・乳化などの界面活性剤の機能発現と大きくかかわっている。また、界面活性剤溶液に対して、光・電気・熱などの刺激を外部から加えて、分子集合体の物性、さらにはその形成と崩壊を制御することができれば、集合体内部に保持した薬剤・香料の放出速度の制御など、付加価値の高い応用が期待される。そこで著者らは、ミセルや紐状ミセル・ベシクルなどの分子集合体の形成と崩壊を、電気[1,2]や光[3-11]・温度[12,13]、pH[14]などにより制御する一連の研究を行っている。なかでも、光応答性分子を用いた“分子集合体形成の光制御”は、光のエネルギーとしてのクリーンさや、反応速度が比較的早いことなどから興味深い研究対象である。そこで本稿では、光による分子集合体の形成制御および界面物性の制御について筆者らが行った、①ミセルによる可溶化の光制御、②溶液粘性の光制御、③固体粒子分散の光制御、の３つの検討例について記述させていただく。

2　界面活性剤の分子構造と形成する分子集合体の関係

界面活性剤が水溶液中でどのような形態の分子集合体を形成するかは、その幾何学的形状な

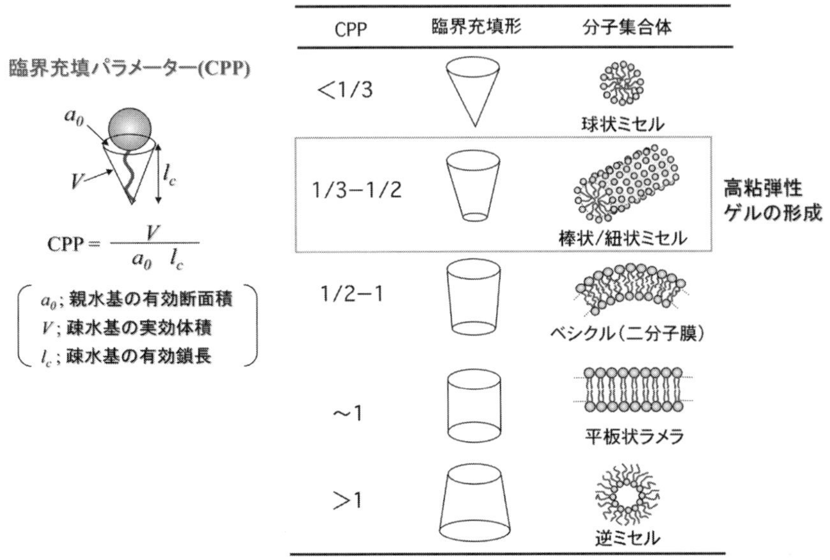

図１　臨界充填パラメーター（CPP）と対応する分子集合体の形態

らびに親水性 / 疎水性のバランスに依存する。界面活性剤の幾何学的形状を表す因子としては、臨界充填パラメータ(CPP)がしばしば用いられる(**図 1**)[15]。一般的な炭化水素系一鎖型界面活性剤の多くは、親水基の断面積が疎水基のそれよりも大きい円錐状の形状を有するためにCPPは小さい値となり、その配列により形成される分子集合体の曲率は大きくなり、球形のミセルが形成する(図 1)。また、二鎖型の界面活性剤や、カチオン / アニオン一鎖型界面活性剤混合系では、疎水基の体積が相対的に大きくなるため、CPPは大きくなり、ベシクル、ラメラ液晶などの分子集合体が形成するようになる。一方、これらのカチオン界面活性剤に対して、サリチル酸イオンなどの有機アニオンを添加すると、CPPは、ミセル・ベシクルの場合の中間となり、このとき紐状ミセルが形成する(図 1)。紐状ミセルが形成するとその三次元的な絡み合いにより溶液の粘性が著しく増大し、条件によってはゲル化が生じる。そこで、光応答性界面活性剤を用いてこれらの分子集合体を形成させ、光異性化反応などにより分子集合体の形成 / 崩壊を制御できれば、界面物性(溶液物性)の光制御が可能となる。

3　光応答性界面活性剤を用いたミセル形成および可溶化の制御

ミセルに代表される分子集合体の有する機能のひとつに可溶化があり、集合体内部に水に難溶な油溶性物質を取り込むことが可能である。可溶化の応用分野は広く、洗浄剤をはじめ化粧品香料・食品など幅広い分野で応用されている。また、可溶化量を電気・光・温度などの外部刺激により制御することができれば、可溶化させた香料や薬物(被可溶化物質)の徐放性の制御や、薬物送達システムなどへの応用も可能になると考えられる。筆者らは、外部刺激として電気化学反応を利用した可溶化の制御について検討し、フェロセン修飾界面活性剤が形成するミセルの酸化・還元反応により油溶性物質の取り込み、放出を可逆的に制御できることを見出し、すでに報告している[1]。

一方、外部刺激として光を用いることができれば、第三物質添加の必要もなく、クリーンな可溶化の制御が可能になると考えられる。そこで我々は、光照射により可逆的な *trans/cis* 光異性化を生じ、界面化学的性質が大きく変化するアゾベンゼン修飾カチオン界面活性剤(4-Butylazobenzene-4'(oxyethyl) trimethylammoniumbromide (AZTMA, **図 2**))を用いて、ミセル形成に及ぼす光照射の影響について検討するとともに、油性物質の放出・取り込みを光により可逆的に制御する試みを行った[4]。

AZTMA 水溶液の電気伝導度に及ぼす光異性化の影響を測定した結果を**図 3** に示す。図の横軸はAZTMAの濃度,縦軸は比伝導度を表している。*trans* 体、*cis* 体いずれの場合も、比伝導度は濃度の増加に伴い直線的に上昇したが、ある濃度を境にグラフの傾きが変化する。これらの屈曲点を与える濃度が臨界ミセル濃度

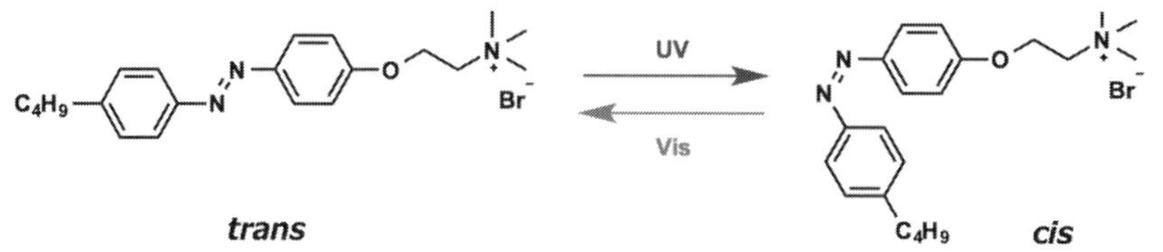

図 2　光応答性界面活性剤 AZTMA の光異性化反応

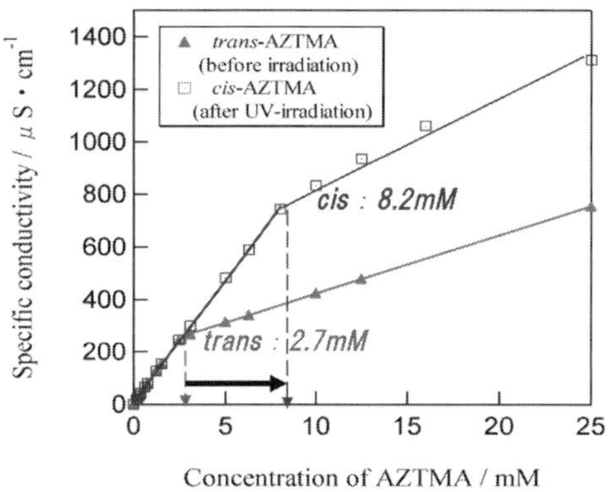

図 3　AZTMA 水溶液の比電気伝導度に及ぼす光異性化反応の影響　(30℃)

(cmc) であり、*trans* 体では 2.7 mM、*cis* 体では 8.2 mM である。すなわち、AZTMA の光異性化により *cis* 体が形成すると cmc が増加してミセルが形成しにくくなることがわかる。

次に、AZTMA が形成するミセルの構造に及ぼす光異性化反応の影響について、小角中性子散乱 (SANS) 測定により解析した (**図 4**)[7]。得られた SANS プロファイルを解析すると、臨界ミセル濃度 (cmc) 近傍の AZTMA 濃度 (5, 10 mM) では、形成するミセルの体積分率 (＝ミセルの数) は、紫外光照射により減少し、ミセルが崩壊してモノマーへと変化することが確認できた。一方、AZTMA は 10 mM より高い濃度では楕円体のミセルを形成し、その長軸は紫外光照射により減少し、*trans* 体と *cis* 体では異なる構造のミセルを形成することがわかった。さらに、いずれの濃度の場合でも、引き続き可視光を照射するとミセルの数やサイズは初期状態へとほぼ回復した。以上の結果より、AZTMA 系では、ミセルの数ならびに構造を光照射により可逆的に制御できることが確認された。

以上の結果より、*trans* 体のミセル水溶液中に油性物質を可溶化しておけば、内包されていた油性物質は紫外光照射によりミセル外へと放出されると考えられる。そこで、AZTMA ミセル中への可溶化に及ぼす光照射の影響を、ヘッドスペースガスクロマトグラフィーにより検討した。

種々の濃度のエチルベンゼンを添加した AZTMA ミセル水溶液と平衡にあるエチルベンゼンの蒸気圧の測定結果を**図 5** に示す。また、界面活性剤を含まないエチルベンゼン水溶液と平衡にある気相のエチルベンセゼンの分圧も併

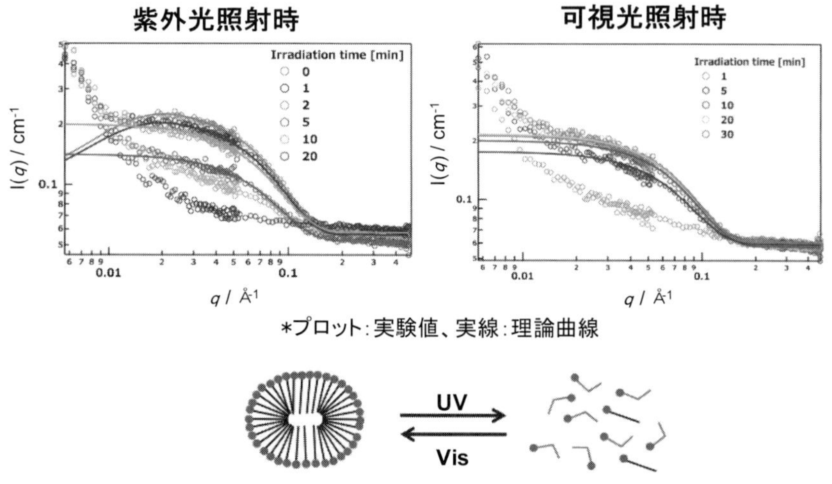

図 4　5 mM AZTMA 水溶液に紫外光・可視光を照射したときの SANS プロファイルの変化 (30℃)

せて示す。同じエチルベンゼン濃度で比較すると、AZTMA可溶化水溶液と平衡にあるエチルベンゼンの蒸気圧は、界面活性剤を含まないエチルベンゼン水溶液の場合よりも減少している。このことからAZTMAミセル中にエチルベンゼンが可溶化されていることがわかる。また、紫外光照射を行ってAZTMAを*cis*体に光異性化させることにより、エチルベンゼンの蒸気圧が上昇している。これは,可溶化されていた油性物質が光照射によりバルク中に放出されたためである。さらに、*cis*体可溶化溶液に可視光照射を行ったところ、蒸気圧は紫外光照射前値まで再び減少することがわかった。これらの結果から、*trans*体と*cis*体のミセル形成濃度(cmc)の違いを利用することにより、被可溶化物質の放出・取り込みを光により制御可能であるということが示された。

さらに、*trans*体AZTMA、*cis*体AZTMAのそれぞれについて、エチルベンゼンの可溶化限界量をAZTMAの濃度に対してプロットした結果を**図6**に示す。グラフからわかるように、各異性体ともcmc以上の濃度でのみ可溶化が生じ、濃度増加にほぼ比例して可溶化限界量も増大している。また、*trans*体AZTMAの可溶化限界量は*cis*体よりも大きいことがわかる。さらに、このプロットの直線の傾きは可溶化能に相当し、傾きが大きいほど可溶化能が大きいことを示している。図からわかるように、*trans*体の可溶化能(∠ slope = 0.74)は、*cis*体(∠ slope = 0.42)よりも大きくなり、*trans*体の方が可溶化能に優れていることがわかった。*trans*体の可溶化能が大きくなるのは、AZTMAの疎水基が*trans*体では伸びた状態であるのに対して、*cis*体では折れ曲がった形をとっているため、疎水性分子の可溶化サイトが小さくなるためと考えられる。以上の結果より、AZTMAの光異性化反応を利用した可溶化の光制御が可能であること、また光による可溶化の制御は、*trans*体と*cis*体のcmcの違い、ならびに可溶化能の違いの両方に起因していることが明らかとなった。

4 紐状ミセルの形成/崩壊を利用した溶液粘性の光制御

溶液の粘性を外部刺激により制御することは応用面からも興味深く、たとえば可溶化された香料の放出速度制御、印刷インクの乾燥速度制

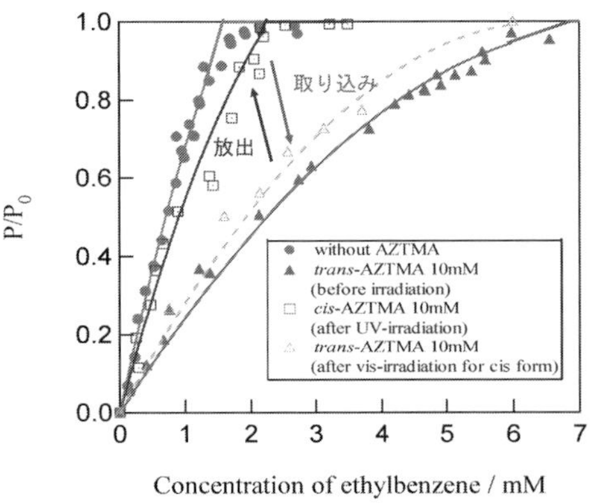

図5　10 mM AZTMA水溶液と平衡にあるエチルベンゼンの蒸気圧曲線と光照射の影響(30℃)

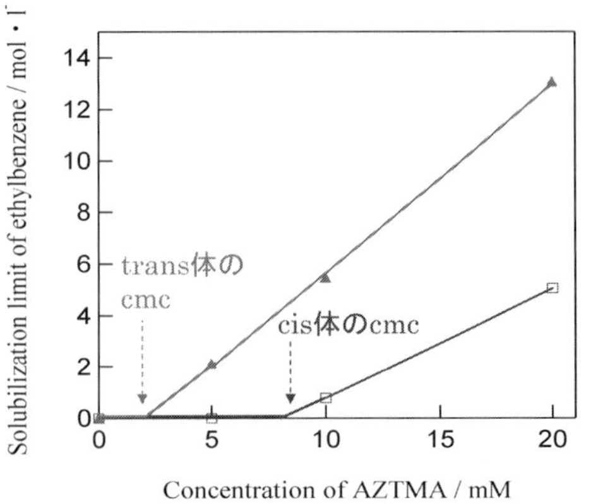

図6　エチルベンゼンの可溶化限界量に及ぼすAZTMA(10 mM)の光異性化の影響

御やにじみ抑制などへの応用も期待できる。従来から無極性の油中に金属酸化物微粒子などを分散させた“電気粘性流体”[16]が、電場の印加により粘性を可逆的に制御できる系として検討されている。一方筆者らは、界面活性剤による高粘性紐状ミセル水溶液の形成を電気化学反応で“on-off”することにより，簡易かつダイナミックな粘性の制御を試みている[2]。本項では、光照射をトリガーとして紐状ミセル水溶液の形成と崩壊をon-offすることによる溶液粘性の光制御について紹介する。

4-1　アゾベンゼン修飾界面活性剤を用いた溶液粘性の光制御

セチルトリメチルアンモニウムブロミド(CTAB)などの4級アンモニウム塩型界面活性剤の水溶液に対して、サリチル酸ナトリウム(NaSal)などの有機塩を添加した系は、紐状ミセル形成による高粘弾性水溶液が得られる代表的な系として多くの報告がある[17)18)]。そこで、この系での紐状ミセル形成をアゾベンゼン修飾カチオン界面活性剤(AZTMA)の*trans*/*cis*光異性化反応で制御することを試みた[5)]。

CTAB(50 mM)/NaSal (50 mM)からなる高粘弾性紐状ミセル水溶液に対して*trans*体のAZTMAを添加した際のゼロシア粘度の変化を図7に示す。AZTMAが*trans*体(光照射前)の場合は、その添加により粘度が増大していることが図8の写真からもうかがえる。またこの溶液に対して動的粘弾性測定を行い、貯蔵弾性率(G')ならびに損失弾性率(G")の角周波数依存性を求めて解析を行ったところ、マックスウェル型のレオロジー挙動を示したことから、この系において紐状ミセルが形成していることを確認した。この高粘弾性溶液に対して、紫外光を照射してAZTMAを*cis*体に異性化させると、ゼロシア粘度は著しく減少した(図8)。さらに、この溶液に可視光を照射して*trans*体を再形成させると粘度は再びもとの値まで戻ったことから、本系において溶液粘性を可逆的に光制御できることがわかった。最適AZTMA濃度(10 mM)では光異性化による粘度変化は約1000倍にも達し、粘性変化の繰り返し性も良好であった。

次に、光照射前後の紐状ミセルの直接観察をcryo-TEM観察により試みた。UV光照射前のAZTMA添加系水溶液では、TEM像において直径5～6 nm、長さがマイクロオーダーの紐状ミセルが観察された。また、紐状ミセル同士は密に絡み合い、3次元的ネットワークを形成していたことから、このミセルの絡み合いが水溶液にゲル形成をもたらしていることが示唆された。また、光照射後のAZTMA添加系水溶液で

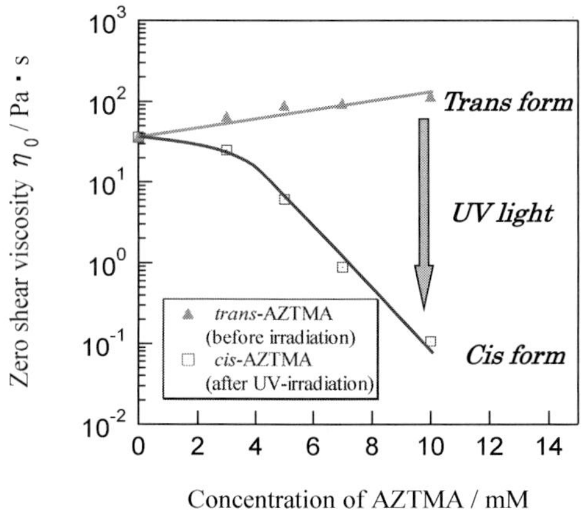

図7　CTAB/NaSal 混合水溶液にAZTMAを添加した際の粘性変化と光照射の影響

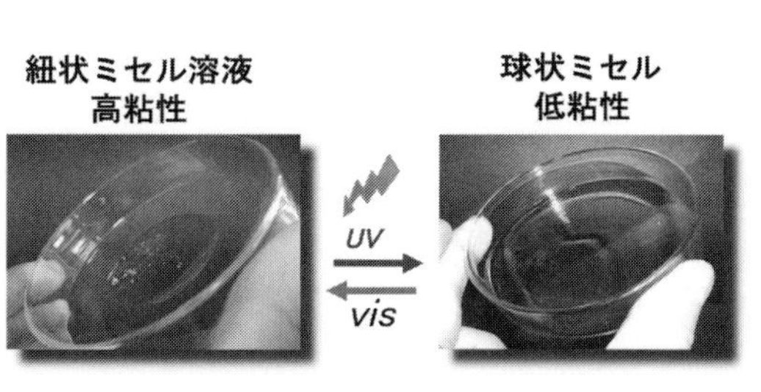

図8　光応答性界面活性剤AZTMAを添加した紐状ミセルへの光照射に伴う粘弾性変化
※口絵参照

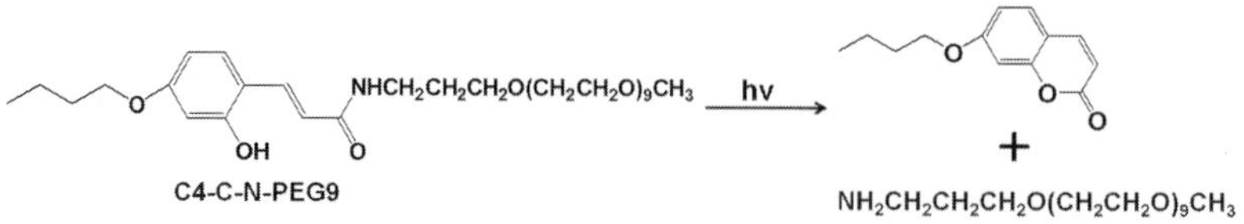

図9　光開烈性界面活性剤 C4-C-N-PEG9 の光開烈反応

は、直径5～6 nm、長さが100～200 nmの棒状ミセルが観察された。光照射前と比べて紐状ミセルの長さが短くなったことから、光照射後ではミセル同士の絡み合いの程度が減少することにより、水溶液の粘弾性が減少することがわかった。

光誘起粘性変化が生じる機構を調べるために、光照射前後の混合溶液のレオロジー挙動を動的粘弾性測定により詳細に検討した結果、紫外光照射後の *cis* 溶液体については紐状ミセルどうしの絡み合いの減少、すなわち紐状ミセルの長さの減少、もしくは球形のミセルへの転移が示唆された。本系において、AZTMAは全界面活性剤の10％以下しか含まれておらず、このような少量の添加分子の構造変化が溶液全体(マトリックス)の物性を大きく支配する点がこの系の興味深い点だと考えられる。

4-2　光分解性界面活性剤を用いた粘弾性の制御

界面活性剤は、使用後の残存による生体や環境への悪影響の懸念が払拭されれば、より安全な使用が可能となる。そこで、外部からの刺激により分解する界面活性剤が注目されている。筆者らは、最近光で分解する新規界面活性剤(C4-C-N-PEG9)を開発した(**図9**)[8)9)]。この光分解性界面活性剤は、その界面活性能を光照射により消失させることが可能であると同時に、分解後はクマリン誘導体(香料)とエチレングリコール鎖を有するアミン(保湿成分)を分解生成物として与えることができる。つまり、C4-C-N-PEG9は機能変換型の光分解性界面活性剤である。本項では、C4-C-N-PEG9の光化学的、界面化学的な物性評価、ならびにC4-C-N-PEG9を用いて紐状ミセルの形成を制御することにより、粘弾性の光制御について検討した結果について紹介する。

各濃度のC4-C-N-PEG9水溶液に対して静的表面張力測定を行った結果、優れた界面活性能を示し、臨界ミセル濃度(cmc)は0.21 mmol/Lであることがわかった。C4-C-N-PEG9水溶液に対して、365 nmの紫外光を照射した後の溶液について、質量スペクトルを測定したところ、クマリン誘導体およびエチレングリコール鎖を有するアミンのピークがみられたことから、光分解の進行を確認できた。

次に、スクアラン／水系における界面張力の測定結果を測定した(**図10**)。界面活性剤無添加時の界面張力は44.3 mN/mであるのに対して、C4-C-N-PEG9の添加により約5 mN/mまで低下した。また、波長365 nmの紫外光照射後には(光定常状態にて測定)、界面張力は上昇した。これは、光分解により界面活性剤の実効濃度が低下したためと考えられる。以上より、C4-C-N-PEG9は、紫外光の照射により分解してクマリン誘導体とアミンを生成し、それに伴い界面活性能が低下することが明らかとなった。

そこで、フィトステロールエトキシレート(PhyEO20)ならびにドデシルエトキシレート(C12EO4)からなる非イオン界面活性剤混合系で形成する紐状ミセル水溶液[19)]に、C4-C-N-PEG9を混合した系を用いて光による粘度制御

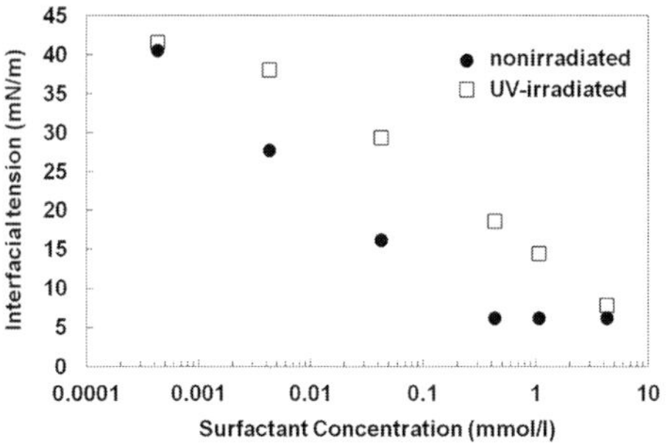

図 10　紫外光照射による C4-C-N-PEG9 水溶液／スクアラン界面張力の変化

を行った。C4-C-N-PEG9 を加える前の紐状ミセル水溶液（PhyEO20（4.9 wt%）/ C12EO4（2.4 wt%））のゼロシアー粘度は、10 Pa･s と高い粘性を示した。この紐状ミセル水溶液に C4-C-N-PEG9 を 1.5 wt%添加した水溶液はニュートン流体類似の挙動を示し、ゼロシアー粘度は 0.01 Pa･s まで減少した。この液体に紫外光照射を 2 時間行うと、ゼロシアー粘度は照射前の 200 倍（2 Pa･s）に増加し、shear-thinning 挙動を示す非ニュートン流体へ転移した（**図 11**）。これは、紐状ミセルの形成を阻害していた C4-C-N-PEG9 が紫外光照射により分解し、クマリン誘導体とポリオキシエチレン含有アミンが形成するため、マトリックスして用いた紐状ミセルが再形成したためと考えられる。

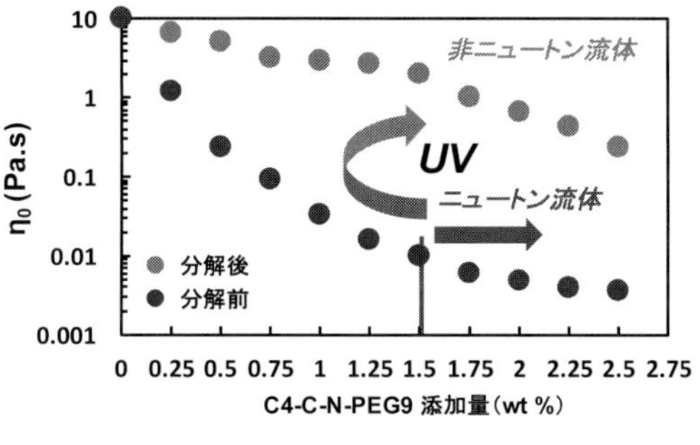

図 11　光開裂性界面活性剤 C4-C-N-PEG9 を添加した紐状ミセル水溶液に紫外光を照射したときに生じる粘性の変化

5　光分解性界面活性剤を用いた粒子分散の光制御

本項では、新規に開発した光分解界面活性剤 C8-C-Gly（**図 12**）を用いて、固体微粒子の分散状態を光照射により制御する試みについて紹介する。具体的には、C8-C-Gly を分散剤として固体微粒子を分散させることにより、必要時には分散状態を保つが、不要となった場合は光照射で C8-C-Gly の界面活性能を消失させることにより、固体微粒子が凝集するため容易に回収することができる系を構築した。

本研究では、固体微粒子として、表面がエチレンアミノ基：プロピル基 = 55：45 の比率で覆われており、水になじまない疎水性シリカ微粒子を用いた。C8-C-Gly の光分解生成物であるクマリンは水に難溶であるため、水系におけるシリカ微粒子の分散安定性の評価は困難であった。そこで、下相に C8-C-Gly 水溶液、上相にクマリンの溶解性が高いトルエンを用いた二相系に紫外光照射（260 nm ＜ λ ＜ 390 nm, 10 mW）を行い、光照射の有無による疎水性シリカ微粒子の分散状態の変化について評価した（**図 13**）。

図 13 に疎水性シリカ微粒子の分散状態を目視観察した結果を示す。その結果、疎水性シリカ微粒子は、C8-C-Gly を添加しない場合は、水にまったくなじまずトルエン相に存在した（図 13 左）が、C8-C-Gly を添加すると水相中に安定に分散した（図 13 中）。さらに、紫外光照射を行うと、水相において著しい濁度の上昇

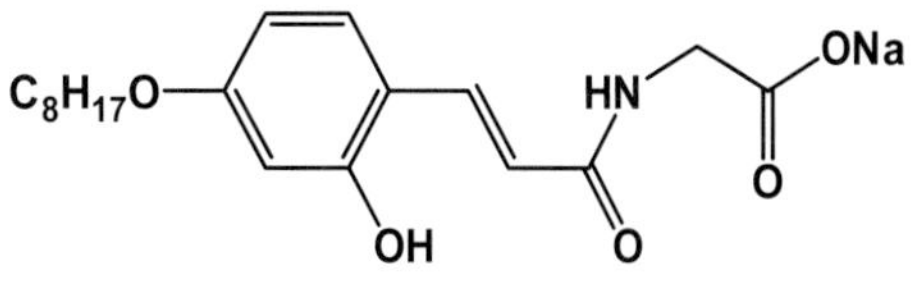

図 12　アミノ酸を放出可能な光開裂性界面活性剤 C8-C-Gly の分子構造

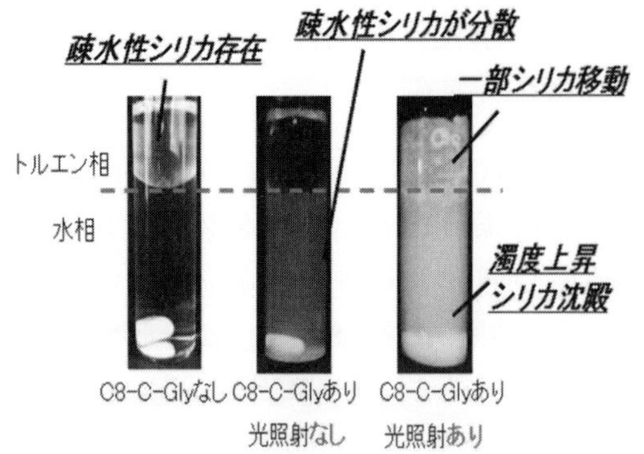

図 13　シリカ粒子の分散状態に及ぼす光開裂性界面活性剤 C8-C-Gly の影響　　※口絵参照

が観察され、一部の疎水性シリカ微粒子はトルエン相に移動するという興味深い結果が得られた(図 13 右)。これは、疎水性シリカ微粒子表面に吸着していた C8-C-Gly が光分解し、脱離することでシリカ表面の疎水部分が露出したためであると考えられる。

水相中における疎水性シリカ微粒子の分散状態を動的光散乱測定により求めたところ、約 220 nm であった。一方、光照射後には顕著な凝集を生じ、約 300 μm ほどの大きなシリカの凝集体が観察された。また、C8-C-Gly の光分解の進行を確認するため、トルエン相の UV/Vis スペクトル測定を行った。その結果、光照射後の系では 325 nm 付近にクマリン由来の吸収ピークが観測された。これより水相の C8-C-Gly の光分解が進行していること、光分解により生成する難水溶性クマリンが水相からトルエン相に移動していることがわかった。

疎水性シリカ微粒子の分散状態の光制御機構を検討するため、ゼータ電位測定を行った。その結果、照射なしの系では－56 mV という大きな負のゼータ電位を示したことから、微粒子間に働く静電斥力により凝集が抑制されたと考えられる。一方、光照射後のゼータ電位は -11 mV であり、その絶対値は減少したことから、疎水性シリカ微粒子の凝集が促進されたと考えられる。これらの結果より、光照射前はシリカ微粒子表面に C8-C-Gly が吸着し、カルボキシレート由来の負の表面電位を示すため、微粒子は安定に分散するが、光照射により C8-C-Gly が分解してシリカ微粒子表面から脱離するため、微粒子同士の静電斥力が弱くなったため凝集が促進したと考えられる。

本系では、光照射により C8-C-Gly が光分解することで、①界面活性能の低下、②有効成分(アミノ酸)の放出、③微粒子の回収というこれまでに報告のない 1 つの界面活性剤で 3 つの機能を発現することが可能となった。

6　おわりに

本稿では、光応答性界面活性剤を用いたさまざまな分子集合体の形成制御について紹介した。光応答性分子として、アゾベンゼン誘導体、ならびに光開裂性分子を用いた事例について紹介したが、このほかにも、桂皮酸誘導体[20]、スピロピラン誘導体[21]、ロフィンダイマーなどさまざまな光応答性界面活性剤を用いた検討も行われている。また、これらを香粧品、UV インクなどに応用するためには、光応答の高速化が重要となる。今後、光応答性分子の構造最適化により、当該分野が大きく発展することを期待したい。

文　献

1) Y. Kakizawa, H.Sakai, A. Yamaguchi, Y.Kondo, N.Yoshino, and M. Abe: *Langmuir*, **17**, 8044 (2001).
2) K. Tsuchiya, Y. Orihara, Y. Kondo, N. Yoshino, H. Sakai and M. Abe: *J. Am. Chem. Soc.*, **126**, 12282 (2004).
3) H. Sakai, K. Tsuchiya, and K. Sakai: Stimuli-Responsive Interfaces, Fabrication and Application, T. Kawai, M. Hashizume, ed., pp.19-36, Springer, London (2017).

4) Y. Orihara, A. Matsumura, Y. Saito, N. Ogawa, T. Saji, A. Yamaguchi, H. Sakai, and M. Abe: *Langmuir*, **17**, 6072 (2001).
5) H. Sakai, Y, Orihara, H. Kodashima, A. Matsumura, T. Ohkubo, K. Tsuchiya, and M. Abe: *J. Am. Chem. Soc.*, **127**, 13454 (2004).
6) A. Matsumura, K. Tsuchiya, K. Torigoe, K. Sakai, H. Sakai, and M. Abe: *Langmuir*, **27**, 610 (2011).
7) M. Akamatsu, P. FitzGerald, M. Shiina, T. Misono, K. Tsuchiya, K. Sakai, M. Abe, G. G. Warr, and H. Sakai: *J. Phys. Chem. B*, **119**, 5904 (2015).
8) H. Sakai, S. Aikawa, W. Matsuda, T. Ohmori, Y. Fukukita, Y. Tezuka, A. Matsumura, K. Torigoe, K. Arimitsu, K. Sakamoto, K. Sakai, and M. Abe: *J. Colloid Interface Sci.*, **376**, 160 (2012).
9) S. Aikawa, R. G. Shrestha, T. Ohmori, Y. Fukukita, Y. Tezuka, T. Endo, K. Torigoe, K. Tsuchiya, K. Sakamoto, K. Sakai, M. Abe, and H. Sakai: *Langmuir*, **29**, 5668 (2013).
10) R. G. Shrestha, N. Agari, K. Tsuchiya, K. Sakamoto, K. Sakai, M. Abe, H. Sakai: *Colloid and Polymer Science*, **292**,1599 (2014).
11) M. Akamatsu, T. Suzuki, K. Tsuchiya, H. Masaki, K. Sakai, and H. Sakai: *Chemistry Letters*, **47**(2), 113 (2018).
12) M. Abe, K. Tobita, H. Sakai, K. Kamogawa, N. Momozawa, Y. Kondo and N. Yoshino: *Colloids and Surfaces A*, **167**, 47 (2000).
13) A. Saeki, H. Sakai, K. Kamogawa, Y. Kondo, N. Yoshino, H. Uchiyama, J.H. Harwell and M. Abe: *Langmuir*, **16**, 9991 (2000).
14) K. Sakai, M. Sawa, K. Nomura, T. Endo, K. Tsuchiya, K. Sakamoto, M. Abe, and H. Sakai: *Chemistry Letters*, **45**(6), 655, (2016).
15) J. N. Israelachivili: *Intermolecular and Surface Forces*, Academic Press, London (1985).
16) D. L. Hartsock, R. F. Novak and G. J. Chaundy: *J. Rheol.*, **35** 1305 (1993).
17) T. Shikata, H. Hirata, and T. Kotaka: *Langmuir*, **3**, 1018 (1987).
18) T. Shikata, S. J. Dahman, and D. S. Pearson: *Langmuir*, **10**, 3470 (1994).
19) N. Naito, D. P. Acharya, K. Tanimura, H. Kunieda: *J. Oleo Sci.*, **53**, 599 (2004).
20) H. Sakai, S. Taki, K. Tsuchiya, A. Matsumura, K. Sakai and M. Abe: *Chem. Lett.*, **41**(3), 247 (2012).
21) H. Sakai, H. Ebana, K. Sakai, K. Tsuchiya, T. Ohkubo, M. Abe: *Journal of Colloid and Interface Science*, **316**(2), 1027 (2012).

応用編

第3章　光応答性

第12節　光応答性動的分子触媒

東京理科大学　今堀 龍志

1　刺激応答性分子触媒

化学反応を効率的かつ選択的に進行させる分子触媒(分子性触媒)は、目覚しい発展を遂げ、現在の有機合成化学の進歩に大きく貢献している。適切な触媒反応空間による、反応基質・反応剤の効果的な活性化と、遷移状態の安定化と形成制御によって、高い効率性と選択性を実現するすばらしい分子触媒が多数開発されている。しかしながら、このような分子触媒も完全な進化を遂げていない。一般的な分子触媒は通常、一定の触媒機能によって化学反応を精密に

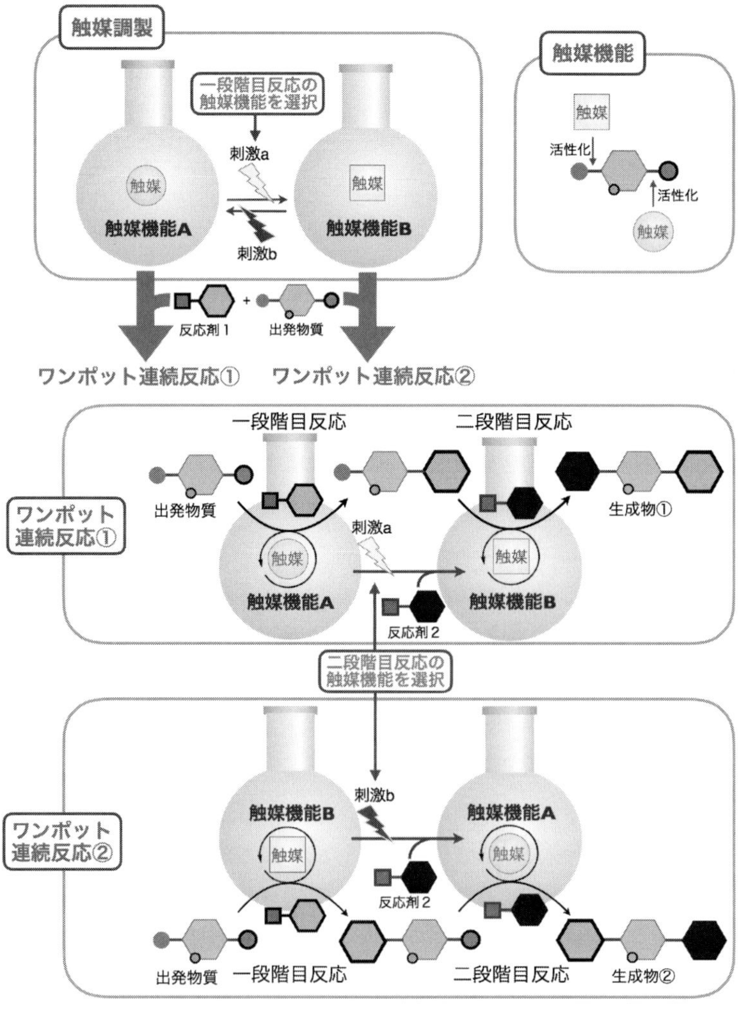

図1　刺激応答性触媒によるワンポット連続反応(二段階連続反応の例)

制御・進行させるが、このことは、逆に複数の触媒機能を制御発現し、化学反応を段階的に高次に制御することは困難であることを意味する。一定の触媒機能による化学反応制御に比べ、複数の触媒機能による高次の化学反応制御は、より高度な化学変換を実現しうる。たとえば、異なる複数の触媒機能を時間軸で制御して発現し、複数の化学反応を連続的に進行させることができる分子触媒は、各化学反応後の単離精製操作を必要としない、資源の浪費を削減した環境調和型のワンポット多段階連続反応を実現することができる（刺激応答性触媒による高次化学反応制御の例：**図１**）[1]。一定の触媒機能を示す一般的な分子触媒では、このような時間軸での高次の化学反応制御を実現することはできない。化学反応の効率性と選択性を獲得する、従来行われてきた分子触媒の空間による化学反応制御に、時間軸での複数触媒機能の制御を加えた、時空間による高次化学反応制御は、分子触媒の目指すべき進化形態の１つであると捉えられる。

そのような時空間での高次化学反応制御を実現する分子触媒として、外部刺激によって触媒機能を切り替える刺激応答性分子触媒が近年注目を集めている[2]。さまざまな種類の刺激応答性触媒が開発されているが、とくに、外部刺激によって分子触媒の構造を変化させ、反応空間を調節すると共に触媒機能を切り替える刺激応答性動的分子触媒は、触媒活性の切り替えのみならず、化学反応の選択性や種類を切り替えることができる点、また、刺激を選択することによって可逆的な構造変換も可能であり、望みの順序で、時間軸でより高度に高次化学反応制御を実現しうる点で、今後の発展が期待できる[3]。これまでに開発されている刺激応答性動的分子触媒は、光照射[4]、溶媒の種類[5]や化学物質の添加[6]等の化学刺激、pH 制御[7]、電気刺激（酸化還元）[8]等によって構造変換し、触媒機能を切り替える触媒が開発されている。なかでも、非侵襲性で刺激後の化学反応への影響が少なく、かつ波長を選択することによって多様な刺激を容易に作り出すことができる光照射を用いた光応答性動的分子触媒は、高次化学反応制御を行ううえでとくに有用であり、広く開発が行われている。本稿では、光応答性動的分子触媒のこれまでの発展と今後の展望について概説する。

2　光応答性動的分子触媒

光応答性の構造変換によって触媒機能を切り替える光応答性動的分子触媒には、光によって可逆的な構造変換を誘起するフォトクロミック分子が活用されている。フォトクロミック分子を触媒に組み込むことで、フォトクロミック分子部分の構造変換に基づく、光応答性の触媒反応空間の変換を達成し、反応空間の変化に伴って、触媒機能の切り替えが実現されている。フォトクロミック分子には、アゾベンゼン（azobenzene）[9]やスチルベン（stilbene）[10]、*cis*-1,2-ジアリールエテン（diarylethene）[11]等が用いられている（**図２**）。

触媒反応空間の変換に基づく触媒機能の切り替えには、主に以下の機構が採用されている。

① 協同機能性触媒の協同機能制御（光応答性動的協同機能触媒）
② 触媒活性中心の遮蔽環境制御（遮蔽環境制御を基盤とする光応答性動的分子触媒）
③ 触媒活性中心の電子状態制御（電子状態制御を基盤とする光応答性動的分子触媒）

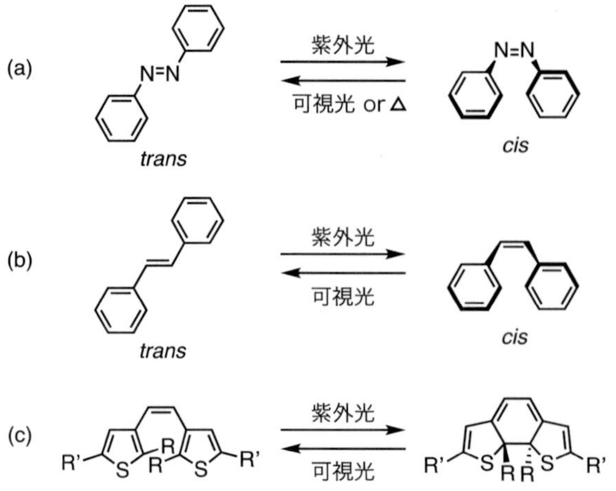

図2　フォトクロミック分子の例　(a) アゾベンゼン(azobenzene)、(b) スチルベン(stilbene)、(c) *cis*-1,2-ジチエニルエテン(*cis*-1,2-dithienylethene(*cis*-1,2-ジアリールエテンの一種))

3　光応答性動的協同機能触媒

光応答性動的協同機能触媒は、触媒の光構造変換によって協同機能性触媒の協同機能を制御して触媒機能を切り替える触媒である。協同機能性触媒は、複数の触媒機能成分が協同的に機能することで触媒機能(触媒活性や選択性)を発現する触媒であり、協同機能を効果的に誘起するためには、各触媒機能成分の空間配置が重要である。このため、光応答性の触媒構造変換によって各触媒成分の空間配置を変化させることで、それらの協同機能を操り、触媒機能を切り替えることができる。光応答性動的協同機能触媒の開発は、分子認識を利用した協同的な近接効果の誘起を光構造変換によって操る概念的な触媒(光応答性動的反応鋳型触媒)の開発からはじまり[12)13)]、近年の協同機能性触媒の発展を受けた多彩な触媒の開発が展開されている[14)-20)]。

Rebekらは、アデニン(adenine)を認識するイミド誘導体(ホスト分子)二分子を、アゾベンゼンで連結した光応答性動的反応鋳型触媒**1**を開発し、アミン**2**と*p*-ニトロフェニルエステル**3**のアミド形成反応の触媒活性の切り替えを実現している(**図3**)[12)]。この触媒は、アゾベンゼンの*cis*/*trans*異性化を基盤に光刺激によって構造を変化させることでアデニン認識部位の空間配置を操り、アデニンを導入した反応基質**2**、**3**(ゲスト分子)の近接効果の誘起と解消を切り替えて、アミド形成反応の反応加速を操ると理解されている。*trans*-アゾベンゼン体(*trans*-**1**)ではアデニン認識部位が離れて位置し、反応基質**2**、**3**が乖離して配置されるため、近接効果による反応加速がみられない。一方、*cis*-アゾベンゼン体(*cis*-**1**)では、近くに位置するアデニン認識部位が協同的に機能することで反応基質**2**、**3**を近接して配置し、遷移状態への移行が円滑に行われ、効率的にアミド形成反応が進行する。*trans*-アゾベンゼン体と*cis*-アゾベンゼン体は、紫外光あるいは可視光照射を選択することで、相互に変換可能である。

またCacciapagliaらは、錯形成を利用した同様な光応答性動的反応鋳型触媒**5**を開発している(**図4**)[13)]。Ba^{2+}を内包するクラウンエーテル(crown ether)二分子をアゾベンゼンで連結した触媒**5**は、アゾベンゼンの*cis*/*trans*光異性化を基盤に光刺激によって構造変換することで、アニリド(anilide)の加エタノール分解の触

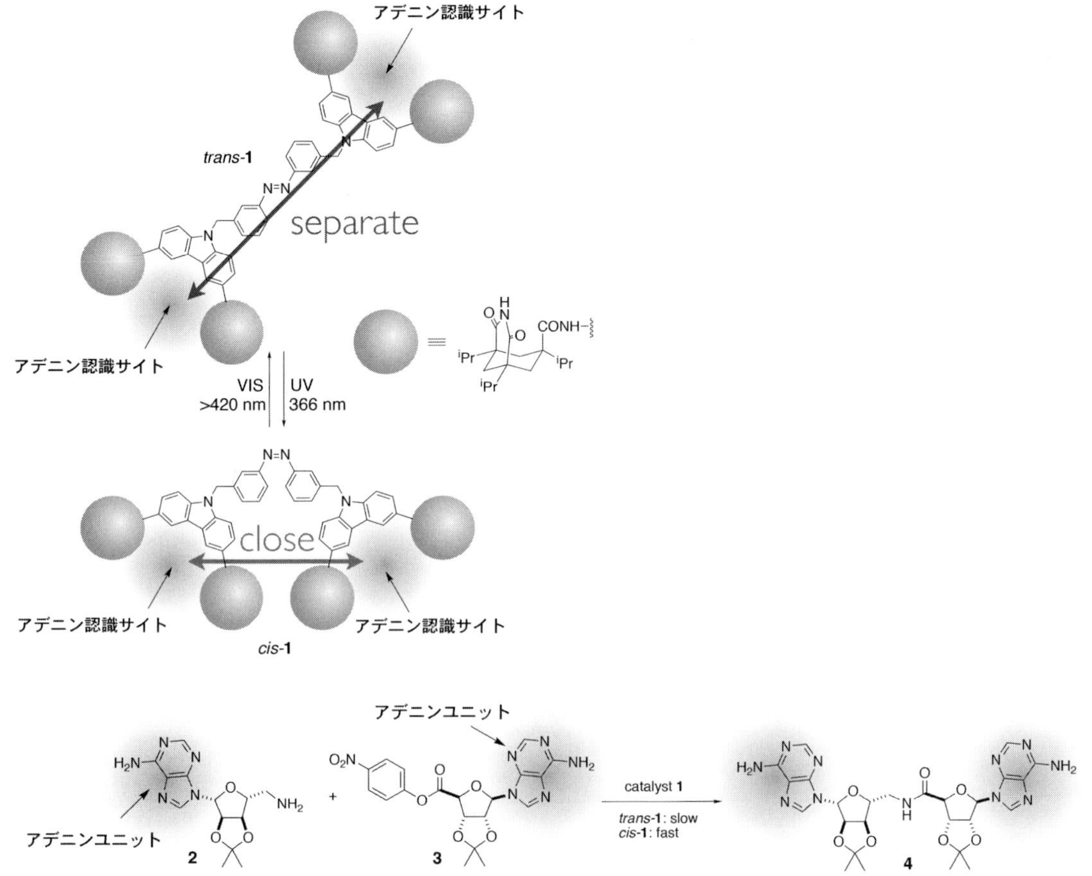

図3　分子認識（ホスト-ゲスト相互作用）を基盤とする光応答性動的反応鋳型触媒

媒活性を切り替える。光構造変換によって、Ba^{2+}との錯形成によって配置される反応基質であるアミド**6**と反応剤であるエトキシドの距離を変化させ、近接効果の誘起と解消を切り替えることで、反応加速を操ると理解されている。*cis*-アゾベンゼン体(*cis*-**5**)では、アミド**6**のカルボキシレート部と反応剤であるエトキシドが別個のクラウンエーテルに内包されたBa^{2+}にそれぞれ結合し、反応点であるアミドと反応剤のエトキシドが近接して配置されるため、遷移状態への移行が円滑に行われ、効率的な加エタノール分解が進行する。一方、*trans*-アゾベンゼン体(*trans*-**5**)においては、アミド**6**とエトキシドが両端のクラウンエーテルに内包されたBa^{2+}に結合しても、反応点であるアミドと反応剤のエトキシドが離れて配置されるため近接効果は得られず、効果的な反応加速はみられない。

これらの光応答性動的反応鋳型触媒は、触媒の認識部位が反応基質と反応剤に相互作用し、光応答性の構造変換によって、それらの配置を近接あるいは乖離させることで近接効果の誘起を操り、反応加速の有無を切り替えるものである。このような触媒機構では、触媒の認識部位が生成物とも相互作用してしまい、生成物阻害が問題となるが、協同的な触媒機能を光刺激に

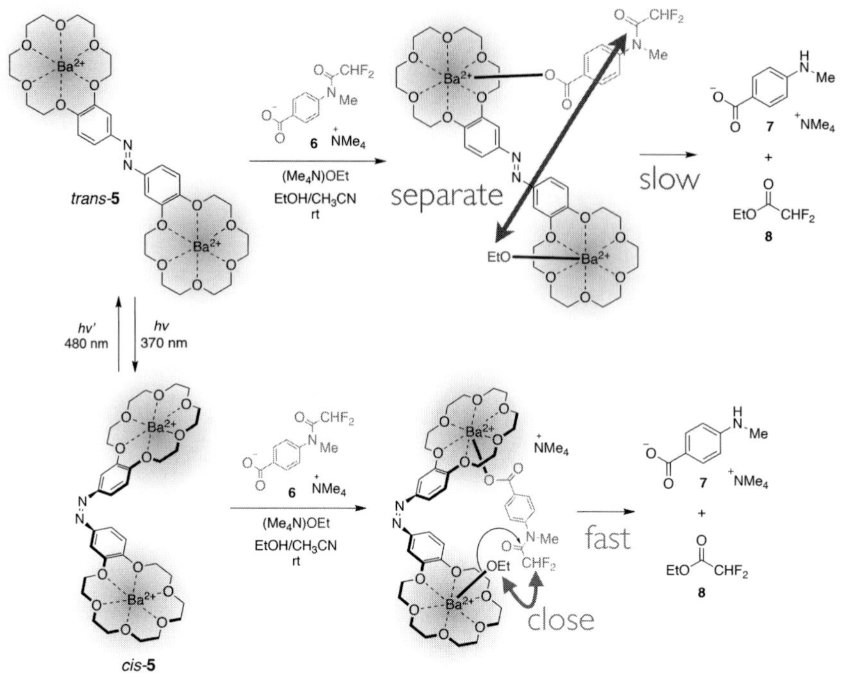

図 4　錯形成を基盤とする光応答性動的反応鋳型触媒

よって動的に操ることで、化学反応を時間軸で制御する概念を初めに実践した非常に重要な研究である。

光応答性動的反応鋳型触媒とは異なり、反応基質・反応剤の認識部位をもたず、複数の触媒機能性官能基の協同機能を光応答性の構造変換によって操ることで、触媒機能を切り替える光応答性動的協同機能触媒の開発が近年盛んに進められている[21]。その背景には、複数の触媒機能性官能基を協同的に機能させることで触媒機能を発現する協同機能触媒の近年の目覚ましい発展があり、それらの協同機能触媒を基に、多彩な光応答性触媒の開発が可能になると期待される。また、反応基質・反応剤の認識部位をもたない触媒では、生成物阻害の問題は軽減される。

Feringa らは、協同機能性の酸–塩基複合触媒に光・熱によって構造変換するキラルなスチルベン誘導体を組み込んだ光応答性動的酸–塩基複合触媒 **9** を開発している（**図 5**）[14]。酸成分としてチオウレア、塩基成分として 4–ジメチルアミノピリジン（4-dimethylaminopyridine：DMAP）を導入した触媒 **9** は、スチルベンの *cis/trans* 光異性化を利用して構造を変化させることで、酸成分と塩基成分の協同機能を操り、2–シクロヘキセノン（2-cyclohezenone：**10**）とチオフェノール **11** の Michael 付加反応において、触媒活性を切り替える。*trans*–スチルベン体（(*M,M*)–*trans*–**9**, (*P,P*)–*trans*–**9**）では酸成分と塩基成分が離れて配置され、それらの協同機能が発現せず、高い触媒活性が示されないのに対し、*cis*–スチルベン体（(*M,M*)–*cis*–**9**, (*P,P*)–*cis*–**9**）では、近くに配置された酸成分と塩基成分が協同的に機能し、触媒活性が示されると理解されている。また、スチルベン体誘導体に組み込まれた中心不斉によって、*trans*–スチルベ

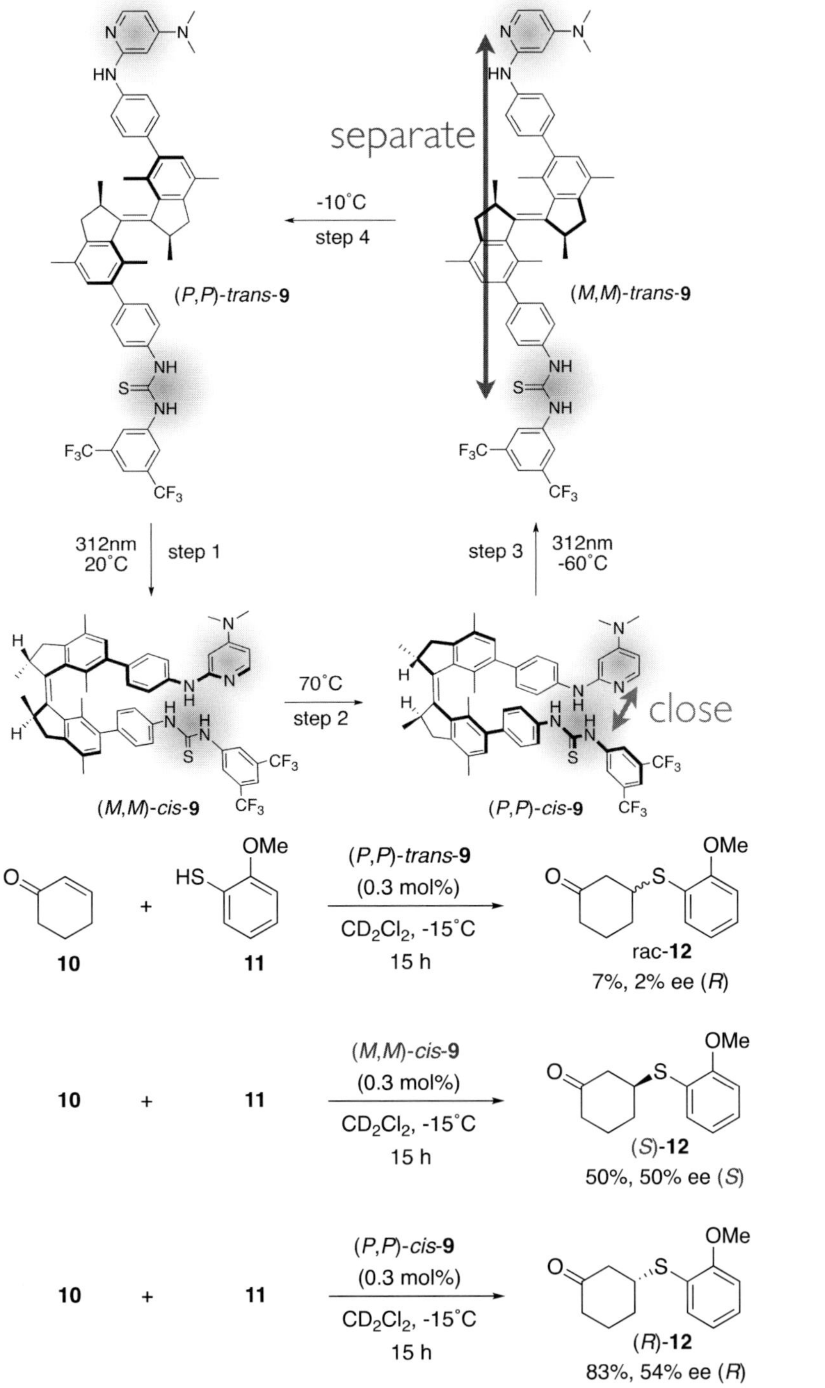

図5　触媒活性と立体選択性を切り替える光応答性動的酸-塩基複合触媒　　※口絵参照

ン体と*cis*-スチルベン体双方に異なるらせん不斉を有する2つの異性体がそれぞれ存在し((*M,M*)-*trans*-**9**と(*P,P*)-*trans*-**9**、(*M,M*)-*cis*-**9**と(*P,P*)-*cis*-**9**))、熱刺激によって、(*M,M*)-*trans*-**9**は(*P,P*)-*trans*-**9**に、(*M,M*)-*cis*-**9**は(*P,P*)-*cis*-**9**に変換する。触媒活性を有

する *cis*-スチルベン体のらせん不斉の変換によって、触媒反応空間の不斉環境を反転させ、Michael付加反応の立体選択性を切り替えることができる。これらの4つの異性体は、光・熱刺激によって相互変換し、触媒活性と立体選択性を切り替える刺激応答性触媒として機能する。

また我々は、Feringaらとほぼ同時期に、協同機能性の酸触媒であるビストリチルアルコール(bis(trithylalcohol))にアゾベンゼンを組み込んだ光応答性動的協同機能酸触媒**13**を開発している(**図6**)[15]。触媒**13**は、アゾベンゼンの *cis*/*trans* 光異性化を基盤に2つのトリチルアルコール部位の空間配置を変化させ、それらの協同機能の発現を操ることで、酸によって触媒されるMorita-Baylis-Hillman反応の触媒活性を切り替える。*trans*-アゾベンゼン体(*trans*-**13**)では2つのトリチルアルコール部位が離れて配置され、それらの協同機能が発現しないが、*cis*-アゾベンゼン体(*cis*-**13**)では、トリチルアルコール部位が近くに配置され、協同的に機能することで、高い触媒活性が示されたと想定している。

ほかにも、二官能性協同機能触媒にフォトクロミック分子を導入した同様な光応答性触媒が複数開発されている[16]。

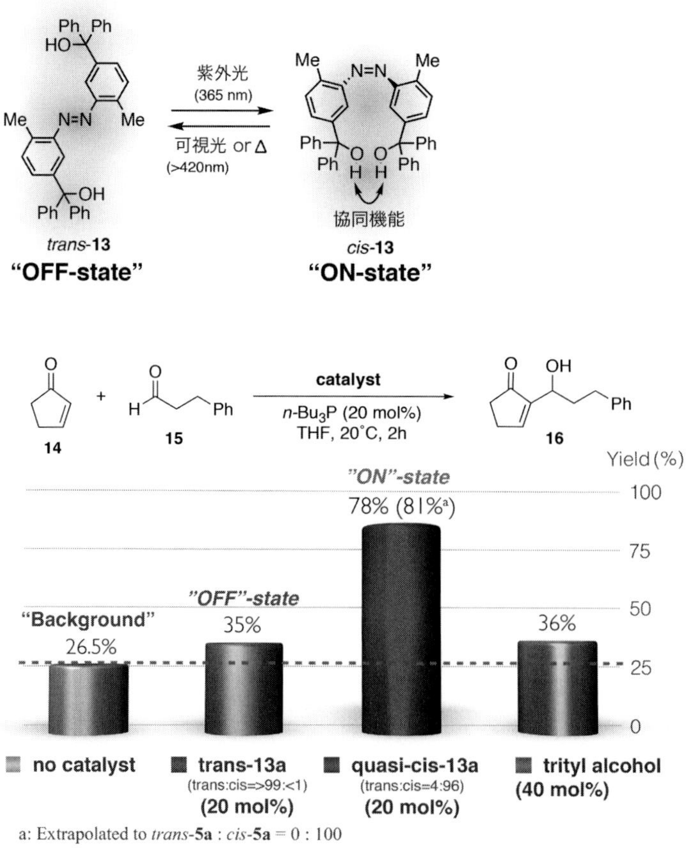

a: Extrapolated to *trans*-**5a** : *cis*-**5a** = 0 : 100

図6　光応答性ビストリチルアルコール触媒によるMorita-Baylis-Hillman反応の触媒活性制御
※口絵参照

また、複数の触媒機能が協同的に機能することで触媒活性を発現するのではなく、協同機能によって触媒活性を失活させる負の協同機能の制御を基盤とする光応答性動的分子触媒の開発も行われている。Pericàsらは、酸触媒として機能するチオウレア(thiourea)がニトロ基と水素結合によって相互作用することに着目し、光応答性動的酸触媒として、チオウレアにアゾベンゼンを介してニトロ基を導入した触媒**17**を開発した(**図7**)[17]。この触媒は、アゾベンゼンの*cis/trans*光異性化を利用して構造を変化させることで、チオウレアの酸機能の発現を操り、*trans*-β-ニトロスチレン(*trans*-β-nitrostyrene)とアセチルアセトン(acetylacetone)のnitro-Michael付加反応において、触媒活性を切り替える。*trans*-アゾベンゼン体(*trans*-**17**)では、チオウレア部位とニトロ基が離れて配置され、チオウレアがニトロ基と相互作用せずに酸機能を示し、Michael付加反応を触媒するが、*cis*-アゾベンゼン体(*cis*-**17**)では、近くに配置されたニトロ基がチオウレア部位と分子内で水素結合を形成し(協同機能)、チオウレアの酸触媒機能が失われてしまうと理解されている。

前述のように、光応答性動的協同機能触媒はこれまで、触媒活性を切り替える触媒が重点的に開発されてきたが(Feringaらによって開発された触媒は、光刺激によって触媒活性を切り替え、立体選択性は熱刺激によって切り替える[14)18)])、光構造変換によって協同機能を変化させ、化学反応の選択性や種類を切り替える触媒の開発も可能であると考えられ、研究開発が進められている。

Brandaらは、キラルなビスオキサゾリン(bis(oxazoline))に*cis*-1,2-ジチエニルエテン(*cis*-1,2-dithienylethene)を導入し、*cis*-1,2-ジチエニルエテンの光開環/光閉環反応を利用することで構造を変化させる光応答性動的配位子**18**を開発している。配位子**18**を銅触媒の配位子として用い、銅触媒によって進行するシクロプロパン化反応の立体選択性を光刺激によって切り替えている(**図8**)[19]。ジチエニルエテン開環体(**18**-open)では、2つのオキサゾリン部が近接して配置され、銅触媒に二座配位子として配位して適切な不斉環境を構築することで、シクロプロパン化反応を比較的高い立体選択性で進行させるが、2つのオキサゾリン部が離れて配置するジチエニルエテン閉環体(**18**-closed)は、単座配位子として銅触媒に配位し、適切な不斉環境を構築できず、シクロプロパン化反応の立体選択性が低下すると理解されている。

また、Craigらは、軸不斉ビフェニルホス

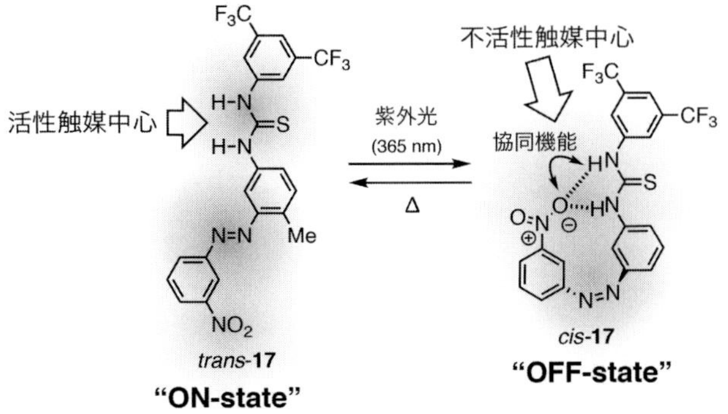

図7　協同機能によって不活性化する光応答性触媒　　※口絵参照

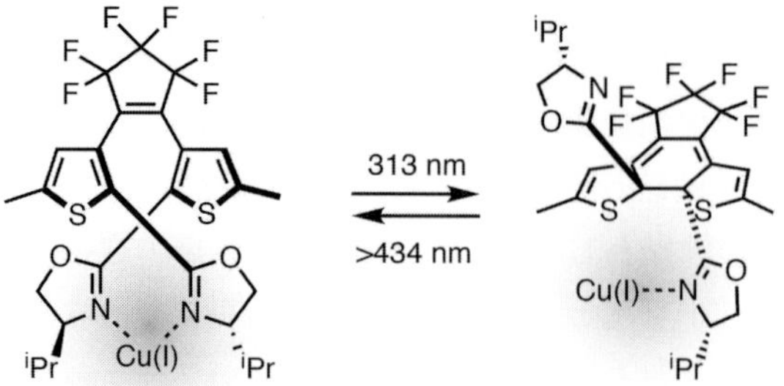

18-open/Cu(I)　　**18**-closed/Cu(I)
二座配位銅錯体　　単座配位銅錯体

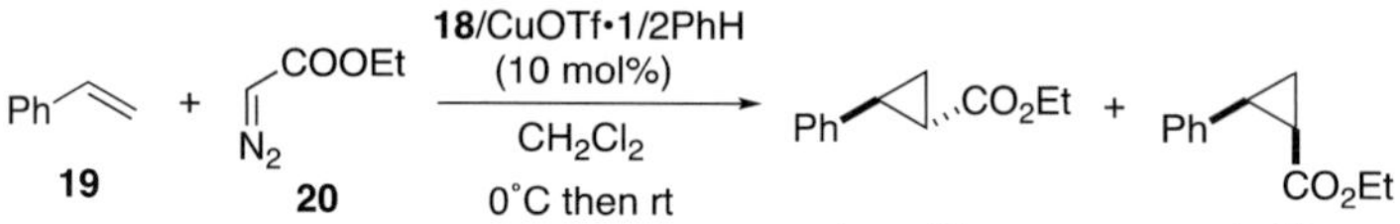

catalyst	ratio		
18-open/Cu(I)	55 (30% ee)	:	45 (50% ee)
18-closed/Cu(I)	63 (5% ee)	:	37 (5% ee)

図8　立体選択性を切り替える光応答性動的協同機能触媒　　※口絵参照

フィンにスチルベン誘導体をペンダント型で導入した光応答性動的配位子 22 を開発し、スチルベンの *cis/trans* 光異性化に基づく軸不斉の変化によって、Pd 触媒反応の立体選択性が切り替わることを明らかにしている(**図 9**)[20]。

化学反応の種類を光刺激によって切り替える光応答性動的協同機能触媒は、現時点で開発されていないが、今後研究開発がさらに進められることで、開発が達成されるものと期待する。

4　遮蔽環境制御を基盤とする光応答性動的分子触媒

光応答性動的分子触媒の触媒機能を切り替える2つめの機構として、光構造変換に基づく触媒活性中心の遮蔽環境制御が用いられている。触媒活性中心近傍の構造は、反応基質分子の接近に大きく影響を与え、触媒分子が触媒活性を示すためには、反応基質分子が接近できる適度な反応空間が確保される必要がある。光応答性

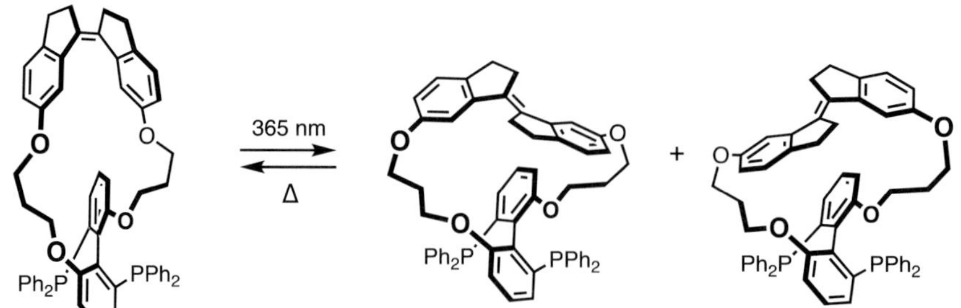

(Z)-**22**　　(E)-**22**　　(E)-**22’**

図9　立体選択性を切り替える光応答性動的協同機能触媒

の触媒構造変換によって、触媒活性中心近傍の立体障害を調節し、反応基質分子の接近の可否を制御することで、触媒活性を切り替える光応答性触媒が開発されている。

Hecht らは、三級アミンにアゾベンゼンを導入した光応答性動的塩基触媒 **23** を開発し、アゾベンゼンの *cis/trans* 光異性化を基盤に、触媒活性中心である三級アミン近傍の立体障害を変化させることで、三級アミンの塩基触媒活性を操り、光応答性の aza-Henry 反応を実現している（**図 10**）[21]。*trans*-アゾベンゼン体（*trans*-**23**）は、触媒活性中心である三級アミンの周辺にアゾベンゼンが張り出した構造をとっており、反応基質分子が触媒活性中心に接近しづらく、aza-Henry 反応を効果的に推進することはできないが、*cis*-アゾベンゼン体（*cis*-**23**）では、三級アミン周辺の立体障害が解消され、効果的に触媒機能を発現することによって、aza-Henry 反応を大きく加速すると理解されている。

また、触媒活性中心近傍の遮蔽環境を光刺激によって変化させることで、触媒する化学反応の立体選択性を切り替える光応答性動的分子触媒の開発も行われている。

Chen らは、求核触媒として機能する 4-ジアルキアミノピリジン（4-dialkylaminopyridine）に、光応答性の構造変換を誘起する 2- スチルバゾール（2-stilbazole）とキラリティーを組み込み、スチルバゾールの光構造変換によって、4-ジアルキアミノピリジンを含むらせん構造のキラリティーを反転させ、Steglich 転移反応の立体選択性を切り替える光応答性動的求核触媒を開発している（**図 11**）[22]。*P* のらせんキラリティーを有する触媒（*P*）-**27** では、求核触媒の付加によって生成したアシルピリジニウムとエノラートが、エノラートの *Re* 面からシンクリナル（synclinal）配座で反応し、*R* 体の生成物を優先的に与えると理解されており、擬鏡像体の *M* のらせんキラリティーを有する触媒（*M*）-**27'** は、擬鏡像体の遷移状態を経由して、*S* 体の生成物を与えると考えられる。

5　電子状態制御を基盤とする光応答性動的分子触媒

光応答性動的分子触媒の触媒機能を切り替え

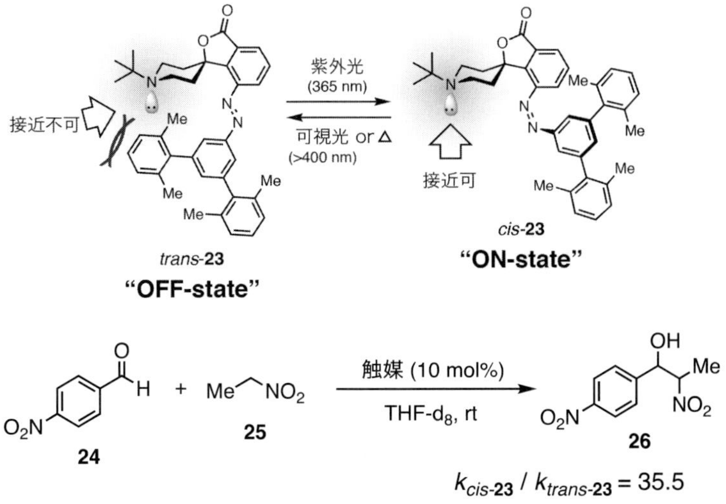

図 10　遮蔽環境制御による光応答性動的アミン触媒　※口絵参照

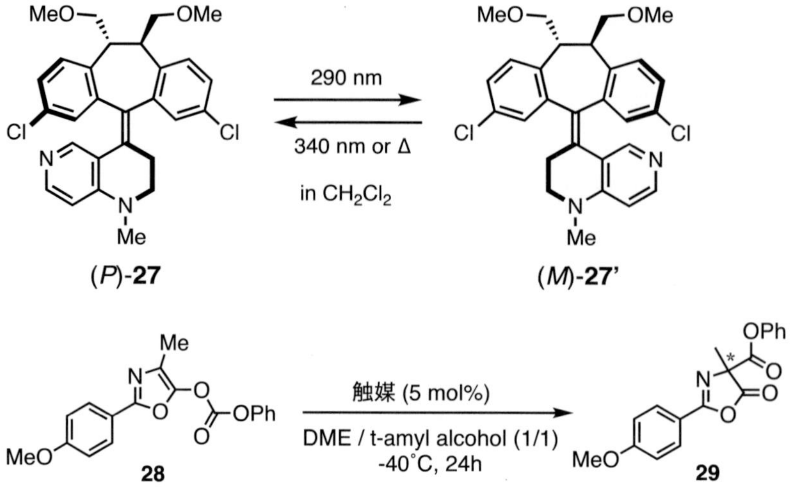

触媒	収率 (%)	Ee (%) (config)
(*P*)-**27**	84	87 (*R*)
(*M*)-**27'**	81	91 (*S*)

図 11　遮蔽環境制御による立体選択性を切り替える光応答性動的求核触媒

るもう 1 つの機構として、光構造変換に基づく触媒活性中心の電子状態制御が用いられている[23)-25)]。

Cis-1,2-ジアリールエテンの光構造変換は、アゾベンゼンやスチルベンとは異なり転位反応を伴い(図 2)、構造変換によって電子状態が大きく変化する。これを基盤に、触媒活性中心近傍にジアリールエテンを組み込むことで、光応答性の構造変換に伴って触媒活性中心の電子状態を変化させ、触媒活性を切り替える触媒が開発されている。

Bielawski らは、*N*-ヘトロ環状カルベン(*N*-heterocyclic carbene)に *cis*-1,2-ジチエニルエテンを組み込んだ触媒 30 を開発し、光応答性の構造変換に伴って *N*-ヘテロ環状カルベンの電子状態を変化させ、カルベンの電子供与性を変化させることで、ブレンステッド塩基性を操り、エステル交換化反応の触媒活性を切り替えている(**図 12**)[23)]。

また、この光応答性の動的 *N*-ヘトロ環状カルベンを遷移金属触媒の配位子として用い、光構造変換によって間接的に遷移金属触媒の電子状態を操ることで、光刺激による遷移金属触媒の触媒活性切り替えが実現されている。ロジウム触媒の配位子として用いることで、アルケンのヒドロホウ素化反応の光応答性の触媒活性制御が実現されており[24)]、また、ルテニウムアルキリデン錯体の配位子として用いることで、光応答性の閉環メタセシス反応が実現されている[25)]。

6　光応答性動的分子触媒の活用

光刺激によって触媒機能を切り替え、時空間で高次に化学反応を制御可能な光応答性触媒は、化学反応の時間と場所を制御することができるため、実用的な利用が期待できる。たとえば、重合反応の場所と時間を制御することで、機能性材料の微細構造構築に用いられるフォトリソグラフィ技術としての利用が可能であ

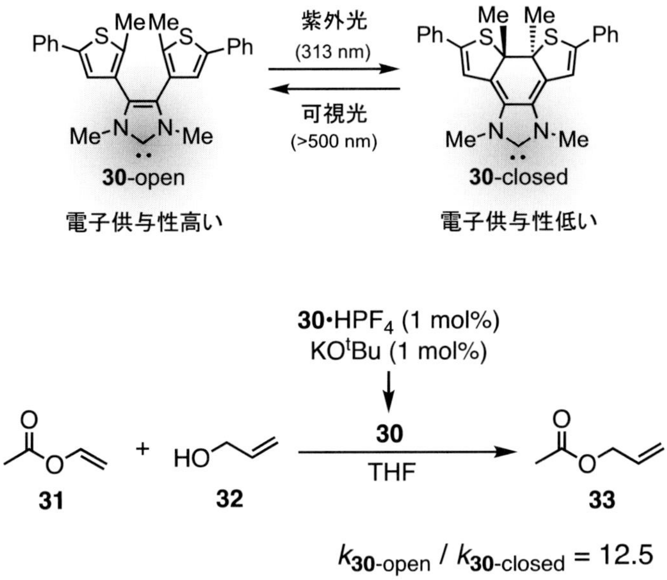

図12　触媒活性中心の電子状態制御による光応答性触媒　*cis* 体の異性か比率は考慮されている？
※口絵参照

る[26)]。重合反応を光刺激によって自在に制御する、光応答性動的分子触媒の開発も行われている。Bielawskiらは、光応答性動的*N*–ヘトロ環状カルベン触媒**30**を用いて、ラクトン(lactone)の開環重合の光制御を実現している[27)]。またWuらは、Pericàsらによって開発された光応答性動的チオウレア触媒**17**[17)]を用いて、ラクチド(lactide)の光応答性開環重合を達成している(**図13**)[28)]。

Bielawskiらは、光応答性動的*N*–ヘトロ環状カルベン**30**をルテニウムアルキリデン錯体の配位子として用いることで、開環メタセシス重合の光制御も実現している[25)]。

また、光応答性動的分子触媒の機能性材料としての利用も行われている。Bielawskiらは、電子状態を制御可能な光応答性動的*N*–ヘトロ環状カルベン**35**を用いて、アンモニア(ammonia)の光応答性吸着/放出を実現し、アンモニアの貯蔵技術として有効な新技術を開発している(**図14**)[29)]。

光応答性動的分子触媒のように、光構造変換を基盤に性質を変化させ、生体分子との相互作用を切り替えることで生理活性を操る、光応答性生理活性物質の開発も近年進められている[30)]。場所と時間を選んで適時適所で生理活性を発現させることができるため、副作用の少な

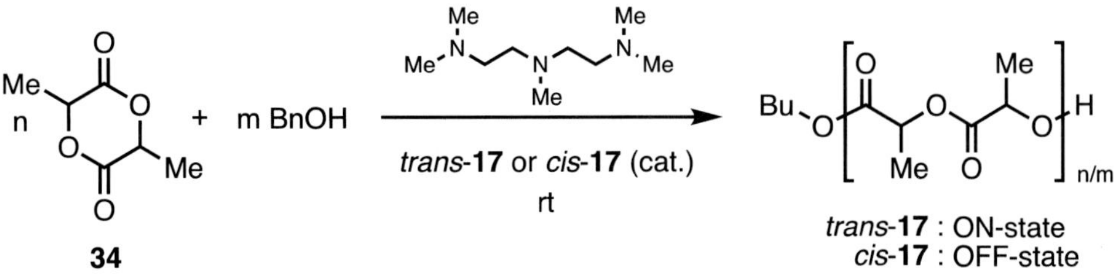

図13　光応答性動的チオウレア触媒による光応答性重合反応

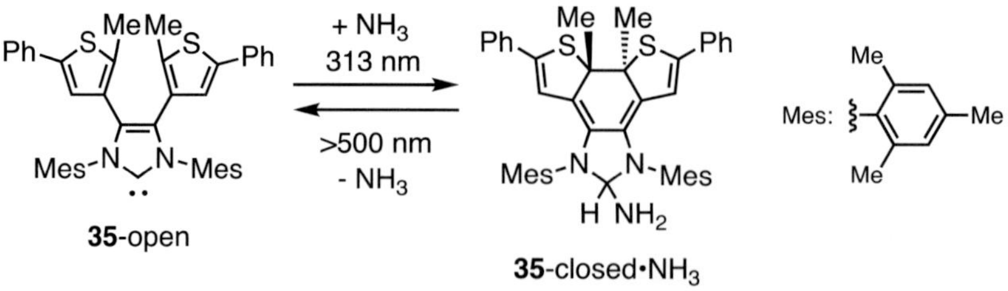

図 14　光応答性動的カルベンによる光応答性重合反応

い医薬品に繋がる重要な技術であると捉えられている。

7　まとめ

光応答性動的分子触媒は、時空間での高次の化学反応制御を実現しうる分子触媒として、前述のように近年盛んに開発が進められてきた。現時点では、触媒活性を切り替えるものの開発が中心であり、選択性や化学反応の種類を切り替える触媒の開発は遅れている。また、光応答性動的分子触媒による高次の化学反応制御は実践されておらず、高度な化学変換を実現する段階には至っていない。光応答性動的分子触媒の発展は現時点で不十分であるが、今後さらに発展することで、高度な化学変換の実現が可能になると期待される。また、化学反応の制御のみならず、機能性材料や医薬品等、さまざまな分野での活用も期待される。

文　献

1) One-pot multistep synthesis by stimuli-responsive catalysts, see：
a) S. Semwal and J. Choudhury：*Angew. Chem. Int. Ed.,* **56**, 5556(2017).
b) K. Eichstaedt, J. Jaramillo-Garcia, D. A. Leigh, V. Marcos, S. Pisano and T. A. Singleton：*J. Am. Soc. Chem.,* **139**, 9376(2017).
c) S. Gaikwad, A. Goswami, S. De and M. Schmittel：*Angew. Chem. Int. Ed.,* **55**, 10512(2016).
2) For reviews on stimuli-responsive catalysts, see：
a) V. Blanco, D. A. Leigh and V. Marcos：*Chem. Soc. Rev.,* **44**, 5341(2015).
b) U. Lüning：*Angew. Chem. Int. Ed.,* **51**, 8163(2012).
c) R. S. Stoll and S. Hecht：*Angew. Chem. Int. Ed.,* **49**, 5054(2010).
3) For reviews on stimuli-responsive dynamic catalysts, see：
a) M. Vlatković, B. S. L. Collins and B. L. Feringa：*Chem.-Eur. J.,* **22**, 17080(2016).
b) N. Kumagai and M. Shibasaki：*Catal. Sci. Technol.,* **3**, 41(2013).
c) M. J. Wiester, P. A. Ulmann and C. A. Mirkin：*Angew. Chem. Int. Ed.,* **50**, 114(2011).
d) D. A. Leigh, V. Marcos and M. R. Wilson：*ACS Catal.,* **4**, 4490(2014).
4) For reviews on photo-responsive dynamic catalysts, see：
a) B. M. Neilson and C. W. Bielawski：*ACS Catal.,* **3**, 1874(2013).
b) T. Imahori and S. Kurihara：*Chem. Lett.,* **43**, 1524(2014).
5) For selected examples of solvent-responsive dynamic catalysts, see：
a) Y. Yoshinaga, T. Yamamoto and M. Suginome：*ACS Macro Lett.,* **6**, 705(2017).
b) T. Yamamoto, R. Murakami and M. Suginome：*J. Am. Soc. Chem.,* **139**, 2557(2017).
c) Y. Akai, T. Yamamoto, Y. Nagata, T. Ohmura and M. Suginome：*J. Am. Soc. Chem.,* **134**, 11092(2012).
d) T. Yamamoto, T. Yamada, Y. Nagata and M. Suginome：*J. Am. Soc. Chem.,* **132**, 7899(2010).
6) For selected examples of chemical stimuli-responsive dynamic catalysts, see：
a) S. De, S. Pramanik and M. Schmittel：*Angew. Chem. Int. Ed.,* **53**, 14255(2014).
b) S. De, S. Pramanik and M. Schmittel：*Dalton Trans.,* **43**, 10977(2014).

c) C. M. McGuirk, J. Mendez-Arroyo, A. M. Lifschitz and C. A. Mirkin : *J. Am. Soc. Chem.*, **136**, 16594 (2014).

d) C. M. McGuirk, C. L. Stern and C. A. Mirkin : *J. Am. Soc. Chem.*, **136**, 4689 (2014). See also reference 3c.

7) a) G. De Bo, D. A. Leigh, C. T. McTernan and S. Wang : *Chem. Sci.*, **8**, 7077 (2017).
b) J. Beswick, V. Blanco, G. De Bo, D. A. Leigh, U. Lewandowska, B. Lewandoski and K. Mishiro : *Chem. Sci.*, **6**, 140 (2015).
c) V. Blanco, D. A. Leigh, U. Lewandowska, B. Lewandoski and V. Marcos : *J. Am. Soc. Chem.*, **136**, 15775 (2014).
d) V. Blanco, D. A. Leigh, V. Marcos, J. A. Morales-Serna and A. L. Nussbaumer : *J. Am. Soc. Chem.*, **136**, 4905 (2014).

8) S. Mortezaei, N. R. Catarineu and J. W. Canary : *J. Am. Soc. Chem.*, **134**, 8054 (2012).

9) E. Merino and M. Ribagorda : *Beilstein J. Org. Chem.*, **8**, 1071 (2012), and references therein.

10) D. H. Waldeck : *Chem. Rev.*, **91**, 415 (1991), and references therein.

11) M. Irie : *Chem. Rev.*, **100**, 1685 (2000), and references therein.

12) F. Würthner and J. Rebek, Jr. : *Angew. Chem. Int. Ed.*, **34**, 446 (1995).

13) R. Cacciapaglia, S. Di Stefano and L. Mandolini : *J. Am. Soc. Chem.*, **125**, 2224 (2003).

14) J. Wang and B. L. Feringa : *Science*, **331**, 1429 (2011).

15) T. Imahori, R. Yamaguchi and S. Kurihara : *Chem.-Eur. J.*, **18**, 10802 (2012).

16) a) M. Vlatković, L. Bernardi, E. Otten and B. L. Feringa : *Chem. Commun.*, **50**, 7773 (2014).
b) M. Samanta, V. S. R. Krishna and S. Bandyopadhyay : *Chem. Commun.*, **50**, 10577 (2014).

17) L. Osorio-Planes, C. Rodríguez-Escrich and M. A. Pericàs : *Org. Lett.*, **16**, 1704 (2014).

18) D. Zhao, T. M. Neubauer and B. L. Feringa : *Nat. Commun.*, **6**, 6652 (2015).

19) D. Sud, T. B. Norsten and N. R. Branda : *Angew. Chem. Int. Ed.*, **44**, 2019 (2005).

20) Z. S. Kean, S. Akbulatov, Y. Tian, R. A. Widenhoefer, R. Boulatov and S. L. Craig : *Angew. Chem. Int. Ed.*, **53**, 14508 (2014).

21) a) M. V. Peters, R. S. Stoll, A. Kühn and S. Hecht : *Angew. Chem. Int. Ed.*, **47**, 5968 (2008).
b) R. S. Stoll, M. V. Peters, A. Kühn, S. Heiles, R. Goddard, M. Bühl, C. M. Thiele and S. Hecht : *J. Am. Soc. Chem.*, **131**, 357 (2009).

22) C.-T. Chen, C.-C. Tsai, P.-K. Tsou, G.-T. Huang and C.-H. Yu : *Chem. Sci.*, **8**, 524 (2017).

23) B. M. Neilson and C. W. Bielawski : *J. Am. Soc. Chem.*, **134**, 12693 (2012).

24) B.M. Neilson and C. W. Bielawski : *Organometallics*, **32**, 3121 (2013).

25) A. J. Teator, H. Shao, G. Lu, P. Liu and C. W. Bielawski : *Organometallics*, **36**, 490 (2017).

26) a) R. A. Weitekamp, H. A. Atwater and R. H. Grubbs : *J. Am. Chem. Soc.*, **135**, 16817 (2013).
b) D. Wang, K. Wurst, W. Knolle, U. Decker, L. Prager, S. Naumov and M. R. Buchmeiser : *Angew. Chem., Int. Ed.*, **47**, 3267 (2008).
c) S. A. MacDonald, C. G. Willson and J. M. J. Fréchet : *Acc. Chem. Res.*, **27**, 151 (1994).

27) B. M. Neilson and C. W. Bielawski : *Chem. Commun.*, **49**, 5453 (2013).

28) Z. Dai, Y. Cui, C. Chen and J. Wu : *Chem. Commun.*, **52**, 8826 (2016).

29) A. J. Teator, Y. Tian, M. Chen, J. K. Lee and C. W. Bielawski : *Angew. Chem. Int. Ed.*, **54**, 11559 (2015).

30) W. A. Velema, W. Szymanski and B. F. Feringa : *J. Am. Chem. Soc.*, **136**, 2178 (2014).

応用編

第4章　電場・磁場応答性

第1節　電気刺激ゲルアクチュエータの設計と応用

国立研究開発法人産業技術総合研究所　安積 欣志

1　はじめに

医療・福祉機器分野をはじめ、さまざまな分野で、軽量でソフトな新しいアクチュエータ材料開発への要求がある。高分子ゲルを用いた電気刺激アクチュエータは、軽量、ソフトであることに加え、低電圧駆動、低消費電力、易成形性、大変形等、新規ソフトアクチュエータの要求にこたえる候補の1つとして期待されている[1)-5)]。本稿では、高分子ゲルに電極を接合した構造をもつ、電気刺激の高分子ゲルアクチュエータについて、そのアクチュエータの基本構成、材料、駆動モデル、応用について述べる。

2　アクチュエータ基本構成

基本的な構成は2層の電極とイオン導電性高分子ゲルの3層構造からなる(図1(a))。電極層間に数V以下の電圧を加えると3層構造の素子が屈曲変形を行うのが基本的な応答である(図1(b))。

電極材料の性質はアクチュエータ特性に重要な影響を及ぼす。高導電性、高キャパシタンスで、電気化学的安定性、伸縮性、機械的耐久性などが、優れたアクチュエータ電極として必要な要件と考えられ、貴金属や金属酸化物の微粒子、あるいはナノカーボンが用いられる。

イオン導電性高分子ゲルは、室温で十分なイオン導電性をもち、生体と同等のソフトな材料であることから、ソフトアクチュエータの材料として、非常に優れていると考えられる。イオン導電性高分子ゲルをイオンの保持形態から大きく分けると、高分子電解質ゲルと、電解質でない高分子が電解液で膨潤したイオンゲルに分けることができる[5)]。電極層間に電圧を加えると高分子電解質固定電荷のカウンターイオンが

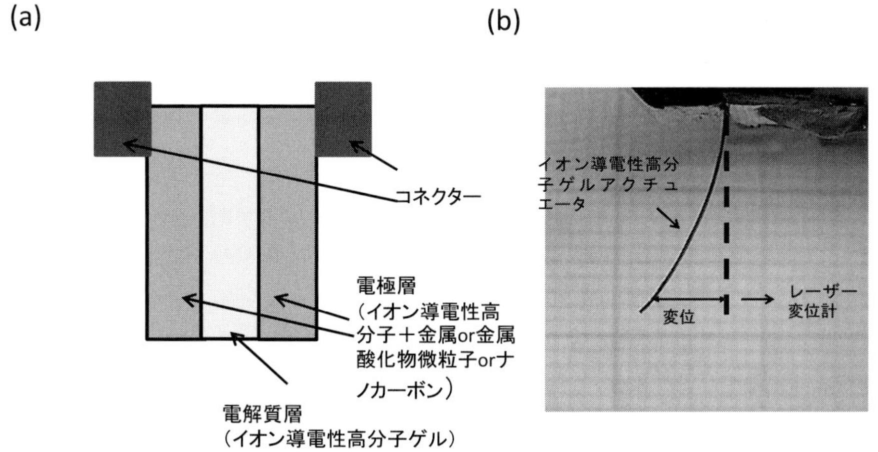

図1　イオン導電性高分子ゲルアクチュエータ　(a)3層構造からなる基本構成　(b)屈曲変形を行っている基本的な応答の様子と変位測定による評価

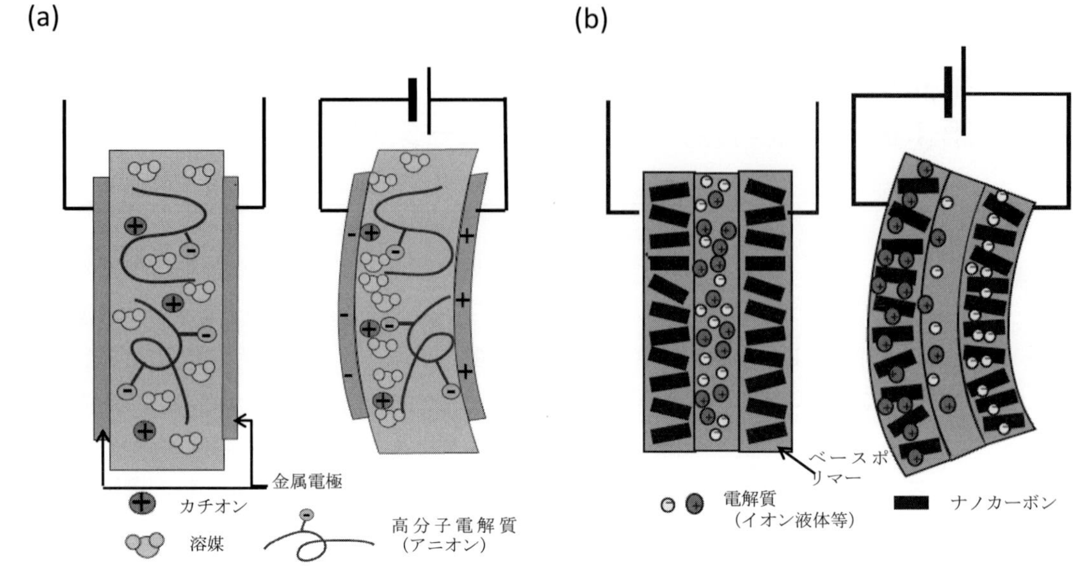

図2　イオン導電性高分子ゲルアクチュエータの駆動メカニズム　(a)高分子電解質ゲル内のカウンターイオンの動きによるゲルの伸縮による変形　(b)イオンが電極層に移動することで電極層に伸縮が生じることによるイオンゲルアクチュエータの変形メカニズム

動くことで、ゲル内の伸縮度に偏りが生じ、変形が生じるメカニズムと(**図2**(a))、イオンゲルからイオンが電極層に移動することで、電極層に伸縮が生じ、変形が生じるメカニズム(図2(b))が、本アクチュエータの変形駆動の基本メカニズムとして検討されている。

イオン導電性高分子ゲル内のイオンと溶媒は、水、有機極性溶媒、無機イオン、有機イオン、イオン液体などさまざまなものについて検討が進められており、応答性や変形量等のアクチュエータ特性の調整、あるいは、水中、空中や真空中という動作駆動に応じて、最適な選択を行う必要がある。

3　材料と作製法

3.1　高分子電解質ゲルアクチュエータ

高分子電解質ゲルアクチュエータ材料として、フッ素系イオン交換樹脂が、これまでもっとも多く研究をされてきた[1)2)5)]。フッ素系イオン交換樹脂は、**図3**に示す化学構造をもち、優れたイオン導電性と力学的、化学的あるいは熱的な耐久性をもつ、ソフトアクチュエータ材料として非常に優れた材料である。固定電荷種はスルホン酸、カルボン酸があり、またそれぞれの電荷密度の違いにより、イオン導電性や含水率が異なり、アクチュエータ特性もその影響を受ける。これらの材料は、水などの極性溶媒で膨潤した状態で、イオンが移動できる状態となり、アクチュエータとして駆動可能となる。水中で応用する場合は水を溶媒として用いる。

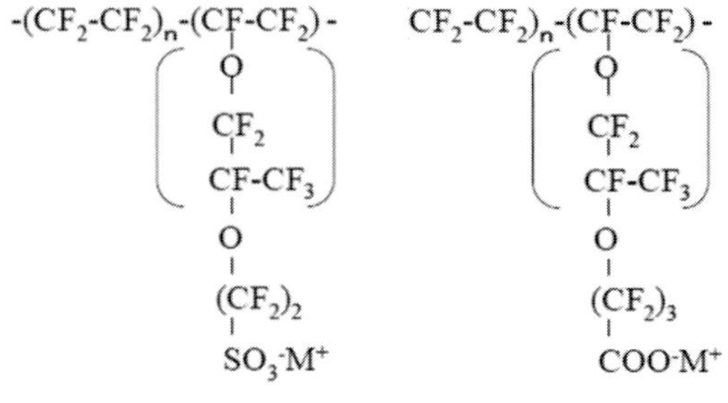

図3　フッ素系イオン交換樹脂の分子構造

空中で用いる場合は、常温溶融塩であるイオン液体を溶媒として用いる。さらなる高性能化や低コスト化を目指し、さまざまな炭素系のイオン交換樹脂が合成され、高分子電解質ゲルを用いたソフトアクチュエータの材料として研究が進められている[2)]。

高分子電解質ゲルのための電極材としては、まず白金[6)]、金[7)]などの貴金属が挙げられる。高分子電解質ゲルへの貴金属の接合は**図4**に示す無電解メッキ法による。まず、固定電荷のカウンターイオンとして、金や白金の錯体イオンを吸着させ、(1. イオン交換)、還元剤でイオンを金属層として析出させる(2. 還元)。このプロセスを繰り返すか(3. 繰り返し)、還元剤と金属錯体が液中に存在する無電解メッキ浴中で無電解メッキを行う(3'. 成長)ことによって、金属電極層の電極面積を増大させ、電気容量、電気導電率の大きな電極を作ることで、優れたアクチュエータ特性の電極を作製が可能となる。

白金、金以外に、銀[8)]、銅-白金[9)]、パラジウム-白金[10)]、パラジウム[11)]などが無電解メッキあるいは無電解メッキと電解メッキの組み合わせなどのプロセスでイオン導電性高分子ゲルへの電極接合が行われ、ソフトアクチュエータとして応用されている。酸化ルテニウムなどの金属酸化物微粒子[12)]、カーボンナノチューブ[13)]、グラフェン[14)]、その他さまざまなナノカーボン[15)16)]を電極材料として用いる研究も進められている。これらは、イオン液体を溶媒とした、空中駆動型の高分子電解質ゲルアクチュエータの電極として、塗布法を用いて電極層の接合が行われる。これらの電極接合法は、上記電極材微粒子をナフィオン等の高分子電解質ゲル分散液に超音波を当てることで分散させ、その分散液を、イオン液体で膨潤させたナフィオンのフィルムに塗布する。さらに電極の導電性を付与するために、金の薄膜を表面に接合し、電極分散液を乾燥させることで、接合体を作製する(Direct Assembly Method)[12)]。

3.2　イオンゲルアクチュエータ

イオンゲルをベースとしたアクチュエータは、すでに述べたように、その両面にイオンゲルにナノカーボンなどの導電微粒子を分散させた電極層を接合させた構造をもつものである(**図5**(a))[3)4)]。電圧を加えるとゲル層を通して、電極層にイオンが移動し、電極層が伸縮して、屈曲変形するものと考えられる。用いる高分子としては、電解質と相溶性のある高分子を用い、PVdF(HFP)、PMMAなどが用いられ

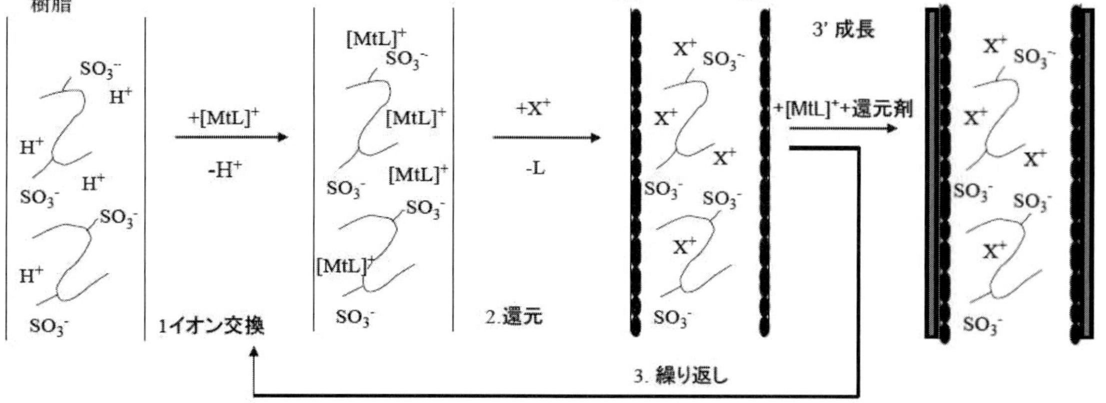

図4　高分子電解質ゲルへの金属電極の無電解メッキ法模式図

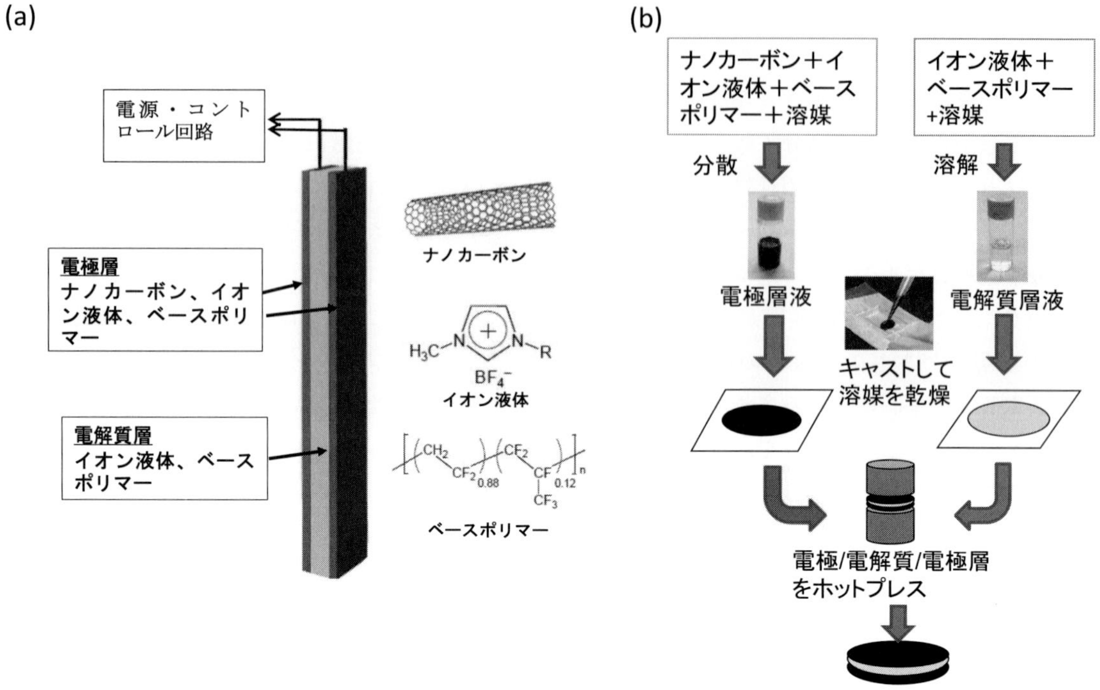

図5　ナノカーボンを電極とするイオンゲルアクチュエータ　(a)構造模式図　(b)作製法模式図

る。作製法は、それぞれの層をキャスト法、印刷法等で作製後、ホットプレスで3層構造を成形することで作製する(図5(b))。

電極層の電極材としては、すでに述べたアクチュエータ電極の要件を満たすもので、上記プロセスに適した材料として、さまざまなナノカーボン、とくに単層カーボンナノチューブ(CNT)が挙げられる。イオン液体は単層CNTのゲル化剤として知られ、イオン液体を用いると単層CNTをよく分散し、イオン導電性も優れ、加工性の優れた電極前駆液を作製可能である[17)18)]。さらに、単層カーボンナノチューブに、さまざまなナノカーボン材料(カーボンブラック[19)]、ポリアニリン被覆カーボンブラック[19)]、テンプレートナノカーボン[20)]、カーボンナノファイバー[21)])を加えることで、電極の構造を制御し、導電率、あるいは電気二重層容量を大きくし、変形量、あるいは変形速度が大きくなることが見出されている。また、多層CNTは、最外層を化学修飾しても導電性等には影響せず、分散性等を容易にコントロールできる利点があり、アクチュエータ性能を向上させた報告もある[22)]。さらに、超高純度、長尺の単層CNTが開発され[23)]、それを用いた、高機能アクチュエータ[24)25)]の開発が進められている。また、イオンゲル層においては、最適なイオン液体種の探索[26)]、あるいは、高分子構造の最適化[27)]により、その機械的特性、あるいは、イオン導電性をコントロールし、アクチュエータの特性を制御することが可能となっている。

以上述べたように、さまざまな電極材料、イオン、高分子材料を組み合わせることで、伸縮性、発生力、応答性などを調整可能で、数V以下で低電圧駆動可能な高分子アクチュエータの材料設計が可能となっている。これらの材料は、高分子電解質タイプと合わせて考えると、水中、空中、あるいは真空中などの環境に合わせた設計が可能であり、今後、さらに開発を進めることで、広範な温度範囲に対応した材料の開発も可能となり、さまざまな分野への応用が可能となると考えられる。

4　駆動モデル

4.1　高分子電解質ゲルアクチュエータのモデル

高分子電解質ゲルアクチュエータの変形モデルは、さまざまなものが提案されているが、基本はイオンと溶媒の輸送方程式に基づくものである[28]。ここでは、Zhu らによる、マルチフィジックスカップリングモデルを紹介する[29]。

高分子電解質ゲル内の電場下のイオンと溶媒の輸送は下記の方程式で表される。

$$\begin{cases} J_I = -d_{II}\left(\nabla a_I + \dfrac{z_I F a_I}{RT}\nabla\phi + \dfrac{\bar{V}_I a_I}{RT}\nabla p\right) \quad (1) \\ \qquad -d_{IW}\left(\nabla a_W + \dfrac{\bar{V}_W a_W}{RT}\nabla p\right) + c_I \bar{v}. \\ J_W = -d_{WW}\left(\nabla a_W + \dfrac{\bar{V}_W a_W}{RT}\nabla p\right) \\ \qquad -d_{WI}\left(\nabla a_I + \dfrac{z_I F a_I}{RT}\nabla\phi + \dfrac{\bar{V}_I a_I}{RT}\nabla p\right) + c_W \bar{v}. \end{cases} \quad (2)$$

ここで、J_I はイオンのフラックス、J_W は溶媒（水）のフラックスを表す。それぞれ、第１項は、電気化学ポテンシャルの勾配に対する自己拡散の項を表し、第２項はカップリング項を、第３項は対流項を表す。

（1）（2）式のフラックスにおいては、下記の連続の式が成り立つ。

$$\frac{\partial c_i}{\partial t} + \nabla J_i = 0\left(i = I, W\right). \quad (3)$$

また、（1）～（3）式に加え、電位と電荷（あるいは、イオン濃度）の関係である、Poisson の方程式

$$\nabla^2\phi = -\frac{\rho}{\varepsilon} = -\frac{F\left(c_I - c^-\right)}{\varepsilon}. \quad (4)$$

を加え、電場下のフラックスを表す式となる。

ここで、ナフィオンなどのフッ素系の高分子ゲル電解質特有の、クラスター構造[30]を考えると、クラスター半径を変化させる内部応力 P は以下のいくつかの成分からなる。

$$P = P_h - \Pi - P_e + \Pi_e \quad (5)$$

ここで、P_h は水移動によるクラスター内の静水圧変化、Π はイオン濃度変化等によるクラスター内の浸透圧変化、P_e はイオン濃度変化等によるクラスター内静電気力変化、Π_e はクラスター界面の界面張力変化である。

以上の考察から、**図６**に示すナフィオンあるいはフレミオンを用いた高分子電解質ゲルアクチュエータの、さまざまな条件における、変位応答についての変化について、説明が可能となっている。

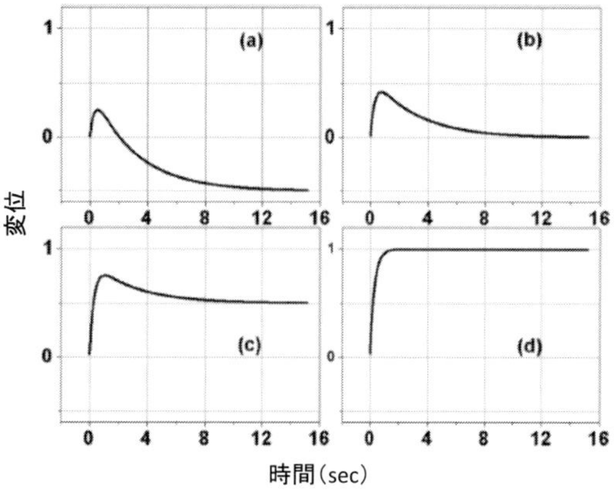

図６　高分子電解質ゲルアクチュエータの変位応答における基本的なパターン

4.2　イオンゲルアクチュエータのモデル

駆動原理については、すでに述べたように、電極へのイオン移動による電極層の伸縮による屈曲応答のモデルによって変形を説明できる。

Imaizumiら[31]は、アクチュエータの変位量δについて下記の定量的な関係式を導いた。

$$\delta = \frac{L^2 Q}{3hqV_o}(t_+ v_+ - t_- v_-) \qquad (6)$$

ここで、Lは素子長、Qは電圧印加時に電極にたまったチャージ量、hは素子の厚み、qは電荷素量、V_oは素子の電圧印加前の体積、t_+, t_-はそれぞれ、カチオン、アニオンの輸率、v_+, v_-はそれぞれ、カチオン、アニオンの体積である。上記のモデルを用いて、電解質がLi(NTf_2)の場合のアクチュエータのマイナス極側への変形と、EMI(Ntf_2)の場合のプラス極側への変形の実験結果を定量的に説明することに成功した。また、同様の電極層へのイオン移動が原因となる体積変化による変形モデルによって、ナノカーボンを電極とするアクチュエータの変位と発生力応答に関する定量的な説明が行われた[32]。

イオンゲルアクチュエータ応答性は、**3.4**で述べたようにイオンゲルのイオン導電率、電極の導電性等に依存する。こらについて詳細に解析するためにはインピーダンス法が有効である。インピーダンス解析から、変形応答に対して、イオン導電性高分子の導電性のみでなく、電極層内のイオン移動が影響していることがわかった[33]。電極層は、見方をかえるとイオン導電性高分子にカーボンナノチューブが分散した系であり、そのなかのイオン伝導速度がアクチュエータの応答性に影響を与えると考えられる。

5 応 用

高分子アクチュエータは、最近さまざまな応用研究が進んでおり、特許数等も日本、海外とも最近、急激に増加している。そのなかで、イオン導電性高分子ゲルアクチュエータは、ほかの高分子アクチュエータと比較しても、低電圧駆動、成形性、耐久性の点で優れており、さまざまな応用に向けて研究が進められている[1)-5)]。イオン導電性高分子ゲルアクチュエータをさまざまに加工することにより、異なった動きを作り出し、さまざまな応用に用いることが試みられている。いくつかの例について紹介する。

5.1 バイオミメティックロボット

バイオミメティックロボットの部材として、イオン導電性高分子ゲルアクチュエータを用いる研究例はさまざまなものがある。たとえば、サカナ[34]、ヘビ[35]、エイ[36]、クラゲ[37]等、さまざまな動物の動きを模倣した小型ロボットの研究報告などである。

5.2 能動カテーテル

血管中内での検査、手術を行うマイクロカテーテルの先端方向を、体外からコントロールするために、ガイドワイヤーとして用いる報告[38]、あるいは、チューブ状のアクチュエータを作製し、マイクロカテーテルの先端につけることで、先端を可動にした能動カテーテルの報告[39]などがある。さらに、高分子アクチュエータのメカニカルセンサー機能を利用して、センサーとアクチュエーションの両方の機能を有する能動ガイドワイヤーの研究も進められている[40]。また、チューブ状アクチュエータの断面2次モーメントを小さな形に成形することで、能動カテーテルコントロール用アクチュエータの変位を大きくし、ロボットカテーテルシステムへの応用が進められている[41]。

5.3 触覚・点字ディスプレイ

イオン導電性高分子アクチュエータは柔らかく、低電圧で駆動できることから安全であるので、触覚で情報を伝える触覚ディスプレイに用いることが可能である。振動する多数の微細アクチュエータにより触感を伝える、触覚ディスプレイの報告[42]、あるいは、点字のピンをアク

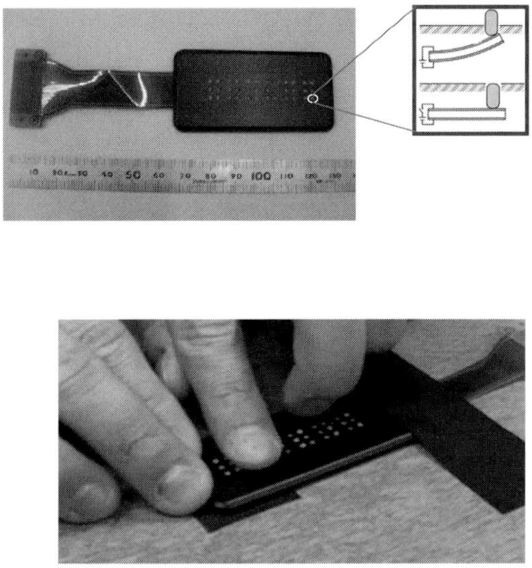

図7　ナノカーボンをベースとするイオンゲルアクチュエータを用いた点字ディスプレイプロトタイプ

チュエータによって上下させることによる、フィルム状の点字ディスプレイ作製に成功し、視覚障害者によるデモによって、このデバイスの点字が識字可能なことを証明した報告等がある（図7）[43)44)]。

5.4　マイクロポンプへの応用

Guoらは、高分子電解質ゲルアクチュエータをダイヤフラムに用いたマイクロポンプを開発した[45)]。また、ナノカーボン高分子アクチュエータによる薄型のマイクロピペットの開発が報告されている[46)]。

6　まとめと今後の展望

以上、イオン導電性高分子ゲルアクチュエータは、種々の電極材料とイオンゲル、高分子電解質ゲルとの接合法の開発により、広範な環境下で駆動可能な小型ソフトアクチュエータとして、今後、さまざまな応用展開が期待できる。

文　献

1）K. Asaka and K. Oguro：Biomedical Applications of Electroactive Polymer Actuators（F. Carpi et al. Eds.）John Wiley & Sons, pp.103-119, p.121-136（2009）.
2）C. H. Jo et al.：*Prog. Polym. Sci.*, **38**, 1037（2013）.
3）K. Asaka et al.：*Polymer Int.*, **62**, 1263（2013）.
4）J. Torop et al.："Electromechanically Active Polymers",（F. Carpi Ed.）pp.439-454, Springer（2016）.
5）K. Asaka et al.："Electromechanically Active Polymers",（F. Carpi Ed.）pp.191-214, Springer（2015）.
6）K. J. Kim and M. Shahinpoor：*Smart Mat. Struc.*, **12**, 65（2003）.
7）N. Fujiwara et al.：*Chem. Materials*, **12**, 1750（1999）.
8）C. K. Chung et al.：*Sensors and Actuators B*, **117**, 367（2006）.
9）U. Johanson et al.：*Sensors and Actuators B*, **31**, 340（2008）.
10）S. M. Kim and K. J Kim：*Smart Mater. Struct.*, **17**, 035011（2008）.
11）W. Aoyagi and M Omiya：*Smart Mater. Struct.* **22**, 055028（2013）.
12）B. J Akle et al.：*Sensors and Actuators A*, **126**, 173（2006）.
13）S. Liu et al.：*Adv. Funct. Mater.*, **20**, 3266（2010）.
14）L. Lu et al.：*Adv. Mater.*, **25**, 1270（2013）.
15）V. Palmre et al.：*J. Mater. Chem.*, **21**, 2577（2011）.
16）V. Vunder et al.：*Smart Mater. Struct.* **23**, 025010（2014）.
17）T. Fukushima and T. Aida：*Chem Eur J.*, **13**, 5048（2007）.
18）T. Fukushima et al.：*Angew. Chem. Int. Ed.*, **44**, 2410（2005）.
19）T. Sugino et al.：*Carbon*, **49**, 3560（2011）.
20）J. Torop et al.：*Sensors and Actuators B*, **161**, 629（2012）.
21）I. Takeuchi et al.：*Carbon*, **47**, 1373（2009）.
22）M. Biso and D. Rissi：*Phys.Status Solidi B*, **246**, 2820（2009）.
23）K. Hata et al.：*Science*, **306**, 1362（2004）.
24）K. Mukai et al.：*Adv. Mater.*, **21**, 1582（2009）.
25）I. Takahashi et al.：Soft Actuators - Materials, Modeling, Applications, and Future Perspectives（K. Asaka and H. Okuzaki eds.）, p.p.371-384, Springer, Tokyo（2014）.
26）I. Takeuchi et al.：*Electrochim. Acta*, **54**, 1762,

(2009).
27) H. Nakagawa et al. : EP2416488 (2012).
28) Z. Zhu et al. : *AIP Adv.*, **1**, 040702 (2011).
29) Z. Zhu et al. : *J. Appl. Phys.*, **114**, 084902, 184902 (2013).
30) R. S. Yeo et al : *Modern Aspects of Electrochem.*, **16**, 437 (1985).
31) S. Imaizumi et al. : *J. Phys. Chem. B*, **116**, 5080 (2012).
32) K. Kruusamae et al. : *J. Appl. Phys.*, **118**, 014502 (2015).
33) I. Takeuchi et al. : *J. Phys. Chem. C*, **114**, 14627 (2010).
34) S. Guo et al. : *IEEE/ASME Trans. Mechatronics*, **8**, 136 (2003).
35) Y. Nakabo et al. : Electroactive Polymers for Robotics Applications (K. Kim and S. Tadokoro eds.), p.p.165-198, Springer, London (2007).
36) K. Takagi et al. : Proceeding 2006 IEEE/RSJ Int. Conf. on Intelligent Robots and Systems, p.p. 1861-1866 (2006).
37) S. Yeom and I. K Oh : *Smart Mater. Struct.*, **18**, 085002 (2009).
38) S. Guo et al. : Proceeding 1995 IEEE/RSJ International Conference on Intelligent Robots and Systems (IROS 95), Pittsburgh, vol.2 p.p.172-177 (1995).
39) K. Oguro et al. : Proceeding SPIE 6th annual International Symposium on Smart Structures and Materials, Newport Beach, p.p.64-71 (1999).
40) B.-K. Fang et al. : *Sensors and Actuators A*, **158**, 1 (2010).
41) T. Horiuchi et al. : *Sensors and Actuators A*, **267**, 235-241 (2017).
42) M. Konyo et al. : Electroactive polymers for robotic applications : artificial muscles and sensors. (K. J. Kim and S. Tadokoro Eds.) 227, Springer (2007).
43) K. Fukuda et al. : *Adv Funct Mater*, **21**, 4019 (2011).
44) 平成 21 年度厚生労働省障害者自立支援機器等研究開発プロジェクト報告書：http://www.mhlw.go.jp/bunya/shougaihoken/cyousajigyou/jiritsushien_project/seika/S04Report/Report_Mokuji04.htm
45) S. Guo et al. : Proceeding 1997 IEEE International Conference on Robotics and Automation, Albuquerque, New Mexico, p.p.266-271 (1997).
46) R. Addinall et al. : Proceeding 2014 IEEE/ASME International Conference on Advanced Intelligent Mechatronics (AIM), DOI : 10.1109/AIM.2014.6878284, Besançon, France (2014).

応用編

第4章　電場・磁場応答性
第2節　導電性高分子を用いた電場駆動型ソフトアクチュエータ

山梨大学　奥崎 秀典

1　導電性高分子アクチュエータ

白川英樹名誉教授(筑波大)、A. G. MacDiarmid教授(ペンシルベニア大)、A. J. Heeger教授(カリフォルニア大)の「導電性高分子の発見と発展」による2000年ノーベル化学賞受賞は、有機エレクトロニクスやプラスチックエレクトロニクスという新分野を拓いた。**図1**に示すようなπ共役系高分子の電気・光学特性に関する研究は、半導体特性や発光性、非線形光学特性などの基礎研究分野で大きく進展し、現在これらのシーズが有機トランジスタ、有機エレクトロルミネッセンス(EL)、有機太陽電池など幅広いニーズと結びつくことで新たな付加価値を生み出している。一方、π共役系高分子のドーピングによる導電性高分子の発見は、導電機構の解明や精密合成、階層構造制御などの基礎研究を深化させるとともに、

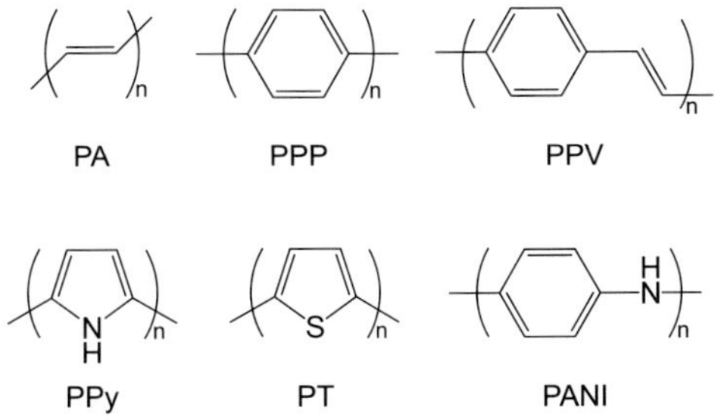

図1　代表的なπ共役系高分子。ポリアセチレン(PA)、ポリパラフェニレン(PPP)、ポリパラフェニレンビニレン(PPV)、ポリピロール(PPy)、ポリチオフェン(PT)、ポリアニリン(PANI)

帯電防止やエレクトロクロミズム、二次電池、コンデンサ、アクチュエータ、熱電変換、透明電極など幅広い応用分野で新たなイノベーションを創出している。

主鎖にπ共役系をもつ導電性高分子(図1)は、化学的あるいは電気化学的な酸化還元に基づくドープ・脱ドープにより可逆的な体積変化を示すことから、電場駆動型高分子(electro-active polymer：EAP)アクチュエータとして古くから注目されてきた[1)2)]。導電性高分子の体積変化は、①溶媒和したドーパントイオンの高分子マトリクスへの挿入、②電子状態の変化による高分子鎖の構造変化、③高分子鎖内の静電反発、および④高分子鎖間の静電反発により起こる(**図2**)。これに対し、ドデシルベンゼンスルホン酸のような大きなドーパントイオンの場合、還元時に脱ドープは起こらず、代わりに電解液からカチオンを取り込むため体積は逆に膨張する。

Baughmanらは、電気化学的ドープ・脱ドープにより導電性高分子が電気エネルギーを直接力学エネルギーに変換できることを見出し、流量制御素子やマイクロピンセットなどに応用できることを示した[3)]。その後、Otero[4)]、Pei、Inganäs[5)]らはポリピロール(polypyrrole：PPy)からなる導電性高分子層とフレキシブル絶縁層の二層構造からなるアクチュエータを作製し、PPyの電気化学的酸化還元反応によるドープ・脱ドープにより電解液中で屈曲する現象を報告している(**図3**)。また、KanetoとMacDiarmid

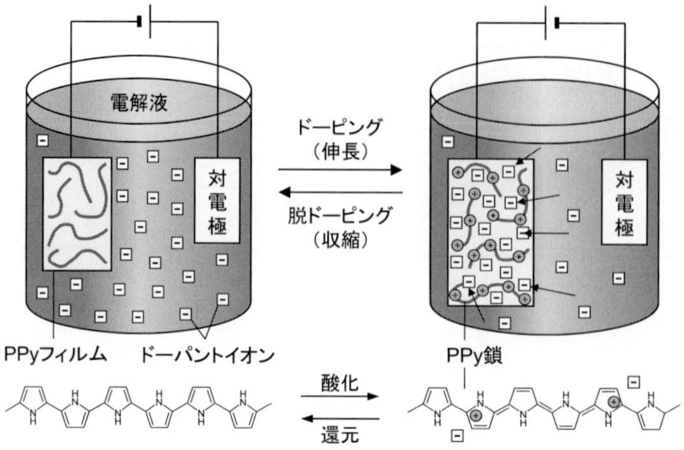

図2　電気化学的な酸化還元によるポリピロール(PPy)フィルムの体積変化

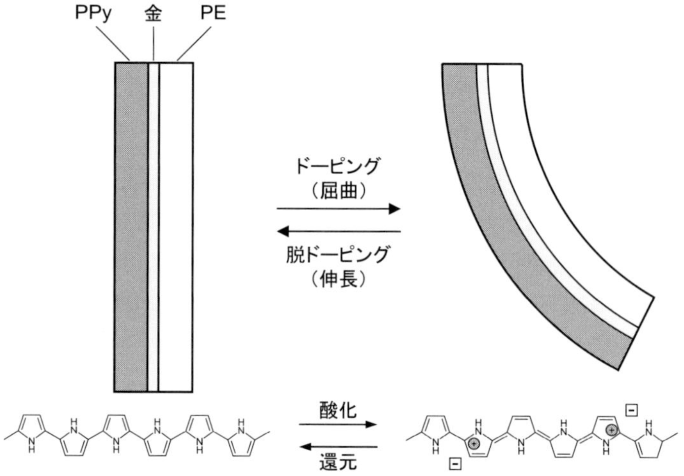

図3　金蒸着したポリエチレン(PE)フィルムとポリピロール(PPy)の二層構造からなるアクチュエータの酸化還元による屈曲

は、水素イオンを介したポリアニリン(polyaniline：PANI)の酸化還元反応により体積変化することを示し、44 Hz以上の交流電場に応答するアクチュエータ素子を作製した[6]。さらに、Oteroらは2枚のPPyフィルムをテープで接着した三層アクチュエータを作製し、電気化学－力学挙動を詳細に検討している[7]。興味深いことに、定電流駆動下において、アクチュエータが荷重に触れると電圧が急激に上昇することから、アクチュエータ機能と触覚センサ機能を同時に発現することが明らかになった。2本の配線だけで制御可能なことから、素子の集積化によるインテリジェントシステムへの応用が期待できる。

2　マイクロアクチュエータ

導電性高分子の体積変化は、ドーパントイオンと溶媒の拡散律速で起こるため、アクチュエータのマイクロ化は拡散時間の短縮による応答速度の向上につながる。Smelaらは微小電気機械システム(micro-electro-mechanical

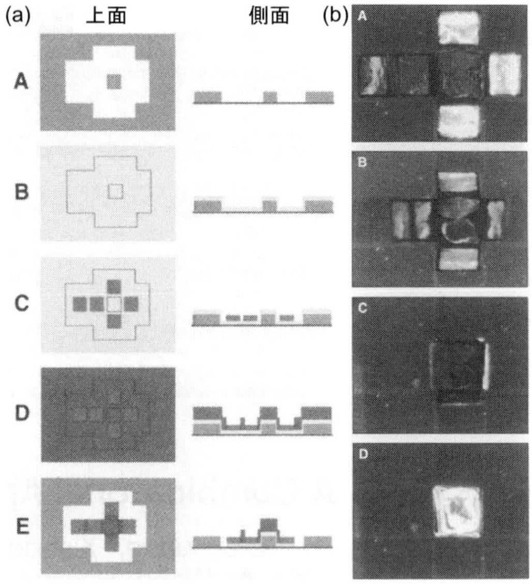

図4　(a)MEMS技術によるPPyマイクロアクチュエータの作製プロセス(A〜E)と(b)立方体が閉じる様子(A〜D)　※口絵参照

system：MEMS)技術を用いてPPyマイクロアクチュエータを作製している。一辺300 μmの立方体のヒンジ部分にPPyを電解重合することで、立方体の開閉が1秒以下で起こる(**図4**)[8]。このようなマイクロアクチュエータは、マイクロ流体、薬物徐放、細胞生物学、医療機器等への応用が期待されている。一方、JagerらはPPyマイクロロボットアームを作製し、マイクロマニュピュレーションに関する実験を行っている。マイクロロボットアーム(長さ670 μm、幅250 μm)は肘と手首、3本の指からなり、直径100 μmのガラスビーズをつかんで持ち上げ、移動させることに成功している(**図5**)[9]。また、PPyマイクロアクチュエータは能動カテーテルやガイドワイヤーへの応用が検討されている。Leeらは、直径0.5 mmのカテーテル先端にPPyアクチュエータを装着することで、先端の曲率を0.06 m^{-1}屈曲させることに成功した。一方、外傷や手術の過程で切断した2本の血管(直径1〜3 mm)を、面倒な

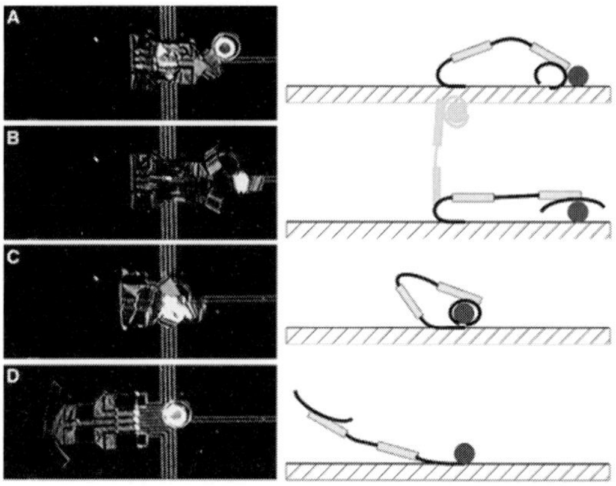

図5　マイクロロボットアームが直径100 μmのガラスビーズをつかんで持ち上げる動作を上から撮影した写真(左)と側面から見た模式図(右)

縫合をせずに再結合させる吻合コネクタへの応用についても検討されている[10]。コネクタは生体適合性に優れたポリウレタンと金電極、PPy層からなるシートを巻いた巻回型素子である。電圧印加状態で収縮することからシートはより固く巻かれており、これを切断した2本の血管の両端に挿入する。電圧を切るとコネクタは広がり、血管が修復するまで2本の血管をつないだまま保持することができる。

3　アクチュエータの高性能化

導電性高分子は低電圧で駆動可能なことから、ソフトアクチュエータとして期待されているが、一般に収縮率は5%程度と低い。導電性高分子を人工筋肉へ応用するには、実際の筋肉(収縮率20%、収縮応力0.35 MPa)[11]程度の高性能化が求められる。Kanetoらはテトラブチルアンモニウムテトラフルオロボラートの安息香酸メチル溶液を電解液に用いることで、伸縮率12.4%、収縮応力22 MPaを示す電気化学アクチュエータの作製に成功している[12]。また、電解質をリチウムビス(ノナフルオロブタンス

ルホニル)イミドに変えることで、収縮率は最高40%に達する[13]。Haraらは高性能PPyをタングステンやニッケルめっきしたステンレスなどの金属コイル上に電解重合することで、PPy-金属コイル複合アクチュエータを作製している(**図6**)[14]。電解重合時間を長くすることで、より多くのPPyがタングステンコイル上へ付着しているのがわかる。PPy-金属コイル複合アクチュエータ1本の電気収縮率と収縮応力はそれぞれ8.5%と0.2 Nであるが、1600本束ねることで22 kgの荷重を持ち上げることに成功している(**図7**)。また、ポリエチレンテレフタレート(polyethylene terephthalate：PET)

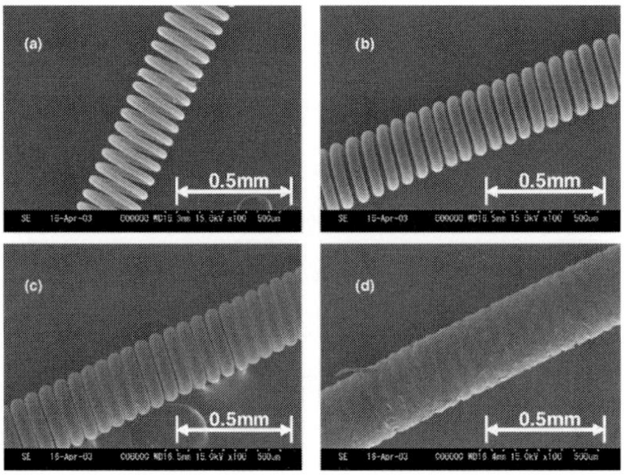

図6　タングステンコイル(a)とPPy-タングステンコイル複合アクチュエータ(b)～(d)。PPyの電解重合時間：(b)6時間、(c)8時間、(d)16時間

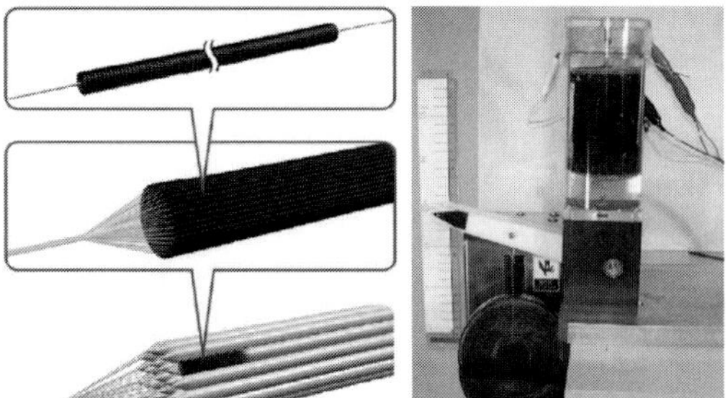

図7　PPy-金属コイル複合アクチュエータの集積化(左)と実際に荷重を持ち上げている様子(右)

フィルム上にチタンや金をスパッタして作製した金属ジグザグ電極上にPPyを電解重合することで、PPy-ジグザグ金属複合アクチュエータを作製した。三次元的に起こるPPyの体積変化を一方向に集約することで、電気収縮率は最大21.4%に達している[15]。さらに、20個のPPy-ジグザグ金属複合アクチュエータを集積することで、13 kgの荷重を持ち上げることが可能である。このような高性能アクチュエータを用いたダイアフラムポンプや触覚ディスプレイへの応用が検討されている。エネルギー変換効率は0.3%以下[16]と低いが、電気化学的酸化還元が二次電池の充放電に相当することから、入力エネルギーのほとんどは回収可能である。伸縮速度(13.8%/s)[17]は筋肉(300%/s)に比べ遅いが、これはフィルムの伸縮がイオンの拡散律速であることに起因する。このような導電性高分子アクチュエータのほとんどは、電解液中か膨潤状態で動作する「湿式システム」であり、空気中で駆動させるにはレドックスガス[18]や固体電解質[19]、イオン液体[20]などが必要であった。

4　湿度応答型アクチュエータ

筆者らは、電解重合により作製したPPyフィルムが空気中で高速変形する現象を見出している[21]。PPyフィルムを、ろ紙をはさんで純水の入ったシャーレ上にのせたところ、素早く屈曲しては反転する運動を1時間以上繰り返すことがわかった(**図8**)。このような現象は、セルロースや高分子電解質フィルムなど一部の吸湿性高分子についてもみられるが、一般に応答は遅く可逆性に乏しかった。さらに、PPyフィルムの屈曲変形を利用することで、直接回転運動する「高分子モーター」を試作している(**図9**)[22,23]。PPyフィルムを連結してベルトを作

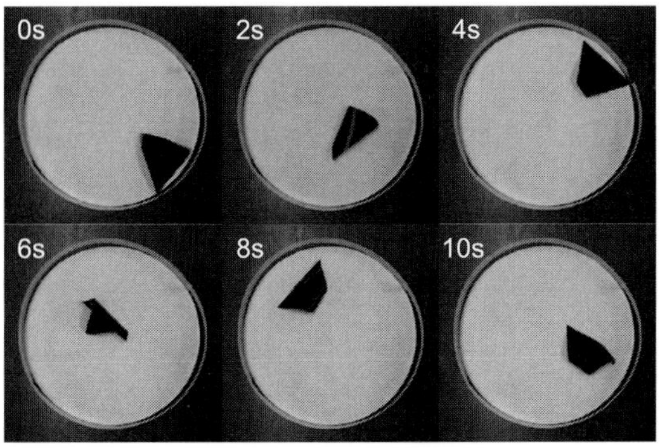

図8　PPy フィルムの湿度応答特性。純水を入れたシャーレ上のろ紙を水蒸気が透過し、PPy フィルムに吸着することで屈曲する。

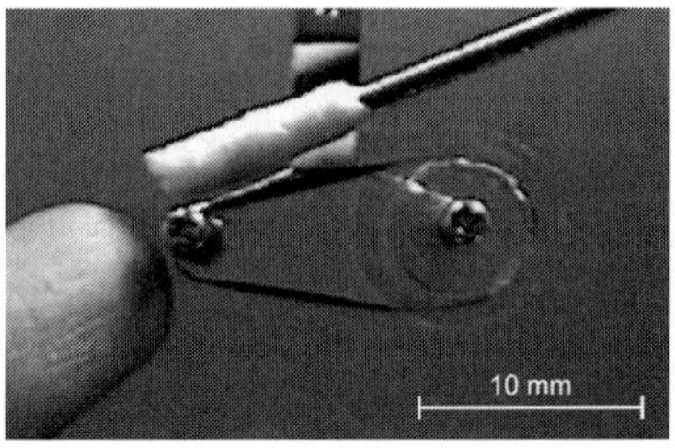

図9　PPy フィルムの水蒸気吸脱着で回転する高分子モーター

り、2つのプーリーにかける。小さなプーリーの上にアルコールやアセトン等の有機溶媒を含んだ脱脂綿を固定し、下から指を近づける。指先から蒸発する水蒸気がフィルムに吸着すると、表面の膨張により内側に曲がろうとし、逆に有機溶媒付近では脱水によりフィルム表面が収縮して真っ直ぐに伸びようとする。このようにして発生した屈曲応力により回転モーメントが生じ、毎分6〜7回転(22 cm/min)の速度で回転する。高分子モーターは、①空気中で非接触作動し電解液や電極が不要、②物質をまったく消費せず騒音や反応生成物がない、③構造が単純で多くの部品を必要としないために小型化に適している、④高感度であり長期間安定に動作する、⑤センサとアクチュエータ機能をあわせもつインテリジェンドシステムなどの特徴がある。水蒸気の吸着にともなう自由エネルギー変化で高分子鎖が変形し、これを集積することで直接回転運動に変換するため、クリーンで高効率なマイクロマシーンやモレキュラーエンジンなど、新しいタイプの駆動システムへの応用が期待できる。最近、マサチューセッツ工科大学(MIT)の Ma と Langer らは PPy とポリオール複合膜が湿度に応答して高速変形することを報告し、圧電素子と組み合わせることで約1V、0.3 Hz の交流起電力を取り出すことに成功している[24]。さらに、PPy[25)-27)] やポリ(3,4-エチレンジオキシチオフェン)/ポリ(4-スチレンスルホン酸)(poly(3,4-ethylenedioxythiophene)：poly(4-styrenesulfonate)：PEDOT：PSS) フィルム[23)28)29)]が、数V印加により空気中で収縮する現象を見出している。10V印加により PEDOT：PSS フィルムは 2.4％収縮し、PPy フィルムに比べ2倍以上大きい。電解液やレドックスガスを用いないことから、PEDOT：PSS フィルムの電気収縮メカニズムは従来の電気化学的ドープ・脱ドープとは明らかに異なり、ジュール熱による水蒸気の可逆的吸脱着に基づくことがわかった(図10)。ここで、電気刺激は水蒸気の吸着平衡をコントロールしており、PEDOT：PSS フィルムは電圧のオン・オ

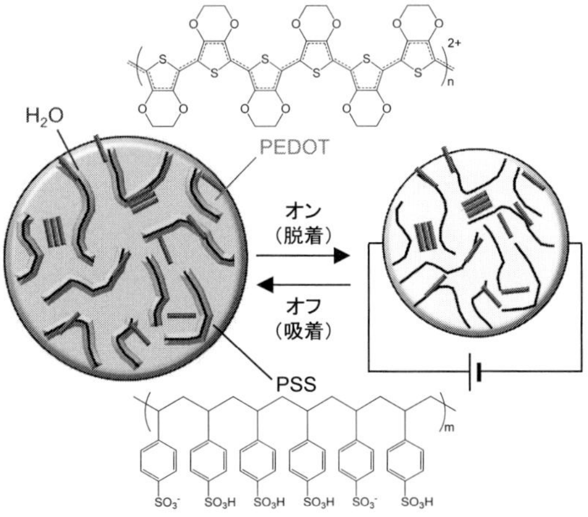

図10　PEDOT：PSS フィルムの電気収縮メカニズム

フに応答して、あたかも呼吸をするかのように水分子を吸ったり吐いたりして伸縮するというユニークな性質をもつことが明らかになった。実際に、一方向に伸縮する直動アクチュエータを作製し、その変位をテコの原理で拡大する「ポリマッスル」や、PETフィルム上にPEDOT：PSSを塗布したバイモルフ型屈曲素子「ポリフラワー」を試作している(**図11**)[29]。さらに、直動アクチュエータを複合化することで、点字ディスプレイへの応用が可能である。6本の直動アクチュエータを2×3に集積した点字セルとキーボードの写真を**図12**に示す。キーボードから「やまなし」と仮名入力したところ、数秒間隔で点字セルに出力表示し、触知ピンの変位量と発生応力は点字セルを触読するのに十分であった。さらに点字セルを集積化することで、画像や絵を表示可能な点画ディスプレイへの応用も期待できる。

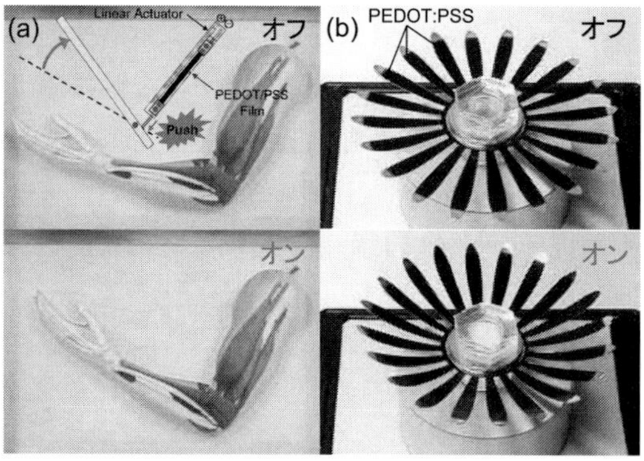

図11　PEDOT：PSSフィルムを用いたアクチュエータ(a)ポリマッスルと(b)ポリフラワー

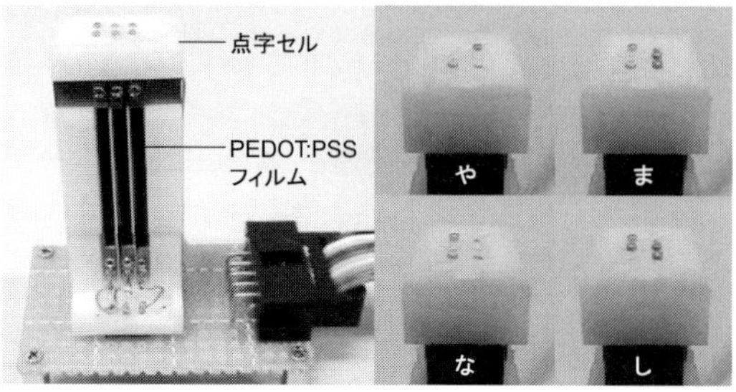

図12　PEDOT：PSS直動アクチュエータを用いた点字ディスプレイ

湿度応答型導電性高分子アクチュエータと同様に、形状記憶合金アクチュエータは電圧印加によるジュール加熱で駆動するが、マルテンサイト/オーステナイト相間の熱相転移により変形するため、合金組成で決まる相転移温度や二相間の中間状態を制御することは困難である。これに対し、導電性高分子アクチュエータは印加電圧により任意の収縮状態をとることができる。さらに、水蒸気吸着量の増加により収縮率を向上させることも可能である。また、PEDOT：PSSフィルムの収縮応力は自重(2.5 mg)の1万倍以上に相当する17 MPa(59 gf)に達する[28]。これは筋肉(0.35 MPa)やイオン伝導性高分子アクチュエータ(0.23〜15 MPa)、誘電エラストマーアクチュエータ(0.3〜7.7 MPa)よりも大きく[11]、フィルムの弾性率(1.8 GPa)が筋肉(10〜60 MPa)やイオン伝導性高分子アクチュエータ(0.1 MPa)、誘電エラストマーアクチュエータ(0.1〜3.0 MPa)よりも高いことに起因する。また、最大出力エネルギー密度(174 kJ/m^3)は、筋肉(8〜40 kJ/m^3)やイオン伝導性高分子アクチュエータ(5.5 kJ/m^3)、誘電エラストマーアクチュエータ(10〜150 kJ/m^3)、導電性高分子電解アクチュエータ(100 kJ/m^3)に比べ大きいことから、優れたEAPアクチュエータ材料として期待できる。

5　おわりに

導電性高分子を用いたソフトアクチュエータについて、応答特性やメカニズム、開発動向について解説した。実用化には応答速度や耐久性、エネルギー変換効率など克服すべき問題が残されているが、導電性高分子は①高い電子伝導度、②高い弾性率と収縮応力、③優れた成形加工性、④センサとアクチュエータ機能をあわせもつインテリジェント性(材料が自ら感じ、判断して変形する賢い性質)等の優れた特徴を有する[30]。高い運動性能を有するアクチュエータを構築するには、導電性高分子の電気化学または電気刺激を力学的な仕事に変換する能力を高めるような材料設計と高次構造・階層構造制御が不可欠である。誘電エラストマーアクチュエータ[31]や圧電アクチュエータ[32]が数kVの高電圧で駆動するのに対し、導電性高分子アクチュエータは100～1000分の１の低電圧で駆動することから、ソフトアクチュエータや人工筋肉として、センサやバルブ、スイッチ、ポンプ(工学)のほか、能動カテーテルやガイドワイヤー(医療)、点字ディスプレイ(福祉)、パワーアシストスーツ(介護)等への応用が可能である。さらに、溶媒に可溶なPEDOT：PSSやPANIはウェットプロセスによる素子作製が可能なことから、低コストで大量生産可能なプリンテッドアクチュエータやペーパーアクチュエータの実現が期待される。

文　献

1) K. Asaka and H. Okuzaki eds.：Soft Actuators：Materials, Modeling, Applications, and Future Perspectives, Springer Tokyo Heidelberg New York Dordrecht London (2014).
2) 安積欣志, 奥崎秀典, 鈴森康一監修：ソフトアクチュエータの材料・構成・応用技術, S&T出版 (2016).
3) R. H. Baughman, L. W. Shacklette, R. L. Elsenbaumer, E. Plichta and C. Becht：Conducting Polymer Electromechanical Actuators, Conjugated Polymeric Materials, Opportunities in Electronics, Optoelectronics, and Molecular Electronics (Bredas and Chance, eds.), Kluwer Academic Pub. (1990).
4) T. F. Otero, E. Angulo, J. Rodriguez and C. Santamaria：*J. Electroanal. Chem.*, **341**, 369 (1992).
5) Q. Pei and O. Inganäs：*Adv. Mater.*, **4**, 277 (1992).
6) W. Takashima, M. Kaneko, K. Kaneto and A. G. MacDiarmid：*Synth. Met.*, **71**, 2265 (1995).
7) T. F. Otero and M. T. Cortés：*Adv. Mater.*, **15**, 279 (2003).
8) E. Smela, O. Inganäs and I. Lundström：*Science*, **268**, 1735 (1995).
9) E. W. H. Jager, O. Inganäs and I. Lundström：*Science*, **288**, 2335 (2000).
10) F. Carpi ed.：Electromechanically Active Polymers – A Concise Reference, Springer International Publishing, Switzerland (2016).
11) J. D. W. Madden, N. A. Vandesteeg, P. A. Anquetil, P. G. A. Madden, A. Takshi, R. Z. Pytel, S. R. Lafontaine, P. A. Wieringa and I. W. Hunter：*IEEE J. Oceanic Eng.*, **29**, 706 (2004).
12) S. Hara, T. Zama, S. Sewa, W. Takashima and K. Kaneto：*Chem. Lett.*, **32**, 576 (2003).
13) S. Hara, T. Zama, W. Takashima and K. Kaneto：*Polym. J.*, **36**, 933 (2004).
14) S. Hara, T. Zama, W. Takashima and K. Kneto：*Synth. Met.*, **146**, 47 (2004).
15) S. Hara, T. Zama, W. Takashima and K. Kaneto：*J. Mater. Chem.*, **14**, 1516 (2004).
16) H. Fujisue, T. Sendai, K. Yamato, W. Takashima and K. Kaneto：*Bioins. Biomim.*, **2**, S1 (2007).
17) S. Hara, T. Zama, W. Takashima and K. Kaneto：*Smart Mater. Struct.*, **14**, 1501 (2005).
18) Q. Pei and O. Inganäs：*Synth. Met.*, **55-57**, 3730 (1993).
19) J. M. Sansinena, V. Olazabal, T. F. Otero, C. N. P. da Fonseca and M. A. De Paoli：*Chem. Commun.*, 2217 (1997).
20) W. Lu, A. G. Fadeev, B. Qi, E. Smela, B. R. Mattes, J. D. Geoffrey, M. Spinks, J. Mazurkiewicz, D. Zhou, G. G. Wallace, D. R. MacFarlane, S. A. Forsyth and M. Forsyth：*Science*, **297**, 983 (2002).
21) H. Okuzaki and T. Kunugi：*J. Polym. Sci. Polym. Phys.*, **34**, 1747 (1996).
22) H. Okuzaki, T. Kuwabara and T. Kunugi：*Polymer*, **38**, 5491 (1997).
23) H. Okuzaki, K. Hosaka, H. Suzuki and T. Ito：*Sens. Actuators A*, **157**, 96 (2010).
24) M. Ma, L. Guo, D. G. Anderson and R. Langer：*Science*, **339**, 186 (2013).
25) H. Okuzaki, T. Kuwabara, K. Funasaka and T. Saido：*Adv. Funct. Mater.*, **23**, 4400 (2013).
26) H. Okuzaki and T. Kunugi：*J. Polym. Sci. Polym. Phys.*, **36**, 1591 (1998).
27) H. Okuzaki and K. Funasaka：*Macromolecules*, **33**, 8307 (2000).
28) H. Okuzaki, H. Suzuki and T. Ito：*J. Phys. Chem. B*,

113, 11378 (2009).
29) H. Okuzaki, K. Hosaka, H. Suzuki and T. Ito : *React. Funct. Polym.*, **73**, 986 (2013).
30) 奥崎秀典：PEDOTの材料物性とデバイス応用, S&T出版 (2012).
31) R. Pelrine, R. Kornbluh, Q. Pei and J. Joseph : *Science*, **287**, 836 (2000).
32) J. K. Lee and M. A. Marcus : *Ferroelectrics*, **32**, 93 (1981).

応用編

第4章　電場・磁場応答性
第3節　液晶エラストマーの配向制御と刺激応答特性

京都工芸繊維大学　浦山 健治

1　はじめに

液晶エラストマー(Liquid Crystal Elastomers；LCE)は、液晶とエラストマー(ゴム)の融合体であり、緩く架橋された柔軟な三次元高分子網目の主鎖や側鎖に液晶性を発現する剛直なメソゲンが導入された構造をもつ(**図1**)。液体と同様の高い分子運動性をもつゴム中では液晶相の形成は妨げられず液晶性とゴム弾性は両立し、LCEは液晶由来の外場応答性をもつゴムとして挙動する。一般の液晶材料は外場応答性を示す状態では流動する液体であり、配向の保持には配向セルなどの支持体が必要である。それに対して、LCEは支持体を必要とせず架橋時の配向と形状を記憶した固体材料である。

液晶性とゴム弾性を示すLCEでは液晶の分子配向とマクロな形状が強く結びついており、液晶配向に網目鎖の配向が追随しまたその逆も成り立つ。このため、LCEは液晶配向の変化を誘起する電場、磁場、温度変化、光照射などの外部刺激に応答してマクロに変形する刺激応答性材料になる。一方、ゴムの変形によって液晶を再配向させることもできるため、液晶由来の光学特性を力学的刺激によって可変できる固体光学材料としての面もある。LCEの大まかな概念は約40年前にde Gennesによって提唱され[1]、約25年前にFinkelmannら[2]が液晶配向とマクロな形状の結びつきを示すLCEの熱伸縮挙動を初めて報告した。これまでにネマチック、コレステリック、スメクチック相を示すLCEが作製され、各相の配向秩序とゴム弾性の結合が生む多様な刺激応答特性が明らかにされてきた[3]。LCEは刺激応答性ソフトマテリアルとして多くの研究者の注目を集め、ソフトマターの学問分野で活発な研究が行われるとともに、アクチュエータやセンサーの素子などを指向した機能性材料の観点からも期待されている[4–6]。ここでは、配向制御されたLCEが示す熱や電場に対する応答挙動について解説する。

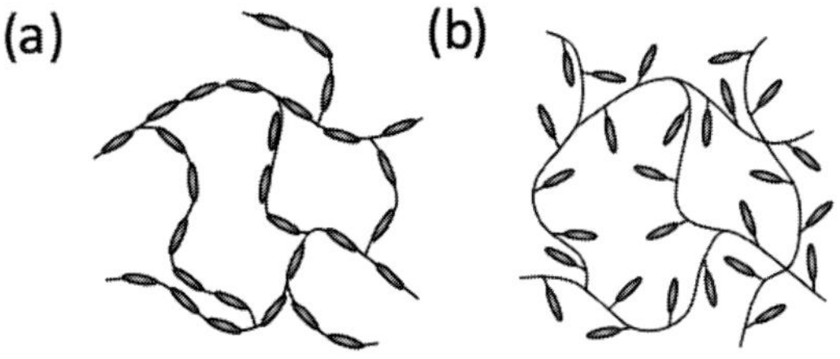

図1　(a)主鎖型および(b)側鎖型LCEの模式図

2　配向制御されたネマチックエラストマーの多様な熱変形挙動

液晶に温度変化を与えると配向度の増減が起こり、液晶の配向度の増減はマクロなひずみとなり、LCEに熱変形が誘起される。LCEの熱変形の重要な特徴は、変形モード(伸縮、曲げ、ねじれなど)が液晶の配向パターンによって制御できることである[4]。後述するように、原理的には、配向の精密なパターニングによって折り紙のような任意の三次元変形も可能である。ディスプレイ技術に用いられるネマチック液晶の基本的な配向パターンを**図2**に示す。LCEでは架橋反応時(三次元高分子網目の形成

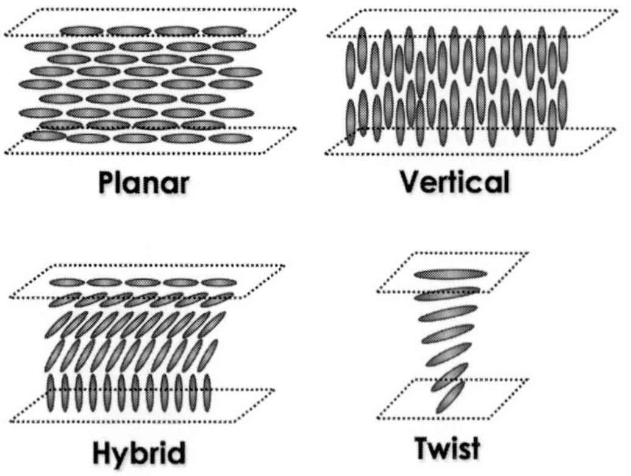

図 2　代表的な液晶配向パターン

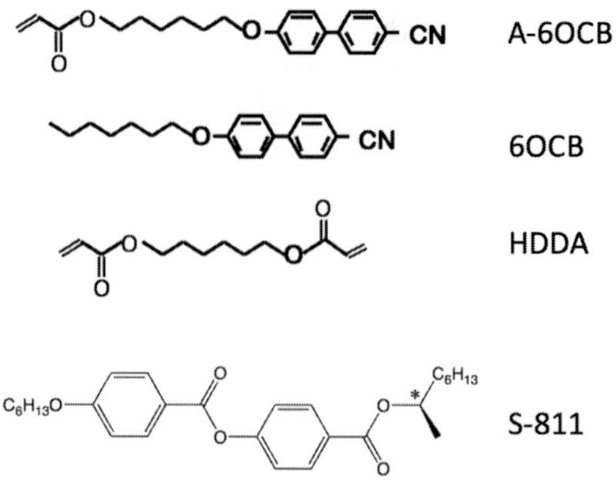

図 3　A-6OCB、6OCB、HDDA、S-811 の化学構造

時）の液晶配向パターンが記憶され、その配向記憶は相転移を繰り返しても保たれる。プラナー配向をもつネマチックエラストマーの作製については、1 段目の架橋反応で自立膜を形成させ、膜の伸長によってプラナー配向を誘起した状態で 2 段目の架橋反応を行う「二段架橋法」とよばれる方法が最初に報告された[2]。また、磁場によってプラナー配向を誘起した状態で架橋反応を行う方法もある[7)-9)]。これらの方法では配向パターンは原則としてプラナー配向に限られるが、ディスプレイ技術で培われた配向セルを用いた手法では配向膜の組み合わせやキラルドーパントの使用でさまざまな配向パターンが可能である。一方で、この手法では膜の表面アンカリング効果を用いるため、ミリメートルオーダーの厚い膜厚をもつ材料の作製は困難である。筆者らは反応性液晶、架橋剤と液晶溶媒の混合物（一例として**図 3**）を配向セル中に封入し、所望の配向パターンを誘起した状態で光開始ラジカル反応で架橋反応を行っている。生成したゲル膜をセルから分離、洗浄、乾燥することにより、種々の配向パターンをもつ側鎖型のネマチックエラストマー（NE）膜が得られる[10]。

液晶相転移温度（T_{NI}）以上の高温域（等方相）では分子配向はランダムであるため、NE に有為な熱変形は生じない。液晶相を形成する T_{NI} 以下の低温域では降温すると配向度の増加とともにひずみが増加し、配向パターンに応じたマクロな変形が生じる。図 3 の原料から作製されたプラナー配向をもつ NE（PNE）について、ダイレクタ方向の長さと液晶の配向オーダーパラメータ（S）の温度依存性を**図 4** に示す。$\lambda_{\parallel}$ は等方相での長さを 1 としたダイレクタ方向の長さであり、この試料では温度変化による S の増減によってダイレクタ方向に約 20％程度のマクロな伸縮が可逆的に生じている。側鎖型 NE では、側鎖のメソゲンの配向が網目の主鎖の配向を誘起しマクロな変形が生じる。メソゲンが網目骨格に組み込まれた主鎖型の方が側鎖型よりも熱変形は一般的に大きく、ある主鎖型 NE

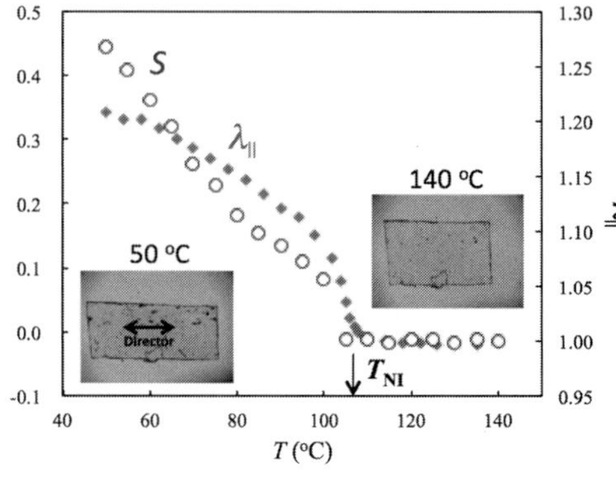

図 4　PNE のダイレクター方向の長さと配向オーダーパラメーターの温度依存性

では300%を超える巨大な熱伸縮が報告されている[11,12]。

膜厚方向でダイレクタがプラナー配向から垂直配向に連続的に変化しているハイブリッド配向のNE(HNE)膜は、屈曲方向の反転を伴う大きな熱屈曲変形が可逆的に生じる(**図5**)[13,14]。力学的に等方な弾性膜を曲げると、膜表面に沿ったひずみは外面では伸長、内面では圧縮となり、膜の曲率が大きくなるほど両面のひずみの差が大きくなる。冷却(加熱)による液晶の配向度は増大(減少)により、HNE膜の表面に沿ったひずみはプラナー配向の表面近傍では伸長(圧縮)、垂直配向の表面近傍では圧縮(伸長)となり、ダイレクタの角度変化に伴って膜厚方向にひずみ勾配が生じる。このひずみ勾配の大きさは液晶の配向度とともに変化するため、液晶相では膜の曲率が温度によって変化する。熱膨張率の異なる金属を貼り合わせたバイメタルと挙動が似ているが、LCEは連続体でありバイメタルと比べると熱誘起の曲率変化が桁違いに大きい。

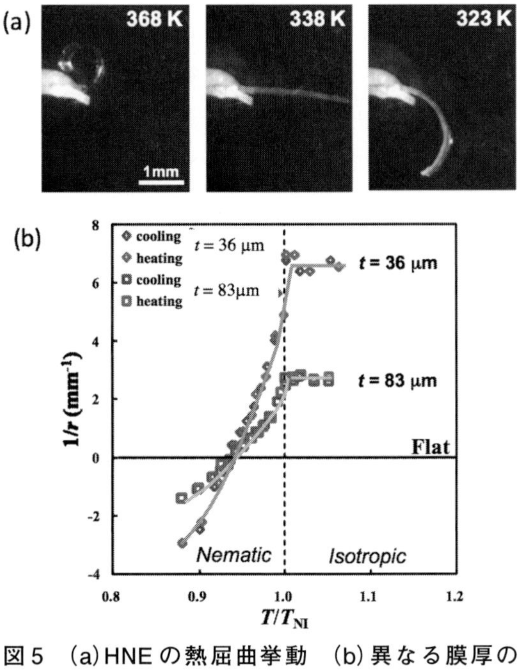

図5　(a)HNEの熱屈曲挙動　(b)異なる膜厚のHNEの曲率の温度依存性

膜厚方向でダイレクタが連続的に90°回転したツイストネマチック(TN)配向のNE(TNE)膜は、TN配向セルを用いてキラルインプリント法によって作製されている。キラルインプリント法とは、アキラルな反応性液晶に少量の非反応性のキラル物質(キラルドーパント)を添加し系にキラリティを付与した状態で架橋反応を行い、反応後にキラルドーパントを除去する方法である。TNEはA-6OCB, 6OCB, HDDAから成る混合物にS-811を適量添加し、TN配向セル中での光重合により作製されている。

TNE膜のリボン状の試料はねじれた形態を示し、温度変化に対してねじれのピッチ長が鋭敏に変化する[15,16]。高温の等方相でねじれた形態をもつリボンは、液晶相では冷却とともにねじれピッチ長が増加し、ある温度(T_{flat})で平板状となり、さらに冷却するとねじれの向きが反転した形態へ変化する(**図6**(b),(c))。この形態変化は熱可逆的に生じる。ねじれの向きの反転の理由は単純である。TNE膜は液晶相の所定の温度で平板状の形態で作製されるため、平板状となる温度(T_{flat})は液晶相の温度領域にある(正確にいえば、反応後の乾燥過程の体積変化のために架橋温度とT_{flat}とは一致しない)。T_{flat}から冷却または加熱すると配向度がそれぞれ増加または減少し、どちらの場合もねじれ変形が生じるがその向きは逆になる(当然であるが液晶のTN配向のねじれの向きは変化しない)。前述したHNE膜の屈曲方向がT_{flat}を境に反転する挙動も同様の理由である。リボンのねじれの向き(右巻きか左巻きか)は、膜作製時の液晶のTN配向の向きと、TN配向とリボンの長軸の角度(試料膜からリボンをどの向きに切り出すか)によって決まる(図6(a))。

場所によって配向が異なる緻密なパターニングを施したLCE膜を作製すれば[17,18]、折り紙

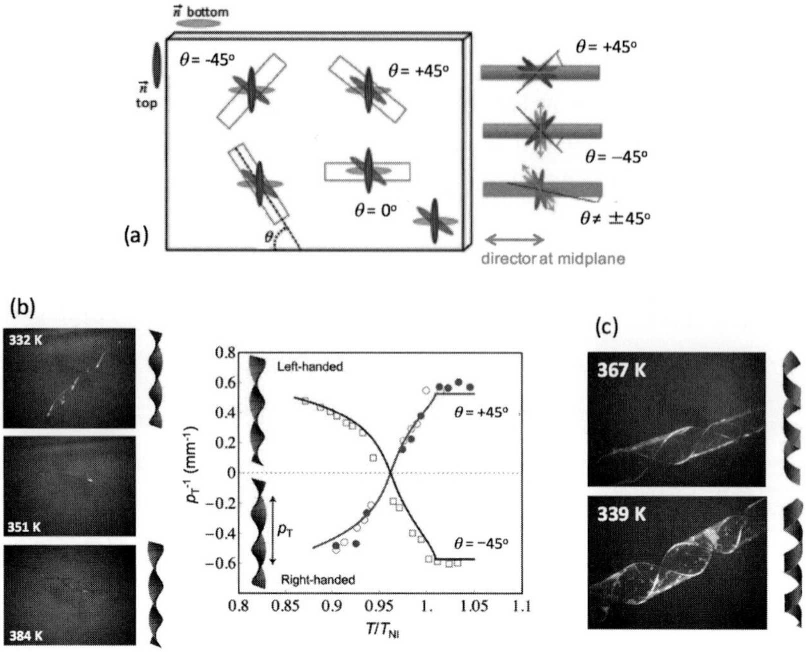

図6　(a) HNE の短冊状試料の長軸方向と配向パターンの関係　(b) 幅が狭い短冊状試料($\theta = +45°$ もしくは $-45°$)のらせんピッチ長の逆数の温度依存性　(c) 幅が広い短冊状試料($\theta = +45°$)のらせん状の形態

のように複雑な形態を温度変化で生じさせることができる。また、単純な PNE を微小要素としてその熱伸縮データを反映させた有限要素法シミュレーションは、同組成の HNE の屈曲変形や TNE のねじれ変形の温度依存性をかなりの精度で再現できる[13)15)16)]。このことは PNE の熱伸縮データがあれば任意の複雑な変形を熱的に誘起する配向パターンを予測できることを示しており、LCE の材料設計におけるシミュレーションの役割は大きい。

LCE を溶媒で膨潤させると液晶ゲルになる。液晶ゲルの温度変化による変形挙動の特徴は、液晶相転移(ゲル内の配向秩序の出現/消失)を駆動力とした体積相転移現象が生じることと、体積変化だけでなく配向パターンに応じた形状の変化を伴うことにある。また、液晶ゲルの膨潤挙動は溶媒の液晶性の有無によっても大きな影響をうける。液晶ゲルの熱変形挙動の詳細については、他の文献[6)19)20)]を参照されたい。

3　ポリドメインネマチックエラストマーの電場駆動

架橋反応時に特別な配向操作をしなければ、生成する LCE の液晶配向は多数のドメインがランダム配向したポリドメイン配向になる。ポリドメイン配向の LCE(PolyNE)は局所的な配向秩序はあるが巨視的な配向秩序はないため、有意な熱変形を示さない。一方で、PolyNE は伸長すると、伸長方向に巨視的に一軸配向したモノドメインに転移する(ポリドメイン-モノドメイン転移、以下 PM 転移と略す)[21)]。とくに高温の等方相で架橋したあとに T_{NI} 以下に冷却することで得られる PolyNE は、PM 転移に要する力学的な仕事(W_{PM})が極端に小さく[22)23)]、変形に要する力がきわめて小さいゴムとして挙動する。これは、等方相で架橋されているためにドメイン間に強い相関がなく、各ドメインがほとんど束縛なしに伸長方向に容易に再配向できることに由来すると考えられている[24)-26)]。

局所ダイレクタが力学的刺激に対して鋭敏に応答するPolyNEは、電場に対して大きなマクロ変形を示す[27)]。この測定では、試料は膜厚(42 μm)よりも大きな電極間距離(58 μm)をもつ透明電極セルに封入され、セルはシリコーンオイル(LCEに対して非溶媒)で満たされている。ポリドメイン配向による強い光散乱のために、無電場下では試料の外観は不透明である(**図7(a)**)。セルに交流電場(振幅25 MV/m；周波数1 Hz)の正弦波を印加すると、試料の外観は透明になるとともに伸長方向が電場と垂直な正弦振動の変形を示した。透明な外観は局所ダイレクタが電場方向に一様に配向したことを示しており、その配向に誘起されるひずみは35％に達している(動画は文献27)を参照)のSupporting Informationにある)。電場方向(液晶分子の長軸の配向方向)と垂直方向に膜が伸長される機構については議論が残されているが、側鎖型高分子液晶にみられる側鎖の液晶配向と主鎖の配向方向が垂直関係を示すタイプに帰属することで説明されている。図7(b)からわかるように、ひずみは電場強度とともに増加しているが、有意な変形が生じるための電場強度のしきい値(約10 MV/m)が認められる。同時測定された透過光強度の変化についても電場強度のしきい値が存在し、その値が変形のしきい値と一致することからも、変形がダイレクタの回転によるものであることが裏付けられる。

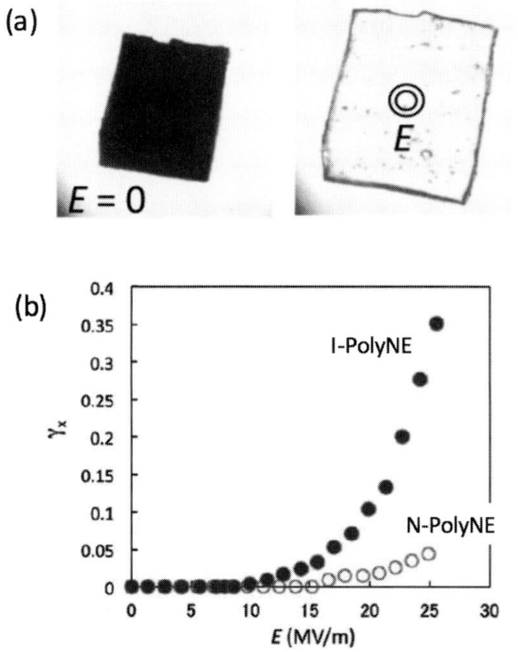

図7　(a)電場印加前後のPolyNEの外観。(b)等方相(I)および液晶相(N)で架橋されたPolyNEのひずみの電場強度依存性。

上記の液晶の誘電異方性を利用する方法とは別に、キラルスメクチック液晶の配向ベクトルが電場によって傾く電傾効果を利用するアプローチがある。キラルスメクチック液晶から成るLCEに導電ペーストを塗布すると、ずり変形に似たマクロな変形を示すことが報告されている[28)-30)]。

LCEを液晶溶媒で膨潤させた液晶ゲルでは、液晶性を保ったまま弾性率を低下させダイレクタ回転の抵抗を減らせるため、より低い電場強度で大きな電場変形を観察することができる。一方で、低弾性率の液晶ゲルの電場変形が生じる発生応力はLCEと比べると小さくなる。液晶ゲルの電場応答挙動については別の総説[6)31)]を参考にされたい。

4　コレステリックエラストマーの温度、ひずみ、電場に対する応答特性

ダイレクタが規則的ならせん状の配向パターンをもつコレステリック液晶から成るLCE(ChE)は、選択反射特性などのユニークな光学特性をもつエラストマーである。自立膜であるChEは“フォトニックエラストマー”としてゴム状光学素子などへの応用が期待されている。

ChEの作製法は、キラリティをもつ反応性

液晶を用いる方法と、TNEの作製法として述べたキラルインプリント法に大別できる。前者の例として、キラリティをもつ反応性液晶(A*-6OCB;**図8**(a))および、6OCBとHDDAから成る混合物を用いた系を紹介する。プラナー配向セル中でらせん配向軸を膜厚方向にもつモノドメインのコレステリック相を形成させた状態で光重合を行いChE膜が作製されている。らせん配向のピッチ長はA*-6OCBの濃度によって変化させることができる。

作製した右巻きのらせん配向をもつChE膜はらせんのピッチ長に相当する波長域の右円偏光の入射光を選択的に反射し、その波長域の中心波長(Λ_R)は昇温に伴って長波長側にシフトする(図8(b))[32]。温度変化によるΛ_Rのシフトは白色入射光に対する反射光の色の変化としても観察できる(図8(c))。温度変化によってらせん軸方向(膜厚方向)に最大で10%程度のマクロな伸縮変形も生じ、液晶相では膜厚は降温(昇温)すると減少(増加)する。昇温時のΛ_Rの長波長シフトは液晶の配向度の減少によるらせんピッチの増加に起因しており、Λ_Rは膜厚とおおよそ比例関係にある(図8(d))[32]。

ゴム弾性を利用してChE膜を膜厚(らせん軸)方向に圧縮すると、選択反射特性は保たれたままひずみの増加に従ってΛ_Rが短波長側にシフトする[33](**図9**(a))。Λ_Rはひずみに比例して減少しており(図9(b))、温度変化の場合と同様に膜厚とらせんピッチ長は比例関係にある。らせん軸方向の圧縮は、元々のらせん配向を乱すことなくピッチ長のみを短くできることを示している。また、色素をドープしたコレステリック液晶のレーザ発振現象がこのChE膜でも観察され、圧縮ひずみによってレーザの発振波長を可変できている[33]。

コレステリック液晶の選択反射特性に基づく電気光学効果は盛んに研究されている。電気光学セルに封入された正の誘電異方性のコレステリック液晶に対して、らせん軸方向に平行な電場を加えると、らせん軸が傾いたフォーカルコニック組織が形成され(Helfrich変形)、電場強度(E)が過度に大きくなければある程度の大き

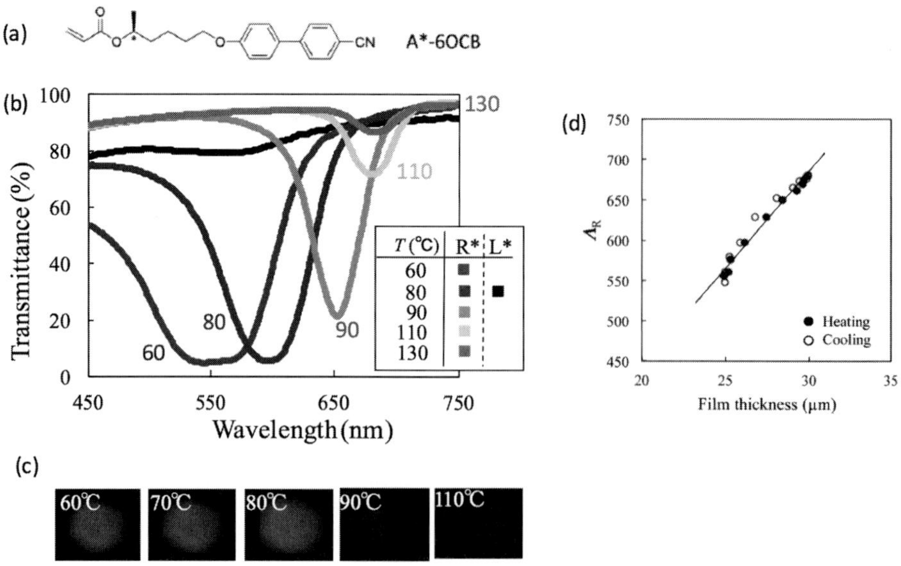

図8　(a)A*-6OCBの化学構造　(b)ChEの右もしくは左円偏光の入射光に対する透過スペクトルの温度依存性　(c)右円偏光の入射光に対する反射像の温度依存性　(d)選択反射の波長と膜厚の関係

さのときはΛ_Rの短波長シフトと透過率の減少が起こることが知られている。図8のChE膜を5CBで膨潤させChゲル膜とし、図7と同じ測定系を用いて電気光学効果と電気力学効果が調べられている(図10)[34]。このChゲルはChEと5CBから成る単一のモノドメインコレステリック相を形成し、右円偏光の白色入射光に対する透過像は濃青色である。十分な強度の電場下ではゲルは透明となり電場方向(らせん軸方向)と垂直方向に一様に収縮する変形が観察された(図中では約15%のひずみ)。(動画は文献34)を参照)のSupporting Informationにある)。正の誘電異方性をもつ液晶が電場方向に配向し、同方向にゲルが伸長され、非圧縮性(変形前後で体積不変)のためにその垂直方向にゲルが収縮したためである。電場下ではΛ_Rが可視光域よりも長波長域にシフトしており(図10)、らせんピッチ長が増加していることがわかる。

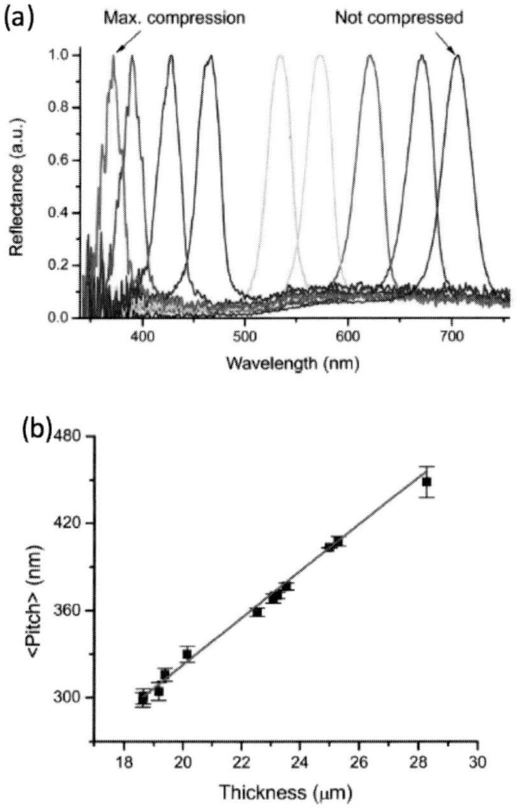

図9　(a)ChEの反射スペクトルの圧縮ひずみ依存性
(b)圧縮時のらせんピッチ長と膜厚の関係

観察されたChゲル膜の電気光学効果(Λ_Rの長波長シフト)は、一般的なコレステリック液晶が電場下で示す挙動(Λ_Rの短波長シフト)と逆である。電場方向の系の長さが電極間距離で固定されているコレステリック液晶では、電場下ではらせん軸が傾いたフォーカルコニック組織が形成されΛ_Rの短波長シフトが起こる。一方、十分な高電場下のChゲル膜では伸長によって電場方向の系の長さに相当する膜厚が増加するため同組織の形成は抑制され、らせんピッチが増加すると考察されている。実際に、

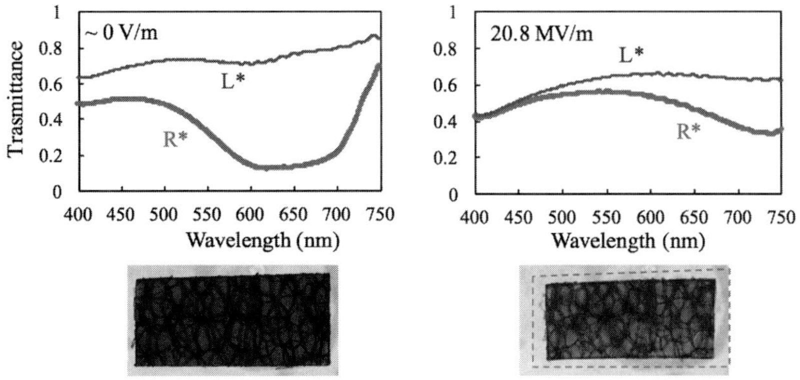

図10　電場印加前後のコレステリックゲルの外観と右および左円偏光の入射光に対する透過スペクトル
※口絵参照

Ch ゲル膜でも膜厚増加が大きくない E が小さい領域では、フォーカルコニック組織の形成に起因する透過率の顕著な減少がみられている[34]。

5 おわりに

種々の配向パターンをもつLCEの温度変化や電場に対する応答特性について紹介した。LCEの刺激応答性の魅力は、外場が誘起する液晶の再配向がマクロな変形として現れることであり、液晶の配向制御によって変形のデザインが可能なことである。LCEが外場によって生じる変形は他の固体材料と比べると格段に大きいが、発生する力は大きくはない。アクチュエータなどへの応用では、生じるひずみよりも力の大きさが重視されることが多い。発生力の向上には、汎用ゴムにみられるフィラー補強や、他の硬質な高分子材料へのLCEの塗布や積層化などが有効だろう[35,36]。

LCEの研究の発展には合成面での進歩も不可欠であるが、クリックケミストリーの具現化のひとつといわれているチオール-エン反応を利用したLCEの合成が報告されている[37-41]。チオール-エン反応の高い反応性のおかげで従来法に比べるとLCEの合成が容易になっている。合成面での障壁が下がり、LCEの研究分野に新規参入しやすくなることが期待される。初合成の報告から約25年が経過した今、低分子液晶にとっての表示デバイスのようなキラーアプリケーションの出現をLCEにも期待したい。

文　献

1) P. G. de Gennes：*C. R. Acad. Sci., Ser. B*, **281**, 101 (1975).
2) J. Kupfer and H. Finkelmann：*Makromol. Chem. Rapid Commun.*, **12**, 717-726 (1991).
3) M. Warner and E. M. Terentjev：Liquid Crystals Elastomers (Revised Edition) Clarendon Press, London, (2007).
4) T. J. White and D. J. Broer：*Nat. Mater.*, **14**, 1087-98 (2015).
5) K. Urayama：*Macromolecules*, **40**, 2277-2288 (2007).
6) 浦山健治，新井裕子，瀧川敏算：液晶，**9**，168-179 (2005).
7) C. H. Legge, F. J. Davis and G. R. Mitchell：*J. Phys. II*, **1**, 1253-1261 (1991).
8) A. Komp, J. Ruhe and H. Finkelmann：*Macromol. Rapid Commn.*, **26**, 813-818 (2005).
9) A. Buguin, M. H. Li, P. Silberzan, B. Ladoux and P. Keller：*J. Am. Chem. Soc.*, **128**, 1088-1089 (2006).
10) K. Urayama：*React. Funct. Polym.*, **73**, 885-890 (2013).
11) H. Wermter and H. Finkelmann：*e-Polymers*, no. 013 (2001).
12) A. R. Tajbakhsh and E. M. Terentjev：*Eur. Phys. J. E*, **6**, 181-188 (2001).
13) Y. Sawa, K. Urayama, T. Takigawa, A. DeSimone and L. Teresi：*Macromolecules*, **43**, 4362-4369 (2010).
14) 澤芳樹，浦山健治，瀧川敏算，A. DeSimone and L. Teresi：液晶，**16**，142-146 (2012).
15) Y. Sawa, F. F. Ye, K. Urayama, T. Takigawa, V. Gimenez-Pinto, R. L. B. Selinger and J. V. Selinger：*PNAS*, **108**, 6364-6368 (2011).
16) Y. Sawa, K. Urayama, T. Takigawa, V. Gimenez-Pinto, B. L. Mbanga, F. Ye, J. V. Selinger and R. L. B. Selinger：*Phys. Rev. E*, **88**, 022502 (2013).
17) T. H. Ware, M. E. McConney, J. J. Wie, V. P. Tondiglia and T. J. White：*Science*, **347**, 982-984 (2015).
18) T. H. Ware, J. S. Biggins, A. F. Shick, M. Warner and T. J. White：*Nat. Commun.*, **7** (2016).
19) K. Urayama：*Macromolecules*, **40**, 2277-2288 (2007).
20) H. Doi and K. Urayama：*Soft Matter.*, **13**, 4341-4348 (2017)
21) J. Schatzle, W. Kaufhold and H. Finkelmann：*Makromol. Chem.*, **190**, 3269-3284 (1989).
22) K. Urayama, E. Kohmon, M. Kojima and T. Takigawa：*Macromolecules*, **42**, 4084-4089 (2009).
23) H. Higaki, K. Urayama and T. Takigawa：*Macromol. Chem. Phys.*, **213**, 1907-1912 (2012).
24) N. Uchida：*Physical Review E*, **62**, 5119-5136 (2000).

25) G. Skačej and C. Zannoni：*Macromolecules*, **47**, 8824-8832 (2014).
26) J. S. Biggins, M. Warner and K. Bhattacharya：*Phys. Rev. Lett.*, **103**, 037802 (2009).
27) T. Okamoto, K. Urayama and T. Takigawa：*Soft Matter*, **7**, 10585-10589 (2011).
28) C. M. Spillmann, B. R. Ratna and J. Naciri：*Appl. Phys. Lett.*, **90**, 021911 (2007).
29) C. M. Spillmann, J. Naciri, B. R. Ratna, R. L. B. Selinger and J. V. Selinger：*J. Phys. Chem. B*, **120**, 6368-6372 (2016).
30) K. Hiraoka, P. Stein and H. Finkelmann：*Macromol. Chem. Phys.*, **205**, 48-54 (2004).
31) K. Urayama：*Adv. Polym. Sci.*, **250**, 119-145 (2011).
32) H. Nagai and K. Urayama：*Phys. Rev. E*, **92**, 022501 (2015).
33) A. Varanytsia, H. Nagai, K. Urayama and P. Palffy-Muhoray：*Scientific Reports*, **5**, 17739 (2015).
34) Y. Fuchigami, T. Takigawa and K. Urayama：*ACS Macro Lett.*, **3**, 813-818 (2014).
35) J. E. Marshall, Y. Ji, N. Torras, K. Zinoviev and E. M. Terentjev：*Soft Matter*, **8**, 1570-1574 (2012).
36) C. J. Camargo, H. Campanella, J. E. Marshall, N. Torras, K. Zinoviev, E. M. Terentjev and J. Esteve：*Macromol. Rapid Commun.*, **32**, 1953-1959 (2011).
37) H. Kim, B. Zhu, H. Chen, O. Adetiba, A. Agrawal, P. Ajayan, J. G. Jacot and R. Verduzco：*J. Vis. Exp.*, e53688 (2016).
38) E.-K. Fleischmann, F. R. Forst, K. Koder, N. Kapernaum and R. Zentel：*J. Mater. Chem. C*, **1**, 5885-5891 (2013).
39) A. H. Torbati and P. T. Mather：*J. Polym. Sci. Part B：Polym. Phys.*, **54**, 38-52 (2014).
40) C. M. Yakacki, M. Saed, D. P. Nair, T. Gong, S. M. Reed and C. N. Bowman：*RSC Adv.*, **5**, 18997-19001 (2015).
41) T. H. Ware, Z. P. Perry, C. M. Middleton, S. T. Iacono and T. J. White：*ACS Macro Lett.*, **4**, 942-946 (2015).

応用編

第4章　電場・磁場応答性
第4節　磁場応答性ソフトマテリアル

新潟大学　三俣 哲

1　はじめに

磁場応答性ソフトマテリアル(magnetic responsive soft material)は高分子のマトリックスと無機磁性体のフィラーからなる複合材料で、磁性ソフトマテリアル(magnetic soft material)と呼ばれる(**図1**(a))。マトリックスには高分子ゲル(polymer gel)、ゴム(rubber)、エラストマー(elastomer)などの柔らかい材料が用いられる。無機磁性体には通常、数nm～数100 μmの粒子径をもつ強磁性体が用いられる。これらを混合攪拌し、架橋することで磁性ソフトマテリアルが得られる。数nmの磁性粒子の水分散液(磁性流体)と高分子のプレゲル溶液を攪拌したのち架橋しても磁性ソフトマテリアルが得られる。しかし、磁性粒子濃度を高くすることが困難で、磁場応答性はよくない。本稿で紹介する磁性ソフトマテリアルは前者で得られるもので高い磁場応答性を示す。磁性粒子の電子顕微鏡写真を図1(b)に示す。用途にも依るが、通常ミクロンオーダーの球形をした軟磁性体(soft magnetic material)が用いられる。軟磁性体は残留磁化が非常に小さく、磁気ヒステリシスを示さない物質である。磁場による可逆的な物性変化を期待する場合は軟磁性体を用いる必要がある。一方、磁気ヒステリシスを示す磁性粒子を用いると弱い磁場でも応答する磁性ソフトマテリアルが得られる。磁場で運動するアクチュエータとして利用される。磁性ソフトマテリアルを一度強い磁場に曝すと残留磁化が残るからである。磁性ソフトマテリアルの電子顕微鏡写真を図1(c)に示す。磁性粒子はマトリックス中で均一に分散し、顕著な凝集塊は認められない。

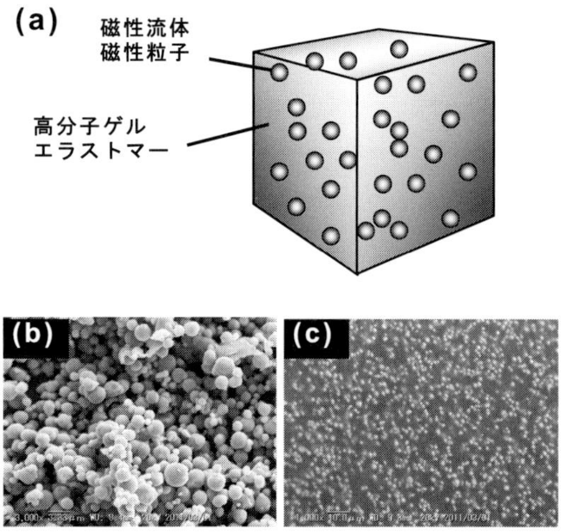

図1　(a)磁性ソフトマテリアルの構造
(b)カルボニル鉄粒子
(c)磁性エラストマー表面の電子顕微鏡写真

磁性ソフトマテリアルに磁場を印加する方法には、不均一磁場、均一磁場の2通りがある。不均一磁場は磁場強度に空間的分布(磁場勾配)がある磁場である。通常、磁極の中心で磁場強度が最大となり、端にいくほど弱くなる。磁性ソフトマテリアルを不均一磁場下に配すると、磁場に応答して伸縮運動や回転運動をする。他の刺激応答性ゲルと比較して大きな発生力、速い応答速度が特徴である。外部磁場が直接磁性粒子間の磁気モーメントに相互作用するためである。

均一磁場は磁場強度に空間的な分布がなく、磁極間で磁力線が均一になっている磁場である。磁性ソフトマテリアルを均一磁場下に配するとバルクの弾性率が変化する。これは磁気粘弾性効果（magnetorheological effect）と呼ばれ、磁性流体（magnetic fluid）では古くから知られている現象である。この機能は力覚提示のデバイスのみならず、振動制御やアクチュエータとしても応用が期待されている。筆者らのグループは数年前に弾性率が数百倍変化する材料を開発し、現在さまざまな方面で応用研究を進めている。

“柔らかい”特徴をもつ磁性ソフトマテリアルは、人間に優しいアクチュエータ、インターフェイス、高効率なソフトマシンに応用できる。本節では、磁性ソフトマテリアルの不均一磁場でのアクチュエータ機能について紹介し、均一磁場での可変粘弾性挙動について述べる。また、磁性粒子と非磁性粒子を混合した粒子混合型磁性ソフトマテリアルの最新の物性と応用についても紹介する。

2　磁性ソフトマテリアルのアクチュエータ

棒磁石に鉄などの金属が引き寄せられる現象と同様に、磁性ゲルに不均一磁場を与えると伸縮運動する[1)-3)]。磁性ゲルを磁極中心から離れた位置に配すると、磁極中心に向かって伸びる[4)]。基本的に、ゲルが磁場から引かれる力とゲルの復元力で伸びの大きさが決まる。磁性粒子濃度を一定にして、架橋剤濃度を変えたときのゲルの伸びと磁場の関係を**図 2**(a)に示す。架橋剤濃度を低くすると柔らかなゲルが得られ、大きな伸びを示すようになる。

磁化させた磁性ゲルに回転磁場を与えると、磁性ゲルは回転運動を示す[5)]。直径 2 mm の磁性ゲルビーズに消炎鎮痛剤であるケトプロフェンを内包させると、図 2(b)に示すようにケトプロフェンを加速放出させることができる。回転速度が大きくなるにつれて、ケトプロフェンが短時間で大量に放出される。

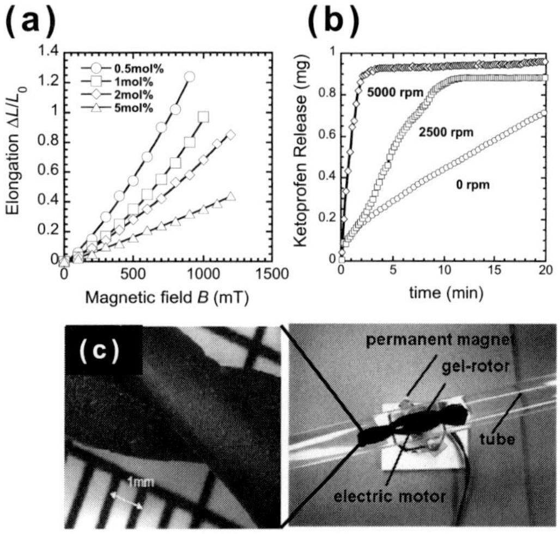

図 2　(a)磁性ゲルの伸びと磁場強度の関係(b)各回転速度でのケトプロフェンの放出量の経時変化(c)磁性ゲルをらせん状に加工したローターおよび送液ポンプ

回転運動する磁性ゲルの表面に図 2(c)のようなドリル状の溝を加工すると液体を輸送するポンプになる[6)]。ポンプは磁性ゲルの回転子が入った流路、永久磁石がついたモーターで構成される。磁性ゲルには、残留磁化をもつバリウムフェライトが適している。磁性ゲルを強磁場で磁化させると毎分 34 ml で水を送液することができる。直径 200 μm までマイクロ化でき、毛細管でも回転できる。このポンプの特徴はゲルに直接触れることなく駆動できること、曲がりくねった流路でも使用できることである。

3　磁性ソフトマテリアルの可変粘弾性

磁性ソフトマテリアルを均一磁場下に配すると硬さが変化する。磁性粒子が均一に分散する系では、マトリックスの種類に依らず可変粘弾性が観測される[7)-15)]。カルボニル鉄をポリウレタンに分散させた磁性エラストマーの磁場応答性を**図3**に示す[16]。水系ゲルと同じように磁性粒子の鎖構造が形成されたことを示唆する。変化率についても磁性ゲルと同等の値が得られている。

図4に水系磁性ゲルでの磁性粒子の分散性、および鎖構造の電子顕微鏡写真を示す[13]。磁場がないとき、磁性粒子はランダムに分散している(図4(a))。磁場を印加した状態で凍結乾燥させた試料では、磁性粒子が磁場方向に配向していることが確認された(図4(b))。拡大写真では、カラギーナンゲルが引き伸ばされた痕跡が認められる。磁性流体と同様に、磁性粒子がゲル中で移動したことを示唆する。

水系磁性ゲルの欠点は力学強度が低いこと、保存性が悪いことである。磁性ゲルを大気中で保存すると2日で表面が錆で覆われる[16](**図5**)。また、ゲル中の水分の蒸発によって柔軟性が失われ、磁場応答性も悪くなる。合成直後は柔らかく420倍の変化率を示すが、2時間後には弾性率が高くなり、変化率は80倍になってしまう。一方で磁性エラストマーは、合成から1年以上経っても合成時とまったく変わらない弾性率変化を示す。また、氷点以下で使用できることも磁性エラストマーの大きなメリットである。詳細については文献16)、18)を参照されたい。この磁性エラストマーを用いた力覚提示装置が菊池らのグループにより開発された[17]。磁性エラストマーでできたマットの上に乗ると、足裏に伝わる感覚が磁場で変化する。

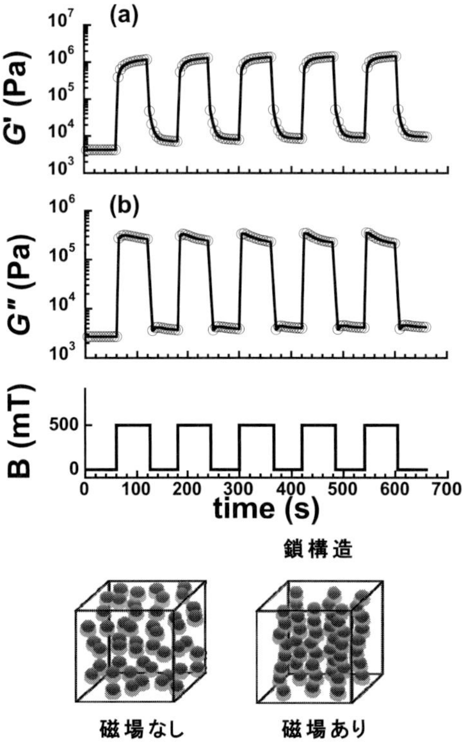

図3 (上図)磁性エラストマーに矩形波磁場を与えたときの弾性率の磁場応答性(a)貯蔵弾性率と(b)損失弾性率(周波数1 Hz カルボニル鉄の体積分率ϕ 0.34)(下図)鎖構造の概念図

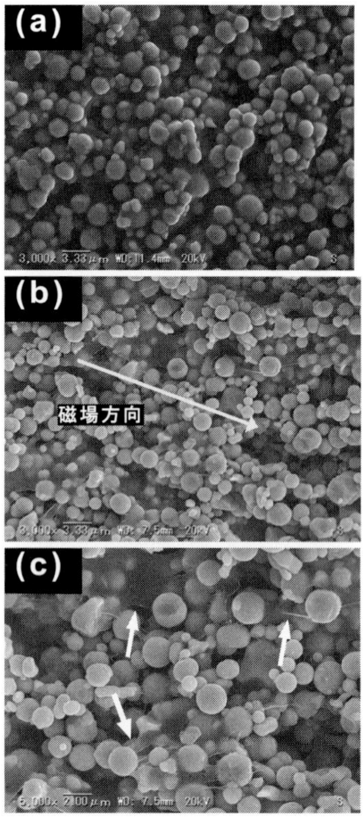

図4 磁性ゲルの電子顕微鏡写真
(a)0 mT (b)320 mT (c)(b)の拡大写真(カラギーナン/カルボニル鉄ϕ 0.27)

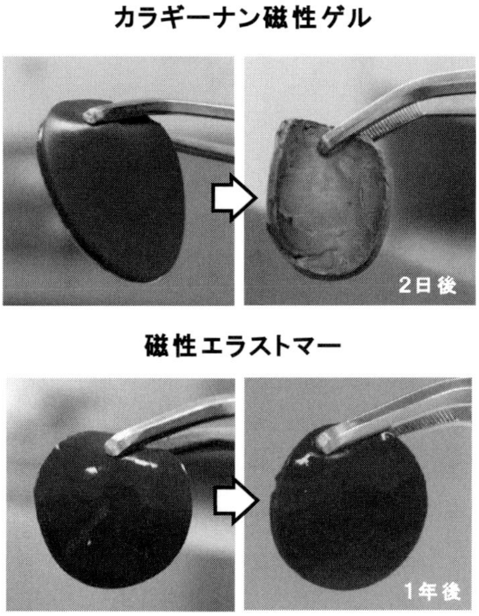

図5　(上図)カラギーナン磁性ゲルと(下図)ポリウレタン磁性エラストマーの性状変化

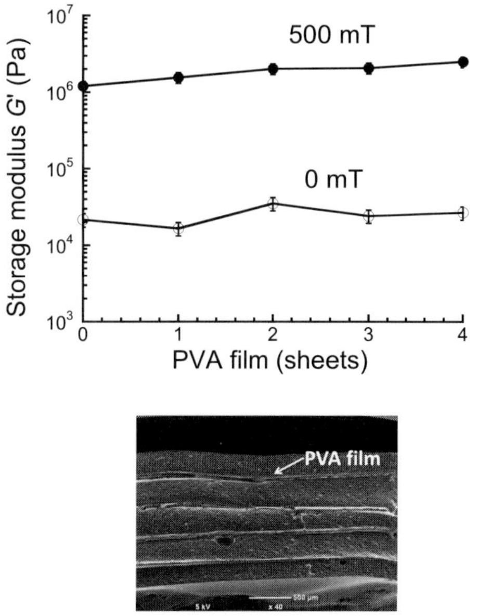

図6　(上図)層状磁性エラストマーの貯蔵弾性率とPVAフィルム枚数の関係(下図)層状磁性エラストマーの電子顕微鏡写真

視覚、聴覚と組み合わせたバーチャルリアリティーシステムである。家庭用ゲーム機、歩行リハビリテーションへの応用が期待されている。

磁性エラストマーに単純な工夫をするだけで、弾性率の変化を大きくすることができる。先に述べたように、エラストマー内部では磁性粒子が磁力線に沿って配向し、鎖状構造を形成する。一方で、不完全な鎖が多数存在している。PVAフィルムと磁性エラストマーで層構造を作ると、**図6**に示すような層状磁性エラストマーが得られる[19]。PVAフィルムが4層入った構造で、磁性エラストマー1層の厚さは270 μmである。層状磁性エラストマーの0 mT、500 mTにおける貯蔵弾性率を同図に示す。0 mTでの弾性率はほぼ一定で、500 mTでは、フィルムの枚数に比例して増加した。磁場中の弾性率だけを向上させたいときに有効な手法である。

鎖構造を構成する粒子は必ずしも磁性粒子である必要はない。磁性流体に非磁性粒子を混合すると、磁気粘弾性効果が増幅されることがKlingenbergらのグループによって報告された[20]。磁性ゲルでも同様の効果が発現する[21]。多糖類のカラギーナンをマトリックスとする磁性ゲルでは、粒子の全濃度を一定にして磁性粒子を非磁性粒子に置換しても、30%付近までは変化量は低下しない。非磁性粒子が磁性粒子の鎖構造に介在することを示唆する。ポリウレタン磁性エラストマーでも同様の現象が観察される[22]。100 mT程度の弱い磁場では、鎖構造形成のパーコレーション濃度が、非磁性粒子の粒子径が大きくなるほど低くなることがわかっている[22]。

この粒子混合型磁性エラストマーの最大の特徴は、大変形下でも大きな磁気粘弾性効果を示すことである。これまで述べた磁性ソフトマテリアルの弾性率変化は主として微小ひずみで観測されるものであり、10%程度の高ひずみになると激減してしまう。磁性粒子の鎖構造がひず

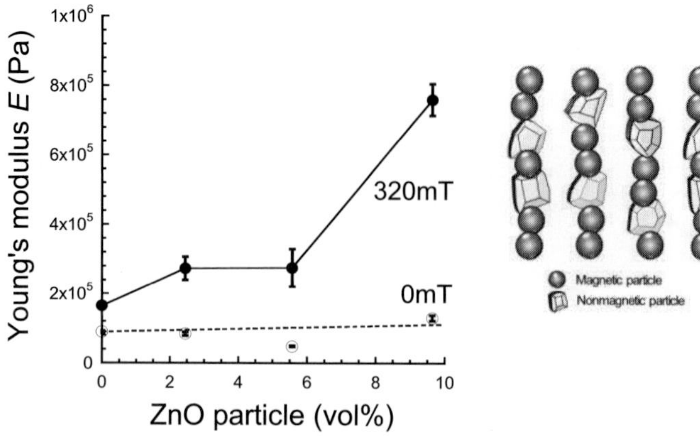

図7　粒子混合型磁性エラストマーのヤング率と非磁性粒子の体積分率の関係
(挿入絵)粒子混合型磁性エラストマーの鎖構造

みで崩壊するからである。大変形下でも高い弾性率変化を示す材料が工業材料として求められている。

図7に粒子混合型磁性エラストマーのヤング率と非磁性粒子の体積分率の関係を示す[23]。粒子径は磁性粒子が7.2 μm、非磁性粒子が10.4 μmである。磁性粒子濃度は70 wt%である。0 mTでのヤング率は図中の破線のEinsteinの式に従い、非磁性粒子を添加しても粒子ネットワークが形成されないことを示している。磁場中(320 mT)でのヤング率は増加した。とくに、体積分率6%付近で急増し、不完全な鎖がパーコレーションしたことを示唆している。ヤング率の変化率は0 vol%では1.8倍、9.6 vol%では5.8倍となった。単一粒子型、粒子混合型ともに、磁場を印加すると磁場方向の電気伝導度は増加する。磁性粒子の鎖を伝って電気伝導が生じることを示唆する。粒子混合型の伝導度変化が単一粒子型より小さくなることから、挿入図に示すように、磁性粒子の鎖間に非磁性粒子が介在した構造になっていると考えられる。

図8に単一粒子型および粒子混合型磁性エラストマーの臨界ひずみγ_{t1}、γ_{t2}と非磁性粒子の体積分率の関係を示す[24]。非磁性粒子は酸化

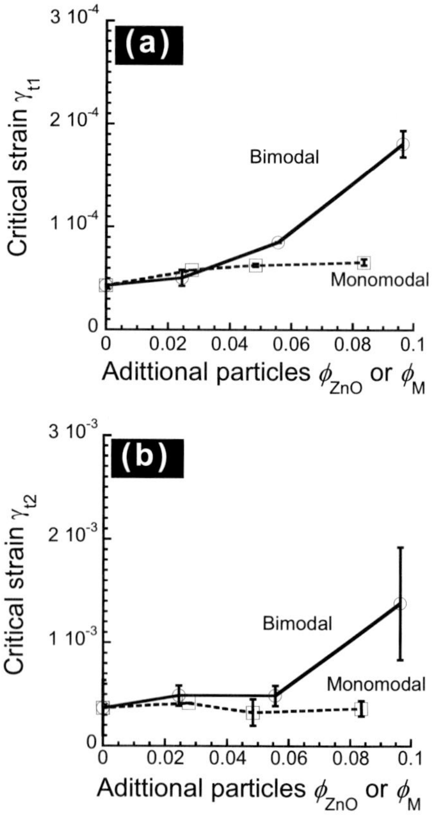

図8　単一粒子型および粒子混合型磁性エラストマーの臨界ひずみ(a)γ_{t1}(b)γ_{t2}と非磁性粒子の体積分率の関係

亜鉛である。臨界ひずみγ_{t1}は貯蔵弾性率が非線形となる開始ひずみ、γ_{t2}は損失弾性率のひずみ依存性で極大となるひずみである。いずれ

も磁性粒子の鎖構造が崩壊しはじめるひずみを示す。単一粒子型の γ_{t1}、γ_{t2} は磁性粒子の体積分率にほとんど依存しない。一方、粒子混合型では非磁性粒子を5%程度添加すると γ_{t1} が大きくなる。10%添加すると γ_{t1}、γ_{t2} ともに顕著に高くなる。非磁性粒子を介した磁性粒子の鎖構造は、ひずみに対して崩壊しにくいことを示唆する。

図 9 に単一粒子型磁性エラストマーの磁場敏感係数と可塑剤濃度の関係を示す[25]。磁場敏感係数は弾性率の磁場依存性から求められる。200 mT 以下の低磁場では、弾性率 G' は指数関数 $G'(B) = G'_0\exp(\alpha B)$ で記述でき、その係数 α を磁場敏感係数と呼ぶ。磁場敏感係数は可塑剤濃度が高くなるにつれて増加する。可塑剤効果により十分柔らかくなった磁性エラストマーでは、磁性粒子が鎖構造を作りやすいことを示唆する。挿入図に示すように、磁場敏感係数は $\Delta G/G_0$ のべき乗に比例し、べき指数は約 0.5 になることがわかっている。

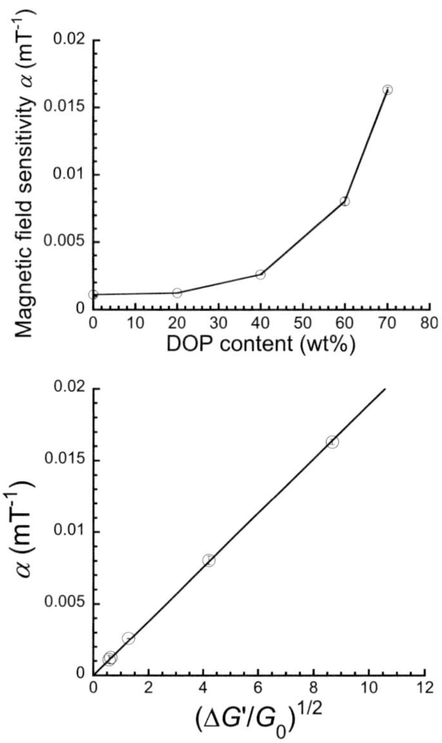

図 9　(a) 単一粒子型磁性エラストマーの磁場敏感係数と可塑剤濃度の関係
(b) 磁場敏感係数と $(\Delta G'/G'_0)^{1/2}$ の関係

図 10 に単一粒子型および粒子混合型磁性エラストマーの磁場敏感係数と非磁性粒子（または磁性粒子）の体積分率の関係を示す[26]。非磁性粒子は水酸化アルミニウムである。磁場敏感係数は非磁性粒子の体積分率が 4.5%付近までは一定で、それ以上になると体積分率に比例的に増加する。興味深いのは、粒子混合型のほうが単一粒子型より高いことである。図 9 からわかるように、磁性体濃度 70 wt%の単一粒子型磁性エラストマーでは、磁場敏感性を 0.025 $\mathrm{mT^{-1}}$ 以上にすることはできない。非磁性粒子とのバイモーダル構造にすることで磁場敏感係数をおよそ 10%改善することができた。同様に、時間的な応答性も改善することができる。詳細は文献26）を参照されたい。

高荷重に対応した粒子混合型磁性エラストマーを作製し、鉄道車両に搭載した。車両を機関車で牽引し、半径 160 m の円曲線を時速 15 km で走行することに成功した[27]。磁場の有

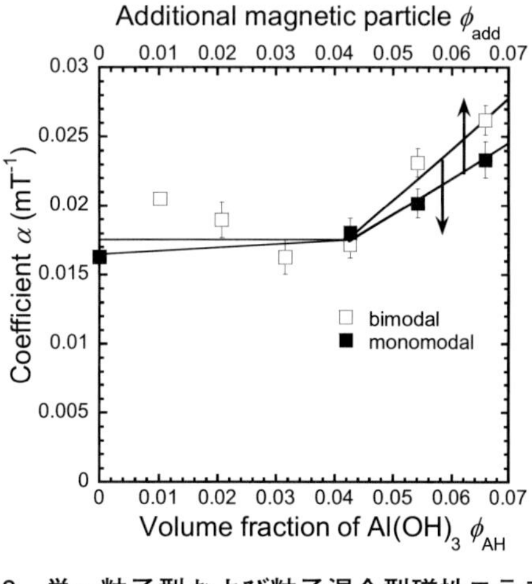

図 10　単一粒子型および粒子混合型磁性エラストマーの磁場敏感係数と粒子体積分率の関係

無で2割程度の横圧変化が認められた。横圧とは車輪とレールの間に作用する横方向の力で、値が小さいほど曲線通過性能がよいことを示す。磁性エラストマーを初めて重量物の実機に搭載した例である。

図11に圧縮ひずみ0.2での磁場による応力の変化量と磁性エラストマーの直径の関係を示す[28]。磁性エラストマーの底部から直径35 mmの永久磁石で磁場を与えたときの結果である。直径14 mmの磁性エラストマーでは、磁場による応力変化は非常に小さい。磁性エラストマーの直径が永久磁石に近づくにつれて変化量は顕著に増加する。永久磁石の磁場は不均一磁場で、磁石の縁で磁場強度が最大となる。この水平方向の急峻な磁場勾配によって磁性エラストマー底部での変形が抑制され、顕著な磁場効果を発現すると考えている。詳細については文献29)、30)を参照されたい。

ごく最近、磁性エラストマーと発泡ポリウレタンを積層したデバイスを公表した[31]。永久磁石がない状態では低反発、永久磁石を近づけると高反発になるデバイスである。発泡ポリウレタンの低弾性、高回復性を利用することで実現できた。このデバイスにピンポン玉を落下させると磁場の有無で跳ね返り係数が52倍変化することが実証された。

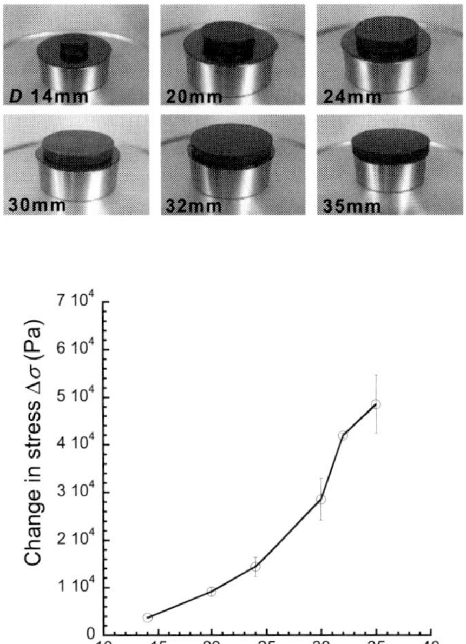

図11　磁場による応力の変化量と磁性エラストマーの直径の関係(ひずみ0.2)(写真)本実験で用いた磁性エラストマーと永久磁石

4　おわりに

磁性ソフトマテリアルの不均一磁場でのアクチュエータ機能、および均一磁場での可変粘弾性について述べた。磁性ソフトマテリアルは非接触で駆動できること、発生力や弾性率変化量が顕著であることが最大のメリットである。課題としては、アクチュエータ機能では、急峻な磁場勾配が必要で電磁石が巨大になること、可変粘弾性では、サンプルサイズが大きくなるにつれて弾性率変化量が小さくなることである。また、高ひずみ領域で磁気粘弾性効果が激減してしまう問題は使用用途を大幅に制限している。解決策のひとつとして粒子混合型磁性ソフトマテリアルを紹介した。低磁場、短時間で鎖構造を作ることができ、線形粘弾性領域を拡張することに成功した。実際に鉄道車両に搭載し、曲線通過性能が向上することも確認された。コンパクト、少電流で強い磁場を発生する電磁石が開発されれば飛躍的な向上が期待される。現在、マトリックスの化学構造や機能性磁性粒子を用いることでさらなる高性能化を目指している。また、磁性ソフトマテリアルの実用化で重要となる耐久性や対候性についても研究開発を進めている。

文　献

1) M. Zrinyi, L. Barsi and A. Buki : *Polym. Gels Networks*, **5**, 415 (1997).

2) D. Szabo, G. Szeghy and M. Zrinyi：*Macromolecules*, **31**, 6541 (1998).
3) L. Barsi, D. Szabo, A. Buki and M. Zrinyi：*MAGYAR KEMIAI FOLYOIRAT*, **103**, 401 (1997).
4) T. Mitsumata, Y. Horikoshi and K. Negami：*Jpn. J. Appl. Phys.*, **47**, 7257 (2008).
5) T. Mitsumata, Y. Kakiuchi and J. Takimoto：*Res. Lett. Phys. Chem.*, ID671642 (2008).
6) T. Mitsumata, Y. Horikoshi and J. Takimoto：*e-Polymers*, **147**, 1 (2007).
7) T. Shiga, A. Okada and T. Kurauchi：*J. Appl. Polym. Sci.*, **58**, 787 (1995).
8) H. An, S. J. Picken and E. Mendes：*Soft Matter*, **6**, 4497 (2010).
9) T. Mitsumata and N. Abe：*Smart Mater. Struct.*, **20**, 124003 (2011).
10) A. R. Payne：*J. Appl. Polym. Sci.*, **3**, 127 (1960).
11) T. Mitsumata, T. Wakabayashi and T. Okazaki：*J. Phys. Chem. B*, **112**, 14132 (2008).
12) T. Mitsumata and N. Abe：*Chem. Lett.*, **38**, 922 (2009).
13) T. Mitsumata, A. Honda, H. Kanazawa and M. Kawai：*J. Phys. Chem. B*, **116**, 12341 (2012).
14) K. Negami and T. Mitsumata：*e-Polymers*, **034**, 1 (2011).
15) K. Negami and T. Mitsumata：*Chem. Lett.*, **39**, 550 (2010).
16) T. Mitsumata and S. Ohori：*Polym. Chem.*, **2**, 1063 (2011).
17) Y. Masuda, T. Kikuchi, W. Kobayashi, K. Amano, T. Mitsumata, S. Ohori：*Proceedings of IEEE/SICE International Symposium on System Integration*, 541, (2012).
18) T. Mitsumata, S. Ohori, A. Honda and M. Kawai：*Soft Matter*, **9**, 904 (2013).
19) T. Oguro, S. Kanauchi, T. Mitsumata, S. Tamesue and T. Yamauchi：*Chem. Lett.*, **43**, 1885 (2014).
20) J. C. Ulicny, K. S. Snavely, M. A. Golden and D. J. Klingenberg：*Appl. Phys. Lett.*, **96**, 231903 (2010).
21) S. Ohori, K. Fujisawa, M. Kawai and T. Mitsumata：*Chem. Lett.*, **42**, 50 (2013).
22) T. Mitsumata, S. Ohori, N. Chiba and M. Kawai：*Soft Matter*, **9**, 10108 (2013).
23) K. Nagashima, S. Kanauchi, M. Kawai, T. Mitsumata, S. Tamesue and T. Yamauchi：*J. Appl. Phys.*, **118**, 024903(2015).
24) K. Nagashima, J. Nanpo, M. Kawai and T. Mitsumata：*Chem. Lett.*, **46**, 366-367(2017).
25) J. Nanpo, M. Kawai and T. Mitsumata：*Chem. Lett.*, **45**, 785-786(2016).
26) J. Nanpo, K. Nagashima, Y. Umehara, M. Kawai, T. Mitsumata：*J. Phys. Chem. B*, **120**, 12993-13000 (2016).
27) 梅原康宏，鴨下庄吾，小黒翼，三俣哲：日本機械学会論文集 83，No.**847** pp.16-00523(2017).
28) T. Oguro, S. Sasaki, Y. Tsujiei, K. Nagashima, M. Kawai, T. Mitsumata, T. Kaneko and M. Zrinyi：*J. Nanomaterials*, Volume **2017**, Article ID 8605413.
29) T. Oguro, J. Nanpo, T.Kikuchi, K. M. Kawai, T. Mitsumata：*Chem. Lett.*, **46**, 547-549(2017).
30) T. Oguro, H. Endo, T. Kikuchi, M. Kawai, T. Mitsumata：*React. Funct. Polym.*, **117**, 25-33 (2017).
31) T. Oguro, H. Endo, M. Kawai, T. Mitsumata：*Mater. Res. Express*, **4**, 126104(2017).

応用編

第5章　分子応答性
第1節　分子認識応答性ゲルの設計と応用

関西大学　河村 暁文/宮田 隆志

1　分子認識応答性ゲルの設計戦略

高分子ゲルは、高分子鎖が架橋により三次元ネットワークを形成し、溶媒を吸収して膨潤したソフトマテリアルである。とくに、水を吸収して膨潤する高分子ゲル(ヒドロゲル)は、紙おむつやコンタクトレンズなど、日常生活において広く用いられている。また、高分子ゲルを構成する高分子ネットワークとして、外部環境変化に応答して相転移挙動を示す刺激応答性高分子を用いることにより、温度やpHなどに応答して体積変化する刺激応答性ゲルを設計できる。このような刺激応答性ゲルは、吸着分離材料やアクチュエータ、ドラッグデリバリーシステム(DDS)、再生医療用細胞培養スキャフォールドなど、さまざまな応用が展開されている。たとえば、高分子ゲルのネットワークとして32℃に下限臨界溶液温度(Lower Critical Solution Temperature：LCST)を示すポリ(*N*-イソプロピルアクリルアミド)(PNIPAAm)を用いたPNIPAAmゲルは、32℃以上の温度でゲルネットワークが疎水的になるために収縮する。岡野らは、このようなPNIPAAmゲルの性質を利用して温度応答性細胞培養皿を開発し、細胞シートの調製に成功している[1)2)]。

このように刺激応答性ゲルは多岐にわたる応用が展開されているが、pHや温度などの物理化学的シグナルに応答して体積変化するものがほとんどであった。一方、生物は疾患などの環境変化を認識してさまざまな生体分子の発現量を変化させ、これにより代謝反応などを制御してその生命を維持している。このような生体内でみられる精密な分子認識によって体積変化する分子認識応答性ゲルを設計できれば、疾病シグナルや環境汚染分子などを感知するスマートソフトマテリアルとして医療や環境分野をはじめ広範な分野への応用が期待できる。

これまでに、分子を認識して膨潤・収縮する分子応答性ゲルの設計として大きく2つの戦略がとられてきた。1つは分子認識によりpH変化や荷電状態の変化を引き起こす機能性分子を従来の刺激応答性ゲルに組み込んだものである。この戦略は古くから検討されているが、酵素や荷電状態の変化を引き起こす分子認識リガンドを用いる必要があるために、その低い汎用性が課題であった。もう1つの戦略として、分子複合体を動的架橋点としてゲルネットワークに組み込む設計が挙げられる。ゲルの膨潤挙動は、ゲルネットワークと溶媒との親和性や荷電状態に基づく浸透圧変化だけでなく、ゲルの架橋密度にも強く依存する。そこで、分子認識により形成される分子複合体を動的架橋点としてゲルネットワークに導入することにより、分子認識に伴って架橋密度が変化してゲルの体積変化が引き起こされる分子認識応答性ゲルが提案された[3)]。分子認識応答性ゲルとして、主に標的分子を認識して膨潤する「分子架橋ゲル」と標的分子を認識して収縮する「分子インプリントゲル」の2つが報告されている(**図1**)。分子架橋ゲルでは、架橋点として作用していた分子複合体が標的分子の存在下で解離することにより架橋密度が減少し、結果として標的分子に応

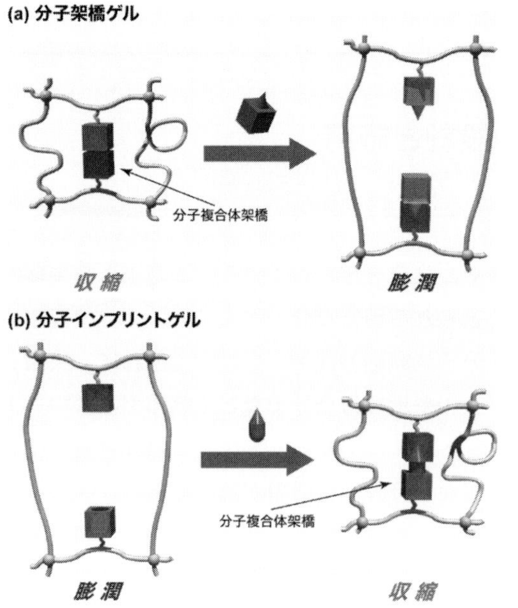

図１　動的架橋点として分子複合体を利用した分子認識応答性ゲル

答してゲルは膨潤することができる。一方、分子インプリントゲルは、1つの標的分子に対して複数のリガンドが認識して複合体を形成し、それが架橋点として作用するために、標的分子に応答して収縮する。本稿では、このような分子認識応答性ゲルの設計とその応用について紹介する。

2　分子架橋ゲル

2.1　グルコース応答性ゲル

糖尿病はインスリンの絶対的もしくは相対的欠乏による持続的高血糖状態である。糖尿病患者は、血糖値に応じてインスリンの分泌を促進する薬剤もしくはインスリン単体を投与することにより、血糖値をコントロールする必要がある。そのため、血中グルコース濃度に応答して自律的に薬剤を放出する自律応答型DDSの構築を目指して、グルコース応答性ゲルに関する研究が進められてきた。たとえば、3級アミノ基含有高分子からなるpH応答性ゲルとグルコースオキシダーゼ(GOD)とを連携したゲル[4]や、フェニルボロン酸誘導体のグルコース結合能とPNIPAAmの温度応答性とを連携させたゲルが報告されている[5]。これらのグルコース応答性ゲルは、グルコース認識刺激をゲルネットワークと水との親和性の変化やゲルネットワークの荷電基変化へと変換することによって、応答膨潤を可能にしている。

一方、糖を認識して結合するレクチンの1種であるコンカナバリンA(ConA)はグルコースやマンノースを選択的に認識して結合するが、ガラクトースなどの他の糖とは結合しない。そこで、側鎖にグルコースユニットを有するメタクリレート(GEMA)とConAとを複合体形成させた後、架橋剤である*N,N'*-メチレンビスアクリルアミド(MBAA)と共重合すると、GEMA-ConA複合体を動的架橋点として有するGEMA-ConA複合体ゲルが調製できる[6]。得られたGEMA-ConA複合体ゲルはガラクトース水溶液中では体積変化しなかったが、グルコースやマンノース水溶液中では次第に膨潤した(**図2**)。ゲルの弾性率測定により架橋密度を決定したところ、外部溶液中のグルコース濃度の増加に伴って架橋密度が減少した。したがって、GEMA-ConA複合体ゲルがグルコースに応答して膨潤したのは、動的架橋点として作用していたGEMA-ConA複合体が解離してゲルの架橋密度が減少するためであることがわかる。さらに重合性官能基であるアクリロイル基をConAに導入した後にGEMAとの共重合により調製したゲルは、ConAが共有結合によりゲルネットワークに固定化されるために、グルコースの濃度変化に応答して可逆的に膨潤収縮できることも報告されている[7]。

また、グルコースに対して迅速に応答するサブミクロンサイズのGEMA-ConA複合体ゲル

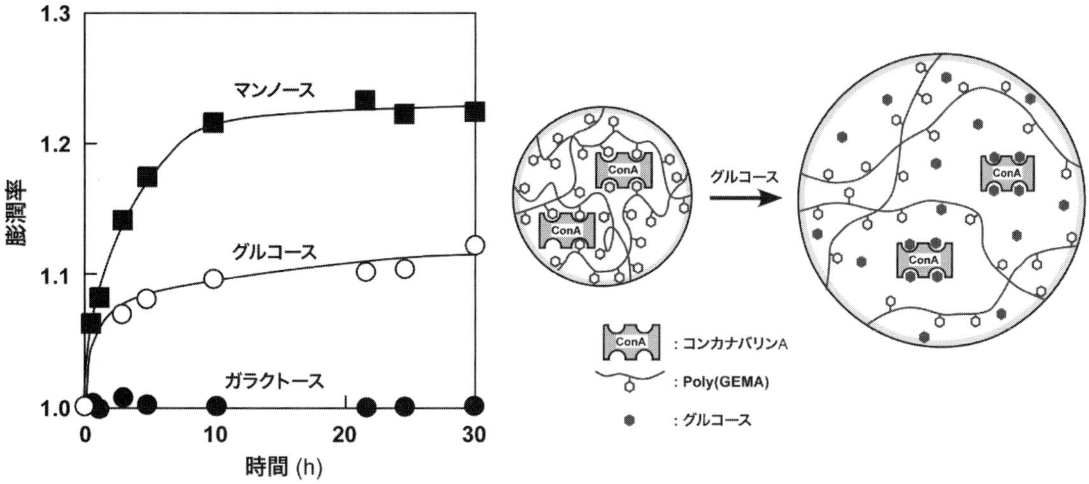

図2　GEMA-ConA 複合体ゲルの糖認識応答挙動

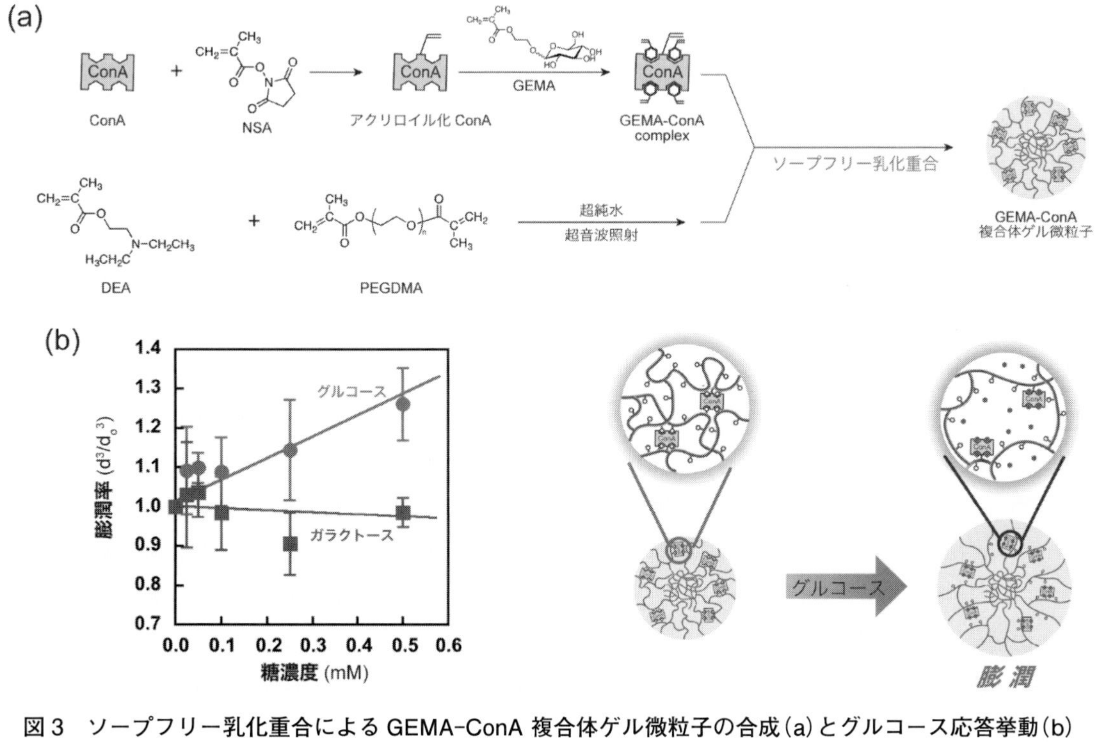

図3　ソープフリー乳化重合による GEMA-ConA 複合体ゲル微粒子の合成(a)とグルコース応答挙動(b)

微粒子の合成も可能である。一般にゲルの膨潤・収縮速度はゲルのサイズに依存することが知られている。そのため、乳化重合や沈殿重合などの高分子微粒子合成技術を利用して、ナノからミクロンサイズの刺激応答性ゲル微粒子が合成されている[8)]。一般的な乳化重合では、反応系を安定化させるために界面活性剤が用いられるが、生成した高分子微粒子表面にそれらが吸着して残存している。微粒子表面に残存した界面活性剤は、生体分子認識などに影響を与えることが懸念される。そこで、界面活性剤を用いないソープフリー乳化重合によってサブミクロンサイズのGEMA-ConA複合体ゲル微粒子が合成されている[9]。まず、アクリロイル基が導入されたConAとGEMAとの複合体を形成させた後、ジエチルアミノエチルメタクリレート(DEA)とポリエチレングリコールジメタクリレート(PEGDMA)とのソープフリー乳化重合により粒径が約750 nmのGEMA-ConA複合体ゲル微粒子が得られる。X線光電子分光測定の結果、GEMA-ConA複合体ゲル微粒子は、親水性の低いDEAが内部に、親水性の高いGEMAとPEGDMAとが表面に偏在する不均一構造を有していることが示唆された。このGEMA-ConA複合体ゲル微粒子が分散した緩衝液にグルコースおよびガラクトースを添加したところ、ガラクトース存在下ではGEMA-ConA複合体ゲル微粒子はまったく応答せず、グルコース存在下で迅速に膨潤した(**図3**)。また、GEMA-ConA複合体ゲル微粒子はグルコース濃度の変化に伴って膨潤した。グルコース濃度に応答した膨潤は、フリーのグルコースがGEMA-ConA複合体ゲル微粒子内に拡散し、GEMA-ConA複合体が解離して架橋密度が減少するためと考えられる。このようなグルコース応答性ゲル微粒子は、血糖値に応答したインスリンの放出制御が可能な自律駆動型DDSキャリアとしての応用が期待できる。

2.2 抗原応答性ゲル

抗体は適応免疫系において重要な役割を果たしており、標的抗原を選択的に認識して抗原抗体複合体を形成することによって外部から侵入してきた異物を体内から排除している。また、抗体は優れた分子認識能を有していることから、酵素結合免疫吸着アッセイ(ELISA)など診断分野において広く用いられている。このような抗原抗体複合体をゲルの動的架橋点として導入することにより、標的抗原に応答して膨潤する抗原応答性ゲルが合成できる[10)-12)]。まず、抗体である抗ウサギ免疫グロブリンG(anti-rabbit IgG)に重合性基であるアクリロイル基を修飾した後、アクリルアミド(AAm)との共重合により抗体結合ポリマーが得られる。次に、標的抗原であるウサギ免疫グロブリンG(rabbit IgG)にアクリロイル基を修飾し、抗体結合ポリマーと複合体形成させた後、AAmおよびMBAAを加えて共重合することによって、抗原抗体複合体を動的架橋点として有する抗原抗体複合体ゲルが得られる。このゲルは、抗原が結合したポリマーネットワークに直鎖の抗体結合ポリマーが絡まったセミ相互侵入網目(semi-IPN)構造を有している。標的抗原であるrabbit IgGが溶解した緩衝液に抗原抗体複合体ゲルを浸漬させると、次第に膨潤して明確な抗原応答性を示した(**図4**)。一方、標的抗原以外の抗原(ヤギ免疫グロブリンG：goat IgG、ウシ免疫グロブリンG：bovine IgG、ウマ免疫グロブリンG：horse IgG)存在下では、ゲルの体積変化はまったく確認されなかった。圧縮弾性率測定によりゲルの架橋密度を求めたところ、標的rabbit IgG濃度の増加に伴って架橋密度は次第に減少した。したがって、標的抗原に応答した膨潤は、ゲルネットワーク中で動的架橋点として作用している抗原抗体複合体がフリーの標的抗原によって解離して架橋密度が減少するためであることがわかる。また、抗体へのアクリロイル基の修飾量やゲル内への抗原抗体複合体の固定化量などが抗原抗体複合体ゲルの抗原応答性に強く影響することも示されている[12)]。以上のように、抗原抗体複合体を動的架橋点としてゲルネットワークに導入することにより、標的抗原に応答してゲルの体積変化を引き起こすことが明らかにされた。生体内に存在する抗体のほとんどは免疫グロブリン骨格であ

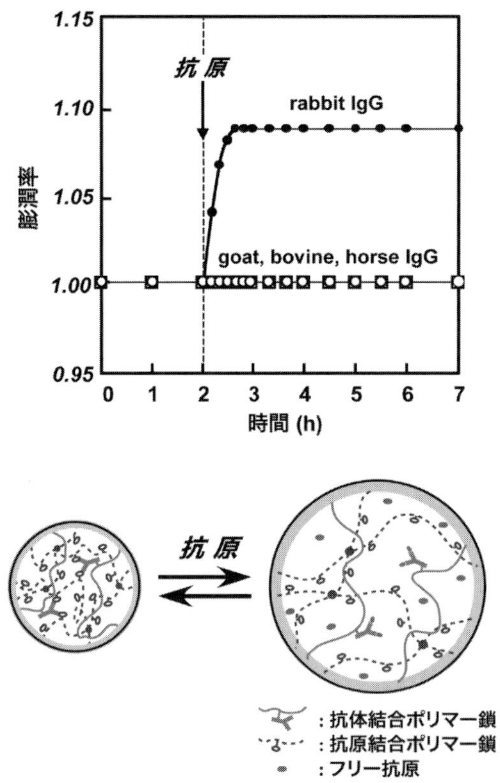

図４　抗原抗体複合体ゲルの標的抗原認識応答挙動

るために、ゲルネットワークに固定化する抗体の種類を変えるだけでさまざまな抗原に応答するゲルの設計が可能である。

3　分子インプリントゲル

分子インプリント法は、標的とする分子を鋳型として用い、それに対するリガンドモノマーを結合させた状態で多量の架橋剤モノマーと重合させた後、鋳型分子を除去することにより、高分子ネットワーク内に分子認識サイトを形成させる方法である[13]。分子インプリント法によって得られた材料は、その内部に形成された分子認識サイトに標的分子を選択的に吸着できる。そのため、分子インプリント法は、センサー材料や吸着分離材料を簡易に設計するための方法として精力的に研究が進められている。従来の分子インプリント法では大量の架橋剤によって鋳型分子を固定化するため、鋳型分子の結合による体積変化はほとんど生じない。一方、架橋密度の低いゲルに分子インプリント法を適用すると、特定の分子を認識して収縮する分子インプリントゲルを合成することができる。この分子インプリントゲルは従来の分子インプリントポリマーとは異なり、ごく少量の架橋剤を用いて合成するため、分子認識に伴ってその体積が減少する。ここでは、分子インプリントゲルとして、腫瘍マーカーであるα-フェトプロテイン(AFP)およびビスフェノールA(BPA)をそれぞれインプリントした腫瘍マーカー応答性ゲルとBPA応答性ゲルを紹介する。

3.1　腫瘍マーカー応答性ゲル

AFPは肝細胞がんや転移性肝がんなどでその発現量が著しく増加するため、肝がんマーカーとして診断に用いられている。このAFPを標的分子とし、AFPのペプチド部位および糖鎖部位とそれぞれ結合する抗体およびレクチンをリガンドとして用いた分子インプリント法により、AFPを特異的に認識して収縮するAFPインプリントゲルが以下のように設計されている[14)15)]。まず、重合性官能基であるアクリロイル基を修飾したレクチン(ConA)と抗体(anti-AFP)をAFPと結合させてサンドイッチ状の複合体を形成させた状態で、AAmとMBAAとの共重合により網目形成させる。その後、鋳型AFPを除去することにより、AFPインプリントゲルが得られる。得られたゲルをAFPが溶解した緩衝液に浸漬させたところ、AFP濃度の増加に伴って次第に収縮した(**図5**)。一方、鋳型AFPを用いずに合成したノンインプリントゲルはAFP存在下でわずかに膨潤した。このとき、ゲルの弾性率測定により架橋密度の変化を評価したところ、AFP水溶液中においてAFPインプリントゲルの架橋密度

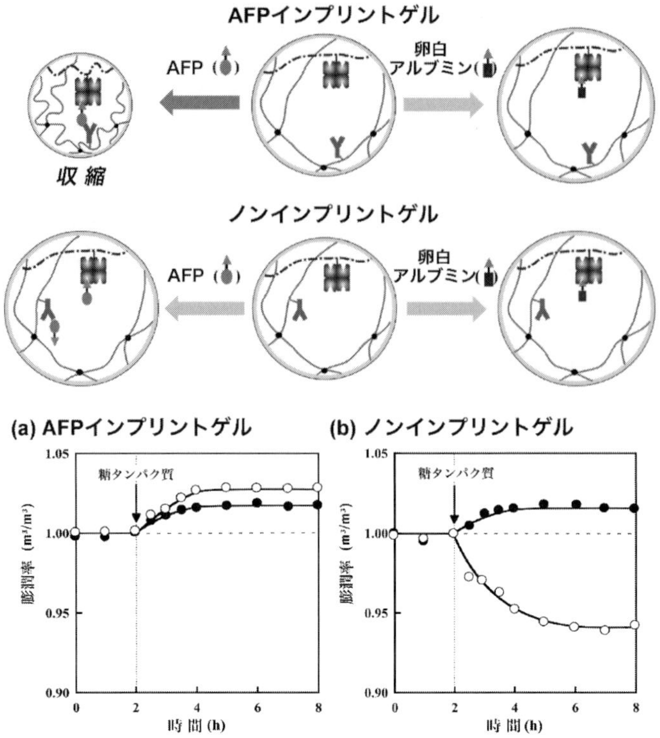

図5　AFP インプリントゲル(a)およびノンインプリントゲル(b)の糖タンパク質認識応答挙動

が増加したのに対して、ノンインプリントゲルのそれはほとんど変化しなかった。したがって、AFP 水溶液中で AFP インプリントゲルが収縮したのは、リガンドとして導入した ConA と anti-AFP とが AFP を認識して、サンドイッチ状の ConA-AFP-anti-AFP からなる複合体を形成し、これが架橋点として作用したためである。一方、ノンインプリントゲルでは、ConA-AFP-anti-AFP 複合体を形成するための最適な位置に ConA と anti-AFP とが配置されていないために、ConA-AFP 複合体もしくは anti-AFP-AFP 複合体が優先的に形成される。これにより、ゲル内に AFP が取り込まれて浸透圧が増加し、ノンインプリントゲルがわずかに膨潤したと考えられる。また、anti-AFP には認識されず ConA と結合する糖鎖を有する卵白アルブミン存在下で膨潤率を測定したところ、AFP インプリントゲルとノンインプリントゲルの両者とも収縮せず、むしろ若干の膨潤が確認された。したがって、AFP インプリントゲルは、標的 AFP の糖鎖部位とペプチド部位が ConA と anti-AFP とに同時に認識された場合にのみ収縮する厳密な糖タンパク質認識応答性を示すことが明らかになった。AFP インプリントゲルのような厳密な認識応答挙動を利用することにより、疾患マーカーを感知できる新規なセンサーや DDS キャリアの構築が可能になる。

3.2　ビスフェノール A 応答性ゲル

シクロデキストリン(CD)はグルコースをサブユニットとする環状オリゴ糖であり、その内孔が疎水性であることから、さまざまな疎水性ゲストを包接できる。このような特性から、CD は古くから超分子化学におけるリガンド分子として精力的に研究が進められてきた。とくに近年、原田らは側鎖にCDを有するポリマーと疎水性ゲスト分子との相互作用を利用して、ゾル-ゲル相転移ポリマーや自己修復材料、アクチュエータなど、さまざまな機能性材料を創出している[16)]。また、ステロイド類のリガンドとしてCDを用いることにより、ステロイド類を記憶した分子インプリントポリマーも報告されている[17)]。

一方、ビスフェノールA(BPA)はエポキシ樹脂やポリカーボネートなどの原材料として幅広く用いられている。しかし、BPAは内分泌かく乱化学物質としての疑いが指摘されており、その検出や分離を可能にする材料が求められている[18)]。このようなBPAはβ-CDと2：1の複合体を形成する[19)]。このCD-BPA-CD複合体をゲルの動的架橋点としてゲルネットワークに導入すると、BPAに応答して収縮するBPAインプリントゲルを調製できる[20)]。まず、重合性のアクリロイル基を導入したCDと鋳型分子であるBPAとを混合して複合体を形成させる。その後、CD-BPA-CD複合体とAAm、MBAAとを重合してゲルネットワークを形成させ、最後にBPAを除去することによりBPAインプリントゲルが得られる。得られたBPAインプリントゲルをBPA水溶液に浸漬させると体積が大きく減少し、BPAに応答して収縮した(図6)。一方、鋳型BPAを用いずに調製したノンインプリントゲルもBPAに応答して収縮したが、その収縮量はBPAインプリントゲルと比較して少なかった。また、リガンドCDを有さないポリアクリルアミド(PAAm)ゲルをBPA水溶液に浸漬させたところ、ゲルの体積はまったく変化しなかった。このとき、ゲルの弾性率測定により架橋密度の変化を調べると、PAAmゲルの架橋密度はBPA濃度に依存せず一定であったのに対して、BPAインプリントゲルおよびノンインプリントゲルは架橋密度が増加した。また、BPAインプリントゲルの架橋密度はノンインプリントゲルのそれと比較して高い値を示した。一方、ゲルへのBPA吸着量を測定したところ、BPAインプリントゲルはノンインプリントゲルと比較してより高いBPA吸着量を示した。以上の結果から、BPAインプリントゲルおよびノンインプリントゲルの収縮挙動は以下のように説明できる。BPAインプリントゲル内では、分子インプリント法によりCDリガンドがBPAと2：1の複合体を形成できる最適な位置に配置され、明確な認識サイトが形成されたために、BPAインプリントゲルは高いBPA吸着量を示したと考えられる。その結果、BPAインプリントゲルはBPA存在下で架橋密度が顕著に増加し、大きく収縮したと

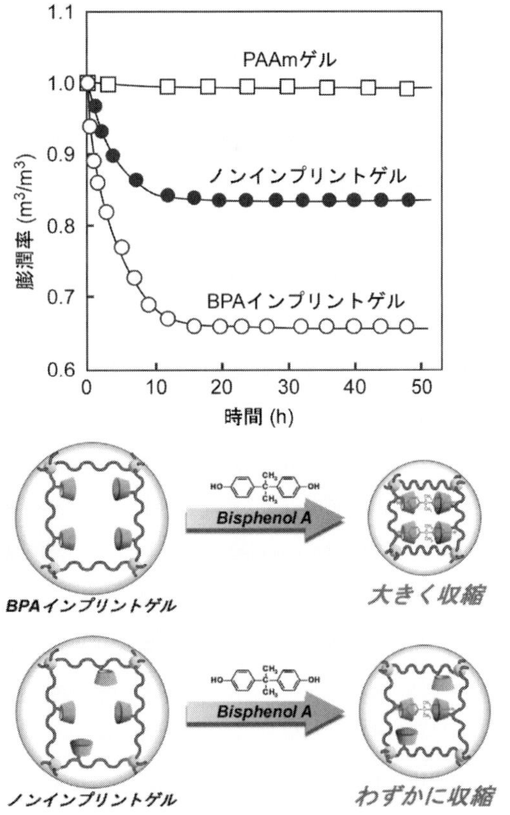

図6　BPAインプリントゲルのBPA認識応答挙動

推察される。一方、ノンインプリントゲル内のCDリガンドはランダムに配置されており、一部のCDは確率的にBPAと2：1の複合体を形成するが、複合体形成に関与できないCDが存在する。そのため、BPAインプリントゲルと比較してノンインプリントゲルへのBPA吸着量は少なくなり、ノンインプリントゲルの架橋密度の増加も小さくなるので、その収縮量はBPAインプリントゲルより低かったと推察される。

4 分子応答性ゾル-ゲル相転移ポリマー

近年、外部刺激に応答してゾル-ゲル相転移するポリマーが注目を集めている。とくに、体温付近でゾル-ゲル相転移するポリマーは生体内に導入するとゲル化するため、薬物リザーバーや細胞足場としての応用が精力的に検討されている[21)22)]。これまでに、温度やpHなどの物理化学的なシグナルに応答してゾル-ゲル相転移するポリマーは数多く報告されているが、特定の分子に応答してゾル-ゲル相転移するポリマーはあまり報告がない。たとえば、Kiickらは血管内皮細胞増殖因子(VEGF)がヘパリンと結合することに着目して、4分岐PEG末端に低分子量ヘパリンを結合させたポリマーがVEGF存在下でゾル-ゲル相転移することを見出した[23)]。さらに得られたゲルは、VEGFレセプターの存在下でヘパリンとVEGFとの結合が阻害されることにより架橋構造が崩壊してゾル状態へと相転移する。

一方、ビオチンとアビジンとの複合体形成を用いたゾル-ゲル相転移も報告されている[24)]。アビジンは4つのサブユニットからなるタンパク質であり、アビジン1分子に対して4分子のビオチンを結合することができる。また、その解離定数が非常に小さいことから、アビジンはELISAや免疫組織化学、センサーなど生物学研究において広く用いられている。そこで、アビジンに応答してゾル-ゲル相転移するポリマーとして、末端にビオチンを修飾したビオチン化4分岐PEGが合成された。ビオチン化4分岐PEG水溶液にアビジンを添加したところ、即座にゲル化した(**図7**)。これは、ビオチン化4分岐PEG末端のビオチンとアビジンとが複合体を形成することによって動的架橋点として機能し、ネットワーク構造が形成されたためと考えられる。また、アビジン/ビオチン化4分岐PEGゲルの弾性率は、ビオチン化4分岐PEG濃度やビオチン/アビジン比によって制御できることが明らかになった。さらに、ア

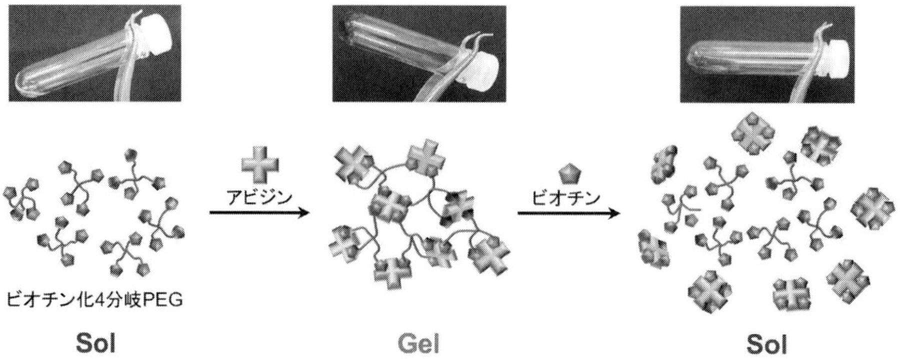

図7 ビオチン化4分岐PEGのアビジンに応答したゾル-ゲル相転移 ※口絵参照

ビジン/ビオチン化4分岐PEGゲルは、フリーのビオチンの添加によってゾル状態へと変化した。これは、フリーのビオチンと動的架橋点を形成しているビオチン化4分岐PEGのビオチンとの交換反応により、動的架橋が解離したためと考えられる。この結果は、アビジン-ビオチン複合体だけでなく、抗原抗体複合体や核酸のハイブリダイゼーションなどの生体分子複合体が、生体分子応答性ゾル-ゲル相転移システムの構築に有用であることを示している。このような生体分子応答性ゾル-ゲル相転移ポリマーはドラッグデリバリーシステムや細胞培養足場材料への応用が期待できる。

5　分子認識応答性ゲルの応用

5.1　抗原応答性ゲル膜による分子応答性薬物透過制御

高分子ゲル中の薬物の拡散係数は、薬物の分子サイズと高分子ゲルネットワークの網目サイズの比に依存する。したがって、高分子ゲルの網目サイズを変化させることによって薬物透過を制御できる。分子認識応答性ゲルは、標的分子に応答して架橋密度が変化してゲルの網目サイズが変化するため、分子認識により薬物透過を制御できる。これまでに、膜状の抗原応答性ゲルにより、標的抗原に応答した薬物の透過制御が報告されている[10)25)]。モデル薬物として、ヘモグロビン(分子量：64,500)を用いた場合、標的抗原であるrabbit IgGの存在下では、ヘモグロビンはゲル膜を透過したが、rabbit IgGがない場合ではその透過は効果的に抑制された(図8)。また、標的rabbit IgG濃度の増加に伴ってヘモグロビンの透過速度が増加した。さらに、標的rabbit IgG濃度の可逆的な変化に応答してヘモグロビンのゲル膜透過がon-off制御できることも明らかになった。これは、標的rabbit IgGの存在下で抗原抗体複合体架橋が解離すると、架橋密度が減少して網目サイズが増加するためと考えられる。しかし、標的rabbit IgG濃度が低下すると、抗原応答性ゲル中の抗原と抗体とが再び複合体形成し、動的架橋点として作用するために架橋密度が増加する。その結果、ゲル膜の網目サイズが減少してヘモグロビンのゲル膜透過が抑制されたと考えられる。一方、低分子モデル薬物としてビタミンB_{12}(分子量：1,355)を用いた場合では、標的rabbit IgGの添加によりビタミンB_{12}の透過速度が増加したが、標的rabbit IgGが存在しない場合でもビタミンB_{12}はゲル膜を透過した。これは、抗原応答性ゲル膜の網目サイズと比較して、低分子であるビタミンB_{12}の分子サイズが十分小さいためであると考えられる。このように、分子応答性ゲル膜は分子認識に伴う網目サイズの変化に応答して薬物透過を制御できるため、自律応答型DDSへの応用が期待できる。

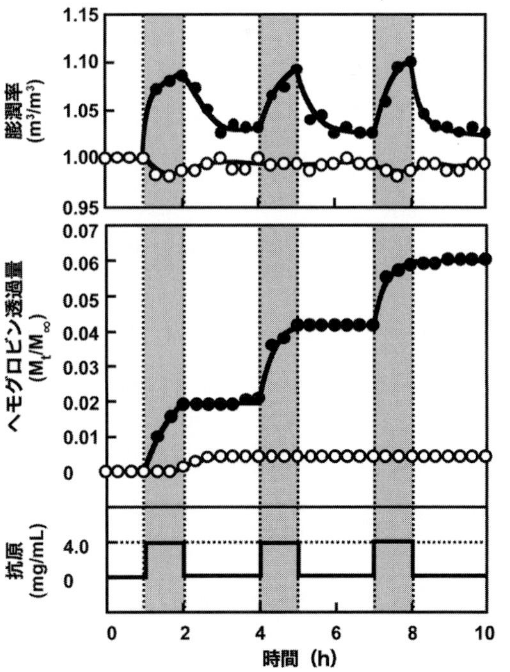

図8　抗原応答性ゲル膜の標的抗原に応答した薬物透過のon-off制御

5.2 分子応答性ゲル薄膜の表面プラズモン共鳴センサーへの応用

表面プラズモン共鳴(SPR)センサーは、非標識かつ高感度で標的分子を検出できるために、生化学や医療分野で広く用いられている。一般的なSPRセンサーでは、標的分子と結合する抗体や核酸などのリガンド分子を表面に結合させた金チップを用いて測定を行う。SPRセンサーチップ上のリガンド分子に標的分子が結合すると、表面プラズモン共鳴角がシフトする。この共鳴角シフトは、SPRセンサーチップ表面に結合した標的分子の質量および結合量に比例する。これにより、標的分子の定量や速度論的な結合の解析が可能である。また、SPRセンサーの高感度化を目的として、標的分子への二次標識[26)-28)]や、リガンド分子の3次元固定化[29)]などが行われている。

一方、分子インプリント法を用いてSPRセンサーチップ上に分子認識サイトを形成させることにより、抗体や核酸などの生体分子リガンドを用いずに標的分子を検出する方法も開発されている。たとえば、分子インプリント法によりテオフィリンやカフェイン、キサンチンの分子構造をインプリントしたポリメタクリル酸メチルをSPRセンサーチップ上に成膜することにより、分子インプリントSPRセンサーチップが設計されている[30)]。これらの分子インプリントSPRセンサーチップは、標的分子を選択的に認識して共鳴角シフトが増大した。一方、標的分子ではない分子をSPRセンサーチップに流した場合では、共鳴角シフトはほとんど変化しなかった。このように、分子インプリント法により形成された分子認識サイトは、SPRセンサーチップの標的分子結合サイトとして機能することが明らかにされ、さまざまな分子インプリントポリマーによるSPRセンサーチップが報告されている。

さらに、SPRセンサーチップ上に分子インプリントゲル薄膜を形成させることによって、標的分子の検出の高感度化も可能である[31)]。SPRセンサーチップ表面への分子インプリントゲル薄膜の形成には、基板表面に膜厚の揃った高密度ポリマーブラシを調製できる表面開始原子移動ラジカル重合(SI-ATRP)法が用いられている。たとえば、ATRPの重合開始剤である臭化アルキル基をセンサーチップ表面に導入し、鋳型ConAとGEMAとを複合体形成させた状態でAAmとMBAAとを銅触媒存在下でATRPにより共重合した後、鋳型ConAを除去することによりConAインプリントPAAmゲル薄膜が調製できる。このConAインプリントPAAmゲル薄膜修飾センサーチップを用いてSPR測定を行うと、標的ConAに応答して明らかな共鳴角シフトが生じた(**図9**)。また、鋳型ConAを用いずに調製したノンインプリントPAAmゲル薄膜と比較して、ConAインプリントPAAmゲル薄膜のほうがより顕著な共鳴角シフトを示した。この共鳴角シフトからConAインプリントPAAmゲル薄膜およびノンインプリントPAAmゲル薄膜の見かけの親和定数K_aを算出したところ、それぞれ2.02×10^7と5.26×10^5 M^{-1}となり、ConAインプリントPAAmゲル薄膜のほうがConAに対する高い親和性を有していることが明らかになった。これは、分子インプリント法によってConAに対するリガンドであるGEMAが最適な位置に配置され、明確なConA認識サイトが形成されたためである。また、ゲル薄膜の主ネットワークとしてタンパク質の非特異吸着を抑制するポリ(2-メタクリロイルオキシエチルホスホリルコリン)(PMPC)を有するConAインプリントPMPCゲル薄膜修飾SPRセンサーチップも設計されている[32)]。このConAインプリントPMPCゲル薄膜SPRセンサーチップを用いて

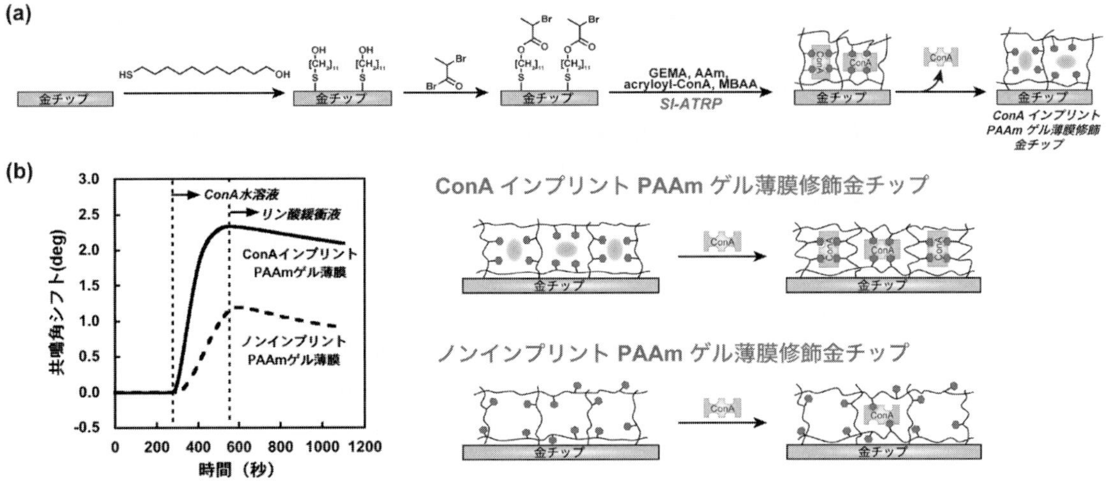

図9　ConA インプリント PAAm ゲル薄膜修飾金チップの調製スキーム(a)と SPR センサーによる共鳴角シフト(b)

測定を行うと、標的ConAに応答した明確な共鳴角シフトが観察されたのに対して、標的分子ではないピーナッツレクチンでは、共鳴角シフトがまったく観察されなかった。また、ConAインプリントおよびノンインプリントPMPCゲル薄膜の標的ConAに対する見かけのK_aを算出したところ、ConAインプリントPMPCゲル薄膜のK_aはノンインプリントPMPCゲル薄膜のそれと比較して約1,000倍高いことが明らかになった。これは、分子インプリント法によってConAインプリントPMPCゲル薄膜に明確なConA認識サイトが形成されるだけでなく、PMPCゲルネットワークによってConAの非特異吸着が抑制されるためと考えられる。このように、制御重合法を利用したセンサーチップ表面への分子インプリントゲル薄膜の構築は、高価で安定性の低い生体分子リガンドを用いることなく標的分子を高感度で検出することが可能である。

5.3　分子応答性マイクロゲルによる自律駆動型ゲルバルブ

光開始剤を用いた光重合は、光照射部位のみで重合を進行させることができるため、フォトレジストや印刷、表面コート、接着剤などに幅広く用いられている。光重合は高分子ゲルの調製にも利用でき、時間的・空間的に光照射を制御することによって任意の場所や形状でゲルを調製できる。このような光重合を利用してマイクロ流路内に分子認識応答性ゲルを調製することにより、自律駆動型ゲルバルブを構築することができる[33,34]。

まず、アクリロイルCDとBPAとの複合体を形成させた後、AAmとMBAA、光開始剤である2,2'-アゾビス(2メチルアミジノプロパン)二塩酸塩とを加え、蛍光顕微鏡を用いて局所的に光重合した後、鋳型BPAを除去することにより直径約200 μmのBPAインプリントマイクロゲルが調製できる。得られたBPAインプリントマイクロゲルは、バルクのBPAインプリントゲルと同様にBPAを認識して収縮したが、その応答速度はバルクのBPAインプリントゲルと比較して劇的に増加した。このBPAインプリントマイクロゲルをY字型のマイクロ流路内の片側のチャネルAに調製して、そのBPAインプリントゲルバルブとしての機能が評価された(図10)。マイクロ流路内に純

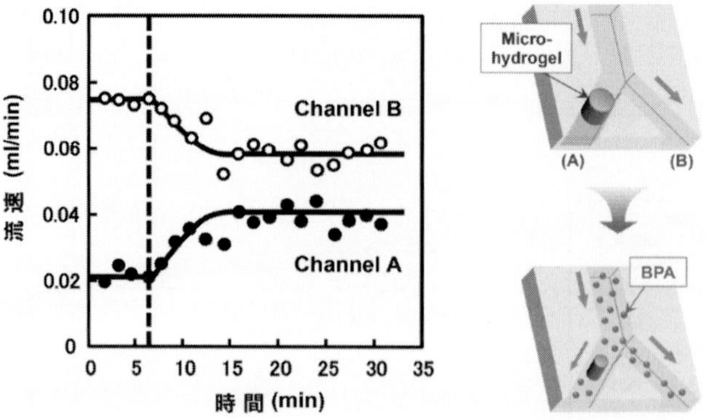

図 10　BPA インプリントマイクロゲルバルブによる BPA に応答したマイクロ流路の流量制御

水を流した際は、膨潤した BPA インプリントマイクロゲルバルブによりチャネル A への流入が制限されるため、チャネル A の流量が少なく、チャネル B の流量が多かった。一方、マイクロ流路に流す溶液を BPA 水溶液にスイッチしたところ、チャネル A の流量が増加しチャネル B の流量が減少した。これは、BPA インプリントマイクロゲルが BPA に応答して収縮し、チャネル A が開いたためと考えられる[33]。したがって、光重合によりマイクロ流路内に調製された応答収縮型の BPA インプリントマイクロゲルは、BPA に応答して流路を開く自律応答型ゲルバルブとして有用であることが示された。

また、BPA のような低分子だけでなく、タンパク質のような高分子量の標的に応答したゲルバルブも構築できる。たとえば、レクチンである ConA に応答して流量を制御できるゲルバルブが設計されている[34]。ConA インプリントゲルバルブは、GEMA と ConA とを複合体形成させた後、光重合により GEMA-ConA 複合体と AAm、MBAA とを共重合して調製される。得られた ConA インプリントマイクロゲルは、標的 ConA を認識して収縮した。また、Y 字型のマイクロ流路内に調製された ConA インプリントマイクロゲルは、マイクロ流路内の流体をリン酸緩衝液から ConA を含む緩衝液にスイッチすると収縮し、各チャネルの流速を変化させた。このように、分子認識応答性マイクロゲルは低分子から高分子まで、さまざまな標的分子に応答して膨潤・収縮するため、マイクロ流体デバイスの自律駆動型バルブとして有用である。

6　まとめ

分子認識応答性ゲルは、動的架橋点として分子複合体を利用して合成でき、分子認識に伴う架橋構造変化に基づいて膨潤・収縮する。また、ソープフリー乳化重合や SI-ATRP などを利用した分子認識応答性ゲル微粒子やゲル薄膜の設計も可能である。このような分子認識応答性ゲルの膨潤収縮挙動は、ゲルネットワーク主鎖と溶媒との親和性や荷電基の状態変化などを利用せずに、分子認識に伴う架橋構造の変化のみに依存している。そのため、さまざまな種類のゲルネットワーク主鎖を用いることができるだけでなく、pH や温度変化に対しても比較的安定である。このような特徴は、分子認識応答性ゲルが幅広い環境で応用できることを示している。また、動的架橋点として分子複合体を用いる設計は一般性が高く、さまざまな分子複合体に適用できる。今後、さまざまな機能を有する分子刺激応答性ゲルが設計され、医療や環境だけでなくアクチュエーターなどの機械工学分野など、さまざまな分野で幅広く利用されることが期待できる。

文　献

1) N. Yamada, T. Okano, H. Sakai, F. Karikusa, Y. Sawasaki and Y. Sakurai：*Macromol. Rapid Commun.*, **11**, 571 (1990).
2) N. Matsuda, T. Shimizu, M. Yamato and T. Okano：*Adv. Mater.* **19**, 3089 (2007).
3) T. Miyata：*Polym. J.*, **42**, 277 (2010).
4) K. Ishihara, M. Kobayashi, N. Ishimaru and I. Shinohara：*Polym. J.*, **16**, 625 (1984).
5) A. Matsumoto, M. Tanaka, H. Matsumoto, K. Ochi, Y. Moro-Oka, H. Kuwata, H. Yamada, I. Shirakawa, T. Miyazawa, H. Ishii, K. Kataoka, Y. Ogawa, Y. Miyahara and T. Suganami：*Sci Adv.*, **3**, eaaq0723 (2017).
6) T. Miyata, A. Jikihara, K. Nakamae and A. S. Hoffman：*Macromol. Chem. Phys.*, **197**, 1135 (1996).
7) T. Miyata, A. Jikihara, K. Nakamae and A. S. Hoffman：*J. Biomater. Sci., Polym. Ed.*, **15**, 1085 (2004).
8) S. Nayak and L. A. Lyon：*Angew. Chem. Int. Ed. Engl.*, **44**, 7686 (2005).
9) A. Kawamura, Y. Hata, T. Miyata and T. Uragami：*Colloids and Surfaces B-Biointerfaces*, **99**, 74 (2012).
10) T. Miyata, N. Asami and T. Uragami：*Nature*, **399**, 766 (1999).
11) T. Miyata, N. Asami and T. Uragami：*Macromolecules*, **32**, 2082 (1999).
12) T. Miyata, N. Asami and T. Uragami：*J. Polym. Sci., Part B：Polym. Phys.*, **47**, 2144 (2009).
13) G. Wulff：*Chem. Rev.*, **102**, 1 (2002).
14) T. Miyata, M. Jige, T. Nakaminami and T. Uragami：*Proc. Natl. Acad. Sci. USA*, **103**, 1190 (2006).
15) T. Miyata, T. Hayashi, Y. Kuriu and T. Uragami：*J. Mol. Recognit.*, **25**, 336 (2012).
16) Y. Takashima and A. Harada：*J. Incl. Phenom. Macrocycl. Chem.*, **88**, 85 (2017).
17) T. Hishiya, M. Shibata, M. Kakazu, H. Asanuma and M. Komiyama：*Macromolecules*, **32**, 2265 (1999).
18) B. S. Rubin：*J. Steroid Biochem. Mol. Biol.*, **127**, 27 (2011).
19) D. H. Yang, M. J. Ju, A. Maeda, K. Hayashi, K. Toko, S. W. Lee and T. Kunitake：*Biosens. Bioelectron.*, **22**, 388 (2006).
20) A. Kawamura, T. Kiguchi, T. Nishihata, T. Uragami and T. Miyata：*Chem. Commun.*, **50**, 11101 (2014).
21) B. Jeong, S. W. Kim and Y. H. Bae：*Adv. Drug Deliv. Rev.*, **54**, 37 (2002).
22) P. M. Kharkar, K. L. Kiick and A. M. Kloxin：*Chem. Soc. Rev.*, **42**, 7335 (2013).
23) N. Yamaguchi, L. Zhang, B. S. Chae, C. S. Palla, E. M. Furst and K. L. Kiick：*J. Am. Chem. Soc.*, **129**, 3040 (2007).
24) C. Norioka, K. Okita, M. Mukada, A. Kawamura and T. Miyata：*Polym. Chem.*, **8**, 6378 (2017).
25) T. Miyata, N. Asami, Y. Okita and T. Uragami：*Polym. J.*, **42**, 834 (2010).
26) L. A. Lyon, M. D. Musick and M. J. Natan：*Anal. Chem.*, **70**, 5177 (1998).
27) J. S. Mitchell, Y. Wu, C. J. Cook and L. Main：*Anal. Biochem.*, **343**, 125 (2005).
28) S. Kubitschko, J. Spinke, T. Bruckner, S. Pohl and N. Oranth：*Anal. Biochem.*, **253**, 112 (1997).
29) Y. Kuriu, M. Ishikawa, A. Kawamura, T. Uragami and T. Miyata：*Chem. Lett.*, **41**, 1660 (2012).
30) E. P. C. Lai, A. Fafara, V. A. VanderNoot, M. Kono and B. Polsky：*Can. J. Chem.*, **76**, 265 (1998).
31) Y. Kuriu, A. Kawamura, T. Uragami and T. Miyata：*Chem. Lett.*, **43**, 825 (2014).
32) R. Naraprawatphong, A. Kawamura and T. Miyata：*Polym. J.*, **50**, 261 (2018).
33) Y. Shiraki, K. Tsuruta, J. Morimoto, C. Ohba, A. Kawamura, R. Yoshida, R. Kawano, T. Uragami and T. Miyata：*Macromol. Rapid Commun.*, **36**, 515 (2015).
34) M. Hirayama, K. Tsuruta, A. Kawamura, M. Ohara, K. Shoji, R. Kawano and T. Miyata：*J. Micromech. Microeng.*, **28**, 034001 (2018).

応用編

第5章　分子応答性
第2節　グルコース応答性ポリマーの設計と医療応用

東京医科歯科大学/神奈川県立産業技術総合研究所　松元 亮
名古屋大学　菅波 孝祥　/　東京医科歯科大学　宮原 裕二

1　はじめに

刺激応答性ゲルは“インテリジェントゲル”または“スマートゲル”とも呼ばれ、「解放系」でかつ高効率な化学-力学エネルギー変換性を有する点を利用した“ケモメカニカルシステム”やドラッグデリバリーシステムの素子として盛んに研究されている[1]。とくに、特定の分子の濃度変化(化学刺激)に応答するシステムは、生体の自己制御機構を模倣する工学的な取り組みにおいて重要な手段となる。本稿ではとくに、糖尿病治療を目的として筆者らが取り組むグルコース応答性ゲルの応用例を中心に概説する。

2　糖尿病とインスリン療法の現状

糖尿病はさまざまな合併症を発症するため、医療費の増大のみならず、健康寿命の短縮(約10年)、労働力逸失による経済的損失など、社会に及ぼす影響は非常に大きい[1)2)]。厳格な血糖コントロールは合併症の予防戦略の中核を成すが、安全かつ長期的に有効な治療法は未だ確立しておらず、糖尿病合併症も依然として増加している。糖尿病は、インスリンの絶対的あるいは相対的な作用不足に起因するため、これに対するもっとも有効かつ安全な治療法はインスリン療法である[3)]。これは、血糖値のモニタリングや個人の生活習慣等に基づいて、即効型から持続型のインスリン製剤を組み合わせて投与し、血糖値をできる限り正常域にコントロールするものである。一方、インスリン療法は患者(高齢患者や要介護者の場合はその介護者も含む)の生活の質(QOL：Quality of Life)を著しく損なううえ、意識障害等の重篤な症状に繋がる低血糖の危険がある。心筋梗塞等の心血管合併症を予防するためには、より厳密な血糖コントロールが有効であるが、頻回の低血糖はむしろ予後を悪化させる可能性も指摘されている。この急性かつ重篤なリスク(低血糖発作)を回避する結果、実臨床上、血糖コントロールは未だ不十分である。最近、マイクロコンピューター制御による装着型インスリンポンプが欧米を中心に普及しつつあるが、あらかじめ設定されたアルゴリズムに従ってインスリンを投与するに留まり、オーダーメイド医療とは程遠いものである[3)-5)]。また、本邦では、入浴習慣等の生活様式や文化的背景から、インスリンポンプ使用に対する心理的抵抗が高く、実際、1型糖尿病(インスリン絶対欠乏性)患者におけるインスリンポンプの使用率は先進国のなかでも低い水準にある。9割以上を占める2型糖尿病(インスリン低分泌性および抵抗性)患者における使用率はさらに低いが、超高齢社会に突入しつつある本邦においては、予防医学的、さらに医療経済的な観点からも長期的な血糖値管理の厳格化が望まれる。したがって、より簡便、低負担かつ連続的にインスリン供給制御が可能な代替技術が強く要請されている。

3 糖尿病治療を目的としたグルコース応答システム

1990年代以降、米国を中心に多くのベンチャー企業が勃興し、グルコースオキシダーゼや糖結合性タンパク質(レクチン)であるコンカナバリンAを用いた「自律型インスリン投与システム」の開発競争が繰り広げられた。前者では、pH応答性の高分子ゲル(または膜)へ固定化したうえで、酵素反応により固定化マトリックスのインスリン透過性が変化すること、後者では、半透膜中であらかじめ(レクチンに認識される)糖構造を修飾したインスリンと結合させておき、外部より内因性インスリンが流入するとこれと置き換わり放出されることを、それぞれの基本原理とする[6)-9)]。これらのアプローチは長く検討されてきたが、生体由来材料特有の限界として、タンパク質変性に伴う低い使用耐性や免疫毒性が顕在化しており、未だ実用化例はない。一方、以下に述べるボロン酸を用いるシステムは完全合成系であり、上記諸課題を一手に解決するポテンシャルを秘めている。

ボロン酸は水中で糖などの多価水酸基化合物と可逆的に結合する(**図1**)[10)-13)]。この性質を利用したさまざまな糖応答システムが提案され、一部はすでに実用化されている。近年の特筆すべき事例として、たとえば、ジボロン酸型の蛍光センサーを小型LEDとともに皮下へ埋め込む方式により、最長6ヶ月間連続使用可能な小型の血糖測定装置が米・欧で上市に至っている[14)]。また、Andersonらは、**図2**に示すように、インスリンに対して末端にボロン酸構造を

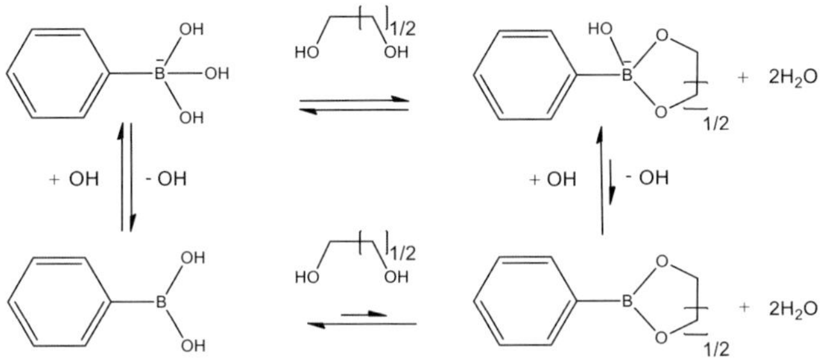

図1　ボロン酸と多価水酸基化合物の可逆的な結合

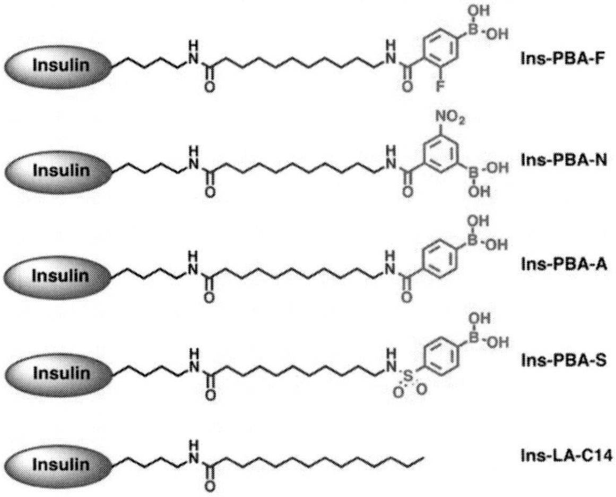

図2　持続型でかつ血糖値依存的な活性制御が可能な「スマートインスリン」の構造。文献15)より一部改変。

配した脂質分子をコンジュゲートすることにより、持続型でかつ血糖値依存的な活性制御が可能な「スマートインスリン」を報告している[15]。脂質修飾によって「血中アルブミン等の疎水性分子への吸着を促進することでその半減期を延長する原理」については、臨床で用いられる持続型インスリンの一種と同様である。持続型インスリンは頻回投与が不要なため、患者QOL改善の観点で元来大きな強みをもつが、このアプローチによりさらに「血糖値依存的な活性制御」の機能が付与される。持続型を含む改変型インスリンの長期使用に関しては、低血糖事象の頻発や毒性の懸念が議論されており、また、グルコース応答性の分子的機序が必ずしも明確でないなどの課題が残るが、今後の発展が大いに注目されるアプローチである。

4　ボロン酸ゲルを応用した人工膵臓のアプローチ

Anderson らによるボロン酸を用いた「スマートインスリン」化のアプローチについて簡単に述べたが、筆者らはインスリンの種類(改変型および非改変型)を問わず、これら一般に適用可能なデリバリーシステムの開発を進めている。以下にその原理と最新の開発状況について要約する。

環境依存的に顕著な水溶性変化を呈するポリ(*N*-イソプロピルアクリルアミド)のような高分子ゲルネットワーク中にボロン酸を適当な割合で導入すると、グルコース濃度変化に応答した解離平衡シフトに伴う対イオン浸透圧変化を主な駆動力とした(ゲルの)含水率変化(体積相転移)が引き起こされる[16)17)]。このゲルにインスリンを内包しておけば、血糖値変化を追随したインスリンの供給制御が可能となる(**図3**)。すなわち、高グルコース下で膨潤したゲルを低グルコース環境へ移すと、ゲル表面に「スキン層」と呼ばれる薄い脱水収縮層が生成する。スキン層が形成されるとゲル内部から外部へのインスリン分子の拡散が妨げられ、その放出量が著しく減少する。このとき、スキン層はゲル表面近傍でのみ生成し、しかも厚みが小さいため(典型的には100 μm程度)、再び環境中のグル

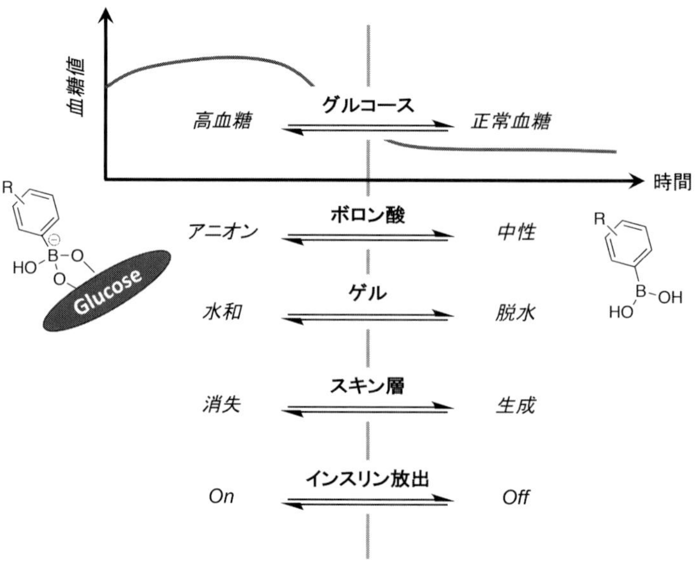

図3　ボロン酸ゲルによる「人工膵臓」機能の仕組み

コース濃度が増加すると、これが迅速に消失し、インスリンの放出量が回復する[17]。これを生体条件下(pH7.4、37℃)で実現することが長らく課題であったが、筆者らはこれを合成化学的に解決してきた[18)-22]。当該ボロン酸ゲルシステムは、非天然分子であるが故の免疫毒性の回避、安定性(環境耐性、長期保存、滅菌処理耐性など)に加え、スキン層による拡散制御方式の特徴として、早い応答性(すなわち、低血糖を避け正確な血糖値コントロールに有利)、表面局在性(すなわち、ゲルの形状や大きさに依存しない投与量設定が可能)、静注針や埋め込みデバイスなどの既存技術との親和性が挙げられる。その一例として、カテーテルと融合した「人工膵臓デバイス」の取り組みについて次に述べる[23]。

5　モデルマウスでの機能実証[23]

図4にボロン酸ゲルとカテーテルを融合した「人工膵臓デバイス」の概観を示す。内径600 μmヒト用シリコン製カテーテルにレーザー加工により直径が約300 μmの「窓」を12～48箇所設け、ここからゲルが覗く構成とした。ゲルはシランカップリング処理によりシリコン表面へ共有結合的に固定され、インスリン供給のための中空構造と生体接触界面の改善のためのポリエチレングリコールゲル薄膜被覆構造を有する。まず、当該デバイス形状により、血糖値に応じた精密なインスリン放出制御が達成されることを確認した。正常マウスおよび(1型または2型)糖尿病モデルマウスの皮下や腹腔にデバイスを外科手術で埋め込んだ後、1週間程度の血糖値変化、飲水量、インスリン量などをモニタリングして安全性を確認したう

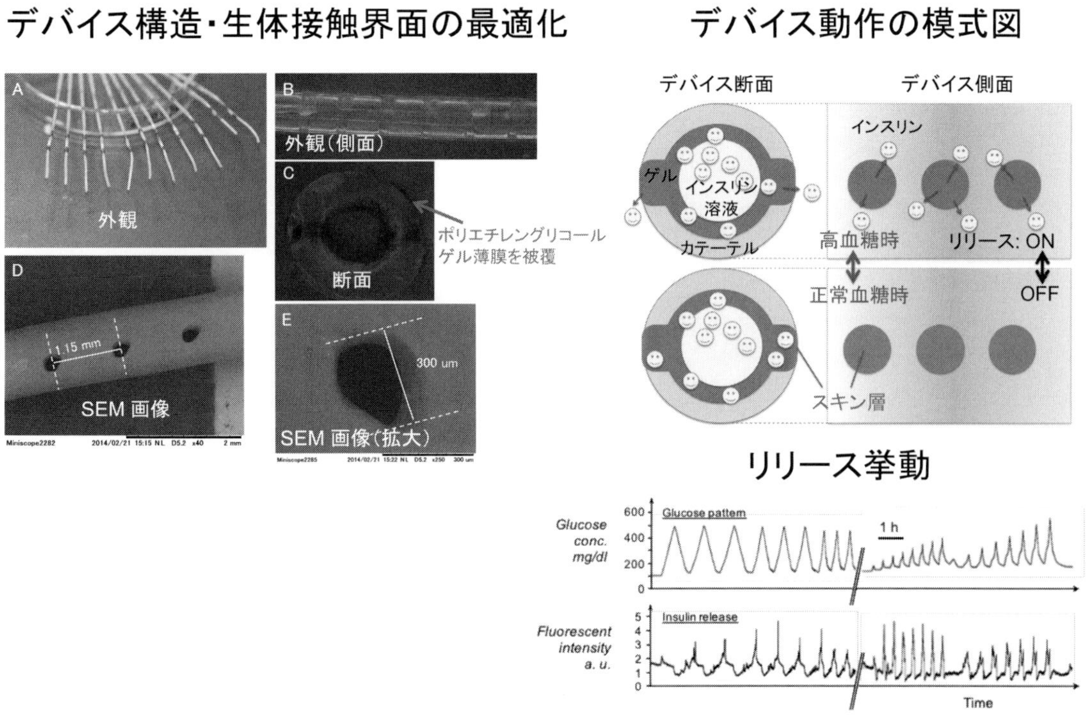

図4　カテーテル融合型「人工膵臓デバイス」の概略　　※口絵参照

えで、糖負荷時の急性応答性を評価した。正常マウスに大量のグルコースを静脈内投与すると、対照群では一過性に血糖値が上昇するが、治療群では血糖値の著明な改善が認められた(**図5**)。このとき、デバイスに由来するヒトインスリンの血中濃度が血糖値依存的に速やかに増減すること(図5)を併せて確認した。また、ボロン酸との結合定数が一般に大きく血中濃度も比較的高いことから、実使用上もっとも懸念される夾雑物であるフルクトースや、代表的な人工甘味料であるアスパルテームに対し、デバイスが「誤作動」を起こさず低血糖を生じないことを確認した。ここで、フルクトースとアスパルテームの投与量は、日常生活上、1日に摂取しうる量を参考に設定した。持続性については既存のインスリンポンプに準じて1週間程度を想定しているが、本デバイスは3週間後においても血糖値変動の感知、インスリン放出能に問題ないことを確認した。続いて、さまざまな糖尿病モデルに対する治療効果を検討した。インスリン量が絶対的に欠乏している1型糖尿病モデルに対する評価では、対照と比べて治療群では持続的に良好な血糖コントロールが得られ、グルコース負荷による血糖上昇も抑えられることが明らかとなった(**図6**)。このとき、肝臓における糖脂質代謝異常を正常化することも確かめられた(図6)。さらに、相対的にインスリンが欠乏するやせ型の2型糖尿病モデル、インスリン抵抗性を示す肥満型・2型糖尿病モデルに対しても同様に検討し、いずれのモデルに対しても随時血糖の低下、グルコース負荷試験における耐糖能の改善、平均血糖値を反映する糖化ヘモグロビン値(HbA1c)を有意に低下させることを確認した。以上より、健常および糖尿病モデルマウスでの安全性と治療効果を実証した。

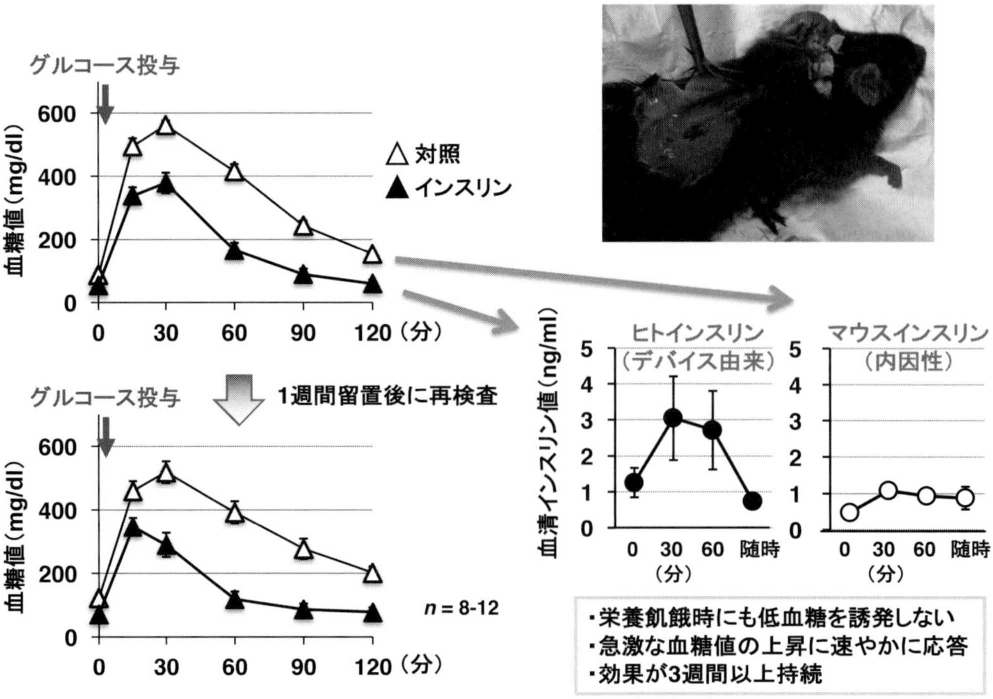

図5　正常マウスにおけるグルコース負荷試験

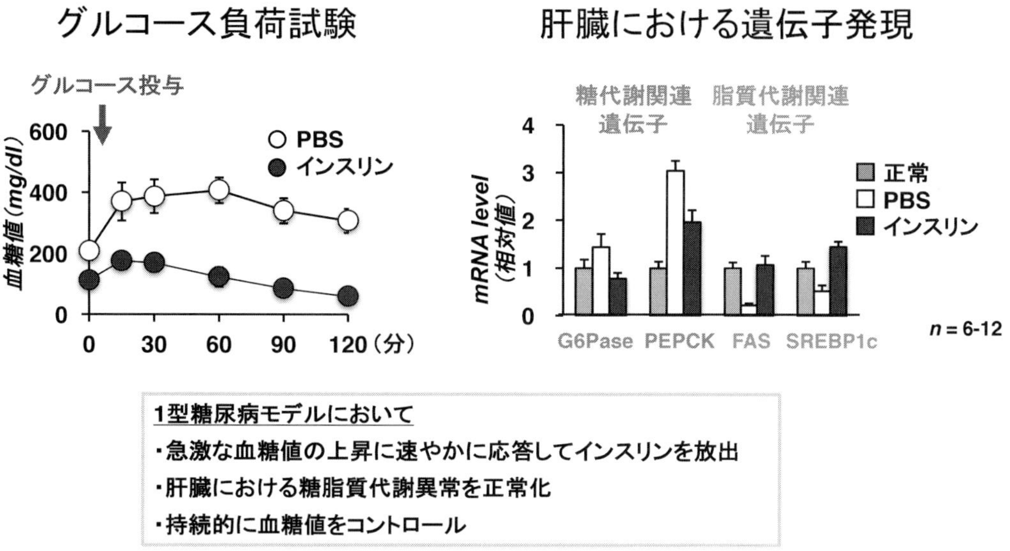

図６　１型糖尿病モデルにおける機能評価

6　今後の展望

世界に類をみない速度で高齢化が進行する本邦では、糖尿病等の生活習慣病が国民医療費の約15％、死亡数割合では約30％を占める。糖尿病治療におけるアンメットメディカルニーズ（長期的な血糖管理、低血糖の回避、患者負担の軽減）を解決し、いわば「健康寿命と平均寿命の差“ゼロ”」の実現を目指す研究が多岐に実施されている。本稿では、糖尿病治療の文脈におけるグルコース応答性ポリマーの研究動向について、筆者らのアプローチを中心に概説した。一切のエレクトロニクス（機械）を廃し、廉価で使用環境耐性の高い（すなわち、先進国以外でも扱いやすい）技術の創出は、医療のテーラーメード化、均質化、医療技術の輸入超過の解消等、医療経済上の貢献も期待される。ボロン酸ゲル型の人工膵臓については、ヒト仕様へ向けた機能のスケールアップ、小型化、温度耐性の改善、より低侵襲な皮下または皮内挿入ユニットとの融合等、周辺技術の開発も着実に進んでいる。このような技術が進展すれば、インスリン治療介入への心理的ハードルが高いとされる２型糖尿病患者はもとより、“万病の元”として昨今注目される「血糖値スパイク（食後高血糖）」のように従来の糖尿病の範疇に収まらない広範なニーズにも応える可能性がある。

文　献

1）W. T. Cefalu et al.：*Diabetes Care*, **39**, 1186（2016）.

2）E. Ginter and V. Simko：*Adv. Exp. Med. Biol.*, **771**, 42（2013）.

3）A. N. Zaykov, J. P. Mayer and R. D. DiMarchi：*Nat. Rev. Drug Discov.*, **15**, 425（2016）.

4）K. Kumareswaran, M. L. Evans and R. Hovorka：*Discov. Med.*, **13**, 159（2012）.

5）R. Hovorka：*Diabetic Med.*, **23**, 1（2006）.

6）Y. Qiu and K. Park：*Adv. Drug Deliver Rev.*, **53**, 321（2001）.

7）T. Miyata, T. Uragami and K. Nakamae：*Adv. Drug Deliver Rev.*, **54**, 79（2002）.

8）J. C. Yu et al.：*P. Natl. Acad. Sci. USA*, **112**, 8260（2015）.

9）O. Veiseh, B. C. Tang, K. A. Whitehead, D. G. Anderson and R. Langer：*Nat. Rev. Drug Discov.*, **14**, 45（2015）.

10）S. Aronoff, T. C. Chen and M. Cheveldayoff：*Carbohydr. Res.*, **40**, 299（1975）.

11）J. P. Lorand and J. O. Edwards：*J. Org. Chem.*, **24**,

769 (1959).
12) A. B. Foster : *Adv. Carbohydr. Chem.*, **12**, 81 (1957).
13) J. Boeseken : *Adv. Carbohydr. Chem.*, **4**, 189 (1949).
14) J. Kropff et al. : *Diabetes Care*, **40**, 63 (2017).
15) D. H. C. Chou et al. : *Proc. Natl. Acad. Sci.*, U.S.A. **112**(8), 2401 (2015).
16) K. Kataoka, H. Miyazaki, M. Bunya, T. Okano and Y. Sakurai : *J. Am. Chem. Soc.*, **120**, 12694 (1998).
17) A. Matsumoto, T. Kurata, D. Shiino and K. Kataoka : *Macromolecules*, **37**, 1502 (2004).
18) A. Matsumoto, S. Ikeda, A. Harada and K. Kataoka : *Biomacromolecules*, **4**, 1410 (2003).
19) A. Matsumoto, R. Yoshida and K. Kataoka : *Biomacromolecules*, **5**, 1038 (2004).
20) A. Matsumoto et al. : *Chem. Commun.*, **46**, 2203 (2010).
21) A. Matsumoto et al. : *Angew. Chem. Int. Ed.*, **51**, 2124 (2012).
22) A. Matsumoto, M. Yuasa, M. Sanjo, M. Tabata, T. Goda, T. Hoshi, T. Aoyagi and Y. Miyahara : *Chem. Lett.*, **45**(4), 460-462(2016).
23) A. Matsumoto et al. : Synthetic "smart gel" provides glucose-responsive insulin delivery in diabetic mice. Sci. Adv., 3(2017).

第5章　分子応答性

第3節　細胞親和型可逆形成ポリマーゲルシステムによる内包細胞の機能制御

東京大学　石原 一彦/小田 悠加/金野 智浩

1　緒　言

再生医療技術や細胞工学分野などの発展に伴い、細胞を1つの要素として利用する必要性が高まっている。とくに、幹細胞は任意の細胞へ分化させることが可能であるため、必要とされる機能性細胞を得るための材料として多くの注目を集めている。この観点から、細胞も工学材料と同様に品質を管理するとともに、維持することが必要となる。細胞は生理活性物質のみならずその周辺環境の物理的性質に影響を受けることが知られており、さまざまな環境下における細胞の機能発現について報告がなされている[1)]。なかでも三次元での細胞培養は、より生態系に近い状態での培養となることから、細胞の機能維持や機能発現に有効とされている。三次元培養下のみにおいて発現する機能も発見されており[2)]、三次元培養の重要性は高まっている。

この意味からも、細胞を内包することのできるマトリックスは多数研究されてきた。先駆的な研究としては生体由来の分子であるアルギン酸やコラーゲンのハイドロゲルマトリックスが挙げられる[3)-5)]。これらはゲル化にイオンの添加、pHの変化や温度変化を用いるため、細胞を生理的条件下で内包することは難しい。また、分子構造が明確でないため、内部の状況を正確に理解することは難しい。その後、合成ポリマーを用いたハイドロゲルが開発されてきた。ポリエチレングリコール（poly（ethylene glycol）：PEG）を主成分とし、これにペプチドを固定した三次元ネットワークは、内部で細胞が接着することを意図している。また、三次元ネットワーク内に必要とされるタンパク質を固定化している場合も多い[6)-8)]。

一方、内包した細胞の機能を制御した後、これを温和な条件で回収することは、細胞を材料として考える上でもっとも大切なことの1つである。化学結合やイオン結合で生成する三次元ネットワークを解離させるためには、加水分解や酸化分解、あるいはキレート化合物の添加など細胞に対して傷害を誘引する条件が必要となる。細胞を安定かつ活性を維持したまま内包できる三次元ポリマーネットワークには、細胞に対する影響を抑制し、かつ分化誘導因子などの生理活性物質の拡散を維持し、生理活性を損なわないことが必須である。また、細胞を固定化する過程において、細胞活性を著しく低下させない生理的条件が適用できることも必要である。2-メタクリロイルオキシエチルホスホリルコリン（2-methacryloyloxyethyl phosphorylcholine：MPC）を一成分としたMPCポリマーは親水的であり、共重合体とした際にもMPCユニット組成が大きい場合には水溶性にすることが可能である。また、非水溶性MPCポリマーでも、これにより被覆された表面はタンパク質との相互作用が小さく吸着を抑制できるために、その後の細胞接着を有効に阻止することが知られている[9)-11)]。この二次元の環境を三次元へと展開したMPCポリマーハ

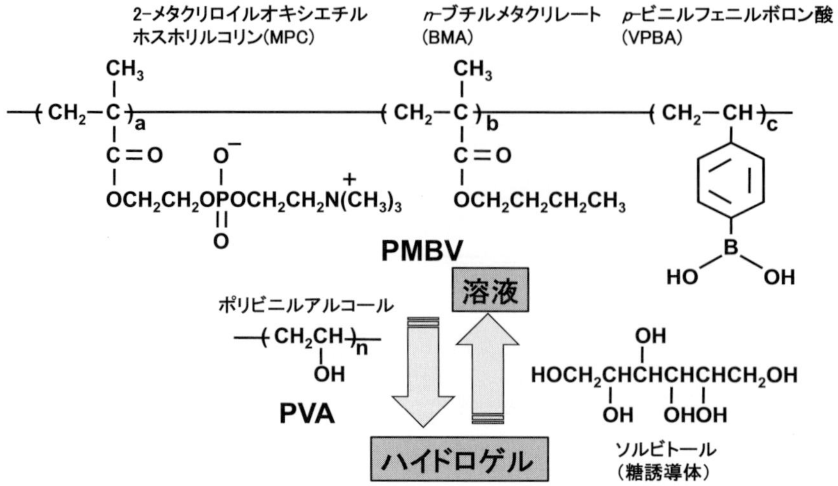

図1　MPCポリマーとポリビニルアルコールからなるハイドロゲル形成と可逆的解離

イドロゲルも同様にタンパク質や細胞に化学的に相互作用することのない三次元ネットワークを構築することができる。実際に*p*-ビニルフェニルボロン酸(*p*-vinylphenyl boronic acid：VPBA)ユニットを有するMPCポリマー(PMBV)はポリビニルアルコール(poly(vinyl alcohol)：PVA)とのコンプレックス形成により常温、常圧、中性の条件でゲル化し、この際に細胞をゲル内に内包することができることを示した(**図1**)[12)-16)]。

そこでこのPMBV/PVAハイドロゲルを用いて、糖誘導体によって生じる可逆的ゲル/ゾル転移により細胞を温和な条件で固定化と回収ができることを示す。さらに細胞工学に新しい技術となる、固定化された細胞の機能を制御する方法および機能発現を増強する手法に関して紹介する[17)-19)]。

2　糖誘導体により可逆的にゲル/ゾル転移するポリマー系の設計

フェニルボロン酸基は糖の合成において、求核反応をする際に水酸基を保護するために古くから利用されてきた。この特性を利用して、糖誘導体のアフィニティークロマトグラフィーの担体として応用されてきた経緯もある。この特性を刺激応答性ポリマーの一要素として利用して、特性を変化させる研究もなされてきており、とくにグルコース応答性ポリマーとしてゲル/ゾル転移や架橋密度の変化を利用して、溶質透過性や放出特性を変える研究がなされている。しかしながら、フェニルボロン酸と糖誘導体の反応は平衡反応であるために、糖分子の化学構造に強く依存し結合定数が小さい場合には効率よく反応しない。また、糖分子の濃度の影響を強く受ける。刺激応答性ポリマーとしての利用を目指すならば、このことを十分に理解して材料設計する必要がある。すなわち、対象とする糖分子と阻害する糖分子とのフェニルボロン酸に対する結合定数が10倍大きくても、阻害する糖分子の濃度が10倍であると、選択性がほぼなくなるということである。

PMBV/PVAハイドロゲルはPMBVを細胞培養用培地(DMEM)(10％牛胎児血清およびD-グルコース(D-glucose)を含む)に溶解し、同様にDMEMで溶解したPVAと混和することで調製する。また、内包した細胞を回収するためにより結合定数の高い糖を加えることで、PMBV/PVAハイドロゲルの架橋点となっているフェニルボロン酸基と水酸基の結合を分子置換しハイドロゲルを解離する。しかし、フェニルボロン酸に対しての結合定数は報告されているものの、高分子に含まれるVPBAユニットの反応性は知られていない。そこでDMEMに含まれるD-グルコース、PVAおよびフェニルボロン酸基単体に対して結合定数が高いことが知られているD-ソルビトール(D-sorbitol)と種々の組成をもつPMBVの結合定数を測定した。ここでは、蛍光分子アリザリンレッド(Alizarin red)を利用した方法を用いた。D-ソルビトールはジオール基を*cis*位で有しており、既報でももっとも結合定数が高いと報告されている[20]。そのためすべての条件でVPBAユニットとの結合が生じたと考えられる。PMBVが1 mg/mLの場合ではD-ソルビトール以外の糖誘導体との結合はほぼ観察されなかった。一方でPMBV濃度が50 mg/mLと増加するとD-グルコース、PVA両方とも結合が観察された(図2)。これはPMBVの濃度を高くすることで、PMBVが水媒体中で会合体を形成し、

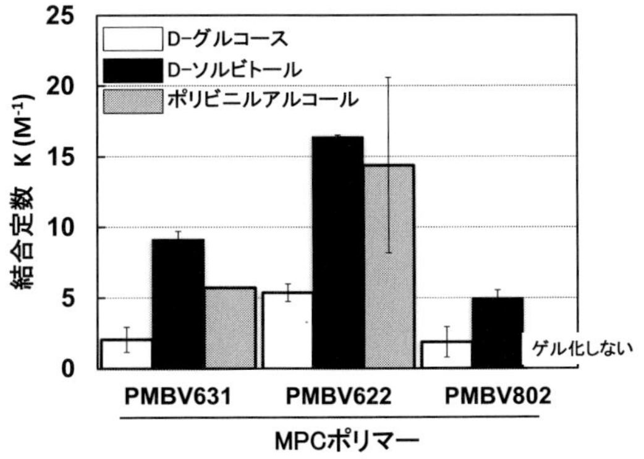

図2　MPCポリマーと糖誘導体およびポリビニルアルコールとの結合定数(PMBVの数字は各モノマーユニット組成比を示す。図1を参考)

疎水性のBMAユニットが内側、親水的なMPCユニットとVPBAユニットが水側へと配向することで、全体として結合することのできるVPBAユニットが増加したことが考えられる。これはBMAユニットを含まないPMBV802の結合定数が小さいことや、ピレン(pyrene)を用いた会合体形成評価においてPMBV631およびPMBV622が50 mg/mLで会合体を形成しているのに対し、PMBV802が会合体を形成していないこととも一致する結果である。PMBV631およびPMBV622は、50 mg/mLの濃度において会合定数がD-ソルビトール＞PVA＞D-グルコースとなった。この2つのポリマーを比較すると、ポリマー当たりのVPBAユニット組成の高いPMBV622の方が優れていた。効果的にハイドロゲルを形成し、可逆的に解離するようなMPCポリマーを合成するためにはMPC、BMA、VPBAの3つのモノマーユニットは必須であり、これらのモノマーユニットの比率を最適化することでハイドロゲルの架橋点の反応性を制御することができる。

3　PMBV/PVAハイドロゲルの粘弾性特性

PMBVハイドロゲルによる三次元ネットワークは、MPCユニットの生体不活性な特性により細胞に物理的な刺激のみを与えると考えられる。三次元ネットワークが形成する環境を数値的に記述する方法として弾性率を採用した。直径50 mmの円柱状の容器に全体量15 mLのPMBVハイドロゲルを調製した。これを直径30 mmのプランジャーを用いて10 mNの荷重で120秒間のクリープ測定を行った。60秒間の歪み、およびその後60秒間の回復を測定することにより貯蔵弾性率(G')および損失弾性率(G")を算出した。

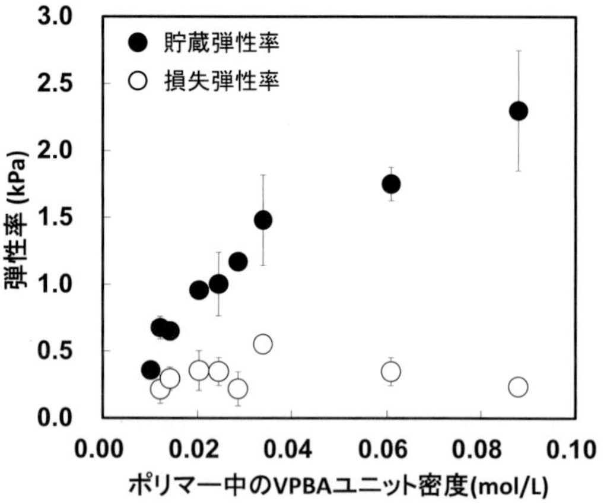

図3　PMBV/PVA ハイドロゲルの弾性率に与える VPBA ユニット密度の影響

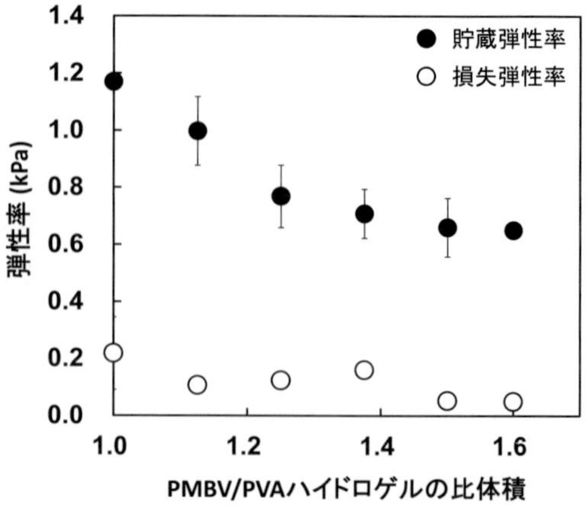

図4　PMBV/PVA ハイドロゲルの膨潤に伴う弾性率の変化

図3にPMBV/PVAハイドロゲル中のVPBAユニットの密度（mol/L）と、貯蔵弾性率および損失弾性率の関係を示す。すべての濃度範囲において貯蔵弾性率が損失弾性率を上回っており、三次元ネットワークが形成されていることが確認された。貯蔵弾性率はVPBAユニット濃度の増加に従って増加した。理想的な三次元ネットワークにおいて貯蔵弾性率は有効網目密度に比例する[21]。これより、PMBVハイドロゲルにおいて水溶液中に溶解したPVAに対し、PMBVが均一に結合することで、ある程度均一な三次元ネットワークが形成されたと考えられる。すなわちPMBVハイドロゲルを形成する際に使用するPMBVのVPBAユニットの割合、また、PMBVとPVAの混和比を制御することで貯蔵弾性率を0.5 kPaから2.5 kPaの任意の値に調整することができる。

三次元ネットワークを用いて細胞機能を制御することを考えると、形成段階のPMBVハイドロゲルの貯蔵弾性率のみならず、ハイドロゲル形成後も任意に貯蔵弾性率を変化させられることが望ましい。そこで調製したハイドロゲルをDMEMにより膨潤させることで貯蔵弾性率を変化させた。

貯蔵弾性率を1.2 kPaに調整したPMBV/PVAハイドロゲルに、さらにDMEMを加えて膨潤させた際のハイドロゲルの弾性率変化を**図4**に示す。この条件で作成すると、PMBV/PVAハイドロゲルはその比体積が1.6倍になるまでは、添加したDMEMをすべて吸収しその貯蔵弾性率が低下した。それ以上の量のDMEMを添加しても一部の溶液が吸収されず、1.6倍以上の体積の増加は観察されなかった。PMBV/PVAハイドロゲルはすべての場合24時間で平衡膨潤に達し、その貯蔵弾性率は約0.6 kPaとなった。膨潤後のハイドロゲルはいずれの場合も貯蔵弾性率が損失弾性率を上回っていた。すなわち三次元ネットワークが保たれたまま体積が増加することにより貯蔵弾性率が減少したことが明らかとなった。また、ポリマーの混和比を変えて初期の貯蔵弾性率0.7 kPaを調整したハイドロゲルも同様に0.6 kPaで平衡膨潤に達し、それ以上の膨潤は認められなかった。このことからPMBV/PVAハイドロゲルは媒体の量を加減しても常に三次元ネットワークを維持したまま貯蔵弾性率を調節できることが示された。

4 PMBV/PVAハイドロゲル内に固定化した細胞の挙動

マウス間葉系幹細胞(C3H10T1/2)をPMBV溶液に懸濁し、PVA溶液と混和することでPMBVハイドロゲルに内包した。C3H10T1/2はPMBVハイドロゲルの体積に対して5.0×10^5 cells/mLとなるように調整した。37℃、5% CO_2の雰囲気下で3日間培養した。その後(通算4日後)、0.3 mol/LのD-sorbitol DMEM溶液を用いてPMBVハイドロゲルを解離し、遠心分離にて細胞を回収し細胞数を計測した。

図5に内包時のPMBV/PVAハイドロゲルの貯蔵弾性率と内包されたC3H10T1/2の増殖率を示す。PMBVハイドロゲルに内包されたC3H10T1/2は球形を保ち分散して固定化された。内包されたC3H10T1/2は貯蔵弾性率が0.70 kPaから0.90 kPaの間では細胞増殖が認められ(図5写真上)、その増殖率は24時間で2倍程度であった。通常の細胞培養皿を利用した場合、C3H10T1/2は約20時間で2倍に増殖する。すなわち、PMBV/PVAハイドロゲルに内包することで増殖速度がやや小さくなった。4日後の細胞増殖率はハイドロゲルの貯蔵弾性率にきわめて強く依存した。一方、ハイドロゲルの貯蔵弾性率が0.90 kPa以上となるとC3H10T1/2の増殖が抑制され細胞数の増加は認められなかったが、細胞形態の変化はないことが明らかとなった(図5写真下)。

図6にPMBVハイドロゲルに内包された細胞の細胞周期の代表例を示す。細胞は増殖する過程で、初期のG1期から細胞核内でDNAを合成するS期、それが成長するG2期を経て分裂するM期へと周期し、このサイクルは繰り返される。PMBV/PVAハイドロゲルに内包されたC3H10T1/2は細胞培養皿で培養されたC3H10T1/2に比べて休止期であるG1期にある細胞の割合が増加した。とくに、細胞増殖が抑制される貯蔵弾性率(G')が1.1 kPaのPMBV/PVAハイドロゲルに内包されたC3H10T1/2は、1日間の培養(2日後)で95%以上がG1期へと収束した。C3H10T1/2の倍加時間が20時間であることから、すべての細胞の周期が一周する間にG1期で停止したことを示す。また、タンパク質の拡散性を測定した結果、弾性率がこの範囲にあるPMBV/PVAハイドロゲルゲルでは差がないことが認められた。さらに血清を含む細胞培養培地を用いてPMBV/PVAハイドロゲルを形成、さらにポリマー濃度がわずか5 wt%であることを考慮す

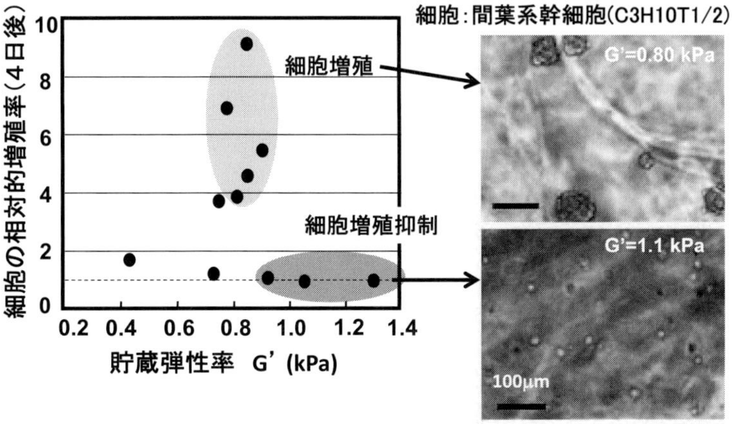

図5　PMBV/PVAハイドロゲルに内包した間葉系幹細胞の増殖に与えるハイドロゲルの弾性率の影響

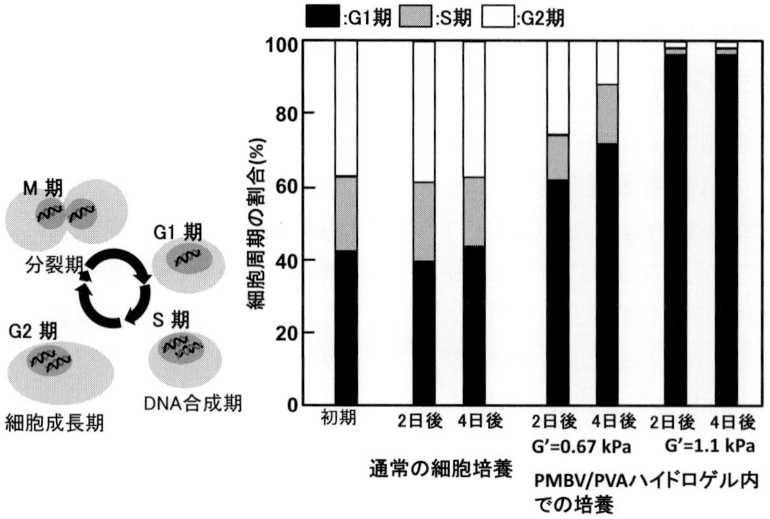

図6 PMBV/PVA ハイドロゲルに内包した間葉系幹細胞の細胞増殖周期

ると、細胞周期がG1期へと収束したことは細胞に対する栄養の欠乏によるものではなく、周囲のゲルマトリックスの物性の効果であると考えられる。

PMBV/PVA ハイドロゲルを体積が1.5倍になるように培地を添加し膨潤させた。その際の貯蔵弾性率変化を図7に示す。初期の貯蔵弾性率1.2 kPa の PMBV/PVA ハイドロゲルは膨潤によりその値が0.78 kPa に低下した。図5に示したように、貯蔵弾性率が0.80 kPa 以上から以下へと変化することによって、細胞の増殖が抑制される環境から、増殖が可能な環境へ変化する。また、ハイドロゲルが膨潤したあとは貯蔵弾性率が3日間一定に保たれた。これにより膨潤したのちの細胞周辺の物理環境は一定であると考えられる。このように細胞周辺の物理環境を変化させた際の細胞数の変化を同じく図7に示す。貯蔵弾性率を1.2 kPa から0.78 kPa へと貯蔵弾性率を膨潤により低下させると、細胞は停止していた増殖サイクルを再開させた。その増殖率はあらかじめ0.78 kPa の PMBV ハイドロゲルに内包した C3H10T1/2 と比較して小さいもののであるが、3日間の培養期間で2倍に増加した。これに伴い、細胞周期も細胞増殖挙動と一致して G1 期での停止から回復することが明らかとなった。また、細胞はどの時点においても球形を保ち、三次元ネットワーク中に固定されている様子が観察された。増殖が抑制されている間は、細胞は個々に分散している。一方、細胞の増殖が始まると細胞分裂により複数の細胞のスフェロイドを形成している様子が観察された。このことは個々に分散

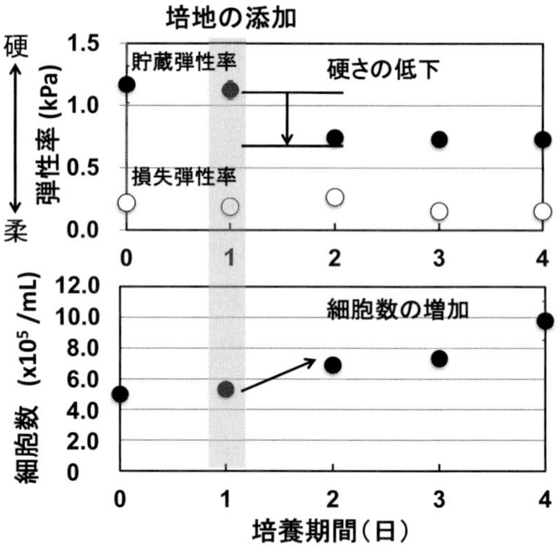

図7 PMBV/PVA ハイドロゲルの特性変化による細胞増殖の制御

していた細胞がその場で増殖することにより一細胞に由来するスフェロイドの形成に至ったと考えられる。PMBV/PVAハイドロゲルの貯蔵弾性率を、細胞を内包したまま変化させることで細胞の増殖挙動を制御することが可能である。PMBV/PVAハイドロゲルは均一な構造を有しているため、ハイドロゲルのマクロな変化は内包細胞の個々の周辺環境の変化として反映される。すなわち、多量の細胞に対して化学的なシグナルを加えることなく、その増殖挙動を物理環境のみで一度にoff-on制御することのできる三次元ネットワーク系が得られた。このことは、細胞工学において細胞の保存を凍結することなく実現できることを示しており、さらにその状態からの離脱も簡便な、新しい技術を提供するものである。

5　細胞周期制御による分化誘導効率の向上

化学分子を分化誘導シグナルとして使用した幹細胞の分化誘導では、その細胞周期が重要な役割を果たすことが知られている。細胞はS期にDNAを合成するため、S期に入る前のG1期(G0期)においてシグナルを作用させることが大切である[22]。そのため、化学物質を用いたり、細胞をコンフルーエントの状態まで培養したりすることでG1期に収束させる手法がとられている。ここで、PMBVハイドロゲルでG1期に収束させ、細胞周期を再開させる機構を用いて、C3H10T1/2の骨誘導タンパク質因子(Bone morphogenetic protein-2：BMP2)による骨芽細胞分化を行った。BMP2添加後3日目のC3H10T1/2の遺伝子(mRNA)の発現量を図8に示す。BMP2を添加した系ではBMP2を添加していない系に比べて、骨芽細胞前期および後期マーカーのmRNAの発現量が増加した。また、G1期に細胞を収束させシグナル添加と同時に細胞増殖を再開させた系(細胞周期の調整有り、BMP2添加有り)と、常に細胞が増殖している系(細胞周期の調整なし、BMP2添加有り)を比較したところ、骨芽細胞前期および後期マーカーのmRNAの発現量が3.4倍および2.5倍となった。G1期に周期を揃えることでシグナルに対する応答が向上したと考えられる。とくに細胞をG1期に収束させるだけでなく、細胞増殖の再開も制御したことにより、分化の進行度合いが進んだ細胞が多く存在し、骨

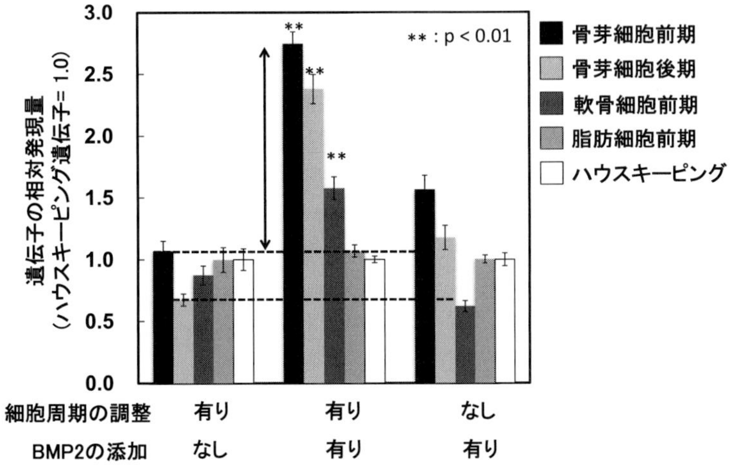

図8　PMBV/PVAハイドロゲルによる細胞周期の調整による細胞分化効率の向上

芽細胞後期マーカーの発現量が増加した。細胞培養皿上で化学物質を用いて細胞の分化誘導を行った際には、化学物質が拡散により減少し、細胞の増殖が再開されるまでに時間がかかる。また、細胞の増殖が可能なスペースが減少していることより、骨芽細胞初期マーカーのmRNA発現量が増加したにも関わらず、後期マーカーのmRNA発現量の増加は観察されないことが多かった。すなわち、分化誘導には、細胞周期をG1期へ収束させ、さらに増殖の再開を制御することが効果的であると結論できる。

幹細胞の分化誘導処理した10日後のタンパク質合成を観察するために、細胞のアルカリホスファターゼ(alkaline phosphatase：ALP)を染色した(**図9**)。PMBV/PVAハイドロゲルからD-ソルビトールの添加によりゲルを解離して内包されている細胞を回収し、再度、細胞培養皿上に接着させてから染色操作を行なっている。これによりALPが発現している細胞が選択的に染色される。これより細胞周期を制御して分化誘導を行った細胞は、制御していないものに比べて多くのALPが発現していることがわかる。タンパク質合成遺伝子(mRNA)の発現のみならず、その後の実際にタンパク質合成に関しても分化誘導が進んでいることが確認された。PMBV/PVAハイドロゲルは前述の細胞保存媒体のみでなく、細胞内包・回収を糖誘導体の添加のみで可能なために、細胞分化誘導効率を高め、目的細胞の均質性をより高めることができる細胞機能制御媒体としても有効であることが明らかとなった。

6 結論

MPCポリマーを用いて温和な条件で細胞を内包固定し、さらに可逆的に回収することのできる三次元ネットワークを調製することができた。この三次元ネットワークの物性は貯蔵弾性率を用いて評価することが可能であり、架橋点の密度を変化させることで三次元ネットワークの貯蔵弾性率を制御することができた。三次元ネットワークに内包された細胞は球形を保ち、ネットワークの貯蔵弾性率に従って増殖特性を変化させた。増殖が制御された細胞は細胞分化誘導に際してシグナル分子感受性が向上した。通常細胞外マトリックスの囲まれている細胞には、周囲から分子レベルの化学的刺激とマトリックスに起因する物理的刺激が同時に作用する。それぞれのパラメーターは互いに影響を及ぼし合うため、その寄与を独立して評価することは困難であった。タンパク質吸着を阻止し、またそれ自身が細胞に対して影響することがないMPCポリマーネットワークを作成することで、マトリックスによる物理特性が内包された細胞に与える影響のみを評価することが可能となった。その結果、三次元ネットワークの物理特性として貯蔵弾性率を採用することで物理特

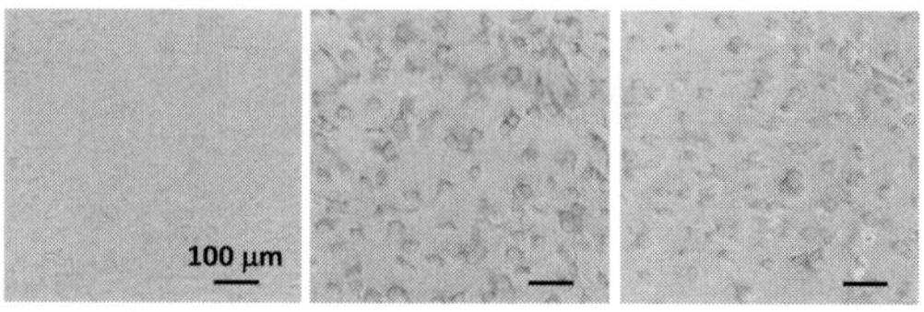

細胞周期の調整	有り	有り	なし
BMP2の添加	なし	有り	有り

図9　細胞分化誘導後のタンパク質(ALP)発現に与える細胞周期調整の効果

性と細胞増殖の関係を明らかにできた。可逆的に糖濃度や媒体の添加により、物性を変えることができる MPC ポリマーハイドロゲルは、三次元環境中で細胞の機能制御が求められる細胞工学を基盤とした組織再生医療技術や、細胞を利用したバイオ関連産業などの進歩に確実に貢献する。

文　献

1) M. P. Lutolf, P. M. Gilbert and H. M. Blau：*Nature*, **462**, 433 (2009).
2) D. E. Discher, D. J. Mooney and P. W. Zandstra：*Science*, **324**, 1673 (2009).
3) M. T. Sheu, J. C. Huang, G. C. Yeh and H. O. Ho：*Biomaterials*, **22**, 1713 (2001).
4) H. G. Koebe, S. Pahernik, P. Eyer and F. W. Schildberg：*Xenobiotica*, **24**, 95 (1994).
5) T. Segura, B. C. Anderson, P. H. Chung, R. E. Webber, K. R. Shull and L. D. Shea：*Biomaterials*, **26**, 359 (2005).
6) G. P. Reaber, M. P. Lutolf and J. A. Hubbel：*Biophys. J.*, **89**, 1374 (2005).
7) A. M. Kloxin, A. M. Kasko, C. N. Salinas and K. S. Aneseth：*Science*, **324**, 59 (2009).
8) J. J. Moon, J. E. Saik, R. A. Poche, J. E. Leslia-Barbick, S.-H. Lee, A. A. Smith, M. E. Dickinson and J. L. West：*Biomaterials*, **31** 3840 (2010).
9) Y. Iwasaki and K. Ishihara：*Anal. Bioanol. Chem.*, **381**, 534(2005).
10) Y. Iwasaki and K. Ishihara：*Sci. Tech. Adv. Mater.*, **13**, 064101 (2012).
11) K. Ishihara, T. Ueda and N. Nakabayashi：*Polym. J.*, **23**, 355(1990).
12) T. Konno and K. Ishihara：*Biomaterials.*, **28**, 1770 (2007).
13) T. Aikawa, T. Konno and K. Ishihara：*Soft Matter*, **9**, 4628 (2013).
14) B. Gao, T. Konno and K. Ishihara：*RSC Adv.*, **5**, 44408 (2015).
15) B. Gao, T. Konno and K. Ishihara：*J. Biomater. Sci. Polym. Ed.*, **26**, 1372 (2015).
16) K. Ishihara, H. Oda, T. Aikawa and T. Konno：*Macromol. Sympo.*, **351**, 69 (2015).
17) H. Oda, T. Konno and K. Ishihara：*Biomaterials*, **34**, 5891 (2013).
18) H. Oda, T. Konno and K. Ishihara：*Biomaterials*, **36**, 86 (2015).
19) K. Ishihara, H. Oda and T. Konno, in *Handbook of Intelligent Scaffolds for Regenerative Medicine*, 2nd Eds(Ed. G. Khang), Chapter 12, pp303-326, Pan Stanford and CRC Press (Taylor & Francis) Singapore (2017).
20) G. Springsteen and B. Wang：*Tetrahedron*, **58**, 5291 (2002).
21) L. R. G. Traylor：*The Physics of Rubber Elasticity 3rd edition*, Oxford University Press, Oxford (1975).
22) E. Hulleman and J. Boonstra：*Cell. Mol. Life Sci.*, **58**, 80 (2001).

応用編

第5章　分子応答性

第4節　細胞内ATP濃度に応答する遺伝子治療用核酸キャリア

東京大学　内藤 瑞／吉永 直人／宮田 完二郎
東京大学／川崎市産業振興財団ナノ医療イノベーションセンター　片岡 一則

1　はじめに

1970年代に外因性の遺伝子を用いる治療法の概念が提唱されて以来、さまざまな配列の治療用遺伝子による治療法が開発されてきた[1]。現在では核酸の種類や作用機序に応じて定義は細分化されているが、外因性の核酸を生体内（細胞内）に導入して治療を行うという概念は現在も変わっていない。遺伝子治療（本稿では核酸の種類によらず、核酸を細胞内に導入して治療を行うという意味で用いる）はあらゆる遺伝子発現を調節可能であることから、従来の低分子医薬や抗体医薬に続く新たなバイオ医薬品として期待されている。しかし、実際の医薬品開発は難航しており、医薬品として承認を受けた治療用核酸は数品目に限られている。遺伝子治療の開発を妨げている最大の障壁として、治療用核酸の標的細胞への送達効率の低さが挙げられており、標的細胞へと効率よく核酸を送達する手法の開発が求められている。筆者らの研究グループは、治療用核酸のキャリアとして、核酸と合成高分子を構成成分とする高分子ミセルの開発を進めてきた[2]。本稿では高分子ミセルのなかでもとくに、細胞内のアデノシン-三リン酸（ATP）濃度に応答する核酸キャリアを中心に概説する。

2　高分子ミセル型核酸キャリアと刺激応答性

遺伝子治療には、plasmid DNA（pDNA）やmessenger RNA（mRNA）を用いてタンパク質を発現させることで治療を行う方法と、アンチセンス核酸やsmall interfering RNA（siRNA）などの短い核酸を用いて内在性のmRNAの発現量を調整することで治療を行う方法の2種類の治療戦略がある。いずれの戦略においても細胞内で核酸が作用するため、治療用核酸を標的細胞内部へと送達する必要がある。しかし、化学修飾の施されていない天然型の核酸の場合、生体内へと投与されるとすぐに核酸分解酵素による攻撃に晒され、また、核酸はアニオン性の水溶性高分子であるため細胞膜透過性に乏しく、そのままでは標的細胞へ侵入することができない。このような課題を解決するために、治療用核酸とカチオン性高分子（ポリカチオン）によるポリイオンコンプレックス（polyion complex：PIC）を基盤とした核酸キャリアの開発が行われてきた[3)4)]。核酸はリン酸部が一価のアニオンであり、核酸の塩基長に応じたアニオン数を有している。これに対して、ポリカチオンを水中で混合すると静電相互作用によって会合し、PICが形成される。PIC形成によって核酸の分解酵素耐性が向上し、また、核酸の負電荷が中和されることで細胞膜に対する親和性が向上し、細胞膜への吸着を介したエンドサイトーシ

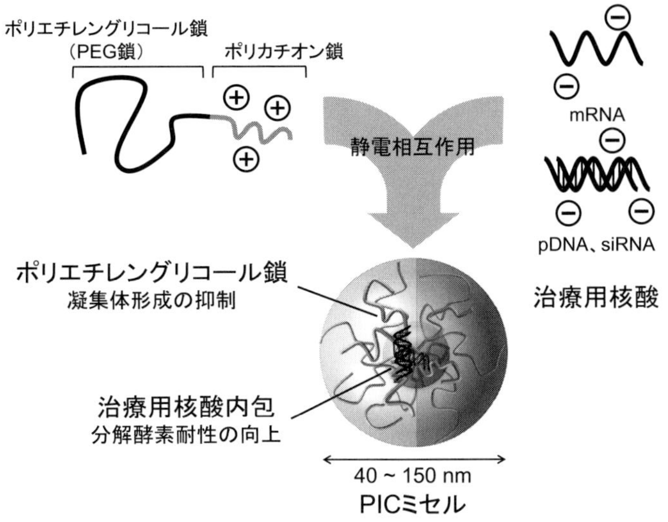

図1　治療用核酸内包 PIC ミセルの概念図

スを誘起することができる。PIC を用いることで培養細胞や局所投与での核酸送達効率は大きく改善するものの、血流を介した全身投与においては、PIC が血中タンパク質などの生体分子と凝集体を形成してしまい、標的細胞への送達効率が低減してしまう[5)]。このような課題に対しては、PIC 表層を生体適合性の水溶性高分子で被覆することが有用であり、筆者らの研究グループでは、ポリエチレングリコール（polyethylene glycol：PEG）とポリカチオンのブロック共重合体を用いて PIC 形成することで、核酸を封入した PIC の表層を PEG が覆った PIC ミセルの構築に成功している[6)7)]（**図1**）。

PIC ミセルの血中安定性は全身投与での核酸送達を目指すうえで必要な性質であるが、過度な PIC ミセルの安定化は細胞内での核酸放出を阻害してしまい、治療効果が減弱してしまうことが懸念される。つまり、PIC ミセルには、血中（細胞外）での安定化と、細胞内での核酸の放出という、一見すると相反する機能の両立が重要である。このような機能は、PIC ミセル内部へと細胞内環境に応答する官能基を組み込むことで実現される。実際に、pDNA 内包 PIC ミセルへと細胞内の還元環境で開裂するジスルフィド結合による架橋を組み込んだところ、細胞外での安定化と細胞質内での pDNA 放出の両立に成功した[8)]。一方、siRNA 内包 PIC ミセルにジスルフィド架橋を導入したところ、pDNA 内包 PIC ミセルほどの安定化効果は得られなかった[9)]。これは、数千～数万の塩基長の巨大分子である pDNA はジスルフィド架橋によって PIC ミセル内部に束縛される一方で、20 塩基対程度の短い二本鎖 RNA である siRNA はジスルフィド架橋の網目をすり抜け、PIC ミセルから漏出してしまったためと考えられた。そこで筆者らは、siRNA の漏出を抑える新たな細胞内環境応答性 PIC ミセルとして、フェニルボロン酸基（phenylboronic acid：PBA）を用いた ATP 応答性 siRNA 内包 PIC ミセルの開発を行った[10)]。

3　PBA を用いた ATP 応答性 siRNA キャリア

PBA は水中で自身の pK_a に応じて疎水的な 3 価と親水的な 4 価の平衡状態で存在しており、

4価のPBAは*cis*-ジオールとの可逆的な結合能を示す[11]（**図2a**）。このため、PBAは血中のグルコース濃度（血糖値）に応答する機能性分子として利用されており、筆者らの研究グループでも、糖尿病治療を目指した血糖値応答性インスリン放出ゲル「人工膵臓」としての応用も進められている[12]。siRNAに関しては、3'末端に核酸の糖部（リボース構造）に由来する*cis*-ジオールが存在しており、PBAと結合可能である（図2b）。リボースとPBA類の結合定数は10－10^3 M^{-1}と高くなく（ストレプトアビジンとビオチンの結合定数は約10^{15} M^{-1}）、PBAとsiRNAを単純に混合するだけでは両者の結合はほとんど形成しない。しかし、PBAをポリカチオン鎖へと導入してPICミセルを形成すると、PBAとsiRNAの双方がPICミセル内核で局所的に濃縮され、効果的に結合することが考えられる。その結果、siRNAがPICミセル内核に束縛され、siRNAの漏出が抑制されるものと予想される。他方、PBAと*cis*-ジオールの結合は可逆的であるため、PBAと結合可能な分子が高濃度で存在する環境では、競合的な置き換わり反応を通じてsiRNAが放出される設計である。本システムでは、siRNAの放出を惹起するトリガー分子としてATPに着目した。ATPは「生命のエネルギー通貨」とも呼ばれ、生体内では筋収縮、酵素反応、シグナル伝達をはじめとした多くの生命活動に関与している。このため、ATP濃度は細胞内で1 mM以上であり、細胞外と比べて百倍以上の濃度で存在している[13][14]。ここで、ATPの化学構造に目を向けると、siRNAの3'末端同様のリボース構造を有しており、siRNAと同程度の結合定数でPBAに結合するものと考えられる。このため、ATPが豊富に存在する細胞内ではsiRNAがPICミセルから選択的に放出されるものと期待される。

まず、PBAを有するポリカチオンを合成した。具体的には、分子量12,000のPEGと重合度42のポリ-L-リシン（poly-L-lysine：PLys）のブロック共重合体（PEG-PLys）に対し、PBA誘導体である4-カルボキシ-3-フルオロフェニル

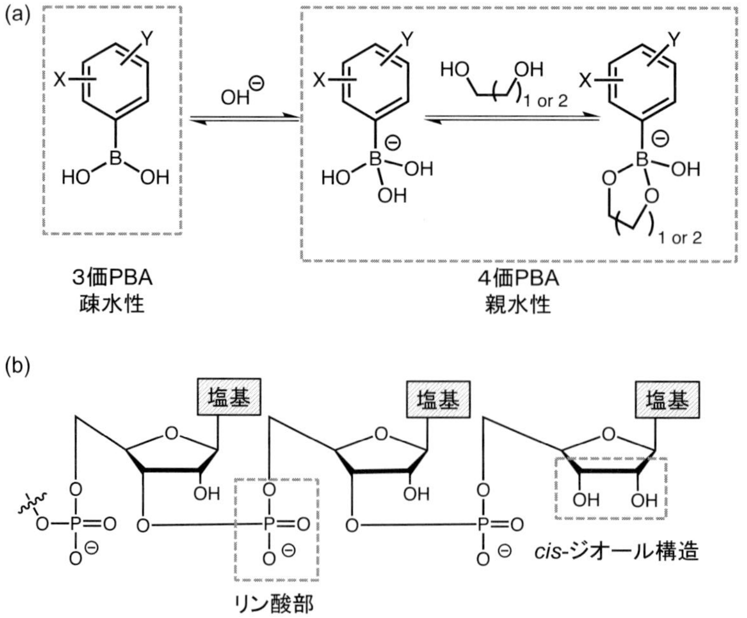

図2　(a) PBAの*cis*-ジオールとの平衡と(b) siRNAの3'末端側の化学構造

ボロン酸(4-carboxy-3-fluorophenylboronic acid：FPBA)を任意の比率で導入したブロック共重合体(PEG-PLys(FPBA-X%)$_{42}$、XはFPBA導入率)を合成した(**図3a**)。このとき、FPBAのアミド誘導体のpK_aは~7.3であり、pH 7.4では約55%が*cis*-ジオールと結合可能な4価として存在している。一連のPEG-PLys(FPBA-X%)$_{42}$溶液とsiRNA溶液を撹拌混合することで、PICミセル(FPBA-X%/PIC$_{42}$)を調製した。まず、PICミセルの安定性評価として、ウシ胎児血清(fetal bovine serum、FBS)を10%含む緩衝液中でPICミセルの粒径変化を測定した。FPBA導入率の低いFPBA-24%/PIC$_{42}$では粒径が減少したことから、PICミセルの崩壊が示唆された。これに対し、FPBA導入率の高いFPBA-45%/PIC$_{42}$およびFPBA-55%/PIC$_{42}$では粒径の減少がみられなかったことから、一定量のFPBAによってPICミセルが安定化されることが確認された。ここで、siRNAの3'末端を、FPBAと結合しない(*cis*-ジオールのない)デオキシヌクレオチドに置換したsiRNAを用いてPICミセルを調製したところ、PICミセルの安定性低下が確認された。これらの結果から、FPBAをポリカチオン鎖へと導入してsiRNAとPICミセル形成を行うと、PICミセル内核でのFPBAとsiRNAの結合を通じてミセル構造が安定化されることが示された。次に、もっとも高い安定性を示したFPBA-55%/PIC$_{42}$を用いて環境応答性の評価を行った。具体的には、PICミセルに対してATPまたはグルコースを任意の濃度となるように添加し、siRNAを内包したPICミセルの粒径変化を測定した。その結果、ATP添加時には細胞内でのATP濃度域(1 mM)を境にしてPICミセルからのsiRNAの放出が確認された一方で、グルコース添加時には正常血糖濃度(5 mM)を超える濃度域においてもsiRNAの放出はみられなかった(**図4**)。グルコースにも*cis*-ジオールは存在するが、FPBAとの結合定数はリボース構造と比べて低いため、siRNAの放出が起こらなかったと考えられる。以上の結果から、FPBAを導入したsiRNA内包PICミセルは、細胞外環境(10% FBS・低ATP濃度・高グルコース濃度)での高い安定性と、細胞内環境(高ATP濃度)でのsiRNAの放出という機能を併せ持つことが実証された。

続いて、FPBA-55%/PIC$_{42}$を用いて環境応答性の詳細な検討を行った。具体的には、FPBA-55%/PIC$_{42}$に対して、種々のヌクレオチド(アデノシン、アデノシン-一リン酸

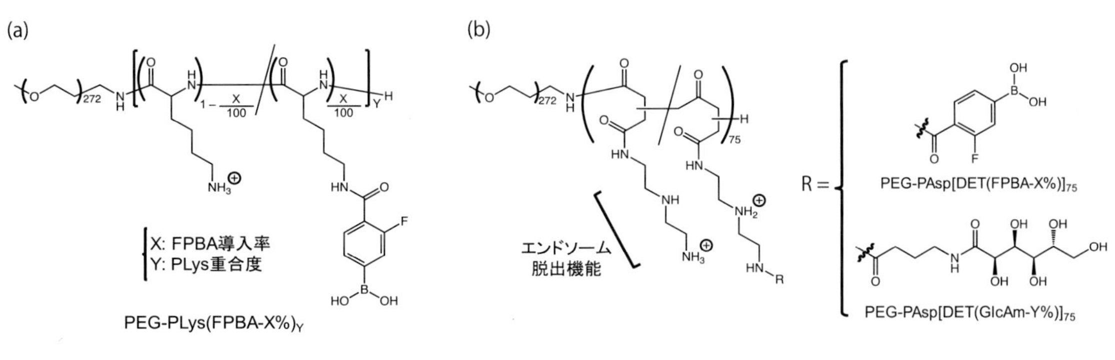

PEG-PAsp[DET(FPBA-X%)]

図3　(a)PEG-PLys(FPBA-X　%)$_Y$と(b)PEG-PAsp[DET(FPBA-X　%)]$_{75}$およびPEG-PAsp[DET(GlcAm-Y%)]$_{75}$の化学構造

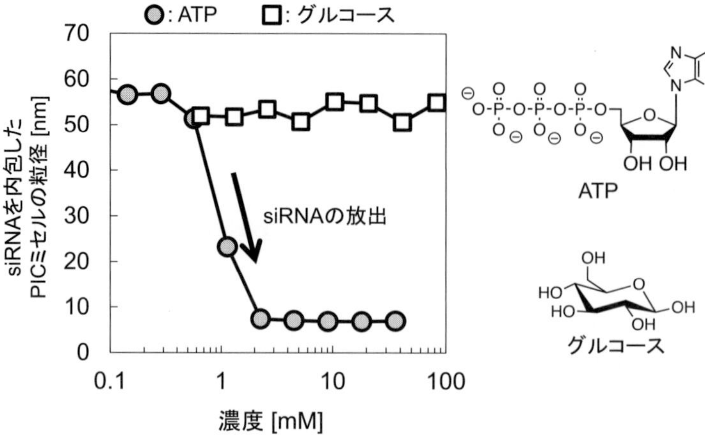

図4　FPBA-55%/PIC$_{42}$ の ATP およびグルコースに対する応答能(粒径変化)

(adenosine-monophosphate：AMP)、アデノシン-二リン酸(adenosine-diphosphate：ADP)、デオキシチミジン-一リン酸(deoxythymidine-monophosphate：dTMP))を添加し、PIC ミセルからの siRNA の放出挙動を評価した。その結果、リボース構造を有するリボヌクレオチド(アデノシン、AMP、ADP)では高濃度下での siRNA の放出が確認された一方で、FPBA と結合しないデオキシヌクレオチドである dTMP に関しては測定した濃度域では siRNA の放出が確認されなかった。この結果から、siRNA の放出を誘起するトリガー分子には、リボース構造(または同等以上の PBA との結合定数をもつ *cis*-ジオール)が必要であることが確かめられた(**図5**)。また、siRNA 放出を誘起する各リボヌクレオチドの濃度に着目すると、リン酸基数の多いリボヌクレオチドほど低濃度域で siRNA の放出がみられた(図5)。この理由として、PIC ミセル内核で FPBA とリボヌクレオチドが結合すると、リン酸基に由来する負電荷が

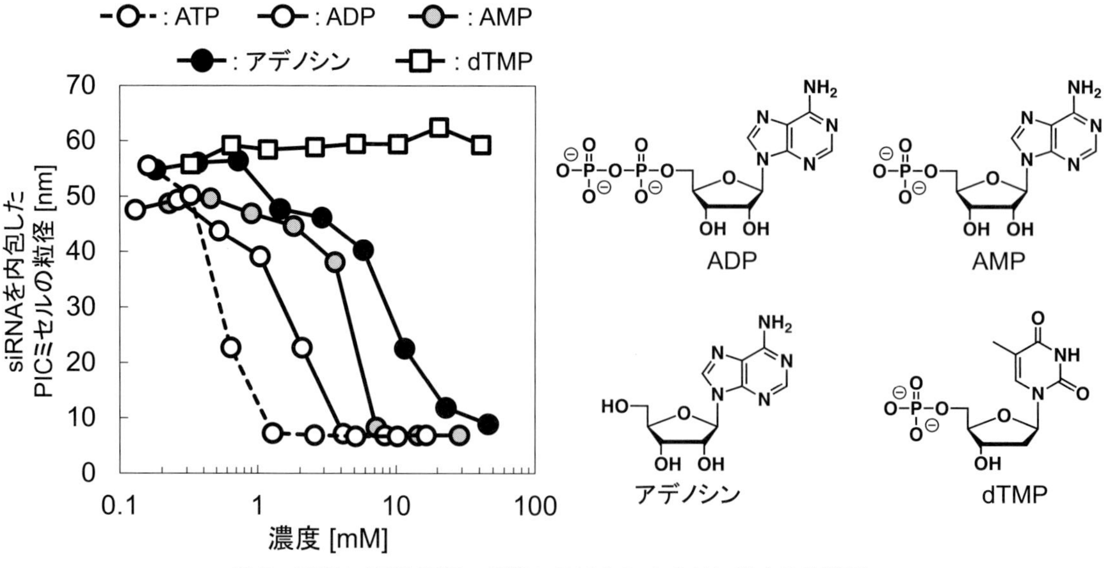

図5　FPBA-55%/PIC$_{42}$ の種々のヌクレオチドに対する応答性

PICミセル内に蓄積することとなり、電荷バランスが崩れることでPICミセルが不安定化したためと考えられる。つまり、リボース当たりのリン酸基数の多いリボヌクレオチドほど、この効果が顕著であると説明される。以上のことから、本システムでsiRNA放出を誘起するトリガー分子の化学構造としては、(i)FPBAとの結合定数がリボースと同程度以上の*cis*-ジオール、および(ii)リン酸基などの(負)電荷を有することが重要であると結論づけられる。ここで、上記の要求を満たす細胞内の分子としては、ATP以外のヌクレオチド-三リン酸も候補として挙げられるが、いずれもATPと比べて10倍程度細胞内での濃度が低いため[13]、本システムにおいてはATPがもっとも効果的にsiRNAを放出する生体分子と考えられる。

次に、このATP応答性siRNAキャリアを実際の細胞内で機能させるため、FPBA導入率の最適化を行った[15]。ここでは重合度73のPLysをポリカチオン鎖として用い、また、PICミセルの安定性増強を目的として疎水基(コレステロール基)を5'末端に導入したsiRNAを使用した。まず、PEG-PLys(FPBA-X%)$_{73}$(X = 11、23、35)を用いてPICミセル(FPBA-X%/PIC$_{73}$)を調製し、その安定性およびATP(およびグルコース)応答性を評価した。その結果、FPBA導入率の高いFPBA-23%/PIC$_{73}$およびFPBA-35%/PIC$_{73}$では、先述のFPBA-55%/PIC$_{42}$と同様に、10% FBS溶液および高グルコース環境下での高い安定性とATPに応答した siRNA放出能が両立されることが確かめられた。一方、FPBA-11%/PIC$_{73}$では10% FBS溶液中でPICミセルが崩壊し、また、ATP応答性もみられなかったことから、安定性とATP応答性を併せ持ったPICミセルの構築にはポリカチオン鎖に対してFPBAを一定の割合以上(本システムでは23%以上)導入することの必要性が示されている。ここで、PICミセルの構造評価として粒径および会合数を測定した(**表1**)。さらに、得られた数値からsiRNAの3'末端のリボースおよびPEG-PLys(FPBA-X)$_{73}$のFPBAのミセル内濃度を算出した(表1)。ここではPEG層の厚みを考慮せず、siRNAおよびFPBAが均一にPICミセル内に分散していると仮定した。興味深いことに、FPBA-23%/PIC$_{73}$とFPBA-35%/PIC$_{73}$のミセル内リボース濃度はともに約3 mMであり、ATPに対する応答性の濃度域とほぼ合致していた。この結果も、FPBAとsiRNAの結合がATPと競合するという説明に矛盾しないものである。また、pH 7.4でのFPBAのアミド誘導体とリボースの結合定数(約60 M^{-1})に基づいて、FPBA-23%/PIC$_{73}$とFPBA-35%/PIC$_{73}$におけるsiRNAの3'末端リボースとFPBAの結合率を見積もると、それぞれ74%と86%という値が得られ、PICミセル内での高い結合率が示唆された。

次に、培養細胞に対する機能評価として、上記のPICミセルを培養ヒト子宮頸がん細胞(HeLa細胞)に添加し、細胞取込量および遺伝

表1　FPBA導入PICミセルの会合数およびPICミセル内の濃度

	粒径[1]	siRNAの会合数[2]	PEG-PLys(FPBA-X%)$_{73}$の会合数[2]	リボース[3]濃度	FPBA濃度	リボース[3]の結合率
FPBA-23% /PIC$_{73}$	62 nm	125	220	3.33 mM	49.8 mM	74%
FPBA-35% /PIC$_{73}$	75 nm	216	540	3.25 mM	106 mM	86%

[1] 動的光散乱により測定、[2] 蛍光相関分光法および混合比より算出、[3] siRNAの3'末端のリボース

子発現抑制評価を行った。その結果、10％ FBS溶液中での高い安定性および細胞内ATP応答性を示したFPBA-23％/PIC$_{73}$およびFPBA-35％/PIC$_{73}$では、有意な細胞取込の増大および標的遺伝子発現抑制効果が認められた（**図6**）。また、FPBA-23％/PIC$_{73}$の方が細胞取込量、遺伝子発現抑制能ともに優れた結果を示したが、この違いはPICミセルのポリマー（PEG-PLys（FPBA））会合数の違いによって説明が可能である。PFPBA-35％/PIC$_{73}$におけるポリマー会合数はFPBA-23％/PIC$_{73}$に比べて2倍以上多く、FPBA-35％/PIC$_{73}$の表層はPEG鎖がより密であると考えられる。この密になったPEG層によりPICミセルと細胞膜との相互作用が抑制され、細胞取込量の低下につながったと考えられる。上記のように、培養細胞へのsiRNA送達が確認されたことから、細胞内でのsiRNA放出挙動の評価を行った。ここでは、蛍光共鳴エネルギー移動（fluorescence resonance energy transfer：FRET）を利用し[16]、siRNAの5'末端にアクセプター（A）もしくはドナー（D）となる蛍光色素を導入し、それぞれのsiRNAを当量で混合することで、FRET-PICミセルを調製した。本実験ではアクセプターとしてAlexa Fluoro®488を、ドナーとしてAlexa Fluoro®647を利用した。FRET-PICミセルでは、PICミセル形成によってA-siRNAとD-siRNAが近接するためFRETが生

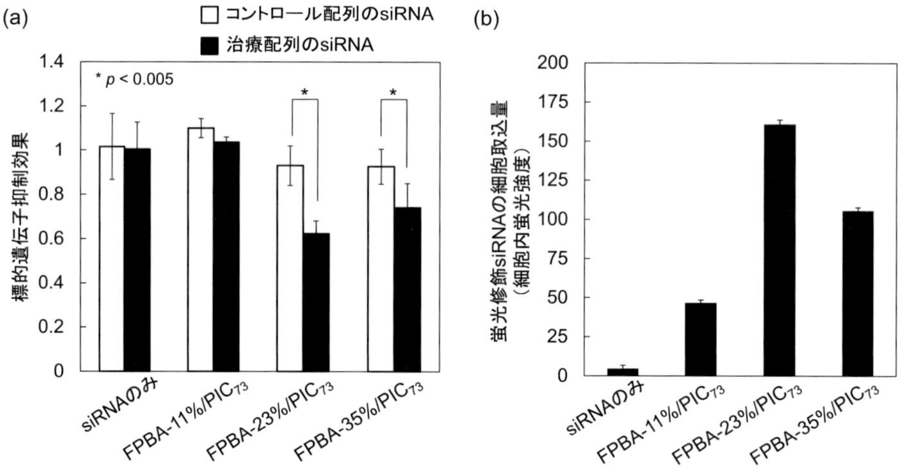

図6　FPBA-X％/PIC$_{73}$の（a）遺伝子発現抑制効果と（b）細胞取込量

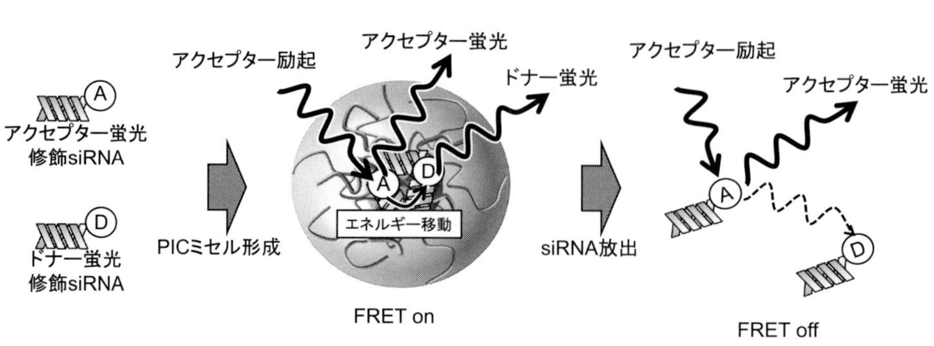

図7　FRET-PICミセルの概念図

じるが、siRNAが放出されるとA-siRNAとD-siRNAの距離が離れるためFRETが解消される(図7)。つまり、FRETのシグナルを検出することで、siRNAがPICミセルに内包されている状態(FRET on)であるか、放出された状態(FRET off)であるかを検出することが可能となる。実際に、FRET-PICミセルを培養HeLa細胞へと添加したところ、2時間後では細胞膜近傍で強いFRETシグナルが検出されたことから、PICミセルのまま細胞へと取り込まれていることが示唆された。さらに6時間後では、siRNAは細胞内部へと移行している一方で、FRETシグナルは細胞内部から検出されなかったことから、6時間後には細胞内部でsiRNAが放出されていることが確認された。

このように、PICミセルのポリカチオン鎖へとFPBAを最適な割合で導入することで、実際の培養細胞に対しても機能する、細胞内ATP応答性PICミセルが調製可能であることが実証された。本システムはポリカチオン鎖をFPBAで修飾するという非常にシンプルな分子設計であるため、他の化学修飾法との併用も可能であり、さらに高機能なsiRNAキャリアへの展開にも期待が持たれる。

4　ATP応答性キャリアのpDNA送達への展開

FPBAを用いたキャリアはsiRNA送達において有用であることが示されたが、*cis*-ジオール構造がないpDNAや塩基数に対してリボースの存在比がきわめて低いmRNAなどにそのまま適用することは難しい。そこで、pDNA内包PICミセルへの展開を目指し、FPBAとは独立する形で*cis*-ジオール構造をポリカチオン鎖へと組み込む設計を行った[17]。つまり、FPBAを導入したポリカチオンと*cis*-ジオールを導入したポリカチオンを別々に合成し、両者をpDNAと同時に混合することでPICミセルを調製するスキームである(図8)。このようにす

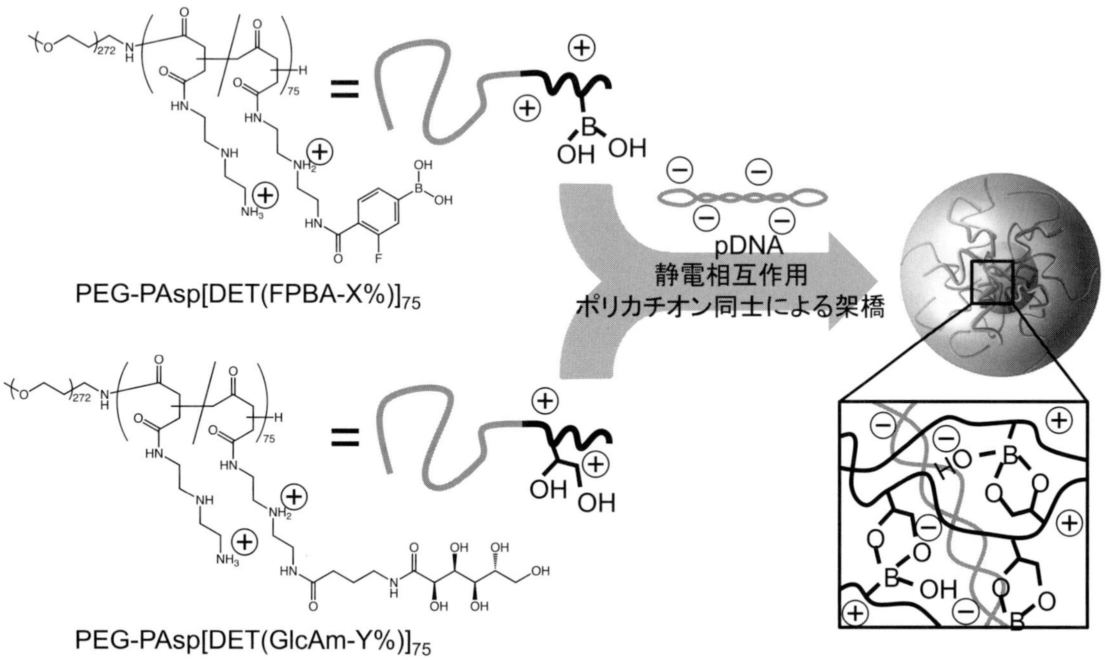

図8　ATP応答性pDNA内包PICミセルの調製スキーム

ることで、PICミセル内核でポリカチオン同士がATP応答性の架橋構造を形成し、ミセル構造を安定化する設計である。一方、PICミセルの主な細胞取込経路はエンドサイトーシスであるため、エンドソームから細胞質への移行機能(いわゆるエンドソーム脱出機能)は核酸キャリアにおいて重要であるが、先述のPEG-PLysを基盤としたシステムにはエンドソーム脱出を誘起する機構が備わっていない。そこで、本システムではエンドソーム脱出機能を有するポリカチオン鎖を用いることで、ATP応答能とエンドソーム脱出能を併せ持ったpDNAキャリアを開発した。エンドソーム脱出能を有しているポリカチオン鎖としては、ポリアスパラギン誘導体poly{*N*'-[*N*-(2-aminoethyl)-2-aminoethyl] aspartamide}、(PAsp(DET))とPEGからなるブロック共重合体(PEG-PAsp(DET))を利用した(図3b)[18]。PAsp(DET)側鎖へ導入する*cis*-ジオールとしては、グルコン酸のアミド誘導体(GlcAm)を利用した。グルコン酸は、鎖状グルコースの1位のアルデヒド基をカルボキシ基へと変換した構造をもち、鎖状グルコース誘導体はPBAとの優れた結合能を示すため[19]、PICミセル内核での効果的な架橋構造の形成が期待される。つまり本システムでは、PEG-PAsp[DET(FPBA-X%)]およびPEG-PAsp[DET(GlcAm-Y%)](XはFPBA導入率、YはGlcAm導入率)をpDNAと混合してPICミセル調製を行うことで、(i)PICミセル内核でのFPBA-GlcAm架橋形成による安定化、(ii)PAsp(DET)によるエンドソーム脱出、(iii)細胞内でのATPに応答した架橋構造の崩壊に伴うpDNAの放出という、多段階の機能が期待される。

まず、PEG-PAsp(DET)(PEG分子量12,000、PAsp(DET)重合度75)のPAsp(DET)側鎖に、FPBAおよびGlcAmを任意の比率で導入した(FPBA導入率：14%、26%、59%、89%、GlcAm導入率：9%、14%、27%、54%)。一連の組み合わせでPICミセルを調製し、安定性評価としてポリアニオンに対するpDNAの置き換わり耐性を評価した。GlcAm導入率に関しては、導入率の増加に伴いPICミセルが安定化する傾向が確認されたことから、PICミセル内核での架橋点数の増加が安定化に寄与しているものと考えられる。その一方で、FPBA導入率に関しては、59%がもっとも高い安定性を示したことから最適な導入率の存在が示唆された。FPBA導入率59%までは架橋点数の増加によってPICミセルが安定化するが、FPBA導入率89%では4価のFPBAに由来する負電荷の増大に伴いPAsp(DET)鎖当たりの正味の正電荷が顕著に減少し、PICミセルの安定性を低下させたものと考察される。そこで、FPBA導入率を59%に固定し、GlcAm導入率を変えてPICミセルの安定性を詳細に比較したところ、GlcAm導入率27%でもっとも高い安定性が得られた。GlcAm導入率54%では、GlcAmに由来する親水性の増大によりミセル内核の安定性が低下したものと考えられる。続いて、もっとも高い安定性を示したPEG-PAsp[DET(FPBA-59%)]$_{75}$とPEG-PAsp[DET(GlcAm-27%)]$_{75}$から調製したPICミセル(B59%/G27%)を用いて、ATPに対するpDNAの放出能を評価した。その結果、ATP濃度が1 mM以上においてpDNAの放出が確認されたことから、siRNA内包PICミセルと同様に、細胞内のATP濃度に応答してpDNAを放出可能であることが示された。そこで、本システムを用いて培養ヒト肝がん細胞(HuH-7細胞)に対する遺伝子導入実験を行った。まず、蛍光標識pDNA内包PICミセル(B59%/G27%)の細胞取込量を定量したところ、FPBAおよびGlcAmを導入していない非架橋PICミセルと比較して約10倍高い細胞取込量を示した。この結果は、細胞培養環境下においてもFPBA-GlcAm架橋が維持されており、培養液中でもPICミセル構造が保たれていることを示唆している。また、遺伝子発現効率も、非架橋のPICミセルと比較して約20倍高い値を示しており、本設計はpDNAキャリアとして有用であることが実証された。

以上の結果から、*cis*-ジオールを有するポリカチオンとFPBAを有するポリカチオンの2種類を用いてPICミセル調製を行うことで、リボース構造のないpDNAなどの核酸キャリアに対しても、(i)細胞外での高い安定性、(ii)効率的なエンドソーム脱出能、および(iii)細胞内ATPに応答した核酸放出という多段階の機能を組み込むことが可能であることが示された。本設計は、mRNAやアンチセンス核酸などにも応用可能であることから、幅広い核酸デリバリーへの展開が期待される。

5　他のATP応答性薬物キャリア

我々の研究グループは、世界に先駆けてPBAとATPの結合に基づいた細胞内ATP濃度に応答する核酸キャリアの開発を進めてきた。近年、他の研究グループからも、PBAとATPの結合に基づく細胞内環境応答性システムが報告されており、ATP応答性の注目度が上昇していることが伺える[20)-22)]。一方、PBAを使用しないATP応答性システムも報告されており、ここではその一例としてATPアプタマーを用いた抗がん剤キャリアを紹介する[23)]。

ATPアプタマーは1993年に報告されて以降[24)]、ATP検出プローブとしてさまざまな形で利用されてきたが、近年では薬物キャリアへも応用されている。ATP非存在下ではATPアプタマーは一本鎖の状態で存在しているが、ATP存在下では一本鎖からATPを包接した構造へと変化する。このため、あらかじめ相補的な配列の核酸を用いてATPアプタマーを二本鎖化しておくと、高ATP濃度下ではATP包接構造への変化を通じて相補鎖と乖離する。このようなATP濃度に応答した二本鎖の乖離を利用した、ドキソルビシン(doxorubicin：DOX)キャリアが考案されている[23)]。DOXは二本鎖核酸の塩基間に対して強い親和性を示すため、二本鎖ATPアプタマーにDOXを混合することで、二本鎖ATPアプタマー内にDOXを担持させることが可能となる。DOXを含んだ二本鎖ATPアプタマーは高ATP濃度下では一本鎖へと乖離するため、DOXの放出を引き起こすことができる。ATPアプタマーはそのままでは細胞内へと侵入することができないが、DOXを含んだ二本鎖ATPアプタマーをヒアルロン酸ナノ粒子へと封入することで、細胞内への効果的な送達が可能になり、有意ながん細胞殺傷効果も確認されている。

6　まとめ

ATPは生命活動において非常に重要かつ生体に豊富に存在する分子でありながら、ATPを利用した環境応答性システムはほとんど報告されていなかった。本稿では、PBAと*cis*-ジオールの可逆的な結合に着目することで、ATP濃度に依存した環境応答性システムを構築可能であることを紹介した。とりわけ、siRNAをはじめとする多様な核酸分子の細胞内デリバリーに有用であることを詳述した。一方、本システムのATP応答メカニズムは、核酸分子以外のデリバリーにも応用可能であることに加え、ATP検出プローブなどの幅広い用途での利用が可能である。今後は、還元環境応答性システムや酸性環境応答性システムに続く主要な生体内環境応答性システムとして活用の範囲が広がるものと期待される。

文　献

1) T. Friedmann and R. Roblin: *Science*, **175**, 949 (1972).
2) H. Cabral, K. Miyata, K. Osada and K. Kataoka: *Chem. Rev.*, **118**, 6844 (2018).
3) T. G. Park, J. H. Jeong and S. W. Kim: *Adv. Drug Deliv. Rev.*, **58**, 467 (2006).
4) K. Miyata, N. Nishiyama and K. Kataoka: *Chem. Soc. Rev.*, **41**, 2562 (2012).
5) T. Nomoto, Y. Matsumoto, K. Miyata, M. Oba, S. Fukushima, N. Nishiyama, T. Yamasoba and K. Kataoka: *J. Control. Release*, **151**, 104 (2011).
6) A. Harada and K. Kataoka: *Macromolecules*, **28**, 5294 (1995).
7) K. Kataoka, H. Togawa, A. Harada, K. Yasugi, T. Matsumoto and S. Katayose: *Macromolecules*, **29**, 8556 (1996).
8) K. Miyata, Y. Kakizawa, N. Nishiyama, A. Harada, Y. Yamasaki, H. Koyama and K. Kataoka: *J. Am. Chem. Soc.*, **126**, 2355 (2004).
9) R. J. Christie, K. Miyata, Y. Matsumoto, T. Nomoto, D. Menasco, T. C. Lai, M. Pennisi, K. Osada, S. Fukushima, N. Nishiyama, Y. Yamasaki and K. Kataoka: *Biomacromolecules*, **12**, 3174 (2011).
10) M. Naito, T. Ishii, A. Matsumoto, K. Miyata, Y. Miyahara and K. Kataoka: *Angew. Chem. Int. Ed.*, **51**, 10751 (2012).
11) J. Yan, G. Springsteen, S. Deeter and B. Wang: *Tetrahedron*, **60**, 11205 (2004).
12) A. Matsumoto, M. Tanaka, H. Matsumoto, K. Ochi, Y. Moro-oka, H. Kuwata, H. Yamada, I. Shirakaa, T. Miyazawa, H. Ichii, K. Kataoka, Y. Ogawa, Y. Miyahara and T. Suganami: *Sci. Adv.*, **3**, eaaq0723 (2017).
13) T. W. Traut: *Mol. Cell. Biochem.*, **140**, 1 (1994).
14) M. W. Gorman, E. O. Feigl and C. W. Buffington: *Clin. Chem.*, **53**, 318 (2007).
15) M. Naito, N. Yoshinaga, T. Ishii, A. Matsumoto, Y. Miyahara, K. Miyata and K. Kataoka: *Macromol. Biosci.*, **18**, 1700357 (2018).
16) C. A. Alabi, K. T. Love, G. Sahay, T. Stutzman, W. T. Young, R. Langer and D. G. Anderson: *ACS Nano*, **6**, 6133 (2012).
17) N. Yoshinaga, T. Ishii, M. Naito, T. Endo, S. Uchida, H. Cabral, K. Osada and K. Kataoka: *J. Am. Chem. Soc.*, **139**, 18567 (2017).
18) K. Miyata, M. Oba, M. Nakanishi, S. Fukushima, Y. Yamasaki, H. Koyama, N. Nishiyama and K. Kataoka: *J. Am. Chem. Soc.*, **130**, 16287 (2008).
19) D. Shiino, Y. Murata, K. Kataoka, Y. Koyama, M. Yokoyama, T. Okano and Y. Sakurai: *Biomaterials*, **15**, 121 (1994).
20) S. Biswas, K. Kinbara, T. Niwa, H. Taguchi, N. Ishii, S. Watanabe, K. Miyata, K. Kataoka and T. Aida: *Nat. Chem.*, **5**, 613 (2013).
21) J. Kim, Y. M. Lee, H. Kim, D. Park, J. Kim and W. J. Kim: *Biomaterials*, **75**, 102 (2016).
22) Z. Zhou, M. Zhang, Y. Liu, C. Li, Q. Zhang, D. Oupicky and M. Sun: *Biomacromolecules*, **19**, 3776 (2018).
23) R. Mo, T. Jiang, R. DiSanto, W. Tai and Z. Gu: *Nat. Commun.*, **5**, 3364 (2014).
24) M Sassanfar and J. W. Szostak: *Nature*, **364**, 550 (1993).

応用編

第5章　分子応答性
第5節　細胞内シグナルに応答する刺激応答性 DDS の開発

九州大学　片山 佳樹

1　はじめに

薬物送達システム(DDS)は、薬剤の放出速度や体内分布などを制御して、より効率的に薬効を発揮でき、副作用を抑制できるようにするシステムのことである。そのなかで、近年、がんなどの難知性疾患に対するターゲティングが注目されている。これらの疾患では一般に薬効の強い薬剤が用いられているため、標的細胞以外の部位に薬剤が送達されると直ちに重篤な副作用が生じる。そこで、薬剤を目的部位のみに送達するターゲティングが重要となる。一般に、ターゲティングでは標的疾患細胞の表面に特異的に存在する分子を認識できる抗体やリガンドを利用する。確かに、これらの戦略は標的疾患部位への薬剤の送達効率の向上や薬物キャリヤーの標的部位への滞留時間を延長するといった効果を発揮して、標的部位と他の臓器の間での薬効のコントラストを上げることに貢献する。しかしながら、ターゲティングは、標的部位に対する結合力を上げることに効果があるとしても、標的部位以外への分布を抑制するものではない。したがって、同一薬物濃度での効果を増強することはできても、標的外臓器、組織への分布に伴う副作用をなくしてしまうことは本質的に不可能である。さらには、リガンドが識別する分子は、標的疾患細胞上に特異的に存在する、あるいは、高度に過剰発現しているということがあったとしても、他の臓器の細胞にもその類縁体分子が存在する。それらに対する結合力がたとえ小さかったとしても、もし、薬剤キャリヤーがその臓器に、より多量に分布すれば、濃度は高くなるので、細胞表面に結合するということが十分に考えられる。この問題を根本的に解決するには、もっと別の方法論で疾患細胞を識別し、正常臓器ではより積極的に副作用を抑える新しい考え方が必要である。ここでは、この解決策の可能性として、我々がこれまでに開発を続けている、細胞内シグナルに応答する DDS についてご紹介する。

2　細胞内シグナル応答型 DDS (D-RECS システム)

2.1　疾患細胞と正常細胞を識別するには

上述したように、DDS において標的細胞に特異的な送達を行なうターゲティングは、疾患細胞への薬剤量を相対的に増やすことで投与量を下げて、副作用を軽減することはできても、本質的に正常細胞への副作用を回避することは不可能である。真に正常細胞での薬利活性を抑制し、疾患細胞でのみ薬を働かせるには、薬剤を送達するというこれまでの DDS の考え方ではなく、薬剤キャリヤー自身が細胞を診断し、それが疾患細胞と判断したときにのみ薬を開放し、正常細胞と判断したときには開放しないようなまったく新しいシステムの創製が必要であろう。

では、どのようにすれば、正常細胞と疾患細胞を的確に識別できるであろうか。これを考えるには、細胞の機能発現の仕組みと、それを踏まえたうえで、疾患とは何かを考える必要がある。細胞は、外部からの情報をキャッチしてこれを伝達処理して的確な細胞応答を作り出している。そのために、細胞内情報伝達系というきわめて複雑かつ巧妙な酵素反応系を有している。がんなどの難治性疾患の多くは、この情報処理システムに破綻をきたし、正常に情報伝達がなされない状態と捉えることができる。すなわち、疾患細胞では、その疾患発症メカニズムに依存して、対応する情報処理経路に属する特定の酵素活性が異常をきたしている場合が数多く存在する。この場合、この異常酵素活性は病理シグナルであり、その疾患の機能に直結するものであるばかりでなく、正常細胞では存在し得ないものであるため、この異常シグナルを用いれば、正常細胞と標的疾患細胞をもっとも効果的に識別することが可能であると期待できる。すなわち、各疾患において、その対応する病理細胞内シグナルを特定し、これに応答して薬剤を開放するシステムを創製すれば、上述したような自ら疾患細胞を診断して、薬剤を放出するかどうかを判断するような究極のDDSが実現できる可能性がある。

我々は、この概念をDDS in Response to Cellular Signals (D-RECS)と名づけている[1)]。

2.2 プロテインキナーゼとプロテアーゼ

では、標的疾患細胞の機能に直結する病理シグナル(異常酵素活性)に応答して、薬剤を開放する刺激応答性材料の設計はどのようにすれば可能であろうか？この目的のためには、まず、病理シグナルとしてどのような酵素活性を用いることが可能かということが重要である。対象シグナルとしては、シグナル伝達系のなかで重要な役割を担うものであり、各疾患で個々の酵素は異なるとしても、種々の疾患で異常亢進することが見出されている普遍的な酵素群を対象にするほうが、同一の機序で種々の疾患細胞に適用できるという観点から望ましいと考えられる。このような条件を満たす酵素群としてプロテインキナーゼがある。プロテインキナーゼは、タンパク質内の特定のセリン/スレオニン残基、あるいはチロシン残基の側鎖をリン酸化する酵素であり、ゲノム中には約500種のプロテインキナーゼがコードされており、細胞内情報伝達系では中心的な役割を果たしている酵素群である。がんにおいても重要な酵素群であることは、多くのがん分子標的薬が異常をきたした種々のプロテインキナーゼの阻害剤であることからも明らかである。がんでは、EGF受容体キナーゼ、c-Met、ALK、Src、プロテインキナーゼC、プロテインキナーゼA、Aktなど多彩なキナーゼの異常亢進が知られており、循環器疾患ではRhoキナーゼ、炎症応答では、I-κ-キナーゼなど多くの疾患で特定のキナーゼが異常活性化していることが知られている。

種々の疾患に関わっているもうひとつの普遍的酵素群は、プロテアーゼである。プロテアーゼは、特定のアミノ酸配列を認識してペプチド結合を加水分解する酵素群であり、やはりその異常活性化は種々の疾患に関わっている。ある種のがんにおけるカテプシンB、種々のウイルス感染における該当するウイルスプロテアーゼなどが典型例である。したがって、プロテインキナーゼやプロテアーゼに応答する刺激応答性材料を開発すれば、目的が達成できると期待できる。

2.3 プロテインキナーゼ、プロテアーゼに応答するDDS材料

プロテインキナーゼはペプチドの特定配列内のアミノ酸側鎖をリン酸化する酵素であるから、これに応答する材料はまず、標的キナーゼに対する基質ペプチド配列が必須となる。そのうえで、リン酸化に伴う物性変化を薬剤放出に

利用しなければならない。タンパク質の場合で考えれば、リン酸化はアニオン荷電、水素結合部位の導入と、水和の促進が考えられる。これらのなかでもっとも大きな物性変化を誘起できるのはアニオン荷電の導入であろう。一方、リン酸化によるアニオン荷電導入で薬剤を開放させるには、薬剤内包に静電相互作用(イオン相互作用)を駆動力とする必要がある。この観点から、用いる薬剤はアニオン性の核酸医薬を用いることとした。すなわち、薬剤キャリヤーとしてポリカチオン性材料を設計し、ポリアニオンである核酸医薬と静電相互作用で結合して内包し、キナーゼによるリン酸化に伴うキャリヤーへのアニオン荷電の導入で静電相互作用が減弱して核酸医薬を放出できれば、キナーゼ応答 DDS が可能となる(**図 1**(a))。ただし、この場合、標的のキナーゼのみに応答することと、標的キナーゼが異常活性化していない場合には、遺伝子医薬を開放しないという2つの条件を満足しなければならない。まず前者の条件をクリアするには、標的キナーゼに高い特異性を有する基質ペプチドを用いる必要がある。キナーゼによっては、すでに特異性の高い基質配列が知られている場合もあるが、多くのキナーゼでは、そういった基質をスクリーニングする必要がある。我々は、種々の疾患関連キナーゼにおいて、基質ライブラリを作成し、これを固定化したペプチドマイクロアレイを開発して、基板上でキナーゼによるリン酸化をハイスループットでスクリーニングできるシステムを実現して、これに対応してきた[2]。

一方、後者の条件は通常のキャリヤーでは解決できない。一般に、ポリエチレンイミンに代表されるポリカチオンは、遺伝子キャリヤーとして用いられてきたが、それ自身強く DNA と結合するにもかかわらず、発現プラスミドを用いた場合など、その発現をまったく抑えることはなく、そのままでは標的キナーゼ活性が異常

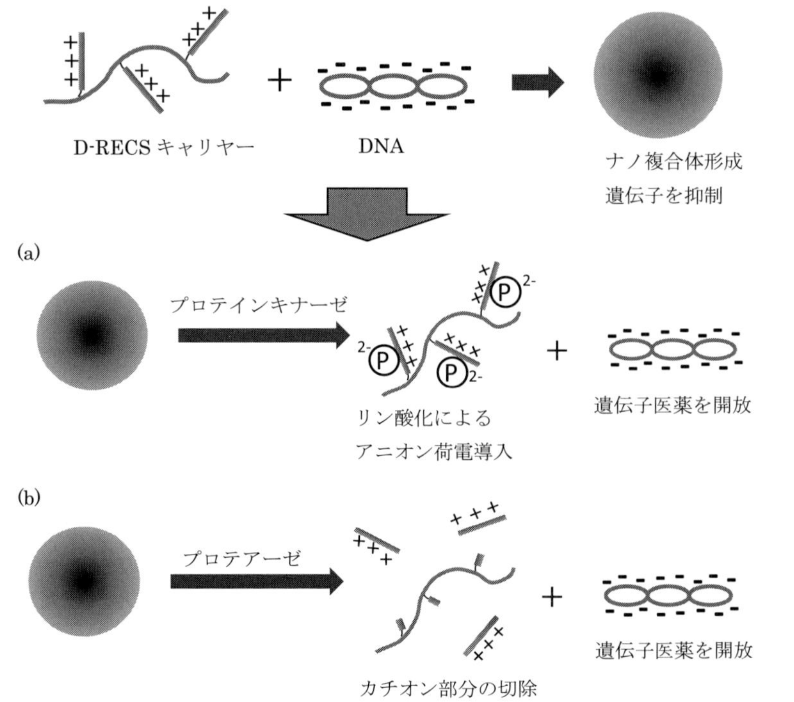

図1　細胞内プロテインキナーゼおよびプロテアーゼに応答する DDS 概念　　※口絵参照

亢進していない細胞でも遺伝子を開放してしまう。したがって、ポリカチオンそのものには遺伝子を細胞内で抑え込む能力はないということになる。我々は、カチオン荷電を有する基質ペプチドを高分子主鎖に側鎖として導入すれば、通常のポリカチオンと異なり、遺伝子を強く抑制できることを見出した。最初は、ポリアクリルアミド主鎖に導入したが、この種のカチオン性ペプチド側鎖を有する高分子は、細胞内で標的キナーゼが異常亢進した場合のみで遺伝子発現が開始される初めての細胞内シグナル応答型遺伝子キャリヤーとなった[3)]。

一方、プロテアーゼに応答する遺伝子キャリヤーは、キナーゼ応答型キャリヤーの原理を利用してまったく同様に開発可能である。すなわち、カチオン性のペプチドを側鎖として高分子に導入すればよい。ただし、プロテアーゼ応答型の場合は、カチオン性のペプチド配列を標的プロテアーゼで切断可能な基質配列を介して主鎖に導入する。こうすることで、標的プロテアーゼでカチオン部分が切除されて、リン酸化の場合と同じように、キャリヤー上の総カチオン荷電が減少して、遺伝子医薬を開放できるようになる(図1(b))[3)]。

2.4 ペプチド側鎖型高分子が遺伝子を抑制できるのはなぜ？

我々が開発した細胞内シグナル応答型キャリヤーは、標的シグナルの活性化がない細胞では、遺伝子医薬を強く抑制する。しかし、この高分子のカチオン密度は、ポリ-L-リシンやポリエチレンイミンなどの通常のポリカチオンより小さく、静電相互作用の大きさはずっと小さいと考えられる。にもかかわらず、遺伝子を抑制できるのは不思議なことと言わねばならない。この遺伝子抑制能は、カチオン性ペプチド側鎖の導入量に依存することがわかっている(**図2**)[4)]。たとえば、ポリエチレンイミン主鎖に対してペプチド側鎖を5 mol%導入した場合、キナーゼによるリン酸化によって遺伝子は抑制状態から開放され、数百倍の遺伝子発現効率の上昇を与える。しかしながら、1 mol%導入すると遺伝子は強く抑制され、側鎖がキナーゼでリン酸化されても遺伝子を開放できない。一方、20 mol%導入するとまったく遺伝子を抑制できなくなってしまう。遺伝子と静電相互作用しているのは側鎖ペプチドであるはずであるが、遺伝子の抑制はペプチド導入量が少ないほど強いという逆の結果を与えるのである。この結果は遺伝子抑制がペプチド導入率の増大に依存して減少する部分、すなわち、高分子主鎖に起因していることを示している。DNA鎖は静電相互作用によりペプチド側鎖と相互作用するが、ペプチド導入率が少ない場合には、ペプチド間の高分子主鎖がペプチドとDNAの間の空間にパッキングされる必要が生じ、これが遺伝子の抑制に重要であることを示している。した

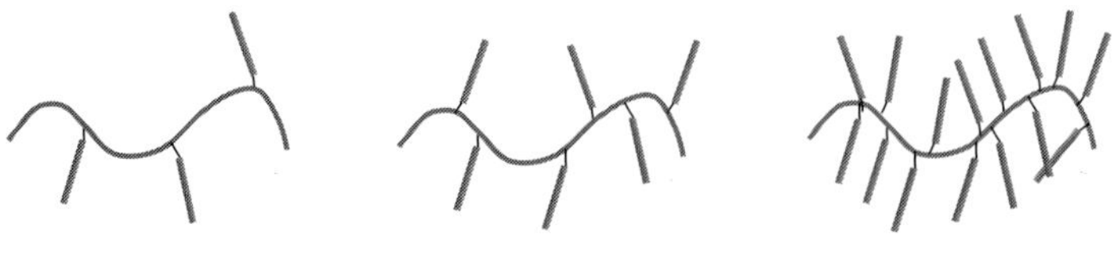
ペプチド導入率：4 mol%
遺伝子を抑制してリン酸化後も回復せず
ペプチド導入率：7 mol%
遺伝子は抑制されるが、リン酸化により発現は大きく回復
ペプチド導入率：20 mol%
遺伝子は抑制されなくなる

図2　D-RECSにおけるペプチド基質側鎖の導入量が遺伝子抑制およびキナーゼ応答性に及ぼす効果

がって、高分子主鎖を最適な分率で残しておくことが重要なのである。

2.5　種々の疾患関連細胞内プロテインキナーゼ、プロテアーゼに応答する材料

図3にこれまで開発した細胞内シグナル応答型遺伝子キャリヤーの例を、高分子主鎖がポリアクリルアミドの場合を例に示す。いずれも基本構造は同じであり、用いるペプチド基質配列が異なっている。このように、D-RECSにおいては、用いる基質ペプチドを変えるだけで標的とする細胞内シグナルを自由に選ぶことができる。ただし、原理的にペプチド基質は総荷電がカチオン性である必要がある。一方、プロテインキナーゼの基質の場合、時にアニオン性基質配列を要求するものも存在する。そのような場合には、基質配列のどちらかにカチオン性の配列を追加して相荷電を調節することで解決できる。I-κ-キナーゼ応答型キャリヤーはそのような例の1つであり、アニオン性基質配列にオリゴリシンを追加している[5]。このキャリヤーは、細胞をリポポリサッカライドやTNF-γで処理するなど、炎症性刺激を与えた場合にのみ導入した遺伝子を働かせることが可能である。

これらの例からわかるように、D-RECSポリマーの開発においては、基質ペプチドの特異性と基質能力がきわめて重要である。例に示したキャリヤーのなかでは、Rhoキナーゼ[6]、

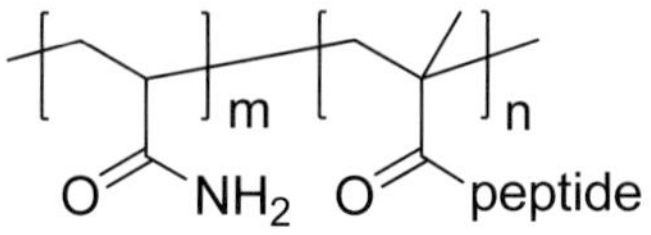

Peptide＝

プロテインキナーゼ応答型

プロテインキナーゼA（がん、循環器疾患など）
-ALRRASLG-NH_2

I-κ-キナーゼ（炎症）
-[Link]$_3$-KKKKERLLDDRHDSGL-NH_2

Srcキナーゼ（ある種のがん）
-GKK-[Link]-GYIYGSF-NH_2

プロテインキナーゼCα（悪性がん）
-FKKQGSFAKKK-NH_2

Rhoキナーゼ(循環器疾患、がん転移など)
-RAKYKTLRQIR-NH_2

プロテアーゼ応答型

カスパーゼ-3 (細胞死)
-GGGDEVDGGRKKRRQRRRPPQ-NH_2

HIVプロテアーゼ（ウイルス感染）
-G-[Link]-GSQNYPIVQGGRKKRRQRRRPPQ-NH_2

[Link]＝　8-アミノ-3,6-ジオキサオクタデカノエート

図3　さまざまな細胞内シグナルに応答するD-RECSキャリヤーの例
プロテインキナーゼ応答型における基質配列内における下線箇所はリン酸化部位
プロテアーゼ応答型における基質配列内の下線は切断配列、二重下線は細胞透過型カチオン配列

I-κ-キナーゼの基質などは、独自に開発したものである。とくにプロテインキナーゼCαは、悪性がんに特異的なシグナルであり、正常細胞では活性が存在しないので、がん細胞に特異性をもたせるために非常に効果的な標的である。一方、プロテインキナーゼCは、αサブタイプのほかにも全部で10種類のサブタイプが存在し、それぞれ正常細胞で一定の活性を有している。したがって、αに特異性を有することが重要であるが、これまでそのような基質は存在せず、とくにβサブタイプとの類似性から特異的なペプチド基質の開発は不可能とされてきた。我々は、前述したペプチドライブラリスクリーニング法により、3000種類あまりの基質から特異性のある基質を開発することに成功し、Alphatomegaと命名している[7]。この基質は、**図4**に示すように同一条件でαに特異的にリン酸化され、正常臓器や組織の細胞破砕液ではリン酸化されず、悪性がん細胞でのみリン酸化される。

プロテアーゼ応答型の場合も同様である。最初に開発したキャリヤーは、アポトーシスシグナルであるカスパーゼ-3に応答するものであるが[8]、細胞をスタウロスポリンなどで刺激してアポトーシスを誘導する遺伝子が発現する。その後、切断配列部分を、HIVプロテアーゼやコクサッキーウイルスプロテアーゼの基質配列に変更すると、対応するウイルスに感染した場合にのみ導入遺伝子を働かせることが可能となっている[9]。

このように、本材料設計においては、基質ペプチドの設計により、さまざまな標的シグナルにおいて、これまでのDDS材料にはない細胞レベルでの厳密な疾患細胞と正常細胞の識別が実現できている。

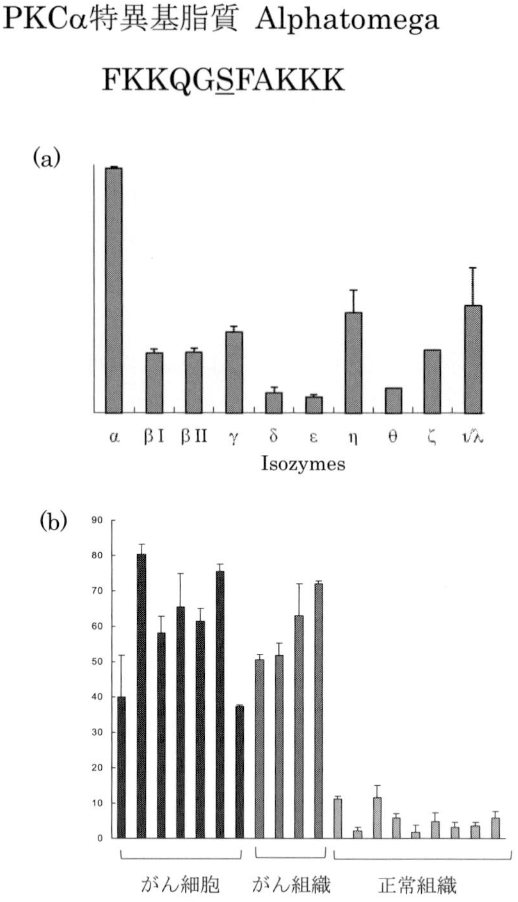

図4 プロテインキナーゼCα特異基質
(a)各プロテインキナーゼCサブタイプによる同一条件でのリン酸化率
(b)がん細胞、がん組織、正常組織におけるリン酸化率比較
グラフは左から、A431、A549、B16、HeLa、HepG2、HuH7、Neuro2a、A431、B16、HepG2、HuH7、脳、心臓、腎臓、肝臓、肺、筋肉、すい臓、皮膚、脾臓

2.6 標的シグナル応答性を向上させるための材料設計

上述したプロテインキナーゼCαに応答する遺伝子キャリヤーは、正常組織では遺伝子を開放せず、がん細胞、とくに悪性度の高いがん細胞で特異的に導入遺伝子を働かせることができるので、がん治療に適したDDS材料であるといえる。しかし、図3に示したポリアクリルアミド主鎖を有するキャリヤーで、細胞死を誘導するカスパーゼ-8をコードした遺伝子を担がんマウスのがん組織に投与すると、確かにがんの縮退はみられるが[10]、その効果は十分ではなかった。これは、がん細胞内でのキナーゼに応答しての遺伝子発現量が小さいことが原因である。このキャリヤーの場合、悪性がん細胞において、プロテインキナーゼCα活性がある場合とない場合で、遺伝子発現量が10倍程度しか差がない。D-RECSシステムにおいては、正常細胞での遺伝子の抑制が重要であるため、キャリヤーと遺伝子医薬の複合体ナノ粒子を調製する際には、十分量のキャリヤーを添加して抑制を十分に確保する。そのため、遺伝子発現量変化も相対的に小さくなってしまう。したがって、疾患細胞を完全に見分けることができても、十分な治療効果を発揮するには、シグナル応答性も重要である。

この対策として、主鎖をポリエチレンイミンに変更したキャリヤー（**図5**(b)）を開発した[11]。このキャリヤーでは、がん細胞のプロテインキナーゼCαの活性に応じて、最大では悪性度の高いグリオブラストーマ（U87）の場合、500倍という大きなシグナル応答性を実現している。これは、弱塩基性のエチレンジアミンユニットによるバッファー効果に基づく小胞体からの離脱効果が加味された結果である。DNA/キャリヤーナノ複合体粒子は、細胞にエンドサイトーシスで取り込まれるが、エンドソームは徐々にpHを低下させつつリソソームに融合し、複合体は加水分解されてしまう。この前にエンドソームから離脱する必要があるが、ポリエチレンイミンでは、バッファー効果のためにpHが低下せず、次々にプロトンと対イオンである塩化物イオンがエンドソーム内に流入し続けるプロトンスポンジ効果のために、エンドソーム内の塩濃度が高まり、浸透圧によってエンドソームが崩壊する。これにより細胞質へ移行するナノ複合体が増加したことがシグナル応答性向上の主要因である。また、従来のプロテインキナーゼCα応答型キャリヤーでは遺伝子発現がみられないような内在活性が低いがん（HepG2）でも、本キャリヤーでは明確に遺伝子を働かせることが可能となっている。また、シグナルに応答しないようにリン酸化部位をアラニン残基に置換したキャリヤーでは、遺伝子の抑制がポリアクリルアミド主鎖よりも強くなっており、その分シグナル応答性がさらに向上していることがわかる。

加えて補助的にシグナル応答性に寄与する因子として、疎水相互作用も利用可能である。この場合には、遺伝子発現レベルの向上ではな

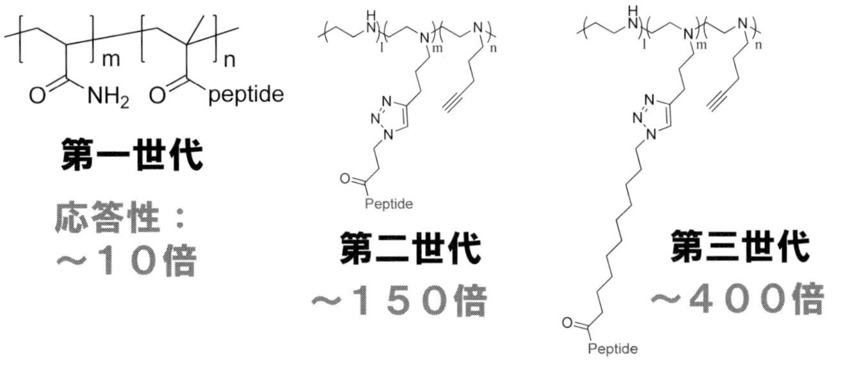

図5　プロテインキナーゼCα応答型キャリヤーにおけるシグナル応答性向上の試み
図中の倍率は、A549細胞に導入した際のプロテインキナーゼCαに応答した遺伝子発現増幅効率

く、遺伝子抑制能を向上させることで結果として標的シグナルに対するコントラストを上げることになる。図5第三世代のキャリヤーはその例であるが、基質ペプチドと主鎖の間に疎水性のアルキル鎖を導入している。たとえば、肺がん細胞A549で比較すると、単純なポリエチレンイミン型に比べてさらにシグナル応答性が向上する[12]。

3 D-RECSシステムの課題

上述したようにD-RECS法は、従来法では不可能な細胞レベルでの疾患の診断を可能とし、それに基づいて薬理活性を発揮させるという新しいDDSを拓く可能性を有している。ただ、標的シグナルが活性化していない細胞において、D-RECSキャリヤーが遺伝子医薬を抑制できる原因は、DNAとのナノ複合体形成において、高分子鎖がDNAと基質ペプチドの結合でできる空間にパッキングしていくことに基づいている。しかし、それは複合体の凝縮の点では不利であることを意味する。このため、複合体を疾患臓器、あるいは疾患組織に局注すればきわめて明瞭なコントラストが得られるものの、血中投与では血清成分や高い塩濃度により複合体の凝集が生じてしまう。通常、このような血中不安定性を回避するにはポリエチレングリコール鎖などの導入が効果的である。ところが、D-RECSシステムでは、運動性の大きなPEG鎖の導入は、高分子鎖の空間へのパッキングを妨げ、遺伝子医薬の活性抑制を消失させてしまう。したがって、D-RECSにおいては、従来とは異なる血中安定化戦略が必要である。

たとえば、我々は、pH低下により切除されるように、芳香族イミン結合を介してPEG鎖をキャリヤーに導入する方法も考案している[13]。この場合には、血中ではPEG鎖により安定化が可能であるが、がん組織に移行するとがん組織近傍でのわずかなpHの低下でPEG鎖が切除され、複合体が遺伝子違約を抑制できる状態となって細胞に取り込まれるという戦略である。この戦略は、中性pHである正常臓器ではPEG鎖の切除が起こらず細胞への取り込みも阻害されるため、標的シグナルの有無により1000倍以上の薬理活性のコントラストが期待できる。また、最近我々は、PEG鎖ではなく、血清アルブミンに対するリガンドをキャリヤーに導入することで、血中において複合体を血清アルブミで可逆的に被覆して安定化させることにも成功している[14]。この場合には、がん細胞が産生している血清アルブミンを細胞内に取り込むgp60や、SPARCなどを介して複合体のがん細胞への取り込みの促進も期待できるかもしれない。

4 おわりに

以上、細胞内シグナルに応答するDDS材料についてご紹介した。この概念では、静電相互作用を駆動力としているので、対象が核酸医薬になってしまう。しかし、我々は、これまでにリン酸化による水和の増大を利用した応答材料の開発にも成功しており、今後、細胞内シグナルを対象とした新しい刺激応答材料が開発されることにより、利用可能な薬剤の範囲が広がることにより、現在のDDSが有する限界をブレイクスルーできる材料が開発されることを期待したい。

文　献

1）Y. Katayama：*Bull. Chem. Soc. Jpn.*, **90**, 12-21 (2017).
2）X. Han, T. Sonoda, T. Mori, G. Yamanouchi, T. Yamaji, S. Shigaki, T. Niidome and Y. Katayama：*Comb. Chem. High Throughput Screen*, **13**, 777-789

(2010).
3) K. Kawamura, J. Oishi, J-H. Kang, K. Kodama, T. Sonoda, M. Murata, T. Niidome and Y. Katayama : *Biomacromolecule*, **6**, 908-913 (2005).
4) R. Toita, J.-H. Kang, C. Kim, T. Mori, T. Niidome and Y. Katayama : Colloids and Surfaces B : *Biointerfaces*, **123**, 123-129 (2014).
5) D. Asai, A. Tsuchiya, J-H. Kang, K. Kawamura, J. Oishi, T. Mori, T. Niidome, Y. Shoji, H. Nakashima and Y. Katayama : *J. Gene Med.*, **11**, 624-632 (2009).
6) J-H. Kang, Y. Jiang, R. Toita, J. Oishi, K. Kawamura, A. Han, T. Mori, T. Niidome, M. Ishida, K. Tatematsu, K. Tanizawa and Y. Katayama : *Biochimie*, **89**, 39-47 (2007).
7) J-H. Kang, D. Asai, S. Yamada, T. Riki, J. Oishi, T. Mori, T. Niidome and Y. Katayama : *Proteomics*, **8**, 2006-2011 (2008).
8) K. Kawamura, J. Oishi, S. Sakakihara, T. Niidome and Y. Katayama : *J. Drug Target*, **14**, 456-464 (2006).
9) D. Asai, M. Kuramoto, Y. Shoji, K. B. Kodama, J-H. Kang, K. Kawamura, H. Miyoshi, T. Mori, T. Niidome, H. Nakashima and Y. Katayama : *J. Controlled Release*, **141**, 52-61 (2010).
10) J-H. Kang, D. Asai, J.-H. Kim, T. Mori, R. Toita, T. Tomiyama, Y. Asami, J. Oishi, Y. T. Sato, T. Niidome, B. Jun, H. Nakashima and Y. Katayama : *J. Am. Chem. Soc.*, **130**, 14906-14907 (2008).
11) R. Toita, J-H. Kang, T. Tomiyama, C-W. Kim, S. Shiosaki, T. Niidome, T. Mori and Y. Katayama : *J. Am. Chem. Soc.*, **134**, 1540-15417(2012).
12) C. W. Kim, R. Toita, J.-H. Kang, K. Li, E. K. Lee, G. X. Zhao, D. Funamoto, T. Nobori, Y. Nakamura, T. Mori, T. Niidome and Y. Katayama : *J. Controlled Release*, **170**, 469-476 (2013).
13) S. Kushio, A. Tsuchiya, Y. Nakamura, T. Nobori, C. W. Kim, G. X. Zhao, T. Funamoto, E. K. Lee, K. Lee, T. Niidome, T. Mori and Y Katayama : *Biomed. Eng.* B, 1340005-13400016 (2013).
14) Y. Nakamura, H. Sato, T. Nobori, H. Matsumoto, S. Toyama, T. Shuno, A. Kishimura, T. Mori and Y. Katayam : *J. Biomater. Sci. Polym. Ed.*, **28**, 1382-1393 (2017).

応用編

第5章　分子応答性
第6節　分子認識ゲート膜とその展開

東京工業大学　菅原 勇貴/山口 猛央

1　はじめに

生体は外部環境からの刺激を認識しそれに素早く応答する。たとえば眩しい光で瞳孔が閉じるのは、環境の変化を認識するレセプター部位と動作を起こすアクチュエータ部位が協働して機能を発揮している。このような刺激応答は核酸、タンパク質、糖鎖などの生体分子がその中核を担い、さらに上位階層である細胞・神経・筋肉を構成し多様な刺激応答機能を生み出している。そのなかで生体膜は、イオン強度などの外部刺激に応答し透過性をコントロール可能なチャネルを有する。生体膜の機能を人工材料で完全に再現することは困難であるが、単純な構成成分に分解しそれらを連携させることで、より簡便に生体を模倣した汎用的な材料を作製することは可能である。

生体膜の場合、チャネルであるイオンゲートが選択的にイオンシグナルまたは外部刺激を認識し、特定のイオンの膜輸送を制御している。このような生体機能を模倣した選択的透過制御能をもつ人工膜である「ゲート膜」は、膜細孔中に刺激を認識するレセプター部位と応答挙動を起こすアクチュエータ部位をもち、温度、pH、特異的分子などの外部刺激に応答して細孔の透過性を制御する材料であり[1)-6)]、分離精製などの分野での応用が考えられている。さらに近年は、生体分析や医療での応用の観点からタンパク質などの生体分子を認識する人工材料が注目されており、そのようなセンシング材料への応用も期待されている。

本節では、生体膜の機能を模倣し特定のイオンに応答する分子認識ゲート膜および生体分子を認識するゲート膜について、これまでの我々の研究を中心に述べる。

2　分子認識イオンゲート膜

生体膜を模倣した分子認識機能をもつイオンゲートを人工的に作製するため、レセプター部位としてイオンを捕捉する分子構造であるクラウンエーテル、そしてアクチュエータ部位として感温性ポリマーを組み合わせた材料が開発された。既往の研究で、Irieらは感温性ポリマーであるポリ*N*-イソプロピルアクリルアミド（*N*-isopropylacrylamide）（PNIPAM）とベンゾ［18］クラウン-6-アクリルアミド（Benzo［18］crown-6-acrylamide）（BCAm）の共重合ポリマーのイオン認識挙動を報告している。PNIPAMは水中において、下限臨界完溶温度（lower critical solution temperature：LCST）の前後でポリマー鎖の体積相転移を起こすことが知られ、ポリマー鎖はLCST以下の温度では膨潤し、LCST以上の温度では収縮する。BCAmはそのクラウン環内にサイズの合うカチオンを選択的に捕捉し錯体を形成する性質をもつ。我々は、poly（NIPAM-co-BCAm）を多孔質ポリエチレン基材の細孔内にプラズマグラフト重合法によって固定化することで、イオンに応答し細孔の開閉を起こすゲート膜を作製した。プラズマグラフト重合法[7)8)]は、プラズマにより基材の表面にラジカルを発生させ膜の細孔内で

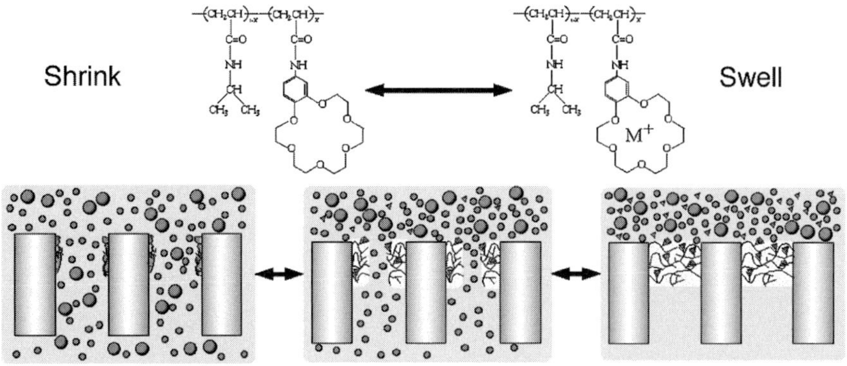

図1　分子認識イオンゲート膜の概念図[15]。Reprinted with pemission from T. Ito, T. Hioki, T. Yamaguchi, T. Shinbo, S. Nakao and S. Kimura, *J. Am. Chem. Soc.*, 2002, 124, 7840-7846. Copyright 2002 American Chemical Society.

重合を行う手法であり、数10万から数100万の分子量をもつポリマーを細孔内表面に生成させることが可能である[9)-13)]。そしてナノサイズの細孔内のグラフトポリマーが体積変化を起こすことで、細孔の溶液透過性を制御することが可能である。考案された分子認識イオンゲート膜を**図1**に示す[14)]。捕捉対象のイオンが存在しない場合、poly(NIPAM-co-BCAm)はLCSTである35℃以上の温度で収縮する。一方、ターゲットであるイオンM^+が存在すると、クラウンエーテルがM^+を捕捉し、それによりLCSTがより高温へシフトする。このLCSTシフトにより、はじめのLCSTと第二のLCSTの間の温度でpoly(NIPAM-co-BCAm)が収縮状態から膨潤状態へと相転移を起こし、イオン濃度に依存した膜細孔のゲート機能を引き起こす。**図2**にさまざまな種類のイオンの水溶液を透過させた場合の膜細孔の透過性を示した。クラウン環に捕捉されないLi^+、Na^+、Ca^{2+}イオンの場合、純水を透過させた場合と同じく35℃付近でポリマーの収縮による膜の透過性の上昇がみられた。それに対して、BCAmに対して高いアフィニティを有するK^+、Sr^{2+}、Ba^{2+}、Pb^{2+}イオンの場合、LCSTはより高温にシフトした。とくにBa^{2+}とPb^{2+}の場合は、50℃まで昇温しても膜の透過性の上昇が観察されなかった[15)]。このLCSTのシフトは、クラウンエーテルがイオンを捕捉することでクラウン環周辺の吸着水が増加したためと考えられる[16)]。細孔内のアクチュエータ部位であるpoly(NIPAM-co-

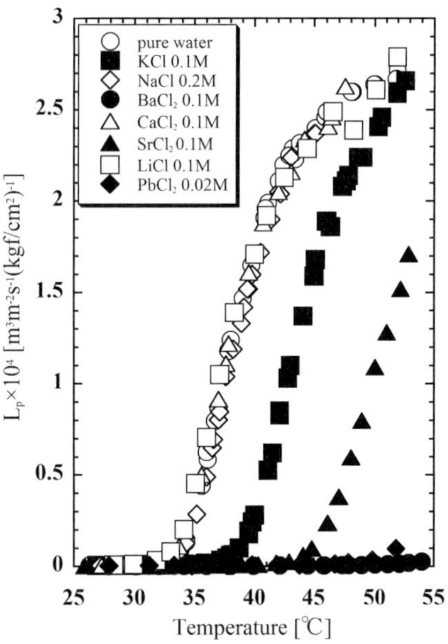

図2　分子認識イオンゲート膜のイオン水溶液透過性(L_pは温度による粘度を補正)[15)] Reprinted with permission from T. Ito, T. Hioki, T. Yamaguchi, T. Shinbo, S. Nakao and S. Kimura, *J. Am. Chem. Soc.*, 2002, 124, 7840-7846. Copyright 2002 American Chemical Society.

BCAm)が運動性の高いリニアポリマーであるため、膜細孔の応答時間は30秒以内と非常に短い。以上のように、分子認識イオンゲート膜は選択的な細孔ゲート機能をみせ、その開閉時の透過性の差はおよそ50倍に達した。

上記の測定では、外部から圧力を加えて溶液を膜の細孔内に進入させていた。しかし外部からの圧力を加えない場合に分子認識ゲート膜はイオンの認識により浸透圧を制御できる[17]。溶液中にBa^{2+}が存在するとクラウンエーテルがBa^{2+}を捕捉し、細孔内のpoly(NIPAM-co-BCAm)が膨潤し細孔が閉鎖する。それにより浸透圧が発生する。一方、Ba^{2+}の代わりにCa^{2+}が存在する場合はクラウン環には捕捉されず、poly(NIPAM-co-BCAm)は収縮するため細孔が開き浸透圧は消失する。つまり、分子認識イオンゲート膜は静水圧と浸透圧両方の制御機能を有し、浸透圧が増加すれば静水圧は減少し、またはその逆となる。これらの性質から、イオンを認識し非線形自律振動を起こす機能膜が提案された[18]。その概念図を**図3**上部に示す。当膜の一方の側には溶媒チャンバーを、反対側には溶質チャンバーを設置し、溶媒チャンバーからの浸透圧流は溶質チャンバーのキャピラリーの水面を上昇させる。Ba^{2+}が存在すると、Ba^{2+}が膜の細孔内に静水圧により進入し、細孔が閉鎖する。それにより静水圧とは反対方向に浸透圧が発生し、細孔内の捕捉されたBa^{2+}をクラウン環から解離させ、したがってキャピラリーの水面が上昇する。捕捉されたBa^{2+}が完全に解離すると、細孔が開き静水圧が再び発生する。この振動プロセスは外部からの刺激を必要とせず自律的に繰り返される、非線形の自律振動である。それに対して、Ca^{2+}

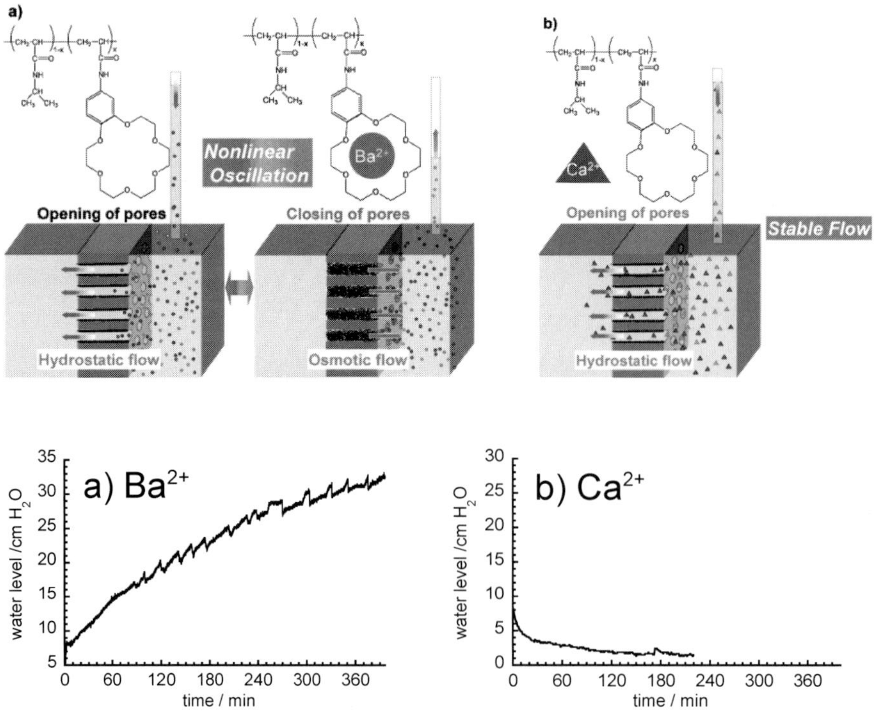

図3 分子認識イオンゲート膜の自律振動現象[18] From T. Ito and T. Yamaguchi, Nonlinear self-excited oscillation of a synthetic ion-channel-inspired membrane, Copyright ©2006 by John Wiley & Sons, Inc. Adapted by permission of John Wiley & Sons, Inc.

の場合はクラウンエーテルに捕捉されないため、浸透圧は発生せず、振動現象は観察されない。図3下部に示すように、Ba^{2+}の存在下で継続的な水面の高さの変化が観察された。これに類似する細孔の開閉をみせる自律的な振動現象は生体膜でみられるものであるが、我々の人工の分子認識イオンゲート膜ははるかに単純な構成要素のみから成り、かつ簡便な合成プロセスにより作製が可能であり、膜の細孔内でレセプター部位とアクチュエータポリマーを協働させることで実現した。

分子認識イオンゲート膜はサイズによる溶質の分離にも応用できる。膜は限外濾過など分画分子量に基づく溶質の分離に用いられており、そこでは膜の細孔径よりも大きい分子は膜を透過できず阻止される。従来の濾過膜は細孔径を変化させることはなく、異なるサイズの分子の分離には複数の膜を使用しなければならなかった。一方、分子認識イオンゲート膜はイオン濃度に応答したマルチサイズの溶質分離にも展開できる[15]。イオンを含まない純水を膜に透過させた場合、膜細孔のカットオフサイズは約27 nmであった。一方、Ba^{2+}濃度を増加させると、カットオフサイズは徐々に減少した。これは膜細孔内のpoly(NIPAM-co-BCAm)が膨潤しデキストランの透過を阻害したためである。最終的に、0.014 MのBa^{2+}でカットオフサイズは5.7 nmとなった。したがって、分子認識イオンゲート膜はイオンシグナルに応答して細孔径を精密にコントロール可能である。以上のようなサイズを制御した濾過に加えて、分子認識イオンゲート膜を用いてモデル薬物の放出のコントロールにも成功し、ビタミンB_{12}の細孔透過性が特異的イオンシグナルによって劇的に変化することが示された[19]。

3　分子認識ポリアンフォライト膜

ポリアンフォライトは正負両方の電荷を有するタンパク質分子の簡便なモデルであり、固有の等電点を示す合成ポリマーである[20)-22]。ポリアンフォライトをゲート膜の細孔の開閉に展開するため、**図4**に示すような複数の刺激に応答する分子認識ポリアンフォライト膜が設計された[23]。当膜はその細孔内グラフトポリマーがアクリル酸(acrylic acid：AA)とBCAmを有し、AAはカルボキシル基をもつためpHに依存して脱プロトン化により負電荷を生じさせる。一方、BCAmはK^+捕捉能をもちポリマー鎖に正電荷を与える。当ポリアンフォライトを細孔内にグラフトしたゲート膜は、膜の透過性を上記2種類の刺激のバランスによって制御しうる。K^+が存在しない場合、膜の透過性はAAの脱プロトン化に依存し、高いpH領域でポリマーが負電荷をもつ場合はポリマーが膨潤し細孔は閉鎖する。一方、クラウン環に捕捉されるK^+が存在する場合、pHにかかわらずクラウン環がK^+を捕捉しポリマーは正電荷を帯びる。その場合、図4左下に示すように、pH4付近が見かけの等電点となりポリマー鎖の正電荷と負電荷が打ち消され、膜の透過性は最大となった。さらに膜の透過性はK^+濃度にも影響を受け、図4右下に示すようにpH3ではK^+濃度の増加とともに膜の透過性は減少した。これはポリマーの正電荷が増加し、ポリマーがより膨潤するためである。一方、pH10では、脱プロトン化したAA由来の負電荷が常に正電荷を上回るため、イオン濃度に関わらず透過性は変化しなかった。以上のように、分子認識ポリアンフォライト膜は、AAとBCAmという2種類のレセプター部位を組み合わせることで、複数の刺激に応答して膜透過性を制御することが可能である。

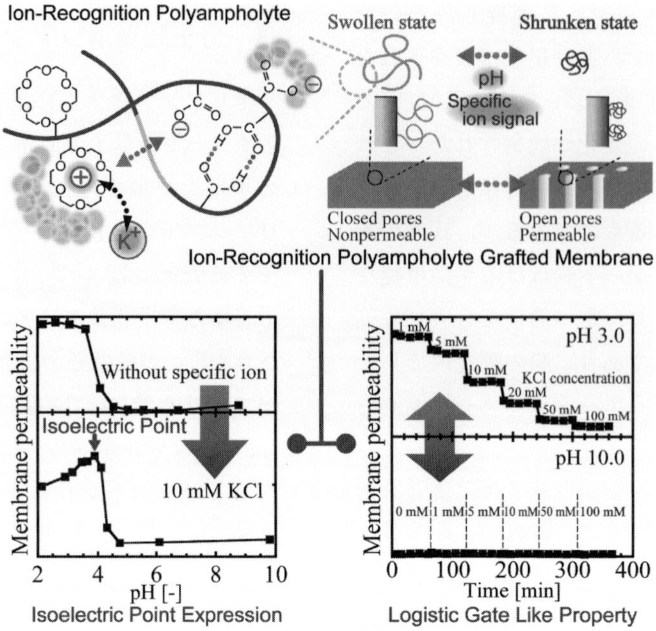

図4　分子認識ポリアンフォライト膜[23] Reproduced with permission from H. Ohashi, S. Ebina and T. Yamaguchi, *Polymer*, 2014, 55, 1412–1419. Copyright 2014, Elsevier.

4　生体分子架橋ゲート膜

タンパク質や核酸などの生体分子認識は、ホスト分子とゲスト分子間に水素結合・静電相互作用・疎水性相互作用などの引力が複数箇所点で作用するために高いアフィニティと選択性を有し、分析デバイスに幅広く利用されている。タンパク質アビジン(avidin)とビオチン(biotin)の形成する選択的な結合は、その解離定数が 1.3×10^{-15} M であり[24]、非共有結合としてもっとも強い結合であることが知られる。アビジンは4つのサブユニットからなるタンパク質で、それぞれがビオチンと結合するサイトを有するため、側鎖にビオチンを有するPNIPAMを用いればアビジンを架橋剤として利用した生体分子を認識するゲート膜が作製可能である。

我々は上記のような生体分子の架橋を用いた生体分子架橋ゲート膜をデザインした[25]。図5

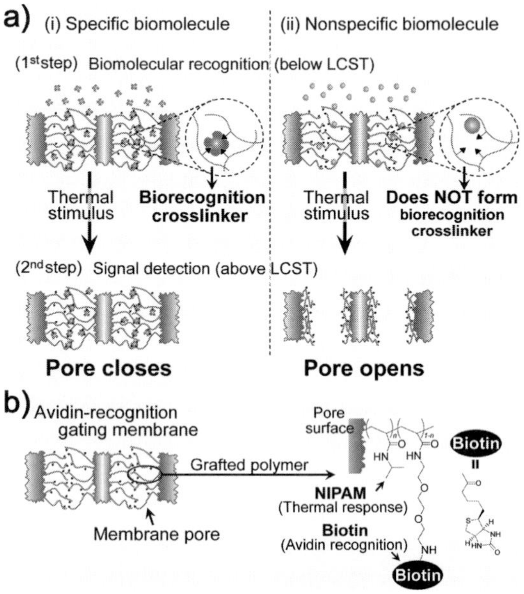

図5　生体分子架橋ゲート膜の概念図[25] Reprinted with permission from H. Kuroki, T. Ito, H. Ohashi, T. Tamaki and T. Yamaguchi, *Anal. Chem.*, 2011, 83, 9226–9229 Copyright 2011 American Chemical Society.

に示すように、当膜は細孔内のPNIPAMが側鎖にビオチンをもち、アビジンを認識可能である。操作の第一段階ではビオチンがアビジンを認識し細孔内で架橋を形成し、第二段階で温度をかけることでPNIPAMを収縮させ細孔の開閉をテストする。**図6**に示すように、アビジンの有無により膜の透過性は劇的に変化し、アビジンが存在すると透過性は25分の1に減少した。そしてコントロールとして透過させた非特異的タンパク質の場合は透過性は変化せず、アビジンに対する特異性が示された。アビジン-ビオチン結合の解離定数とPNIPAMの収縮のギブズエネルギーから、当架橋を用いたゲート膜はfMレベルの低濃度の標的分子を検出可能であると推算された。さらにアビジンの膜細孔への添加法としてこれまでの浸漬式から押し出し式へと変更することで、より高い感度を実現した[26]。

当膜は希薄な標的分子を検出できるため、将来的に医療現場で用いる診断ツールとしての応用が期待される。しかし、膜透過性の測定は操作が煩雑で簡便性に欠ける。一方、在宅医療で用いるような診断法は誰でも簡単に扱え、目で見てすぐに結果が判断できるものが望ましい（例/妊娠検査薬）。そこで溶液が強い赤色を呈する金ナノ粒子を用い、生体分子架橋ゲート膜の細孔の開閉を金ナノ粒子の透過阻止に基づいて評価する手法が提案された[27]。アビジンが存在しない場合、膜の細孔は開いており金ナノ粒子は透過するため、透過した溶液は赤色を有していた。一方、アビジンが存在する場合、アビジンにより架橋が形成し細孔が閉鎖し金ナノ粒子の透過は阻止され、透過した溶液は劇的に色が弱くなった。よって目視で透過液の色の違いを区別することが可能となり、医療現場で用いる簡便な診断ツールへの応用が期待される。

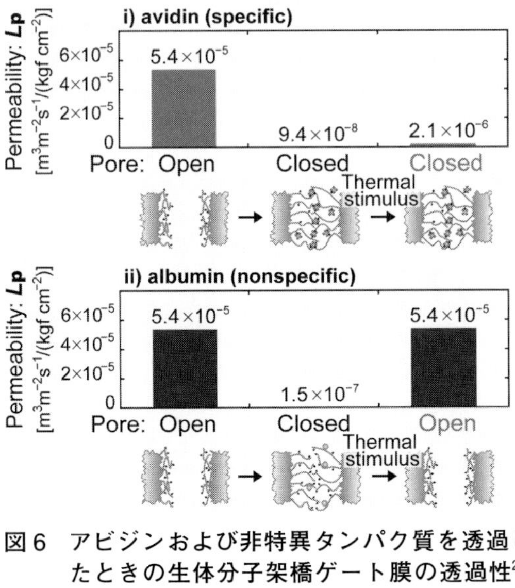

図6　アビジンおよび非特異タンパク質を透過したときの生体分子架橋ゲート膜の透過性[25]
Reprinted with permission from H. Kuroki, T. Ito, H. Ohashi, T. Tamaki and T. Yamaguchi, *Anal. Chem.*, 2011, 83, 9226-9229 Copyright 2011 American Chemical Society.

5　DNAアプタマー機能化ゲート膜

DNAは遺伝情報の貯蔵を担っているが、別の観点からみれば天然の電解質ポリマーであり、繰り返しのリン酸基に由来する負電荷を有する。他の電解質ポリマーとは異なり、DNAは核酸塩基の配列に従い相補的なDNA鎖とハイブリダイゼーションし1本鎖から2本鎖へと形状を変化させ、鎖の電荷密度が増加する[28)29)]。またDNAは相補的DNA鎖のみならず、インターカレータやタンパク質などと高いアフィニティで結合することが可能である。その例として、塩基配列を制御して合成された短いDNAであるDNAアプタマーは、広範な標的分子と塩基配列に従い選択的に結合することが可能で、解離定数はおよそ10^{-6}から10^{-12} Mである[30)-33)]。そのためDNAアプタマーはさまざまなバイオセンサーや診断デバイスにレセプター分子として使用されている[34)35)]。

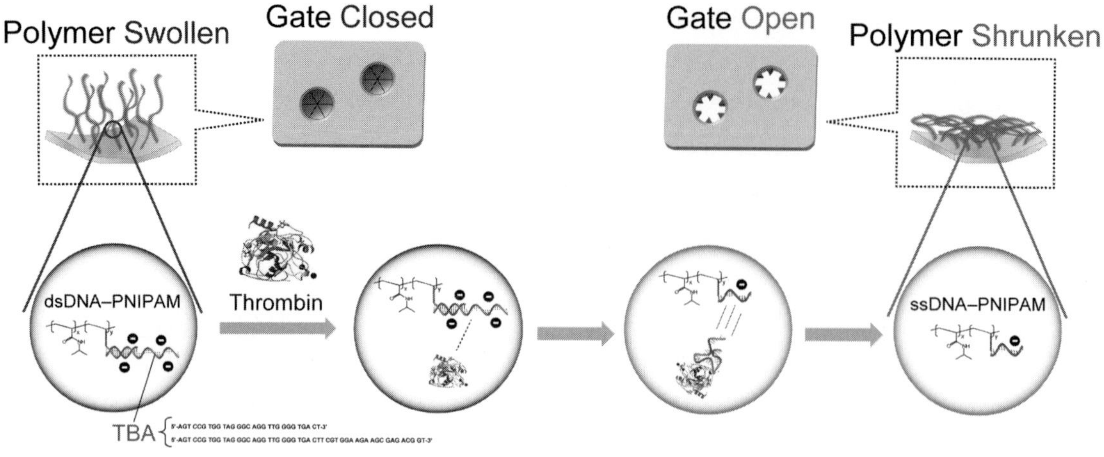

図7　DNAアプタマー機能化ゲート膜の概念図[38] Reproduced with pemission from Y. Sugawara, T. Tamaki and T. Yamaghchi, *Polymer*, 2015, 62, 86–93. Copyright 2015, Elsevier.　※口絵参照

我々はDNAの1本鎖-2本鎖の形態の変化によりDNA鎖の電荷が変化することを利用し、それをゲート膜細孔内PNIPAMの挙動へと導くことを提案した。溶液中のDNAとPNIPAMのコンジュゲート体(DNA-PNIPAM)のDNAが1本鎖の場合(ssDNA-PNIPAM)と2本鎖の場合(dsDNA-PNIPAM)でLCST以上の温度での凝集度が異なり[36)37)]、電荷がより多い2本鎖DNAの場合に静電反発によりポリマーの凝集は抑えられる。そして当現象を利用したタンパク質を認識する分子認識ゲート膜が開発された[38)]。標的分子に対する特異性をもたせるため、DNAとしてDNAアプタマーを使用し、上述の凝集現象と組み合わせた。当DNAアプタマー機能化ゲート膜のコンセプトを**図7**に示す。初期状態では、PNIPAMに固定化されているDNAは2本鎖DNAであり、その片方の鎖はタンパク質トロンビン(thrombin)に特異的なアプタマー(TBA)である。この状態では2本鎖DNAの電荷が大きく、静電反発によりPNIPAMが凝集せず膜の細孔は閉鎖している。ここに標的分子であるトロンビンが加わると、TBAがトロンビンと結合し、同時に2本

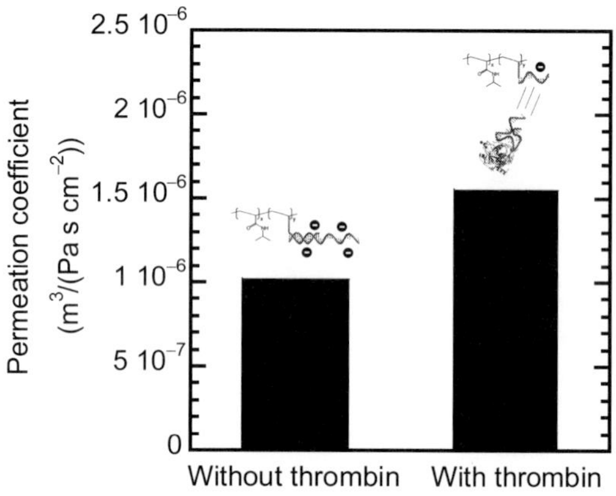

図8　標的分子を添加した場合のDNAアプタマー機能化ゲート膜の透過性変化[38)] Reproduced with permission from Y. Sugawara, T. Tamaki and T. Yamaghchi, *Polymer*, 2015, 62, 86–93, Copyright 2015, Elsevier.

鎖DNAが解離し、PNIPAMにはより小さい電荷をもつ1本鎖DNAが残る。したがって静電反発が低下し細孔は開く。**図8**に示すように、トロンビンの有無により膜の透過性に変化が生じた。当DNAアプタマー機能化ゲート膜は、TBAを別の標的分子を認識するものに変更することで、きわめて多様な標的分子を選択的に認識可能である。よって、高い選択性と汎用性

を併せもつ分子認識ゲート膜である。

6 おわりに

本節では、これまでに開発された４通りの分子認識機能を有するゲート膜を紹介した。それらの人工的に作製された機能膜は、分子認識部位として、クラウンエーテル、カルボキシル基、ビオチン、DNAを用いており、サイズの合うカチオン、pH変化、特異的タンパク質に応答する。前述の細孔ゲートを用いた認識膜の方法論は、平膜に加えて多孔質シェルをもつマイクロカプセルにも適用でき、ドラッグデリバリーシステムへの応用も期待される[39)40)]。さらに認識部位としてシクロデキストリンを使用することで、アクチュエータポリマーの膨潤/収縮とシクロデキストリンとゲスト分子の錯体形成/解離を自律的に行う材料も作製可能である[41)-43)]。

本節で示したように人工の材料で単純な構成要素を連携させてシステムを構築することで、生体のように精緻な応答機能をもたせることが可能である。さらに生体分子、細胞、組織、臓器へと、階層的に組織化できれば、刺激応答性材料を次世代の分離・分析システムなどへ発展させられると考えている。

文　献

1) Y. Okahata, K. Ozaki and T. Seki：*J. Chem. Soc.*, *Chem. Commun.*, 519 (1984).
2) Y. Okahata, H. Noguchi and T. Seki：*Macromolecules*, **19**, 493 (1986).
3) A. M. Mika, R. F. Childs, J. M. Dickson, B. E. McCarry and D. R. Gagnon：*J. Membr. Sci.*,**108**, 37 (1995).
4) L. Y. Chu, Y. Li, J. H. Zhu, H. D. Wang and Y. J. Liang：*J. Control. Release*, **97**, 43 (2004).
5) L. Y. Chu, Y. Li, J. H. Zhu and W. M. Chen：*Angew. Chem. Int. Ed.*, **44**, 2124 (2005).
6) M. Yang, L. Y. Chu, H. D. Wang, R. Xie, H. Song and C. H. Niu：*Adv. Funct. Mater.*, **18**, 652 (2008).
7) T. Hirotsu and M. lsayama：*J. Membr. Sci.*, **45**, 137 (1989).
8) M. Ulbricht and G. Belfo：*J. Membr. Sci.*, **111**, 193 (1996).
9) T. Yamaguchi, S. Nakao and S. Kimura：*Macromolecules*, **24**, 5522 (1991).
10) T. Yamaguchi, S. I. Nakao and S. Kimura：*J. Polym. Sci. Part A*：*Polym. Chem.*, **34**, 1203 (1996).
11) L. Y. Chu, S. H. Park, T. Yamaguchi and S. Nakao：*J. Membr. Sci.*, **192**, 27 (2001).
12) R. Xie, L. Y. Chu, W. M. Chen, W. Xiao, H. D. Wang and J . B. Qu：*J. Membr. Sci.*, **258**, 157 (2005).
13) H. Kuroki, H. Ohashi, T. Ito, T. Tamaki and T. Yamaguchi：*J. Membr. Sci.*, **352**, 22 (2010).
14) T. Yamaguchi, T. Ito, T. Sato, T. Shinbo and S. Nakao：*J. Am. Chem. Soc.*, **121**, 4078 (1999).
15) T. Ito, T. Hioki, T. Yamaguchi, T. Shinbo, S. Nakao and S. Kimura：*J. Am. Chem. Soc.*, **124**, 7840 (2002).
16) T. Ito, Y. Sato, T. Yamaguchi and S. Nakao：*Macromolecules*, **37**, 3407 (2004).
17) T. Ito and T. Yamaguchi：*J. Am. Chem. Soc.*, **126**, 6202 (2004).
18) T. Ito and T. Yamaguchi：*Angew. Chem. Int. Ed.*, **45**, 5630 (2006).
19) T. Ito and T. Yamaguchi：*Langmuir*, **22**, 3945 (2006).
20) A. Ciferri and S. Kudaibergenov：*Macromol. Rapid Commun.*, **28**, 1953 (2007).
21) S. E. Kudaibergenov and A. Ciferri：*Macromol. Rapid Commun.*, **28**, 1969 (2007).
22) N. Hara, H. Ohashi, T. Ito and T. Yamaguchi：*Macromolecules*, **42**, 980 (2009).
23) H. Ohashi, S. Ebina and T. Yamaguchi：*Polymer*, **55**, 1412 (2014).
24) N. M. Green：*Adv. Protein Chem.*, **29**, 85 (1975).
25) H. Kuroki, T. Ito, H. Ohashi, T. Tamaki and T. Yamaguchi：*Anal. Chem.*, **83**, 9226 (2011).
26) H. Okuyama, Y. Oshiba, H. Ohashi and T. Yamaguchi：*Small*, **14**, 1702267 (2018).
27) Y. Sugawara, H. Kuroki, T. Tamaki, H. Ohashi, T. Ito and T. Yamaguchi：*Anal. Methods*, **4**, 2635 (2012).
28) J. Wang and A. J. Bard：*Anal. Chem.*, **73**, 2207 (2001).
29) S. Kuga, J. H. Yang, H. Takahashi, K. Hiirama, T. Iwasaki and H. Kawarada：*J. Am. Chem. Soc.*, **130**, 13251 (2008).

30) A. D. Ellington and J. W. Szostak：*Nature*, **346**, 818 (1990).
31) C. Tuerk and L. Gold：*Science*, **249**, 505 (1990).
32) T. Hermann and D. J. Patel：*Science*, **287**, 820 (2000).
33) D. Proske, M. Blank, R. Buhmann and A. Resch：*Appl. Microbial. Biotechnol.*, **69**, 367 (2005).
34) H. Liang, X. B. Zhang, Y. F. Lv, L. Gong, R. W. Wang, X. Y Zhu, R. H. Yang and W. H. Tan：*Acc. Chem. Res.*, **47**, 1891 (2014).
35) H. M. Zhang, L. J. Zhou, Z. Zhu and C. Y. Yang：*Chem. Eur. J.*, **22**, 9886 (2016).
36) Y. Sugawara, T. Tamaki, H. Ohashi and T. Yamaguchi：*Soft Matter*, **9**, 3331 (2013).
37) Y Sugawara, T. Tamaki, H. Ohashi and T. Yamaguchi：*Chem. Lett.*, **42**, 1568 (2013).
38) Y. Sugawara, T. Tamaki and T. Yamaghchi：*Polymer*, **62**, 86 (2015).
39) L. Y. Chu, T. Yamaguchi and S. Nakao：*Adv. Mater.*, **14**, 386 (2002).
40) K. Akamatsu, T. Ito and T. Yamaguchi：*J. Chem. Eng. Japan.*, **40**, 590 (2007).
41) H. Ohashi, Y. Hiraoka and T. Yamaguchi：*Macromolecules*, **39**, 2614 (2006).
42) H. Ohashi, T. Shimada and T. Yamaguchi：*J. Photopolym. Sci. Technol.*, **22**, 473 (2009).
43) H. Ohashi, T. Abe, T. Tamaki and T. Yamaguchi：*Macromolecules*, **45**, 9742 (2012).

応用編

第6章　その他の応答
第1節　自励振動ゲル

東京大学　吉田 亮

1　はじめに

これまで本書で述べられてきたように、外部環境変化に応答して膨潤収縮変化する刺激応答性ゲルを、運動機能、取り込み・放出なども含めた物質輸送機能、情報を変換・伝達する機能などを有するソフトマテリアルとして展開する研究が活発に行われている[1)]。我々もこのような刺激応答性ゲルの研究に長い間携わってきたが、一方で、生体のように自律的な機能を発現するゲル、すなわち刺激のon-off駆動によらず、心臓の拍動のように一定条件下で自発的に周期的リズム運動を行う新しい機能性ゲルの開発に取り組んできた。

生体には閉じた化学反応回路が多く存在する。それを人工的に模倣したベローソフ・ジャボチンスキー(Belousov-Zhabotinsky：BZ)反応は代謝反応(TCA回路)の化学モデルでもあり、生体現象のなかでもよくみられる時間リズムや空間パターンを自発的に生み出す化学振動反応としてよく知られている。金属触媒(RuやFe錯体など)共存下の酸性水溶液中で、マロン酸などの有機基質が臭素酸などの酸化剤によって緩やかに酸化される反応であるが、その過程でサイクリックな反応ネットワークが自発的に構成され、触媒となる金属錯体が周期的な酸化還元振動を起こす(**図1**(a))。我々はこのBZ反応をゲル内で引き起こしその化学エネルギーを力学エネルギーに変換する分子設計を行い、ゲルの周期的な膨潤収縮振動を生み出すことに成功した。1996年に初めてこの「自励振動ゲル」(self-oscillating gel)を報告し[2)]、以降系統的に研究を進めている[3)-31)]。時空間機能をもつ4次元マテリアルとして新しい機能性ゲルの概念を提唱し具現化するとともに、1)自律駆動型の生体模倣ソフトアクチュエータ、2)自動物質輸送システム、3)自発的かつ周期的にレオロジー変化を示す機能性流体など、新たな自律機能性材料への応用展開を試みている。本節ではその進化を紹介したい。

2　自励振動ゲルの設計とその化学・物理構造設計による振動挙動制御

基本となる化学構造は、BZ反応の触媒であるルテニウムビピリジン錯体($Ru(bpy)_3^{2+}$)をポリ(*N*-イソプロピルアクリルアミド)(PNIPAAm)に共重合したものである(図1(b))。PNIPAAmは低温で溶解し高温で不溶となり、下限臨界共溶温度(LCST)を32℃近傍にもつ温度応答性ポリマーである。しかし$Ru(bpy)_3^{2+}$を共重合した場合、酸化状態でのpoly(NIPAAm-*co*-$Ru(bpy)_3$)のLCSTは還元状態でのLCSTより高くなる。Poly(NIPAAm-*co*-Ru$(bpy)_3$)を架橋したゲルの場合、酸化状態では還元状態より膨潤度が高くなると同時にゲルの相転移温度が高くなる(図1(c))。このため、一定温度下では酸化状態で膨潤し還元状態で収縮する。その結果、ゲルを一定温度の触媒フリーな基質混合溶液(マロン酸、臭素酸ナトリウムおよび硝酸)のなかに浸すと、ゲル相内でBZ反応が生じ、錯体の酸化還元振動とともに

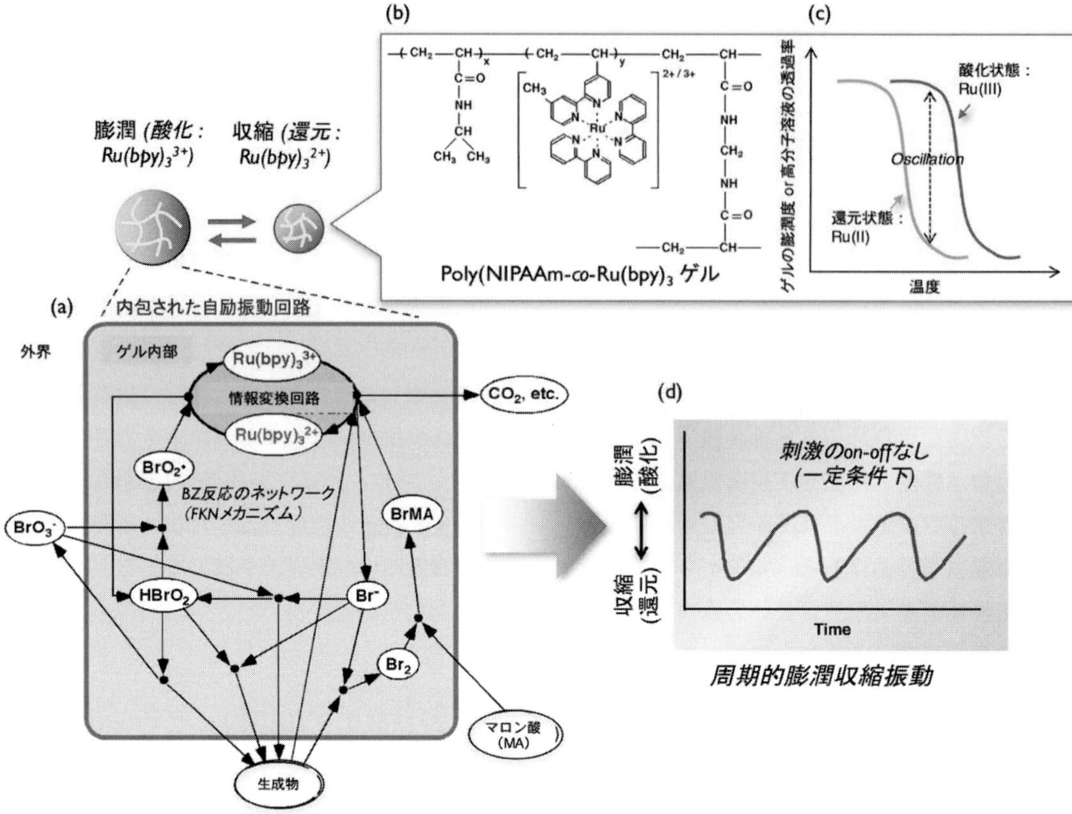

図1　自励振動高分子ゲルの設計とそのメカニズム

ゲルが自発的な膨潤収縮振動を起こす(図1(d))。ゲルサイズが小さい場合には酸化還元変化が全体的に同期するが、ゲルサイズが大きい場合は空間パターンが形成され内部に化学反応波(酸化状態の波)が伝播する。酸化状態のとき膨潤するので、波の伝播とともに局所的な膨潤領域が一定速度でゲル中を伝播し、消化管のような蠕動運動を生み出す(図1(a))[4]。

反応物濃度や温度変化、光照射[5]などにより膨潤収縮振動の周期や振幅、蠕動運動の速度や波長が制御できる。またこれらを外部刺激として振動自体をon-off制御することも可能である。一方、ゲルの化学構造や物理構造の変化により挙動を制御できる。たとえば2-アクリルアミド-2'-メチルプロパンスルホン酸(AMPS)を共重合し適当な重合溶媒を選択することにより、高膨潤度かつ多孔質構造のゲルを作製することができ、応答性が向上し振幅が大きくなる[6]。また自励振動ゲル微粒子を沈殿重合で作製後、それらを集積し化学的に架橋することでも多孔質構造のゲルを得ることができ、より大きな膨潤収縮を示す(**図2-ix**)[7]。さらに、櫛形構造をもつ自励振動ゲルを作製すると従来の自励振動ゲルに比べ振幅が大きくなることを明らかにした[8]。

また、*N*-(3-アミノプロピル)メタクリルアミド(NAPMAm)を第3成分として共重合し側鎖にアミノ基を追加導入した三元系ポリマーでは、スクシンイミジル基を有するRu(bpy)$_3$(Ru(bpy)$_3$-NHS)とのカップリング反応によりRu(bpy)$_3$修飾量を増加させることができる。実際に酸化還元状態でのLCST差が大きくなり、自励振動の駆動温度領域が広範囲になるとともにゲルの膨潤収縮振動の振幅が大きくなることが明らかにされた[9]。加えて、酸および酸化剤供給部位をあらかじめ高分子鎖に導入したり[10]、UCSTをもつポリマーを用いる[11]など、生理条件に近づけた環境で機能を発現させる設計も行われている。

3　生体模倣アクチュエータへの応用

自励振動ゲルの新しい自律機能材料としての展開を図2に示す。我々はこれまで、生体模倣型の化学アクチュエータとして、ゲル表面に微小な突起がアレイ状に配列した「人工繊毛」を作製した(図2-i)。化学反応波の伝播に伴い表面突起が周期的に変動する様子を観察した。またゲル中の架橋密度に対し膜厚方向に傾斜を与えることにより、尺取り虫のように周期的な屈曲運動を行いながら自ら歩くゲル(self-walking gel)も作製した(図2-ii)[12]。さらにゲルが揺動を繰り返しながら媒体中で自己推進運動することを理論および実験的に実証した(図2-iii)[13]。バネのように伸縮を繰り返すらせん状ゲルも作製された(図2-iv)。最近では、外部磁場印可により一義的配向した無機酸化物ナノシートを内包することにより、異方的な変形を示す自励振動ゲルを作製することに成功している(図2-v)[14]。自励振動ゲルと不活性ゲルの複合体作製による運動方向制御も試みている[15]。水面上にゲルを浮かべると、ゲル表面に生起する表面張力振動により自発的に周期的な往復運動を繰り返す現象なども見出した(図2-vi)[16]。今後、自律駆動型のアクチュエータとして多様な応用研究が可能であろう。自励振動ゲルのケモメカニカルな振動挙動を理論的にシミュレーションする研究も行われている[32]。

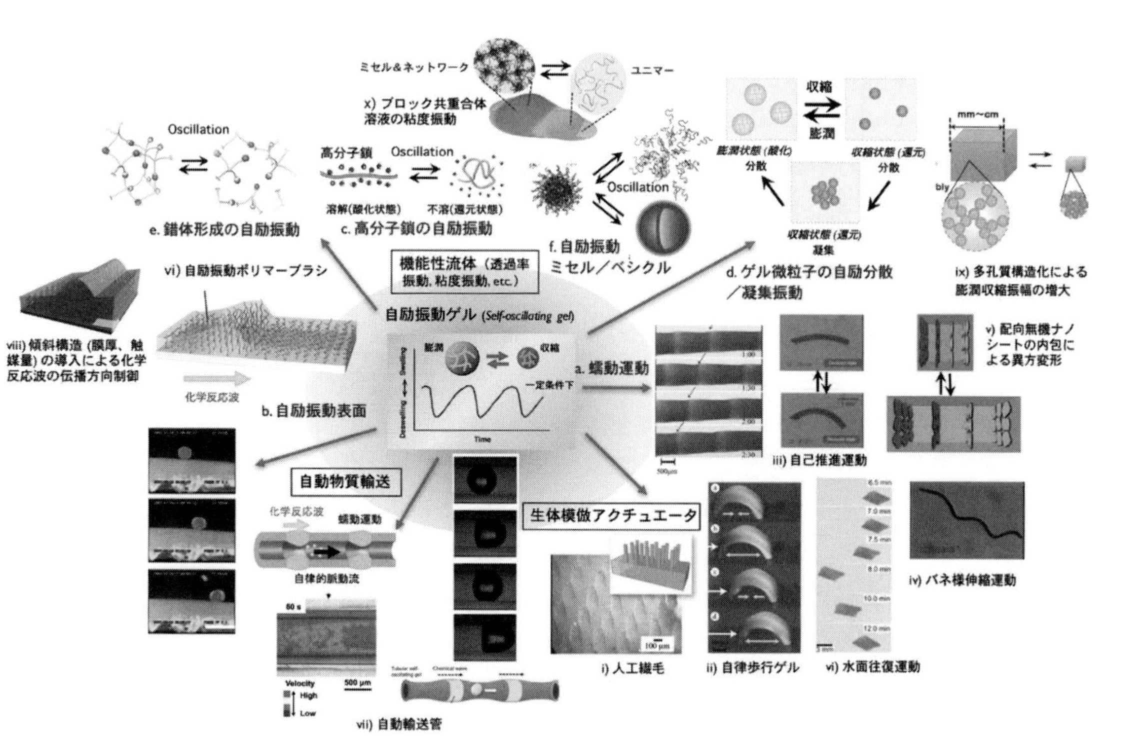

図2　自励振動高分子ゲルの自律機能材料への展開　　※口絵参照

4 自動物質輸送システムの構築

4.1 ゲルの蠕動運動による物質輸送や拍動流の生起

化学反応波の伝播に伴うゲルの蠕動運動を利用することにより、物質を自動的に輸送する新しいシステムを構築することができる。たとえば、化学反応波が伝播している自励振動ゲル膜の表面上にモデル物体として微粒子などを置くと、物体は波の伝播方向に輸送される(図2-b)[17]。またゲルを管状に成形することで、腸や消化管のように蠕動運動によって管内部の物質や流体を輸送することができる[18][19]。内部に挿入された気泡が管壁の蠕動運動によって間欧的な運動を繰り返しながら輸送される様子が観察された(図2-vii)。実際に管内の流体に拍動流が起こっていることが画像解析から明らかになっており、新しいマイクロ送液システムとしての可能性が期待される。

4.2 自励振動ポリマーブラシ表面の創製

さらに我々は表面開始型原子移動ラジカル重合法(SI-ATRP法)を用いて、鎖長・密度や$Ru(bpy)_3$修飾量の制御された自励振動高分子をガラス基板表面やガラスキャピラリー内壁面に導入し、ポリマーブラシ表面を作製した(図2-vi)[20][21]。QCM-D測定により、酸化状態および還元状態で基板上の高分子鎖がコンフォメーション変化することが確認された。化学反応波の伝播も観察され、生体分子モーターのようなナノオーダーでの物質輸送システムの人工的な構築など、自律機能をもつソフト界面としての展開が期待される。さらに、犠牲アノード原子移動ラジカル重合法(saATRP)を用いて、ポリマー修飾量が連続的に変化する傾斜自励振動ポリマーブラシ表面を調製した。化学反応波は低修飾領域から高修飾領域へ伝播し、その方向を制御することが可能となった(図2-viii)[22]。

また、maskless露光技術を用いてマイクロパターン化した自励振動ポリマーブラシを作製した[23]。五角形にマイクロパターン化されたブラシ表面を0〜200 μmのさまざまなギャップ間隔でアレイ状に並べると、ギャップ間隔が50 μmのときにのみ一方向に伝わる化学反応波が発生し、それ以外では波の方向性はランダムであった。メカニズムは紙面上割愛するが、このように、神経シナプスのごとくギャップ結合を通じて情報伝達に方向性をもたせたポリマーブラシ系が構築できる。

5 自律性を有する高分子溶液・機能流体への展開

5.1 高分子溶液および微粒子懸濁液の透過率振動および粘性振動

未架橋高分子鎖の場合、その高分子溶液は高分子鎖の溶解・不溶に伴い透過率振動や粘度振動を示す(図2-c)。ゲル微粒子の懸濁液も同様であるが、特有の現象が発現する。我々は沈殿重合法により数百nmオーダーの自励振動ゲル微粒子を作製し、種々の温度でその懸濁液の透過率振動挙動を調べた[24]。相転移温度以下の低温領域では透過率の振幅は小さいが、相転移温度付近ではコロイド安定性が敏感に変化するため、ゲル微粒子が膨潤収縮とともに自律的に分散・凝集し(図2-d)、透過率振動の振幅が劇的に増加する。これらの微粒子を集積後架橋することで大きな膨潤収縮振幅を示すゲルを作製することもできる(図2-ix))。その他、錯体の周期的形成・解離により大きな分子量変化や架橋構造変化が誘起する(図2-e)新たなメカニズムにより自励的な粘度振動を生起させることにも成功した[25]。

5.2　周期的な自己集合構造の変化：自励振動ブロック共重合体が生み出す時空間構造

5.2.1　自励振動ミセル

分子集合体としての新展開も期待される。我々は、親水性高分子（PEO）セグメントと自励振動高分子セグメントからなるAB型ジブロック共重合体を合成し、その周期的な構造相転移を種々見出してきた[25)-30)]。BZ反応基質存在下において自励振動セグメントの親疎水性が周期的に変化することで、自律的にその自己集合状態が変化する。まず、ミセル形成とユニマーへの解離が周期的に起こり、周期的なチンダル現象の変化とともにその散乱光強度および流体力学的半径が自励振動を示すことを明らかにした（図2-f）。すなわち、ミセル形成に基づく自己集合状態を周期的に変化させることができた[26)]。

5.2.2　自励振動ベシクル（非架橋型および架橋型）

さらにジブロック共重合体のブロック比を制御することにより、一定条件下でベシクル構造の形成崩壊サイクルを繰り返す動的人工細胞モデルを創製した（図2-f）[27)]。また主鎖に二重結合部位を導入しベシクル構造を光照射により化学架橋することで、架橋ベシクル構造の体積・形状振動を生起させることに成功した。架橋ベシクルをBZ基質中で観察した結果、周期的なベシクル構造の体積振動が生起された[28)]。このとき興味深い現象として、体積振動のみならず膜の座屈を伴う形状振動も観察された。

5.2.3　自励振動コロイドソーム

一方、自励振動マイクロゲル微粒子をビルディングブロックとして互いに架橋した中空微粒子、「自励振動コロイドソーム」を創製した。

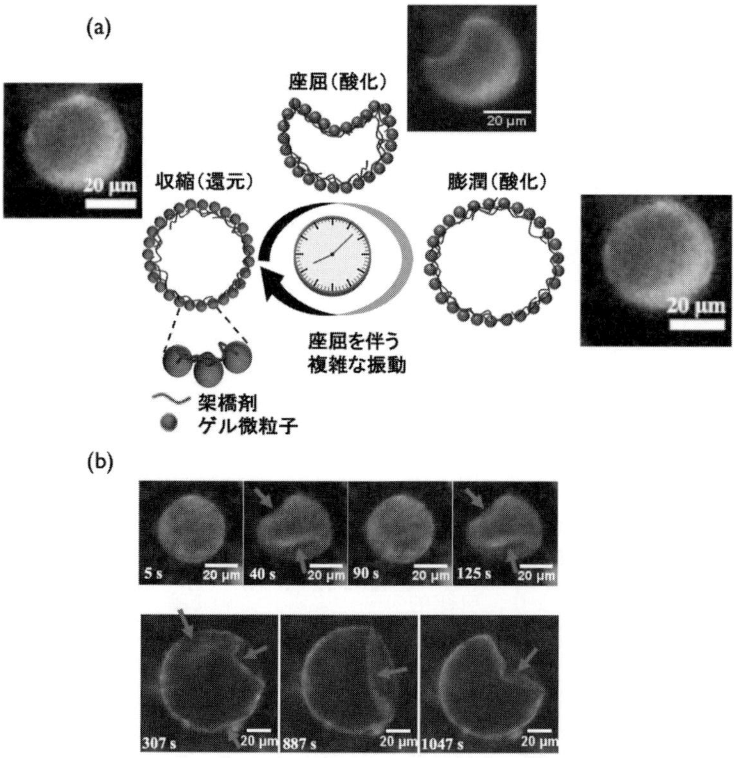

図3　(a)膨潤収縮と同時に座屈による形状変化が段階的に起こるコロイドソームの振動の概念図
(b)多点での座屈を伴う変形振動（上図）および座屈点の移動を伴う変形振動（下図）

このコロイドソームも、球形を保った等方的な膨潤収縮振動に加えて膜の座屈を伴う形状変形振動を示し(**図 3**(a))、振動波形は従来の自励振動ゲルにみられる波形に比べより複雑なものとなった。また半径の大きいコロイドソームにおいては、多点での座屈現象や座屈点の移動など、より複雑な形状振動を示すことが明らかとなった(図 3(b))[29]。

5.2.4　粘性振幅を増加させるための自励振動高分子のマルチブロック化

ブロック共重合体(BCP)のさらなるマルチセグメント化により、溶液の巨視的な粘性変化を生起させることができる[30]。まず、中央にPEG、両末端に自励振動セグメントを有するABA型トリブロック共重合体を合成した。高分子濃厚溶液を調製し振動解析を進めた結果、粘性率の周期的な振動が観測された。また、ABA型トリブロック共重合体に対し中央に疎水性セグメントをさらに導入したABCBA型ペンタブロック共重合体では、ABA型に比べて低高分子濃度であるにもかかわらず粘性振幅はさらに増加した。中央の疎水性セグメントが高分子の架橋コアとして作用し、三次元ネットワークの組み替えが効率よく生起したためと考えられる。

5.2.5　人工アメーバ：自律的にゾル-ゲル転移する自励振動高分子溶液

このように、ABA型あるいはABCBA型BCPを用いて自律的集合-離散に基づく粘性振動が実現されたが、その振幅は2 mPa s程度ときわめて小さかった。そこで我々は新たなABC型のBCPを合成することにより、自律的にゾル-ゲル振動する高分子溶液(人工アメーバ)の創製を試みた[31]。NIPAAm、ブチルアクリレート(BA)、ジメチルアクリルアミド(DMAAm)、NAPMAmをモノマーとした逐次RAFTランダム共重合により、P(NIPAAm-*r*-BA)-*b*-PDMAAm-*b*-P(NIPAAm-*r*-NAPMAm)を得た。

還元状態で溶解、酸化状態で凝集する双安定温度(26℃)でBZ反応を生起し、高分子溶液の静的粘性の時間変化を測定した結果、粘性率の周期的振動が観測された(**図 4**(b))。粘性振幅の最大値は2,000 mPa s程度に達し、生体アメーバが運動する際の粘性振幅(～10^3 mPa s)を凌駕した。本ABC型BCPのAセグメント(P(NIPAAm-*r*-BA))のLCST型ミセル化温度は14.8℃であり、酸化還元状態によらずAセグメントをコアにもつ高分子ネットワークの前駆体を形成する。ゆえに、酸化状態で単分子溶解するABA型BCPと比べ効率のよいネットワーク構造の形成-崩壊サイクルが起きていると予想され、結果として粘性振幅が著しく増幅したと考えられる。

さらにBZ反応状態で粘弾性測定を行ったところ、貯蔵弾性率G'と損失弾性率G''が互いに交差し合うゾル-ゲル振動が生起した(図 4(c))。実際にゾル化とゲル化が繰り返されているのが確認された(図 4(d))。また、ガラスキャピラリー中にこの高分子溶液を反応基質とともに導入したところ、酸化還元振動の色調変化に同期した液滴の間歇的な前進運動が観察された(図 4(e))。高分子が還元状態(透明な橙色)のときに移動速度が極小値をとり、酸化状態(くすんだ橙色)のとき極大値を示している(図 4(f))。還元状態ではBCPネットワークが形成され自己支持性を示すが、酸化状態ではミセルの分散溶液となり流動性を発現することによる。このように、溶液の粘弾性を自励振動させゾル-ゲル振動しながら運動する機能性流体、すなわち「人工アメーバ」の創製を実現した。

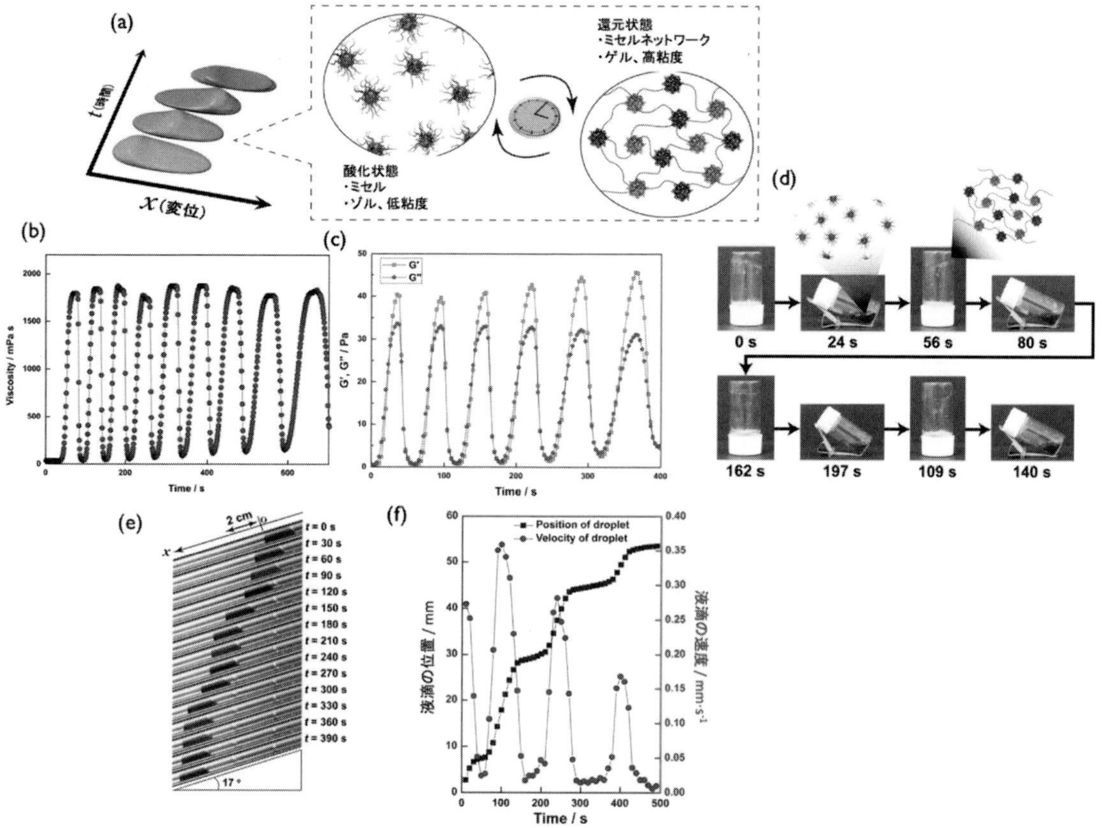

図4　自律的にゾル–ゲル転移する自励振動高分子溶液(ABC型BCP)：(a)巨視的運動および微視的構造変化の概念図(b)溶液の粘度振動挙動(c)貯蔵弾性率(G')と損失弾性率(G'')の周期的変化(d)周期的なゾル–ゲル変化の観察(e)傾斜したガラスキャピラリー中における高分子液滴の間歇的な前進運動の様子(f)(e)における液滴の位置および速度変化
※口絵参照

6　おわりに

以上のように、我々は生体のように自律的な時空間機能を発現する高分子/ゲルの開発に取り組んできた。自励振動ゲルは周期的な膨潤収縮振動を自発的に生み出す分子回路を材料自身のなかに内包している点に大きな特徴を有している。外部刺激のon-offなしに膨潤収縮振動を起こすゲルを実現した世界的にも新規な研究、またBZ反応の化学エネルギーを高分子の形態変化に転換して力学エネルギーを生み、機能性材料設計に応用した最初の研究でもある。高分子ゲルの新しい可能性を提唱した研究として先導的な役割を果たしてきた。本稿で述べたように、これまでにさまざまな階層スケールでの自励振動現象を発現することに成功しており、これらをさらに応用展開することで、革新的な時空間機能性材料を提案していきたいと考えている。

文　献

1) 吉田　亮：高分子先端材料 One point 2 高分子ゲル，共立出版 (2004).；宮田隆志：高分子基礎科学 One point 6 高分子ゲル，共立出版 (2017)なども参照
2) R. Yoshida, T. Takahashi, T. Yamaguchi and H. Ichijo：*J. Am. Chem. Soc.*, **118**, 5134 (1996).
3) Y. S. Kim, R. Tamate, A. M. Akimoto and R. Yoshida：*Mater. Horiz.*, **4**, 38 (2017).
4) S. Maeda, Y. Hara, R. Yoshida and S. Hashimoto：

Angew. Chem. Int. Ed., **47**, 6690 (2008).
5) S. Shinohara, T. Seki, T. Sakai, R. Yoshida and Y. Takeoka :, *Angew. Chem. Int. Ed.*, **47**, 9039 (2008).
6) Y. Murase, S. Maeda, S. Hashimoto and R. Yoshida : *Langmuir*, **25**, 483 (2009).
7) D. Suzuki, T. Kobayashi, R. Yoshida and T. Hirai : *Soft Matter*, **8**, 11447 (2012).
8) R. Mitsunaga, K. Okeyoshi and R. Yoshida : *Chem. Commun.*, **49**, 4935 (2013).
9) T. Masuda, A. Terasaki, A. M. Akimoto, K. Nagase, T. Okano and R. Yoshida : *RSC Adv.*, 5, 5781 (2015).
10) Y. Hara and R. Yoshida : *J. Phys. Chem. B*, **112**, 8427 (2008).
11) T. Masuda, N. Shimada, T. Sasaki, A. Maruyama, A. M. Akimoto and R. Yoshida : *Angew. Chem. Int. Ed.*, **56**, 9459 (2017).
12) S. Maeda, Y. Hara, T. Sakai, R. Yoshida and S. Hashimoto : *Adv. Mater.*, **19**, 3480 (2007).
13) O. Kuksenok, V. V. Yashin, M. Kinoshita, T. Sakai, R. Yoshida and A. C. Balazs : *J. Mater. Chem.*, **21**, 8360 (2011).
14) Y. S. Kim et al. : *in preparation*
15) V. V. Yashin, S. Suzuki, R. Yoshida and A. C. Balazs : *J. Mater. Chem.*, **22**, 13625 (2012).
16) S. Nakata, M. Yoshii, S. Suzuki and R. Yoshida : *Langmuir*, **30**, 517 (2014).
17) R. Yoshida and Y. Murase : *Colloids and Surf. B : Biointerfaces*, **99**, 60 (2012).
18) Y. Shiraki and R. Yoshida : *Angew. Chem. Int. Ed.*, **51**, 6112 (2012).
19) Y. Shiraki, A. M. Akimoto, T. Miyata and R. Yoshida : *Chem. Mater.*, **26**, 5441 (2014).
20) T. Masuda, M. Hidaka, Y. Murase, A. M. Akimoto, K. Nagase, T. Okano and R. Yoshida : *Angew. Chem. Int. Ed.*, **52**, 7468 (2013).
21) T. Masuda, A. M. Akimoto, K. Nagase, T. Okano and R. Yoshida : *Chem. Mater.*, **27**, 7395 (2015).
22) T. Masuda et al. : *Sci. Adv.*, **2**, e1600902 (2016).
23) K. Homma, T. Masuda, A. M. Akimoto, K. Nagase, K. Itoga, T. Okano and R. Yoshida : *Small*, **13**, 1700041 (2017).
24) D. Suzuki, T. Sakai and R. Yoshida : *Angew. Chem. Int. Ed.*, **47**, 917 (2008).
25) T. Ueki and R. Yoshida : *Phys. Chem. Chem. Phys.*, **16**, 10388 (2014).
26) T. Ueki, M. Shibayama and R. Yoshida : *Chem. Commun.*, **49**, 6947 (2013).
27) R. Tamate, T. Ueki, M. Shibayama and R. Yoshida : *Angew. Chem. Int. Ed.*, **53**, 11248 (2014).
28) R. Tamate, T. Ueki and R. Yoshida : *Adv. Mater.*, **27**, 837 (2015).
29) R. Tamate, T. Ueki and R. Yoshida : *Angew. Chem. Int. Ed.*, **55**, 5179 (2016).
30) M. Onoda, T. Ueki, M. Shibayama and R. Yoshida : *Sci. Rep.*, **5**, 15792 (2015).
31) M. Onoda, T. Ueki, R. Tamate, M. Shibayama and R. Yoshida : *Nature Commun.*, **8**, 15862 (2017).
32) V. V. Yashin , O. Kuksenok and A.C. Balazs : *Prog. Polym. Sci.*, **35**, 155 (2010).

応用編

第6章　その他の応答

第2節　洗濯バサミ型2核遷移金属錯体の超音波応答性分子集合

大阪大学　直田 健/川守田 創一郎/池下 雅広

1　低分子の刺激応答性分子集合

低分子は集合により溶液状態で自由運動する分子とは異なる機能を発揮することが、最近の研究で続々と明らかになり、低分子の分子集合は物質変換研究における新しい潮流になりつつある。とりわけ、外部からの刺激に応答して集合する分子の開拓は、機能発現のため重要視されうるテーマであろう。分子集合に関する基礎研究により、「光」を外部刺激とする分子集合が見出されている。光スイッチング部位としてアゾベンゼンを有する分子を用いると、可視光では分子集合が起こってゲル、UVを照射し続けてしばらく放置すると*trans-cis*光異性化が起こって分子集合しない分子に変わることで溶液に戻るというもので、第3の分子をなかに入れない光照射という遠隔操作で分子集合を制御する重要な研究である[1)2)]。しかし、この方法は、ゲルに光を当て続けて待つことで溶液に戻す、集合破壊型外部制御である。おそらく皆が欲しがる機能は、何らかの刺激を短時間に照射すれば、その瞬間にさらさらの液体が固まるような集合構築型現象であるはずである。

分子集合の外部刺激に「音」を用いることができれば、その発振と制御はきわめて容易であるので、夢は広がる。もしも、短い音に呼応する分子集合が可能ならば、本来分子集合で変化する物性としての流動性、弾性、光透過度、不揮発性等の制御が、音という遠隔でクリーンな刺激で可能になることになり、危険物の漏洩の瞬時回避や、安全運搬管理、弾性や光透過度の調整など、あらゆる分野での応用が期待される。しかし、音響は、分子の併進運動そのものであるので、結果として音響を介して強度な併進運動を起こした溶媒が分子集合内の弱い非共有結合相互作用に作用してこれを開裂することがよく知られており、逆に音響が集合を誘起することは一般的には考えられない。実際に、超音波の長時間照射による分子集合の破砕の原理は食品化学[3)]や写真科学[4)]あるいは準安定ミセルの一時的生成[5)]等に使用されており、上述の音を分子集合の外部刺激として用いる構想は、これらの原理を無視した妄言とでもいうべきものであるはずであった(**図1**)。

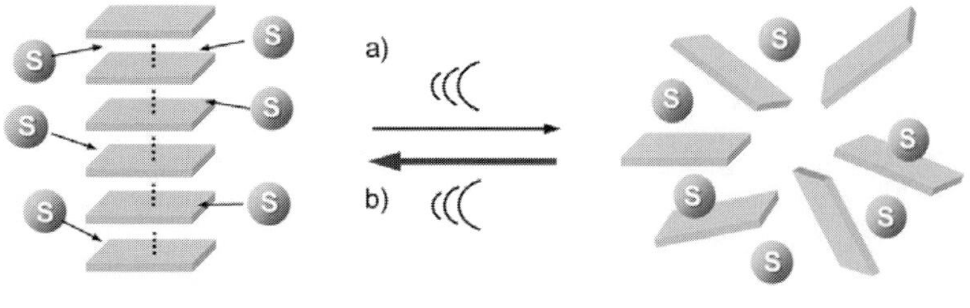

図1　音響分子集合(path b)は科学常識(path a)と完全逆行

2 超音波応答性分子集合

我々は、こうした状況下、2枚の *trans*-ビス(サリチルアルジミナト)パラジウム(II)による配位面を2本のペンタメチレン鎖でつないだ *anti*-配座の2核錯体 **1** が、超音波の照射によって、多くの溶媒の溶液を瞬間的にゲル化させる特異な分子集合能を有することを明らかにしてきた[6)7)]。たとえば、錯体 **1a** の酢酸エチル、アセトンなど種々の純粋な有機溶媒、あるいは水溶性有機溶剤の水溶液やガソリンなどの多様な混合流体の希薄溶液に、弱い音圧の超音波(単位面積当たりの照射出力 0.45 W/cm^2、照射周波数 40 kHz)を発生槽内の水を介して数秒程度の短時間照射を施すと、流動性の高い透明溶液は、瞬時にゲル化する[6)]。このゲルは密封容器で静置した場合数か月以上の長期にわたって分離、崩壊、結晶化等を起こさず安定であるが、ゲル融解温度以上に加熱して冷却すると直ちに元の溶液に戻り、ゲルから熱で戻した溶液は超音波照射をしない限り溶液状態で安定に存在する(**図2**)。このゾル-ゲル転移は何度でも繰り返すことができる。ゾル-ゲル相を室温で任意に瞬間的に制御できる現象は、これまでの高温溶液の冷却によるゲル生成とは根本的に異なる。筆者らの報告以来多くの超音波誘起ゲル化剤が報告されてきているが[8)]、いずれもその誘起効果は、分単位や1時間以上の長い超音波照射、完全ゲル化までの長い待ち時間などが必要な微小なものであり、発見以来現時点まで、外部からの刺激に対してこれを超える瞬時応答性を発現したゲル化剤の例はいまだに報告されていない。

3 集合キラリティーと金属配列制御への応用

錯体 **1** は面不斉を有し、右巻きの(*R*)体と左巻きの(*S*)体が、キラルカラムによる HPLC 分取で安定に単離できる。上述の超音波照射による瞬時ゲル化現象は、ラセミ体(0%ee)で観測された現象であるが、光学的に純粋な錯体

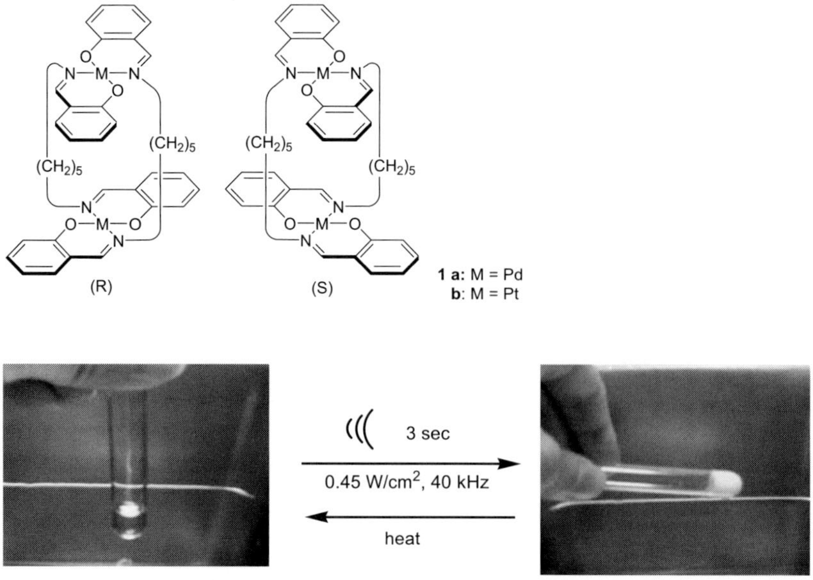

図2 錯体 1a の安定なアセトン溶液への超音波照射による瞬時ゲル化

(100%ee)の溶液では、超音波照射条件や溶媒の濃度種類等をいかに変更してもゲル化はまったく起こらない[6)7)]。そこで42%eeの(−)-**1a**のベンゼン溶液に10秒の超音波照射(0.45 W/cm^2, 40 kHz)を施して形成したゲルに対して、遠心分離をして得られた部分ゲルと溶液双方での**1a**の光学純度をHPLC分析により決定し、ゲル形成の進行に伴う光学活性の変化を評価した(**図3**)。その結果、部分ゲルから得られる**1a**の鏡像体過剰率(ee)はゲル形成の期間一貫して0%eeに近く、残りの溶液から得られるそれはゲル化終盤では90%ee以上に上昇した。この際、溶液のゲル転化率に従うee変化が、

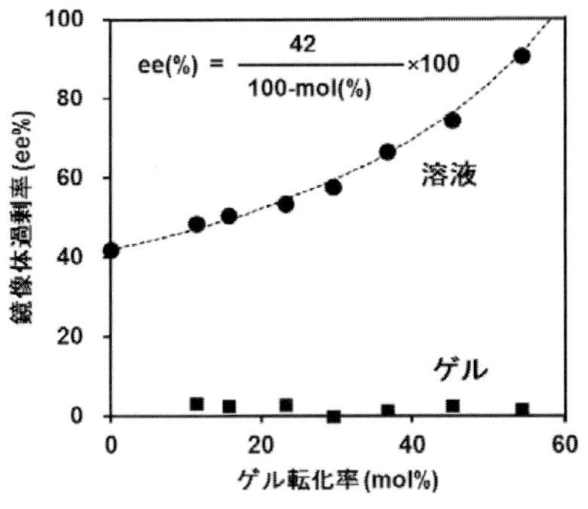

図3　(−)-1a(42%ee)の1.50 × 10^{-2} Mベンゼン溶液の超音波照射によるゲル化(0.45 W/cm^2, 40 kHz, 10秒)における、部分ゲル(■)および残りの溶液(●)から得られた1aの鏡像体過剰率(ee%)のゲル転化率(mol%)に対する依存性

42% eeからラセミ体のペアで溶液から増大していく際のee変化の関係式と完全一致した。このことより、このゲル化における分子集合の成長過程が、正確なヘテロキラル会合(*RSRSRS*...)により進行することが明らかになった。この集合は種々の類縁体結晶のXRD分析等から、洗濯バサミ形状を有する**1a**の連続的な相互嵌合(**図4**)により生起すると考えられるが、この嵌合最小単位における2分子会合がヘテロキラルで進行することが、ベンゼン環部位をナフタレン環に拡張することで集合を阻害させた類縁体の会合実験で実証されている[9)]。

錯体**1**の有する特異的なヘテロキラル集合能を活用すれば、ゲル繊維中に金属を規則正しく配列することが可能となる[10)]。光学的に純粋なパラジウム錯体(+)-(*R*)-**1a**(100%ee)と白金錯体(−)-(*S*)-**1b**(100%ee)の等量混合物のシクロヘキサン溶液は室温で分子集合を自発的に起こしゲル化する。一方、(+)-**1a**と(+)-**1b**の等量混合物は、ゲルを形成しない。このゲル化を^{1}H NMR分析でモニターした結果、(+)-**1a**と(−)-**1b**はゲル化中一貫していずれも不可逆一次反応による同一速度で集合に消費されることが、また、生成したゲルを溶液から遠心分離した後、ゲル中の成分を^{1}H NMRで分析した結果、(+)-**1a**と(−)-**1b**は反応初期から後期まで一貫してゲル中に1：1で取り込まれることがわかった(**図5**)。さらに、ゲル繊

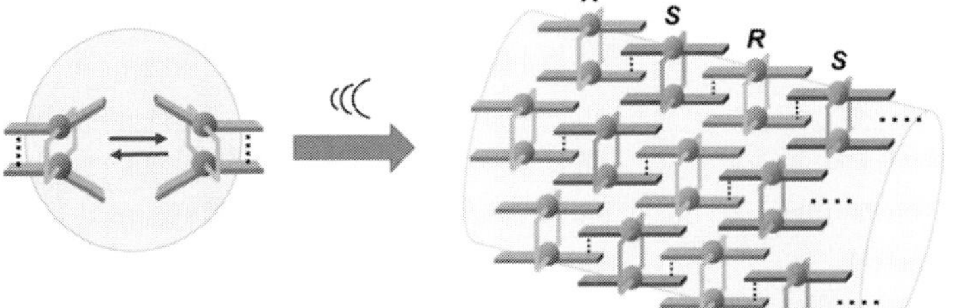

図4　洗濯バサミ型分子1の分子内分子間πスタッキングによる双安定性と超音波応答性ヘテロキラル集合

維の EPMA による定量分析からもゲル繊維にはパラジウム原子と白金原子が 1：1 で均等分布していることが示された。これらの事実から、このゲル化は、生成ドメインからパラジウム種と白金種が一貫して交互に積層していく正確なヘテロメタリック集合（PdPtPdPt...）により進行することが明示された。

この集合では、金属の配列よりもヘテロキラルであることが優先されるため、たとえば（＋）-**1a**/（－）-**1a**/（＋）-**1b**（1：1：1）あるいは（2：2：1）での Pd 豊富混合溶液では、それぞれ 4 連子に 1 ユニット、6 連子に 1 ユニットの割合で統計的に正確に白金をパラジウムのゲル繊維中に分布させる金属配列制御が行える。同様に白金ゲル繊維中にパラジウムを自在配列制御も可能である（**表 1**）。興味深いことに、**1a** と **1b** の種々の混合溶液のゲル化では、パラジウム錯体 **1a** の比率が多いと超音波照射時間に対してゲル化速度が大きく変化するが、白金錯体 **1b** の比率が多いと、逆に超音波刺激効果が減少する（表 1）。典型例として上述の（＋）-**1a**/（－）-**1b**（1：1）および（＋）-**1a**/（－）-**1b**（3：1）のシクロヘキサン-d_{12} 溶液のゲル化速度の超音波依存性を**図 6** に示す。（＋）-**1a**/（－）-**1b**（1：1）溶液では、超音波照射時間を長くしても、ゲル化速度には何らの影響も及ぼさず、自発ゲル形成による反応速度と変わらないが、（＋）-**1a**/（－）-**1b**（3：1）溶液では、超音波照射時間によってゲル化速度は著しく変化し、超音波照射時間の変更によって自在にゲル化速度を制御で

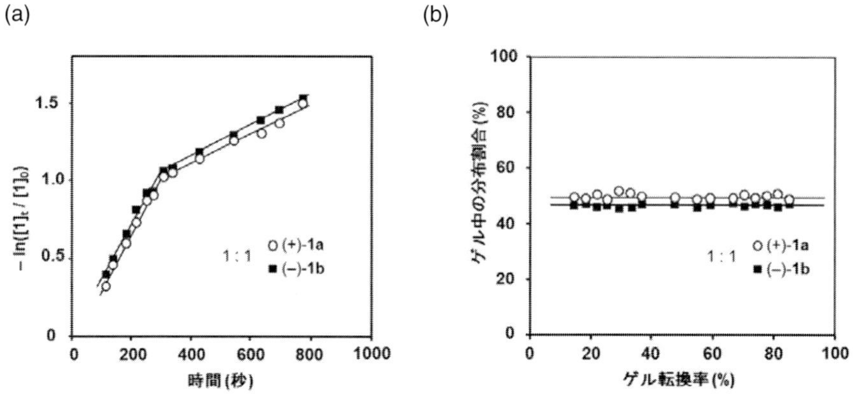

図 5　298 K での（＋）-（*R*）-1a（100%ee, 2.00 × 10^{-4} M）と（－）-（*S*）-1b（100%ee, 2.00 × 10^{-4} M）の等量混合物のシクロヘキサン-d_{12} 溶液のゲル化における（a）－ln（[1]$_{non\text{-}gelled}$/[1]$_0$）および（b）ゲル中の 1a, 1b の分布

表 1　1a と 1b のシクロヘキサン溶液の分子集合での金属配列と超音波感受性の制御

溶液成分	Pd 比率（%）	超音波感受性	ゲル化手法	ゲル繊維中の金属配列
(+)-**1a** /(+)-**1b**/(–)-**1b** (1:2:2)	20	低い	静置	6 連子中 1 Pd
(+)-**1a** /(+)-**1b**/(–)-**1b** (1:1:1)	33	⇕	静置	4 連子中 1 Pd
(+)-**1a** /(–)-**1b** (1:1)	50		静置	Pd,Pt 交互
(+)-**1a** /(–)-**1a**/(+)-**1b** (1:1:1)	67		超音波	4 連子中 1 Pt
(+)-**1a** /(–)-**1a**/(+)-**1b** (1:2:2)	80	高い	超音波	6 連子中 1 Pt

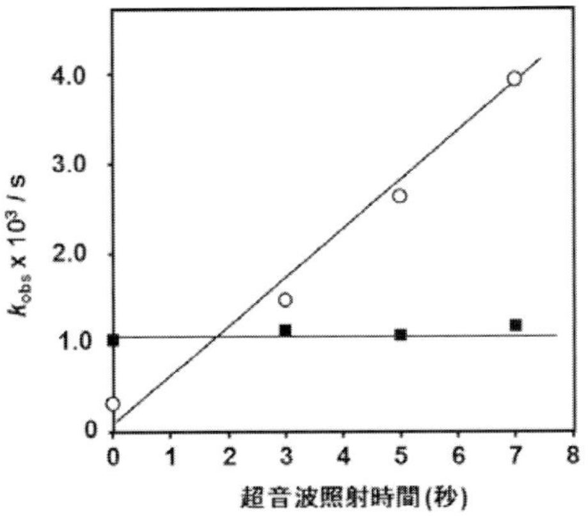

図6　298 K での(+)-1a/(−)-1b(1：1)(■)および(+)-1a/(−)-1b(3：1)(○)のシクロヘキサン-d_{12}溶液のゲル化における(+)-1a消費の不可逆一次速度定数の超音波照射(44 kHz, 0.31 W/cm^2)時間依存性

きることが示された。この事実から、パラジウムユニットの高い超音波感受性と白金ユニットの超音波非感受性、さらにいえば、集合の超音波命令を聴くパラジウム、聴かない白金のユニットの性質の明確な差が明らかになった。

4　分子集合機構

この超音波応答性分子集合の機構に関して解明研究が行われている。上述のゲル形成速度の不可逆一次依存性(図5(a))とそれに基づく速度定数の超音波依存性における直線性(図6)は、この集合が、超音波照射によって生成する集合開始種の生成を核にして連続的に自発集合することを示している。超音波感受性の高い(+)-**1a**/(−)-**1b**(2：1)溶液から生成する種々の集合体のFE-SEM画像より、超音波照射前の溶液からは、100〜500 nm程度のナノパーティクルの形成が、超音波5秒間照射後のゲルからは太さ20〜30 nmの均一な繊維状構造体が確認された。また、超音波照射時間を1秒にしたところ、微結晶とその特定面からの異方的な結晶成長と、ゲル形成にいたる中間成長状態が観測された(**図7**)。

これらの実験事実より導かれる、この超音波照射応答性分子集合の反応機構の分子論的模式図を**図8**に示す。弱いd-π共役によって配位面が柔軟な洗濯バサミ型パラジウム錯体**1a**は、その高い分子運動性[9)11)]により、弱い分子内および分子間πスタッキング相互作用で異方性のない球状集合体を形成し、これがコロイド溶液として溶液の流動性を準安定的に維持する(図8(a))。超音波の短時間照射は洗濯バサミ型ユニットの相互篏合を誘起し、微量の準安定微結晶(ソノクリスタル)が生成する(図8(b))。この結晶の特定面は連続的相互篏合による集積体の終端として高い会合活性を有しており、残りの大多数の洗濯バサミユニットはこ

図7　(+)-1a/(−)-1b(2：1)溶液から生成する種々の集合体のFE-SEM画像(a)溶液調整直後(b)超音波照射(44 kHz, 0.31 W/cm^2)1秒後のソノクリスタルの初期成長状態(c)超音波照射(44 kHz, 0.31 W/cm^2)5秒後の均一に成長したゲル繊維

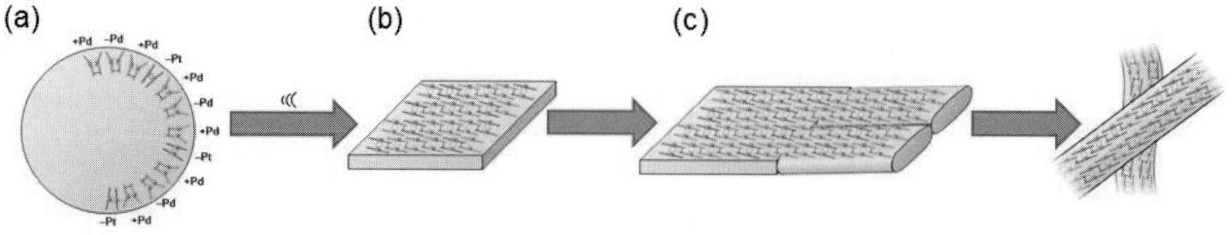

図 8　超音波応答性分子集合の分子論的観点からの模式図(a)コロイド粒子による準安定状態(b)超音波照射による成長核としてのソノクリスタルの生成(c)結晶特定面への洗濯バサミ分子の連続会合によるゲル繊維への異方的成長

の活性点を起点とした自発的なヘテロキラル連続会合を起こすことで、繊維状構造体への異方的成長が進行し、最終的には溶液中で3次元的に絡まったゲル繊維に成長する(図8(c))。よって、この超音波応答性集合は、開始剤による重合と類似の機構で進行し、重合反応で観測される開始剤濃度の変化による種々の制御と同様、音響要素の変化による種々の制御が可能となる。上述のゲル化速度の超音波照射時間による精密制御は、超音波による結晶核の濃度制御と不可逆一次で進行する成長反応によって実現されたものであり、同様原理で超音波の種々の音響要素の変化によって生成ゲルの熱的安定性や粘弾性の微細制御が可能となる。表1、図6で示されたパラジウム種と白金種の超音波感受性の対照的な違いは、それぞれの *trans*-ビス(サリチルアルジミナト)金属の配位面での d-π 共役の強さの違いにより現れる。パラジウム種の弱い d-π 共役は、配位面の折れ曲がり柔軟性を与え、これが2枚の対面する配位面間での分子内スタッキング相互作用とルーズな分子間相互作用によるナノ粒子の準安定性を、そして、それを音響要素でナノクリスタルへ強制変換する超音波感受性を生み出していると考えられる。

文　献

1) K. Murata, M. Aoki, T. Suzuki, T. Harada, H. Kawabata, T. Komori, F. Ohseto, K. Ueda and S. Shinkai：*J. Am. Chem. Soc.* **116**, 6664 (1994).

2) S. Yagai, T. Nakajima, K. Kishikawa, S. Kohmoto, T. Karatsu and A. Kitamura：*J. Am. Chem. Soc.*, **127**, 11134 (2005).

3) R. Seshadri, J. Weiss, G. J. Hulbert and J. Mount：*Food Hydrocolloids*, **17**, 191 (2003).

4) M. Kanegae, S. Kou, Y. Okawa, H. Kobayashi, T. Ohno, T. Ohki and T. Kitayama：*J. Photograph. Sci.*, **40**, 187 (1992).

5) J. Massey, K. N. Power, I. Manners and M. A. Winnik：*J. Am. Chem. Soc.*, **120**, 9533 (1998).

6) a) T. Naota and H. Koori：*J. Am. Chem. Soc.*, **127**, 9324 (2005)
b) 直田健, 郡弘：特許第3813519号.

7) N. Komiya, T. Muraoka, M. Iida, M. Miyanaga, K. Takahashi and T. Naota：*J. Am. Chem. Soc.*, **133**, 16054 (2011).

8) 総説：
a) J. M. J. Paulusse and R. P. Sijbesma：*Angew. Chem. Int. Ed.*, **45**, 2334 (2006).
b) D. Bardelang：*Soft Matter*, **5**, 1969 (2009).
c) G. Cravotto and P. Cintas：*Chem. Soc. Rev.*, **38**, 2684 (2009).
d) J. W. Steed：*Chem. Commun.*, **47**, 1379 (2011).
e) X. D. Yu, L. M. Chen, M. M. Zhang and T. Yi：*Chem. Soc. Rev.*, **43**, 5346 (2014).
f) X. He, J. Fan and K. L. Wooley：*Chem. Asian J.*, **11**, 437 (2016).
g) C. D. Jones and J. W. Steed：*Chem. Soc. Rev.*, **45**, 6546 (2016).

9) M. Naito, H. Souda, H. Koori, N. Komiya and T. Naota：*Chem. Eur. J.*, **20**, 6991 (2014).

10) M. Naito, R. Inoue, M. Iida, Y. Kuwajima, S. Kawamorita, N. Komiya and T. Naota：*Chem. Eur. J.*, **21**, 12927 (2015).

11) R. Inoue, S. Kawamorita and T. Naota：*Chem. Eur. J.*, **22**, 5712 (2016).

応用編

第６章　その他の応答
第３節　癒着防止用インジェクタブルゲル

東京大学　伊藤大知

1　腹膜癒着とは

ヒトの腹部には多くの臓器が存在する。これらの臓器は、中皮細胞とその下の結合組織である中皮下層で形成される腹膜によって包まれている。腹膜で包まれた空間である腹腔は、上部は横隔膜を挟んで肺を含む胸腔と仕切られ、下部は骨盤中のダグラス窩まで広がる。腹膜は腹壁側だけでなく臓器側も覆っている。さらに腹膜を構成する中皮細胞は多数の柔らかな微絨毛をもち、臓器同士の摩擦を低減し、臓器のスムーズな蠕動運動を可能にしている。さらにヒトにおいて腹膜の面積は1.4～1.5 m^2 と非常に広く、腹腔と全身循環の間の物質移動は非常に速い。

この腹腔内において、外科的侵襲を加えた患部創傷部に加え、近傍に手術に伴う多くの創傷が発生する。創傷部に形成されたフィブリンクロットが糊の役目を果たし、腹膜の創傷面同士を接着させる。フィブリンクロットの溶解が遅い場合、フィブリンを足場として繊維芽細胞が浸潤してコラーゲンを分泌し、血管網の構築もなされた安定な膜状の癒着組織を形成して、本来であれば接着していない組織同士を接着した状態で固定してしまう。これを"術後腹膜癒着"と呼ぶ[1]。

癒着形成そのものは重篤な疾患ではないが、癒着により消化器がねじれた状態で固定されることにより引き起こされる腸の通過障害や、慢性的な骨盤痛の原因となる。またとくにがん治療などにおいて再発部位の２次手術を行う場合、癒着剥離のリスクや手間を著しく増大させる。婦人科領域においては、外科的侵襲により、癒着によって卵管がねじれた状態で固定化されて引き起こされる通過障害は、不妊症の原因となる。たとえば、Lowerら[2]によれば、婦人科手術における術後癒着の発生確率は60～90％、さらに癒着形成患者の15～20％が不妊症を発症すると報告されている。なお、癒着は術後癒着だけでなく、子宮内膜症等の婦人科疾患では外科手術なしに癒着を惹起しやすい。このため、女性の腰痛の原因の１位が癒着であると報告されている。さらに癒着を形成する組織は、腹膜に止まらない。心臓は心膜に包まれており、心膜と心筋が癒着する心膜癒着により心臓の動きが制限され心機能の低下につながり、あるいは心膜癒着の癒着剥離はリスクが大きい。

図１は、共同研究者の清水らとともに検討した実験結果[3]である。臨床における肝切除後の癒着をモデル化した、肝臓切除癒着モデルの結果であり、左葉と中葉を全切除する古典的なラット肝臓切除モデルを応用して開発した癒着動物モデルであり、離断肝容量が70％程度であるため我々は70％肝切除癒着モデルと呼んでいる。離断面は肝門部付近に形成され、消化器や横隔膜と広範囲に渡って非常に重篤な癒着を形成する。離断面癒着だけでなく、直接的に侵襲を加えていないようにみえる遠隔部にも *de novo* 癒着を形成し、今のところ、市販の癒着防止材を用いて癒着を防止することはまったくできない。共同研究者の清水らの報告にもあ

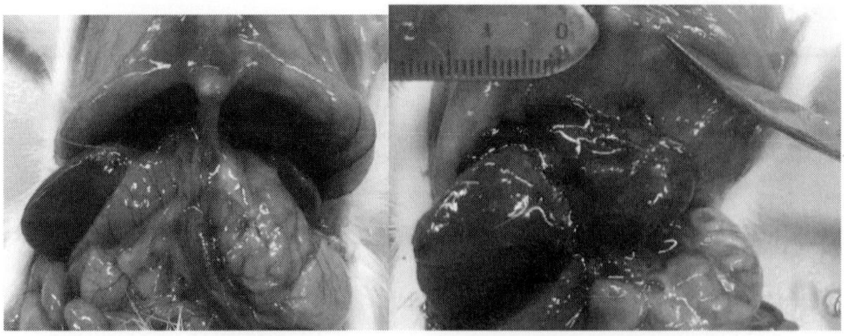

図1　腹膜癒着（ラット70% 肝臓切除腹膜癒着モデル）
（左）肝臓離断面と腸や胃が癒着している　（右）横隔膜と肝臓が癒着している

る通り、現行の癒着防止材の癒着防止性能は臨床医に期待を満足させるものではなく、実際に臨床における肝切除起因の術後癒着を防ぐことは依然として著しく困難である[4]。そして近年では、腹腔鏡を用いた低侵襲手術が増加しているが、市販の癒着防止材の操作性は医師を満足させるものではない。

一方で、癒着形成は、積極的に治療に用いられることもある。たとえば悪性胸膜中皮腫などにおいて、胸水制御と胸水貯留による症状の軽減を目的とし、タルク（含水珪酸マグネシウム）やOK432などを用いて胸膜癒着術[5]を行うことがある。癒着形成は、創傷治癒過程に伴って起こる現象であり、癒着組織そのものが悪性であるというわけではない。このために、将来の目指すべき理想としては、癒着が起こる頻度や場所などを、癒着ゼロ（完全防止）から意図的に計画した場所にのみ起こすことまで、自由自在に制御できることが期待されているともいえるが、理想にはまだまだ遠いといえる。

2　術後癒着の病理

外科的な侵襲部では、出血・炎症を伴い、これらの影響は腹腔内全域に及ぶ。術後おおよそ1週間かけて治癒は進む。止血のためにフィブリンが形成し、血液が凝固することで止血が起こるが、これは数分の現象である。外科手術においては、圧迫・凝固・結紮・止血材を駆使して、積極的に止血を行う必要がある。このフィブリンは組織再生の足場ともなるが、創傷部同士を糊のように接着して癒着組織の形成の場ともなるために、功罪相半ばする。やがて術後2～3日で炎症反応は沈静化の方向に向かい、中皮細胞層の回復が進行し、健常な状態に回復する。中皮細胞層の形成よりも、フィブリン中に浸潤した線維芽細胞によってコラーゲン分泌による癒着組織の形成が進むと、腹膜癒着となる[1]。

癒着形成のプロセスは、凝固・線溶、炎症・抗炎症、創傷治癒が密接に関連して進むため、そのプロセスは不明な点も多い。最近の研究の大きな進展としては、MMT（Mesothelial-to-mesenchymal transition）の概念が認められるようになってきたことが挙げられる[6]。上皮間葉転換（EMT：Epithelial-mesenchymal transition）はさまざまな疾患で鍵となる現象として研究が進んでいるが、長期間の腹膜透析による腹膜線維化の研究から、中皮細胞も上皮細胞のように間質細胞に転換することが報告され、EMT like な現象として認められたが、近年はMMTとして認知されてきたようであり、初出の2010年から2017年にわたってWeb of Scienceの検索により、MMTのキーワード検索で27

件のヒットがみられる。**図2**は、MMTの概念を既往の報告から引用した図である。癒着形成の鍵となる線維芽細胞は、炎症によって中皮細胞が間質細胞に形質転換して供給されることが認められつつあり、MMTをいかに制御するかがこれからの癒着防止の鍵の1つになるのではないかと思われる。

なおMMTが主要な線維芽細胞の供給元であるかどうかは、議論が集約されていない[7]。腹膜透析を長期間続けることで腹膜が線維化し、機能が失われることが臨床上で大きな問題であり、腹膜の線維化に関する研究は活発になされているが、系譜解析から中皮組織にある前駆細胞が基底膜を通過して線維芽細胞となることも報告されている。少なくとも基底膜下に形成される線維芽細胞プール[7]の細胞群は、血管内皮細胞がEndMTにより間質細胞に転換されることにより血管から供給される線維芽細胞

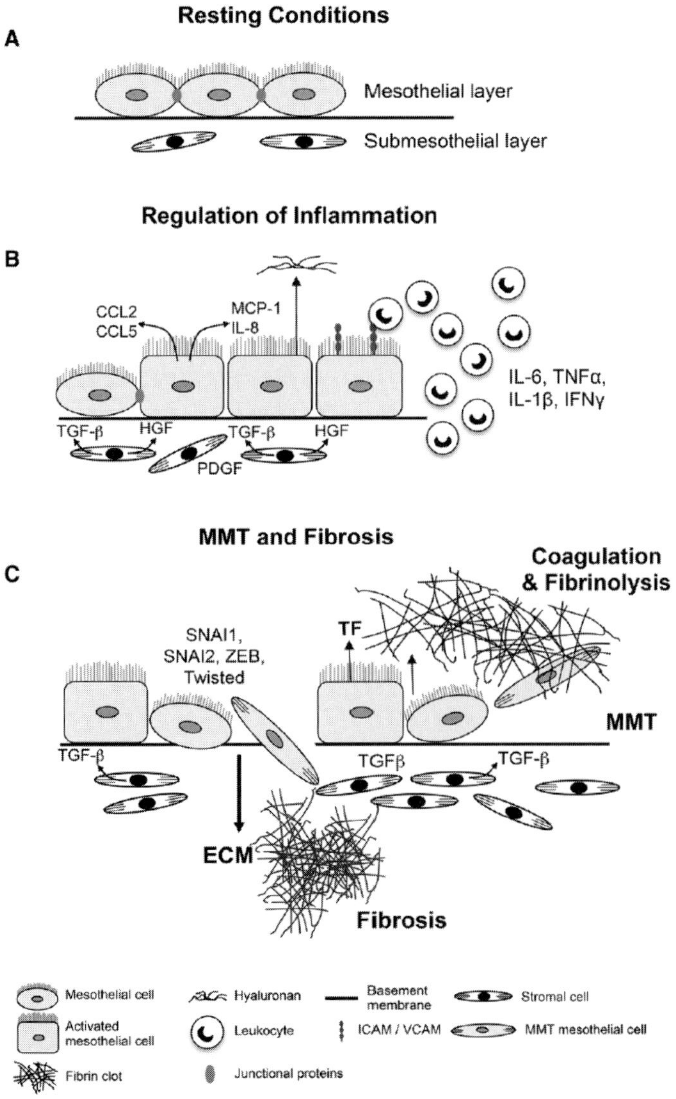

図2　MMTの概念[6)]
©2015 Mutsaers, Birnie, Lansley, Herrick, Lim and prêle.

や、血中からFibrocyteとして供給される細胞まで含めた、多様な細胞の集まりであるであることは共通の認識となっている。線溶や血管新生をターゲットにした癒着防止に加えて、ECM産生やMMTも癒着防止のターゲットプロセスであるが、これからの検討が待たれる。

一方で、癒着防止材は医療機器であり、医薬品ではない。その効果は物理的な効果である。すなわち線維化が進む組織同士を、材料がバリアになって接触を遮断することによって、癒着することを防止する。バリア効果が働いている間に、自然の治癒過程が進み、炎症が沈静化し、中皮細胞層が回復することを期待する材料である。積極的に細胞や組織に影響を与える訳ではないので、癒着のメカニズムの進展に合わせて、薬物と組み合わせたコンビネーションデバイスへの発展が期待される。

3 Injectableゲルと温度応答性高分子ゲル

2液混合シリンジやスプレーを用いて腹腔中に広範囲に散布するinjectableゲル材料（**図3**）は、腹腔鏡下手術で、ハンドリングがよく、癒着防止材として期待されている[8)9)]。ハイドロゲルのアプリケーターとしては、2液を混合するダブルシリンジ、あるいは2液を同時に吐出しながらガスをブローすることにより液滴を噴霧混合してゲル化させるスプレー式を用いる。ダブルシリンジの先端にはスタティックミキサーを装着することにより、混合促進を行う場合がある。これらのアプリケーターを用いて、止血材としてのフィブリン糊や、歯科材料の2液性ペーストがすでに臨床で用いられており、同様のアプリケーターが癒着防止材ゲルにも用いることが期待されている。

この分野で、2016年にテルモ社のアドスプレー[10)11)]が承認されて、大きな進歩があった。2液スプレー式の材料で、NHS活性化カルボキシメチルスターチを主剤とする材料である。スプレー式材料の国内承認は初めてであり、臨床において大きな期待が寄せられている。その他の材料は、筆者の2014年の日本語総説[12)13)]に詳しく述べたため、本稿では2015年以降の研究のみここでは報告する。

Hyeon-Ji Kimら[14)]　はpoloxamer/alginate/

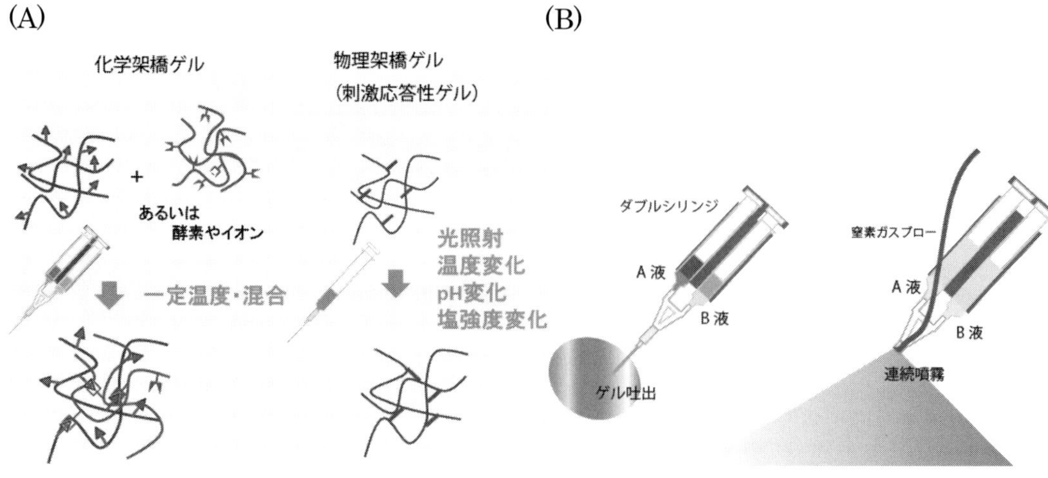

図3　Injectableゲル：(A)化学架橋ゲルと物理架橋ゲル　(B)ゲルの利用法
文献13)を改変引用。　**※口絵参照**

$CaCl_2$ mixture（PACM）と hyaluronic acid/carboxymethylcellulose（HA-CMC）溶液を、ラット子宮角摘出モデルに適用し、前者の方が癒着防止効果が優れていることを報告した。Se Heang Oh ら[15]は、Pluronic F127/F68/P123 混合物の癒着防止効果を検討した。このグループはアルギン酸カルシウムイオン架橋ゲルと Pluronic の混合物を検討してきたが、ゲルの溶出が早く、ゲルの分解速度をより遅い方に制御するため Pluronic の混合物の評価に着手している。PPO 部が PEO 部に比べて相対的に長く疎水的な P123 の添加量を増やしていくと、ゲルの分解速度は低下していく。さらにラット腹壁切除盲腸擦過モデルにおいて、P123 の添加量が一番多い F127/F68/P123 混合物がもっとも高い癒着防止効果を示している。最近、中国では医療用グレードのキトサンが使えるようになり、BaiFeiMi®（Beijing Bailikang Biochemistries Co. Ltd., Beijing, China）や Nachitin®（YantaiWanliMedical Equipment Co. Ltd., Shandong, China）といったキトサンをベースにした癒着防止材が上市された[16]と報告されている。Long-Xiang Lin ら[16]は、医療グレードのキトサン Chitogel® とゼラチンをカルボジイミドで架橋したゲルを作製し、ラット腹壁切除盲腸擦過モデルに材料を適用している。癒着の引張試験を行うことによって、癒着の接着強度を評価している研究は数少なく、この点が興味深い。Chih-Hao Chen ら[17]は、キトサンに温度応答性の poly（N-isopropylacrylamide）（PNIPAm）をグラフトし、さらにヒアルロン酸とコンジュゲイトした新たな温度応答性ポリマーを開発し、ラット腹壁切除盲腸擦過モデルに材料を適用した。NIPAM の腹腔内投与は困難もあると考えられ、基礎研究としては興味深いが、臨床の観点から実用化は難しいかもしれない。キシログルカンは温度応答性の多糖類として知られている。Ershuai Zhang ら[18]は、キシログルカンを β-galactosidase で処理することで、一部のガラクトースを修飾することで、相転移温度が体温付近にあるキシログルカン mXG を得た。ラット盲腸擦過腹壁切除モデルで癒着防止効果を得ている。Linjiang Song ら[19]は、N,Ocarboxymethyl chitosan（NOCC）と aldehyde hyaluronic acid（AHA）から成る2液性のゲルを開発し、ラット盲腸擦過腹壁切除モデルを2回繰り返すことでより重度の癒着が得られると予想されるダブルサージェリーモデル（repeated-injury adhesion model）で、材料の癒着防止効果を報告している。また腹腔液中の t-PA と PAI-1 の経時変化を測定し、PAI-1 レベルが3日後にピークを迎えていることを報告していることが興味深い。動物モデルの重症度と解析の丁寧な点から、既往研究からの進歩が認められる研究である。Sung Joon Shin ら[20]は、ウサギの posterior laminectomy（後部椎弓切除）に起因する癒着モデルを構築し、Pluronic（Poloxamer）ベースの癒着防止効果を投与して、その癒着防止効果を報告している。メチルエステル化率が高いペクチンはカルシウムイオンでゲル化することが知られているが、Sergey V Popov ら[21]は、ペクチンイオン架橋ゲルをラット盲腸擦過腹壁切除モデルに投与して、その癒着防止効果を報告している。Qinjie Wu ら[22]は、MPEG-PCL、また PEG-PCL-PEG ブロックコポリマーを合成し、デキサメタゾンを封入したミセルあるいはゲルを開発している。ラット盲腸擦過腹壁切除モデルのダブルサージェリーモデルにブロックコポリマーゲルを投与しても癒着防止効果がみられなかったため、MPEG-PCL、または PEG-PCL-PEG を用いてデキサメタゾンミセルあるいはデキサメタゾン担持ゲルを調製し投与したところ、ゲルの場合に高い癒着防止効果を得ている。Cheng-Yi Lin ら[23]は、ペクチンの主成分であるポリガラクツロン酸とヒアルロン酸から成る2液性のゲルを開発し、先述のウサギ[20]と同様のラットの椎弓切除による硬膜外(peridural fibrosis)癒着モデルに適用し、その癒着防止効果を、市販されているMedishield™ ゲル[24]と比較している。Spraygel[25]はPEGベースのインジェクタブルゲルであり、癒着防止材としてDasiran F ら[26]は、ラット腹壁切除・盲腸擦過モデルに、PPメッシュ、PPメッシュとSpray Gelの組み合わせ、そしてSepramesh[27]を適用し、その癒着防止効果を比較している。PPメッシュ＋Spray Gel、およびSepramesh が高い癒着防止効果を示している。ここでは切除面積に2×3 cmをとっており、他の報告では1×1 cmの切除面積のことも多いため、単回手術であるが、比較的侵襲度が高い癒着モデルになっていると思われる。Mari Matoba ら[28]は、PGAメッシュが腹膜癒着を起こすために、PGAメッシュにカルシウムイオン架橋アルギン酸を組み合わせることで癒着防止ができることを報告している。この際、アルギン酸の架橋度や投与量を変えることで詳細な検討を行っている。

4　まとめ

腹膜癒着の形成メカニズムと、これを防止するためのハイドロゲルについて、概略を述べた。癒着形成のメカニズムについては不明な点も多いが、着実に理解が進んでいる。

癒着防止は、医薬品でなく医療機器である癒着防止材が主流である。ゲル剤として、一連の検討のなかで、アドスプレーが臨床応用に至っているが、材料の癒着防止効果はまだまだ限定的である。たとえば、「本品の噴霧によって肝臓・膵臓などの実質臓器の切離面を被覆することについて、有効性と安全性は確認されていない」、「本品の噴霧によって腸吻合部縫合線上をラッピングすることは推奨しない」といった使用上の注意[11]がなされており、もっとも癒着が高頻度で起こる離断面癒着の安全性と有効性に関してはこれからも検討が必要である。

また多くの材料開発が、腹壁切除・盲腸擦過モデルを用いてなされている。しかし現在のゴールデンスタンダードの癒着防止材であるSeprafilm® の性能でも十分に癒着を防止できる動物モデルであるから、Seprafilm® の性能を超える材料の開発は難しい。その点で、repeated-injury adhesion modelが用いられるようになってきており、臨床のニーズに応えるためにも、今後の材料開発はより侵襲度の高い動物モデルを用いた材料開発が必要と考えられる。

文　献

1) Gere diZerega (編集)：Peritoneal Surgery, 2000版, Springer (1999).
2) A. M. Lower, R. J. S. Hawthorn, D. Clark, J. H. Boyd, A. R. Finlayson, A. D. Knight and A. M. Crowe：*Human Reproduction.*, **19** (8), 1877-1885 (2004).
3) Shimizu Atsushi, Suhara Takashi, Ito Taichi et al.：*Surgery Today*, **44** (2), 314-323 (2014).
4) Shimizu A, Hasegawa K, Masuda K, Omichi K, Miyata A and Kokudo N.：*Dig Surg.*, 35 (2), 95-103 (2018), doi:10.1159/000472883. Epub 2017 May 12.
5) 胸膜癒着術 https://www.haigan.gr.jp/guideline/2017/2/2/170202040100.html
6) Mutsaers Steven E., Bimie Kimberly, Lansley Sally et al.：*Frontiers in Pharmacology*, **6**, 113 (2015).
7) Liu Yu, Dong Zheng, Liu Hong et al.：*Peritoneal Dialysis International*, **35** (1), 14-25 (2015).
8) Yeo Yoon, Highley Christopher B., Bellas Evangelia, Ito Taichi, Marini Robert, Langer Robert and Kohane Daniel S.：*Biomaterials*, **27** (27), 4698-4705 (2006).
9) Ito Taichi, Yeo Yoon, Highley Christopher B., Bellas Evangelia, Benitez Carlos A. and Kohane Daniel S.：*Biomaterials*, **28** (6), 975-983 (2007).
10) Suto Takeshi, Watanabe Masahiko, Endo Takeshi et

al.：*Journal of Gastrointestinal Surgery*, **21**(10), 1683-1691(2017).
11）アドスプレー https://www.terumo.co.jp/pressrelease/detail/20160623/243 http://www.info.pmda.go.jp/ygo/pack/470034/22800BZX00234000_A_01_03/
12）伊藤大知：ゲルテクノロジーハンドブック，エヌ・ティー・エス(2014).
13）伊藤大知：ゲル化・増粘剤の使い方、選び方　事例集，情報技術協会(2018).
14）Kim Hyeon-Ji, Kang Hyun, Kim Mi-Kyung, et al.：*Journal of Laparoendoscopic & Advanced Surgical Techniques*, **28**(2), 134-139(2018).
15）Oh Se Heang, Kang Jun Goo and Lee Jin Ho：*Journal of Biomedical Materials Research Part B-Applied Biomaterials*, **106**(1), 172-182(2018).
16）Lin Long-Xiang, Luo Jing-Wan, Yuan Fang et al.：*Materials Science & Engineering C-Materials for Biological Applications*, **81**, 380-385(2017).
17）Chen Chih-Hao, Chen Shih-Hsien, Mao Shih-Hsuan et al.：*Carbohydrate Polymers*, **173**, 721-731(2017).
18）Zhang Ershuai, Li Junjie, Zhou Yuhang et al.：*Acta Biomaterialia*, **55**, 420-433(2017).
19）Song Linjiang, Li Ling, He Tao et al.：*Scientific Reports*, **6**, 37600(2016).
20）Shin Sung Joon, Lee Jae Hyup, So Jungwon et al.：*Journal of Materials Science-Materials in Medicine*, **27**(11), 162(2016).
21）Popov Sergey V., Popova Galina Yu, Nikitina Ida R. et al.：*Journal of Bioactive and Compatible Polymers*, **31**(5), 481-497(2016).
22）Wu Qinjie, Wang Ning, He Tao et al.：*Scientific Reports*, **5**, 13553(2015).
23）Lin Cheng-Yi, Peng Hsiu-Hui, Chen Mei-Hsiu et al.：*Journal of Materials Science-Materials in Medicine*, **26**(4), 168(2015).
24）MediShield™：http://www.fziomed.com/products/spine-surgery.cfm
25）Spray Gel: http://www.adhesionrelateddisorder.com/confluent-spray-gel-info.html
26）Dasiran F., Eryilmaz R., Isik A. et al.：*Bratislava Medical Journal-Bratislavske Lekarske Listy*, **116**(6), 379-382(2015).
27）Sepramesh：https://www.crbard.com/Davol/en-us/products/sepramesh-ip-composite
28）Matoba Mari, Hashimoto Ayumi, Tanzawa Ayumi et al.：*Biomed Research International*, 403413(2015).

第６章　その他の応答

第４節　モータータンパクを用いた分子ロボットの創製

北海道大学　西川 聖二/佐田 和己/角五 彰

1　はじめに

キネシンやダイニンに代表される生体分子モーターは、アデノシン三リン酸(ATP)の化学エネルギーを運動エネルギーに変換するタンパク質である。細胞内ではフィラメント状タンパク質である微小管への結合・解離を繰り返し、さらに動きの「方向性」と「プロセッシビティ」をもつことで、物質輸送や細胞運動といったさまざまな細胞活動に関与している。この生体分子モーターはナノサイズの駆動機械でありさらに100％に近い優れた運動効率を有することから、新たな運動素子として分子ロボットへの応用が期待されている[1]。

これら生体分子モーターの運動を生体外で観察する方法として、*In vitro* motility assayという手法が広く用いられている。この手法は生体分子モーターを固定した二次元基板表面に微小管とATPを添加すると、微小管が生体分子モーター上を並進運動する様子を顕微鏡下で観察できるというものである(**図1**)。この微小管の運動制御が可能になれば、微小分析チップや分離・輸送システムなどさまざまなマイクロデバイスへの応用が期待される。近年、Martinらは微小管表面が負に帯電する性質を利用した運動方向制御に成功している[2]。これは分岐路のある基板上で運動する微小管の運動方向に対し垂直な方向に電場を印加することで分岐路のどちらに微小管を進入させるかが制御できるというものである。

しかしこれまでに構築されてきたシステムでは、生体分子モーターの一次元並進運動といったもっとも単純な機能しか活用されていなかった。一方、実際の生体システムにおいては、生体分子モーターは高次元にわたって組織的な構造を組み上げられることで、ダイナミックな機能を発現している[3]。たとえば原形質流動は、サブミリメートルサイズの細胞内で、生体分子モーターの10倍以上の速度(～80 μm)で顆粒を一方向的に運ぶことができる[3]。骨格筋では生体分子モーターが配向構造を形成することで、方向性のある俊敏な収縮運動を引き起こしている[4]。このように高次にわたり組織化された構造をもつことで、個々の構成要素の総和とは明らかに異なる機能を発現することが可能と

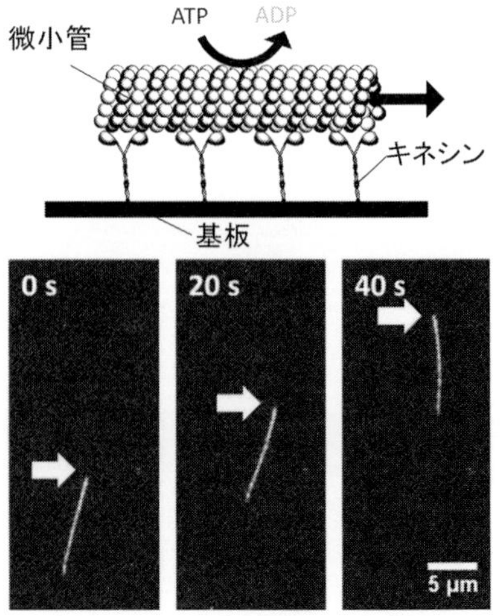

図１　キネシン基板上で並進運動を発現する微小管(*In vitro* motility assay)の模式図と並進運動する微小管の蛍光顕微鏡画像

なる。したがって生体分子モーターを集積させ、それらをさらに組織化させることができればATP駆動型分子ロボットとしての可能性が広がるだけでなく、生体の自己組織化原理を解明する研究基盤を構築できるものと期待される。

そこで次項からは生体分子モーターの集積技術およびATP駆動型分子ロボットの可能性についての知見を述べる。

2　生体分子モーターの能動的自己組織化

2.1　生体分子モーターの能動的自己組織化による集合体形成

生体システムはエネルギーや物質の出入りがある非平衡系で種々の構成要素が自発的に組み上げられることで複雑な構造が生み出され、構造形成の過程で内的・外的な要因の影響を受ける[5]。このような生体特有の自己組織化の特徴を模倣し、生体分子モーターであるキネシン/微小管系をエネルギー（ATP）供給下の非平衡状態において集積させる微小管能動的自己組織化システムがいくつも開発されている[6)–8)]。このシステムでは前項で述べた *In vitro* motility assay を基盤として、ランダムに運動する微小管間にさまざまな相互作用を導入することで自発的に多様な高次構造を形成させている。

微小管能動的自己組織化の一例として、ビオチン(Bt)を修飾した微小管がランダムに運動する系中にストレプトアビジン(St)を導入し、Bt-Stの特異的な相互作用をリンカーとして微小管同士を組織化させる方法がある。この方法では微小管濃度やBt/St比を変化させることで、バンドル状やリング状、ネットワーク状といった多様な微小管集合体を選択的に形成させることが可能である(**図 2**)。これらの微小管集合体はその構造を反映した運動モードを発現し、それらは並進運動、回転運動、アメーバ運動など多岐にわたる。ここで集合体の運動速度に注目すると、その速度はBt修飾微小管1本の運動速度と同程度である。運動速度は集合体内の極性と相関があることから、能動的自己組織化で形成された集合体は形成前の微小管と同じ極性を有していること、さらにこの集合体は単一極性であることが示唆される[9]。これは微小管の能動的自己組織化の過程で逆位相に運動する微小管同士の結合が除去されることによるものであると考えられる。

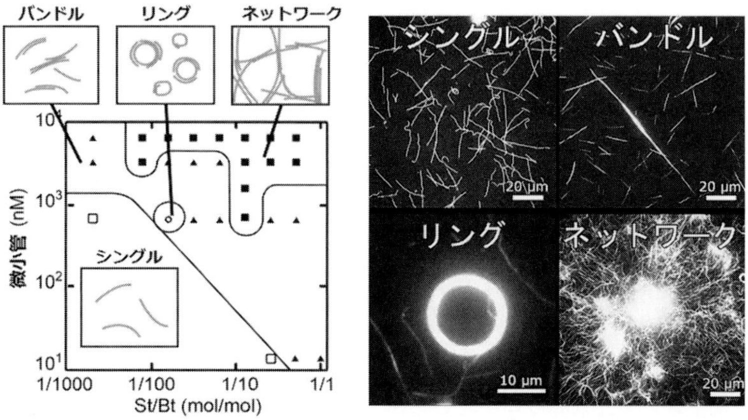

図 2　微小管能動的自己組織化により形成される多様な微小管集合体

2.2 微小管リング状集合体のサイズ分散と回転方向制御

リング状集合体に着目すると、そのサイズは直径1 μm～40 μmでの分散がみられる(**図3(a)**)[9]。またその運動速度はサイズに依存せず、直径1 μmのものでは約0.6 rpmの回転速度を示す。さらにリングの回転方向に関しては左回転(93 %, n = 222)：右回転(7 %, n = 16)と回転方向の分布に非対称性が生じる。これにも微小管の構造が大きく寄与していると考えられている。ここで微小管は、モノマーであるαチューブリンとβチューブリンからなるヘテロ二量体が重合して形成される直径25 nmの管状ポリマーである。ヘテロ二量体が線状に重合して形成される繊維(プロトフィラメント)が並行に束になった中空の管状構造を有している。このプロトフィラメント数によりらせんを巻く方向が定められている[10]。また、キネシンは微小管のプロトフィラメントを追従して運動することが知られている。これらのことから、リング状微小管集合体にみられる回転方向の優勢性はプロトフィラメント数を制御することで制御可能であると考えられる。

微小管の重合時間については、重合時間を30分とした場合は左巻きのらせん構造のプロトフィラメント数14本の微小管が、重合時間を24時間とした場合では右巻きのらせん構造をとるプロトフィラメント数15本の微小管が優先して形成される(図3(b))。

そこで微小管のらせん構造がリング状集合体の回転方向に及ぼす効果を検討した[11]。重合時間を30分として形成された微小管を用いた場合ではリング状微小管集合体の回転方向は左回転が優勢(左回転(70%)：右回転(30%))となり、重合時間を24時間として形成された微小管を用いた場合では右回転が優勢(左回転(10%)：右回転(90%))となった(図3(c))。このようにキネシン固定基板上における能動的自己組織化により形成されるリング状微小管集合体の回転方向は、微小管のらせん構造で制御することが可能である。

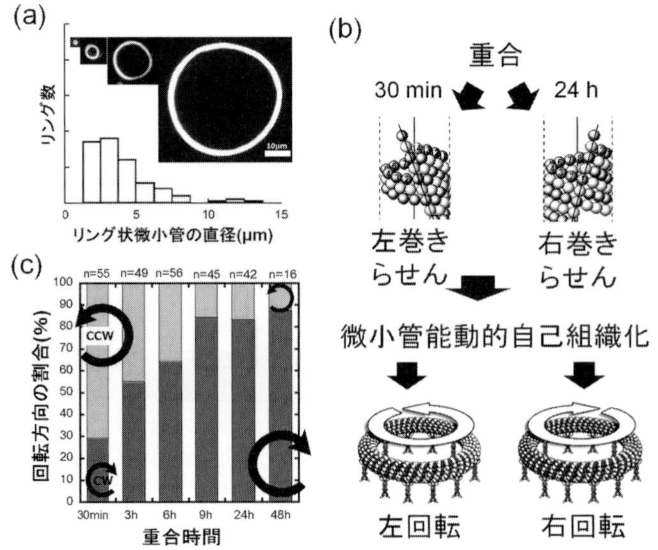

図3 (a)リング状微小管集合体のサイズ分散と(b)微小管のらせん構造とリング状微小管集合体の回転方向との関係、(c)微小管重合条件に依存した回転方向の割合の変化

2.3　生体分子モーターの長寿命化

前項までに生体分子モーターの能動的自己組織化により多様な構造と運動モードをもつ運動素子を構築する方法について述べた。しかしこれらの生体分子モーターの実用化に向けては、その耐用時間の短さが問題となっていた。生体分子モーターは熱変性や圧力などの物理的要因、分解酵素による生物学的要因、pH変化や酸化などの化学的要因によって損傷し、運動機能を失う。とくに高い酸化力をもつ活性酸素種は生体分子モーターの運動性を低下させるため深刻な問題となってきた[12]。活性酸素種が引き起こす生体分子モーターの運動活性低下は次式に示す酵素反応による酸素除去系を系内に導入することによっても軽減可能である。しかしこの酵素反応では酸化力の強い過酸化水素が生じるため、生体分子モーターの耐用時間は数時間程度である。

$$C_6H_{12}O_6 + O_2 \xrightarrow{\text{Glucose oxidase}} C_6H_{12}O_6 + H_2O_2$$

$$H_2O_2 \xrightarrow{\text{Catalase}} H_2O + 1/2O_2$$

そこで活性酸素種の元となる酸素を系内から除去する方法として、窒素雰囲気下で生体分子モーターを運動させるシステムであるInsert chamber system(ICS)を考案した(図4(a)(b))[13]。このシステムを用いることで、生体分子モーターの連続駆動時間は約100倍の1週間程度にまで延長することが可能である(図4(c))。さらにこのICSを用いて生体分子モーターの能動的自己組織化を行うことで、得られた微小管リング状集合体の回転寿命の飛躍的な延長が可能となっている[14]。このシステムにより生体分子モーターの運動素子としての可能性がさらに高まることが期待される。

2.4　自己組織化の時空間的制御によるサイズ分散の小さいリング状微小管集合体の形成

生体のシステムは、常に非平衡かつ非対称な環境に置かれており、そのなかで時間的・空間的に制御された構造秩序を有している。このとき空間的な制御もまた自己組織体の高次構造形成に不可欠である。

前述したようにリング状微小管集合体はBt/St相互作用を用いた能動的自己組織化によって形成される。しかし、この手法により形成されるリング状微小管集合体はリング形成の収率が低く、サイズ分散が大きいという問題がある。これに対し、Bt/St相互作用のかわりに気液界面を用いて能動的自己組織化を行うこと

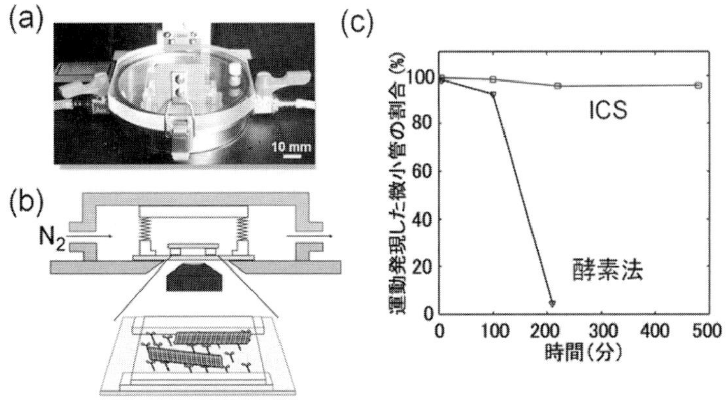

図4　Inert chamber system(ICS)の写真(a)とその内部構造の模式図(b)、ICSと従来の酵素反応を用いた条件での生体分子モーターの稼働時間の比較

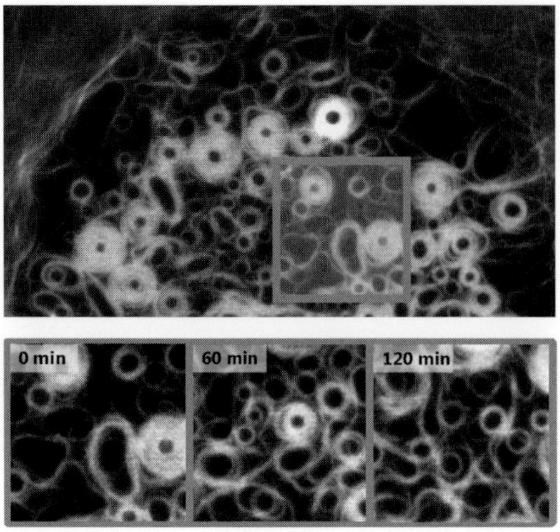

図5　気液界面下で形成されるリングサイズの分散性が低いリング状微小管重合体

で、高収率かつサイズ分散の小さいリング状微小管集合体の形成が可能となり(**図5**)[15]、さらに気液界面制御システムとICSを組み合わせることでリング状微小管集合体を可逆的に形成することが可能になった。

気液界面におけるリング状微小管集合体の形成機構は系の自由エネルギー的な安定性から説明される。微小管のリング形成における自由エネルギー変化はリング形成にともなうバルク自由エネルギー、表面エネルギー、リングの曲げ弾性変化、また並進運動時とリング形成時の対イオンの再分配にともなうクーロンエネルギー変化の総和として与えられる。したがってリング形成にともなう自由エネルギー変化は式(1)のように表すことができる。

$$\Delta G \approx -\alpha\rho + \frac{\beta}{\rho^{2/3}} + \kappa L\rho^{2/3} + \frac{3}{2}k_B T\left(\rho^{-2/3} + \rho^{2/3}\right) + \frac{e^2}{\varepsilon l_s \rho^{2/3}} + \frac{k_B T}{3\rho^{2/3}}\ln\rho \qquad (1)$$

α：有効結合エネルギー、β：有効表面エネルギー、ρ：微小管の密度、κ：微小管の剛性、L：contour length、ε：誘電率、l_s：bjerrum長

第1項、第2項はそれぞれのリングのバルクエネルギーと表面エネルギーを示し、第3項はリングの曲げ剛性エネルギー、第4項はコンフォメーションエネルギー、第5項はリング形成にともなうクーロンエネルギー、第6項は対イオンの並進運動エネルギーを示している。気液界面(誘電率～0)が微小管に作用すると、式(1)の第4項が増大し、表面エネルギーを低下させるように微小管はリングを形成する。また、このリングは成長・振動・崩壊・分裂の4種に分類されるダイナミックな形態変化を示すことが明らかとなっている(図5)[16]。これにより気液界面によって得られるサイズ分散の小さいリング状微小管集合体は、回転型運動素子のビルディングブロックとしての応用が期待される。

3　生体分子モーターを用いた集団運動

群を成す鳥や魚、集団で移動する細菌にみられるように、自然界にはさまざまな集団運動が存在する[17)-20)]。各個体が周囲の個体と短距離相互作用を起こすだけで全体が同調的に運動して集団を形成し、各個体の能力を超える機能を獲得する。近年ではこの集団行動の仕組みを応用した複数台のロボットにより作業を実現する集団行動ロボットに関心が高まっており、数多く研究がされている[21]。集団行動ロボットは、外部からの指令や自身の考えにより行動する従来の単独行動ロボットと比較して拡縮性や耐故障性、柔軟性に優れ、さらなる発展が期待される。

3.1　生体分子モーターを用いた集団運動の再現

集団運動を発現するために重要な要素である自走する単一な大きさの個体を再現する際にもこれまで述べてきた *In vitro* motility assayの手法が用いられている[20]。この手法に高分子であるメチルセルロース(MC)を添加することで、

微小管間に相互作用として枯渇効果の導入が可能になる。枯渇効果とは元々、非吸着性高分子溶液中のコロイド粒子間に実効的に引力(枯渇力)が働くことを示したものである[22]。溶液中の粒子間の距離がある値以下の場合、粒子間に高分子は存在しにくくなり枯渇し、それに伴って生じる浸透圧が粒子同士に弱い凝集、つまり枯渇凝集を引き起こす。MCは30 nm程度の大きさであり、20 μm程度の長さである微小管と比較して十分に小さく、微小管間には枯渇効果によって引力が生じると考えられる(**図6**)。MC存在下での *In vitro* motility assayでは、ランダムに運動する微小管には互いに接近した微小管同士が相互作用するSnugglingと、一方の微小管がもう一方の微小管を相互作用せずに飛び越えるClossing overの2種類の衝突モードが観察される(**図7**)。これらの衝突モードの割合はMC非存在下ではClossing overが優勢であり(Snuggling：～20 %、Clossing over：～80%)、基板の微小管密度による割合の変化はない(**図8**)。一方、MC存在下ではMC濃度の上昇に伴い、Snugglingの割合が上昇し、0.1 wt% MC存在下ではSnuggling～30 %、0.3 wt % MC存在下ではSnuggling～50%となり、MC濃度の上昇に伴いSnugglingの発生頻度が高まることが明らかとなっている。さらに微小管濃度を変化させ、微小管の配向度を示す下記のNematic order parameter S を算出することで集団運動を発現する条件についての検討も行った。

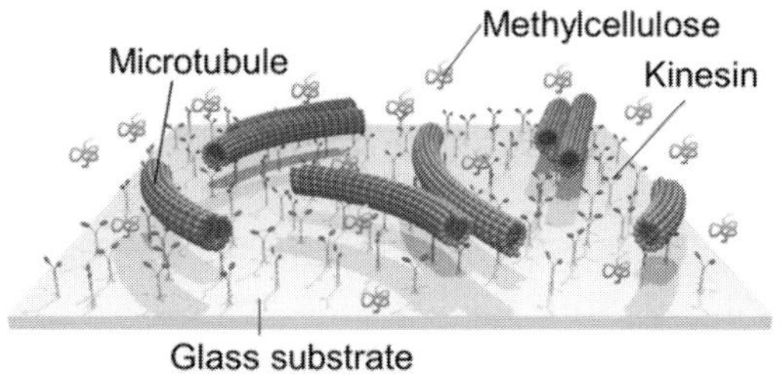

図6　メチルセルロース(MC)存在下での *In vitro* Motility Assayの模式図　※口絵参照

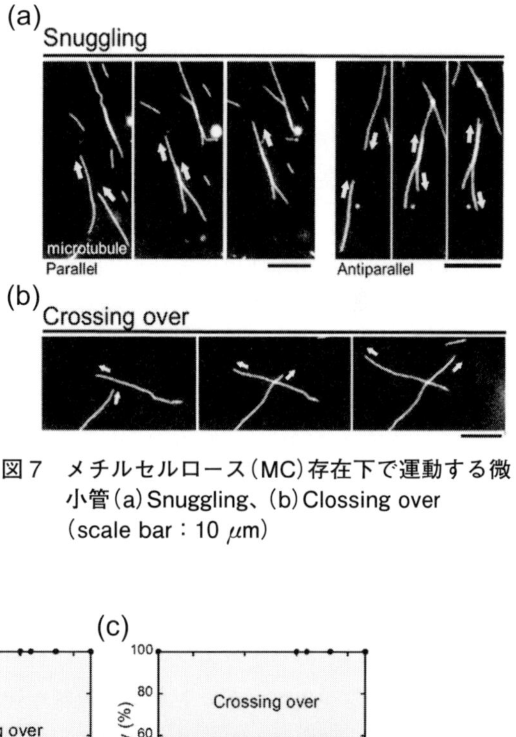

図7　メチルセルロース(MC)存在下で運動する微小管(a) Snuggling、(b) Clossing over (scale bar：10 μm)

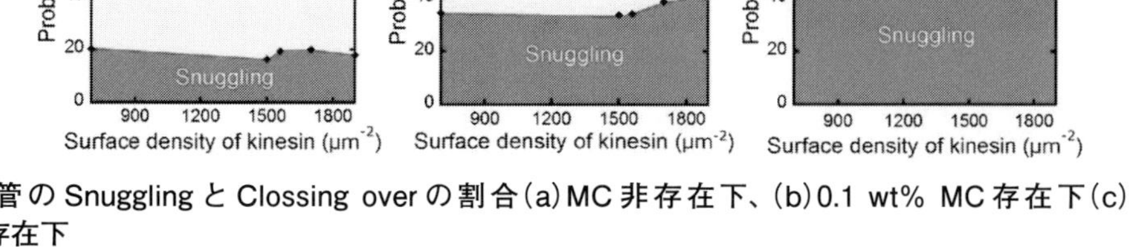

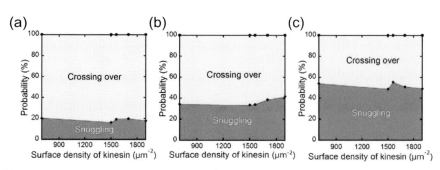

図8　微小管のSnugglingとClossing overの割合(a) MC非存在下、(b) 0.1 wt% MC存在下(c) 0.1 wt% MC存在下

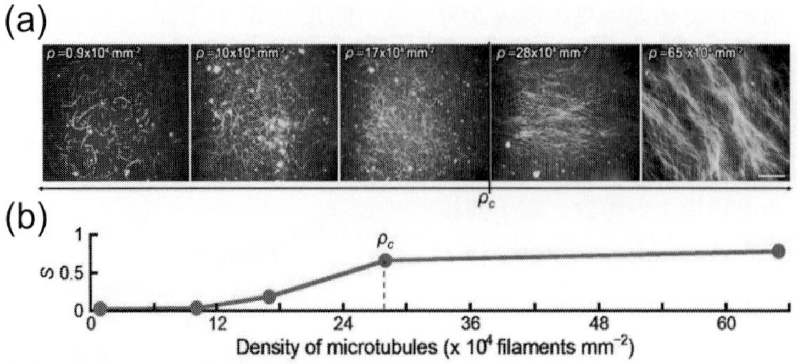

図 9　(a) 異なる濃度における微小管の蛍光画像（scale bar：50 μm）
(b) 微小管密度と算出した nematic order parameter S

$$S = \frac{1}{N_{MT}} + \sqrt{\left(\sum_{i=0}^{180} R_i \cos 2\theta_i\right)^2 + \left(\sum_{i=0}^{180} R_i \sin 2\theta_i\right)^2} \quad (2)$$

微小管濃度から算出した密度に対して S をプロットすると、高い値の配向度を示す微小管密度には臨界点（ρ_c）が存在し、それ以上の微小管密度において高い配向度を示すことが明らかとなった（**図 9**）。しかし配向度は 1 時間程で低下しはじめ、枯渇相互作用により形成される微小管集合体はその構造を 1 時間程しか維持できない可能性が示唆されている。微小管集合体の時間経過に伴う構造の評価を行うため、微小管結合タンパク質（MAPS）を加えることで微小管集合体の安定化も試みている。その結果、微小管集合体は 30 分ほどで形成され、その構造を 2 時間以上も集合体を維持することが明らかになっている（**図 10**）。

金属材料をはじめとする柔軟性に乏しい材料から構築される従来のロボットでは、複雑な運動を行うことには限界がある。これに対し群ロボットの構成要素となりうる生体分子モーターは柔軟かつナノメータースケールの極小な材料であるため、複雑な運動はもちろん、金属材料では不可能な生体環境に近い条件下において高効率な駆動が可能である。これらの生体分子

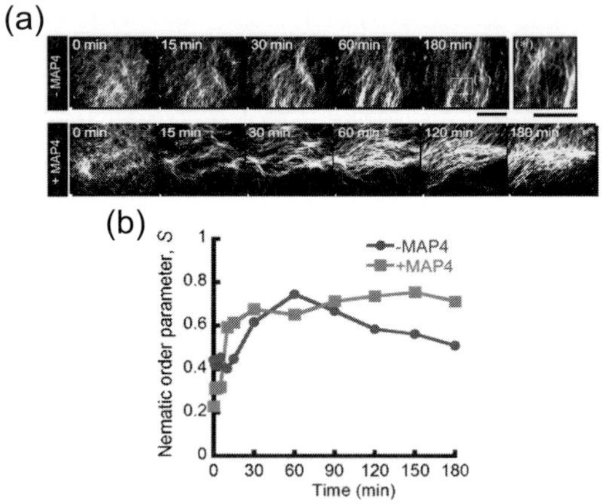

図 10　MAP4 存在下 / 非存在下における (a) 微小管集合体の蛍光画像と (b) nematic order parameter の時間変化

モーターの特性を活かすことで、バイオロボティクスをはじめとした次世代のロボット要素技術の創製が期待できる。

3.2　物理的制限が能動的自己組織化に及ぼす影響

近年の研究で幾何学的制約が細胞骨格の組織化や位置取りに影響を及ぼすことが明らかにされている[23]。そのほとんどは理論的あるいは分析的アプローチによるものであるが[23]、単離したミオシン/アクチン系やキネシン/微小管系を用いた実験的なアプローチによる検証も行われている。その結果、時空間的に制限のある条件下で微小管またはアクチンが自己組織化を起こすことがわかっている[24)25]。たとえばミオシ

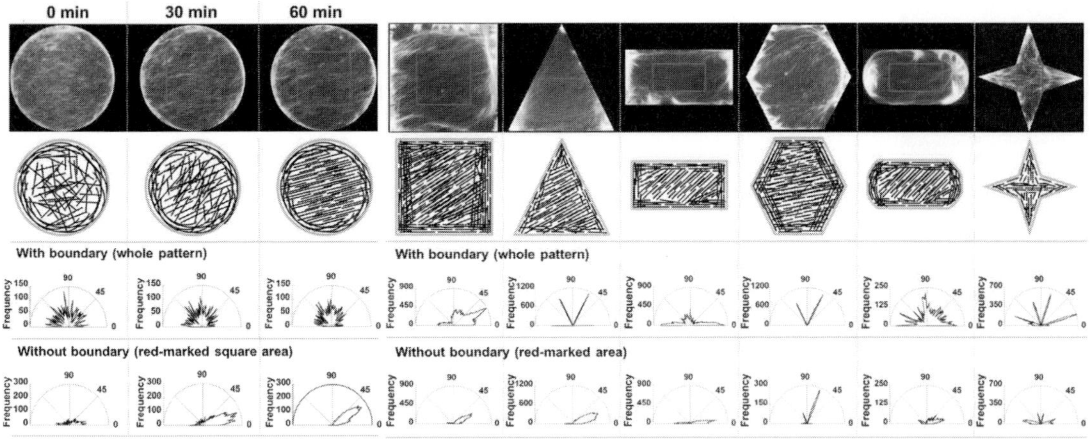

図11　7種類のパターニング基板内における微小管の配向性および自己組織化の観察結果
※口絵参照

ン、アクチンは20 μm以下の微小カプセル内で重合すると収縮環様のリングを形成し、このリングの収縮速度はカプセルの直径に比例する[24]。また微小管の空間的な制限についても、制限する際の形状やサイズの違いが自己組織化の形態に影響を及ぼすことが明らかになった[26]。空間的制限を行うために、フォトリソグラフィによってマイクロメーターオーダーでの7種類のパターニングを施した基板を作製した。この基板上で*In vitro* motility assayを行うと微小管はそれぞれの形状やサイズで異なる配向性を示し、さらに一部の微小管は自己組織化した(**図11**)。このようにキネシン/微小管系は環境に応答し自発的に組織化することが可能である。このような自律分散型の自己組織化は生体分子モーターのナノテクノロジー分野への応用を後押しするものである。

4　生体分子モーターがもたらすその他の特性

4.1　生体分子モーターが駆動する結晶材料への運動特性の付与

生体分子モーターを用いた物質輸送についてもこれまでに多くの研究がされており、ドラッグデリバリーシステムやマイクロデバイスへの応用が期待されている。物質輸送の一例として、Metal-organic frameworks(MOF)の輸送を挙げる[27]。MOFは金属イオンと有機配位子からなる規則的な三次元構造の結晶材料であり、ガス吸着能や触媒能を有するほか、事後修飾反応が容易なことで注目されている。このMOFにアジド基を導入し、クリック反応を用いた事後修飾反応によりBtを修飾する。Bt修飾微小管がキネシン固定基板上で並進運動する系にStと相互作用させたBt修飾MOFを導入することで、ATP添加後のMOFの運動が観察されている(**図12**)。この生体分子モーター系とのハイブリッド構築は合成化合物にきわめて簡便に運動機能を付与する方法のひとつであり、生体分子モーターをビルディングブロックとして用いる研究の新たな指針となることが期待される。

4.2　生体分子モーターが駆動するソフトマテリアル表面のセンシング

ソフトマターはその柔らかさゆえに表面の機械的変形を単純にセンシングすることが難しく、変形時の表面形状の探索はこれまでは困難な課題とされていた。しかし、多数のアクティ

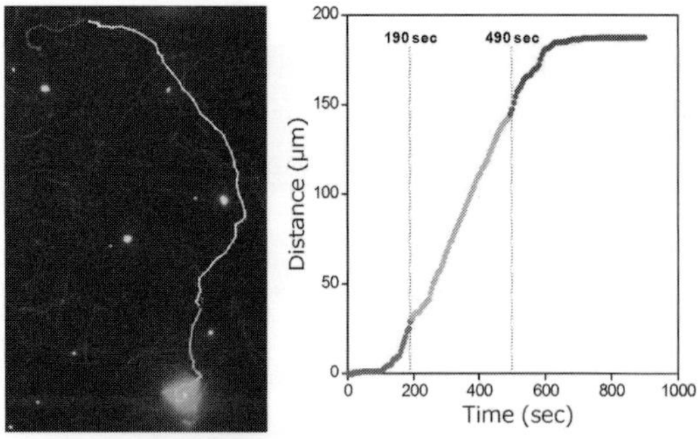

図 12　微小管の並進運動に伴う MOF の並進運動の軌跡と運動速度の推移　※口絵参照

ブプローブを用いた探索で、ソフトマターに対し高い空間分解能と収集速度を合わせもつ安定した表面のセンシングが実現できる可能性がある。キネシン / 微小管系に代表されるような自己推進型のマイクロモーターはそのアクティブプローブとして利用が期待される。*In vitro* motility assay において、推進する微小管の先端部が熱揺らぎの影響を受けながら次の生体分子モーターに結合することで持続する並進運動は、微小管先端部付近のサブマイクロメーター程度の局所的な環境を反映するためである。これは実際にソフトマターであるシリコーンゴムシート(ポリジメチルシロキサン)を基板として行った *In vitro* motility assay によって明らかとなっている(**図 13**)[28]。アッセイ中に基板であるキネシンが吸着しているシリコーンゴムを伸縮させると、その変化量に依存して推進する微小管の進行方向や速度に顕著な差異を生じさせる(図 13(a))。またこの結果をもとに、穴の空いたより複雑な基板を伸縮させた際の微小管の並進運動挙動をシミュレーションし、実際の実験結果と比較したところ、微小管は予測した方向と同一方向に配向していた(図 13(b))。これにより微小管がアクティブプローブとしてソフトマター表面をセンシングしていることがわかり、さらにキネシン / 微小管系に代表される

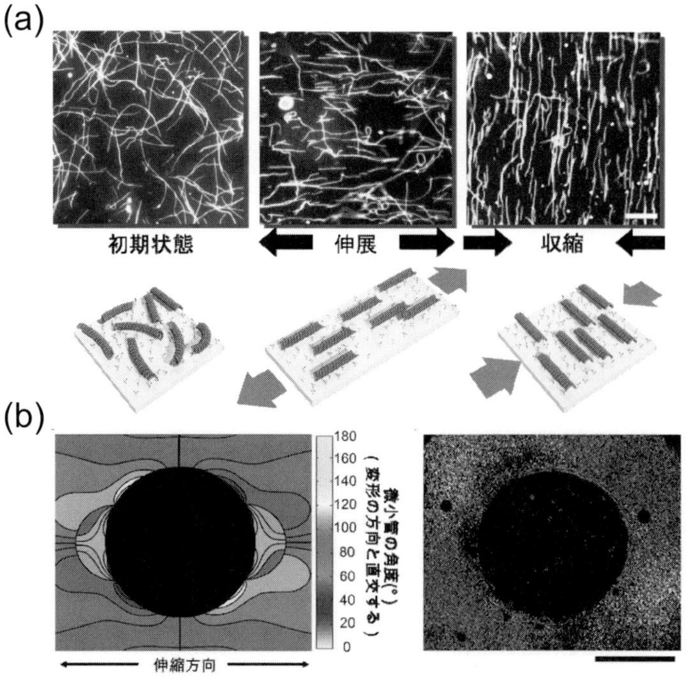

図 13　(a) シリコーンゴム基板の変形方向を示す微小管の顕微鏡写真とその模式図 (scale bar：10 μm)
(b) 中心に穴の空いた基板を伸縮させた条件における微小管の向きをシミュレーションした結果と実際に行った実験の結果 (scale bar：500 μm)　※口絵参照

ような自己推進型のマイクロモーターがソフトマター表面の機械的変形を特徴づけることができるというコンセプトが得られた。これは新たな表面センシング方法の構築に繋がると期待できる。

5　おわりに

生体分子モーターを利用した集合体はATPをエネルギー源としており、生体環境に近い条件で駆動される運動素子として期待される。今後も新たな自己組織化による集合体の形成に取り組み、発現した構造と機能との関係を解明することで生体における階層構造の役割やそこから生じる機能発現機構についても新たな知見を得る。そしてさらに物質やエネルギーの供給がある非平衡系の特徴を生かした自己修復型運動素子の創製を目指す。

文　献

1) D. V. Val and R. A. Milligan：*Science*, **288**, 5463 (2000).
2) Van den Heuvel, M. G. L. De Graaff and M. P. C. Dekker：*Science*, **69**, 2782 (2006).
3) B. Alberts, J. Lewis, M. Raff, P. Walter, K. Roberts, A. Johnson and K. Nakamura：Molecular Biology of the Cell 5E. Garland Science, pp.965-1052, New York (2008).
4) F. G Woodhouse and R. E. Goldstein：*Proc. Natl. Acad. Sci. U. S. A.*, **110**, 14132 (2013).
5) D. E. Ingber, L. Dike, L. Hansen, S. Karp, H. Liley, A. maniotis, H. McNamee, D. Mooney, G. Plopper, J. Sims and N. Wang：*Int. Rev. Cytol.*, **150**, 173 (1994).
6) H. Hess, J. Clemmens, C. Brunner, R. Doot, S. Luna, K. H. Ernst and V. Vogel：*Nano Lett.*, **5**, 629 (2005).
7) R. Kawamura, A. Kakugo, K. Shikinaka, Y. Osada and J. P. Gong：*Biomacromol.*, **9**, 2277 (2008).
8) Y. Tamura, R. Kawamura, K. Shikinaka, A. Kakugo, Y. Osada, J. P. Gong and H. Mayama：*Soft Matter*, **7**, 5654 (2011).
9) A. Kakugo, K. Shikinaka, N. Takekawa, S. Sugimoto, Y. Osada and J. P. Gong：*Biomacromol.*, **6**, 845 (2005).
10) S. Thitamadee, K. Tsuchihana and T. Hashimoto：*Nature*, **417**, 193 (2002).
11) A. Kakugo, A. M. R. Kabir, N. Hosoda, K. Shikinaka and J. P. Gong：*Biomacromol.*, **12**, 3394 (2011).
12) C. Brunner, K. H. Ernst, H. Hess and V. Vogel：*Nano-tech.*, **15**, 540 (2004).
13) A. M. R. Kabir, D. Inoue, A. Kakugo, A. Kamei and J. P. Gong：*Langmuir*, **27**, 13659 (2011).
14) A. M. R. Kabir, D. Inoue, A. Kakugo, K. Sada and J. P. Gong：*Poly. Jour.*, **44**, 607 (2012).
15) A. M. R. Kabir, S. Wada, D. Inoue, Y. Tamura, T. Kajihara, H. Mayama, K. Sada, A. Kakugo and J. P. Gong：*Soft Matter*, **8**, 10863 (2012).
16) M. Ito, A. M. R. Kabir, I. M. Sirajul, D. Inoue, S. Wada, K. Sada, A. Konagaya and A. Kakugo：*RSC Adv.*, **6**(73) 69149-69155(2016).
17) Vicsek T.；Zafeiris A：*Physics. Reports* 2012, **517**, 71-140(2012).
18) Chen X., Dong X., Beer A., Swinnery H. L. and Zhang H. P.：*Phys. rev. rett.*, 108, 148101(2012).
19) Wilson M. H. and Holzbeur E. L. F.：*J. cell sci.*, **125**, 4158-4169(2012).
20) Cui C., Yang X., Chuai M., Glazier J. A. and Weijier C. J.：*Dev. boil.*, **284**, 37-47(2005).
21) M. Rubenstein, A. Cornejo and R. Nagpal：*Science*, **345**, 795-799(2014).
22) Phillips R., Kondev J. and Theriot J.：Physical Biology of the Cell, 共立出版株式会社(2011)
23) M. Pinot, F. Chesnel, J.K. Kubiak, I. Arnal, F.J. Nedelec and Z. Gueroui：*Curr. Biol.*, **19**, 954-960 (2009).
24) M. Miyazaki, M. Chiba, H. Eguchi, T. Ohki and S. Ishiwata：*Nat. Cell Biol.*, **17**, 480-489(2015).
25) T. Sanchez, D. T. N. Chen, S. J. DeCamp, M. Heymann and Z. Dogic：*Nature*, **491**, 431-434 (2012).
26) I. M. Sirajul, K. Kuribayashi-Shigetomi, A. M. R. Kabir, D. Inoue, K. Sada and A. Kakugo：*Sens. Actuators, B*, **247**, 53-60(2017).
27) M. Ito, T. Ishiwata, S. Anan, K. Kokado, D. Inoue, A. M. R. Kabir, A. Kakugo and K. Sada：*ChemistrySelect*, **1**(16) 5358-5362(2016).
28) D. Inoue, T. Nitta, A. M. R. Kabir, K. Sada, J. P. Gong, A. Konagaya and A. Kakugo：*Nat. Commun.*, **7**, 12557(2016).

第6章　その他の応答

第5節　マイクロサイズの分子ロボット

東北大学　野村 M. 慎一郎

1　はじめに

本稿では、分子を単位とする環境で活躍する微小なロボット、とくに分子集合体で構成されるマイクロサイズのロボットについて述べる。ロボットとは、センサ(感覚装置)・プロセッサ(情報処理装置)・アクチュエータ(駆動装置)そしてそれらが実装されるボディ、という4つの要素が統合(システム化)された人工構造として定義されている。かつてIBMはすべての計算素子の性質は原子スケールにまで落とし込める、と豪語した。原子とまではいかなくてもこれら4要素をすべて分子のレベルにまで小型化し、統合制御できるものを分子ロボット、その実現を目指す科学工学分野を分子ロボティクスと呼んでいる。わが国では分子ロボティクス研究会が2008年に発足したが、現在では米Harvard大学のWYSS研究所でもWilliam Shihらが主要テーマとしてMolecular Roboticsを掲げ[1)]、またEUでもDNA roboticsという巨大プロジェクト[2)]が立ち上がっており、各地で世界最小のロボットの開発が競われている。システム化の要素技術となる分子センサ、分子プロセッサ、分子アクチュエータ、分子ボディなど個々の分子デバイスについて日進月歩で研究開発が行われている。ちょうど本書にて解説されている他の項目と関連づけて、何がどう使えるかなどと想像を働かせながらお読みいただければ幸いである。本稿では分子ロボットと呼べる/呼ばれる分子構造、とくに溶液中でのマイクロメートルサイズでの活躍が期待される最近の研究例について、その統合(システム化)度合いを軸として概観しよう。活躍の場となるマイクロメートルサイズの環境について注意すべきは、マクロなロボットが活躍する世界と支配的な物理法則が異なる点である。重力や慣性力が効かず、粘性と表面積/体積の大きさが支配的となる。ミクロブラウン運動を扱った「ミドルワールド」の著者マーク・ホウの言葉を借りると「その世界の物体は、ただただ、じっとしていられない」(三井恵津子訳)。溶液中での粒子のブラウン運動の大きさは、拡散係数の大きさとして下記のように表現される。

$$D = \frac{kT}{6\pi\mu(2r)}\ [\mathrm{m^2/s}]$$

これはアインシュタイン・ストークスの式と呼ばれ、Tは絶対温度、rは粒子の半径、μは溶媒の粘度、kはボルツマン定数である。そして、ある時間幅Δtにブラウン運動で移動する典型的な距離Δxは、拡散係数を用いて$\Delta x \sim \sqrt{\Delta t D}$ [m]と表される。Dの値を常温・水中で典型的なオーダーである10^{-9} [$\mathrm{m^2/s}$]とすると、粒子が10 cm動くのには100日以上かかるが、1 μm移動するには1 msあれば十分である。つまりマイクロメートルサイズの環境では分子を攪拌する必要はない。このランダムに熱運動するという状態が、分子にとっては安定な環境なのである。

2　DNA分子ロボット

分子は、マクロ世界のロボットとは異なり、機能と構造とが分離しておらず「かたち」そのものが機能する。そして分子がもつ情報、たとえばDNAでいえばATGCの塩基配列にしたがってその「かたち」が自己集合的に織り作られるDNAオリガミや、RNAアプタマー、リボザイムなどを用いた分子ロボットの開発が進んでいる。ここではまずそのようなDNAを用いた分子ロボットについてみていこう。複数種の機能性分子を混ぜ合わせた系との違いは、「分子の情報に基づき動作する、自動化された分子信号処理システムが働いていること」が挙げられる。分子の情報とはなんだろうか。これらの背景にあるのは、DNAコンピューティングと呼ばれる技術である[3)]。ATGC(アデニン・チミン・グアニン・シトシン、RNAならAUGC)の塩基配列の情報に基づく分子レベルの演算を可能にする。詳細は成書を参照されたい[4)]が、完全相補配列のDNAのペアを最安定状態として、系内のDNAの結合・解離状態を核酸塩基の結合安定性に基づき自由エネルギーとして記述することが可能であり、その反応経路を設計することが可能となっている。これによってそして1984年のNed Seemanの提案に端を発するDNAナノ構造の構築[5)]が近年飛躍的に発展し、2006年のP. RhosmundのDNAオリガミ[6)]など、塩基配列情報に基づくDNA構造ナノテクノロジーが発達した。この情報と構造とが不可分であるという特徴を生かしたものづくりが、DNA分子ロボティクスである。これまでに、特定の配列をもったDNAの足場の上を歩行する「DNA歩行者」[7)]など動的な分子システムが提案されている。こうしたナノスケールの

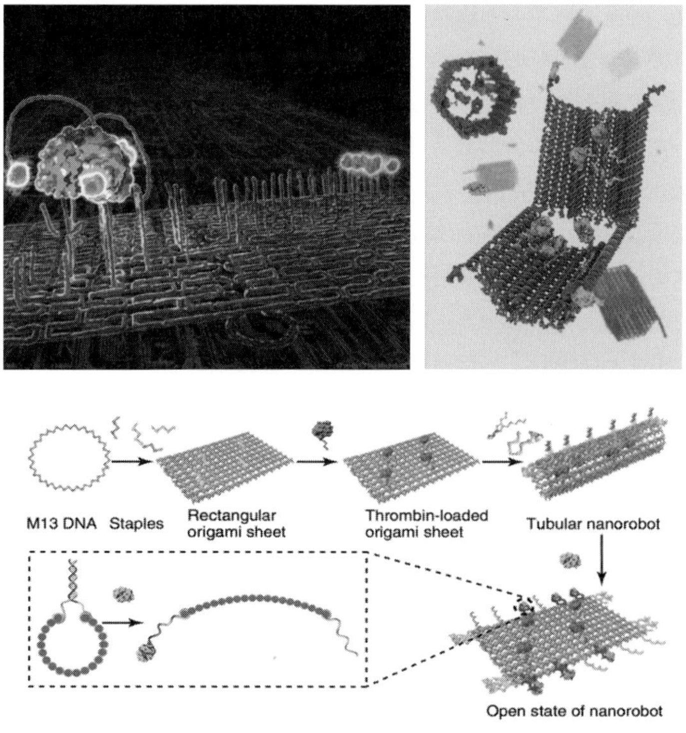

図1　DNA分子ロボットの例：左上：歩行するDNA分子ロボット、右上：AND論理回路で分子シグナルに応答して開いて内包した抗体を露出し、特定の細胞のマーキングをするDNAオリガミ分子ロボット、下：分子シグナルに応答して筒が開くことで内包したトロンビンを露出し、血液を凝固させてがん組織の増殖を抑える分子ロボット

分子ロボットの実用性に目を向けると「分子の標的は分子」ということになろう。DNA二重らせん構造はπ-πスタッキングとして安定化されるため、そこにドキソルビシン(DOX)など疎水性の高い抗がん剤を担持させることが可能である。DNAを細密に織ったDNAオリガミを担体として用い、がん細胞に取り込ませたりがん組織を縮小させるなどの研究例が多数報告されている[8)]。その一方で、分子スケールでは情報と構造とが等価であるという特性を利用した、より「ロボットらしい」研究に注目が集まっている。箱状の構造が特定のRNAトリガーによってDNAオリガミ製の箱が開いてがん細胞表面を認識する「分子船」[9)]、その改良版としてマウスの体内でがん組織につながる毛細血管で凝固を誘発して増殖を抑える攻撃型分子ロボット[10)]が報告されている。

これまで試験管内、緩衝溶液中での構造・機能安定性が評価されてきたDNAナノ構造であるが、細胞内での核酸複製能力を利用した100 mg規模でのDNAオリガミの大規模合成[11)]や、*In vivo*での利用に向けた挑戦例が続々と報告されてきている[12)]。DNA以外の生体高分子では、近年ポリペプチド～タンパク質の自在設計を実現する研究が発展しつつあり[13)]、近い将来天然の分子デバイスと同等以上の精緻なデザインが可能となることは想像に難くない。しかしながら、DNAが4種の塩基につき1塩基あたり水素結合2～3本のマッチングを考慮することで配列の安定性から折りたたみ構造が正確に予測できる一方で、タンパク質はモノマーユニットを天然20種のアミノ酸のみに絞ってもその配列で考慮すべき相互作用の数が莫大になる。アミノ酸配列を分子情報として読み書きし、利用するにはタンパク質から遺伝情報への逆アセンブルが必要となるが、現在のところ人間がコンピュータの手を借りて行うしか方法はない。しかしながら、構造としての短いペプチド単位は、HisタグやFlagタグをはじめ分子標識として実用化されており、またペプチド間相互作用を利用したウィルス様高次構造の構築も報告されている[14)]ことから、分子ロボティクスに適している。他の天然高分子として糖鎖が挙げられる。構造単位として魅力的であるものの、分岐、環化など多様性があり、単糖をモノマー単位とする分子配列情報の読み書きはタンパク質と同等かそれ以上に難しいだろう。

さまざまな分子デバイスの「いいとこどり」を狙ったハイブリッド型の分子ロボットも研究が進んでいる。角五らは、平面状に並んだタンパク質分子モーターであるキネシンによって滑り運動をさせられる微小管の「群れ」に注目し、その運動モードをDNA分子デバイスで制御することに成功した。ダイナミックに個別に滑り運動をしている微小管の群れに対して外部からUV/Visの光信号が入力されると、人工DNA塩基(アゾベンゼン)の光応答によって微小管同士が結合し、また解離を生じる[15)]。ロボットとしてみると、センサとして光信号および特定のDNA塩基配列に応答し、アクチュエータとしてキネシン分子、プロセッサとしてはDNAの鎖置換反応によるスイッチングが用いられている。ボディは個々の微小管とも、また系全体そのものとも考えられる。環境と個体の区別が曖昧になる点も分子ロボティクスの興味深い点である。

3　磁気ガイド型分子ロボット

前項で示したナノスケールの分子ロボットは「単一分子型」であり、はじめに述べた溶液中でのランダムな運動、つまりミクロブラウン運動に晒される。この状態から方向性をもった運動を取り出すことはできない。しかしながら、方向のみを外部からガイドできれば、ランダムな運動のなかでも一方向に動かせるのではないか、そして同時に運動を生じさせるエネルギーも外部から入力できるのではないか、というアイディアに基づいた、自動型の分子ロボットの研究が盛んに行われている。ガイドとして外部磁場を用いたマイクロマシンの例をみていこう。2011 年、森島らは生体適合性を考慮し、カーボンナノコイルを用いた磁気駆動マイクロロボットを報告している[16)]。コイル状のボディが回転することで進行する速度は 0.45 μm/s であった。より磁場応答のよい材料として、鳥取らが 2012 年に発表したコイル状マイクロマシンは、フォトレジストに蒸着されたニッケル/Ti 薄膜二重層から構成され、150 μm/s 以上の速度を実現している[17)]。2013 年、Schmidt らのグループは、磁気ナノチューブでウシの精子を捕捉し、その精子の推進力を利用して運動する方向を外部磁場によってガイドすることに成功した[18)]。この磁気ナノチューブは電子線蒸着した厚み 10 nm のチタン/鉄がフォトレジストから剥離するときに巻き上がる現象を用いて調製され、長軸長約 50 μm、直径 5～8 μm という構成である。精子をアクチュエータに用いる場合の速度は最大～100 μm/s である。さらに彼らはコイル状のマイクロモータを運動性の悪い精子に被せ、卵に導入する不妊治療法として発表した[19)]。この「SPERMBOT」を利用して、精子の DNA に抗がん剤 DOX を担持させて腫瘍組織へと運ばせることにも成功してい

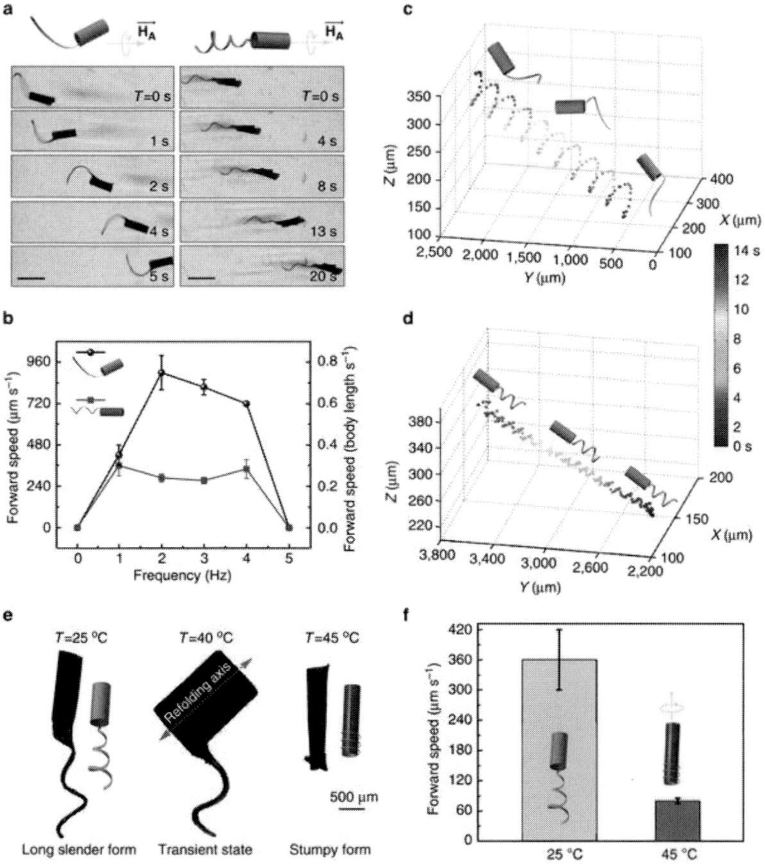

図２　刺激応答性ヒドロゲルの折りたたみによるマイクロスイマー。スケールバーは２ mm である

る[20]。このハイブリッド型マイクロロボットは約50 μm/sの速度で運動が可能である。

2016年、ネルソンらは、磁性ナノ粒子を織り込んだ刺激応答性ヒドロゲル（poly（ethylene glycol）diacrylate：PEGDAと*N*-isopropylacrylamide（NIPAAm）の重層構造）を用いて、マイクロスイマーを組み立てた[21]。興味深いことに、コイル状の鞭毛よりも平面状鞭毛の方が前進速度は3倍速く、約800 μm/sに達するという結果が得られている。

これらを分子ロボットという視点からみると、ボディは人工物＋天然物、アクチュエータは外部から操作する磁場というマクロなガイドに加えて天然鞭毛モータ、センサ部分は抗体や受容体を付与して利用できるものであり、得られる運動速度も非常に大きい。一方で、各分子デバイス間を分子信号でワイヤリング・処理するプロセッサ部分は装備されていないため顕微鏡観察と人為的操作、いわゆる「神の手」は必要となる。課題として、生体適合性、とくに使用後の処理方法と、三次元移動を行うためには対象の六方を囲む外部磁場を用意する必要があるという点、そして複数の磁気微粒子が同様の環境に置かれた場合、外部から同一の操作を受けてしまう点などが挙げられる。これらは対象を*ex vivo*（一旦生体外）で処理するという運用方法で解消されうる。マイクロ流体デバイスとの組み合わせによる機体選別と操作のルーチン化〜自動化へと研究が進展するものと期待される。

4　化学反応駆動型分子ロボット

外部からの制御を必要とせず、その場の化学種にのみ依存した化学反応や化学ポテンシャル差によって駆動するマイクロロボットの開発も進んでいる。自分の内部や界面に運動の仕掛けをもっている化学物質・物体をアクティブマター、自己推進粒子などと呼び、近年物理学・化学物理学の分野で非常にホットな研究対象となっている。江戸時代から知られる「しょうのう」船、新しくはヤヌス粒子など、その「仕掛け」は生体高分子の生化学反応に限定されない。高速で強力であることが特徴である。古くはCTAB溶液中のニトロベンゼン油滴（REF）や、BZ反応の酸化還元電位変化に応答して歩行するゲル（REF）、同様に振動的に構成〜破壊を繰り返す高分子ベシクル（REF）、金表面での酸化反応に応答してガス圧で推進するヤヌス粒子（REF）などが挙げられる。2015年にGaoらによって発表された例では、分子ミサイル[22]とでも呼ぶべきアスペクト比の大きな構造が、酸性溶液中で$Zn(s) + 2H^{+}(aq) \rightarrow Zn^{2+}(aq) + H_2(g)$の反応によって発生する水素ガスの反力を得て推進する。これらのマイクロ物体は、アクティブマターの名の通り「運動」という現象に注目して研究が進められている。ロボットとしてみると、センサ兼アクチュエータは化学環境に依存する自動応答であり、ワイヤリング/プロセッサは直結である。ボディの特性が外界と隔離している点が特徴的であるといえる。生物材料と異なる化学種を原料として利用することが多く、化学物質の生体適合性などが課題となるが、pHの低い環境にある胃で利用するなど、活動場所を厳選することで可能性は広がる。

5　人工細胞型分子ロボット

リポソーム、脂質二分子膜膜小胞（ベシクル）をパッケージ/ボディに用いた分子システムは、生体内や細胞を対象として用いるDDS用途では数百nm直径のものが多数報告されている。一方で、直径が数マイクロメートル以上のベシクルは、1990年代初頭あたりから人工細胞としての研究が盛んに行われてきている。膜タンパク質の再構成や、さまざまな生化学反応を導入して細胞モデルとしての特性を評価するなどの報告が数多くなされている。とくに、近年進歩の著しい無細胞タンパク質合成系を封入したベシクルは、遺伝子発現が可能であり、自己複製をはじめさまざまな生命現象の再現・検証に用いられるようになってきている。一方で、多重膜構造をとりやすい点、大量調製時の封入効率の低さ、そしてサイズ分布が大きいという課題があった。近年、w/oエマルジョンを作成して油水界面を通過させる手法が編み出され、これにマイクロ流路技術を適用することでこれらの弱点が克服されており、現在も進歩が続いている。

リポソーム自体を運動させる試みについて最近の研究をピックアップしよう。2010年には竹内らがクラミドモナスの鞭毛をビーズやリポソームに「移植」し、前進させる試みについて報告している[23]。

2017年に、佐藤らがリポソーム内のモータータンパク質をDNA分子回路によって変形をON/OFF制御するアメーバ型分子ロボットについて報告している[24]。これは、特定のDNA配列に応答して機械的な力伝達が行われる/外

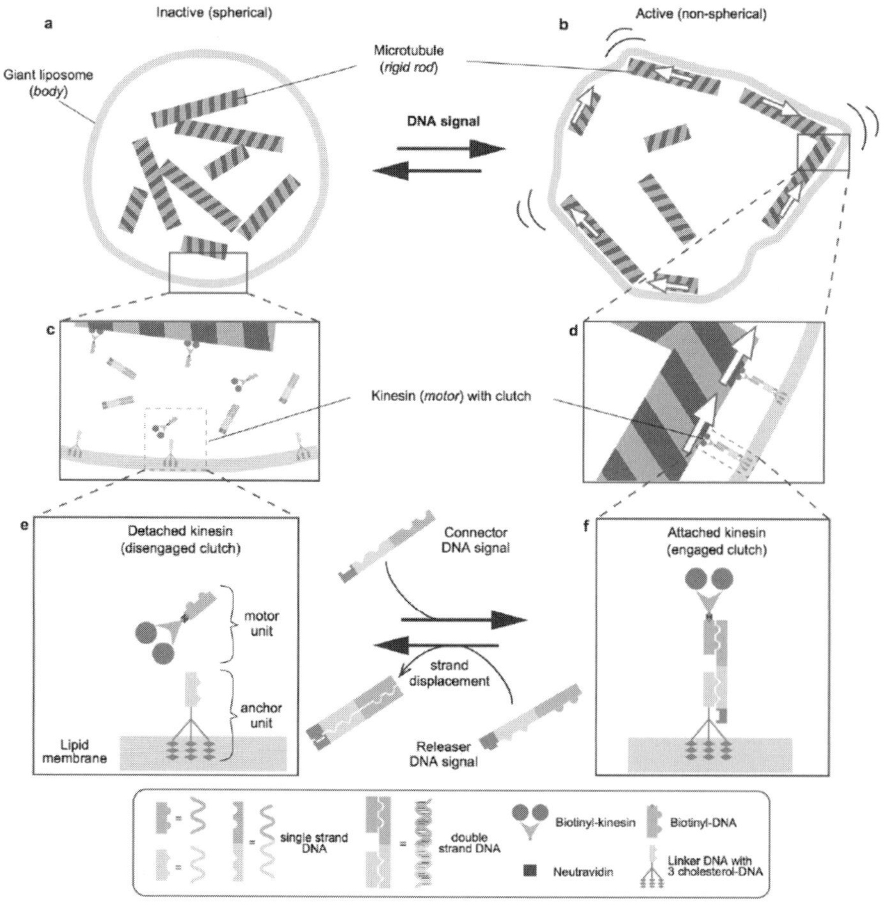

図3　SATOらによる人工アメーバ型分子ロボット[24]
©2017 American Association for the Advancement of Science

れるといういわば「分子クラッチ」を実現したもので、アメーバ状に変形運動を続けるモードから静止モード(球状)へ、またその逆へと切り替えることができる。運動は80分程度続き、光シグナルでDNA分子信号が解放されることによってクラッチがON/OFFされる。

このような細胞サイズのリポソームはしかし、割れやすいことから、より頑丈な骨格分子で補強する[25]という形の分子ロボット・ボディも報告されている。瀧ノ上、柳澤らはDNAで自己集合的な裏打ち網目状構造を作り、脂質二分子膜が破れるような浸透圧差においても形状を保持できるという特性を示したものである。安定性や形状の分子自動制御につながるものであろう。

リポソームは、その内部にて生命体が用いている遺伝子発現系を働かせて、人工細胞として用いることが可能である。遺伝子発現するリポソーム[26]、膜タンパク質を発現させてエネルギー供給を実現するリポソーム[27]、分裂に必要なタンパク質を発現し膜を変形させるリポソーム[28]、遺伝子の複製能を盛り込んだ「進化する液体コンパートメント」[29]等、近年急速に研究が進んでいる。今後、遺伝子発現から分子モーターを構築し、運動性を獲得し、制御する分子ロボットが現れる日も遠くないだろう。

2017年、リポソームを用いた応用に関して興味深い報告がなされた。インシュリンを内包した小リポソームを封じ込めた巨大リポソームが外部のグルコースを取り込み、酵素反応によって内部のpHを変化させ、それによって小リポソームが大リポソームの膜と融合してインシュリンを放出する、という多段階の機構に挑戦した例である[30]。

また、リポソームが通常は球状であるのに対し、ポリマーベシクルを用いて非対称性を導入することで、外界の化学物質濃度に対してある方向性をもつ運動(バイアスのかかったブラウン運動と呼べる)を示すモデルが提案されている[31]。これも薬剤送達モデルとして期待されている。

ロボットとしてみると、ボディは人工物、センサはDNAナノテクで、アクチュエータは天然改変タンパク質。ワイヤリング/プロセッサはDNAナノテクが安価で手軽だが、無細胞タンパク質発現による遺伝子発現調節によるネットワークも有効そうである。共通した課題はエネルギーの連続供給と不要分子の廃棄である。これはロボットに内臓するには難しい問題で、実現させたい機能とは別にエネルギー・物質の流れを導入することが必要となる。

6　合成生物型分子ロボット

人工構造が大半を占める分子ロボットであるが、天然の生物を改変するという路線も強力である。自己増殖する、という強力な特徴がある。大腸菌やバクテリア、さらには哺乳細胞の

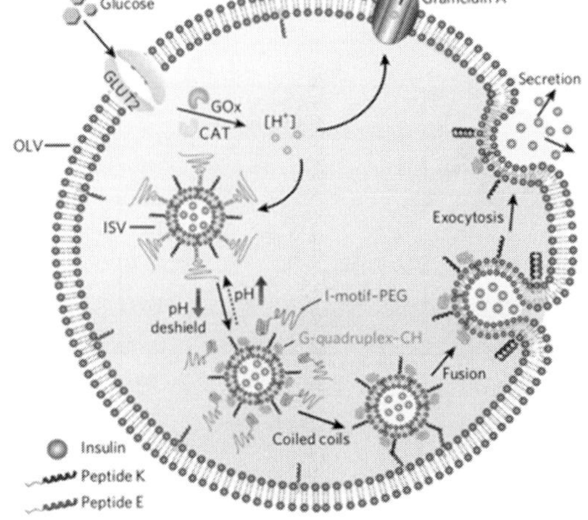

図4　Z. Chenらによるグルコース応答性インシュリン分泌ベシクル[30]

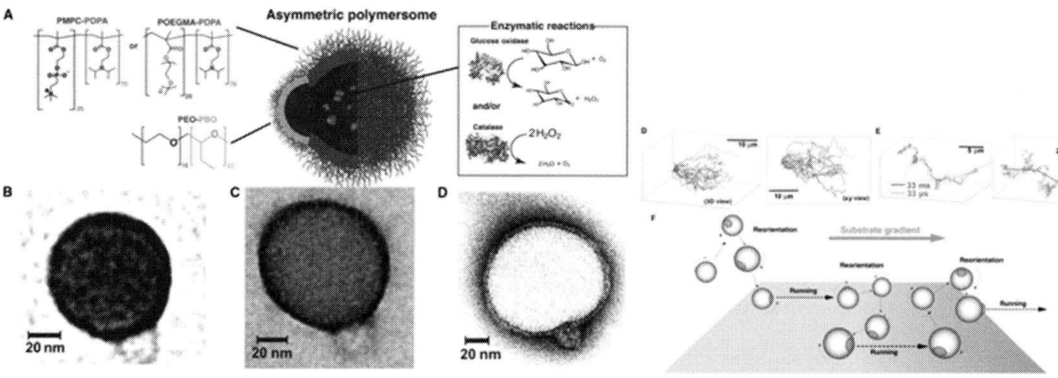

図5　Adrianらによる異方性ポリマーベシクルの走化性[32)]

遺伝情報を改造して、半合成分子ロボットとして利用するという研究が、合成生物学の一大テーマとして現在強力に進められている[32)]遺伝情報の総体であるゲノムの全合成もサイズの小さいものから実現されてきており[33)]、プログラマビリティも向上してきている。生物のマイクロ分子ロボットとしての可能性は生物の可能性そのものであるといっても過言ではない。詳細は本稿のスペースに余るため、合成生物学の成書を当たられたい。ロボット化した細胞が体内で活躍する、というイメージで、映画「ミクロの決死圏」に憧れる研究者の熱いトークにありがちなのだが、生物、バクテリアなら血中を自由に泳ぎ、遡れる、という誤解がある。気持ちはわかるが(アジモフが指摘するように)、血流に乗っていれば同じ場所に帰ってこられるのにわざわざ大エネルギーを消費して遡るという戦略は不利で、(白血球も壁に付着して流れに耐える程度)生き残れず、だまって増殖する方が生存には有利なのだろう。分子ロボットをデザインするうえで、場にあわせた思考の転換が有意義であろう。合成生物型分子ロボットの特徴としては、センサ、アクチュエータ、ボディはすべて主にタンパク質製、ワイヤリング/プロセッサはDNA→RNA→タンパク質という異種高分子3種混合セントラルドグマによる現場生産であり、ガス・イオン・電気・磁気・力学刺激その他諸々に応答するスーパーロボットである。

7　おわりに

以上簡単にマイクロサイズの分子ロボットの実例を述べた。外界からの刺激応答の先には、ワイヤリング/プロセッシングという部分に発展性が見込まれる。そしてプログラマビリティという部分が今後研究され、デバイスドライバそしてそれを統合するオペレーティングシステムの開発へと進むことだろう。生体内での分子ロボットの運用には安全面が重要となる。現状DNAを用いられることの多いコンピューティング分子である。分子ロボット側が用いる分子の情報に生体と互換性があるのか、まったく関与しない(直交している)のか、ほどよく関与するのか、が課題となる。多様であることが分子の特徴である。今後より小さく、応答が早く、安価で生体適合性も高いプログラミング分子が開発されることで、生体の分子情報と完全に直行した人工精密合成高分子を情報として用いる非DNA、非タンパク質分子ロボットも開発されるだろう。

そして、分子という言葉が精製された多数で同一な物、という意味をもつ一方で、ロボットという言葉からは作り込まれた少数の特別な存在という意味が読み取れる。これらの長所を兼ね備えるべく分子ロボットには、作り込まれた多数で同一な物、であることが求められている。今後、さらなる精緻化・高機能化、そして高収率化が進むことで、より知能化され、プログラム可能となった使いやすい分子ロボットが開発され、社会に進出していくものと期待できる。

文　献

1） https://wyss.harvard.edu/technologies/
2） https://dna-robotics.eu
3） Adleman, L. M.：*Science*, **266**(5187), 1021-1024 (1994).
4） 小宮ほか：DNA ナノエンジニアリング．近代科学社(2011)など．
5） N. C. Seeman：*J. Theor. Biol.*, **99**(2), 237-247 (1982).
6） Rothemund P. W.：*Nature*, **440**(7082), 297(1982).
7） William B. Sherman and Nadrian C. Seeman：*Nano Letters* **4**(7), 1203-1207(2004).
Yin, P., Yan, H., Daniell, X. G., Turberfield, A. J., and Reif, J. H.：*Angewandte Chemie International Edition*, **43**(37), 4906-4911(2004).
Jong-Shik Shin and Niles A. Pierce：*Journal of the American Chemical Society,* **126**(35), 10834-10835 (2004).
K. Lund et al：*Nature.* **465**, 206-210(2010).
8） Yong-Xing Zhao, Alan Shaw, Xianghvi Zeng, Erik Benson, Andreas M. Nyström and Björn Höqberg：ACS nano, 6(10), 8684-8691(2012).
Qian Zhang, Qiao Jiang, NaLi, Luru Dai, Qing Liu, Linlin Song, Jinye Wang, YagianLi, Jie Tian, Baoquan Ping and Yang Pu：ACS nano, 8(7), 6633-6643(2014)など．
9） Douglas, S. M., Bachelet, I. and Church, G. M.：*Science*, **335**(6070), 831-834(2012).
10） S. Li et al.：*Nat Biotechnol*, **1**，17(2018).
11） Praetorius, F., Kick, B., Behler, K. L., Honemann, M. N., Weuster-Botz, D. and Dietz, H：*Nature*, **552** (7683), 84(2017).
12） Okholm, A. H. and Kjems, J. The utility of DNA nanostructures for drug delivery in vivo(2017).
13） Huang, P. S., Boyken, S. E., and Baker, D.：*Nature*, **537**(7620), 320(2016).
14） Matsuura, K., Watanabe, K., Matsuzaki, T., Sakurai, K., & Kimizuka, N.：*Angewandte Chemie International Edition*, **49**(50), 9662-9665(2010).
15） Keya, J. J., Suzuki, R., Kabir, A. M. R., Inoue, D., Asanuma, H., Sada, K., ... and Kakugo, A.：*Nature communications*, **9**(1), 453(2018).
16） Matsumoto, T., Hoshino, T., Akiyama, Y. and Morishima, K.：*Nano/Micro Engineered and Molecular Systems(NEMS), 2011 IEEE International Conference*, 1089-1092, IEEE(2011).
17） Tottori, S., Zhang, L., Qiu, F., Krawczyk, K. K., Franco-Obregón, A. and Nelson, B. J.：*Advanced materials*, **24**(6), 811-816(2012).
18） Magdanz, V., Sanchez, S. and Schmidt, O. G.：*Advanced Materials*, **25**(45), 6581-6588(2013).
19） Medina-Sánchez, M., Schwarz, L., Meyer, A. K., Hebenstreit, F. and Schmidt, O. G.：*Nano letters*, **16** (1), 555-561(2015).
20） Xu, H., Medina-Sánchez, M., Magdanz, V., Schwarz, L., Hebenstreit, F. and Schmidt, O. G.：*ACS nano*, 12(1), 327-337(2018).
21） Huang, H. W., Sakar, M. S., Petruska, A. J., Pané, S. and Nelson, B. J.：*Nature communications*, **7**, 12263 (2016).
22） Gao, Wei et al.：*ACS nano* **9**(1), 117-123(2015).
23） Mori, Nobuhito, Kaori Kuribayashi, and Shoji Takeuchi：*Applied Physics Letters* 96(8), 083701 (2010).
24） Sato, Y., Hiratsuka, Y., Kawamata, I., Murata, S. and Shin-ichiro, M. N.：*Science Robotics*, **2**(4), eaal3735 (2017).
25） Chikako Kurokawa, Kei Fujiwara, Masamune Morita, Ibuki Kawamata, Yui Kawagishi, Atsushi Sakai, Yoshihiro Murayama, Shin-ichiro M. Nomura, Satoshi Murata, Masahiro Takinoue and Miho Yanagisawa：PNAS 114(28), 7228-7233 (2017). doi：10.1073/pnas.1702208114
26） Yu, W. E. I., Sato, K., Wakabayashi, M., Nakaishi, T., Ko-Mitamura, E. P., Shima, Y., ... and Yomo, T.：*Journal of bioscience and bioengineering*, **92**(6), 590-593(2001).
Nomura, S. I. M., Tsumoto, K., Hamada, T., Akiyoshi, K., Nakatani, Y. and Yoshikawa, K. *ChemBioChem*, **4**(11), 1172-1175(2003).
27） Noireaux, V. and Libchaber, A.：*Proceedings of the national academy of sciences of the United States of America*, **101**(51), 17669-17674(2004).

28) Furusato, T., Horie, F., Matsubayashi, H. T., Amikura, K., Kuruma, Y. and Ueda, T.：*ACS synthetic biology*, **7**(4), 953-961(2018).
29) Ichihashi, N., Usui, K., Kazuta, Y., Sunami, T., Matsuura, T. and Yomo, T.：*Nature communications*, **4**, 2494(2013).
Furubayashi, T. and Ichihashi, N.：*Life*, **8**(1), 3(2018).
30) Chen, Zhaowei et al.：*Nature chemical biology* 14(1), 86(2018).
31) Joseph, Adrian et al.：*Science advances* 3(8), e1700362(2017).
32) Andrianantoandro, E., Basu, S., Karig, D. K. and Weiss, R.：*Molecular systems biology*, **2**, 1(2006).
33) Boeke, J. D., Church, G., Hessel, A., Kelley, N. J., Arkin, A., Cai, Y., ... and Isaacs, F. J.：*Science*, **353**(6295), 126-127(2016).

応用編

第7章　製品化
第1節　非侵襲的細胞回収のための温度応答性細胞培養器材

株式会社セルシード　粕谷 有造

1　はじめに

温度応答性ポリマーの一種であるポリ-*N*-イソプロピルアクリルアミド(poly(*N*-isopropylacryl amide)：PIPAAm)は水中において、32℃の下限臨界溶解温度(lower critical solution temperature：LCST)をもち、LCSTより低温側では水和による溶解(膨潤)状態、高温側では脱水和による凝集状態となる(**図1**)。この温度に依存した水和/脱水和、膨潤/凝集状態が可逆的であることから、固体表面への導入による表面の親/疎水性制御や粒子化による体積変化制御が可能となり、また、生体環境に近いLCSTをもつことから、PIPAAmを用いたライフサイエンス分野でのマテリアル設計が精力的に行われている。たとえば、生理活性物質、タンパク質分離用担体や薬物送達用キャリア等で多くの成果が報告され、とくに有機溶媒を用いる従来型の分離技術は生体分子に対する高い侵襲性から適用が困難であり、水中での温度変化のみで分離特性が大きく変化する非侵襲的な分離方法論は非常にユニークである。近年ではタンパク質のみならず、細胞そのものを治療応用する製品開発が盛んに行われるようになり、非侵襲的な細胞操作がますます重要となっている。本稿では、温和な温度処理のみで非侵襲的に細胞あるいはシート状細胞を回収できる温度応答性細胞培養器材UpCell®、RepCell™を紹介する。

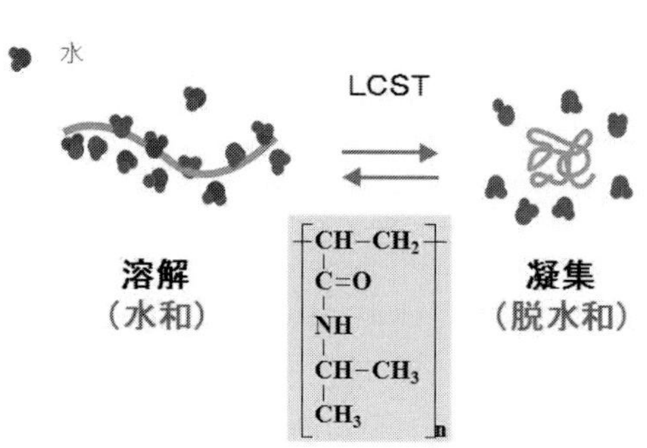

図1　PIPAAmの温度応答性挙動の概念図

2　温度応答性細胞培養器材 UpCell®、RepCell™

温度応答性細胞培養器材は、器材表面に温度応答性ポリマーであるPIPAAmをナノメートルオーダーの厚さで均一にグラフト化したものであり、東京女子医科大学の岡野らによって開発された[1)]。PIPAAmをグラフトした器材表面は培養が行われる37℃では疎水性(細胞接着性)に、室温付近まで冷却すると親水性(細胞非接着性)を示すため、その表面上で培養された細胞は非侵襲的に回収可能となる(**図2**)。

従来、細胞を剥離、回収する際にはトリプシン等のタンパク質分解酵素やEDTA等のキレート剤を使用する、あるいはラバーポリスマンを用いるため、細胞表面に存在する膜タンパク質の分解をはじめとした細胞の化学的、物理的損傷を伴う。したがって、温度処理のみで非侵襲的に細胞を回収できる培養器材は幅広い細胞研究や再生医療等細胞治療の有力なツールとなり得る。しかしながら、このような器材表面

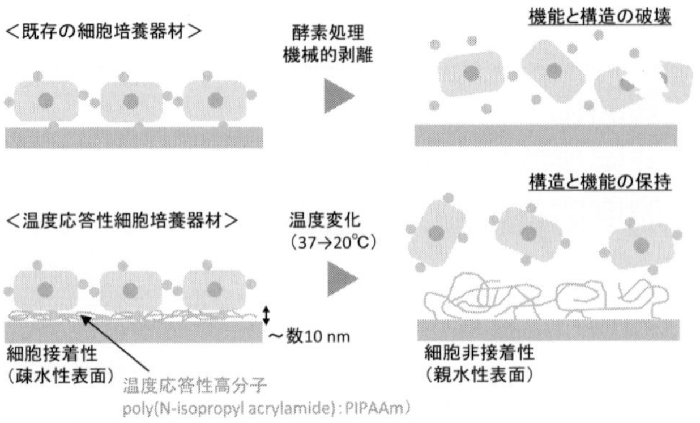

図2　温度応答性表面による細胞剥離の概念図　　※口絵参照

の細胞接着と脱離性能はPIPAAmの単純な化学的、物理的固定化では達成できず、その厚みをナノメートルオーダーで制御する必要がある[2)]。温度応答性細胞培養器材とはこのようなインテリジェントな表面を有する器材であり、グラフトされたPIPAAmは器材表面上で細胞を培養している間、分解や切断されることなく安定に存在している。

当社では、PIPAAmをナノメートルオーダーでグラフトする量産化のための条件を最適化し、UpCell®(アップセル)、RepCell™(レプセル)として販売している。両製品において細胞剥離性能に相違はないが、RepCell™は培養表面に細胞の進展を阻むグリッド・ウォール(加工溝)を格子状に3 mm間隔で配置しており、単一細胞あるいは小コロニー状態での細胞の回収を容易にしている(**図3**)。

UpCell®、RepCell™は上皮細胞、線維芽細胞、筋芽細胞、間葉系幹細胞、樹状細胞等の多岐にわたる細胞種での使用実績があり、また、コラーゲンやラミニン等の細胞外マトリックスを表面にあらかじめ被覆して使用することも可能である。UpCell®のラインナップとしてはΦ3.5、6、10 cmディッシュと6穴から96穴までのマルチウェルを、RepCell™はディッシュタイプを製品化している。原理上、プラスチック製の容器であれば現行のPIPAAmグラフト方法が適用できるため、形状やサイズによらない温度応答性培養表面が構築可能である。実際に、ユーザーからの要望により、サイズが大きいΦ15 cmディッシュや角型のディッシュを開発し、市販化に向けた準備を進めている。また、温度応答性培養器材の表面物性と細胞に対する接着性、剥離性が相関することを知見として得ており、細胞剥離性能をさらに高めた新しい温度応答性細胞培養器材に関しても市販化を進めている。**図4**は既存の細胞培養器材、温度応答性細胞培養器材UpCell®および高剥離型のUpCell®を用いた温度処理によるVero細胞の剥離の様子を示したものである。一般的なポリスチレン製の細胞培養器材では、20℃、60分の低温処理とピペッティングではまったくVero細胞は剥離しないが、温度応答性培養器材を用いた場合、20℃で15分静置することで

グリッド・ウォール

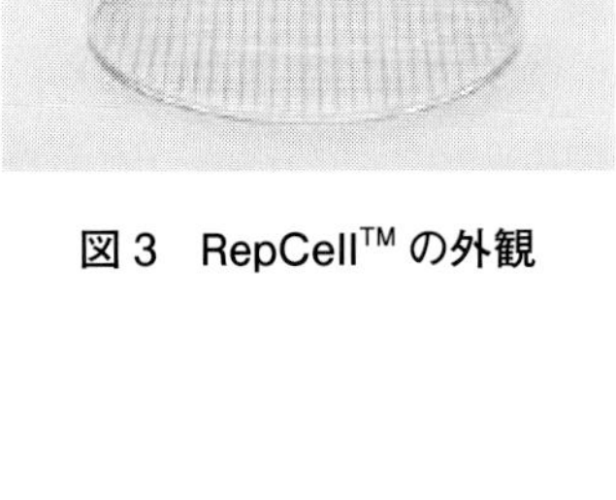

図3　RepCell™の外観

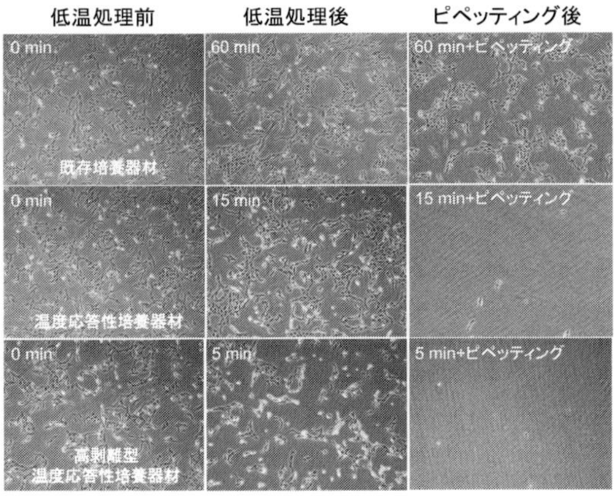

図4　温度応答性培養器材を用いたVero細胞の剥離　※口絵参照

ピペッティングにて容易にほぼすべての細胞が培養面から剥離可能である(図4、中段)。新たに開発した高剥離型の温度応答性培養器材では、Vero細胞の剥離に必要な低温処理時間がさらに5分に短縮できるとともに、接着性のより強い細胞種に対しても本技術が利用できることを確認しており、細胞種の適用範囲が広がることとなった。

3　温度応答性細胞培養器材を用いた非侵襲的な細胞の回収

ライフサイエンス分野の基礎、応用研究から工業利用、治療応用に至るまで"無傷"な細胞をいかに入手するかが鍵となっている。たとえば、目的とする細胞を1細胞レベルで解析、分離精製する際にはフローサイトメトリー法がよく用いられるが、細胞にストレスがかかることもあり、非侵襲性を担保するための技術開発が精力的に行われている。また、マイクロ流路チップ等の微細加工技術を用いた新しいタイプの非侵襲的な細胞分離法も考案され、血中に存在する極微量のがん細胞の回収も可能となっている。これらの技術はいずれも懸濁状態の細胞試料を対象としており、前処理が必要な場合もあるが浮遊培養細胞や血中細胞に関しては基本的に非侵襲で細胞試料が準備できることが多い。しかしながら接着性の細胞を取り扱う場合、前述のように培養器材からの剥離操作による化学的、物理的損傷が伴うため、分離・解析装置の非侵襲性とは別に装置に供するための細胞が"無傷"であることも求められる。このようにさまざまな技術革新によって装置そのものの高機能化が図られている一方で、基本的な細胞操作に関しては侵襲的な従来技術に頼っている。

他方、細胞の治療応用に関して、近年注目されているがん免疫療法において、樹状細胞やマクロファージ等種々の免疫細胞が使用されており、大量に効率的かつ非侵襲的に細胞を回収する技術が望まれている。高活性な成熟樹状細胞は種々の接着因子を発現しているため一般的な細胞培養器材からの回収効率は必ずしも高くなく、細胞の剥離操作で典型的に用いられているトリプシンの使用によって細胞表面に発現している膜タンパク質の分解も引き起こされる。この従来の酵素を用いた細胞回収法の代わりに当社の温度応答性細胞培養器材を用いて温度処理のみで成熟樹状細胞を回収したところ、生存率を保ったまま顕著に回収効率が向上した(**図5**)。

細胞の膜タンパク質の保持量をウェスタンブ

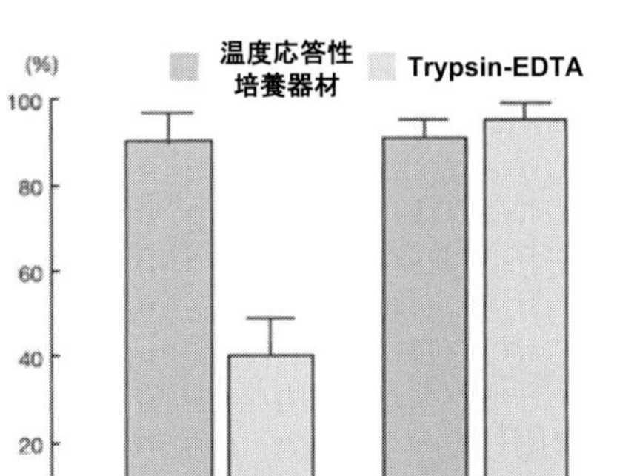

図5　成熟樹状細胞の回収率評価

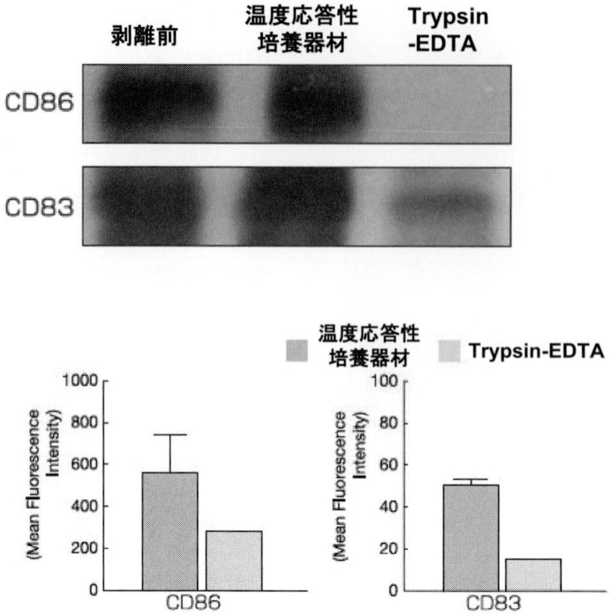

図6　ウェスタンブロッティングおよびフローサイトメトリーによる膜タンパク質の保持量評価

ロッティング法とフローサイトメトリー法で解析した結果、いずれの評価においても、温度応答性細胞培養器材で回収した細胞がトリプシン処理にて回収した細胞に対して高度に膜タンパク質(CD86、CD83)を保持していることも確認できた(**図6**)。

また、成熟樹状細胞の活性状態の指標としてサイトカイン(IL-12)の産出量を定量したところ、トリプシン処理によって回収した細胞と比較して、およそ2倍のIL-12産生能力を有していることが確認でき、膜タンパク質の保持量のみならず細胞機能も高度に維持されていることを裏付けている(**図7**)。

樹状細胞と同様に免疫系で重要な役割を果たすマクロファージも器材表面に対する接着力が強く、トリプシン処理やスクレーパーを用いた機械的剥離処理が一般的に行われている。温度応答性細胞培養器材を用いることで37℃から20℃への低温処理によって(30分静置)、樹状細胞と同様にピペッティングで容易に回収可能であり、90%以上と高い回収効率であった(**図8**)。

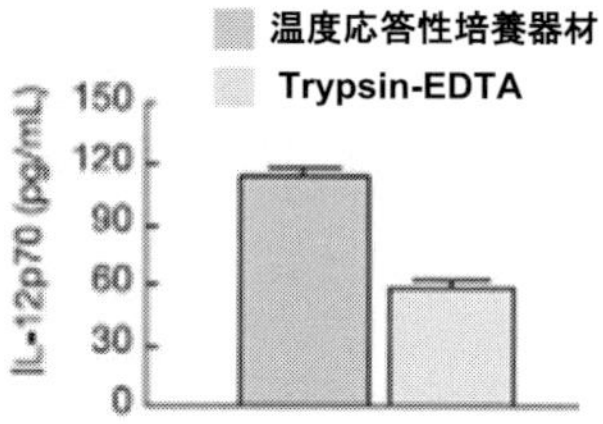

図7　成熟樹状細胞のIL-12産生量評価

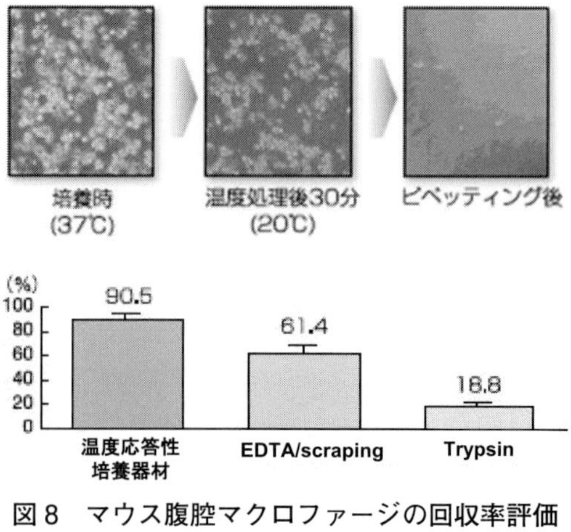

図8　マウス腹腔マクロファージの回収率評価

このように本技術を用いて構造や機能が保持された“無傷”の状態で回収した細胞は、幅広いライフサイエンス分野の学問領域で新たな知見を取得するための有益な研究対象となるだけでなく、本項で紹介したようにがん免疫療法等のさまざまな細胞治療においても高い治療効果をもたらす製品としての活用が期待できる。

4　温度応答性細胞培養器材を用いた細胞シート研究と再生医療製品の開発

細胞シート工学という組織工学の新たなコンセプトは生分解性高分子材料等から成る足場を利用しない組織構築法であり、温度応答性細胞培養表面を用いた非侵襲的なシート状細胞の回収に基づいている。温度応答性表面上でコンフルエントになるまで培養された細胞は、37℃の培養温度から室温付近(使用実績の多くは20℃)への低温処理のみでシート状に回収可能であり、組織本来の機能と構造が保持されている(**図9**)。したがって、得られた細胞シートは生体組織に対してきわめて良好な生着性を示すとともに細胞シート同士の積層による組織化が可能となり、足場材料を用いないこの技術は再生医療技術のさらなる応用展開のためのプラットフォームとして位置付けられる[3)-5)]。実際に、細胞シート工学を基に東京女子医科大学および関連大学において食道、角膜、心臓、軟骨、歯周、耳等のヒトへの臨床研究で実績が挙げられている。

当社では食道再生上皮シートと軟骨再生シートを再生医療製品の開発パイプラインとしている(**図10**)。食道粘膜組織の再生医療に関して、東京女子医科大学 岡野、大木らの臨床研究等の成果として[6)]、表在性食道癌の内視鏡的粘膜下層剥離術(ESD)後の患者に温度応答性細胞培養器材で作製した細胞シートを移植することで、創傷部の治癒促進や術後の食道狭窄予防効果が認められ、入院期間の短縮や予防的な拡張術を行う必要がなくなるなどの患者のQOLを

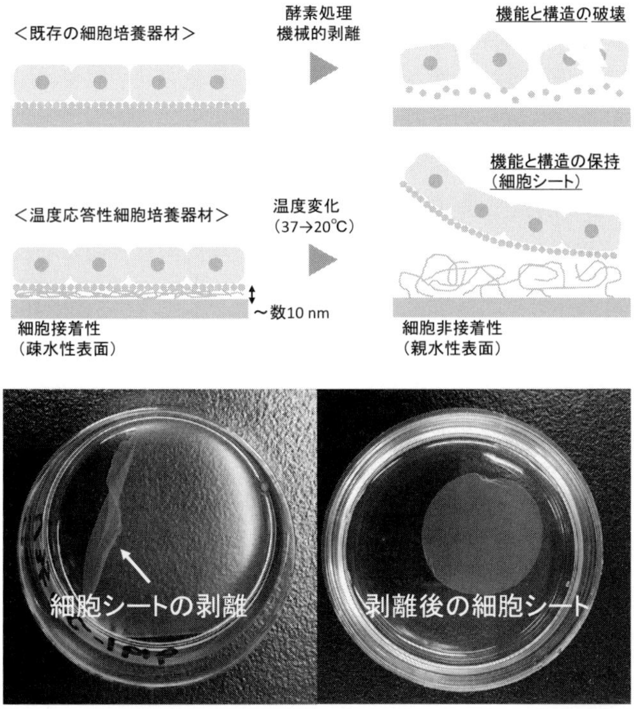

図9　温度応答性表面による細胞シートの回収　　※口絵参照

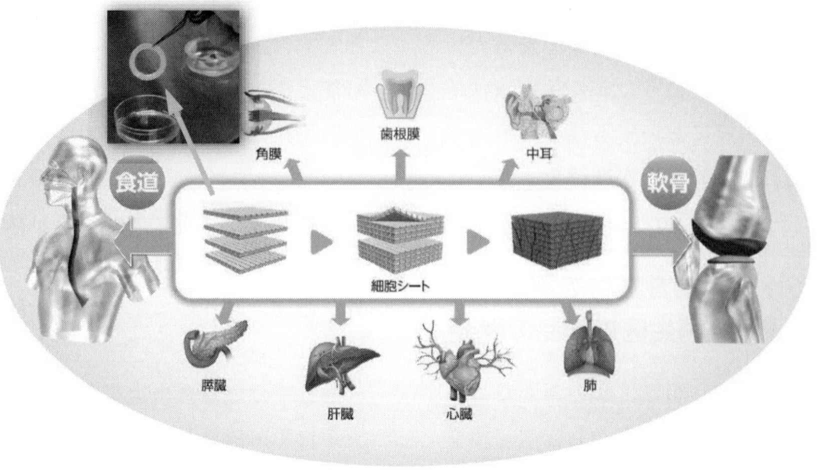

図 10　細胞シート工学に基づく治療開発パイプライン

高めることができる新しい治療としてその有用性が実証されている。東京女子医科大学と長崎大学、スウェーデンのカロリンスカ大学病院との共同臨床研究の実績を加えた全30例の成果を基に、現在、食道再生上皮シートの日本における承認取得のために国立がん研究センター等で企業治験を実施中である。2017年2月には厚生労働省の先駆け審査指定制度に採択され、本開発品目が薬事承認における優先的な取り扱い対象となっている。

膝関節の軟骨再生医療に関して、東海大学佐藤らはモデル動物にて細胞シート移植による軟骨組織の再生を実証し[7]、それらの結果を基にヒト幹細胞臨床研究を実施した。その成果として、変形性膝関節症の患者8例すべてにおいて軟骨組織の再生と臨床症状の改善が認められており、従来法では困難であった根治療法の可能性を示している。また、2017年2月には同種細胞シートの臨床研究が開始され、手術侵襲の低減や一定品質の細胞シートを安定的に十分量供給することが期待できる。本開発品に関しては治験に向けた準備を進めている。これらの開発品目はいずれも世界初の取り組みであり、温度応答性細胞培養器材を用いた日本発の本技術を世界に発信していきたい。

他方、損傷あるいは欠損したより複雑な構造や機能をもつ心臓や肝臓等の組織、臓器の再生に目を向けると、細胞成分に富む3次元組織構築技術が必須となる。当社では、東京女子医科大学で考案された積層化法[8]を基に、作業者の手技に依存せず簡便に細胞シートを積層するためのスタンプ型のデバイスも製品化している(**図 11**)。

ゼラチン等を塗布したデバイスを温度応答性細胞培養器材表面に形成した細胞シートの上に静置し、37℃から20℃付近まで温度を低下させる。細胞シートはデバイス表面にゼラチンを介して接着すると同時に、低温処理によって器材表面から脱離する。この細胞シートを接着回収したデバイスをさらに別の細胞シートが形成している温度応答性細胞培養器材に静置し、同様の温度処理を繰り返すことでデバイス表面に細胞シートが積層される。積層した細胞シートは一般的な細胞培養器材等への転写が温度処理のみで可能であり、作製した積層化細胞シートは均一な厚みと層構造を維持しているため、生

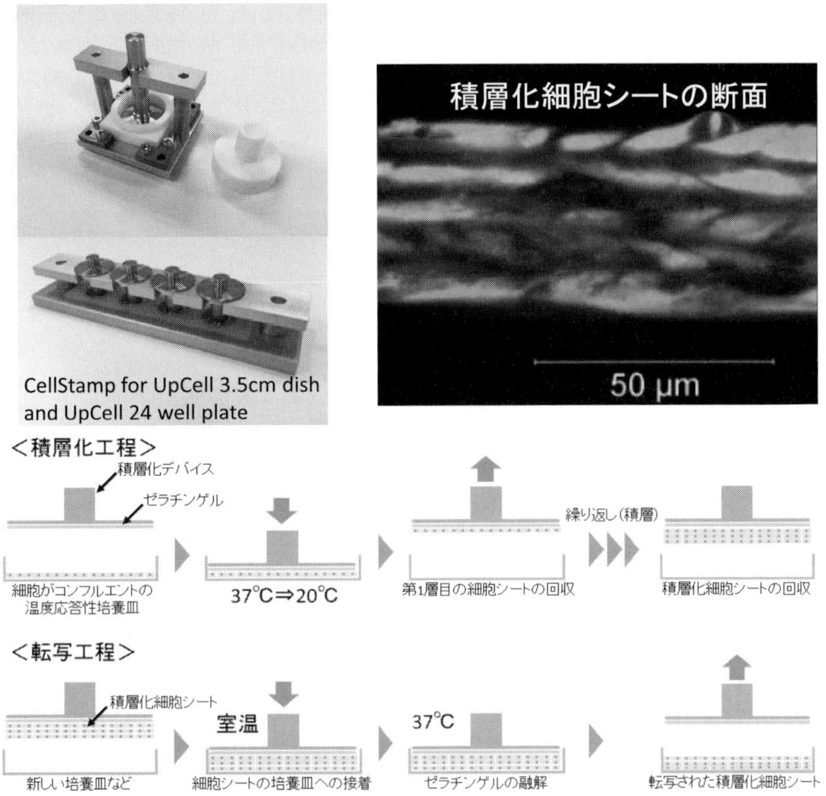

図11　細胞シート積層化デバイス（上左）、積層化方法（下）及び積層化細胞シートの断面図（上右）

体本来の組織構造を再現するための有力な手法となる。また、高濃度の細胞を1度に播種するという簡便な手法によっても3次元組織の作製が可能であり、ヒトiPS細胞からシート状の心臓組織を作製し、細胞レベルでは不可能であった病態モデルの構築に成功したという報告もなされており[9]、安全性薬理試験や創薬研究等への応用が期待できる。

細胞シートを単に積層化させるだけでなく、より生体に近い厚い組織を構築するために血管網を細胞シート内に付与するという新たな技術開発も精力的に行われている。生体由来の筋組織等[10]を血管床として備えたバイオリアクターを用い、血管床上で細胞シートの積層と血管新生を交互に繰り返すことで、10層以上の細胞シートからなる厚さ100 μmを超える3次元組織の作製に成功し、これまでにない複雑で高機能な人工組織、臓器の実現が期待される。

5　おわりに

当社は本稿で紹介した温度応答性細胞培養器材を基にした非侵襲的な細胞の回収技術によって、多様なニーズに応え幅広いライフサイエンス分野における研究開発の加速化や新たな知見の創出に貢献したいと考えている。また、日本発の細胞シート工学というシーズを再生医療製品として具現化し、1日でも早く患者に届けることをミッションとしている。現在、食道再生上皮細胞シートの臨床試験の成果を基に企業治験を実施し、日本での承認を得るべく準備を進めるとともに、2017年4月には台湾の

MetaTech 社との細胞シート再生医療事業(食道再生上皮シート、軟骨再生シート)に関する事業提携契約を締結し、台湾における本事業の開発・事業化も開始した。このように、温度応答性を基にしたユニークな細胞培養関連製品と再生医療製品という2つの事業領域で世界に先駆けた製品を開発していく。

文　献

1) N. Yamada, T. Okano, H. Sakai et al.：*Makromol. Chem. Rapid Commun.*, **11**, 571-576, (1990).
2) Y. Akiyama, A. Kikuchi, M. Yamato et al.：*Langmuir*, **20**, 5506-5511, (2004).
3) A. Kushida, M. Yamato, C. Konno et al.：*J. Biomed. Mater. Res.*, **51**, 216-223, (2000).
4) M. Harimoto, M. Yamato, M. Hirose et al.：*J. Biomed. Mater. Res.*, **62**, 464-470, (2002).
5) J. Yang, M. Yamato, C. Kohno et al.：*Biomaterials*, **26**, 6415-6422, (2005).
6) T. Ohki, M. Yamato, M. Ota et al.：*Gastroenterology*, **143**, 582-588 (2012).
7) S. Ito, M. Sato, M. Yamato et al.：*Biomaterials*, **33**, 5278-5286, (2012).
8) Y. Haraguchi, T. Shimizu, T. Sasagawa et al.：*Nat. Protoc.*, **7**, 850-858, (2012).
9) M. Kawatou, M. Hidetoshi, H. Fukushima et al.：*Nat. Commun.*, **8**, 1078, (2017).
10) H. Sekine, T. Shimizu, K. Sakaguchi et al.：*Nat. Commun.*, **4**, 1399, (2013).

応用編

第7章　製品化
第2節　温度に応答する熱可逆性ハイドロゲル (Mebiol Gel®)

メビオール株式会社　吉岡 浩

1　はじめに

メビオール㈱は温度に応答する熱可逆性ハイドロゲル材料(Mebiol Gel®、以下 MG)を 2001 年に製品化、上市した。MG の水溶液は寒天やゼラチンの水溶液とは逆の温度依存性を示し、10℃以下の低温で流動性のあるゾル状態、20℃以上の高温で弾性のあるゲル状態となる。この MG ゲルは、生体や細胞・組織に熱的な傷害を与えることのない低温領域で熱可逆的にゾル-ゲル転移する特性[1)-5)]から、生体の細胞や組織の培養[6)-15)34)36)]、移植[16)-20)]、輸送[21)]担体としての応用、創傷被覆材[22)30)]、癒着防止材[23)-24)]、塞栓剤[44)]、電気泳動担体[25)33)]としての応用、DDS 担体としての応用[26)-29)35)]、マイクロセルソーターへの応用[37)-42)]、3D バイオプリンターへの応用[43)]好中球機能評価[45)-48)]など、さまざまな用途での利用が提案されている。

2　Mebiol Gel®の熱可逆ゾル-ゲル転移

ある種の高分子水溶液は、低温で透明な均一水溶液が曇点以上の温度では白濁する。この曇点は下限臨界共溶温度(Lower Critical Solution Temperature：LCST)とも呼び、低温で 1 相の高分子水溶液が LCST 以上の温度で水相と高分子相の 2 相に巨視的な相分離を起こす現象である。これらの水溶性高分子は温度感応性高分子と呼ばれ、代表的な例としてポリ *N*-イソプロピルアクリルアミド(PNIPAAm)やポリプロピレンオキシド(PPO)がよく知られている。

PPO の水中 LCST はその重合度によって変わり、分子量増大に伴って LCST が低下する。一方、PNIPAAm ホモポリマーの水中 LCST は約 32℃であるが、疎水性モノマーとのランダム共重合で低下し、親水性モノマーとのランダム共重合で上昇する。これらの温度感応性高分子は LCST 以下の温度では親水性で水に溶解するが、LCST 以上の温度では疎水性となって水から析出する。すなわち、水中において LCST 以上の温度で疎水相互作用により分子間で会合する。

筆者らは PNIPAAm の LCST が親水性モノマーとのランダム共重合では上昇するのに対し、親水性ポリマーとのブロック共重合では LCST が保存されることを見出し[1)]、Mebiol Gel®(MG)を開発した。現在一般に市販している MG はポリ(*N*-イソプロピルアクリルアミド-コ-ブチルメタクリレート)(PNIPAAm-co-BMA)ブロックとポリエチレンオキシド(PEO)ブロックが結合した高分子である。低温では MG 分子全体が親水性で、水溶液は流動性のあるゾル状態であるが、転移点の高温側では MG 分子内の温度感応性高分子ブロックが疎水性に転移し、疎水相互作用に基づく分子間架橋を生成する。一方、親水性高分子ブロックがこの分子間会合を適度に抑制して、系全体が巨視的な相分離に至ることを防止するので、安定で透明なハイドロゲルが形成される(**図 1**)。

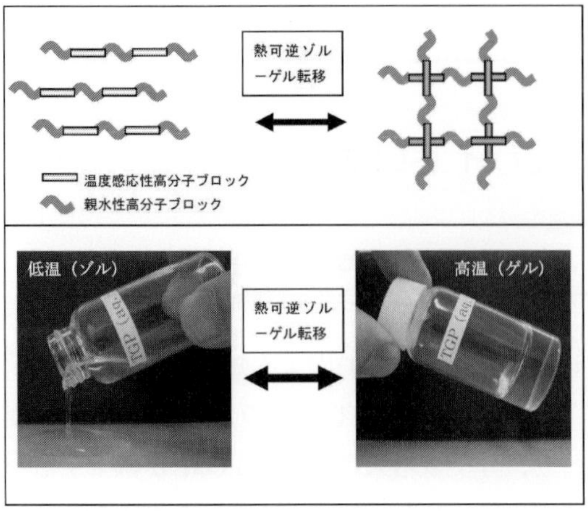

図1　MG ゲルの熱可逆ゾル-ゲル転移

2.1　動的粘弾性挙動

図2には、振動数1 Hzで観測されたMG水溶液の貯蔵弾性率(G')、損失弾性率(G")の温度依存性を示している。1℃/分の速度で昇温過程と降温過程について測定した値は、どの温度においてもよく一致し、ヒステリシスはまったく観測されなかった。すなわち、MG水溶液のゲル化およびゾル化は瞬時に起こり、他の熱可逆ハイドロゲル、たとえばゼラチン水溶液やメチルセルロース水溶液がそのゲル化温度に達してからゲル化するまでに長時間を要したり、昇温過程と降温過程の物性値が大きく異なる温度ヒステリシスを示したりすることと対照的である。図2において粘性項G"が弾性項G'を上回る低温領域は粘性支配的なゾル状態、逆にG' > G"となる高温領域では弾性支配的なゲル状態にあるといえる。したがって、G' = G"となる温度(20℃)をゾル-ゲル転移温度と定義する[2]。このゾル-ゲル転移温度は温度感応性高分子ブロックのLCSTに対応するので、MG分子中の温度感応性高分子ブロックのLCSTを調節することにより、MG水溶液のゾル-ゲル転移温度を任意に設定することができる。

2.2　添加塩の効果

PNIPAAmホモポリマーとPEOとの共重合体の場合、そのゾル-ゲル転移温度はPNIPAAmホモポリマーのLCSTに近い約35℃である。このゾル-ゲル転移温度は、水溶液中に添加する塩の種類や濃度によっても変動する。**図3**に各種アニオンのカリウム塩を添加したPNIPAAmホモポリマーとPEOとの共重合体水溶液のゾル-ゲル転移温度を示す[3]。

ゾル-ゲル転移温度を上昇させる傾向が強くなる順にアニオンを並べると、$Cl^- < Br^- < I^- < SCN^-$の順になる。この順序はイオン半径が大きくなる順序と一致している。疎水相互作用に及ぼすアニオンのイオン半径の影響は、以下のように説明されている。小さなイオン半径のイオンはその周囲に強力な静電場を形成し、水分子の双極子と強い相互作用を有する。その結

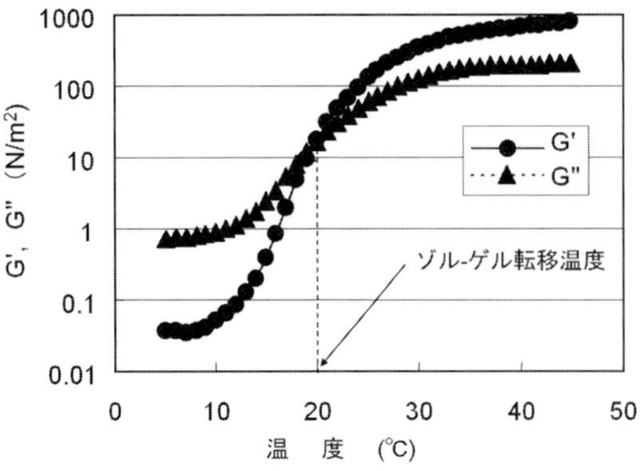

図2　MG ゲルの動的粘弾性挙動

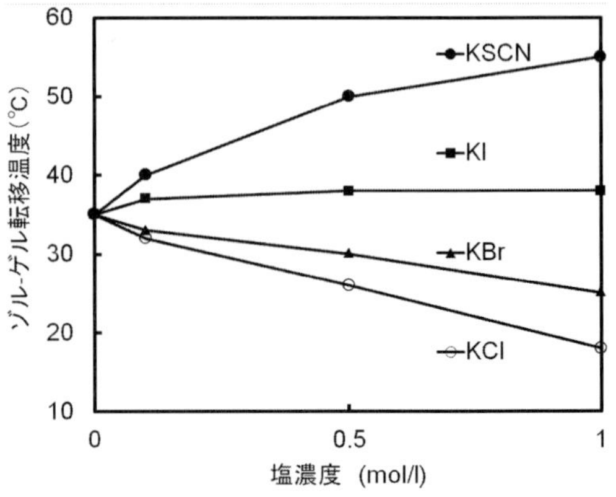

図3　ゾル-ゲル転移温度に及ぼす塩の効果

果、水の双極子は高度に配向し、秩序だった水の構造が形成される(エントロピーを減少させる正水和、$\delta S < 0$)。このようなイオンは構造形成性イオンと呼ばれ、その塩析作用によって疎水性相互作用を強める傾向がある。反対にイオン半径の大きいイオンは水の双極子と弱い相互作用しかもたない。この弱い相互作用は水分子間の水素結合は破壊しうるが、そうして単分子化された水分子をイオンの周囲に配向させるだけの力はもたない(エントロピーを増大させる負水和、$\delta S > 0$)。このようなイオンは構造破壊性イオンあるいはカオトロピックイオンと呼ばれる。水の構造破壊性イオンは塩溶作用を示し、"氷類似の構造"を破壊することによって疎水性物質の水中溶存状態を安定化する。このような添加塩の効果は、MGゲルの熱可逆的ゾル-ゲル転移の駆動力が疎水相互作用に依存することを示している。

3　細胞3次元培養担体としての応用

近年、細胞の正常な機能発現を維持するために3次元培養が注目されている[32]。これは従来培養皿表面上で行われてきた2次元培養法では、生体内で本来3次元的に存在する細胞の機能が正常に発現されにくいためである。このような細胞や組織の3次元培養用の担体としてはコラーゲンゲルや再生基底膜ゲル(マトリゲル®)など天然の高分子から成るハイドロゲルが利用されてきた。これら天然高分子から成るハイドロゲルでは、ゾル状態とするために加熱や酵素処理を必要とし、細胞を包埋あるいは回収する際に熱や酵素による傷害を与える危惧があった。さらに、動物由来のタンパク質であるため未知の病原体の混入や培養された細胞が免疫反応を起こすなどの危険性が排除できなかった。

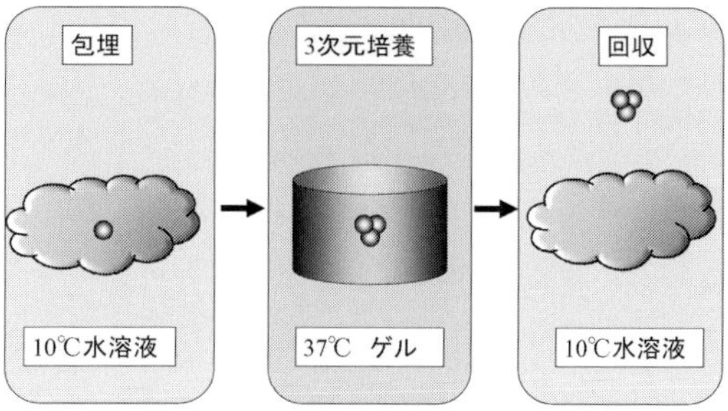

図4　細胞3次元培養担体としてのMGゲル

一方、MGゲルでは低温の培養液に細胞を分散させ、室温以上に昇温してゲル化させることによって細胞をMGゲル内で三次元的に培養することができる。培養後に細胞を回収する場合、MGゲルは冷却すれば元の水溶液状態に戻るので、細胞にダメージを与えることなく容易に回収することができる(図4)。また、完全な合成高分子であるため未知の不純物(異常プリオンなど)を含有する危険性がない。

3.1　硝子性軟骨組織の再生

軟骨組織(関節軟骨・気管など)が損傷されるとほとんど自然治癒による修復は期待できない。軟骨細胞は2次元平面上で培養すると、脱分化を起こして繊維芽細胞様となりコラーゲン(Type I)を生成し、繊維性軟骨化する。一方、軟骨細胞は3次元的に培養することにより、硝子軟骨組織の成分であるコラーゲン(Type II)やグライコアミノグリカン(s-GAG)を産生し、硝子性軟骨組織を再生すると考えられている。

Yasudaら[10]は、低温MG水溶液に子牛の軟骨細胞を分散させ、37℃のゲル状態として軟骨細胞の3次元培養を行った。2週間の培養後では、軟骨細胞のMGゲル分散体は低温に戻すと流動化してしまうが、4週間の培養後では、4℃に冷却してもある程度形状を維持するようになり、培養期間が長くなるほど、冷却しても軟骨細胞分散体の形状が保持されるようになった。

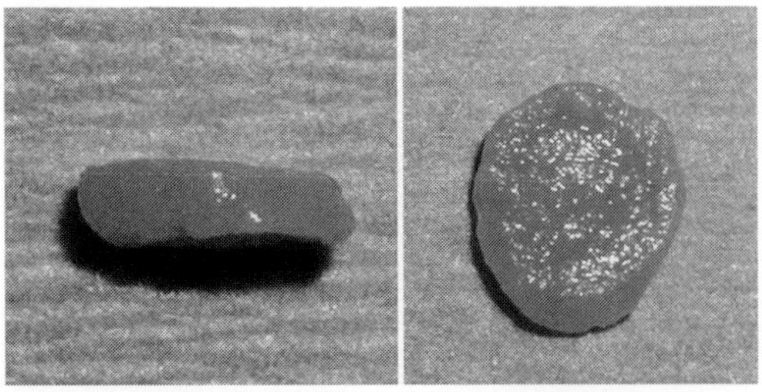

図5　軟骨細胞のMGゲル中3次元培養により再生された硝子性軟骨
（Harvard Medical School 小島宏司先生ご提供）

サフラニン-O染色(s-GAG)およびType IIコラーゲン免疫染色の結果、上記の形状保持性の向上に対応して、軟骨細胞周囲のs-GAGおよびType IIコラーゲンが緻密化していく様子が観察された。12週間の培養後に得られた軟骨組織の写真を**図5**に示す。

3.2　幹細胞の培養

Medinaら[9]は、マウス胎児の皮膚細胞を37℃MGゲル中で培養後、スフェロイド状に増殖した細胞塊を、MGゲルを冷却して回収した。このMGゲル中で増殖する細胞は、分化誘導によってさまざまな細胞系譜に分化しうる多分化能を有し、さらに多分化能を保持したまま無限に増殖可能な幹細胞であることが証明された。一方、マウス胎児の皮膚細胞をコラーゲンゲル中で培養した場合は繊維芽細胞ばかりが増殖してしまい、幹細胞を選択的に培養することはできなかった。

さらに最近、Leiら[15]は、ヒトの胚性幹(embryonic stem：ES)細胞や人工多能性幹(induced pluripotent stem：iPS)細胞などヒト多分化能幹細胞(human pluripotent stem cells：hPSCs)を、MGゲルを利用した3次元培養法によって、多分化能を維持したまま継代し、大量に増殖させられること、また各種の細胞系譜に分化誘導できることを報告している。hPSCsは、細胞移植治療、組織・臓器工学、創薬、毒性スクリーニングなど各種のバイオメディカル分野で応用されると期待されている。

文　献

1) H. Yoshioka, M. Mikami, Y. Mori and E. Tsuchida：*J. Macromol. Sci.*, **A31**(1), 109 (1994).
2) H. Yoshioka, M. Mikami, Y. Mori and E. Tsuchida：*J. Macromol. Sci.*, **A31**(1), 113 (1994).
3) H. Yoshioka, M. Mikami, Y. Mori and E. Tsuchida：*J. Macromol. Sci.*, **A31**(1), 121 (1994).
4) H. Yoshioka, J. A. Cushman, Y. Mori and E. Tsuchida：*Polym. Adv. Tech.*, **5**, 122 (1994).
5) H. Yoshioka, Y. Mori, S. Tsukikawa and S. Kubota：*Polym. Adv. Tech.*, **9**, 155 (1998).
6) S. Tsukikawa, H. Matsuoka, Y. Kurahashi, Y. Konno, K. Satoh, R. Satoh, A. Isogai, K. Kimura, Y. Watanabe, S. Nakano, J. Hayashi and S. Kubota：*Artifcial Organs*, **27**(7), 598 (2003).
7) K. Hishikawa, S. Miura, T. Marumo, H. Yoshioka, Y. Mori, T. Takato and T. Fujita：*Biochem. Biophys. Res. Commun.*, **317**, 1103 (2004).
8) H. N. Madhavan, J. M. Patricia, R. Joseph, Y. Mori, S. J. Abraham and H. Yoshioka：*CURRENT SCIENCE*, **87**(9), 1275 (2004).
9) R. J. Medina, K. Kataoka, M. Takaishi, M. Miyazaki and N. Huh：*Journal of Cellular Biochemistry*, **98**(1), 174 (2006).
10) A. Yasuda, K. Kojima, K. W. Tinsley, H. Yoshioka, Y. Mori and C. A. Vacanti：*Tissue Engineering*, **12**(5), 1237 (2006).
11) K. Murakami, K. Ishii, Y. Ishihara, S. Yoshizaki, K. Tanaka. Y. Gotoh, H. Aizaki, M. Kohara, H. Yoshioka, Y. Mori, N. Manabe, I. Shoji, T. Sata, R. Bartenschlarger, Y. Matsuura, T. Miyamura and T. Suzuki：*Virology*, **351**(2), 381 (2006).
12) B. Sudha, H.N.Madhavan, G. Sitalakshmi, J. Malathi, S. Krishnakumar, Y. Mori, H. Yoshioka and S. Abraham：*Indian J. Med. Res.*, **124**, 655 (2006).
13) I. Kao, C. Yao, Y. Chang, T. Hsieh and S. Hwang：*Chinese J. Physiology*, **51**(4), 252 (2008).
14) S. Arumugam, S. R. Manjunath, R. Senthilkumar, V. R. Srinivasan, S. Rajendiran, H. Yoshioka, Y. Mori and S. Abraham：*J. Orthopedics*, **8**(3), e5 (2011).
15) Y. Lei and D. V. Schaffer：*Proc Natl Acad Sci U S A.*, **110**(52), E5039-E5048 (2013).
16) S. Shimizu, M. Yamazaki, S. Kubota, T. Ozasa, H. Moriya, K. Kobayashi, M. Mikami, Y. Mori, and S. Yamaguchi：*Artifcial Organs*, **20**(11), 1232 (1996).

17) N. Parveen, A. A. Khan, S. Baskar, M. A. Habeeb, R. Babu, S. Abraham, H. Yoshioka, Y. Mori and H. C. Mohammed：*Hepatitis Monthly*, **8**(4), 275 (2008).
18) G. Sitalakshmi, B. Sudha, H.N.Madhavan, S. Vinay, S. Krishnakumar, Y. Mori, H. Yoshioka and S. Abraham：*Tissue Engineering, A*, **15**(2), 407 (2009).
19) S. Kodama, K. Kojima, S. Furuta, M. Chambers, A. C. Paz and C. A. Vacanti：*Tissue Engineering, A*, **15** (2), 3321 (2009).
20) T. Osanai, S. Kuroda, H. Yasuda, Y. Chiba, K. Maruichi, M. Hokari, T. Sugiyama, H. Shichinohe and Y. Iwasaki：*Neurosurgery*, **66**(6), 1140 (2010).
21) S. K. Rao, J. Sudhakar, P. Parikumar, S. Natarajan, A. Insaan, H. Yoshioka, Y. Mori, S. Tsukahara, S. Baskar, S. R. Manjunath, R. Senthilkumar, P. Thamaraikannan, T. Srinivasan, S. Preethy and S. J. K. Abraham：*Indian J. Ophthalmol.* [Epub ahead of print] [cited 2013 Oct 3].
22) 吉岡　浩，森　有一，窪田　倭：人工臓器，**27**(2)，503 (1998).
23) M. Nagaya, S. Kubota, N. Suzuki, M. Tadokoro and K. Akashi：*Eur. Surg. Res.*, **36**, 95 (2004).
24) M. Nagaya, S. Kubota, N. Suzuki, K. Akashi and T. Mitaka：*Hepatology*, **43**, 1053 (2006).
25) H. Yoshioka, Y. Mori and M. Shimizu：*Analytical Biochemistry.*, **323**(2), 218 (2003).
26) T. Arai, T. Joki, M. Akiyama, M. Agawa, Y. Mori, H. Yoshioka and T. Abe：*J Neurooncol.*, **77**, 9 (2006).
27) T. Ozeki, K. Hashizawa, D. Kaneko, Y. Imai and H. Okada：*Chem. Pharm. Bull.*, **58**(9), 1142 (2010).
28) T. Arai, O. Benny, T. Joki, L. G. Menon, M. Machluf, T. Abe, R. S. Carroll and P. M. Black：*Anticancer Res.*, **30**, 1057 (2010).
29) T. Ozeki, D. Kaneko, K. Hashizawa, Y. Imai, T. Tagami and H. Okada：*Biol. Pharm. Bull.*, **35**(4), 545 (2012).
30) 窪田　倭，吉岡　浩，森　有一，松岡博光，月川　賢：外科，**61**(2)，119(1999).
31) 吉岡　浩，森　有一：細胞，**35**(11)，33(2003).
32) 菱川慶一：現代医療，**36**(1)，49 (2004).
33) 吉岡　浩，大坪真也，森　有一：表面，**42**(2)，47(2004).
34) 吉岡　浩：動物実験代替のためのバイオマテリアル・デバイス，pp189-195，シーエムシー出版 (2007).
35) 吉岡　浩：DDS製剤の開発・評価と実用化手法，pp676-680，㈱技術情報協会(2013).
36) K. Kataoka and N. Huh：*J. Stem. Cell. Regen. Med.*, **6**, 10 (2010).
37) Y. Shirasaki, J. Tanaka, H. Makazu, K. Tashiro, S. Shoji, S. Tsukita and T. Funatsu：*Anal. Chem.*, **78**, 695 (2006).
38) T. Arakawa, Y. Shirasaki, T. Izumi, T. Aoki, H. Sugino, T. Funatsu and S. Shoji：*Meas. Sci. Technol.*, **17**, 3141 (2006).
39) T. Arakawa, Y. Shirasaki, T. Aoki, T. Funatsu and S. Shoji：*Sensors and Actuators A.*, **135**, 99 (2007).
40) Y. Shirasaki, H. Sugino, M. Tatsuoka, J. Mizuno, S. Shoji and T. Funatsu：*IEEE J. Selected Topics in Quantaum Electronics*, **13**, 223 (2007).
41) K. Ozaki, H. Sugino, Y. Shirasaki, T. Aoki, T. Arakawa, T. Funatsu and S. Shoji：*Sensor Actuat. B-Chem*, **150**, 449 (2010).
42) H. Sugino, T. Arakawa, Y. Nara, Y. Shirasaki, K. Ozaki, S. Shoji and T. Funatsu：*Lab Chip*, **10**, 2559 (2010).
43) K. Iwami, T. Noda, K. Ishida, K. Morishima, M. Nakamura and N. Umeda：*Biofabrication*, **2**(1), 1 (2010).
44) H. Takao, Y. Murayama, I. Yuki, T. Ishibashi, M. Ebara, K. Irie, H. Yoshioka, Y. Mori, F. Vinuela and T. Abe：*Neurosurgery*, **65**(3), 601 (2009).
45) 鈴木克彦，駒場優太，泊美樹，鈴木洋子，菅間薫，高橋将紀，三浦茂樹，吉岡浩，森有一：日本補完代替医療学会誌，**9**(2)，89 (2012).
46) 鈴木克彦，高橋将紀，泊美樹，菅間薫，大塚喜彦，今泉厚，三浦茂樹，吉岡浩，森有一：臨床化学，**41**(4)，343 (2012).
47) Y. Suzuki, S. Ohno, R. Okuyama, A. Aruga, M. Yamamoto, S. Miura, H. Yoshioka, Y. Mori and K. Suzuki：*Anticancer Res.*, **32**, 565 (2012).
48) K. Suzuki, S. Ohno, Y. Suzuki, Y. Ohno, R. Okuyama, A. Aruga, M. Yamamoto, K. Ishihara, T. Nozaki, S. Miura, H. Yoshioka and Y. Mori：*Anticancer Res.*, **32**, 2369 (2012).

第7章　製品化

第3節　pH応答性高分子を用いた高耐水性・高洗浄性粉末の開発と化粧料への応用

株式会社資生堂　大澤 友

1　緒　言

化粧品は1つの商材に対して多くの機能を求められる。液状ファンデーションを例にとると、メーキャップ効果によって美しく肌を装うという基本機能のほかに、美しい装いを長持ちさせること、使用している最中に心地よい感触であること、技術を必要とせずに簡便に使用できること、肌を保湿する効果があること、紫外線から守る効果があることなど要求される機能は多岐に及ぶ。そのため、化粧品は常により高機能な素材を求めており、刺激応答性にも当然着目され、種々の刺激応答性素材が開発・応用されてきた。

化粧品で活用されてきた刺激応答性の例として温度応答性、シェア応答性、皮脂応答性、pH応答性が挙げられる。温度応答性としては水では洗い落とせないが、お湯でするりと洗い落とせるお湯落ちマスカラが挙げられる。マスカラ中の高分子被膜にお湯で崩壊するミセルを含有させ、お湯に触れることでミセルが崩壊し、それに伴い高分子被膜も崩壊してまつ毛から剥がしやすくなることで、お湯で洗い落とすことができる[1)]。シェア応答性としてはシェアで透明な油分が相分離する口紅やグロスが挙げられる。着色された油分中に透明な油分が微細な粒子として安定に分散されている。唇に塗布される際のシェアで透明な油分が合一し、着色油分の塗膜の上に透明な油分が覆うことで着色成分が薄れていくことを防ぎ、塗布した口紅の色が長持ちする[2)]。皮脂応答性としては皮脂を固化する酸化亜鉛を配合したファンデーションが挙げられる。分泌される皮脂中の液状の脂肪酸を亜鉛イオンが捕捉して亜鉛塩にして固化することで皮脂によるテカリを妨げ、美しいファンデーション塗布膜を維持する[3)]。pH応答性としては汗・水に耐性があるが、洗い落としやすいサンスクリーンが挙げられる。酸性から中性のpHでは疎水性を示し、アルカリ性では親水性を示すpH応答性高分子を用いることで汗・水には耐性があり長持ちするが、洗浄料で簡単に洗い落とすことができる。本稿ではこのpH応答性高分子の開発と応用について紹介する。

2　背　景

サンスクリーンはその主たる機能である紫外線から皮膚を守る効果をSPF値、PA値として数値で表示していることが大きな特徴である。お客さまは紫外線防御効果の数値を参考に商品を選択しているため、確かな紫外線防御効果を発揮することへの期待がとても高い。またサンスクリーンは紫外線が強くなる春から秋の日中に使用されることが多く、皮膚に塗布されたサンスクリーンは汗などの水分に晒されることが多い。そのため、汗などの水分に晒されてもお客さまの紫外線防御効果への期待を裏切らないように、サンスクリーンは通常高い耐水性を有している。

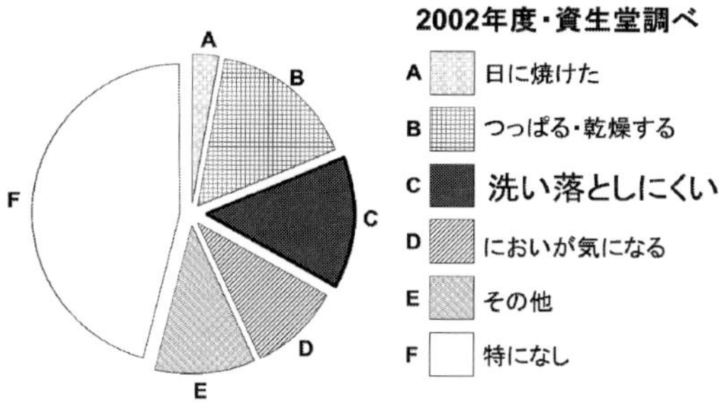

図1　耐水性サンスクリーンの不満点

しかしながら高い耐水性のため、洗い落とす際に石鹸のような通常の洗浄料では洗い落としにくいという不満が挙げられるようになった(**図1**)。通常の洗浄料で洗い落としにくいサンスクリーンは専用のクレンジング剤を用いることで洗い落とすことはできるが、通常の洗浄料で簡便に洗い落としたいというニーズがあり、高い耐水性と高い洗浄性を両立するサンスクリーンの開発が強く望まれるようになった。

3　実験結果と考察

3.1　洗い落としにくい成分の分析

耐水性の高いサンスクリーンの一般的な構成成分を**表1**に示す。サンスクリーンには、紫外線防御効果のある酸化チタンや酸化亜鉛などの無機系紫外線防御剤と、メトキシ経皮酸誘導体などの有機系紫外線防御剤が一般的に必須成分として含まれ、これらを肌に適切に塗布するために水、油、界面活性剤を用いてW/O(油中水)あるいはO/W(水中油)の型で乳化されている。耐水性を付与するために被膜剤を配合することや、無機系紫外線防御剤を脂肪酸などの疎水性物質で被覆する疎水化処理を行なうことも一般的である。

表1　耐水性サンスクリーンの構成成分

サンスクリーンの構成成分
油分
有機系紫外線防御剤
無機系紫外線防御剤
被膜剤
界面活性剤
水

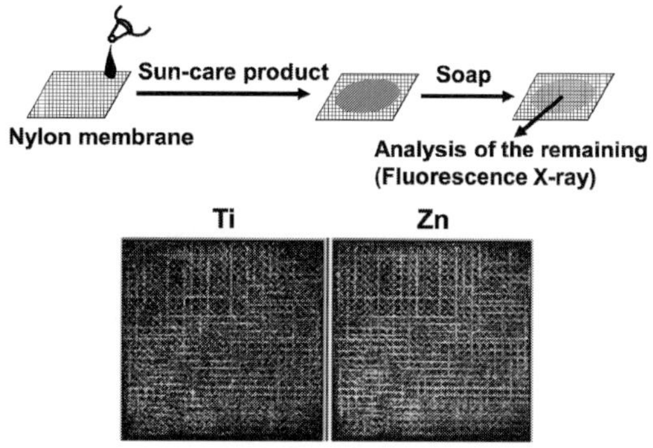

図2　石鹸洗浄後の残存成分の分析
※口絵参照

まず、筆者らはサンスクリーン中の洗い落としにくい成分を分析することとした。肌の肌理を模した溝を有するナイロン膜にサンスクリーンを2 mg/cm^{2}塗布し、乾燥後に石鹸水で洗浄した。洗浄後のナイロン膜を蛍光X線で分析したところ、チタン、亜鉛の存在を確認することができた(**図2**)。これらから疎水化処理した酸化チタン、酸化亜鉛が洗い落としにくさの原因であることが明らかとなった。

3.2　pH応答性高分子の開発

疎水化処理した酸化チタン、酸化亜鉛が洗い落としにくさの原因であるが、汗や水に触れても紫外線防御効果を維持することはサンスクリーンに求められ、耐水性は付与したい性質である。そこでサンスクリーンを適用している間に触れる汗、水には耐性を示し、洗浄する際の石鹸水には容易になじむ性質を付与できないか考えた。筆者らは汗・水と石鹸水ではpHが異なることに着目し、汗・水などの酸性から中性のpHでは疎水性を示し、石鹸水の弱アルカリ性では親水性を示すpH応答性高分子で酸化チタン、酸化亜鉛を被覆することで望みの耐水性

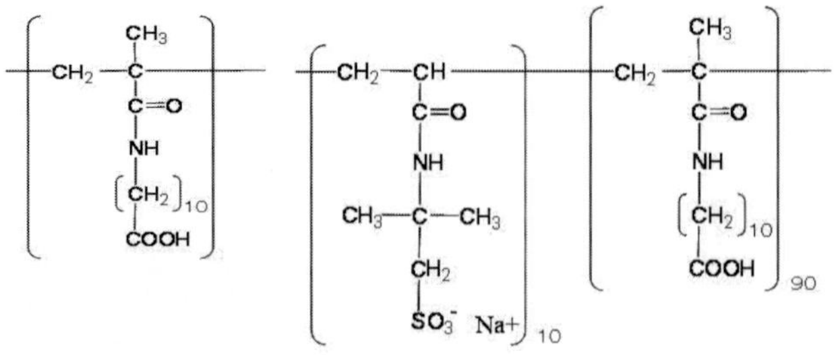

図3　MAUホモポリマー（左）とAMPS/MAUコポリマーの化学構造

と洗浄性を両立した機能性素材が得られないかと考えた。

図3にpH応答性高分子であるMAUホモポリマー、AMPS/MAUコポリマーの化学構造を示す。それぞれのポリマーは以下の方法で合成した[4]。

MAU（11-methacrylamidoundecanoic acid）75.0 g（アヅマックス社製）、アゾビスイソブチロニトリル（2,2'-Azobis（isobutyronitrile）0.93 g（ナカライテスク社製）を、メタノール（Methanol）224.07 gに溶解した後、60分間窒素をバブルして脱気を行ない、セプタムで容器に蓋をして60℃で20時間加熱し重合した。重合反応終了後に大過剰の酢酸エチル中に反応溶液を滴下して沈殿物を吸引ろ過で回収し、減圧乾燥の後、MAUホモポリマー64.9 gを得た。

また、MAU（11-methacrylamidoundecanoic acid）18.4 g（アヅマックス社製）、AMPS（2-Acrylamido-2-methyl-1-propanesulfonic acid）1.58 g（シグマ-アルドリッチ・ジャパン社製）、水酸化ナトリウム（Sodium hydroxide）0.31 g、アゾビスイソブチロニトリル（2,2'-Azobis（isobutyronitrile）0.31 g（ナカライテスク社製）を、メタノール（Methanol）59.4 gに溶解した後、60分間窒素をバブルして脱気を行ない、セプタムで容器に蓋をして60℃で20時間加熱し重合した。重合反応終了後に大過剰の酢酸エチル中に反応溶液を滴下して沈殿物を吸引ろ過で回収し、減圧乾燥の後、AMPS/MAUコポリマー17.8 gを得た。

3.3　pH応答性高分子のpH応答性評価

pH応答性高分子のpH応答性評価は、ポリマーを少量のメタノールで溶解した後、水酸化ナトリウムで十分に酸解離し、続いて過剰の塩酸で酸型に戻しポリマーを析出させ、そこにさらに水酸化ナトリウムを少量ずつ一定の間隔で滴下していきpHと500 nmの透過率を測定することで評価した。具体的には以下の方法を用いた[5]。

0.25 gのポリマーを9.75 gのメタノールに加え、20時間静置して溶解させた。そこに1 mol/Lの水酸化ナトリウム水溶液1.5 mlを加え1時間静置し、1 mol/Lの塩化ナトリウム水溶液を38.5 ml加えた後、1 mol/Lの塩酸水溶液1.75 mlを少しずつ滴下して加え、1時間静置してポリマーを疎水性にして析出させた。さらに1 mol/Lの水酸化ナトリウム水溶液を少量滴下し、撹拌して1分間静置した後、pH、500 nm透過率を測定した。水酸化ナトリウム水溶液の滴下とpH、500 nm透過率の測定を水酸化ナトリウム水溶液の滴下総量が1.75 mlになるまで繰り返した。

得られたpH応答挙動の結果を**図4**に示す[5]。MAUホモポリマー（中抜き丸／○）、AMPS/MAUコポリマー（中抜き四角／□）どちらもpH7以下では透過率は0％であり、pHが増加するに従い、透過率が上昇し、それぞれpH9およびpH8で透過率が100％に達した。

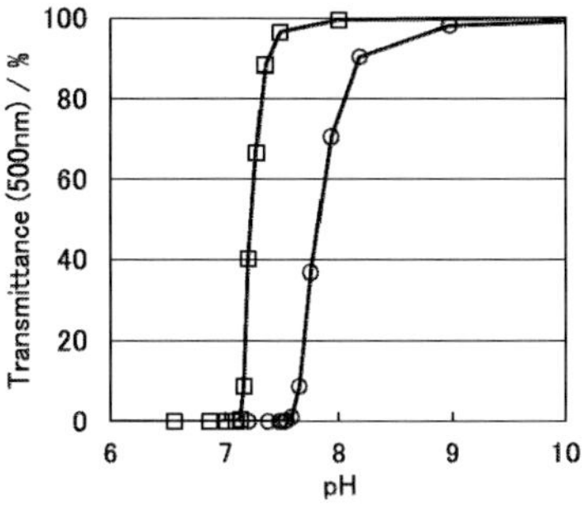

図4　MAUホモポリマー(中抜き丸)とAMPS/MAUコポリマー(中抜き四角)のpH応答挙動

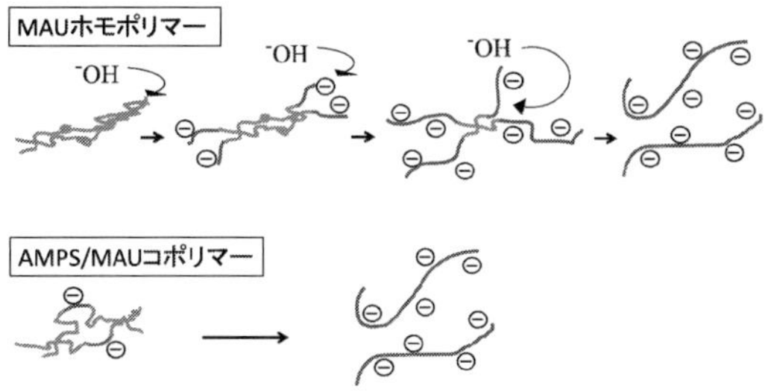

図5　MAUホモポリマー(上)とAMPS/MAUコポリマー(下)の凝集状態と酸解離の様子の模式図　※口絵参照

どちらのポリマーも酸性条件では疎水性を示し溶媒に不溶となり、アルカリ性条件では親水性を示し溶媒に可溶となるという目的のpH応答性を有していることが明らかになった。AMPS/MAUコポリマーの応答pHがより低かったのは、強電解質であるAMPSを含んでおり、MAUホモポリマーよりも親水的になっているためと考えられる。疎水性から親水性に変化して溶媒に溶解するためにはポリマー中のCOOH基が一定量酸解離する必要がある。AMPSは酸性条件下でも酸解離しているため、AMPS/MAUコポリマーはMAUホモポリマーに比べ、必要なCOOH基の酸解離が少なくなり応答pHが低下したと考えられる。透過率が0%から100%に達するまでに要するpHの範囲に着目すると、MAUホモポリマーがpH7.5からpH9の範囲であるのに対し、AMPS/MAUコポリマーはpH7からpH8の範囲であり、より鋭いpH応答挙動であることが明らかとなった。どちらのポリマーも酸性条件下で析出している際は凝集状態にあると考えられるが、AMPS/MAUコポリマーは酸性条件下でも酸解離している強電解質のAMPS部位を有しているため、**図5**に示すように凝集が緩んでおり、塩基による素早い酸解離が行なわれ、鋭いpH応答挙動を実現したと考えられる。pH応答挙動の速さは実際の応用を鑑みると重要な物性であり、AMPS/MAUコポリマーの方が本研究の目的に、より適していると判断した。

3.4　AMPS/MAU処理酸化チタンのpH応答性評価

AMPS/MAUコポリマーをエタノール/水混合溶媒に溶解し、酸化チタン(比表面積約80 m^2/g)を加え、スラリーとした後に溶媒を減圧乾燥することでAMPS/MAUコポリマー処理酸化チタンを得た。一般的な疎水化処理である脂肪酸処理を施した酸化チタン(石原産業製)およびAMPS/MAUコポリマー処理酸化チタンをpH5、pH10の緩衝液に分散させ、pH応答性を評価した(**図6**)[4]。AMPS/MAUコポリマー処理酸化チタンはpH5の緩衝液には分散

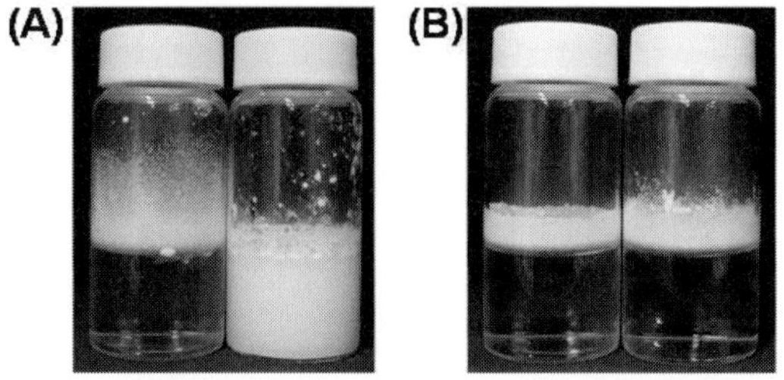

図6　AMPS/MAU処理酸化チタン(左写真(A))と脂肪酸処理酸化チタン(右写真(B))のpH応答挙動
(A) AMPS/MAU処理酸化チタンをpH5緩衝液に分散したもの(左ボトル)とpH10緩衝液に分散したもの(右ボトル)
(B) 脂肪酸処理酸化チタンをpH5緩衝液に分散したもの(左ボトル)とpH10緩衝液に分散したもの(右ボトル)

せず、pH10の緩衝液には分散した。すなわちpH5では疎水性でありpH10では親水性へと変化するpH応答性を有しており、ポリマーのpH応答性が処理粉末にも付与されていることが明らかとなった。一方、脂肪酸処理酸化チタンはpH5、pH10の緩衝液どちらにも分散しておらず、pH応答性を有していなかった。

3.5 AMPS/MAU処理酸化チタン配合サンスクリーンの洗浄性評価

AMPS/MAUコポリマー処理酸化チタン、脂肪酸処理酸化チタンを配合したサンスクリーンをそれぞれ**表2**に従い作成し、洗浄性を評価した[5)]。サンスクリーン製剤を前腕部に塗布して乾燥させた後、流水に15分間さらし目視で水のはじきや塗布状態の変化を評価したところ、いずれのサンスクリーンも十分な耐水性を有していることが確認された。続いてサンスクリーン製剤を前腕部に塗布して乾燥させた後、石鹸で洗浄し、酸化チタンの残存状態をUVライト照射下で観察した。酸化チタンはUVを吸収、散乱するため、酸化チタンが存在している部位はUVライト照射下で黒くなり、残存の有無を確認できることから目視での観察結果を洗浄性の評価指標とした(**図7**)[4)]。AMPS/MAUコポリマー処理酸化チタンを配合したサンスクリーンは石鹸での洗浄により完全に洗い流され、残存はみられなかった。一方、脂肪酸処理酸化チタンを配合したサンスクリーンは粉末の残存が観察され、石鹸では十分に洗い落とされていないことがわかった。すなわちAMPS/MAU処理酸化チタンは脂肪酸処理酸化チタンに比べ、高い洗浄性を有していることが明らかとなった。

以上よりAMPS/MAU処理酸化チタンを配合することで高い耐水性と良好な洗浄性を両立する、これまでにないサンスクリーンを得ることができた。

表2 サンスクリーンの構成成分

	配合量(質量%)	
	AMPS/MAU処理酸化チタン配合サンスクリーン	脂肪酸処理酸化チタン配合サンスクリーン
(1)AMPS/MAU処理酸化チタン	10.0	−
(2)脂肪酸処理酸化チタン	−	10.0
(3)タルク	10.0	10.0
(4)オクタン酸イソセチル	5.0	5.0
(5)デカメチルシクロペンタンシロキサン	26.8	26.8
(6)ジメチルポリシロキサン	10.0	10.0
(7)POE変性ジメチルポリシロキサン	2.0	2.0
(8)イオン交換水	28.0	28.0
(9)1、3−ブチレングリコール	8.0	8.0
(10)防腐剤	0.1	0.1
(11)香料	0.1	0.1

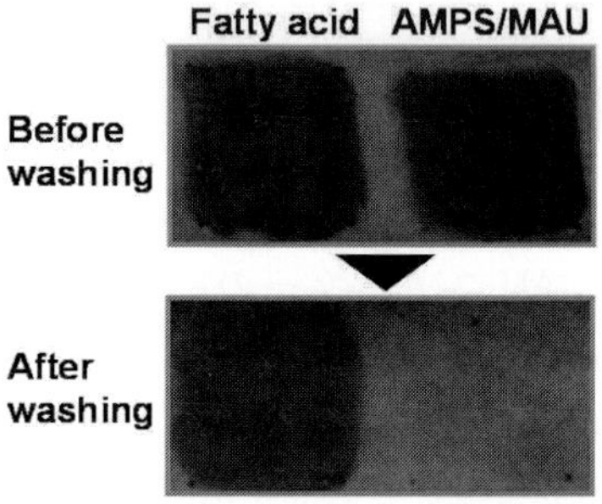

図7 AMPS/MAU処理酸化チタン配合サンスクリーン(AMPS/MAU)と脂肪酸処理酸化チタン配合サンスクリーン(脂肪酸)の石鹸洗浄性評価
上写真：脂肪酸(左)とAMPS/MAU(右)の洗浄前のサンスクリーンの残存の様子
下写真：脂肪酸(左)とAMPS/MAU(右)の石鹸洗浄後のサンスクリーンの残存の様子
※口絵参照

4 まとめ

pH応答性を有するAMPS/MAUコポリマーを開発し、酸化チタンに被覆することで酸性水溶液には分散しないが、アルカリ性水溶液には分散するpH応答性酸化チタンを得ることができた。AMPS/MAUコポリマー処理酸化チタンを配合することで、耐水性と洗浄性を両立したこれまでにないサンスクリーンを開発することができた。

本報ではpH応答性に焦点を絞り、化粧品への応用例を挙げたが、今後もお客さまが化粧品に求める機能は高まっていくことは確実であり、より高機能な素材の探索は続いていくことだろう。新しい刺激応答性素材がこれからも開発されていくことを、化粧品業界の研究者として期待したい。

文　献

1) 特許第 5927328 号
2) T. Ikeda, T. Osawa, N. Tomita and T. Nagano : *IFSCC Magazine*, **14**, 1 (2011).
3) 特許第 3522955 号
4) T. Osawa, A. Sogabe, M. Shirao, S. Nishihama, I. Kaneda and S. Yusa : *IFSCC Magazine*, **12**, 3 (2009).
5) 大澤友：色材協会誌，**88**(6)，171 (2015).

第7章　製品化
第4節　自己組織化を利用した湿度応答性カラーフィルムの開発

凸版印刷株式会社　合田 文範

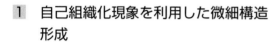

1　自己組織化現象を利用した微細構造形成

複数の要素から自律的に秩序をもった構造を形成していく自己組織化現象[1)]は、微細な領域の周期構造体形成に利用されており、半導体リソグラフィ分野[2)]ではその低コスト性から次世代パターニング手法の1つとして注目されている。さらに、近年では、生物のもつ合理的な構造にならいその機能を活用するバイオミメティクスの分野においても、生物が有する構造やそれにより発現する特性と、自己組織化現象により形成される構造や特性との間で相関がみられることが明らかとなっている。たとえば、鮮やかな青い羽をもつノドムラサキカザリドリの羽は、特定の大きさの細孔が短距離秩序をもって等方的に分布した構造によって光の干渉性散乱が発生し、鮮やかな発色を示すことが知られている[3)]。この微細構造の形成過程において、構成要素のたんぱく質による自己組織的な相分離現象が利用されていることが明らかとなっている[4)]。このように自己組織化現象は、さまざまな分野での微細構造形成および機能発現手法として注目されている[5)]。

自己組織化現象を利用した微細構造形成は、高分子のミクロ相分離現象を用いることで、容易に実現することができる。たとえば、親水性と疎水性などの異なる性質を有する2種類の高分子が末端で化学的に結合したジブロック共重合体は、ミクロ相分離することで高分子鎖の組成比によって球状(スフィア)、棒状(シリンダ)、板状(ラメラ)といった微細構造を形成する[6)]。周期的な配列を有する微細構造体は、その2種類の物質の屈折率差と周期に応じて、ある特定の波長の電磁波を反射する光学特性を示す。このような構造体はフォトニック結晶と呼ばれ、とくに、フォトニック結晶が可視光領域において発色する場合、その色が構造に由来する色であることから、構造発色と呼ばれる。

本稿では、ジブロック共重合体のミクロ相分離現象によって形成されて構造発色を示すラメラ構造を利用し、湿度に応答して発色変化を示す湿度応答性カラーフィルムの開発について記述する。

2　湿度応答性を示す構造発色体の形成

2.1　構造発色体への湿度応答性付与

ジブロック共重合体より形成されるラメラ構造は、構成する2種類の高分子が交互に積層された多層膜体となる。たとえば、ポリスチレン-ポリビニルピリジン共重合体(Polystyrene-*b*-poly(2-vinyl pyridine)以下、PS-*b*-P2VPと記す。)からなるジブロック共重合体では、PSとP2VPの体積分率が同程度の場合、自己組織化によりPS層とP2VP層が交互に積層された多層フィルムを形成する。この多層フィルムは、水やアルコールに浸漬させることで構造発色を示すことが報告されている[7)]。これは、親水性であるP2VP層が水やアルコールによって膨潤

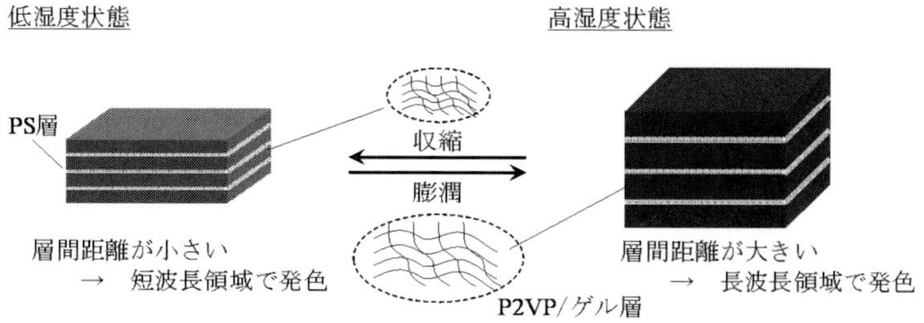

図1　湿度応答性カラーフィルムの模式図

し、屈折率の低下および膜厚の増加が起こることで、構造発色波長が可視光領域に変化するためである。

ちなみに、多層膜由来の構造発色は、Bragg-Snellの法則より層間距離と屈折率比によってその発色波長が制御される(式(1)参照)。

$$\lambda_{max} = 2d(n_r^2 + \cos^2\theta)^{\frac{1}{2}} \quad (1)$$

ここで、λ_{max}は反射スペクトルにおいてもっとも反射率が高いピーク波長、dは層間距離、n_rは形成する各層の相対屈折率、θは入射光角度である。

多層膜干渉による発色ピーク波長は、入射光角度が一定の場合、層間距離と相対屈折率によって変化させることができる。つまり、水分の吸脱着により一方の膜厚と屈折率を変化させることで、多層フィルムの色相を制御することが可能となる。筆者らは、この多層フィルムに対して、より水分を吸着しやすく、さらに水分の吸脱着により体積変化を起こしやすいゲル成分を導入することで、湿気や呼気に含まれるより微量な水分に応答して構造発色の色相が変化する、湿度応答性カラーフィルムを開発した(**図1**)。

2.2　湿度応答物質の導入

まず、PS-*b*-P2VPジブロック共重合体の自己組織化により形成した多層フィルムをベースにして、親水性を示すP2VP層に対してゲル成分を導入した例について記述する。ゲル成分には、アクリルアミド(acrylamide以下、AAmと記す。)とN,N'-メチレンビスアクリルアミド(N,N'-Methylenebisacrylamide以下、MBAと記す。)を用いた。両成分はいずれも水溶性の光硬化性モノマーであり、紫外線照射により架橋させることでゲル化し、微量な水分に敏感に応答して体積変化を示すことが知られている[8)]。PS-*b*-P2VP多層フィルムに対して、AAmモノマーとMBAモノマーに光重合開始剤を添加し

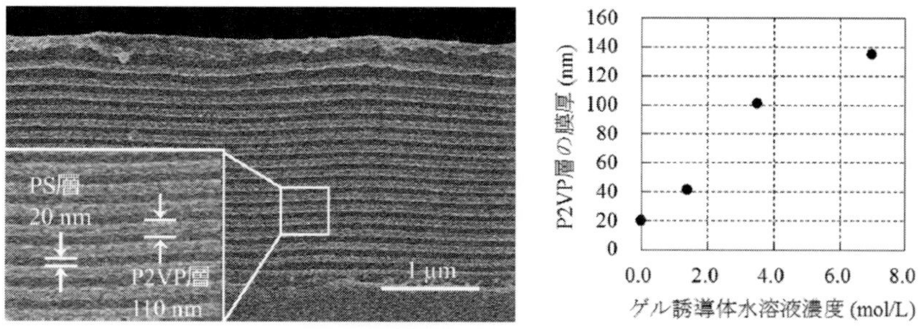

図2　(a)ゲル誘導体を導入したPS-*b*-P2VP多層フィルムの断面FE-SEM観察像(b)ゲル誘導体濃度とP2VP層膜厚の関係

たゲル誘導体水溶液を浸透させ、紫外線照射によりゲル誘導体を硬化した。得られた多層フィルムについて、電解放射型電子顕微鏡(FE-SEM)による断面観察を行った結果を**図2**(a)に示す。その結果、PS層の膜厚は20 nm程度となり、浸透前後で変化がなかったのに対し、P2VP層は浸透前後で20 nmから110 nmに膜厚が増加する様子が観察された。また、ゲル誘導体水溶液の濃度を変えて硬化後のP2VP層膜厚を測定したところ、濃度の上昇に合わせて膜厚が増加する傾向が観察された(図2(b))。以上の結果より、ゲル誘導体はPS-*b*-P2VP多層フィルムの親水層であるP2VP層に選択的に導入されたと推察され、その導入量は、ゲル誘導体水溶液の濃度によって制御することが可能であることがわかった。こうして得られたゲル導入多層フィルムの外観は、ゲル導入量によって異なり、無色透明なフィルムから可視光領域で発色を示すフィルムまであり、湿度応答変化における初期色相が広範囲な波長領域で制御可能であることがわかった。

2.3 呼気・湿度応答性

次に、ゲル導入多層フィルムの微量水分への応答性について記述する。濃度5.0 mol/Lのゲル誘導体水溶液を用いて作製したゲル導入多層フィルムに対して、呼気を吹きつけたところ、発色変化が観察された。発色の色相は、呼気の吹きつけ時間によって変化し、1秒程度で緑色へ、そして2秒程度で赤色へと変化が観察された(**図3**)。発色は、呼気吹きつけをやめてから数秒で消失して無色透明状態に戻り、再度吹きつけることで再び発色したことから、このゲル導入多層フィルムは、可逆性をもった応答速度が速い発色挙動を示すことが確認された。

多層フィルムの色相変化は、Bragg-Snellの法則(式1)に基づいた変化を示しているといえる。吹きつけ時間が長いほど、呼気に含まれる水分のP2VP層に吸着する量が増加する。水分の吸着量が増加するほど、ゲル成分が膨潤してその膜厚(層間距離 d)が増加する。その結果、式(1)より発色波長ピークが長波長シフトする。また、P2VP層への水分吸着は、相対屈折率 n_r の観点からも長波長シフトに寄与する。PSとP2VPの屈折率は、各々、$n_{PS} = 1.59$、$n_{P2VP} = 1.62$ であるが、P2VP層にポリアクリルアミドゲル(PAAm)を導入することで、その導入量に応じて混合層はPAAm($n_{PS} = 1.49$)が支配的となり、PS/P2VP層間の屈折率差は大きくなる。ここに、より屈折率の低い水分($n_{水} = 1.33$)がP2VP層に吸着することで、PS層との屈折率差はさらに大きくなり、結果として発色波長ピークが長波長シフトする。

それでは、次に多層フィルムの湿度に対する応答性を示す。相対湿度を30～90%RH @ 25℃の範囲で制御可能な恒温恒湿槽中において、相対湿度に対するゲル導入多層フィルムの透過スペクトルを測定した(**図4**(a)。なお、本実験では、透過率の最下点を発色のピーク波長とし、発色の色相とみなす。)。その結果、透過スペクトルのピーク波長は、相対湿度の増加に伴って長波長シフトし、透過率も減少する変化が観測された。相対湿度30%RHで455 nm程度で

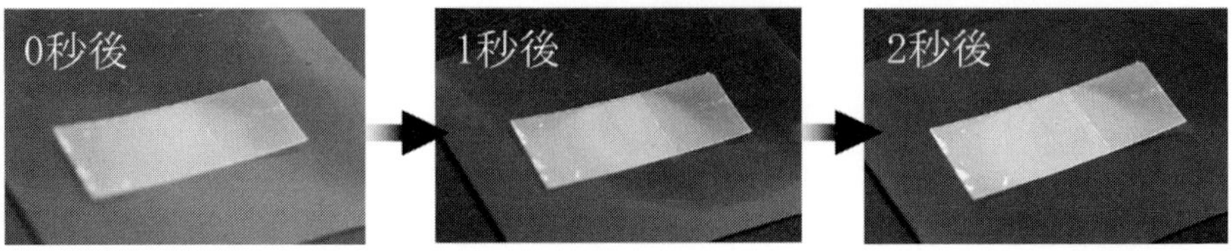

図3　ゲル導入多層フィルムへの呼気吹きつけによる発色変化　　※口絵参照

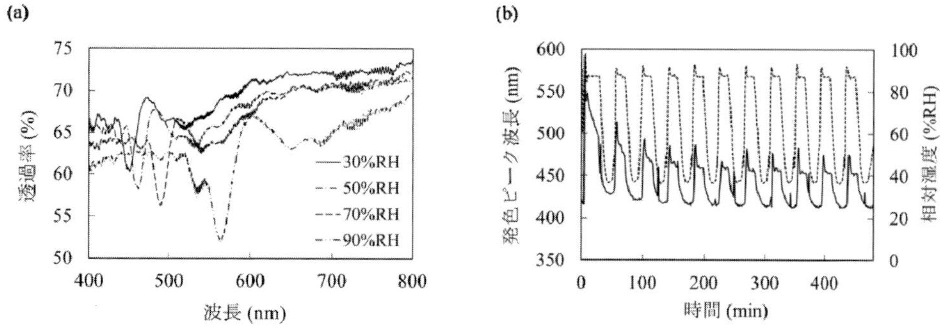

図4　(a)ゲル導入多層フィルムの湿度に対するピーク波長変化(b)ゲル導入多層フィルムのサイクル応答性（点線：相対湿度、実線：ピーク波長）

あったピーク波長は、90%RHで563nmまで長波長シフトし、色相は青色から赤色へと大きく変化し、湿度に応答して発色変化する湿度応答性を示した。

また、繰り返し応答性を調べるために、湿度を40～90%RHで変化させるサイクル試験を実施した(図4(b))。サイクル初期(5サイクル程度)において発色ピーク波長が短波長シフトする変化が観察され、その後、50回までは安定的に可逆変化を示すことが明らかとなった。サイクル初期の短波長シフトは、光硬化によって形成されたゲル成分の不均一な網目構造が、高湿度下において膨潤し、分子運動によってエネルギー的に安定な構造に変化しているためと考えられる。なお、低湿度状態から高湿度状態に変化する際に毎回観察される発色波長のピーク変化は、恒温恒湿槽のオーバーシュートによる湿度変化を反映しており、応答性の高さを示しているといえる。

前項にも記述したが、ゲル導入多層フィルムが示す色相領域は、導入するゲル成分の量によって制御することができる。ゲル成分の導入量によってP2VP層の初期膜厚が制御され、その結果、発色領域をコントロールすることが可能となる。**図5**に、異なるゲル誘導体水溶液(アクリルアミド水溶液)濃度で作製したゲル導入多層フィルムの相対湿度に対する発色ピーク

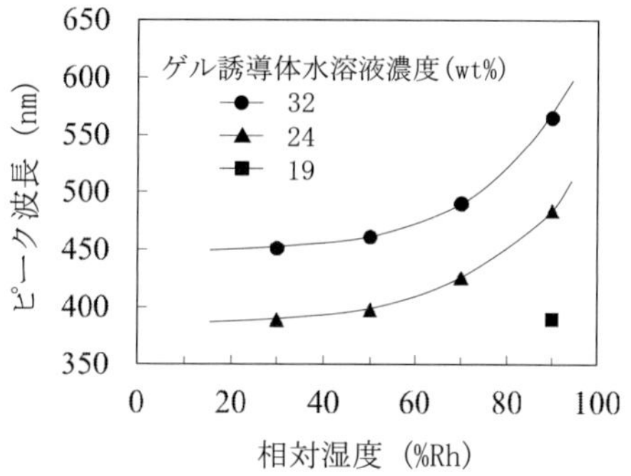

図5　ゲル誘導体水溶液濃度と湿度応答性の関係

波長をプロットした。ゲル誘導体水溶液濃度が高くなるに従って、ピーク波長の変化領域は長波長側にシフトすることがわかる。たとえば、ゲル誘導体水溶液濃度が24wt%の場合、低湿度な30%RHではピーク波長が紫外線領域まで短波長シフトし、無色透明なフィルムとなる。一方、高湿度環境にもっていくことでピーク波長が可視光領域にシフトし、有色のフィルムとなる。以上のように、湿度環境変化に応答した視覚効果を与えることができる。

3　パターニング

湿度応答性カラーフィルムには、パターニングによって絵柄を付与することができる。多層膜干渉による発色は、多層膜の膜厚によって色相が変化することから、面内で膨潤率を変える

(a)

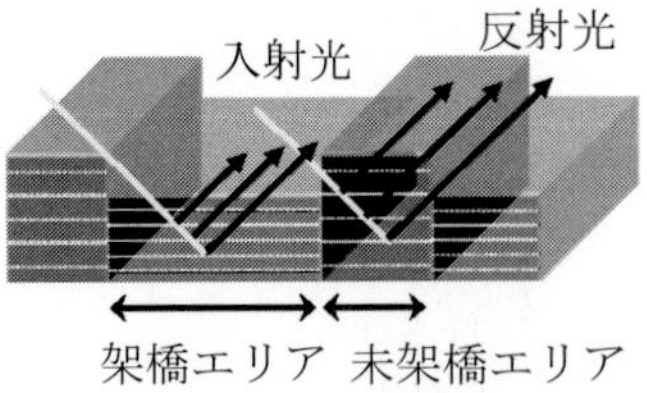

(b)

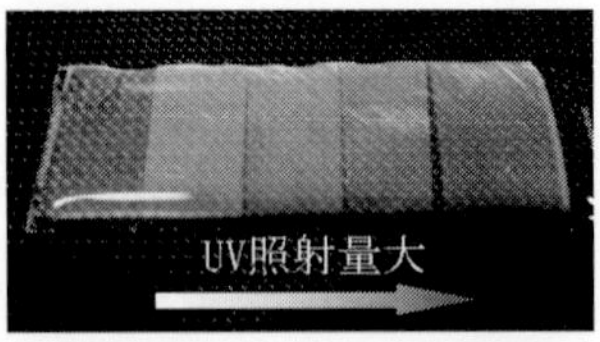

図6　(a)光架橋による膨潤率制御の模式図 (b)紫外線照射量違いにおける発色変化
※口絵参照

(a)

(b)

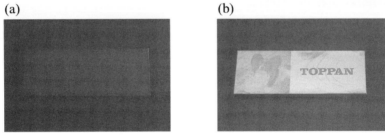

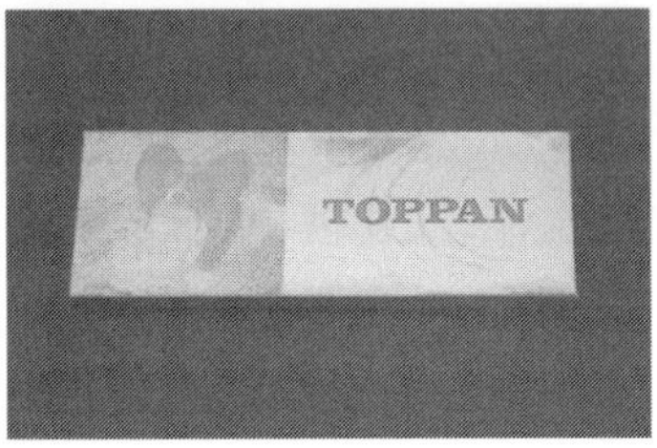

図7　パターニングした湿度応答性カラーフィルム(a)25%RH 雰囲気下(b)90%RH 雰囲気下
※口絵参照

ことでコントラストをつけることができる(**図6**(a))。そこで、今回、自己組織化により形成した多層フィルムに対して、紫外線照射することでジブロック共重合体ポリマー鎖間における架橋を行い、膨潤率制御による絵柄付与を試みた。まず、ゲル成分を導入していない多層フィルムに対して紫外線照射量を変更し、湿潤時の発色変化を調べた。その結果、紫外線照射量が高くなるほど、色相が赤色から青色へ変化する結果が得られた。(図6(b))これは、紫外線照射量が高いほど架橋密度が上昇し、その結果、湿潤による膨潤率が抑制されたと考えられ、ゲル成分を導入した場合にも同様のコントラストが得られると示唆された。

そこで、このパターニング特性を利用して、フォトマスクを用いた絵柄転写を行った多層フィルムに対して、ゲル成分を導入した湿度応答性カラーフィルムを作製した。**図7**には、転写した湿度応答性カラーフィルムの湿度違いにおける概観写真を示す。その結果、湿度が25%RH においては、無色透明なフィルムであるのに対して、湿度が90%RH となることで、高解像度なカラー模様が出現することが明らかとなった。現在、フォトマスクを用いた転写解像度は、直径10 μm 程度のドットパターンまで転写可能であることを確認しているが、原理的にはより微細なパターンも転写可能であり、非常に繊細な絵柄付与が期待される。

4　まとめ

本稿では、自己組織化を利用して作製した多層フィルムに対して、微量な水分に応答して体積変化を起こす物質を選択的に親水層に導入することで、呼気や湿度に応答して可逆的に発色変化に示す湿度応答性カラーフィルムの作製について紹介した。多層膜干渉を利用した構造発色は、金属光沢のような鮮やか色彩が特徴で非常に高いアイキャッチ効果から加飾部材などへの応用が期待されているが、今回のような刺激応答性の特徴を新たに付与することで、セールスプロモーションやインジケーターといった機能部材として、その応用展開にさらなる広がりをもたせられると期待される。

文　献

1）国武豊喜監修，下村政嗣，山口智彦：自己組織化ハンドブック，エヌ・ティー・エス(2009).

2）M. Neisser and S. Wurm：*Adv. Opt. Techn.*, **4**, 235 (2015).

3）R. O. Prum, R. H. Torres, S. Williamson and J. Dyck：*Nature*, **396**, 28(1998).

4）E. R. Dufresne, H. Noh, V. Saranathan, S. G. J. Mochrie, H. Cao and R. O. Prum：*Soft Matter*, **5**, 1792(2009).

5）J. H. Lee, C. Y. Koh, J. P. Singer, S.J. Jeon, M. Maldovan, O. Stein and E. L. Thomas：*Adv. Mater.*, **26**, 532(2014).

6）Y. Mai and A. Eisenberg：*Chem. Soc. Rev.*, **41**, 5969 (2012).

7）Y. Kang, J. J. Walish, T. Gorishnyy and E. L. Thomas：*Nat. Mater.*, **6**, 957(2007).

8）R. A. Barry and P. Wiltzus：*Langmuir*, **22**, 1369 (2006).

索　引

英数・記号

和文

【あ行】

【き】

【く】

【け】

【こ】

【さ】

【し】

【す】

【せ】

【そ】

【た】

【ち】

【つ】

【て】

【と】

【な】

【に】

【ぬ】

【ね】

【の】

【は】

【ひ】

【ふ】

【へ】

【ほ】

【ま】

【み】

【む】

【め】

【も】

【や】

【ゆ】

【よ】

【ら】

【り】

【る】

【れ】

【ろ】

刺激応答性高分子ハンドブック
Stimuli-Responsive Polymers Handbook

発行日	2018年12月18日　初版第1刷発行
監修者	宮田　隆志
発行者	吉田　隆
発行所	株式会社エヌ・ティー・エス
	東京都千代田区北の丸公園2-1　科学技術館2階
	TEL　03(5224)5430　http://www.nts-book.co.jp/
制作・印刷	日本ハイコム株式会社

ISBN 978-4-86043-535-6